길잡이
土木施工技術士
공종별 기출문제 Ⅱ
(도로·교량·터널공사·댐공사·항만공사·하천공사·총론)

PROFESSIONAL ENGINEER

金宇植 著

- 土木施工 技術士
- 土質基礎 技術士
- 建設安全 技術士
- 建築施工 技術士
- 品　　質 技術士
- 構　　造 技術士

BM 성안당

도서 A/S 안내

당사에서 발행하는 모든 도서는 독자와 저자 그리고 출판사가 삼위일체가 되어 보다 좋은 책을 만들어 나갑니다.

독자 여러분들의 건설적 충고와 혹시 발견되는 오탈자 또는 편집, 디자인 및 인쇄, 제본 등에 대하여 좋은 의견을 주시면 저자와 협의하여 신속히 수정 보완하여 내용 좋은 책이 되도록 최선을 다하겠습니다.

채택된 의견과 오자, 탈자, 오답을 제보해 주신 독자 중 선정된 분에게는 기념품을 증정하여 드리고 있습니다. (당사 홈페이지 공지사항 참조)

구입 후 14일 이내에 발견된 부록 등의 파손은 무상 교환해 드립니다.

저 자 문 의   http://www.jr3.co.kr
본서 기획자   e-mail : hck8181@hanmail.net(황철규)
도서출판 성안당   e-mail : cyber@cyber.co.kr
홈 페 이 지   http://www.cyber.co.kr
전   화   031)955-0511

머리말

　국가 고시의 모든 시험이 그러하듯이 토목시공기술사 자격시험도 기출문제를 파악하고 분석하는 것이 매우 중요하다.
　근래에 출제된 문제를 살펴보면 기출문제의 출제 확률이 50~70%를 차지하고 있으므로 기출문제의 분석이 필수라 하겠다.
　본인이 토목시공기술사 강의를 하면서 알 수 있듯이 수험생 여러분이 스스로 기출문제를 분석하면서 많은 시간을 소요하고, 문제의 핵심을 오류하거나 광범위한 해석으로 인하여 많은 어려움을 겪고 있는 것을 보면서 기출문제의 분석 및 정리의 필요성을 깊이 느끼게 되었다.
　본서는 수험생 여러분들의 부담을 줄이기 위하여 유사 문제를 함께 묶어서 문제의 핵심 파악이 보다 쉽도록 구성하였으며, 어떤 문제가 출제되어도 해결할 수 있도록 집결하여 정리해 두었다.
　앞으로의 출제될 문제도 본서의 범주에서 크게 벗어날 수가 없음으로, 본서를 통하여 수험생 여러분의 합격의 영광이 조금 더 가까워지기를 축원합니다.

　본서의 특징
　1. 기출문제의 단원별 정리
　2. 문제의 핵심 요구사항을 정확히 파악
　3. 유사 문제와 유사 답안을 함께 묶어 학습의 편의 제공
　4. 문제의 애매한 문구에 대한 명쾌한 풀이
　5. 최단 시간에 정리가 가능하도록 요점 정리

　아무쪼록 수험생 여러분들의 합격의 영광을 기원하며, 끝으로 본서를 발간하기까지 도와 주신 주위의 여러분들과 성안당 회장님 이하 편집부 직원들의 노고에 감사드리며, 이 책이 출간되도록 허락하신 하나님께 영광을 돌린다.

저자 金宇植

국가기술자격검정수험원서 인터넷 접수(견본)

※ 종로기술사학원(구. 용산건축토목학원) 홈페이지(http://www.jr3.co.kr)
※ 한국산업인력공단 홈페이지(http://www.hrdkorea.or.kr)

1. **원서 접수** [바로가기] 클릭

2. **회원가입**

   1) 회원가입 약관 [⊙ 동의] 클릭
   2) 실명인증
      ① 주민등록번호 [123456] - [1234567]
      ② 이름(한글성명) [홍길동]
      ③ 개인정보입력, 사진등록 후 [확인] 클릭
         ※ 사진등록을 하기 위해서는 먼저 반명함 사진을 스캔한 다음 PC에 그림파일 확장명인 JPG로 저장 후 사진등록 클릭 → 찾는 위치 → 열기로 하면 사진이 붙여집니다.

3. **학력정보 입력**

4. **경력정보 입력**

5. **추가정보 입력**

6. **응시자격 진단결과 "응시가능" 여부 확인**

7. **접수내역 리스트**

8. **개인접수**

   1) 응시하고자 하는 시험장 학교 선택 후 장소 확인
   2) 검정수수료(결제수단 : 신용카드, 계좌이체, 가상계좌, 핸드폰결제 中 선택)
   3) 결제하기

9. **수검표 영수증 출력**

【수험표 견본】

	○○○년 정기 기술사 ○○회			사 진
수험번호	1234567	시험구분	필기	
종목명	토목시공기술사			
성 명	홍길동	생년월일	○○○○년 ○○월 ○○일	

시험일시 및 장소	일시 : ○○○○년 ○○월 ○○일 08:30까지 입실완료 장소 : ○○○○○○학교(주차불가) 　－ 주소 : ○○　○○○구 ○○동 　－ 위치 : ○호선 지하철 ○○역 ○번 출구 접수기관 : ○○지역본부 인터넷 : http://www.Q-Net.or.kr 　　　　　　　　　　　　　　　　　　　　　　○○○○년 ○○월 ○○일 　　　　　　　　　　　　　　　　　　　　　　한국산업인력공단　이사장
응시자격 안내	응시자격 항목 : 기사 자격 취득 후 동일직무분야에서 4년 이상 실무에 종사한 자 응시자격 제출서류 : 해당 없음, 경력(재직) 증명서 　　※ 자가진단 결과에 관계없이 시험에는 응시할 수 있으나 응시자격서류 심사 시 증빙서류를 제출하지 못하면 필기시험 합격이 무효처리 됩니다. 　　※ 외국학력취득자의 경우 응시자격 서류제출 시 공중절차가 필요하오니 다음 사항을 반드시 확인 바랍니다. 　　(http://www.Q-Net.or.kr > 원서접수 > 필기시험안내 > 외국학력 서류제출 안내) 응시자격 서류제출기간 : ○○○○년 ○○월 ○○일(월) ~ ○○○○년 ○○월 ○○일(수) 응시자격 서류제출장소 : 공단 24개 지부(사)로 방문하여 제출
합격(예정)자 발표일자	○○○○년 ○○월 ○○일
검정수수료 환불안내	▷ ○○○○년 ○○월 ○○일 09 : 00 ~ ○○○○년 ○○월 ○○일 23 : 59 (100% 환불) ▷ ○○○○년 ○○월 ○○일 00 : 00 ~ ○○○○년 ○○월 ○○일 23 : 59 (50% 환불) ※ 환불기간 이후에는 수수료 환불이 불가합니다.
실기시험 접수기간	○○○○년 ○○월 ○○일 09 : 00 ~ ○○○○년 ○○월 ○○일 18 : 00
기타사항	

◎ 선택과목 : 필기시험(해당없음)
◎ 면제과목 : 필기시험(해당없음)

◎ 장애 여부 및 편의요청 사항 : 해당없음 / 없음
　(장애 응시 편의사항 요청자는 원서접수 기간 내에 장애인 수첩 등 관련증빙서류를 응시 시험장 관할 지부(사)에 제출하여야 함)
　※ 장애인 수험자 편의제공은 관련증빙서류 심사결과에 따라 달라질 수 있음

견 본

제　　회
국가기술자격검정 기술사 필기시험 답안지(제　　교시)

○　　○　　○

※ 10권 이상은 분철(최대 10권 이내)

자격종목 　　　　　

답안지 작성시 유의사항

1. 답안지는 총 7매(14면)이며 교부받는 즉시 매수, 페이지 등 정상 여부를 반드시 확인하고 1매라도 분리되거나 훼손하여서는 안 됩니다.
2. 시행회, 자격종목, 수험번호, 성명을 정확하게 기재하여야 합니다.
3. 수험자 인적사항 및 답안 작성은 반드시 흑색 또는 청색 필기구 중 한 가지 필기구만을 계속 사용하여야 하며 연필, 굵은 사인펜, 기타 유색 필기구 등으로 작성된 답안은 0점 처리됩니다.
4. 답안 정정시에는 두줄(=)을 긋고 다시 기재 가능하며, 수정테이프(액) 등을 사용했을 경우 채점상의 불이익을 받을 수 있으므로 사용하지 마시기 바랍니다.
5. 답안지에 답안과 관련없는 특수한 표시, 특정인임을 암시하는 답안은 0점 처리됩니다.
6. 답안 작성시 홈(구멍)이나 도형 등 그림이 없는 직선자(템플릿 사용금지)만 사용할 수 있으며, 지정 도구 외의 자를 사용할 시에는 불이익을 받을 수 있습니다.
7. 문제의 순서에 관계없이 답안을 작성하여도 되나 주어진 문제번호와 문제를 기재한 후 답안을 작성하고 전문용어는 원어로 기재하여도 무방합니다.
8. 요구한 문제수보다 많은 문제를 답하는 경우 기재순으로 요구한 문제수까지 채점하고 나머지 문제는 채점대상에서 제외됩니다.
9. 답안 작성시 답안지 양면의 페이지 순으로 작성하시기 바랍니다.
10. 기 작성한 문항전체를 삭제하고자 할 경우 반드시 해당 문항의 답안 전체에 대하여 명확하게 ×표시(×표시 한 답안은 채점대상에서 제외) 하시기 바랍니다.
11. 시험 시간이 종료되면 즉시 답안 작성을 멈춰야 하며, 종료 시간 이후 계속 답안을 작성하거나 감독위원의 답안 제출 지시에 불응할 때에는 채점대상에서 제외될 수 있습니다.
12. 각 문제의 답안 작성이 끝나면 "끝"이라고 쓰고 다음 문제는 두 줄을 띄워 기재하여야 하며 최종 답안 작성이 끝나면 그 다음 줄에 "이하여백"이라고 써야 합니다.
13. 비번호란은 기재하지 않습니다.

※ 부정행위 처리규정은 뒷면 참조

비번호 　　　　　

한국산업인력공단

부정행위 처리규정

국가기술자격법 제10조 제4항 및 제11조에 의거 국가기술자격검정에서 부정행위를 한 응시자에 대하여는 당해 검정을 정지 또는 무효로 하고 3년간 이 법에 의한 검정에 응시할 수 있는 자격이 정지됩니다.

1. 시험중 다른 수험자와 시험과 관련된 대화를 하는 행위
2. 답안지를 교환하는 행위
3. 시험중에 다른 수험자의 답안지 또는 문제지를 엿보고 자신의 답안지를 작성하는 행위
4. 다른 수험자를 위하여 답안을 알려주거나 엿보게 하는 행위
5. 시험중 시험문제 내용과 관련된 물건을 휴대하여 사용하거나 이를 주고 받는 행위
6. 시험장 내외의 자로부터 도움을 받고 답안지를 작성하는 행위
7. 사전에 시험문제를 알고 시험을 치른 행위
8. 다른 수험자와 성명 또는 수험번호를 바꾸어 제출하는 행위
9. 대리시험을 치르거나 치르게 하는 행위
9의2. 수험자가 시험 시간중에 통신기기 및 전자기기[휴대용 전화기, 휴대용 개인 정보 단말기(PDA), 휴대용 멀티미디어 재생장치(PMP), 휴대용 컴퓨터, 휴대용 카세트, 디지털 카메라, 음성파일 변환기(MP3), 휴대용 게임기, 전자사전, 카메라 펜, 시각 표시 외의 기능이 부착된 시계]를 사용하여 답안지를 작성하거나 다른 수험자를 위하여 답안을 송신하는 행위
10. 그 밖에 부정 또는 불공정한 방법으로 시험을 치르는 행위

응시자 유의사항

1. 수험자는 수험(필기/실기시험)시부터 자격증 교부시까지 수험표를 보관하여야 하며, 필기시험 합격자는 당해 필기시험 합격자발표일로부터 2년간 필기시험을 면제받게 됩니다.
2. 시험 일시 및 장소는 수험표에 기재된 내용을 반드시 확인하여 착오가 없도록 하시기 바랍니다.
3. 수험자는 필기시험시 (1)수험표 (2)주민등록증 등 신분증 (3)흑색 또는 청색 볼펜 (4)흑색 또는 청색 싸인펜 (5)계산기 등을 지참하여 **시험시작 30분 전에 지정된 시험실에 입실완료** 하여야 합니다.
4. 기술사 필기시험 답안 작성 시 홈(구멍)이나 도형 등 그림이 없는 직선자만 사용할 수 있으며, 템플릿(모형자)은 사용하실 수 없습니다.
5. 수험자는 시험시간 중에 필기도구 및 계산기를 남에게 빌리거나 빌려주지 못하며, 계산기는 입력용량이 큰 휴대용 개인정보 단말기(PDA), 휴대용 멀티미디어 재생장치(PMP), 음성파일 변환기(MP3), 전자사전 등은 지참 또는 사용할 수 없습니다.
6. 기술자격검정을 받는 자가 검정에 관하여 부정한 행위를 한 때에는 당해 검정이 중지 또는 무효되며, 앞으로 3년간 국가기술자격검정을 받을 수 있는 자격이 정지됩니다.
7. 부정행위 방지 및 시험실 내 질서유지를 위하여 필기(필답)시험 시간 중에는 화장실 출입을 전면 금지하오니 유의하시기 바랍니다.(시험시간 1/2경과 후 퇴실가능)
8. 실기 응시자는 당해 실기시험의 발표전까지는 동일 종목의 실기시험에 중복하여 응시할 수 없습니다.

- 합격자발표(발표일 09 : 00부터), 실기시험 일자 및 장소 안내(회별 시험시작일 10일전부터) : ARS : 060-700-2009(유료), 인터넷 : http://www.Q-Net.or.kr, 개별통보 하지 않음
- 시험장에는 차량출입이 불가한 경우가 많으므로 가급적 대중교통수단을 이용하시기 바랍니다.
- 통신기기 및 전자기기를 이용한 부정행위 방지를 위해 금지물품 휴대의혹 수험자에 대해 금속탐지기를 사용하여 검색할 수 있으니 시험응시에 참고하시기 바랍니다.

수 검 번 호	성 명
감독확인	㉑

번호		

Contents

제1장 토공

제1절 일반 토공 ········· 1-12

1. 흙의 기본적 성질 ········· 1-12
2. 토질조사 ········· 1-17
3. 토공사 시공계획 및 유의사항 ········· 1-41
4. 흙의 전단강도 ········· 1-53
5. 점성토와 사질토의 특성 ········· 1-59
6. 흙의 다짐 ········· 1-76
7. 토취장과 사토장의 선정 ········· 1-101
8. 성토 비탈면의 전압방법 ········· 1-105
9. 구조물 접속부의 시공 ········· 1-108
10. 절성토 접속구간의 문제점 및 대책 ········· 1-117
11. 기존 도로의 확장 시공시 유의사항 ········· 1-123
12. 암버력으로 성토작업시 유의사항 ········· 1-127
13. 유토곡선(Mass Curve) ········· 1-133
14. 흙의 동상 ········· 1-144

제2절 연약지반 개량공법 ········· 1-152

1. 연약지반 ········· 1-152
2. Vertical Drain 공법 ········· 1-175
3. 모래말뚝공법과 모래다짐말뚝공법 ········· 1-198
4. 약액주입공법 ········· 1-204
5. 동다짐공법 ········· 1-213
6. 동치환공법 ········· 1-219
7. 항만매립공사의 지반개량 ········· 1-224
8. 심층혼합처리공법 ········· 1-229
9. 연약지반 계측관리 ········· 1-235
10. 토목섬유 ········· 1-249

제 3 절 사면안정 ·········· 1-253

1. 사면의 붕괴원인과 대책 ·········· 1-253
2. 암반사면의 안정해석 ·········· 1-283
3. 절성토 비탈면의 점검시설 ·········· 1-296

제 4 절 옹벽 및 보강토 ·········· 1-299

1. 옹벽 ·········· 1-299
2. 역 T형 옹벽과 부벽식 옹벽 ·········· 1-312
3. 옹벽의 안정조건 ·········· 1-318
4. 옹벽 배면의 침투수가 옹벽에 미치는 영향 ·········· 1-329
5. 보강토 옹벽 ·········· 1-338
6. Gabion 옹벽 ·········· 1-343
7. 석축(축대)의 붕괴원인과 대책 ·········· 1-345

제 5 절 건설기계 ·········· 1-349

1. 기계화 시공 ·········· 1-349
2. 건설기계의 종류 및 특성 ·········· 1-352
3. 토공기계의 조합 ·········· 1-363
4. 토공기계의 선정방법 ·········· 1-385
5. 건설기계경비의 구성 ·········· 1-396
6. 쇄석기의 종류 및 특징 ·········· 1-401
7. 준설선의 종류와 선정 ·········· 1-407

제 2 장 기초

제 1 절 흙막이공 ·········· 2-9

1. 흙막이공법의 종류와 특징 ·········· 2-9
2. 지하연속벽공법 ·········· 2-37
3. CIP공법과 SCW공법 ·········· 2-57
4. 흙막이벽의 시공계획과 시공시 유의사항 ·········· 2-66
5. 개착(흙파기) 공사시 발생하는 문제점 및 대책 ·········· 2-79
6. 지하배수공법 ·········· 2-105
7. 지하수에 의한 문제점 및 대책 ·········· 2-119
8. 구조물의 침하원인과 대책 ·········· 2-125

9. 흙막이공의 계측관리 ·· 2-132
10. 지하철 공사시 발생하는 환경오염 ··································· 2-138
11. Earth Anchor 공법 ··· 2-142
12. Soil Nailing 공법 ·· 2-159

제 2 절 기초공 ·· 2-165

1. 기초공법의 종류 및 특징 ··· 2-165
2. 타입공법과 현장타설말뚝 ·· 2-196
3. 말뚝박기공법 ··· 2-219
4. 시험항타 ··· 2-227
5. 말뚝이음의 종류 ··· 2-230
6. 말뚝지지력 판단방법 ·· 2-233
7. Pile 항타시 지지력 감소원인과 대책 ······························· 2-254
8. Pile의 두부파손 ·· 2-267
9. 기성 Pile의 무소음 · 무진동공법 ···································· 2-273
10. 말뚝의 부마찰력 ·· 2-276
11. 현장 콘크리트 말뚝의 종류와 특징 ································· 2-280
12. 현장타설 말뚝시공시 수중 콘크리트 타설 ························· 2-295
13. 현장타설 말뚝기초의 Slime 처리방법과 철근 공상 ············· 2-298
14. Caisson 기초 ·· 2-305
15. 우물통기초 ··· 2-315
16. 우물통기초의 침하촉진방법 ··· 2-323
17. Underpinning 공법 ·· 2-328
18. 교량의 기초공법 ·· 2-334

제 3 장   콘크리트

제 1 절 일반콘크리트 ·· 3-11

1. 콘크리트 공사의 시공계획 ·· 3-11
2. 철근공사 ··· 3-16
3. 철근의 부식원인 및 방지대책 ·· 3-38
4. 거푸집 및 동바리 실치와 해체 ······································· 3-43
5. 시멘트의 풍화 ·· 3-54
6. 골재의 함수상태 및 품질시험 ·· 3-58
7. 콘크리트 혼화재료 ··· 3-66

8. 콘크리트 시공시 품질관리 ··· 3-85
9. 레미콘의 품질확보 ·· 3-97
10. 200,000m³ 콘크리트 타설계획 ······································· 3-107
11. 레미콘의 운반 ··· 3-113
12. 콘크리트 펌프압송 ·· 3-119
13. 콘크리트 부재의 이음 ··· 3-125
14. 균열유발줄눈 ·· 3-133
15. 콘크리트의 양생 ··· 3-136
16. 콘크리트의 배합설계 ··· 3-143
17. 물시멘트비 ··· 3-158
18. 잔골재율 ·· 3-162
19. 콘크리트 시험방법 ·· 3-165
20. 콘크리트 조기강도평가 ·· 3-172
21. 콘크리트 구조물의 비파괴시험 ··································· 3-175
22. 콘크리트 구조물의 균열 원인과 방지대책 ··················· 3-178
23. 콘크리트 구조물의 균열 보수보강 대책 ······················ 3-205
24. 콘크리트 내구성 저하 원인 및 방지대책 ···················· 3-211
25. 콘크리트 염해 ·· 3-227
26. 콘크리트 중성화 ··· 3-231
27. 콘크리트 알칼리 골재반응 ··· 3-233
28. 콘크리트 건조수축 ·· 3-238
29. 콘크리트의 성질 ··· 3-244
30. Prestressed Concrete ·· 3-255
31. Prestressed Concrete의 원리 ····································· 3-261
32. PSC(Prestressed Concrete) 부재의 응력 변화 ············ 3-267
33. 콘크리트 구조물의 유지관리 ······································ 3-273
34. 콘크리트 표준시방서 ··· 3-282

제 2 절 특수콘크리트 ··· 3-285

1. 한중 콘크리트 ·· 3-285
2. 서중 콘크리트 ·· 3-290
3. Mass 콘크리트 ··· 3-295
4. 수중 콘크리트 ·· 3-304
5. 수밀 콘크리트 ·· 3-310
6. 고강도 콘크리트 ··· 3-315
7. 고성능 콘크리트 ··· 3-318

8. 유동화 콘크리트 ·· 3-324
9. 고유동 콘크리트 ·· 3-328
10. 해양 콘크리트 ··· 3-331
11. 진공 콘크리트 ··· 3-336
12. 폴리머 콘크리트 ··· 3-338
13. 중량 콘크리트(방사선차폐 콘크리트) ·· 3-340
14. 강섬유 보강 콘크리트 ··· 3-343
15. 팽창 콘크리트 ··· 3-345
16. 에코 콘크리트 ··· 3-348

제 4 장   도로

1. 아스팔트 콘크리트 포장과 시멘트 콘크리트 포장의 비교 ············· 4-6
2. 노상의 안정처리 공법 ·· 4-12
3. 아스팔트 혼합물 ··· 4-24
4. 아스팔트 혼합물의 석분 ·· 4-41
5. 아스팔트 콘크리트 포장 시공 ·· 4-46
6. 아스팔트 콘크리트 포장의 시험포장 ··· 4-53
7. 아스팔트 콘크리트 공종별 장비조합 ··· 4-58
8. 아스팔트 콘크리트 파손 원인과 대책 ··· 4-66
9. 아스팔트 콘크리트 소성변형 ·· 4-77
10. 폐아스콘 재생처리 공법 ··· 4-81
11. 시멘트 콘크리트 포장의 시공 ··· 4-87
12. 시멘트 콘크리트 포장의 줄눈 ··· 4-112
13. 시멘트 콘크리트 포장의 표면마무리와 평탄성 관리 ················· 4-116
14. 시멘트 콘크리트 포장의 파손 원인과 대책 ································ 4-128
15. 교면포장 ··· 4-136

제 5 장   교량

1. 콘크리트 교량의 가설공법 ··· 5-7
2. 3경간 연속보의 콘크리트 타설 ·· 5-13
3. ILM(압출공법) ··· 5-34
4. MSS(이동지보 공법) ·· 5-40
5. FCM(외팔보 공법) ··· 5-43
6. Precast Box Girder 공법 ··· 5-51
7. Precast Girder 공법 ·· 5-59

8. 사장교 ·· 5-74
9. 강교 가설공법 ·· 5-95
10. 강교의 가조립 공사 ·· 5-110
11. 강교의 시공순서 ·· 5-116
12. 강구조의 연결방법 ··· 5-125
13. 강재 용접 결함 ··· 5-145
14. 강재 용접 부위의 검사방법 ····································· 5-150
15. 교량의 받침 ··· 5-155
16. 교량의 교면방수 ·· 5-164
17. 교량의 붕괴원인과 대책 ·· 5-168
18. 교량의 유지관리 및 보수보강 공법 ··························· 5-173
19. 교량기초의 세굴 ·· 5-193
20. 교대의 측방유동 ·· 5-197
21. 구조물의 지진 ··· 5-211
22. 교량 기타 문제 ··· 5-220

제 6 장 터널공사

1. 터널공법 ·· 6-7
2. NATM 공법 ··· 6-35
3. 시험발파 ·· 6-65
4. 터널 굴착시 여굴 ·· 6-77
5. 제어발파공법 ·· 6-86
6. NATM 터널의 지반보강 ·· 6-108
7. 터널공사의 Shotcrete 공법 ······································ 6-131
8. NATM 터널의 Lining Concrete ······························· 6-144
9. 터널의 계측관리 ··· 6-155
10. 터널의 안전관리 ·· 6-171
11. 터널 막장의 보조보강공법 ······································· 6-182
12. 터널공사 지하수 처리방법 ······································· 6-194
13. TBM(Tunnel Boring Machine) 공법 ······················· 6-205
14. Shield 공법 ·· 6-211
15. 무소음 무진동 암파쇄공법 ······································· 6-220
16. 암반 ·· 6-227

제 7 장　댐공사

1. 댐의 종류 ··· 7-5
2. 콘크리트댐의 가설비 공사 ·· 7-9
3. 중력식 콘크리트댐 ·· 7-13
4. Fill Dam의 시공계획 ·· 7-23
5. 표면 차수벽형 석괴댐 ··· 7-44
6. 댐의 유수전환방식 ·· 7-50
7. 댐의 기초처리공법 ·· 7-58
8. Fill Dam의 누수 원인과 대책 ······································ 7-71
9. RCCD(Roller Compacted Concrete Dam) ··················· 7-79

제 8 장　항만공사

1. 직립식 방파제 ··· 8-4
2. Caisson식 혼성 방파제 ··· 8-9
3. 항만 구조물의 기초사석 ··· 8-13
4. Caisson 진수공법 ·· 8-23
5. 안벽의 시공 ··· 8-30
6. 가물막이 공법 ··· 8-43
7. 방조제 공사시 최종 물막이 공법 ································· 8-48
8. 매립공사시 해양준설투기방법 ······································ 8-51
9. 해저 Pipe Line의 부설방법 ·· 8-54

제 9 장　하천공사

1. 호안공의 종류 ··· 9-4
2. 하천제방의 누수 원인과 방지대책 ······························· 9-16
3. 하천 홍수 재해 방지대책 ··· 9-41
4. 지하에 매설되는 암거의 기초형식 ······························· 9-64
5. Pipe Jacking 공법 ··· 9-68
6. 하수관거의 정비공사 ·· 9-78

제 10 장 총론

제 1 절 계약제도 ······ 10-9

1. 공사 계약형식 ······ 10-9
2. 공동계약 ······ 10-14
3. Fast Track Method ······ 10-16
4. SOC(Social Overhead Capital) ······ 10-19
5. 신기술 지정제도 ······ 10-27
6. 건설공사 입찰방법 ······ 10-31
7. 건설공사 낙찰제도 ······ 10-36
8. 계약금액 조정방법 ······ 10-38
9. 사업수행 능력평가 및 기술제안서 ······ 10-48

제 2 절 공사관리 ······ 10-53

1. 시공계획시 사전조사 ······ 10-53
2. 건설공사 시공계획 ······ 10-57
3. 건설업의 공사관리 ······ 10-69
4. 건설사업의 위험도관리 ······ 10-72
5. 건설감리제도 ······ 10-76
6. CM(Construction Management)제도 ······ 10-82
7. 부실시공의 원인과 방지대책 ······ 10-92
8. 품질관리 ······ 10 103
9. 품질관리 순서 ······ 10-108
10. 품질관리 7가지 도구 ······ 10-112
11. 원가관리 ······ 10-119
12. 실적공사비적산제도 ······ 10-128
13. VE(Value Engineering) ······ 10-134
14. LCC(Life Cycle Cost) ······ 10-137
15. 안전관리 ······ 10-140
16. 장마철 대형 공사장 점검사항 ······ 10-151
17. 건설공해 ······ 10-154
18. 건설공사에서 소음과 진동 ······ 10-164
19. 구조물의 해체공법 ······ 10-168
20. 폐콘크리트의 재활용 방안 ······ 10-174
21. 쓰레기 매립장의 침출수 억제대책 ······ 10-178

제3절 시공의 근대화 ··· 10-181

   1. ISO(국제표준화기구) 인증제도 ································· 10-181
   2. 건설 클레임 ··· 10-186
   3. 건설 CALS ·· 10-190
   4. WBS(Work Breakdown Structure) ··························· 10-196
   5. GIS(Geographic Information System) ····················· 10-199
   6. 국가 DGPS 서비스 시스템 ·································· 10-202
   7. 가상건설시스템 ·· 10-204
   8. 유비쿼터스(Ubiquitous) ·· 10-205
   9. BIM(Buildig Information Modeling) ······················· 10-207
  10. 건설자동화 ·· 10-210

제4절 공정관리 ··· 10-212

   1. 공정관리 기법 ·· 10-212
   2. Network 공정표의 작성요령 ································ 10-224
   3. 공기 단축기법 ·· 10-236
   4. 자원 배분 ··· 10-245
   5. 진도관리(Follow Up) ·· 10-248
   6. 공정과 공사비 통합관리 체계 ······························· 10-251

상세 목차

제1장 제1절 일반 토공

1	흙의 기본적 성질		페이지
	1-1. 상대밀도	[00중, 10점]	1-12
	1-2. 모래밀도별 N값과 내부마찰각의 상관관계	[04중, 10점]	
	1-3. 흙의 연경도(Consistency)	[03중, 10점]	1-15
	1-4. 흙의 연경도(Consistency)	[10전, 10점]	
	1-5. Atterberg 한계	[05후, 10점]	
	1-6. Atterberg Limits(아터버그 한계)	[08전, 10점]	
	1-7. 흙의 소성지수(Plasticity Index)	[01중, 10점]	
2	토질조사		페이지
	2-1. 대절토, 성토시 착공전 준비 및 조사해야 할 사항	[95후, 25점]	1-17
	2-2. 기초공사를 위한 사전지반조사	[00중, 25점]	
	2-3. 대단위 토공 공사시 현장조사의 종류 및 조사목적과 수행시 유의사항	[05전, 25점]	
	2-4. 토공사에 필요한 토질조사 및 시험	[97전, 30점]	
	2-5. 노선공사(도로 또는 철도)의 최대 절토구간에서 최적 공법선정을 위한 사항 　　1) 조사와 현장시험　　2) 선택할 공법과 그 이유	[94전, 50점]	
	2-6. 도로공사에서 절토구간을 친환경적으로 시공시 착공전 준비사항과 착공 후 조치사항	[07후, 25점]	1-24
	2-7. GPR(Ground Penetrating Radar) 탐사	[09중, 10점]	1-27
	2-8. GPR(Ground Penetrating Radar) 탐사	[04후, 10점]	
	2-9. Sounding	[99전, 20점]	1-28
	2-10. 표준관입시험(SPT)	[09후, 10점]	1-30
	2-11. N값의 수정(수정 N치)	[01중, 10점]	
	2-12. N값의 수정	[08중, 10점]	
	2-13. 표준관입시험에서의 N치 활용법	[02중, 10점]	
	2-14. 내부마찰각과 N값의 상관관계	[10후, 10점]	
	2-15. 콘관입시험	[07전, 10점]	1-33
	2-16. 기초시공지반의 하층부가 연약점토층으로 구성된 이질층 지반에서 평판재하시험시 고려사항	[03전, 25점]	1-35
	2-17. 평판재하시험	[95전, 20점]	
	2-18. 평판재하시험	[01전, 10점]	
	2-19. 평판재하시험	[03후, 10점]	
	2-20. 평판재하시험 결과 이용시 주의사항	[09전, 10점]	
	2-21. 평판재하시험 적용시 유의사항	[11후, 10점]	
	2-22. CBR의 정의	[94후, 10점]	1-39
	2-23. CBR(California Bearing Ratio)	[10전, 10점]	
	2-24. CBR과 N치와의 관계	[98후, 20점]	
3	토공사 시공계획 및 유의사항		페이지
	3-1. 대단위 단지조성공사의 토공계획시 사전조사 사항 및 시공계획 수립시 유의사항	[04중, 25점]	1-41
	3-2. 대규모 단지 토공에서 착공전에 조사하여야 할 사항	[96후, 25점]	
	3-3. 도로 및 단지조성 공사착공시 책임기술자로서 시공계획과 유의사항	[02후, 25점]	
	3-4. 대규모 단지조성 공사시 건설관련 개별법이 정한 사업준공과 목적물 인계인수를 위한 분야별 조치사항	[08후, 25점]	1-47
	3-5. 트래버스(Traverse) 측량	[07전, 10점]	1-51

4	흙의 전단강도		페이지
	4-1. 토질에 따른 전단강도의 특성 및 현장적용시 고려해야 할 사항	[95후, 35점]	
	4-2. 점토지반과 모래지반의 전단특성	[96후, 20점]	1-53
	4-3. 내부마찰각과 안식각	[02전, 10점]	
5	점성토와 사질토의 특성		페이지
	5-1. 점질토와 사질토의 특성 및 특히 함수비가 높은 점성토인 경우의 대책	[96후, 25점]	1-59
	5-2. 성토재료로서 사질토와 점성토의 공학적 특성	[97후, 30점]	
	5-3. 액상화검토대상 토층과 발생 예측기법, 불안정시 원인별 처리공법	[10후, 25점]	
	5-4. 액상화(Liquefaction)	[02중, 10점]	1-63
	5-5. 흙의 액상화(Liquefaction)	[10전, 10점]	
	5-6. Bulking(부풀음) 현상	[00후, 10점]	1-66
	5-7. 점토의 예민비	[06전, 10점]	
	5-8. Thixotropy 현상	[06후, 10점]	1-68
	5-9. Thixotropy 현상(예민비)	[09전, 10점]	
	5-10. Slaking 현상	[05전, 10점]	1-70
	5-11. 통일분류법에 의한 흙의 성질	[05전, 10점]	
	5-12. 흙의 통일분류법	[11중, 10점]	
	5-13. 다음 그림은 도로현장에서 성토용 재료를 사용하기 위하여 작성한 입도분석곡선이다. 책임기술자로서 각 곡선 A, B, C 시료에서 예측 가능한 흙의 성질	[06전, 25점]	1-71

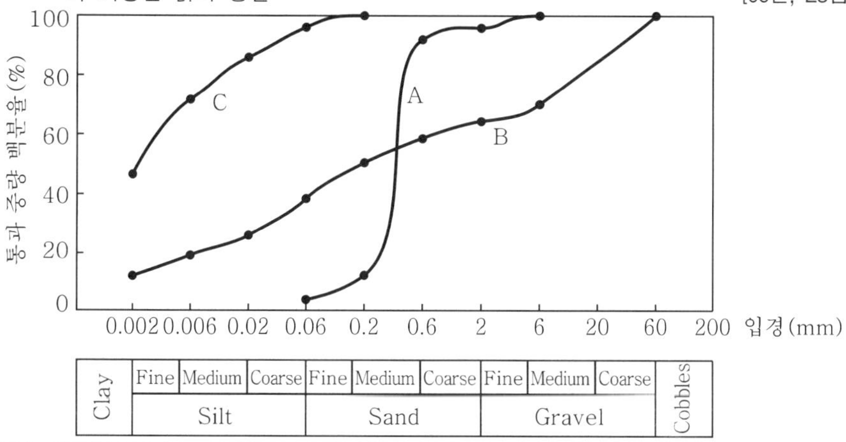

6	흙의 다짐		페이지
	6-1. 흙의 다짐원리	[01중, 10점]	1-76
	6-2. 흙의 다짐원리	[11후, 10점]	
	6-3. 흙의 다짐특성	[02후, 10점]	
	6-4. 최적함수비(OMC)	[00중, 10점]	1-78
	6-5. 최적함수비	[02전, 10점]	
	6-6. 최적함수비(OMC)	[05전, 10점]	
	6-7. 최적함수비(OMC)	[07중, 10점]	
	6-8. 최적함수비(OMC)	[08중, 10점]	
	6-9. 최적함수비(OMC)	[11전, 10점]	
	6-10. 흙의 최대 건조밀도	[07후, 10점]	
	6-11. 영공기 간극곡선	[05중, 10점]	
	6-12. 과전압(Over Compaction)	[01중, 10점]	1-81
	6-13. 흙의 다짐도	[05중, 10점]	1-82
	6-14. 들밀도시험(Field Desity)	[03중, 10점]	1-83
	6-15. 토공 다짐효과에 영향을 미치는 요인과 다짐효과를 증대시키는 방안	[00전, 25점]	1-84
	6-16. 도로성토시 다짐에 영향을 미치는 요인과 현장에서 다짐관리 방법	[06후, 25점]	
	6-17. 도로포장공사에서 흙의 다짐도 관리(품질관리측면)	[10전, 25점]	
	6-18. 토공작업시 시방서에 다짐제한을 두는 이유와 다짐관리 방법	[03후, 25점]	
	6-19. 대단위 성토공사시 성토공사의 조사내용과 안정성 및 취급성	[11중, 25점]	
	6-20. 성토재료의 요구성질과 현장 다짐방법 및 판정방법	[03중, 25점]	
	6-21. 흙쌓기 다짐공에서 다짐도 판정하는 방법	[02전, 25점]	
	6-22. 다짐도 판정	[98중후, 20점]	
	6-23. 다짐도 판정방법	[08전, 10점]	
	6-24. 토공의 다짐도 판정방법	[11후, 10점]	
	6-25. 토공정규	[97중후, 20점]	1-92
	6-26. 자동차의 대형화와 교통량 증가로 도로구조의 지지력 증대에 대한 시공관리와 성토다짐작업	[05후, 25점]	1-95
	6-27. 도로공사 노체나 철도공사 노반의 성토구조물을 시공할 때 설계시 고려사항 및 성토관리	[04중, 25점]	
7	토취장과 사토장의 선정		페이지
	7-1. 토취장 선정요건	[97전, 20점]	1-101
	7-2. 토취장의 선정요령과 복구	[02후, 25점]	
	7-3. 토공사에서 성토재료의 선정요령	[11후, 25점]	
	7-4. 사토장 선정시 고려사항과 현장에서 문제점이 되는 사항에 대한 대책	[07중, 25점]	
8	성토 비탈면의 전압방법		페이지
	8-1. 성토 비탈면의 전압방법의 종류 및 특징	[01후, 25점]	1-105
9	구조물 접속부의 시공		페이지
	9-1. 도로공사에서 구조물 접속구간의 부등침하의 원인과 방지대책	[96후, 50점]	1-108
	9-2. 성토시 구조물 접속부의 부등침하 방지대책	[08중, 25점]	
	9-3. 교대 및 암거 등의 구조물과 토공접속부에서 발생하는 단차의 원인과 원인별 방치공법	[10후, 25점]	
	9-4. 구조물과 성토의 접속부 시공에 대해 고려할 사항	[94전, 30점]	
	9-5. 구조물 뒤채움의 다짐방법	[96전, 30점]	
	9-6. 구조물 뒤채움의 시공원칙	[97중후, 33점]	
	9-7. 단지조성시 성토후 재터파기하여 지하시설물을 시공하는 방법과 성토전 지하시설물을 먼저 시공하고 되메우기하는 방법	[08후, 25점]	1-114
10	절성토 접속구간의 문제점 및 대책		페이지
	10-1. 편절, 편성구간의 경계부에 균열 등의 하자 발생원인과 방지대책	[94후, 50점]	1-117
	10-2. 토공사시 절성토 접속구간에 발생 가능한 문제점과 해결대책	[02중, 25점]	
	10-3. 경사면에 축조되는 반절토, 반성토 단면의 노반축조시 유의사항	[99후, 30점]	

11	기존 도로의 확장 시공시 유의사항		페이지
	11-1. 도로확장(확폭) 구조물의 시공시 유의사항	[97중전, 50점]	1-123
	11-2. 콘크리트 포장구간에서 교량폭의 확장공사중 발생하는 접속 슬래브의 처짐 및 가시설부 변위대책	[08전, 25점]	
12	암버력으로 성토작업시 유의사항		페이지
	12-1. 도로공사 암굴착으로 발생한 버력을 성토재료로 사용할 때 시공 및 품질관리 기준	[01중, 25점]	1-127
	12-2. 도로공사에서 암버력을 유용하여 성토작업시 유의사항	[08전, 25점]	
	12-3. 암버력으로 쌓기하는 부분의 시공상 유의점	[95중, 33점]	
	12-4. 암성토시 시공상의 유의사항	[04후, 25점]	
	12-5. 노체성토부위의 배수대책	[02후, 10점]	1-131
13	유토곡선(Mass Curve)		페이지
	13-1. 토공사에서 토량배분방법	[96중, 30점]	1-133
	13-2. 토공작업시 토량분배방법	[03후, 25점]	
	13-3. 단지조성시 단지내에서의 평면상 토량배분계획의 수립 방법	[07후, 25점]	
	13-4. 대규모 토공사에서 토공계획 수립시 유토곡선 작성 및 운반장비 선정방법	[02중, 25점]	1-136
	13-5. 토적곡선의 성질과 토적곡선의 작성시 유의사항	[00전, 25점]	
	13-6. 토적곡선(유토곡선)의 약도 및 성질	[94전, 40점]	
	13-7. 유토곡선의 성질과 이용방안	[96후, 25점]	
	13-8. 유토곡선에 의한 평균이동거리 산출요령과 활용상 유의사항	[11후, 25점]	
	13-9. 토공균형곡선 및 소요 성토재료를 현장반입하기까지의 검토사항	[01중, 25점]	
	13-10. Mass Curve(토적도)	[97중전, 20점]	
	13-11. 유토곡선(Mass Curve)	[06후, 10점]	
	13-12. 유토곡선(Mass Curve)	[11중, 10점]	
	13-13. 유토곡선(Mass Curve)의 극대치와 극소치	[94후, 10점]	
	13-14. 토량환산계수	[00전, 10점]	1-142
	13-15. 토량환산계수	[02중, 10점]	
	13-16. 토량환산계수	[10후, 10점]	
	13-17. 토량의 체적환산계수(f)	[05중, 10점]	
	13-18. 토량환산에서 L값과 C값	[94후, 10점]	
14	흙의 동상		페이지
	14-1. 도로지반의 동상의 원인과 대책	[04전, 25점]	1-144
	14-2. 지반동상(Frost Heaving)의 발생원인과 방지대책	[11전, 25점]	
	14-3. 해빙기, 시멘트 콘크리트 도로포장의 융기현상과 침하현상의 발생원인과 방지대책	[03전, 25점]	
	14-4. 흙의 동상	[96전, 20점]	
	14-5. 동결깊이	[00중, 10점]	
	14-6. 동결심도의 산출방법	[95중, 20점]	
	14-7. 동결심도 결정방법	[02중, 10점]	
	14-8. Ice Lense 현상	[02전, 10점]	
	14-9. 흙의 동결이 토목구조물에 미치는 영향	[98전, 30점]	
	14-10. 흙의 동해가 토목구조물에 미치는 영향	[95후, 25점]	
	14-11. 도로지반의 동상(Frost Heave) 및 융해(Thawing)	[05전, 10점]	1-150

제1장 제2절 연약지반 개량공법

1	연약지반		페이지
	1-1. 연약지반의 정의와 판단기준	[07후, 10점]	1-152
	1-2. 연약지반 개량공법 선정기준	[98중후, 20점]	
	1-3. 연약지반의 개량공법	[96전, 40점]	1-154
	1-4. 점토층 두께에 따른 경제성을 고려한 적정한 지반개량공법의 종류와 각 공법들의 장·단점	[97중전, 50점]	
	1-5. 사질토지반에 적용될 수 있는 연약지반 개량공법 및 특징	[02후, 25점]	
	1-6. 진동다짐(Vibro-Floatation)공법	[07전, 10점]	
	1-7. 압성토공법	[02전, 10점]	
	1-8. 압성토공법	[09중, 10점]	
	1-9. 진공압밀공법	[02전, 10점]	
	1-10. 연약지반 성토에서 제거치환공법	[96중, 30점]	1-162
	1-11. 항만공사에서 두꺼운 연약지반층을 모래로 굴착치환할 경우 예상되는 문제점과 그 대책	[98중후, 30점]	
	1-12. 연약지반 치환공법	[97후, 20점]	
	1-13. 폭파치환공법	[09전, 10점]	
	1-14. 연약지반 개량공법의 종류와 압밀촉진공법에 의한 연약지반의 처리순서 및 목적과 계측방법	[08전, 25점]	1-167
	1-15. 고속철도 노선이 통과하는 연약지반 심도별 대책 및 적용공법	[09후, 25점]	1-170
2	Vertical Drain 공법		페이지
	2-1. 연직배수공법과 시공시 유의사항	[09전, 25점]	1-175
	2-2. 팩 드래인 공법의 품질관리를 위한 현장점검사항과 시공시 유의사항	[04후, 25점]	1-179
	2-3. Pack Drain 공법 시공시 예상되는 문제점과 대책	[07중, 25점]	
	2-4. Packed Drain Mathod의 시공순서	[03중, 10점]	
	2-5. Pack Drain	[99전, 20점]	
	2-6. 연직배수재(PBD)의 통수능력과 통수능력에 영향을 미치는 요인	[11중, 25점]	1-184
	2-7. PBD(Plastic Board Drain) 공법의 시공시 유의사항	[09후, 25점]	
	2-8. Vertical Drain 공법 및 Preloading 공법의 원리와 Vertical Drain 공법의 압밀시간이 현저히 단축되는 이유	[95중, 33점]	1-189
	2-9. 연약지반개량을 위한 선행재하(Preloading)	[94후, 10점]	1-193
	2-10. Pre-loading	[03전, 10점]	
	2-11. 선재하(Pre-loading) 압밀공법	[11전, 10점]	
	2-12. 점성토지반의 교란효과(Smear Effect)	[06중, 10점]	1-195
	2-13. 한계성토고	[05전, 10점]	1-196
3	모래말뚝공법과 모래다짐말뚝공법		페이지
	3-1. Sand Compaction Pile 공법과 Sand Drain Pile 공법의 비교	[00중, 25점]	1-198
	3-2. 모래말뚝공법과 모래다짐말뚝공법의 비교 및 시공시 유의사항	[05후, 25점]	
	3-3. 샌드 파일 공법의 시공시 장비의 유지관리와 안전시공 방안	[05전, 25점]	
	3-4. 해상구조물 기초공으로 샌드 콤팩션 파일 공법의 시공시 유의사항	[98후, 30점]	
	3-5. SCP(Sand Compaction Pile)	[10후, 10점]	

4	약액주입공법		페이지
	4-1. 약액주입공법의 종류별 시공 및 환경관리 항목과 시공계획서 작성시 유의사항 [10후, 25점] 4-2. 도심지 지하굴착작업에서 약액주입공법 선정시 시공관리항목 [06후, 25점] 4-3. 약액주입공법중 LW(불안정 물유리) 공법 [96중, 20점]		1-204
	4-4. 연약지반에서 고압분사주입공법의 종류와 특징 [11전, 25점]		1-210
5	동다짐공법		페이지
	5-1. 동다짐공법의 개요와 시공계획 [98중후, 40점] 5-2. 동다짐(=동압밀) 공법에 대하여 약술하고 시공관리상 유의사항 [95전, 33점] 5-3. 동압밀공법(Dynamic Consolidation) [99후, 20점] 5-4. 동다짐(Dynamic Compaction) [96전, 20점]		1-213
6	동치환공법		페이지
	6-1. 연약지반 개량공법중 동다짐(동치환 위주) [00중, 25점]		1-219
7	항만매립공사의 지반개량		페이지
	7-1. 항만매립공사에 적용하는 지반개량공법의 종류와 내용 [07전, 25점] 7-2. 준설매립공사시 초기장비 진입을 위한 표층처리공법의 종류 및 그 적용성 [05전, 25점]		1-224
8	심층혼합처리공법		페이지
	8-1. 해수면을 매립한 연약지반 위에 대형 지하탱크 건설시 굴착 및 지반안정을 위한 공법 및 시공시 유의사항 [05중, 25점] 8-2. 해양구조물 공사시 깊은 연약지반개량의 DCM 공법과 시공시 유의사항과 환경오염대책 [07중, 25점] 8-3. 심층혼합처리(Deep Chemical Mixing) 공법 [11전, 10점] 8-4. 고압분사 교반주입공법 중에서 RJP(Rodin Jet Pile) 공법 [02후, 10점]		1-229
9	연약지반 계측관리		페이지
	9-1. 연약지반 계측관리의 수립, 문제점 및 대책 [97중후, 33점] 9-2. 연약지반 성토작업시 계측관리를 침하와 안정관리로 구분하여 목적과 방법 [06전, 25점] 9-3. 연약지반에서 구조물 공사시 계측시공 관리계획 [04중, 25점] 9-4. 압밀침하에 의한 연약지반 개량 현장에서 시공관리를 위한 계측의 종류와 방법 [11전, 25점]		1-235
	9-5. 연약점토층의 1차 및 2차 압밀 [96전, 20점] 9-6. 연약지반 치리공법 적용에 따른 침하입밀도 관리방법 [98중선, 20섬]		1-241
	9-7. 압밀과 다짐의 차이 [04후, 10점]		1-245
	9-8. 과소압밀(Under Consolidation) 점토 [09후, 10점]		1-247
10	토목섬유		페이지
	10-1. 토목섬유(Geosynthetics)의 종류, 특징 및 기능과 시공시 유의사항 [04후, 25점]		1-249

제1장 제3절 사면안정

1	사면의 붕괴원인과 대책		페이지
	1-1. 사면붕괴의 원인 및 대책공법	[98후, 40점]	
	1-2. 흙쌓기 비탈면의 붕괴원인과 대책	[95후, 25점]	
	1-3. 대절성토 구간의 사면붕괴원인과 대책	[97중후, 33점]	
	1-4. 대규모 사면붕괴원인과 대책공법	[99후, 40점]	
	1-5. 절토비탈면의 붕괴원인과 대책	[00전, 25점]	
	1-6. 절토사면의 붕괴원인과 대책	[04중, 25점]	
	1-7. 절토사면의 붕괴원인과 대책	[07중, 25점]	
	1-8. 대절토사면의 시공시 붕괴원인과 파괴형태 및 방지대책	[09전, 25점]	
	1-9. 집중호우시 발생되는 사면붕괴의 원인과 대책	[11후, 25점]	
	1-10. 표준구배로 되어 있는 사면의 붕괴원인 및 대책	[10중, 25점]	1-253
	1-11. 인공사면과 자연사면을 구분하고, 자연사면의 붕괴원인과 대책	[00후, 25점]	
	1-12. 자연사면의 붕괴원인 및 파괴형태와 사면안정대책	[06후, 25점]	
	1-13. 해빙기 산악지 국도에서 폭 150m, 사면높이 60m의 산사태가 발생시 붕괴원인 및 방지대책	[08전, 25점]	
	1-14. 산사태 원인	[97후, 20점]	
	1-15. Land Creep	[02전, 10점]	
	1-16. 랜드 크리프(Land Creep)	[10전, 10점]	
	1-17. 사면보호공법의 종류	[03전, 25점]	
	1-18. 구조물에 의한 비탈보호공법들	[96중, 35점]	
	1-19. Seed Spray에 의한 법면보호	[95중, 20점]	
	1-20. 비탈면 붕괴억제공법의 종류 및 시공시 유의 사항	[07전, 25점]	1-261
	1-21. 사면안정공법중 억지말뚝공법의 역할과 시공시 주의사항	[08전, 25점]	1-264
	1-22. 절취사면의 안정과 유지관리에 유리한 환경친화적인 조치방법	[08후, 25점]	1-267
	1-23. 절취사면에서 소단을 설치하는 이유와 사면의 정밀조사와 사면안정 분석을 하는 경우	[11후, 25점]	
	1-24. 물이 비탈면의 안정성 저하 또는 붕괴의 원인이 되는 이유 및 비탈면이나 흙구조물에서 발생하는 사례 한 가지	[03후, 25점]	1-271
	1-25. 집중호우시 발생하는 토석류(Debris Flow) 산사태 피해의 원인 및 대책	[09후, 25점]	1-275
	1-26. 땅깎기 비탈면에서 정밀안정검토가 요구되는 현장조건과 사면붕기 예방 안정대책	[09중, 25점]	1-278
	1-27. 대사면 절토공사 현장에서 사면붕괴예방을 위한 사전조치	[05전, 25점]	
	1-28. 사면거동 예측방법	[06후, 10점]	1-280
	1-29. 사면붕괴 사전예측시스템	[08전, 25점]	
2	암반사면의 안정해석		페이지
	2-1. 암반사면의 안정해석방법과 그 보강대책	[95전, 34점]	
	2-2. 기시공된 암반사면의 안정성 검토를 한계평형해석으로 검토하는 방법	[99중, 30점]	
	2-3. 대절토 암반사면 시공시 붕괴원인과 파괴유형 및 방지대책	[11중, 25점]	
	2-4. 암반비탈면의 파괴형태와 사면안정을 위한 대책공법	[05중, 25점]	1-283
	2-5. 균열과 절리가 발달된 암석사면의 안정을 위한 대책공법	[96후, 25점]	
	2-6. 사면안정해석에서 평사투영법의 현장적용시 장단점	[06후, 25점]	
	2-7. 평사투영법	[05중, 10점]	
	2-8. 낙석방지공	[02후, 10점]	1-291
	2-9. 암반 대절토사면 시공시 유의사항 및 공사관리에 필요한 사항	[99후, 30점]	1-293
3	절성토 비탈면의 점검시설		페이지
	3-1. 절성토 비탈면의 점검시설 설치의 중요성 및 특징	[00후, 25점]	1-296

상세 목차 **27**

제1장 제4절 옹벽 및 보강토

1	옹벽	페이지
	1-1. 옹벽($H=10m$) 시공시 안전성을 고려한 시공단계별 유의사항 [05전, 25점] 1-2. 동절기 성토부 콘크리트 옹벽구조물 설치시 사전검토사항과 시공시 주의사항 [06전, 25점]	1-299
	1-3. 철근콘크리트 옹벽의 벽체의 수직미세균열의 원인과 방지대책 [01중, 25점]	1-303
	1-4. 정지토압 [95중, 20점]	1-308
2	역 T형 옹벽과 부벽식 옹벽	페이지
	2-1. 역 T형 옹벽과 부벽식 옹벽의 설계 및 시공상의 특징 비교 [95중, 33점] 2-2. 역 T형 옹벽의 주철근, 부철근, 배력철근을 표시하고 기능 설명 [00중, 25점] 2-3. 역 T형 옹벽과 부벽식 옹벽의 단면도에 주철근 표시 [95후, 25점] 2-4. 부벽식 옹벽의 주철근 배근방법과 시공시의 유의사항 [02전, 25점] 2-5. 뒷부벽식 옹벽에서 벽체와 부벽의 주철근 배근개략도 [10중, 25점]	1-312
3	옹벽의 안정조건	페이지
	3-1. 옹벽의 안정 및 시공시 유의사항 [98중전, 50점] 3-2. 옹벽의 안정조건을 열거하고, 전단키를 뒷굽쪽으로 설치하면 전단저항력이 증대되는 이유 [98중후, 30점] 3-3. 역 T형(Cantileber형) 옹벽의 안정조건 및 전단키 설치목적과 저항력이 증대되는 이유 [01후, 25점] 3-4. 옹벽의 안정조건 [00전, 10점] 3-5. 도로교 교대 시공시 필요한 안정조건과 안정조건이 불충분할 경우 조치해야 할 사항 [07후, 25점]	1-318
	3-6. 기존 옹벽 상단부분의 기울어짐에 대한 보강대책 [08후, 25점]	1-326
4	옹벽 배면의 침투수가 옹벽에 미치는 영향	페이지
	4-1. 침투수가 옹벽에 미치는 영향 및 배수대책 [08중, 25점] 4-2. 옹벽 배면 침투수가 옹벽에 미치는 영향 및 침투수 처리시 시공시 유의사항 [10전, 25점] 4-3. 옹벽 배면의 침투수가 옹벽에 미치는 영향 [08전, 10점] 4-4. 옹벽 배면의 배수처리방법과 뒤채움 재료의 영향 [03후, 25점] 4-5. 콘크리트 옹벽 시공시 배면의 배수가 필요한 이유와 배면 배수방법 [04후, 25점]	1-329
	4-6. 여름철 호우시 옹벽붕괴의 원인과 대책을 뒤채움 재료가 양질인 경우와 점성토인 경우로 비교설명 [05후, 25점]	1-334
5	보강토 옹벽	페이지
	5-1. 보강토 옹벽 시공시 간과하기 쉬운 문제점 [08전, 25점] 5-2. 보강토 옹벽에서 발생되는 균열의 원인 및 방지대책 [10후, 25점] 5-3. 도심지 인터체인지에 활용되는 연성벽체로서 기초처리가 간단하고 내진에도 강한 옹벽 [04전, 25점] 5-4. 보강토공 [97중후, 20점] 5-5. 보강토공법 [02중, 10점]	1-338
6	Gabion 옹벽	페이지
	6-1. Gabion 옹벽의 특징과 시공방법 [97중후, 33점]	1-343
7	석축(축대)의 붕괴원인과 대책	페이지
	7-1. 축대붕괴의 원인과 대책 [96중, 35점] 7-2. 석축옹벽(擁壁)의 붕괴원인과 방지대책 [01전, 25점]	1-345

제1장 제5절 건설기계

1	기계화 시공		페이지
	1-1. 기계화 시공계획 수립순서 및 내용(건설기계 운영관리 중심으로 설명) [08중, 25점] 1-2. 기계화 시공계획 순서와 그 내용 [01전, 25점]		1-349
2	건설기계의 종류 및 특성		페이지
	2-1. Shovel계 장비의 종류와 적용	[96후, 20점]	1-352
	2-2. 불도저(Bulldozer)의 작업원칙 2-3. 불도저의 작업원칙	[94후, 10점] [97후, 20점]	1-354
	2-4. 성토용 다짐장비의 종류 및 용도상의 특징 2-5. 일반토사의 흙쌓기에서 현장다짐관리 및 사용되는 다짐기계 2-6. 흙의 다짐원리 및 흙의 종류에 따른 다짐장비의 선정과 그 이유 2-7. 성토다짐관리에서 특기할 사항과 토질별 다짐기계 2-8. 진동식 Roller를 이용하는 공종 및 효과적으로 이용될 여건	[95중, 33점] [95후, 30점] [94후, 40점] [94전, 50점] [94전, 30점]	1-356
3	토공기계의 조합		페이지
	3-1. 대규모 임해공단 조성시 토공사의 장비계획 3-2. 단지 토공사에서의 건설기계의 조합원칙과 기종선정의 방법 3-3. 도로공사시 토공기종을 선정할 때 우선적 고려사항 3-4. 대단위 토공사시 사전조사사항과 장비선정 및 조합시 고려사항 3-5. 산악지형 토공작업에서 시공에 필요한 장비조합과 시공능률 향상방안 3-6. 대규모 토공작업시 합리적인 장비조합 계획과 시공시 검토 사항 3-7. 절·성토시 건설기계의 조합 및 기종선정 방법 3-8. 건설기계의 조합원칙	[98전, 50점] [00후, 25점] [04후, 25점] [03전, 25점] [05후, 25점] [07전, 25점] [10중, 25점] [11전, 10점]	1-363
	3-9. 토공중기에서 굴착장비와 운반장비의 효율적인 조합방법 3-10. 적재기계와 덤프트럭의 경제적인 조합 3-11. 토공 적재장비(Wheel Loader)와 운반장비(Dump Truck)의 경제적인 조합 3-12. 대단위 토공공사 현장에서 적재기계와 운반기계와의 경제적인 조합 3-13. 토공사에서 적재기계와 덤프트럭의 최적대수 산정방법과 덤프트럭의 용량이 클 경우와 작을 경우의 운영상 장단점	[95중, 33점] [94전, 30점] [02전, 25점] [05전, 25점] [07후, 25점]	1-369
	3-14. 육상과 해상에서 성토재의 채취, 운반, 다짐에 필요한 장비조합 3-15. 임해지역 대규모 매립공사 수행시 육해상 토취장 계획과 사용장비 조합	[08후, 25점] [06중, 25점]	1-372
	3-16. 유압식 Back Hoe 작업량 산출방법 3-17. 건설기계 시공효율 향상을 위한 필요 조건 3-18. 건설기계의 작업효율 3-19. 건설기계의 작업효율 3-20. 시공효율 3-21. 건설기계의 시공효율	[04후, 10점] [06중, 25점] [98후, 20점] [00전, 10점] [04전, 10점] [10전, 10점]	1-376
	3-22. 건설기계마력	[00후, 10점]	1-380
	3-23. 건설장비의 사이클타임이 공사원가에 미치는 영향	[03후, 25점]	1-382

4	토공기계의 선정방법		페이지
	4-1. 단지조성공사시 시공장비 선택의 기본적 고려사항	[97중전, 50점]	
	4-2. 건설용 기계장비 선정시 고려사항	[02중, 25점]	
	4-3. 토공사에 투입되는 장비의 선정시 고려사항과 작업능률 향상방안	[09전, 25점]	1-385
	4-4. 토공 건설기계를 선정할 때 특히 토질조건에 따라 고려해야 할 사항	[01후, 25점]	
	4-5. 토공작업시 합리적인 장비선정과 공종별 장비	[01중, 25점]	
	4-6. 트래피커빌리티(Trafficability)	[01전, 10점]	
	4-7. 장비의 주행성(Trafficability)	[02중, 10점]	
	4-8. Trafficability	[05중, 10점]	1-391
	4-9. 트래피커빌리티(Trafficability)의 용도	[94후, 10점]	
	4-10. 흙의 입도분포에 의한 주행성(Trafficability) 판단	[11중, 10점]	
	4-11. 건설기계의 주행저항	[11후, 10점]	
	4-12. 토공중기의 경제적 운반거리	[95중, 20점]	1-394
5	건설기계경비의 구성		페이지
	5-1. 기계경비의 구성을 열거하고, 각 구성요소를 기술	[98후, 30점]	
	5-2. 건설기계경비의 구성	[05중, 10점]	1-396
	5-3. 건설기계의 손료	[08중, 10점]	
	5-4. 건설기계의 경제적 사용시간	[06중, 10점]	1-399
	5-5. 건설기계의 경제수명	[97중후, 20점]	
6	쇄석기의 종류 및 특징		페이지
	6-1. 크러셔(Crusher)의 종류	[94후, 30점]	
	6-2. 크러셔 장비조합	[99중, 20점]	
	6-3. 골재생산시설	[97후, 35점]	1-401
	6-4. 혼합골재 100,000m³를 생산하고자 할 때 소요장비 선정방법	[96중, 35점]	
	6-5. 임팩트 크러셔(Impact Crusher)	[04전, 10점]	
7	준설선의 종류와 선정		페이지
	7-1. 준설공사를 위한 사전조사와 시공방식 및 시공시 유의사항	[10전, 25점]	
	7-2. 항만 준설공사에서 준설선의 선정기준 및 준설공사의 시공관리	[02전, 25점]	1-407
	7-3. 항로에 매몰된 점토질 토사 500,000m³를 공기 약 6개월내에 준설시 투기장이 약 3km 거리에 있을 때 준설계획	[06후, 25점]	
	7-4. 해안에서 5km 떨어진 해중에 인공섬 건설 시공계획시 유의사항	[11후, 25점]	1-411
	7-5. 대규모 국가하천 정비공사에서 사용하는 준설선의 종류와 특징	[11중, 25점]	
	7-6. 준설선의 종류	[00중, 10점]	
	7-7. 그래브 준설선과 버킷 준설선의 장·단점을 비교	[97후, 25점]	
	7-8. 항만공사에서 그래브(Grab)선 준설능력 산정시 고려할 사항과 시공시 유의사항	[04후, 25점]	1-414
	7-9. 호퍼준설선(Trailing Suction Hopper Dredger)	[07전, 10점]	
	7-10. 준설작업시 준설선단을 구성하는 해상장비의 종류와 기능	[00중, 25점]	1 420
	7-11. 준설선의 선정	[98후, 30점]	
	7-12. 토질조건에 적합한 준설선(Dredger)의 선정방법	[94후, 30점]	
	7-13. 준설선을 토질조건에 따라 선정하고, 각 준설선의 특징	[08중, 25점]	
	7-14. 서해안 지역에서 준설공사시 장비선정과 시공상 주의사항	[97중전, 50점]	1-423
	7-15. 준설토의 운반거리에 따른 준설선의 선정과 준설토의 운반 처분방법 및 각 준설선의 특성	[06중, 25점]	
	7-16. 준설토 재활용방안	[11중, 10점]	
	7-17. 항로유지 준설공사를 시행하고자 할 때 준설선 선정시 유의사항	[00전, 25점]	

제2장 제1절 흙막이공

1	흙막이 공법의 종류와 특징		페이지
	1-1. 구조물의 직접기초 터파기공사 계획시 현장여건별 적정 굴착공법 　　　(개착식, Island방식, Trench방식)	[08후, 25점]	2-9
	1-2. 트랜치 컷 공법	[05후, 10점]	
	1-3. 토류벽 구조물에서 각 부재의 역할과 지지방식별에 따른 특성	[97중후, 33점]	
	1-4. 흙막이 구조물 시공방법 선정시 고려사항과 지보형식에 따른 현장 　　　적용조건	[05중, 25점]	2-12
	1-5. 흙막이벽의 종류(지지구조, 형식, 지하수 처리) 및 특징	[08전, 25점]	
	1-6. 모래 섞인 자갈층과 전석층($N>40$)이 두꺼운 지층구조(깊이 20m)에서 　　　기존 건물에 근접한 시트파일 토류벽 시공시 연직토류벽체의 　　　평면선형 변화가 많을 때 시트파일의 시공방법과 시공시 유의사항	[09중, 25점]	2-22
	1-7. Sheet Pile 공법 적용을 위한 사전조사 사항과 시공시 발생하는 　　　문제점 및 방지대책	[11중, 25점]	
	1-8. 지하수위가 높은 지역의 정수장구조물 공법선정시 고려사항과 각 공법의 　　　유의사항	[03중, 25점]	2-28
	1-9. 점토질지반에서 　　　1) 지반을 수직으로 굴착할 수 있는 이유 　　　2) 동바리(Strut) 설치방법을 3가지	[99전, 30점]	2-31
	1-10. Pile Lock	[02전, 10점]	2-35
2	지하연속벽공법		페이지
	2-1. 슬러리 월(Slurry Wall) 공법의 개요 및 시공시 유의사항	[95전, 33점]	
	2-2. 지하수위가 높은 지반에서 향후 영구벽체로 이용이 가능한 공법	[02전, 25점]	
	2-3. 지하수위가 높은 연약지반에서 개착터널 시공시 영구벽체의 선정공법 　　　및 시공시 유의사항	[06중, 25점]	
	2-4. 지하연속벽(Slurry Wall) 시공시 예상되는 사고요인 중심의 시공시 　　　유의사항	[95후, 25점]	
	2-5. 슬러리 월 공법의 시공순서와 내적 및 외적 안정	[09후, 25점]	2-37
	2-6. Slurry Wall 공법	[96후, 20점]	
	2-7. 지하연속벽(Slurry Wall)	[97종후, 20점]	
	2-8. 지하연속벽(Diaphram Wall)	[07중, 10점]	
	2-9. B.W(Borring Wall) 공법	[97후, 35점]	
	2-10. 지수벽	[08후, 10점]	
	2-11. 지하연속벽의 Guide-Wall	[01중, 10점]	2-47
	2-12. 지중연속벽의 가이드 월(Guide Wall)의 역할	[94후, 10점]	
	2-13. 벤토나이트	[00중, 10점]	2-50
	2-14. Cap Beam Concrete	[95전, 20점]	2-52
	2-15. 지중연속벽공법과 엄지말뚝공법을 비교	[00중, 25점]	2-54
3	CIP공법과 SCW공법		페이지
	3-1. 지하굴착공사의 CIP벽과 SCW벽의 공법을 설명하고 장·단점	[01후, 25점]	2-57
	3-2. MIP(Mixed In Place Pile) 토류벽	[99중, 20점]	
	3-3. 자갈 섞인 사질점토의 지반에서 CIP 벽체 및 Strut 지지로 실시할 　　　경우 시공방법과 문제점 및 대책	[99중, 40점]	2-62

4	흙막이벽의 시공계획과 시공시 유의사항		페이지
	4-1. 흙막이공에서 시공계획과 시공상 유의하여야 할 사항	[95후, 25점]	2-66
	4-2. 지하수위가 높은 지반에 토류벽을 설치하고 굴착할 경우의 유의사항	[95중, 50점]	
	4-3. 토류벽체의 변위 발생원인	[01중, 25점]	2-73
	4-4. 흙막이 벽에 의한 기초굴착시 굴착바닥지반의 변형파괴에 대한 종류와 대책	[99후, 30점]	

5	개착(흙파기) 공사시 발생하는 문제점 및 대책		페이지
	5-1. 기존구조물에 근접공사시 예상되는 하자의 원인과 그 대책	[96후, 50점]	2-79
	5-2. 도심지 근접시공시 굴착으로 인한 흙막이벽과 주변지반의 거동원인 및 대책	[10중, 25점]	
	5-3. 기존구조물에 근접하여 개착(흙파기) 공사시 민원사항, 하자원인 등 문제점 및 대책	[01중, 25점]	
	5-4. 기설구조물에 인접하여 교량기초를 시공할 때 기설구조물의 안전과 기능에 미치는 영향 및 대책	[10전, 25점]	
	5-5. 도심지 지하철 공사에서 개착식 공법에 의한 굴착시공시 유의사항	[97중전, 50점]	
	5-6. 지하철 개착식 공법에서 구조물에 발생하는 문제점과 대책	[01전, 25점]	
	5-7. 도심지 지하연속구조물의 공사를 개착식으로 시공시 문제점과 관리방법	[04중, 25점]	
	5-8. 복잡한 시가지에 고가도로와 근접하여 개착식 지하철도공사의 시공계획을 수립시 유의사항과 대책	[06중, 25점]	
	5-9. 지하굴착을 위한 토류벽 공사시 발생하는 배면침하의 원인 및 대책	[09전, 25점]	2-86
	5-10. 도심지를 통과하는 도시철도의 노면복공 계획시 조사사항과 검토사항	[11전, 10점]	2-89
	5-11. 지하철 건설공사 시공시 토류판 배면의 지하매설물 관리	[06전, 25점]	2-92
	5-12. 지하흙막이 굴착구간내 (1) 상수도, (2) 하수도 및 하수 Box, (3) 도시가스, (4) 전력 및 통신 등의 매설물에 대한 보호계획과 복구계획	[10중, 25점]	
	5-13. 퀵 샌드(Quick Sand)	[98후, 20점]	2-97
	5-14. Quick Sand 현상	[02전, 10점]	
	5-15. 분사현상(Quick Sand)	[06후, 10점]	
	5-16. Boiling 현상	[99중, 20점]	
	5-17. Heaving 현상	[07전, 10점]	2-99
	5-18. 히빙(Heaving) 현상	[11전, 10점]	
	5-19. Piping 현상	[00중, 10점]	2-101
	5-20. 유선망(Flow Net)	[99전, 20점]	2-103
	5-21. 유선망	[02전, 10점]	
	5-22. 유선망(Flow Net)	[10전, 10점]	

6	지하배수공법		페이지
	6-1. 지하터파기 공사중 물처리공법	[04중, 25점]	2-105
	6-2. 지하구조물 시공시 지하수위가 굴착면보다 높은 경우 배수공법으로 사용되는 Well Point 공법	[00중, 25점]	
	6-3. 지하수위가 높은 복합층(자갈, 모래, 실트, 점토가 혼재)에서 지하구조물 축조시 배수공법 선정시 검토사항	[06후, 25점]	
	6-4. 지하구조물 시공시 지하수위에 따른 양압력의 영향 검토 및 대처방법	[09중, 25점]	2-112
	6-5. 부력과 양압력의 차이점	[08전, 10점]	
	6-6. 양압력	[03후, 10점]	
	6-7. 지하구조물의 부상(浮上) 원인과 대책	[11후, 25점]	2-116

7	지하수에 의한 문제점 및 대책		페이지
	7-1. 지하구조물 시공시 지표수와 지하수가 공사에 미치는 영향	[99중, 30점]	2-119
	7-2. 지하수위가 높은 지역에 흙막이 공사에서 용수처리시 발생하는 문제점 및 대책	[05전, 25점]	
	7-3. 흙막이 앵커를 지하수위 이하로 시공시 문제점과 시공전 대책	[09후, 25점]	
	7-4. 지하수위가 비교적 높은 위치에 구조물 축조시 지하수에 대한 처리대책	[95후, 35점]	
	7-5. 도심지 지반굴착시 발생하는 지하수위 저하와 진동으로 인한 주변구조물에 미치는 영향과 대책	[03전, 25점]	
	7-6. 지반굴착시 지하수위변동과 진동하중이 주변지반에 미치는 영향과 대책	[10전, 25점]	
	7-7. 지반굴착시 지하수위저하 및 진동이 주변에 미치는 영향과 대책	[11후, 25점]	
	7-8. 지하수위 이하의 굴착시 용수 및 고인 물을 배수할 경우 (1) 배수공으로 인해 발생하는 문제점의 원인 (2) 최적의 배수공법 선정방법	[03전, 25점]	
8	구조물의 침하원인과 대책		페이지
	8-1. 구조물의 침하원인을 열거하고 이에 대한 대책	[95후, 25점]	2-125
	8-2. 지반굴착시 근접구조물의 침하	[99후, 20점]	
	8-3. 구조물의 부등침하 원인을 열거하고 대책과 시공시 유의사항	[01후, 25점]	2-129
9	흙막이공의 계측관리		페이지
	9-1. 도심지 교통혼잡지역을 통과하는 대규모 굴착공사시 계측관리방법	[06후, 25점]	2-132
	9-2. 흙막이공에 필요한 계측기의 종류와 그 설치	[95중, 33점]	
	9-3. 흙막이 시공시 계측기의 설치위치 및 방법	[03중, 25점]	
	9-4. 흙막이공에 적용되는 계측기 종류와 설치방법 및 계측시 유의사항	[97후, 25점]	
	9-5. 버팀보 가설공법에서 계측의 종류, 특성 및 계측시공 관리방안	[10후, 25점]	
	9-6. 흙막이 굴착공사시 계측항목과 위치선정시 고려사항	[09중, 25점]	
	9-7. 지하철 건설공사에 개착구간의 계측계획	[00전, 25점]	
	9-8. 정보화 시공	[98중후, 20점]	
10	지하철 공사시 발생하는 환경오염		페이지
	10-1. 도심지 개착공법을 적용하는 지하철 공사현장에서 발생하는 환경오염의 종류 및 최소화 방안	[05전, 25점]	2-138
11	Earth Anchor 공법		페이지
	11-1. Earth Anchor의 자유장과 정착장의 설계 및 시공시 유의사항	[11전, 25점]	2-142
	11-2. 피압대수층에서의 앵커(Anchor) 시공시 예상문제점과 방지대책	[00후, 25점]	
	11-3. 그라운드 앵커의 손상유형과 유지관리 대책	[10중, 25점]	
	11-4. U-Turn Anchor(제거식 앵커)의 특징과 기존 앵커공법의 특징 비교	[97중후, 33점]	2-149
	11-5. 앵커체의 최소심도와 간격(토사지반)	[10중, 10점]	
	11-6. 스트럿 지지방식과 어스앵커 지지방식 토류구조물에 대한 특징, 적용범위 및 시공시 유의사항	[96후, 25점]	2-153
	11-7. 스트럿 공법과 어스 앵커 공법의 시공방법, 장·단점 및 시공시 유의사항	[97후, 35점]	
12	Soil Nailing 공법		페이지
	12-1. Soil Nailing 공법	[98중전, 30점]	2-159
	12-2. Soil Nailing 공법	[10후, 10점]	
	12-3. 사면보강공사 중 Soil Nailing 공법시 수평배수관과 간격재의 기능과 역할	[08후, 25점]	
	12-4. 소일 네일링(Soil Nailing) 공법과 어스 앵커(Earth-Anchor) 공법을 비교	[01후, 25점]	

제2장 제2절 기초공

1	기초공법의 종류 및 특징		페이지
	1-1. 콘크리트 구조물 기초 필요조건	[02후, 10점]	2-165
	1-2. 얕은 기초와 깊은 기초	[99중, 20점]	
	1-3. 깊은 기초의 종류와 특징	[97중전, 20점]	
	1-4. 말뚝을 분류(용도, 재료, 제조방법, 형상 및 거동)하고 말뚝기초공사에 필요한 조건	[97전, 50점]	2-169
	1-5. 콘크리트 말뚝과 강말뚝의 차이점 비교	[94후, 30점]	
	1-6. 구조적인 안정을 보장하기 위해서 말뚝기초를 필요로 하는 경우	[05후, 25점]	2-178
	1-7. 보상기초(Compensated Foundation)	[09전, 10점]	2-181
	1-8. 개단말뚝과 폐단말뚝의 차이점	[96후, 20점]	2-183
	1-9. 개단말뚝과 폐단말뚝	[97후, 20점]	
	1-10. 배토말뚝과 비배토말뚝의 종류와 특징	[00중, 10점]	2-186
	1-11. PHC(Pretensioned spun High Strength Concrete) 파일	[02중, 10점]	2-188
	1-12. Micro CT-Pile 공법	[06전, 25점]	2-190
	1-13. 직접기초에서의 지반파괴 형태	[06후, 10점]	2-193
	1-14. 국부 전단파괴와 전반 전단파괴	[98중후, 20점]	
2	타입공법과 현장타설말뚝		페이지
	2-1. 타입식 공법(기성말뚝)과 현장굴착 타설식 공법의 특징	[01중, 25점]	2-196
	2-2. 기초용 말뚝에서 타입말뚝(직타방식)과 현장타설말뚝의 장단점 및 시공시 유의사항	[96후, 50점]	
	2-3. 프리보링 말뚝과 직접항타말뚝 비교	[02전, 25점]	
	2-4. 말뚝시공방법 중 타입공법과 매입공법	[09후, 10점]	
	2-5. 매입말뚝공법의 종류와 특성 및 시공시 유의사항	[09전, 25점]	2-203
	2-6. 매입말뚝공법의 종류 및 사용빈도가 높은 3가지 공법의 시공법과 유의사항	[07중, 25점]	
	2-7. SIP(Soil Cement Injection Pile)	[99전, 20점]	
	2-8. 콘크리트 Pile 공사의 시공관리	[00중, 25점]	2-210
	2-9. 잔교식 접안시설공사의 강관 Pile 항타 시공계획	[99전, 30점]	
	2-10. 잔교구조물 축조시 대구경 강관파일 타입에 관한 시공계획서 작성 및 중점착안사항	[11중, 25점]	2-213
	2-11. 해상 잔교구조물의 파일 항타 시공시 예상문제점과 방지대책	[00후, 25점]	
3	말뚝박기공법		페이지
	3-1. 말뚝해머의 종류와 특징	[94후, 30점]	2-219
	3-2. 말뚝타입시 유압해머의 특징	[96후, 20점]	
	3-3. Pile Cushion	[04전, 10점]	2-225
4	시험항타		페이지
	4-1. 기초파일공에서 시험항타	[02전, 25점]	2-227
	4-2. 기초말뚝 시공시 시험항타 목적과 기록관리	[00전, 25점]	
5	말뚝이음의 종류		페이지
	5-1. 말뚝이음의 종류를 쓰고 각각의 특징	[97중후, 33점]	2-230

6	말뚝지지력 판단방법		페이지
	6-1. 말뚝의 지지력 산정방법	[97중전, 20점]	2-233
	6-2. 말뚝의 지지력을 구하는 방법을 열거하고 지지력 판단방법	[01후, 25점]	
	6-3. 기초에서 말뚝지지력의 평가방법	[09중, 25점]	
	6-4. 말뚝재하시험에 의한 방법과 원위치시험(SPT, CPT, PMT)에 의한 방법	[10전, 25점]	
	6-5. 말뚝기초 재하시험의 종류와 시험결과의 해석(평가)	[07후, 25점]	2-241
	6-6. 말뚝의 동재하시험	[06중, 10점]	
	6-7. 대구경 말뚝에 정적 연직재하시험을 실시할 때 시험방법 및 성과 분석방법	[97후, 35점]	
	6-8. 대구경 현장타설 말뚝공법의 정재하시험방법 및 시험시 유의사항	[07전, 25점]	
	6-9. 말뚝의 정적재하시험과 동적재하시험 비교	[99후, 20점]	
	6-10. 기초의 허용지내력	[95중, 20점]	2-246
	6-11. 말뚝의 하중전이함수	[98전, 20점]	2-248
	6-12. 비점착성 흙에서 강관외말뚝(Single Pile) 침하	[98중후, 30점]	2-251
7	Pile 항타시 지지력 감소원인과 대책		페이지
	7-1. 연약지반에 Pile 항타시 지지력 감소원인과 대책	[02전, 25점]	2-254
	7-2. 기초말뚝 시공시 지지력에 영향을 미치는 시공상의 문제점	[03전, 25점]	
	7-3. 지하수위가 높은 점성토지반에 콘크리트 파일 항타시 문제점	[04전, 25점]	
	7-4. 타입말뚝 지지력의 시간경과 효과(Time Effect)	[07중, 10점]	2-257
	7-5. 말뚝의 시간효과(Time Effect)	[10중, 10점]	
	7-6. 사질토지반에 무리말뚝을 박을 때 시공상 유의사항 및 그 이유	[94후, 30점]	2-259
	7-7. 무리말뚝	[00전, 10점]	
	7-8. 무리(群)말뚝	[01후, 10점]	
	7-9. 기초말뚝의 최소 주심간격과 말뚝배열	[11후, 25점]	2-264
8	Pile의 두부파손		페이지
	8-1. 콘크리트 말뚝에 종방향으로 발생하는 균열의 원인과 대책	[09후, 25점]	2-267
	8-2. 강관 Pile 두부 보강방법중 bolt식 보강방법	[99중, 30점]	2-270
9	기성 Pile의 무소음·무진동공법		페이지
	9-1. 파일 항타작업시 방음, 방진대책	[06전, 25점]	2-273
10	말뚝의 부마찰력		페이지
	10-1. 말뚝의 주면마찰력	[11중, 10점]	2-276
	10-2. 기초말뚝박기에 있어서 부의 주면마찰력(Negative Skin Friction)	[99전, 30점]	
	10-3. 말뚝의 부(負)마찰력(Negative Friction)	[94후, 10점]	
	10-4. 부마찰력	[03전, 10점]	
	10-5. 부마찰력(Negative Skin Friction)	[05전, 10점]	
	10-6. 말뚝의 부마찰력	[06후, 10점]	
	10-7. 말뚝의 부마찰력	[07전, 10점]	

11	현장 콘크리트 말뚝의 종류와 특징		페이지
	11-1. 제자리말뚝의 종류와 그 특징	[99후, 30점]	
	11-2. 단층파쇄대에 설치되는 현장타설 말뚝시공법과 시공시 유의사항	[08후, 25점]	
	11-3. 대구경 현장타설 말뚝공법의 종류 및 시공관리사항	[10중, 25점]	
	11-4. 대구경 현장타설 말뚝굴착시 유의사항 및 시공순서와 콘크리트 타설시 문제점 및 대책	[08전, 25점]	
	11-5. 현장타설 콘크리트 말뚝의 콘크리트 품질관리	[04전, 25점]	
	11-6. 모래 섞인 자갈과 연암층에서 현장치기 철근 Con'c 말뚝 시공방법	[99전, 40점]	
	11-7. 사질지반 깊은 기초에 유리한 현장타설 콘크리트 말뚝공법	[96전, 30점]	
	11-8. 기계굴착에 의한 현장타설 말뚝공법에서 반드시 수행해야 할 제반사항	[96중, 35점]	2-280
	11-9. Earth Drill 공법	[02전, 10점]	
	11-10. 올 케이싱(All Casing) 공법	[97후, 35점]	
	11-11. 현장타설 콘크리트 말뚝공법중 RCD 공법의 장·단점과 시공시 유의사항	[08중, 25점]	
	11-12. RCD 공법의 특징 및 시공방법과 문제점	[06전, 25점]	
	11-13. RCD 공법의 시공법, 품질관리와 희생강관말뚝의 역할	[11전, 25점]	
	11-14. 현장치기 콘크리트 말뚝공법 중에서 베노토(Benoto) 공법과 어스 드릴(Earth Drill) 공법 비교	[94전, 50점]	
	11-15. Prepacked Concrete 말뚝	[04후, 10점]	
	11-16. 돗바늘공법(Rotator Type All Casing)	[09전, 10점]	2-291
	11-17. 피어(Pier) 기초공법	[05후, 10점]	2-293
	11-18. RBM(Raised Boring Machine)	[09후, 10점]	2-294
12	현장타설 말뚝시공시 수중 콘크리트 타설		페이지
	12-1. 현장타설 말뚝시공시 수중 콘크리트 타설	[01중, 25점]	2-295
13	현장타설 말뚝기초의 Slime 처리방법과 철근 공상		페이지
	13-1. 현장타설 콘크리트 말뚝기초의 시공중 Slime 처리방법과 철근의 공상발생에 대한 원인 및 대책	[99중, 30점]	2-298
	13-2. 현장타설 콘크리트 말뚝기초 시공시 슬라임 처리방법과 철근의 공상(솟음) 발생원인 및 대책	[04중, 25점]	
	13-3. 대구경 현장타설말뚝의 시공에서 철근의 겹이음과 나사이음 비교	[99중, 30점]	2-302
14	Caisson 기초		페이지
	14-1. 교량기초 공사에 사용되는 케이슨 공법의 종류 및 특징	[02중, 25점]	
	14-2. 연약지반상의 케이슨 시공시 문제점과 대책	[03후, 25점]	2-305
	14-3. 케이슨 대형화에 따른 케이슨 제작진수 및 거치방법	[06후, 25점]	
	14-4. 압축공기 중에서 작업을 할 때 필요한 설비	[97후, 25점]	
	14-5. 하이브리드 Cassion	[07중, 10점]	2-313
15	우물통기초		페이지
	15-1. 우물통기초에서 1) 콘크리트의 배합과 치기 2) 시공상의 지켜야 할 사항	[94전, 50점]	
	15-2. 우물통 기초공사에 대하여 슈 설치, 콘크리트 치기, 우물통 침하, 속채움	[97전, 30점]	2-315
	15-3. 우물통 기초침하시 편차의 허용범위 및 허용범위를 벗어났을 경우 대처방안	[98중후, 30점]	

16	우물통기초의 침하촉진방법		페이지
	16-1. Open Caisson 공법에서 마찰저항을 줄이는 방법	[95전, 33점]	
	16-2. 우물통(Open Caisson) 공사에서 침하를 촉진시키는 방법과 시공시 유의사항	[02전, 25점]	
	16-3. Open Caisson의 마찰력 감소방법	[03후, 10점]	2-323
	16-4. 우물통 케이슨의 현장침하시 작용하는 저항력의 종류와 침하촉진방안	[09중, 25점]	
	16-5. 교량기초로 사용되는 공기케이슨의 침하방법	[04전, 25점]	
	16-6. 압기케이슨(Pneumatic Caisson)의 침하조건식	[94후, 10점]	
17	Underpinning 공법		페이지
	17-1. 기존 지하철 하부를 통과하는 다른 지하철공사에서 Underpinning 공법과 시공시 유의사항	[07전, 25점]	2-328
	17-2. Underpinning 공법	[99후, 20점]	
18	교량의 기초공법		페이지
	18-1. 기존교량에 근접해서 교량신설시 적합한 기계굴착공법 선정	[01후, 25점]	
	18-2. 간만의 차이가 심한 해상에서 장대교량 시공에 적용할 수 있는 기초공법	[97전, 40점]	
	18-3. 사장교나 현수교와 같은 특수교량의 시공시 적용 가능한 교각 기초형식의 종류와 특징	[11중, 25점]	2-334
	18-4. 유속이 빠른 하천을 횡단하는 교량 하부구조를 직접 기초로 시공시 하자원인 및 대책	[01중, 25점]	
	18-5. 유수중에 가설되어 있는 교량 하부구조(우물통 기초)의 손상원인 및 보강대책	[94전, 50점]	
	18-6. 해상 교량공사에서 강관 기초파일 시공시 강재 부식방지공법의 종류 및 특징	[02중, 25점]	2-340
	18-7. 대구경 강관말뚝의 국부좌굴의 원인 및 시공시 유의사항	[10후, 25점]	
	18-8. 교량 기초공사시 경사파일이 필요한 사유와 시공관리대책	[05중, 25점]	
	18-9. 교대 경사말뚝의 특성 및 시공시 문제점과 대책	[10전, 25점]	2-346
	18-10. 사항(斜杭)	[09중, 10점]	
	10 11. 피일벤트 공법	[08전, 10전]	2-350

제3장 제1절 일반콘크리트

1	콘크리트 공사의 시공계획		페이지
	1-1. 콘크리트 구조물 현장소장으로서 시공계획 과정에서 점검하여야 할 사항 1-2. 좋은 콘크리트 구조물을 만들기 위한 시공순서와 주의사항	[96전, 30점] [04중, 25점]	3-11
2	철근공사		페이지
	2-1. 철근의 이음 2-2. 철근의 정착(Anchorage) 2-3. 철근의 정착길이 2-4. 철근의 정착(定着)길이와 부착(附着)길이 2-5. 철근과 콘크리트의 부착강도	[97후, 20점] [07전, 10점] [00후, 10점] [96전, 20점] [11전, 10점]	3-16
	2-6. 콘크리트 교량의 주형, Slab의 피복부족시 그 원인 및 문제점, 대책	[01중, 25점]	3-21
	2-7. 콘크리트 피복두께 2-8. 철근의 피복두께와 유효높이 2-9. 철근의 유효높이와 피복두께	[99중, 20점] [04중, 10점] [00후, 10점]	3-24
	2-10. 철근의 표준갈고리	[03중, 10점]	3-26
	2-11. 철근의 공칭단면적	[94후, 10점]	3-28
	2-12. 주철근과 전단철근 2-13. 정(正)철근과 부(負)철근	[02후, 10점] [01후, 10점]	3-29
	2-14. 가외철근	[98중후, 20점]	3-32
	2-15. 철근콘크리트보의 철근비 규정 2-16. 보의 유효높이와 철근량	[05후, 10점] [06후, 10점]	3-34
	2-17. 강재에 축하중 작용시의 진응력과 공칭응력	[03후, 10점]	3-36
3	철근의 부식 원인 및 방지대책		페이지
	3-1. 콘크리트 중 철근 부식의 원인과 방지대책 3-2. 강재의 방식공법 3-3. 강재의 전기방식 3-4. 콘크리트의 방식공법	[05중, 25점] [97전, 20점] [11전, 10점] [97전, 20점]	3-38
4	거푸집 및 동바리 설치와 해체		페이지
	4-1. 콘크리트 치기중 동바리의 점검항목과 처짐, 침하대책 4-2. 콘크리트 공사시 거푸집 및 동바리의 설치, 해체시의 시공 단계별 유의사항 4-3. 거푸집과 동바리공의 안정성 및 시공상 주의점 4-4. 콘크리트 구조물 시공시 거푸집 존치기간	[99전, 30점] [05중, 25점] [96중, 20점] [06전, 25점]	3-43
	4-5. SCF(Self Climbing Form) 4-6. SCF(Self Climbing Form)	[96중, 20점] [10후, 10점]	3-51
	4-7. LB(Lattice Bar) Deck	[09전, 10점]	3-52
5	시멘트의 풍화		페이지
	5-1. 시멘트의 풍화원인, 풍화과정, 풍화된 시멘트의 성질 및 풍화된 시멘트를 사용한 콘크리트의 품질 5-2. 시멘트 및 콘크리트의 풍화, 수화, 중성화 5-3. 시멘트의 풍화 5-4. 콘크리트 수화열 관리방안	[10중, 25점] [03후, 25점] [06전, 10점] [06후, 10점]	3-54

6	골재의 함수상태 및 품질시험		페이지
	6-1. 콘크리트 골재의 함수상태에 따른 용어	[03후, 25점]	3-58
	6-2. 골재의 유효흡수율	[94후, 10점]	
	6-3. 골재의 유효흡수율	[01후, 10점]	
	6-4. 골재의 유효흡수율과 흡수율	[04전, 10점]	
	6-5. 경량골재의 종류	[96후, 20점]	3-61
	6-6. Pre-Wetting	[04중, 10점]	
	6-7. 골재의 조립률(Finess Modulus)	[01전, 10점]	3-63
	6-8. 골재의 조립률(FM)	[10전, 10점]	
	6-9. 개정된 콘크리트 표준시방서상 부순 굵은 골재의 물리적 성질	[06전, 10점]	3-65
7	콘크리트 혼화재료		페이지
	7-1. 콘크리트 시공시 혼화재료의 사용목적과 선정시 고려사항 및 종류	[08후, 25점]	3-66
	7-2. Concrete 혼화재와 혼화제의 차이점과 종류	[97중전, 20점]	
	7-3. 콘크리트에서 AE제의 역할과 AE제 사용시 유의해야 할 점	[95후, 25점]	3-71
	7-4. 콘크리트 혼화재료로서의 촉진제	[95중, 20점]	3-74
	7-5. 유동화제	[95전, 20점]	3-76
	7-6. 유동화제	[01전, 10점]	
	7-7. 고성능 감수제와 유동화제의 차이	[03후, 10점]	
	7-8. Silica Fume	[04전, 10점]	3-79
	7-9. 잠재수경성과 포졸란반응	[03후, 10점]	3-81
	7-10. 플라이애시(Fly Ash)	[01후, 10점]	3-83
8	콘크리트 시공시 품질관리		페이지
	8-1. 철근콘크리트 구조물을 시공할 때 품질관리 요점	[96중, 30점]	
	8-2. 콘크리트 구조물의 품질관리(B/P, 재료, 운반, 치기, 저장 등)	[97중후, 33점]	
	8-3. 항만구조물 시공시 콘크리트의 재료, 배합 및 시공의 요점	[04전, 25점]	
	8-4. 콘크리트구조물 공사에서 착공 전 검토항목과 시공중 중점관리 항목	[00중, 25점]	
	8-5. 콘크리트 타설시 거푸집, 철근, 콘크리트에 대한 검사항목	[99후, 30점]	3-85
	8-6. 지하저수용 콘크리트 구조물 공사에서 콘크리트 시공시 유의사항	[02중, 25점]	
	8-7. 현장 콘크리트 Batch Plant의 효율적인 운영방안	[05후, 25점]	
	8-8. 공사현장의 콘크리트 Batch Plant 운영방안	[10전, 25점]	
	8-9. 빈배합콘크리트의 품질과 용도	[10중, 25점]	3-93
9	레미콘의 품질확보		페이지
	9-1. 레미콘의 품질확보를 위한 품질규정	[09중, 25점]	3-97
	9-2. 레미콘 현장반입 검사	[06후, 10점]	
	9-3. 레디믹스트 콘크리트 제품의 불량원인과 그 방지대책	[08중, 25점]	3-100
	9-4. 불량 레미콘 처리	[06전, 10점]	
	9-5. 취도계수(脆渡係數)	[04중, 10점]	3-103
	9-6. 콘크리트의 인장강도	[10중, 10점]	3-105
	9-7. 할열시험법	[03중, 10점]	
10	200,000m^3 콘크리트 타설계획		페이지
	10-1. 1,000,000m^3의 Concrete 공사시 주요 작업공정 및 관련장비	[99중, 40점]	
	10-2. 200,000m^3 콘크리트 타설계획 수립시 관련장비의 종류, 규격, 소요수량	[00중, 25점]	3-107

11	레미콘의 운반		페이지
	11-1. 레미콘을 공장에서 현장까지 운반하여 치기 전까지의 품질관리사항	[95전, 33점]	3-113
	11-2. 레미콘(Ready Mixed Con´c)의 운반시 유의사항	[97중전, 50점]	
	11-3. 콘크리트 운반시간이 품질에 미치는 영향	[04후, 25점]	

12	콘크리트 펌프압송		페이지
	12-1. 고가(高架) 구조물 시공시 펌프압송 콘크리트로 타설의 예상문제점 및 대책	[00후, 25점]	3-119
	12-2. 콘크리트 펌프카 사용에 따른 시공관리 대책	[05중, 25점]	
	12-3. 콘크리트 펌프의 기능과 펌프 크리트의 배합	[97후, 35점]	
	12-4. 펌퍼빌리티	[04전, 10점]	

13	콘크리트 부재의 이음		페이지
	13-1. 콘크리트 구조물 시공시 부재이음의 종류 및 그 기능, 시공방법	[01후, 25점]	
	13-2. 일반 구조물의 콘크리트 공사에서 이음의 종류 및 시공시 유의사항	[04후, 25점]	
	13-3. 콘크리트 구조물 줄눈	[97중후, 20점]	
	13-4. 콘크리트 구조물의 시공이음의 위치 및 시공	[98후, 30점]	3-125
	13-5. 콘크리트 시공이음을 설치하는 이유와 설계 및 시공상의 유의사항	[95중, 33점]	
	13-6. 콘크리트 시공이음	[97후, 20점]	
	13-7. 콘크리트의 신축이음 종류와 그 문제점	[97후, 35점]	
	13-8. 분리이음(Isolation Joint)	[05전, 10점]	
	13-9. 콜드조인트(Cold Joint)	[94후, 10점]	
	13-10. 콜드조인트(Cold Joint)	[01후, 10점]	3-131
	13-11. 콜드조인트	[02중, 10점]	

14	균열유발줄눈		페이지
	14-1. 균열유발줄눈의 설치목적 및 지수대책과 시공관리시 고려해야 할 내용	[98중전, 20점]	
	14-2. 콘크리트 구조물 시공시 설치하는 균열유발줄눈(수축줄눈)의 기능 및 시공방법	[06전, 25점]	3-133
	14-3. 균열유발줄눈	[99전, 20점]	
	14-4. 균열유발줄눈	[08중, 10점]	

15	콘크리트의 양생		페이지
	15-1. 콘크리트 구조물의 양생 종류 및 시공시 유의사항	[07전, 25점]	
	15-2. 콘크리트의 양생 메커니즘과 종류	[11중, 25점]	
	15-3. 교량 철근콘크리트의 바닥판 시공시 수분증발에 의한 균열발생 억제를 위해 필요한 초기양생대책	[03전, 25점]	3-136
	15-4. 콘크리트의 양생과 시공이음 기준	[07후, 25점]	
	15-5. 촉진양생	[04후, 10점]	

16	콘크리트의 배합설계		페이지
	16-1. 시멘트 콘크리트의 배합설계방법	[99중, 30점]	
	16-2. 콘크리트 배합설계(시방순서)	[96전, 50점]	
	16-3. 콘크리트 배합강도	[01전, 10점]	
	16-4. 배합강도를 정하는 방법	[03전, 10점]	
	16-6. 콘크리트 배합강도 결정방법 2가지	[04후, 10점]	
	16-5. 배합설계 기준강도와 배합강도와의 관계	[96후, 50점]	
	16-7. 설계기준강도와 배합강도	[02후, 10점]	3-143
	16-8. 설계기준강도와 배합강도	[09후, 10점]	
	16-9. 콘크리트의 시방배합과 현장배합 및 시방배합에서 현장배합으로 보정하는 방법	[07전, 25점]	
	16-10. 콘크리트 시방배합과 현장배합	[98중후, 20점]	
	16-11. 현장배합과 시방배합	[10중, 10점]	
	16-12. 현장배합	[05후, 10점]	
	16-13. 공칭강도와 설계강도	[11후, 10점]	3-151
	16-14. 프리스트레스용 콘크리트를 배합설계 할 때 유의해야 할 사항	[01중, 25점]	3-153
	16-15. 교각용 콘크리트의 배합설계를 다음 조건에 의하여 계산하고 시방배합표를 작성하시오 조건 : f_{ck}=210kgf/cm², 시멘트의 비중 3.15 잔골재의 표건비중 2.60, 굵은 골재의 최대치수 40mm 및 표건비중 2.65이고, 공기량 4.5%(AE제는 시멘트 무게의 0.05% 사용함), 물 시멘트의 비 W/C=50%, 슬럼프 8cm로 하며 배합계산에 의하여 잔골재율 S/a=38%, 단위수량 W=170kg을 얻었다.	[02후, 25점]	3-155
17	물시멘트비		페이지
	17-1. 물-시멘트비가 굳은 콘크리트에 미치는 영향	[94후, 40점]	
	17-2. 물-시멘트비(比) 결정방법	[00중, 25점]	
	17-3. W/C비 선정방식	[01후, 10점]	3-158
	17-4. 물-결합재비	[10중, 10점]	
	17-5. 수화, 워커빌리티 등에 필요한 물-시멘트비와 철근의 고강도화와 관련한 경향	[04중, 25점]	
18	잔골재율		페이지
	18-1. 배합설계에서 잔골재율(S/a)의 설명 및 잔골재율이 콘크리트에 미치는 영향	[95후, 25점]	
	18-2. 잔골재율	[96전, 20점]	3-162
	18-3. 잔골재율(S/a)	[11중, 10점]	
19	콘크리트 시험방법		페이지
	19-1. 현장에서 콘크리트 타설시 시험방법 및 검사항목	[01후, 25점]	3-165
	19-2. 콘크리트 운반중의 슬럼프 및 공기량 변화	[00후, 10점]	
20	콘크리트 조기강도평가		페이지
	20-1. 콘크리트 조기강도평가	[00전, 10점]	
	20-2. 콘크리트의 강도측정시 공시체의 모양, 크기 및 재하방법에 따라 다른 이유	[03후, 25점]	3-172
21	콘크리트 구조물의 비파괴시험		페이지
	21-1. 콘크리트의 압축강도 및 균열의 확인을 위한 비파괴시험법 및 특성	[03중, 25점]	3-175
	21-2. 비파괴시험(Non-Destructive Test)	[07전, 10점]	

22	콘크리트 구조물의 균열 원인과 방지대책		페이지
	22-1. 콘크리트 구조물의 시공상 요인으로 발생한 균열원인과 그 대책	[94후, 50점]	
	22-2. 철근 콘크리트 구조물 시공중의 균열원인과 방지대책	[96전, 40점]	
	22-3. 콘크리트 구조물의 시공과정에서 발생하기 쉬운 결함과 그 방지대책	[99전, 30점]	
	22-4. 콘크리트(철근콘크리트 포함) 구조물에 있어서 균열원인, 그 방지대책	[97중전, 50점]	3-178
	22-5. 구조물용 콘크리트 타설후의 균열 발생원인과 그 대책	[96후, 25점]	
	22-6. 콘크리트에서 발생하는 균열의 원인 및 시공시 방지대책	[09전, 25점]	
	22-7. 시공 공정에 따른 콘크리트의 균열저감 대책	[04전, 25점]	
	22-8. 소성수축균열	[96전, 20점]	
	22-9. 콘크리트의 소성수축균열	[04전, 10점]	
	22-10. 콘크리트의 초기균열에 대한 원인과 대책	[95후, 30점]	
	22-11. 콘크리트의 초기균열	[97후, 20점]	3-184
	22-12. 콘크리트 구조물 시공시 경화 전에 발생하는 균열의 유형과 대책	[07중, 25점]	
	22-13. 지하콘크리트 박스구조물 균열원인과 제어대책	[00전, 25점]	3-189
	22-14. 지하철 본선 박스구조의 상부슬래브의 균열제어를 위한 시공대책	[98전, 30점]	
	22-15. 중공 콘크리트 슬래브의 균열 발생원인	[97전, 20점]	3-193
	22-16. Con'c 구조물에서 표면상에 나타나는 문제점과 대책	[05후, 25점]	
	22-17. 콘크리트 박스(Box) 구조물에서 발생하는 표면결함의 종류 및 보수방법	[00후, 25점]	3-196
	22-18. Honey Comb	[05전, 10점]	
	22-19. 정수장 콘크리트 구조물의 누수원인 및 누수방지 대책	[06중, 25점]	3-200
	22-20. 콘크리트의 블리딩 및 레이턴스	[08중, 10점]	3-203
	22-21. 콘크리트(Bleeding, Laitance)	[05중, 10점]	
23	콘크리트 구조물의 균열 보수보강 대책		페이지
	23-1. 콘크리트의 균열보수 공법	[03후, 25점]	
	23-2. 철근콘크리트 구조물의 균열에 대한 보수 및 보강공법	[02전, 25점]	
	23-3. 콘크리트 구조물의 균열원인 및 보수대책	[98중전, 40점]	
	23-4. 콘크리트 구조물에서 발생되는 균열의 종류, 발생원인 및 보수보강 방법	[09후, 25점]	3-205
	23-5. 콘크리트 구조물에 화재 발생시 콘크리트의 손상평가방법과 보수보강 대책	[08중, 25점]	
	23-6 H형 강말뚝에 의한 슬래브의 개구부 보강	[11전, 10점]	3-210

24	콘크리트 내구성 저하 원인 및 방지대책		페이지
	24-1. 콘크리트의 내구성 저하 원인과 대책	[04중, 25점]	
	24-2. 콘크리트의 내구성을 저하시키는 요인과 그 개선방법	[01전, 25점]	
	24-3. 콘크리트 구조물의 내구성을 저하시키는 요인 및 내구성 증진방안	[11전, 25점]	
	24-4. 콘크리트 구조의 내구성 증진방안을 재료적·시공적인 면에서 기술	[97전, 30점]	
	24-5. 내구성이 큰 콘크리트를 만들기 위하여 배합과 시공상 유의하여야 할 사항	[95후, 30점]	
	24-6. 철근콘크리트 구조물의 내구성 확보를 위한 시공계획상의 유의할 점	[99전, 30점]	3-211
	24-7. 콘크리트 구조물의 내구성 증진을 위한 시공시 고려사항	[00전, 25점]	
	24-8. 콘크리트 구조물의 열화에 영향을 미치는 인자들의 상호관계 및 내구성 향상방안	[11중, 25점]	
	24-9. 콘크리트 구조물 열화가 발생하는 원인과 내구성 증가대책	[98중전, 30점]	
	24-10. 콘크리트 구조물의 열화원인과 대책	[95후, 35점]	
	24-11. 콘크리트 구조물의 열화현상(Deterioration)	[01중, 10점]	
	24-12. 철근콘크리트 구조물의 내구성 향상을 위한 시공 전 수행해야 할 내구성 평가	[07전, 25점]	
	24-13. 콘크리트 내구성지수(Durability Factor)	[07후, 10점]	3-220
	24-14. 환경지수와 내구지수	[99중, 20점]	
	24-15. 환경지수와 내구지수	[10후, 10점]	
	24-16. 철근콘크리트 시방서상의 사용성과 내구성	[00후, 10점]	3-225
25	콘크리트 염해		페이지
	25-1. 해안콘크리트 구조물의 염해 발생원인과 방지대책	[02후, 25점]	
	25-2. 콘크리트의 염해(Chloride Attack)	[07전, 10점]	3-227
	25-3. 해사의 염해대책	[95전, 20점]	
	25-4. 염분과 철근방청	[03전, 10점]	
26	콘크리트 중성화		페이지
	26-1. 콘크리트의 탄산화(Carbonation)	[08중, 10점]	3-231
27	콘크리트 알칼리 골재반응		페이지
	27-1. 콘크리트 알칼리 골재반응	[95전, 20점]	
	27-2. 콘크리트의 알칼리 골재반응	[97선, 20섬]	3-233
	27-3. 알칼리 골재반응	[09중, 10점]	
	27-4. 고강도 콘크리트의 알칼리 골재반응	[04후, 25점]	
	27-5. 콘크리트의 황산염 침식	[05중, 10점]	3-236
	27-6. 황산염과 에트린자이트(Ettringite)	[06전, 10점]	
28	콘크리트 건조수축		페이지
	28-1. 콘크리트 건조수축에 영향을 미치는 요인 및 그의 억제방법	[01후, 25점]	3-238
	28-2. 콘크리트의 건조수축	[02전, 10점]	
	28-3. 콘크리트 자기수축 현상	[10후, 10점]	3-242

29	콘크리트의 성질		페이지
	29-1. 굳지 않은 콘크리트의 성질과 구비조건	[95후, 25점]	3-244
	29-2. 굳지 않은 콘크리트의 성질	[03전, 10점]	
	29-3. 철근콘크리트 구조물 시공중 및 시공후에 발생하는 크리프와 건조수축의 영향	[05전, 25점]	3-248
	29-4. 콘크리트의 크리프(Creep)	[94후, 10점]	
	29-5. 콘크리트의 크리프(Creep) 현상	[01전, 10점]	
	29-6. 콘크리트의 Creep 현상	[04중, 10점]	
	29-7. 피로파괴와 피로강도	[96전, 20점]	3-250
	29-8. 피로한도(疲勞限度)	[99전, 20점]	
	29-9. 피로파괴	[99후, 20점]	
	29-10. 콘크리트의 피로강도	[06중, 10점]	
	29-11. Workability 측정방법	[04중, 10점]	3-253
30	Prestressed Concrete		페이지
	30-1. Prestressed Concrete(PSC) Grout 재료의 품질조건 및 주입시 유의사항	[98중전, 20점]	3-255
	30-2. PSC 그라우트의 설명 및 시공상 유의사항	[07전, 25점]	
	30-3. PSC강재 그라우팅	[10중, 10점]	
	30-4. PSC 부재의 프리텐션 및 포스트텐션 제작방법과 장·단점	[07중, 25점]	3-258
	30-5. 프리텐션과 포스트텐션 공법	[02후, 10점]	
31	Prestressed Concrete의 원리		페이지
	31-1. 프리스트레스트 콘크리트빔의 현장제작시 증기양생 관리방법과 프리스트레스 도입조건	[05후, 25점]	3-261
	31-2. 프리플렉스빔(Preflex Beam)의 원리와 제조방법	[96중, 20점]	
	31-3. 프리플렉스보(Preflex Beam)	[01전, 10점]	3-264
	31-4. 프리플렉스보	[02후, 10점]	
32	PSC(Prestressed Concrete) 부재의 응력 변화		페이지
	32-1. 프리스트레스트 콘크리트 부재의 제조, 시공중에 생기는 응력분포의 변화	[97전, 50점]	3-267
	32-2. PC강재의 릴랙세이션(Relaxation)	[94후, 10점]	
	32-3. PC 인장재의 Relaxation	[96후, 20점]	
	32-4. PC강재의 Relaxation	[00후, 10점]	
	32-5. 강재의 릴랙세이션(Relaxation)	[08중, 10점]	
	32-6. Prestress의 손실	[11중, 10점]	
	32-7. 응력부식(應力腐蝕)	[99전, 20점]	3-271
	32-8. 응력부식(Stress Corrosion)	[04후, 10점]	
33	콘크리트 구조물의 유지관리		페이지
	33-1. 콘크리트 구조물의 유지관리 체계	[96중, 50점]	3-273
	33-2. 콘크리트 구조물의 유지관리 체계와 방법	[03후, 25점]	
	33-3. 철근 Con'c 구조물 시공시의 안전사고 방지대책	[96중, 35점]	3-276
	33-4. 극한한계상태와 사용한계상태	[97전, 20점]	3-280
34	콘크리트 표준시방서		페이지
	34-1. 콘크리트 표준시방서에 규정된 시공상세도	[98중후, 40점]	3-282

제3장 제2절 특수콘크리트

1	한중 콘크리트		페이지
	1-1. 동절기 콘크리트 시공시 고려사항 및 동결융해 성능향상을 위한 　　　혼화제 사용시 유의사항　　　　　　　　　　　　　　　[03전, 25점] 1-2. 콘크리트의 적산온도　　　　　　　　　　　　　　　　　[02중, 10점] 1-3. 콘크리트의 적산온도(Maturity)　　　　　　　　　　　　[06중, 10점]		3-285
	1-4. Pop Out 현상　　　　　　　　　　　　　　　　　　　　[04중, 10점]		3-288
2	서중 콘크리트		페이지
	2-1. 서중콘크리트 시공에서 발생하는 문제점과 그 방지대책　　　[94후, 40점] 2-2. 서중콘크리트 시공에서 Plastic 수축균열 발생원인과 그 대책　[94전, 40점] 2-3. 暑中(서중) Con'c의 양생　　　　　　　　　　　　　　[97중전, 20점] 2-4. 서중, 매스콘크리트 타설시 균열 발생 최소화를 위한 시공시 주의사항 [02중, 25점]		3-290
3	Mass 콘크리트		페이지
	3-1. 매스콘크리트 타설시 온도 응력에 의한 균열 발생방지를 위한 　　　설계 및 시공시의 대책　　　　　　　　　　　　　　　[00후, 25점] 3-2. 콘크리트 구조물의 시공에 있어서 온도 균열억제　　　　　[99전, 30점] 3-3. 매스콘크리트 온도균열을 제어하는 방법　　　　　　　　[97전, 40점] 3-4. 매스콘크리트에 발생하는 온도응력에 의한 균열의 제어 대책　[10후, 25점] 3-5. 하절기 매스콘크리트 구조물의 콘크리트 타설시 유의사항과 　　　계측관리 항목　　　　　　　　　　　　　　　　　　　[05후, 25점] 3-6. 콘크리트의 수화열 관리를 위한 공법　　　　　　　　　　[97후, 30점] 3-7. 매스콘크리트에서의 온도 균열　　　　　　　　　　　　[08후, 10점] 3-8. 매스콘크리트의 온도균열지수　　　　　　　　　　　　　[98전, 20점] 3-9. 온도균열지수　　　　　　　　　　　　　　　　　　　　[99전, 20점] 3-10. 온도제어양생　　　　　　　　　　　　　　　　　　　[96전, 20점] 3-11. 콘크리트 양생방법에서 냉각법　　　　　　　　　　　　[96중, 30점] 3-12. Pipe Cooling 공법　　　　　　　　　　　　　　　　[03후, 10점]		3-295
4	수중 콘크리트		페이지
	4-1. 수중 불분리성(水中 不分離性) 콘크리트의 시공　　　　　[99전, 40점] 4-2. 수중 불분리성 콘크리트의 특징 및 시공시 유의사항　　　[08중, 25점] 4-3. 현장타설 콘크리트 말뚝 및 지하연속벽에 사용하는 수중콘크리트 　　　치기작업의 요령　　　　　　　　　　　　　　　　　　[06중, 25점] 4-4. Preplaced Concrete 공법을 적용하는 공사와 시공방법 및 유의사항 [10후, 25점] 4-5. 수중 불분리성 콘크리트　　　　　　　　　　　　　　　[11전, 10점]		3-304
5	수밀 콘크리트		페이지
	5-1. 수밀을 요구하는 콘크리트 구조물의 누수원인이 되는 결함과 그 대책 　　　　　　　　　　　　　　　　　　　　　　　　　　　[97전, 30점] 5-2. 정수장 수조구조물 누수원인의 분석 및 시공대책　　　　　[00전, 25점] 5-3. 수밀콘크리트와 수중콘크리트　　　　　　　　　　　　　[11중, 10점]		3-310
6	고강도 콘크리트		페이지
	6-1. 고강도 콘크리트의 제조 및 시공방법　　　　　　　　　　[01전, 30점]		3-315

7	고성능 콘크리트		페이지
	7-1. 고성능 콘크리트의 정의, 배합 및 시공	[05중, 25점]	3-318
	7-2. 고성능 콘크리트의 폭렬 특성 및 영향요인과 저감대책	[06전, 25점]	
	7-3. 고성능 콘크리트	[03후, 10점]	
	7-4. 고내구성 콘크리트	[09후, 10점]	3-322
8	유동화 콘크리트		페이지
	8-1. 유동화 콘크리트를 사용할 때 장·단점 및 시공시 유의사항	[98중후, 30점]	3-324
9	고유동 콘크리트		페이지
	9-1. 고유동 콘크리트의 유동특성 및 유동특성에 영향을 미치는 요인	[05전, 25점]	3-328
	9-2. 고유동 콘크리트	[09전, 10점]	
10	해양 콘크리트		페이지
	10-1. 해안 환경하에 설치되는 철근콘크리트 구조물 시공시 내구성 향상대책	[03전, 25점]	
	10-2. 해양콘크리트의 내구성 확보를 위한 시공시 유의사항	[08중, 25점]	3-331
	10-3. 해상콘크리트타설에 사용되는 장비의 종류와 환경오염 방지대책	[11전, 25점]	
	10-4. 해양콘크리트	[03중, 10점]	
11	진공 콘크리트		페이지
	11-1. 진공콘크리트(Vacuum Processed Concrete)	[11후, 10점]	3-336
12	폴리머 콘크리트		페이지
	12-1. 폴리머 콘크리트	[05후, 10점]	
	12-2. 폴리머 시멘트 콘크리트(Polymer-Modified Concrete, PMC)	[09중, 10점]	3-338
	12-3. 폴리머 함침 콘크리트(Polymer Impregnated Concrete)	[06전, 10점]	
13	중량 콘크리트(방사선차폐 콘크리트)		페이지
	13-1. 방사선차폐용 콘크리트의 재료, 배합 및 시공시 유의사항	[10전, 25점]	3-340
14	강섬유 보강 콘크리트		페이지
	14-1. 강섬유 보강 콘크리트	[98후, 20점]	3-343
15	팽창 콘크리트		페이지
	15-1. 팽창콘크리트	[98중후, 20점]	
	15-2. 팽창콘크리트	[02중, 10점]	3-345
	15-3. 팽창콘크리트	[10후, 10점]	
	15-4. 화학적 프리스트레스트 콘크리트	[06중, 10점]	
16	에코 콘크리트		페이지
	16-1. 에코콘크리트	[05중, 10점]	3-348

제4장 도로

1	아스팔트 콘크리트 포장과 시멘트 콘크리트 포장의 비교		페이지
	1-1. 포장 종류(아스팔트 포장 및 콘크리트 포장)에 따른 하중전달 형식 및 각 구조의 기능	[07후, 25점]	4-6
	1-2. 시멘트콘크리트 포장과 아스팔트콘크리트 포장의 구조적 특성 및 포장형식의 특성과 선정시 고려사항	[04후, 25점]	
	1-3. 아스콘 포장과 콘크리트 포장의 교통하중 지지방식 및 각 포장파손 원인 및 대책	[99후, 30점]	
2	노상의 안정처리 공법		페이지
	2-1. 아스팔트 포장에서 상층노반의 축조공법	[96중, 35점]	4-12
	2-2. 아스팔트 포장에서 보조기층공 축조방법	[97후, 25점]	
	2-3. 콘크리트 포장에서 보조기층의 역할	[01후, 10점]	
	2-4. 도로 노상부의 지지력이 불량한 부분에 대한 개량방법	[96후, 25점]	4-17
	2-5. 흙쌓기공의 노상재료	[97전, 20점]	4-20
	2-6. 철도의 강화 노반(Reinforced Roadbed)	[08후, 10점]	4-22
3	아스팔트 혼합물		페이지
	3-1. 도로포장용 가열식 아스팔트 혼합물의 종류와 용도 및 혼화물이 갖추어야 할 성질	[94전, 50점]	4-24
	3-2. 아스팔트 혼합물의 배합설계방법	[01전, 25점]	
	3-3. 마샬(Marshall) 안정도시험	[00후, 10점]	
	3-4. 유화 아스팔트(Emulsified Asphalt)	[01후, 10점]	4-29
	3-5. 상온 유화 아스팔트콘크리트	[03중, 10점]	
	3-6. 컷백 아스팔트와 유제 아스팔트의 특성	[03전, 25점]	
	3-7. 개질 아스팔트 포장시 개질재를 사용하는 이유, 종류 및 특징	[06전, 25점]	4-33
	3-8. 개질 아스팔트	[10전, 10점]	
	3-9. 구스아스팔트(Guss Asphalt)	[01전, 10점]	4-37
	3-10. 아스팔트 포장용 굵은 골재	[01중, 10점]	4-40
4	아스팔트 혼합물의 석분		페이지
	4-1. 아스팔트 포장의 석분	[00전, 10점]	4-41
	4-2. 아스팔트 혼합물에 석분을 넣는 이유	[96후, 20점]	
	4-3. 회수다스트를 채움재로 사용시 유의사항, 추가시험항목, 포장에 미치는 영향	[97전, 30점]	
5	아스팔트 콘크리트 포장 시공		페이지
	5-1. 신설 6차로 도로 개설 공사시 아스팔트 혼합물의 포설방법과 시공시 유의사항	[05중, 25점]	4-46
	5-2. 계곡부에 고성토 도로 축조시 시공계획	[03후, 25점]	
	5-3. 장수명 포장	[08후, 10점]	4-50
	5-4. 저탄소 중온 아스팔트콘크리트 포장	[09후, 10점]	4-51

6	아스팔트 콘크리트 포장의 시험포장		페이지
	6-1. 아스팔트콘크리트 포장공사에서 시험포장	[02전, 25점]	4-53
	6-2. 아스팔트콘크리트 포장공사 현장에서 시험포장에 관한 시공계획서	[05전, 25점]	
	6-3. 아스팔트콘크리트 포장시 시험포장을 포함한 시공계획	[06후, 25점]	
	6-4. 아스팔트 포장을 위한 Work Flow의 실례와 시험시공을 통한 포장품질 확보방안	[09전, 25점]	
7	아스팔트 콘크리트 공종별 장비조합		페이지
	7-1. 아스팔트콘크리트 포장공사의 공종별 장비조합	[96중, 20점]	4-58
	7-2. 아스팔트콘크리트 포장공사시 관련 세부작업 및 해당장비	[00중, 25점]	
	7-3. 아스팔트콘크리트 포장공사시 시공단계별 포설장비 선정 및 장비의 특성과 시공시 유의사항	[10전, 25점]	
	7-4. 아스팔트콘크리트 포장공사에서 다짐작업별 다짐장비 선정과 다짐시 내구성에 미치는 영향과 마무리 평탄성 기준	[11중, 25점]	4-63
8	아스팔트 콘크리트 파손 원인과 대책		페이지
	8-1. Asphalt 포장의 파손원인과 대책	[97중전, 20점]	4-66
	8-2. 아스팔트콘크리트 포장의 파괴원인 및 대책	[01후, 25점]	
	8-3. Asphalt 포장공사에서 교량 시종점부의 파손(부등침하균열 및 Pot Hole 등) 발생원인 및 대책	[08후, 25점]	
	8-4. 아스팔트 포장의 Pot Hole 저감대책	[10중, 25점]	
	8-5. 반사균열(Reflection Crack)	[98후, 20점]	4-70
	8-6. 포장의 반사균열(Reflection Crack)	[01전, 10점]	
	8-7. 도로포장의 반사균열	[06중, 10점]	
	8-8. 아스팔트콘크리트의 반사균열	[11후, 10점]	
	8-9. 기존 아스팔트콘크리트 포장에서 파손유형에 따른 덧씌우기 전의 보수방법	[02후, 25점]	4-72
	8-10. 도로포장에서 표층의 보수공법	[03후, 25점]	
	8-11. 아스팔트 포장도로의 표면 요철을 개선하기 위한 설계 및 시공상 유의사항	[98후, 30점]	4-74
9	아스팔트 콘크리트 소성변형		페이지
	9-1. 아스팔트 포장의 소성변형 발생원인과 방지대책	[95전, 33점]	4-77
	9-2. 아스팔트콘크리트 포장의 소성변형 원인과 대책	[00전, 25점]	
	9-3. 아스팔트 포장에서 소성변형 원인과 대책	[04중, 25점]	
	9-4. Asphalt 포장의 소성변형에 대한 원인과 대책	[07중, 25점]	
	9-5. 아스팔트 콘크리트 포장의 소성변형 발생원인과 방지대책 및 보수방법	[10후, 25점]	
	9-6. 포장용 아스팔트 혼합물에 대한 중교통 도로에서 내유동 대책	[97전, 50점]	
	9-7. 아스팔트콘크리트 포장의 소성변형	[02후, 10점]	
	9-8. 아스팔트의 소성변형	[11후, 10점]	
	9-9. 아스팔트 포장에서의 Rutting	[07후, 10점]	
10	폐아스콘 재생처리 공법		페이지
	10-1. 아스팔트 포장의 보수, 보강, 재시공에서 폐아스콘의 재생처리(Recycling) 공법	[98중전, 30점]	4-81
	10-2. 아스팔트콘크리트 포장에서 표층재생공법(Surface Recycling Method)의 특징 및 시공요점	[09중, 25점]	
	10-3. Surface Recycling(노상표층재생) 공법	[04후, 10점]	
	10-4. 재생포장(Repavement)	[07전, 10점]	
	10-5. 리페이버(Repaver)와 리믹서(Remixer)	[95중, 20점]	

11	시멘트 콘크리트 포장의 시공		페이지
	11-1. 콘크리트 포장 공사시 포설 전 준비사항	[00전, 25점]	
	11-2. 콘크리트 포장을 시공(두께 약 300mm, 면적 약 300a)할 때 시공계획	[99전, 30점]	4-87
	11-3. 포장용 콘크리트에서 각종 비비기 방식에 대한 장·단점	[95후, 35점]	
	11-4. 포장콘크리트의 배합기준	[11후, 10점]	
	11-5. 혹서기 시멘트콘크리트 포장시공시 콘크리트치기의 시방기준과 품질관리 검사	[11후, 25점]	4-93
	11-6. 연속철근 콘크리트 포장공법	[01중, 25점]	4-95
	11-7. 롤러다짐 콘크리트 포장(RCCP)	[09중, 10점]	4-98
	11-8. 콘크리트 포장공사에서 골재가 콘크리트 강도에 미치는 영향	[02중, 25점]	4-100
	11-9. 포장공사에서의 분리막의 역할	[00중, 10점]	
	11-10. 분리막	[03후, 10점]	4-103
	11-11. Concrete 포장의 분리막	[07중, 10점]	
	11-12. 투수성 포장과 배수성 포장의 특징 및 시공시 유의사항	[08중, 25점]	
	11-13. 투수성 시멘트콘크리트 포장	[03전, 10점]	4-105
	11-14. 투수성 포장	[04전, 10점]	
	11-15. 배수성 포장	[05중, 10점]	
	11-16. 포스트텐션 도로포장	[11중, 10점]	4-111

12	시멘트 콘크리트 포장의 줄눈		페이지
	12-1. 시멘트콘크리트 포장의 줄눈 종류와 시공방법	[01전, 25점]	
	12-2. 시멘트콘크리트 포장에서 줄눈의 종류, 기능 및 시공방법	[11중, 25점]	
	12-3. 콘크리트 포장의 이음(Joint)	[96중, 20점]	
	12-4. 콘크리트 포장의 시공조인트	[07후, 10점]	4-112
	12-5. 줄눈콘크리트 포장	[10전, 10점]	
	12-6. 콘크리트 포장의 수축이음	[95중, 20점]	
	12-7. 타이바와 다웰바	[03전, 10점]	
	12-8. 다웰바(Dowel bar)	[01후, 10점]	

13	시멘트 콘크리트 포장의 표면마무리와 평탄성 관리		페이지
	13-1. 콘크리트 포장에 있어 기계에 의한 표면마무리와 평탄성 관리	[96전, 50점]	
	13-2. 도로 포장층의 평탄성 관리방법	[02전, 25점]	
	13-3. 교량시공중 평탄성(P. R. I)관리와 설계기준에 부합하는 시공시 유의사항	[02후, 25점]	
	13-4. P.R.I(평탄성 지수)	[00중, 10점]	4-116
	13-5. Pr.I (Profile Index)	[04중, 10점]	
	13-6. 도로의 평탄성 측정방법(PRI)	[10전, 10점]	
	13-7. 포장의 평탄성 관리기준	[03전, 10점]	
	13-8. 완성노면(路面)의 검사항목	[98중후, 20점]	4-122
	13-9. 프루프 롤링(Proof Rolling)	[01전, 10점]	4-124
	13-10. Proof Rolling	[03후, 10점]	
	13-11. 아스팔트 포장 및 콘크리트 포장의 미끄럼 방지시설	[03중, 25점]	
	13-12. 그루빙(Grooving)	[06전, 10점]	4-126
	13-13. 포장의 Grooving	[09중, 10점]	

14	시멘트 콘크리트 포장의 파손 원인과 대책		페이지
	14-1. 시멘트콘크리트 포장공사에서 발생하는 손상의 종류 및 발생원인과 보수방안	[04중, 25점]	4-128
	14-2. 시멘트콘크리트 포장공사시 초기균열의 발생원인 및 방지대책	[00후, 25점]	
	14-3. 시멘트콘크리트 포장공사시 초기균열 원인과 대책	[05후, 25점]	
	14-4. 연속 콘크리트 포장의 파괴유형과 원인 및 대책	[11전, 25점]	
	14-5. 콘크리트 포장에서 Spalling 현상	[05중, 10점]	
	14-6. 콘크리트 포장의 피로 균열(Fatigue Cracking)	[08전, 10점]	
15	교면포장		페이지
	15-1. 교면포장이 갖추어야 할 요건 및 각 층 구성	[04전, 25점]	4-136
	15-2. 교면포장 및 구성요소	[05후, 25점]	
	15-3. 강상판교의 교면포장공법	[00전, 10점]	
	15-4. 교면포장	[02전, 10점]	
	15-5. 라텍스콘크리트(Latex Modified Concrete)	[01중, 10점]	
	15-6. 교량교면 포장공법 중 L.M.C	[04후, 25점]	

제5장 교량

1	콘크리트 교량의 가설공법		페이지
	1-1. 콘크리트 교량 가설공법의 종류 및 특징	[07후, 25점]	5-7
	1-2. 콘크리트 교량의 상판 가설공법 중 현장타설 콘크리트에 의한 공법의 종류	[10후, 25점]	
	1-3. 장대교량 가설공법의 종류별 특징 비교 기술	[97중후, 33점]	
	1-4. Prestressed Concrete Box Girder 교량의 상부공 건설공법	[98중전, 50점]	
	1-5. PSC Box 거더 교량 시공시 가설공법의 종류와 특징	[03전, 25점]	
	1-6. 프리스트레스트 콘크리트 박스거더로 교량의 상부공을 가설시 가설공법의 종류, 시공방법 및 특징	[09후, 25점]	
	1-7. 최신 교량 가설공법 중 두 종류를 선정하여 비교 설명	[96후, 25점]	
	1-8. PSC 장지간 교량의 캠버 확보방안과 처짐의 장기거동	[10중, 25점]	5-11
2	3경간 연속보의 콘크리트 타설		페이지
	2-1. 3경간 연속 철근콘크리트교에서 콘크리트 타설시 시공계획 수립 및 유의사항	[01후, 25점]	5-13
	2-2. 3경간 연속교의 상부 콘크리트 타설순서 및 시공시 유의사항	[06후, 25점]	
	2-3. 철근콘크리트교 상부 구조물의 레미콘 타설시 현장 확인사항	[05전, 25점]	
	2-4. 교량 신축이음장치의 파손원인과 보수방법	[07후, 25점]	5-17
	2-5. 교량의 신축이음부 파손이유와 파손을 최소화하기 위한 방법	[98중후, 30점]	
	2-6. 신축장치(Expansion Joint)	[00중, 10점]	
	2-7. 교량구조물 상부 슬래브 시공을 위하여 동바리받침으로 설계시 시공 전 조치사항	[07후, 25점]	5-24
	2-8. 교량가설시 시스템동바리의 설계 및 시공상의 문제점과 대책	[08전, 25점]	
	2-9. 공중작업비계(Cat Walk)	[04전, 10점]	5-28
	2-10. 단순교, 연속교, 게르버교의 특징 비교	[97중전, 20점]	5-30
	2-11. I-300×150(Z=981cm^3)이 간격 1.6m, 3m 길이, 단순지지, 받을 수 있는 등분포하중	[94전, 40점]	5-33
3	ILM(압출공법)		페이지
	3-1. 연속압출공법(ILM)과 시공순서 및 시공상 유의사항	[07전, 25점]	5-34
	3-2. 장대교량 상부공을 한 방향 연속압출공법(ILM)으로 시공시 유의사항	[11전, 25점]	
	3-3. IPC 거더 교량 가설공법	[08후, 10점]	5-38
4	MSS(이동지보 공법)		페이지
	4-1. 교량가설 공사에서 가설이동식 동바리의 적용과 특징	[02중, 25점]	5-40

5	FCM(외팔보 공법)		페이지
	5-1. 교량가설에 있어 캔틸레버(Cantilever) 공법으로 사용하는 교량의 구조형식 및 공법	[98후, 30점]	5-43
	5-2. 교량의 상부가 FCM 공법에서 1개의 표준 Segment 가설에 소요되는 공종	[99후, 30점]	
	5-3. 프리스트레스 콘크리트 박스거더 캔틸레버 교량에서 콘크리트 타설시 유의사항과 처짐관리	[05중, 25점]	
	5-4. 교량의 캔틸레버 가설공법(FCM)	[04전, 25점]	
	5-5. 교량 가설공법에서 FCM(Free Cantilever Method)	[94후, 10점]	
	5-6. F.C.M 공법(Free Cantillever Method)	[07중, 10점]	
	5-7. FCM(Free Cantilever Method)	[09중, 10점]	
6	Precast Box Girder 공법		페이지
	6-1. 프리캐스트(Precast) 콘크리트를 이용한 프리스트레스트 박스거더의 건설공법 및 특징	[97전, 50점]	5-51
	6-2. 캔틸레버 공법에 의한 교량시공시 세그먼트의 제작과 제작장 계획	[98전, 30점]	
	6-3. 교량의 프리캐스트 세그먼트 가설공법의 종류와 시공시 유의사항	[03중, 25점]	
	6-4. 교량 가설공법 중 프리캐스트 캔틸레버 공법의 특징과 가설방법	[02후, 25점]	
	6-5. FSLM(Full Span Launching Method)	[08전, 10점]	5-57
7	Precast Girder 공법		페이지
	7-1. 3경간 PSC 합성거더교를 연속화 시공시 슬래브의 바닥판과 가로보의 타설방법 도해 및 그 사유	[04후, 25점]	5-59
	7-2. 합성형교에서 Shear Connector의 역할과 합성거동을 확보하기 위한 바닥판의 시공시 유의사항	[05후, 25점]	
	7-3. 2경간 연속 합성교의 슬래브 콘크리트의 시공순서	[98전, 20점]	
	7-4. 강합성 거더교의 철근콘크리트 바닥판 타설계획시의 유의사항과 타설순서	[10전, 25점]	5-63
	7-5. 콘크리트 소교량의 상부공 가설공법 중 Preflex 공법과 Precom(Prestressed Composite) 공법의 비교	[09중, 25점]	5-67
	7-6. 소수 주형(Girder)교	[09전, 10점]	5-72
8	사장교		페이지
	8-1. 산악지역에 건설되는 장대교량 공사에서 높이 60m의 중공철근 콘크리트 교각의 건설공법	[98전, 40점]	5-74
	8-2. 콘크리트 고교각 시공법의 종류와 특징 및 시공시 고려사항	[08중, 25점]	
	8-3. 고교각 및 사장교 주탑시공시 거푸집공법 선정이 공기 및 품질관리에 미치는 영향	[06후, 25점]	
	8-4. 간만의 차가 큰 서해안 연육교 공사에서 철근콘크리트 구조의 해중교각 시공시 구조물에 영향을 주는 요인과 시공시 유의사항	[05전, 25점]	
	8-5. 수중교각공사 시공관리시 관리할 항목별 내용과 관리시 유의사항	[11전, 25점]	
	8-6. 교각의 Silp Form	[11후, 10점]	
	8-7. 사장교와 현수교의 시공시 중요한 관리사항	[10중, 25점]	5-81
	8-8. 사장교와 현수교의 특징 비교	[11중, 25점]	
	8-9. 자정식 현수교	[07중, 10점]	5-85
	8-10. 엑스트라도즈교의 구조적 특성과 시공상 유의사항	[06중, 25점]	5-87
	8-11. Cable 교량 중 Extradosed교의 시공과 주형가설	[09전, 25점]	
	8-12. 하이브리드(Hybrid) 중로 아치교	[09후, 10점]	5-92
	8-13. 풍동시험	[10후, 10점]	5-94

9	강교 가설공법		페이지
	9-1. 강교 가설공법의 종류와 특징 및 주의사항	[08전, 25점]	5-95
	9-2. 닐슨 아치 교량의 가설공법	[07중, 25점]	
	9-3. 강교 가설공법에서 캔틸레버식 공법과 케이블식 공법	[95후, 35점]	
	9-4. 강교 가설법 중 연속압축공법, 리프트업 바지(Lift Up Barge), 폰툰 크레인 가설공법	[96중, 50점]	
	9-5. 강교 형식에서 플레이트 거더교와 박스 거더교의 가설공사시 검토사항	[11후, 25점]	
	9-6. 평지하천을 횡단하는 교장 500m(경간 50m, 10경간)의 연속강박스 교량 건설	[00전, 25점]	5-105
	9-7. 일체식 교대교량(Intergral Abutment Bridge)	[10전, 10점]	5-108
10	강교의 가조립 공사		페이지
	10-1. 강교의 가조립	[98중후, 30점]	5-110
	10-2. 강교 가조립 공법의 분류, 특징, 시공 유의사항	[98전, 50점]	
	10-3. 강교의 가조립 목적과 가조립 방식	[10전, 25점]	
	10-4. 강교량 가조립 공사의 목적과 순서 및 가조립시 유의사항	[06중, 25점]	
11	강교의 시공순서		페이지
	11-1. 4차선 도로의 5경간 연속 강박스 거더교의 건설을 위한 제작, 운반, 가설, 바닥 콘크리트 타설	[97전, 30점]	5-116
	11-2. 경간장 120m의 3연속 연도교의 Steel Box Girder 제작, 설치시의 작업과정	[00중, 25점]	
	11-3. 강판형교의 확폭 개량공법	[00전, 25점]	5-122
12	강구조의 연결방법		페이지
	12-1. 강구조의 부재 연결공법	[00전, 25점]	5-125
	12-2. 강(剛)부재의 연결방법의 종류 및 그 특징	[00후, 25점]	
	12-3. 강교 현장이음의 종류 및 시공시 유의사항	[09전, 25점]	
	12-4. 강교 시공시 강재의 이음방법과 강재부식 대책	[07후, 25점]	
	12-5. 강구조물의 연결방법의 종류와 강재부식의 문제점 및 대책	[10후, 25점]	
	12-6. 강구조물의 부재 연결방법 중 기계적 연결방법	[99중, 30점]	
	12-7. 강교실시시 고장력볼트 이음의 종류 및 시공시 유의사항	[03중, 25점]	
	12-8. 강구조의 압축부재와 휨부재 연결방법	[97전, 20점]	5-132
	12-9. 항만시설물 공사의 강구조물 시공시 도복장 공법의 종류, 적용범위와 공법선정시 검토사항	[04중, 25점]	5-134
	12-10. 강구조물에서 강재의 강도에 비하여 낮은 응력하에서도 부분 파괴가 발생하는 원인	[97중전, 50점]	5-137
	12-11. 강재의 피로파괴 특성과 용접이음부 피로강도의 저하요인	[07중, 25점]	
	12-12. 강재의 저온균열, 고온균열	[06전, 10점]	5-140
	12-13. 무도장 내후성 강재	[05중, 10점]	5-142
	12-14. TMC(Thermo-Mechanical Control)강	[10전, 10점]	5-143
13	강재 용접 결함		페이지
	13-1. 강재용접의 결함 종류 및 대책	[09후, 25점]	5-145
	13-2. 강재의 용접결함	[07후, 10점]	
	13-3. 용접의 결함원인과 용접자세	[96중, 20점]	

14	강재 용접 부위의 검사방법		페이지
	14-1. 강구조물의 용접과 균열을 검사하고 평가하는 방법	[97전, 50점]	
	14-2. 강교량 가설현장에서 용접부위별 검사방법과 검사범위	[04후, 25점]	
	14-3. 구조용 강재 용접부의 비파괴시험방법(N.D.T)	[04전, 25점]	5-150
	14-4. 강재 용접부의 비파괴시험방법	[00전, 10점]	
	14-5. 용접부위에 대한 비파괴검사	[95중, 20점]	
	14-6. 현장용접부 비파괴검사방법	[07중, 10점]	
15	교량의 받침		페이지
	15-1. 교량받침 형태의 종류와 각각의 특징	[99중, 30점]	
	15-2. 교량가설(架設)공사에서 교량받침의 종류와 각 종류별 손상원인 및 방지대책	[00후, 25점]	
	15-3. 교량받침의 파손원인과 방지대책	[05중, 25점]	
	15-4. 교좌의 가동받침과 고정받침	[02후, 10점]	5-155
	15-5. 연속곡선교의 교좌장치 배치 및 설치방법	[97전, 20점]	
	15-6. 포트받침(Pot Bearing)과 탄성고무받침의 특성 비교	[98전, 20점]	
	15-7. 하천의 교량 경간장	[10중, 10점]	
16	교량의 교면방수		페이지
	16-1. 교량교면 방수공법과 시공시 유의사항	[07중, 25점]	
	16-2. 교량의 교면방수	[03후, 25점]	
	16-3. 교량의 교면방수	[09전, 10점]	5-164
	16-4. 교량의 교면방수공법 중 도막방수와 침투성 방수공법	[05중, 25점]	
	16-5. 도막방수	[04전, 10점]	
17	교량의 붕괴원인과 대책		페이지
	17-1. 성수대교 사고원인에 대한 견해	[95전, 33점]	5-168
	17-2. 성수대교의 붕괴과정과 상판구조의 특성 및 붕괴의 원인	[08전, 25점]	
18	교량의 유지관리 및 보수보강 공법		페이지
	18-1. 교량에서 철근콘크리트 바닥판의 손상원인과 보강대책	[03중, 25점]	
	18-2. 철근콘크리트 교량 상부구조물 공사시 콘크리트 보수・보강공법	[05전, 25점]	
	18-3. 교량의 유지관리 및 보수보강에 있어서의 문제점에 대한 귀하의 의견 기술	[96전, 50점]	5-173
	18-4. 강형교(Steel Girder Bridge)에 대한 유지관리상의 요점	[95중, 33점]	
	18-5. 콘크리트 교량 균열의 원인별 분류 및 보수재료의 평가기준	[11후, 25점]	
	18-6. 교량 상부구조물의 시공중 및 준공후 유지관리를 위한 계측관리시스템의 구성 및 운영방안	[11중, 25점]	5-185
	18-7. 교량의 L.C.C(수명주기비용) 구성요소	[04후, 10점]	5-188
	18-8. 강(剛)구조물의 수명과 내용년수(內用年數)	[00후, 10점]	5-189
	18-9. 표준 트럭하중	[05후, 10점]	5-191
19	교량기초의 세굴		페이지
	19-1. 교량교각의 세굴방지 대책	[02전, 25점]	5-193
	19-2. 교량기초의 세굴 예측기법과 방지공법	[09전, 25점]	

20	교대의 측방유동	페이지
	20-1. 연약지반에서 교대지반이 측방유동을 일으키는 원인과 대책 [04전, 25점] 20-2. 연약지반상에 설치된 교대의 측방이동의 원인 및 대책 [08중, 25점] 20-3. 연약지반상의 교대 측방향 이동의 원인 및 방지대책 [98중전, 30점] 20-4. 연약지반 지역에 건설되는 교량교대의 측방이동 억제공법 [97전, 30점] 20-5. 연약지반 성토작업시 측방유동이 주변 구조물에 문제를 발생시키는 　　　사례 및 원인별 대책 [06후, 25점] 20-6. 측방유동 [07중, 10점] 20-7. 측방유동 [08후, 10점] 20-8. 측방유동 [10중, 10점]	5-197
	20-9. 교량 교대부위에 발생되는 변위의 종류 및 그에 대한 대책 [01중, 25점] 20-10. 연약지반 교대축조시 발생하는 문제점 및 대책 [99후, 30점] 20-11. 깊은 연약점성토 지반에 옹벽이나 교대를 건설할 때 발생하는 　　　문제점과 대책공법 [99전, 30점]	5-202
	20-12. 토사, 암버럭 외에 노체에 사용 가능한 재료와 사용시 고려사항 [02후, 25점] 20-13. 경량성토공법 [08중, 10점]	5-205
	20-14. 연약지반 구간에 Box Culvert 설치시 검토사항과 시공시 유의사항 [10전, 25점]	5-208
21	구조물의 지진	페이지
	21-1. 일반 거더교에서 지진피해 유형과 대책 [07중, 25점] 21-2. 지중매설 구조물에서 지진에 의한 피해사항(2가지로 분류) 및 대책 [06전, 25점] 21-3. 면진설계의 기본 개념, 주요 기능 및 면진장치의 종류 [06전, 25점] 21-4. 교량의 내진과 면진설계 [08후, 10점] 21-5. 지진파(지반진동파) [04전, 10점]	5-211
	21-6. 기존에 사용중인 교량에 대한 내진 보강방안 [11중, 25점]	5-217
22	교량 기타 문제	페이지
	22-1. 당산전철교 철거와 재시공 공사기간을 최소로 줄일 수 있는 공법 [97전, 30점]	5-220
	22-2. 교량구조물에 대형 상수도강관(Steel Pipe)을 첨가 시공시 유의사항 [02전, 25점]	5-224
	22-3. 교량의 바닥판 배수방법과 우수에 의한 바닥판 하부 오염방지를 위한 고려사항, 　　　중앙분리대 또는 방호벽 콘크리트와 바닥판과의 시공이음부 시공방안 [06후, 25점]	5-227
	22-4. 큰 하천을 횡단하는 교량시공시 기상조건을 고려한 방재대책과 　　　공정계획시 유의사항 [08후, 25점]	5-230
	22-5. 다음 그림과 같이 현재 통행량이 많고 하천 충적층 위에 선단지 Pile 　　　기초로 된 교량하부를 관통하여 지하철 터널굴착 작업을 하려고 　　　한다. 이때 교량 하부구조의 보강공법에 대하여 기술하시오. [07중, 25점]	5-233

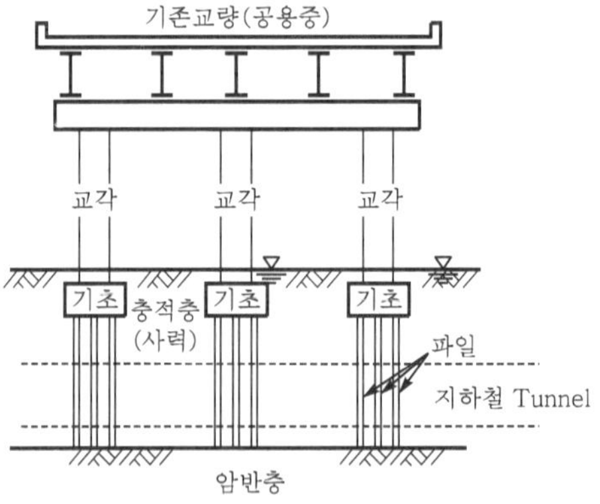

제6장 터널공사

1	터널 공법	페이지
	1-1. 도심지 대심도터널의 계획시 사전검토사항과 적절한 공법 선정 [11중, 25점] 1-2. 풍화암 지역에서 터널공사를 시공할 때 굴착공법의 종류 및 그 특징 [97후, 25점] 1-3. 터널 굴진방식에 따른 굴착기계의 종류 및 그 특징 [94후, 30점] 1-4. 침매 공법에서 기초공의 조성과 침매함의 침매방법 및 접합방법 [11전, 25점] 1-5. 침매 공법 [03전, 10점] 1-6. 침매 터널 [07중, 10점]	6-7
	1-7. 피암 터널 [09후, 10점]	6-18
	1-8. 도로교(길이 10m 말뚝기초) 교각기초 하부의 10m 지점에의 지하철 건설계획 [98전, 30점] 1-9. 기존 철도 또는 고속도로 하부를 통과하는 지하차도 시공시 상부 차량 통행에 지장을 주지 않고 안전하게 시공할 수 있는 공법의 종류 [06전, 25점] 1-10. 하천변 철도 하부 지하차도 건설시 열차 운행에 지장을 주지 않는 경제적인 굴착공법 [01후, 25점] 1-11. 하수 Box(3.0m×3.0m×4련) 하부를 신설 지하철이 통과할 경우 가장 경제적인 굴착공법 [99중, 30점] 1-12. Front Jacking 공법 [09중, 10점]	6-19
	1-13. 기존 지하철노선 하부를 관통하는 신설 터널공사를 계획시, 기존노선과 신설 터널 사이의 지반이 풍화잔적토이며 두께가 약 10m일 때, 신설 터널공사를 위한 시공대책 [09전, 25점] 1-14. 기존 터널구간에 인접하여 신규 터널공사를 시공할 경우 발생할 수 있는 문제점과 대책 [05중, 25점] 1-15. 기존 터널에 근접되는 구조물의 시공시 예상되는 문제점과 대책 [09중, 25점] 1-16. 대도시 도심부 지하를 관통하는 고심도 지하도로 시공중 도시 시설물 안전에 미치는 영향요인 및 시공시 유의사항 [08중, 25점]	6-27
	1-17. Tunnel의 수직갱 [05후, 25점]	6-32
2	NATM 공법	페이지
	2-1. NATM 터널의 원리와 안전관리 방법 [96후, 25점] 2-2. NATM의 특성과 적용한계 [97중전, 50점] 2-3. NATM의 굴착공법 [01전, 25점] 2-4. NATM 터널의 굴착시공 관리계획 [98후, 40점] 2-5. 균열이 발달된 보통 정도의 암반으로 중간에 2개소의 단층과 대수층이 예상되는 산간지역에 종단구배가 3.5%이고 연장이 600m인 2차선 일반 국도용 터널이 계획되어 있다. 본공사에 대한 시공계획 [06중, 25점] 2-6. NATM 터널굴착시 세부작업 순서 [99중, 30점] 2-7. 터널 굴진시 사이클(Cycle) 작업의 종류 [94후, 10점] 2-8. NATM 공법으로 터널작업시 Cycle Time에 관련된 세부작업 [00중, 25점] 2-9. 암반 반응곡선 [01중, 10점] 2-10. 터널 지반의 현지응력(Field Stress) [06중, 10점]	6-35
	2-11. NATM 터널공사시 공정단계별 장비 계획 [05중, 25점]	6-47
	2-12. 산간지역 연장 20km 2차선 쌍설 터널을 시공시 원가, 품질, 공정, 안전관리에 관한 중요한 내용 [01중, 25점]	6-50
	2-13. 터널 갱구부의 위치 선정, 갱문 종류 및 시공시 주의사항 [08전, 25점] 2-14. 터널 갱구부 시공시 예상되는 문제점 및 그 대책공법 [98중후, 30점]	6-54
	2-15. 하저 터널구간에서 NATM으로 시공 중 연약지반 출현시 발생되는 문제점과 대책 [97중후, 33점]	6-61

3	시험발파		페이지
	3-1. 발파공법에서 시험발파의 목적, 시행방법 및 결과의 적용	[02후, 25점]	
	3-2. 도심지 인근의 암반 굴착공사시 시험발파 계측의 목적 및 방법	[05중, 25점]	6-65
	3-3. 암 굴착시 시험발파	[06후, 10점]	
	3-4. 암석 발파시 발파진동 저감을 위한 진동원 및 전파경로에 대한 대책	[04후, 25점]	
	3-5. 발파진동이 구조물에 미치는 영향과 진동영향 평가방법	[09전, 25점]	
	3-6. 발파진동이 구조물에 미치는 영향에 대한 조사방법과 시공시 유의사항	[10후, 25점]	6-68
	3-7. 암 발파시 발생하는 지반 진동, 소음 및 암석 비산과 같은 발파 공해의 발생원인과 대책	[07후, 25점]	
	3-8. 심발(심빼기) 발파의 종류와 지반 진동의 크기를 지배하는 요소	[09중, 25점]	
	3-9. 발파에서 지반 진동의 크기를 지배하는 요소	[07후, 10점]	
4	터널 굴착시 여굴		페이지
	4-1. 터널 굴착시 여굴의 발생원인과 감소대책	[95전, 33점]	
	4-2. 터널 공사시 여굴의 원인과 방지대책	[04후, 25점]	
	4-3. 터널의 여굴 발생원인 및 방지대책	[11중, 10점]	6-77
	4-4. NATM 터널 시공시 진행성 여굴의 원인, 사전 예측방법 및 차단대책	[00후, 25점]	
	4-5. 터널의 여굴	[00전, 10점]	
	4-6. 지불선(Pay Line)과 여굴 관계	[98후, 20점]	6-83
	4-7. 지불선(Pay line)	[05전, 10점]	
	4-8. Spring Line	[04중, 10점]	6-85
5	제어발파공법		페이지
	5-1. 터널굴착시 제어발파공법의 종류	[94후, 50점]	
	5-2. 터널굴착에서 제어발파공법	[99후, 30점]	
	5-3. 산악지역 터널굴착시 제어발파	[03중, 25점]	
	5-4. 조절발파(제어발파)	[05전, 10점]	
	5-5. 조절폭파공법(Controlled Blasting)	[95후, 25점]	
	5-6. Line Drilling Method	[04후, 10점]	
	5-7. 쿠션 블라스팅(Cushion Blasting)	[01전, 10점]	6-86
	5-8. 프리스플리팅(Pre Splitting)	[98후, 20점]	
	5-9. Pre-splitting	[07전, 10점]	
	5-10. Smooth Blasting	[99후, 20점]	
	5-11. Smooth Blasting	[00중, 10점]	
	5-12. Smooth Blasting	[09중, 10점]	
	5-13. Smooth Blasting	[05후, 10점]	
	5-14. 암석 발파시의 자유면	[95중, 20점]	6-90
	5-15. 심빼기(心拔工) 폭파	[97후, 20점]	6-92
	5-16. 심빼기 발파	[02후, 10점]	
	5-17. Bench Cut 발파	[00전, 10점]	6-95
	5-18. Bench Cut 공법	[10후, 10점]	
	5-19. 미진동 발파공법	[03후, 10점]	6-97
	5-20. 2차 폭파(小割(소할)폭파)	[04중, 10점]	6-99
	5-21. 지발뇌관	[96중, 20점]	6-101
	5-22. 도폭선	[99중, 20점]	6-103
	5-23. 터널의 발파식 굴착공법에서 적용하고 있는 착암기(Rock Drill) 특성	[98후, 30점]	6-105

6	NATM 터널의 지반보강		페이지
	6-1. NATM 터널시공시 지보공의 종류와 시공순서 및 시공상 유의사항	[07전, 25점]	6-108
	6-2. NATM 터널시공시 지보재의 종류와 역할	[10전, 25점]	
	6-3. NATM 터널시공시 지보패턴을 결정하기 위한 공사 전 및 공사 중 세부 시행사항	[08후, 25점]	
	6-4. NATM 터널공사시 강지보재의 역할과 제작 설치시 유의사항	[05중, 25점]	
	6-5. 터널공사에서 록볼트의 종류와 정착방식에 따른 작용효과	[09전, 25점]	
	6-6. Rock Bolt와 Soil Nailing 공법의 특성 설명 및 비교	[03중, 25점]	
	6-7. Swellex Rock Bolting	[99후, 20점]	6-120
	6-8. Tunnel에서의 삼각지보(Lattice Girder)	[97중전, 20점]	6-122
	6-9. 가축 지보공(可縮支保工)	[01중, 10점]	6-123
	6-10. 터널굴착시 지보공이 터널의 안전성에 미치는 효과(원지반 응답곡선으로 설명)	[06중, 25점]	6-125
	6-11. NATM 터널 시공단계별 붕괴형태와 터널의 붕괴원인 및 대책 1) 굴착직후 무지보상태, 2) 1차 지보재(Shotcrete) 타설후, 3) 콘크리트라이닝 타설후	[11전, 25점]	6-127
7	터널공사의 Shotcrete 공법		페이지
	7-1. 터널공사의 숏크리트 공법의 특징	[96중, 35점]	6-131
	7-2. NATM에서 Shotcrete의 작용효과, 두께, 내구성 배합	[01중, 25점]	
	7-3. 터널공사 숏크리트 공법의 특징 및 반발량(Rebound량)의 저감대책	[96전, 30점]	
	7-4. 터널공사 숏크리트의 기능과 리바운드(Rebound) 저감대책	[01전, 25점]	
	7-5. NATM 터널시공시 숏크리트 공법의 종류와 특징 및 리바운드 저감대책	[03전, 25점]	
	7-6. NATM 터널시공시 적용하는 숏크리트 공법의 종류 및 리바운드 저감대책	[05전, 25점]	
	7-7. NATM 터널시공시 숏크리트 공법의 종류 및 리바운드 저감대책	[10후, 25점]	
	7-8. 숏크리트의 시공방법과 시공상의 친환경적인 개선안	[06전, 25점]	
	7-9. 건식 및 습식 숏크리트의 시공방법과 시공상의 친환경적인 개선안	[09후, 25점]	
	7-10. 건식 및 습식 숏크리트의 특성	[00전, 10점]	
	7-11. 숏크리트의 특성	[02중, 10점]	
	7-12. 숏크리트(Shotcrete)의 리바운드(Rebound)	[94후, 10점]	
	7-13. Air Spinning 공법	[10중, 10점]	
	7-14. 숏크리트(Shotcrete)의 합리적인 시공을 위한 유의사항	[98중후, 30점]	6-140
	7-15. NATM 터널의 숏크리트작업에서 측벽부, 아치부, 인버트부, 용수부의 시공시 유의사항과 분진대책	[08중, 25점]	
	7-16. 숏크리트(Shotcrete)의 응력 측정	[01후, 10점]	
8	NATM 터널의 Lining Concrete		페이지
	8-1. NATM 터널에서 2차 복공 콘크리트에 나타나는 균열의 주요원인과 대책	[95전, 33점]	6-144
	8-2. 터널 2차 라이닝 콘크리트의 균열 발생원인과 방지대책	[09중, 25점]	
	8-3. 터널 라이닝 콘크리트의 누수 원인과 대책	[95후, 35점]	
	8-4. NATM 터널공사에서 라이닝 콘크리트의 누수 원인 및 시공시 유의사항	[01후, 25점]	
	8-5. 터널에서의 콘크리트 라이닝의 기능	[07후, 10점]	
	8-6. 터널공사에 있어서 인버트 콘크리트의 목적 및 타설순서	[02중, 25점]	6-148
	8-7. 인버트 콘크리트의 설치목적과 타설시 유의사항	[05전, 25점]	
	8-8. 터널의 인버트의 정의 및 역할	[11중, 10점]	
	8-9. 터널시공시 강섬유 보강 콘크리트의 역할과 문제점 및 장·단점	[08전, 25점]	6-151

9	터널의 계측관리		페이지
	9-1. NATM 공법으로 터널을 시공시 계측의 목적과 계측의 종류별 설치 및 유의사항	[07중, 25점]	6-155
	9-2. NATM 터널의 막장 관찰과 일상 계측방법 및 시공시 고려사항	[09전, 25점]	
	9-3. 터널공사 중 터널내부에 설치되는 계측기의 종류 및 측정방법	[09후, 25점]	
	9-4. NATM 터널공사관리의 계측 종류와 설치장소	[95전, 20점]	
	9-5. NATM 계측	[97중후, 20점]	
	9-6. 개착터널의 계측빈도	[11전, 10점]	
	9-7. 터널시공시 안정성 평가방법	[02전, 25점]	6-163
	9-8. NATM 계측 중 갱 내외 관찰조사(Face Mapping)의 적용요령과 필요성	[99후, 30점]	6-166
	9-9. Face Mapping	[03전, 10점]	
	9-10. 터널굴착면의 페이스 매핑	[07후, 10점]	
	9-11 터널의 페이스 매핑	[11전, 10점]	
	9-12. TSP(Tunnel Seismic Profiling) 탐사	[09후, 10점]	6-170
10	터널의 안전관리		페이지
	10-1. 장대 도로터널의 방재시설 계획시 고려사항과 필요시설의 종류 및 특징	[09후, 25점]	6-171
	10-2. 시공중인 노선 터널의 환기(Ventilation)방식	[04전, 25점]	
	10-3. 공사중인 터널의 환기방식 및 소요환기량 산정방법	[06후, 25점]	6-175
	10-4. 터널공사에서의 환기계획 및 환기방식의 종류	[10후, 25점]	
11	터널 막장의 보조보강공법		페이지
	11-1. 터널공사에서 막장을 안정시키기 위한 보조보강공법	[02중, 25점]	
	11-2. 터널 천단부와 막장면의 안정에 사용되는 보조공법의 종류와 특징	[11후, 25점]	
	11-3. 터널의 지반보강 방법	[04전, 25점]	6-182
	11-4. 터널 막장의 보강공	[02후, 25점]	
	11-5. 터널 보조공법	[98전, 50점]	
	11-6. 터널굴착 중 연약지반 보조공법 중 강관 다단 그라우팅	[08전, 10점]	6-186
	11-7. 터널시공중 천단부 쐐기파괴 발생시 현장에서의 응급조치 및 복구대책	[06후, 25점]	
	11-8. 연약한 토사층에서 토피 30m 정도의 지하에 터널을 굴착중 천단부에서 붕락이 일어나고 상부지표가 함몰시 조치사항과 붕락구간 통과방안	[06중, 25점]	6-187
	11-9. 토피가 낮은 터널 시공시 발생되는 지표침하현상과 침하저감대책	[11중, 25점]	
	11-10. 터널굴착 중에 터널 파괴에 영향을 미치는 요인	[06전, 25점]	6-191
12	터널공사 지하수 처리방법		페이지
	12-1. 터널공사의 지하수 대책공법	[98전, 20점]	
	12-2. 터널공사에서 지반 용수에 대한 대책	[00전, 25점]	
	12-3. NATM의 방수공법과 배수처리공법	[99중, 35점]	
	12-4. 터널계획시 지하수 처리방법	[03중, 25점]	
	12-5. NATM 터널에서 방수의 기능 및 방수막 후면의 지하수 처리방법에 따른 방수형식 및 장·단점	[06전, 25점]	6-194
	12-6. 산악 터널공사에서 발생하는 지하수 용출에 따른 문제점과 대책	[08중, 25점]	
	12-7. 지층 변화가 심한 터널굴착시 막장에서 지하수 유출 및 파쇄대 출현에 대한 대처방안	[07중, 25점]	
	12-8. 터널 구조물 시공 중의 균열 발생원인과 물처리공법	[99전, 30점]	
	12-9. 배수형 터널과 비배수형 터널의 개념 및 장·단점	[08전, 25점]	6-201
	12-10. 배수형 터널과 비배수형 터널의 특징 비교	[10후, 25점]	

13	TBM(Tunnel Boring Machine) 공법		페이지
	13-1. TBM(Tunnel Boring Machine)의 구조 및 그 적용조건	[95중, 50점]	6-205
	13-2. 기계식 터널굴착 공법(TBM)의 분류 및 각 기종의 특징	[03후, 25점]	
	13-3. TBM 공법의 특징	[04전, 25점]	
	13-4. Slurry Shield TBM공법	[07중, 10점]	
14	Shield 공법		페이지
	14-1. 실드터널의 초기굴착시 시공순서, 시공방법 및 유의사항	[11전, 25점]	6-211
	14-2. 현장에서 실드터널의 단계별 굴착방법에 따른 유의사항	[06후, 25점]	
	14-3. 지하 30m와 20m 사이에서 연암과 연약토층이 혼재된 지반조건을 가진 도심지의 도시 터널공사(직경 7.0m, 길이 약 4km) 시공시 기계식 자동화 공법의 시공계획서 작성시 유의사항	[04중, 25점]	
	14-4. Shield 장비로 거품을 사용하여 터널을 굴착시 버력처리방법 및 시공시 유의사항	[07전, 25점]	
	14-5. 실드터널 공법에서 Precast Concrete Segment의 이음방법 및 시공시 주의사항	[02중, 25점]	
	14-6. Segment 이음방식(실드터널)	[10중, 10점]	
	14-7. 실드터널 시공시 뒤채움 주입방식의 종류 및 특징	[10중, 25점]	
	14-8. 터널공법 중 세미실드 공법과 실드 공법에 대한 설명과 시공순서	[02후, 25점]	
15	무소음 무진동 암파쇄공법		페이지
	15-1. 폭파에 의하지 않는 암석굴착방법	[96중, 35점]	6-220
	15-2. 도심지 주거 밀집지역의 암 굴착시 소음, 진동을 피한 암 파쇄공법 및 시공상 유의사항	[07전, 25점]	
	15-3. 암석 굴착시 팽창성 파쇄공법	[01후, 10점]	
16	암반		페이지
	16-1. 암반의 취성파괴(Brittle Failure)	[06중, 10점]	6-227
	16-2. 규암(Quartzite)의 시공상 특성	[95전, 20점]	6-228
	16-3. 불연속면	[00후, 10점]	6-230
	16-4. Discontinuity(불연속면)	[09전, 10점]	
	16-5. 단층대(Fault Zone)	[99전, 20점]	6-232
	16-6. 암반의 파쇄대(Flacture Zone)	[94후, 10점]	
	16-7. 암반의 균열계수	[95중, 20점]	6-235
	16-8. RQD(Rock Quality Designation)	[95전, 20점]	6-237
	16-9. RQD	[03후, 10점]	
	16-10. RQD와 판정	[99중, 20점]	
	16-11. RMR(Rock Mass Rating)	[04전, 10점]	6-239
	16-12. RMR(Rock Mass Rating)	[07중, 10점]	
	16-13. 암반의 SMR 분류법	[06후, 10점]	6-241

제7장 댐공사

1	댐의 종류		페이지
	1-1. 콘크리트댐과 RCD의 특징	[03전, 25점]	7-5
	1-2. 필댐과 콘크리트댐의 안전점검방법	[03중, 25점]	
2	콘크리트댐의 가설비 공사		페이지
	2-1. 콘크리트댐 공사에 필요한 골재 제조설비 및 콘크리트 관련설비	[09중, 25점]	7-9
3	중력식 콘크리트댐		페이지
	3-1. 중력식 Concrete Dam의 Concrete 생산, 운반, 타설 및 양생방법	[07중, 25점]	7-13
	3-2. 콘크리트댐(중력식) 시공시 주요 품질관리	[99중, 30점]	
	3-3. 콘크리트 중력식 댐 시공시 이음의 종류별 특징	[00후, 25점]	
	3-4. 블록방식에 의한 콘크리트 중력식 댐 시공에서 콘크리트의 이음과 시공시 유의사항	[09중, 25점]	
	3-5. 대규모 콘크리트댐의 양생방법으로 이용되는 인공 냉각법	[01전, 25점]	
	3-6. 대형 중력식 콘크리트댐 건설시 예상되는 Cooling Method	[00중, 25점]	
	3-7. 콘크리트 중력댐 시공시 기초면의 마무리 정리	[07후, 25점]	
4	Fill Dam의 시공계획		페이지
	4-1. 록필댐의 코어존(Core Zone)을 시공할 때 재료조건, 시공방법 및 품질관리	[01중, 25점]	7-23
	4-2. Fill Dam의 축조재료와 시공	[05후, 25점]	
	4-3. 록필댐(Rock Fill Dam)의 심벽재료의 성토시험	[98전, 20점]	
	4-4. 록필댐(Rock Fill Dam)에서 상·하류층 필터의 기능 및 필터 입도가 불량할 때 생기는 문제점	[02전, 25점]	
	4-5. 성토댐(Embankment Dam)의 축조기간 중에 발생하는 댐의 거동	[11중, 25점]	7-31
	4-6. 댐 차수벽의 재료로 사용하는 흙의 통일분류법상 SC 및 CL의 특성 비교	[94후, 30점]	7-34
	4-7. 제방의 침윤선	[00전, 10점]	7-39
	4-8. 흙댐의 유선망과 침윤선	[06전, 10점]	
	4-9. Dam의 감세공 종류 및 특성	[00후, 10점]	7-41
	4-10. 비상 여수로(Emergency Spillway)	[07전, 10점]	7-42
5	표면 차수벽형 석괴댐		페이지
	5-1. 표면 차수벽형 석괴댐의 특징과 축조 시공법	[97중후, 33점]	7-44
	5-2. 표면 차수벽 댐의 구조와 시공법	[99전, 30점]	
	5-3. 콘크리트 표면 차수벽형 석괴댐의 단면구성 및 시공법	[02후, 25점]	
	5-4. 콘크리트 표면 차수벽댐	[95전, 20점]	
	5-5. 콘크리트 표면 차수벽댐(CFRD)	[08중, 10점]	
	5-6. 표면 차수벽 석괴댐	[98중전, 20점]	
	5-7. 석괴댐의 Plinth	[07후, 10점]	7-49

6	댐의 유수전환방식		페이지
	6-1. 하천공사에 있어서 유수전환(River Diversion)방식	[98후, 30점]	
	6-2. 댐공사에서 가체절 및 유수전환공법의 종류와 특징	[08중, 25점]	
	6-3. 댐 본체 축조 전 사전공사인 유수전환방식 및 특징	[09후, 25점]	
	6-4. 댐공사시 가체절 공법	[01중, 25점]	
	6-5. 석괴댐의 유수전환방법	[98전, 20점]	
	6-6. 하천에 댐이나 수리 구조물을 축조할 경우 유수전환 (River Diversion)시 고려할 사항	[94전, 50점]	7-50
	6-7. 남한강 중류지역에 대형 Rock Fill Dam을 건설하고자 할 때 유수전환계획과 담수계획	[99후, 30점]	
	6-8. 댐공사시 하천 상류지역 가물막이공사의 시공계획과 시공시 주의사항	[05중, 25점]	
	6-9. 유수전환시설의 설계 및 선정시 고려사항과 구성요인	[03중, 25점]	
	6-10. Dam 건설공사에서 유수전환방법과 기초처리방법	[97중전, 50점]	
	6-11. 댐(Dam)공사에서 기초처리와 하류전환방식	[96중, 50점]	
7	댐의 기초처리공법		페이지
	7-1. Dam 공사 시행시 기초처리공법의 종류	[00중, 25점]	
	7-2. 댐의 기초처리공법	[04중, 25점]	
	7-3. 댐 기초공사에서 투수성 지반에서의 기초처리공법	[06중, 25점]	
	7-4. 댐 기초굴착시 파쇄가 심한 불량한 암반에 대한 기초처리 방안	[06후, 25점]	
	7-5. 기초암반 보강공법	[94전, 40점]	
	7-6. 기초암반(基礎巖盤)의 보강공법	[01전, 25점]	
	7-7. 댐 기초의 그라우팅 공법	[96전, 20점]	
	7-8. 댐의 그라우팅의 종류와 방법	[02후, 25점]	
	7-9. Fill Dam 기초가 암반일 경우 시공상의 문제점 및 Grouting 공법	[08전, 25점]	7-58
	7-10. 콘크리트 표면 차수벽형 석괴댐(CFRD)의 각 존별 기초 및 그라우팅 방법	[08후, 25점]	
	7-11. Consolidation Grouting	[99후, 20점]	
	7-12. Consolidation Grouting	[03후, 10점]	
	7-13. Consolidation Grouting	[05후, 10점]	
	7-14. 커튼 그라우팅의 목적	[98중전, 20점]	
	7-15. Dam의 커튼 그라우팅(Curtain Grouting)	[94후, 10점]	
	7-16. Curtain Wall Grouting	[01전, 10점]	
	7-17. 커튼 그라우팅(Curtain Grouting)	[01후, 10점]	
	7-18. Curtain Grouting	[05전, 10점]	
	7-19. Blanket Grouting	[11후, 10점]	7-66
	7-20. 암반에서의 현장투수시험	[06후, 10점]	7-67
	7-21. Lugeon치	[99후, 20점]	
	7-22. Lugeon치	[02후, 10점]	7-69
	7-23. Lugeon치	[04중, 10점]	

8	Fill Dam의 누수 원인과 대책		페이지
	8-1. 필댐(Fill Dam)의 누수 원인 분석 및 시공상 대책	[01전, 25점]	7-71
	8-2. 필댐의 누수 원인과 방지대책	[04전, 25점]	
	8-3. Fill Dam의 종류와 누수 원인 및 방지대책	[04후, 25점]	
	8-4. 필댐의 내부 침식, 파이핑 메커니즘 및 시공시 주의사항	[10중, 25점]	
	8-5. 흙댐의 파이핑 현상과 원인	[96후, 20점]	
	8-6. 댐에서 Piping에 의한 누수 방지대책	[00전, 25점]	
	8-7. 댐에서 파이핑 현상으로 인해 누수가 발생시 처리대책	[07후, 25점]	
	8-8. 댐 시공시 양압력(陽壓力) 방지대책	[00전, 10점]	
	8-9. 필댐의 수압할열(Hydraulic Fracturing)	[07후, 10점]	7-77
	8-10. 필댐의 수압파쇄현상	[10후, 10점]	
9	RCCD(Roller Compacted Concrete Dam)		페이지
	9-1. RCD(Roller Compacter Dam) 공법	[98후, 30점]	7-79
	9-2. RCC 댐의 개요와 시공순서 및 시공시 유의사항	[07전, 25점]	
	9-3. 진동롤러 다짐콘크리트의 특징 및 시공시 유의사항	[02중, 25점]	

제8장 항만공사

1	직립식 방파제		페이지
	1-1. 직립식 방파제의 특징과 시공상 유의사항 [95중, 50점] 1-2. 직립식 방파제의 특징과 시공시 유의사항 [05전, 25점] 1-3. 방파제의 피해 원인 [08전, 10점]		8-4
2	Caisson식 혼성 방파제		페이지
	2-1. 셀룰러 블록(Cellular Block)식 혼성 방파제의 시공시 유의사항 [01전, 25점] 2-2. 혼성 방파제의 구성요소 [00중, 10점]		8-9
3	항만 구조물의 기초사석		페이지
	3-1. 항만 구조물 설치시 기초사석의 투하 목적과 고르기 시공시 유의사항 [02중, 25점] 3-2. 항만공사에서 사석공사와 사석고르기공사의 품질관리와 시공시 유의사항 [07전, 25점] 3-3. 항만 구조물에서 기초사석공의 시공관리 및 유의하여야 할 사항 [98중전, 30점] 3-4. 사석 기초 방파제의 시공 전 조사항목과 시공시 유의사항 [96후, 25점]		8-13
	3-5. 항만시설물 중 피복공사 및 시공시 유의사항 [09전, 25점] 3-6. 피복석(Armor Stone) [06전, 10점]		8-18
	3-7. 소파공(消波工) [00후, 10점] 3-8. 소파공 [05후, 10점]		8-21
4	Caisson 진수공법		페이지
	4-1. 항만 접안시설에서 사용될 케이슨(Caisson)의 진수공법과 시공시 유의사항 [98전, 30점] 4-2. 해상공사에서 대형 케이슨(1,000톤) 제작, 진수방법, 해상 운반 및 거치시 유의사항 [02중, 25점] 4-3. 서해안 항만 접안시설에 적용 가능한 케이슨 진수공법 및 시공시 유의사항 [09후, 25점] 4-4 항만공사에 있어서 Caisson 거치공법 [99전, 30점] 4-5. Caisson 진수방법 [97중전, 20점] 4-6. 항만공사에서 사상 진수법에 의한 케이슨 거치방법 및 시공시 유의사항 [08중, 25점]		8-23
5	안벽의 시공		페이지
	5-1. 안벽의 종류 및 특징 [04전, 25점] 5-2. 항만 구조물에서 접안시설의 종류 및 특징 [06전, 25점] 5-3. 항만 접안시설의 대표적인 종류 2개와 그 특징 및 시공시 주의사항 [97중전, 50점] 5-4. 부잔교 [09전, 10점] 5-5. Dolphin [03전, 10점]		8-30
	5-6. 강널말뚝을 이용한 안벽 시공시의 작업순서 및 시공관리사항 [96전, 30점]		8-37
	5-7. 해안 구조물에 작용하는 잔류수압 [01중, 10점] 5-8. 잔류수압 [05후, 10점]		8-42

6	가물막이 공법		페이지
	6-1. 자립형 가물막이 공법	[95후, 35점]	8-43
	6-2. 자립형 가물막이 공법의 종류별 특징 및 시공시 유의사항	[02전, 25점]	
	6-3. Cell 공법에 의한 가물막이	[09전, 10점]	
7	방조제 공사시 최종 물막이 공법		페이지
	7-1. 서해안 지역에서 대형 방조제 축조시 최종 물막이 공사의 시공계획	[98전, 20점]	8-48
	7-2. 간만의 차가 7~9m인 해안지역에서 방조제 공사시 최종 물막이 공법 및 시공시 유의사항	[01후, 25점]	
	7-3. 방조제 공사시 최종 끝막이 공법의 종류와 시공시 유의사항	[06중, 25점]	
8	매립공사시 해양준설투기방법		페이지
	8-1. 매립공사에서 사용되는 해양준설투기방법에 있어서 예상되는 문제점 및 대책	[11전, 25점]	8-51
	8-2. 유보율(항만공사시)	[09후, 10점]	
9	해저 Pipe Line의 부설방법		페이지
	9-1. 해저 Pipe Line의 부설방법과 시공시 유의사항	[07중, 25점]	8-54
	9-2. 항만공사용 Suction Pile	[08후, 10점]	8-57
	9-3. 자주 승강식 바지(Self Elevator Float Barge)	[96전, 20점]	8-59
	9-4. 대안거리(Fetch)	[03중, 10점]	8-61
	9-5. 비말대와 강재 부식속도	[04중, 10점]	8-63
	9-6. 약최고고조위(AHHWL)	[10중, 10점]	8-65

제9장 하천공사

1	호안공의 종류		페이지
	1-1. 하천 호안구조의 종류 및 설치시 고려할 사항	[98후, 30점]	9-4
	1-2. 비탈 보호공법(덮기 공법) 및 시공시 유의사항	[02전, 25점]	
	1-3. 하천 호안의 역할 및 시공시 유의사항	[08중, 25점]	
	1-4. 하천 생태(환경) 호안	[08후, 10점]	9-10
	1-5. 매립 호안 사석제의 파이핑현상 방지대책 공법	[09중, 25점]	9-12
2	하천 제방의 누수 원인과 방지대책		페이지
	2-1. 하천 제방의 누수 원인과 방지대책	[95후, 30점]	9-16
	2-2. 하천 제방의 누수 원인과 방지대책	[01전, 25점]	
	2-3. 하천 제방의 누수 원인 및 누수 방지방법의 종류와 각 특징	[00후, 25점]	
	2-4. 제방의 누수에서 제체누수와 지반누수의 원인과 시공대책	[02후, 25점]	
	2-5. 하천 제방 제내지측 누수 원인과 방지대책	[08후, 25점]	
	2-6. 집중호우시 수위 상승으로 인한 하천 제방의 누수 및 제방 붕괴 방지대책	[06후, 25점]	
	2-7. 하천 제방에서 부위별 누수 방지대책과 차수공법	[09중, 25점]	
	2-8. 누수로 인한 성토제방의 파괴요인 및 누수방지공법	[97후, 35점]	
	2-9. 하천 제방의 붕괴 원인과 그 대책	[99전, 30점]	
	2-10. 호안의 파괴 원인과 그 대책	[94전, 50점]	
	2-11. 하천 제방을 파괴시키는 누수 비탈면활동 및 침하	[10중, 25점]	
	2-12. 하천공작물 중 제방의 종류 및 제방 시공계획	[05후, 25점]	9-24
	2-13. 하천 제방의 종류와 시공시 유의사항	[09전, 25점]	
	2-14. 하천 제방 축조시 시공상 유의사항	[00전, 25점]	
	2-15. 하천 제방에서 제체 재료의 다짐 기준	[07후, 25점]	
	2-16. 하천 공사시 제방의 재료 및 다짐	[10중, 25점]	
	2-17. 기존 제방의 보강공사를 시행할 때 주의하여야 할 사항	[01중, 25점]	9-31
	2-18. 수제의 목적과 기능	[03중, 25점]	9-34
	2-19. 제방 법선(Nomal Line Bank)	[03중, 10점]	9-37
	2-20. 하천공사에 설치하는 기능별 보의 종류 및 시공시 유의사항	[10후, 25점]	9-38
	2-21. 하천에서 보를 설치하여야 할 경우 및 시공시 유의사항	[04후, 25점]	
	2-22. 하천의 고정보 및 가동보	[09중, 10점]	

3	하천 홍수 재해 방지대책		페이지
	3-1. 빈번한 홍수 재해를 방지할 수 있는 대책을 수자원 개발과 하천 개수 계획과 연계하여 기술 [99후, 40점] 3-2. 하천 개수계획시 고려할 사항과 개수공사의 효과 [10전, 25점]		9-41
	3-3. 도시지역 물 부족에 따른 우수저류 방법과 활용방안	[11후, 25점]	9-46
	3-4. 설계강우강도 3-5. 설계강우강도	[03중, 10점] [11전, 10점]	9-49
	3-6. 계획 홍수량에 따른 여유고	[10중, 10점]	9-51
	3-7. 가능 최대 홍수량(PMF)	[06중, 10점]	9-53
	3-8. 유출계수	[04후, 10점]	9-54
	3-9. 유수지(遊水池)와 조절지(調節池)	[06전, 10점]	9-55
	3-10. 부영양화(Eutrophication)	[08중, 10점]	9-57
	3-11. 용존공기부상	[11후, 10점]	9-58
	3-12. Cavitation(공동현상)	[00후, 10점]	9-60
	3-13. Siphon	[09전, 10점]	9-62
4	지하에 매설되는 암거의 기초형식		페이지
	4-1. 지하매설물을 설치할 때 기초형식과 공법 [95후, 25점] 4-2. 콘크리트 원형관 암거의 기초형식을 열거하고 각 특징 [01후, 25점]		9-64
5	Pipe Jacking 공법		페이지
	5-1. 주요 간선도로를 횡단하는 송수관로(직경 2m, 2열) 시공시 교통 장애를 유발하지 않는 시공법을 제시 및 시공시 유의사항 (지반은 사질토이고 지하수위가 높음) [08후, 25점] 5-2. 도심지 콘크리트 하수관을 Pipe Jacking 공법으로 시공시 공법의 설명 및 시공상 유의사항 [07전, 25점]		9-68
	5-3. 대형 상수도관을 하천을 횡단하여 부설시 품질 관리와 유지 관리를 감안한 시공상 유의사항 [04후, 25점]		9-72
	5-4. 가농숭빈 하수처리상 심진시(실근 콘크리트 구조물) 비닥의 균열 발생원인과 균열 방지를 위한 시공시 유의사항 [07전, 25점]		9-75
6	하수관거의 정비공사		페이지
	6-1. 하수관로의 기초공법과 시공시 유의사항	[10전, 25점]	
	6-2. 상하수도시설물(주위 배관 포함)의 누수 방지 방안과 시공시 유의사항	[09전, 25점]	
	6-3. 상수도관 매설시 유의사항	[01전, 25점]	
	6-4. 도심지 하수관거 정비공사 중 시공상 문제점과 대책	[05후, 25점]	9-78
	6-5. 하수관의 시공검사	[01중, 10점]	
	6-6. 하수관거공사시 수밀시험(Leakage Test)	[09후, 25점]	
	6-7. 지반이 연약한 곳에 차집관로(Box) 시공시 문제점과 유의사항	[00전, 25점]	
	6-8. 관형(管形) 암거 시공시 파괴원인을 열거하고 시공시 유의사항	[00후, 25점]	
	6-9. 불명수(不明水) 유입에 대한 문제점과 대책 및 침입수 경로 조사방법	[11후, 25점]	9-86

제10장 제1절 계약제도

1	공사 계약형식		페이지
	1-1. 공사 계약형식을 열거하고 각각의 특성 기술	[98후, 30점]	10-9
	1-2. 건설 CITIS	[05중, 10점]	10-12
2	공동계약		페이지
	2-1. 공동계약(Joint Venture Contract)	[98후, 20점]	10-14
3	Fast Track Method		페이지
	3-1. 설계후 시공의 순차적 공사 진행방식과 설계 시공 병행방식의 개요와 장·단점 및 설계 시공 병행방식의 단계구분 기준	[08후, 25점]	10-16
	3-2. Fast Track Method	[03중, 10점]	
	3-3. Fast Track Construction	[04중, 10점]	
4	SOC(Social Overhead Capital)		페이지
	4-1. 민간투자 사업방식의 종류 및 특징	[06후, 25점]	10-19
	4-2. 정부의 SOC 예산의 바람직한 투자방향	[10후, 25점]	
	4-3. BTL과 BTO	[07중, 10점]	
	4-4. BOT(Built-Own-Transfer)	[08중, 10점]	
	4-5. SOC사업의 공사 중 환경 민원 등의 갈등 해결방안	[09전, 25점]	
	4-6. Project Financing	[04후, 10점]	10-26
5	신기술 지정제도		페이지
	5-1. 새로운 시공기술을 채용하려고 할 때 필요한 검토사항	[98중전, 30점]	10-27
6	건설공사 입찰방법		페이지
	6-1. 건설공사의 국제 입찰방법의 종류와 특징	[98전, 20점]	10-31
	6-2. 건설공사의 입찰방법 및 현행 턴키방법과 개선점	[02후, 25점]	
7	건설공사 낙찰제도		페이지
	7-1. 최고가치 낙찰제	[07후, 10점]	10-36
8	계약금액 조정방법		페이지
	8-1. 공사계약금액 조정의 요인과 조정방법	[11후, 25점]	10-38
	8-2. 공사 계약 일반조건에 의한 설계 변경 사유와 이로 인한 계약금액의 조정방법	[04전, 25점]	
	8-3. 국가를 당사자로 하는 공사계약에서 설계 변경에 해당하는 경우	[07전, 25점]	
	8-4. 공사 시공 중 변경사항이 발생할 경우에 설계 변경의 조건과 절차	[07후, 25점]	
	8-5. 물가변동 조정금액의 산출방법	[11전, 25점]	
	8-6. 물가변동에 의한 공사비 조정방법시 유의사항	[03중, 25점]	
	8-7. 공사 계약금액 조정을 위한 물가변동률	[08중, 10점]	
	8-8. 원가 계산시 예정가격 작성 준칙에서 규정하고 있는 비목	[03전, 25점]	10-44
	8-9. 총 공사비의 구성요소	[09중, 10점]	
	8-10. 공사원가 계산시 경비의 세비목(細費目)	[06전, 10점]	
9	사업수행 능력평가 및 기술제안서		페이지
	9-1. 건설기술관리법에서 PQ(사업수행능력평가), TP(기술제안서) 설명 및 문제점과 대책	[02후, 25점]	10-48
	9-2. 수급인의 하자 담보 책임	[08후, 10점]	10-52

제10장 제2절 공사관리

1	시공계획시 사전조사		페이지
	1-1. 시공계획 작성시 사전조사 사항	[00후, 25점]	10-53
2	건설공사 시공계획		페이지
	2-1. 시공자가 공사 착수 전에 감리자에게 제출하는 시공계획서의 목적과 내용	[95전, 33점]	10-57
	2-2. 시공계획을 세울 때 검토사항	[98중전, 40점]	
	2-3. 연약지반상의 통로 암거(4.5m×4.5m×2련, $L=45m$) 설치시 시공계획	[98중전, 50점]	
	2-4. 해안에 인접한 연약지반처리를 위한 시공계획	[10중, 25점]	
	2-5. 하천 또는 해안지역에서 가물막이 공사시 시공계획	[98중후, 30점]	
	2-6. 산악도로 건설공사를 위한 시공계획과 유의사항	[98후, 30점]	
	2-7. 최근 교통량의 증가추세에 따른 기존 도로의 확폭과 관련하여 시공계획 및 시공관리	[96전, 30점]	
	2-8. 콘크리트 라멘교의 시공계획서 작성시 필요한 내용	[11중, 25점]	10-65
3	건설업의 공사관리		페이지
	3-1. 공사관리의 4대 요소와 그 요지	[98중전, 20점]	10-69
	3-2. 공사 시공관리의 중점이 되는 4개 항목	[00중, 25점]	
	3-3. 토목공사 시공시 공사관리상의 중점관리 항목	[04중, 25점]	
	3-4. 시공관리의 목적과 관리내용	[02후, 25점]	
4	건설사업의 위험도관리		페이지
	4-1. 건설공사의 위험도관리	[04전, 10점]	10-72
	4-2. 해외 건설공사에서의 위험관리	[08후, 25점]	
	4-3. Risk관리 3단계	[04후, 10점]	
	4-4. 위험도 분석(Risk Analysis)	[07전, 10점]	
5	건설감리제도		페이지
	5-1. 건설공사 감리제도의 종류 및 특징	[07후, 25점]	10-76
	5-2. 건설기술관리법에 의한 감리원의 기본 임무	[05후, 10점]	
	5-3. 비상주 감리원	[09후, 10점]	
	5-4. 책임감리 현장참여자 업무지침서에 의한 각 구성원 (발주처, 감리원, 시공자)의 공사 시행단계별 업무	[10중, 25점]	
6	CM(Construction Management)제도		페이지
	6-1. 건설사업관리(CM)의 단계별 업무내용	[03중, 25점]	10-82
	6-2. 건설 프로젝트의 단계(기획, 설계, 시공, 유지관리)별 건설사업관리 (CM)의 주요 업무내용	[09중, 25점]	
	6-3. 대규모 건설사업에 CM 용역을 채용할 경우 기대되는 효과	[98중전, 30점]	
	6-4. 건설사업관리 전문가 인증제도의 필요성과 향후 활용방안	[02중, 25점]	
	6-5. 순수형 CM(CM for fee) 계약 방식	[08중, 10점]	
	6-6. 용역형 건설사업관리(CM for fee)	[10전, 10점]	
	6-7. 시공을 포함한 CM at Risk 계약과 턴키계약방식	[03전, 25점]	
	6-8. 건설사업관리(CM)에서 위험관리와 안전관리	[11중, 25점]	10-87
	6-9. Project Performance Status	[05전, 10점]	10-90

7	부실시공의 원인과 방지대책		페이지
	7-1. 건설공사의 부실시공 방지대책	[01전, 25점]	
	7-2. 시공, 제도적 관점에서 부실시공 방지대책	[05후, 25점]	
	7-3. 건설공사의 품질 향상(부실시공 방지)을 위한 의견 기술	[96전, 50점]	10-92
	7-4. 최근 건설공사의 부실시공 방지대책 및 건설기술인의 사명과 자세	[97중전, 50점]	
	7-5. 구조물 시공 중 중대한 하자 발생시 시공 책임기술자로서 대처방법	[98중후, 30점]	
	7-6. 현재 우리나라에서 문제되고 있는 부실시공, 기존 시설물의 유지관리, 기술개발	[99후, 40점]	
8	품질관리		페이지
	8-1. 건설공사의 품질관리와 품질경영의 설명 및 비교	[03후, 25점]	
	8-2. 품질통제(Quality Control Q/C)와 품질보증(Quality Assurance Q/A)의 차이	[98중전, 20점]	10-103
	8-3. 품질관리비 산출에 대하여 최근 개정된 품질시험비 산출 단위량 기준(국토해양부 고시)	[09후, 25점]	
9	품질관리 순서		페이지
	9-1. 통계적 품질관리에서 관리사이클의 4단계	[96중, 20점]	10-108
	9-2. 통계적 품질관리(品質管理)를 적용할 때 관리사이클(Cycle)의 단계	[01전, 25점]	
10	품질관리 7가지 도구		페이지
	10-1. 품질관리를 위한 관리도의 종류와 관리 한계선의 결정방법	[95중, 50점]	10-112
	10-2. $\bar{x} - R$ 품질관리 기법에서 이상이 있는 경우	[96후, 20점]	
11	원가관리		페이지
	11-1. 건설공사에서 원가관리방법 및 비용 절감을 위한 활동	[06중, 25점]	10-119
	11-2. 공사 원가관리를 위해 공사비 내역 체계의 통일이 필요한 이유	[98중전, 20점]	
	11-3. CSI의 공사정보 분류체계에서 Uniformat과 Master Format의 내용상 차이	[98중전, 30점]	10-123
	11-4. 비용 편익비(B/C Ratio)	[06전, 10점]	
	11-5. 비용 편익비(B/C Ratio)	[09후, 10점]	10-126
	11-6. 내부 수익률(IRR, Internal Rate of Return)	[06중, 10점]	
12	실적공사비적산제도		페이지
	12-1. 실적공사비적산제도의 정의와 기대효과	[02중, 25점]	
	12-2. 실적공사비제도의 필요성과 문제점	[04중, 25점]	
	12-3. 실적단가에 의한 예정가격 작성에 유의해야 할 사항	[97중후, 33점]	10-128
	12-4. 실적공사비	[10중, 10점]	
	12-5. 표준품셈에 의한 적산방식과 실적공사비적산방식의 비교	[06중, 25점]	
	12-6. 표준품셈적산방식과 실적공사비적산방식	[09후, 25점]	
13	VE(Value Engineering)		페이지
	13-1. VE(Value Engineering)	[00중, 10점]	
	13-2. 가치공학(Value Engineering)	[02중, 10점]	10-134
	13-3. VE(Value Engineering)의 정의	[08전, 10점]	
	13-4. 가치공학에서 기능 계통도(FAST)	[06중, 10점]	
14	LCC(Life Cycle Cost)		페이지
	14-1. 건설사업관리 중 Life Cycle Cost 개념	[01중, 10점]	
	14-2. 건설공사에서 LCC기법의 비용항목 및 분석절차	[04전, 25점]	10-137
	14-3. LCC(Life Cycle Cost) 활용과 구성항목	[08전, 10점]	

15	안전관리		페이지
	15-1. 안전공학(Safety Engineering Study) 검토의 필요성	[98중전, 20점]	10-140
	15-2. 건설공사현장의 사고 예방을 위한 건설기술관리법에 규정된 안전관리계획	[10전, 25점]	
	15-3. 시공책임자로서 현장 안전관리사항과 공사 중 인명피해 발생시 조치사항	[07중, 25점]	
	15-4. 사전 재해 영향성 검토 협의시 검토항목	[08전, 25점]	
	15-5. 건설재해 예방을 위한 유해, 위험방지 계획서	[11후, 25점]	10-148

16	장마철 대형 공사장 점검사항		페이지
	16-1. 장마철 대형 공사장의 중점 점검사항 및 집중호우시 재해 대비 행동 요령	[99중, 40점]	10-151
	16-2. 장마철 대형 공사장의 주요 점검사항 및 집중호우로 인한 재해 방지 조치사항	[09후, 25점]	

17	건설공해		페이지
	17-1. 건설공사 현장에서 발생되는 공해에 대한 원인과 대책	[96중, 50점]	10-154
	17-2. 건설공해에 대한 대책	[00중, 25점]	
	17-3. 도로 확장공사시 환경에 미치는 주요 영향 및 저감대책	[98중후, 30점]	
	17-4. 도심지 현장에서 시공시 수질 및 대기 오염 최소화 방안	[99전, 40점]	10-159
	17-5. 건설분야 LCA(Life Cycle Assessment)	[08후, 10점]	10-162

18	건설공사에서 소음과 진동		페이지
	18-1. 건설공사에서 소음, 진동, 공해 유발 공종 및 공해 최소화 방안	[95중, 35점]	10-164
	18-2. 시가지 건설공사의 소음진동 대책	[98전, 40점]	

19	구조물의 해체공법		페이지
	19-1. 도시지역에서 교량 및 복개구조물 철거시 철거 공법의 종류별 특징 및 유의사항	[03전, 25점]	10-168
	19-2. 도심지의 고가도로 구조물 해체에 적합한 공법과 시공시 유의사항	[03중, 25점]	
	19-3. 지하 저수 구조물(-8.0m)의 해체시 해체 공법을 열거하고 해체시 유의사항	[05전, 25점]	
	19-4. 철근 콘크리트 구조물의 해체공사에서 공해와 안전사고에 대한 방지대책	[01전, 25점]	

20	폐콘크리트의 재활용 방안		페이지
	20-1. 재건축사업의 추진 중에 대규모 콘크리트 잔재물 발생시 이에 대한 재생 및 재활용 방법	[97중후, 33점]	10-174
	20-2. 폐콘크리트의 재활용 방안	[03후, 25점]	
	20-3. 순환골재 콘크리트	[10후, 10점]	
	20-4. 건설폐자재의 기술적 문제점과 대책, 활용방안	[98전, 50점]	

21	쓰레기 매립장의 침출수 억제대책		페이지
	21-1. 쓰레기 매립장의 침출수 억제대책	[01후, 25점]	10-178

상세 목차 **71**

제10장 제3절 시공의 근대화

1	ISO(국제표준화기구) 인증제도		페이지
	1-1. 건설공사의 품질 향상을 위해 ISO 9000 시리즈에 의한 품질인증 　　 보증에 대한 채용하는 의의 [98중전, 50점] 1-2. 건설공사의 품질보증을 위하여 건설회사에 ISO 9000 시리즈의 　　 인증이 요구되는 의의 [97중후, 33점] 1-3. ISO 9000 시리즈 [97중후, 20점]		10-181
2	건설 클레임		페이지
	2-1. 건설공사에서 발생하는 클레임의 유형 및 해결방안	[00후, 25점]	
	2-2. 건설공사의 클레임 유형 및 해결방법	[08전, 10점]	
	2-3. 건설공사 클레임 발생원인과 대책	[03중, 25점]	10-186
	2-4. 건설공사에서 발생하는 분쟁의 종류 및 방지대책	[10후, 25점]	
	2-5. 건설공사시 클레임 역할과 해결방안	[04중, 25점]	
	2-6. 클레임(Claim)	[97중후, 20점]	
3	건설 CALS		페이지
	3-1. 건설 CALS의 정의, 제3차 기본계획의 배경 및 필요성	[08전, 25점]	
	3-2. 건설 CALS의 도입이 건설산업에 미치는 효과	[98중후, 30점]	10-190
	3-3. 건설정보 공유방안을 포함한 건설정보화	[03전, 25점]	
	3-4. 건설 CALS	[02전, 10점]	
4	WBS(Work Breakdown Structure)		페이지
	4-1. 공정계획을 위한 요소작업 분류의 목적 및 도로공사 작업분류체계도(WBS) 작성 　　 [11후, 25점] 4-2. WBS(Work Breakdown Structure) [05전, 10점]		10-196
5	GIS(Geographic Information System)		페이지
	5-1. 단지조성 공사시 GIS 기법을 이용한 지하시설물도 작성	[08후, 10점]	
	5-2. GIS(Geographic Information System)	[99중, 20점]	10-199
	5-3. GIS(Geographic Information System)	[03중, 10점]	
6	국가 DGPS 서비스 시스템		페이지
	6-1. 국가 DGPS 서비스 시스템	[08전, 10점]	10-202
7	가상건설시스템		페이지
	7-1. 가상건설시스템(Virtual Construction System)	[08후, 10점]	10-204
8	유비쿼터스(Ubiquitous)		페이지
	8-1. 건설분야 RFID(Radio Frequency Identification)	[09중, 10점]	10-205
9	BIM(Buildig Information Modeling)		페이지
	9-1. BIM을 이용한 시공효율화 방안	[11중, 25점]	10-207
10	건설자동화		페이지
	10-1. 건설자동화 (Construction Management)	[11중, 10점]	10-210

제10장 제4절 공정관리

1	공정관리 기법	페이지
	1-1. 건설공사에서 일정관리의 필요성과 방법 [10전, 25점] 1-2. 공정네트워크 작성시 공사일정계획의 의의와 절차 및 방법 [11전, 25점] 1-3. 공정관리 기법의 종류와 특징 [96후, 20점] 1-4. 공정관리의 기능과 공정관리 기법 [11후, 25점] 1-5. 공정계획 작성시 계획수립 상세도 및 작업 상세도에 따른 　　 공정표(Network)의 종류 [03전, 25점] 1-6. 공정관리 기법의 종류별 활용효과를 얻을 수 있는 각 기법의 특성 　　 (Bar chart, CPM, LOB, Simulation) [06중, 25점] 1-7. 마디도표방식(PDM)에 의한 공정표의 특징 및 작성방법 [09중, 25점] 1-8. PDM 공정표 작성방식 [03전, 10점]	10-212
	1-9. 공정관리 업무의 내용 [97중후, 33점] 1-10. 공정관리 업무의 목적과 내용 [95전, 33점] 1-11. 공정관리의 주요 기능 [11전, 10점]	10-220
2	Network 공정표의 작성요령	페이지
	2-1. 다음 Network에서 각 작업의 전 여유(Total Float) 및 주공정(Critical Path) [94후, 50점]	10-224
	2-2. 다음 Network에서 각 단계의 시각(Event Time), 전 여유(Total Float) 　　 및 주공정(Critical Path) [95중, 33점]	10-227
	2-3. PERT CPM에서 전 여유(Total Float) [94후, 10점]	10-230
	2-4. 크리티컬 패스(Critical Path) [97후, 20점] 2-5. 주공정선(Critical Path) [00전, 10점]	10-232
	2-6. Lead Time [97중후, 20점]	10-234

3	공기 단축기법		페이지
	3-1. 최소비용에 의한 공기 단축	[97후, 25점]	
	3-2. 공기 단축의 필요성과 최소비용을 고려한 공기 단축기법	[08중, 25점]	10-236
	3-3. 최소비용 촉진법(MCX : Minimum Cost Expediting)	[07후, 10점]	
	3-4. 공정관리 기법에서 작업 촉진에 의한 공기 단축기법	[02중, 25점]	10-240
	3-5. 공정관리상의 비용구배	[95중, 20점]	
	3-6. 비용구배	[98중후, 20점]	
	3-7. 비용구배	[01후, 10점]	10-242
	3-8. 비용구배	[05후, 10점]	
	3-9. 비용경사(Cost Slope)	[11후, 10점]	
	3-9. 공정의 경제속도(채산속도)	[02중, 10점]	10-244
4	자원 배분		페이지
	4-1. 건설공사 공정계획에서 자원 배분의 의의 및 인력 평준화 방법	[06중, 25점]	10-245
5	진도관리(Follow Up)		페이지
	5-1. 건설공사의 진도관리(Follow Up)를 위한 공정관리 곡선의 작성방법과 진도 평가방법	[07후, 25점]	
	5-2. 현장작업시 진도관리를 위한 시공단계별의 중점관리 항목	[05중, 25점]	
	5-3. 공정관리 곡선(일명 바나나 곡선)에 의한 공사 진도관리	[94전, 30점]	10-248
	5-4. 공정관리 곡선	[98후, 20점]	
	5-5. 공정관리 곡선(바나나 곡선)	[03중, 10점]	
6	공정과 공사비 통합관리 체계		페이지
	6-1. 국내 건설공사에서 현행 원가관리 체계의 문제점 및 비용 일정 통합관리 기법	[00후, 25점]	
	6-2. 공정·공사비 통합관리체계(EVMS)	[03전, 10점]	
	6-3. 공정·비용 통합시스템	[10후, 10점]	10-251
	6-4. 공사의 진도관리지수	[01전, 10점]	
	6-5. 공정, 원가 통합관리에서 변경 추정 예산	[06중, 10점]	
	6-6. 공사의 공정관리에서 통제기능과 개선기능	[98후, 40점]	10-257

제 4 장

도 로

상세 목차

제4장 도로

1	아스팔트 콘크리트 포장과 시멘트 콘크리트 포장의 비교		페이지
	1-1. 포장 종류(아스팔트 포장 및 콘크리트 포장)에 따른 하중전달 형식 및 각 구조의 기능	[07후, 25점]	4-6
	1-2. 시멘트콘크리트 포장과 아스팔트콘크리트 포장의 구조적 특성 및 포장형식의 특성과 선정시 고려사항	[04후, 25점]	
	1-3. 아스콘 포장과 콘크리트 포장의 교통하중 지지방식 및 각 포장파손 원인 및 대책	[99후, 30점]	
2	노상의 안정처리 공법		페이지
	2-1. 아스팔트 포장에서 상층노반의 축조공법	[96중, 35점]	4-12
	2-2. 아스팔트 포장에서 보조기층공 축조방법	[97후, 25점]	
	2-3. 콘크리트 포장에서 보조기층의 역할	[01후, 10점]	
	2-4. 도로 노상부의 지지력이 불량한 부분에 대한 개량방법	[96후, 25점]	4-17
	2-5. 흙쌓기공의 노상재료	[97전, 20점]	4-20
	2-6. 철도의 강화 노반(Reinforced Roadbed)	[08후, 10점]	4-22
3	아스팔트 혼합물		페이지
	3-1. 도로포장용 가열식 아스팔트 혼합물의 종류와 용도 및 혼화물이 갖추어야 할 성질	[94전, 50점]	4-24
	3-2. 아스팔트 혼합물의 배합설계방법	[01전, 25점]	
	3-3. 마샬(Marshall) 안정도시험	[00후, 10점]	
	3-4. 유화 아스팔트(Emulsified Asphalt)	[01후, 10점]	4-29
	3-5. 상온 유화 아스팔트콘크리트	[03중, 10점]	
	3-6. 컷백 아스팔트와 유제 아스팔트의 특성	[03전, 25점]	
	3-7. 개질 아스팔트 포장시 개질재를 사용하는 이유, 종류 및 특징	[06전, 25점]	4-33
	3-8. 개질 아스팔트	[10전, 10점]	
	3-9. 구스아스팔트(Guss Asphalt)	[01전, 10점]	4-37
	3-10. 아스팔트 포장용 굵은 골재	[01중, 10점]	4-40
4	아스팔트 혼합물의 석분		페이지
	4-1. 아스팔트 포장의 석분	[00전, 10점]	4-41
	4-2. 아스팔트 혼합물에 석분을 넣는 이유	[96후, 20점]	
	4-3. 회수다스트를 채움재로 사용시 유의사항, 추가시험항목, 포장에 미치는 영향	[97전, 30점]	
5	아스팔트 콘크리트 포장 시공		페이지
	5-1. 신설 6차로 도로 개설 공사시 아스팔트 혼합물의 포설방법과 시공시 유의사항	[05중, 25점]	4-46
	5-2. 계곡부에 고성토 도로 축조시 시공계획	[03후, 25점]	
	5-3. 장수명 포장	[08후, 10점]	4-50
	5-4. 저탄소 중온 아스팔트콘크리트 포장	[09후, 10점]	4-51

6	아스팔트 콘크리트 포장의 시험포장		페이지
	6-1. 아스팔트콘크리트 포장공사에서 시험포장	[02전, 25점]	
	6-2. 아스팔트콘크리트 포장공사 현장에서 시험포장에 관한 시공계획서	[05전, 25점]	4-53
	6-3. 아스팔트콘크리트 포장시 시험포장을 포함한 시공계획	[06후, 25점]	
	6-4. 아스팔트 포장을 위한 Work Flow의 실례와 시험시공을 통한 포장품질 확보방안	[09전, 25점]	

7	아스팔트 콘크리트 공종별 장비조합		페이지
	7-1. 아스팔트콘크리트 포장공사의 공종별 장비조합	[96중, 20점]	
	7-2. 아스팔트콘크리트 포장공사시 관련 세부작업 및 해당장비	[00중, 25점]	4-58
	7-3. 아스팔트콘크리트 포장공사시 시공단계별 포설장비 선정 및 장비의 특성과 시공시 유의사항	[10전, 25점]	
	7-4. 아스팔트콘크리트 포장공사에서 다짐작업별 다짐장비 선정과 다짐시 내구성에 미치는 영향과 마무리 평탄성 기준	[11중, 25점]	4-63

8	아스팔트 콘크리트 파손 원인과 대책		페이지
	8-1. Asphalt 포장의 파손원인과 대책	[97중전, 20점]	
	8-2. 아스팔트콘크리트 포장의 파괴원인 및 대책	[01후, 25점]	
	8-3. Asphalt 포장공사에서 교량 시종점부의 파손(부등침하균열 및 Pot Hole 등) 발생원인 및 대책	[08후, 25점]	4-66
	8-4. 아스팔트 포장의 Pot Hole 저감대책	[10중, 25점]	
	8-5. 반사균열(Reflection Crack)	[98후, 20점]	
	8-6. 포장의 반사균열(Reflection Crack)	[01전, 10점]	4-70
	8-7. 도로포장의 반사균열	[06중, 10점]	
	8-8. 아스팔트콘크리트의 반사균열	[11후, 10점]	
	8-9. 기존 아스팔트콘크리트 포장에서 파손유형에 따른 덧씌우기 전의 보수방법	[02후, 25점]	4-72
	8-10. 도로포장에서 표층의 보수공법	[03후, 25점]	
	8-11. 아스팔트 포장도로의 표면 요철을 개선하기 위한 설계 및 시공상 유의사항	[98후, 30점]	4-74

9	아스팔트 콘크리트 소성변형		페이지
	9-1. 아스팔트 포장의 소성변형 발생원인과 방지대책	[95전, 33점]	
	9-2. 아스팔트콘크리트 포장의 소성변형 원인과 대책	[00전, 25점]	
	9-3. 아스팔트 포장에서 소성변형 원인과 대책	[04중, 25점]	
	9-4. Asphalt 포장의 소성변형에 대한 원인과 대책	[07중, 25점]	
	9-5. 아스팔트 콘크리트 포장의 소성변형 발생원인과 방지대책 및 보수방법	[10후, 25점]	4-77
	9-6. 포장용 아스팔트 혼합물에 대한 중교통 도로에서 내유동 대책	[97전, 50점]	
	9-7. 아스팔트콘크리트 포장의 소성변형	[02후, 10점]	
	9-8. 아스팔트의 소성변형	[11후, 10점]	
	9-9. 아스팔트 포장에서의 Rutting	[07후, 10점]	

10	폐아스콘 재생처리 공법		페이지
	10-1. 아스팔트 포장의 보수, 보강, 재시공에서 폐아스콘의 재생처리(Recycling) 공법	[98중전, 30점]	
	10-2. 아스팔트콘크리트 포장에서 표층재생공법(Surface Recycling Method)의 특징 및 시공요점	[09중, 25점]	4-81
	10-3. Surface Recycling(노상표층재생) 공법	[04후, 10점]	
	10-4. 재생포장(Repavement)	[07전, 10점]	
	10-5. 리페이버(Repaver)와 리믹서(Remixer)	[95중, 20점]	

제4장 도로

11	시멘트 콘크리트 포장의 시공		페이지
	11-1. 콘크리트 포장 공사시 포설 전 준비사항	[00전, 25점]	
	11-2. 콘크리트 포장을 시공(두께 약 300mm, 면적 약 300a)할 때 시공계획	[99전, 30점]	4-87
	11-3. 포장용 콘크리트에서 각종 비비기 방식에 대한 장·단점	[95후, 35점]	
	11-4. 포장콘크리트의 배합기준	[11후, 10점]	
	11-5. 혹서기 시멘트콘크리트 포장시공시 콘크리트치기의 시방기준과 품질관리 검사	[11후, 25점]	4-93
	11-6. 연속철근 콘크리트 포장공법	[01중, 25점]	4-95
	11-7. 롤러다짐 콘크리트 포장(RCCP)	[09중, 10점]	4-98
	11-8. 콘크리트 포장공사에서 골재가 콘크리트 강도에 미치는 영향	[02중, 25점]	4-100
	11-9. 포장공사에서의 분리막의 역할	[00중, 10점]	
	11-10. 분리막	[03후, 10점]	4-103
	11-11. Concrete 포장의 분리막	[07중, 10점]	
	11-12. 투수성 포장과 배수성 포장의 특징 및 시공시 유의사항	[08중, 25점]	
	11-13. 투수성 시멘트콘크리트 포장	[03전, 10점]	4-105
	11-14. 투수성 포장	[04전, 10점]	
	11-15. 배수성 포장	[05중, 10점]	
	11-16. 포스트텐션 도로포장	[11중, 10점]	4-111
12	시멘트 콘크리트 포장의 줄눈		페이지
	12-1. 시멘트콘크리트 포장의 줄눈 종류와 시공방법	[01전, 25점]	
	12-2. 시멘트콘크리트 포장에서 줄눈의 종류, 기능 및 시공방법	[11중, 25점]	
	12-3. 콘크리트 포장의 이음(Joint)	[96중, 20점]	
	12-4. 콘크리트 포장의 시공조인트	[07후, 10점]	4-112
	12-5. 줄눈콘크리트 포장	[10전, 10점]	
	12-6. 콘크리트 포장의 수축이음	[95중, 20점]	
	12-7. 타이바와 다웰바	[03전, 10점]	
	12-8. 다웰바(Dowel bar)	[01후, 10점]	
13	시멘트 콘크리트 포장의 표면마무리와 평탄성 관리		페이지
	13-1. 콘크리트 포장에 있어 기계에 의한 표면마무리와 핑티싱 관리	[90전, 50점]	
	13-2. 도로 포장층의 평탄성 관리방법	[02전, 25점]	
	13-3. 교량시공중 평탄성(P. R. I)관리와 설계기준에 부합하는 시공시 유의사항	[02후, 25점]	
	13-4. P.R.I(평탄성 지수)	[00중, 10점]	4-116
	13-5. Pr.I (Profile Index)	[04중, 10점]	
	13-6. 도로의 평탄성 측정방법(PRI)	[10전, 10점]	
	13-7. 포장의 평탄성 관리기준	[03전, 10점]	
	13-8. 완성노면(路面)의 검사항목	[98중후, 20점]	4-122
	13-9. 프루프 롤링(Proof Rolling)	[01전, 10점]	4-124
	13-10. Proof Rolling	[03후, 10점]	
	13-11. 아스팔트 포장 및 콘크리트 포장의 미끄럼 방지시설	[03중, 25점]	
	13-12. 그루빙(Grooving)	[06전, 10점]	4-126
	13-13. 포장의 Grooving	[09중, 10점]	

14	시멘트 콘크리트 포장의 파손 원인과 대책		페이지
	14-1. 시멘트콘크리트 포장공사에서 발생하는 손상의 종류 및 발생원인과 보수방안	[04중, 25점]	
	14-2. 시멘트콘크리트 포장공사시 초기균열의 발생원인 및 방지대책	[00후, 25점]	
	14-3. 시멘트콘크리트 포장공사시 초기균열 원인과 대책	[05후, 25점]	4-128
	14-4. 연속 콘크리트 포장의 파괴유형과 원인 및 대책	[11전, 25점]	
	14-5. 콘크리트 포장에서 Spalling 현상	[05중, 10점]	
	14-6. 콘크리트 포장의 피로 균열(Fatigue Cracking)	[08전, 10점]	
15	교면포장		페이지
	15-1. 교면포장이 갖추어야 할 요건 및 각 층 구성	[04전, 25점]	
	15-2. 교면포장 및 구성요소	[05후, 25점]	
	15-3. 강상판교의 교면포장공법	[00전, 10점]	4-136
	15-4. 교면포장	[02전, 10점]	
	15-5. 라텍스콘크리트(Latex Modified Concrete)	[01중, 10점]	
	15-6. 교량교면 포장공법 중 L.M.C	[04후, 25점]	

제 4 장 도로

> **1-1** 포장 종류(아스팔트 포장 및 콘크리트 포장)에 따른 하중 전달형식 및 각 구조의 기능을 설명하시오. [07후, 25점]
>
> **1-2** 시멘트콘크리트 포장과 아스팔트콘크리트 포장의 구조적 특성 및 포장형식의 특성과 선정시 고려사항에 대하여 기술하시오. [04후, 25점]
>
> **1-3** 아스콘 포장과 콘크리트 포장의 교통하중 지지방식을 설명하고, 각 포장 파손원인 및 대책에 대하여 설명하시오. [99후, 30점]

Ⅰ. 개 요

(1) 아스팔트 포장은 가요성 포장으로 교통하중 작용시 상부층으로부터 전달되는 하중을 점점 넓게 분산시켜 최소의 하중을 노상이 지지하도록 하는 구조로서 상부층으로 갈수록 탄성계수가 큰 재료를 사용한다.

(2) 콘크리트 포장은 강성포장으로 보조기층 또는 노상 위에 설치된 얇은 판으로 간주하고 노상이나 보조기층보다 탄성계수가 큰 콘크리트가 하중을 지지하는 구조이다.

Ⅱ. 하중 전달형식(교통하중 지지방식)

(1) Asphalt Concrete 포장

표층에서 발생하는 하중을 중간층, 기층, 보조기층을 통하여 노상에서 지지함

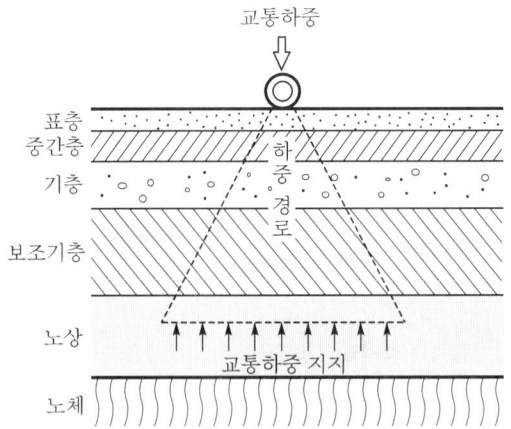

(2) Cement Concrete 포장

　콘크리트 Slab(30cm)에서 교통하중을 지지함

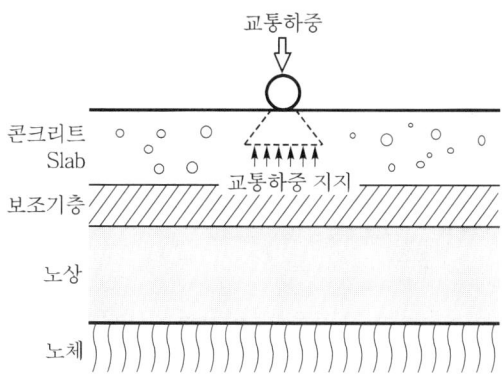

Ⅲ. 각 구조의 기능(구조적 특성)

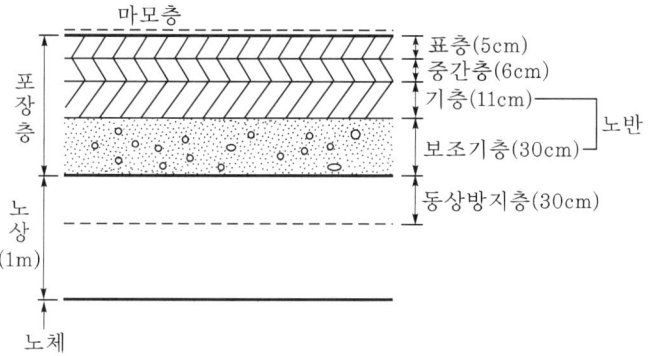

〈아스팔트콘크리트 포장의 구조〉

1. Asphalt Concrete 포장

(1) 노상(Subgrade)

① 포장층의 기초로서 포장과 일체가 되어 교통하중을 지지하는 역할을 한다.

② 노상의 두께는 1m가 표준이며 재료의 최대치수는 100mm 이하, No.4체 통과량 25~100%, 수정 CBR>10, PI<10 이하여야 한다.

(2) 보조기층(하층노반)

① 상부에서 전달되는 하중을 분산시켜 최소하중을 노상에 전달하는 역할

② 재료는 견고하며 내구성이 큰 부순돌, 자갈, 모래, 기타 이들의 혼합물로서 유해물을 함유해서는 안 된다.

③ 재료의 최대치수는 100mm 이하, 수정 CBR>30, PI<6

(3) 기층(상층노반)
① 표층으로부터의 하중을 균일하게 보조기층으로 전달시키는 역할을 한다.
② 사용되는 혼합물에 따라서 입도조정 안정처리기층, 아스팔트 안정처리기층, 시멘트 안전처리기층 등으로 불리며, 쇄석두께는 19cm로 하며, 재료의 최대치수는 40mm 이하, 수정 CBR>80, PI<4로 한다.
③ 최근에는 주로 아스팔트콘크리트로 사용하며, 두께는 11cm로 한다.

(4) 중간층
① 표층에서 전달되는 하중을 분산시켜 기층에 전달시키며, 기층의 요철을 수정하여 표층의 평탄성을 좋게 한다.
② 중간층의 구성재료는 기층과 일체가 되어 윤하중에 의해 발생되는 전단응력을 감당할 수 있어야 한다.
③ 가열 아스팔트 혼합물을 사용한다.

(5) 표층
① 교통하중을 분산시켜 하층으로 전달시키는 역학적 기능을 한다.
② 차륜에 의한 마모 및 전단에 대해 저항하며, 방수성, 미끄럼 저항성, 평탄성을 가져야 한다.
③ 강도가 높은 가열 아스팔트 혼합물을 사용한다.

(6) 마모층
① 차량의 주행에 따른 마모에 저항하고 미끄러짐을 막는 기능을 한다.
② 역청포장 표층의 최상부에 포설되는 층이다.

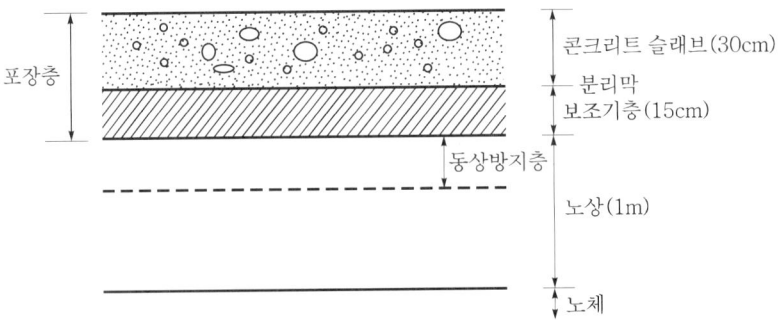

〈시멘트콘크리트 포장의 구조〉

2. Cement Concrete 포장

(1) 노상

① 포장의 두께를 결정하는 기초가 되는 흙의 부분
② 지지력은 평판재하시험 또는 CBR시험에 의해 판정하며, 설계 CBR 2.5 이하일 경우 포장의 일부로서 두께 15cm 이상의 차단층을 설치한다.
③ 노상부분 두께는 1m이며 재료의 최대치수는 100mm 이하, No.4체 통과량 25~100%, 수정 CBR>10, PI<10

(2) 보조기층

① 콘크리트 Slab를 지지하며 하중을 분산시켜 노상에 전달하고 균열부와 단부에서의 Pumping 현상을 방지하는 역할
② 보조기층은 균등하며 충분한 지지력을 가지고 내구성이 좋은 재료를 소요두께로 잘 다져 만들어야 한다.
③ 보조기층의 두께는 15cm 이상으로 하며, 30cm 이상일 경우 상부 보조기층과 하부 보조기층으로 나눈다.

(3) 분리막

① 슬래브 바닥과 보조기층면과의 마찰저항을 감소시켜 슬래브의 팽창작용을 원활히 하고, 모르타르의 손실방지, 보조기층면의 이물질이 콘크리트에 혼입되는 것을 방지하는 역할을 한다.
② 분리막은 취급이 용이하며, 차수성이 좋고 찢어지지 않아야 한다.
③ 일반적으로 Polyethylene Film과 Kraft Paper가 있다.

(4) Concrete Slab

① 직접 교통하중을 지지하는 층
② 시멘트콘크리트, 보강철근, 하중전달장치, Tie-bar 및 줄눈재로 구성된다.
③ 배합시 휨강도, 마모에 대한 저항성, 기상작용에 대한 내구성, 건조수축, Workability 등의 조건을 만족시켜야 한다.

Ⅳ. 포장형식의 특성

평가항목 \ 포장종류	아스팔트 포장	콘크리트 포장
시공성	유리(즉시 교통개방)	불리(양생 필요)
경제성	유지관리비가 크다.	초기건설비가 크다.
내구성 (중교통)	불리	유리
주행성	유리	불리
Rutting	불리	유리
미끄럼저항	불리(강우시)	유리
평탄성	유리	불리
수명	10~20년	30~40년
교통하중 지지방식	① 교통하중을 노상이 지지 ② 표층, 기층, 보조기층은 교통하중을 노상까지 전달	① 교통하중을 콘크리트 슬래브가 지지 ② 보조기층은 콘크리트 슬래브를 지지
교통하중 전달경로	표층/기층/보조기층/노상/노체 (교통하중 지지)	슬래브 30cm, 보조기층 15cm, 노상 (교통하중 지지)

Ⅴ. 선정시 고려사항

  (1) 도로의 폭
  (2) 시내도로 및 외곽도로
  (3) 차량의 최고속도
  (4) 통행량
  (5) 도로의 예상 보수주기
  (6) 노체 및 노상의 지지력
  (7) 내구성
  (8) 경제성
  (9) 미끄럼에 대한 저항성
  (10) 이용차량의 하중

VI. 포장 파손원인

(1) Asphalt Concrete 포장
  ① 노상 지지력 부족   ② 기층 불량
  ③ 과하중 통과   ④ 지표수 침투
  ⑤ 혼합물 불량

(2) Cement Concrete 포장
  ① 지반연약화   ② 보조기층 불량
  ③ 줄눈시공 불량   ④ Concrete Slab 시공 불량
  ⑤ 분리막 미설치

VII. 대 책

(1) Asphalt Concrete 포장
  ① 노상 지지력 확보   ② 기층 안정처리
  ③ 혼합물 온도관리   ④ 동상방지층 설치
  ⑤ 지하용수 처리 철저

(2) Cement Concrete 포장
  ① 보조기층 안정처리   ② 줄눈시공 철저
  ③ 통과차량 하중제한   ④ 분리막 설치
  ⑤ 콘크리트 Slab 품질관리 철저

VIII. 결 론

(1) 콘크리트 포장은 아스팔트 포장에 비해 내구성이 좋으며, 재료구입이 쉽고 유지·보수비가 적은 장점이 있으나 시공기술과 경험의 축적이 더욱 필요하다.
(2) 아스팔트 포상은 빈번한 보수로 인한 유지·관리비의 과다가 문제가 되므로, 이에 대한 적절한 개선책이 요망된다.

> **2-1** 아스팔트 포장에서 상층노반의 축조공법에 대하여 설명하시오. [96중, 35점]
> **2-2** 아스팔트 포장에서 보조기층공 축조방법을 설명하시오. [97후, 25점]
> **2-3** 콘크리트 포장에서 보조기층의 역할 [01후, 10점]

I. 개 요

(1) 보조기층은 노상 위에 놓이는 층으로 상부에서 전달되는 교통하중을 분산시켜 노상에 전달하는 중요한 역할을 하는 부분이다.
(2) 따라서 보조기층은 노상의 허용지지력 이하로 하중을 저감 분포하기에 충분한 강도와 두께를 가지며 내구성이 풍부한 것이어야 한다.

II. 보조기층

(1) 재료
  ① 보조기층 재료는 견고하고 내구적인 부순돌, 자갈, 모래, 슬래그 등 감독관의 승인을 받은 재료이어야 한다.
  ② 이들 혼합물로서 점토덩어리, 유기물, 먼지, 기타의 유해물을 함유해서는 안된다.
  ③ 보조기층 재료의 품질 규명

구 분	품질규명
마모감량	50% 이하
소성지수	6 이하
실내 CBR값	30 이상
모래당량	25 이상

(2) 역할
  ① 하중 분산 : 상부에서 전달되는 교통하중을 넓게 분산시켜 노상으로 전달시키는 역할
  ② 포장층 지지 : 시멘트콘크리트 포장의 슬래브 또는 아스팔트 포장층을 지지, 견고하게 지지
  ③ 포장의 강성증대 : 포장층에 작용하는 교통하중에 안전하게 지지할 수 있게 포장체의 강성증대
  ④ 배수기능 : 포장을 통하여 침투되는 지표수의 배수기능

(3) 보조기층의 품질 규정

구 분	아스팔트 포장	콘크리트 포장
입상재료	• 마모감량 50% 이하 • 소성지수 6 이하 • 실내 CBR 30 이상 • 모래당량 25 이상 • 최대입경 50mm 이하	포장슬래브 바로 아래 위치할 때 실내 CBR 80 이상
시멘트 안정처리	• 수정 CBR≥10, PI≤9 • 일축압축강도(7일) $10kg/cm^2$	
석회 안정처리	• 수정 CBR≥10, PI≤6~18 • 일축압축강도(10일) $7kg/cm^2$	

Ⅲ. 보조기층공 축조방법(상층노반의 축조공법)

1. 준비공

(1) 보조기층 포설장소
   보조기층은 완성된 노상면 위에 포설한다.

(2) 노상면 상태
   노상면이 연약하거나 동결상태에서는 포설하면 안 된다.

(3) 노상면 정리
   노상면이 부적합한 경우 면고르기, 재다짐 또는 필요한 경우 치환하여 규정에 맞게 한다.

(4) 보조기층재의 취급
   재료에 진흙 등의 유해물이 섞이지 않고 재료분리가 일어나지 않도록 저장하고 적재, 운반중의 취급시 분리를 일으키지 않도록 충분한 주의를 하여야 한다.

2. 재료혼합

(1) 표준입도
   ① 재료의 입도는 보조기층 재료의 표준입도 규정범위 안에서 원활한 것이 좋다.
   ② 이 표준입도에 따르지 못할 부득이한 경우에는 감독관의 승인을 받아야 한다.

(2) 재료혼합
   보조기층 재료는 소정의 입도 및 시방에 맞게 혼합되어야 한다.

(3) 입도분포
혼합된 재료는 입도가 균일해야 하며 소정의 함수비를 가지고 있어야 한다.

(4) 이물질 혼입방지
재료혼합시 부적절한 재료 및 유해물이 혼입되는 것을 방지해야 한다.

(5) 입도조정공법
노상 혼합방식과 중앙 플랜트 혼합방식이 있다.

3. 포설

(1) 재료상태
보조기층 재료는 운반, 포설 및 다짐시에 적절한 함수비를 가지고 있어야 한다.

(2) 포설장비
장비는 재료분리가 발생되지 않는 장비를 사용한다.

(3) 협소한 장소 시공
협소한 지역 또는 특수한 경우에는 모터 그레이더와 유사한 장비사용이 가능하다.

(4) 함수비 조정
보조기층 재료가 부설, 다짐작업 도중에 너무 건조해졌을 경우에는 살수해서 최적 함수비 부근의 상태로 다지는 것이 중요하다.

(5) 오버사이즈 제거
재료 부설도중 입도범위를 넘어선 오버사이즈 재료가 있을 때에는 이를 제거하고 작업을 계속한다.

(6) 포설두께
재료의 포설은 다짐 후의 1층 두께가 20cm를 넘지 않도록 균일하게 포설한다.

4. 다짐

(1) 다짐장비
① 철륜롤러(머캐덤롤러 10t 이상)
② 진동롤러
③ 타이어롤러(8~12t 이상)를 이용한다.

(2) 다짐도
포설다짐한 보조기층의 다짐도는 95% 이상의 밀도를 가져야 한다.

(3) 다짐도 시험방법
현장에서의 보조기층 다짐밀도 측정은 들밀도시험(현장에서의 모래치환법)으로 한다.

(4) 평판재하시험
포설다짐된 보조기층의 다짐도가 적당하지 않다고 판단될 경우에는 감독관의 승인을 얻어 평판재하시험 방법을 통하여 지지력계수로 다짐상태를 판정할 수 있다.

5. 마무리

(1) 마무리면
보조기층의 마무리는 설계도에 표시된 종횡단 형상으로 정확하게 마무리해야 한다.

(2) 계획고 측정
① 보조기층의 마무리면은 계획고보다 3cm 이상 틀려서는 안 된다.
② 도로중심선에 평행 또는 직각으로 3m 직선자를 대서 측정할 때 최요부의 깊이가 2cm 이상이 되어서는 안 된다.

(3) 두께 부족
① 보조기층은 마무리 두께가 설계두께보다 10% 이상 얇은 경우는 감독관의 지시에 따라 긁어 일으켜 규정한 두께가 되도록 부족한 재료를 보충하고,
② 그 부분은 다짐을 하여 소요다짐도를 확보하여 정형, 마무리해야 한다.
③ 보조기층의 마무리 두께는 설계두께에서 10% 이상의 증감이 있어서는 안된다.

Ⅳ. 시공시 유의사항

(1) 보조기층 재료는 강우에 의하여 과도한 함수상태로 되지 않도록 보호해야 한다.
(2) 부설된 보조기층 재료에 함수비 조절목적으로 살수할 경우 과도한 살수는 노상지반을 연약화시키므로 유의하여 살수한다.
(3) 시멘트 또는 소석회 등에 의한 처리방법은 입도조정 기층 및 시멘트 안정처리 기층에 준하여 행한다.
(4) 입경이 큰 재료를 사용할 때 입경은 1층 마무리 두께의 1/2 이하로 100mm까지로 하고 재료분리를 일으키지 않는 방법으로 주의해서 시공해야 한다.

V. 결 론

(1) 도로에서의 보조기층은 표층으로부터의 상부 교통하중을 지지하고 분산시켜 노상에 전달하는 중요한 요소이다.

(2) 따라서 보조기층은 노상의 허용지지력 이하로 하중을 저감 분포하기에 충분한 강도와 두께를 가지며 내구성이 풍부한 것이어야 한다.

2-4 도로 노상부의 지지력이 불량한 부분에 대한 개량방법에 대해 기술하시오.
[96후, 25점]

I. 개 요

(1) 노상은 포장층의 기초로서 포장에 작용하는 모든 하중을 최종적으로 지지해야 하는 부분이므로 설계 CBR이 2 미만인 연약한 노상의 경우 안정처리공법을 선정 시 공함으로써 노상토의 지지력을 증대시켜야 한다.
(2) 노상층은 상부의 다층구조의 포장층을 통하여 전달되는 응력에 의해서 과잉변형 또는 변위를 일으키지 않는 최적 지지조건을 제공할 수 있어야 한다.

II. 목 적

(1) 투수성 감소
(2) 노상의 지지력 증대
(3) 함수비에 따른 지지력 변화 감소
(4) 건조, 습윤, 동결융해 등의 기상작용에 대한 저항성 증대

III. 방법의 분류

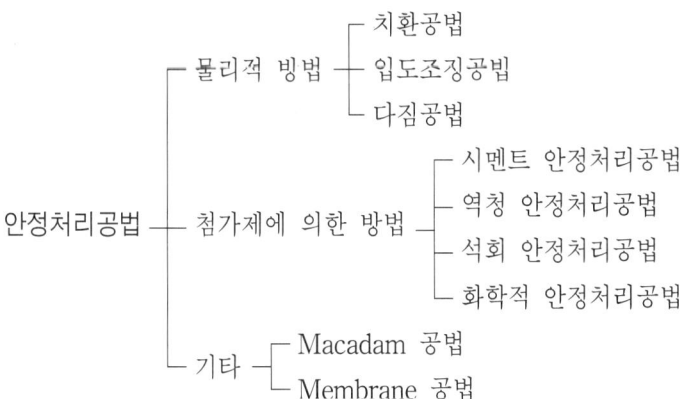

Ⅳ. 개량방법

(1) 치환공법
① 노상의 연약부분을 1m 이상 굴착 후 수정 CBR 10 이상의 양질토로 치환하는 공법이다.
② 시공이 간단하고 효과가 확실한 방법이다.
③ 처리깊이가 깊을 때는 적용이 곤란하고 대규모 사토장이 필요하다.

(2) 입도조정공법
① 몇 종류의 재료를 혼합 부설하여 입도를 개량한 후에 다짐하는 공법이다.
② Interlocking에 의한 다짐효과가 좋으며, 기계화시공에 적합하다.
③ 혼합방식에는 노상 혼합방식과 중앙 Plant 혼합방식이 있다.

(3) 다짐공법
① 재료의 함수비를 조절하면서 다짐하는 공법이다.
② 투수성 감소로 지하수위 상승에 의한 지지력 약화방지, 강도증가, 침하방지효과가 있다.

(4) 시멘트 안정처리공법
① 현지재료 또는 여기에 보충재료를 가한 것에 시멘트를 혼합하여 최적함수비 부근에서 충분히 다짐하는 공법이다.
② 노상강도를 증가시키고 함수량의 변화에 의한 강도의 저하를 방지하여 내구성을 증대시킨다.

(5) 역청 안정처리공법
① 역청재를 흙 또는 골재에 첨가, 혼합, 다짐하여 역청재의 점착력에 의해 안정성을 얻는 공법이다.
② 평탄성을 얻기 쉽고 탄력성, 내구성이 강하며 조기에 교통개방을 할 수 있다.

(6) 석회 안정처리공법
① 시멘트 안정처리 공법에서의 시멘트 대신 석회를 사용하는 것으로 시공과 배합 설계방법은 같다.
② 장기강도의 발현이 우수하며, 점성토의 안정처리효과가 높다.

(7) 화학적 안정처리공법
① 흙 속에 첨가제로 염화칼슘이나 염화나트륨을 사용하는 공법이다.

② 염화칼슘 사용시 동결온도 저하, 흙 속의 수분 증가속도 저하효과가 있으며, 염화나트륨 사용시에는 건습에 따른 강도변화 감소효과가 있다.

(8) Macadam 공법
① 큰 입자의 주골재를 부설하여 Interlocking 되도록 잘 다진 후 채움골재로 공극을 메우는 공법이다.
② 채움골재의 종류에 따라 물다짐 Macadam, 모래다짐 Macadam, 쐐기돌 Macadam 등으로 분류한다.

(9) Membrane 공법
① Sheet Plastic, 역청질막을 하는 공법이다.
② Waste Barrier의 역할을 하며, 흙의 함수량조절에 효과가 있다.

Ⅴ. 노상토의 지지력 판정방법

(1) CBR : 노상토 지지력비
(2) PBT : 지반 반력계수 K 치
(3) Proof Rolling : 변형량 측정

Ⅵ. 결 론

(1) 노상면에서 균등한 지지력을 얻기 위해 노상층 상부의 일정두께를 하나의 층으로 해서 해로운 동결작용의 영향을 완화시키거나 동상방지층 또는 노상층의 세립토사가 보조기층에 침입하는 것을 방지하기 위해 차단층을 설치할 수 있다.
(2) 포장의 공용성은 노상토의 상태와 물성에 직접 관계되기 때문에, 적정의 실내시험에 의해서 얻어지는 노상토의 강도지수(CBR값, M_R치 등)를 기준하여 포장층 두께를 결정하고 시공 품질관리를 위해서 소요의 다짐 및 재료 시방기준을 규정해야 한다.

2-5 흙쌓기에서의 노상재료

[97전, 20점]

Ⅰ. 개 요

(1) 도로공사에서 노상은 전달되는 상부하중을 지지할 수 있는 지지력을 가져야 하는 중요한 구성체이다.
(2) 노상을 구성하는 재료는 지하수 영향이 적고 큰 지지력을 가질 수 있는 재료이어야 한다.

Ⅱ. 노상재료의 규정

구 분	단 위	상부노상	하부노상
두께	cm	40	60
최대치수	mm	100 이하	150 이하
#4체 통과량	%	25~100	
#200체 통과량	%	0~25	50
PI		10 이하	30 이하
수정 CBR		10 이상	5 이상
일층 시공두께		20	20
Proof Rolling	mm	5 이하	

Ⅲ. 노상재료 구비조건

(1) 팽창성이 작은 재료
(2) 탄성적 반응이 없는 재료
(3) 유기질토를 함유하지 않은 재료
(4) 간극이 적은 재료
(5) 지하수의 영향이 적은 재료
(6) 동상에 민감한 미립토(0.02mm 이하)를 적게 함유한 재료
(7) 입도분포가 양호한 재료

Ⅳ. 시공시 유의사항

(1) 지하수위
    노상토 마감면 이하 60cm까지는 지하수위가 상승되지 않도록 한다.

(2) 노상다짐
    다짐도 95% 이상이 되도록 다짐한다.

(3) 침투수 방지
    지표수 및 침투수의 침입을 막는다.

(4) 지하용수
    유도배수, 맹암거 등으로 처리 후 시공한다.

(5) 다짐장비
    ① 진동다짐장비 사용
    ② 균일성 있는 노상이 되도록 다짐횟수 결정
    ③ 과다짐에 의한 토립자 파괴 방지

2-6 철도의 강화 노반(Reinforced Roadbed)   [08후, 10점]

Ⅰ. 정 의

(1) 우수침투에 의한 노반의 강도저하와 분리발생을 방지하고 열차통과시 탄성변형량을 소정의 한도 내로 유지하기 위하여 입도조정 쇄석 또는 수경성 입도조정 고로 슬래그로서 지지력을 크게 한 노반을 말한다.
(2) 궤도를 충분히 견고하게 지지하고 궤도에 대하여 적당한 탄력을 주며, 상부노반의 연약화를 방지하고, 또한 상부노반의 내압강도 이하로 하중을 분산 전달하도록 충분히 다짐하여 도상의 박힘이 일어나지 않아야 한다.

Ⅱ. 강화 노반의 형상

(1) 흙쌓기

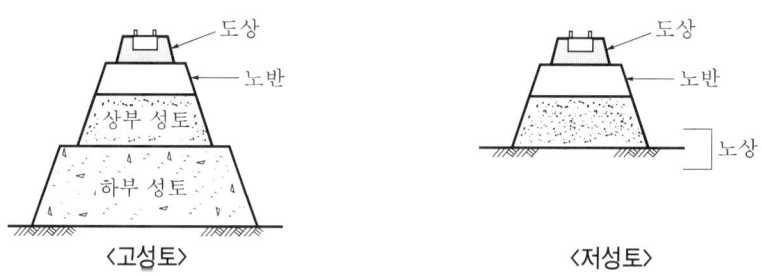

〈고성토〉   〈저성토〉

(2) 땅깎기, 평지

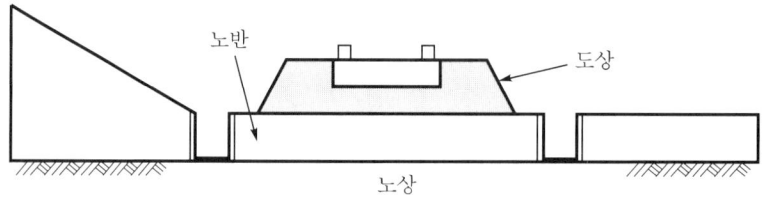

Ⅲ. 철도 노반의 종류

```
        ┌ 강화 노반 ┬ 쇄석 노반
노반 ┼ 흙 노반      └ 슬래그 노반
        └ 기타 노반
```

(1) 쇄석 노반
   아스팔트콘크리트 및 입도조정 쇄석 또는 입도조정 고로슬래그 쇄석을 다짐하여 만든 노반

(2) 슬래그 노반
   수경성 입도조정 고로슬래그 쇄석을 다짐하여 만든 노반

(3) 흙 노반
   입도 등을 규제한 흙을 다짐하여 만든 노반

> **3-1** 도로포장용 가열식 아스팔트 혼합물의 종류와 용도 및 혼합물이 갖추어야 할 성질에 대하여 설명하시오. [94전, 50점]
>
> **3-2** 아스팔트 혼합물의 배합설계방법을 설명하시오. [01전, 25점]
>
> **3-3** 마샬(Marshall) 안정도시험 [00후, 10점]

I. 개 요

(1) Asphalt 혼합물은 아스팔트, 석분, 자갈로 구성되며, Asphalt Concrete 또는 Ascon 이라고도 한다.

(2) Asphalt 혼합물은 교통하중이나 기상작용의 영향을 가장 많이 받는 표층 및 중간 층에 사용된다.

II. 혼합물의 종류 및 용도

종 류		용 도
중간층	조립도 아스팔트콘크리트	중간층
표층	밀입도 아스팔트콘크리트	내유동성, 내마모성, 미끄럼 저항성, 내구성
	세립도 아스팔트콘크리트	교통량이 적은 경우, 보행자용 도로포장
	밀입도 갭 아스팔트콘크리트	미끄럼방지를 겸한 표층
미모층	내마모용	내마모용
	미끄럼방지용	미끄럼방지용

III. 혼합물이 갖추어야 할 성질

(1) 안정성
    유동이나 변형을 일으키지 않는 것

(2) 인장강도
    하중응력이나 온도응력에 대응하는 인장강도를 가질 것

(3) 피로저항성
    교통하중의 반복에 의해 혼합물의 품질이 저하되지 않을 것

(4) 가요성
    노상, 기층의 침하시 균열을 일으키지 않고 순응하는 것

(5) 미끄럼 저항성
    미끄러지지 않는 표면조직을 갖는 것

(6) 내마모성
    Spike Tire나 Tire Chain 등에 의해 마모되지 않는 것

(7) 불투수성
    표면수가 포장체에 침투되지 않는 것

(8) 내구성(내후성, 내수성)
    기상변화나 물 등의 영향으로 혼합물의 품질저하가 없는 것

(9) 시공성
    기계시공에 의한 대량시공이 용이한 것

Ⅳ. 배합설계 순서 Flow Chart

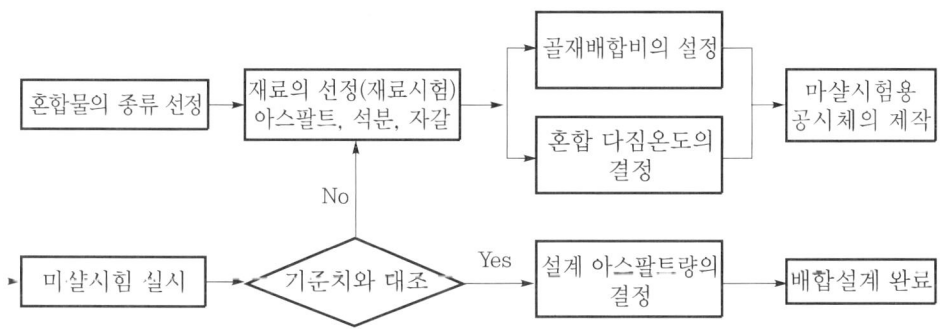

Ⅴ. 혼합물의 배합설계

(1) 아스팔트 혼합물 선정
    ① 포장의 층에 따른 혼합물 선정
    ② 표층에는 조립도, 밀입도, 세립토 아스팔트 혼합물 선정
    ③ 마모층으로 세립토 갭 아스팔트 혼합물 선정

(2) 재료선정
    ① 사용되는 아스팔트, 석분, 자갈 등은 소요 품질확보
    ② 각 재료의 선정시험 실시
    ③ 시험결과로 재료의 사용 여부 결정

(3) 골재배합비 결정
    ① 혼합물의 종류에 따른 합성입도 결정
    ② 표준배합표의 입도범위에 들어가고 원활한 입도곡선이 얻어지게 골재배합비 결정

(4) 혼합 다짐시의 온도결정
    ① 아스팔트의 동점도가 $180 \pm 20 \text{cm}^2/\text{s}$가 될 때의 온도 - 혼합온도
    ② 동점도가 $300 \pm 30 \text{cm}^2/\text{s}$가 될 때의 온도 - 다짐온도

(5) 공시체 제작
    ① 선정 아스팔트 혼합물의 종류에 따라 공시체 제작
    ② 아스팔트량을 5%씩 변화를 두며 공시체 제작

(6) 마샬시험
    ① 제작공시체를 횡방향으로 눕혀 시험실시
    ② 분당 50mm의 일정한 속도로 공시체에 변형을 시키도록 하중재하
    ③ 최대의 하중이 나타난 다음 시험완료

(7) 설계 아스팔트량의 결정
    ① 공시체의 밀도, 안정도, 흐름치 측정
    ② 공극률, 포화도 계산
    ③ 각 공시체에 대해서 측정하여 Plot
    ④ 각각의 시험치에 만족하는 Asphalt량을 결정

(8) 시험혼합 실시
    ① 아스팔트 플랜트에서 배합설계 자료를 이용하여 시험혼합 실시
    ② 시험혼합한 혼합물의 시험 실시
    ③ 배합설계에 의한 혼합물의 적부판단

(9) 현장배합 결정
    ① 배합설계와 시험혼합과의 차이점 판단
    ② 실제 플랜트 생산혼합물 기준으로 배합설계 비교검토
    ③ 최종 현장배합 결정

VI. 마샬(Marshall) 안정도시험

1. 정의

(1) 포장용 아스팔트 혼합물에 대하여 배합설계에 적용하는 안정도시험의 일종으로, 미 도로국의 B.G Marshall에 의해서 고안된 시험법이다.

(2) 최대입경 25mm 이하의 아스팔트 혼합물로 다짐한 원추형 공시체(◯)를 측면 (◯)으로 눕혀 하중을 가하여 소성변형에 대한 저항력을 측정한다.

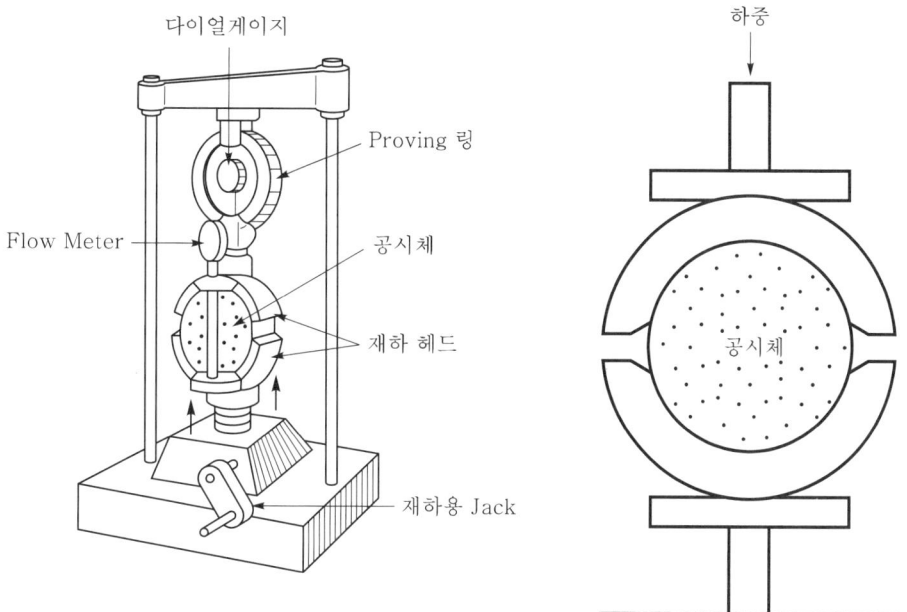

2. 시험방법

(1) 재료준비

① 골재는 필요한 입경별로 체가름하여 25~19mm, 19~10mm, 10mm~No.4, No.4~No.8, No.8체를 통과한 것으로 각각 분리시켜 놓는다.

② 아스팔트

(2) 공시체 제작

① 입도별 골재를 원하는 입도가 되도록 계량하여 오븐에 넣고 혼합온도보다 28℃ 정도 높게 가열한다.

② 가열된 골재를 고르게 혼합한 다음 가열된 아스팔트를 부어 넣는다.

③ 골재표면이 완전한 피복이 되도록 빠른 시간 안에 혼합 완료한다.

④ 지름 101mm, 높이 63.5mm의 몰드에 혼합물을 넣고 중량 4.5kgf의 다짐해머를 45cm 높이에서 50회 자유낙하시켜 제작한다.

(3) 안정도시험
① 제작된 공시체는 60±1℃ 수조에 30~40분간 수침시킨 후 마샬 시험기에 장착한다.
② 반원관형인 상하 2개의 재하헤드에 끼워 분당 50mm의 일정한 속도로 지름방향으로 하중을 가한다.
③ 하중이 최대로 되었을 때의 하중을 kgf 단위로 표시하여 나타낼 때 이것을 마샬 안정도라 하며 이때 변위된 양을 Flow Meter로 측정한 값을 Flow값이라 한다.

3. 적용

구 분	안정도	Flow값
일반 아스팔트콘크리트	500kgf 이상	$24 \sim 40 \left(\dfrac{1}{100}\text{cm}\right)$
중교통 도로	750kgf 이상	

(1) 최근 배합설계시 안정도와 Flow값과의 관계에서 안정도÷Flow값이 20~50이면 바람직하다고 한다.
(2) Shell 석유연구소에서 이 값을 Stiffness라 하여 소성변형이 일어나지 않는 혼합물의 한계를 다음과 같이 정하였다.

$$\frac{\text{안정도}}{\text{흐름값}\left(\dfrac{1}{100}\text{cm}\right)} = \text{Stiffness} > 3 \times \text{Tire 접지압(kgf/cm}^2)$$

Ⅶ. 결 론

아스팔트 혼합물은 소요의 성상을 가지도록 배합설계에서는 특히 재료의 선정, 골재의 입도 및 아스팔트량의 결정을 신중하게 하여야 한다.

3-4	유화 아스팔트(Emulsified Asphalt)	[01후, 10점]
3-5	상온 유화 아스팔트콘크리트	[03중, 10점]
3-6	컷백(Cut Back) 아스팔트와 유제 아스팔트의 특성에 대하여 서술하시오.	[03전, 25점]

I. 개 요

(1) Asphalt는 크게 천연 Asphalt와 석유 Asphalt로 구분되며, 주로 도로포장에 사용된다.

(2) 석유 Asphalt에는 Straight Asphalt와 Blown Asphalt가 있으며, 유화 Asphalt와 Cut Back Asphalt는 Straight Asphalt의 일종이다.

II. 아스팔트 분류

1. 천연 아스팔트(Native Asphalt)

(1) Lake Asphalt(湖水아스팔트) : 무거운 원유가 지각의 저지대에 퇴적되어 있는 것

(2) Rock Asphalt(암아스팔트) : 다공질의 퇴적암 중에 아스팔트분이 깊숙히 침투되어 있는 것

(3) Sand Asphalt(모래아스팔트) : 아스팔트분과 모래가 섞여 있는 것

2. 석유 아스팔트(Petroleum Asphalt)

(1) Straight Asphalt : 원유로부터 아스팔트분을 될 수 있는 한 변질되지 않도록 증류법에 의해 비등점이 높은 성분을 잔류물로 분리시켜 얻는 아스팔트이다.
   ① Asphalt Cement
   ② 액체 Asphalt
      ㉠ 유화아스팔트(유제아스팔트)
      ㉡ Cut Back Asphalt
   ③ 특수 Asphalt
      ㉠ 고무 Asphalt
      ㉡ 수지 Asphalt

(2) Blown Asphalt : 증류한 잔사유에 고온의 공기를 불어넣어 아스팔트 성질이 변화된 가볍고 탄력성이 풍부한 아스팔트이다.

Ⅲ. 유화아스팔트(유제아스팔트)

(1) 정의
  ① 물에 녹지 않는 아스팔트를 수중에 분산시키기 위해서 아스팔트에 유화제를 섞어 유성과 수성의 특징을 겸비하도록 한 유탁액을 유화아스팔트 또는 아스팔트유제(Asphalt Emulsion)라 한다.
  ② 아스팔트유제는 갈색의 액체로서 물과 유화제를 혼합하여 만든 수용액 아스팔트를 말한다.

(2) 분류

양이온계 유화아스팔트 (Cationic계)	① 유화제, 안정제로 사용되는 지방 디아민염, 제4급 암모늄염 등의 계면활성제를 함유하는 물속에 아스팔트를 분산시킨 것 ② 아스팔트 입자의 표면이 양(+)전하를 갖고 일반적으로 산성을 나타낸다.
음이온계 유화아스팔트 (Anionic계)	① 유화제, 안정제로 사용되는 비누, 알킬술폰산염 등의 계면활성제를 함유하는 물속에 아스팔트를 분산시킨 것 ② 아스팔트 입자표면이 음(-)전하를 갖고 일반적으로 알칼리성을 나타낸다.

Ⅳ. 상온 유화 Asphalt

(1) 정의
  ① 상온 유화 아스팔트콘크리트는 가열하지 않고 유화아스팔트를 첨가하여 제조하는 도로포장재로 선진국인 유럽과 미국에서 주로 사용되어 왔으며 21세기에 새롭게 주목받고 있는 환경친화적인 포장재료이다.
  ② 유화아스팔트는 아스팔트를 미립자로 만들어 물에 분산시킨 암갈색의 윤기나는 액체로 골재에 뿌리면 물과 아스팔트가 분리되는 현상을 가지고 있다.
  ③ 우리나라에서는 상암 월드컵경기장 건설시 주차장 등의 포장에 사용한 실적이 있다.

(2) 유화아스팔트의 Mechanism

물과 아스팔트가 혼합 및 농축되어 수분증발 과정을 통해 아스팔트의 분해가 완료됨

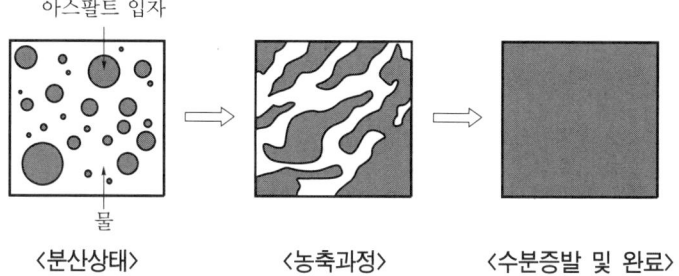

〈분산상태〉　　　　〈농축과정〉　　　　〈수분증발 및 완료〉

(3) 용도

① 아스팔트콘크리트의 재생 : 재생 아스팔트콘크리트와 일반콘크리트가 5 : 5 비율로 제조되므로 폐아스팔트콘크리트의 재활용이 우수하다.

② 소도로 포장 및 주차장 포장

　㉠ 소도로나 주차장 등의 포장에 많이 사용한다.

　㉡ 서울 상암 월드컵경기장의 소도로 및 주차장에 사용한 실적이 있다.

③ 농로포장 : 소량의 아스팔트콘크리트가 필요한 지역에서 이동식 간이 플랜트에 의한 시공으로 다양한 용도가 있다.

④ 교통개방이 조속히 필요한 곳 : 교통량이 많아 교통개방이 즉시 이루어져야 하는 경우 포설 후 다짐과 동시에 교통개방이 가능하다.

V. Cut Back Asphalt와 유제 Asphalt의 특성

1. Cut Back Asphalt

(1) 특성

① Cut Back이란 아스팔트에 가솔린, 등유 등의 용제를 혼합하는 과정을 말하며, 이러한 과정을 거쳐 유동성을 향상시킨 액체 아스팔트이다.

② 상온에서 약간만 가열하여도 시공할 수 있으며, 시공후 용제의 휘발성에 의해 포장에 적합한 점도로 된다.

(2) 용도

① Prime Coat

② Tack Coat

③ 상온혼합식 공법

④ 가열침투식 공법
⑤ 상온침투식 공법

(3) 종류
① 급속경화형(RC : Rapid Curing)
② 중속경화형(MC : Medium Curing)
③ 완속경화형(SC : Slow Curing)

2. 유제 Asphalt

(1) 특성
아스팔트유제는 골재에 살포되었을 때 분해생성된 아스팔트가 피막을 형성하여 부착성이 좋고, 빗물 등에 의하여 재유화되지 않아야 한다.

(2) 용도
① 보통 침투용 및 표면처리용
② 프라임 코트용
③ 소일시멘트 안정처리층 양생용

(3) 종류
① 양이온계 유제 Asphalt
② 음이온계 유제 Asphalt

Ⅵ. 결 론

아스팔트 도로포장시에는 포장되는 지역의 기후석 특성과 고도, 경사정도를 고려하여 가장 적합한 재료를 선정하여야 하며, 교통량의 정도와 교통하중을 고려한 설계가 되어야 한다.

3-7 개질 아스팔트 포장에서 개질재를 사용하는 이유, 종류 및 특징에 대하여 기술하시오. [06전, 25점]

3-8 개질 아스팔트 [10전, 10점]

Ⅰ. 개 요

(1) 개질 아스팔트란 공용중인 도로에서 원하는 포장성능, 즉 포장의 내구성 및 내유동성의 증진을 목적으로 일정량의 개질재를 첨가하여 아스팔트의 물성을 개선시킨 것을 말한다.

(2) 개질재에는 고무계열, 플라스틱계열, 산화촉매계열, 천연아스팔트 계열 등 다양한 종류가 있다.

Ⅱ. 개질재의 사용 이유

(1) 소성변형 억제
  ① 높은 공용온도에서 단단한 혼합물 생성
  ② Ascon의 취약점인 소성변형 감소

(2) 온도균열 감소
  ① 낮은 공용온도에서 더 연한 혼합물 생성
  ② 균열에 대한 저항성 증대
  ③ 피로균열 및 저온균열에 대한 저항성 증대

(3) 골재의 박리저감
  ① Asphalt와 골재의 부착성 향상
  ② 골재 외부에 Asphalt의 피막을 두껍게 형성
  ③ Pop Out 현상 방지

(4) 소음감소
  ① 미끄럼에 대한 저항성 향상
  ② 차량의 주행 및 정지시 타이어의 소음감소

(5) 내구성 향상
  ① 마모저항성 향상

② 피로저항성 향상
③ LCC(Life Cycle Cost) 조감

Ⅲ. 종류 및 특성

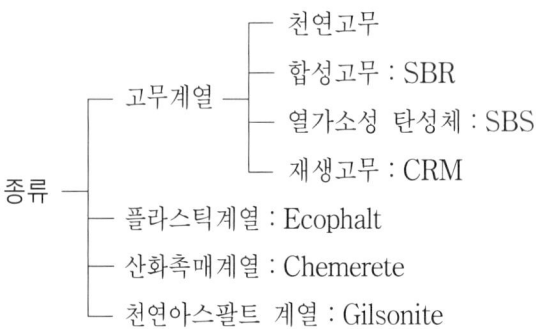

1. SBR(Styrene Butadience Rubber)

(1) 특징
① 천연 Latex를 혼합
② 경제적이며 광범위하게 사용함
③ 고무의 본래 성질을 이용하여 Asphalt의 단점 보완
④ 저온에 대한 내구성 및 휨강도 우수
⑤ 반복하중에 대한 저항성 우수

(2) 적용성
① 교면포장
② 교차로, 급경사 및 급커브 구역
③ 터널내부 포장
④ 지하차도 및 고가차도 등의 포장

2. SBS(Styrene Butadiene Styrene)

(1) 특징
① 소성변형 방지
② 균열에 대한 저항성 증대(피로 및 저온균열 저항성 증대)
③ 미끄럼 저항성 우수

④ 소음감소 효과
⑤ 기존 아스팔트 및 아스콘 대비 고가임
⑥ Asphalt : 약 2배

(2) 적용성
① Superpave 설계법의 개질 Asphalt(PMA : Polymer Modified Asphalt) 포장
② 콘크리트 및 강교의 교면 포장

3. CRM(Crumb Rubber Modifier)

(1) 특징
① 폐타이어를 이용
② 폐타이어를 분쇄하여 200℃에서 Asphalt와 혼합
③ 폐타이어를 2mm 이하로 분쇄하여 혼합
④ 내유동성 증가
⑤ 균열저항성 증가

(2) 적용
① 폐타이어를 활용하는 친환경적인 포장
② 표면마모량이 감소하므로 교통량이 많은 곳에 적용

4. Ecophalt

(1) 특징
① 포장체에 공극(약 20)을 형성
② 소성변형 및 취성파괴 감소
③ 미끄럼 저항성 증대

(2) 적용성
① 배수성 포장
② 투수성 포장

5. Chemcrete

(1) 특징
① 망간, 구리 등 유기금속의 원소로 구성
② 초기 낮은 점도로 생산 및 작업성 우수

③ 양생될수록 점도 향상
④ 소성변형 감소
⑤ 표층에 사용시 균열 발생 우려

(2) 적용성
기층용 Asphalt 혼합물에 사용

6. Gilsonite

(1) 특징
① 천연 Asphalt
② 골재와 Asphalt의 부착력 증가
③ 박리에 대한 저항성 증가

(2) 적용성
공항의 활주로 포장에 주로 사용

Ⅳ. 결 론

Asphalt는 분자구조가 복잡하여 개질재 사용에 따른 부작용의 발생이 우려되므로 개질재 종류에 따른 시방규정을 준수하여 사용하여야 한다.

3-9 구스아스팔트(Guss Asphalt) [01전, 10점]

Ⅰ. 정 의

(1) 일반도로의 보조기층, 기층은 강성이 크고 변형이 적으므로 일반아스팔트 혼합물을 사용하지만 강교에서 강상판은 강성이 적고 변형이 크게 나타나므로 변형에 대한 저항력이 큰 구스아스팔트가 사용된다.
(2) 구스아스팔트 혼합물은 스트레이트아스팔트에 열가소성수지 등의 개질재를 혼합한 아스팔트에 조골재, 세골재 및 필러를 배합해서 쿠커(Cooker) 속에서 200~260℃ 의 고온으로 혼합한 혼합물을 말한다.
(3) 포설작업은 전용 피니셔로 포설하고 Roller의 다짐은 하지 않는 특성을 가지고 있다.

Ⅱ. 일반 혼합물과 다른 점

(1) 침입도 20~40의 스트레이트아스팔트 사용
(2) 아스팔트량은 7~10%
(3) 필러(Filler)는 20~30%
(4) 유동성 향상 위한 Trinidad Lake Asptalt를 20~30% 혼합
(5) Cooker를 이용한 1~2분 가열혼합
(6) Roller 사용 안함
(7) 1층 포설두께는 보통 3~4cm

Ⅲ. 특 징

(1) 변형에 저항성이 크다.
(2) 수밀성이 높아 강판을 부식으로부터 보호한다.
(3) 마모저항이 크다.
(4) 다짐이 불필요하다.
(5) 다른 포장공법과 병용시공이 가능하다.
(6) 내구성이 강하다.

Ⅳ. 재료 및 배합

(1) 아스팔트
　① 일반적으로 침입도 20~40의 포장용 스트레이아스팔트 75%와 천연아스팔트를 정제한 트리니다드 에퓨레(Trinidad Epure)를 25% 혼합해 사용한다.
　② 혼합 후 아스팔트의 연화점은 60℃ 이상이다.

(2) 골재
　① 일반아스팔트 혼합물에 비하여 적은 골재 배합비를 가진다.
　② 골재는 일반적으로 13~5mm 또는 5~2.5mm의 부순 돌과 강모래, 석회암분말을 사용한다.

(3) 배합
　① 각 골재배합비 결정
　② 설계 Asphalt량 결정
　③ 유동성시험, 관입량시험

Ⅴ. 시 공

(1) 혼합
　① 필러가열용 드라이 설치
　② 혼합시 온도는 200~260℃
　③ 혼합시간은 1~2분 가열혼합

(2) 운반
　① 특수 제작된 Cooker 사용
　② 가열보온 및 교반장치 장착
　③ D/T으로 운반시 현장에서 다시 Cooker로 옮겨 가열
　④ Cooker에 의한 교반은 30분 이내

(3) 포설
　① 구스전용 아스팔트 피니셔 또는 인력 포설
　② 포장면의 이물질 제거
　③ 충분한 시공면 건조
　④ 1층 포설두께는 3~4cm
　⑤ 표층 시공시에 미끄럼저항 및 내마모성, 내유동성 향상 위한 쇄석 살포

Ⅵ. 국내 강교 시공사례

(1) 영종대교
(2) 광안대교

Ⅶ. 일반아스팔트와 구스아스팔트의 비교

구 분	일반아스팔트	구스아스팔트
사용재료	AP 60−AP 100+골재	AP 20−AP 40+T.L.A+골재
Filler	4~6%	20~30%
생산온도	130~150℃	180~200℃
포설온도	110~130℃	220~260℃
운반	덤프트럭	Cooker(1~2분 가열)
포설	Finisher 또는 인력	전용 Finisher
다짐	Roller	불필요
방수성	다소 부족	완전방수
접착력	부족	우수
진동충격 저항성	부족	우수

3-10 아스팔트 포장용 굵은 골재 [01중, 10점]

Ⅰ. 정 의

(1) 아스팔트 포장에 사용하는 굵은 골재란 2.5mm체에 잔류하는 골재를 말하며 부순 돌 또는 부순 자갈을 사용한다.
(2) 부순 자갈을 굵은 골재로 사용할 경우에는 1면 이상 부스러진 면을 가져야 하며 5mm체에 남는 자갈의 중량으로 40% 이상이어야 한다.

Ⅱ. 부순돌의 품질규정

구 분	규 정
비중	2.45 이상
흡수율	3% 이하
마모감량	35% 이하
편평 및 세장석 함유량	20% 이하
파쇄율	85% 이하

Ⅲ. 굵은 골재 선정시 유의사항

(1) 파쇄되지 않은 골재의 사용엄금
(2) 골재의 청결상태 및 유해물 혼입 여부
(3) 세장하거나 엷은 석편 사용금지
(4) 골재의 비중은 규정 이내
(5) 흡수량이 큰 골재 사용금지
(6) 아스팔트와 접착성 확인

Ⅳ. 골재의 저장

(1) 골재는 각 치수별 또는 종류별로 저장
(2) 같은 치수의 골재라도 종류별로 나누어 저장
(3) 골재저장은 배수가 잘 되는 곳에 저장
(4) 잔골재는 천막 등으로 씌워서 비에 젖지 않게 조치
(5) 석분은 방습장소에 보관
(6) 포대석분은 지상 30cm 이상의 마루에 저장

> **4-1** 아스팔트 포장의 석분 [00전, 10점]
> **4-2** 아스팔트 혼합물에 석분을 넣는 이유 [96후, 20점]
> **4-3** 회수다스트를 채움재로 사용시 유의사항, 추가시험 항목과 아스팔트 포장에 미치는 영향에 대하여 기술하시오. [97전, 30점]

I. 개 요

석분은 아스팔트 혼합시에 투입되는 분말재료로서 자갈 간의 틈을 채워 아스팔트의 소요량을 감소시키는 채움재(Void Filler)로서의 효과와 아스팔트와 일체로 되어 혼합물의 안정성, 인성, 내마모성, 내노화성을 높이는, 즉 이의 품질을 개선시키는 보강재(Stiffness)로서의 효과가 있다.

II. 석분의 성분

(1) 소석회
  친화성이 나쁜 골재를 사용할 때 소석회를 채움재로 사용하면 효과를 높일 수 있다.

(2) 석회암 분말
  가장 많이 사용되며, 품질규정에 적합한 것을 사용해야 한다.

(3) 화성암을 분쇄한 것
  화성암류 석분의 품질규정에 적합해야 한다.

(4) 시멘트 분말
  Cement 분말은 보강재로서의 효과를 얻을 수가 있다.

III. 석분을 넣는 이유

(1) Interlocking 효과 증대
  골재 사이의 간격을 채워줌으로써 Interlocking에 의한 밀도의 증대효과가 있다.

(2) 접착성 효과 확보
  시멘트 분말 성분으로 아스팔트와 자갈의 접착성을 증대한다.

(3) 내구성 향상
아스팔트와 일체가 되어 혼합물의 안정성, 인성, 내마모성, 내노화성을 높이는, 즉 이의 품질을 개선시키는 보강재로서의 효과가 있다.

(4) 고밀도 아스팔트 포장
채움재로서의 석분의 함량이 증가됨으로써 공극률의 감소, 밀도의 증대로 고밀도의 아스팔트 포장이 된다.

(5) 아스팔트 감소
자갈 간의 틈을 채워 아스팔트의 소요량을 감소시키는 채움재로서의 효과가 있다.

(6) 차수성 증대
혼합물이 공극 사이에 위치하여 침투수에 대한 저항력 증대로 혼합물의 내구성이 향상된다.

(7) 재료분리 방지
역청재와 조골재 간의 채움재 역할로 혼합물의 재료분리 현상을 방지한다.

(8) 박리현상 방지
포설된 혼합물의 공극을 적게 하므로 조골재가 혼합물에서 박리되는 현상을 방지한다.

(9) 지표수 침입방지
노면에서 빗물 등의 지표수 침입에 따른 노면 하부층의 연약화를 방지하는 목적이 있다.

(10) 열화방지
역청재와 골재와의 결합을 충실하게 하여 혼합물의 열화를 방지한다.

(11) 시공성 증대
혼합물에 미세입자의 혼입으로 혼합, 포설, 다짐 등의 시공성이 향상된다.

(12) 강도 증대
골재와 골재와의 공극을 채우는 채움재 역할로 혼합물의 강도 증대효과가 크다.

Ⅳ. 회수다스트를 사용할 경우의 유의사항

(1) 저장

회수된 골재의 다스트는 석분과는 별도로 저장하여야 하며 특히 수분과의 접촉을 피할 수 있는 설비를 갖춘 사일로(Silo)를 이용한다.

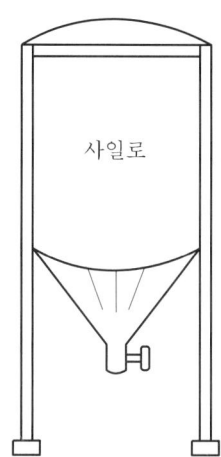

(2) 사용량

시험을 통하여 사용량을 결정하여야 하며 석회석분 사용량보다 적게 되도록 하는 것이 좋다.

(3) 취급

미립자로서 비중이 낮으므로 사용할 때 주의를 해야 한다.

(4) 품질관리

다스트의 지징고에 민지, 진흙 등의 이물질이 혼입되지 않게 조치하여야 하며 혼입시 이를 철저히 제거하여야 한다.

(5) 혼합

플랜트에서 다스트를 혼합하여 사용할 때 충분히 균등하게 혼합될 수 있도록 하여야 한다.

(6) 혼합물의 상태관찰
① 재료분리 발생 여부
② 혼합물의 작업성 난이도
③ 아스팔트량
④ 혼합온도의 적정 등을 관찰, 측정

V. 추가시험 항목

(1) 입도시험
(2) 수분함유량 시험
(3) 비중시험
(4) 소성지수
(5) 가열변질
(6) 박리시험
(7) 흐름시험
(8) 침수팽창시험
(9) 마모시험
(10) 역청함유량 시험

VI. 아스팔트 포장에 미치는 영향

(1) 내유동성 영향
   $75\mu m$체 통과분 중 플랜트에서의 회수다스트는 30%를 넘지 않도록 한다.

(2) 재료분리 감소
   석분과 회수다스트의 혼합사용으로 혼합물의 재료분리를 감소시킬 수 있다.

(3) 작업성 개선
   골재와의 사이에 위치하여 윤활작용을 하게 되므로 작업성이 좋아진다.

(4) 시멘트 감소
   굵은 골재간의 틈을 채워 아스팔트시멘트의 소요량을 감소시키는 채움재로서의 효과가 있다.

(5) 내구성 향상
   아스팔트와 일체가 되어 혼합물의 안정성, 인성, 내마모성, 내노화성을 높이는, 즉 이들 품질을 개선시키는 보강재로서의 효과가 있다.

(6) 인터로킹 효과 증대
   골재 사이의 간격을 채워줌으로써 Interlocking에 의한 밀도의 증대효과가 있다.

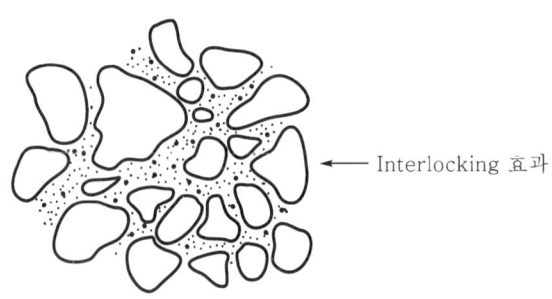

(7) 고밀도 아스팔트 포장

채움재로서 석분의 함량이 증가되므로 공극률의 감소, 밀도의 증대로 고밀도의 아스팔트 포장이 된다.

(8) 차수성 증대

혼합물의 공극 사이에 위치하여 침투수에 대한 저항력 증대로 혼합물의 내구성을 향상시킨다.

(9) 박리현상 방지

포설된 혼합물의 공극을 적게 하므로 조골재가 혼합물에서 박리되는 현상을 방지한다.

(10) 열화방지

역청재와 골재와의 결합을 충실하게 하여 혼합물의 열화를 방지한다.

Ⅶ. 결 론

(1) 아스팔트 혼합시 적당한 양의 석분을 혼입하면 아스팔트콘크리트의 내구성을 향상시키고, 생산비가 절감된다.

(2) 품질시험을 실시하여 우수한 재료를 사용해야 아스팔트의 내구성을 향상시킬 수 있다.

5-1 신설 6차로 도로 개설공사에서 아스팔트 혼합물의 포설방법과 시공시 유의사항에 대하여 설명하시오. [05중, 25점]

5-2 계곡부에 고성토 도로를 축조하여 횡단하고자 한다. 시공계획을 기술하시오. [03후, 25점]

Ⅰ. 개 요

(1) 아스팔트 포장에서는 하중재하에 의해서 생기는 응력이 포장을 구성하는 각 층에 분포되어 하층으로 갈수록 점차 넓은 면적에 분산시켜서 각 층의 구성과 두께는 역학적 균형을 유지하고 교통하중에 충분히 견딜 수 있어야 한다.

(2) 그러므로 아스팔트 포장에서는 주어진 조건에 가장 적합하도록 구조설계, 재료, 시공 및 품질관리 등 전 과정이 공학적이며, 경제적인 측면에서 계획성 있게 수행되어야 한다.

(3) 중교통 도로에서 내유동이 부족하면 소성변형 발생가능성이 크므로 대책수립이 필요하다.

Ⅱ. 구조도

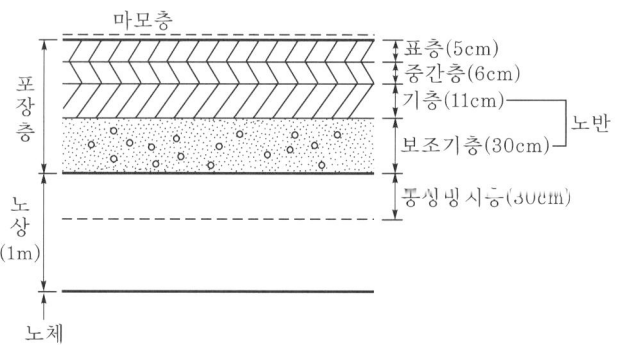

Ⅲ. 시공계획(내유동 대책)

1. 재료

(1) 역청재료(아스팔트)

① 역청재료에는 도로포장용 아스팔트, 유화아스팔트, 컷백아스팔트, 포장타르 등이 있다.

② 역청재료는 점성, 감온성(感溫性), 내구성, 골재와의 부착성 등이 중요하므로 포장의 종류, 시공방법, 교통량, 기상조건 등에 적합한 것을 사용해야 한다.

(2) 석분(Filler)
　① 석분은 석회암 분말, 시멘트 또는 화성암류를 분쇄한 것이다.
　② 굵은 골재 간의 틈을 채워주는 채움재로서의 효과 및 아스팔트의 품질을 개선시키는 보강재로서의 효과가 있다.

(3) 자갈
　① 표층 자갈입경 : 13mm
　② 중간층 자갈입경 : 19mm
　③ 기층 자갈입경 : 19~25mm

(4) 개질아스팔트
　① 포장의 내구성 및 내유동성의 증진을 목적으로 일정량의 개질재를 첨가하여 아스팔트의 물성을 개선
　② 소성변형 억제 및 온도균열 감소

2. 포설방법

(1) 포설준비
　① 시공에 필요한 장비를 점검·정비한다.
　② 삽·레이크·탬퍼·인두 등의 기구를 가열하여 둔다.
　③ 혼합물 종류에 따라 균일한 표면조직이 되게 한다.
　④ 포설 전 기층 또는 중간층 표면의 먼지, 흙, 뜬돌을 제거한다.

(2) Prime Coat
　① 토질계 기층 위에 아스팔트 혼합물을 부설하기 전에 Cut Back 아스팔트를 뿌리는 작업이다.
　② 토질계 층의 방수성을 높이고, 접착을 증진시키는 효과가 있다.
　③ 살포장비는 Asphalt Distributor, Asphalt Sprayer 등이 있다.

(3) Tack Coat
　① 기포설된 아스팔트 혼합물과 그 위에 포설하는 아스팔트 혼합물과의 부착을 좋게 하기 위하여 시행한다.
　② 살포장비는 Asphalt Distributor, Asphalt Sprayer 등이 있다.
　③ Tack Coat는 필요량을 균일하게 살포하는 것이 중요하다.
　④ Tack Coat 종료 후에는 이물질이 부착하지 않도록 양생완료 후 가능한 한 빨리 아스팔트 혼합물을 포설하는 것이 좋다.

(4) 포설
    ① 포설장비는 Asphalt Finisher, 다짐용 Roller 등이 있다.
    ② 포설시 혼합물 온도는 120℃ 이하가 되지 않도록 한다.
    ③ 기온이 5℃ 이하일 때의 포설은 하지 않도록 하며, 부득이 할 경우 특별한 관리가 필요하다.
    ④ 좁은 장소, 구조물 접촉부 등에는 인력 포설한다.
    ⑤ 포설은 연속적으로 실시하고 포설이 완료되면 가능한 한 빨리 다짐을 시작한다.

3. 다짐

(1) 1차 다짐
    ① Macadam Roller를 사용한다.
    ② 다짐온도는 일반적으로 110℃ 이상이다.
    ③ 1차 다짐시 발생되는 Hair Crack을 방지하기 위해서는 Roller의 선압(線壓)을 낮추거나 윤경(輪徑)을 크게 하거나 주행속도를 낮춘다.
    ④ 종단방향에 따라 낮은 쪽에서 높은 쪽으로 다진다.
    ⑤ 다짐횟수는 2회(1왕복) 정도가 좋다.

(2) 2차 다짐
    ① 1차 다짐의 Hair Crack을 메우면 골재 상호간의 맞물림 효과가 있다.
    ② Tire Roller를 사용한다.
    ③ 2차 다짐의 종료온도는 80℃ 이상이다.
    ④ 다짐횟수는 충분한 다짐도가 얻어질 때까지 실시한다.

(3) 마무리 다짐
    ① 마무리 다짐은 요철수정이나 Roller 자국 등을 없애기 위해 실시한다.
    ② Tandem Roller를 사용한다.
    ③ 마무리 다짐온도는 60℃ 이상이다.
    ④ 다짐횟수는 2회(1왕복) 정도가 좋다.

Ⅳ. 시공시 유의사항

(1) 높이, 폭
    기층의 포설 직후에 20m마다 규준틀을 기준으로 하여 가로방향으로 각 차도 중심선상 및 양측에서 측정한다.

(2) 두께

역청 안정처리 기층 및 표층 혼합물의 두께는 Core를 채취하여 측정하고, 기타의 공종에서는 각각의 상하면 높이의 차로 구한다.

(3) 밀도

밀도는 표준다짐밀도에 대한 다짐도를 나타내며, 보통은 공사 초기에 실제로 사용할 혼합물의 다짐시험을 하여 표준다짐밀도를 결정한다.

(4) 함수비 및 소성지수

함수비 및 소성지수의 관리는 관찰에 의해서 행하고, 필요한 경우에만 시험을 한다.

(5) 입도

보조기층 재료 및 Macadam 기층재료, 침투식 기층재료의 입도는 관찰로 행하고 필요한 경우에만 시험을 한다.

(6) Proof Rolling

노상, 보조기층의 지지력이 균일한가를 조사하여 불량한 곳을 찾아내기 위해서 실시한다.

(7) 아스팔트량

Plant에서 배출된 혼합물 또는 다짐 후 Core를 채취하여 측정한다.

(8) 온도

아스팔트 및 골재의 온도는 플랜트에 부착된 온도계로 수시점검, 혼합물 온도는 Mixer에서 배출된 시점에서 측정한다.

(9) 외관

재료의 분리나 Hair Crack 유무에 대해서 주의하여 관찰한다.

(10) 평탄성

3m 직선 정규에 의한 횡방향 요철 측정방법과 PrI(Profile Index) 측정기에 의한 종방향 측정방법이 있다.

V. 결 론

구조설계, 재료선정, 배합설계 등이 적절하여도 시공관리를 충분히 하지 않으면 포장은 소기의 성능을 발휘할 수가 없으므로 시험배합, 시험시공 등을 통하여 작업표준을 정하고 충분히 확인한 다음 시공해야 한다.

5-3 장수명 포장 [08후, 10점]

I. 정 의

(1) 장수명 포장이란 설계연한 동안 주기적으로 표층만 재시공하고, 재포장이나 대대적인 보수 없이 40년 이상 견딜 수 있는 포장공법이다.
(2) 기존 아스팔트 포장보다 2배 이상의 수명이 가능하므로 장수명 포장 또는 장수명 아스팔트 포장이라고 한다.
(3) 장수명 포장의 기본적인 설계개념은 기존 아스팔트 포장의 피로균열이나 노상의 소성변형을 거의 억제하여 포장의 설계수명을 증대시키는 것이다.

II. 장수명 포장의 구조

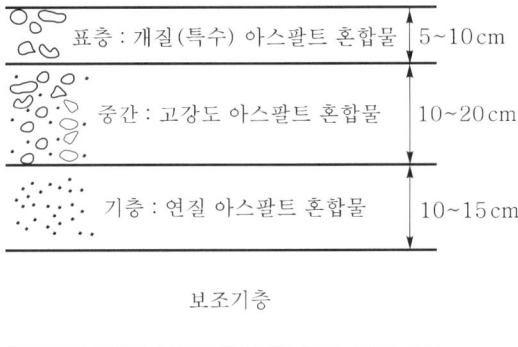

III. 특 징

(1) 장점
　① 중교통 도로포장에 적합
　② 포장의 단면두께를 줄일 수 있음
　③ 공용수명 및 유지보수주기 증대
　④ 노상의 수분침투에 의한 아스팔트 기층의 손상억제
　⑤ 아스팔트층 하단의 피로균열 발생억제

(2) 단점
　① 시공경험 부족
　② 공용실적이 전무하여 장기 공용성 예측이 어려움

5-4 저탄소 중온 아스팔트콘크리트 포장 [09후, 10점]

Ⅰ. 정 의

(1) 중온 아스팔트콘크리트는 일반적으로 중온 혼합물인 Warm재를 첨가하거나 아스팔트 생산과정에서 일부 공정을 추가하여 기존 가열식 아스팔트 혼합물의 생산온도인 150~180℃보다 10~40℃ 정도 낮춘 아스팔트 혼합물을 생산하여 포장하는 것을 말한다.

(2) 기존 가열식 아스팔트콘크리트는 연기, 매연, 독성 물질들이 배출되고 있으나 중온 아스팔트콘크리트는 이러한 독성을 저감하고 낮은 온도에서도 생산시공이 가능한 우수한 아스팔트콘크리트 포장이다.

Ⅱ. 저탄소 중온 아스팔트콘크리트 포장의 특징

(1) 생산연료 감소 효과

일반 가열식 아스팔트콘크리트에 비해 생산온도가 약 10~40℃ 감소함에 따라 연료도 11~30% 정도의 감소효과를 가져온다.

(2) 작업성 용이

① 중온에서 생산되므로 작업시 온도의 제약이 적어 작업성이 우수하다.
② 다짐성이 쉬워지고 재활용량을 증가시킬 수 있다.

(3) 운반거리 증대

기존의 가열식 아스팔트콘크리트에 비해 생산온도가 낮아 온도관리에 있어서 유리하여 운반거리의 증대효과가 있다.

(4) 시공시기 증대

일반 아스팔트콘크리트는 겨울철 시공이 매우 어려우나 중온 아스팔트콘크리트는 어느 정도의 겨울철 시공이 가능하여 시공시기를 증대하는 효과가 있다.

(5) 온도균열 감소

중온에서 아스팔트를 생산하기 때문에 아스팔트 Binder의 산화가 적게 되어 온도균열이 감소한다.

(6) 내구성 증대

중온에서 아스팔트를 생산하기 때문에 온도균열이 저감되어 장기내구성이 증대된다.

(7) 습도의 영향

골재의 가열온도가 저감됨에 따른 습도의 영향을 받을 우려가 있다.

Ⅲ. 기대효과

(1) 환경오염 저감효과
(2) 연료 감소효과
(3) 내구성 증대효과
(4) 유독성 물질 저감효과

> **6-1** 아스팔트콘크리트 포장공사에서 시험포장에 대하여 기술하시오. [02전, 25점]
> **6-2** 아스팔트콘크리트 포장공사 현장에서 시험포장을 하려고 한다. 시험포장에 관한 시공계획서를 작성하고, 설명하시오. [05전, 25점]
> **6-3** 아스팔트콘크리트 포장(60a/일, $t=5cm$)을 하고자 한다. 시험포장을 포함한 시공계획에 대하여 설명하시오. [06후, 25점]
> **6-4** 아스팔트 포장을 위한 Work Flow의 예를 작성하고, 시험시공을 통한 포장품질 확보방안을 설명하시오. [09전, 25점]

I. 개 요

(1) 시험포장이란 본선 포장시공에 앞서 사용장비, 인력 편성, 혼합물의 생산능력, 시공법 등을 점검하기 위하여 실시하는 포장공사이다.
(2) 시험포장에서 얻어지는 결과치로 본공사의 시공계획 수립 및 시공성 검토와 우수한 포장시공이 될 수 있게 검토 평가하는 것이다.

II. 시험포장의 목적

(1) 사용장비 선정
(2) 인력편성
(3) Plant 생산능력 검토
(4) 시공방법 결정
(5) 문제점에 대한 대책수립

III. Work Flow 실례

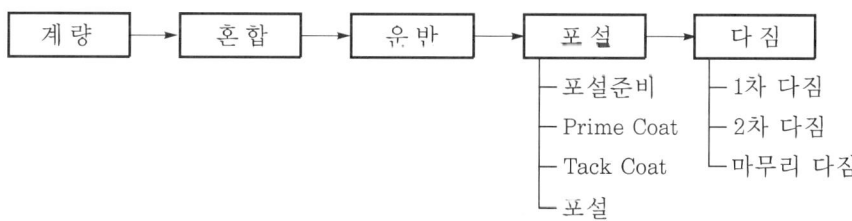

(1) 계량
   배합설계에 따른 재료는 중량으로 계량한다.

(2) 혼합
   ① 혼합장비는 계량방법에 따라 배치식(Batch Type)과 연속식(Continuous Type)이 있다.
   ② 혼합시간(1Batch Cycle Time) : 40~60초
   ③ 혼합온도 : 145~160℃
   ④ 혼합물관리 : 아스팔트량, 수분함유량, 혼합온도, 재료분리 여부, 혼합물의 작업성 및 다짐성

(3) 운반
   ① 운반장비는 적재함이 잘 청소된 Dump Truck을 사용한다.
   ② 보온 및 이물질의 혼입을 방지하기 위해 Sheet 등으로 보호한다.
   ③ 혼합물이 부착되지 않게 적재함 내측에 기름을 얇게 도포한다.
   ④ 반출시 온도는 혼합 직후의 온도보다 10℃ 이상 저하되지 않도록 한다.
   ⑤ 재료분리가 생기지 않도록 해야 한다.

(4) 포설
   ① 포설에 필요한 각종 장비를 점검하고 정비한다.
   ② 토질계층의 방수성을 높이고 접착성을 개선하기 위하여 Prime Coat를 한다.
   ③ Asphalt 혼합물간의 부착성을 증대시키기 위해 Tack Coat를 한다.
   ④ 포설시 Asphalt 혼합물의 온도관리에 유의한다.

(5) 다짐
   ① 1차 다짐 : 110℃ 이상
   ② 2차 다짐 : 80℃ 이상
   ③ 마무리 다짐 : 60℃ 이상

Ⅳ. 시험포장 계획(시험포장 시공계획, 포장품질 확보방안)

(1) 위치선정
   ① 직선구간으로 종단구배가 심하지 않은 구간
   ② 시험포장 길이 : 180m
   ③ 다짐횟수 시험구간 : 90m
   ④ 다짐두께 시험구간 : 90m

```
┌──────┬──────┬──────┬──────┬──────┬──────┐
│   A  │   B  │   C  │   D  │   E  │   F  │
└──────┴──────┴──────┴──────┴──────┴──────┘
  30m     30m    30m    30m    30m    30m
|←――――――― 90m ―――――――→|←――――――― 90m ―――――――→|
         다짐횟수 구간              다짐두께 구간
```

위 치	머캐덤	타이어	탠 덤
A	6회	12회	6회
B	4회	10회	4회
C	2회	8회	2회

위 치	다짐두께
D	6cm
E	6.5cm
F	7cm

(2) 혼합물 배합
  ① B/P 확인
    ㉠ 계량기 점검
    ㉡ 온도계 검사
    ㉢ 스크린상태 검사
    ㉣ 믹서 날개상태 확인(간격 2cm 이하)
  ② 현장배합
    ㉠ 콜드빈 유출량 및 하트빈 배합비 결정
    ㉡ 적정 혼합시간 결정
    ㉢ 기준온도 결정
    ㉣ AP 함량변화에 따른 혼합물상태 검토

(3) 포설준비
  ① 장비 및 인원 준비
    ㉠ 택코팅 살포 : 디스트리뷰터의 압력계, 노즐 확인
    ㉡ 운반장비
      • 적재함상태 및 덮개설치 점검
      • 운반대수 확인
    ㉢ 포설장비 : 피니셔의 작동상태, 센서 작동상태 점검
    ㉣ 다짐장비 : 사용 Roller의 중량 및 다짐압력 점검
    ㉤ 인원편성
      • 기능별, 작업과정별로 인원편성
      • 운반, 포설, 다짐, 시험, 측량 등의 포장 전 교육실시

② 시점, 종점 표지판 설치

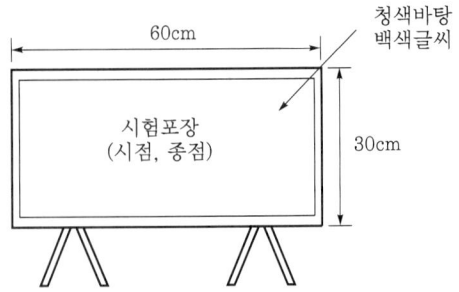

(4) 시험준비

구 분	시험종목	실시기준
플랜트	입도시험	1회
	AP 함량	1회
	마샬안정도	시험구간별 1회
	혼합물온도	운반차마다
현장	밀도	구간별 1회
	두께	구간별 1회
	온도	운반차마다

(5) 시공사항 검토
　① 택코팅 적정살포량 검토
　② 혼합물온도 및 전압온도 관리
　③ 기상상태 조사
　④ 적정 포설두께 결정
　⑤ 적정 다짐횟수 결정

(6) 결과보고서 작성
　① 일시 및 기회
　② 위치
　③ 투입인원
　④ 택코팅 살포량 조사
　⑤ 관리기준온도 결정
　⑥ 다짐횟수 및 다짐두께 결정
　⑦ 혼합물시험 성과
　⑧ 현장 배합설계 결과표 작성
　⑨ 시공상 문제점 및 대책
　⑩ 시공현황 사진

V. 시험포장시 유의사항

   (1) 혼합물 운반
   (2) 운반시간 및 온도변화 측정
   (3) 사용기계의 시공성 평가
   (4) 시공면 정리
   (5) 관계자 이외 현장접근 금지
   (6) 사전 기상상태 점검
   (7) 시험기기 준비상태 점검

VI. 결 론

   (1) 아스팔트콘크리트 포장공사에서 시험포장은 본공사에 앞서 행해지는 것으로 혼합물의 생산, 운반, 시공 및 품질관리를 목적으로 시행되고 있다.
   (2) 시험포장을 통하여 혼합물의 상태점검과 다짐횟수 및 포설두께 등을 결정하여 최적의 상태에서 시공되도록 면밀한 계획 아래 실시하여야 한다.

7-1	아스팔트콘크리트 포장공사의 공종별 장비조합 [96중, 20점]
7-2	아스팔트콘크리트 포장공사시 관련 세부작업을 설명하고, 해당장비에 대하여 설명하시오. [00중, 25점]
7-3	아스팔트콘크리트 포장공사에서 혼합물의 포설량이 500t/일일 때 시공단계별 포설장비를 선정하고, 각 장비의 특성과 시공시 유의사항을 설명하시오. [10전, 25점]

I. 개 요

장비의 조합은 각 장비의 장·단점을 비교하고, 완료해야 할 작업의 물량, 공기 등을 종합적으로 판단하여 여러 종류의 장비와 규격을 합리적으로 결합함으로써 최대의 효율을 얻도록 해야 한다.

II. 아스팔트 포장공사 세부작업 및 해당장비(시공단계별 장비선정)

(1) 보조기층 축조
　① 하천골재 또는 혼합골재를 노상 위에 포설다짐하는 작업이다.
　② 기층을 지지하는 층으로 강성이 요구되는 층이다.
　③ 그레이더 다짐장비 등을 사용하여 시공한다.

(2) 기층시공
　① 포장체의 기초가 되는 층으로 충분한 강도가 나올 수 있게 안정처리공법을 적용한다.
　② 시멘트 또는 역청 안정처리공법이 많이 사용된다.
　③ 시공장비로서는 피니셔, 다짐장비가 사용된다.

(3) 혼합물 생산
　① 현장까지의 거리를 고려하여 생산 Plant를 선정한다.
　② Batch Plant 설치로 혼합물을 생산한다.

(4) 프라임 Coating
　① 보조기층 또는 기층 위에 혼합물을 포설하기 전에 부착성을 향상시키기 위하여 살포하는 것이다.

② 살포기계로는 Sprayer 또는 Distributor가 있다.

(5) 운반작업
① 생산혼합물을 품질변화 없이 현장으로 운반하는 장비로서 Dump Truck이 사용된다.
② Dump Truck은 혼합물 상차 전에 청소가 되어야 하며 필요에 따라 보온, 가열 장치가 있어야 한다.

(6) 포설작업
① 혼합물을 고르게 동일두께로 포설하는 작업이다.
② Finisher를 이용하여 노면에 혼합물을 고르게 살포한다.

(7) 다짐작업
① 전압을 목적으로 1차 다짐을 한다.
② 혼합물의 맞물림을 좋게 하는 다짐이다.
③ 표면의 Roller 자국을 없애는 마무리다짐이다.
④ Macadam Roller, Tire Roller, Tandem Roller가 사용된다.

Ⅲ. 공종별 장비조합(장비의 특성)

1. 생산(Asphalt Mixing Plant)

(1) 재료의 공급, 가열, 건조, 선별, 계량, 혼합에 이르기까지 일관작업에 의하여 아스팔트 혼합재를 생산하는 기계이다.
(2) 계량방법에 의하여 Batch Type과 Continuous Type으로 나눈다.

2. 운반(Dump Truck)

(1) 아스팔트 혼합물의 운반에 사용되는 장비이다.
(2) 재료분리가 발생하지 않는 방법으로 운반하여야 하며, 운반중 보온을 하여 15cm 내부에서 10℃ 이내의 온도저하가 되도록 한다.

3. 포설

(1) Asphalt Distributor
   ① 아스팔트 포장을 하기 전에 노반과 혼합물의 결합을 좋게 하기 위하여 가열된 아스팔트를 노반에 균일하게 살포하는 기계이다.
   ② 침투식 공법이나 표면처리공법 등 대면적의 시공에 사용된다.

(2) Asphalt Sprayer
   ① 가열된 아스팔트를 수동으로 노면에 살포하는 기계이다.
   ② 주로 아스팔트 포장도로의 보수용으로 사용한다.

(3) Asphalt Finisher
   ① 아스팔트 혼합물을 포설하는데 사용하는 기계이다.
   ② 주행장치에 의하여 무한궤도식과 타이어식 2종류가 있다.

4. 다짐

(1) 머캐덤롤러
   ① 1차 다짐에 사용하는 철륜 Roller이다.
   ② 일반적으로 8~12ton 무게의 Roller를 사용한다.

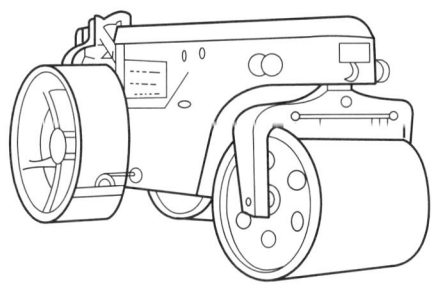

(2) 타이어롤러
   ① 1차 다짐 후 골재의 맞물림을 좋게 하는 다짐으로 타이어 Roller를 이용한다.
   ② 1차 다짐 때 생긴 Hair Crack을 없애는 효과가 있다.

(3) 탠덤롤러
   ① 마무리다짐으로 요철수정이나 자국을 없애는 목적으로 다짐한다.
   ② 다짐횟수는 2회 정도가 좋다.

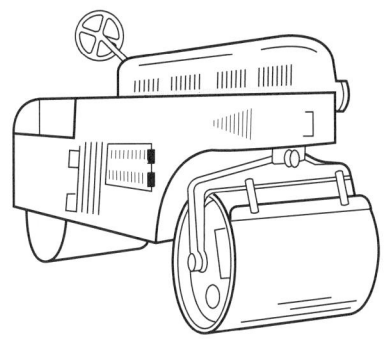

5. 조합 예

공사규모\공종	혼합	운반	Tack Coating	포설	다짐		
					1차	2차	마무리
소규모	Plant (20t/h)	D/T	Distributor	Finisher	Macadam·R	Tire·R	Tandem·R
중규모	Plant (30t/h)	D/T	Distributor	Finisher	Macadam·R	Tire·R	Tandem·R
대규모	Plant (60t/h)	D/T	Distributor	Finisher	Macadam·R	Tire·R	Tandem·R

Ⅳ. 시공시 유의사항

1. 조합원칙 고려

(1) 작업능력의 균형

가장 효율적인 기계의 조합을 위해서는 각 기계의 작업능력을 균등화하여 각 작업 소요시간을 일정화하는 것이 필요하다.

(2) 조합작업의 감소

일반적으로 분할되는 작업의 수가 증가하면 작업효율이 저하되어 합리적인 조합작업이 되지 못하므로 기계의 작업효율을 고려한 합리적 조합이 요구된다.

(3) 조합작업의 중복화

직렬작업을 중복시켜 작업을 병렬화하면 시공량이 증대될 뿐 아니라 고장 등에 의한 타작업의 휴지를 방지하여 손실의 위험 분산효과가 있다.

2. 장비의 선정방법 고려

(1) Asphalt Mixing Plant
① 재료의 공급, 가열, 건조, 선별, 계량, 혼합에 이르기까지 일관작업에 의하여 아스팔트 혼합재를 생산하는 기계이다.
② 계량방법에 의하여 Batch Type과 Continuous Type으로 나눈다.

(2) Asphalt Finisher
① 아스팔트 혼합물을 포설하는데 사용하는 기계이다.
② 주행장치에 의하여 무한궤도식과 타이어식 2종류가 있다.

(3) Asphalt Distributor
① 아스팔트 포장을 하기 전에 노반과 혼합물의 결합을 좋게 하기 위하여 가열된 아스팔트를 노반에 균일하게 살포하는 기계이다.
② 침투식 공법이나 표면처리공법 등 대면적의 시공에 사용된다.

(4) Asphalt Sprayer
① 가열된 아스팔트를 수동으로 노면에 살포하는 기계이다.
② 주로 아스팔트 포장도로의 보수용으로 사용한다.

(5) Aggregate Spreader(골재살포기)
① 침투식 공법 또는 표면처리공법 등에서 노면에 골재를 균일하게 살포하는 기계이다.
② 피견인식, 자주식, 현수식 등이 있다.

(6) Concrete Spreader
① 포장노반에 살포된 생콘크리트를 균일하게 부설하는 포장기계이다.
② 도로 및 비행장의 활주로 등의 콘크리트 포장시에 사용한다.

V. 결 론

(1) 장비의 조합에서 제일 중요한 요소들인 가동률 제고와 장비의 능력을 균형 있게 하는 것이 가장 효율적인 작업이 된다.
(2) 작업장의 상황을 개선하여 주장비와 종속장비 개개의 능률을 제고시킴으로써 공사비를 절감할 수 있다.

7-4 아스팔트콘크리트 포장공사에서 포장의 내구성 확보를 위한 다짐작업별 다짐장비 선정과 다짐시 내구성에 미치는 영향 및 마무리 평탄성 판단기준에 대하여 설명하시오.
[11중, 25점]

Ⅰ. 개 요

아스팔트 포장은 가요성 포장으로 교통하중 작용시 상부층으로부터 전달되는 하중을 점점 넓게 분산시켜 최소의 하중을 노상이 지지토록 하는 구조로서 상부층으로 갈수록 탄성계수가 큰 재료를 사용한다.

Ⅱ. 다짐장비 선정

(1) Asphalt Mixing Plant
  ① 재료의 공급, 가열, 건조, 선별, 계량, 혼합에 이르기까지 일관작업에 의하여 아스팔트 혼합재를 생산하는 기계이다.
  ② 계량방법에 의하여 Batch Type과 Continuous Type으로 나눈다.

(2) Asphalt Finisher
  ① 아스팔트 혼합물을 포설하는데 사용하는 기계이다.
  ② 주행장치에 의하여 무한궤도식과 타이어식 2종류가 있다.

(3) Asphalt Distributor
  ① 아스팔드 포장을 하기 전에 노반과 혼합물의 결합을 좋게 하기 위하여 가열된 아스팔트를 노반에 균일하게 살포하는 기계이다.
  ② 침투식 공법이나 표면처리공법 등 대면적의 시공에 사용된다.

(4) Asphalt Sprayer
  ① 가열된 아스팔트를 수동으로 노면에 살포하는 기계이다.
  ② 주로 아스팔트 포장도로의 보수용으로 사용한다.

(5) Aggregate Spreader(골재 살포기)
  ① 침투식 공법 또는 표면처리공법 등에서 노면에 골재를 균일하게 살포하는 기계이다.
  ② 피견인식, 자주식, 현수식 등이 있다.

(6) Concrete Spreader
   ① 포장노반에 살포된 생콘크리트를 균일하게 부설하는 포장기계이다.
   ② 도로 및 비행장의 활주로 등의 콘크리트 포장시에 사용한다.

Ⅲ. 다짐시 내구성에 미치는 영향

(1) 아스팔트 침입도 부적합
   아스팔트 침입도가 큰 아스팔트(AP-3)로 혼합한 일반아스팔트 혼합물로 다짐된 포장은 소성변형이 발생하기 쉽다.

(2) 석분재질 불량
   석분은 아스팔트와 일체가 되어 혼합물의 안정성, 인성, 내마모성, 내노화성을 높이는 효과가 있는데 석분재질이 불량하면 소성변형이 크게 발생한다.

(3) 작은 입경(13mm)의 자갈 사용
   교통하중이 많은 지역에 아스팔트 혼합물의 자갈이 입경이 작은 경우 교통하중을 충분히 지지하지 못해 소성변형이 발생된다.

(4) 내유동성 불량
   내유동 대책이 요구되는 포장에서 내유동성이 불량한 혼합물로 시공하면 소성변형이 발생한다.

(5) 아스팔트량 부적성
   아스팔트 혼합물 배합시 소요 아스팔트량의 과다사용으로 혼합물의 내유동성을 저하시킨다.

(6) 골재입도 불량
   자갈, 석분 등의 입도분포가 불량하여 Interlocking이 확보되지 않을 때 포장에서 소성변형이 크게 일어난다.

(7) 혼합물 간극비 부적절
   아스팔트 혼합물 배합 후 혼합물 간극비가 부적절하면 소성변형의 원인이 된다.

(8) 다짐불량
   혼합물 포설시의 온도, 다짐온도 등이 적절치 않을 경우 다짐이 부실하여 혼합물의 강도가 저하되었을 때 발생한다.

(9) 여름철 시공

여름철에 아스팔트 포장 시공시 외부온도가 높아 아스팔트의 열화현상이 발생하면 혼합물의 강도가 저하되어 소성변형이 발생한다.

(10) 온도관리 불량

아스팔트 혼합, 운반 및 포설다짐시 온도관리가 불량하면 포장체의 밀도가 치밀하지 못해 소성변형이 발생한다.

Ⅳ. 마무리 평탄성 판단기준

(1) 기준
  ① 세로방향
    ㉠ 본선 : 현장관리 콘크리트 포장 PrI=16cm/km 이하, 아스팔트 PrI=10cm/km
    ㉡ 대형장비 투입불가, 평면곡선반경 600m 이하, 종단구배 5% 이상일 경우 24cm/km
  ② 가로방향 : 요철이 5mm 이하

(2) 불량부위 처리

콘크리트 상태불량, Crack 등 전 불량부위는 제거 후 재시공한 다음 재시험

(3) 기록대장 작성

평탄성 측정시는 감독 입회하에 하며, 기록대장에 관리하여 보존

Ⅴ. 결 론

(1) 콘크리트 포장은 아스팔트 포장에 비해 내구성이 좋으며, 재료구입이 쉽고 유지·보수비가 적은 장점이 있으나 시공기술과 경험의 축적이 더욱 필요하다.
(2) 아스팔트 포장은 빈번한 보수로 인해 유지·관리비 과다의 문제가 크므로, 이에 대한 적절한 개선책이 요망된다.

8-1	Asphalt 포장의 파손원인과 대책	[97중전, 20점]
8-2	아스팔트콘크리트 포장의 파괴원인 및 대책을 설명하시오.	[01후, 25점]
8-3	Asphalt 포장공사에서 교량 시종점부의 파손(부등침하 균열 및 포트홀(Pot Hole) 등) 발생원인 및 대책에 대하여 설명하시오.	[08후, 25점]
8-4	아스팔트 포장의 포트홀(Pot-Hole) 저감대책을 설명하시오.	[10중, 25점]

Ⅰ. 개 요

(1) 아스팔트 포장은 교통의 반복하중에 의해 노면성상에 변화가 생기고 종국에는 피로하여 파손에 이른다.
(2) 아스팔트 포장의 유지·관리에 있어서 파손형태와 그 원인을 잘 이해하는 것이 중요하다.
(3) 포장의 파손은 노상토의 지지력, 교통량, 포장두께의 세 가지 균형이 깨짐으로써 일어난다.
(4) 파손의 원인은 크게 노면성상에 관한 파손과 구조에 관한 파손으로 나눌 수 있다.

Ⅱ. 파손 종류

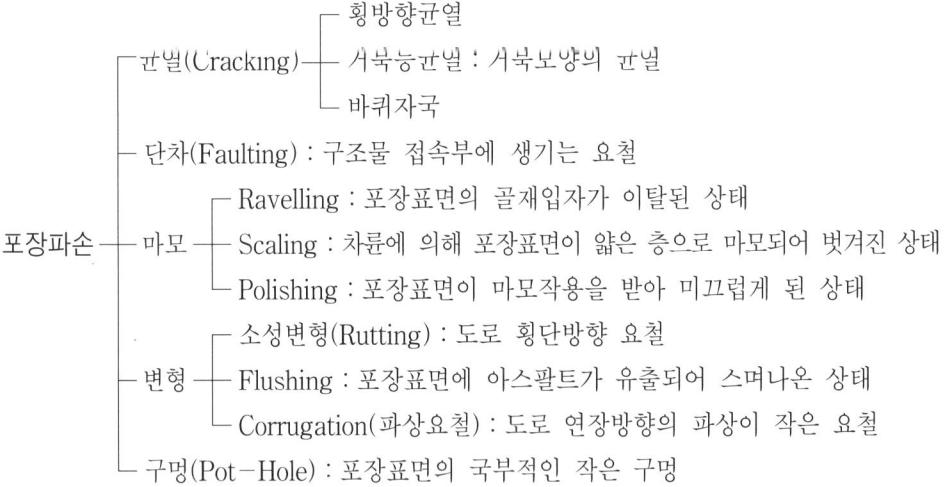

Ⅲ. 파손원인(파손 발생원인)

(1) 혼합온도 규정 미준수

생산 Plant에서 혼합물 혼합시 과도한 과열로 인한 골재와 아스팔트와의 접착력 부족으로 포장체의 조기파손을 일으킨다.

(2) 이물질 혼입

혼합물 혼합과 운반 또는 포설다짐시 이물질이 혼입되면 혼합물의 강도저하로 이물질 혼입부분의 국부파손이 촉진된다.

(3) 아스팔트 함량 과다 또는 과소

혼합물 속의 아스팔트량이 과다 또는 과소하게 되면 혼합물의 강도저하, 변형발생 등으로 포장 아스팔트에 파손이 생긴다.

(4) 포장면 노화

포장면이 노화되면 혼합물의 접착력 부족으로 포장표면 마모가 촉진되어 아스팔트 포장이 파손된다.

(5) 연한 아스팔트 혼합물 사용

교통하중을 충분히 지지하지 못하여 소성변형 또는 파상요철 등의 포장파손이 생긴다.

(6) Tack Coat 과다

Tack Coat가 과다하면 아스팔트 혼합물의 아스팔트가 녹아 혼합물 품질불량으로 파손이 커진다.

(7) 수축반사 균열발생

균열과 이음이 존재하는 콘크리트 구조물에 아스팔트를 덧씌우기한 경우 콘크리트 균열과 이음의 영향으로 아스팔트 포장층에 균열이 발생한다.

(8) 타이어체인의 통행

동절기 통행차량의 미끄럼방지를 위한 타이어체인에 의한 포상표면의 파손이 과속화 된다.

(9) 표층 다짐불량

아스팔트 포장층의 표층다짐시 다짐이 불량하면 포장면의 마모와 변형이 쉽게 발생되어 포장파손이 촉진된다.

(10) 대형차 또는 과적차량 통행
    설계 교통하중을 초과하는 과적차량의 통행으로 포장체의 피로가 가속화되어 파손이 일어난다.

Ⅳ. 대책(Pot Hole 저감대책)

(1) 혼합규정 준수
    ① 혼합시간 : 40~60초
    ② 혼합온도 : 145~160℃

(2) 운반규정 준수
    ① 운반장비는 적재함이 잘 청소된 Dump Truck을 사용한다.
    ② 재료분리가 생기지 않도록 유의한다.
    ③ 자동덮개가 설치된 트럭을 사용한다.

(3) 포설준비 철저
    ① 시공에 필요한 장비를 점검·정비한다.
    ② 포설 전 기층 또는 중간층 표면의 먼지, 흙, 뜬돌 등을 제거한다.

(4) Tack Coat 균일살포
    ① 필요량을 균일하게 살포한다.
    ② Tack Coat 종료 후에는 가능한 한 빨리 아스팔트 혼합물을 포설해야 한다.
    ③ 과다하게 살포된 경우 가능한 한 빨리 제거해야 한다.

(5) 포설시 온도기준 준수
    ① 포설시 혼합물 온도는 120℃ 이하가 되지 않게 한다.
    ② 포설은 연속적으로 실시하고 포설이 완료되면 가능한 한 빨리 다짐을 시작한다.

(6) 다짐규정 준수
    ① 1차 다짐
        ㉠ 다짐온도는 일반적으로 110℃ 이상
        ㉡ 다짐횟수는 2회(1왕복) 정도
    ② 2차 다짐
        ㉠ 2차 다짐의 종료온도는 80℃ 이상
        ㉡ 다짐횟수는 충분한 다짐도가 얻어질 때까지 실시
    ③ 마무리 다짐
        ㉠ 다짐온도는 60℃ 이상
        ㉡ 다짐횟수는 2회(1왕복) 정도

④ 다짐시 유의사항
　　㉠ 다짐도는 96% 이상 확보
　　㉡ 외연부는 인력부설다짐
　　㉢ 오르막길은 구동륜을 위쪽으로 하여 다짐
　　㉣ 한랭시는 포설 후 즉시 다짐
　　㉤ 고온시는 혼합물의 냉각 후 다짐
　　㉥ 평면 곡률반경이 작은 곳은 인력부설다짐

V. 결 론

노면의 평가방법에는 PSI(공용성지수)에 의한 방법과 MCI(유지관리지수)에 의한 방법이 있으며 조사구간 또는 노선별로 노면을 종합적으로 평가하여 시기를 놓치지 않도록 계획적인 유지·보수를 실시해야 한다.

8-5	반사균열(Reflection Crack)	[98후, 20점]
8-6	포장의 반사균열(Reflection Crack)	[01전, 10점]
8-7	도로포장의 반사균열(Reflection Crack)	[06중, 10점]
8-8	아스팔트콘크리트의 반사균열	[11후, 10점]

I. 정 의

(1) 반사균열이란 콘크리트 구조물에서 구콘크리트 구조물에 덮어서 시공할 때 기시공된 구조물의 균열이 반사되어 발생되는 균열을 말한다.

(2) 반사균열은 보통 무근 콘크리트 포장에서 아스팔트 덧씌우기(Overlay)한 경우 하부 콘크리트 포장의 줄눈이나 균열이 있는 위치에 상층으로 전달되어 상부 아스팔트층에 나타나는 균열을 말한다.

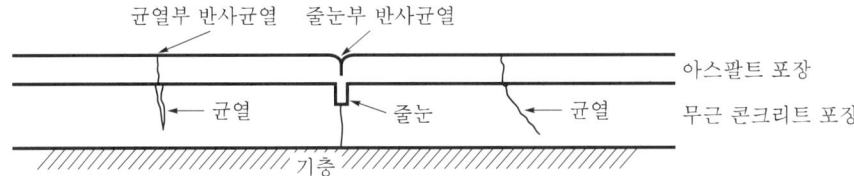

II. 포장균열의 종류

(1) 피로균열
(2) 거북등, 블록균열
(3) 종·횡방향균열
(4) 반사균열

III. 발생원인

(1) 하부포장의 수평거동
하부포장체의 온도변화, 건조수축 등에 의해 발생되는 수축·팽창 운동이 균열부위에 수평변위를 발생시켜 상부층으로 전해진다.

(2) 상대변위 발생
상부에서 작용하는 차량하중에 의한 하부에 위치하는 포장체의 줄눈부 또는 균열부위에서 상대변위 발생

(3) 하층부 손상

하부포장체의 파손부위를 보수하지 않고 상부포장체를 시공하였을 때 하부 손상형태와 동일한 균열형태로 발생

Ⅳ. 방지대책

(1) 분리시공

하층과 상층이 변위발생에 대해 분리되어 작용할 수 있도록 상하분리가 되게 시공한다.

(2) 하부층 보강

하부층에 발생된 균열을 원인 파악하여 균열이 더 이상 발전되지 않도록 보강조치 후 상층을 시공한다.

(3) 이음설치

하부층의 이음부에는 상층에도 같은 위치에 이음을 설치한다.

(4) 하층제거

하부층의 상대변위가 큰 균열부위를 제거하고 하부층 재시공 후 상부층을 시공한다.

Ⅴ. 보수공법

(1) 일부 Patching
(2) 표면처리
(3) 얇은 덧씌우기
(4) Sealing

8-9 기존 아스팔트콘크리트 포장에서 덧씌우기 전의 보수방법을 파손유형에 따라 설명하시오. [02후, 25점]

8-10 도로포장에서 표층의 보수공법에 대하여 기술하시오. [03후, 25점]

Ⅰ. 개 요

(1) 아스팔트콘크리트 포장은 교통의 반복하중과 과하중 그리고 시간의 경과에 따라 노면성상에 변화가 발생하여 파손에 이르게 된다.

(2) 이러한 파손에 대한 정기적인 보수가 필요하며, 또한 파손유형에 따라 부분적인 보수도 필요하게 된다.

Ⅱ. 파손 종류

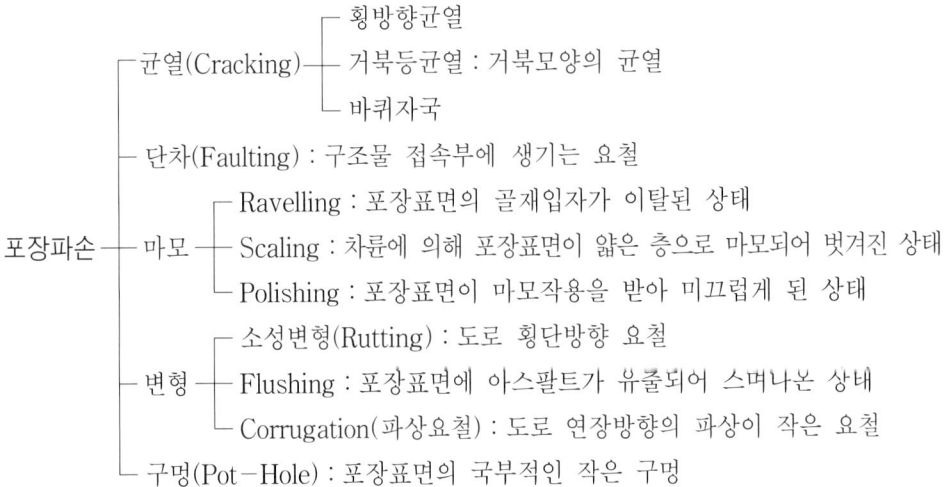

Ⅲ. 보수공법

(1) Seal Coat(표면처리) 공법
  ① 부분적 균열, 변형, 마모와 같은 파손발생시 기존 포장에 2.5 cm 이하의 얇은 Sealing 층을 형성하는 공법이다.
  ② 우기 또는 한랭기 전에 시공하면 예방적 조치로서 효과적이다.

(2) Patching
  ① Pot-Hole, 단차, 부분적 균열, 침하 등과 같은 파손을 포장재료를 사용해서 응급처리하는 공법이다.

② 파손부분에 포장재료를 직접 채우는 임시적 방법과 불량부분을 약간 크게 절취하여 수리하는 방법이 있다.
③ 파손면적 10 m² 미만일 경우에 적용된다.

(3) 부분 재포장
① 파손이 미치는 부분의 표층 또는 기층까지 부분적으로 재포장하는 공법이다.
② 파손정도가 심하여 다른 공법으로서는 보수가 불가능할 때 이용한다.
③ 파손면적 10 m² 이상일 경우에 적용된다.

(4) Milling(절삭)
① 포장표면에 연속 또는 단속적으로 요철이 발생하여 평탄성이 불량하게 된 경우, 이 부분을 절삭하여 노면의 평탄성과 미끄럼 저항을 회복시키는 공법이다.
② 주로 소성변형에 대해서 효과적이다.

(5) 덧씌우기(Overlay)
① 기존 포장의 강도보충, 노면의 평탄성 개량, 균열로 인한 빗물침투방지 목적으로 행한다.
② Overlay 시공 전 균열이 심한 부분은 Patching을 하고, 파손이 기층까지 미쳐 있는 경우는 부분재포장을 해둘 필요가 있다.

(6) 절삭 덧씌우기
① 포장의 파손이 진행되어 유지공법으로서는 노면을 유지할 수 없을 때 시행한다.
② 전면재포장 시기에 이르지 않았으며, 보도·배수시설 등의 높이 문제로 덧씌우기가 적합치 않을 때 시행한다.

(7) 전면 재포장
① 포장의 파손이 심하여 다른 공법으로서는 양호한 노면을 유지하기 어려울 경우 채택하는 공법이다.
② 파손원인이 동상 또는 배수불량에 기인하는 경우에는 동상 대책공법 또는 배수공을 검토한다.

Ⅳ. 결 론

아스팔트콘크리트 포장의 보수공법 선정시에는 시험 및 측정결과를 근거로 하여 검토하며, 보수경험이 풍부하므로 이를 접목시켜 신중히 결정하여야 한다.

> **8-11** 아스팔트 포장도로의 표면 요철을 개선하기 위한 설계 및 시공상 유의사항에 대하여 기술하시오. [98후, 30점]

I. 개 요

(1) 아스팔트 포장은 상부 교통하중이 작용하면 하중이 각 층으로 분포되면서 하층으로 갈수록 넓게 분산되는 구조이다.
(2) 포장의 표면 요철 발생은 혼합물 설계에서부터 재료, 시공과정에 이르기까지 많은 원인에 의해 발생된다.

II. 표면 요철 발생원인

(1) 역청재료 불량　　　　　　(2) 골재 불량
(3) 기층지지력 불량　　　　　(4) 중차량통행
(5) 외부기온 상승　　　　　　(6) 혼합물열화

III. 표면 요철 개선을 위한 설계시 유의사항

(1) 재료의 선정
    재료선정은 소요품질을 구비하고 필요량을 확보할 수 있는 재료로 하며, 품질에 대해서는 재료시험을 실시하여 확인한다.

(2) 골재의 배합비
    혼합물 표준배합의 입도범위에 들어가고, 되도록 원활한 입도곡선이 얻어지도록 결정한다.

(3) 골재의 입도
    골재의 입도는 중앙치를 목표로 하고, $75\mu m$체 통과분이 적은 쪽으로 한다.

(4) 아스팔트량
    마샬시험을 통한 혼합물의 아스팔트량을 결정하고 공통범위의 중앙치 이하를 목표로 한다.

(5) 마샬안정도
75회 다짐으로 750kg 이상, 안정도/흐름치는 25 이상으로 한다.

(6) 회수더스트
75μm체 통과분 중 플랜트에서의 회수더스트분은 30%를 넘지 않도록 한다.

(7) 휠트래킹 시험(Wheel Tracking Test)
① 최적 아스팔트량이 구해지면 휠트래킹 시험에 의해서 동적 안정도(DS)를 구한다.
② DS의 목표는 교통량, 주행속도, 기상조건 등을 고려하여 1,500~5,000회/mm 정도를 목표로 한다.

(8) 역청재료
① 고무아스팔트 : 고무계의 고분자재료를 첨가한 개질아스팔트
② 수지혼입 아스팔트 : 열가소성수지를 혼합하여 만든 개질아스팔트
③ 세미블론 아스팔트 : 스트레이트아스팔트에 블로잉 조작을 가하여 감온성 및 점도를 개선한 개질아스팔트
④ 촉매제첨가 아스팔트 : 미량의 중금속촉매제를 첨가하여 혼합물의 경화를 촉진시키는 개질아스팔트로 Chemcrete

(9) 골재
① 굵은 골재는 입자의 지름이 2.5mm 이상인 골재로서 부순돌, 자갈, Slag 등이 있다.
② 잔골재는 입자의 지름이 0.074~2.5mm인 것으로, 일반적으로 모래를 사용한다.

(10) 석분(Filler)
① 석분은 석회암분말, 시멘트 또는 화성암류를 분쇄한 것이다.
② 굵은 골재간의 틈을 채워주는 채움재료로서의 효과 및 아스팔트의 품질을 개선시키는 보강재료로서의 효과가 있다.

IV. 시공상 유의사항

(1) 높이, 폭
기층의 포설 직후에 20m마다 규준틀을 기준으로 하여 가로방향으로 각 차도 중심선상 및 양측에서 측정한다.

(2) 두께
역청 안정처리 기층 및 표층 혼합물의 두께는 Core를 채취하여 측정하고 기타의 공종에서는 각각의 상하면 높이의 차로 구한다.

(3) 밀도

밀도는 표준다짐밀도에 대한 다짐도를 나타내며, 보통은 공사초기에 실제로 사용할 혼합물의 다짐시험을 하여 표준다짐밀도를 결정한다.

(4) 함수비 및 소성지수

함수비 및 소성지수의 관리를 관찰에 의해서 행하고, 필요한 경우에만 시험을 한다.

(5) 입도

보조기층 재료 및 Macadam 기층 재료, 침투식 기층 재료의 입도는 관찰로 행하고 필요한 경우에만 시험을 한다.

(6) Proof Rolling

노상, 보조기층의 지지력이 균일한가를 조사하여 불량한 곳을 찾아내기 위해서 실시한다.

(7) 아스팔트량

Plant에서 배출된 혼합물 또는 다짐 후 Core를 채취하여 측정한다.

(8) 온도

아스팔트 및 골재의 온도는 플랜트에 부착된 온도계로 수시점검 하고, 혼합물온도는 Mixer에서 배출된 시점에서 측정한다.

(9) 외관

재료의 분리나 Hair Crack 유무에 대해서 주의하여 관찰한다.

(10) 평탄성

3m 직선 정규에 의한 가로방향 요철 측정방법과 PrI(Profile Index) 측정기에 의한 세로방향 측정방법이 있다.

V. 결 론

(1) 아스팔트 포장은 가요성 포장으로 역청재료의 변경에 따라 혼합물의 성질이 크게 좌우된다.

(2) 중교통 도로에서 내유동 지힝성을 크게 하기 위하여 개질아스팔트 사용과 입도 분포가 양호한 재료사용은 물론 시공관리를 철저히 행함으로써 내유동 저항성을 높일 수 있을 것으로 사료된다.

9-1 아스팔트의 소성변형 발생원인과 방지대책에 대하여 설명하시오. [95전, 33점]
9-2 아스팔트콘크리트 포장의 소성변형 원인과 대책을 설명하시오. [00전, 25점]
9-3 아스팔트 포장에서 소성변형의 원인과 대책에 대하여 설명하시오. [04중, 25점]
9-4 Asphalt 포장의 소성변형에 대하여 원인과 대책을 기술하시오. [07중, 25점]
9-5 여름철 아스팔트콘크리트 포장에서 소성변형이 많이 발생한다. 발생원인을 열거하고, 방지대책 및 보수방법에 대하여 설명하시오. [10후, 25점]
9-6 포장용 아스팔트 혼합물에 대한 중교통 도로에서 내유동 대책에 대하여 기술하시오. [97전, 50점]
9-7 아스팔트콘크리트 포장의 소성변형 [02후, 10점]
9-8 아스팔트의 소성변형 [11후, 10점]
9-9 아스팔트 포장에서의 러팅(Ruting) [07후, 10점]

Ⅰ. 개 요

(1) 아스팔트의 소성변형이란 도로에서 차량하중에 의해 횡방향으로 변형을 일으켜 원상회복이 되지 않는 상태의 변형을 말한다.
(2) 소성변형이 심할 경우 강우시 배수불량으로 미끄럼 저항성이 저하되고 자동차의 핸들조작을 곤란하게 하여 안전주행을 위협하게 된다.

Ⅱ. 소성변형 측정방법

(1) 직선자를 이용하는 방법
(2) 실을 당겨서 하는 방법
(3) 횡단 프로필로미터에 의한 방법

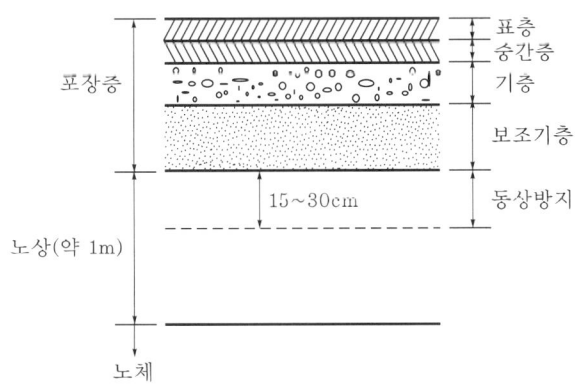

Ⅲ. 소성변형 원인(발생원인)

(1) 아스팔트 침입도 부적합
   아스팔트 침입도가 큰 아스팔트(AP-3)로 혼합한 일반아스팔트 혼합물로 다짐된 포장은 소성변형이 발생하기 쉽다.

(2) 석분재질 불량
   석분은 아스팔트와 일체가 되어 혼합물의 안정성, 인성, 내마모성, 내노화성을 높이는 효과가 있는데 석분재질이 불량하면 소성변형이 크게 발생한다.

(3) 작은 입경(13mm)의 자갈 사용
   교통하중이 많은 지역에 아스팔트 혼합물의 자갈이 입경이 작은 경우 교통하중을 충분히 지지하지 못해 소성변형이 발생된다.

(4) 내유동성 불량
   내유동 대책이 요구되는 포장에서 내유동성이 불량한 혼합물로 시공하면 소성변형이 발생한다.

(5) 아스팔트량 부적정
   아스팔트 혼합물 배합시 소요아스팔트량의 과다사용으로 혼합물의 내유동성을 저하시킨다.

(6) 골재입도 불량
   자갈, 석분 등의 입도분포가 불량하여 Interlocking이 확보되지 않을 때 포장에서 소성변형이 크게 일어난다.

(7) 혼합물 간극비 부적절
   아스팔트 혼합물 배합 후 혼합물 간극비가 부적절하면 소성변형의 원인이 된다.

(8) 다짐 불량
   혼합물 포설시의 온도, 다짐온도 등이 적절치 않을 경우 다짐이 부실하여 혼합물의 강도가 저하되었을 때 발생한다.

(9) 여름철 시공
   여름철에 아스팔트 포장 시공시 외부온도가 높아 아스팔트의 열화현상이 발생하면 혼합물의 강도가 저하되어 소성변형이 발생한다.

(10) 온도관리 불량

아스팔트 혼합, 운반 및 포설다짐시 온도관리가 불량하면 포장체의 밀도가 치밀하지 못해 소성변형이 발생한다.

Ⅳ. 대책(방지대책, 내유동 대책)

(1) 침입도가 작은 아스팔트 사용

아스팔트 침입도가 작은 개질아스팔트(AP-5) 사용

(2) 시방기준에 맞는 석분 사용

① 석분은 석회암분말, 시멘트 또는 화성암류를 분쇄한 것이다.
② 석분의 시방기준
  ㉠ 수분 : 1% 이하
  ㉡ 비중 : 2.6 이상
  ㉢ No. 200체 통과량 : 70~100%
  ㉣ No. 30체 통과량 : 100%

(3) 자갈입경 증가

표층 자갈입경을 13mm에서 19mm로 변경한다.

(4) 개질 Asphalt 사용

① 개질아스팔트는 일정량의 개질제를 첨가하여 포장의 내구성과 내유동성을 증가시킨 아스팔트를 말한다.
② 개질아스팔트를 사용하여 내유동성을 확보함으로써 소성변형을 방지한다.

(5) 아스팔트량 감소

아스팔트 혼합물 배합시 중앙치보다 0.5% 적게 하여 혼합물의 내유동성 저하를 방지한다.

(6) 골재입도 증가

아스팔트 혼합물 배합시 시방기준보다 골재입도를 크게 하면 교통하중과 피로하중의 저항력을 증가시켜 소성변형을 억제한다.

(7) 혼합물 배합시 혼합물 간극비 5% 확보

(8) 마샬안정도 확보

75회 다짐으로 750kg 이상, 안정도/흐름치는 25 이상으로 한다.

(9) 다짐시공 철저

구 분	1차 다짐	2차 다짐	3차 다짐
다짐장비	Macadam Roller	Tire Roller	Tandem Roller
다짐횟수	2회(1왕복)	충분한 다짐도 확보	2회(1왕복)

(10) 혼합물 온도관리 준수

구 분	혼합시	1차 다짐	2차 다짐	3차 다짐
온도관리치	140℃ 이상	110℃ 이상	80℃ 이상	60℃ 이상

Ⅴ. 보수방법

(1) Seal Coat 방법
(2) Patching
(3) 부분재포장
(4) Milling

Ⅵ. 결 론

(1) 아스팔트 포장의 소성변형은 혼합물의 불량, 골재불량, 다짐불량, 중차량통과 교통정체 등의 원인으로 발생되는 것이다.
(2) 아스팔트 포장 시공시 역청재료의 선정에서부터 골재선정, 시공과정, 유지관리까지 체계적인 관리를 수립하여 아스팔트의 소성변형 발생을 방지하여야 한다.

> **10-1** 아스팔트 포장의 보수·보강, 재시공과 관련하여 발생하는 폐아스콘의 재생처리 (Recycling) 공법에 대해 기술하시오. [98중전, 30점]
>
> **10-2** 아스팔트콘크리트 포장에서 표층재생공법(Surface Recycling Method)의 특징 및 시공요점을 설명하시오. [09중, 25점]
>
> **10-3** Surface Recycling(노상표층재생) 공법 [04후, 10점]
>
> **10-4** 재생포장(Repavement) [07전, 10점]
>
> **10-5** 리페이버(Repaver)와 리믹서(Remixer) [95중, 20점]

Ⅰ. 개 요

(1) 기존 아스팔트 포장을 절삭한 후 덧씌우기를 하는 보수작업을 할 때 절삭 후 폐아스콘을 아스콘 생산공장 또는 현장에서 재생하여 덧씌우기에 이용하는 방법을 폐아스콘 재생처리공법이라 한다.

(2) 폐아스콘 재생처리공법은 폐아스콘 처리시 환경오염 및 처리비용 부담과 아스콘 생산시 골재부족에 따른 생산비 증가 등을 해소하기 위하여 개발된 공법이다.

Ⅱ. PSI(공용성지수)

(1) 아스팔트콘크리트 포장파손을 종합적으로 평가하는 방법
(2) PSI에 의해 아스팔트콘크리트 포장의 적절한 보수공법 선정
(3) PSI와 보수공법

PSI(공용성 지수)	보수공법
3~2.1	표면처리
2~1.1	덧씌우기(Overlay)
1~0	재포장(절삭 Overlay)

Ⅲ. 공법분류

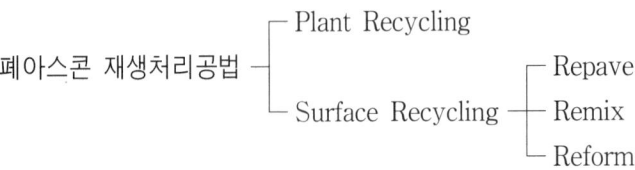

Ⅳ. Plant Recycling(공장 재생처리공법)

(1) 의의
① 기존 포장을 제거한 후 폐자재는 공장(Plant)으로 반출하고 새로운 재료로 포장하는 방법
② 보수현장에서 발생한 폐자재를 재사용하나, 당해 현장에서는 사용하지 않고 새로운 현장에서 재사용함

(2) 폐자재의 처리
① 공장에 반입된 폐자재는 분쇄 및 재처리 과정을 거쳐서 신설 도로공사 현장에 재투입
② 이때 표층재료로는 사용하지 않고 주로 기층에 사용

Ⅴ. Surface Recycling(표층 재생처리공법)

1. 리페이브(Repave, Repavement)

(1) 정의
기존 포장을 가열한 후 긁어 일으켜서 정형한 구아스팔트 혼합물층 위에 얇은 층(2cm 정도)의 신재 아스팔트 혼합물을 포설하고 동시에 다져 마무리하는 공법으로서 리페이브장비를 사용한다.

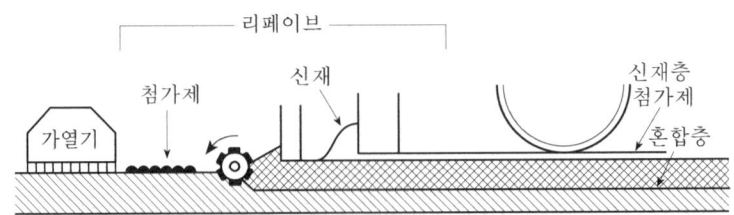

(2) 시공순서

① 가열 : 기존 아스팔트를 가열하여 보온조치하고, 열을 침투시킨다.

② 가열온도 : 표면 가열온도는 200℃ 이하로 하고, 내부온도는 100℃ 이상이 되도록 한다.

③ 긁어 일으킴 : 가열된 기존 노면을 천천히 리페이버로 긁어 일으킨다.

④ 밭갈이(Windrow) : 긁어 일으킨 재료를 밭갈이하여 균등한 재질이 되게 한다.

⑤ 정형 : 기존 재료를 첨가제 등을 혼합하여 고르게 포설한다.

⑥ 신재혼합물 공급 : 긁어 일으켜서 정형한 상부에 신재혼합물을 보충하여 장비에 의해 포설한다.

⑦ 전압 : 신재혼합물을 포설한 후 재생혼합물과 동시에 진동롤러, 타이어롤러 등으로 소정의 다짐도가 얻어지도록 충분히 다진다.

2. 리믹스(Remix)

(1) 정의

기존 포장을 가열한 후 긁어 일으킨 구아스팔트 혼합물에 신재의 혼합물을 가하고 혼합하여 포설, 다짐하는 공법으로서, 리믹서장비를 사용한다.

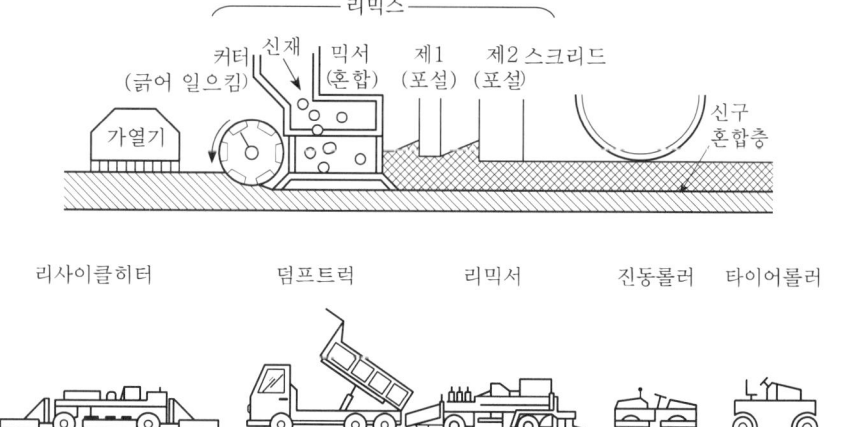

(2) 시공순서

① 가열 : 기존 아스팔트를 가열하여 보온조치하고, 열을 침투시킨다.

② 가열온도 : 표면 가열온도는 200℃ 이하로 하고, 내부온도는 100℃ 이상이 되도록 한다.

③ 긁어 일으킴 : 가열된 기존 노면을 천천히 리페이버로 긁어 일으킨다.
④ 밭갈이(Windrow) : 긁어 일으킨 재료를 밭갈이하여 균등한 재질이 되게 한다.
⑤ 신재혼합물 보충 : 기존 재료에 신재의 혼합물을 보충하여 골고루 균일한 재료가 될 수 있도록 충분히 혼합한다.
⑥ 포설 : 포설장비를 이용하여 혼합된 재료를 균일하게 포설한다.
⑦ 전압 : 신재혼합물을 포설한 후 재생혼합물과 동시에 진동롤러, 타이어롤러 등으로 소정의 다짐도가 얻어지도록 충분히 다진다.

3. 리폼(Reform)

(1) 정의

리셰이프(Reshape)라고 하며 노면에 변형이 심한 경우 신재의 혼합물 사용 없이 재정형하는 공법으로서, 장비는 리포머를 사용한다. 이때 미끄럼방지를 위하여 프리코트(Precoat)한 칩을 살포하는 경우를 리그립(Regrip)이라 한다.

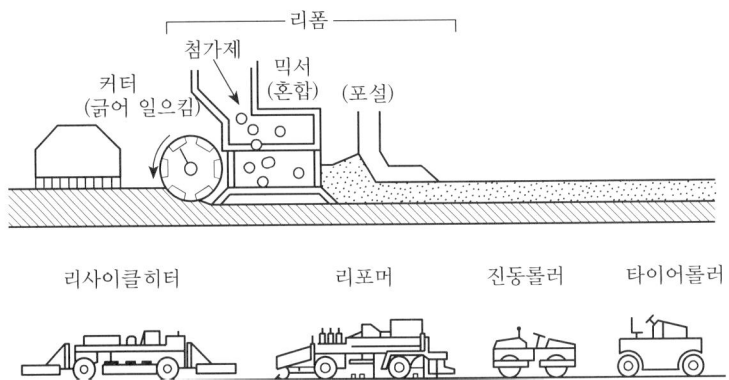

(2) 시공순서
① 가열 : 기존 아스팔트를 가열하여 보온조치하고, 열을 침투시킨다.
② 가열온도 : 표면 가열온도는 200℃ 이하로 하고, 내부온도는 100℃ 이상이 되도록 한다.
③ 긁어 일으킴 : 가열된 기존 노면을 천천히 리페이버로 긁어 일으킨다.
④ 첨가제혼합 : 긁어 일으킨 재료에 첨가제를 혼합하여 균질한 재료가 되게 혼합한다.
⑤ 포설 : 포설장비를 이용하여 혼합된 재료를 균일하게 포설한다.
⑥ 전압 : 신재혼합물을 포설한 후 재생혼합물과 동시에 진동롤러, 타이어롤러 등으로 소정의 다짐도가 얻어지도록 충분히 다진다.

VI. 재생처리시 주의사항

(1) 가열

기존 아스팔트를 가열할 때 아스팔트표면이 심한 열을 받아 혼합물의 기본적인 성질을 잃지 않게 주의하여 포장면을 가열하여야 한다.

(2) 재포설

긁어 일으킨 재료에 재생첨가제를 혼합하여 균질한 재질이 되게 혼합하여야 하며, 재포설시 규정온도 이하가 되지 않게 포설하고 다짐을 한다.

(3) 다짐

재사용하는 혼합물은 신재에 비해 여러 가지 조건에서 품질저하 현상이 발생되므로 다짐에서 소요다짐도가 나올 수 있게 규정에 따라 다짐시공한다.

(4) 신재공급

긁어 일으킨 재료와 신재를 혼합할 때는 구재료와 신재료가 충분히 혼합될 수 있게 하여야 하며 혼합시 혼합물의 온도가 저하되지 않게 유의하여 시공해야 한다.

(5) 양생

다짐이 끝나면 포장체의 온도가 외기와 같아질 때까지 차량통행을 개시해서는 안 된다.

(6) 동절기 시공

동절기에 재생처리공법으로 시공할 때는 재생혼합물의 온도관리에 특히 유의하여 시공해야 한다.

(7) 차량통행

혼합물을 포설하고 다짐한 후 교통은 혼합물이 충분한 강도를 유지할 수 있을 때까지 차단하여 포장체를 보호해야 한다.

(8) 배수

포장체에 우수가 침투되지 않게 소성의 구배를 두어 지표수가 충분히 배수되도록 해야 한다.

Ⅶ. 결 론

(1) 가요성 포장인 아스팔트 포장은 과적하중 및 대형차량 등의 여러 가지 원인에 의하여 쉽게 파손되고 있다.

(2) 전량 수입에 의존하고 있는 우리나라 실정에서 아스팔트 재사용공법의 적용은 국가발전에 크게 이바지하는 공법으로 앞으로 많은 연구와 개발을 통해 시공성, 경제성, 안정성을 갖춘 공법 개발을 할 것이 요구된다.

11-1	콘크리트 포장공사의 포설 전 준비사항에 대하여 설명하시오. [00전, 25점]
11-2	콘크리트 포장을 시공(두께 약 300mm, 면적 약 300m²)할 때 시공계획을 장비조합 중심으로 기술하시오. [99전, 30점]
11-3	포장용 콘크리트에서 각종 비비기 방식에 대한 장·단점을 설명하시오. [95후, 35점]
11-4	포장콘크리트의 배합기준 [11후, 10점]

I. 개 요

(1) 콘크리트 포장이란 콘크리트 슬래브의 휨저항에 의해 대부분의 하중을 지지하는 포장으로 일반적으로 표층 및 보조기층으로 구성되어 있다.

(2) 표층은 시멘트콘크리트층을 말하나 그 위에 가열 아스팔트 혼합물인 아스팔트콘크리트 마모층을 둘 수도 있으며, 보조기층은 상부 보조기층 및 하부 보조기층으로 나누어 구성할 수도 있다.

II. 구조도

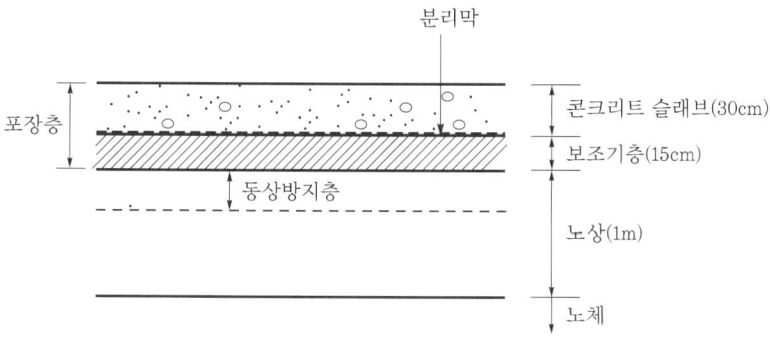

III. 시공계획

(1) 사전조사

① 입지조건

② 도로폭 및 연장

③ 현장과 공장과의 거리

④ 공사기간

(2) 콘크리트 생산계획
   ① 골재 조달계획
   ② 골재 저장시설
   ③ 현장까지의 거리 및 환경규제 여부

(3) Batch Plant 용량 결정
   ① 일생산량
   ② 가동률 산정
   ③ 1일 타설량 등 고려
   ④ 운반방법

(4) 재료저장 계획
   ① 시멘트 저장 Silo 규모
   ② 골재 저장시설
   ③ 기타 재료 저장시설

(5) 운반장비 계획
   ① 덤프트럭 용량 결정
   ② 소요대수 산정
   ③ 정비상태 점검

(6) 포설장비
   ① 1차 포설기 백호
   ② Slipform Paver 규격
   ③ 포장체 품질 비교

(7) 마무리장비
   ① 평탄마무리의 품질정도
   ② Tinning 방법 선정
   ③ 거친면 마무리기계 선정

(8) 양생설비
   ① 초기양생의 양생제 살포기
   ② 삼각지붕 양생시설
   ③ 보온시설
   ④ 습윤 유지설비

(9) 공정계획
① 작업 가능일수 산정
② 1일 작업량
③ 소요 작업일수

(10) 장비사용 계획
① 월사용 장비계획
② 일일사용 장비계획
③ 본사 보유장비 사용계획
④ 임대장비 사용계획

Ⅳ. 포설 전 준비사항

(1) 유도선 설치
① 포장측면에서 2~2.5m 떨어진 곳에 설치한다.

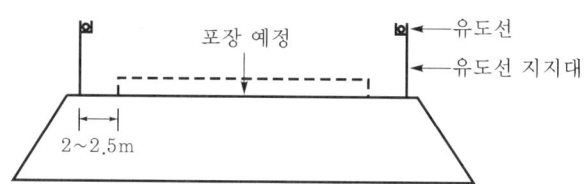

② 유도선 장력은 25kgf/cm² 이상으로 하여 끊어지지 않도록 한다.
③ 유도선 지지대 설치간격 ┬ 직선부 : 5~10m 이하
　　　　　　　　　　　　 ├ 곡선부 : 5m 이하
　　　　　　　　　　　　 └ 램프부 : 2~3m 이하
④ 유도선 보호 Tape를 붙여 유도선 위치를 포장시공팀이 알 수 있도록 한다.
⑤ 유도선 전담측량팀을 별도로 가동하여 측점을 표시하거나 시공중 수정해야 한다.

(2) 분리막 설치
① 분리막은 PE(Polyethylene) Film 0.08mm를 일반적으로 많이 사용한다.
② 분리막은 포장면 선제에 설치하여야 하고, 겹이음으로만 한다.
③ 설치된 분리막은 핀으로 고정하여 포설도중 분실되는 부분이 없도록 주의하여야 한다.

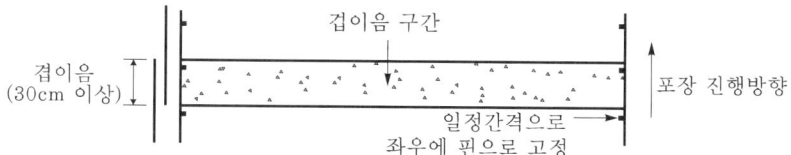

④ 분리막의 기능
  ㉠ 콘크리트 Slab 바닥과 보조기층면과의 마찰저항 감소
  ㉡ 콘크리트의 수분과 Mortar가 보조기층에 흡수되는 것을 방지
  ㉢ 보조기층 표면의 이물질이 콘크리트에 혼입됨을 방지

(3) 다웰바 설치
  ① 다웰바는 콘크리트 포장의 이음부 보강을 위하여 설치하는 줄눈을 말한다.
  ② 다웰바 설치줄눈

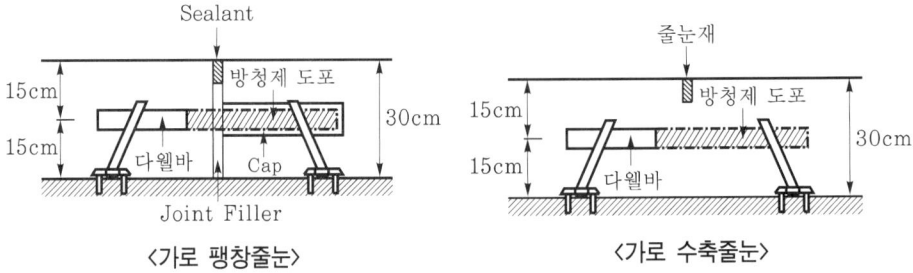

〈가로 팽창줄눈〉   〈가로 수축줄눈〉

V. 비비기 방식의 장·단점

1. 중앙 혼합방식

(1) 정의
  ① 현장 부근의 Batch Plant에서 콘크리트를 혼합하여 포설현장까지 운반하는 방법
  ② Ready Mixed Con'c가 이에 해당

(2) 장점
  ① 재료의 계량이 정확
  ② 혼합작업 관리 용이
  ③ 시간당 능률이 좋음

(3) 단점
  운반거리에 제한

2. 현장 혼합방식

(1) 정의
  ① Batch Plant에서 계량한 재료를 덤프트럭으로 운반, 타설현장에서 믹서로 혼합하는 형식
  ② Paver 방식이 이에 해당

(2) 장점
　① 혼합타설 관리 용이
　② 운반에 의한 Con'c 분리가 없음

(3) 단점
　포설현장에서의 여유폭 필요

3. 트럭믹서 혼합방식

(1) 정의
　적당한 장소에 Batch Plant를 설치하여 1Batch분의 재료를 트럭믹서로 혼합하면서 운반하는 형식

(2) 장점
　① 원거리운반에 적당
　② 재료의 계량이 정확

(3) 단점
　혼합작업 관리 곤란

4. 비비기 방식의 장·단점 비교표

방 식	장 점	단 점
중앙 혼합방식	① 재료의 계량이 정확 ② 혼합작업 관리 용이 ③ 시간당 능률이 좋음	운반거리에 제한
중앙계량 현장혼합방식	① 혼합타설 관리 용이 ② 운반에 의한 Con'c 분리가 없음	포설현장에서의 여유폭 필요
트럭믹서 방식	① 원거리운반에 적당 ② 재료의 계량이 정확	혼합작업 관리 곤란

Ⅵ. 포장콘크리트의 배합 기준

항 목	시험방법	단 위	기 준
설계기준 휨강도(f_{28})	KS F 2408	MPa	4.5 이상
단위수량		kg/m³	150 이하
굵은 골재의 최대치수		mm	40 이하
슬럼프	KS F 2402	mm	40 이하
공기연행콘크리트의 공기량 범위	KS F 2409	%	4~62

주 1) 슬립폼 페이버에 의한 기계타설의 경우
2) 한국도로공사에서 시행하는 고속국도의 경우 제설제 및 동결융해 저항성 확보를 위해 공기연행콘크리트의 공기량 범위를 5~7%로 정하고 있다.

Ⅶ. 결 론

(1) 콘크리트 포장공사는 강성포장으로 시공과정에서 포설 전 준비사항이 미비하게 될 경우 본공사의 품질관리에 크게 악영향을 미치게 된다.
(2) 현장에서 포설작업이 원활하게 진행될 수 있도록 포설면 정리 및 시험포설, 장비점검, 콘크리트 생산설비 등을 점검하여 포설작업에 영향이 없도록 해야 한다.

> **11-5** 혹서기 시멘트콘크리트 포장시공을 할 경우 콘크리트치기 시방기준과 품질관리 검사에 대하여 설명하시오.
> [11후, 25점]

I. 개 요

(1) 혹서기 시멘트콘크리트 포장시공을 할 시기를 일률적으로 적용하기는 곤란하나, 콘크리트 타설시의 기온이 30℃를 초과하거나, 하루 평균기온이 25℃ 이상이 예상될 경우에 적용된다.

(2) 하루 평균기온이 25℃ 이상이 예상될 경우에는 가급적 콘크리트 타설을 하지 말아야 하며, 부득이 타설할 경우에는 시공계획서를 작성하여 감독자의 승인을 받아야 한다.

II. 시멘트콘크리트 포장시공의 배합기준

항 목	시험방법	기 준	단 위
설계기준 휨강도	KS F 2408	4 이상	MPa
단위수량		150 이하	kg/m³
굵은 골재의 최대치수		40 이하	mm
슬럼프값	KS F 2402	2.5 이하	cm
공기량	KS F 4009	3~6	%

III. 콘크리트치기 시방기준

(1) 운반
  ① 덤프 트럭 등을 사용하여 운반할 경우에는 콘크리트 표면을 덮어서 일광의 직사광선이나 바람으로부터 보호하여야 한다.
  ② 펌프로 수송할 경우에는 수송관을 젖은 천으로 덮어야 한다.
  ③ 레미콘을 사용하는 경우에는 애지테이트 트럭을 직사광선에 장시간 대기시키는 일이 없도록 사전에 배차계획까지 충분히 고려하여 시공계획을 세워야 한다.

(2) 타설
  ① 콘크리트 타설 전에는 지반, 거푸집 등 콘크리트로부터 물을 흡수할 우려가 있는 부분을 습윤상태로 유지하여야 한다.

② 거푸집, 철근 등이 직사광선을 받아서 고온이 될 우려가 있는 경우에는 살수, 덮개 등의 적절한 조치를 하여야 한다.
③ 콘크리트 타설은 될 수 있는 대로 빨리 실시해야 하며, 비벼서 타설을 시작할 때까지의 시간은 1시간 이내가 바람직하며, 대책을 강구했을 경우에도 1.5시간을 초과해서는 안 된다.
④ 타설할 때의 콘크리트 온도는 35℃ 이하이어야 한다.
⑤ 콘크리트 타설은 Cold Joint가 생기지 않도록 실시하여야 한다.
⑥ 대량의 콘크리트를 타설할 경우에는 타설 구획이나 순서를 계획하는 것 외에 1회의 타설량을 제한하거나 지연제를 사용하는 등의 조치를 취하여야 한다.

(3) 양생
① 콘크리트 타설후 적어도 24시간 동안은 노출면이 건조되는 일이 없도록 습윤상태로 유지하여야 하며, 양생은 5일 이상 실시하여야 한다.
② 목재 거푸집처럼 거푸집판에 따라 건조가 일어날 염려가 있는 경우에는 습윤상태로 유지해야 하며, 거푸집을 떼어낸 후에도 양생기간 동안은 노출면을 습윤상태로 유지하여야 한다.
③ 콘크리트 타설후 경화전에 갑작스러운 건조에 의해 균열이 발생할 경우에는 재진동이나 탬핑을 실시하여 균열을 제거한다.
④ 막양생을 실시할 경우에는 충분한 양의 막양생제를 적절한 시기에 균일하게 살포하여야 한다.

Ⅳ. 품질관리 검사

항 목	시험/검사방법	시기/횟수	판단 기준
외기온	온도 측정	공사 시작전 및 공사중	일 평균기온이 25℃ 이상일 경우
타설시 온도		공사중	35℃ 이하 및 계획한 온도의 범위내
운반시간	시간 확인	공사 시작전 및 공사중	• 비비기로부터 타설종료까지의 시간은 1.5시간 이내 • 계획한 시간 이내

Ⅴ. 결 론

혹서기 시멘트 콘크리트 포장시공은 급격한 건조로 인한 양생관리가 매우 중요하며, 운반 및 타설시간이 1시간 이내로 계획하여 콘크리트의 품질을 관리하여야 한다.

11-6 연속철근 콘크리트 포장공법에 대하여 기술하시오. [01중, 25점]

I. 개 요

(1) 연속철근 콘크리트 포장(CRCP ; Continuously Reinforced Concrete Pavement)은 세로방향 철근을 사용하여 균열발생을 억제하고 콘크리트강성을 증대시켜 가로방향의 수축줄눈을 모두 생략한 콘크리트 포장이다.
(2) 포장의 불연속성을 방지하고 차량의 주행성 및 노면의 평탄성을 개선시키고, 줄눈이 없는 관계로 유지관리비가 소요되지 않는 등의 이점이 있는 공법이다.

II. 콘크리트 포장의 종류

(1) JCP(Jointed Concrete Pavement)
(2) JRCP(Jointed Reinforced Concrete Pavement)
(3) CRCP(Continously Reinforced Concrete Pavement)

III. 연속철근 콘크리트 포장공법

(1) 중간층 준비
   ① 포설 중간층면에 살수 및 청소
   ② 표층시공 전 약간의 습윤상태 유지

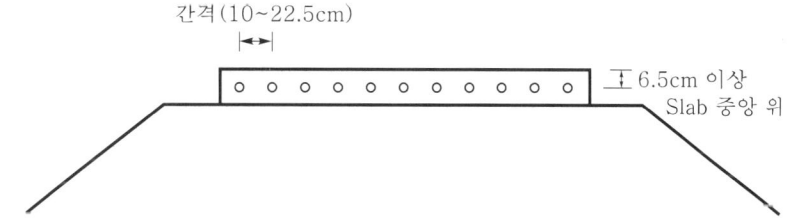

(2) 철근조립
   ① 철근작업은 1일 포설량 이상 선행작업 요구
   ② 철근간격은 설계도서 준수
   ③ 철근받침은 제대로 받쳐줄 수 있는 받침 사용
   ④ 세로 철근이음은 수평이음방식 적용

⑤ 철근이음은 한 곳에 집중되지 않게 지그재그로 시공
⑥ 철근의 배치는 슬래브두께 중앙이나 중앙 바로 위에 배근하며 콘크리트 덮개는 6.5cm 이상 되게 한다.

〈철근이음방법〉

(3) 시공이음부
   ① 시공이음부의 위치는 겹이음이 없는 곳에 시공
   ② 일일 작업종료 전에 미리 위치 결정
   ③ 거푸집 설치 후 종방향 철근보강
   ④ 이음위치에 줄눈절단 후 줄눈재시공

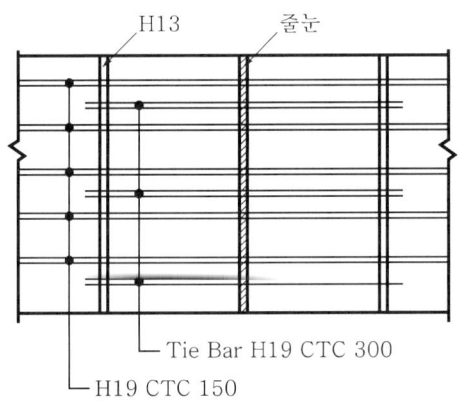

〈시공이음부 철근보강〉

(4) 콘크리트 포설
   ① Slip Form Paver 사용
   ② 전단면 동시포설 또는 2층 분리시공방법
   ③ 콘크리트 포설작업시 철근이 이동되지 않게
   ④ 사전에 시험포장 실시
   ⑤ 하층 시공 후 30분 이내 상층 콘크리트 시공
   ⑥ 다짐시 다짐봉이 철근에 닿지 않게

(5) 양생
    ① 초기양생 : 콘크리트 경화중에 이상 기상작용과 사람, 차 등에 의해 표면손상을 받지 않고 표면의 갑작스런 건조방지와 저온에 노출방지를 위해 실시
    ② 후기양생 : 콘크리트 슬래브의 수화작용이 충분히 이루어져 소요의 강도를 얻고 온도응력이 발생되지 않게 온도변화를 줄이기 위한 양생

(6) 줄눈시공
    ① 설계도서 규정에서 깊이는 $t/3$, 폭 6mm
    ② 절단시기는 타설 후 4~24시간 이내
    ③ 줄눈자르기 작업은 1회 시공보다는 2~3회 반복시공이 바람직
    ④ 절단깊이가 다를 경우 줄눈재가 빠져나오게 되므로 일정깊이 유지
    ⑤ 가로시공줄눈은 맞댐줄눈으로 시공하고 철근연속
    ⑥ 세로줄눈은 횡방향 철근배근시 타이바를 설치하지 않음
    ⑦ 가로팽창줄눈은 포장의 기점, 중점부 또는 구조물 접속부에 설치

Ⅳ. 시공시 유의사항

(1) 철근의 견고한 조립
(2) 철근의 청소상태 점검
(3) 보조기층과 철근과의 간격 유지
(4) 철근이음의 집중방지
(5) 철근이음은 수평이음 방법
(6) 겹이음길이는 직경의 30배 이상 또는 40cm 이상
(7) 철근조립이 끝난 후 검사 실시

수평이음(○)

수직이음(×)

〈철근이음공법〉

Ⅴ. 결 론

(1) 연속철근 콘크리트 포장은 표층슬래브에 철근을 연속배치하여 슬래브의 강도를 크게 하고 가로수축이음은 없게 시공하여 노면의 평탄성을 개선시킨 콘크리트 포장이다.
(2) 무근콘크리트 포장과는 달리 유지관리비가 거의 소요되지 않는 이점을 가지고 있다.

11-7 롤러다짐 콘크리트 포장(Roller Compacted Concrete Pavement ; RCCP)
[09중, 10점]

Ⅰ. 정 의

(1) RCCP 공법은 일반콘크리트 포장과는 달리 슬럼프가 없는 콘크리트를 아스팔트 페이브로 포설하고 진동롤러다짐으로 포장하는 공법이다.
(2) 이 공법은 평탄성이 우수하게 요구되지 않는 자동차 설계속도가 60km/hr 이하인 도로, 인터체인지 등에 주로 사용하는 공법이다.

Ⅱ. 용 도

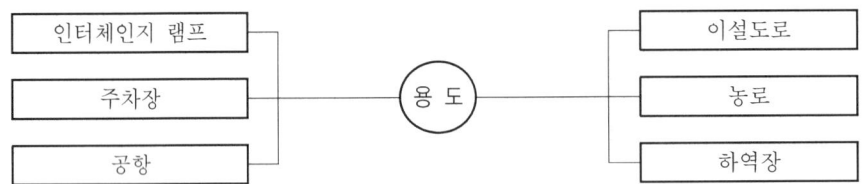

Ⅲ. 특 징

(1) 슬럼프가 0인 콘크리트 사용
(2) 다짐은 진동다짐장비 사용
(3) 콘크리트 강도는 일반콘크리트 포장과 동일
(4) 포설작업은 아스팔트페이브 사용
(5) 단위수량은 최대건조밀도를 갖는 최적함수비 개념을 적용
(6) W/C비 30~35%

Ⅳ. 시 공

(1) 보조기층이 흡습성 재료인 경우 분리막을 깔든지 적당한 습윤상태를 유지한다.
(2) 재료분리를 막을 수 있는 방법으로 비빔 후 치기가 끝날 때까지 1시간 이내로 한다.
(3) 라인센서 등이 부착된 아스팔트 포장 페이브 사용을 표준으로 한다.
(4) 다짐장비는 탠덤, Macadam 및 타이어롤러로 조합하되 초기에는 밀림방지 목적으로 무진동다짐한 다음 진동다짐한다.

(5) 마무리 전압은 노면이 평활하게 유지되도록 하고 철륜롤러를 이용하여 평탄성 마무리를 한다.
(6) 무근콘크리트 포장에서 6m 간격으로 수축줄눈을 설치한다.
(7) 수분의 과도한 증발이 없도록 유의하고 경화를 증진시키며 건조수축으로 인한 유해한 균열이 없도록 양생을 충분히 실시한다.

V. 시공시 유의사항

(1) 콘크리트 사용재료는 일반콘크리트 재료를 기준
(2) 단위수량 결정은 토공에서 최적함수비 개념으로 산출
(3) 전압에서 초기다짐은 무진동다짐으로 하고 그 다음 진동다짐을 실시
(4) 시공면 처리는 일반콘크리트 포장과 동일하게
(5) 포설은 아스팔트 포장 페이브 사용
(6) 줄눈부위에는 다짐관계로 다웰바 또는 타이바 사용은 하지 않음
(7) 양생은 습윤양생 또는 피막양생

11-8 콘크리트 포장공사에서 골재가 콘크리트강도에 미치는 영향을 설명하시오.

[02중, 25점]

Ⅰ. 개 요

골재는 콘크리트의 강도에 가장 큰 영향을 미치는 재료이므로 골재의 강도, 굵은 골재의 최대치수 및 잔골재율에 대한 시험배합을 실시하여 콘크리트의 소요강도를 얻을 수 있도록 해야 한다.

Ⅱ. 골재의 영향

(1) 굵은 골재의 최대치수
   ① 일반콘크리트에서는 25mm, 단면이 큰 경우 40mm 이하를 표준으로 한다.
   ② 포장콘크리트에서는 40mm 이하로 한다.
   ③ Dam 콘크리트에서는 150mm 이하로 한다.

(2) 잔골재율
   ① 산정식
   $$잔골재율\left(\frac{S}{a}\right) = \frac{\text{Sand 용적}}{\text{Gravel 용적} + \text{Sand 용적}} \times 100\%$$
   ② 잔골재율이 높으면 콘크리트강도에 악영향을 준다.

Ⅲ. 골재가 콘크리트강도에 미치는 영향

1. 굵은 골재의 최대치수

(1) 알칼리 골재반응 주의
   ① 시멘트 중의 알칼리 성분과 골재 중의 실리카, 황산염이 화학반응하여 구조체에 균열을 발생시켜 구조체의 수명을 단축시키게 되는 일련의 과정을 알칼리 골재반응 현상이라 한다.
   ② 부순 자갈일 경우는 실리카, 황산염 성분이 많으므로 주의해야 한다.

(2) 재료분리 억제
   ① 콘크리트를 구성하는 각 재료는 중량이 서로 다르므로 이러한 중량차에 의하여 재료분리가 발생하게 된다.

② 단위용적(m^3)당 굵은 골재의 최대치수가 너무 크면 재료분리 현상이 커지게 된다.

(3) 감수효과
① 콘크리트에서 물은 중요한 성분이지만 필요 이상의 물은 콘크리트강도를 저하시킨다.
② 단위용적(m^3)당 굵은 골재의 최대치수가 커지게 되면 단위수량이 감소하게 된다.

(4) 중성화
① 중성화란 공기 중의 탄산가스 및 산성비로 인하여 콘크리트의 수산화칼슘(강알칼리)이 탄산칼슘(약알칼리)으로 변하는 일련의 과정을 말한다.
② 콘크리트의 단위용적(m^3) 중에 굵은 골재의 치수가 커지게 되면 중성화의 진행이 더디게 이루어진다.

(5) 강도증진
① 콘크리트의 궁극적인 목적은 고강도화라 할 수 있다.
② 일반콘크리트에서 고강도화하기 위해서는 단위용적(m^3)당 굵은 골재의 최대치수를 시공이 가능한 범위 내에서 크게 해야 한다.

(6) 내구성 증진
① 콘크리트의 각 재료 중 단위용적(m^3)당 굵은 골재의 최대치수가 커지게 되면 구조체 자체의 내구성이 커지게 된다.
② 시공성을 고려하지 않은 계획은 오히려 재료분리 등의 발생으로 강도가 저하될 수도 있다.

(7) 수밀성
콘크리트 중에 단위용적(m^3)당 굵은 골재의 최대치수를 크게 하면 수밀성이 증대된다.

2. 잔골재율

(1) 시공연도(Workability)
① 콘크리트는 시공성의 확보 없이는 양질의 콘크리트를 얻을 수 없다.
② 단위용적(m^3)당 잔골재율이 커지면 시공연도는 좋아지나 콘크리트강도에 영향을 줄 수도 있다.

(2) 침하균열 발생
① 콘크리트에서 Bleeding 현상 등으로 침하균열이 발생된다.
② 단위용적(m^3)당 잔골재율이 커지게 되면 Slump치가 커져 침하균열이 발생된다.

(3) Bleeding
① 미경화 콘크리트에서 잉여수가 이물질과 같이 표면으로 상승하는 일종의 재료 분리 현상을 Bleeding 현상이라 한다.
② 잔골재율이 커지게 되면 중량차에 의한 Bleeding 현상이 증가된다.

(4) 수화작용 증가
콘크리트가 경화하는 과정에서 수화열이 발생하게 된다.

(5) 소성수축균열
① 노출면적이 넓은 Slab에서 타설 직후에, Bleeding 속도보다 증발속도가 빠를 때 소성수축균열이 발생한다.
② 잔골재율이 커지면 물시멘트비가 증가하므로 소성수축균열의 발생이 증가하게 된다.

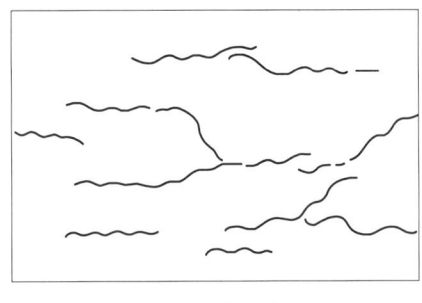

〈소성수축균열〉

(6) 강도
① 잔골재율이 작을수록 강도는 증가한다.
② 콘크리트의 강도는 잔골재율에 역비례하고, 시공연도에 정비례한다.

(7) 다짐성(Compactibility)
① 콘크리트의 다짐정도를 나타낸 미경화콘크리트의 성질 중에 하나이다.
② 잔골재율이 커지면 다짐성이 좋아진다.

Ⅳ. 결 론

콘크리트 포장공사에서 양질의 콘크리트를 얻기 위해서는 구조체의 어느 부분을 채취하여도 시멘트, 잔골재, 굵은 골재 등의 구성재료가 하나의 간극도 없이 밀실하고 단단하게 결합되어 있어야 한다.

11-9	포장공사에서의 분리막의 역할	[00중, 10점]
11-10	분리막	[03후, 10점]
11-11	Concrete 포장의 분리막	[07중, 10점]

I. 정 의

(1) 분리막이란 포장콘크리트 Slab가 온도, 습도 변화에 따른 Slab의 신축작용을 원활하게 할 수 있도록 보조기층과 Slab 바닥면과의 마찰저항을 감소시키기 위하여 설치하는 얇은 막을 말한다.

(2) 분리막의 품질은 폴리에틸렌 필름을 기준으로 두께 0.08mm 이상을 사용하여 현장에서 두께 접촉 후 사용한다.

II. 시공 상세도

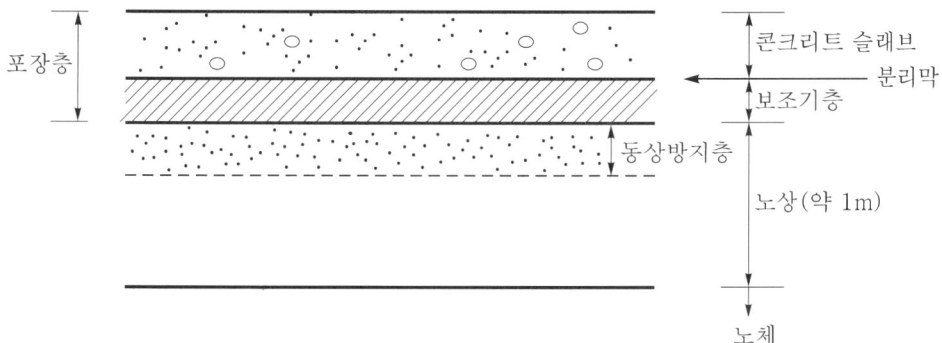

III. 역 할

(1) 마찰저항 감소
(2) 콘크리트 모르타르의 손실방지
(3) 콘크리트 이물질혼입 방지
(4) 콘크리트 수분흡수 방지
(5) 건조수축 및 팽창시 활동면 형성

Ⅳ. 요구조건

(1) 취급이 용이한 것
(2) 콘크리트 타설시 손상되지 않는 것
(3) 가격이 저렴한 것
(4) 비흡수성 재료일 것

Ⅴ. 분리막의 재질

(1) Polyethylene Film(비닐)
(2) Kraft Paper(루핑, 역청 Sheet)
(3) 방수지(Water Proof Paper)

Ⅵ. 분리막 설치

(1) 분리막을 깔기 전 설치면에 뜬돌, 이물질 등 분리막에 손상을 주는 요인을 제거한다.
(2) 분리막은 가능한 한 이음 없이 전폭으로 깔아야 한다.
(3) 부득이 겹이음할 경우 세로방향 10cm 이상, 가로방향 30cm 이상 겹치도록 한다.
(4) 연속철근 콘크리트 포장(CRCP)공법 적용시에는 분리막을 설치하지 않아도 된다.
(5) 비닐 설치시 바람의 영향을 받지 않도록 핀으로 양측에 고정시킨다.
(6) 비닐의 겹이음은 30cm 이상으로 하고 강우시 우수가 스며들지 않도록 겹이음한다.

11-12 투수성 포장과 배수성 포장의 특징 및 시공시 유의사항을 설명하시오.
[08중, 25점]

11-13 투수성 시멘트콘크리트 포장 [03전, 10점]

11-14 투수성 포장 [04전, 10점]

11-15 배수성 포장 [05중, 10점]

Ⅰ. 투수성 포장

(1) 정의
 ① 일반콘크리트와 달리 입경이 작은 굵은 골재만을 사용함으로써, 완성된 콘크리트의 내부에는 물이 통과할 수 있는 구멍이 있게 한 콘크리트를 말한다.
 ② 내부에 많은 작은 구멍이 있어 도로포장 슬래브에서 지표수의 침투를 원활히 하여 노면의 쾌적성을 유지시키기 위해 사용된다.

(2) 시공도
 시멘트콘크리트 포장시 표층을 투수성 포장으로 시공

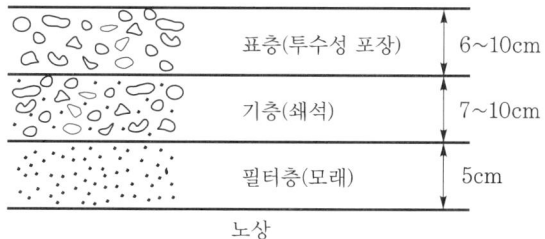

(3) 효과
 ① 지표수 제어
  ㉠ 입경이 굵은 골재만 사용하여 완성된 콘크리트로서 내부에는 물이 통과할 수 있다.
  ㉡ 내부의 많은 간극 사이로 지표수가 침투하여 노면에 빗물이 고이는 것을 방지한다.
 ② 표면수에 의한 미끄럼 방지 : 표면수가 침투하여 수막현상에 의한 미끄럼현상을 방지한다.
 ③ 흡음 및 방음 : 입경이 굵은 골재로 인한 간극의 과다로 흡음 및 방음효과가 우수하다.
 ④ 하수도의 부담경감과 도시 하천의 범람방지

(4) 특징
  ① 잔골재의 불필요
    ㉠ 입도가 10~20mm 이내로 구성되어 있어 잔골재의 사용이 억제되는 효과가 있다.
    ㉡ 입도분포 20mm 이상은 최대 10% 이내가 적합하다.
  ② 환경친화적 구조물
    ㉠ 표면수를 투수하는 콘크리트로서 자연상태의 토사와 같이 지하수의 흐름이 원활하다.
    ㉡ 지하수 저장가능
  ③ 식생 등 지중 생태계의 개선
  ④ 노면 배수시설의 경감 또는 생략 가능
  ⑤ 우천시 난반사로부터 시력보호
  ⑥ 미끄럼 저항의 증대 및 보행성 양호
  ⑦ 기술축적 미비 : 일반적으로 많이 사용되지 않기 때문에 기술개발의 속도가 느리고 기술축적이 미미한 실정이다.
  ⑧ 강도, 내구성의 저하
    ㉠ 일반적으로 투수성 시멘트콘크리트 포장의 1 : 6~1 : 10까지 물시멘트비는 40%에서 제조될 때 압축강도는 5~15MPa의 값으로 저강도이다.
    ㉡ 저강도 콘크리트로서 내구성이 저하하고 부착이 약하기 때문에 부착강도가 약하다.
  ⑨ 공사비 과다
  ⑩ 먼지와 토사 등이 공극을 메워 시간이 갈수록 투수성 저하

(5) 시공시 유의사항
  ① 온도관리
    ㉠ 포설 후의 온도 저하속도가 빠르므로 혼합, 운반, 포설에 있어 보통의 혼합물보다 엄격한 온도관리가 필요하다.
    ㉡ 굵은 골재의 양이 많아 일반아스팔트 혼합물에 비하여 쉽게 식기 때문에 장거리 운반이나 동절기 시공시에는 보온에 유의한다.
    ㉢ 재료분리에 유의한다.
  ② 차도사용 억제
    ㉠ 잔골재가 생략된 혼합물이므로 역학적으로 문제가 있다.
    ㉡ 차도에 사용할 경우 이 점을 고려해야 한다.
  ③ 입도관리 : 공극률이 크고 물과 공기가 쉽게 통하는 혼합물이므로 물의 작용 역시 받기 쉽다.

④ 표층 : 투수성 혼합물은 세립분이 적기 때문에 드라이어에서 골재가 과열하기 쉬우므로 골재의 가열 및 혼합온도에 주의해야 한다.
⑤ 표층다짐
  ㉠ 다짐시에는 포장표면의 구멍막힘이 발생하지 않도록 주의하면서 시공한다.
  ㉡ 각 줄눈부와 구조물 접속부는 충분히 밀착시켜 다짐을 실시한다.
⑥ 입상재료 기층 : 재료분리가 발생하지 않도록 유의하며, 적절한 밀도와 투수기능이 얻어지도록 최적함수비 부근에서 다짐을 실시한다.
⑦ 필터층 : 두께가 동일하게 포설하여 다짐을 실시하며, 노상토와 섞이지 않도록 유의한다.
⑧ 노상
  ㉠ 노상토의 특성을 파악하여 과전압이 되지 않도록 주의하며 강우시의 배수를 충분히 고려한다.
  ㉡ 절토부의 포장은 배수능을 향상시키기 위하여 노상에 맹암거의 설치를 고려한다.

Ⅱ. 배수성 포장

(1) 정의
  ① 배수성 포장은 노면에서 빗물을 신속히 포장체 밖으로 배수하는 것을 목적으로 하는 포장을 말한다.
  ② 배수성 포장용 아스팔트 혼합물을 표층 또는 기층에 이용하여 보조기층 이하로 빗물이 침투되지 않는 구조로서, 중차량의 통행을 허용할 수 있는 조건을 갖추어야 한다.
  ③ 우천시 물튀김, Hydro Planning 방지, 야간의 시인성 향상 및 주행소음 저감 등의 부수적인 효과도 있다.

(2) 배수성 포장의 구성
  ① 갓길로 배수하는 경우

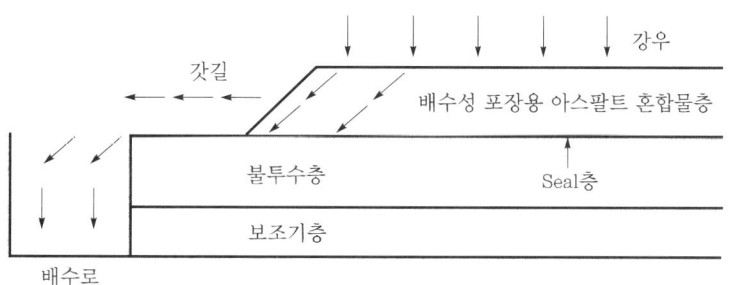

② 측구에 배수하는 경우

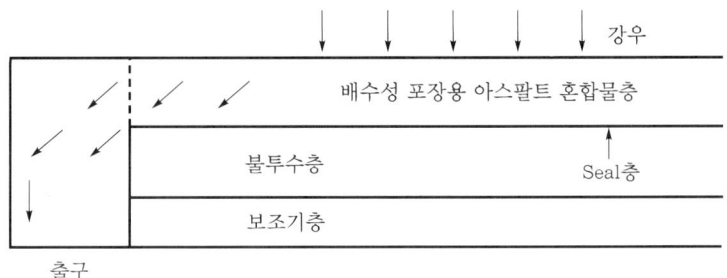

③ 투수성 포장

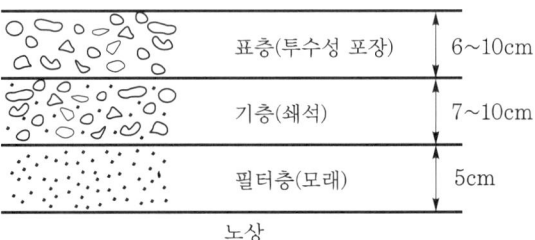

(3) 특성
  ① 우천시 물튀김 방지
  ② 타이어와의 수막현상 방지
  ③ 우천시 약간의 노면반사 완화
  ④ 노면의 시인성 향상
  ⑤ 다양한 색상의 사용으로 미관 우수
  ⑥ 강도 및 내구성 우수
  ⑦ 다짐시 온도관리 난해
  ⑧ 배수기능 저하시의 대책강구 필요

(4) 시공시 유의사항
  ① 결합재
    ㉠ 배수성 포장 혼합물은 공극률이 크기 때문에 특히 내구성에 유의하여야 한다.
    ㉡ 배수성 포장 개질아스팔트의 규격은 다음에 따라야 한다.

항 목	물성치
침입도(25℃) 1/10mm	40 이상
연화점(℃)	80 이상
신도(15℃)	50 이상
박막가열 중량 변화율(%)	0.6 이상
박막가열 침입도 잔유율(%)	65 이상
터프티스(kg·cm)	200 이상
테너시티(kg·cm)	150 이상
60℃ 점도(poise)	200,000 이상

② 골재
   ㉠ 골재의 마모감량, 연석함유량, 골재의 형상 등이 골재선정의 가장 중요한 요소로 평가되고 있다.
   ㉡ 일반적으로 배수성 포장 쇄석골재의 품질은 표건비중 2.45 이상, 흡수율 3% 이하, 마모감량 30 이하를 목표로 한다.
③ 온도관리
   ㉠ 배수성 포장은 고점도의 결합재를 사용하므로 혼합물의 온도가 일반아스팔트에 비해 높아 온도관리에 충분히 주의해야 한다.
   ㉡ 배수성 혼합물의 생산 및 시공온도 조건은 아래에 나타낸 범위로 한다.

구 분		범위(℃)
생산	골재	170~185
	아스팔트	170~180
	혼합시	170~185
시공	포설온도	155~170
	1차 다짐	145~160
	2차 다짐	70~90

④ 방수층 시공 : 배수성 혼합물 표층 바로 아래층은 밀입도 아스팔트층을 두어 어느 정도의 방수성능 확보와 함께 구조적으로 안정성을 확보하도록 하여야 한다.
⑤ 택코팅
   ㉠ 택코트는 방수를 고려함과 아울러 견고한 부착력을 얻을 수 있는 고무성분이 첨가된 유제를 사용한다.
   ㉡ 택코팅의 살포량은 시방규정을 준수한다.
⑥ 시험시공
   ㉠ 배수성 포장은 높은 공극조건을 갖고 있으므로 다짐기계의 선정, 선압시기, 횟수, 편성 등은 시험시공으로 결정하는 것이 좋다.
   ㉡ 과전압으로 인한 배수능력의 저하를 막아야 한다.
⑦ 포설
   ㉠ 혼합물이 현장에 도착하면 즉시 온도를 점검한다.
   ㉡ 포설시 혼합물 온도는 150℃ 이상을 유지하고 1차 140℃ 이상, 2차 110℃ 이상, 마무리 90℃ 이상을 철저히 준수하여야 한다.
⑧ 다짐
   ㉠ 혼합물이 포설되면 다짐이 가능한 온도에서 즉시 다짐작업을 시행하며, 이때 다짐장비는 머캐덤, 타이어, 탠덤 롤러 등을 사용한다.
   ㉡ 1차 다짐은 비교적 가벼운 머캐덤롤러로 줄눈부부터 실시한다.
   ㉢ 2차 다짐은 8~15ton의 탠덤롤러를 사용하여 소정의 다짐을 실시한다.

㉣ 마무리다짐은 6~8ton의 탠덤롤러를 사용하여 자국이 없어지도록 마무리 다짐을 하여야 한다.

Ⅲ. 결 론

(1) 투수성 포장 및 배수성 포장은 일반적인 아스팔트 포장에 비하여 소음감소 효과를 나타내며 물부족 현상을 감소시키는 결과를 나타낸다.

(2) 일반 아스팔트 포장에 비하여 배수성 포장의 경우 우천시 수막현상으로 인한 교통사고의 절감 효과, 공극률이 큰 개립도 혼합물을 사용하여 골재 맞물림현상을 향상시킴으로써 Rutting 저항성의 향상 등을 나타낸다.

11-16 포스트텐션 도로포장 [11중, 10점]

I. 정 의

(1) 포스트텐션 콘크리트 포장(PTCP ; Post Tensioned Concrete Pavement)은 포장체에 발생하는 인장응력을 프리스트레싱기법을 도입하여 감소시키는 도로 포장방법이다.
(2) 도로포장체의 우수한 장기공용을 확보할 수 있는 도로 포장방법으로 근래에 많이 시공되고 있다.

II. 특 징

(1) 콘크리트 포장 두께 감소
   ① 기존 콘크리트 Slab의 두께를 대폭 감소
   ② Slab 포장의 두께를 50% 이하 감소 가능

(2) 줄눈간격 감소
   ① 횡방향 줄눈간격이 100m 내외에서 200m 이상으로도 가능
   ② 종방향 줄눈의 생략 가능
   ③ 줄눈부의 손상저하로 유지관리 우수

(3) 내구성 향상
   ① 포장체의 피로파손 감소
   ② 포장체의 보수 및 보강 공사의 대폭 감소

III. 긴장설계시 유의점(긴장손실)

(1) 하부층 마찰저항에 따른 슬래브 중앙에서의 긴장력 손실
(2) 텐던과 쉬스관 사이의 마찰에 의한 손실
(3) 콘크리트 건조수축에 의한 손실
(4) 콘크리트 크리프에 의한 손실
(5) 강선의 릴렉세이션에 의한 손실

4-112 제4장 도 로

12-1 시멘트콘크리트 포장의 줄눈 종류와 시공방법을 설명하시오. [01전, 25점]
12-2 시멘트콘크리트 포장에서 줄눈의 종류, 기능 및 시공방법에 대하여 설명하시오.
 [11중, 25점]
12-3 콘크리트 포장이음 [96중, 20점]
12-4 콘크리트 포장의 시공조인트(Joint) [07후, 10점]
12-5 줄눈콘크리트 포장 [10전, 10점]
12-6 콘크리트 포장의 수축이음 [95중, 20점]
12-7 타이바(Tie Bar)와 다웰바(Dowel Bar) [03전, 10점]
12-8 다웰바(Dowel Bar) [01후, 10점]

Ⅰ. 개 요

줄눈은 시멘트콘크리트 포장체에 불규칙한 균열발생 방지를 목적으로 설치하는 것이며, 구조적으로 결함이 생기기 쉬운 장소가 되므로 이것이 약점이 되지 않도록 설계 및 시공상 특히 유의하여야 할 부분이다.

Ⅱ. 줄눈(이음)의 종류

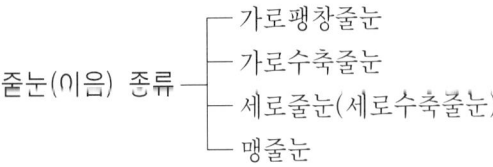

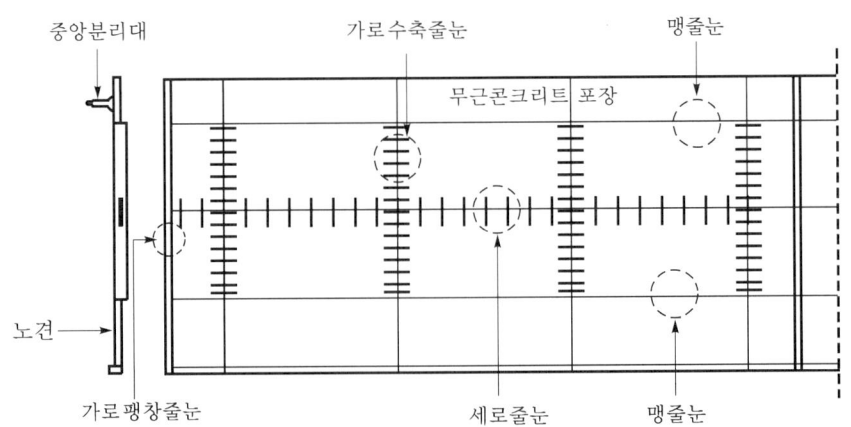

Ⅲ. 시공방법(기능 및 시공방법)

1. 가로팽창줄눈

(1) 기능
① 콘크리트의 수축에 의한 슬래브의 좌굴방지
② 온도상승에 의한 Blow Up 방지

(2) 시공방법
① 설치간격 : 60~480m
② 줄눈폭 : 20mm
③ 보통 시공이음 위치에 설치를 많이 한다.
④ 설치장소는 비용, 시공성 고려

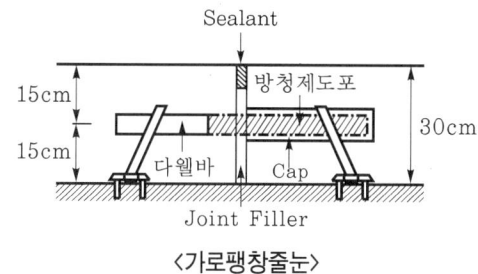

〈가로팽창줄눈〉

2. 가로수축줄눈

(1) 기능
① 콘크리트 슬래브의 건조수축 제어
② 2차 응력에 의한 균열 방지

(2) 시공방법
① 설치간격 : 6m 이하
② 줄눈폭 : 6~10mm

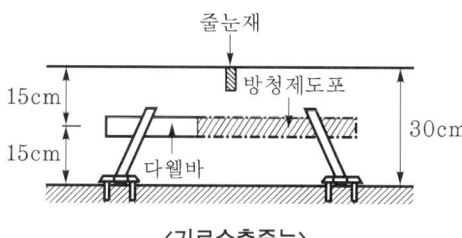

〈가로수축줄눈〉

3. 세로줄눈

(1) 기능

　세로방향의 수축균열 방지

(2) 시공방법

　① 보통 차선을 구분하는 위치에 설치

　② 설치간격 : 4.5m 이하

　③ 줄눈폭 : 6~13mm

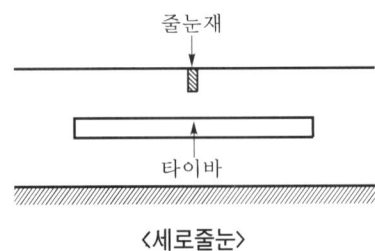

〈세로줄눈〉

4. 맹줄눈

(1) 기능

　세로방향의 수축균열 방지

(2) 시공방법

　① 보통 콘크리트 포장과 중앙분리대 또는 노견에 설치

　② 줄눈깊이 : 70mm 또는 슬래브 두께의 1/4

　③ 줄눈폭 : 6mm

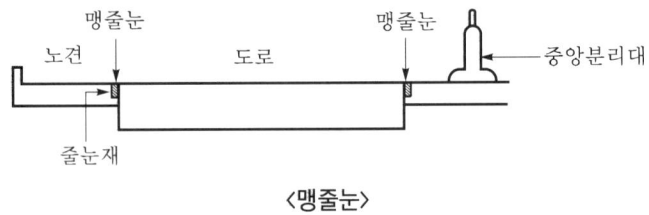

〈맹줄눈〉

Ⅳ. 시멘트콘크리트 포장 줄눈에 이용되는 Bar 종류

구 분	Dowel Bar	Tie Bar
규 격	D32 × 500mm	ϕ16 × 800mm
간 격	300mm	750mm
용 도	가로팽창줄눈, 가로수축줄눈	세로줄눈

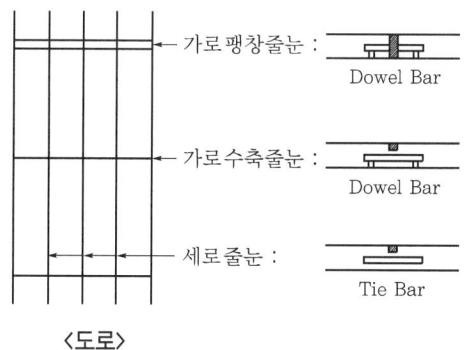

(1) Dowel Bar
   ① 다웰바(Dowel Bar)란 콘크리트 구조물에서 이음(줄눈)을 설치할 때 그 부위에서 발생하는 전단력에 저항하기 위하여 설치하는 이형철근
   ② 다웰바의 설치방향은 차선방향에 평행
   ③ 다웰바 어셈블리는 위치고정용 못으로 고정
   ④ 고정핀은 7.5cm 이상의 콘크리트 못 사용
   ⑤ 다웰바의 설치위치 확인용 포장 끝단에 못 등으로 표시

(2) Tie Bar
   ① 타이바(Tie Bar)란 도로의 세로방향 줄눈부에 설치하여 차량하중 전달과 Slab의 단차 및 세로줄눈 벌어짐을 방지하기 위해 설치되는 원형철근
   ② 콘크리트 Slab의 연단부 보강효과
   ③ 콘크리트 Slab 단차 및 세로줄눈 벌어짐 방지
   ④ 타이바의 내구성 증진을 위해 방청페인트 도포
   ⑤ 일반적으로 80cm의 Tie Bar를 75cm 간격으로 설치

V. 결 론

시멘트콘크리트 포설 전 시방규정에 맞게 줄눈을 설치하고, 포장완료 후 24시간 이내에 수축줄눈 부위 커팅을 실시하고 줄눈재로 충진하여야 한다.

4-116 제4장 도 로

> **13-1** 콘크리트 포장을 기계로 표면마무리한 것과 평탄성 관리기술에 대해 기술하시오.
> [96전, 50점]
> **13-2** 도로 포장층의 평탄성 관리방법을 기술하시오. [02전, 25점]
> **13-3** 교량시공중 평탄성(PRI)관리와 설계기준에 부합하는 시공시 유의사항을 설명하시오.
> [02후, 25점]
> **13-4** PRI(평탄성지수) [00중, 10점]
> **13-5** Pr.I(Profile Index) [04중, 10점]
> **13-6** 도로의 평탄성 측정방법(PRI) [10전, 10점]
> **13-7** 포장의 평탄성 관리기준 [03전, 10점]

Ⅰ. 개 요

(1) 콘크리트 슬래브의 표면은 치밀·견고하여 평탄성이 좋고, 특히 세로방향의 작은 파형이 적게 되도록 마무리하는 것이 중요하다.
(2) 표면의 미끄럼 저항과 광선의 반사 방지효과를 높이도록 마무리해야 한다.

Ⅱ. 표면마무리

1. 평탄마무리

(1) 장비
슬립폼 페이버의 피니싱 스크리드로 행한다.

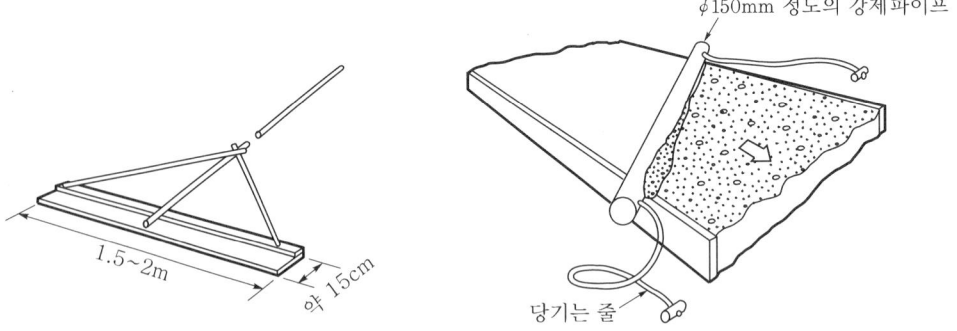

(2) 시공시 유의사항
① 마무리 속도는 콘크리트의 Finishability 장비의 특성을 고려하여 결정

② 표면이 낮은 경우는 콘크리트를 보충
③ 평탄마무리 뒤에 마대에 의한 추가마무리 실시
④ 마무리 작업중에는 콘크리트 표면에 살수금지
⑤ 건조되기 쉬운 경우에는 안개스프레이 시행
⑥ 파형이나 스크리드 단부의 모르타르는 Float 또는 나무흙손 제거
⑦ 마무리 후 평탄성점검 후 재마무리

2. 거친면 마무리

(1) 장비
   Grooving 기계

(2) 마무리 작업방법
   ① Grooving에 의한 방법(가로방향, 세로방향, 가로와 세로방향)
   ② 마대처리에 의한 방법
   ③ 브러시에 의한 방법
   ④ 골재노출에 의한 방법
   ⑤ 치핑에 의한 방법

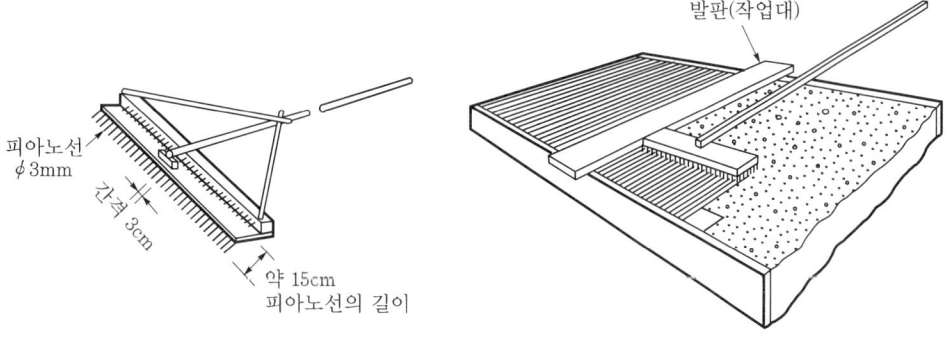

(3) 시공관리
   ① Tining 규격
      ㉠ 빗살깊이 : 3~5mm
      ㉡ 간격 : 2.5~3cm
      ㉢ 빗살폭 : 3mm 정도
   ② 빗살끝은 날카롭게 깎음
   ③ Tining은 표면의 물기가 없어진 후 콘크리트 경화 전 실시
   ④ 장비 양측에 인원을 고정 배치하여 Tining 상태점검 및 위치조정

⑤ Tining 전 빗살이 휘거나 콘크리트가 붙어 있는지 확인하고 교체 또는 수정
⑥ 인력용 Tining기를 사전제작하여 비치

Ⅲ. 평탄성 관리기준

(1) 기준
  ① 세로방향
    ㉠ 본선 : 현장관리 콘크리트 포장 PrI=16cm/km 이하, 아스팔트 PrI=10cm/km
    ㉡ 대형장비 투입 불가, 평면곡선 반경 600m 이하, 종단구배 5% 이상일 경우 24cm/km
  ② 가로방향 : 요철이 5mm 이하

(2) 불량부위 처리
  콘크리트 상태불량, Crack 등 전 불량부위는 제거 후 재시공한 다음 재시험

(3) 기록대장 작성
  평탄성 측정시는 감독입회하에 하며, 기록대장에 관리하여 보존

Ⅳ. 평탄성 관리(관리방법)

1. 7.6 Profile Meter기에 의한 평탄성 관리

(1) 시험기구
  ① 세로방향 : 7.6 Profile Meter 또는 APL기
  ② 가로방향 : 3M 직선자

(2) 기구 선정 및 점검
  ① 7.6 Profile Meter
    ㉠ 시기 : 1개월에 1회 이상
    ㉡ 수평축척 : 일정거리를 주행시켜 축척거리 부정확시 바퀴교환
    ㉢ 수직축척 : 일정두께의 판 위를 주행시켜 부정확시 원인규명 후 교정
  ② 직선자
    ㉠ 시기 : 측정 전 점검
    ㉡ 비용 : 휨 및 굴곡 발생 여부

(3) 측정기준
　① 측정위치
　　㉠ 세로방향 : 각 차선 우측 단부에서 내측으로 80~100cm 부근에서 중심선에 평행하게 측정
　　㉡ 가로방향 : 지정된 위치에서 중심선에 직각방향으로 측정

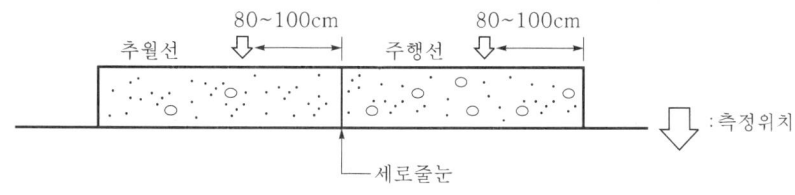

<평탄성 측정위치도>

　② 측정빈도
　　㉠ 세로방향 : 1차선마다 측정단위별 전연장을 1회씩 측정
　　㉡ 가로방향 : 시공이음부 위치기준으로 시공 진행방향 5M마다, 세로방향 평탄성이 불량하여 수정한 부위마다 측정
　③ 측정 전에 해당부위를 청소하여 이물질에 의한 측정오차 방지
　　㉠ 세로방향 : 일정한 속도(보행속도 저하) 유지 및 선형 유지
　　㉡ 가로방향 : 1.5m 간격으로 중복하여 측정
　④ 측정단위
　　㉠ 세로방향 : 1일 시공연장 기준으로 하되 시공이음 전후 중 1개소 포함
　　㉡ 가로방향 : 각 횡단면마다 측정

(4) PrI(Profile Index) 계산
　① 중심선 설정 : 측정단위별 기록지의 파형에 대하여 중간치를 잡아 중심선으로 한다.
　② Blanking Band : 중심선을 중심으로 상하 ±2.5mm 평행선을 그어 이를 Blanking Band라 한다.
　③ PrI 계산
　　㉠ 기록지에 기준선과 Blanking Band가 설정되면 파형선 상하로 빗어난 형적의 수직고를 시점으로 기록(h_1, h_2, ···, h_n)
　　㉡ 측정 단위별 Blanking Band를 벗어난 형적의 수직고 합계($h_1 + h_2 + ··· + h_n$)를 cm 단위로 환산하여 측정거리를 단위로 하여 나눈 값 PrI

$$PrI = \frac{\Sigma(h_1,\ h_2,\ ···,\ h_n)}{총\ 측정거리}(cm/km)$$

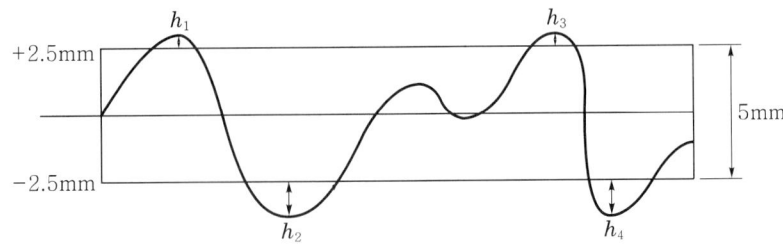

2. APL기에 의한 평탄성 관리

(1) 정의
도로 종단분석기(APL ; Longitudinal Profile Analyzer)는 도로 노면의 요철정도를 측정하는 데이터 기록장치의 자동화로 효율적인 평탄성 측정기이다.

(2) 특징
① 측정속도 : 10~140km/hr
　㉠ 정밀도 : 1mm 미만
　㉡ 측정능력 : 1일 320~480km 연속측정
② 차량통제 불필요 : APL 트레일러를 차량에 견인하여 측정하므로 신속 공정하다.
③ 결과산출 신속 : 견인차량에 내장된 자동 데이터 처리장치로 결과를 즉시 얻을 수 있다.
④ 측정 용이 : 장비가 간단하고 견고하며, 차량을 이용하므로 측정이 용이하다.
⑤ 기상의 영향 : 기상의 영향을 거의 받지 않고, 측정이 가능하다.

Ⅴ. 교면포장시 유의사항

(1) 설계기준 확인
① 교량 Slab와의 부착성
② 반복 휨응력에 대한 저항성
③ 우수 침투방지를 위한 방수성
④ 염화물 침투에 대비한 방수층
⑤ 내유동성

(2) 표면처리 철저
① 교량 상판 위에 이물질 제거
② 교량 상판의 건조상태 유지
③ 콘크리트 레이턴스 제거

(3) 접착층 시공
① 얼룩이 없도록 균일하게 살포
② 연석이나 난간의 오염방지
③ 강우시 살포금지
④ 살포 후 휘발분이 증발할 때까지 충분한 양생
⑤ 적정살포량 준수

(4) 방수층 시공
① 강 Slab의 부식을 방지
② 침투수의 배수 용이

(5) 적정 혼합물 선정
① 교량 Slab의 요철을 고려하여 시공
② 마모 및 변형에 대한 저항성이 우수한 혼합물 선정
③ 콘크리트 Slab와 접착층과의 우수한 접착성을 가질 것

VI. 결 론

(1) 콘크리트 포장에서 도로의 주행성을 향상시키고, 미끄럼을 방지할 목적으로 콘크리트 표면을 마무리한다.
(2) 콘크리트 포장은 아스팔트와 달리 강성포장이기 때문에 콘크리트 경화 후에는 보수작업이 곤란하므로 콘크리트 타설작업시 표면마무리에서 평탄성 및 거친면 마무리에 특별한 관리가 요구되는 사항이다.

13-8 완성노면(露面)의 검사항목 [98중후, 20점]

I. 정 의

도로공사에서 완성노면의 검사는 완성된 포장이 설계서, 시방서를 만족하는지의 여부를 판단하는 것으로 폭, 규격, 균열, 평탄성관리, 밀도, 노면상태 등을 최종검사하는 것을 말한다.

II. 완성노면의 검사목적

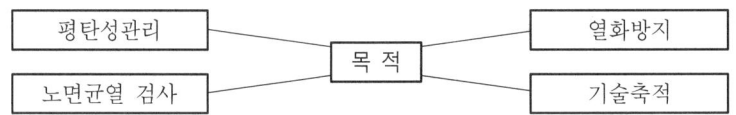

III. 검사항목

(1) 평탄성관리
  ① 종방향
    ㉠ 측정기기 : 7.6m Profile Meter기, APL(Longitudinal Profile Analyzer)을 이용하여 종방향의 요철정도를 파악한다.
    ㉡ 측정위치 : 각 차선 우측단부에서 내측으로 80~100cm인 부근에서 평행하게 측정한다.

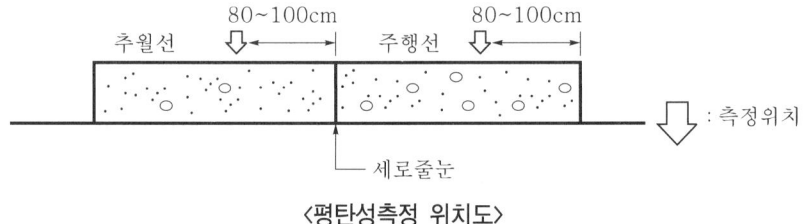

〈평탄성측정 위치도〉

(2) 혼합물검사
  ① Core 채취 : 포설 후 24시간 이내 공사감독이 선정한 매 차선 500m에 1개소 이상에서 Core를 채취한다.

② 검사항목

종 목		규정치
혼합물의 다짐도		96% 이상
포장의 완성두께		±10%
혼합물의 A/S량		±0.55 이내
혼합물의 입도	No. 8체	±12%
	No. 200체	±5%

(3) 규격 검사

① 표층

항 목	규 정
폭	−2.5cm 이내
두께	−0.7cm 이내

② 중간층

항 목	규 정
폭	−2.5cm 이내
두께	−0.9cm 이내

(4) 이음부검사

① 신·구 포장의 이음부위에 Cold Joint 발생의 여부 판단

② 이음부 포장체의 일체성검사

③ 중간층과 표층의 세로이음 위치는 15cm 이상, 가로이음 위치는 1m 이상 간격 유지

(5) 표면검사

① 혼합물의 조골재와 세골재의 재료분리상태 파악

② 다짐장비의 바퀴자국 또는 다짐장비의 장기정체로 인한 표층의 패임부

(6) 균열검사

① 중간층 불량에 의한 균열

② 기층불량에 의한 균열

③ 과다짐에 의한 밀림현상

④ 온도관리 불량에 따른 혼합물의 균열

13-9 프루프 롤링(Proof Rolling) [01전, 10점]
13-10 Proof Rolling [03후, 10점]

Ⅰ. 정 의

Proof Rolling은 노상이나 보조기층, 기층의 다짐이 부족한 곳 또는 불량부분을 발견하기 위하여 덤프트럭 또는 Tire Roller 등을 전 구간에 3회 이상 주행시켜 변형형태, 변형량 등을 검사하는 것을 말한다.

Ⅱ. 특 징

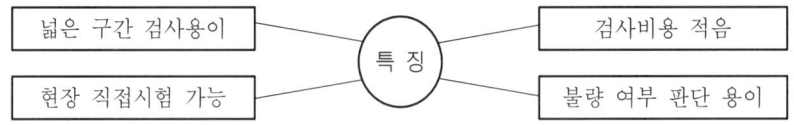

Ⅲ. 사용 장비

(1) 덤프트럭

14ton 이상 트럭으로 적재함에 있어서 토사를 적재하여 사용

(2) 타이어롤러

① 복륜하중 5ton 이상
② 타이어 접지압 5.6kg/cm² 이상

Ⅳ. 목적 분류

(1) 추가다짐(Additional Rolling)

포장을 통해서 노상면에 가해지는 윤하중보다도 큰 윤하중의 덤프트럭, 타이어롤러 등을 노상면에 2~3회 주행시켜서 다짐부족에 의한 침하와 변형이 일어나는 것을 막는데 있다.

(2) 검사다짐(Inspection Rolling)

타이어롤러, 또는 덤프트럭을 주행시켜서 노상면의 변형이 큰 곳과 불균일한 곳을 조사하며, 불량부분에 대해서는 양질재료로 치환 등의 재시공을 하여 변형량이 허용치 이하가 되도록 개선하는데 있다.

V. 검사방법

(1) 처짐량 관찰

노상, 보조기층, 기층의 최종마무리를 실시하기 전에 노상, 보조기층, 기층의 표면에 타이어롤러, 덤프트럭을 적어도 3회 주행시킨 후 처짐량을 관찰한다.

(2) 주행속도

처짐량을 관찰하기 전 3회의 주행속도는 4km/hr 정도가 좋고 관찰하는 경우의 주행속도는 2km/hr 정도가 좋다.

(3) 주행장비 하중

Proof Rolling에 사용하는 Tire Roller 또는 Dump Truck의 단륜(單輪)하중은 2ton 이상으로 한다.

(4) 검사시기

① 노상, 보조기층, 기층 등이 너무 건조되어 있을 때에는 살수차 등으로 살수하여 함수비를 조절한 후 검사한다.
② 특히 비를 맞은 다음의 높은 함수비의 상태에서는 Proofing Rolling을 실시하여서는 안 된다.

VI. 품질관리

(1) 품질규정

부 위	시방 기준
노반(보조기층, 기층)	3mm 이하
노상	5mm 이하

(2) 중점확인 구간
① 절성토 경계부
② 구조물 뒤채움부
③ 맹암거 매설부
④ 지하매설물 매설위치

(3) 검사 후 조치

Proof Rolling에 의한 스펀지현상, 밀림현상 등 현저한 변형이 발생하는 부위는 함수비조정, 입도조정, 치환공법 등으로 조치하여 소정의 지지력을 확보하여야 한다.

13-11	아스팔트 포장 및 콘크리트 포장의 미끄럼방지(Anti-Skid) 시설에 대하여 기술하시오. [03중, 25점]
13-12	그루빙(Grooving) [06전, 10점]
13-13	포장의 그루빙(Grooving) [09중, 10점]

I. 정 의

(1) 콘크리트 포장에서 노면의 미끄럼방지를 목적으로 콘크리트 Slab를 포설한 즉시 표면을 긁어서 미끄럼 저항성을 높이기 위하여 Grooving 기계의 빗살로 콘크리트 표면을 쓸어서 홈을 파주는 것을 말한다.

(2) 시공 시기는 콘크리트 Slab 타설 후 평탄마무리가 끝나고 포장표면에 물기가 없어지면 거친면 마무리를 시작하여 포장면에 생긴 홈을 Tining이라고 한다.

II. Grooving 기계장치

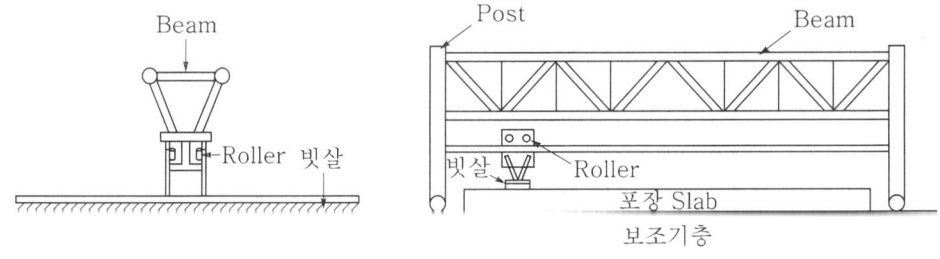

〈Grooving 기계〉

III. Grooving 작업시기

(1) 표면의 물기가 사라지고 콘크리트경화 직전 작업개시
(2) 작업시기가 빠르면 골재가 패임
(3) 작업시기가 늦으면 깊이가 얕음
(4) 홈의 방향은 포장중심선에 직각으로 시공
(5) 작업시 살수엄금

Ⅳ. Tining의 효과

   (1) 미끄럼 저항 증대
   (2) 수맥현상 조기 제거
   (3) 태양반사 감소

Ⅴ. Tining 규격

   (1) 빗살깊이 : 3~5mm
   (2) 간격 : 25~30mm
   (3) 빗살폭 : 3mm
   (4) 빗살 1회 시공폭 : 2.43m

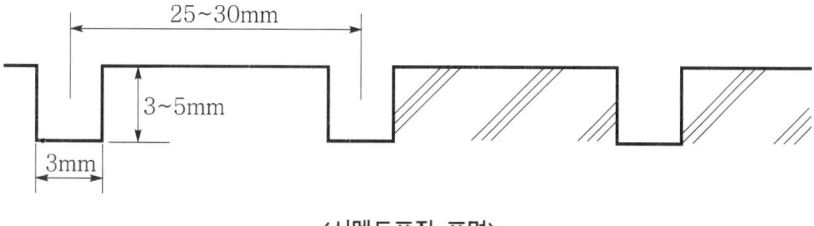

<시멘트포장 표면>

> **14-1** 시멘트콘크리트 포장공사에서 발생하는 손상의 종류를 열거하고, 이들의 발생원인과 보수방안에 대하여 설명하시오. [04중, 25점]
>
> **14-2** 시멘트콘크리트 포장공사시 초기균열의 발생원인을 열거하고, 방지대책에 관하여 기술하시오. [00후, 25점]
>
> **14-3** 시멘트콘크리트 포장공사에서 초기균열 원인과 그 대책에 대하여 기술하시오. [05후, 25점]
>
> **14-4** 연속 철근콘크리트 포장의 공용성에 영향을 미치는 파괴유형과 그 원인 및 보수공법을 설명하시오. [11전, 25점]
>
> **14-5** 콘크리트 포장의 스폴링(Spalling) 현상 [05중, 10점]
>
> **14-6** 콘크리트 포장의 피로균열(Fatique Cracking) [08전, 10점]

Ⅰ. 개 요

(1) 무근콘크리트 포장 파손의 가장 큰 원인은 줄눈에 있으며, 줄눈에서 발생하는 문제점에 대한 방지책은 원인을 충분히 파악한 후에 실시되어야 한다.

(2) 여러 가지 형태로 나타나는 파손을 미연에 방지하기 위해서는 제반조건에 맞는 설계와 시공이 뒤따라야 하며, 하자발생시 적절한 보수시기와 방법의 선택이 중요하다.

Ⅱ. 손상의 종류(파괴유형)

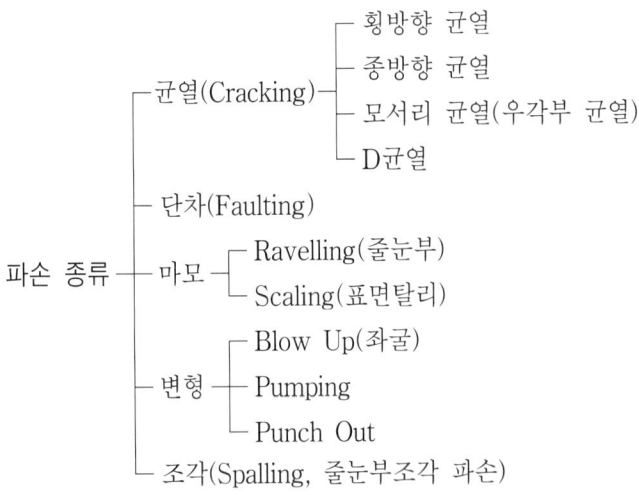

Ⅲ. 발생원인

(1) 줄눈
① 미설치
② 간격 미준수
③ 커팅시기 부적절
④ 줄눈재 충진시 이물질 혼입

(2) 계절변화
① 제설작업시 염화칼슘 과다사용
② 동결융해 반복
③ 철근부식
④ 온도변화
⑤ 습도변화

(3) 교통하중
① 과적차량
② 피로하중

(4) 콘크리트
① 동결융해
② 알칼리 골재반응
③ 건조수축 반복

(5) 분리막
① 미설치
② 찢어짐 또는 겹이음 부족

(6) Pumping 현상 발생

(7) 동상방지층
① 재료선정 불량
② 시공불량

(8) 노상
① 재료선정 불량
② 시공불량

(9) 노상지지력 부족

Ⅳ. 초기균열의 발생원인 및 방지대책

1. 횡방향 균열

(1) 원인
    ① 온도 및 함수량 변화에 의한 Slab 변위
    ② 가로줄눈 간격, 절단시기 및 Cutting 깊이의 부적절
    ③ 하중 전달장치 시공불량
    ④ 뒤채움부 및 절·성토 경계부의 지지력 차이

(2) 대책
    ① 적절한 줄눈 절단시기 선택과 Cutting 깊이 준수
    ② 양질의 재료로 뒤채움하고 층다짐
    ③ 구조물 상부 및 인접부 Slab 보강
    ④ 하중 전달장치를 정확하게 제작설치

2. 종방향 균열

(1) 원인
    ① 세로줄눈 간격, 절단시기 및 Cutting 깊이의 부적절
    ② 노상지지력 부족, 편절·편성부의 부등침하
    ③ Slab 단부가 뒤틀릴 때 차량하중의 피로에 의해 발생

(2) 대책
    ① 세로줄눈 간격을 4.5m 이하로 하고, 절단시기는 콘크리트가 절단으로 인해 골재가 튀지 않을 만큼 굳었을 때 실시하고, 단면의 1/4 이상 고른 깊이로 절단
    ② 편절·편성 구간은 층따기 후 철저한 층다짐을 실시하고, 경계면의 침투수를 지하배수
    ③ 절·성토 경계부에 보강 Slab 설치
    ④ 성토고가 높은 경우 경사 안정처리하여 Sliding 예방

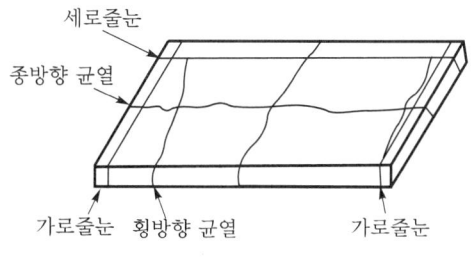

<횡방향 균열과 종방향 균열>

3. 모서리 균열(우각부 균열, Corner Cracks)

(1) 원인

① 노상층의 다짐불량, 노상의 지지력 부족
② 팽창줄눈 우각부에서 생긴 모르타르 기둥을 제거하지 않을 때
③ 콘크리트의 배합불량
④ 우각부 콘크리트의 다짐상태가 좋지 않을 때

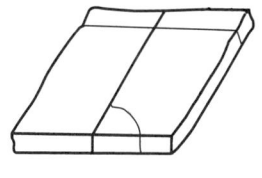

<우각부 균열>

(2) 대책

① 우각부 지반의 다짐철저
② 콘크리트 타설시 거푸집 부근 다짐을 골고루 실시하되 모르타르분이 거푸집 틈으로 유실되지 않게 한다.
③ 시공줄눈 또는 팽창줄눈 시공시 포설장비에 의해 밀려온 모르타르분을 완전히 제거하고 시공한다.

4. D 균열(Durability Cracks)

(1) 원인

① 포장체의 동결융해작용 발생 및 배수불량
② 콘크리트골재 불량 및 알칼리 골재반응 발생
③ 동절기 콘크리트 포장시공시 양생불량

(2) 대책

① 적정량의 단위시멘트량을 사용하고, 단위수량을 적게 한다.
② 발열량과 수축성이 적은 중용열시멘트, 고로시멘트, 실리카시멘트 등 사용
③ 타설마무리 시간 단축
④ 동절기 시공시 타설면 보온양생 실시
⑤ 줄눈 절단시기를 놓치지 않는다.

V. Spalling

(1) 정의

Spalling이란 콘크리트 포장에서 어떤 응력을 발생시키는 작용에 의해 줄눈부에서 포장슬래브가 조각으로 쪼개지면서 파손되는 현상이다.

(2) Spalling에 의한 피해
  ① 평탄성 저하
  ② Blow-Up 발생
  ③ 줄눈재 파손
  ④ 포장슬래브 파손 가속

(3) 발생원인
  ① Dowel Bar 부식
  ② 슬래브와 Dowel Bar의 거동 불일치
  ③ Dowel Bar 이동거리 미확보
  ④ Pumping 현상 발생
  ⑤ 줄눈 부위 비압축성 이물질 침투

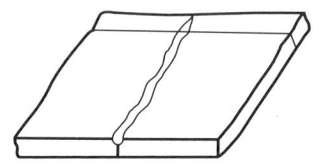

〈Spalling(가로줄눈 부위)〉

(4) 방지대책
  ① 줄눈간격 준수
  ② Stainless Steel Dowel Bar
  ③ Dowel Bar 시공시 변형방지
  ④ Dowel Bar 설치의 자동화
  ⑤ Pumping 방지대책 강구
  ⑥ 줄눈내 비압축성 이물질 침투방지
  ⑦ 배수시설
  ⑧ 노면청소
  ⑨ 줄눈재의 보수

VI. 콘크리트 포장의 피로균열

(1) 정의
  ① 피로균열은 반복하중에 의하여 발생하며, 콘크리트가 피로한도를 초과할 경우 콘크리트 포장체에 균열이 발생하게 된다.

② 콘크리트 포장의 피로균열은 일반적으로 교통하중이 주로 영향을 미치나, 온도에 의한 변형 혹은 지반의 지지력 약화나 다른 형태의 변형을 포함할 수도 있다.

(2) 피로균열을 유발하는 요소

① 포장의 하중이력 : 콘크리트 포장도로의 차량하중의 중량, 통행횟수, 통행대수, 과적 여부에 따라 피로균열을 일으킨다.
② 기온차 : 기온차가 많은 지역이나 계절의 변화가 심한 지역에서는 피로균열에 의한 피로파괴의 발생이 크다.
③ 상세부위의 형태 : 콘크리트 포장의 두께변화가 많은 지역에 중차량의 반복운행으로 피로균열의 유발이 심해진다.
④ 시공상태 및 품질 : 콘크리트 포설시의 콘크리트의 품질이나 다짐상태, 양생방법에 따라서 피로균열의 변화가 심하다.
⑤ 콘크리트의 건조상태
　㉠ 콘크리트의 건조상태가 양호할수록 피로강도가 커진다.
　㉡ 피로강도가 커짐으로 인해 피로균열이 저감된다.
⑥ 하중의 반복횟수
　㉠ 피로균열은 하중의 반복횟수, 응력 변동범위에 의해 피로강도가 결정된다.
　㉡ 피로강도에 따라 피로균열이 발생한다.

Ⅶ. 보수공법

1. 일상적 보수

(1) 줄눈보수

① 줄눈 파손부분과 줄눈재 유실부분의 보수방법이다.
② 보수위치를 치핑한 후 타이바를 설치하고, 콘크리트를 타설한다.
③ 줄눈재가 유실된 부분은 채움재로 충진한다.

2. 노면균열 보수

(1) Spalling, Ravelling 등에 의한 굵은 골재 손실, Pot-Hole, 부분적인 Scalling과 동해에 의한 포장파손에 적용되는 공법이다.
(2) 파손의 규모, 교통량 등에 따라 Resin(수지), 모르타르 또는 에폭시 재료를 사용한다.

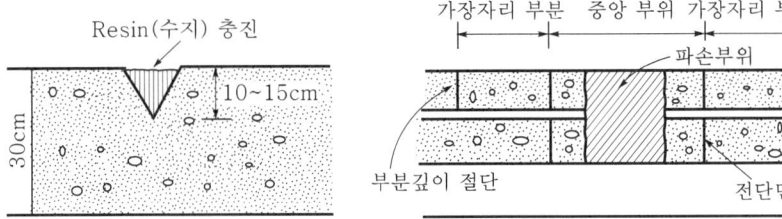

(3) 주입공법
① Pumping 작용에 의한 콘크리트 Slab의 파손방지를 위한 공법
② 포장 Slab에 구멍을 뚫고, 주입재료를 삽입하여 Pumping에 의해 발생된 공동과 공극을 채움으로써 펌핑의 재발을 방지
③ Con'c 포장의 파손을 미연에 방지할 수 있고, 수명을 연장
④ 주입재료는 아스팔트와 시멘트가 있다.

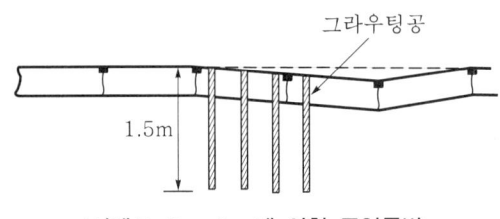

〈시멘트 Grouting에 의한 주입공법〉

3. 정기적 보수

(1) 덧씌우기(Overlay)
① 포장 Slab의 균열이 심하고, 파손의 범위가 넓은 경우 실시하는 공법이다.
② 기존 포장의 표면상태 개선과 설계하중 증가를 목적으로 한다.

(2) 전면 재포장
① 전면 Slab의 파손이 심하고 다른 유지보수 공법으로는 평탄성 유지가 어려울 때 실시한다.
② 유지보수공법 중 가장 고가의 공법이므로 포장의 파손상황, 노상토의 성질, 보조기층의 상태 등을 충분히 검토 후 선정한다.
③ 콘크리트 또는 아스팔트로 재포장한다.

Ⅷ. 결 론

(1) 국내에서의 시멘트콘크리트 포장도로의 수요가 급증하고 있지만 시멘트콘크리트 포장공법에 대한 역사가 일천하여 체계적인 공법의 연구, 설계, 시공 및 유지관리 등에서 아직 미흡한 실정이다.

(2) 이러한 현실에서 축적된 선진기술을 충분히 흡수하고 현재 시공중이거나 유지관리 중인 포장에 발생하는 손상에 대해 유형별 원인을 파악하고 적절한 보수시기와 방법을 택하고 추후 설계 및 시공시에 고려하는 것이 급선무라고 사료된다.

> **15-1** 교면포장이 갖추어야 할 요건 및 각 층 구성에 대하여 기술하시오. [04전, 25점]
> **15-2** 교면포장의 구성요소와 그에 대하여 기술하시오. [05후, 25점]
> **15-3** 강상판교의 교면포장공법 [00전, 10점]
> **15-4** 교면포장 [02전, 10점]
> **15-5** 라텍스콘크리트(Latex Modified Concrete) 포장 [01중, 10점]
> **15-6** 최신의 교량교면 포장공법 중 LMC(Latex Medified Concrete)에 대하여 기술하시오. [04후, 25점]

I. 개 요

(1) 교면포장이란 교통하중에 의한 충격, 빗물, 기타 기상조건 등으로부터 교량의 슬래브를 보호하고 통행차량의 쾌적한 주행성 확보를 목적으로 교량슬래브 위에 시공하는 포장이다.
(2) 교면포장은 강성이 큰 교량상판 위에 놓이는 혼합물로서 유동에 약하기 때문에 특히 내유동성이 뛰어난 것이어야 한다.

II. 갖추어야 할 요건

(1) 교량슬래브와 부착성
(2) 반복 휨응력에 대한 저항성
(3) 우수 침투방지를 위한 방수성
(4) 염화물 침투에 대비한 방수층
(5) 내유동성

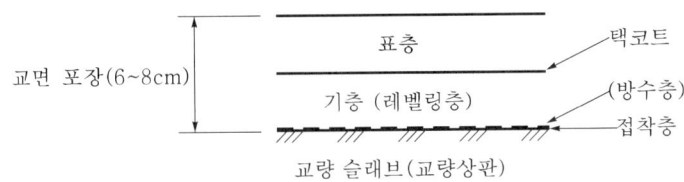

Ⅲ. 교면포장 구성요소

(1) 표면처리
  ① 교량상판 위에 쓰레기, 진흙, 기름 등의 유해한 이물질을 제거한 후 건조한 상태가 되어야 한다.
  ② 콘크리트슬래브에 대해서는 표면의 레이턴스를 와이어 브러시 및 연소기 등으로 충분히 제거한다.

(2) 접착층
  ① 교량슬래브와 방수층 또는 포장과의 부착을 향상시켜 일체화되도록 하는 층으로 고무아스팔트 접착제, 고무계 접착제, 고무혼입 아스팔트유제 등을 사용한다.
  ② 사용량
    ㉠ 콘크리트 슬래브 : $0.4 \sim 0.5 l/m^2$
    ㉡ 강슬래브 : $0.3 \sim 0.4 l/m^2$
  ③ 시공시 유의점
    ㉠ 얼룩이 없도록 균일하게 살포
    ㉡ 연석, 난간 등을 더럽히지 않도록 살포
    ㉢ 적정의 살포량을 준수
    ㉣ 강우시 작업금지
    ㉤ 살포 후 휘발분이 증발할 때까지 충분한 양생

(3) 방수층
  ① 강슬래브의 부식을 방지할 목적으로 설치하는 층이다.
  ② 콘크리트 슬래브상의 방수층 위에는 우수 등의 침투수의 배수가 용이해야 한다.
  ③ 방수층에는 시트계, 도막계 및 포장 등으로 형성된다.

(4) 교면포장에 사용되는 혼합물의 종류
  ① 가열아스팔트 포장 : 일반적인 아스팔트 혼합물로 요철을 고려하여 6~8cm 정도 시공한다.
  ② 구스아스팔트
    ㉠ 스트레이트 아스팔트에 개질재로서 열가소성수지를 혼합한 아스팔트로서 유동성과 안정성이 얻어지도록 고온(200~260℃)으로 교반혼합한 혼합물이다. 국내 최초로 영종도대교에 사용된 바 있다.
    ㉡ 불투수성으로 방수성이 크고, 휨에 대한 저항성 및 마모에 대한 저항력이 크며 저온시에도 균열발생이 적으며 포장작업시에는 롤러의 다짐작업이 필요 없으나, 고가이며 시공시 품질관리에 세심한 유의가 요망된다.

③ 고무혼입 아스팔트 포장
   ㉠ 스트레이트 아스팔트에 개질재로서 고무를 혼입하여 신도를 증가시키고, 유동 및 마모에 대한 저항성을 높인 개질아스팔트를 혼합물로 사용한다.
   ㉡ 슬래브와 고무와의 부착성과 마모 및 변형에 대한 저항성을 크게 한 포장이다.

(5) 에폭시수지 포장
   ① 에폭시수지를 이용하여 슬래브 위에 0.3~1.0cm 두께로 시공한다.
   ② 강슬래브는 특히 기름이나 녹을 중성세제 또는 와이어브러시로 깨끗이 제거한다.
   ③ 콘크리트 슬래브에서 레이턴스와 염화비닐 양생피막 등을 제거하고 시공한다.

Ⅳ. 라텍스콘크리트(LMC ; Latex Modified Concrete)

(1) 정의
   ① 라텍스포장(LMC)이란 아스팔트 혼합물의 성질을 개선시킬 목적으로 아스팔트에 천연고무를 혼입한 개질아스팔트 콘크리트를 사용하는 포장을 말한다.
   ② 주로 사용되는 고무로는 천연고무, 스티렌브라젠 고무(SBR), 재생고무 등이 있다.
   ③ 콘크리트 교면포장의 취약점인 반복하중에 의해 발생하는 미세균열에 대한 충진효과로 균열확산을 억제하고 방수성이 우수하여 제설지역 교면포장에 많이 이용된다.

(2) 특성
   ① 방수성 우수
   ② 유동성 및 점착력 우수
   ③ 미세균열부위 충진효과
   ④ 혼합물의 휨강도 및 내구성 향상

(3) 제조방법
   ① Latex 제조 : Water 50%+Polymer(고형물) 5% → Latex
   ② 라텍스콘크리트(LMC) : Latex+Concrete → LMC

(4) Latex 콘크리트 포장과 타공법 비교

구 분	Latex 콘크리트 포장	Asphalt 콘크리트 포장	시멘트콘크리트 포장
설치형식	LMC / 상판 Slab (5cm)	Asphalt Con'c / 방수층 / 상판 Slab (5cm)	방수층 / 시멘트 Con'c / 상판 Slab (5cm)
초기투자비	크다.	보통	적다.
방수효과	양호	보통	불량
시공성	다소 복잡	양호	양호
유지관리	양호	보통	불량
상판영향 여부	내구성 증진, 열화방지	방수층 손상시 상판 열화 발생	마모층 균열 발생시 수분 및 염화물 침투

V. 결 론

(1) 교면포장은 교량슬래브와의 부착성과 우수침입을 방지할 수 있는 방수성을 겸비하고, 내유동성이 있는 재료를 선정하여야 한다.

(2) 특히 반복하중에 의한 균열 발생을 억제하기 위한 조치가 마련되어야 방수성능의 확보와 내구성을 기대할 수 있으므로 이에 대한 대책을 마련한 후 시공에 임하여야 한다.

인생과 지옥

▼ 다 흙으로 말미암았으므로 다 흙으로 돌아가나니 다 한곳으로 가거니와 인생의 혼은 위로 올라가고 (전도서 3 : 20~21)

▼ 내일 일을 너희가 알지 못하는도다. 너희 생명이 무엇이뇨 너희는 잠깐 보이다가 없어지는 안개니라. (야고보서 4 : 14)

▼ 한 번 죽은 것은 사람에게 정하신 것이요. 그 후에는 심판이 있으리니 (히브리서 9 : 27)

▼ 몸은 죽여도 영혼은 능히 죽이지 못하는 자들을 두려워하지 말고 오직 몸과 영혼을 능히 지옥에 멸시하는 자를 두려워하라. (마태복음 10 : 28)

▼ 거기는 구더기도 죽지 않고 불도 꺼지지 아니하느니라. (마가복음 9 : 48)

▼ 하나님의 독생자의 이름을 믿지 아니하므로 벌써 심판을 받은 것이다. (요한복음 3 : 18)

제 5 장 교 량

상세 목차

제5장 교량

1	콘크리트 교량의 가설공법		페이지
	1-1. 콘크리트 교량 가설공법의 종류 및 특징	[07후, 25점]	
	1-2. 콘크리트 교량의 상판 가설공법 중 현장타설 콘크리트에 의한 공법의 종류	[10후, 25점]	
	1-3. 장대교량 가설공법의 종류별 특징 비교 기술	[97중후, 33점]	
	1-4. Prestressed Concrete Box Girder 교량의 상부공 건설공법	[98중전, 50점]	5-7
	1-5. PSC Box 거더 교량 시공시 가설공법의 종류와 특징	[03전, 25점]	
	1-6. 프리스트레스트 콘크리트 박스거더로 교량의 상부공을 가설시 가설공법의 종류, 시공방법 및 특징	[09후, 25점]	
	1-7. 최신 교량 가설공법 중 두 종류를 선정하여 비교 설명	[96후, 25점]	
	1-8. PSC 장지간 교량의 캠버 확보방안과 처짐의 장기거동	[10중, 25점]	5-11
2	3경간 연속보의 콘크리트 타설		페이지
	2-1. 3경간 연속 철근콘크리트교에서 콘크리트 타설시 시공계획 수립 및 유의사항	[01후, 25점]	5-13
	2-2. 3경간 연속교의 상부 콘크리트 타설순서 및 시공시 유의사항	[06후, 25점]	
	2-3. 철근콘크리트교 상부 구조물의 레미콘 타설시 현장 확인사항	[05전, 25점]	
	2-4. 교량 신축이음장치의 파손원인과 보수방법	[07후, 25점]	
	2-5. 교량의 신축이음부 파손이유와 파손을 최소화하기 위한 방법	[98중후, 30점]	5-17
	2-6. 신축장치(Expansion Joint)	[00중, 10점]	
	2-7. 교량구조물 상부 슬래브 시공을 위하여 동바리받침으로 설계시 시공 전 조치사항	[07후, 25점]	5-24
	2-8. 교량가설시 시스템동바리의 설계 및 시공상의 문제점과 대책	[08전, 25점]	
	2-9. 공중작업비계(Cat Walk)	[04전, 10점]	5-28
	2-10. 단순교, 연속교, 게르버교의 특징 비교	[97중전, 20점]	5-30
	2-11. I 300×150($Z=081cm^3$)이 간격 1.6m, 3m 길이, 단순지지, 받을 수 있는 등분포하중	[94전, 40점]	5-33
3	ILM(압출공법)		페이지
	3-1. 연속압출공법(ILM)과 시공순서 및 시공상 유의사항	[07전, 25점]	5-34
	3-2. 장대교량 상부공을 한 방향 연속압출공법(ILM)으로 시공시 유의사항	[11전, 25점]	
	3-3. IPC 거더 교량 가설공법	[08후, 10점]	5-38
4	MSS(이동지보 공법)		페이지
	4-1. 교량가설 공사에서 가설이동식 동바리의 적용과 특징	[02중, 25점]	5-40

5	FCM(외팔보 공법)		페이지
	5-1. 교량가설에 있어 캔틸레버(Cantilever) 공법으로 사용하는 교량의 구조형식 및 공법	[98후, 30점]	5-43
	5-2. 교량의 상부가 FCM 공법에서 1개의 표준 Segment 가설에 소요되는 공종	[99후, 30점]	
	5-3. 프리스트레스 콘크리트 박스거더 캔틸레버 교량에서 콘크리트 타설시 유의사항과 처짐관리	[05중, 25점]	
	5-4. 교량의 캔틸레버 가설공법(FCM)	[04전, 25점]	
	5-5. 교량 가설공법에서 FCM(Free Cantilever Method)	[94후, 10점]	
	5-6. F.C.M 공법(Free Cantillever Method)	[07중, 10점]	
	5-7. FCM(Free Cantilever Method)	[09중, 10점]	
6	Precast Box Girder 공법		페이지
	6-1. 프리캐스트(Precast) 콘크리트를 이용한 프리스트레스트 박스거더의 건설공법 및 특징	[97전, 50점]	5-51
	6-2. 캔틸레버 공법에 의한 교량시공시 세그먼트의 제작과 제작장 계획	[98전, 30점]	
	6-3. 교량의 프리캐스트 세그먼트 가설공법의 종류와 시공시 유의사항	[03중, 25점]	
	6-4. 교량 가설공법 중 프리캐스트 캔틸레버 공법의 특징과 가설방법	[02후, 25점]	
	6-5. FSLM(Full Span Launching Method)	[08전, 10점]	5-57
7	Precast Girder 공법		페이지
	7-1. 3경간 PSC 합성거더교를 연속화 시공시 슬래브의 바닥판과 가로보의 타설방법 도해 및 그 사유	[04후, 25점]	5-59
	7-2. 합성형교에서 Shear Connector의 역할과 합성거동을 확보하기 위한 바닥판의 시공시 유의사항	[05후, 25점]	
	7-3. 2경간 연속 합성교의 슬래브 콘크리트의 시공순서	[98전, 20점]	5-63
	7-4. 강합성 거더교의 철근콘크리트 바닥판 타설계획시의 유의사항과 타설순서	[10전, 25점]	
	7-5. 콘크리트 소교량의 상부공 가설공법 중 Preflex 공법과 Precom(Prestressed Composite) 공법의 비교	[09중, 25점]	5-67
	7-6. 소수 주형(Girder)교	[09전, 10점]	5-72
8	사장교		페이지
	8-1. 산악지역에 건설되는 장대교량 공사에서 높이 60m의 중공철근 콘크리트 교각의 건설공법	[98전, 40점]	5-74
	8-2. 콘크리트 고교각 시공법의 종류와 특징 및 시공시 고려사항	[08중, 25점]	
	8-3. 고교각 및 사장교 주탑시공시 거푸집공법 선정이 공기 및 품질관리에 미치는 영향	[06후, 25점]	
	8-4. 간만의 차가 큰 서해안 연육교 공사에서 철근콘크리트 구조의 해중교각 시공시 구조물에 영향을 주는 요인과 시공시 유의사항	[05전, 25점]	
	8-5. 수중교각공사 시공관리시 관리할 항목별 내용과 관리시 유의사항	[11전, 25점]	
	8-6. 교각의 Silp Form	[11후, 10점]	
	8-7. 사장교와 현수교의 시공시 중요한 관리사항	[10중, 25점]	5-81
	8-8. 사장교와 현수교의 특징 비교	[11중, 25점]	
	8-9. 자정식 현수교	[07중, 10점]	5-85
	8-10. 엑스트라도즈교의 구조적 특성과 시공상 유의사항	[06중, 25점]	5-87
	8-11. Cable 교량 중 Extradosed교의 시공과 주형가설	[09전, 25점]	
	8-12. 하이브리드(Hybrid) 중로 아치교	[09후, 10점]	5-92
	8-13. 풍동시험	[10후, 10점]	5-94

9	강교 가설공법		페이지
	9-1. 강교 가설공법의 종류와 특징 및 주의사항	[08전, 25점]	5-95
	9-2. 닐슨 아치 교량의 가설공법	[07중, 25점]	
	9-3. 강교 가설공법에서 캔틸레버식 공법과 케이블식 공법	[95후, 35점]	
	9-4. 강교 가설법 중 연속압축공법, 리프트업 바지(Lift Up Barge), 폰툰 크레인 가설공법	[96중, 50점]	
	9-5. 강교 형식에서 플레이트 거더교와 박스 거더교의 가설공사시 검토사항	[11후, 25점]	
	9-6. 평지하천을 횡단하는 교장 500m(경간 50m, 10경간)의 연속강박스 교량 건설	[00전, 25점]	5-105
	9-7. 일체식 교대교량(Intergral Abutment Bridge)	[10전, 10점]	5-108
10	강교의 가조립 공사		페이지
	10-1. 강교의 가조립	[98중후, 30점]	5-110
	10-2. 강교 가조립 공법의 분류, 특징, 시공 유의사항	[98전, 50점]	
	10-3. 강교의 가조립 목적과 가조립 방식	[10전, 25점]	
	10-4. 강교량 가조립 공사의 목적과 순서 및 가조립시 유의사항	[06중, 25점]	
11	강교의 시공순서		페이지
	11-1. 4차선 도로의 5경간 연속 강박스 거더교의 건설을 위한 제작, 운반, 가설, 바닥 콘크리트 타설	[97전, 30점]	5-116
	11-2. 경간장 120m의 3연속 연도교의 Steel Box Girder 제작, 설치시의 작업과정	[00중, 25점]	
	11-3. 강판형교의 확폭 개량공법	[00전, 25점]	5-122
12	강구조의 연결방법		페이지
	12-1. 강구조의 부재 연결공법	[00전, 25점]	5-125
	12-2. 강(剛)부재의 연결방법의 종류 및 그 특징	[00후, 25점]	
	12-3. 강교 현장이음의 종류 및 시공시 유의사항	[09전, 25점]	
	12-4. 강교 시공시 강재의 이음방법과 강재부식 대책	[07후, 25점]	
	12-5. 강구조물의 연결방법의 종류와 강재부식의 문제점 및 대책	[10후, 25점]	
	12-6. 강구조물의 부재 연결방법 중 기계적 연결방법	[99중, 30점]	
	12-7. 강교설치시 고장력볼트 이음의 종류 및 시공시 유의사항	[03중, 25점]	
	12-8. 강구조의 압축부재와 휨부재 연결방법	[97전, 20점]	5-132
	12-9. 항만시설물 공사의 강구조물 시공시 도복장 공법의 종류, 적용범위와 공법선정시 검토사항	[04중, 25점]	5-134
	12-10. 강구조물에서 강재의 강도에 비하여 낮은 응력하에서도 부분 파괴가 발생하는 원인	[97중전, 50점]	5-137
	12-11. 강재의 피로파괴 특성과 용접이음부 피로강도의 저하요인	[07중, 25점]	
	12-12. 강재의 저온균열, 고온균열	[06전, 10점]	5-140
	12-13. 무도장 내후성 강재	[05중, 10점]	5-142
	12-14. TMC(Thermo-Mechanical Control)강	[10전, 10점]	5-143
13	강재 용접 결함		페이지
	13-1. 강재용접의 결함 종류 및 대책	[09후, 25점]	5-145
	13-2. 강재의 용접결함	[07후, 10점]	
	13-3. 용접의 결함원인과 용접자세	[96중, 20점]	

14	강재 용접 부위의 검사방법		페이지
	14-1. 강구조물의 용접과 균열을 검사하고 평가하는 방법	[97전, 50점]	
	14-2. 강교량 가설현장에서 용접부위별 검사방법과 검사범위	[04후, 25점]	
	14-3. 구조용 강재 용접부의 비파괴시험방법(N.D.T)	[04전, 25점]	5-150
	14-4. 강재 용접부의 비파괴시험방법	[00전, 10점]	
	14-5. 용접부위에 대한 비파괴검사	[95중, 20점]	
	14-6. 현장용접부 비파괴검사방법	[07중, 10점]	
15	교량의 받침		페이지
	15-1. 교량받침 형태의 종류와 각각의 특징	[99중, 30점]	
	15-2. 교량가설(架設)공사에서 교량받침의 종류와 각 종류별 손상원인 및 방지대책	[00후, 25점]	
	15-3. 교량받침의 파손원인과 방지대책	[05중, 25점]	5-155
	15-4. 교좌의 가동받침과 고정받침	[02후, 10점]	
	15-5. 연속곡선교의 교좌장치 배치 및 설치방법	[97전, 20점]	
	15-6. 포트받침(Pot Bearing)과 탄성고무받침의 특성 비교	[98전, 20점]	
	15-7. 하천의 교량 경간장	[10중, 10점]	
16	교량의 교면 방수		페이지
	16-1. 교량교면 방수공법과 시공시 유의사항	[07중, 25점]	
	16-2. 교량의 교면방수	[03후, 25점]	
	16-3. 교량의 교면방수	[09전, 10점]	5-164
	16-4. 교량의 교면방수공법 중 도막방수와 침투성 방수공법	[05중, 25점]	
	16-5. 도막방수	[04전, 10점]	
17	교량의 붕괴원인과 대책		페이지
	17-1. 성수대교 사고원인에 대한 견해	[95전, 33점]	5-168
	17-2. 성수대교의 붕괴과정과 상판구조의 특성 및 붕괴의 원인	[08전, 25점]	
18	교량의 유지관리 및 보수보강 공법		페이지
	18-1. 교량에서 철근콘크리트 바닥판의 손상원인과 보강대책	[03중, 25점]	
	18-2. 철근콘크리트 교량 상부구조물 공사시 콘크리트 보수·보강공법	[05전, 25점]	
	18-3. 교량의 유지관리 및 보수보강에 있어서의 문제점에 대한 귀하의 의견 기술	[96전, 50점]	5-173
	18-4. 강형교(Steel Girder Bridge)에 대한 유지관리상의 요점	[95중, 33점]	
	18-5. 콘크리트 교량 균열의 원인별 분류 및 보수재류의 평가기준	[11후, 25점]	
	18-6. 교량 상부구조물의 시공중 및 준공후 유지관리를 위한 계측관리시스템의 구성 및 운영방안	[11중, 25점]	5-185
	18-7. 교량의 L.C.C(수명주기비용) 구성요소	[04후, 10점]	5-188
	18-8. 강(剛)구조물의 수명과 내용년수(內用年數)	[00후, 10점]	5-189
	18-9. 표준 트럭하중	[05후, 10점]	5-191
19	교량기초의 세굴		페이지
	19-1. 교량교각의 세굴방지 대책	[02전, 25점]	5-193
	19-2. 교량기초의 세굴 예측기법과 방지공법	[09전, 25점]	

제5장 교량

20	교대의 측방유동	페이지
	20-1. 연약지반에서 교대지반이 측방유동을 일으키는 원인과 대책 [04전, 25점] 20-2. 연약지반상에 설치된 교대의 측방이동의 원인 및 대책 [08중, 25점] 20-3. 연약지반상의 교대 측방향 이동의 원인 및 방지대책 [98중전, 30점] 20-4. 연약지반 지역에 건설되는 교량교대의 측방이동 억제공법 [97전, 30점] 20-5. 연약지반 성토작업시 측방유동이 주변 구조물에 문제를 발생시키는 사례 및 원인별 대책 [06후, 25점] 20-6. 측방유동 [07중, 10점] 20-7. 측방유동 [08후, 10점] 20-8. 측방유동 [10중, 10점]	5-197
	20-9. 교량 교대부위에 발생되는 변위의 종류 및 그에 대한 대책 [01중, 25점] 20-10. 연약지반 교대축조시 발생하는 문제점 및 대책 [99후, 30점] 20-11. 깊은 연약점성토 지반에 옹벽이나 교대를 건설할 때 발생하는 문제점과 대책공법 [99전, 30점]	5-202
	20-12. 토사, 암버럭 외에 노체에 사용 가능한 재료와 사용시 고려사항 [02후, 25점] 20-13. 경량성토공법 [08중, 10점]	5-205
	20-14. 연약지반 구간에 Box Culvert 설치시 검토사항과 시공시 유의사항 [10전, 25점]	5-208

21	구조물의 지진	페이지
	21-1. 일반 거더교에서 지진피해 유형과 대책 [07중, 25점] 21-2. 지중매설 구조물에서 지진에 의한 피해사항(2가지로 분류) 및 대책 [06전, 25점] 21-3. 면진설계의 기본 개념, 주요 기능 및 면진장치의 종류 [06전, 25점] 21-4. 교량의 내진과 면진설계 [08후, 10점] 21-5. 지진파(지반진동파) [04전, 10점]	5-211
	21-6. 기존에 사용중인 교량에 대한 내진 보강방안 [11중, 25점]	5-217

22	교량 기타 문제	페이지
	22-1. 당산전철교 철거와 재시공 공사기간을 최소로 줄일 수 있는 공법 [97전, 30점]	5-220
	22-2. 교량구조물에 대형 상수도강관(Steel Pipe)을 첨가 시공시 유의사항 [02전, 25점]	5-224
	22-3. 교량의 바닥판 배수방법과 우수에 의한 바닥판 하부 오염방지를 위한 고려사항, 중앙분리대 또는 방호벽 콘크리트와 바닥판과의 시공이음부 시공방안 [05후, 25점]	5-227
	22-4. 큰 하천을 횡단하는 교량시공시 기상조건을 고려한 방재대책과 공정계획시 유의사항 [08후, 25점]	5-230
	22-5. 다음 그림과 같이 현재 통행량이 많고 하천 충적층 위에 선단지 Pile 기초로 된 교량하부를 관통하여 지하철 터널굴착 작업을 하려고 한다. 이때 교량 하부구조의 보강공법에 대하여 기술하시오. [07중, 25점]	5-233

제5장 교량

1-1 콘크리트 교량 가설공법의 종류 및 그 특징을 설명하시오. [07후, 25점]
1-2 콘크리트 교량의 상판 가설(架設)공법 중 현장타설 콘크리트에 의한 공법의 종류를 열거하고 설명하시오. [10후, 25점]
1-3 장대교량 가설공법의 종류별 특징을 비교하여 기술하시오. [97중후, 33점]
1-4 Prestressed Concrete Box Girder 교량(L=1,500m, 폭=20mm, 경간장=50m, 2경간 연속교)을 산악지역에 건설하고자 한다. 상부공 건설공법에 대하여 논술하시오. [98중전, 50점]
1-5 험준한 산악지 등을 횡단하는 PSC Box 거더 교량 시공시 가설(架設)공법의 종류를 열거하고, 각각의 특징에 대하여 서술하시오. [03전, 25점]
1-6 프리스트레스트 콘크리트 박스거더(Prestressed Concrete Box Girder)로 교량의 상부공을 가설하고자 한다. 가설공법의 종류, 시공방법 및 특징에 대하여 간략히 기술하시오. [09후, 25점]
1-7 최신 교량 가설공법 중 두 종류를 선정하여 비교 설명하시오. [96후, 25점]

Ⅰ. 개 요

(1) 교량은 Bottom Slab·Web·Deck Slab 등의 상부구조와 교대·교각 등의 하부구조로 구성되어 있다.
(2) 교량의 상·하부구조를 구성하는 모든 구조요소들은 하중의 저항 및 전달기능이 분명하도록 설계·시공되어야 한다.

Ⅱ. 교량의 구조도해

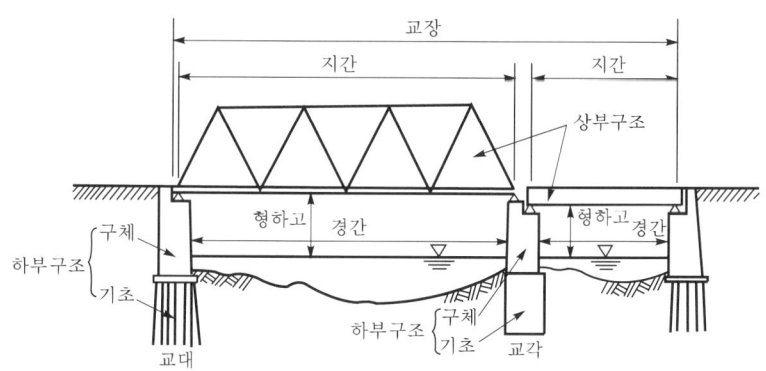

Ⅲ. 가설공법 종류 및 특징

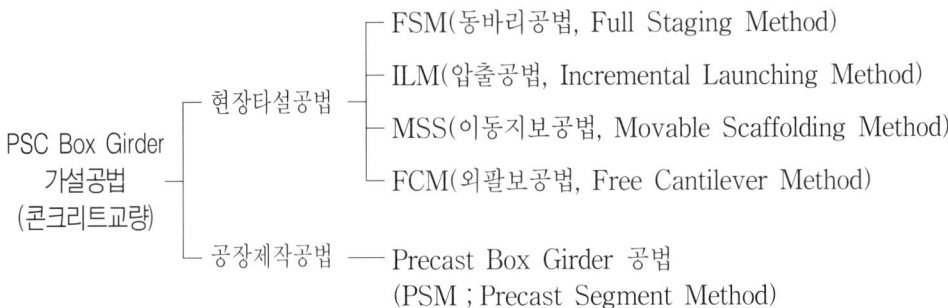

1. 현장타설공법

(1) FSM 공법
① 거푸집 및 동바리를 설치하고 콘크리트를 타설하는 종래 공법
② 콘크리트의 타설순서 준수
③ 줄눈 및 이음부 처리 철저
④ 습윤양생을 원칙으로 하며 보온, 살수, 차양막 등을 활용
⑤ 콘크리트의 품질관리에 유의

(2) ILM 공법
① 교대 후방의 제작장에서 제작된 상부부재를 전방으로 밀어내는 공법
② 최적 경간장 30~60m로서 19Span 이하의 대규모 교량에 유리
③ 시공속도가 빠름
④ 교각높이가 높을 때 성세석
⑤ 하부조건에는 무관
⑥ 직선·단일곡선에만 적용이 가능
⑦ 변화되는 단면의 시공이 곤란

(3) MSS 공법
① 상부구조를 제작하는 거푸집·비계를 교각 위에서 다음 경간으로 이동시키는 공법
② 최적 경간장 : 40~70m
③ 20Span 이상의 다경간에 적용
④ 하부조건에 지장 없음
⑤ 시공이 비교적 안전
⑥ 변화되는 단면에서 시공 곤란

(4) FCM 공법
① 교각 위에서 이동식 작업차를 이용하여 교각을 중심으로 좌우로 상부구조를 가설해 나가는 공법
② 최적 경간장 : 90~160m
③ 장경간에 적용
④ 하부조건에 무관
⑤ 시공속도가 느림
⑥ Cantilever에 의한 부(-) moment 발생에 대한 대책 필요
⑦ Span이 길 때 경제적

2. 공장제작공법 - Precast Box Girder 공법(PSM ; Precast Segment Method)

(1) 하부구조와 상부구조의 동시작업으로 공기가 단축
(2) 현장 공해발생이 최소화
(3) 기상조건에 무관하며, 전천후 시공이 가능
(4) Box Segment의 제작장 제작으로 품질관리가 용이
(5) 넓은 제작장 부지가 필요
(6) 접합부의 형상관리에 고도의 정밀성이 요구
(7) 운반가설에 대형장비가 필요

IV. 공법별 특징 비교

특징\공법	FSM	ILM	MSS	FCM	PSM
시공 방법	교각과 교각 사이에 동바리를 전체 설치하여 상부구조를 제작하는 공법이다.	교대 후방에 위치한 제작장에서 일정 길이, 상부부재를 제작하여 전방으로 밀어내는 공법이다.	교각 위에서 상부구조를 제작하는 거푸집, 비계를 교각 위에서 다음 경간으로 이동시키는 공법이다.	교각 위에서 이동식 작업차를 이용하여 교각을 중심으로 좌우로 상부구조를 가설해 나가는 공법이다.	Segment인 Box Girder를 제작장에서 제작 후 현장으로 운반하여 여러 가지 가설방법을 이용, 상부구조를 완성시키는 공법이다.
최적 경간장	50m 이하 소규모	30~60m 19Span 이하	40~70m 20Span 이상	90~160m 장경간	30~120m 대규모
하부 구조	동바리형식에 따른 지장을 가져온다.	하부조건에 지장 없다.	하부조건에 지장 없다.	하부조건에 지장 없다.	가설방법에 따라 지장을 가져온다.
시공 속도	전체 동바리작업으로 가장 느리다.	7~14일/Seg	14~21일/Span	80~90일/Span (1Span=100m)	Segment 저장으로 교량 전체구간의 일시시공이 가능하다.
경제성	교각높이가 낮을 때 경제성이 있다.	교각의 높이가 높을 때 경제성이 있다.	다경간 시공시 경제성이 있다.	Span(경간)이 길 때 경제적이다.	운반비·Segment 접합비 등으로 공사비가 증가한다.
안전성	동바리, 거푸집의 조립 해체시 안전사고에 유의해야 한다.	하부조건에는 무관하나 압출시 유의하여 시공한다.	모든 작업이 가설장비 안에서 실시되므로 비교적 안전하다.	Cantilever에 의한 부 Moment 발생에 대한 대책이 필요하다.	Segment 운반 및 취급 등에 있어 주의를 요한다.

V. 결 론

(1) PSC(Prestressed Concrete) 형식의 교량은 강성이 커서 진동·소음·처짐 등이 미소하여 유지관리 등 경제성이 높은 것으로 인식되고 있다.

(2) 향후의 전망은 이러한 관점에서 교량의 계획·설계·시공이 이루어질 것이며, 세계 주요 국가의 발전방향에 영향을 받아 우리나라에서도 PSC 교량형식이 더욱 많이 발전할 것으로 사료된다.

1-8 PSC 장지간 교량의 캠버 확보방안과 처짐의 장기거동을 설명하시오. [10중, 25점]

Ⅰ. 개 요

캠버(Camber)란 Span의 처짐을 대비하여 미리 솟음을 주는 것으로 PSC 장지간 교량일수록 처짐의 정도가 높게 나타나므로 설계시 정확한 처짐량을 계산하여 미리 캠버를 확보하여야 한다.

Ⅱ. PSC 장지간 교량의 Camber 확보방안

(1) Camber의 역할
    ① 활하중에 의한 처짐 방지
    ② 시공 후 계획 종단구배 확보
    ③ Creep 변형에 대한 대책
    ④ Slab 자중에 의한 처짐 대응

(2) Camber 확보

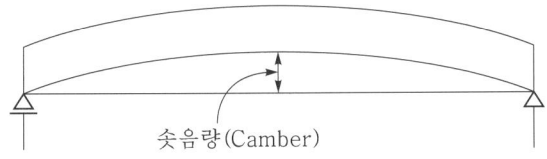
솟음량(Camber)

    ① 현장에서 설계치의 Camber 검토
        ㉠ 콘크리트의 탄성계수를 정기적으로 계산
        ㉡ 탄성계수 변화에 따른 처짐량 파악
        ㉢ 공사완료 후 난간이나 추가 사하중 등 추가하중의 영향 검토
    ② 이론 Camber와 실제 Camber의 검토
        ㉠ 시공과정에서 발생되는 실제 Camber 확인
        ㉡ 각 Segment별로 비례배분
    ③ Camber 관리도의 작성 및 관리
    ④ Camber 관리측량을 실시하고 검측표 작성

Ⅲ. 처짐의 장기거동

1. 처짐 발생인자

(1) 하중
  ① 콘크리트자중
  ② 가설재자중
  ③ Pre-Stress
  ④ 온도

(2) 재료

구 분	P.S강재	콘크리트
요 인	탄성계수 릴렉세이션	탄성계수 크리프 건조수축

(3) 시간에 따른 건조수축 및 크리프
(4) 기타 지반변위 및 하중 지지조건

2. 처짐의 장기거동 주요 요인

(1) 시간경과에 따른 콘크리트 건조수축
(2) 외기온도 변화에 의한 온도변형
(3) 지속하중에 대한 크리프 및 강재 릴렉세이션의 영향

3. 처짐의 장기거동 대책

(1) 교량처짐의 장기거동 분석 : 시뮬레이션을 통한 거동분석
(2) 처짐 관리대책 수립
(3) 계측기 설치 후 처짐거동 분석
(4) 교량 유지관리시스템 구축

Ⅳ. 결 론

교량 상부구조의 하중을 정확히 파악하고, 교량에서 발생하는 교통하중을 예측하여 우선적으로 처짐의 장기거동에 대한 안전성을 확보하여야 한다.

> **2-1** 3경간 연속 철근콘크리트교에서 콘크리트 타설시 시공계획 수립 및 유의사항을 설명하시오. [01후, 25점]
>
> **2-2** 3경간 연속교의 상부 콘크리트를 타설하고자 한다. 콘크리트 타설순서를 설명하고, 시공시 유의사항을 설명하시오. [06후, 25점]
>
> **2-3** 철근콘크리트교 상부 구조물을 레미콘(Ready Mixed Concrete)으로 타설할 경우 현장에서 확인할 사항에 대하여 설명하시오. [05전, 25점]

I. 개요

(1) 3경간 연속교는 동바리공법(Full Staging Method)으로서 철근콘크리트 구조물의 경우 종래에 일반적으로 사용되는 방법이다.

(2) 구조물을 가설하는 위치에 거푸집 및 동바리를 설치하고, 콘크리트를 타설·양생한 후 Prestressing작업을 하여 교량을 건설하는 공법이다.

II. Con'c 타설 시공계획 수립

1. 타설순서

(1) 수평방향

구조상 Bottom Slab · Web · Deck Slab 3단계로 구분하여 타설한다.

(2) 수직방향

① 시공이음 : 정(+), 부(−) Moment가 교차하는 지점에 시공이음을 둔다.

② 타설순서 : 타설순서는 중앙에서 좌우대칭으로 실시하며, 다음 순서로 한다.

중앙⊕M → 양쪽⊕M → 중앙⊖M → 양쪽⊖M

(3) 타설순서 결정이유

① 처짐방지 : 중앙부의 동바리가 가장 많이 처지므로 좌우대칭으로 Con'c를 타설한다.

② 균열방지 : 지점부의 Con'c 건조수축과 동바리침하로부터 발생하기 쉬운 균열방지를 위하여 마지막에 지점부의 Con'c를 타설한다.

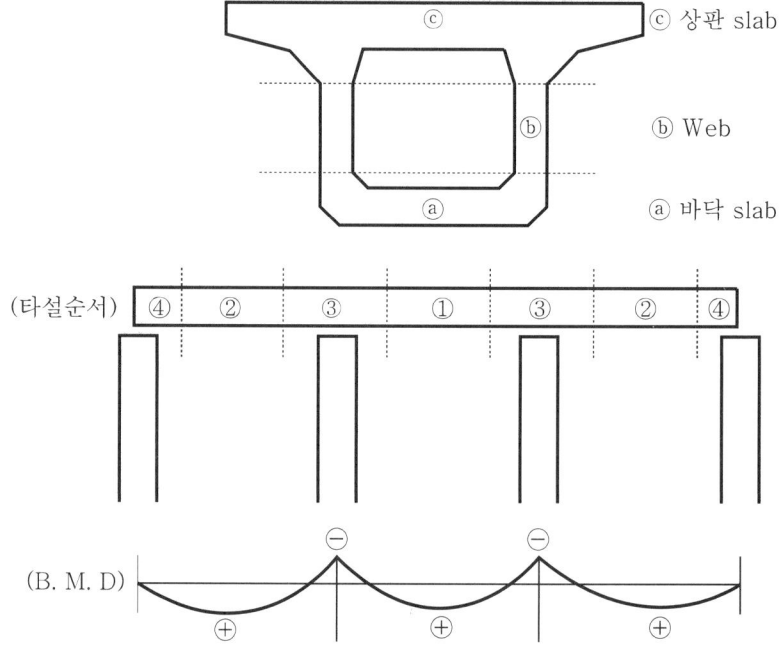

2. Con'c 타설

(1) Con'c의 타설시 재료분리가 일어나지 않게 타설순서를 미리 계획하고 높이는 최소로 유지한다.
(2) 타설시 철근 및 거푸집 등의 변형에 유의하고 거푸집 구석 모서리까지 밀실하게 충진되도록 한다.
(3) 진동기의 삽입간격은 50cm 이하로 하고 진동을 가할 때에는 콘크리트의 윗면에 Cement Paste가 떠오를 때까지 실시해야 한다.

3. 시공이음 처리(수평 시공이음)

(1) 구조물의 강도상 영향이 적은 곳에 설치하고, 필요시 지수판을 설치한다.
(2) Cold Joint에 유의하며, 이음면은 부재의 압축력을 받는 방향과 직각으로 설치한다.
(3) 이음면의 Laitance 등은 솔 또는 Water Jet로 청소하고, 시멘트 Paste 등을 발라 밀실하게 한다.
(4) 이음길이와 면적이 최소화되는 곳 및 1회 타설량과 시공순서에 무리가 없는 곳을 택하여 설치한다.
(5) 이음개소는 먼저 부어넣은 콘크리트에 충격·균열 등의 손상을 주지 않게 주의하여 다진다.

Ⅲ. 시공시 유의사항(현장 확인사항)

(1) 기초지반 처리
   동바리 설치지반이 연약하여 침하발생이 우려될 때 지반 처리하여 침하가 생기지 않게 한다.

(2) 거푸집자재 결함방지
   충분한 강성을 가지는 거푸집을 사용하여 국부적인 침하발생을 방지한다.

(3) 타설순서 준수
   설계도서 및 시방서에 규정된 타설순서에 따라 타설하여 구조물의 이상응력 발생을 방지한다.

(4) 예비장비 보유
   예기치 않는 장비고장에 따른 Cold Joint 발생방지를 위하여 소모성이 큰 기계·기구에 대해서는 여유분을 둔다.

(5) 건조수축 발생방지
   급격한 수분증발을 방지하기 위한 조치를 취하고, 강렬한 직사광선으로부터 콘크리트면을 보호한다.

(6) 거푸집 및 동바리검사
   ① 치수 및 선형의 유지
   ② 거푸집의 청소상태
   ③ 박리제의 도포 여부
   ④ 지보공의 안전성
   ⑤ 타설시 변형유무 점검
   ⑥ Form Tie 등 거푸집 안정성검사

(7) 교통상황 확인
   ① 주변 교통상황
   ② 현장 내 차량의 이동

(8) 기상예보 확인
   ① 강우, 강설 예상시의 대책
   ② 강우 예상시 타설중단
   ③ 기상청 주간단위 일기예보 확인

(9) 품질관리

콘크리트 타설시 콘크리트 Slump, 공기량, 염화물함유량 등 필요한 시험을 실시한다.

(10) 양생

습윤양생을 원칙으로 하며 필요시 보온, 살수, 차양막 등을 이용하여 콘크리트를 외력으로부터 보호한다.

Ⅳ. 결 론

(1) 3경간 연속교 Con'c 타설시 주안점은 설계도에 명시된 타설순서에 준하여 Con'c를 타설하여 2차 응력발생에 따른 균열발생을 방지하는 것이다.

(2) 콘크리트 타설 후 강도가 85%에 도달할 때 시행하는 Prestressing 작업에 지장을 주지 않는 동바리와 거푸집을 사용하여 품질이 확보되는 시공이 되도록 한다.

2-4 교량 신축이음장치의 파손원인과 보수방법에 대하여 설명하시오. [07후, 25점]

2-5 교량의 신축이음부 파손이유와 파손을 최소화하기 위한 방법제시에 대하여 기술하시오. [98중후, 30점]

2-6 신축장치(Expansion Joint) [00중, 10점]

I. 개 요

(1) 교량에서 신축이음장치는 설치하는 도로의 성격, 교량의 형식, 필요신축량을 기본으로 하여 전체적인 내구성, 평탄성, 배수성과 수밀성, 시공성, 보수성 및 경제성 등을 고려하여 정한다.

(2) 신축장치의 형식결정에서 중요한 요소는 그 신축량으로서 먼저 그 형식을 정하고 설치하는 장소에서는 어떤 요소가 우선하는가 등을 종합적으로 판단하여 결정하는 것이다.

II. 신축이음(신축장치 ; Expansion Joint)의 종류

(1) Finger Joint

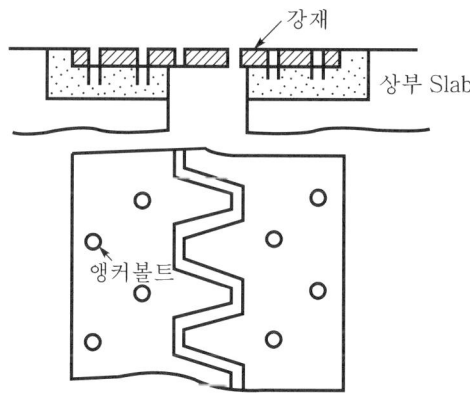

(2) 맞댐 Joint

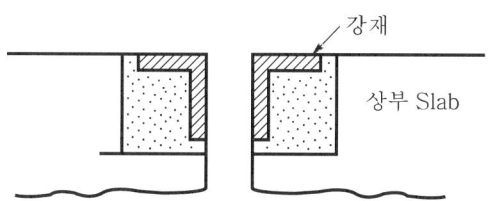

(3) 고무맞댐 Joint

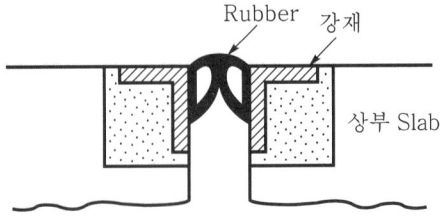

(4) 강재겹침 Joint

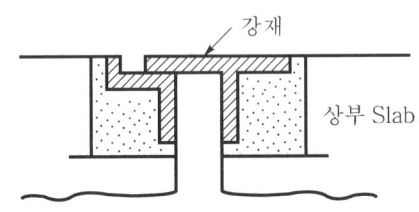

Ⅲ. 신축량 산정

Δl(총 신축량) $= \Delta l_t = \Delta l_s + \Delta l_c + \Delta l_r +$ 여유량

여기서, Δl : 총 신축량
Δl_t : 늘음량과 줄음량의 차
Δl_s : 온도변화에 의한 이동량
Δl_c : creep 변화에 의한 이동량
Δl_r : 활하중 처짐에 대한 이동량

여유량 = 설치여유량(10mm + 부가여유량 20mm)

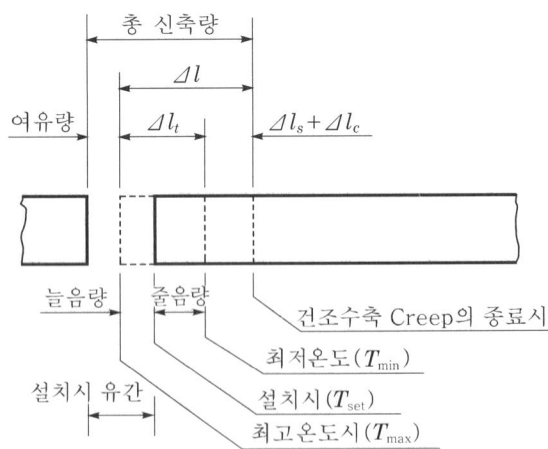

Ⅳ. 신축이음의 요구조건

    (1) 이동성
    (2) 강도
    (3) 회복성
    (4) 부식에 대한 저항성
    (5) 주행성
    (6) 시공성

Ⅴ. 신축이음부의 파손이유(파손원인)

    (1) 교량신축량의 잘못된 계산
        교량상부공이 콘크리트 Creep, 온도변화, 구성재질에 따른 신축량의 산정 잘못에 의한 이음부의 파손 야기

    (2) 이동성 불량
        신축이음부가 교량의 신축활동을 자유롭게 할 수 있는 이동성을 가져야 하는데 이동성이 구속되는 경우

    (3) 강도저하
        신축이음 구성 재질의 강도, 내구성이 교량의 규모에 비해 약할 때

    (4) 회복성 부족
        상부 Slab가 신축활동을 할 때 그에 따른 신축이음부의 기능회복이 부족할 때

    (5) 부식
        신축이음부가 기상작용, 공해 등의 영향으로 부식이 심하여 제기능을 상실할 때

    (6) Anchor체 불량
        신축이음 시공시 상부공에 고정시키는 Anchor 시공이 부실하여 신축이음부 전체의 활동이 생길 때

    (7) 시공 불량(이음부간격)
        교량의 규모, 입지조건, 기후 등을 무시한 채 형식적인 신축이음부 시공이 되었을 때

(8) 자재불량

무허가업체가 제작한 신축이음자재의 강도, 내구성 등 품질이 불량한 제품으로 시공되어졌을 때

(9) 교대 측방이동

Ⅵ. 파손을 최소화하기 위한 방법

(1) 유간 준수

상부공 슬래브와 슬래브의 간격을 요구하는 신축량의 계산값과 여유분을 합한 간격을 준수한다.

(2) 충분한 양생

신축이음부 설치 후 교량상부공과의 원활한 고정설치가 될 수 있도록 습윤상태를 유지하며 소요강도가 발휘될 때까지 양생한다.

(3) 설치시 온도

신축이음장치 설치시 온도는 월평균기온으로 하는데 PS교, RC교 등에서 움직임이 적은 것에 대해서는 4계절의 평균기온을 취한다.

(4) 신축량 계산

교량의 충격에 의한 신축량, 건조수축에 의한 신축량, 온도변화에 따른 신축량, 여유량 등의 계산값을 여러 가지 경험치, 시험치와 비교 분석하여 총 신축량을 결정한다.

(5) 이음공법의 적절성

교량규모와 설계하중, 교장, 교량의 종류 등에 적정한 신축이음 공법의 선정이 무엇보다 중요하다.

(6) 배수시설

신축이음부 주위에는 강우, 강설 등의 지표수가 장시간 머물지 않게 적절한 배수시설이 설치되어야 한다.

(7) 보강철근 배치

교량상부 Slab의 이음부 설치위치에는 차량통행에 의한 충격에 견딜 수 있도록 철근을 배치하여 보강한다.

(8) 청소

신축이음을 방해하는 이물질 제거와 정기적인 유지관리가 중요하다.

(9) 무수축콘크리트
신축이음부와 교량상부공의 접합은 수축이 적은 무수축콘크리트를 이용하여 견고히 설치한다.

(10) 양생
신축이음부가 완전히 설치될 때까지 진동, 충격에 대해서 보호하고 최소한 습윤상태로 7일 이상 양생을 해야 한다.

Ⅶ. 품질관리

(1) Rubber 제품
    ① 이물질, 오물 청소
    ② 고저차관리
    ③ Anchor Bolt 간격 준수
    ④ 무수축 Con'c 사용
    ⑤ 습윤양식

(2) Steel 제품
    ① 이물질, 오물 청소
    ② 수평·수직 편차 ±2mm 이내
    ③ 습윤양생
    ④ 최소 7일 양생 후 교통 개방

Ⅷ. 보수방법

(1) 절삭이음 형식
    ① 포장의 파손폭으로부터 보수폭을 결정하여 커트한다.
    ② 구재료(포장부)를 철거한다.
    ③ 프라이머를 줄눈제 시공에 앞서 부착면에 도포한다.
    ④ 방수이음재는 주제와 경화제를 배합하여 충분히 교반한 후 사용시간 내에 줄눈에 충전한다. 충전시에는 물, 습기, 분진 등이 들어가지 않도록 조심한다.

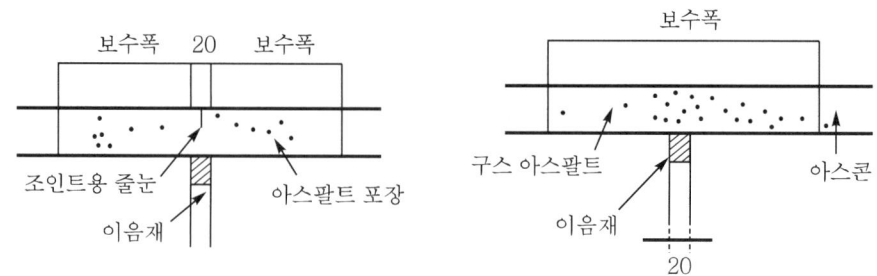

(2) 고무형식 맞댐 후 시공형식
   ① 보수폭의 결정은 표준적으로 150~200mm로 한다.
   ② 커터하여 구재료를 제거한다.
   ③ 피칭처리 후 청소한다.

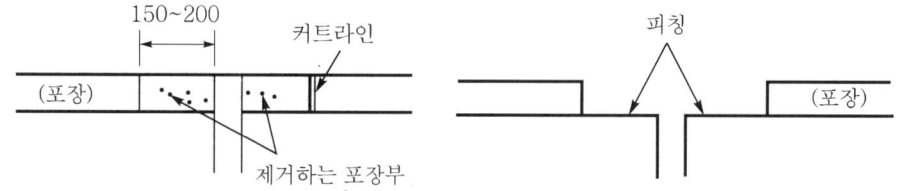

(3) 강맞댐, 콘크리트맞댐, 수지맞댐 형식
   ① 맞댐부의 평탄성에 유의한다.
   ② 맞댐 주변부의 포장의 다짐을 철저히 한다.
   ③ 줄눈재는 누수방지에 충분한 효과가 있는 것을 선정한다.

(4) 맞댐형식 고무 Joint
   ① 보수폭은 한쪽이 300mm를 표준으로 한다.
   ② 제거할 깊이는 사용하는 신축재료에 따라 다른데 후타재(콘크리트, 수지콘크리트) 및 상판의 불량 콘크리트는 안전히 제거한다.
   ③ 상판 유간에 우레탄폼 또는 발포스티로폼을 거푸집으로 설치하고 주철근을 배력철근상에 배근하여 Joint의 앵커볼트, 앵커바와 용접 등으로 결합한다.
   ④ 철근부족이라고 판단되면 홀앵커 등을 Joint 설치 전에 설치하고 보강철근과 결합한다.
   ⑤ 조인트(Rubber)를 설치하여 고정볼트의 너트를 충분히 체결한다.

(5) 지지형식 고무 Joint(판상형)
   보수방법은 맞댐식 고무조인트의 보수와 동일하고 보수폭은 한쪽당 400mm를 표준으로 한다.

(6) 지지형식 고무 Joint(셀형)
  ① 보수폭은 한쪽이 400mm를 표준으로 한다.
  ② 맞댐식 고무조인트의 보수와 동일한 방법이다.
  ③ 이음 본체에 초기압축을 가하여 수평 조절볼트 등을 이용하여 포장면이 수평이 되도록 한다.
  ④ 주철근과 이음 본체의 앵커볼트로 결합한다.
  ⑤ 후타제 타설 및 양생, 거푸집의 철거는 맞댐식 고무조인트와 동일하게 한다.

IX. 결 론

(1) 교량에서의 신축이음장치는 교량 상부구조의 건조수축, 온도변화, 반복하중, 진동, 충격 등의 원인으로 신축활동을 할 때 이를 제어할 목적으로 설치된다.

(2) 교량의 신축이음은 교량의 규모와 입지조건, 교장, 온도, 기후, 계절 등을 충분히 고려하여 그 기능을 다할 수 있게 시방규정에 따라 유의하여 시공해야 한다.

2-7 교량구조물 상부 슬래브 시공을 위하여 동바리받침으로 설계되었을 때 시공 전 조치해야 할 사항을 설명하시오. [07후, 25점]

2-8 최근 도로건설 공사중 교량가시설(시스템동바리) 붕괴에 의한 사고가 발생하고 있다. 시스템동바리의 설계 및 시공상의 문제점을 제시하고, 그 대책에 대해서 설명하시오. [08전, 25점]

Ⅰ. 개 요

(1) 교량상부 Slab 콘크리트 타설시 작업하중이나 콘크리트하중 등에 의하여 동바리에 처짐이나 침하 및 파손 등이 발생하지 않도록 사전에 검토하여야 한다.

(2) System 동바리는 수직이나 수평의 Support 역할을 동시에 하는 동바리이며, 설계 및 시공시 안전성에 대한 검토가 선행되어야 한다.

Ⅱ. System 동바리 설치상세도

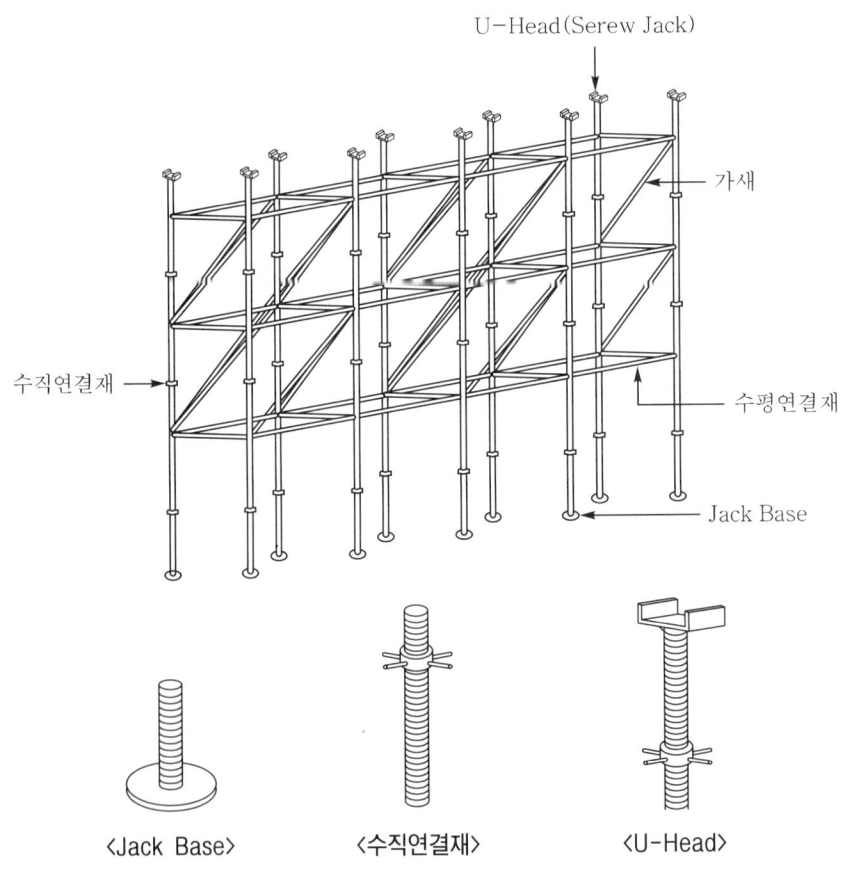

Ⅲ. 설계 및 시공상의 문제점

(1) 구조검토 미설치
   ① 하중검토 : 생콘크리트하중, 작업하중, 충격하중
   ② 강도검토 : 휨강도검토, 전단강도검토
   ③ 처짐검토 : 최대처짐검토, 처짐각검토

(2) 동바리형식 선정 부적합
   ① 보타입 Truss식 : 수직 및 수평 Support의 역할을 동시에 수행
   ② 지주식 : 수직 및 횡력에 대한 하중을 동시에 부담

(3) 지반의 침하발생
   ① 지반의 침하에 대한 예측 부정확
   ② 침하발생시 동바리하중 부담에 변위발생
   ③ 대형사고로 발전할 가능성이 높음

(4) 가새설치 부족
   ① System동바리의 가새설치 일부 누락
   ② 설계시 가새설치에 대한 자료가 미흡

(5) 연결자재 불량
   ① System동바리 연결부에 훼손자재의 사용 빈번
   ② 연결부의 강성약화로 전체 안전성에 불안
   ③ 연결부의 시공관리 철저 요망

(6) 콘크리트 타설순서 미준수
   ① 하중이 한 곳에 집중되지 않도록 분산타설
   ② 콘크리트 타설순서 및 타설구획 준수 철저

Ⅳ. 대 책

1. 시공 전 대책(시공 전 조치사항)

(1) 구조검토 실시
   ① 연직방향의 하중검토
   ② 수평방향의 하중검토
   ③ 콘크리트의 측압검토

④ 거푸집 및 동바리의 응력검토
⑤ 동바리의 좌굴검토

(2) 시공상세도 작성
① 각종 응력에 대한 검토결과로 동바리의 시공상세도 작성
② 거푸집에 대한 장선과 멍에의 간격검토

(3) 기초지반의 지지력 확보
① 지반의 다짐실시
② 지지력 확인을 위한 지지력 판정
③ 우수에 의한 지지력 감소를 방지하기 위한 배수 System 설치
④ 연약지반의 분포가 넓은 경우 무근콘크리트로 타설
⑤ 동바리의 처짐이 발생하지 않도록 안전성검토

(4) 동바리 설치높이 준수
① 동바리의 설치높이는 단면의 3배를 초과하지 말 것
② 수평연결재, 가새 등으로 동바리의 안전성 확보
③ 주변구조물에 동바리를 긴결하여 붕괴예방

(5) Camber 고려

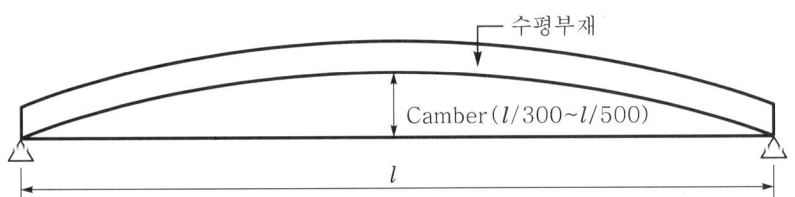

① 거푸집 및 동바리 설치시 Camber 고려
② 처짐 및 침하에 대한 대처

(6) 안정성검토

2. 시공중 대책

(1) 편심방지
　① 동바리에 편심이 작용하지 않도록 장선 및 멍에재에 고정
　② 수직재의 편심에 의한 구조적인 손실발생 최소화

(2) U-Head와의 유격발생 방지
　① System 동바리 상부의 U-Head의 폭은 멍에재 2개가 들어갈 수 있는 넓이를 확보할 것
　② 멍에재와 U-Head를 밀착시켜 유격발생을 방지

(3) 견고한 조립
　① 연결핀으로 동바리의 수직재를 견고하게 연결
　② 연결부위에 꺾임이 발생하지 않도록 유의

(4) 콘크리트 타설관리 철저

구 분	타설관리
타설 충격 감소	• 타설높이를 낮게 유지 • 타설속도를 일정하게 유지
과대 측압발생 방지	• 콘크리트의 Slump 관리 • 과다 다짐 방지
타설순서 준수	• 균등하게 타설하여 편심발생 방지 • 계획된 타설순서 준수

(5) 계측관리
　① 동바리에 작용하는 하중에 의한 변형을 계측
　② 동바리의 기울기변화 측정

V. 결 론

건설공사의 안전사고 발생률이 가설공사에서 가장 높게 발생되고 있는바 동바리시공시 구조적 검토 및 특기시방서의 작성 및 준수로 안정성을 확보하여야 한다.

2-9 공중작업비계(Cat Walk) [04전, 10점]

I. 정 의

(1) 공중작업비계는 고소작업시 임시적으로 작업자만이 다니기 위해 설치하는 통로로서 작업에 있어서 필히 필요로 하는 가설구조물이다.
(2) 공사완료 후에는 구조물의 점검이나 사면의 변화를 사전에 파악하기 위해 설치하는 부속물로서 점검계단, 점검통로를 말한다.
(3) Cat Walk를 직역하면 '고양이걸음'을 걷는 통로로서 극장이나 강당의 천장에 반드시 설치하여 보수와 수리를 위해 통로로 사용하는 작업발판이다.

II. 용 도

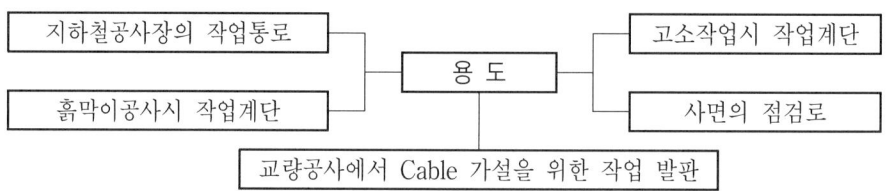

III. 사용재질

(1) Stainless Steel
(2) 목재
(3) PE 제품
(4) 강재(H형강, L형강, ㄷ형강 등)
(5) 강선

IV. 시공시 유의사항

(1) 작업자의 통행을 위한 소요폭 확보
(2) 미끄럼방지를 위한 바닥재료 선정
(3) 안전난간 설치로 추락예방

(4) 작업충격 및 해상오염에 견딜 수 있는 재료사용
   (5) 시공 전후 미관을 고려한 재료선정

V. 유지관리시 유의사항

   (1) 일일점검을 통한 파손, 단면 결손부위 확인
   (2) 설계시 구조검토서 작성
   (3) 전용계획 수립

2-10 단순교, 연속교, 게르버교의 특징 비교 [97중전, 20점]

I. 개 요

(1) 교량이란 도로, 철도, 계곡, 하천, 해안 등의 위를 건너거나 다른 도로, 철도, 수로 등의 위를 건너는 경우의 구조물의 총칭이라 정의할 수 있다.
(2) 교량은 상부구조형식에 의하여 단순교, 연속교, 게르버교로 나누어진다.

II. 상부구조형식 선정시 고려사항

(1) 지간의 길이
(2) 지간의 수
(3) 교량 설치각도
(4) 지형, 지질
(5) 환경공해 관련법규
(6) 시공성, 경제성, 안전성

III. 단순교

(1) 정의

경간이 비교적 짧은 교량가설시 이용되는 공법으로 2개의 지점으로 설계되며, 그 한쪽은 가동지점이 되고 반대쪽은 고정지점이 되게 설계한 정정구조물이다.

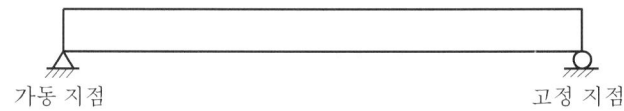

가동 지점   고정 지점

(2) 특징
① 경간장이 짧은 교량에 적용한다.
② PSC Beam, I형강 등으로 Precast된 단순보를 이용한다.
③ 시공속도가 빠르며 시공이 용이하다.
④ 경간장 15~30m에 이용한다.

Ⅳ. 연속교

(1) 정의

교량의 상부구조가 2경간 이상에 걸쳐 연속되어 있는 구조로서 부정정구조물이다.

(2) 특징

① 강재 Truss, 강재 Box Girder, PSC Box Girder 등으로 연속하여 상부구조를 가설한다.
② 부등침하의 우려가 없는 곳에 사용한다.
③ 특히 교대 및 교각의 하부 기초공사에 유의 시공한다.
④ 조형미를 고려한 경간분할은 다음과 같다.
　㉠ 3경간일 때 3 : 5 : 3
　㉡ 4경간일 때 3 : 4 : 4 : 3
　㉢ 5경간일 때 등간격으로 시공

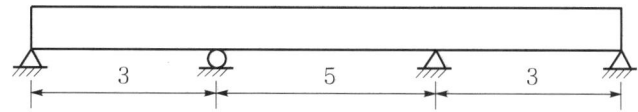

Ⅴ. 게르버교

(1) 정의

교량 양측에 내민보를 이용하여 중앙부에 힌지형식으로 단순보를 지지하는 형식인 정정구조물이다.

(2) 특징

① 지반이 불량한 경우에 효율적이다.
② 내부 힌지부분 시공에 유의해야 한다.
③ 내민보+단순보+내민보 형식으로 구성된다.

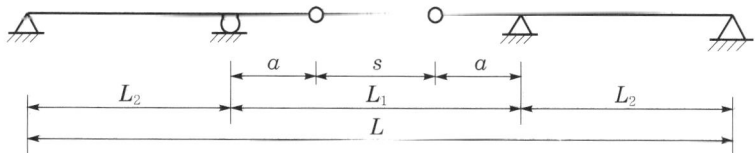

경제적인 $L_1 = 150 \sim 540\text{m}$(Gerber 트러스교)

$L_1 = 0.40 \sim 0.45\text{L}$

$L_2 = 0.29 \sim 0.30\text{L}$

$s = 0.20 \sim 0.25\text{L}$

$a = 0.09 \sim 0.11\text{L}$

Ⅵ. 비교표

구 분	단순교	연속교	게르버교
경간장	단경간	장경간	장경간
구조형식	정정	부정정	정정
주행성	보통	좋음	다소 좋음
시공속도	빠름	보통	보통
적용성	소규모 교량	대규모 장대교량	대규모 장대교량
외관	보통	미려	미려
보수보강	쉬움	어려움	보통
시공성	쉬움	숙련요구	숙련요구
경제성	저렴	고가	고가
안전성	진동 적음	진동 많음	진동 있음

2-11 I-300×150(단면계수 $Z=981cm^3$)이 간격 1.6m, 3m 길이로 단순지지 되어 있다. 등분포하중을 1m²에 몇 톤(t)씩 받을 수 있겠는가? [94전, 40점]

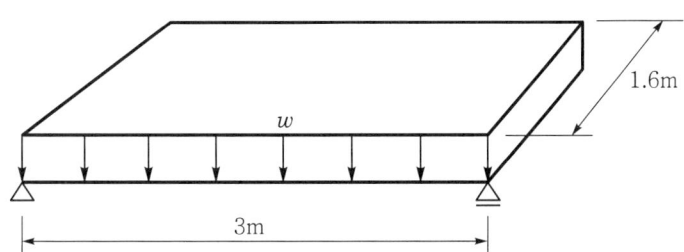

(1) 최대 휨모멘트

$$M_{max} = \frac{wl^2}{8}$$

(2) 휨응력에 의한 휨모멘트

$$\sigma = \frac{M}{Z}$$

∴ $M = \sigma \cdot Z = 1,300 \text{kg/cm}^2 \times 981\text{cm}^3 = 1,275,300 \text{kg}\cdot\text{cm} = 12.735 \text{t}\cdot\text{m}$

(3) w 계산

$$\frac{wl^2}{8} = \sigma \cdot Z = 12.753 \text{t}\cdot\text{m}$$

$$w = \frac{8 \times 12.753 \text{t}\cdot\text{m}}{l^2} = \frac{102.024 \text{t}\cdot\text{m}}{9\text{m}^2} = 11.336 \text{t/m}$$

(4) 1m²에 작용하는 하중

w는 1.6m에 작용하는 하중이므로

$$\frac{w}{1.6} = \frac{11.336 \text{t/m}}{1.6\text{m}} = 7.085 \text{t/m}^2$$

> **3-1** 연속압출공법(Incremental Launching Method ; ILM)을 설명하고 시공순서와 시공상 유의할 사항을 기술하시오. [07전, 25점]
>
> **3-2** 연장이 긴($L=1,500$ 정도) 장대교량의 상부공을 한 방향에서 연속압출공법(ILM)으로 시공할 때, 시공시 유의사항에 대하여 설명하시오. [11전, 25점]

Ⅰ. 개 요

(1) ILM 공법은 교량의 상부구조물을 교대후방에 설치한 제작장에서 한 세그먼트(일반적으로 한 지간을 2~3등분함)씩 제작하여, 압출장비를 이용하여 전방으로 밀어내는 공법이다.

(2) 이 공법은 상부구조물과 하부구조물의 지지점 사이에서 발생하는 마찰의 차이를 이용한다.

Ⅱ. 특 징

(1) 장점
① 제작장 설치로 전천후 시공이 가능하다.
② 동바리 설치가 불필요하다.
③ 거푸집 및 가시설을 반복사용하므로 경비가 절감된다.
④ 반복공정으로 노무비 절감·공정계획이 쉽다.
⑤ Con'c 품질관리가 용이하다.

(2) 단점
① 직선·단일곡선에만 적용이 가능하다.
② 제작장 부지를 확보해야 한다.
③ 엄격한 규격관리가 요구된다.
④ 변화되는 단면의 시공이 곤란하다.
⑤ 교장이 짧으면 비경제적이 된다.

Ⅲ. 시공순서

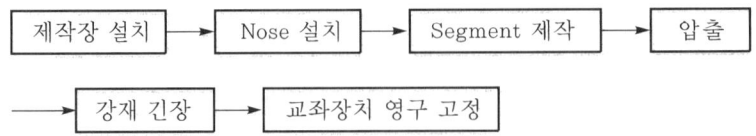

(1) 제작장 설치
   ① Segment 길이의 2~3배 정도로 확보한다.
   ② Mould(Steel Form) 기초를 설치한다.
   ③ Temporary Pier를 설치한다.
   ④ Mould와 Jack을 설치한다.
   ⑤ 양생설비시설을 갖춘다.

(2) Nose(추진코) 설치
   ① Girder가 Pier에 도달하기 전 자중에 의한 부(-) Moment 감소와 처짐방지를 위한 가시설물이다.
   ② 가벼운 철골 Truss 구조로 구성되어 있다.
   ③ Span의 60~70%가 적당하다.
   ④ 선단부에 Jack을 설치하여 처짐량을 조절한다.

(3) Segment 제작
   ① Segment의 길이는 Span의 1/2 정도로 한다.
   ② 앞 Seg Web와 상판 Slab, 뒷 Seg, 바닥 Slab를 동시시공하여 공기 단축한다.

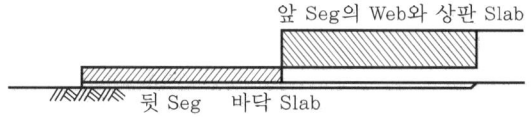

   ③ 거푸집은 반복사용 횟수가 많으므로 조립해체가 용이해야 한다.

(4) 압출
   ① Pier와 Girder 사이의 마찰을 Zero화 하는 것이 중요하다.
   ② 압출방법
       ㉠ Lift & Push(프랑스 Freyssinet사)
       ㉡ Pulling(영국 Strong Hold사)
   ③ 압출 소요시간은 10cm/min 정도이다.

(5) 강재긴장
   ① Central Strand : 작업 과정중에 양쪽 Seger와 연결하여 가설중의 하중인 사하중 및 작업하중에 저항한다.
   ② Continuity Strand : 전교량이 압출완료된 후에 전체적으로 긴장하여 활하중에 저항한다.

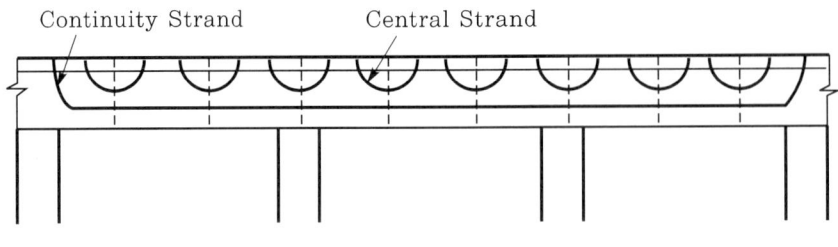

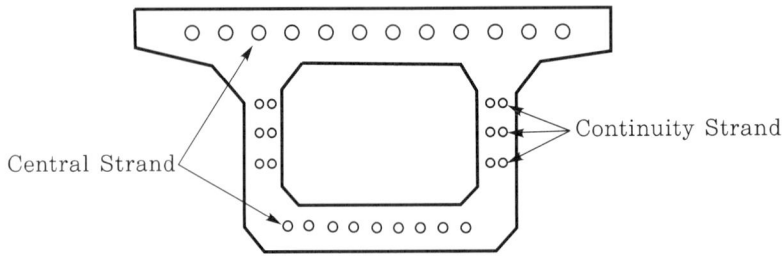

(6) 교좌장치 영구 고정
   ① 교각 위에서 Flat Jack으로 Girder 들어올린 후 Temporary Shoe 제거한다.
   ② Temporary Shoe 위치에 영구 교좌장치를 설치한다.
   ③ 교좌장치 설치 후 무수축 Mortar(f_{cr}=600kg/cm^2 이상)로 시공한다.

Ⅳ. 시공시 유의사항

(1) 제작장 지반
   ① 사전 지반조사를 통해 허용지내력을 시험한다.
   ② 연약지반의 경우 구조물의 하중을 견딜 수 있도록 지반개량하여 침하를 방지한다.
   ③ 제작장 주변은 토관 등을 묻어 배수 처리하여 지반의 연약화로 인한 구조물의 변형을 방지한다.

(2) Nose 길이
   Nose는 압출시 중량을 조절하는 것으로 Span 길이의 60~70%가 적당하다.

(3) 거푸집
   ① 측압에 충분히 견딜 수 있는 구조이며, 내구성, 수밀성이 있어야 한다.
   ② 형상, 치수가 정확하고 처짐, 뒤틀림, 배부름 등의 변형이 생기지 않아야 한다.
   ③ 외력에 충분히 안전해야 하며, 소요자재가 절약되고 반복사용이 가능해야 한다.

(4) 타설
　① 타설시 재료분리가 생기지 않게 하며, 타설순서 및 방법 등을 미리 계획한다.
　② 타설높이는 최대한 낮게 유지하며, 거푸집 및 철근의 변형 등에 유의한다.

(5) 양생
　① 초기 수화열로 인한 건조수축을 방지하기 위하여 거푸집은 충분히 물을 축여 습윤양생한다.
　② Cold Joint에 유의하며, 서중에는 Precooling, Pipecooling 양생을 하며, 한중에는 증기·가열양생을 한다.

(6) 압출시 이탈방지
　① Pushing Jack을 이용한 Pushing 공법을 적용한다.
　② Lateral Guide를 정확히 설치하여 이탈을 방지하도록 한다.

V. 결 론

(1) ILM 공법은 동일한 작업공정의 반복으로, 시공성·경제성·안전성이 높은 공법으로 계속 발전되고 있는 공법이다.
(2) 마찰계수가 작은 Sliding Pad의 개발이 시급하며, 다경간의 교량과 단면이 변화되는 교량가설에 이용될 수 있도록 개발해야 한다.

3-3 IPC 거더(Incrementally Prestressed Concrete Girder) 교량 가설공법

[08후, 10점]

I. 정 의

(1) PS강선의 긴장력을 거더의 제작단계에 따라 여러 차례로 나누어 단계적으로 도입함으로써 기존의 방법보다 거더의 높이를 현격히 줄이거나 경간을 증가시킬 수 있는 공법이다.

(2) 기존의 PSC 거더는 노후화로 인한 긴장력의 추가도입이 필요할 경우 기존 강선의 추가적 긴장이 불가능하였던 반면에 IPC 거더는 단계적으로 강선의 일부를 재긴장할 수 있도록 정착방법 및 정착장치의 위치를 조정한다.

(3) 거더의 제작·시공뿐만 아니라 유지관리 및 보수 보강면에서 기존의 PSC 거더보다 기술적, 경제적으로 유리한 공법이다.

II. IPC 거더의 단면도

(1) PSC 빔 단면도

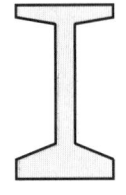

(2) IPC 거더 단면도

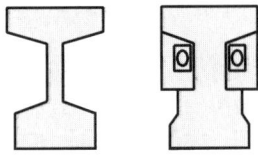

III. 특 징

(1) 낮은 형고
① 시공단계별로 긴장력(프리스트레스트)을 주어 형고를 기존 제품보다 1/2로 낮출 수 있다.
② 50m까지 장경간 교량의 적용이 가능하다.

(2) 유지보수비 절감
① 거더 내부에 내장되어 있는 PS강선을 긴장하여 간단하게 보수할 수 있으므로 유지보수 비용을 절감할 수 있다.

② 내하력을 증대시킬 필요가 있을 때에도 간단하게 보강이 가능하다.

(3) 경제성 증대

다른 형식의 거더(Preflex, Steel 박스교 등)에 비해 비용면에서 훨씬 경제적이다.

Ⅳ. 시공순서

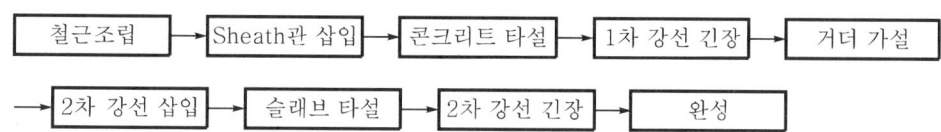

4-1 교량가설 공사에서 가설이동식 동바리의 적용과 특징에 대하여 설명하시오.

[02중, 25점]

I. 개 요

(1) 가설이동식 동바리 공법(MSS ; Movable Scaffolding System)은 동바리 사용 없이 거푸집이 부착된 특수 이동식 지보인 비계보와 추진보를 이용하여, 교각 위에서 이동하면서 교량을 가설하는 공법이다.
(2) 교각 위에서 작업을 하므로 교량의 하부조건에 무관하며, 비계보와 추진보의 반복적인 사용으로 다경간에 유리하다.

II. 특 징

(1) 장점
  ① 교량 하부의 지형조건에 무관하다.
  ② 기계화 시공으로 이동이 용이하며, 안전성이 있다.
  ③ 반복작업으로 능률의 극대화를 이루어 노무비가 절감된다.
  ④ 기상조건에 따른 영향이 적다.
  ⑤ 공비절감·공기예측·공정관리가 쉽다.
  ⑥ 경간이 많은 다경간의 교량(10Span 이상)에 유리하다.

(2) 단점
  ① 이동식 거푸집이 대형이며, 중량물이다.
  ② 초기투자비가 크다.
  ③ 변화되는 단면에서는 적용이 곤란하다.
  ④ 경간이 적은 교량이나 짧은 교량에는 비경제적이다.

III. 적 용

(1) Rechenstab 공법
  특수 제작된 이동식 비계가 상부공의 하부에 추진보와 비계보로 구분 설치되어 거푸집을 Support하는 형식으로 상부공을 축조하는 공법이다.

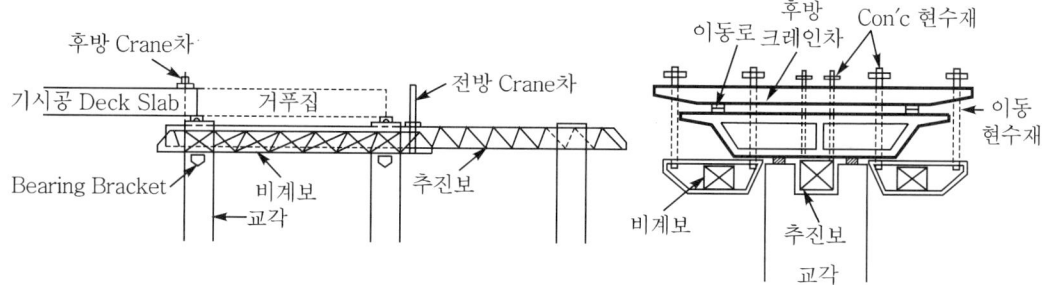

(2) Mennesman 공법

Rechenstab 공법과는 달리 별도의 추진보를 두지 않고 경간의 2.3배 되는 2개의 비계보를 이용하여 이동식 거푸집을 지지하며 추진해가는 공법이다.

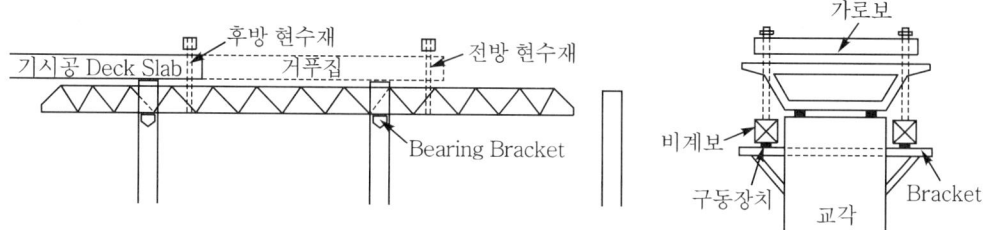

(3) 상부 이동식

이동식 비계가 교량 상부구조 위쪽에 위치한 방식으로 독일 Dywidag사에서 개발한 공법으로 1개의 주형과 거푸집을 매달기 위한 가로보 및 3개의 이동 받침대로 구성되어 있다.

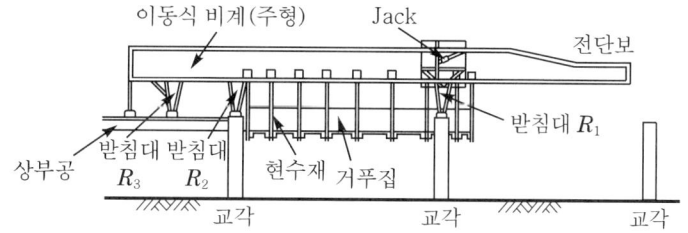

Ⅳ. 시공상 유의사항

(1) 비계보 이동

비계보 이동은 상부 Deck Slab가 소정의 강도를 가질 때 이동한다.

(2) Bearing Bracket 해체

교각에 설치된 Bearing Bracket을 해체할 때 안전에 유의한다.

(3) 전방 Bracket 설치
전방 교각에 Bracket을 설치할 때는 상부하중을 지지할 수 있도록 견고하게 설치한다.

(4) 비계보 이동
전·후방 Crane에 의해 비계보를 이동할 때 흔들림 및 충격에 유의하여 이동한다.

(5) 추진보 이동
교각 위 Jack에 의해 추진보를 이동시킨 다음, 소정의 위치에 정확히 고정한다.

(6) 상부 이동식 지주 이동
지주를 이동할 때는 상부 Deck Slab에 국부적인 하중이 작용하지 않게 유의하여 이동한다.

(7) 기계작동
모든 MSS 공법의 기계작동은 지정 숙련자 이외는 조종해서는 안 된다.

V. 결 론

(1) MSS 공법에 의한 교량가설은 교하조건에 무관하며, 시공속도가 빠른 공법이다.
(2) 유사 교량시공시 비계로 전용이 가능하며, 비계이동시 안전에 특히 유의하여 시공한다.

5-1 교량가설에 있어 캔틸레버(Cantilever) 공법으로 사용하는 교량의 구조형식 예를 들고, 공법에 대하여 아는 대로 기술하시오. [98후, 30점]

5-2 교량의 상부가 FCM(Precast Segment Erection) 공법으로 시공하게 되어 있다. 이 경우 현장에서는 반복된 Segment 가설작업에 따라 교량의 상부가 완성된다. 1개의 표준 Segment 가설에 소요되는 공종에 대하여 기술하시오. [99후, 30점]

5-3 프리스트레스트 콘크리트 박스거더(PSC Box Girder) 캔틸레버 교량에서 콘크리트 타설시 유의사항과 처짐관리에 대하여 설명하시오. [05중, 25점]

5-4 교량의 캔틸레버 가설공법(FCM)에 대하여 기술하시오. [04전, 25점]

5-5 교량 가설공법에서 FCM(Free Cantilever Method) [94후, 10점]

5-6 FCM 공법(Free Cantilever Method) [07중, 10점]

5-7 FCM(Free Cantilever Method) [09중, 10점]

I. 개 요

1950년대 서독 Dywidag사에 의해 개발되어 동바리 없이 기시공된 교각 및 Deck Slab 위에서 Form Traveller · 이동식 Truss를 사용하여 좌우대칭을 유지하면서 전진 가설하여 나가는 공법이다.

II. 특 징

(1) 장점
① 교하조건에 무관하며, 지보공이 필요없다.
② Form Traveller를 이용하여 장대교량의 상부구조를 시공한다.
③ 한 개의 Segment를 2~5m로 Block 분할하여 시공한다.
④ 기상조건에 무관하며, 공정관리가 쉽다.
⑤ 반복작업으로 노무비가 절감되며, 작업능률이 향상된다.

(2) 단점
① 가설을 위하여 구조상 불필요한 추가 단면이 필요하다.
② 불균형 Moment 처리를 위한 가 Bent를 설치해야 한다.
③ 주작업이 교각 상부에서 이루어지므로 안전에 유의하여야 한다.

Ⅲ. FCM 표준 Segment 가설 공종

1. 철근배근
Segment에 소요되는 철근조립

2. 거푸집 조립
(1) 콘크리트 자중, 공사중의 작업하중, 측압 등에 견딜 수 있는 구조로 한다.
(2) 형상과 위치를 정확하게 보존하도록 조임재로 고정하고, 조임재는 볼트나 강봉을 사용한다.
(3) 거푸집의 면은 평활하게 유지하며, 떼어내기 쉽게 박리제를 칠한다.
(4) 거푸집은 수밀성·내구성이 있어야 하고 가볍고, 다루기 쉬우며, 반복사용이 가능한 구조로 한다.

3. 콘크리트 타설
(1) Con'c의 타설시 재료분리가 일어나지 않게 타설순서를 미리 계획하고 높이는 최소로 유지한다.
(2) 타설시 철근 및 거푸집 등의 변형에 유의하고 거푸집 구석 모서리까지 밀실하게 충진되도록 한다.
(3) 진동기의 삽입간격은 50cm 이하로 하고 진동을 가할 때에는 콘크리트의 윗면에 Cement Paste가 떠오를 때까지 실시해야 한다.

4. 강재긴장
(1) Post tensioning 공법 분류
  ① 덕트위치에 따라 ― Internal Post Tensioning
     └ External Post Tensioning
  ② PS강재 부착에 따라 ― 부착식 공법
     └ 비부착식 공법

(2) 임시 Prestressing
임시 Prestressing은 Segment를 가설하는 동안 일시적으로 Segment를 지지하거나 불균형 모멘트를 지지하기 위하여 사용

5. Grouting

(1) Prestressing이 끝난 후 즉시 시공
(2) Duct가 긴 경우 여러 곳의 주입공 설치
(3) 주입작업은 중간 멈춤 없이 연속시공
(4) 한중 시공시 동해에 대한 대책 수립
(5) 주입시 공기유입 방지

Ⅳ. 공법종류(가설공법)

1. 시공방법에 의한 분류

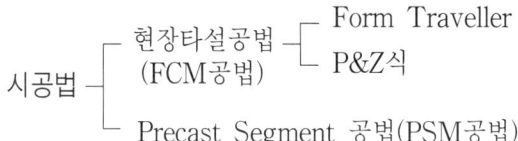

2. 구조형식에 의한 분류

(1) 라멘구조식
  ① Hinge 부분의 처짐이 우려된다.
  ② 불균형 Moment 발생에 대한 염려가 없다.
  ③ 구조해석이 간단하고, 처짐관리가 쉽다.

(2) 연속보식(Continuous Type)
  ① 교좌(받침, Shoe)장치가 필요하다.
  ② 처짐이 없고, 주행성 및 외관이 좋다.
  ③ 불균형 Moment 발생에 대한 대비책을 수립해야 한다.

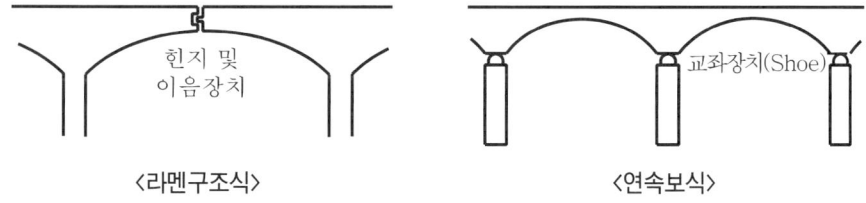

〈라멘구조식〉　　　　〈연속보식〉

V. Form Traveller(이동식 거푸집 보유작업차)

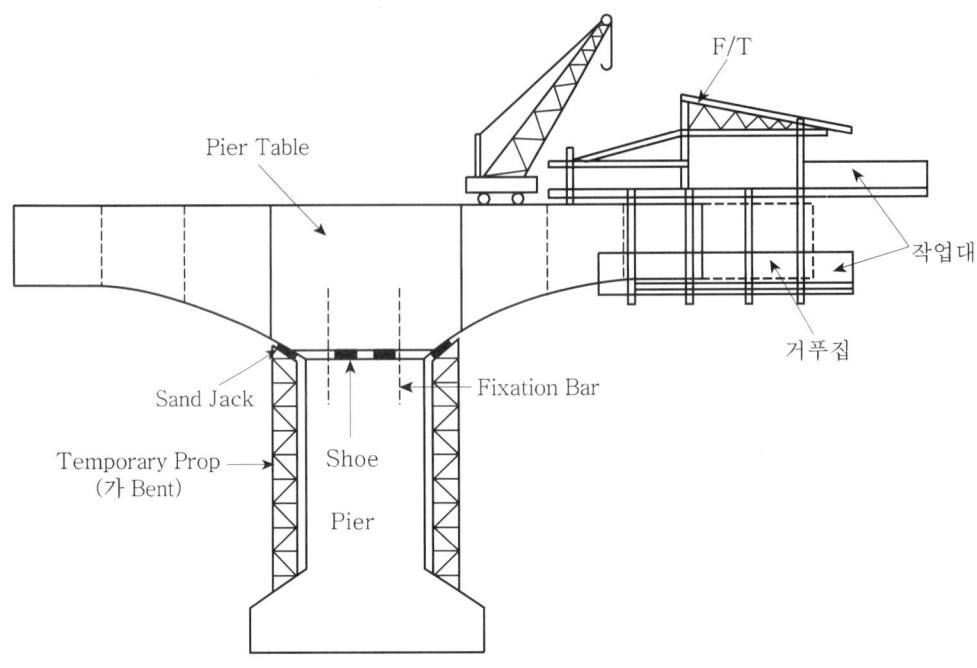

1. 구조 및 작동원리

(1) 구조

Moving Rail, Cross Beam, Tie Bar, Jack, Truss Form

(2) 작동원리

① F/T는 기시공된 Pier Table 또는 Deck Slab에 Anchoring한다.
② Con'c 타설시 Cross Beam과 Tie Bar에 의한 Hold Down System으로 고정한다.

2. 주두부(Pier Table) 시공

(1) Temporary Prop(가 Bent)를 설치한 후 Sand Jack을 시공한다.
(2) Sand Jack 위에 Pier Table은 현장타설 또는 Precast로 제작하여 거치한다.

3. 불균형 Moment 처리

4. Sand Jack 시공

(1) Temporary Prop와 Pier Table 사이에 설치한다.

(2) 모래상태
   ① $C_u = D_{60}/D_{10} \geq 6$
   ② 완전 건조상태 및 최대의 다짐상태가 되어야 한다.

(3) Pier Table 시공 전 Sand Jack 시공한다.

(4) 하중전달 및 해체시 공간제공 역할을 한다.

5. 강재긴장

6. 처짐관리(Camber Control)

(1) 처짐요소
   ① Con'c 탄성변형, Creep 변형, 건조수축, Prestress 손실
   ② Segment의 자중, Form Traveller 자중
   ③ 작업하중, 충격하중 등

(2) 설계시 처짐관리
   ① Camber 조정
      ㉠ 설계시 처짐량 계산
      ㉡ 예정된 처짐량만큼 미리 솟음(Camber)을 줌
   ② 응력 재분배
      ㉠ 불균형 Moment 처리
      ㉡ Key Segment 접합 : 정정구조가 부정정구조로 변경되어 처짐감소

(3) 시공시 처짐관리
   ① 처짐계측
      측점설치 → 측정 기준점 선정 → 처짐시간 측정 → 처짐량 측정
   ② 처짐오차 수정
      ㉠ 처짐의 설계치와 실제치를 비교
      ㉡ 실제 처짐량을 바탕으로 Camber의 재조정

7. Key Segment 접합

(1) 중앙 접합부의 연결 Segment이다.

(2) Diagonal Bar는 양 끝단을 연결하여 오차를 수정하기 위하여 조정한다.
(3) 종방향 버팀대는 상부・하부 버팀대로 구분한다.

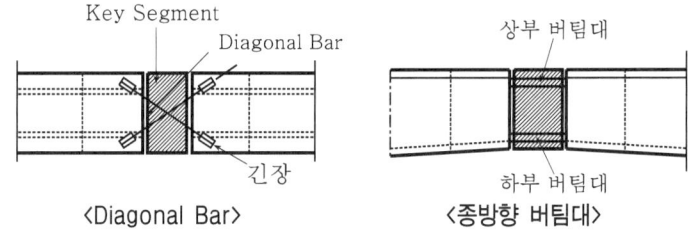

〈Diagonal Bar〉　　〈종방향 버팀대〉

Ⅵ. P & Z식

(1) 구조
　① Truss Girder
　② 가지지대(가대)는 선단부에 2개, 후방에 1개를 설치하여 Truss Girder를 지지한다.
　③ 양중기
　④ Form(형틀)
　⑤ 보조지주로 구성되어 있다.

(2) 특징
　① 독일 P & Z사에서 개발한 공법이다.
　② 지상작업이 불필요하다.
　③ Block당 길이가 10m 점도로 시공속도가 빠르다.
　④ Pier Table을 지보공 없이 시공한다.
　⑤ 측경간부는 지보공 없이 시공할 수 있다.
　⑥ 적용 경간은 40~150m이다.

(3) 시공순서
　① 교대 후면에서 이동지보(Truss Girder)를 조립한다.
　② 이동지보가 전진하여 교각 위에서 선단부 지지 Pier Table을 시공한다.
　③ 교각 중심에서 좌우 Segment를 균형 있게 시공한다.
　④ 교대와 첫 교각구간 완료 후 Truss Girder를 전진한다.
　⑤ '②・③' 작업을 반복하여 전구간의 상부구조를 완성한다.
　⑥ 상부공 완료 후 Truss Girder를 후진하여 조립장에서 해체한다.

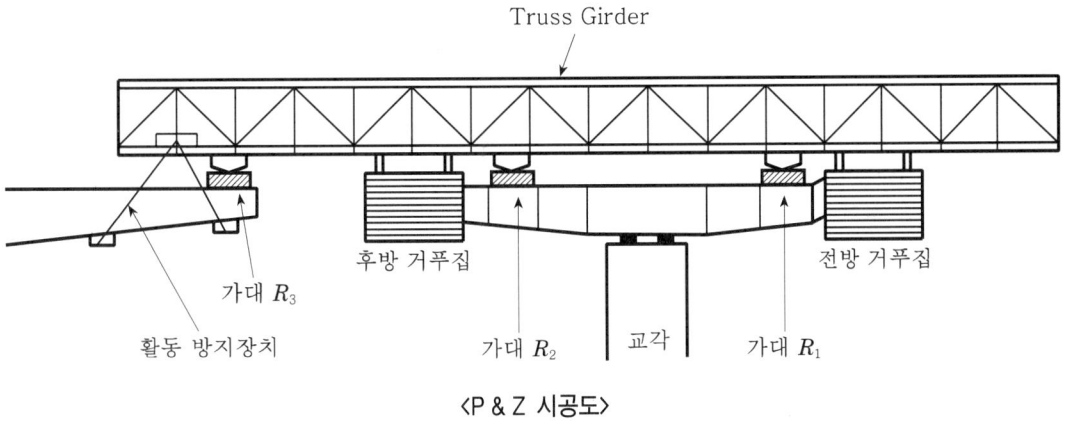

<P & Z 시공도>

Ⅶ. 콘크리트 타설시 유의사항

(1) 거푸집검사
   ① 거푸집의 누수, 변형 및 조립상태 확인
   ② 거푸집 청소, 모떼기 및 비계틀상태 확인
   ③ 타이볼트 연결상태 및 침하방지

(2) 타설순서 준수
   ① 수평타설 : ① → ② → ③ 순으로 타설

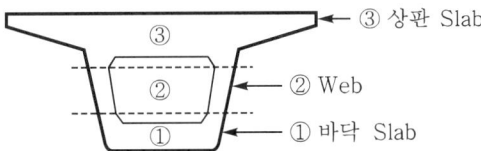

   ② 수직타설 : ⊕ Moment 지점에서 ⊖ Moment 지점으로 타설

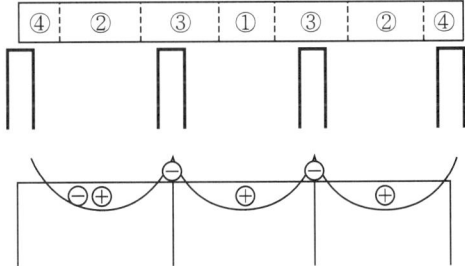

(3) Cold Joint 발생금지
   정해진 타설순서에 따라 Cold Joint가 발생하지 않도록 시공계획에 따라 타설

(4) 시공이음 발생 최소화
      ① 시공이음의 발생이 최소가 되도록 계획
      ② 시공이음부의 방수처리 철저

   (5) 바닥 마무리
      ① 바닥의 수평상태 유지
      ② 흙손 등으로 마감면관리 철저

Ⅷ. 결 론

   (1) 최근 교량 시공기술의 발달로 FCM 공법의 적용 교량이 증가 추세에 있다.
   (2) FCM의 적용시 주두부 고정장치, Form Traveller의 선정, Camber 계산, Key Segment 접합, 불균형 Moment 대처방안 등 많은 연구·검토를 필요로 한다.

6-1 Pre-cast를 이용한 Pre-stress Box Girder의 건설공법과 및 특징에 대해서 기술하시오. [97전, 50점]

6-2 교장 2,000m, 교폭 30m, 경간장 50m의 연속 프리스트레스 콘크리트 박스 거더 교량을 캔틸레버 공법(B.C.M 또는 F.C.M)에 의한 프리캐스트 세그멘탈 공법으로 시공하고자 한다. 이 경우 프리캐스트 세그먼트의 제작과 야적에 필요한 제작상 시공계획을 기술하시오. [98전, 30점]

6-3 교량의 프리캐스트 세그먼트(Precast Segment) 가설공법의 종류와 시공시 유의사항을 기술하시오. [03중, 25점]

6-4 교량 가설공법 중 프리캐스트 캔틸레버(Precast Cantilever) 공법의 특징과 가설방법에 대하여 설명하시오. [02후, 25점]

I. 개 요

(1) PSC(Prestressed Concrete) Box 거더를 미리 제작장에서 만들어 현장에서 조립하여 만든 교량을 PSC Box 거더교라 한다.
(2) PSC Box 자체에 교량의 상부 Slab가 시공되어 있는 형식으로 현장에서 상부 Slab 타설의 절차가 필요없는 비합성교이다.
(3) 프랑스 Freyssinet사에서 개발한 공법으로, 제작장에서 각각의 Box Segment를 제작한 후 현장으로 운반하여 가설한다.
(4) Crane, 가설 Truss 등의 가설공법을 이용하여 제작순서대로 설치하여 Post-tension 공법으로 각 Box Segment를 일체화시키는 공법이다.

II. 구성도

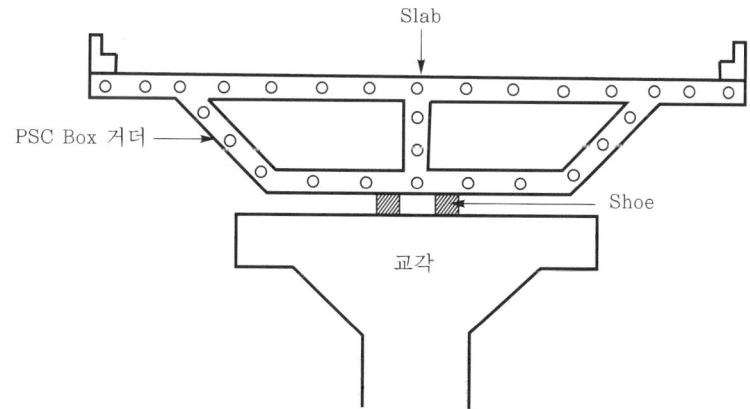

Ⅲ. 특징(Precast Cantilever 공법의 특징)

(1) 장점
① 하부구조와 상부구조의 동시작업으로 공기가 단축된다.
② 현장 공해발생이 최소화된다.
③ 기상조건에 무관하며, 전천후 시공이 가능하다.
④ Box Segment의 제작장 제작으로 품질관리가 용이하다.
⑤ Con'c 건조수축·Creep에 의한 Prestress 손실이 적다.
⑥ 선형에 무관하며, 시공성과 경제성이 우수하다.

(2) 단점
① 넓은 제작장 부지가 필요하다.
② 접합부의 형상관리에 고도의 정밀성이 요구된다.
③ 운반가설에 대형장비가 필요하다.
④ 초기투자비가 많이 든다.

Ⅳ. 제작장(제작과 야적에 필요한) 시공계획

(1) 부지확보
교장이 2,000m인 장대교량의 세그먼트 제작 및 야적에 필요한 부지가 교량 설치장소 근방에 확보되어야 한다.

(2) 지반조사
세그먼트 제작에 따른 부등침하 방지와 중장비가동에 필요한 지반의 안정성 및 강도가 요구되므로 세밀한 지반조사가 필요하다.

(3) 지반보강 계획
지반이 연약한 곳에서는 치환공법, 배속공법, 약액투입 등의 지반보강 계획을 수립한다.

(4) 운반로 계획
중량의 세그먼트 운반을 위한 운반로 개설 또는 농로사용 등의 세그먼트 운반로계획이 필요하다.

(5) Con'c Plant
대량의 콘크리트 소요에 따라 현장에 설치할 Batch Plant 설치계획을 수립한다.

(6) 용수 계획

공사에 사용되는 용수사용에 대해 수질의 적합성과 경제성을 비교한다.

(7) 동력 계획

간선으로부터의 인입위치, 배치, 용량, 전압 등을 검토한다.

(8) 양중 계획

① 수직운반 장비의 적정 용량 및 대수를 파악한다.
② 안전대비를 위한 가설계획도를 작성한다.

(9) 제작장 계획

세그먼트 제작을 위한 거푸집 조립장, 철근배근장, Con'c 타설, 양생설비 등의 위치 및 소요면적을 계획한다.

(10) 야적장 계획

완성된 세그먼트의 야적에 필요한 부지 및 야적장비, 야적방법, 부위별 야적순서 등을 계획한다.

V. Precast Segment 가설공법의 종류 (Precast PSC Box Girder의 건설공법)

(1) Span By Span식

① Precast식+MSS식의 혼합공법이다.
② 교각 사이에 Assembly Truss를 설치하여 하부이동식 또는 상부이동식으로 Seg를 운반하여 거치한다.
③ 경간 전체 Seg를 Post-tension식으로 긴장연결하므로 시공이 단순하다.
④ A/T 이동은 자동 Winch에 의해 자주식 이동한다.
⑤ Closure Joint는 교각 가까운 곳에 설치한다.
⑥ 적용 경간 30~150m로 교량길이가 길 때 경제적이다.
⑦ 이미 조립된 교량상판 위로 Segment 운반이 가능하다.
⑧ 시공속도가 빠르다.

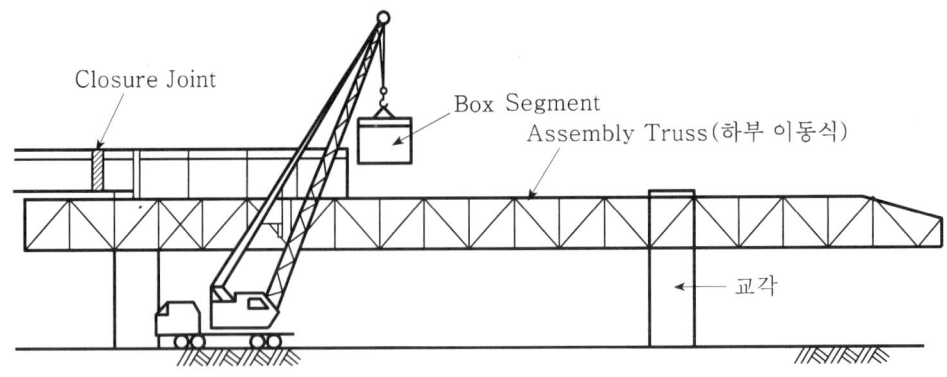

<Span By Span식>

(2) Cantilever식
　① FCM 공법과 유사하다.
　② 교각 좌·우로 균형을 유지하며 조립한다.
　③ 조합화된 각종 장비에 의해 가설한다.
　④ 가설오차 조정은 Closure Joint로 조정한다.
　⑤ 불균형 Moment 발생을 최대한 방지한다.
　⑥ 적용 경간은 30~120m 정도이다.
　⑦ 곡선반경 $R=150m$까지 시공 가능하며, 단면변화에도 적용이 가능하다.

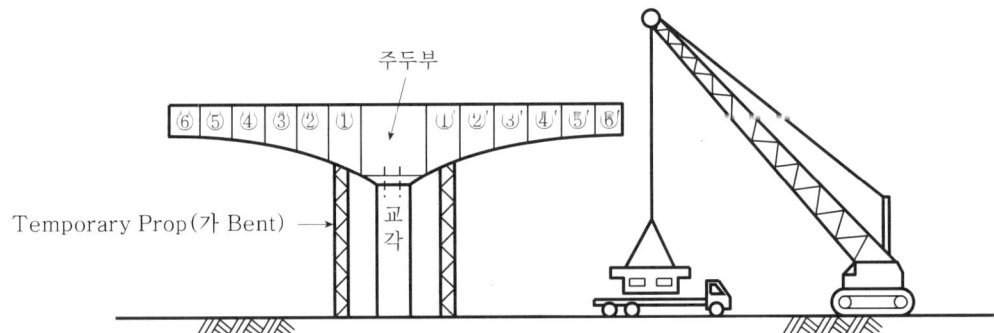

(3) 전진가설법
　① 캔틸레버식의 단점을 보완하여 한측에서 반대측으로 전진가설하는 공법이다.
　② 교각도달 즉시 영구받침 후 다음 경간으로 전진한다.
　③ 일시적 지지는 보조 Bent 또는 사장교 System을 적용한다.
　④ 연속적 작업으로 이미 시공된 상판 위로 Seg 운반이 가능하다.
　⑤ 곡선구조의 경우에도 시공이 유리하다.
　⑥ 불균형 Moment가 발생되지 않는다.

⑦ 첫번째 경간 작업시 동바리 시공 또는 임시 Bent를 이용한다.

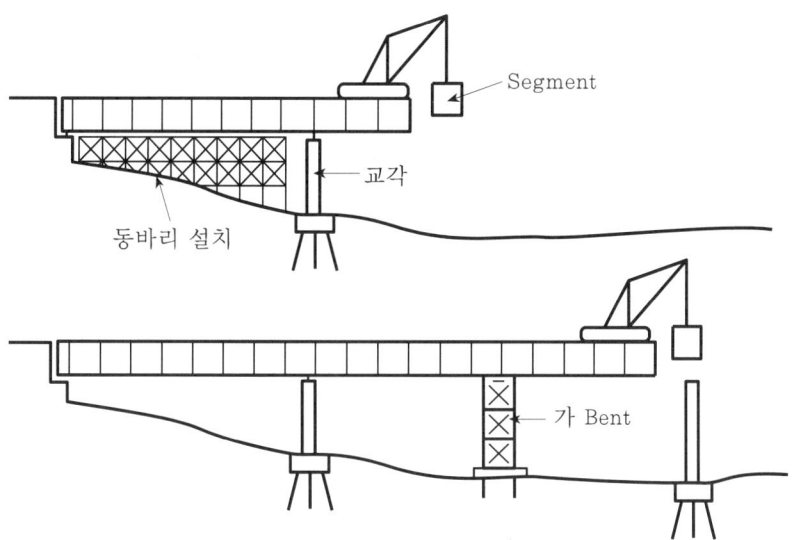

VI. 시공시 유의사항

(1) 거푸집의 허용오차
   ① 복부폭 : ±10mm 이내
   ② 상부 Slab : ±10mm 이내
   ③ 하부 Slab : ±5mm 이내
   ④ Segment 허용오차 : ±5mm 이내이어야 한다.

(2) Segment 취급
   변형방지 및 3점 지지 인양한다.

(3) Segment 접합
   ① 중심축에 직각방향으로 연결한다.
   ② 연결부 표면은 Match식과 Wide식으로 한다.
   ③ 접합부는 청소한 후 접착제를 사용한다.

(4) Closure Joint
   100mm 이상의 폭, 상부 Slab 두께 이상, Web 폭의 1/2 이상이 되게 한다.

(5) 긴장
  ① Temporary Tension(가설 위한 긴장)
  ② Continuity Tension(전체 유지 위한 긴장)
  ③ Internal Tension(Con'c 속에 매설)
  ④ External Tension(Con'c 외부에 설치)

Ⅶ. 결 론

(1) PSM 공법은 장대교량 건설에 적용되며 표준화·기계화 시공으로 공기단축은 물론 공사비 절감효과가 큰 공법이다.
(2) 국내 도입 초기단계로서 앞으로 많은 연구 개발이 필요한 공법이다.

6-5 FSLM(Full Span Launching Method) [08전, 10점]

I. 정 의

(1) FSLM 공법은 인천대교에서 시공한 공법으로서 교량상부 Girder의 1경간을 한 번에 육상에서 사전 제작하여 바지선으로 해상이동 후, 기시공한 교각 위에 대형 해상 크레인을 이용해 일괄 가설하고, 교량상부 위에 특수 가설장비를 배치하여 교량상부 1경간씩을 원하는 위치로 이동하여 순차적으로 가설하는 공법이다.
(2) 해상에 거푸집을 설치하고 콘크리트를 타설하는 일반 공법에 비해 품질이 우수하고, 공사기간도 대폭 단축하며 공사비 절감에도 탁월한 공법이다.

II. 시공 순서

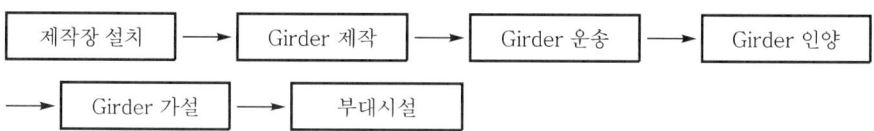

III. 특 징

(1) 품질관리
해상에서 교량의 상부공을 설치하는 재래식 공법에 비해 육상에서 일괄 제작하는 관계로 품질관리가 양호하고, 품질 또한 우수하다.

(2) 공사시간 단축
① 일반공법은 해상에서 고소작업으로 받침대를 설치하여 거푸집 설치 후 공사를 시행하는 관계로 공사기간이 많이 소요된다.
② 기후조건에 따라 공사기간에 연장되는 경우가 종종 일어나지만 FSLM 공법은 그러한 영향을 최소화할 수 있다.
③ 일반적으로 일반공법에 비해 95% 정도의 공기단축을 가져올 수 있다.

(3) 공사비 절감
① 공기가 절감되어 공사비 절감 및 품질관리도 용이한 공법이다.

② 기후조건이나 고소작업에 따른 작업능력 저하가 없어지고, 연속시공이 가능하며 품질관리의 단일화에 따라 공사비가 절감된다.

(4) 해상 대형크레인 필요
① 설치이동을 위한 3,000톤급의 대형크레인이 필요하다.
② 대형크레인의 사용으로 장비임대료는 증가한다.

> **7-1** 3경간 PSC 합성거더교를 연속화 공법으로 시공하고자 할 때 슬래브의 바닥판과
> 가로보의 타설방법을 도해하고, 사유를 기술하시오. [04후, 25점]
>
> **7-2** 합성형교에서 Shear Connector의 역할과 합성거동을 확보하기 위한 바닥판의
> 시공시 유의사항을 기술하시오. [05후, 25점]

Ⅰ. 개 요

PSC 합성거더교 공법은 미리 제작한 PSC Girder를 교각 위에 설치하고 가로보를 통하여 연결한 후 PSC Girder 상부에 연결된 Shear Connector(전단연결재)와 상부 Slab의 철근을 연결하여 현장에서 상부 Slab 콘크리트를 타설하는 합성구조이다.

Ⅱ. PSC 합성 Girder교의 특징

(1) 장점
  ① 교각작업과 PSC 거더 제작의 동시작업으로 공기단축 가능
  ② PSC 거더 제작은 전천후 시공이 가능
  ③ 경간이 18~36m 정도의 도로교에 적합

(2) 단점
  ① 넓은 제작장 부지가 필요
  ② 운반가설에 대형장비가 필요
  ③ 교각이 많이 필요

Ⅲ. 전단연결재(Shear Connector)의 역할

(1) 역할
  ① Slab와 거더(주형)의 일체화
  ② 합성 거동의 확보
  ③ 수평전단력에 대한 저항성 증대
  ④ Slab와 거더간의 마찰저항력 증가
  ⑤ Slab와 거더간의 부착력 증대
  ⑥ 교량의 내력강화
  ⑦ 교량의 강성증대

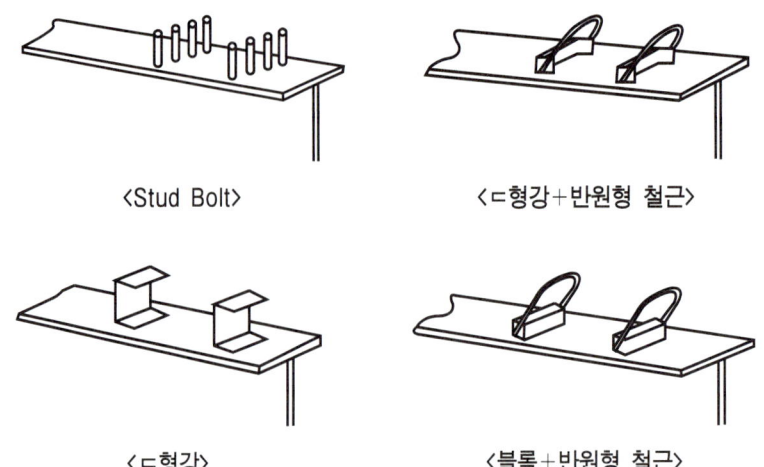

(2) 설치간격

   ① 최대간격은 바닥판 콘크리트 두께의 3배 이하 60cm 이하

   ② 최소간격은 Stud의 경우 교축방향은 중심간격 $5d$ 또는 10cm, 가로방향은 $d+3$cm

   ③ Stud와 Flange 연단 사이의 최소간격은 2.5cm

(3) 시공관리

   ① Stud의 지름은 19mm 또는 22mm를 표준으로 한다.

   ② 반원형의 지름은 철근지름의 15배 이상으로 한다.

   ③ 반원형 철근의 덮개는 철근지름 2배로 한다.

   ④ Stud를 제외한 전단연결재는 소정의 안전도검사를 해야 한다.

   ⑤ Stud의 재질은 인장강도 41~50kg/mm², 신장률 20% 이상 되는 재료를 사용한다.

Ⅳ. 시공순서 Flow Chart

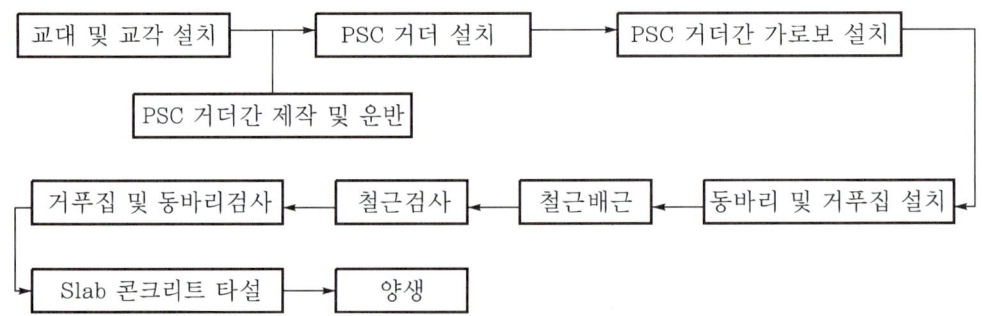

V. Slab 바닥판과 가로보 타설방법(시공시 유의사항)

(1) PSC Girder 설치

미리 제작된 PSC Girder를 교각 위에 설치한 후 전도방지를 위해 와이어로프로 고정한다.

(2) 가로보 설치

① PSC Girder 측면에 설치된 철근을 서로 용접으로 연결하고, 콘크리트를 타설하여 가로보를 설치한다.

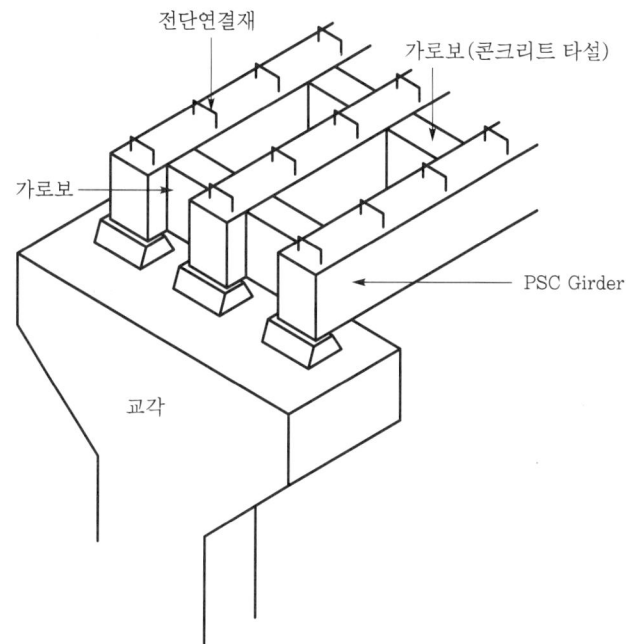

② 가로보 콘크리트 양생 후 와이어로프를 제거한다.
③ 역할(사유) : PSC Girder의 연결 및 고정

(3) 동바리 및 거푸집 설치

설치된 PSC Girder 위에 Slab Con'c 타설을 위한 동바리 및 거푸집을 설치하는 작업

(4) 철근배근

Slab Con'c에 매설되는 철근배근을 PSC Girder의 전단연결재와 연결하여 배근

(5) 철근검사

철근의 부식, 간격, 피복두께, 구부리기, 겹침이음, 결속상태 등의 점검

(6) 거푸집 및 동바리검사
거푸집의 누수, 변형, 표면, 박리제, 선형, 조립상태, 접합부, 침하, 타이볼트, 청소상태, 모떼기, 비계틀상태 등을 점검

(7) 콘크리트 타설
정해진 순서에 따라 Cold Joint가 발생하지 않게 시공계획에 따른 Con'c 타설

(8) 양생
습윤양생, 피막양생, Sheet 양생, 보온양생, 증기양생 등의 방법으로 Con'c 상태가 최상이 되도록 보양

Ⅵ. 결 론

(1) PSC합성 Girder교는 Girder에 작용하는 사하중과 활하중에 대하여 ⊕모멘트가 발생하는 만큼의 PS를 미리 가하여 응력을 상쇄시킬 수 있는 경제적인 교량이다.

(2) PSC합성 Girder교는 전단연결재로 Girder와 Slab를 결합하여 합성 거동확보가 매우 중요하므로 전단연결재의 간격과 Slab 철근과의 결합도관리를 철저히 하여야 한다.

7-3 2경간 연속 합성교의 슬래브 콘크리트 시공순서　　　　　　　　　　[98전, 20점]

7-4 강합성 거더교의 철근콘크리트 바닥판 타설계획시의 유의사항과 타설순서를 설명하시오.　　　　　　　　　　[10전, 25점]

I. 개 요

(1) 강합성 거더교의 바닥판 타설계획은 타설순서계획 및 Con'c 타설계획, 시공이음 처리계획, 양생계획 수립을 철저히 하여야 한다.

(2) 기수립된 시공계획에 준하여 타설순서 준수 및 시공이음부 처리 등에 특별한 시공관리를 하여 품질확보를 하여야 한다.

II. 타설순서(콘크리트 시공순서)

1. 일반적 원칙

(1) 주구조 타설
  주구조는 변형량이 큰 중앙부부터 타설

(2) 시공이음 위치
  ① 수평이음 : 바닥판 Hunch와 함께 타설
  ② 수직이음 : Bending Moment가 (+), (−) 변화되는 곳, 전단력이 최소가 되는 곳은 파형으로 이음을 둔다.

(3) 교축에 대해 좌우대칭 타설
(4) 교축방향에 대해 교각 중앙에서 좌우대칭 타설
(5) 이음수 최소화 : 주행성 향상
(6) 경제성, 공기, 안전성, 수송방법을 고려하여 시공계획 수립

2. 3경간 연속교(PC Box Type)

(1) 시공이음
  ① 수평방향 : Bottom Slab, Web, Deck Slab의 3단계로 나누고, Hunch부는 각 Slab와 함께 타설
  ② 종단방향 : BMD의 (+), (−)가 교차하는 곳에 두며, 수평방향의 이음과 동일 연직상에 오지 않게 파형이음을 둔다.

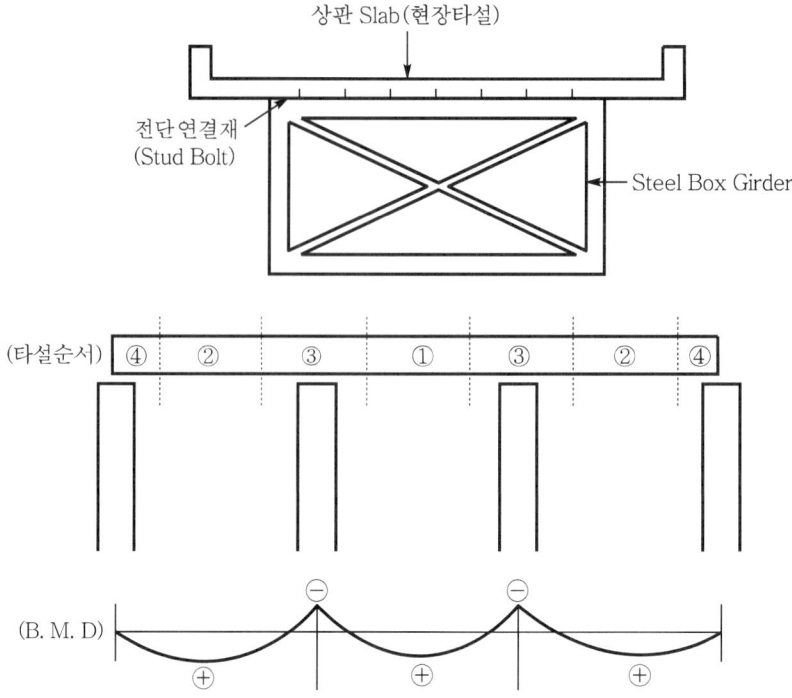

(2) 타설순서
   ① 교량부의 중앙부에서 시작
   ② 좌우대칭이 되게 계획된 순서대로 타설

(3) 이유
   ① 중앙부의 처짐이 가장 큰 곳을 우선적으로 시공하여 차후 Camber에 의한 솟음이 회복되게 한다(확인, 실측).
   ② 지점부 타설로 발생될 (+) Moment에 대비할 Con'c 강도가 충분히 발현 후 지점부를 타설한다.
   ③ 좌우대칭 시공으로 불균형에 의한 2차 응력발생 요인을 줄인다.
   ④ 지점부 최종적으로 마감하므로 Con'c 건조수축, 동바리침하 등에 의한 Crack 발생을 최소화한다.

(4) 시공이음면 처리
   ① 일반적 Con'c 시공이음면 처리와 동일
   ② Laitance 제거 : 습윤, 시멘트 Paste 도포 → 지수판, 신 Con'c 타설

Ⅲ. 바닥판 타설 계획시의 유의사항

1. 타설순서 계획

(1) 수평방향
  구조상 Bottom Slab, Web, Deck Slab 3단계로 구분하여 타설한다.

(2) 수직방향
  ① 시공이음 : 정(+), 부(−) 모멘트가 교차하는 지점에 시공이음을 둔다.
  ② 타설순서 : 타설순서는 중앙에서 좌우 대칭으로 실시하며 다음 순서로 한다.
    중앙⊕M → 양쪽⊕M → 중앙⊖M → 양쪽⊖M

(3) 타설순서 결정이유
  ① 처짐방지 : 중앙부의 동바리가 가장 많이 처지므로 좌우대칭으로 Con'c를 타설한다.
  ② 균열방지 : 지점부의 Con'c 건조수축과 동바리침하로부터 발생하기 쉬운 균열을 방지하기 위하여 마지막에 지점부의 Con'c를 타설한다.

2. Con'c 타설 계획

(1) Con'c의 타설시 재료분리가 일어나지 않게 하고 타설순서를 미리 계획하며 높이는 최소로 유지한다.
(2) 타설시 철근 및 거푸집 등의 변형에 유의하고 거푸집 구석 모서리까지 밀실하게 충전되도록 한다.
(3) 진동기의 삽입간격은 50cm 이하로 하고 진동을 가할 때에는 콘크리트의 윗면에 Cement Paste가 떠오를 때끼지 실시해야 한다.

3. 시공이음 처리 계획

(1) 수평 시공이음
  ① 구조물의 강도상 영향이 적은 곳에 설치하고, 필요시 지수판을 설치한다.
  ② Cold Joint에 유의하며, 이음면은 부재의 압축력을 받는 방향과 직각으로 설치한다.
  ③ 이음면의 Laitance 등은 솔 또는 Water Jet로 청소하고, 시멘트 Paste 등을 발라 밀실하게 한다.
  ④ 이음길이와 면적이 최소화되는 곳 및 1회 타설량과 시공순서에 무리가 없는 곳을 택하여 설치한다.

⑤ 이음개소는 먼저 부어넣은 콘크리트에 충격·균열 등의 손상을 주지 않게 주의하여 다진다.

(2) 수직 시공이음
① Cold Joint로 인한 불연속층이 생기지 않도록 이음면은 충분히 청소한다.
② 수화열, 외기온도에 의한 온도응력 및 건조수축균열을 고려하여 위치를 결정한다.
③ 방수를 요하는 곳은 지수판을 설치한다.
④ 가능하면 시공이음을 내지 않도록 한다.

4. 마무리 계획
① 바닥판 고르기는 수평실 또는 직선 규준대로 측정하여 수정하고, 각재 등의 적당한 기구로 고른다.
② 필요에 따라 흙손 등으로 미끈하게 고른다.
③ 수직 Joint 이음부위는 철근 주위를 평탄하게 잘 다지고, 나중에 물씻기에 편리하도록 중앙부를 약간 높인다.

5. 양생 계획
① 습윤보양을 원칙으로 하며, 타설 전 거푸집면에 충분히 살수하여 초기수화열에 의한 건조수축으로 균열발생이 생기지 않도록 한다.
② 한중에는 증기 및 전기양생이 좋고, 서중에는 Precooling 및 Pipe-Cooling을 고려한다.
③ 초기 동결융해나 급격한 건조수축을 방지하는 적절한 양생방법을 택한다.

Ⅳ. 결 론

(1) 강교 가설공사의 시공은 사전에 시공계획을 철저히 수립하여 제작공장과의 긴밀한 협의하에 균일한 품질과 적정한 시공속도를 유지하도록 노력해야 한다.
(2) 현장작업시 고소작업으로 인한 재해예방 대책을 수립하여 안전관리에 철저를 기하고, 건설공해에 대한 공해방지 대책을 세워야 한다.

7-5 콘크리트 소교량의 상부공 가설공법 중에서 프리플렉스(Preflex) 공법과 Precom (Prestressed Composite) 공법을 비교 설명하시오. [09중, 25점]

I. 개 요

(1) Preflex 공법은 고강도 강재 Beam을 미리 솟음을 두고 제작하여 하부플랜지에 인장응력이 생기도록 Preflex하중을 가한 후, 하부플랜지에 고강도콘크리트를 타설하여 경화한 다음 하중을 제거하면 강재의 복원력에 의해 하부플랜지에 Prestress가 도입되는 공법이다.

(2) Precom 공법은 허용응력이 다른 강재와 콘크리트를 효율적으로 합성시킨 강합성 Girder교로 거푸집을 I형 강재에 매달아 콘크리트 자중을 강재에 부담시킴으로써 인장에 취약한 콘크리트를 단순지지보 상태에서도 무응력구조로 유도한 공법이다.

II. Preflex 공법

1. 정의

(1) 고강도 강재의 보를 미리 솟음을 두고 제작하여, 하부플랜지에 인장응력이 생기도록 Preflex 하중을 가한 후, 하부플랜지에 고강도 Con'c를 타설하여 경화한 다음 하중을 제거하면 강재보의 복원력에 의해 하부플랜지에 Prestress가 도입된다.

(2) 이때 가하는 하중을 Preflex 하중이라고 하며 이렇게 콘크리트보에 Prestress를 도입시키는 것을 Preflex Beam이라 한다.

2. 제작방법

(1) 고강도 강재보 제작(공장 강재솟음)
공장에서 미리 강재솟음을 두고 제작한다.

(2) Preflex 하중재하
양측 1/4 지점 두 곳에 하중을 현장에서 재하한다.

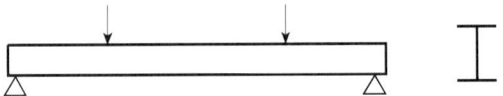

(3) 하부플랜지 Con'c 타설

강재보 하부에 요구되는 인장응력이 발생될 때 Con'c 강도 40MPa 이상의 Con'c를 하부플랜지에만 타설한다.

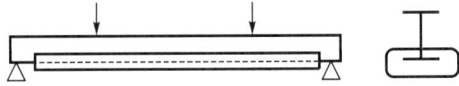

(4) Preflex 하중 제거(Release)

① Con'c에 충분한 강도가 발현될 때 강재보에 주어진 하중을 제거하면 고강도 강재의 복원력에 의해 하부플랜지에 Prestress가 도입된다.
② 이때 원래의 솟음이 감소한다.

(5) 설치

제작된 보를 현장이동 후 설치하고 복부 및 상부, Flange에 Con'c를 타설한다.

3. 도입방법

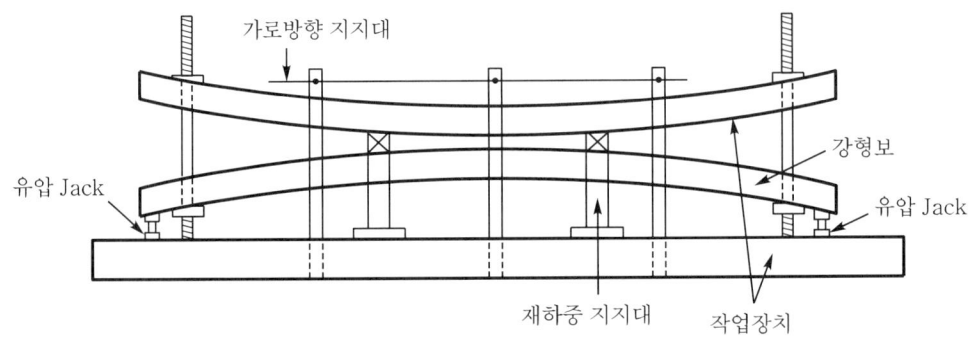

〈도입 전〉

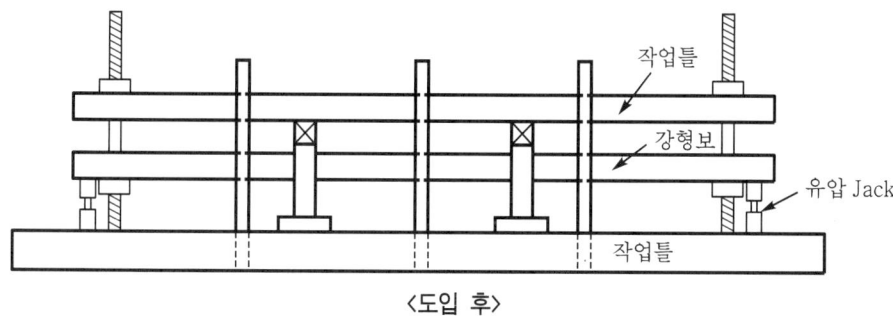

〈도입 후〉

Ⅲ. Precom 공법

1. 정의

(1) Precom 허용응력이 서로 다른 강재와 콘크리트를 효율적으로 합성시킨 강합성 거더교다.
(2) 거푸집을 I형 강거더에 매달아 콘크리트 자중을 강재에 부담시킴으로써 인장에 취약한 콘크리트를 단순 지지보 상태에서도 무응력구조로 유도한 공법이다.

2. 특징

(1) 형하고
① 지간에 비해 형하가 낮아 형하공간 확보에 용이하고 본선 종단계획에 유리하다.
② 형고가 낮으므로 토공량, 용지보상비가 절감된다.

(2) 우수한 구조성능
① 거더의 중립축이 낮아 가설시 전도의 위험이 없고 활하중에 의한 변동응력이 작아 피로성능이 우수하다.
② 강교의 표면을 콘크리트로 피복을 하므로 강형의 복부좌굴에 대해 안전하고 특히 해상구간 적용시 유리하다.

(3) 시공성 우수
거더 가설시 크레인 일괄 가설공법 적용으로 교통통제가 양호하고 별도의 하부 동바리공 설치가 필요없다.

(4) 기술축적이 부족
신기술로 인하여 적용구간이 적어 기술축적이 미흡하다.

3. Precom 제작방법

(1) 강재 거더 제작

(2) 지주설치 및 강거더 거치

(3) 철근조립 및 시스관 설치

(4) 지주 및 거푸집 설치

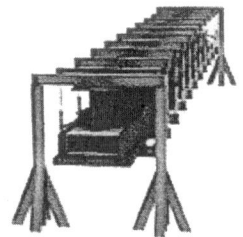

(5) 콘크리트 타설 및 증기양생

(6) 긴장대 설치

(7) 긴장

(8) 거더 완성

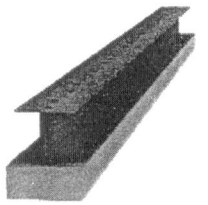

Ⅳ. 프리플렉스 공법과 Precom 공법의 비교

특 징	Preflex 공법	Precom 공법
최저 경간장	20~30m	30~50m
형하고	형하고가 낮다.	형하고가 Preflex보다 낮다.
하부조건	하부조건에 무관하다.	하부조건에 무관하다.
시공속도	시공속도는 보통이다.	시공속도가 빠르다.
경제성	가설과 제작의 분리로 가설비공사비가 추가로 발생한다.	가설시 일체 시공으로 우수하다.

Ⅴ. 결 론

(1) 일반 철골슬래브의 경우 콘크리트를 타설 후 상부슬래브에서 뛰어보면 슬래브가 울리는 것을 느낄 수 있을 정도로 진동이 있는 반면에 프리플렉스빔이나 Precom 공법은 상부에서 뛰어보면 슬래브의 진동이 거의 느껴지지 않는다.

(2) Precom 공법은 프리플렉스빔을 보완한 공법으로 여러 가지 장점이 있는 공법이기 때문에 앞으로 많은 현장에서 사용이 가능하고 기술축적이 가능한 공법이다.

7-6 소수 주형(Girder)교 [09전, 10점]

I. 정 의

(1) 소수 주형교는 단면과 횡방향 구조재를 단순화한 플레이트 Girder교를 의미한다.
(2) 상부 구조형식은 주 Girder의 최소화, 바닥판의 장지간화(지간장 : 5.5m~10m), 수직 및 수평 보강재의 최소화를 통한 주 Girder 단면의 단순화, 수직 및 수평 프레이싱의 생략과 가로보의 적용 등이 주요 특징이다.

II. 소수 주형교의 구조

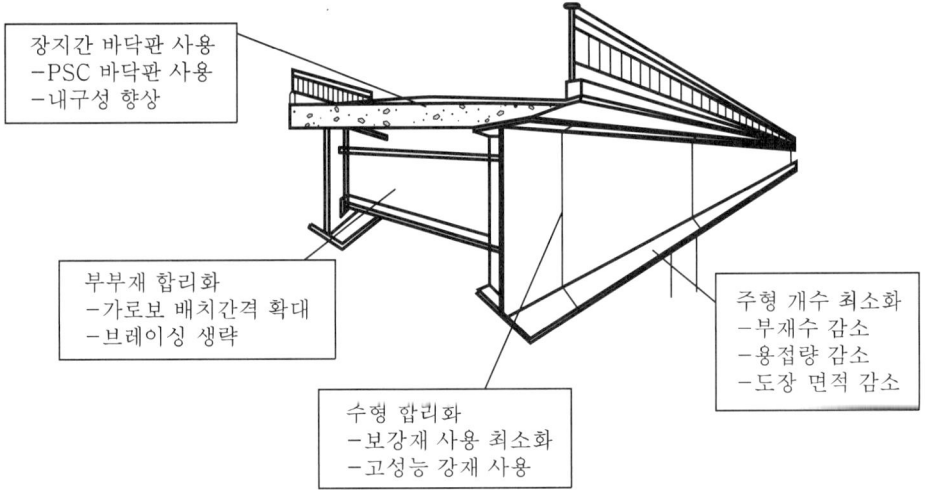

III. 소수 주형교의 특성

(1) 주 Girder 개수의 최소화
   주 Girder의 개수를 최소화(2~3개)하여 설계의 단순화

(2) 극후판 사용
   두꺼운 플랜지와 주 Girder를 사용하여 강성확보

(3) 형고의 증가
   주형수의 감소로 형고가 10~20% 정도 증가

(4) 가로보 구조의 합리화
    설치간격을 10m 내외로 하며, 시공중인 형강의 사용도 가능하여 제작 간소화

(5) 구조의 단순화
    주형 및 bracing 부재수의 감소로 구조 단순화와 시공성 및 품질관리 용이

(6) 미관 우수
    단순한 외관 및 Cantilever부의 확대로 주형이 차지하는 폭이 작아 미관이 우수

(7) 용접개소 감소
    용접량의 감소로 피로에 대한 내구성이 뛰어나 품질관리가 용이

> **8-1** 산악지역에 건설되는 장대교량 공사에서 높이 60m, 중공 철근콘크리트 교각의 건설공법에 관하여 기술하시오. [98전, 40점]
>
> **8-2** 콘크리트 고교각 시공법의 종류와 특징 및 시공시 고려사항을 설명하시오. [08중, 25점]
>
> **8-3** 고교각 및 사장교 주탑시공에 적용하는 거푸집공법 선정이 공기 및 품질관리에 미치는 영향을 설명하시오. [06후, 25점]
>
> **8-4** 간만의 차가 큰 서해안 연육교 공사현장에서 철근콘크리트 구조의 해중교각을 시공하려 한다. 구조물에 영향을 주는 요인들을 열거하고, 시공시 유의사항에 대하여 설명하시오. [05전, 25점]
>
> **8-5** 수중교각공사에서 시공관리시 관리할 항목별 내용과 관리시 유의사항을 설명하시오. [11전, 25점]
>
> **8-6** 교각의 슬립 폼(Slip Form) [11후, 10점]

Ⅰ. 개 요

(1) 콘크리트 고교각(장대교각) 시공법은 콘크리트를 연속 설하여 품질향상 및 공기 단축도 가능한 거푸집 공법을 선정하여야 한다.

(2) 해중 교각시공시에는 해수면 내에서 콘크리트의 Joint가 없어야 하며, 수중에서의 재료분리가 발생하지 않도록 관리하여야 한다.

Ⅱ. 콘크리트 고교각(장대교각) 시공법의 종류와 특징

1. ACS(Auto Climbing Form)

(1) 정의

① Auto Climbing Form은 1개를 높이로 제작된 System Form을 Hydraulic Jack과 Climbing Profile을 이용하여 상승시키며 1개 층높이의 콘크리트를 타설하는 거푸집공법이다.

② 양중장비가 필요 없고, 스스로 상승하므로 Self Climbing Form이라고도 한다.

(2) Auto Climbing Form 시공순서

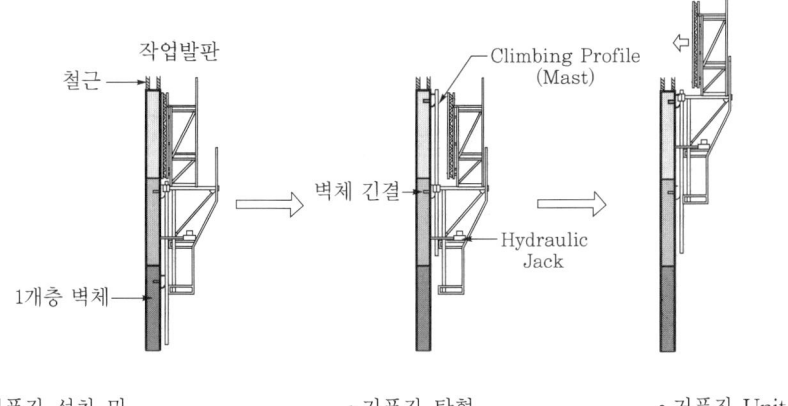

(3) 특징
① 양중장비 필요 없이 스스로 상승하므로 Self Climbing Form이라고도 함
② 벽체의 변형(두께, 평면 등)에 대처 가능
③ Embed Plate 설치가 자유로움
④ Stock Yard에서 선조립 후 설치
⑤ 1개 층 분으로 제작되므로 거푸집길이가 길어짐
⑥ RC구조물의 Core 부분에 많이 채택

2. Sliding Form

(1) 정의
일정한 평면을 가진 구조물에 적용되며 연속하여 콘크리트를 타설하는 공법으로 단면의 변화가 없는 구조물에 사용되는 공법이다.

(2) 시공순서

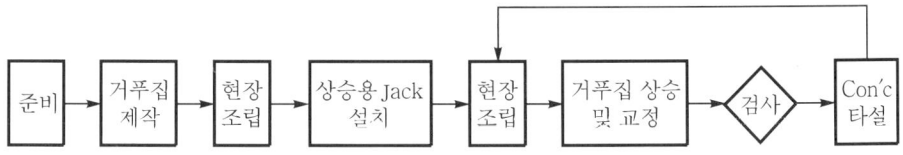

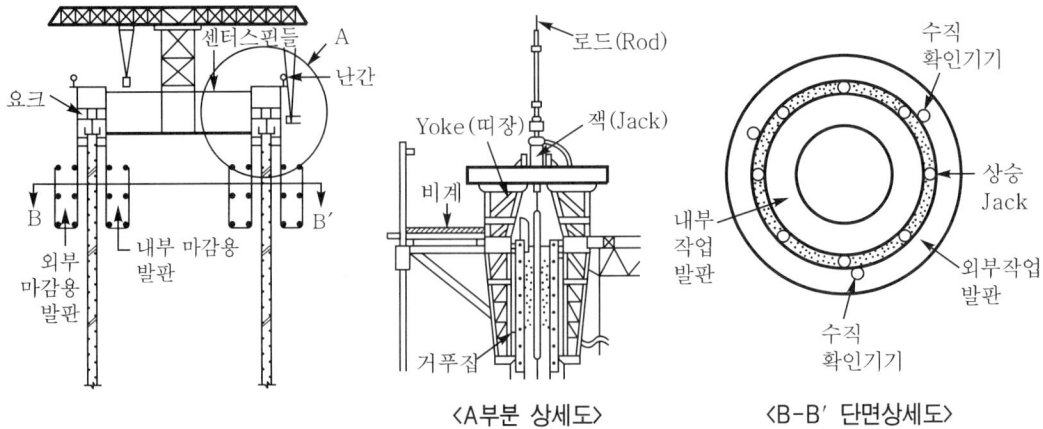

<A부분 상세도>   <B-B' 단면상세도>

(3) 특징
  ① Con'c 연속타설로 인한 공기단축
  ② 외부 비계생략과 거푸집의 높은 전용으로 원가절감
  ③ 연속타설에 의한 Con'c의 일체성 확보
  ④ 작업공정이 단순하여 비교적 안전한 공법
  ⑤ 시작하면 작업종료 때까지 중단 없이 연속작업
  ⑥ Con'c의 균일한 품질은 일정한 상승속도에 좌우

3. Slip Form

(1) 정의
   Slip Form 공법은 단면의 형상에 변화가 있는 공법에 적용이 가능하며 수직으로 상승하면서 연속으로 콘크리트를 타설하는 공법이다.

(2) 시공순서

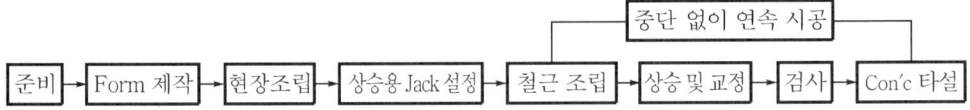

(3) 특징
  ① 거푸집 높이는 0.9~1.2m 정도
  ② 벽체의 변형(두께, 평면 등)에 대체 가능
  ③ 설치 및 해체품의 절감
  ④ 최상부 Slab 콘크리트 타설시 안전확보
  ⑤ 단면 변화가능
  ⑥ Sliding Form 공법에 비해 1일 상승높이가 작다.
  ⑦ 시공안전성, 정밀도를 고려하여 주간에만 작업

Ⅲ. 고교각 시공시 고려사항

(1) 거푸집 제작시 내·외벽 마감작업용 발판 설치
(2) 주간·야간 연속작업으로 인한 충분한 기능공 확보와 돌발사태 발생시 여유 인력 확보
(3) Con'c 공급시 연속공급 능력 및 문제발생시 대처방안 모색
(4) 가설공사로 동력, 야간조명시설, 양중장비, 작업발판, 안전난간, 추락방지망 등 설치
(5) 수평 및 연직상태를 계속해서 확인
(6) 거푸집 탈형시 Con'c 손상 및 균열 예방
(7) Jack 여유 용량 및 Rod에 가해지는 하중
(8) 야간작업, 고소작업으로 인한 안전사고
(9) Con'c의 적정한 W/C비, Slump값, 혼화제를 사용하여 품질을 확보
(10) 우기중 공사시 W/C비 변경, 상승속도 조절로 품질유지
(11) 철근간격, 이음위치, 이음길이, 피복두께 원칙을 준수
(12) 최상수 Slab Con'c 타설시 지보공의 지지력 확보

Ⅳ. 거푸집 공법선정이 공기 및 품질관리에 미치는 영향

(1) 공기에 미치는 영향
   ① 거푸집의 설치 및 해체시간
   ② 비계의 설치공정 유무
   ③ 연속작업 가능 여부
   ④ 고소작업에 따른 작업성 및 안정성
   ⑤ 콘크리트 타설 Cycle Time
   ⑥ 단면 변화에 대한 대응
   ⑦ 단위공사의 시공속도
   ⑧ 공기 예측가능 여부

(2) 품질관리에 미치는 영향
   ① Cold Joint 발생 여부
   ② 피복두께 확보
   ③ 건조수축균열 발생 여부
   ④ 콘크리트 재료분리 미발생
   ⑤ 조기강도 확보
   ⑥ 수밀성 확보가능 여부

⑦ 마감공사의 시공성
⑧ 콘크리트 품질관리의 용이성

Ⅴ. 구조물에 영향을 주는 요인(관리할 항목)

(1) 염화물
① 해양환경 내 콘크리트 표면의 염화물 농도

해안으로부터의 거리(m)	해안선	100	250	500	1,000
염화물 농도(kg/m³)	9.0	4.5	3.0	2.0	1.5

② 철근부식 발생 : 염소이온, 물, 산소가 콘크리트를 통과하여 철근과 만나면서 $Fe(OH)_2$(산화제이철)인 적색의 녹 발생

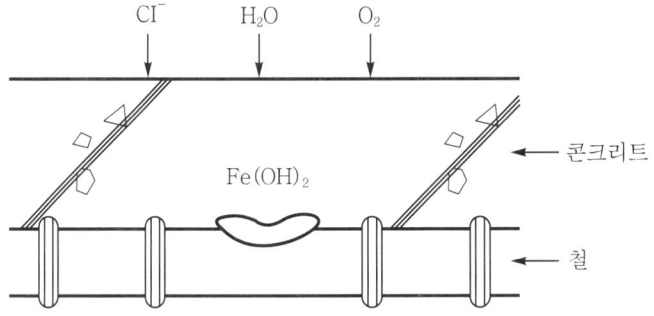

(2) Joint
해수면 아래에서의 이음이나 특히 Cold Joint가 발생하지 않도록 콘크리트 타설계획 철저

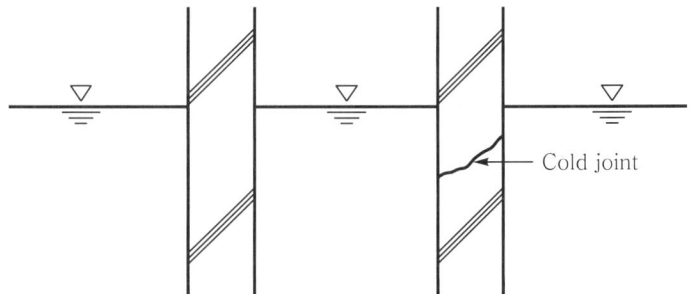

(3) 파랑에 의한 마모
① 파랑에 의한 콘크리트의 마모 발생
② 특히 비말대에 위치한 교각에 대해서는 마모에 대한 대책 마련

(4) 균열
　① 균열 발생시 염분의 침투로 철근의 부식이 빠르게 진행
　② 구조물의 내구성에 악영향을 미침

(5) 건조와 습윤의 반복
　① 건조와 습윤이 반복되는 구조물의 내구성 저하
　② 적정 마감공사를 실시하며 지속적 유지관리가 필요

VI. 시공시 유의사항(관리시 유의사항)

(1) 초기보양 필요
　해수에 의해 콘크리트 속의 Mortar가 유실되지 않도록 5일 이상 보호

(2) Construction Joint 위치 준수
　시공이음(Construction Joint)은 만조시 해수면으로부터 60cm 이상 높은 곳에 설치

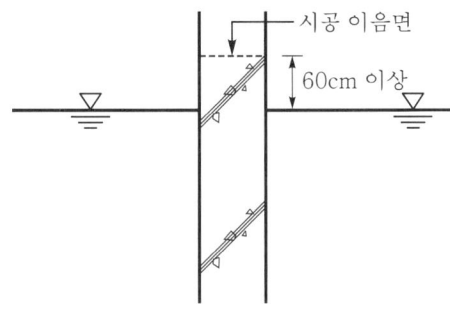

(3) 배합적 대책
　① 물시멘트비 : 내구성에 의한 AE 콘크리트의 물시멘트비

환경조건 \ 시공구분	현장시공	공장시공
물보라 지역	45% 이하	45% 이하
해상 대기	45% 이하	50% 이하
해중	50% 이하	50% 이하

　② 단위시멘트량

환경조건 \ 굵은골재 최대치수	25mm	40mm
물보라 지역	330kgf/m³	300kgf/m³
해상 대기	330kgf/m³	300kgf/m³
해중	300kgf/m³	280kgf/m³

(4) 피복두께 확보

환경조건에 따라 건축표준시방서보다 피복두께를 더해 주어야 함

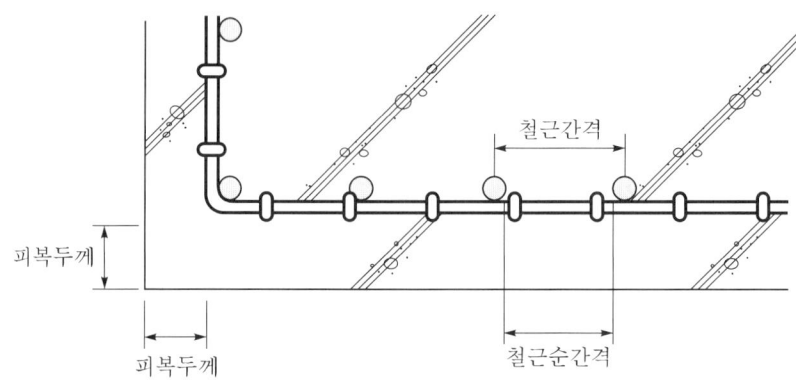

(5) 시공적 대책

① Con'c 표면에 도막방수 등을 실시

② 다짐을 철저히 하고, 공극률을 작게 하여 철근 Con'c의 강성을 높임

③ Con'c의 초기양생은 균열을 방지하여 염분의 침투방지

(6) 콘크리트 내부 염화물 저감

해양콘크리트 내부로부터의 염화물을 저감시켜 염해에 대한 저항성 증대

구 분	대 책
모래	건조중량의 0.02% 이하
콘크리트	$0.3 kgf/m^3$ 이하
배합수	$0.04 kgf/m^3$ 이하

Ⅶ. 결 론

(1) 입지조건이 나쁜 지역에서의 고교각 건설공법은 시공성을 우선적으로 검토하여 공기를 감안한 공법을 시행하여야 한다.

(2) 해양환경에 노출된 콘크리트 구조물은 염해에 의한 철근부식이 구조물의 내구연한을 최고 50%까지 감소시킨다는 연구결과가 있으므로 염해대책을 수립한 후 시공에 임해야 한다.

8-7 사장교와 현수교의 시공시 중요한 관리사항을 설명하시오. [10중, 25점]
8-8 사장교와 현수교의 특징 비교 [11중, 10점]

Ⅰ. 개 요

(1) 사장교와 현수교는 소정의 위치에 주탑을 세우고, 주형을 적당한 위치에 짧은 간격으로 배치한 다수의 Cable로 연결한 교량이다.
(2) 좌굴에 대한 안정성과 휨의 곡률반경을 확보함으로써 주형의 높이와 휨강성을 작게 한 장대교량 건설공법의 하나이다.

Ⅱ. 사장교와 현수교의 특징 비교

1. 사장교

(1) 정의
    사장교란 주탑과 주형 및 케이블로 구성되며, 주탑은 교량에서 발생하는 전 수직하중을 기초지반에 전달하는 교량의 형식이다.

(2) 특징
    ① 미관이 수려하다.
    ② 현수교에 비해 지간이 짧다.
    ③ Anchorage가 없다.
    ④ 대형 직접기초가 필요하다.

(3) 분류
    ① Harp Type
    ② Semi-Harp Type
    ③ Fan Type

2. 현수교

(1) 정의
    현수교란 주탑(Tower) 및 Anchorage로 주 Cable을 지지하고, 이 Cable에 현수재를 매달아 보강형을 지지하는 교량형식을 말한다.

(2) 특징
   ① 미관이 수려하다.
   ② 사장교에 비해 지간을 길게 할 수 있다.
   ③ 주 Cable의 장력을 대지로 이끄는 Anchorage가 있다.
   ④ 지지하중이 분산되어 기초가 크지 않다.

(3) 분류
   ① 자정식
   ② 타정식

3. 사장교와 현수교의 특징 비교

구 분	사장교	현수교
지간	비교적 짧다.	길다.
상판 형식	콘크리트	트러스, 강박스
Anchorage	無	有
케이블 연결	주탑에 직접 연결	케이블간의 연결 후 주탑에 연결
대표 교량	서해대교, 올림픽대교, 돌산대교, 진도대교	남해대교, 광안대교, 영종대교, 수승대교

Ⅲ. 사장교와 현수교의 시공시 중요 관리사항

(1) 정밀도관리
   ① 부재 및 블록의 공장제작시 품질 및 정밀도관리
   ② 정밀하게 제작된 각 부재를 현장에 조립시 정밀도관리
   ③ 주탑에서의 기초부와 연결부 마무리의 정도관리
   ④ 보강형의 핀 연결부관리
   ⑤ 각 블록의 연결부 등 주요 부위에 대해서는 더욱 정밀한 제작을 요구

(2) 시공오차관리
   ① 보강형의 가설시와 사장재·주형의 가설단계 장력 검토
   ② 행거나 사장재에 도입 장력을 설계시 시공오차 검토
   ③ 가설오차를 실제 계측치를 이용하여 조정
   ④ 케이블요소를 포함한 고차 부정정구조물의 경우 가능한 한 가조립을 실시

⑤ 부재의 정밀도를 확보한 후, 응력과 형상을 관리하면서 가설
⑥ 오차분석을 통해 현단계의 허용오차가 교량의 완성시에 미치는 영향을 검토하여 다음 단계의 오차관리치를 수정

(3) 관리시스템 점검
① 자동계측을 위한 제어 및 계측시스템
② 분석시스템
  ㉠ 계측자료를 분석하여 시공시 오차량을 파악
  ㉡ 오차에 대한 수정과 그 영향을 파악하여 교량시공에 반영
③ 계측시스템 : 전기적인 신호로 컴퓨터를 이용하여 일괄관리

(4) 주형 캠버관리
① 주형 캠버계측은 상판 상면에서 수준측량(레이저측량기, 광학식측량기) 실시
② 계측위치
  ㉠ 케이블 정착점, 이음부위치, 지점위치에서 각 점의 중앙과 양단부 3점
  ㉡ 주탑 경사도 계측은 상판 위에서 레이저 측량기나 Transit을 이용
③ 자동계측을 위한 계측기기로는 수위계나 CCD(Charge Coupled Device) 카메라 등이 상용
④ 관리방법
  ㉠ 주형 내부에 설치한 관의 수위를 이용하여 수면과 계기의 높이를 측정
  ㉡ 형단부에 설치된 수위계와의 상대차를 구해 캠버를 측정
  ㉢ CCD 카메라는 레이저 광원과 조합하여 주형의 캠버나 주탑의 경사도 측정

(5) 사장재와 행거의 장력관리
① 가설시 사장재와 행거의 장력계측
  ㉠ 장력도입시의 관리
  ㉡ 장력도입 후 유압잭을 사용하지 않는 상태에서의 계측관리
  ㉢ 장력조정 이전에 각 케이블에서의 조정 유간량과 케이블 장력간의 명확한 상관관계를 파악
② 정착된 사장재와 행거의 장력계측
  ㉠ 케이블에 설치된 가속도계를 이용하는 진동법
  ㉡ 로드셀에 의한 방법

Ⅳ. 결 론

사장교와 현수교는 외관이 수려하고 경제성이 우수하므로 많이 적용되고 있는 공법이나, 시공시 관리 Point를 인지하고 시공의 정밀도를 높여야 구조적 안정성을 보장할 수 있다.

8-9 자정식 현수교   [07중, 10점]

I. 정 의

(1) 현수교란 주탑(Tower) 및 Anchorage로 주 Cable을 지지하고, 이 Cable에 현수재를 매달아 보강형을 지지하는 교량형식을 말한다.
(2) 현수교의 종류에는 Cable의 강력을 보강형이 지지하는 자정식(Self Anchored Type)과 Cable의 장력을 Anchorage로 지지하는 타정식(Earth Anchored Type)이 있다.
(3) 자정식 현수교의 대표적인 것으로는 미국 금문교의 중앙 경간이 1,280m이며, 우리나라에서는 영종대교와 소로대교가 그 대표적인 교량 형식이다.

II. 현수교의 구성

구 성	용 도
주 Cable	주요 인장재
Anchorage	주 Cable의 장력을 대지로 이끄는 부분
주탑	주 Cable의 최고점을 지지하는 강제 또는 철근콘크리트 구조
보강형	Plate Girder 또는 Truss
현수재	보강형을 주 Cable에 매다는 것

III. 자정식 현수교

(1) 정의
  ① 주 Cable이 교량의 몸체인 상판에 직접 지지되는 방식이다.
  ② 자정식 현수교는 주 Cable과 보강형을 먼저 가설한 후 Hanger를 설치하여야 하므로 초기 긴장력이 필요하다.
  ③ 보강형에 큰 압축력이 발생하므로 대변위를 고려한 기하학적인 비선형에 대한 해석이 필요하다.

(2) 시공

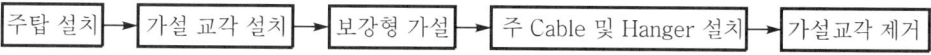

① 주탑 설치

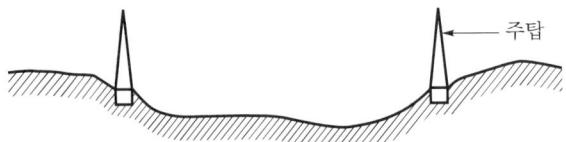

② 가설교각 설치

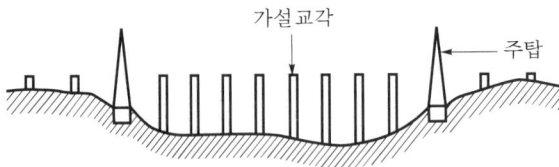

③ 보강형 가설

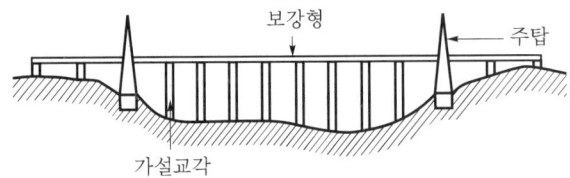

④ 주 Cable 및 Hanger 설치

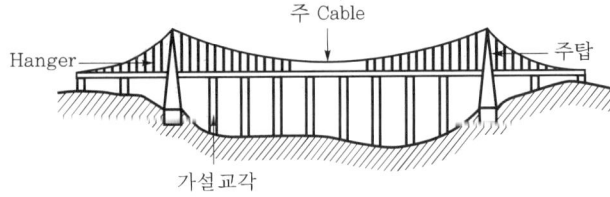

⑤ 가설교각 제거

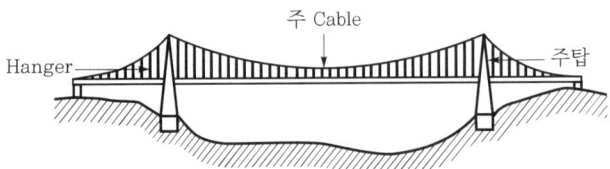

8-10 엑스트라도즈(Extradosed)교의 구조적 특성과 시공상의 유의사항을 기술하시오.
[06중, 25점]

8-11 Cable 교량 중 Extradosed교의 시공과 주형가설에 대하여 기술하시오. [09전, 25점]

I. 개 요

(1) Extradosed교는 사장교의 일종으로 소정의 위치에 주탑을 세우고, 주형의 적당한 위치에 짧은 간격으로 배치한 다수의 Cable로 연결한 교량이다.
(2) 좌굴에 대한 안정성과 휨의 곡률반경을 확보함으로써 주형의 높이와 휨강성을 적게 한 장대교량 건설공법 중의 하나이다.

II. 구조적 특성

(1) 장점
  ① 지간에 대한 Girder 높이의 비가 낮다.
  ② 적은 수의 교각으로 장대교 시공이 가능하다.
  ③ 기하학적인 곡선을 나타낼 수 있다.
  ④ 미관상 현대적 감각을 지닌 수려한 교량이다.
  ⑤ 활하중의 사하중에 대한 비가 작다.

(2) 단점
  ① 설계·구조계산이 복잡하다.
  ② 주탑과 Cable의 부식이 우려된다.
  ③ 가설시 하중의 균형유지가 곤란하다.

III. Extradosed교의 시공

1. 주탑

(1) 구조물 전체 구상에 영향을 주는 근본적 요소로 미적인 면과 경제적인 면에 영향을 준다.
(2) 압축과 휨응력을 받게 되므로 Con'c 또는 Steel 부재로 되나 대체로 Con'c재가 많다.
(3) 형상은 Cable의 배열에 따라 결정된다.

(4) 높이는 Cable의 경사를 고려하여 최적 조건에 따라 결정된다.

2. Deck Slab(주형)

(1) 사용재료
Concrete, Steel, 합성 Girder가 주종을 이룬다.

(2) 형상
사용재료와 건설형태에 따라 형상이 달라진다.

(3) 경제성
사용재료와 경간길이에 따라 달라지는데 Concrete는 450m까지 가능하나 Steel은 450m 이상도 시공이 가능하다.

(4) Stay Cable
다수의 Stay Cable 시공으로 Deck Slab의 강성감소, 안정도 증가, 단면감소로 인하여 자중 감소효과가 있다.

(5) 다수 Cable의 장점
① Deck 두께의 감소효과
② FCM 공법 적용시 Temporary Tension 없이 직접 Stay Cable만으로 작업이 가능하다.

3. Cable

(1) 배열에 따라
① 횡방향
  ㉠ Single Plane-Vertical, Lateral
  ㉡ Double Plane-Vertical, Sloping
② 종방향
  ㉠ 방사형
  ㉡ Harp형
  ㉢ Fan형

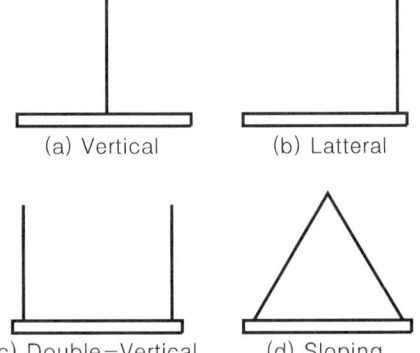

(a) Vertical (b) Latteral
(c) Double-Vertical (d) Sloping

〈Cable의 횡방향〉

(2) 다수 Cable이 유리한 이유
① 자중이 감소된다.
② Cable 교체가 용이하다.

③ 사하중에 의한 휨 Moment가 적다.
④ 활하중에 의한 Deflection이 적다.

Ⅳ. 주형가설

(1) Staging Method

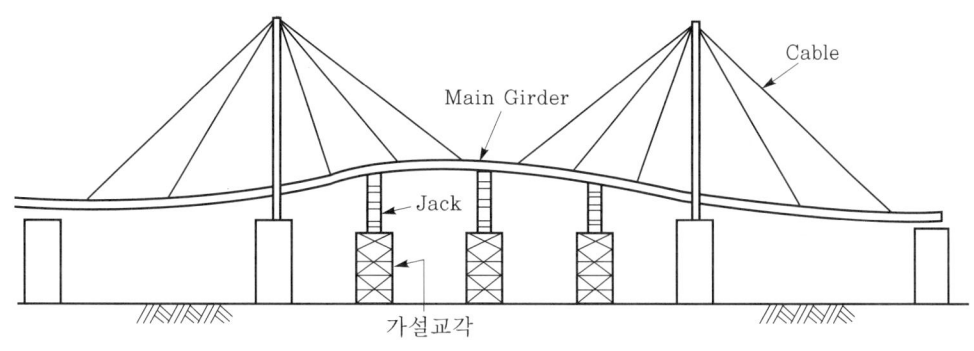

<Staging Method>

① Main Girder를 Jack으로 들어올려 Cable을 설치한다.
② Jack을 풀면서 Main Girder를 Cable로 지지한다.
③ 가설교각을 제거한다.
④ 교하공간이 낮고 교통방해가 없을 때 적용한다.
⑤ 요구하는 기하학적 구조를 정확하게 유지할 수 있다.

(2) Push Out Method
① 교량 Deck를 교대 뒤쪽에서 제작한다.
② Cable 가실 후 Roller 또는 Sliding Pad를 이용하여 밀어내어서 설치한다.
③ 양쪽 교대에서 중앙으로 또는 한쪽에서 반대쪽으로 밀어낸다.
④ 유럽 지역에서 많이 적용된 예가 있다.
⑤ 캔틸레버 공법으로 가설이 불가능할 때 이용된다.

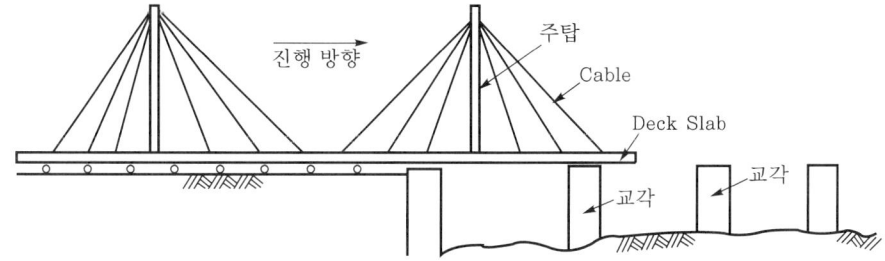

(3) Cantilever Method
  ① 사장교를 FCM 공법을 적용하여 가설하는 것이다.
  ② 가장 발전된 공법으로 교하공간의 영향을 받지 않는다.
  ③ Cast-in-Situation과 Pre-cast 방식이 있다.
  ④ 시공중 불균형 Moment에 대비해야 한다.
  ⑤ 올림픽대교 사장교 구간에 적용되었다.

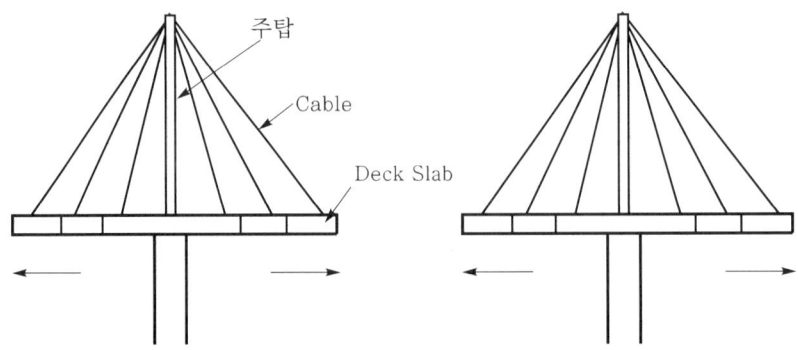

Ⅴ. 시공상 유의사항

(1) 기초지반 처리
   지반이 연약하여 침하발생이 우려될 때 지반 처리하여 침하가 생기지 않게 한다.

(2) 거푸집 자재 결함
   충분한 강성을 가지는 거푸집을 사용하여 국부적인 침하발생을 방지한다.

(3) 타설순서
   설계도서 및 시방서에 규정된 타설순서에 따라 타설하여 구조물의 이상응력 발생을 방지한다.

(4) 예비장비 보유
   예기치 않는 장비고장에 따른 Cold Joint 발생방지를 위하여 소모성이 큰 기계·기구에 대해서는 여유분을 둔다.

(5) 건조수축 발생방지
   급격한 수분증발을 방지하기 위한 조치를 취하고, 강렬한 직사광선으로부터 콘크리트면을 보호한다.

(6) 거푸집 및 동바리검사
   ① 치수 및 선형의 유지
   ② 거푸집의 청소상태
   ③ 박리제의 도포 여부
   ④ 지보공의 안전성
   ⑤ 타설시 변형유무 점검
   ⑥ Form Tie 등 거푸집 안정성검사

(7) 교통상황 확인
   ① 주변 교통상황
   ② 현장 내 차량의 이동

(8) 기상예보 확인
   ① 강우, 강설 예상시의 대책
   ② 강우 예상시 타설중단
   ③ 기상청 주간단위 일기예보 확인

(9) 품질관리

   콘크리트 타설시 콘크리트 Slump, 공기량, 염화물 함유량 등 필요한 시험을 실시한다.

(10) 양생

   습윤양생을 원칙으로 하며 필요시 보온, 살수, 차양막 등을 이용하여 콘크리트를 외력으로부터 보호한다.

Ⅵ. 결 론

(1) Extradosed교는 보통 형교(Beam Bridge)와는 구조 자체가 전혀 다른 교량으로 주형을 Cable에 매달아 놓으므로 교각의 수를 줄이고, Stay Cable의 사용량·사용방법에 따라 단면과 자중을 감소시킬 수 있는 특수한 공법이다.

(2) 최근 장대교량에 적합한 구조형식으로 Extradosed교가 경제성은 물론 외관의 아름다움과 우수한 구조에 의하여 주목을 끌고 있어 발전의 가능성이 큰 공법이다.

8-12 하이브리드(Hybrid) 중로 아치교 [09후, 10점]

I. 정 의

(1) Hybrid 개념을 도입하여 구조효율의 극대화 및 경제성을 도모하기 위하여 장경간의 중앙부는 강재, 측면 경간부는 콘크리트를 적용한 복합구조의 교량이다.
(2) 중앙부의 고정하중을 감소시켜 아치효과에 의해 발생하는 기초수평력을 최소화하여 연약지반에도 효율적인 교량형식이다.

II. 하이브리드(Hybrid) 중로 아치교의 형상

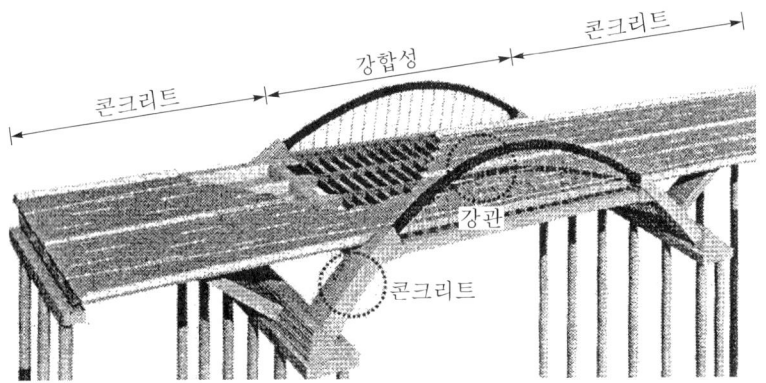

III. 특 징

(1) 구조효율의 극대화
  ① 아치리브 : 콘크리트(하단)+강관(상단)
  ② 주형 : 콘크리트(측경간)+강합성(주경간)

(2) 고정하중에 의한 기초수평력 제어
  ① 측면 거더 내에 Tie-Cable을 설치하여 순차적으로 긴장함으로써 기초부에 과대한 수평력 발생을 제어한다.
  ② 세로보와 PSC거더를 강봉으로 강결합하여 수평력에 우수하다.

(3) 효율성이 우수한 행어 시스템 채용
　① 구조적 효율성 및 미관이 우수한 케이블형식 적용
　② 하중전달이 확실하며, 구조가 단순한 Pin-Socket 방식의 정착구를 사용하여 효율성이 증대된다.

(4) 경제성 우수
　① Hybrid 개념을 도입하여 구조효율의 극대화로 경제적으로 우수한 교량을 축조할 수 있다.
　② 중앙부는 강재, 측면 경간부는 콘크리트를 적용한 복합구조의 교량으로 교량 중앙부를 강합성으로 경량화하여 경제적인 공법이다.

8-13 풍동시험 [10후, 10점]

Ⅰ. 정 의

구조물 준공 후에 나타날지도 모를 문제점을 파악하고 설계에 반영할 목적으로 실시하며, 구조물 주변의 기류를 파악하여 풍해의 예측과 시공 및 유지관리에 따른 대책을 수립하기 위한 시험을 풍동시험이라고 한다.

Ⅱ. 풍동시험 장치

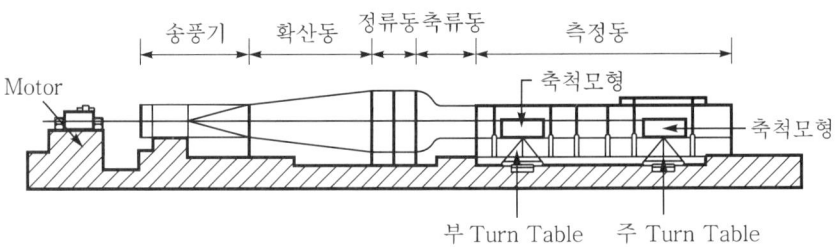

Ⅲ. 목 적

(1) 예상 문제점 파악
(2) 구조물 성능 확보
(3) 시공의 불확실성 제거
(4) 무하자 설계 확보
(5) 교육 및 홍보 효과

Ⅳ. 시험방법

(1) 축척모형도 제작(계획구조물과 주변 지형 및 구조물배치 모형도)
(2) 시험장치의 측정동에 설치
(3) 설계풍속(과거 100년 또는 500년간의 최대풍속)을 가함
(4) 측정된 풍압과 풍류에 따른 구조물거동 분석

9-1 강교 가설공법의 종류, 특징 및 주의사항에 대해 기술하시오. [08전, 25점]

9-2 닐슨 아치(Nielson Arch) 교량의 가설공법에 대하여 설명하시오. [07중, 25점]

9-3 강교 가설공법에서 캔틸레버식 공법과 케이블식 공법에 대하여 설명하시오. [95후, 35점]

9-4 강교 가설공법 중 연속압출공법, 리프트업 바지(Lift Up Barge), 폰툰 크레인 가설공법 등에 대해 설명하시오. [96중, 50점]

9-5 강교 형식에서 플레이트 거더교와 박스 거더교의 가설(架設)공사시 검토사항을 설명하시오. [11후, 25점]

I. 개 요

강교의 가설공법 선정시에는 가설지점의 지형, 현장의 조건, 교량의 형식, 공기 및 안정성 등을 고려하여 최적의 가설공법을 선택해야 한다.

II. 닐슨 아치(Nielson Arch) 교량

(1) 정의

① Nielson Arch교는 일반 Arch교에서 사용되는 Steel 수직재 대신에 유연한 Cable을 경사지게 배치한 교량으로 스웨덴의 O.F. Nielson에 의해 처음으로 제안되었다.

② Nielson Arch교는 경간장 120~250m의 중규모의 교량에 최적의 형식이며, 장대화와 미를 추구하는 근래 교량건설의 추세와 맞물려 향후 Nielson Arch교의 가설이 증대될 것으로 생각한다.

(2) 닐슨 아치(Nielson Arch) 교량의 일반도

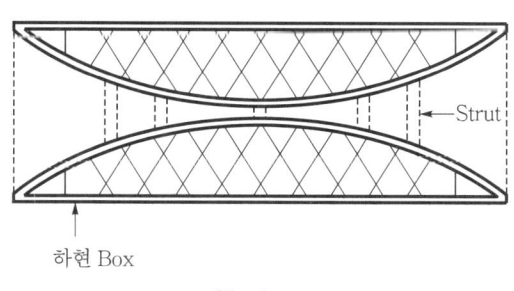

⟨Plan⟩　　　　⟨Front⟩

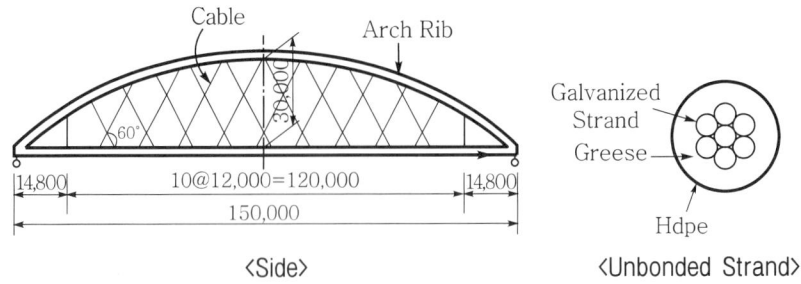

<Side>　　　　　　　　　　　<Unbonded Strand>

Ⅲ. 강교(닐슨 아치교) 가설공법의 종류

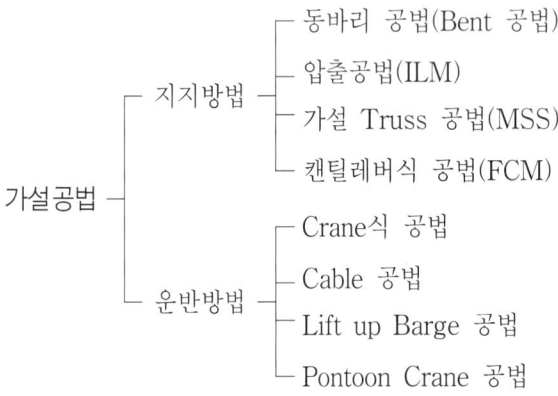

Ⅳ. 종류별 특징(Nielson Arch교의 가설공법)

1. 동바리 공법(Bent 공법)

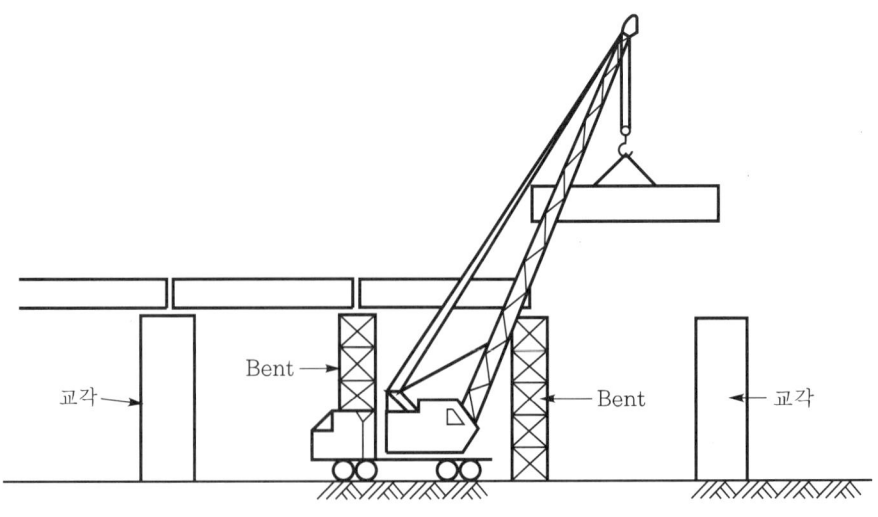

(1) 교각 사이에 Bent를 세워 교체를 지지하면서 가설조립하는 공법이다.
(2) Bent는 H형강, L형강, 목재 등으로 조립한다.

2. 연속압출공법

(1) 정의

교대 뒷편 제작장에서 2지간 이상의 거더를 연결하고 선단부에 추진코를 설치하여 전방으로 유압 Jack을 이용하여 밀어내는 공법이다.

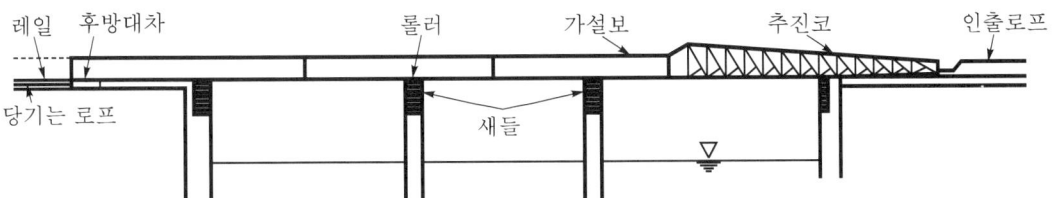

(2) 특징
① 지보공이 필요 없다.
② 압축작업만으로 설치가 쉽다.
③ 교하조건에 영향을 주지 않는다.
④ 시공속도가 빠르다.
⑤ 공사비가 타공법에 비해 저렴하다.

(3) 시공순서
① 추진코 설치 : 교대 후방에서 추진코를 조립하여 균형을 잡을 수 있는 데까지 밀어낸다.
② 교체조립 : 추진코와 교체를 변형이 생기지 않도록 견고하게 고정시킨다.
③ 압출 : 후방 유압 Jack과 선단부 인출로프를 이용하여 전방으로 압출시킨다.
④ 2번째 교체조립 : 이상과 같은 방법으로 반복하여 설치구간의 교체를 전부 압출한다.
⑤ 추진코 해체 : 전방 교대까지 교체가 도달하게 되면 추진코를 해체한다.

(4) 시공시 유의사항
① 교체와 추진코의 연결부에 있어서 변형 파손에 유의한다.
② 교대 상부에 마찰저항패드 또는 Roller를 이용한다.
③ 교각에 손상을 주지 않도록 적정위치에 작업원을 배치한다.
④ 교체의 변형, 뒤틀림, 전도 등에 유의한다.

3. 가설 Truss 공법(MSS)

(1) 한 지간에 가설 Truss를 미리 만들어 놓고, 그 위에 Goliath Crane으로 Truss를 조립하면서 전진하는 공법이다.
(2) 수심이 깊고, 교형이 높을 때 사용된다.
(3) 안전성이 크다.

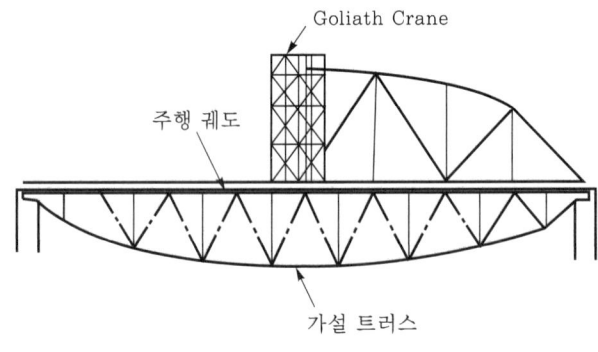

〈가설 Truss 공법〉

4. 캔틸레버 공법

(1) 정의

　　가설이 완료된 측경간의 인접 거더를 앵커 또는 Countweight를 이용하여 전방으로 1Segment씩 시공해가는 공법이다.

(2) 특징
　① 교하조건에 영향이 없다.
　② 연속작업이 가능하다.
　③ 첫경간 시공에는 지보공을 필요로 한다.
　④ 고도의 기술을 필요로 한다.

(3) 시공방법에 따른 분류
　① 밸런싱 캔틸레버
　② 아치형 캔틸레버
　③ 트레벨라 크레인 캔틸레버
　④ 케이블 크레인 캔틸레버
　⑤ 자주 크레인 캔틸레버
　⑥ 대선 캔틸레버

(4) 주로 사용되는 교량 형식
    ① 트러스교
    ② Box Girder
    ③ Plate Girder
    ④ 아치교

(5) 적용성
    ① 교하높이가 높은 곳
    ② 바다 또는 하천의 수심이 깊은 곳
    ③ 지보공을 사용할 수 없는 곳
    ④ 가설비를 가능한 한 작게 하고자 할 경우
    ⑤ 교하지반이 연약지반일 때

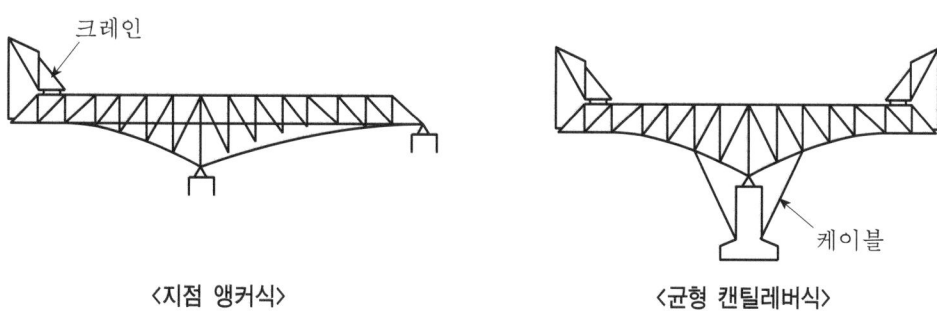

<지점 앵커식>　　　　　<균형 캔틸레버식>

5. Crane식 공법

(1) 보를 원칙적으로 한 지간길이로 제작하여 대형 Crane으로 들어올려 놓는 공법이다.
(2) 공사속도가 빨라 경제성이 높다.
(3) 안정성이 높다.
(4) 보는 공장조립 또는 현장조립한다.

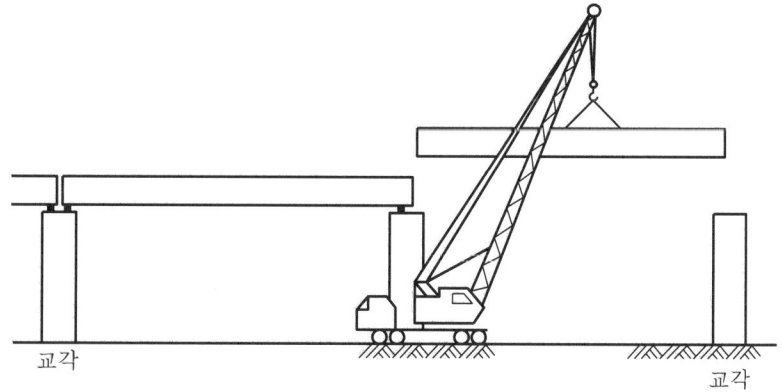

6. Cable 공법

(1) 정의

교량 양측에 Tower 및 앵커를 이용하여 Cable을 설치한 후 케이블을 이용하여 설치보를 운반 가설하는 공법이다.

(2) 특징
① 교하조건에 지장이 없다.
② 깊은 계곡 연결시공에 유리하다.
③ 지보공 설치가 여의치 않은 곳의 시공이 용이하다.
④ 숙련된 기술이 필요하다.

(3) 적용성
① 교하높이가 높은 협곡에서 사용한다.
② 가교각을 설치할 수 없는 장소이다.
③ 수심이 깊은 하천
④ 교하구간을 통제할 수 없는 지역

(4) 분류
① 수직매달기 공법 : 양교대에 철탑을 세우고 그 사이에 앵커로 고정한 주케이블과 부재 운반용 케이블을 설치하여 거더를 조립하는 공법이다.

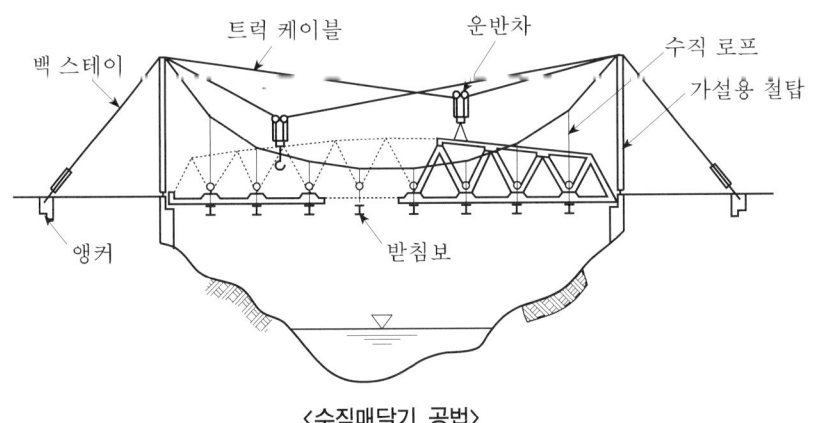

〈수직매달기 공법〉

② 경사매달기 공법 : 교대 양측 철탑을 이용하여 경사지게 설치된 와이어로 직접 거더를 달아 가설하는 공법으로 주로 아치 교량 가설에 이용된다.

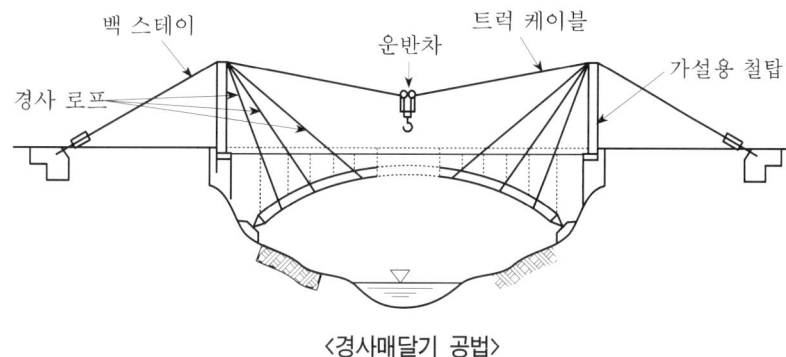

<경사매달기 공법>

③ 맞달기 공법 : 양교각 사이에 세운 철탑에 지지된 와이어로 거더의 선단을 맞달고 양측 와이어를 조작하여 거더를 소정의 위치에 놓는 공법이다.

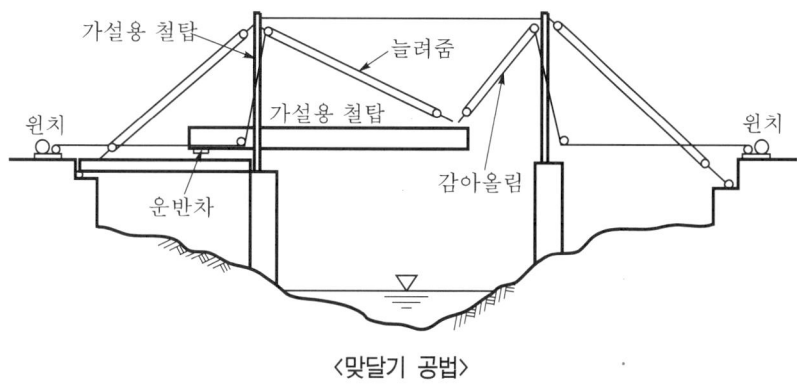

<맞달기 공법>

7. 리프트업 바지(Lift Up Barge) 공법

(1) 정의

제작 완료된 교체를 Barge 위에 싣고 설치지점까지 예항하여 리프트업을 작동시켜 들어올려 소정의 위치에 내려 설치하는 공법이다.

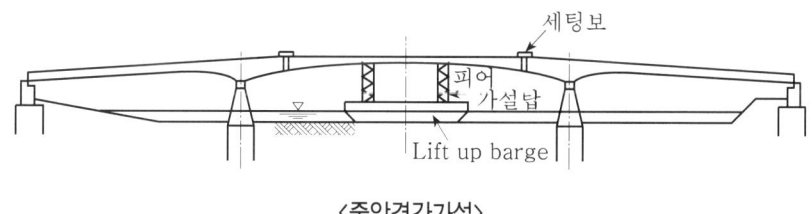

<중앙경간가설>

(2) 특징

① 조수간만의 차를 이용할 수 있다.
② 교하높이가 낮은 경우 시공이 용이하다.

③ 수송과 가설을 동시에 작업한다.
④ 시공 후 작업대 철거로 대선으로 사용된다.

(3) 시공순서
① 교체 적재 : 제작장에서 제작된 교체를 크레인을 이용하여 Lift Up Barge에 싣는다.
② 예항 : 예인선을 이용하여 설치현장으로 이동한다.
③ Lift Up 작동 : 설치준비가 완료되면 Lift Up 장치를 작동하여 교체를 들어올려서 고정하고 설치위치로 이동하여 슈 위에서 정확하게 Lift Up 장치를 내려 설치한다.

(4) 시공시 유의사항
① 조수간만의 차가 심한 곳에서는 조수의 흐름을 파악하고 시간계산을 정확히 해야 한다.
② 예인선으로 예항할 때 작업 해상의 파랑, 파고, 기상 등을 미리 점검한다.
③ 예인은 천천히 해야 하며 무리한 예인은 예기치 못한 사고를 야기할 수 있다.
④ 설치시에는 특히 간만의 차가 가장 적은 시간대를 이용한다.

8. 폰툰 크레인 가설공법

(1) 정의
설치경간 후방에서 교체를 조립하여 선단부는 Pontoon에 싣고 후방에는 대차 또는 Roller를 이용하여 전방으로 인출하여 전방교각에 거의 도달하면 크레인을 이용하여 슈 위에 설치하는 공법이다.

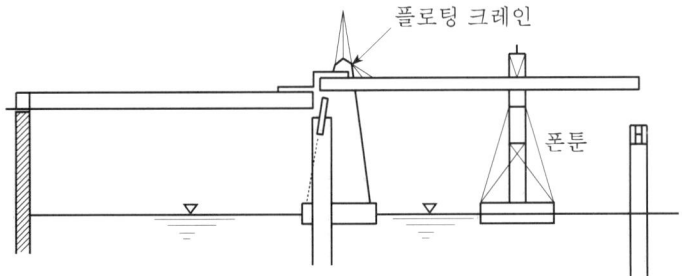

거더 밀어내기 및 폰툰 이동교각 위에 거더를 내려 놓는다.

(2) 특징
① 대형교체의 설치에 이용된다.
② 대규모의 장비를 필요로 하지 않는다.
③ 세로방향으로만 인출하는 작업으로 교체에 미치는 영향이 적다.

(3) 시공순서
   ① Pontoon 설치 : 제작완료된 구체 선단에 Pontoon을 구체에 고정시킨다.
   ② 인출작업 : 후방의 유압 Jack과 전방의 인출로프를 이용하여 전방으로 인출한다.
   ③ 설치작업 : 해상크레인을 이용하여 정위치에 설치한다.

(4) 시공시 유의사항
   ① 물의 흐름이 가장 적은 시간대에 작업한다.
   ② 선박의 왕래가 적을 때 작업한다.
   ③ Pontoon이 가동할 수 있는 수심이 유지되어야 한다.
   ④ 조수간만의 차가 적은 시간대에 작업한다.
   ⑤ 중심점이 높은 교체를 인출할 때 교체의 안전성에 특히 유의하여 시공한다.
   ⑥ 시공시 기상, 해상조건을 미리 점검하여야 한다.
   ⑦ Pontoon이 가로방향으로 이동하지 않게 적절한 조치를 취해야 한다.

V. 주의사항

(1) 안전관리
   ① 추락, 낙하 등의 재해발생 대책수립
   ② 가설통로, 난간, 수직방호망 등의 안전설비

(2) 품질관리
   ① 정밀도 및 접합부 강도확보
   ② 허용오차는 기준 이내

(3) 장비
   ① 양중시 건립구조물에 충격금지
   ② 양중장비 하부지지력 확보

(4) 운반
   ① 제작공장과 설치현장의 위치
   ② 수송시간 및 거리

(5) 설치
   ① 강재의 중심선, Level을 정확히 할 것
   ② 설치시 가설재를 활용하여 부재변형 방지

Ⅵ. 결 론

(1) 강교 가설공사의 시공은 사전에 시공계획을 수립하여 제작공장과의 긴밀한 협의하에 균일한 품질과 적정한 시공속도를 유지하도록 노력해야 한다.

(2) 현장작업시 고소작업으로 인한 재해예방 대책을 수립하여 안전관리에 철저를 기하고, 건설공해에 대한 공해방지 대책을 세워야 한다.

> **9-6** 평지하천을 횡단하는 교장 500m(경간 50m, 10경간)의 연속강박스교량 건설에 적용되는 건설공법을 설명하시오. [00전, 25점]

Ⅰ. 개 요

(1) 최근 산업발달로 늘어나는 교통량을 수용하기 위하여 도로의 신설, 확충에 따라 하천을 횡단하는 교량공사가 많이 시행되고 있다.
(2) 교량에는 콘크리트교와 강교가 있으며 입지조건을 고려하여 공법이 선정되는데, 특히 교량높이 및 공사기간 등의 이점을 살린 강교시공을 많이 하고 있는 실정이다.
(3) 평지하천을 횡단하는 현장에서 연속강박스교량 건설공법으로 하부공간에 영향이 없고 기술축적으로 시공성이 좋은 전진압출공법으로 시공한다.

Ⅱ. 연속강박스교량 건설공법

1. 전진압출공법

(1) 정의
    가설강박스 선단부에 경량의 철골 Truss로 만든 추진코를 설치하여 후방에서 압출 Jack으로 밀어내는 공법

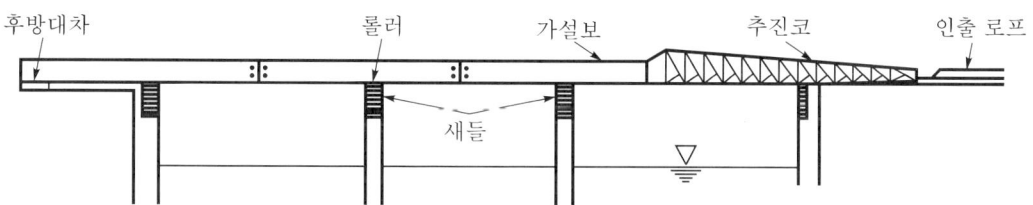

(2) 시공법
    ① 강박스기더 제작 : 공장제작하여 가조립 후 검측 완료된 강박스거더를 현장으로 운반하여 교대 후방에서 조립
    ② 추진코 설치
        ㉠ Span의 60~70% 길이
        ㉡ 가벼운 철골 Truss 구조
        ㉢ 선단부에 처짐량 조절을 위한 Jack 설치

③ 추진코와 강박스 연결 : 추진코와 강박스거더의 연결은 압출시 변형이 일어나지 않도록 견고하게 연결
④ 압출작업
㉠ 후방에서 압출 Jack 이용
㉡ 전방교각에 Sliding Pad 삽입
㉢ 측방향 Guide 설치
㉣ 압출작업 지휘, 관리의 일원화
⑤ 강박스 Segment 연결
㉠ 제작완료된 강박스 Segment 연결
㉡ 연결부는 고장력볼트 이용
㉢ 규정의 토크치 확보

(3) 특징
① 교각 사이에 Bent가 불필요
② 하천 또는 계곡 횡단에서 경제성 있음
③ 교하조건에 무관
④ 교대후방에 조립장 필요
⑤ 시공의 안정성 확보

(4) 시공시 유의사항
① 조립장의 지반처리
② 추진코와 Seg 연결부 변형
③ 추진코의 측방이탈
④ Sliding Pad 삽입 작업
⑤ 압출교각의 보강대책
⑥ 압출시 강박스거더의 응력변화에 대한 검토

2. Pontoon Crane 공법

(1) 연속제작된 선단부를 Pontoon으로 지지하고 전진하여 압출해가는 공법이다.
(2) 타공법에 비해 공기가 빠르고 경제적이다.
(3) 하천 수위변화에 유의해야 한다.

3. 이동지보공법(Movable Scaffolding System)

(1) 교량 하부에 동바리를 사용하지 않고 교각 상부위치에서 연속하여 전진할 수 있게 특수 제작된 이동식 지보를 이용하여 강박스교를 시공하는 공법이다.

(2) 하부조건에 아무런 영향이 없다.
(3) 교량길이가 짧으면 경제성이 없다.

Ⅲ. 결 론

(1) 하천횡단 교량의 건설공법은 하천의 수심이나 입지조건 등을 고려하여 Lift Up Barge 또는 Pontoon Crane 등의 해상장비를 이용한 것 등이 있다.
(2) 평지하천에서 강박스거더를 연속교로 시공할 경우, 최근 많이 이용하고 있는 공법으로 연속 압출공법적용이 시공성, 안정성, 경제성면에서 우월한 공법이 될 것이다.

9-7 일체식 교대교량(Intergral Abutment Bridge) [10전, 10점]

I. 정 의

(1) 교량 전체의 신축이음장치를 두지 않고 상부구조를 교대에 일체시킨 일체구조형식의 교량을 말한다.
(2) 조인트가 존재하지 않아 무조인트 교량(Jointless Bridge)이라고 한다.

II. 적용범위

(1) 교량 연장
  ① 강교 : 90.0m 이하
  ② 콘크리트교 : 120.0m 이하

(2) 기타 제한사항
  ① 사각 : 60° 이하
  ② 곡선교 적용 제한

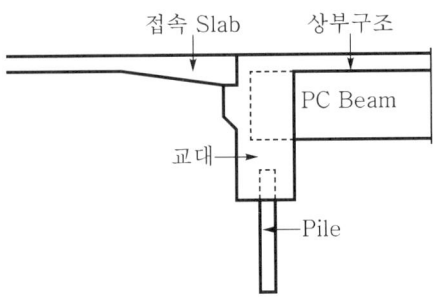

III. 특 징

(1) 지진에 강함
(2) 구조물 설계가 간단함
(3) 신축이음과 받침이 없는 구조로 유지관리 비용 저렴
(4) 교량형식, 연장 및 사각조건에 따라 적용상의 제한이 있음
(5) 교대말뚝에 높은 응력이 발생함
(6) 교대 배면토 다짐을 하지 않고 그냥 큰 자갈과 흙을 섞어서 시공 가능

IV. 종 류

(1) 완전일체식(Full.A.B)
  ① PSC Beam의 단부철근을 노출시켜 시공시 완전용접 연결한 상부구조
  ② 상부-교대-기초가 완전 일체 거동

(2) 반일체식(Semi.A.B)
　　① 교대와 기초 사이에 탄성받침으로 연결시켜 이동이 가능한 구조
　　② 다열 H말뚝 또는 강관말뚝을 기초로 사용
　　③ 상부구조 교체가 가능함

V. 유의사항

(1) 침수가 예상되는 지역에는 부력에 대한 검토를 실시하고 적용
(2) 연약지반에는 적용성을 검토하고 사용
(3) 접속슬래브 하부 기층재와의 사이에 비닐을 깔아 마찰력 감소대책 수립

> **10-1** 강교의 가조립에 대하여 기술하시오. [98중후, 30점]
> **10-2** 강교 가조립 공법의 분류, 특징, 시공시 유의사항에 관하여 기술하시오. [98전, 50점]
> **10-3** 강교의 가조립 목적과 가조립 방식을 설명하시오. [10전, 25점]
> **10-4** 강교량 가조립 공사의 목적과 순서 및 가조립 유의사항에 대해 설명하시오. [06중, 25점]

I. 개 요

(1) 강교란 교량의 상부구조에 주로 강재를 사용하여 작용하는 하중에 저항할 수 있도록 제작 설치된 교량을 말한다.

(2) 강교 시공과정에서의 가조립이란 공장에서 설계도면에 맞게 제작된 각각의 부재를 설치 전에 부재의 길이, 곡선형상, 가공정도를 판단하기 위하여 조립하는 과정을 말한다.

II. 가조립 공사의 목적

(1) 설계도 및 시공상세도와 일치 여부
(2) 원활한 현장설치
(3) 시공착오 개선
(4) 제작부재 확인
(5) 본설치작업 전 검측
(6) 공장 도장손상으로 인한 강교 부식요소 사전예방

III. 강교의 시공순서

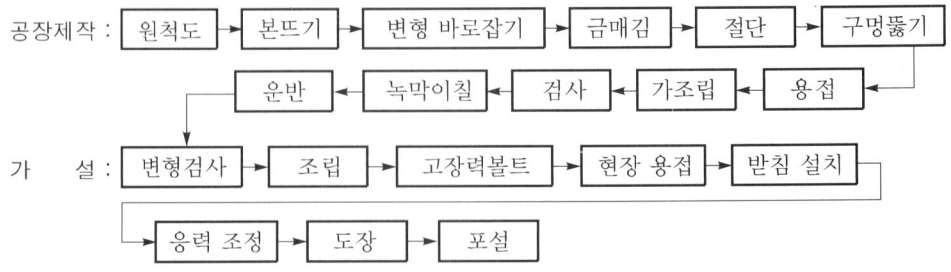

Ⅳ. 가조립 공법의 분류

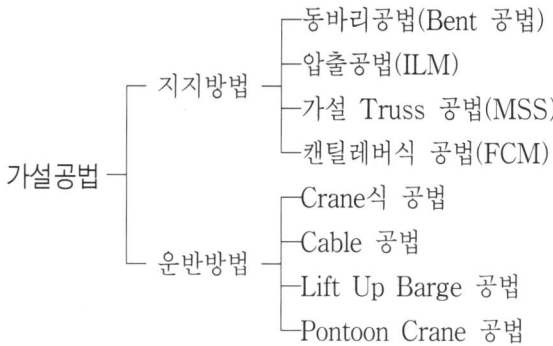

Ⅴ. 분류별 특징

(1) 동바리공법(Bent 공법)
    ① 교각 사이에 Bent를 세워 교체를 지지하면서 가설조립하는 공법이다.
    ② Bent는 목재, H형강, L형강 등으로 조립한다.
    ③ 기초형식은 지반의 지지력에 의해 결정된다.

(2) 압출공법(ILM)
    ① 2시간 이상의 교체를 연결한 후, 2시간째 이후의 교체를 균형유지용으로 사용하면서 압출 가설하는 공법이다.
    ② Bent를 세울 수 없을 때나 세워도 비경제적일 경우 유리하다.
    ③ 상행이나 판행의 가설에 적합하다.

(3) 가설 Truss 공법(MSS)
    ① 한 지간에 가설 Truss를 미리 만들어 놓고 그 위에 Goliath Crane으로 Truss를 조립하면서 전진하는 공법이다.
    ② 수심이 깊고 교형이 높을 때 사용된다.
    ③ 안전성이 크다.

(4) 캔틸레버식 공법(FCM)
    ① 동바리 없이 교각 위에서 양쪽의 교측방향으로 한 블록씩의 Box Girder를 이어나가면서 가설하는 공법이다.
    ② 장대 Span의 PC교 건설에 적합하다.
    ③ 시공속도가 빠르고 시공정도가 높다.
    ④ 기상조건에 좌우되지 않고 시공계획을 수립할 수 있다.

(5) Crane식 공법
① 보를 원칙적으로 한 지간길이로 제작하여 대형 Crane으로 들어 올려놓는 공법이다.
② 공사속도가 빨라 경제성이 높다.
③ 안전성이 높다.
④ 보는 공장조립 또는 현장조립한다.

(6) Cable식 공법
① 보를 Cable, Tower 등의 지지설비로 지지하면서 가설을 진행시키는 공법이다.
② Beam 가설장소가 수상(水上)으로서 수심이 깊고 유속이 빠를 때 사용된다.
③ Beam 부재의 지간 내의 운반과 조립에는 Cable Crane을 사용한다.
④ 매달기식 공법과 경사매달기식 공법으로 분류한다.

(7) Lift Up Barge 공법
① 이미 제작된 Beam을 Barge 위의 가설탑에 얹어 놓고 Barge를 끌어 소정의 교각상에 이를 안치하는 방법이다.
② 콘크리트 Beam의 가설에도 이용된다.

(8) Pontoon Crane 공법
① Pontoon과 Floation Crane에 의해 Girder를 가설하는 공법이다.
② 공기가 단축되고 경제적이다.

Ⅵ. 가소립 방식

(1) 입체가조립
① 강교를 공장에서 실형상태로 가조립하는 것으로 주로 Box형 강교, Truss형 강교에 적용한다.
② 실제의 Shoe 좌표, 높이, 종단구배, Camber를 적용한 위치에 가설재를 설치하고 그 위에 강교 Box 혹은 Truss를 조립한다.
③ 가설재 간격은 3~5mm가 적당하다.
④ 장점
  ㉠ 실제로 100% 가조립해봄으로써 부재의 길이, 접합부, 강교의 성형을 사전에 확인할 수 있다.
  ㉡ 부재(Box)의 계획고, 편구배 횡곡선(Curve) 등 확인을 정확히 할 수 있다.

⑤ 단점
　㉠ 장소가 많이 소요되고 가설재가 많이 소요된다.
　㉡ 고소작업(높이 500~3,000mm)으로 안정성 문제가 발생한다.
　㉢ 해체시 많은 시간이 소요된다.

(2) 수평가조립
　① 대형 Arch 강교 및 현수교, Tower(교탑) 등 높이가 높은 것에 적용한다.
　② 일반 Box형 강교에도 Ramp 강교와 같이 경사가 심하여 가설재를 사용하기 곤란한 경우 적용된다.
　③ 수평가조립은 수직 혹은 경사가 심한 것을 수평상태로 낮추어 가조립하는 것이다.
　④ 모든 관리치수는 수평상태에서 재계산하여 검사할 수 있도록 해야 한다.
　⑤ 장점
　　㉠ 가조립 장소 및 가설재 소요량이 적다.
　　㉡ 지상작업으로 안전사고가 감소된다.
　⑥ 단점
　　㉠ 부재 치수관리가 어렵다.
　　㉡ 실제 위치대로 가조립되지 않아 현장설치와 오차가 생길 수 있다.

(3) 경간가조립
　① 강교길이가 긴 교량은 전체 가조립이 불가능하므로 교각과 교각 사이를 한 경간으로 하여 1~2개 경간씩 가조립하는 것

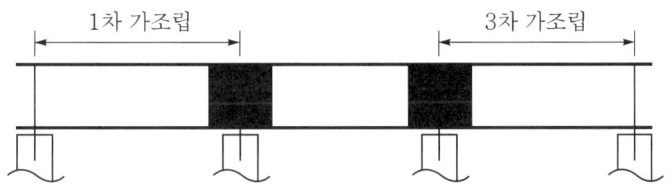

　② 이때 경간과 경간 사이는 마지막 Box를 붙여서 가조립할 것
　③ 경간의 조립순서는 1차 가조립 후 End Box는 해체하여 다음 경간 가조립시 함께 설치한다.

Ⅶ. 가조립시 유의사항(시공시 유의사항)

(1) 부재의 지지
　가조립을 할 때는 각 부재가 무응력상태가 되도록 적당한 지지를 설치하여야 한다.

(2) 현장연결부 처리

가조립시 현장이음부를 정확히 유지하기 위하여 적어도 볼트 구멍수의 30% 이상의 볼트 및 드리프트핀(Drift Pin)을 사용하여 이음핀을 밀접시켜야 한다.

(3) 부재의 정밀도

① 부재의 정밀도는 다음 규정에 대응하는 허용치 이내가 되도록 한다.
② 현장이음부에서 상대오차의 허용치를 어긋나게 한 것은 고장력볼트 이음의 마찰면의 끝 엇갈림을 적게 하기 위한 것이다.

(4) 가조립의 정밀도

① 강판의 평탄도
  ㉠ 강판의 평탄도는 용접에 의한 변위의 허용치를 표시한 것이다.
  ㉡ 강상판의 경우에는 포장에 대한 허용치로 하고, 복부판 등에서는 보강재 용접에 의한 변형의 한도로 한다.
② 현장이음부 : 현장이음부 사이는 우수, 먼지의 침입축적을 방지하는 의미에서 될 수 있는 한 적게 한다.
③ 솟음 : 각 부재가 무응력상태가 되도록 지지를 하여 가조립할 때의 값이다.
④ 신축장치 : 신축장치에는 직접 윤하중에 재하되므로 서로 맞지 않으면 충격이 증가되어 신축장치 그 자체나 들보와의 연결부 또는 상판의 파괴원인이 된다.

(5) 볼트의 공경

볼트의 공경은 마찰접합일 때 +2.5mm, 지압접합일 때 +1.5mm의 여유를 둔다.

볼트의 호칭(mm)	볼트의 공경(mm)	
	마찰접합	지압접합
M 20	22.5	21.5
M 22	24.5	23.5
M 24	26.5	25.5

(6) 볼트구멍의 허용오차

볼트구멍의 허용오차는 +0.3mm에서 +0.5mm 내로 하고, 한 볼트군의 20%에 대해서는 +1.0mm까지 인정할 수 있다.

볼트의 호칭(mm)	볼트의 허용오차(mm)	
	마찰접합	지압접합
M 20	+0.5	+0.3
M 22	+0.5	+0.3
M 24	+0.5	+0.3

(7) 볼트구멍의 엇갈림
　① 마찰접합에서 재편을 조립한 경우 구멍의 엇갈림은 1.0mm 이하로 한다.
　② 지압접합에서 재편을 조립한 경우 구멍의 엇갈림은 0.5mm 이하로 한다.

(8) 볼트구멍의 관통률 및 정리율

구 분	볼트의 호칭 (mm)	관통게이지 (mm)	관통률(%)	정지게이지 (mm)	정지율(%)
마찰 접합	M 20	21.0	100	23.0	80 이상
	M 22	23.0	100	25.0	80 이상
	M 24	25.0	100	27.0	80 이상
지압 접합	M 20	20.7	100	21.8	100
	M 22	22.7	100	23.8	100
	M 24	24.7	100	25.8	100

Ⅷ. 결 론

(1) 가조립 공사는 강교의 제작 및 설치 전에 미리 조립하여, 현장설치시 발생된 문제점을 미리 점검하고 해결하므로 현장 설치작업이 용이하도록 하기 위함이다.

(2) 가조립 순서에 따라 시공정밀도를 확보하여 설계 형상대로 조립하며, 이상 발견시 미리 설계변경 등 조치를 취하여야 한다.

11-1 교각높이는 60m, 지간 60m, 일방향 4차선 도로의 5경간 연속 Steel Box Girder 의 제작, 운반, 가설, 바닥콘크리트의 타설에 대하여 기술하시오. [97전, 30점]

11-2 경간길이 120m의 3연속 연도교의 Steel Box Girder 제작, 설치시의 작업과정 을 단계별로 설명하시오. [00중, 25점]

I. 개 요

(1) 최근 교량기술의 발달로 장경간의 교량시공이 날로 활발해지고 있다.
(2) Steel Box Girder의 장경간 시공은 Box Girder 제작에서 Con'c 타설까지의 전반에 걸쳐 안전성 있고 경제성 있는 시공이 될 수 있도록 운반방법, 가설공법 등의 계획을 수립하여야 한다.

II. 강박스거더의 제작

1. 구조

상하 플랜지와 복부판들이 폐단면으로 용접결합되어 휨모멘트, 전단력, 비틀림모멘트에 저항하도록 되어 있다.

2. 종류

(1) 단실박스

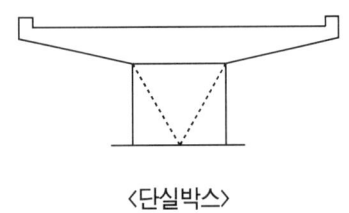

〈단실박스〉

(2) 다중박스

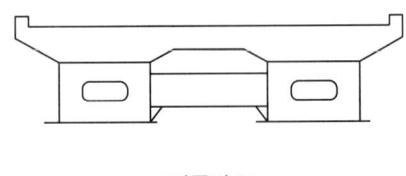

〈다중박스〉

(3) 다실박스

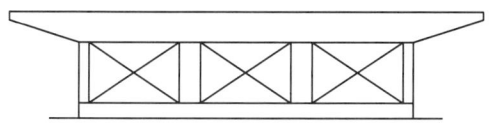

〈다실박스〉

3. 제작방법

(1) 현장제작
   구조물의 규격 운반 특성상 공장제작이 어려울 때 현장에서 직접 가공 제작하는 것을 말한다.

(2) 공장제작
   자동화시설이 갖추어진 제작공장에서 모든 것을 제작하여 현장에서 조립만 할 수 있게 하는 것이다.

Ⅲ. 운 반

1. 운반방법의 종류

(1) 육상운반
   트럭, 트레일러, 특수운반차 등을 이용한다.

(2) 해상운반
   Barge, 해상 Crane 등을 이용하여 운반한다.

2. 운반시 유의할 사항

(1) 사전조사
   제작된 Steel Box Girder의 길이, 무게 등을 고려하여 도로사정, 곡선지역, 통행제한 등의 사전조사를 해야 한다.

(2) 변형방지
   운반로의 급경사, 급커브 등에 따라 제작된 Steel Box Girder의 변형에 유의한다.

(3) 저장
① 현장으로 운반된 Steel Box Girder의 저장은 지반이 견고하고 용수가 없는 평탄한 곳에 하역하여 저장하여야 한다.
② 토사 및 유수의 영향이 없는 곳에 적재하여야 한다.

(4) 운반순서
현장에서 조립 설치하는 순서에 맞게 각 블록별로 번호를 부여하여 순서에 맞게 운반한다.

Ⅳ. 가 설

(1) 가설공법 분류

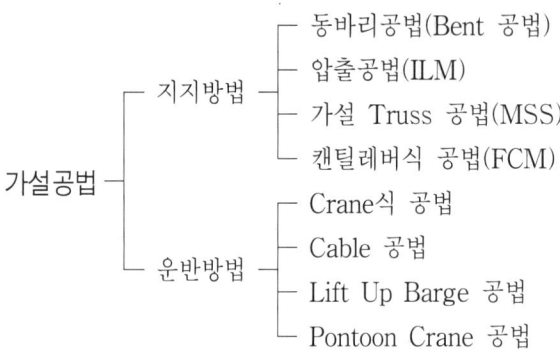

(2) 가설공법 선정시 고려사항
① 교하높이
② 입지조건
③ 유수의 흐름, 수심
④ Steel Girder의 구조, 중량, 길이
⑤ 시공성, 경제성, 안전성

(3) 가설공법 선정
교하높이 60m의 5경간 연속 Steel Box Girder의 가설공법으로는 크레인공법과 연속압출공법 및 케이블공법을 들 수 있다.

V. 제작, 설치시의 작업 과정

(1) 설계검토
   ① 설계상의 부적합(강도, 처짐) 검토
   ② 부재의 조립, 용접 등의 가공상의 부적합 검토
   ③ 도면 치수, 재질, 구조 상세 체크

(2) 재료
   ① 부재형상, 가공방법 검토 후 재료발주
   ② 반입재료의 두께, 길이, 여유분치 등을 검토
   ③ 각각의 재료에 대한 Mill Sheet 검토

(3) 현척도, 마킹
   ① 설계도 기준으로 종단구배, 제작 캠버 용접 후 수축 고려 현척도작업
   ② 컴퓨터 이용한 자동 현척도 시스템으로 NC 현척도, NC 마킹, NC 절단
   ③ 절단, 조립, 형판, 공작도 등 작성
   ④ 현척도 데이터로부터 원판에 마킹한 부품은 공사명, 부품명, 재질 등을 색별로 기입

(4) 가공, 조립
   ① 형틀판, 자로 마킹된 재료의 절단, 구멍뚫기, 절삭, 휨 등 가공
   ② 강교 각 부재의 조립작업
   ③ 1차 가공 완료된 부재를 조립용 지그를 이용하여 조립

(5) 용접
   ① 조립부재를 피복아크용접, 탄산가스 아그용접, 시브머지드 아크용접
   ② 용접 부위의 예열작업
   ③ 용접 변형 수정작업

(6) 가조립
   ① 가설작업에서 부재 상호간의 이상 여부 확인
   ② 제작공장 또는 가설현장에서 실시
   ③ 전체 일괄가조립 및 분할가조립
   ④ 가조립검사

(7) 도장작업
   ① 강재 표면의 이물질, 먼지, 오일 등 제거

② 강재 표면온도는 5~42℃ 범위에서 시공
③ 일반도장, 중방식 도장, 도금 등

(8) 수송
① 화물차에 의한 육로를 이용한 수송방법
② 바지선, 플로팅 크레인, 화물선에 의한 해상수송
③ 철도, 운송수단을 이용한 수송방법

(9) 가설
① 교량형식, 지간, 입지조건 등을 고려한 가설공법 선정
② Bent 공법, 케이블공법, 압축공법, 캔틸레버공법, 일괄가설공법 등
③ 안전성, 경제성, 시공성 고려 선정

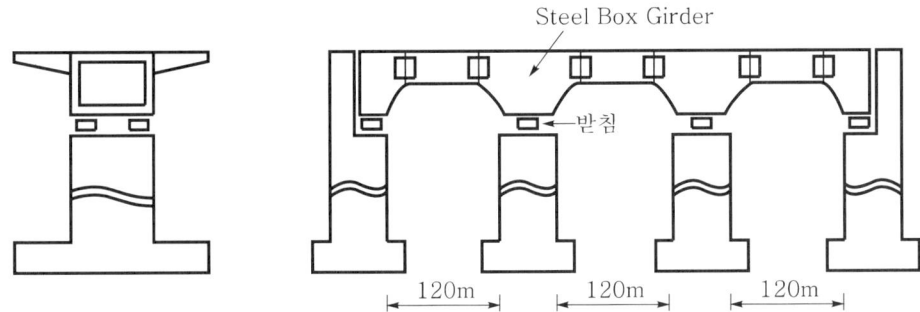

Ⅵ. 바닥판 콘크리트 타설

1. 타설순서

(1) 수평방향
구조상 Bottom Slab · Web · Deck Slab 3단계로 구분하여 타설한다.

(2) 수직방향
① 시공이음 : 정(+), 부(−) Moment가 교차하는 지점에 시공이음을 둔다.
② 타설순서 : 타설순서는 중앙에서 좌우대칭으로 실시하며 다음 순서로 한다.
중앙⊕M ⟶ 양쪽⊕M ⟶ 중앙⊖M ⟶ 양쪽⊖M

2. Con'c 타설

(1) Con'c의 타설시 재료분리가 일어나지 않게 타설순서를 미리 계획하고 높이는 최소로 유지한다.
(2) 타설시 철근 및 거푸집 등의 변형에 유의하고 거푸집 구석 모서리까지 밀실하게 충진되도록 한다.
(3) 진동기의 삽입간격은 50cm 이하로 하고 진동을 가할 때에는 콘크리트의 윗면에 Cement Paste가 떠오를 때까지 실시해야 한다.

Ⅶ. 결 론

(1) 교각이 높은 교량에서 연속 5경간 Steel Box Girder교의 가설공사는 강형의 제작과정, 운반과정, 설치과정 및 상부 Con'c 타설과정에 있어서 세밀한 작업계획 수립이 무엇보다 중요하다.
(2) 특히 교각의 높이가 대단히 높은 교량이어서 Box Girder의 가설에 있어서 아주 어려운 점이 많은 공사이므로 가설공법 선정시 유의하여 선정해야 하며 시공성, 경제성을 고려하고 특히 안전성에 대해서 충분히 검토하여 공법을 선정하는 것이 중요하다.

11-3 강판형교의 확폭 개량공법에 대하여 설명하시오. [00전, 25점]

Ⅰ. 개 요

(1) 강판형교란 복부판과 상·하 플랜지로 구성된 Ⅰ형의 단면형상이 제작되어 교량의 상판을 지지하는 구조체로 사용된다.

(2) 강판형교는 콘크리트구조에 비하여 단면높이가 낮고 미적으로도 우수하며 연속교에서 가설공법이 용이하고 유지관리 측면에서 유리하다.

(3) 교통량의 증대에 따라 확폭을 하며, 확폭공사시 기존 상부구조물은 노후화·안전성 부족 등의 이유로 인하여 신소재나 신공법 등을 통하여 개량한다.

Ⅱ. 강판형의 구성

(1) 플랜지(Flange)
(2) 복부판(Web Plate)
(3) 보강재(Stiffener)
(4) 브레이싱(Bracing)

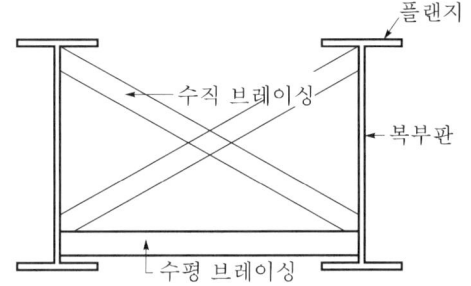

Ⅲ. 확폭 개량공법

(1) 정의
   ① 기설치된 교량으로 오래된 강판형교 교량을 확폭할 경우 하부구조에 큰 영향 없이 상부구조의 사하중을 감소시키는 것이 중요하다.
   ② 사하중을 감소시킬 목적으로 강판형의 개량으로 강성을 키우고, 사하중을 감소시키기 위해서는 강판형 위의 상부 바닥판을 강바닥판으로 시공하는 것이 바람직하다.

(2) 강바닥판의 종류
   ① Battledeck 바닥틀구조
   ② 격자구조
   ③ 방형구조
   ④ 패널 바닥판구조

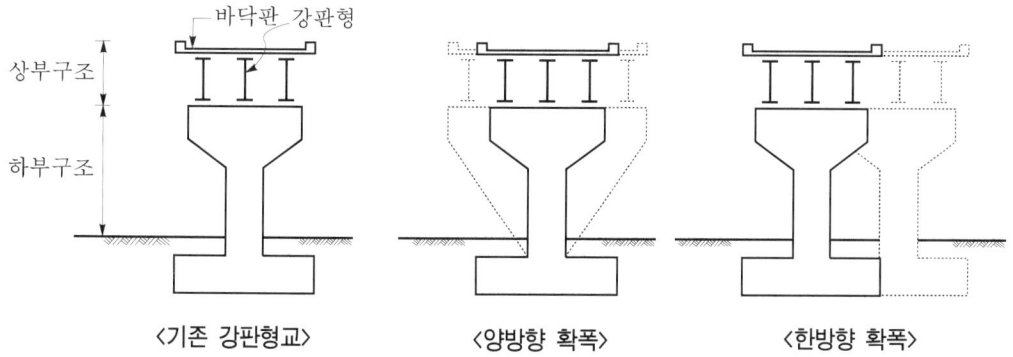

〈기존 강판형교〉　　〈양방향 확폭〉　　〈한방향 확폭〉

(3) 시공순서
　① 바닥판(Slab) 제거
　　㉠ 기존 강판형의 상부에 위치하는 바닥판 해체
　　㉡ 바닥판이 강바닥판인 경우 재사용 검토
　② 강판형 철거
　　㉠ 제거된 강판형의 점검
　　㉡ 손상부위 보강 및 도장
　③ 교각 확장시공
　　㉠ 한방향 확장일 경우 별도 교각 시공
　　㉡ 양방향 확장일 경우 기존 교각 확폭
　④ 교좌설치
　　㉠ 확폭규격에 따른 교좌의 배치
　　㉡ 기존 교좌의 교체 및 보수
　⑤ 강판형 설치
　　㉠ 보강된 강판형 설치
　　㉡ 추가 제작한 강판형 설치
　⑥ 브레이싱 설치
　　㉠ 상부공 안정을 위한 브레이싱 설치
　　㉡ 고장력볼트에 의한 강결
　⑦ 상부공 시공
　　㉠ 하부구조를 고려한 상부공 선정
　　㉡ 강상판 또는 콘크리트상판 시공

Ⅳ. 시공관리

(1) 강판형 상부 사하중 조절
(2) 우회도로 개설
(3) 현장 용접관리
(4) 상판구조 결정
(5) 기존시설점검

Ⅴ. 결 론

강판형교의 확폭 개량공사는 기존 판형교를 최대한 활용하도록 설계, 시공되어야 하며, 철거과정에서 안전관리에 유의하여 시공한다.

12-1 강구조의 부재 연결공법에 관하여 설명하시오. [00전, 25점]

12-2 강(剛)부재의 연결방법의 종류를 열거하고, 각 종류별 특징을 설명하시오. [00후, 25점]

12-3 강교 현장이음의 종류 및 시공시 유의사항을 설명하시오. [09전, 25점]

12-4 강교 시공시 강재의 이음방법과 강재부식에 대한 대책을 설명하시오. [07후, 25점]

12-5 강구조물 연결방법의 종류를 열거하고, 강재부식의 문제점 및 대책에 대하여 설명하시오. [10후, 25점]

12-6 강구조물의 부재 연결방법 중 기계적 연결방법에 대하여 기술하시오. [99중, 30점]

12-7 강교 설치시 고장력볼트 이음의 종류 및 시공시 유의사항에 대하여 기술하시오. [03중, 25점]

I. 개 요

(1) 강구조는 연결부의 소요강도 확보와 응력이 무엇보다 중요하며, 연결시 충분한 강도, 시공성, 안전성, 경제성을 고려하여 적절한 공법을 선정해야 한다.

(2) 연결공법에는 Bolt·Rivet·고력 Bolt·용접·Pin 등이 있으며, 필요에 따라 서로 병용할 수 있으며, 최근 연결공법의 개발이 급속히 발전하고 있다.

II. 연결부의 구비조건

(1) 응력전달이 확실할 것
(2) 각 재편에 편심이 작용하지 않을 것
(3) 응력집중이 일어나지 말 것
(4) 잔류응력이 없을 것

III. 강재의 이음방법(강부재 연결방법)

1. 리벳(Rivet)

(1) 정의
미리 부재에 구멍을 뚫고, 가열된 Rivet을 Joe Riveter나 Pneumatic Riveter로 충격을 주어 연결하는 방법

(2) 장점
　① 인성이 큼
　② 보통 구조에 사용하기 간편

(3) 단점
　① 소음발생, 화재위험
　② 노력에 비해 적은 효율
　③ 공장과 현장과의 품질의 현저한 차이

2. 고력 Bolt(기계적 연결방법)

(1) 정의
고탄소강 또는 합금강을 열처리한 항복강도 $7\,t/cm^2$ 이상, 인장강도 $9\,t/cm^2$ 이상의 고력 Bolt를 조여서 부재간의 마찰력으로 연결하는 방식이다.

(2) 특징
　① 장점
　　㉠ 연결부강도가 크다.
　　㉡ 강한 조임으로 Nut 풀림이 없다.
　　㉢ 응력집중이 작고, 반복응력이 강하다.
　　㉣ 시공간단, 공기단축, 성력화
　② 단점
　　㉠ 숙련공 필요
　　㉡ 시공기계가 단순하여 능률서하
　　㉢ 고소작업, 검사의 어려움

(3) 접합방식(고장력볼트 이음의 종류)
　① 마찰접합
　　㉠ Bolt 조임력에 의해 생기는 접착면에 마찰내력으로 힘을 전달하는 방식
　　㉡ Bolt축과 직각방향으로 응력전달
　　㉢ 접합면이 밀착되지 않으면 전단접합과 같은 힘 전달
　② 인장접합
　　㉠ Bolt 축방향의 응력을 전달하는 소위 인장형의 접합방식
　　㉡ Bolt의 인장내력으로 힘 전달
　③ 지압접합
　　㉠ 부재 사이의 마찰력과 Bolt의 지압내력에 의해 힘 전달

ⓒ Bolt축과 직각으로 응력작용

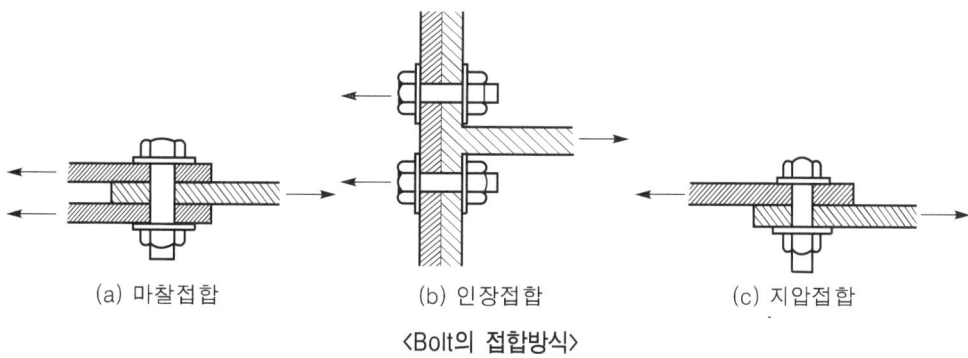

(a) 마찰접합　　　　(b) 인장접합　　　　(c) 지압접합

〈Bolt의 접합방식〉

(4) 조임방식

　① Impact Wrench

　　㉠ 압축공기 또는 전기의 힘으로 Nut를 회전시키는 기구

　　㉡ 중앙→단부로 체결하는 것이 원칙, 축력은 각 Bolt에 균등하게

　　㉢ 1차 조임은 70%, 2차 조임은 규정치까지

　② Torque Control법

　　㉠ 시공 전 축력계 사용, Torque Moment 측정

　　㉡ 일정한 토크모멘트로 Nut를 회전시켜 조임

　　㉢ Torque치

$$T = K \times d \times n$$

여기서, K : 토크계수치(0.2)

　　　　d : 볼트 축지름(cm)

　　　　N : 볼트 체결력, 축력(t)

　③ Nut 회전법 : Nut 회전량과 볼트 축력과의 관계를 이용한 것으로 2회 조임을 하며, 1차 조임 완료 후, 2차 조임시 Nut를 120° 회전시키는 방식

3. 용접

(1) 정의

강구조의 용섭섭합은 짧은 시간 내에 국부적으로 두 강재를 원자결합에 의해 접합하는 방식

(2) 용접접합의 특징

　① 장점

　　㉠ 강재절약으로 구조물 중량이 감소된다.

　　㉡ 응력전달이 명확하다.

ⓒ 무진동·무소음이다.
ⓓ 수밀성·기밀성이 유리하다.
ⓔ 이음처리와 작업성이 용이하다.
② 단점
ⓐ 숙련공이 필요하다.
ⓑ 인성이 약하다.
ⓒ 용접부 검사방법이 곤란하다.

(3) 용접방법
① 피복 Arc 용접(수동용접, 손용접)
② CO_2 Arc 용접(반자동용접)
③ Submerged Arc 용접(자동용접)

4. Pin 접합

(1) 정의
 부재와 부재의 연결을 Pin을 이용하여 연결하는 방법으로 지름 75mm 이상일 때 이용한다.

(2) 특징
① 거의 공장가공에 의한다.
② 부재의 Moment 작용부위에 이용한다.
③ 이음규모가 대규모이다.

(3) 시공·관리
① 핀의 지름은 75mm 이상
② 핀의 마무리길이는 부재 치수보다 6mm 이상 길게
③ 핀의 양끝에는 Lomas Nut 또는 와셔가 달린 보통의 너트 사용
④ 핀과 구멍의 차

핀지름	차이
130mm 미만	0.5mm
130mm 이상	1.0mm

Ⅳ. 강재부식의 문제점 및 대책

1. 문제점

(1) 강도저하
① 부식 부위만큼 재료의 두께 감소
② 하중에 대한 저항력 저하
③ 부식이 심할 경우 구조설계 재확인

(2) 내구성 저하
① 구조물의 내구성 저하 초래
② 전체 구조물에 대한 내구성 저하로 유지관리비용 증가
③ 덧댐공법 등의 보수공법 필요

(3) 마찰력 감소
① 고력 Bolt 접합시 부재의 마찰력 감소
② 부식면에 대한 면처리 필요

(4) 마감재의 부착력 감소
① 각종 마감자재의 부착력 감소
② 용접, 고력 Bolt 접합 등 접합공법의 부착력 감소

(5) 구조적 불안감 조성
① 강재의 부식으로 인한 구조적 불안감 조성
② 미적 경관에도 불리
③ 구조물에 대한 신뢰도 저하

2. 대책

(1) 합금법
Stainless Steel, Chrome, Nickel 등으로 합금 처리하여 부식을 방지하는 방법

(2) 피막법
기름(불건성유, Vaseline 등)으로 부재의 피막을 형성하여 습기 또는 공기를 차단할 목적으로 하는 일시적인 방법

(3) 도장법
부재의 표면에 방청 Paint를 도포하여 피막을 형성하는 방법

(4) 전기법
　　외부 전류에 의해 부재를 음극으로 하여 분극을 소멸시키는 방법

(5) 산소차단법
　　산소가 침투하지 못하는 진공상태를 유지하여 부식요소인 공기를 차단하는 방법

(6) 물제거 방청법
　　수분침투의 방지·제거에 의한 방청효과로 가열방법을 이용하며 특수 부재에 적용

(7) 도금법
　　부재 표면에 녹이 발생하지 않는 아연 등의 금속으로 도금하여 피막을 형성

V. 시공시 유의사항

(1) 안전관리
　① 강교 가설공사는 중량물 취급 및 고소작업으로서 추락, 낙하 등의 재해발생 여지가 많기 때문에 안전대책을 세워야 한다.
　② 안전설비에는 가설통로, 난간, 수직·수평 방호망 등이 있고, 안전모 착용과 지상 2m 이상 작업시 안전벨트를 사용한다.

(2) 품질관리
　① 강교 가설공사의 품질은 정밀도 및 접합부강도가 확보되어야 한다.
　② 허용오차(Tolerance)는 기준 이내가 되어야 한다.

(3) 공해
　① 강재접합시 소음 및 진동 공해
　② 도장작업시 페인트 및 용제의 비산으로 발생하는 공해
　③ 중량물, 장척물 운반시 교통장애 등이 있다.

(4) 기상
　① 강교 가설공사는 현장가설시 기상조건에 많은 영향을 받는다.
　② 비, 바람, 눈오는 날은 물론 습기나 안개가 많은 날에도 강재면은 미끄럽고, 감전사고 위험이 있으므로 작업을 하지 않는 것이 바람직하다.

(5) 장비
　① 양중시 건립구조물에 충격금지
　② 양중장비 하부지지력 확보

(6) 원척시
　① 원척작업장은 바닥상태·기상영향·바닥변형·사용기간·교통장애 등을 고려한다.
　② 강재의 형상·치수·물매·구부림 정도를 고려한다.

(7) 용접시
　① 사전예열, 용접재료관리 및 건조상태
　② 개선면 정밀 여부와 청소상태
　③ 잔류응력, 기온, 온도, 기후 등을 고려한다.

(8) 고장력볼트
　① 볼트는 사용시 필요량만 반출할 것
　② 마찰접합인 경우 휨방지를 위해 죄임순서를 준수한다.
　③ 최종 체결은 강우·강풍시에는 금지한다.

(9) 사전조사
　① 제작, 운반, 양중 및 현장 가설작업시의 용이
　② 설계도서 및 기상조건, 지반조사, 양중장비의 용량 등을 조사한다.

(10) 운반
　① 제작공장과 설치현장의 위치
　② 수송시간 및 거리
　③ 중량 제한(교량·도로)
　④ 길이·폭·용적의 제한(육교·터널)

Ⅵ. 결 론

(1) 상구조 연결공법은 시공하고자 하는 구조물의 내구성과 밀접한 관계가 있어 적정한 공법선정이 필요하며, 시공시 품질관리가 무엇보다 중요하다.
(2) 연결부 소요강도를 확보하기 위하여 시공의 기계화, Robot화가 필요하며, 신속한 검사가 가능한 기기를 개발해야 한다.

12-8 강구조의 압축부재와 휨부재 연결방법 [97전, 20점]

Ⅰ. 개 요

(1) 강구조의 압축부재와 휨부재의 연결방법에서 강관과 강관을 축방향으로 연결할 경우에 이음부에서 충분한 강성을 가지며 응력전달이 확실한 고장력볼트 또는 용접에 의한 직접연결을 원칙으로 한다.
(2) 연결방법으로는 직접연결, 플랜지연결, 연결판연결, 가지연결 등의 방법이 있으며, 용도에 맞게 선정하여 강관을 연결한다.

Ⅱ. 연결방법의 구비조건

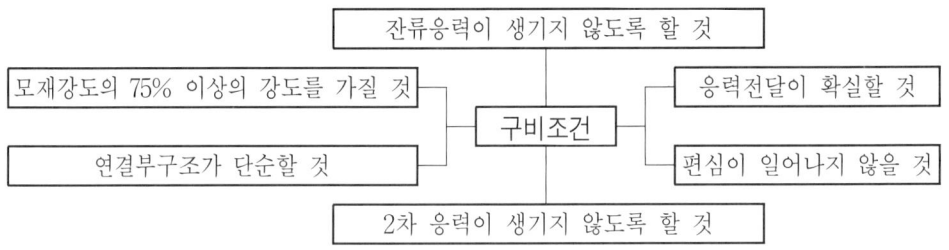

Ⅲ. 연결방법의 종류

(1) 고장력볼트 연결
  강관의 주면에 연결판을 사용하여 원주방향으로 일정하게 볼트를 배치하여 강결하는 방법으로 연결판의 분할은 4개소 이내로 한다.

(2) 용접연결
  강관의 축방향으로 직접 아크용접하여 응력전달을 확실하게 하는 공법이다.

(3) 플랜지연결
  현장연결에 용이한 공법으로 강관 선단부에 플랜지를 용접으로 붙여서 강관과 강관을 연결하는 방법으로 리브가 붙은 플랜지, 겹플랜지 등이 있다.

(4) 연결판 연결

강관의 연결방법으로 주강관에서 지관을 설치할 때 연결부에 관통연결관 또는 리브를 붙여서 주강관을 보강하는 공법이다.

(5) 가지연결

강관연결에서 주관과 지관을 연결할 때 두 개의 강관이 각도를 가지고 교차하는 연결로서 다른 보강판 또는 리브를 사용하지 않고 두 강관을 직접 연결하는 방법이다.

12-9 항만시설물 공사에서 강구조물 시공시 도복장 공법의 종류를 열거하고, 적용범위와 공법선정시 검토사항에 대하여 설명하시오. [04중, 25점]

I. 개 요

(1) 항만시설물 공사에서 강구조물에 대해서는 강재부식을 방지하기 적정한 강재부식 공법을 선정하여 시공하여야 한다.
(2) 도복장 공법이란 피방식체를 부식환경으로부터 차단시키는 방식법이다.

II. 도복장 공법의 종류 및 적용범위

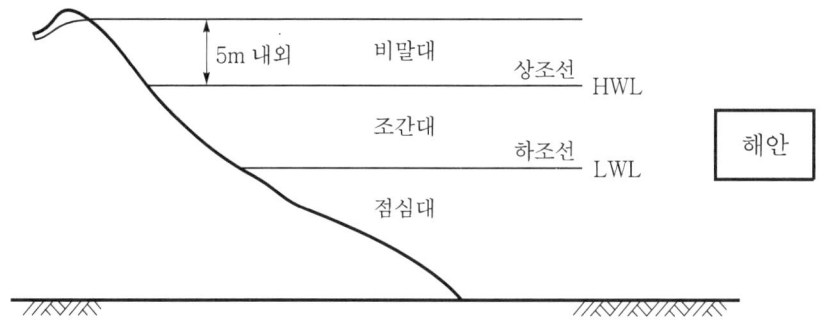

1. 도장

(1) 특징
  ① 적용범위가 넓음
  ② 복잡한 형상에도 시공 용이
  ③ 가격이 저렴
  ④ 도료의 종류가 많음
  ⑤ 도막두께의 선택 가능

(2) 적용범위
  ① 비말대, 조간대 및 해상 대기 중
  ② 해수 수중부
  ③ 해수 수중부 적용시 전기방식과 병용하여 적용
  ④ 신설구조물 및 기설구조물
  ⑤ 형상이 복잡한 모든 구조물

2. 유기 라이닝

(1) 특징
  ① 도막두께가 일반 도장보다 두껍다.
  ② 방식성, 내마모성, 내충격성이 우수
  ③ 경화시간이 다소 소요됨

(2) 적용범위
  ① Tank나 화학 Plant기구 등의 내외면 방식(防蝕)
  ② 해수 수중부[전기 방식(防蝕)과 병용]

3. 페트로레이텀(Petrolatum) 피복공법

(1) 특징
  ① 재료에는 Petrolatum Paste와 Tape가 있음
  ② 외부의 충격과 방식환경을 차단

(2) 적용범위
  ① 기설구조물에 주로 적용
  ② 방식재의 보호가 필요한 곳
  ③ 수중에서도 시공 가능

4. 무기 라이닝

(1) 특징
  ① 종류에는 Mortar 라이닝과 금속 라이닝이 있음
  ② 피복이 파손된 부위의 복구용
  ③ 기설구조물에 주로 적용

(2) 적용범위
  ① 충격이나 마모가 많은 지역의 구조물
  ② Mortar 라이닝은 콘크리트구조물에 적용
  ③ 금속라이닝은 강재 표면에 적용
  ④ 해수 수중부 적용가능

III. 공법 선정시 검토사항

(1) 환경조건
① 해수의 수질, 오염수 및 담수의 유입 여부, 온배수의 혼입 등
② 파랑 또는 부유물로 인한 충돌이나 외력에 의한 손상 가능성
③ 환경조건이 도복장의 내용년수에 직접 영향을 미침

(2) 방식(防蝕)범위
① 구조물의 형상이나 도복장 공법에 따라 방식범위 결정
② 다른 방식법과의 병용 여부에 따라 방식범위 결정
③ 방식범위에 따라 재료의 물량확보 및 사용량 확인

(3) 내용년수
① 방식법에 따른 내용년수의 파악
② 현장 실적을 통해 검증된 방식법 및 방식재료의 활용

(4) 유지관리
① 방식법에 따른 유지관리의 용이성 검토
② 공사비와 유지관리기간을 연계하여 방식법 검토
③ LCC 개념을 도입한 방식법 선정

(5) 부식정도
① 피도장물의 부식정도 파악
② 부식 부분을 제거하고 복원한 후 방식법 적용

(6) 시공조건
① 시공조건에 따라 공법선정이 좌우됨
② 시공성이 좋은 공법의 선정

(7) 공사실적 검토
① 유사공사에 대한 조사 및 검토
② 시공실적 및 실험실의 성적서 참조

IV. 결 론

해양 환경하에서 축조되는 강구조물에 대해서는 부식에 대한 방식대책을 사전에 수립하여야 하며, 방식공법 선정을 위한 사전조사를 철저히 하여야 한다.

12-10 강구조물에서 강재의 강도에 비하여 낮은 응력하에서도 부분파괴가 일어나는 원인을 1가지만 들어 설명하시오. [97중전, 50점]

12-11 강재의 피로파괴 특성과 용접이음부의 피로강도를 저하시키는 요인을 설명하시오. [07중, 25점]

I. 개 요

(1) 강구조가 낮은 응력하에서도 부분파괴가 일어나는 원인으로 구조물에 작용하는 반복하중에 의한 피로파괴를 들 수 있다.

(2) 최근 차량의 중량화 및 급증하는 교통량과 함께 피로파괴가 구조물의 안전성에 심각한 요인으로 지적되고 있으며, 1992년 개정된 도로교 표준시방서에 피로설계 조항을 신설하였다.

II. 강구조의 파괴

(1) 강구조의 파괴는 극한강도를 초과하는 응력에 의해서 발생하는데 이러한 현상을 피로파괴라 한다.

(2) 극한강도보다 낮은 응력의 반복적인 작용에 의해서도 발생하는데 이러한 현상을 피로파괴라 한다.

(3) 피로파괴는 초기에 강재에 미세한 균열이 발생하고, 이 균열 주변에 나타나는 응력집중 현상에 의해 균열이 확대되어 파괴가 발생하게 된다.

III. 피로파괴의 특성

1. 특징

(1) 피로강도는 하중의 반복횟수 응력범주 및 응력 변동범위에 의해 결정되며, 응력 변동범위는 다음 그림과 같이 정의된다.

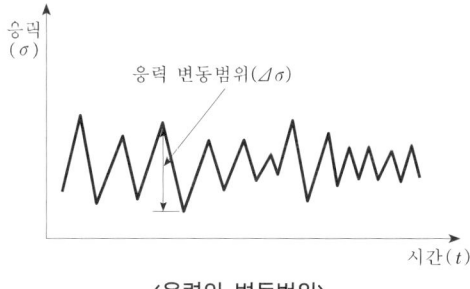

〈응력의 변동범위〉

(2) 반복하중의 응력진폭이 일정한 경우와 변화하는 경우에 따라 피로강도는 변한다.
(3) 응력범위가 일정한 수준 이하인 경우에는 피로파괴가 발생하지 않는데 이를 피로한계라고 한다.
(4) 비탄성변형률이 클수록 피로수명이 길어진다.
(5) 반복횟수가 증가하면 탄성변형률도 증가한다.
(6) 피로한도보다 낮은 반복하중은 오히려 피로강도를 개선시킨다.
(7) 피로한도보다 낮은 반복하중은 정적강도를 5~15% 정도 증가시킨다.
(8) 최소 응력값이 낮을수록 피로수명은 낮아진다.

2. 피로파괴 발생가능 구조물

(1) 교량 및 도로구조물, 철도구조물, 송신탑
(2) 항만 및 해양구조물
(3) 기타 반복하중을 받는 구조(Crane Girder 등)
(4) 진동을 받는 기계, 기초, 구조물 등

3. 발생요인

(1) 온도의 변화가 많을 경우
(2) 기계가동 및 기계의 운행
(3) 차량의 운행에 따른 운동하중
(4) 해수(파도)에 의한 반복하중

Ⅳ. 설계시 최대 응력범위의 반복횟수

도로의 종류	일평균 트럭교통량	트럭하중	차선하중
고속도로 국도 및 주간선도로	2,500 이상	200만	50만
	2,500 미만	50만	10만
기타 도로		10만	10만

Ⅴ. 용접부의 피로강도를 저하시키는 요인

(1) 모재의 열팽창
① 강재의 용융점은 1,500℃이므로 용접시 용융금속의 영향으로 팽창
② 팽창된 모재가 응고시 원상태로 회복하지 못할 경우

(2) 모재의 소성변형
    ① 용접열에 의해 굳는 과정의 온도차이로 인한 변형
    ② 용접열의 Cycle 차이로 인한 발생

(3) 냉각과정의 수축
    ① 용착금속이 냉각할 때 수축하여 변형
    ② 외기의 영향 또는 인접 용접시 온도의 영향으로 수축상태 변화

(4) 모재의 영향
    ① 개선 정밀상태에서 용착금속의 두께, 면적 등의 차이
    ② 모재의 강성 여부, 모재가 얇을수록 변형이 큼

(5) 용접시공의 영향
    ① 용접시공시 숙련상태에 따라 변화
    ② 동일한 자세로 열의 변화를 최소화하고, 동일한 속도로 용접속도 유지

(6) 잔류응력
    용접순서, 자세, 방법 등에 의해 선작업된 용접부의 잔류응력이 연결된 후 작업에 미치는 영향으로 변형발생

(7) 용접순서·방법
    ① 용접순서와 방법에 따른 응력발생의 변화
    ② 변형의 영향이 큼

(8) 환경의 영향
    ① 외기온에 의한 용접열 Cycle 과정에서 모재의 소성변형
    ② 모재 자체와 용접부위와의 온도차이로 인한 응력발생

Ⅵ. 결 론

(1) 강구조가 낮은 응력하에서 부분파괴가 일어나는 원인은 반복되는 하중에 의한 강구조부재의 피로에 의해서 발생한다.
(2) 극한강도를 초과하는 응력에 의해서 파괴되는 것보다 낮은 응력의 반복적인 작용에 의해 강구조물이 파괴를 일으키는데 이를 피로파괴라 한다.
(3) 강구조의 피로파괴는 도시기능 마비 등의 아주 큰 손실을 지니고 있다.
(4) 이를 예방하기 위하여 도로에서의 강구조물에 대하여 별도의 유지관리 체계와 자료의 전산화, 데이터베이스화 등의 자동전산시스템의 개발이 필요하며, 형식적인 점검에서 탈피한 미래 지향적인 일상, 정기, 임시점검 등의 체계가 필요하다고 본다.

12-12 강재의 저온균열, 고온균열   [06전, 10점]

I. 개 요

(1) 강재에 발생하는 균열에는 용접금속(Bead)균열, 열영향부 균열 및 모재의 균열이 있다.
(2) 강재의 균열온도별로 분류하면 저온균열, 고온균열 및 재열균열이 있다.

II. 강재균열 모식도

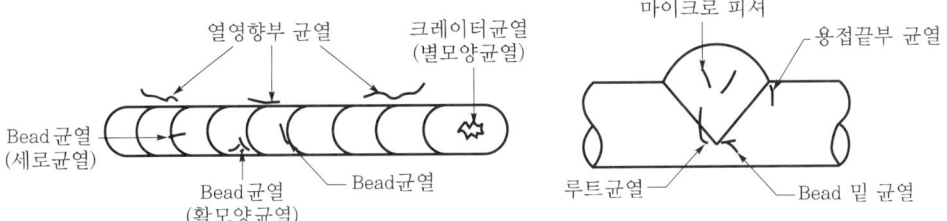

III. 저온균열(Cold Cracking)

(1) 정의
 ① 강재의 저온균열은 용접작업 후 용접부위가 실온 가까이 냉각된 뒤에 시간이 경과함에 따라 발생하는 균열로 지연균열이라고도 한다.
 ② 저강도 강재의 경우 주로 열영향부에서 균열이 발생하며, 고강도 강재의 경우 주로 용접금속에서 균열이 발생한다.

(2) 저온균열의 분류
 ① 지연균열(Delayed Cracking)형 저온균열
 ② 담금질균열(Quenching Cracking)형 저온균열
 ③ Lamellar Tearing

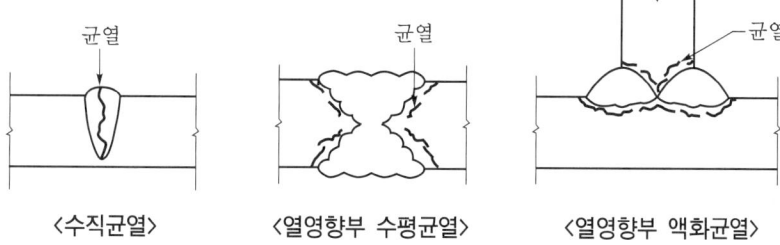

〈수직균열〉　　〈열영향부 수평균열〉　　〈열영향부 액화균열〉

Ⅳ. 고온 균열(Hot Cracking)

(1) 정의

① 용접금속의 응고 도중이나 냉각중에 비교적 고온에서 발생하는 균열로 용접금속 또는 열영향부에서 발생하며, 그 원리상 모재에서는 발생하지 않는다.

② 고온균열의 표면상태는 표면에 노출된 균열의 경우 대기중의 산소에 의해 산화되어 채색되나 표면에 노출되지 않은 균열은 산화되지 않은 금속 본래의 은백색을 나타낸다.

③ 균열의 끝부분은 대부분 날카롭지 않고 둥근 형태를 나타내어 다른 균열과의 구분이 용이하다.

(2) 고온균열의 형태

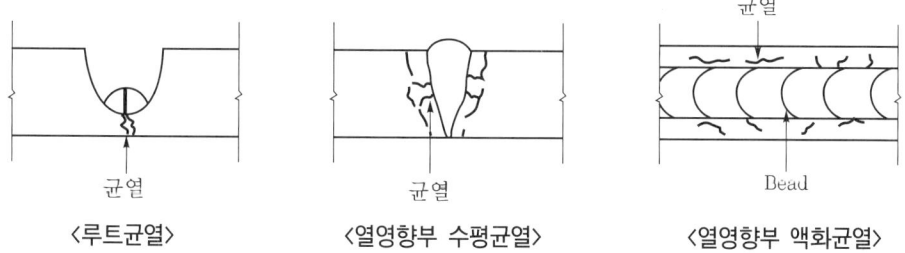

〈루트균열〉　　〈열영향부 수평균열〉　　〈열영향부 액화균열〉

12-13 무도장 내후성 강재 [05중, 10점]

I. 정 의

(1) 무도장 내후성 강재는 일반강에 구리, 크롬, 니켈, 인 등 내식성이 우수한 원소를 소량 첨가한 저합금강으로 일반강에 비해서는 4~8배 높은 내식성을 가지고 있다.
(2) 내후성 강이 대기에 노출되면 초기에는 일반강과 유사한 녹이 발생하지만 시간이 경과함에 따라 그 녹의 일부가 서서히 모재에 빈틈없이 밀착한 안정녹층(보호산화피막)을 형성하고 이 녹층이 외부환경에 대한 보호막이 되어 더이상의 부식진행을 억제하게 된다.

II. 보호산화피막 형성 Mechanism

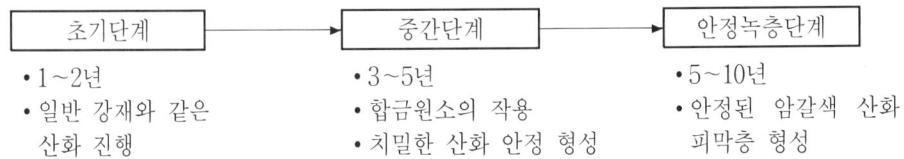

III. 종 류

(1) 도장형 내후성 강재
(2) 무도장형 내후성 강재
(3) 고내후성 압연강재

IV. 특 징

(1) 내후성이 높아 무도장으로 사용
(2) 재도장이 필요 없음
(3) 유지관리비용 절감
(4) 환경관리에 유리
(5) 내구성 증대
(6) 강재가 고가
(7) 초기 산화단계시 녹 발생으로 외관 저해

12-14 TMC(Thermo-Mechanical Control)강 [10전, 10점]

Ⅰ. 정 의

(1) TMC강은 가공열처리 또는 열가공제어법이라고 부르며, 강재의 압연시 온도를 제어하는 제어압연을 기본으로 한다.
(2) TMC강은 제어압연으로 저탄소당량일지라도 높은 인장강도와 항복강도를 확보하며, 예전에는 TMCP(Thermo Mechanical Control Process)강재라고도 하였으나 KS규격에 의해 TMC강재로 규정하였다.

Ⅱ. TMC강재 적용

(1) 장대교량
(2) 후판교량(판두께 40cm 이상)

Ⅲ. 탄소당량에 따른 강재의 성질변화

(1) 탄소당량이 0.85%일 때 강재의 강도가 최대
(2) 신장률은 탄소량 증가에 따라 감소

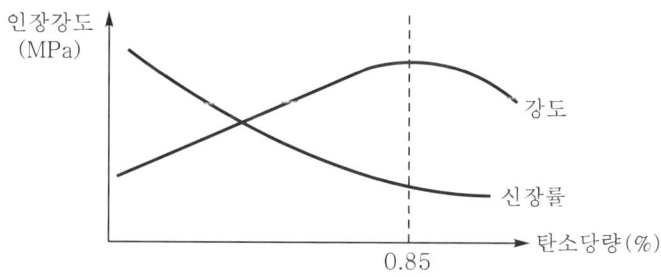

〈탄소당량에 따른 강재의 성질변화〉

Ⅳ. TMC 강재의 특성

(1) 용접부위 열영향 감소
(2) 소성능력이 우수하여 내진설계에 유리
(3) 탄소당량이 낮아 용접성 우수

(4) 철근콘크리트조에 비해 구조물의 수명증대
(5) 두께가 40mm를 초과해도 기계적 성질이나 용접성이 저하되지 않음
(6) 고강도화와 고내구성화를 동시에 추구 가능
(7) 일반 강재에 비해 두께를 10% 감소 가능
(8) 구조물 철거시 강재의 재활용 가능

13-1	강재용접의 결함 종류 및 대책에 대하여 기술하시오.	[09후, 25점]
13-2	강재의 용접결함	[07후, 10점]
13-3	용접의 결함원인과 용접자세	[96중, 20점]

I. 개 요

(1) 용접접합은 짧은 시간 내에 국부적으로 두 강재를 원자결합에 의해 접합하는 방식으로 재료, 운봉, 용접봉, 전류 등 여러가지 외적 영향에 의해 결함이 발생한다.
(2) 용접부의 결함은 구조물의 내구성을 저하시키고 접합부의 응력에 대한 강도를 상실시키므로 시공시 결함의 종류를 파악하여 원인을 분석하고 품질관리를 철저히 하여야 결함을 미연에 방지할 수 있다.

II. 용접자세

(1) 수평자세
   부재가 수평으로 설치되어 있을 때 용접봉의 용착이 수평방향으로 형성되는 작업에서의 용접자세이다.

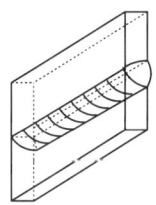

(2) 수직자세
   용접할 소재가 수직으로 조립된 경우에 용착이 수직으로 형성될 때의 자세이다.

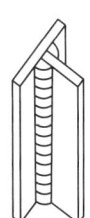

(3) 상향자세

용접할 두 부재가 아래로 향하여 구성될 때의 용접자세이며, 이런 경우의 용접작업 시 특히 유의하여 시공한다. 상향용접시 단속용접을 피하고 연속용접을 한다.

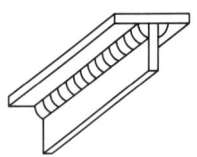

(4) 하향자세

용착이 아래로 향하여 두 부재가 조립되어 있을 때의 용접자세이다.

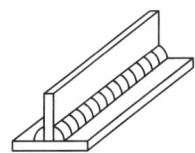

Ⅲ. 용접결함의 종류

(1) Crack
용착금속과 모재에 생기는 균열로서 대표적인 용접결함

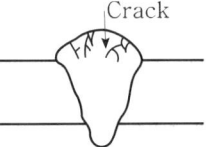

(2) Blow Hole
용융금속 응고시 방출가스가 남아 길쭉하게 된 구멍이 남아 혼입되어 있는 현상

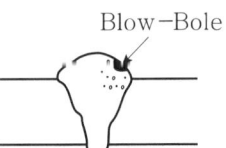

(3) Slag 감싸돌기
용접봉의 피복제 심선과 모재가 변하여 Slag가 용착금속 내 혼입된 것

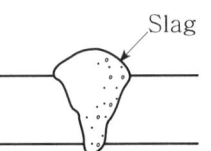

(4) Crater
용접시 Bead 끝에 항아리모양처럼 오목하게 파인 현상

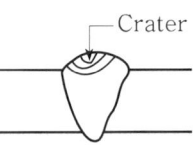

(5) Under Cut
과대전류 혹은 용입불량으로 모재표면과 용접표면이 교차되는 점에 모재가 녹아 용착금속이 채워지지 않은 현상

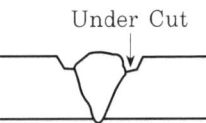

(6) Pit
 작은 구멍이 용접부 표면에 생기는 현상

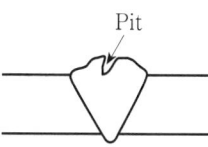

(7) 용입 불량
 용입깊이가 불량하거나 모재와의 융합이 불량한 것

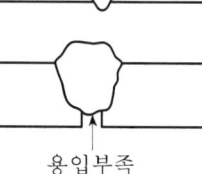

(8) Fish Eye
 Blow Hole 및 혼입된 Slag가 모여서 둥근 은색반점이 생기는 결함현상

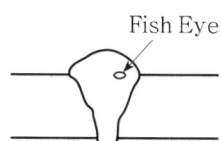

(9) Over Lap
 겹침이 형성되는 현상으로서 용접금속의 가장자리에 모재와 융합되지 않고 겹쳐지는 것

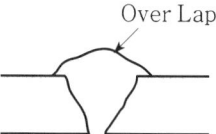

(10) Over Hung
 상향 용접시 용착금속이 아래로 흘러내리는 현상

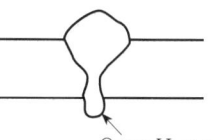

(11) Throat(목두께) 불량
 용접단면에 있어서 바닥을 통하는 직선으로부터 잰 용접의 최소두께가 부족한 현상

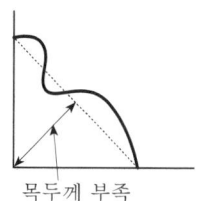

Ⅳ. 용접결함의 원인

(1) 모재의 열팽창
 ① 강재의 용융점은 1,500℃이므로 용접시 용융금속의 영향으로 팽창
 ② 팽창된 모재가 응고시 원상태로 회복하지 못할 경우

(2) 모재의 소성변형
 ① 용접열에 의한 굳는 과정의 온도차이로 인한 변형
 ② 용접열의 Cycle의 차이로 인한 발생

(3) 냉각과정의 수축
 ① 용착금속이 냉각할 때 수축하여 변형
 ② 외기의 영향 또는 인접 용접시 온도의 영향으로 수축상태 변화

(4) 모재의 영향
    ① 개선 정밀상태에서 용착금속의 두께, 면적 등의 차이
    ② 모재의 강성 여부, 모재가 얇을수록 변형이 큼

(5) 용접시공의 영향
    ① 용접시공시 숙련상태에 따라 변화
    ② 동일한 자세로 열의 변화를 최소화하고, 동일한 속도로 용접속도 유지

(6) 잔류응력
    용접순서, 자세, 방법 등에 의한 선작업된 용접부의 잔류응력이 연결된 후 작업이 미치는 영향으로 변형발생

(7) 용접순서·방법
    ① 용접순서와 방법에 따라 응력발생이 변화
    ② 변형의 영향이 큼

(8) 환경의 영향
    ① 외기온에 의한 용접열 Cycle 과정에서 모재의 소성변형
    ② 모재 자체와 용접부위와의 온도차이로 인한 응력발생

V. 방지대책

(1) 용접재료
    ① 적정한 용섭봉을 선택하여 사용
    ② 용접봉은 저수소계 제품을 사용, 보관취급에 주의, 용접봉 건조

(2) 용접방법
    ① 각 구조물에 대한 적절한 용접성을 고려하여 용접방법 선정
    ② 용접자세 및 개선부 유지

(3) 기능인력의 숙련도
    ① 기능공의 숙련도를 측정하여 적절한 배치
    ② 용접기술 교육 및 작업 전에 용접시 유의사항에 대한 지침 전달

(4) 환경대책
    ① 고온, 저온, 고습도, 강풍, 야간시 작업중단
    ② 0℃ 이하는 작업중단이 원칙이며, 0~15℃일 경우 모재의 용접부위에 10cm 이내에서 36℃ 이상 가열이 원칙

(5) 적정 전류
  ① 전류의 과도한 흐름을 막기 위하여 안전상 과전류 방지기를 설치한다.
  ② 용접부위는 육안으로 전류의 과도를 판단할 수 있어 주의만 하면 쉽게 막을 수 있다.

(6) 용접속도
  ① 일정한 속도로 운봉하되 용접방향이 서로 엇갈리게 용접
  ② 빠른 운봉속도는 용입불량이 발생할 우려가 있으므로 적정속도 유지

(7) 용접봉의 선택
  ① 용접봉은 모재의 일부와 융합하여 접합부를 일체화시켜 모재와 동질화하는 것이 중요
  ② 모재의 특성에 맞는 적정한 재질의 용접봉 사용

(8) 개선 정밀도 확보
  ① 도면의 표기에 맞게 개선하고, 기타 필요한 모양으로 만들어 그라인더로 갈아 평활도 유지
  ② 개선부의 정밀도가 좋지 못하면 용접이 힘들고, 결함발생이 큼

(9) 청소상태
  ① 용접부위의 녹제거 및 오염, 청소상태를 점검하고, 개선부의 적정간격 유지
  ② 용접부분에서 200mm 이내(얇은 판의 경우 50mm 이내)는 용접완료 후 도장
  ③ 용접면에 Slag, 수분 제거

(10) 예열
  ① 급격한 용접에 의하여 용접변형, 팽창, 수축발생
  ② 미리 용접부위를 예열하여 응력에 의한 변형을 방지

VI. 결 론

(1) 용접접합은 재료, 기후, 전류, 용접방법, 용접순서, 숙련도 등 총체적 영향에 의하여 결함이 발생하게 되고, 그 결함은 부재 일부분의 문제가 아니라 구조체 전체의 내구성을 저하시키게 되므로 접합부의 품질확보를 위해서는 용접 전, 용접중, 용접 후 검사를 철저히 실시해야 한다.

(2) 결함을 최소화하기 위한 제품생산의 자동화, 용접시공의 Robot 개발이 필요하며, 정확한 검사기기의 개발로 결함을 파악·분석하는 것이 무엇보다 중요하다.

14-1	강구조물의 용접과 균열검사 평가방법에 대하여 기술하시오.	[97전, 50점]
14-2	강교량 가설현장에서 용접부위별 검사방법과 검사범위에 대하여 기술하시오.	[04후, 25점]
14-3	구조용 강재 용접부의 비파괴시험방법(NDT)에 대하여 기술하시오.	[04전, 25점]
14-4	강재 용접부의 비파괴시험방법	[00전, 10점]
14-5	용접부위에 대한 비파괴검사	[95중, 20점]
14-6	현장용접부 비파괴검사방법	[07중, 10점]

Ⅰ. 개 요

용접검사는 용접전, 용접중, 용접후 검사로 구분된다. 용접전 검사에서는 용접부재의 적합성 여부를 파악하고, 용접중 검사는 사용재료 및 장비에서 발생하는 결함을 사전에 방지하기 위함이며, 용접후 검사는 구조적으로 충분한 내력을 확보하고 있는지를 판단하게 된다.

Ⅱ. 강구조물의 용접

1. 특징

(1) 장점
① 강재절약으로 철골중량을 감소한다.
② 응력전달이 명확하다.
③ 무진동·무소음이다.
④ 수밀성·기밀성이 유리하다.
⑤ 이음처리와 작업성이 용이하다.

(2) 단점
① 숙련공이 필요하다.
② 인성이 약하다.
③ 용접부 검사방법이 곤란하다.

2. 이음형식

(1) 맞댐용접(Butt Welding)
  ① 접합재의 끝을 적당한 각도로 개선하여 서로 접합부재를 맞대어 홈에 용착금속을 용융하여 접합
  ② 홈의 종류에는 H, I, J, K, U, V, X형
  ③ 판두께 6mm 이하에는 I형 접합이 적합

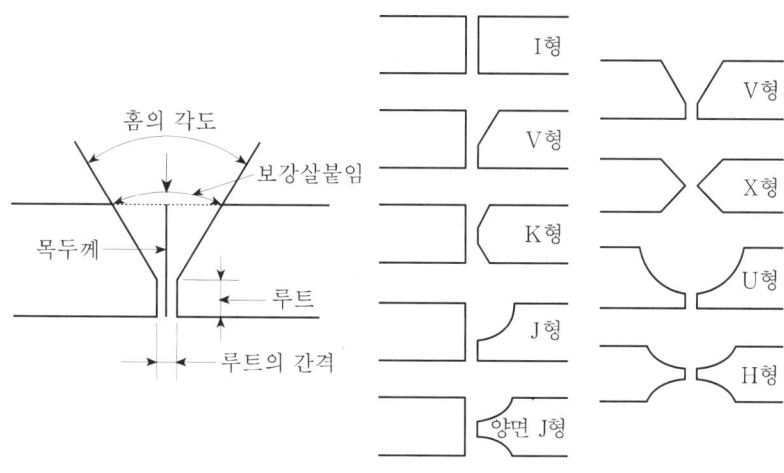

〈개선의 형태〉

(2) 모살용접(Fillet Welding)
  ① 두 장의 강판을 직각 또는 60~90°로 겹쳐 모서리부분을 용접금속으로 접합시키는 방법
  ② 이음의 종류는 겹침이음, T형 이음, 모서리이음, 끝동이음(단부이음)
  ③ 용접법 종류는 연속모살, 단속모살, 병렬모살, 엇모모살

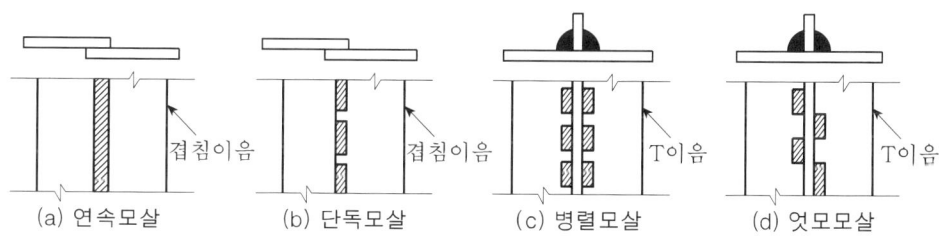

〈모살용접법의 종류〉

Ⅲ. 용접검사방법과 검사범위(검사 및 평가방법)

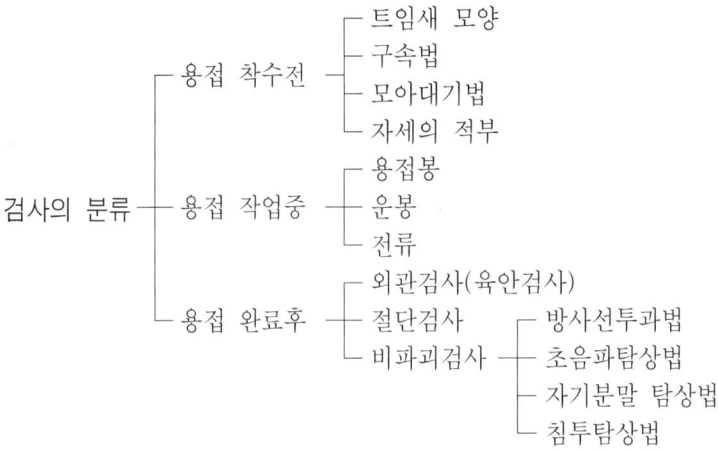

1. 용접 착수전

(1) 용접하기 전 단면의 형상과 용접부재의 직선도 및 청소상태를 검사한다.
(2) 용접결함에 영향을 미치는 사항으로는 트임새모양, 구속법, 모아대기법, 자세의 적정 여부 등이 있다.

2. 용접 작업중

(1) 용접 작업시 재료와 장비로 인한 결함발생을 용접중에 검사한다.
(2) 용접봉, 운봉, 적절한 전류 등을 파악하며 용입상태, 용접폭, 용접면 형상 및 Root 상태는 정확하여야 한다.

3. 외관검사(육안검사)

(1) 용접부의 구조적 손상을 입히지 않은 상태에서 용접부 표면을 육안으로 분석하는 방법이다.
(2) 외관검사만으로 용접결함의 70~80%까지 분석·수정이 가능하므로 숙련된 기술자의 철저한 검사가 필요하다.

4. 절단검사

(1) 구조적으로 주요 부위, 비파괴검사로 확실한 결과를 분석하기 어려운 부위 등을 절단하여 검사하는 방법이다.
(2) 절단된 부분의 용접상태를 분석하여 결함을 추정·예상하고 수정한다.

5. 비파괴검사

(1) 방사선투과법

① 정의 : 가장 널리 사용되는 검사방법으로서 X선, γ선을 용접부에 투과하고, 그 상태의 형상을 필름에 담아 내부결함을 검출하는 방법이다.

② 결함분석
- ㉠ 균열, Blow Hole, Under Cut, 용입불량
- ㉡ Slag 감싸돌기, 융합불량

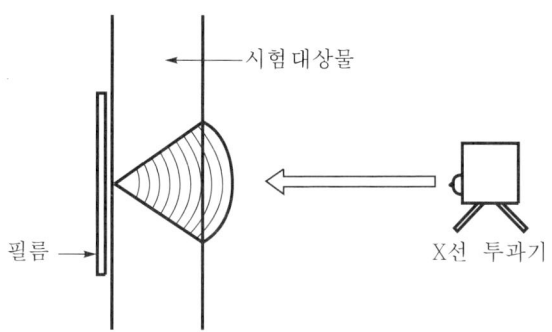

③ 특징
- ㉠ 검사장소의 제한
- ㉡ 검사한 상태를 기록으로 보존 가능
- ㉢ 두꺼운 부재의 검사 가능
- ㉣ 방사선은 인체에 유해
- ㉤ 검사관의 판단에 개인 판정차이가 큼

(2) 초음파탐상법

① 정의 : 용접부위에 초음파의 투입과 동시에 브라운관 화면에 용접상태가 형상으로 나타나며, 결함의 종류·위치·범위 등을 검출하는 방법이다.

② 특징
- ㉠ 넓은 면은 판단할 수 있으므로 빠르고 경제적이다.
- ㉡ T형 접합부검사는 가능하나, 복잡한 형상의 검사는 불가능하다.
- ㉢ 기록성이 없다.
- ㉣ 판정은 검사관의 기량에 의존한다.

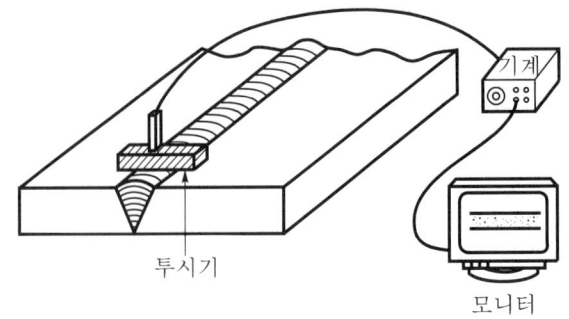

(3) 자기분말 탐상법
  ① 정의 : 용접부위 표면이나 표면주변 결함, 표면직하의 결함 등을 검출하는 방법으로 결함부의 자장에 의해 자분이 자화되어 흡착되면서 결함을 발견하는 방법이다.
  ② 특징
    ㉠ 육안으로 외관검사시 나타나지 않은 균열·흠집·검출 가능
    ㉡ 용접부위의 깊은 내부에 결함분석이 미흡
    ㉢ 검사결과의 신뢰성 양호

(4) 침투탐상법
  ① 정의 : 용접부위에 침투액을 도포하여 결함부위에 침투를 유도하고 표면을 닦아낸 후 판단하기 쉬운 검사액을 도포하여 검출하는 방법이다.

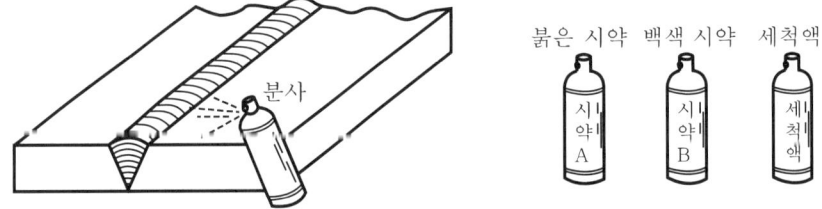

  ② 특징
    ㉠ 검사가 간단하며, 1회에 넓은 범위를 검사할 수 있음
    ㉡ 비철금속 가능
    ㉢ 표면 결함분석이 용이

Ⅳ. 결 론

용접부 품질관리를 위해서는 용접전, 용접중, 용접후 검사방법 및 유의사항을 준수하고, 검사방법·검사기준의 표준화와 고성능 검사장비의 개발 및 Robot화 시공이 필요하다고 본다.

15-1	교량받침 형태의 종류와 각각의 특징에 대하여 기술하시오. [99중, 30점]
15-2	교량 가설공사에서 교량받침의 종류와 각 종류별 손상원인을 열거하고 방지 대책에 관하여 기술하시오. [00후, 25점]
15-3	교량받침(Shoe)의 파손원인과 방지대책에 대하여 설명하시오. [05중, 25점]
15-4	교좌의 가동받침과 고정받침 [02후, 10점]
15-5	연속곡선교의 교좌 배치 및 설치방법 [97전, 20점]
15-6	포트받침(Pot Bearing)과 탄성고무받침의 특성 비교 [98전, 20점]
15-7	하천의 교량 경간장 [10중, 10점]

I. 개 요

(1) 교량의 받침은 상부구조와 하부구조 사이에 설치되어 상부구조에서 전달되는 하중을 확실하게 하부구조에 전달하는 장치이다.
(2) 온도변화와 탄성변화에 의한 상부구조의 신축, 특히 처짐에 의한 회전 등이 자유롭게 작동되어야 한다.

II. 교량 경간장

(1) 정의
① 교대 또는 교각과 이웃하는 교각의 사이를 경간이라 하며, 교대 또는 교각의 중심선과 이웃하는 교각의 중심선 사이를 경간장이라 한다.
② 하천의 교량 경간장은 하천의 상황, 지형의 상황 등에 의해 결정되며, 최대 70m까지 가능하다.

(2) 경간장의 기준
① 계획홍수량이 500m^3/sec 미만이고, 하천폭이 30m 미만인 하천 : 12.5m 이상
② 계획홍수량이 500m^3/sec 미만이고, 하천폭이 30m 이상인 하천 : 15m 이상
③ 계획홍수량이 500~2,000m^3/sec인 하천 : 20m 이상
④ 주운(舟運)을 고려할 경우 : 주운에 필요한 최소 경간장 이상

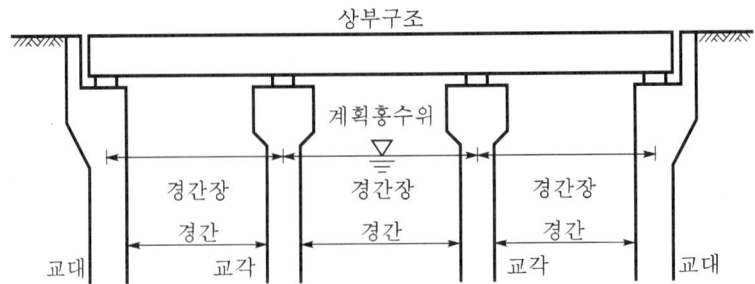

(3) 경간장 결정시 고려사항
① 교량구조
② 통수단면
③ 계획홍수량을 산정하여 통수량을 확보할 수 있는 경간장
④ 선박통행시 주운을 고려
⑤ 치수능력 검토

Ⅲ. 받침의 종류와 특징

1. 고정받침

(1) 정의

상부하중을 하부로 전달하며 상부구조의 변형, 이동을 억제하는 형식으로 교각과 상부구조 사이에 설치하는 받침이다.

(2) 종류
① Pot Bearing(받침판받침) : 상부와 하부가 받침판형식으로 구성되어 상부하중을 하부로 전달하는 구조이다.
② 선받침 : 원주면과 평면의 조합에 의한 것으로 회전은 구름에 의하며, 수평하중은 미끄럼에 의하는 받침이다.
③ 고무판받침 : 상부에 작용하는 하중을 무리없이 하부로 전달하기 위하여 충격흡수용 고무판을 이용한 받침으로써 탄성고무받침이라고도 한다.
④ Pin 받침 : 상부와 하부 사이에 핀을 사용하여 회전을 자유롭게 하고, 상부와 하부의 이동을 억제시키는 받침이다.
⑤ Pivot 받침 : 작용하중에 의하여 처짐이 발생시 회전을 자유롭게 하기 위하여 사용하는 받침이다.

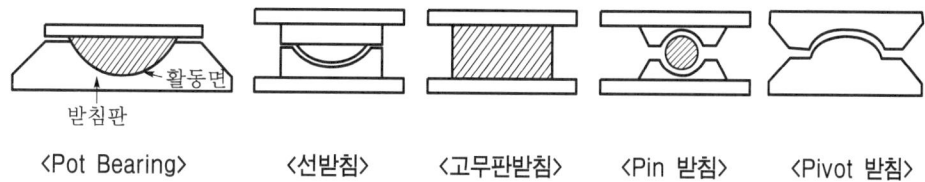

<Pot Bearing>   <선받침>   <고무판받침>   <Pin 받침>   <Pivot 받침>

(3) 특징
① 이동이 제한되어 있다.
② 회전은 가능한 구조이다.
③ 교량은 구조에 따라 고정단에 설치된다.
④ 충격흡수용 장치가 필요하다.

2. 가동받침

(1) 정의

교량의 받침에서 상부구조가 충격, 온도변화 등에 의해 이동될 때 이를 저항 없이 받아들이는 구조로서 상부구조 형식에 따라 선정 사용된다.

(2) 종류
① Pot Bearing(받침판받침) : 접촉면의 한 면은 평면이고, 한 면은 구면 또는 원주면형태의 받침판형식의 받침이다.
② 선받침 : 별도의 다른 장치 없이 상부와 하부가 선 접촉상태로 되어 이동하는 받침이다.
③ 고무판받침 : 소규모 교량에서 하부구조에 충격을 줄이고, 이동을 할 수 있도록 한 받침으로서 탄성고무받침이라고도 한다.
④ Roller 받침 : 상부와 하부 사이에 Roller를 두어 이동활동을 보다 원활히 할 수 있게 한 받침이다.
⑤ Rocker 받침 : 장경간에서 중량하중을 받을 때 사용하는 받침으로 회전활동은 Rocker의 Pin이 담당하고, 곡면상의 회전으로 신축활동을 하게 하는 받침이다.

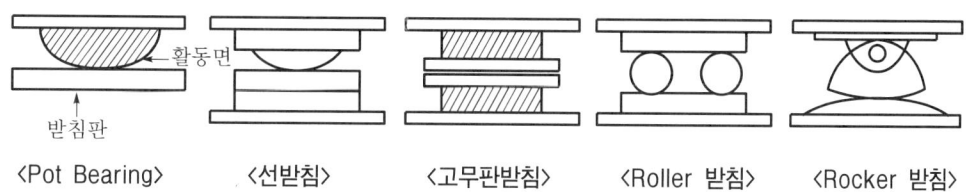

<Pot Bearing>   <선받침>   <고무판받침>   <Roller 받침>   <Rocker 받침>

(3) 특징
① 이동 제한장치 설치
② 교량규모에 따른 이동량 산정
③ 2방향 또는 4방향 이동형식
④ 이동저항력이 클 경우 교좌파손 우려

Ⅳ. 교량받침의 파손 원인

1. 고정받침

(1) 앵커볼트 손실
① 교좌에 매입된 앵커볼트의 느슨함
② 앵커볼트 손상

(2) 고정핀 손상
① 상부하중 지지핀의 마모, 변형 등의 손상
② 고정핀의 이탈

(3) 구조물과 받침 접합부
접합부 콘크리트 구조물의 균열 및 파손

(4) 회전장치 마모
① 회전장치의 핀, Plate 등의 장치 마모 파손
② 부식에 의한 기능마비로 허부구조 파손

2. 가동받침

(1) 신축량 잘못 산정
① 교량 상부구조의 신축활동에 따른 신축량 부족에 의한 교좌 손상
② 신축한계 및 수축한계 장치 잘못 산정

(2) Roller 파손
① 이동장치 Roller 파손에 따른 교좌장치 상하부 구조의 파손
② 부식, 이물질 혼입 등의 원인에 의한 Roller 장치의 손상

(3) 교좌장치 마모
면과 면이 맞닿는 형태의 선받침 교좌의 마모 및 마찰저항력 증대 등의 원인에 의한 파손

(4) 교좌 설계 미비
   ① 상부 작용하중의 잘못 산정에 따른 교좌규격 부적정
   ② 교좌의 과소설계

V. 파손 방지대책(시공시 유의사항)

(1) 교좌의 적정 배치
   ① 가동단 및 고정단의 교좌 선정
   ② 받침의 정위치 배치

(2) 받침고정
   받침의 기능을 충분히 발휘할 수 있도록 소정의 위치에 정확히 시공하여야 한다.

(3) 방식·방청
   도장시의 기온, 습도에 유의해야 하며 도장 전 시공부의 청소상태 등이 중요하다.

(4) 배수
   받침이 놓이는 부분에는 물이 고이지 않도록 배수가 양호한 구조로 해야 한다.

(5) 이동 제한장치
   가동받침부에는 지진과 같이 예측할 수 없는 사태가 발생하였을 때 보의 비정상적 이동을 방지하기 위한 장치를 설치해야 한다.

(6) 앵커볼트의 고정
   하부구조를 받침에 고정하고, 앵커볼트를 매입시킬 때는 무수축성 모르타르를 사용하여 신중히 시공하여야 한다.

(7) 좌대콘크리트
   고무받침의 경우 압축강도 24MPa 이상으로 하고, 거푸집을 사용하여 특별히 세심한 시공을 해야 한다.

VI. 교좌장치의 배치

(1) 상부구조의 형식
   교좌의 배치는 상부구조의 형식과 지간장 등을 충분히 고려한 상태에서 결정한다.

(2) 곡선교 및 사교
원심하중이 많이 작용하는 곡선교 및 사교에서는 지점반력의 작용기구, 신축과 회전방향 등을 검토하여 배치한다.

(3) 장대교량
Slab 또는 Box형교 등의 횡방향 강성이 큰 교량에서는 받침의 수를 가능한 한 적게 한다.

(4) 지점반력
장대 교량에서 교각배치는 교량의 상부구조에 따른 지점반력이 확실히 전달될 수 있도록 배치한다.

(5) 내구성
해상, 하상 등 습한 곳에서의 교좌장치는 부식에 의한 작동불량 상태가 되지 않도록 입지조건을 고려하여 결정해야 한다.

(6) 시공성
교좌의 배치, 시공가능성 여부, 추후 보수·교환 등의 작업이 가능하게 배치되어야 한다.

(7) 신축활동
상부구조의 신축활동으로 수평이동이 발생할 때 이에 대응할 수 있게 한다.

(8) 회전활동
장대 교량에서의 처짐 및 진동 등에 의한 지점부에서의 회전을 흡수할 수 있도록 배치한다.

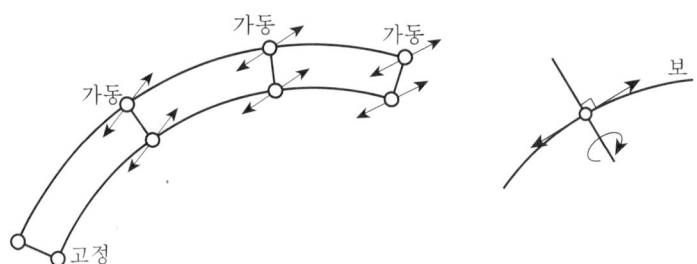

(9) 교좌배치시 유의사항
① 재질 선정 : 교량의 규모, 지압, 마찰, 마모 등을 충분히 검토하여 활동면과 회전면의 사용 재질을 선정해야 한다.
② 배치방향 : 부정정구조물이나 곡선교 등의 교좌배치는 시방서규정을 준수하고 온도변화, 크리프, 건조수축 등을 검토하여 배치하여야 한다.

③ 원심하중 : 곡선교에서의 교좌배치는 통행차량의 원심하중을 고려하여 배치하여야 한다.

④ 배치결정 : 곡선교에서는 교좌의 배치가 교량에 있어서 중요한 요건이 되므로 교좌의 배치위치, 배치간격, 배치개수 등을 설계도서에 준하여 배치하여야 한다.

Ⅶ. 교좌의 설치방법

(1) 받침의 고정
받침의 기능을 충분히 발휘할 수 있도록 소정의 위치에 정확히 시공하여야 한다.

(2) 방식, 방청
도장작업을 할 때는 기온, 습도 및 도장개소의 선정에 유의하여야 한다.

(3) 배수
받침이 놓이는 부분에는 물이 고이지 않도록 배수가 양호한 구조로 해야 한다.

(4) 이동 제한장치
가동받침부에는 지진과 같이 예측할 수 없는 사태가 발생하였을 때 보의 비정상적 이동을 방지하기 위한 장치를 설치해야 한다.

(5) 앵커볼트의 고정
하부구조를 받침에 고정하고 앵커볼트를 매입시킬 때는 무수축성 모르타르를 사용하고 신중히 시공하여야 한다.

(6) 좌대콘크리트
고무받침의 경우 압축강도 $240kg/cm^2$ 이상으로 하고 거푸집을 사용하여 특별히 세심하게 시공한다.

(7) 받침의 규격
받침판의 두께는 원칙적으로 22mm 이상으로 하고 주요부의 두께는 주강재 받침에 있어서는 25mm 이상이며 주절제 받침에서는 35mm 이상으로 한다.

(8) 앵커볼트의 규격
앵커볼트는 받침에 작용하는 교량의 세로방향 및 가로방향의 전 하중에 저항할 수 있는 단면적을 가져야 하며 최소지름 25mm로 하고 지름의 10배 이상의 길이를 하부구조에 매입시켜 고정하여야 한다.

(9) 받침 설치시 유의사항

① 측량에 사용된 강재 표척과 광파측정기 등에서의 오차
② 가조립시와 가설시의 온도차에 의한 지간의 변화
③ 사하중처짐에 의한 지간의 변화

Ⅷ. 포트받침(Pot Bearing)과 탄성고무받침의 비교

1. 포트받침(Pot Bearing)

(1) 정의

접촉면 한쪽은 평면이고 다른 쪽은 구면 또는 원주면으로 된 금속제품의 받침으로 탄성변형과 미끄럼에 대하여 작용하는 받침이다.

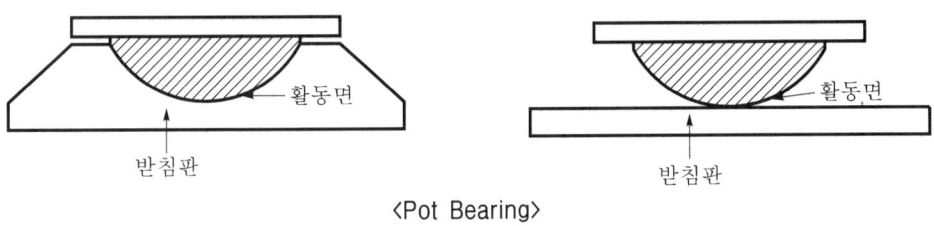

<Pot Bearing>

(2) 특성

① 마찰계수가 작다.
② 받침높이를 작게 할 수 있다.
③ 전도에 대한 안정성이 뛰어나다.
④ 가동 또는 고정받침으로 이용된다.
⑤ 접촉면에 흑연, 불소수지판을 사용하여 마찰계수를 작게 한다.

2. 탄성고무받침

(1) 정의

고무의 탄성을 이용하는 것으로 강판과 고무판을 다층구조로 만들어 회전 및 이동량을 흡수하는 받침이다.

<탄성고무받침>

(2) 특성
① 상부전달 충격하중을 흡수한다.
② 회전과 이동이 자유롭다.
③ 내구성이 좋다.

3. 특성 비교

구 분	Pot Bearing	탄성고무받침
마찰계수	작다	크다
회전단	자유회전으로 사용	국한회전
고정단	사용 가능	이동량 흡수
내구성	부식 우려	파손 우려
경제성	고가	저렴
시공성	우수	우수

IX. 결 론

(1) 받침은 교량 전체의 내구성과 안전성에 관계되는 중요한 부재로서 설계조건에 대하여 충실히 작동하는 것이어야 한다.
(2) 이 때문에 받침형식의 선정과 설계, 시공은 신중을 기하여야 하며, 받침의 기능저하를 막기 위해 일상의 유지관리에도 충분한 배려를 해야 한다.

16-1	교량교면 방수공법과 시공시 유의사항을 기술하시오.	[07중, 25점]
16-2	교량의 교면방수에 대하여 기술하시오.	[03후, 25점]
16-3	교량의 교면방수	[09전, 10점]
16-4	교량의 교면방수공법 중 도막방수와 침투성 방수공법을 비교하여 설명하시오.	[05중, 25점]
16-5	도막방수	[04전, 10점]

I. 개 요

(1) 교량의 교면방수는 구조체인 교면에 물과 제설용 염화물 등의 침투를 막아 교량 전체의 내구성을 높이기 위해 실시한다.

(2) 교면의 바로 위에 접착제를 도포한 후 교면방수를 실시하며, 방수공법으로는 침투성 방수, 도막방수, Sheet 방수 및 포장방수층이 있다.

II. 교량의 교면방수

1. 침투성 방수

(1) 의의

교면의 표면에 방수제를 침투시키는 공법으로 넓은 범위에 시공시 유리하고, 사용범위가 다양하다.

(2) 특징

장 점	단 점
• 시공성이 좋음 • 공기가 빠름 • 풍화·오염으로부터 보호 • 사용범위가 넓음 • 백화방지	• 장시간 경과 후 방수효과에 우려 • 실적이 적어 신뢰성이 떨어짐 • 성능평가가 어려움

(3) 시공순서 Flow Chart

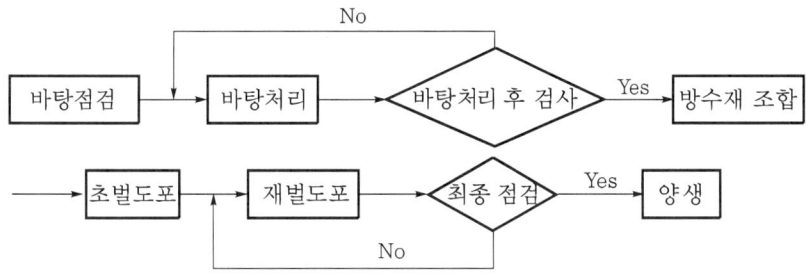

2. 도막 방수

(1) 의의

도막방수는 액체로 된 방수도료를 한 번 또는 여러 번 칠하여 상당한 두께의 방수막을 형성하는 방수공법이다.

(2) 특징

장 점	단 점
• 내후·내약품성 우수 • 시공 간단, 보수 용이 • 노출공법 가능, 경량	• 균일두께 시공 곤란 • 바탕균열에 의한 파단 우려 • 방수 신뢰성 적음

(3) 시공순서 Flow Chart

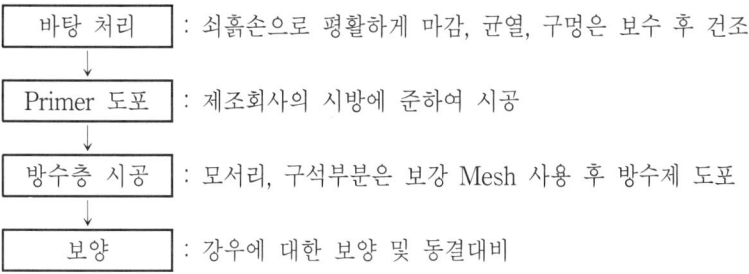

3. Sheet 방수

(1) 의의

Sheet 방수는 합성고무 또는 합성수지를 주성분으로 하는 두께 0.8~2.0mm 정도의 합성고분자 루핑을 접착제로 바탕에 붙여서 방수층을 형성하는 공법이다.

(2) 특징

장 점	단 점
• 시공이 용이하며, 시공속도가 빠름 • 시공비 저렴 • 방수성능의 신뢰도가 비교적 우수 • 모서리부 시공성 우수 • 보호층 필요	• 재료비가 고가 • 바탕 미건조시 Pin Hole 등 발생 • 이음부 하자발생 우려

(3) 시공순서 Flow Chart

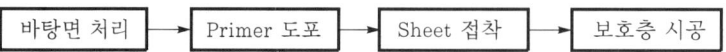

4. 포장 방수

(1) 의의

경질아스팔트 골재와 방수제를 혼합하여 구성된 아스팔트 혼합물을 교면 상부에 도포하는 공법이다.

(2) 특징

장 점	단 점
• 재료의 접착성이 우수 • 균열에 대한 대처성능 양호 • 방수층의 부풀음 현상 방지	• 시공이 복잡 • 공기가 다소 소요됨 • 하자발생시 보수 곤란

Ⅲ. 침투성 방수와 도막 방수의 비교

구 분	침투성 방수	도막 방수
의 의	교면의 표면에 방수제를 침투시키는 공법으로 넓은 범위에 시공시 유리하고 사용범위가 다양하다.	도막방수는 액체로 된 방수도료를 한 번 또는 여러 번 칠하여 상당한 두께의 방수막을 형성하는 방수공법이다.
시공성	시공이 간단	여러 번 칠하여 소요두께 발휘
경제성	경제적	비용이 다소 소요
용 도	간단한 방수성능 요구	지속적 방수성능 요구
공 기	아주 빠름	다소 소요됨
방수신뢰도	신뢰도가 아주 낮음	신뢰도가 비교적 우수
균열저항성	부족	양호
시공비	저렴	다소 고가
방수층 균질성	균질한 방수두께 유지곤란	일정한 두께 유지곤란
접착성	비교적 양호	타재료와 접착성 우수
전단응력 저항성	부족	양호

Ⅳ. 시공시 유의사항

(1) 침투성 방수
① 바탕 들뜸제거, 완전건조시킨다.
② 도포 완료 후 48시간 이상의 적절한 양생을 한다.
③ 방수재의 조합은 제조회사의 시방에 따른다.
④ 보호마감이 필요한 경우 특기시방에 따른다.

(2) 도막 방수
① 규정된 온도범위 내에서 실시, 바탕처리에 주의
② 용제형의 경우 화기 및 환기에 주의, 유제형의 경우 Pin Hole에 주의
③ 모서리는 둥글게 둔각 처리할 것
④ 이어바름 겹친 폭은 100mm 이상, 이음부에는 완충테이프 등으로 마무리

(3) Sheet 방수
① Sheet는 기포·주름·공극이 없도록 Roller로 충분히 밀착시키고, 접합부에 주의
② 시공과정에서 시트에 신장 제거
③ 작업 중 유기용제에 의한 중독과 화재에 주의
④ 모서리부 보강 및 치켜올림부 단부처리 주의
⑤ 보호 도장은 제조회사의 시방에 따라 균일하게 도포
⑥ Drain과 배관주의는 Wire Brush나 용재로 기름·녹을 제거 후 보강

(4) 포장 방수
① 방수재료의 온도관리에 유의
② Primer의 접착성능을 높이기 위해 바탕청소 철저
③ Primer의 Open Time 준수
④ 바탕의 완전건조로 방수층의 부풀음 방지
⑤ 충분한 공기를 두고 양생 후 후속작업 실시

Ⅴ. 결 론

(1) 교량의 교면구조물의 내구성 향상과 차량주행시 주행성능 향상을 위해 교면방수를 실시하며, 우선적으로 구소체의 균열 등 하자를 방지하여야 한다.
(2) 여러 방수공법 중 각 교량의 교면 특성에 맞는 공법을 선정하여 철저한 시공관리로 방수효과가 지속되도록 관리하여야 한다.

17-1 성수대교 붕괴원인에 대하여 귀하의 견해를 기술하시오. [95전, 33점]

17-2 1994년 10월 21일 성수대교가 붕괴되어 32명의 사망자가 발생했다. 이 교량의 붕괴과정과 상판구조의 특성 및 붕괴의 원인에 대해 기술하시오. [08전, 25점]

I. 개 요

(1) 성수대교는 Gerber Truss 형식의 1980년에 완공된 교량으로 양측의 캔틸레버 사이에 중앙보를 거치하여 정정구조로 만든 교량이다.
(2) 교량의 붕괴사고는 여러 가지 복합적인 원인에 의해서 발생되므로 가장 중요한 사항은 유지관리 체계수립에 있다.

II. 성수대교의 문제점

(1) 정기점검 미실시
(2) 유지관리 부실
(3) 연결힌지부의 마모 및 피로
(4) 시공상의 시방규정 미준수
(5) 교통하중의 변화

III. 붕괴과정과 상판구조의 특성

1. 붕괴과정

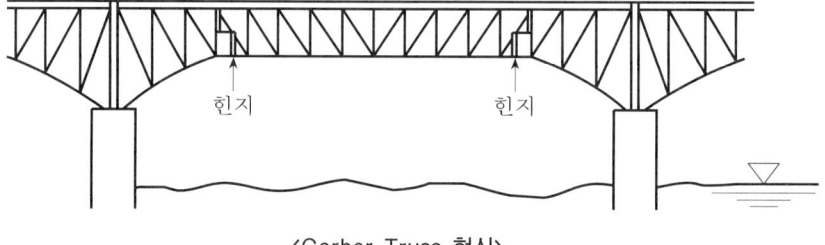

〈Gerber Truss 형식〉

(1) 하중에 의한 균열 발생
　① 힌지부분이 과하중, 반복하중에 의해서 간격이 넓어진다.
　② 간격이 넓어지면서 힌지부분 응력이 더욱 커진다.
　③ 중앙 Truss의 행거부분에 균열이 발생한다.

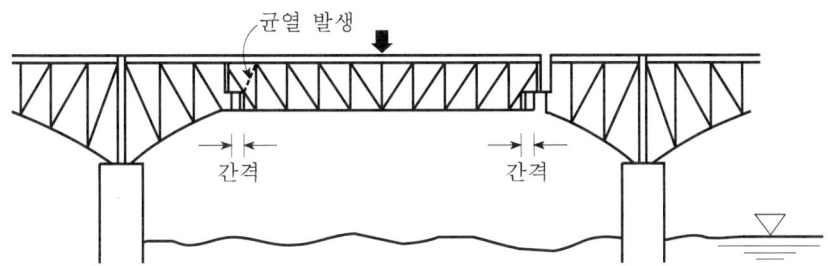

(2) 힌지 파손
　균열 발생이 과속화되고 있는 단계에서 교량점검, 유지관리의 부실로 인하여 힌지부분이 파손되어 붕괴되었다.

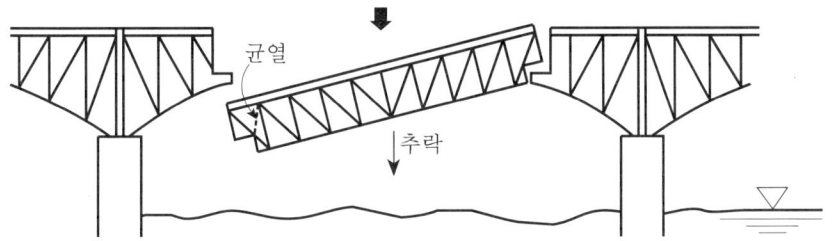

2. 상판구조의 특성

(1) Gerber 트러스 교량
　① 연속교의 휨모멘트 $M=0$이 되는 단면 근처에 힌지(Hinge)를 넣어 정정구조로 만든 교량이다.
　② Gerber교에는 Gerber형교와 Gerber트러스교가 있으며, 특히 Gerber트러스교는 지간이 긴 경우에 사용된다.
　③ Gerber교의 지간수는 3개의 경간으로 나누는 경우가 많은데 이것은 좌우대칭으로 하기 위하여 가능한 한 홀수를 택한다.

(2) 구조
　주경간부의 앵커트러스와 핀으로 연결된 48m의 중앙 현수지간을 갖는 구조

(3) 접합방식
  용접과 고장력볼트(마찰접합) 접합방식에 의한 공법으로 시공

Ⅳ. 붕괴원인(사고원인)

(1) 교량의 노후화
  유지관리가 제대로 되지 않은 상황에서의 계속되는 교통량의 증가에 따라 교량 각 구조의 응력저하, 부식, 파손 등으로 교량의 역할상실

(2) 설계하중 부족
  1980년에 설계된 하중으로 대형화된 현재의 교통하중을 견디지 못하는 교량의 하중지지 부족 현상

(3) 교통량 증가
  산업발달에 따른 급격한 교통량의 증가로 교량의 휴식시간이 절대적으로 부족

(4) 교통하중의 중량화
  화물차량의 중량화, 대형화로 전달되는 하중을 지지하는 교량의 허용응력 초과

(5) 시공불량
  게르버교의 힌지부분에서의 시공 부주의 및 품질관리 미비로 인한 힌지부분의 파손

(6) 정기점검 소홀
  체계화되어 있지 않은 관리체계 및 형식적인 점검자의 안이한 사고방식 등에 의하여 교량의 노후화 가속

(7) 교량의 건강진단 미실시
  일상점검, 정기점검, 특별점검 등으로 이루어지는 교량의 건강진단 미실시

(8) 강재의 부식
  강재로 제작된 트러스 도장 벗겨짐, 부식 등이 각 부재의 응력을 저하시키고 교량의 노후화 가속

(9) 힌지의 파손, 마모
  게르버보 중앙부 힌지부분의 마모, 파손 등이 교량의 안전성을 크게 저하

(10) Truss의 피로
  강재 트러스가 반복되는 하중에 의하여 각 연결부의 피로증가로 교량의 노후화 촉진

(11) 하중에 의한 진동
　　통행차량의 반복되는 하중으로 교량에 가해지는 충격이 진동으로 작용하여 교량의 피로누적

(12) 유지관리 체계 미비
　　형식화된 관리체계와 인원부족, 예산부족, 책임감 결여, 점검자의 수준, 실적에 의한 점검 등이 교량을 더욱 황폐화시켜 대형사고로 이어지는 결과를 초래

V. 사고발생 방지대책

(1) 사전조사
　　설계도서, 시방서 및 구조계산서를 파악하고 구조물의 안전성에 대한 사전검토 필요

(2) 설계의 정확성
　　과거 붕괴사고의 개선안을 설계에 반영

(3) 내진설계
　　지진에 의한 피해를 예측하여 설계에 반영

(4) 품질관리
　　① 품질관리의 Plan → Do → Check → Action 단계 시행
　　② 시험 및 검사를 실시하여 하자발생을 사전에 방지

(5) 과적, 중차량 통행제한
　　① 과적차량 통행제한
　　② 설계하중 이상의 중차량 통행제한

(6) 안전진단
　　① 점검을 통해 문제점이 발견되거나 사용도중 하중규모의 변화 등으로 교량의 안전성이 의문시될 때
　　② 외관조사, 실험, 측정 및 분석

(7) 계측관리
　　① 공사현장의 제반정보 입수와 향후 거동을 사전파악
　　② 응력과 변위 측정으로 굴착에 따른 변위 파악

(8) 정기점검
   ① 정기점검의 실시로 교량에 대한 내하력, 내구성, 사용성 파악
   ② 교량을 양호한 상태로 유지하는데 필요한 조치를 강구

(9) 보수·보강 공법 시행
   ① 상세조사, 추적조사 및 내하력 판정결과를 검토한 후 보수·보강 공법 선정
   ② 손상정도가 크거나 복잡한 양상을 보일 때는 전문가를 통한 보수·보강의 설계와 시공

VI. 본인의 의견(결론)

(1) 성수대교와 같은 교량의 붕괴사고는 자연발생이라기보다 인위적인 사고라 할 수 있다.
(2) 게르버교의 특성은 양측 캔틸레버보의 중앙보가 힌지형태로 연결되어 있는데 교량의 사용기간이 15년을 넘긴 교량의 가장 취약부인 힌지부분에 대한 안전점검 실시가 제대로 이루어지지 않은 것은 우리나라의 교량 유지관리 체계가 잘못되었다고 볼 수 있다.
(3) 국가적인 차원에서 국민의 생명과 재산권을 보호하기 위해서는 교량의 유지관리 체계가 새로이 수립되어야 한다.
(4) 선진국에서 시행하는 자동전산화 System의 도입은 재래식 수작업에 의한 종래의 유지관리 체계에서 벗어나 신기술에 의해서 교량의 수명을 연장시킴으로써 국민의 생명과 재산권 보호 및 국가경제 차원에서도 크게 이바지할 것으로 사료된다.

> **18-1** 교량에서 철근콘크리트 바닥판의 손상원인과 보강대책을 기술하시오. [03중, 25점]
> **18-2** 철근콘크리트 교량 상부구조물 공사시 콘크리트 보수·보강 공법을 열거하고, 각각에 대하여 설명하시오. [05전, 25점]
> **18-3** 교량의 유지관리 및 보수·보강에 있어서의 문제점 및 대책에 대해 기술하시오. [96전, 50점]
> **18-4** 강형교(Steel Girder Bridge)에 대한 유지관리상의 요점을 설명하시오. [95중, 33점]
> **18-5** 콘크리트 교량 균열에 대하여 원인별로 분류하고 보수재료에 대한 평가기준을 설명하시오. [11후, 25점]

Ⅰ. 개 요

(1) 교량은 건설 후 각종 자연환경 및 인위적인 사용환경의 영향을 받아서 시간경과에 따라 물리적, 화학적으로 열화되고 결국에는 사용성 및 안전성이 저하된다.

(2) 이러한 교량의 기능을 항상 양호한 상태로 유지하게 하고 각종 점검을 통하여 이상이 있는 곳은 보수·보강을 실시함으로써 그 본래의 기능을 충분히 발휘할 수 있도록 하여야 한다.

Ⅱ. 손상원인(균열원인)

(1) 조사 미흡
  ① 기초지반의 지질조사 미흡
  ② 교량의 위치선정 잘못

(2) 설계 오류
  ① 구조계산 잘못에 의한 단면 부족
  ② 교량의 형식선정 잘못

(3) 공기단축
  ① 무리한 공기단축으로 인한 품질저하
  ② 미숙련공의 현장투입으로 인한 부실시공

(4) 안전관리 소홀
  ① 안전기술자의 현장 미상주로 인한 안전관리 소홀
  ② 안전에 대한 인식 부족

(5) 환경작용
　① 과속, 과적차량
　② 물리, 화학적 작용에 의한 열화현상
　③ 홍수, 지진 등의 천재지변

(6) 점검 소홀
　① 일상점검, 정기점검 소홀
　② 지속적 사후관리 미흡

Ⅲ. 유지관리

1. 점검

(1) 일상점검
　① 육안 관찰에 의해 이상과 손상 여부를 발견할 목적으로 실시한다.
　② 이상 발견시 접근가능 지역에서 이상부위를 관찰한다.

(2) 정기점검
교량의 세부적인 사항에 대한 변화와 손상의 정도를 파악하여 교량을 양호한 상태로 유지하는데 필요한 조치를 강구하기 위한 점검이다.
　① 원거리점검
　　㉠ 원거리에서 육안으로 관찰한다.
　　㉡ 교량에 대한 내하력, 내구성, 사용성에 중대한 영향을 미치는 손상뿐 아니라 전반적 상태를 파악한다.
　　㉢ 6개월~1년에 1회 실시한다.
　② 근접점검
　　㉠ 교량의 내하력, 내구성, 사용성에 영향을 미치는 손상의 조기발견이 목적이다.
　　㉡ 교량 전체가 대상이나 부대시설물은 그 손상이 교량에 나쁜 영향을 미칠 수 있는 경우에 대상이 된다.
　　㉢ 5년에 1회 실시한다.

(3) 임시점검
　① 자연재해 또는 인위적 재해가 발생한 경우 및 그러한 위험이 예상되는 경우와 이상이 발견된 경우에 교량의 안전성을 확인하기 위하여 실시한다.
　② 자연재해의 발생가능성이 있을 경우 일상점검, 정기점검시에 취약한 것으로 판명된 교량에 대해 미리 점검하여 대비책을 마련한다.

(4) 추적조사
  ① 점검 결과 교량의 균열, 침하, 이동, 변위, 경사, 세굴, 누수 등의 구조적 손상의 진행성을 감시할 목적으로 실시한다.
  ② 위의 세 가지 점검시 진행성 손상이 발견되면 일정한 계획을 수립하여 실시한다.

(5) 상세조사
  ① 점검결과에 따라 보수·보강의 필요성이 검토되어야 할 손상이 발생한 경우에 실시한다.
  ② 필요시 각종 조사장비를 사용하여 구체적인 조사 기록값을 얻어서 정량분석을 실시한다.
  ③ 조사결과 교량의 안전에 대해 전문적인 조사가 필요하다고 판단되면 전문가에 의한 안전진단을 실시한다.

(6) 안전진단
  ① 특수한 구조형식이거나 점검결과 보수·보강에 대한 필요성이 검토되어야 할 경우에 실시한다.
  ② 교량의 사용성이나 안정성 여부를 판정하고자 할 때 실시한다.
  ③ 보다 정확한 상태와 대책방안 수립이 필요한 경우에 실시한다.
  ④ 안전진단시 모든 조사 및 측정은 비파괴검사를 통해서 시행한다.

2. 점검순서

(1) 점검계획
  ① 점검의 종류와 점검항목을 결정한다.
  ② 점검일정을 수립한다.
  ③ 필요한 인력, 장비, 전문가 활용계획을 수립한다.
  ④ 도면, 점검기록, 보수·보강 이력 등의 관련자료를 수집, 분석한다.
  ⑤ 점검기록 양식을 준비한다.
  ⑥ 교량관리자(기관)와 업무를 협조하여 실시한다.
  ⑦ 기타 점검과 관련한 사항을 조치한다.

(2) 점검교육
  ① 점검 지원인력에 대해 점검계획, 점검조직, 점검준비 등 해당 업무에 대한 교육을 실시한다.
  ② 점검자의 안전, 점검요소 및 항목, 사용장비 조작법, 통행불편 최소화, 점검기록의 관리 등에 관한 내용을 이해 및 숙지하게 한다.

(3) 점검기록
① 점검의 종류별로 현장 여건을 충분히 고려한 점검 항목 및 기준을 마련한다.
② 동일한 종류의 교량에 대해서는 해당 점검기간 중 동일 점검자가 점검하고, 점검기록을 유지, 보관한다.
③ 점검기록시 교량의 각 요소 및 세부항목은 일정한 등급이나 수치를 부여하게 하여 점검기록을 데이터베이스화 한다.

Ⅳ. 유지관리상의 요점

(1) 교좌의 점검
과하중, 반복하중, 충격, 신축활동, 회전 등에 대한 교좌장치의 상태 확인 및 마모, 이동, 부식상태 점검

(2) 강형의 균열
강형의 용접부위, 브레싱 접합부, 볼트 체결부의 균열 발생 등을 점검

(3) 강재 가로보
강형과의 연결부위의 균열, 부식, 변형, 피로정도의 점검

(4) 횡브래싱
강형과 브래싱과의 연결부의 변형 및 횡브래싱의 변형상태 점검

(5) 용접부위
강형 제작시 접합된 용접부위 및 현장 용접부위에서의 변형, 균열, 부식 등의 상태 점검

(6) 연결부 볼트
체결한 볼트의 이완, 풀림, 절단, 부식 등에 대한 점검

(7) 상판과의 접속부
상판 콘크리트와 강형과의 연결접속 상태, 들뜸, 충격, 부식 등 점검

(8) 전단연결재
강형과 상판슬래브를 연결하는 전단연결재의 파손상태 확인

(9) 신축장치
교량이 신축활동을 원활히 할 수 있도록 신축장치의 파손, 간격, 이물질 혼입, 들뜸 등을 점검

(10) 부식
강형 및 횡브래싱, 볼트, 각종 철물 등의 내·외부 부식상태 점검

(11) 충격
반복되는 교통하중으로 강형에 가해지는 충격력으로 인한 교량 각 부의 상태를 점검

(12) 배수시설
강우에 의한 배수처리와 우수의 침투, 물 흘러내림 등에 대한 점검

(13) 처짐
교통하중에 대한 처짐상태, 진동상태 등을 점검

(14) 상판 콘크리트
교면의 박리, 균열, 벗겨짐, 우수침투, 마모, 들뜸 등을 점검

(15) 교통 통행량
설계시 교통 통행량과 현시점 교통량을 조사하여 교통 통행량에 대한 교량의 안전도 평가

(16) 설계 초과하중
교량파괴의 원인이 되고 있는 설계 초과하중보다 큰 교통하중의 통행 여부 조사

(17) 난간 연석
설치난간의 부식, 변형, 파손 등에 대한 점검

(18) 점검표 작성
전체 교량에 대하여 각 부분별 점검사항을 조사 보고용 서식에 기재하고 전체 조사 내용으로 교량점검 총괄표를 작성한다.

V. 보수공법(보수재료 평가기준)

1. 바닥판

(1) 수지 주입
① 콘크리트의 균열부분을 수지로 채움으로써 바닥판의 수밀성을 크게 하고, 콘크리트 및 철근의 열화를 방지하는 방법이다.
② 주로 에폭시계 수지를 사용한다.

(2) 교면방수
① 바닥판 콘크리트 상면에 방수를 함으로써 콘크리트의 열화방지, 철근의 부식을 방지하는 방법이다.
② 주로 다른 공법과 병용한다.

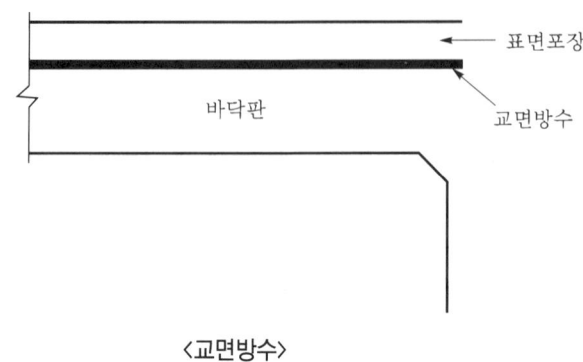

〈교면방수〉

2. 철근콘크리트교

(1) 주입공법
① 에폭시수지 그라우팅 공법이라고 한다.
② 균열의 표면뿐만 아니라 내부까지 충진시키는 공법이다.
③ 두꺼운 Con'c 벽체나 균열폭이 넓은 곳에 적용한다.
④ 균열선에 따라 수입용 Pipe를 10~30cm 간격으로 설치한다.
⑤ 주입재료로는 저점성의 Epoxy 수지를 사용한다.

(2) 충진공법(V-cut)
① 균열의 폭이 작고(약 0.3mm 이하) 주입이 곤란한 경우 균열의 상태에 따라 폭 및 깊이가 10mm 정도 되게 V-cut, U-cut을 한다.
② 잘라낸 면을 청소한 후 팽창모르타르 또는 Epoxy 수지를 충진하는 공법이다.

(3) Putty 공법
① 콘크리트 표면의 박리, 열화 등의 결함부 주위를 깨어내고 Putty용 에폭시계 수지 등을 채워 내부 콘크리트를 방호하고, 철근의 부식을 방지하는 방법이다.
② 결함부의 크기, 깊이, 면적에 따라 Putty 형태의 에폭시수지나 Resin Concrete, Cement Mortar, Concrete 등을 사용한다.

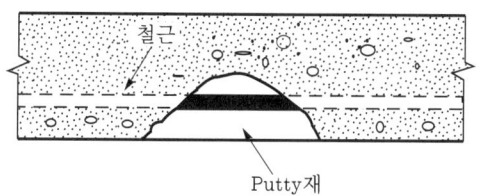

3. 강교

(1) 용접

① Girder의 변형을 최소화하기 위해 시공순서를 검토하고, 솟음량을 조정하면서 작업을 진행한다.

② 이음부 보강시에는 용접과 리벳의 혼용을 피해야 한다.

(2) 고장력볼트

① 가설되어 있는 강교 중 상당부분이 리벳연결로 되어 있으나 보수를 할 경우는 고장력볼트를 사용하는 것이 작업조건이나 시공관리면에서 유리하다.

② 고장력볼트 접합에는 마찰접합, 지압접합, 인장접합이 있으나 보수공사에서는 마찰접합으로 하는 것이 좋다.

Ⅵ. 보강공법

1. 바닥판

(1) 종형 증설

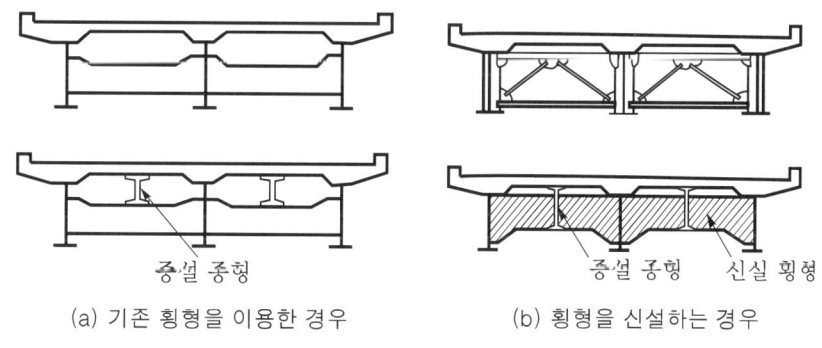

(a) 기존 횡형을 이용한 경우 (b) 횡형을 신설하는 경우

〈종형 증설에 의한 보강〉

① 기존 바닥판의 거더 사이에 1~2개의 종형을 증설하여 바닥판의 지간을 줄여주므로 윤하중에 의한 휨모멘트를 감소시키는 공법이다.

② 바닥판의 손상이 급격히 진행되지 않은 경우에 사용하는 것이 좋다.

(2) 강판 접착
① 바닥판의 인장측에 강판을 접착하여 기존의 콘크리트 바닥판과 일체로 만들어 활하중에 의한 저항력을 증가시키는 공법이다.
② 주입법과 압착법이 있다.

(3) FRP 접착
① 바닥의 인장측에 강판 대신 FRP를 접착하여 보강하는 공법이다.
② 소재가 유연하고, 가벼워 작업성이 우수하다.

(4) 모르타르 뿜칠
① 바닥판의 하면에 철근이나 철망을 설치하고, 모르타르를 뿜칠하여 붙여 기존 바닥판과 일체화시키는 공법이다.
② 바닥판의 두께를 증가시켜 보강효과를 꾀한다.

(5) 철근콘크리트 바닥판의 재시공
① 기존 바닥판의 일부 또는 전체를 철거하고, 철근콘크리트 바닥판으로 신설하는 방법이다.
② 교통의 전면통제 또는 차선규제가 필요하다.

(6) 강재 상판으로 교체
① 기존 바닥판을 강상판으로 교체하는 방법이다.
② 공기를 단축할 수 있으나 공사비가 높다.

2. 철근콘크리트교

(1) 강판 접착
① 콘크리트 인장측 표면에 강판이 철근 단면의 일부로서 작용하게 하여 활하중에 대한 내하력을 증가시키는 공법이다.
② 접착에는 주로 에폭시계 수지가 사용된다.

(2) 보의 증설
① 보를 증설하여 내하력을 크게 하는 공법이다.
② 일반적으로 잘 쓰지 않는 방법이다.

(3) 기둥의 증설
① 교대와 교각 사이에 기둥을 증설하여 보의 경간길이를 줄여 내하력을 크게 하는 방법이다.

② 보에 대해서는 지점증가에 의한 연속보로서의 응력검토 및 지점변위의 영향을 고려하여야 한다.

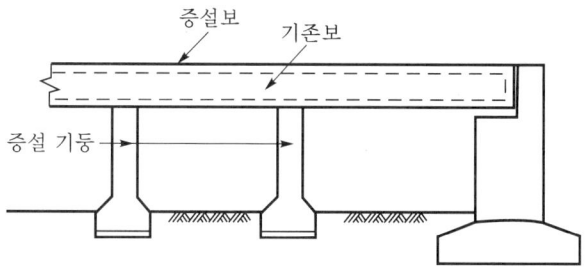

(4) Prestress 도입
① PS강재를 사용하여 보에 Prestress를 도입함으로써 응력을 감소시키고, 균열을 축소시키는 동시에 내하력을 증대시키는 공법이다.
② 휨균열에는 Prestress를 도입하기 전에 압축력을 균등하게 분포시키기 위해 에폭시로 가압 그라우트(Pressure-Grouted)시킨다.

(5) 콘크리트 또는 강재를 사용한 단면 증설
① 기존보와 밀착시켜 콘크리트를 타설하여 단면을 크게 한다든지 강형을 증설하고 기존 단면과 합성시켜 내하력을 증가시키는 공법이다.
② 교량 아래 공간이 여유가 있는 경우에 시행한다.

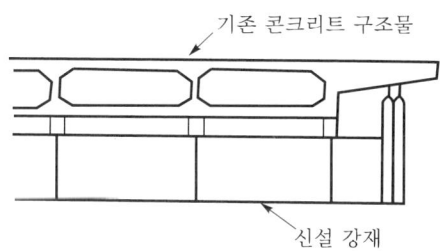

(6) 교체
① 콘크리트 부재의 변형 또는 파손에 의해 부재의 내력이 부족하고 기능회복이 어려운 경우에는 부재의 일부 또는 전부를 철거하고, 새로운 콘크리트부재로 교체하는 공법이다.
② 폭원의 일부 또는 단면 일부의 파손부분만을 철거하고, 재시공해도 다른 부분의 내하력에 문제가 없는 경우에는 부분 교체한다.

3. 강교

(1) 보강판
　① 단면이 부족한 범위에 별도의 강판을 붙여서 보강하는 방법이다.
　② Girder의 Flange 등에 주로 사용한다.

(2) 부재 교환
　① 변형과 파손이 심해 보수만으로는 회복이 안되는 부재를 새 부재로 교환하는 방법이다.
　② 파손부재 해체시에 대한 안정검토 후 시행해야 한다.

Ⅶ. 보수 보강의 문제점 및 대책

1. 문제점

(1) 교통차단
　교량 보수작업에 따르는 교통장애 및 차량통행 제한조치로 일시적인 교량기능이 마비

(2) 교통체증
　부분적인 보수·보강 작업시 교량차선 축소작업으로 교통체증현상 유발

(3) 보양기간
　콘크리트 부문의 보수·보강시 콘크리트 양생기간 동안의 교량 사용제한

(4) 예산부족
　교량 유지관리 체제의 급조법령으로 인해 보수·보강에 따른 예산부족 현상으로 겉보기식 응급조치 보수작업

(5) 기술능력
　전문적인 교량 보수·보강 기술인의 부족

(6) 관계자의 의식 결여
　교량의 중요성을 알지 못하는 서류행정 및 겉치레식 보수·보강작업

(7) 교량 전체 기록부부재
　시설물 유지관리법 제정 전의 해당 교량의 이력기록이 전무하다.

(8) 정책 실무자의 의식
　교량의 안전성 위주보다는 사용성 위주의 정책실현으로 교량파손, 붕괴사고 발생

(9) 대안 미비

파손교량에 대한 적정 대안의 부족으로 원시적인 보수·보강에만 의존

(10) 전문연구기관 부족

교량 사용 및 보수·보강 공법에 대한 전문연구기관 결여

2. 대책

(1) 교량 전산관리시스템 도입

전국에 설치되어 있는 크고 작은 교량에 대한 교량건설일자, 교량이력, 교량등급, 통행하중, 사용유효기간, 정기점검결과 등의 데이터에 의하여 전 교량의 전산관리시스템 도입

(2) 전문연구기관 설립

교량 설치에서부터 해체시까지 교량의 일생을 연구하고 교량의 수명연장을 위한 방법 등을 연구하는 기관설립이 필요하다.

(3) 품질관리

교량건설시 각 분야별로 규정된 품질관리가 보다 중요하다.

(4) 공사실명제

교량을 계획하고 설계하여 시공에 이르는 모든 종사자들에 대한 공사실명제를 실시하여 책임한계를 명확히 한다.

(5) 정기점검 기간축소

현행 6개월~1년으로 되어 있는 정기점검의 실시기간을 줄여서 교량의 노화를 예방한다.

(6) 예산, 배정

교량의 사용년수 증가로 인한 보수·보강의 규모확대로 소요예산 측정에 배려가 필요하다.

(7) 정책실무자

특히 대형 Project에 대한 정책실무자의 정책성 발주보다는 백년대계를 위한 국가건설 차원에서의 건설행정이 요구된다.

(8) 교량 관리인원 증원

지역별 교량을 관리하는 관리요원의 확충과 관리체계의 현실화가 요구된다.

(9) 전문관리인 양성

　　국가차원에서 교량 및 구조물관리에 대한 전문기술자 양성을 위한 양성기관의 설립

(10) 신공법 개발

　　기존의 보수·보강 공법보다 나은 교량 보수·보강 공법의 개발로 보다 질이 우수하며, 값싸고, 빠르게 할 수 있는 공법개발이 우선 과제이다.

(11) 신기술 보호

　　새로운 기술개발에 따른 기술의 보호와 지원으로 신기술 개발의 발판이 될 수 있게 한다.

(12) 정보화체계 수립

　　공용중인 교량에 계측기기를 설치함으로써 교량의 거동을 정보화시스템을 이용하여 자동으로 측정, 판단할 수 있게 한다.

(13) 자료수집

　　제원, 설계하중, 상태등급, 교체의 이력, 통행하중 결정, 교량상태검사 및 조사기 등의 자료를 수집하여 데이터베이스화 한다.

(14) 통계처리 및 그래픽

　　화면 및 출력물을 통한 교량 관련자료에 대한 원활한 접근, 검색기능으로 교량의 향후거동 예측

Ⅷ. 결 론

(1) 교량의 유지관리를 위해서는 교량이력에 관련된 자료의 확보가 중요하며 설계도서, 구조물 대장, 점검도서, 평가도서, 보수·보강대장, 사고이력서 등의 자료를 교량의 점검과 보수·보강, 신설, 교체시마다 보완하고 전산화하여 교량유지관리 데이터베이스를 구축, 관리하여야 한다.

(2) 교량의 보수·보강시 고려되어야 할 사항은 처해 있는 환경에 따라 보수·보강 우선순위 결정, 기존 교량의 노후도, 가설년도, 장래 교통량, 기존 교량의 구조, 도로선형과 개축계획, 하천의 개수계획 등이 있다.

18-6 교량 상부구조물의 시공중 및 준공후 유지관리를 위한 계측관리시스템의 구성 및 운영방안에 대하여 설명하시오. [11중, 25점]

I. 개 요

교량의 거동은 여러 가지 형태의 징후로 나타나므로, 교량의 거동과 안정에 영향을 미치는 요인으로 추정되는 현상을 측정하여 교량 전체 거동의 대표치로 간주하고 있다.

II. 교량의 계측관리 계획

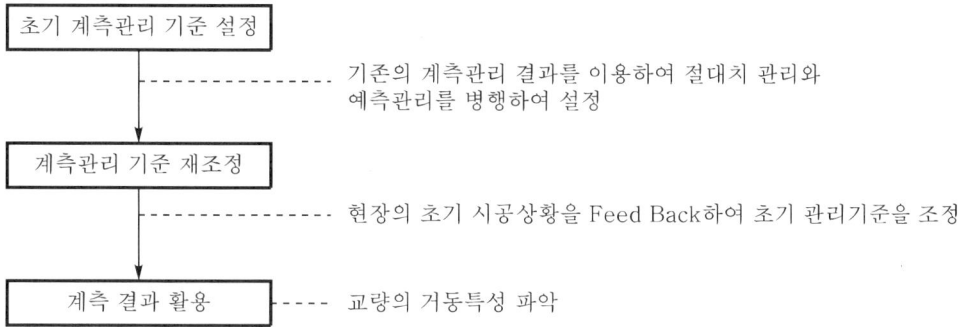

III. 계측관리 System 구성

(1) 변형률 측정
  ① 콘크리트 수축이나 외부 응력 등에 의한 콘크리트 응력측정 주형의 응력상태와 변위 측정
  ② Box거더의 응력상태와 변위 측정
  ③ 큰 응력이 발생될 휨응력부와 전단부에 설치

(2) 온도측정
  ① 콘크리트 자체의 온도와 외부의 온도측정
  ② 변형률계 주변에 설치하여 측정값 보정

(3) 처짐측정
  ① 교판의 처짐측정
  ② 각 경간의 중앙에 설치

(4) 진동가속도 측정
① 교량의 동적 거동 특성(교유진동수, 감쇄모드, 모드형상 등)을 측정
② 각 경간의 중앙에 설치

(5) 신축이음부 변위측정
① 접합부의 변위측정
② 시공이음부에 설치

(6) 교각의 경사측정
① 교각 및 교대의 기울기 측정
② 교각의 변형이 예상되는 단면 내에 설치

(7) 풍향·풍속 측정
① 교량에 미치는 풍압(풍하중)의 영향을 측정
② 교량의 대표구간

Ⅳ. 운영방안

구 분	계측장치	설치부위	측정항목
사장교	광파측정기 온도계 지진계 풍향풍속계 반력측정계 가속도계 변형도계	• 지상계측실 • 케이블 정착부 • 주탑, 주형 케이블 • 지중부, 수납기부, 주탑 및 주경간의 중앙 교좌장치 • 주탑, 케이블, 주형	• 주탑높이, 주형처짐, 캠버 케이블 장력 • 주형의 연직·수평변위 케이블 온도(길이, 장력변화) • 지반의 3방향 지진가속도 • 주탑 정부와 주경간 중앙부위 난류 및 층류의 풍향·풍속 • 각 교좌장치의 반력 • 각 부재의 3방향 가속도(동적 하중, 변위) • 각 부재의 주요 부위 응력
현수교	광파측정기 케이블장력계 변위계 온도계 지진계 풍향풍속계 반력측정계 가속도계 변형도계	• 지상계측실 • 주탑기부, 케이블 정착부 • 주경간 중앙부 주탑, 주형 케이블 • 지중부, 주탑기부 주탑 및 주경간의 중앙 교좌장치 • 주탑, 케이블, 주형	• 주탑높이, 주형처짐, 케이블 Sag • 케이블 장력, 앵커볼트 축력, 주형의 연직, 수평변위 • 주탑, 주형의 온도(온도변형) • 케이블 온도(길이, 장력변화) • 지반의 3방향 지진가속도 • 주탑 정부와 주경간 중앙부위 난류 및 층류의 풍향·풍속 • 각 교좌장치의 반력 • 각 부재의 3방향 가속도(동적 하중, 변위) • 각 부재의 주요 부위 응력

구 분		계측장치	설치부위	측정항목
장경간 PC 박스 거더 교량	FCM	Load Cell 온도계 반력측정계 가속도계 풍향풍속계 변형도계 변위계	• 지점부의 강봉 • 내측 경간 중앙 및 지점부 교좌장치 • 내측 경간 중앙부 • 내측 경간 중앙부 중요단면 • 주경간 중앙부, F/T부, 신축이음부	• 지점부 임시강봉의 장력 • 콘크리트의 온도(수화열) • 측경간 교좌장치 반력, 방향 가속도(수직, 수평) 교상의 풍향, 풍속 • 콘크리트 및 철근의 응력 • 주형의 연직변위, F/T 변위 • 교량의 신축량
	PSM	온도계 반력측정계 가속도계 변형도계 변위계	• 주요 경간 중앙부 교좌장치 • 주요 경간 중앙부 • 경간 중앙부, 지점부 • 주경간 중앙부 • 신축이음부	• 콘크리트 내부의 온도 • 주요 교좌장치 반력 • 1방향 가속도(수직) • 콘크리트 및 철근의 응력 • 주형의 연직변위 • 교량의 신축량
	ILM	온도계 반력측정계 가속도계 변형도계 변위계	• 주요 경간 중앙부 교좌장치 • 주요 경간 중앙부 • 경간 중앙부, 지점부 • 임시교각 • 주경간 중앙부 • 신축이음부	• 콘크리트 내부의 온도 • 주요 교좌장치 반력 • 1방향 가속도(수직) • 콘크리트 및 철근의 응력 • Jacking시 임시교각의 응력 • 주형의 연직변위 • 교량의 신축량

Ⅳ. 결 론

계측은 정보화 시공을 목적으로 시행되므로 설계치와 실측치를 상호 비교하여 교량의 내구성과 안정성을 확보하여야 한다.

18-7 교량의 LCC(수명주기비용) 구성요소 [04후, 10점]

I. 정 의

(1) 구조물의 초기투자단계를 거쳐 유지관리·철거단계로 이어지는 일련의 과정을 구조물의 Life Cycle이라 하며, 여기에 필요한 제비용을 합친 것을 LCC(Life Cycle Cost)라 한다.
(2) LCC(Life Cycle Cost) 기법이란 종합적인 관리차원의 Total Cost로 경제성을 평가하는 기법이다.

II. 교량의 LCC 구성요소

구성요소	세부항목	
초기투자비용	① 설계비용(감리비 포함) ② 직접공사비용(자재비, 노무비, 경비, 장비대여비 등) ③ 간접공사비용(보험료, 안전관리비, 기타 경비 등) ④ 일반관리비용 및 이윤 ⑤ 신기술도입 비용	
유지관리비용	① 일반관리비용 ③ 보수·보강 비용	② 점검 및 진단 비용 ④ 구성요소의 교체비용
처리비용	① 해체비용 ③ 재활용비용	② 폐기물처리비용 ④ 기타
사용자비용	① 차량운행비용 ③ 교통사고비용 ⑤ 편안함·안락비용	② 시간가치비용 ④ 환경비용

III. LCC의 법적 배경

(1) 1999년 건설교통부에서 발표한 공공건설사업 효율화 종합대책의 일환으로 2000년 9월 1일부터 설계의 경제성 등 검토에 관한 시행지침을 제정하였다.
(2) 500억 원 이상의 건설공사의 경우 기본설계 및 실시설계에 대해 설계 VE를 각 1회 이상 실시하도록 하고 있다.
(3) 이 설계 VE 수행시 LCC로 검토하도록 의무화하였다.

18-8 강(剛)구조물의 수명과 내용년수(內用年數) [00후, 10점]

I. 개 요

(1) 모든 강구조물은 그 사용목적이나 주위의 환경조건에 따라 수명 및 내용년수가 결정되는 것으로 구조물의 구조에도 크게 관련성을 가지고 있다.
(2) 강구조물의 수명과 내용년수는 구조물의 사용재료, 피복상태, 작용하중, 입지조건, 유지관리체계 등에 따라 달리 산정된다.

II. 강구조물의 부식 및 내용년수

구 분	평균 연부식률	평균 내용년수	부식을 고려한 두께보강
일반육상토중	0.025mm	80년	2.0mm
염분함유토중	0.03mm	80년	3.0mm
바다 밑 토중 물속	0.03mm 0.025mm	80년	3.0mm
수면 위 및 해저 지표면 사이	0.1mm	80년	8.0mm

III. 강구조물의 수명

(1) 의의

강구조물의 수명이란 구조물의 실제 성능이 요구되는 성능, 즉 필요 성능에 달했을 때를 뜻하는 것으로서 구조물의 사용성이 상실되기까지의 기간을 말한다.

(2) 수명에 영향을 미치는 인자
 ① 주변의 환경조건
 ② 사용재료 및 목적
 ③ 피복 여부 및 피복상태
 ④ 유지관리

Ⅳ. 강구조물의 내용년수

(1) 의의
    내용년수란 구조물의 전체 또는 부분이 사용에 견딜 수 없게 될 때까지의 연수이며 정기적으로 유지보수를 행할 경우 설치 후 모든 본질적 특성이 최저 허용치가 되거나 또는 이것을 넘는 기간을 말한다.

(2) 내용년수 추가 방안
    ① 콘크리트, Mortar 피복
    ② 방청 및 전착 도장
    ③ 도금 및 금속 피막
    ④ 부재의 두께증가
    ⑤ 전기방식

18-9 표준 트럭하중 [05후, 10점]

I. 정 의

(1) 교량의 설계하중은 고정하중, 활하중 및 기타 다양한 하중으로 구성된다. 여기서 활하중은 차량하중과 보도하중으로, 차량하중은 표준 트럭하중(DB하중)과 차선하중(DL하중)으로 구분된다.
(2) 표준 트럭하중(DB하중)이란 미국 설계기준인 Semi-Trailer를 설계기준 차량으로 하여 교량이 차량의 하중을 견딜 수 있는 정도를 표현한 기준이다.
(3) 통상적으로 교량을 설계할 경우 DB하중과 DL하중을 검토한 후 더 불리한 하중으로 설계하도록 되어 있으며, 일반적으로 지간 45m를 기준으로 짧은 쪽은 DB하중을, 긴 지간은 DL하중을 설계하중으로 고려한다.

II. 교량의 설계하중

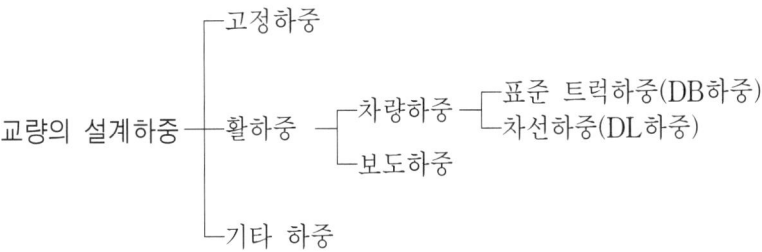

교량의 설계하중 산정시 활하중의 요소 중 하나가 표준 트럭하중이다.

III. 표준 트럭하중의 특성

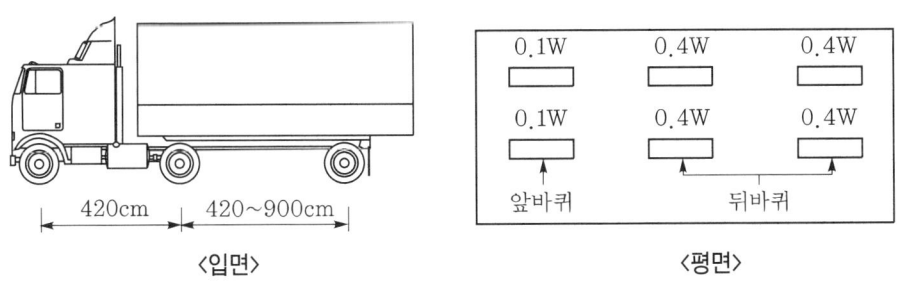

〈입면〉   〈평면〉

(1) 차량하중의 앞바퀴 1개가 부담하는 하중이 0.1W씩이고, 뒷바퀴 1개가 부담하는 하중을 0.4W라고 본다.
(2) 앞바퀴 2개(0.2W)와 뒷바퀴 4개(1.6W)의 하중을 합하면 1.8W가 되며, W는 중량(ton)을 의미한다.
(3) 교량설계시 DB-24란, DB(1.8W)×24라는 의미로 $1.8W \times 24 = 43.2\text{ton}$ 차량중량 43.2ton 이하의 차량이면 모두 통과할 수 있다는 뜻이다.
(4) DB의 어원은 D(Doro), B(Ban Track, Semi-Trailer)로서 D는 도로의 이니셜이고, B는 반트럭이라는 뜻이다.
(5) DL의 어원은 D는 도로의 이니셜이고, L은 Lane(차선)에서 가져왔으므로 차선하중이라 한다.

Ⅳ. 표준 트럭하중에 의한 교량의 등급

표준 트럭하중	교량의 등급	통과가능 차량의 중량
DB-24	1등교	1.8W×24=43.2ton
DB-18	2등교	1.8W×18=32.8ton
DB-13.5	3등교	1.8W×13.5=24.3ton

> **19-1** 교량교각의 세굴방지 대책에 대하여 기술하시오. [02전, 25점]
>
> **19-2** 세굴에 의한 교량기초의 파손 및 유실이 종종 발생하고 있다. 교량기초의 세굴예측기법과 방지공법에 대해 설명하시오. [09전, 25점]

Ⅰ. 개 요

(1) 하천에 시공된 교량의 하부구조로서 교각은 항상 하천수와 접하고 있는 구조물이다.
(2) 교각의 기초부위에서 발생되는 세굴현상은 교량의 안정성을 위협하는 것으로 교량의 유지관리차원에서 세굴발생을 최대한 억제시켜야만 한다.

Ⅱ. 교량의 전도원인

(1) 세굴은 교량전도의 가장 큰 요인으로 60% 정도 차지하는 것으로 파악되고 있다.
(2) 세굴은 기초 및 교각의 손상을 발생시킨다.
(3) 손상이 발생한 교량의 지지력이 한계점에 도달하면 전도가 발생한다.

구 분	전도원인
교각	균열, 단면부족, 노후화, 시공불량
기초	침하 및 부동침하, 근입깊이 부족, 암반의 지지력 부족, 경사, 이동, 단차, 이상응력
외적 요인	세굴, 홍수, 유해물의 충격, 근접공사의 영향, 지진, 지반침하, 측방유동

Ⅲ. 세굴 발생원인

(1) 유로변경
(2) 홍수발생
(3) 공동현상
(4) 유속증대

Ⅳ. 세굴 예측기법

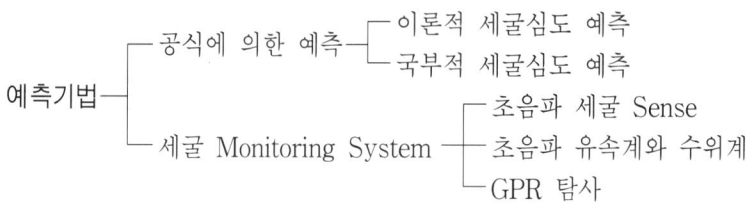

(1) 이론적 세굴심도 예측
   ① 세굴의 깊이를 예측할 수 있는 System은 실험적인 연구로부터 유도되었으나 아직까지 타당성을 인정받지 못하고 있다.
   ② 세굴은 홍수기간 동안에 상승된 수위에서 발달되므로 최대 세굴심도는 홍수 이후에 측정한다.

(2) 국부적 세굴심도 예측
   ① 국부적 세굴심도는 교각의 형태 및 수로의 특성에 영향을 받는다.
   ② 평균수심과 홍수시 최대수심을 근거로 세굴심도를 예측한다.

(3) 초음파 세굴 Sense
   ① 초음파 세굴 Sense를 설치하여 지속적으로 하상의 변화를 측정한다.
   ② Sense는 평균수심의 −1.2m에 설치한다.
   ③ Sense에 감지되는 유속, 물의 흐름방향, 수심 등을 측정하여 세굴심도를 예측한다.

(4) 초음파 유속계와 수위계
   ① 유속계와 수위계를 세굴 Sense와 같이 교각에 설치한다.
   ② 설치심도는 평균수심의 −1.4m에 설치한다.
   ③ 유속과 수위를 각각 측정하여 세굴심도를 예측한다.

(5) GPR(Ground Penetrating Radar) 탐사
   ① 교각에서 약 1.5m 정도의 거리를 두고 Sense를 보통 4개 정도 설치한다.
   ② Sense에 감지되는 유속, 물의 흐름방향, 수심의 변화 등을 측정하여 세굴심도를 예측한다.

V. 세굴방지 대책

(1) Steel Sheet Pile 시공

　교각 주위에 확대기초 외곽으로 Sheet Pile을 타입하여 교각기초의 세굴 억제

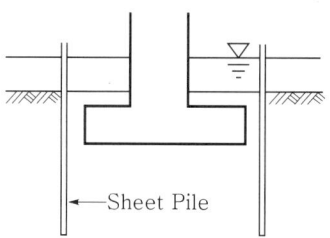

(2) 세굴방지 블록설치

　① 교각 주위에 세굴방지 블록설치
　② 하천수의 와류가 큰 곳은 넓게 시공

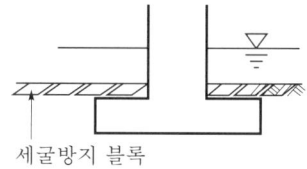

(3) 수제설치

　① 하천수의 흐름을 제어하는 구조물 설치
　② 사석수제, 돌망태수제, 말뚝수제, 블록수제 등

(4) 하상정리

　① 홍수에 의한 하상정리
　② 교각 주위의 심한 세굴작용 억제책 강구

(5) 깊은 기초 시공

　① 현장타설 콘크리트 말뚝(Benoto, RCD 시공)
　② 케이슨 기초시공

(6) Underpinning 실시

　① 지반보강 Grouting
　② 시멘트 지반주입
　③ 교각기초 보강

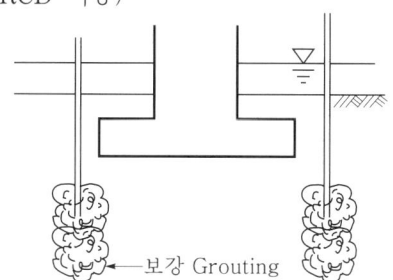

(7) 세굴방지석 설치
    ① 교각 주위에 사석부설
    ② 하천수의 흐름에 유실되지 않게 사석 크기를 충분히 크게
    ③ 설계규정의 두께 이상으로 설치

(8) 유로전환
    ① 높은 유속의 하천수를 전환시켜 유속감소
    ② 교각위치에서 국부적인 흐름제어

(9) 하상라이닝 시공
    ① 교대 주변 하상에 콘크리트 타설
    ② 유수에 의한 하상 세굴방지용 콘크리트라이닝 시공

(10) Mat 공법
    ① 토목섬유 등을 이용하여 기초부위에 Mat 설치
    ② Mat 시공 후 누름사석 및 블록 이용

Ⅵ. 세굴 발생시 조치사항

(1) 교각 안전진단 실시
(2) 하천 유로 변경
(3) 세굴원인 우선 조치
(4) 교각기초 보깅
(5) Underpinning 실시

Ⅶ. 결 론

(1) 하천상의 교량기초는 하천수의 유속 및 유량 등에 의해 여러 가지 형태로 교각기초가 손상을 입게 되어 교량의 사용성 및 안정성을 저하시킨다.
(2) 교량기초 공법선정은 사전조사를 통한 지반상태를 고려하여 최적의 공법선정이 중요하며 시공 후 체계적인 유지관리가 무엇보다도 중요하다.

20-1 연약지반에서 교대지반이 측방유동을 일으키는 원인과 대책에 대하여 기술하시오. [04전, 25점]

20-2 연약지반상에 설치된 교대의 측방이동의 원인 및 대책을 설명하시오. [08중, 25점]

20-3 연약지반상의 교대 측방향 이동원인 및 방지대책을 기술하시오. [98중전, 30점]

20-4 연약지반 지역에 교량교대의 측방이동 억제공법에 대하여 기술하시오. [97전, 30점]

20-5 연약지반 성토작업시 측방유동이 주변 구조물에 문제를 발생시키는 사례를 열거하고, 원인별 대책에 대하여 설명하시오. [06후, 25점]

20-6 측방유동 [07중, 10점]

20-7 측방유동 [08후, 10점]

20-8 측방유동 [10중, 10점]

I. 개 요

(1) 교대는 재료특성이 다른 교량과 토공의 경계위치에 설치되어 각기 다른 지지구조를 가지게 되므로 많은 문제점이 발생한다.

(2) 교대의 수평이동, 단차, 경사 등의 문제점은 하부 연약층의 측방유동현상에 기인하는 것으로 알려져 있다.

II. 교대 측방유동 판정기준

판정기준	제안자
측방유동지수	일본도로공단
측방이동 판정지수	일본건설성
측방이동 수정판정지수	한국도로공사
원호활동 안전율	Terzaghi

III. 측방유동의 원인

(1) 뒤채움 편재하중

연약지반상에 설치된 교대에서 안정성 부족으로 교대배면 뒤채움에 의한 편재하중으로 지반이 측방유동하게 된다.

(2) 교대배면 성토 과대
① 교대배면에서 필요 이상의 과다성토에 의한 침하량이 크게 발생되어 배면성토 부쪽으로 교대가 이동하는 경향이 있다.
② 이러한 경향이 커지면 교량상부 거더가 떨어지는 피해가 발생한다.

(3) 기초처리 불량
연약지반상에 교대가 위치할 때 상부하중과 배면토압 등을 고려한 기초처리가 불량한 경우 교대의 측방향 이동이 발생한다.

(4) 지반의 이상변형
연약지반에서 성토하중과 교대의 자중, 상부 작용하중 등에 의하여 지반에 이상변형이 발생될 때 측방향 이동의 원인이 된다.

(5) 부등침하
기초지반의 불균질화로 교대 기초부위에 부등침하가 발생할 때 교대의 측방유동이 발생한다.

(6) 지진에 의한 영향
자연재해인 지진의 발생으로 수평력이 교대에 작용하게 되어 교대의 측방유동이 발생된다.

(7) 상부 편심하중 작용
교대 상부 작용하중이 계속하여 편심하중으로 작용할 때 교대의 측방유동이 발생된다.

(8) 측방향 하중
교대의 배면토압 및 외력이 측방향으로 작용하여 교대에 측방하중이 과대해질 때 발생한다.

(9) 하천수의 흐름
하천에서 하천수의 흐름에 의하여 교대가 이상응력을 받게 될 때 교대에 측방유동이 발생된다.

(10) 세굴 및 침식
교대 하부에서의 기초지반의 세굴현상과 기초구조물이 침식될 때 교대가 이동하게 되고, 불안전하게 된다.

Ⅳ. 방지대책(측방이동 억제공법)

(1) 연속 Culvert 공법
   ① 교대배면 뒤채움 성토구간에 연속 Culvert Box를 설치함으로써 편재하중을 경감시키도록 시도한 공법이다.
   ② 이 공법은 편재하중을 경감시키는 효과가 커서 일본의 고속도로 공사에 많이 활용되고 있는 공법이다.

(2) 파이프 매설 공법

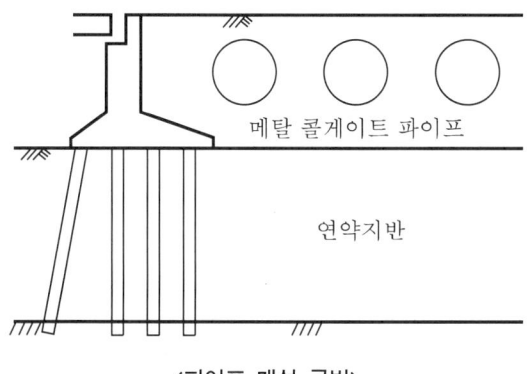

〈파이프 매설 공법〉

   ① 교대배면에 콜게이트 파이프, 흄관, PSC관 등을 매설하여 뒤채움부에 편재하중을 경감시키도록 하는 공법이다.
   ② 이 공법은 성토하중을 경감시켜 편재하중을 경감시키는데 효과적이나 전압이 곤란하고, 뒤채움 재료의 선택과 다짐에 주의를 요한다.

(3) 박스 매설 공법
   ① 교대배면에 박스를 매설하여 성토하중을 경감시키는 공법이다.
   ② 이 공법을 사용할 때에는 박스의 부등침하가 문제가 될 수 있으므로 주의한다.

(4) EPS 공법
   ① 교대배면에 경량의 발포스티로폼을 사용하여 교대배면의 토압을 감소시키는 공법이다.
   ② 초경량성, 압축성, 자립성, 차수성, 시공성 등의 장점으로 연약지반이나 불량지반에서 하중경감 대책공법에 많이 활용하고 있다.

(5) 슬래그 뒤채움 공법
   ① 성토중량을 경감시킬 목적으로 경량 성토재료로 광석슬래그를 사용하여 배면의 뒤채움 재료로 슬래그를 사용하는 것이다.

② 단위중량이 EPS보다는 무거우나 일반 토사보다 가벼워 성토하중을 경감시킬 수 있는 효과를 가진다.

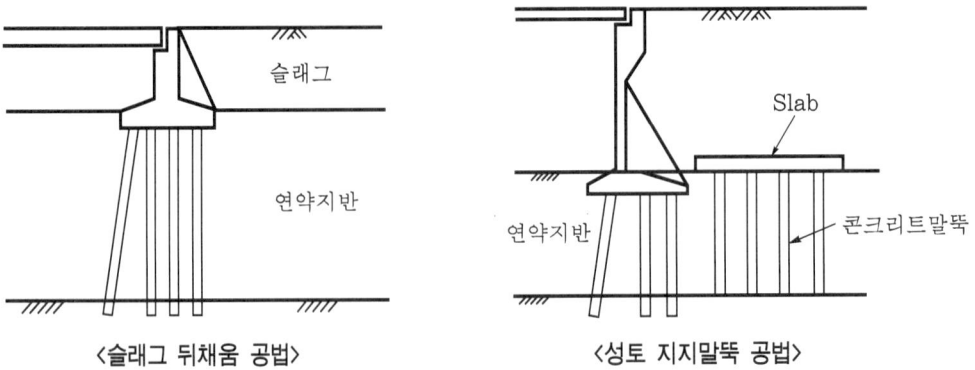

〈슬래그 뒤채움 공법〉　　　　〈성토 지지말뚝 공법〉

(6) 성토 지지말뚝 공법
① 교대배면 성토나 도로용 성토 등을 지지할 목적으로 설치하고, 상부슬래브 위에 성토를 함으로써 성토하중을 말뚝을 통하여 직접 지지층에 전달하도록 하는 공법이다.
② 이 공법은 배면성토의 종단방향 활동방지에 효과적이며, 교대배면의 침하를 방지하므로 구조물과 성토지반 사이의 단차를 방지할 수 있다.

(7) 소형교대 공법
① 배면성토 내에 푸팅을 가지는 소형교대를 설치하여 배면토압을 경감시키는 공법이다.
② Preloading에 유리하고, 압성토 시공이 용이하다.

(8) AC(Approach Cushion) 공법
① 장래 침하가 예상되는 연약지반상의 성토와 구조물의 접속부, 부등침하에 적용 가능한 단순지지 슬래브를 설치하여 성토부와 구조물의 침하량 차이에 의한 단차를 완만하게 하는 공법이다.
② 통상 교대가 설치될 위치에 교각을 시공하고 성토상에 기초가 없는 소형교대를 시공하여 소형교량(AC)을 가설하는 공법이다.

(9) 압성토 공법
① 소정의 교대 전면에 압성토를 실시하여 배면성토에 의한 측방토압에 대처하도록 하는 공법이다.
② 공사기간이 짧고 공사비가 저렴하며, 유지보수가 용이하다.

(10) 프리로딩(Preloading) 공법

교대시공에 앞서 교대 설치위치에 성토하중을 미리 가하여 잔류침하를 저지시키는 공법이다.

(11) 샌드 콤팩션(Sand Compaction)

연약층에 충격하중 혹은 진동하중으로 모래를 강제압입시켜 지반 내의 다짐모래 기둥을 설치하는 공법이다.

(12) 생석회방식

① 지반 속에 생석회를 기둥 모양으로 타설하고 생석회의 흡수, 화학변화 특성을 이용하여 점토를 흡수 고결시키는 공법이다.
② 고함수비 점성토 지반에 효과적이다.

V. 교대 측방향 이동시 문제점(문제발생 사례)

(1) 교대배면 단차 발생
(2) 교대 수평이동과 경사
(3) 교좌파손
(4) 신축이음 기능저하
(5) 포장파손
(6) 교량파손
(7) 교대기초 파손

VI. 결 론

(1) 최근 연약지반상에 설치되는 구조물은 대형화, 집약화되고 있는 추세이며 이에 따라 연약지반에는 측방유동 같은 문제가 빈번하게 발생하고 있다.
(2) 연약지반에서 교대의 측방이동 피해사례가 점차 국내에서도 증가추세를 보이고 있는 현시점에서 외국의 사례를 여과 없이 차용하는 경우가 많이 있는데, 우리 실정에 적절한 공법이 하루속히 개발되어야 할 것이다.

> **20-9** 교량교대 부위에 발생하는 변위의 종류를 설명하고, 그에 대한 대책을 기술하시오. [01중, 25점]
>
> **20-10** 연약지반에 교대축조시 발생하는 문제점 및 대책을 설명하시오. [99후, 30점]
>
> **20-11** 깊은 연약점성토 지반에 옹벽이나 교대를 건설할 때 발생하는 문제점과 대책공법 2가지를 상술하시오. [99전, 30점]

Ⅰ. 개 요

(1) 깊은 연약점성토 지반에 구조물을 설치하고자 할 때 지반침하, 활동, 측방유동 등에 대한 충분한 검토를 거친 후 시공하여야 한다.

(2) 점성토 연약지반은 특성상 오랜 시간을 두고, 압밀현상이 서서히 일어나므로 단기간의 구조물 설치에 대한 안전성평가가 아주 곤란한 지반이다.

Ⅱ. 연약지반에서 구조물 축조시 고려사항

(1) 연약층 깊이
(2) 연약층의 규모
(3) 연약층 구성토질
(4) 구조물의 종류 및 규모

Ⅲ. 문제점(변위의 종류)

(1) 측방유동
  ① 구조물의 뒤채움 시공불량, 기초처리 불량 등에 의해서 측방유동 발생
  ② 연약지반에서의 측방이동은 구조물의 안전위협, 구조물 파손, 교통장애 등의 피해 발생

(2) 부등침하
  ① 연약지반에서 발생되는 부등침하는 구조물에 큰 피해를 주는 요인으로 작용
  ② 지반의 부등침하는 구조물의 균열, 파손, 변형, 기능저하 등의 피해 발생

(3) 2차 침하
  ① 점성토지반의 연약층은 특성상 압밀에 많은 시간이 소요되므로 오랜 시간 동안 구조물의 침하가 진행

② 오랜 침하과정에서 구조물의 균열 및 파손이 서서히 진행

(4) 단차발생
① 구조물과 뒤채움 지반의 지지층 차이에 의한 단차 발생
② 연약지반에서의 뒤채움 시공대책 수립이 필요

(5) 구조물 수평이동 및 경사
구조물 배면성토 등의 편재하중에 의한 연약층의 측방유동 현상에 기인한 구조물의 이동 및 경사

(6) 교좌파손
교대 교축방향의 수평변위에 의해 교좌파손 및 교대콘크리트 파손

(7) 신축이음부의 기능저하
신축이음부의 간격이 좁아져서 극단적인 경우 폐합되거나 혹은 사이가 너무 벌어지는 등 신축이음부의 기능저하

(8) 교대기초의 파손
구조물의 기초말뚝의 두부가 교대에 강결되어 있기 때문에 지반의 측방유동으로 말뚝두부 파손우려

IV. 대 책

(1) EPS 공법
(2) 슬래그 뒤채움
(3) 성토 지지말뚝
(4) 소형교대 공법
(5) AC(Approach Cushion) 공법
(6) 프리로딩(Preloading)
(7) 샌드 콤팩션(Sand Compaction)
(8) 생석회 고결방식
(9) 주입공법
① 연약지반 속에 주입재를 주입하거나 혼합하여 지반을 고결 또는 경화시켜 연약 토질의 강도를 향상시키는 공법이다.
② 주입재의 종류는 시멘트계, 시멘트 약액계, 약액계로 크게 나눌 수 있다.

(10) 치환공법

① 연약지반층을 대상으로 연약한 실트 혹은 점토층의 일부나 전부를 제거하고, 양질의 토사로 치환하여 교대의 안정확보나 침하를 억제시키려는 공법이다.

② 치환재료로는 모래나 쇄석 등이 많이 이용되나 굴착토사의 사토장이 확보되어야 한다.

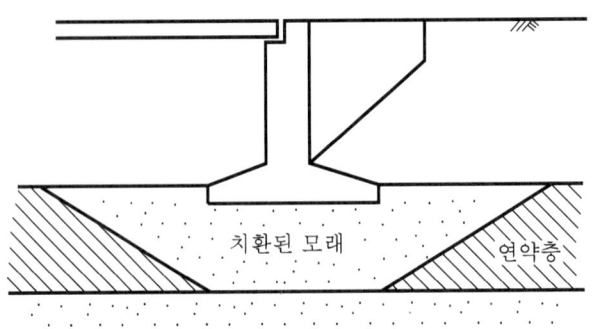

V. 결 론

(1) 최근 연약지반상에 설치되는 구조물은 대형화, 집적화되고 있는 추세이며 이에 따라 연약지반에는 측방유동 같은 문제가 빈번하게 발생하고 있다.

(2) 연약지반에서 교대의 측방이동 피해사례가 점차 국내에서도 증가추세를 보이고 있는 현시점에서 외국의 사례를 여과 없이 채용하는 경우가 많이 있는데 우리 실정에 적절한 공법이 개발되어야 할 것이다.

> **20-12** 토사 또는 암버력 이외에 노체에 사용할 수 있는 재료와 이들 재료를 사용하는 경우 고려해야 할 사항에 대하여 설명하시오. [02후, 25점]
> **20-13** 경량성토공법 [08중, 10점]

I. 개 요

(1) 노체에 사용하고 있는 재료에는 토사 또는 암버력이 많이 사용되나 최근에는 EPS(Expanded Polystyrene) 경량성토 재료의 사용이 늘어나고 있다.
(2) EPS 공법이란 대형 발포폴리스티렌(Expanded Polystyrene) 블록을 성토재료와 뒤채움 재료로서 도로, 철도, 단지조성 등의 토목공사에 이용하는 공법으로 경량성토공법이라고도 한다.

II. EPS 공법(토사, 암버력 외 노체에 사용할 수 있는 재료)

(1) EPS의 종류 및 형상·치수
  ① 형내발포법 : 2,000(세로)×1,000(가로)×500(높이) (단위 : mm)
  ② 압출발포법 : 2,000(세로)×1,000(가로)×100(높이) (단위 : mm)

(2) EPS 재료 특성

성 질	시험방법	단 위	제조법					
			형내발포법					압출법
종별			D-30	D-25	D-20	D-16	D-12	D-29
밀도	JIS-K-7222	kg/m^3	30	25	20	16	12	29
압축강도 (5% 변형시)	JIS-K-7220	kg/cm^2	1.8	1.4	1.0	0.7	0.4	2.8
난연성	JIS-A-9511		○	○	○	○	×	×

(3) 용도
  ① 암반사면 성토
  ② 도로확폭 성토
  ③ 구조물 뒤채움
  ④ 산사태 복구
  ⑤ 연약지반 성토작업

(4) 특징
　① 지반침하 감소
　② 초경량으로 토압저감
　③ 공기단축 가능
　④ 부력에 취약
　⑤ 공사비 고가

Ⅲ. 사용시 고려사항

(1) 화재에 주의
　① EPS 재료는 화재에 매우 취약
　② 화재시 유독가스 발생으로 인한 인명피해 우려
　③ 화재시 소화에 어려움이 있음

(2) 저장관리
　① 저장시 재료의 파손에 유의
　② 유성, 화학품 등에 노출시 재료의 침식 우려
　③ 운반과정에서 파손에 유의

(3) 지반의 용수처리
　① EPS 재료는 부력에 매우 취약하므로 지반의 용수처리 철저
　② 배수공법, 유도공법 등을 통하여 배수 철저
　③ 성토시공 완료 후에도 부력의 영향을 받지 않도록 유의

(4) 공장 가공원칙
　① EPS 재료의 절단은 공장가공이 원칙
　② 시공상세도에 의해 공장가공 후 현장 설치시공

(5) 곡선구간 시공관리 철저
　① 곡선구간 시공시 재료의 위치선정에 유의
　② 설계도에 곡간구간의 시공상세도 확인
　③ 현장상황과 재료의 일치 여부 반드시 확인

(6) 시공중 차량 통행금지
　① EPS 시공중 재료 위로 차량 통행금지
　② 차량통행시 EPS 재료의 파손 우려

Ⅳ. 결 론

EPS 재료는 초경량으로 반복하중이나 Creep 등에 우수한 회복력이 있으므로 많이 적용되고 있으나 운반 및 시공과정에서의 파손에 유의하여 취급하여야 한다.

20-14 신설도로공사에서 연약지반 구간에 지하횡단 박스 컬버트(Box Culvert) 설치시 검토사항과 시공시 유의사항을 설명하시오. [10전, 25점]

I. 개 요

Box Culvert는 연약지반에서 성토하중의 경감을 위해 설치되는 콘크리트 구조물로서, Box 내부공간이 비워져 있으며, 다른 물질의 통로역할을 하거나 전선 등이 설치되지 않음으로써 일반 Box와 구분된다.

II. 시공도

(1) 연속 Box Culvert 공법

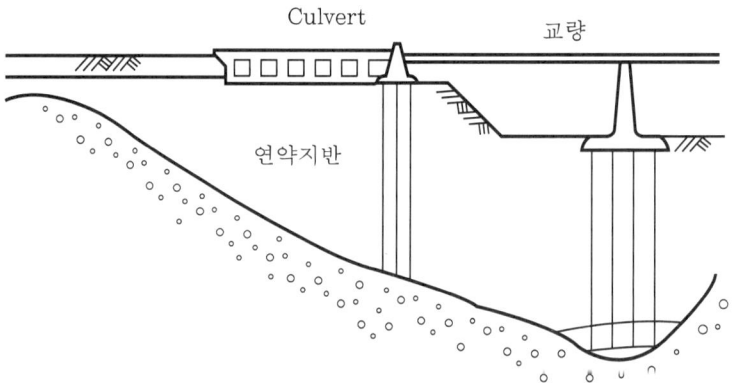

(2) 부분 Box Culvert 공법

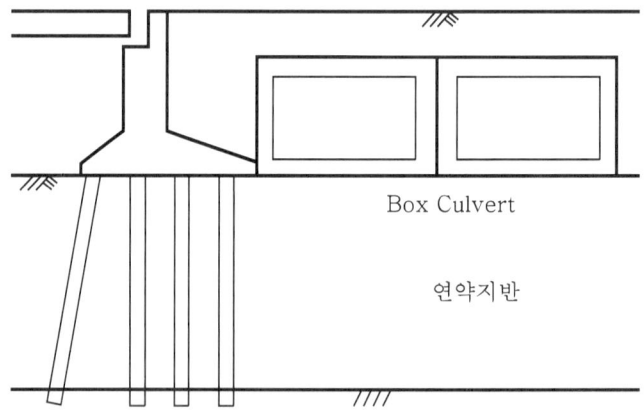

Ⅲ. 설치시 검토사항

(1) 지반조건
① 연약층의 깊이 및 분포
② 투수층의 존재 및 위치
③ 연약층 하부지지층의 깊이 및 종류

(2) 지반의 물리적·역학적 성질
① 입도분포, 전단특성, 압축특성, 투수계수
② 과압밀비, 정지토압계수

(3) 토사의 화학적 성질
① 구성광물 및 기타 화학적 성질
② 유기물 함량

(4) 지하수 조건
① 지하수위
② 지하수의 화학적 성질

(5) 침하 검토
① 전체 침하량 검토
② 부등 침하량 검토

(6) 지지력 검토
① 연약지반의 전단강도와 성토층의 지지력 산정
② Box Culvert의 중량과 교통하중을 비교하여 지지력 검토

(7) 연약지반 개량
① 지반의 침하와 지지력 검토 후 불안정한 경우 적용
② Preloading 또는 마찰 말뚝공법을 많이 사용

(8) 교대의 안정성 검도
Box Culvert 설치로 인한 교대의 안전성 확인

Ⅳ. 시공시 유의사항

(1) 연약지반 개량
① 연약지반의 깊이가 깊거나 분포가 넓을 경우

② 연약지반의 과대침하로 인한 Box Culvert의 파손방지
③ 부등침하의 방지

(2) 장비투입
① 투입예상 장비 선정
② 장비의 진입 여부 확인
③ 시공시 장비의 전도방지

(3) Box Culvert 제작
① 콘크리트의 밀실타설
② Box Culvert 내부 철근이 부식되지 않도록 유의
③ Box Culvert 외부 콘크리트의 재료분리, 균열 등은 철저히 보수

(4) Box Culvert 설치
① 설치지반 고르기 선행
② 설치시 파손방지 및 Level 관리 철저
③ 부등침하 방지

(5) 지지력 확인
① 지반의 지지력, 허용침하량 등 확인
② Box Culvert의 내구연한 검토

(6) 성토작업
① 성토재료의 확인
② 성토작업으로 인한 Box Culvert의 파손에 유의
③ Box Culvert 주위에는 물의 침입을 방지할 수 있는 재료 시공

(7) 다짐
① 다짐의 시방규정 준수
② 다짐시 Box Culvert의 이동 및 침하에 유의

V. 결 론

Box Culvert의 제작 및 시공시 파손에 유의하여야 하며, 지반의 침하에의 파손과 지하수에 의한 변형 및 파손이 발생하지 않도록 설치하여야 한다.

> **21-1** 일반 거더교에서 대표적인 지진피해 유형과 이에 대한 대책을 설명하시오.
> [07중, 25점]
>
> **21-2** 개착터널 등과 같은 지중매설 구조물에서 지진에 의한 피해사항을 크게 2가지로 분류 설명하고, 그에 대한 대책을 기술하시오. [06전, 25점]
>
> **21-3** 면진설계(Isolation System)의 기본개념, 주요 기능, 국내에서 사용되는 면진장치의 종류를 기술하시오. [06전, 25점]
>
> **21-4** 교량의 내진과 면진설계 [08후, 10점]
>
> **21-5** 지진파(지반진동파) [04전, 10점]

I. 개 요

(1) 그동안 지진의 영향을 과소평가하여 구조물의 구조설계시 적용이 부족하였으나, 전문가의 분석결과 구조물에 유해한 영향을 줄 수 있는 지진의 발생가능성이 밝혀졌다.

(2) 지진의 규모표시는 1~10까지로 나타내며, 3 이상이면 구조물에 영향을 미친다.

II. 지진의 원인

(1) 판경계 지진

지진의 대부분이 판과 판의 경계에서 일어나는 지진

(2) 판내부 지진

판내부에서 국지적 응력변화에 의한 단층운동으로 일어나는 지진

III. 지진파

(1) 개념

① 지진이 발생하면 지진파가 발생하며, 이 지진파는 지구 내부에서 여러 요인에 의해 생성되는 응력을 받아 생성되어 탄성파라고 한다.

② 탄성파는 크게 중심파와 표면파로 분류된다.

(2) 지진파의 종류

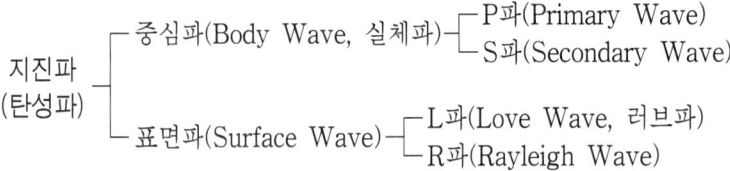

(3) 종류별 특징
   ① P파(Primary Wave)

   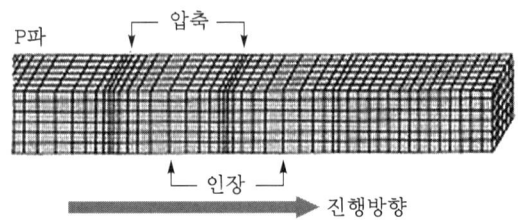

   ㉠ 전파속도는 5~8km/s 정도로 가장 빠르다.
   ㉡ 매질(媒質, Medium)의 입자가 파의 진행방향과 같은 방향으로 전파되는 종파이다.
   ㉢ 매질이 압축과 팽창을 반복하여 밀도에 변화를 준다.
   ㉣ 지구 내부구조를 조사하는데 주로 이용된다.

   ② S파(Secondary Wave)

   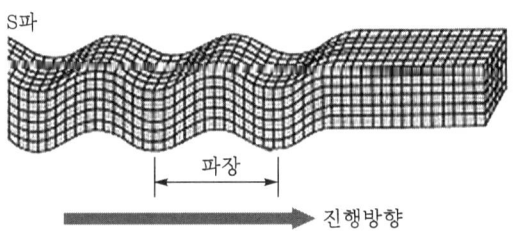

   ㉠ S파는 P파보다 속도가 느려 P파 다음으로 도착한다.
   ㉡ 속도는 약 4km/s 내외로 이는 매질의 입자의 진동방향이 진행방향과 직교하는 횡파로서 부피의 변화 없이 전단변형을 일으키게 된다.
   ㉢ S파는 고체만 통과할 수 있다.
   ㉣ 수평운동하는 P파와 달리 위아래로 운동하기 때문에 상하동 지진계에 기록된다.

③ L파(Love Wave, 러브파)

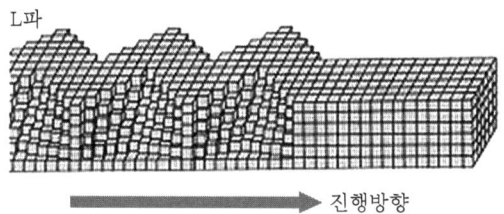

　㉠ L파는 진행방향에 수평으로 표면을 따라 진동하기 때문에 파괴력이 크다.
　㉡ 진폭이 크며, 속도는 3km/s 내외 정도로 느리다.
　㉢ 매질의 밀도변화를 수반하지 않는 지진파이다.

④ R파(Rayleigh Wave)

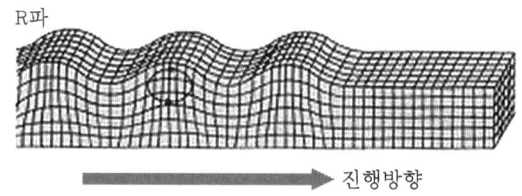

　㉠ R파는 지진파 중 가장 강력한 파괴력을 가진다.
　㉡ 전파속도는 L파와 비슷하며, 진행방향에 대하여 역회전 원운동을 하기 때문에 매질의 밀도변화를 수반한다.
　㉢ 고층 건물에 치명적 손상을 가하여 큰 피해를 주게 된다.

Ⅳ. 지진 제어장치

1. 내진구조(내진설계)

(1) 개념
① 지진에 대항하여 강성이 높은 부재를 구조물 내에 배치
② 구조물 내에 강성이 우수한 부재(내진벽 등)를 설치하여 지진에 견딜 수 있게 하는 구조
③ 즉, 구조물을 튼튼하게 설계하여 무조건적으로 지진에 저항하고자 하는 구조를 의미함

(2) 내진구조 요소

요 소	내 용
라멘	수평력에 대한 저항을 기둥과 보의 접합강성으로 저항
내력벽	라멘과의 연성효과로 구조물의 휨방향 변형을 제어함
구조체 Tube System	① 내력벽의 휨변형을 감소시키기 위해 외벽을 구체구조로 함 ② 라멘구조에 비해 휨변위 1/5 이하로 감소
D.I.B (Dynamic Intelligent Building)	구조물이 지진에 흔들려도 컴퓨터를 이용하여 흔들리는 반대방향으로 구조물을 움직여서 지진에 대한 진동을 소멸시키는 장치가 설치된 구조

2. 면진구조(면진설계)

(1) 개념
  ① 지진에 대항하지 않고 피하고자 하는 수동적 개념
  ② 지반과 구조물 사이에 고무와 같은 절연체를 설치하여 지반의 진동에너지를 구조물에 크게 전파되지 않게 하는 구조
  ③ 지진에 의해 발생된 진동이 구조물에 전달되지 않도록 원칙적으로 봉쇄하는 방법을 사용한 구조물

(2) 주요 기능
  ① 지진하중을 감소시키기 위해 주기를 길게 할 것
  ② 응답변위와 하중을 줄이기 위해 에너지 소산효과가 탁월할 것
  ③ 사용하중하에서도 저항성이 있을 것
  ④ 온도에 의한 변위를 조절할 수 있을 것
  ⑤ 자체적으로 복원성을 보유할 것

(3) 면진장치
  면진장치는 구조물의 진동주기를 늘려줌으로써 구조물이 받는 지진하중의 가속도를 저감시키는 원리

3. 제진구조(제진설계)

(1) 개념
  ① 효율적으로 지진에 대항하여 지진의 피해를 극복하고자 하는 개념
  ② 구조물 내외부에 필요한 장치를 부착하여 다가오는 지진파에 반대파를 작동하여 지진파를 감소, 상쇄 및 변형시켜 지진파를 소멸시키는 구조
  ③ 내진이나 면진은 적용사례가 많으나 제진구조는 적용사례가 적고, 지속적인 연구가 필요함

(2) 제진장치
① 수동형 : 진동시 구조물에 입력되는 에너지를 내부에 설치된 질량의 운동에너지로 변화시켜 구조물이 받는 진동에너지를 감소시킨다.
② 능동형 : 센스에 의해 지진파 또는 구조물의 진동을 감지하여 외부에너지를 사용한 구동기를 이용하여 적극적으로 진동을 제어한다.

Ⅴ. 교량의 지진피해 유형

교량의 지진피해 유형은 지반파괴, 교대, 교각, 상부구조 및 교과장치의 변화로 분류된다.

1. 지반파괴

(1) 피해원인
 ① 지반 액상화
 ② 산사태 및 지반 단층파괴

(2) 대책
 ① 연약지반 개량
 ② 교량의 하부구조에 충분한 연성확보

2. 교대

(1) 피해원인
 ① 교대의 형식 부적정
 ② 지하수의 원칙
 ③ 교대의 파괴는 교량 전체적 붕괴를 유발하지 않음

(2) 대책
 ① 지하수의 위치, 수위 등 지반조사 철저
 ② 유연성 있는 형식의 교대축조

3. 교각

(1) 피해원인
 ① 휨과 전단에 의한 파괴 발생
 ② 종방향 철근의 좌굴과 콘크리트 압축강도 저하
 ③ 교량붕괴의 직접적인 원인

(2) 대책
   ① 전단보강철근 보강
   ② 종방향 철근의 정착길이 확보

4. 상부구조

(1) 피해원인
   ① 과다한 수평변위 작용
   ② 상판의 낙교나 주형의 좌굴
   ③ 신축이음부의 파괴
   ④ 인접 경간과의 충돌

(2) 대책
   ① 교좌부의 충분한 받침길이 확보
   ② 상부구조의 변위를 흡수할 수 있는 구조로 축조

5. 교좌장치

(1) 피해원인
   ① 과다한 수평력 작용
   ② 연단거리 확보 부족

(2) 대책
   ① 수평력에 저항할 수 있는 전단연결재의 설치
   ② 연결장치의 파괴나 좌굴방지

Ⅵ. 결 론

(1) 국내에서는 아직 지진에 대한 제어장치가 미흡하고, 전문인력 및 연구기관이 부족한 상태에 있어 한반도의 지지위험평가가 제대로 이루어지지 않고 있다.
(2) 선진국의 안전성이 입증된 설계개념을 도입하고 이것을 국내 상황에 맞게 연구·개발하여 지진에 대한 피해가 최소화되도록 하여야 한다.

21-6 최근 지진발생 증가에 따라 기존 교량의 피해발생이 예상된다. 기존에 사용중인 교량에 대한 내진 보강방안에 대하여 설명하시오. [11중, 25점]

I. 개 요

(1) 기존 교량에서 내진성능 평가에 의해 내진성능 향상이 필요한 구조요소와 보강 항목을 결정하여 합리적인 내진성능 향상방법을 선정한다.
(2) 내진성능 향상방법의 선정시에는 작업의 용이성과 보강효과, 경제성 등을 종합적으로 검토하여 설정한다.

II. 내진 보강방안

1. 교각

(1) 강판보강
　　기존의 교각에 강판을 덧대고 교각과 강판 사이에 무수축 모르타르나 에폭시 충전

(2) FRP(Fiber Reinfoced Polymer) 보강
　　교각이 원형인 경우에 적용

(3) 콘크리트 피복 향상
　　① 덧댐콘크리트 타설
　　② 모르타르 부착
　　③ 벽체 증설
　　④ Precast 패널 부착

2. 교량 받침

(1) 교량 받침 무수축 모르타르의 보수
(2) 받침 본체의 성능향상을 위한 받침 교체

3. 낙교방지 장치

보강공법	목 적
케이블 구속장치	거더와 하부구조, 거더를 연결하여 과도한 수평변위를 제한하며 거더의 이탈을 억제함
이동제한장치(전단키)	거더 또는 하부구조에 돌기를 설치하여 지진발생시 과도한 수평변위 및 영구 잔류변위를 제한하여 거더의 이탈을 억제함
단면받침 지지길이 확대	노후화된 받침부 콘크리트가 파손이 발생할 경우와 받침 지지길이가 부족한 경우, 하부구조 연단의 콘크리트를 증가 타설하거나, 강재브라켓 등을 설치하여 받침 지지길이를 확보함

4. 교각

(1) 지진격리받침
  ① 교량 System을 장주기화하여 교량받침의 전단력과 교각에서의 전단력을 저감하기 위해 적용
  ② 높은 지진에너지의 흡수능력 필요

(2) 감쇄기(Damper)
  ① 높은 교각을 가진 교량에서 교량 자체의 주기가 길어서 지진격리받침의 적용에 의한 내진성능 향상을 도모하기 어려운 경우에 적용
  ② 구조물의 지진에너지 소산능력을 증가시켜 내진성능을 향상시킴

(3) 충격흡수장치
  ① 지진으로 인해 거더와 거더 또는 거더와 교대의 충돌위험이 있을 경우 적용
  ② 교량의 구조간에 충돌에 의해서 발생하는 충격에너지를 흡수

Ⅲ. 교량의 지진피해 유형

(1) 지반파괴
  ① 지반 액상화
  ② 산사태 및 지반 단층파괴

(2) 교대
  ① 교대의 형식 부적정
  ② 지하수의 수위변화
  ③ 교대의 파괴는 교량 전체적 붕괴를 유발하지 않음

(3) 교각
    ① 휨과 전단에 의한 파괴 발생
    ② 종방향 철근의 좌굴과 콘크리트 압축강도 저하
    ③ 교량붕괴의 직접적인 원인

(4) 상부구조
    ① 과다한 수평변위 작용
    ② 상판의 낙교나 주형의 좌굴
    ③ 신축이음부의 파괴
    ④ 인접 경간과의 충돌

(5) 교좌장치
    ① 과다한 수평력 작용
    ② 연단거리 확보 부족

IV. 결 론

기존 교량에서 내진성능 향상이 시공된 후에는 내진성능 평가를 통하여 각 구조요소의 내진성능이 충분히 확보되었는지 확인하여야 한다.

22-1 당산철교 철거와 재시공 공사기간을 줄이는 공법에 대하여 기술하시오. [97전, 30점]

I. 개요

(1) 당산철교는 강재를 이용하여 Truss 형식으로 가설된 교량으로 한강을 가로지르는 지하철도용 교량이다.
(2) 최근 성수대교 붕괴사고에 따른 교량 안전진단 결과 당산철교의 안정성에 문제가 발견되어 철거대상으로 결정된 바 있다.

II. 당산전철교의 구조

(1) 하부구조
  케이슨 형식의 기초공법으로 축조된 Pier이다.

(2) 상부구조
  강Truss 단순구조

(3) 계량형식
  하로 Truss교

(4) 설치위치
  서울 한강을 가로지르는 지하철도용 교량이다.

III. 당산전철교의 철거

1. 철거 이유

(1) 안전 위협
  지하철 차량통행에 대한 진동 및 충격, 흔들림 등으로 교량의 안전성이 부족하므로 교량의 붕괴가 우려된다.

(2) 설계 불량
  교량의 용도 및 입지조건 등을 충분히 고려하지 않은 부실 설계·시공의 결과이다.

(3) 시공 불량
시공사의 시공능력 부족, 기술부족, 무리한 공기단축으로 인한 전체적인 부실시공이 원인이 되었다.

(4) 행정적인 착상
주어진 기간 내에 완공해야 한다는 행정적인 공사추진으로 구조물 전반에 걸쳐 부실시공, 점검미흡, 안정성검사 미흡 등으로 인한 구조물의 불량

(5) 민원 야기
성수대교 붕괴에 따른 시민들의 불신풍조와 지하철도의 서행에 따른 시민의 불편 등으로 민원 발생

2. 철거 방법

(1) 상판해체
① 철도레일 제거 및 침목 제거
② 상판강재 제거
③ 기본 Truss 외의 모든 구조물 제거

(2) Truss 해체
① 해상 Barge Crane을 이용한 경간당 해체방법
② 가 Bent를 이용한 트러스 각 부재별 해체
③ 1경간 트러스를 2~3등분 하여 부분적으로 해체

(3) 교각해체
① Wire Saw를 이용한 절단 해체방법
② Breaker를 이용한 파쇄방법
③ 발파에 의한 해체방법

(4) 기초해체
① 하상 이하 부분까지 Con'c 구조물의 제거
② 발파에 의한 방법
③ Wire Saw를 이용한 Block 해체방법

3. 철거시 유의사항

(1) 안전관리
① 상부구조 트러스의 해체시 크레인장비의 복합작업으로 작업인의 안전에 특히 유의하여 해체해야 한다.
② 가스절단, 볼트제거, 리벳제거 등으로 각 부의 연결부에서 해체작업한다.

(2) 해체부재 처리
① 해체조각이 하천으로 떨어지지 않게 아래에 막을 설치하고 절단된 부재의 거동을 정확히 파악한다.
② 해체조각은 운반 및 취급이 용이하도록 절단하고 운반을 고려하여 적정길이가 되도록 한다.

(3) 공해발생 방지
① 강부재의 하천추락 방지
② 폐 Con'c 조각의 하상낙하 방지
③ 과격한 소음과 유해가스 발생을 최대한 줄이는 방안으로 작업한다.

Ⅳ. 재시공 공사기간을 줄이는 방법

(1) 사전조사
교통량, 지형, 지질, 유속, 유량 등을 사전조사하여 기시공된 한강교량의 자료를 분석 검토하여 최대한 이용한다.

(2) 설계
한강에 설치된 교량의 설계수치, 시공법, 적용계수 등을 충분히 고려하여 설계에 임한다.

(3) 시공
국내 건설업체 중 한강교량 실적이 많은 회사를 상대로 시공사를 결정한다.

(4) 예산편성
개발된 신공법 적용과 분할시공에 따르는 공사비 증액에 대비해 충분한 예산편성을 한다.

(5) 품질관리
시공사와 감리회사, 발주자가 혼연일체가 되어 구조물의 품질관리에 주력을 다하여야 한다.

(6) 행정관서의 협조

　당산대교 공사차량의 통행제한 해제 및 행정서류의 우선처리가 될 수 있도록 정책적인 협조가 필요하다.

V. 결 론

(1) 당산대교는 지하철도 2호선을 잇는 중요한 교량으로 현재 철거로 인한 서울시민의 경제적 부담은 물론 시간적으로 많은 어려움을 겪고 있는 실정이다.

(2) 이러한 현실 속에 공기단축을 이유로 하여 시공에서의 부실한 작업이 발생되지 않도록 발주자와 시공자 그리고 행정관서 등의 긴밀한 협조체계가 무엇보다 중요하며, 모두가 힘을 합하여 모든 작업과정에서의 품질관리에 힘써야 할 것이다.

22-2 교량구조물에 대형 상수도강관(Steel Pipe)을 첨가하여 시공하고자 할 때 시공 시 유의사항을 기술하시오. [02전, 25점]

I. 개 요

(1) 최근 교량을 시공할 때 동시에 상수도관의 설치를 병행하는 공사가 많이 시행되고 있다.

(2) 교량구조물에 상수도관을 병행하여 시공하면 교량의 교각 및 상부구조에 작용하는 하중의 증가로 교량의 단면증가와 안정성에도 영향을 초래하므로 충분한 검토 후 시공되어야만 한다.

II. 교량 가설공법 분류

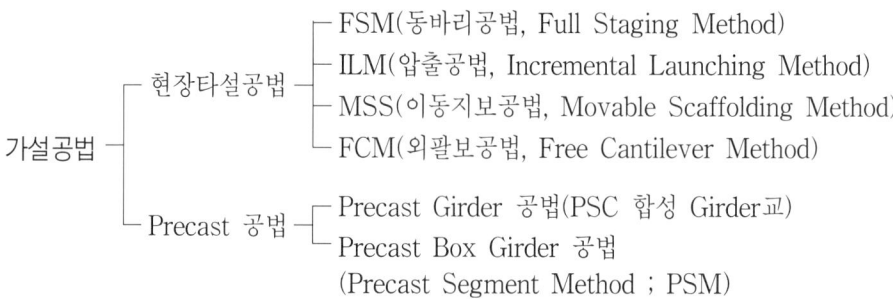

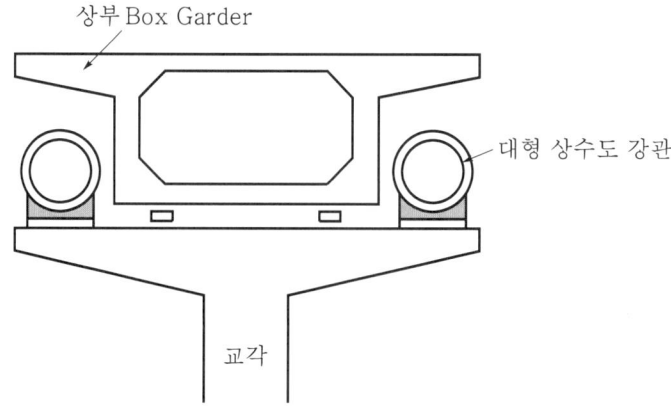

Ⅲ. 시공시 유의사항

(1) 상부공 단면 검토
　　① 설계 사하중 적용
　　② 설계 제정수 결정시 자중 및 충격하중 고려

(2) 관로 설치방법 선정
　　① 상부구조에 적재방법
　　② 상부구조에 달아매는 방법

(3) 관로 연결방법
　　① 플랜지 연결방식
　　② 용접 연결방식
　　③ 관로의 신축장치 설치

(4) 편심하중 제거
　　① 교량상부 구조에 유해한 편심하중 제거
　　② 단선일 경우 중앙단면 배치 및 복선일 경우 편심하중 제거

(5) 관로보호
　　① 진동방지장치 설치
　　② 충격완화장치 설치
　　③ 진동충격이 교량 상부구조에 직접 전달되지 않게 조치

(6) 단열, 보온
　　① 기온이 낮은 겨울철 관로보온
　　② 기온이 높은 여름철 관로의 열화방지를 위한 단열시공

(7) 관로보강
　　① 통과차량의 하중영향이 없도록 관로보강
　　② 교량시점, 종점부위의 곡선부위 Con'c 보강
　　③ 관로의 진동발생 방지시설 설치

(8) 배수시설
　　① 관로 부설장소 배수관리
　　② 배수불량에 의한 관로부식 방지

(9) 유지관리
  ① 유지관리용 점검시설 설치
  ② 점검로의 안전관리

Ⅳ. 교량구조물에 상수도관 설치시 문제점

(1) 사하중 증가
(2) 외관 저해
(3) 돌발사고 발생 우려
(4) 교량의 안정성 저하

Ⅴ. 결 론

(1) 교량구조물에 대형의 상수도관이 함께 설치되면 사하중 증가에 따른 상부구조물이 대형화되며, 교량에서의 경제성이 상실되는 동시에 안정성도 위협을 받게 된다.
(2) 교량과 함께 부설될 대형 상수도관은 가능한 한 별도의 관로전용 교량을 건설하는 것이 교량과 상수관로 측면으로 보아 모두 유리할 것으로 사료된다.

I. 개 요

(1) 교량의 바닥판은 우수와 제설용 염화물 등의 침입을 막아 교량 전체의 내구성이 높아질 수 있도록 해야 한다.
(2) 교량의 중앙분리대나 방호벽 콘크리트는 바닥판과 확실한 이음을 두어 함께 거동하지 않도록 하는 것이 중요하다.

II. 교량 바닥판 배수방법

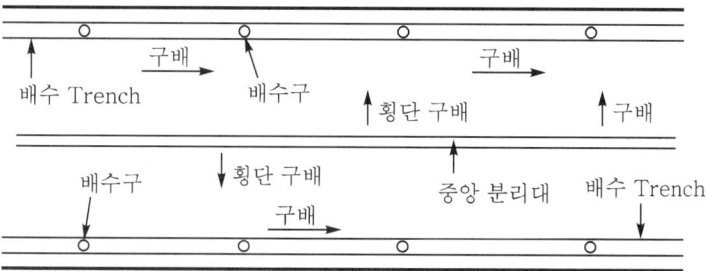

(1) 종단구배에 의한 배수
   ① 교량의 진행방향으로 구배를 둔다.
   ② 구배가 없거나 역구배는 피함

(2) 횡단구배에 의한 배수
   ① 중앙분리대를 중심으로 양쪽 끝단으로 구배를 둠
   ② 물(우수)이 고이지 않도록 유의

(3) Trench에 의한 배수
   ① 교량의 양끝단에 Trench를 설치하여 우수를 배수
   ② Trench 내의 물은 배수구를 통하여 교량 아래로 배수

Ⅲ. 바닥판 하부 오염방지를 위한 고려사항

(1) 교면방수 철저
   ① 물과 제설용 염화물의 침입방지
   ② 교면 구조체의 보호 및 내구성 향상
   ③ 교면 방수공법 : 침투성 방수, 도막방수, Sheet 방수, 포장방수

(2) 배수구시공 철저
   ① 배수구의 직경
   ② 배수구의 설치간격
   ③ Simulation을 통해 최대유량을 처리할 수 있게 배수구의 직경 및 설치간격 계획

(3) 배수구의 설치 위치
   ① 배수구는 교면방수보다 아래에 설치
   ② 배수구 주변의 방수시공 철저

(4) 배수구의 막힘 방지
   ① 교량하부에 설치되는 배수구의 배수로 구배 철저
   ② 배수로의 이음부 연결 철저

(5) 배수구의 유지보수 철저

Ⅳ. 중앙분리대와 바닥판 시공이음부 시공방안

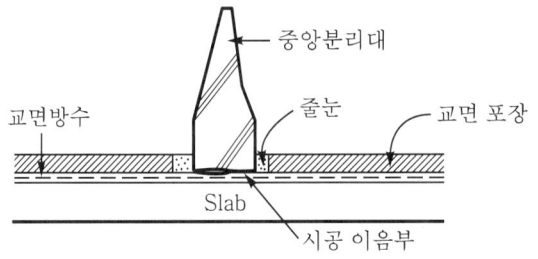

(1) 이음부 청소
   ① 이음부의 이물질 및 레이턴스 제거
   ② 접착성 향상을 위한 방안 마련

(2) 접착제 도포
   ① 접착제인 Cement Paste 및 Primer 도포

② 접착제의 Open Time 준수
③ Roller 또는 붓을 사용

(3) 줄눈시공 철저
① 중앙분리대와 교면포장의 Movement를 조정
② 중앙분리대에 의한 교면포장의 균열발생 방지

(4) 줄눈부 처리
① 줄눈부의 방수처리 철저
② 줄눈부를 통한 우수침입 방지

V. 결 론

교량 바닥판의 배수처리는 교량의 내구성과 관계가 깊으므로 우수가 고이지 않도록 설계시부터 구배 및 배수처리에 철저를 기하여야 한다.

22-4 큰 하천을 횡단하는 교량시공시 기상조건을 고려한 방재대책과 이에 따른 공정 계획 수립상 유의사항을 설명하시오. [08후, 25점]

I. 개 요

(1) 최근 장대형 교량의 시공이 빈번하게 이루어지고 있으며, 또한 구조물이 고도화, 대형화, 복잡화, 다양화됨에 따라 시공의 어려움이 많아지고 있는 추세로 공사 착수전에 시공계획을 철저히 수립하여야 한다.

(2) 특히, 강폭이 넓은 하천을 횡단할 때는 가설비 공사가 공사의 품질과 공기에 막대한 지장을 초래하므로 사전조사를 철저히 하여 적정한 공법을 선정하여야 한다.

II. 방재대책

(1) 가물막이 공법 선정
 ① 지수성이 우수한 공법 선정
 ② 수압, 토압 등의 외력에 대한 안전선이 있는 공법 선정
 ③ 가물막이 내의 작업성이 우수한 공법 선정
 ④ 가설공사로서의 경제성이 우수한 공법 선정
 ⑤ 철거가 용이하고 시공성이 안전한 공법 선정
 ⑥ 가물막이 내부의 안전성 확보가 우수한 공법인 자립식 공법을 선정한다.

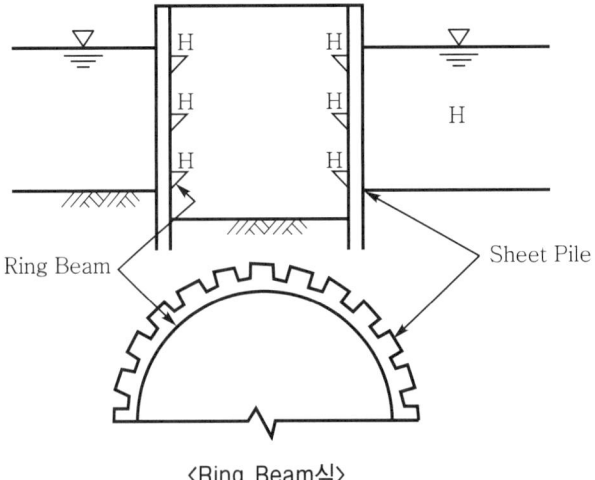

〈Ring Beam식〉

(2) 최대홍수량 조사

평상시의 하천수위와 홍수시의 하천수위를 조사하여 월류현상이나 침수가 일어나지 않도록 하여야 한다.

(3) 유속 대책

가물막이 공법 선정시는 하천의 유속에 따라 가설구조물의 변형이나 파괴가 발생할 수 있으므로 유속에 대한 면밀한 조사를 실시하여야 한다.

(4) 바지선의 고정

홍수시는 유속에 의한 작업선인 바지선이 유실될 수 있으므로 이에 대한 적절한 대책을 강구하여야 한다.

(5) 계측시행

가시설에 대한 계측을 수시로 실시하여 변형이나 지하수의 상태를 조사 후 Feed Back하여 공사에 반영하여야 한다.

(6) 배수시설

① 유입수나 지하수의 유출에 따른 배수시설을 하여 작업장이 건조되도록 하여야 한다.

② 양수기는 고장을 대비하여 추가로 여유분을 배치하여야 하며 수시로 시운전을 실시하여야 한다.

Ⅲ. 공정계획 수립상 유의사항

(1) 강우일수

① 교량이 실치되는 하천의 상류지역의 상수일수와 설치지역의 강우일수를 파악하여 수량의 변화를 조사한다.

② 일년의 강수일수가 공사의 진척이나 공정계획을 수립하는데 있어 지대한 영향을 주므로 사전조사를 실시하여 공기산정이 반영되어야 한다.

(2) 기초공법 선정

① 하천의 조건에 따라 기초공사 공법을 선정할 때 적정공기와 우기에 영향이 적은 공법을 선정하여야 한다.

② 하천의 교량기초에 많이 사용되는 근입심도는 15~20m 정도가 가능한 우물통 기초공법을 선정하는 것이 좋다.

(3) 상부 가설공법 선정
   ① 교량 가설공법의 선정은 기상에 영향이 적은 공법을 선정하는 것이 공정관리에 유리하다.
   ② 교량 가설공법의 선정은 시공속도가 빠르고 하부조건에 무관한 ILM 공법을 선정하는 것이 공정관리에 유리하다.

(4) 기상조건
   공정계획 수립에 있어서 가장 문제가 되는 것은 기상조건이라고 할 수 있으므로 연간강우, 강설강도 및 기상조건에 따른 공법선정과 적정 공기산정이 필히 검토되어야 한다.

(5) 하부공 시공방법
   강폭이 긴 하천의 경우는 고교각으로 시행되므로 고교각에 사용되는 Sliding Form 공법과 Jump Up 공법이 있으나 연속타설에 유리한 Sliding Form 공법을 선정한다.

(6) 조달계획
   ① 노무계획수립
   ② 자재계획수립
   ③ 장비계획수립
   ④ 자금계획수립
   ⑤ 공법계획수립

Ⅳ. 결 론

(1) 큰 하천에 교량을 가설하는 방법은 장대교량 가설공법이 최적의 공법으로서 가시설공사, 기초공사, 하부공사, 상부공사 시행에 있어 기상조건이나 하천의 유입량을 검토하여 적정한 공법을 선정하여야 한다.
(2) 과거의 경험을 십분 발휘하고 새로운 신기술을 도입하여 시공과정에서 착오가 발생하지 않도록 충분한 시공계획을 수립해야 한다.

22-5 다음 그림과 같이 현재 통행량이 많고 하천 충적층 위에 선단지 Pile 기초로 된 교량하부를 관통하여 지하철 터널굴착 작업을 하려고 한다. 이때 교량 하부구조의 보강공법에 대하여 기술하시오. [07중, 25점]

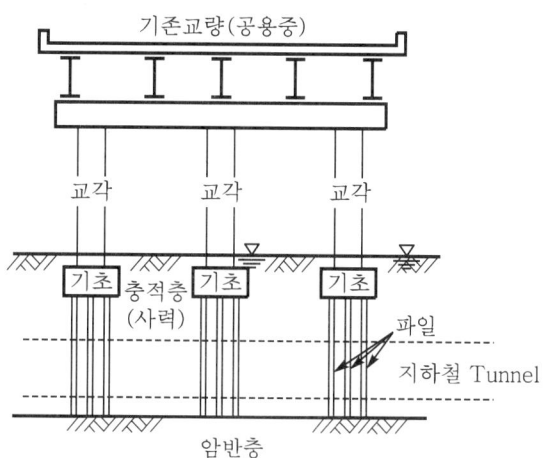

I. 개 요

(1) 지하철 건설공사는 특수한 환경의 도심지를 통과하는 터널공법으로 시공된다.
(2) 교각기초 하부를 통과하게 되는 터널공사에는 많은 위험이 내포되어 있으므로 적절한 보강공법을 선정해서 시공하여야 한다.

II. 터널공법의 종류

(1) NATM 공법
(2) TBM 공법
(3) Shield 공법
(4) Open Cut식
(5) 기타

III. 건설계획(교량 하부구조의 보강공법)

1. 사전조사
   (1) 입지조건 조사
   (2) 상부교량 조사
   (3) 지하수
   (4) 지질, 지형
   (5) 인근 구조물 조사

2. 교각기초 보강계획
   (1) Underpining
      ① 이미 완성된 구조물 기초부분을 신설, 개축, 보강할 수 있는 공법으로 이것을 채택한다.

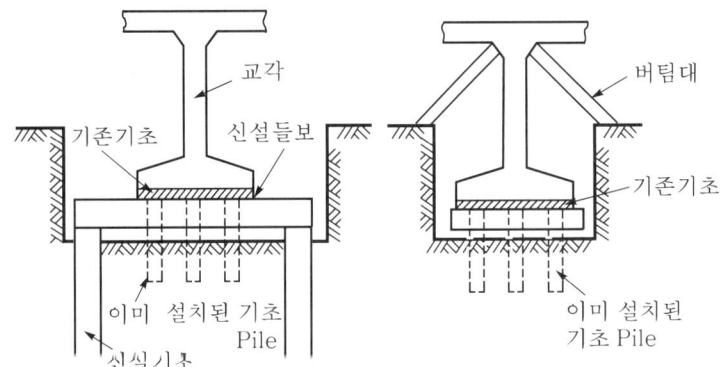

      ② 신설기초 설치 : 교각의 기초 Pile을 그대로 두고 근접하는 위치에 신설기초를 만든다.
      ③ 들보설치 : 기존 교각기초 Footing의 하부를 굴착하여 신설기초와 연결하는 들보를 설치한다.
      ④ 계측관리 : 침하계, 경사계, 변위계 등의 계측기기를 이용하여 상부하중이 신설기초에 전달되는지 여부를 판정한다.

   (2) 상부공 보강
      기초 하부 Underpining에 이어 상부구조물의 전도 및 침하에 대한 보강으로 버팀대를 설치한다.

(3) Grouting
① 기초 하부 Underpining 기초와는 별도의 기존기초와 지반이 일체화될 수 있게 한다.
② 시멘트, 물유리, 고분자계 등을 이용한 약액주입으로 지반을 고결시킨다.
③ 지반조사를 통하여 얻은 자료를 기초로 하여 가장 적합한 재료를 선정한다.

3. 터널 굴진공법(Pipe Roof)

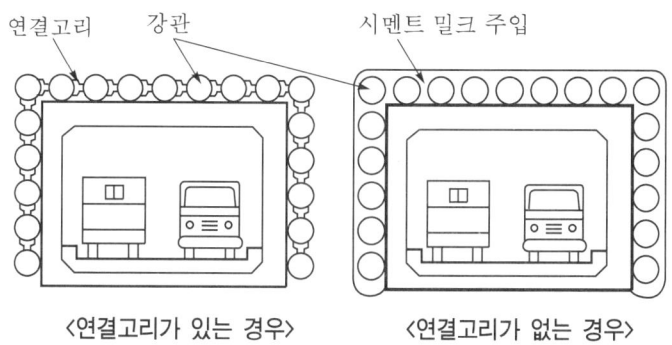

〈연결고리가 있는 경우〉   〈연결고리가 없는 경우〉

(1) 적용이유
    터널공사에서 상부구조물이 위치할 때 터널 단면보호와 상부구조물의 영향을 줄이기 위하여 사용된다.

(2) 공법분류
    ① 독립된 강관 삽입방법
    ② 독특한 이음매를 사용하여 일체화시킨 연결방법

(3) 시공방법
    ① 굴착면 정리 : 상부구조물이 위치하는 곳에서 막장을 정리한다.
    ② 기계설치 : 유압식 압입장치를 설치하고 압입반력에 필요한 반력장치를 한다.

(4) Pipe 압입
    상부구조물 하부지점을 통과할 수 있도록 강관길이를 조절하여 압입한다.

4. 지하수 대책

(1) Deep Well
(2) Well Point
(3) 수발공(물빼기시추)
(4) 수발갱(물빼기갱도)
(5) 약액주입

5. 계측관리

(1) A계측(일상계측)
  ① 천단침하
  ② 갱내 관찰
  ③ 지표면 침하
  ④ Rock Bolt 인발 측정
  ⑤ 내공변위

(2) B계측(대표계측)
  ① 록볼트 응력 측정
  ② 지중변위 측정
  ③ 숏크리트 응력 측정
  ④ 지중침하 측정
  ⑤ 지중수평변위 측정
  ⑥ 지하수위 측정
  ⑦ 간극수압 측정

IV. 결 론

(1) 지하철 터널굴진시 상부에 구조물이 위치할 때는 구조물의 보강, 터널 내부의 안전을 위하여 이에 따른 건설계획을 수립하여야 한다.
(2) 구포 열차참사와 같이 사용중인 구조물이 위치할 때는 세밀한 계획 아래 공사가 추진되어야 하며 특히 안전관리에 역점을 두어 시공한다.

제6장 터널공사

제6장 터널공사

상세 목차

제6장 터널공사

1	터널 공법	페이지
	1-1. 도심지 대심도터널의 계획시 사전검토사항과 적절한 공법 선정 [11중, 25점] 1-2. 풍화암 지역에서 터널공사를 시공할 때 굴착공법의 종류 및 그 특징 [97후, 25점] 1-3. 터널 굴진방식에 따른 굴착기계의 종류 및 그 특징 [94후, 30점] 1-4. 침매 공법에서 기초공의 조성과 침매함의 침매방법 및 접합방법 [11전, 25점] 1-5. 침매 공법 [03전, 10점] 1-6. 침매 터널 [07중, 10점]	6-7
	1-7. 피암 터널 [09후, 10점]	6-18
	1-8. 도로교(길이 10m 말뚝기초) 교각기초 하부의 10m 지점에의 지하철 　　　건설계획 [98전, 30점] 1-9. 기존 철도 또는 고속도로 하부를 통과하는 지하차도 시공시 상부 차량 　　　통행에 지장을 주지 않고 안전하게 시공할 수 있는 공법의 종류 [06전, 25점] 1-10. 하천변 철도 하부 지하차도 건설시 열차 운행에 지장을 주지 않는 　　　경제적인 굴착공법 [01후, 25점] 1-11. 하수 Box(3.0m×3.0m×4련) 하부를 신설 지하철이 통과할 경우 　　　가장 경제적인 굴착공법 [99중, 30점] 1-12. Front Jacking 공법 [09중, 10점]	6-19
	1-13. 기존 지하철노선 하부를 관통하는 신설 터널공사를 계획시, 　　　기존노선과 신설 터널 사이의 지반이 풍화잔적토이며 두께가 　　　약 10m일 때, 신설 터널공사를 위한 시공대책 [09전, 25점] 1-14. 기존 터널구간에 인접하여 신규 터널공사를 시공할 경우 발생할 수 　　　있는 문제점과 대책 [05중, 25점] 1-15. 기존 터널에 근접되는 구조물의 시공시 예상되는 문제점과 대책 [09중, 25점] 1-16. 대도시 도심부 지하를 관통하는 고심도 지하도로 시공중 도시 시설물 　　　안전에 미치는 영향요인 및 시공시 유의사항 [08후, 25점]	6-27
	1-17. Tunnel의 수직갱 [05후, 25점]	6-32

2	NATM 공법	페이지
	2-1. NATM 터널의 원리와 안전관리 방법 [00후, 25점] 2-2. NATM의 특성과 적용한계 [97중전, 50점] 2-3. NATM의 굴착공법 [01전, 25점] 2-4. NATM 터널의 굴착시공 관리계획 [98후, 40점] 2-5. 균열이 발달된 보통 정도의 암반으로 중간에 2개소의 단층과 　　　대수층이 예상되는 산간지역에 종단구배가 3.5%이고 연장이 600m인 　　　2차선 일반 국도용 터널이 계획되어 있다. 본공사에 대한 시공계획 [06중, 25점] 2-6. NATM 터널굴착시 세부작업 순서 [99중, 30점] 2-7. 터널 굴진시 사이클(Cycle) 작업의 종류 [94후, 10점] 2-8. NATM 공법으로 터널작업시 Cycle Time에 관련된 세부작업 [00중, 25점] 2-9. 암반 반응곡선 [01중, 10점] 2-10. 터널 지반의 현지응력(Field Stress) [06중, 10점]	6-35
	2-11. NATM 터널공사시 공정단계별 장비 계획 [05중, 25점]	6-47
	2-12. 산간지역 연장 20km 2차선 쌍설 터널을 시공시 원가, 품질, 공정, 　　　안전관리에 관한 중요한 내용 [01중, 25점]	6-50
	2-13. 터널 갱구부의 위치 선정, 갱문 종류 및 시공시 주의사항 [08전, 25점] 2-14. 터널 갱구부 시공시 예상되는 문제점 및 그 대책공법 [98중후, 30점]	6-54
	2-15. 하저 터널구간에서 NATM으로 시공 중 연약지반 출현시 발생되는 　　　문제점과 대책 [97중후, 33점]	6-61

3	시험발파		페이지
	3-1. 발파공법에서 시험발파의 목적, 시행방법 및 결과의 적용	[02후, 25점]	6-65
	3-2. 도심지 인근의 암반 굴착공사시 시험발파 계측의 목적 및 방법	[05중, 25점]	
	3-3. 암 굴착시 시험발파	[06후, 10점]	
	3-4. 암석 발파시 발파진동 저감을 위한 진동원 및 전파경로에 대한 대책	[04후, 25점]	6-68
	3-5. 발파진동이 구조물에 미치는 영향과 진동영향 평가방법	[09전, 25점]	
	3-6. 발파진동이 구조물에 미치는 영향에 대한 조사방법과 시공시 유의사항	[10후, 25점]	
	3-7. 암 발파시 발생하는 지반 진동, 소음 및 암석 비산과 같은 발파 공해의 발생원인과 대책	[07후, 25점]	
	3-8. 심발(심빼기) 발파의 종류와 지반 진동의 크기를 지배하는 요소	[09중, 25점]	
	3-9. 발파에서 지반 진동의 크기를 지배하는 요소	[07후, 10점]	
4	터널 굴착시 여굴		페이지
	4-1. 터널 굴착시 여굴의 발생원인과 감소대책	[95전, 33점]	6-77
	4-2. 터널 공사시 여굴의 원인과 방지대책	[04후, 25점]	
	4-3. 터널의 여굴 발생원인 및 방지대책	[11중, 10점]	
	4-4. NATM 터널 시공시 진행성 여굴의 원인, 사전 예측방법 및 차단대책	[00후, 25점]	
	4-5. 터널의 여굴	[00전, 10점]	
	4-6. 지불선(Pay Line)과 여굴 관계	[98후, 20점]	6-83
	4-7. 지불선(Pay line)	[05전, 10점]	
	4-8. Spring Line	[04중, 10점]	6-85
5	제어 발파공법		페이지
	5-1. 터널굴착시 제어발파공법의 종류	[94후, 50점]	6-86
	5-2. 터널굴착에서 제어발파공법	[99후, 30점]	
	5-3. 산악지역 터널굴착시 제어발파	[03중, 25점]	
	5-4. 조절발파(제어발파)	[05전, 10점]	
	5-5. 조절폭파공법(Controlled Blasting)	[95후, 25점]	
	5-6. Line Drilling Method	[04후, 10점]	
	5-7. 쿠션 블라스팅(Cushion Blasting)	[01전, 10점]	
	5-8. 프리스플리팅(Pre Splitting)	[98후, 20점]	
	5-9. Pre-splitting	[07전, 10점]	
	5-10. Smooth Blasting	[99후, 20점]	
	5-11. Smooth Blasting	[00중, 10점]	
	5-12. Smooth Blasting	[09중, 10점]	
	5-13. Smooth Blasting	[05후, 10점]	
	5-14. 암석 발파시의 자유면	[95중, 20점]	6-90
	5-15. 심빼기(心拔工) 폭파	[97후, 20점]	6-92
	5-16. 심빼기 발파	[02후, 10점]	
	5-17. Bench Cut 발파	[00전, 10점]	6-95
	5-18. Bench Cut 공법	[10후, 10점]	
	5-19. 미진동 발파공법	[03후, 10점]	6-97
	5-20. 2차 폭파(小割(소할)폭파)	[04중, 10점]	6-99
	5-21. 지발뇌관	[96중, 20점]	6-101
	5-22. 도폭선	[99중, 20점]	6-103
	5-23. 터널의 발파식 굴착공법에서 적용하고 있는 착암기(Rock Drill) 특성	[98후, 30점]	6-105

6-4 제6장 터널공사

6	NATM 터널의 지반보강		페이지
	6-1. NATM 터널시공시 지보공의 종류와 시공순서 및 시공상 유의사항	[07전, 25점]	6-108
	6-2. NATM 터널시공시 지보재의 종류와 역할	[10전, 25점]	
	6-3. NATM 터널시공시 지보패턴을 결정하기 위한 공사 전 및 공사 중 세부 시행사항	[08후, 25점]	
	6-4. NATM 터널공사시 강지보재의 역할과 제작 설치시 유의사항	[05중, 25점]	
	6-5. 터널공사에서 록볼트의 종류와 정착방식에 따른 작용효과	[09전, 25점]	
	6-6. Rock Bolt와 Soil Nailing 공법의 특성 설명 및 비교	[03중, 25점]	
	6-7. Swellex Rock Bolting	[99후, 20점]	6-120
	6-8. Tunnel에서의 삼각지보(Lattice Girder)	[97중전, 20점]	6-122
	6-9. 가축 지보공(可縮支保工)	[01중, 10점]	6-123
	6-10. 터널굴착시 지보공이 터널의 안전성에 미치는 효과(원지반 응답곡선으로 설명)	[06중, 25점]	6-125
	6-11. NATM 터널 시공단계별 붕괴형태와 터널의 붕괴원인 및 대책 1) 굴착직후 무지보상태, 2) 1차 지보재(Shotcrete) 타설후, 3) 콘크리트라이닝 타설후	[11전, 25점]	6-127
7	터널공사의 Shotcrete 공법		페이지
	7-1. 터널공사의 숏크리트 공법의 특징	[96중, 35점]	6-131
	7-2. NATM에서 Shotcrete의 작용효과, 두께, 내구성 배합	[01중, 25점]	
	7-3. 터널공사 숏크리트 공법의 특징 및 반발량(Rebound량)의 저감대책	[96전, 30점]	
	7-4. 터널공사 숏크리트의 기능과 리바운드(Rebound) 저감대책	[01전, 25점]	
	7-5. NATM 터널시공시 숏크리트 공법의 종류와 특징 및 리바운드 저감대책	[03전, 25점]	
	7-6. NATM 터널시공시 적용하는 숏크리트 공법의 종류 및 리바운드 저감대책	[05전, 25점]	
	7-7. NATM 터널시공시 숏크리트 공법의 종류 및 리바운드 저감대책	[10후, 25점]	
	7-8. 숏크리트의 시공방법과 시공상의 친환경적인 개선안	[06전, 25점]	
	7-9. 건식 및 습식 숏크리트의 시공방법과 시공상의 친환경적인 개선안	[09후, 25점]	
	7-10. 건식 및 습식 숏크리트의 특성	[00전, 10점]	
	7-11. 숏크리트의 특성	[02중, 10점]	
	7-12. 숏크리트(Shotcrete)의 리바운드(Rebound)	[94후, 10점]	
	7-13. Air Spinning 공법	[10중, 10점]	
	7-14. 숏크리트(Shotcrete)의 합리적인 시공을 위한 유의사항	[98중후, 30점]	6-140
	7-15. NATM 터널의 숏크리트작업에서 측벽부, 아치부, 인버트부, 용수부의 시공시 유의사항과 분진대책	[08중, 25점]	
	7-16. 숏크리트(Shotcrete)의 응력 측정	[01후, 10점]	
8	NATM 터널의 Lining Concrete		페이지
	8-1. NATM 터널에서 2차 복공 콘크리트에 나타나는 균열의 주요원인과 대책	[95, 33점]	6-144
	8-2. 터널 2차 라이닝 콘크리트의 균열 발생원인과 방지대책	[09중, 25점]	
	8-3. 터널 라이닝 콘크리트의 누수 원인과 대책	[95후, 35점]	
	8-4. NATM 터널공사에서 라이닝 콘크리트의 누수 원인 및 시공시 유의사항	[01후, 25점]	
	8-5. 터널에서의 콘크리트 라이닝의 기능	[07후, 10점]	
	8-6. 터널공사에 있어서 인버트 콘크리트의 목적 및 타설순서	[02중, 25점]	6-148
	8-7. 인버트 콘크리트의 설치목적과 타설시 유의사항	[05전, 25점]	
	8-8. 터널의 인버트의 정의 및 역할	[11중, 10점]	
	8-9. 터널시공시 강섬유 보강 콘크리트의 역할과 문제점 및 장·단점	[08전, 25점]	6-151

9	터널의 계측관리		페이지
	9-1. NATM 공법으로 터널을 시공시 계측의 목적과 계측의 종류별 설치 및 유의사항	[07중, 25점]	6-155
	9-2. NATM 터널의 막장 관찰과 일상 계측방법 및 시공시 고려사항	[09전, 25점]	
	9-3. 터널공사 중 터널내부에 설치되는 계측기의 종류 및 측정방법	[09후, 25점]	
	9-4. NATM 터널공사관리의 계측 종류와 설치장소	[95전, 20점]	
	9-5. NATM 계측	[97중후, 20점]	
	9-6. 개착터널의 계측빈도	[11전, 10점]	
	9-7. 터널시공시 안정성 평가방법	[02전, 25점]	6-163
	9-8. NATM 계측 중 갱 내외 관찰조사(Face Mapping)의 적용요령과 필요성	[99후, 30점]	6-166
	9-9. Face Mapping	[03전, 10점]	
	9-10. 터널굴착면의 페이스 매핑	[07후, 10점]	
	9-11 터널의 페이스 매핑	[11전, 10점]	
	9-12. TSP(Tunnel Seismic Profiling) 탐사	[09후, 10점]	6-170
10	터널의 안전관리		페이지
	10-1. 장대 도로터널의 방재시설 계획시 고려사항과 필요시설의 종류 및 특징	[09후, 25점]	6-171
	10-2. 시공중인 노선 터널의 환기(Ventilation)방식	[04전, 25점]	
	10-3. 공사중인 터널의 환기방식 및 소요환기량 산정방법	[06후, 25점]	6-175
	10-4. 터널공사에서의 환기계획 및 환기방식의 종류	[10후, 25점]	
11	터널 막장의 보조보강공법		페이지
	11-1. 터널공사에서 막장을 안정시키기 위한 보조보강공법	[02중, 25점]	
	11-2. 터널 천단부와 막장면의 안정에 사용되는 보조공법의 종류와 특징	[11후, 25점]	
	11-3. 터널의 지반보강 방법	[04전, 25점]	6-182
	11-4. 터널 막장의 보강공	[02후, 25점]	
	11-5. 터널 보조공법	[98전, 50점]	
	11-6. 터널굴착 중 연약지반 보조공법 중 강관 다단 그라우팅	[08전, 10점]	6-186
	11-7. 터널시공중 천단부 쐐기파괴 발생시 현장에서의 응급조치 및 복구대책	[06후, 25점]	6-187
	11-8. 연약한 토사층에서 토피 30m 정도의 지하에 터널을 굴착중 천단부에서 붕락이 일어나고 상부지표가 함몰시 조치사항과 붕락구간 통과방안	[06중, 25점]	
	11-9. 토피가 낮은 터널 시공시 발생되는 지표침하현상과 침하저감대책	[11중, 25점]	
	11-10. 터널굴착 중에 터널 파괴에 영향을 미치는 요인	[06전, 25점]	6-191
12	터널공사 지하수 처리방법		페이지
	12-1. 터널공사의 지하수 대책공법	[98전, 20점]	
	12-2. 터널공사에서 지반 용수에 대한 대책	[00전, 25점]	
	12-3. NATM의 방수공법과 배수처리공법	[99중, 35점]	
	12-4. 터널계획시 지하수 처리방법	[03중, 25점]	
	12-5. NATM 터널에서 방수의 기능 및 방수막 후면의 지하수 처리방법에 따른 방수형식 및 장·단점	[06전, 25점]	6-194
	12-6. 산악 터널공사에서 발생하는 지하수 용출에 따른 문제점과 대책	[08중, 25점]	
	12-7. 지층 변화가 심한 터널굴착시 막장에서 지하수 유출 및 파쇄대 출현에 대한 대처방안	[07중, 25점]	
	12-8. 터널 구조물 시공 중의 균열 발생원인과 물처리공법	[99전, 30점]	
	12-9. 배수형 터널과 비배수형 터널의 개념 및 장·단점	[08전, 25점]	6-201
	12-10. 배수형 터널과 비배수형 터널의 특징 비교	[10후, 25점]	

13	TBM(Tunnel Boring Machine) 공법		페이지
	13-1. TBM(Tunnel Boring Machine)의 구조 및 그 적용조건	[95중, 50점]	
	13-2. 기계식 터널굴착 공법(TBM)의 분류 및 각 기종의 특징	[03후, 25점]	6-205
	13-3. TBM 공법의 특징	[04전, 25점]	
	13-4. Slurry Shield TBM공법	[07중, 10점]	
14	Shield 공법		페이지
	14-1. 실드터널의 초기굴착시 시공순서, 시공방법 및 유의사항	[11전, 25점]	
	14-2. 현장에서 실드터널의 단계별 굴착방법에 따른 유의사항	[06후, 25점]	
	14-3. 지하 30m와 20m 사이에서 연암과 연약토층이 혼재된 지반조건을 가진 도심지의 도시 터널공사(직경 7.0m, 길이 약 4km) 시공시 기계식 자동화 공법의 시공계획서 작성시 유의사항	[04중, 25점]	
	14-4. Shield 장비로 거품을 사용하여 터널을 굴착시 버력처리방법 및 시공시 유의사항	[07전, 25점]	6-211
	14-5. 실드터널 공법에서 Precast Concrete Segment의 이음방법 및 시공시 주의사항	[02중, 25점]	
	14-6. Segment 이음방식(실드터널)	[10중, 10점]	
	14-7. 실드터널 시공시 뒤채움 주입방식의 종류 및 특징	[10중, 25점]	
	14-8. 터널공법 중 세미실드 공법과 실드 공법에 대한 설명과 시공순서	[02후, 25점]	
15	무소음 무진동 암파쇄공법		페이지
	15-1. 폭파에 의하지 않는 암석굴착방법	[96중, 35점]	
	15-2. 도심지 주거 밀집지역의 암 굴착시 소음, 진동을 피한 암 파쇄공법 및 시공상 유의사항	[07전, 25점]	6-220
	15-3. 암석 굴착시 팽창성 파쇄공법	[01후, 10점]	
16	암반		페이지
	16-1. 암반의 취성파괴(Brittle Failure)	[06중, 10점]	6-227
	16-2. 규암(Quartzite)의 시공상 특성	[95전, 20점]	6-228
	16-3. 불연속면	[00후, 10점]	6-230
	16-4. Discontinuity(불연속면)	[09전, 10점]	
	16-5. 단층대(Fault Zone)	[99전, 20점]	6-232
	16-6. 암반의 파쇄대(Fracture Zone)	[04후, 10점]	
	16-7. 암반의 균열계수	[95중, 20점]	6-235
	16-8. RQD(Rock Quality Designation)	[95전, 20점]	
	16-9. RQD	[03후, 10점]	6-237
	16-10. RQD와 판정	[99중, 20점]	
	16-11. RMR(Rock Mass Rating)	[04전, 10점]	6-239
	16-12. RMR(Rock Mass Rating)	[07중, 10점]	
	16-13. 암반의 SMR 분류법	[06후, 10점]	6-241

제6장 터널공사

1-1 최근 수도권 대심도 고속철도나 도로건설에 대한 관련 사업들이 계획되고 있다. 귀하가 도심지 대심도터널을 계획하고자 한다면 사전검토사항과 적절한 공법을 선정하여 설명하시오. [11중, 25점]

1-2 풍화암 지역에서 터널공사를 시공할 때 굴착공법의 종류를 열거하고, 그 특징을 설명하시오. [97후, 25점]

1-3 터널 굴착장비에 대해 기술하시오. [94후, 30점]

1-4 터널 침매 공법에서 기초공의 조성과 침매함의 침매방법 및 접합방법을 설명하시오. [11전, 25점]

1-5 침매 공법 [03전, 10점]

1-6 침매 터널 [07중, 10점]

I. 개 요

(1) 터널은 그 목적에 적합하고 안전하며 경제적으로 건설되어지기 위해서 계획, 설계 및 시공에 앞서서 위치 설정, 공기, 예상공비, 시공법, 안전성 및 장래의 유지 보수를 위한 제반조사를 실시하여 충분한 기초자료를 얻도록 해야 한다.

(2) 시공 중에도 지질, 지반 형상, 주변 환경 등의 변화에 주의하여 안전은 물론 환경과의 조화를 고려한 시공이 될 수 있도록 필요한 조사를 실시해야 한다.

II. 사전 검토사항

(1) 사전 조사
   ① 입지조건 조사
   ② 상부교량 조사
   ③ 지하수 조사
   ④ 지질 및 지형 조사
   ⑤ 인근 구조물 조사

(2) 지하수 대책
   ① Deep Well
   ② Well Point
   ③ 수발공(물빼기 시추)

④ 수발갱(물빼기 갱도)
⑤ 약액 주입

(3) 수직갱

① 수직갱의 형태 : 원형, 사각형
② 수직갱의 크기
③ 수직갱의 위치 및 개수
④ 수직갱의 안정

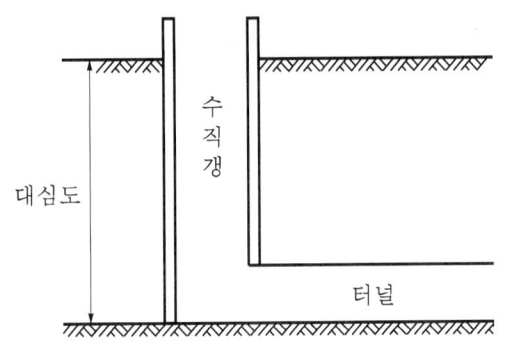

(4) 버력 처리

① 버력의 토질 파악
② 버력의 운반 경로 및 일일 처리량 산정
③ 수직갱 내 버력 운반설비와 인력 운반설비의 분리

(5) 장비 운반 계획

수직갱을 통한 터널 내부로의 장비 운반 계획

(6) 안전 계획

① 조명 관리
② 갱 내 환기
③ 이상 지압 관리
④ 구조물 관찰

(7) Feed Back

① 추후 공사 자료로 활용
② 공사 자료, 계측 자료 등을 Feed Back

Ⅲ. 공법 분류

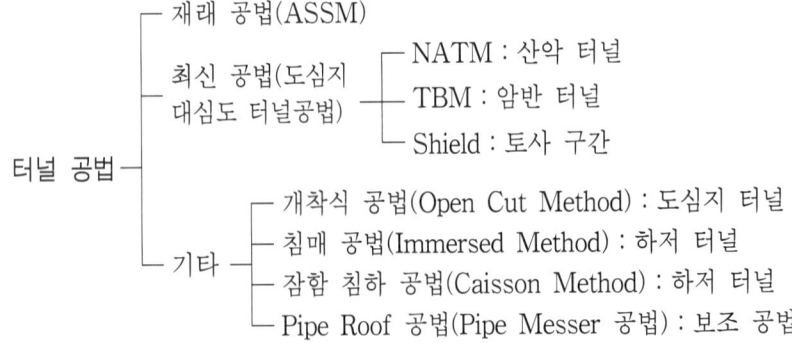

Ⅳ. 굴착공법의 종류 및 특징

1. 재래 공법(ASSM ; American Steel Supported Method)

(1) 정의
   ① 종래 광산에서 사용하던 공법으로서 NATM 터널 공법 이전의 터널 시공에 적용하여 왔다.
   ② NATM은 암반 자체를 주지보재로 이용하는 반면에 ASSM은 지반 이완으로 침하하는 암반을 목재나 Steel Rib로 하중을 지지하므로 안정성이 낮다.

(2) 특징
   ① Steel Rib, Concrete Lining이 주지보재로서 이용된다.
   ② 주위 암반이 하중요소로 작용한다.
   ③ 지반의 이완으로 지표 침하가 발생된다.
   ④ 육안으로 판정하므로 사고 예측이 느리다.
   ⑤ 지수성이 불량하다.
   ⑥ 대형 장비의 사용이 곤란하다.
   ⑦ 지반 연약시 막장의 안정성이 불리하다.

2. NATM(New Austrian Tunnelling Method)

(1) 정의
   ① 원지반의 본래 강도를 유지시켜서 지반 자체를 주지보재로 이용하는 원리이다.
   ② 지반 변화에의 적응성이 좋고 적용단면의 범위가 넓어 일반적 조건하에서는 경제성이 우수한 공법이다.

(2) 특징
   ① 터널 자체가 터널의 주지보재이다.
   ② Shotcrete, Rock Bolt, Steel Rib 등을 보조수단으로 한다.
   ③ 연약지반에서 극경암까지 적용이 가능하다.
   ④ 재래 공법에 비해 지반 변형이 적다.
   ⑤ 계측을 통한 시공의 안정성이 보장된다.
   ⑥ 경제적인 터널 구축이 가능하다.

3. TBM(Tunnel Boring Machine)

(1) 정의
   ① Hard Rock Tunnel Boring Machine에 의한 암석터널 굴착공법이다.

② 재래의 발파공법에 비해 주변 지반의 진동, 이완을 최소화하고 굴진속도가 빠른 장점이 있다.

(2) 특징
① 작업속도가 빠르다.
② 소음과 진동이 적다.
③ 지보공이 절약된다.
④ 원형 단면이므로 구조적으로 안정된다.
⑤ 초기 투자비가 크다.
⑥ 지반 변화에 대한 적용범위가 한정된다.
⑦ 기계의 조작에 전문인력이 필요하다.

4. Shield 공법

(1) 정의
① Shield라고 불리는 강제 원통 굴착기를 지중에 밀어넣고 그 내부에서 토사의 붕괴, 유동을 방지하면서 안전하게 굴착작업 및 복공작업을 하여 터널을 구축하는 공법이다.
② 개착공법을 대신할 수 있는 도시 터널의 시공수단으로서 지하철, 상하수도, 전기통신시설 등에 널리 이용되고 있다.

(2) 특징
① 안전하고 확실한 공법이다.
② 시공관리 및 품질관리가 용이하다.
③ 지하 매설물의 이동과 방호가 불필요하다.
④ 광범위한 지반에 적용된다.
⑤ 토피가 얕은 터널의 시공이 곤란하다.
⑥ 시공에 수반되는 침하가 발생된다.
⑦ 급곡선부 시공이 어렵다.

5. 개착식 공법(Open Cut Method)

(1) 지상에서 큰 도랑을 구축하여 그 속에 터널 본체를 구축하고 그것이 완성된 후 매몰하여 원상태로 복구하는 공법이다.
(2) 평탄한 지형에 얕은 터널을 구축할 때 시공성, 경제성, 안전성 면에서 유리한 공법으로서 도시 터널(지하철)에 많이 채용된다.

6. 침매 공법(Immersed Method)

(1) 해저 또는 지하수면하에 터널을 굴착하는 공법이다.
(2) Trench 굴착하여 기초를 설치한 후, 지상에서 제작하여 이것을 물에 띄워 부설현장까지 운반한 후, 소정위치에 침하시켜 기설부분과 연결한 후 되메우기한 다음 속의 물을 배제하여 터널을 구축하는 방법이다.

7. 잠함 공법(Caisson Method)

(1) 지상에서 양마구리를 밀폐시킨 소요단면의 토막터널을 만들어 견인선으로 끌어 소정위치에 침하시킨다.
(2) 터널 바닥과 연결된 Shaft를 통하여 압축공기를 보내 터널 및 끝날 부분의 물을 배제시킨 다음 수저를 굴착하여 내려가는 공법이다.

8. Pipe Roof 공법(Pipe Messer 공법)

(1) Tunnel 굴착에 앞서 굴착단면의 외주를 따라 Pipe(주로 강관)를 삽입하여 Tunnel 형상에 맞춘 Roof를 형성한다.
(2) 터널 굴착과 함께 이 Roof를 지보공으로 하여 안전하게 터널을 굴착하는 방법이다.

V. 침매 공법(Immersed Method)

1. 정의

① 해저 또는 지하수면하에 터널을 굴착하는 공법이다.
② Trench 굴착하여 기초를 설치한 후, 지상에서 제작하여 이것을 물에 띄워 부설현장까지 운반한 후, 소정위치에 침하시켜 기설부분과 연결한 후 되메우기한 다음 속의 물을 배제하여 터널을 구축하는 방법이다.

2. 특징

① 단면 형상이 자유롭고, 큰 단면이 가능하다.
② 수심이 얕은 곳에 침설하면 터널 연장이 짧게 된다.
③ 다소 깊은 곳의 시공도 가능하다.
④ 연약지반 위에서도 시공할 수 있다.
⑤ 육상에서 제작되므로 품질이 균일하고, 공기가 단축된다.
⑥ 기상, 해류 등 해상조건의 영향을 많이 받는다.
⑦ 수저에 암초가 있을 경우는 트렌치가 곤란하다.

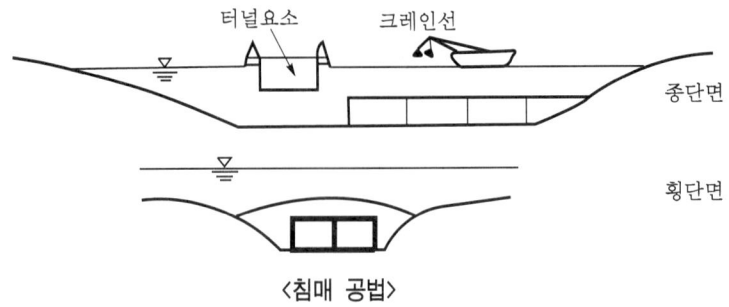

〈침매 공법〉

3. 기초공의 조성

(1) 모래분사(Sand Jetting) 공법
① 터널 하부와 준설면 사이에 모래를 분사하여 채우는 공법
② 굵은 모래를 사용할 것
③ 임시로 지지할 가기초 필요

(2) 모래 낙하(Sand Flow) 공법
① 터널 함체 제작시 하부·Slab에 분사 노즐 설치
② 함체 설치 후 모래와 물의 혼합물을 주입하여 모래를 채우는 공법

(3) 골재 포설(Screeded Gravel) 공법
① 모래 대신 골재를 채우는 공법
② 입도가 양호한 골재 사용
③ 터널의 함체보다 1m 정도 넓게 포설할 것

4. 침매함의 침설방법

(1) 고정발판(ESP)을 이용하는 방법
① 침매상자를 띄운 상태로 예항하여 침설위치의 작업대 밑으로 끌어들여, 전후 2개소에 측량탑을 설치하여 주행 Crane 그대로 지지한다.
② 상자 위에 쇄석 Pocket에 전체 부력보다 무거운 침강하중용 쇄석을 더하여 침설시킨다.
③ 위치를 수정하고 상자끝 연결기로 기설상자에 끌어당겨 수압접합을 한다.

(2) Pontoon을 이용하는 방법
① 대형 침매상자에 채용되는 방법으로 4개의 Pontoon(수면에 작업대가 나와 있는 Float)에서 침매상자를 직접 매달아 침설한다.

② 이때 상자체 수평방향의 동요를 막기 위해 별도로 해저앵커로부터 상자체에 수평 Wire를 설치하고, 이 Wire는 전후의 측량 Tower 위에 설치된 위치로 수평방향 조절한다.
③ Pontoon에 매단 상태로 직접 침매상자를 움직일 수 있다.
④ Pontoon은 침강 하중을 매다는 것만이 주요 목적이기 때문에 파랑에 대해 물에 잠기는 배 밑부분이 되므로, 매우 간단한 구조로 해결되는 것이 특징이다.

(3) 쌍동선 형식의 침설용 작업선(플레잉바지)을 이용하는 방법
① 침설작업 전용바지를 사용하는 것으로 침매상자 내림용 Girder(전후 2기)에 연결된 2쌍의 대선에 끌어들인 상태에서 침설위치까지 예항한다.
② 침설작업은 침설위치에서의 계류와이어 걸기가 완료된 후 육상 측량 시스템의 유도에 따라 침설작업선은 자동조선으로 수직갱 끝에서 20m까지 접근한다.
③ 침설 준비공으로서 고무 개스킷, 예항, 방호재 철거, 수중 3차원 장치 설치, 해수비중 침설하중 타설, 기초면 주입재 스토퍼 설치 등을 하고나서 침설작업의 각 스탭으로 옮긴다.
④ 착상 후 끌어당김 잭을 조작하여 수압접합 실시한다.

(4) 물밑 앵커를 이용하는 방법
말뚝기초의 말뚝머리부 받침목을 물밑 앵커로서 이용하고 이 앵커에 Wire를 설치하여 침매상자를 끌어 내리는 방법이나, 네덜란드에서 사용되었지만 일반적인 방법은 아니다.

(5) Floating Crane을 이용하는 방법
① 침설지점에 예항한 침매상자를 Crane선으로 지지한 상태로 침설하중을 가해 침설한 것으로, Crane선이 매다는 능력범위에 있으면 사용이 가능한 공법이다.
② 침매상자가 긴 경우에는 Crane선 2쌍의 매달기로 할 필요가 있다.
③ 플레이싱 바지에 비해 넓은 수역이 필요하다.

(6) Float를 이용하는 방법
① 부력이나 무거운 침매상자에 Float(늠)를 장치해 부상시키고 Float 내의 주수량을 조정하면서 침설하는 특수한 방법이다.
② 부력의 조정이 미묘하여 어렵고 Float의 설치와 철거작업에 많은 시간을 필요로 하는 문제가 생기고 있다.
③ 그러나 침매상자가 대규모화된 경우에는 메리트도 많아지기 때문에 앞으로 최신의 기술을 이용해 연구할 필요가 있다.

5. 접합방법

(1) 가접합
  ① 구체를 침설한 직후에 구체를 임시로 접합하는 것
  ② 가접합방법
    ㉠ 수중 콘크리트에 의한 방법(Tremie 공법)
    ㉡ 고무 개스킷에 의한 방법(배수 Joint 공법)

(2) 본접합
  ① 되메우기를 완료하고 자연침하가 안정된 후 본접합을 시공
  ② 본접합방식
    ㉠ 강접합방식 : 이음부 내벽에 철근 콘크리트를 타설하는 방법
    ㉡ 유접합방식 : 특수 고안된 고무판에 의한 방법

Ⅵ. 굴착기계의 종류 및 특징

1. TBM

재래의 천공 및 발파를 반복하는 시공과는 달리 무진동, 무발파로 굴착하는 전단면 터널 굴착기계

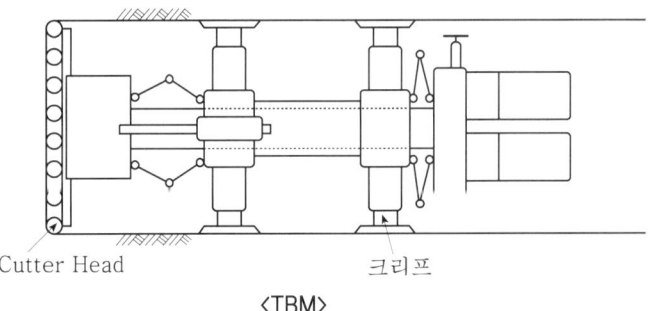

〈TBM〉

(1) 특징
  ① 작업속도가 빠르다.
  ② 여굴이 적으며, 지보공이 절약된다.
  ③ 소음과 진동이 적다.
  ④ 원형 단면으로서 구조적이고 안정적이다.
  ⑤ 무발파에 의해 안정성이 높다.
  ⑥ 굴착 단면의 형상에 제한을 받는다.
  ⑦ 초기 투자비가 크다.

(2) 적용성
 ① 압축강도 500~1,000kg/cm^{2}의 연암, 경암에 적용
 ② 암반의 변화가 큰 지반, 단층·파쇄대 등 용수가 많은 지반에는 적용 곤란

2. Shield

Shield라고 불리는 강제 원통 굴착기를 지중에 밀어넣고 그 내부에서 토사의 붕괴, 유동을 방지하면서 안전하게 굴착하는 기계이다.

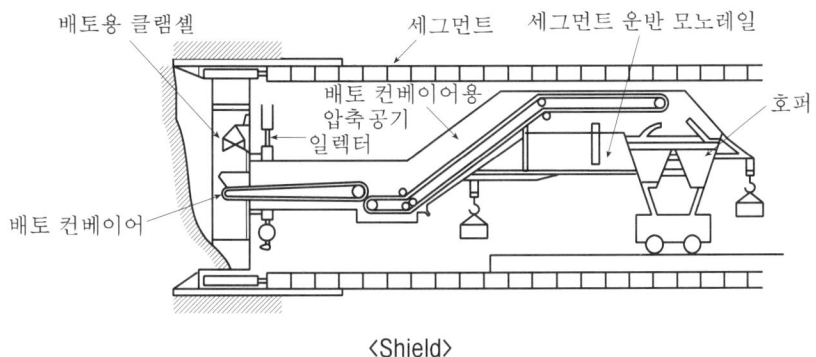

〈Shield〉

(1) 특징
 ① 안전하고 확실한 공법이다.
 ② 시공관리 및 품질관리가 용이하다.
 ③ 환경보존 대책상 우수하다.
 ④ 심부의 터널 시공이 가능하다.
 ⑤ 지하매설물의 이동과 방호가 불필요하다.
 ⑥ 시공에 수반되는 침하가 발생된다.
 ⑦ 급곡선부 시공이 어렵다.
 ⑧ 압기공법 사용시 작업상의 제약, 산소결핍 대책이 필요하다.

(2) 적용성
 ① 광범위한 지반에 적용이 가능하다.
 ② 토피가 얕은 터널의 시공이 곤란하다.

3. Jumbo Drill

재래식 공법(ASSM)에 사용되는 전단면 굴착기계

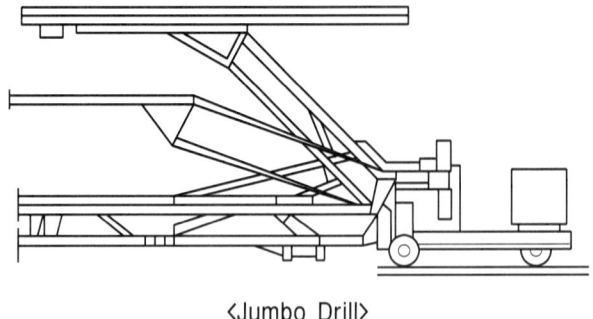

<Jumbo Drill>

(1) 특징
　① 기계화 시공에 의한 공정관리가 용이하다.
　② 지질 변동에 따른 적응성이 낮다.
　③ 시공 도중의 공법 변경이 곤란하다.

(2) 적용성
　① 토압이 거의 작용하지 않는 경암에 적용한다.
　② 토질 불량시 작업효율이 저하된다.

4. Boom 굴착기

Boom을 이동시키면서 선단의 회전드럼에 의해 부분 굴착하는 기계로서 막장 단면에 주로 채용된다.

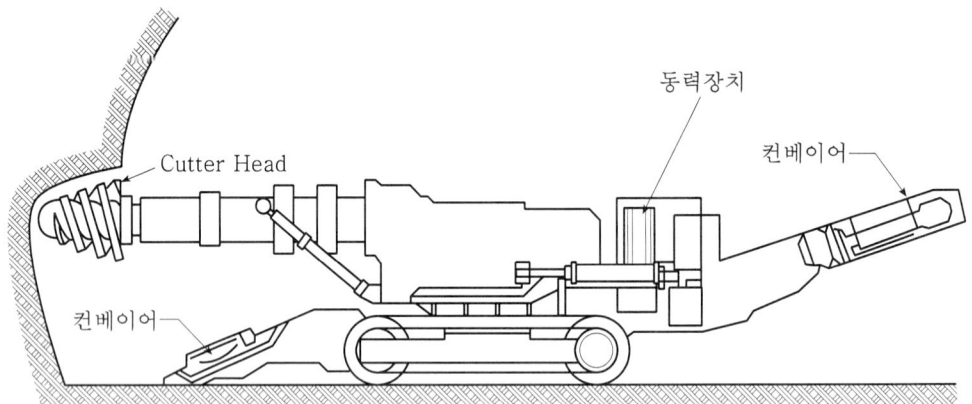

(1) 특징
　① 임의 단면의 굴착이 가능하다.
　② 여굴이 생기기 쉽다.
　③ 막장의 자립성이 떨어진다.

④ 용수가 많은 지반에서는 시공성이 저하된다.
⑤ 기계 중량에 의한 동바리공의 변형이 발생한다.

(2) 적용성
① 압축강도 100kg/cm^{2}의 연암에 적용한다.
② 40m^{2}까지의 막장 단면에 채용한다.

Ⅶ. 결 론

(1) 터널 공법은 용도, 단면의 형상 및 크기, 토질, 시공법 등에 의해서 여러 가지로 분류될 수 있다.
(2) 공법의 선정시에는 지상구조물에 대한 영향, 막장과 굴착면의 안정, 지반 내 응력의 분포상태 등이 충분히 고려되어야 한다.

1-7 피암 터널   [09후, 10점]

I. 정 의

(1) 피암 터널은 현장여건상 위해요소를 제거하기 어려울 때 콘크리트, 강재 등으로 터널 형태의 보호시설을 설치하는 것이다.

(2) 비탈면이 급경사여서 도로, 택지, 철도 등의 이격부에 여유가 없거나 혹은 낙석의 규모가 커서 낙석 방지 울타리, 낙석 방지 옹벽 등으로는 안전을 기대하기 어려운 경우에 설치한다.

II. 피암 터널의 형식

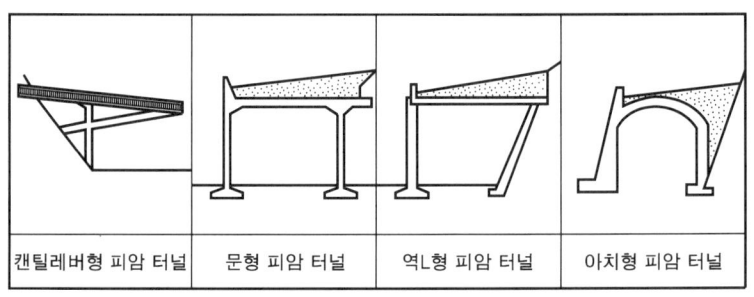

III. 피암 터널의 설치장소

(1) 이격부 여유가 없는 곳

피암 터널은 철근 콘크리트 혹은 강재에 의해 낙석이 도로면에 직접 낙하하는 것을 막는 공법으로, 비탈면이 급경사여서 도로, 택지, 철도 등의 이격부에 여유가 없는 곳

(2) 낙석부의 규모가 큰 곳

낙석의 규모가 커서 낙석 방지 울타리, 낙석 방지 옹벽 등으로는 안전을 기대하기 어려운 경우

1-8 도로교(길이 10m 말뚝기초) 교각기초 하부의 10m 지점을 통과하는 지하철 건설계획을 수립하시오. [98전, 30점]

1-9 기존 철도 또는 고속도로 하부를 통과하는 지하차도를 시공하고자 한다. 상부 차량통행에 지장을 주지 않고 안전하게 시공할 수 있는 공법의 종류를 열거하고, 그 중 귀하가 생각할 때 가장 경제적이고 합리적인 공법을 선정하여 기술하시오. [06전, 25점]

1-10 하천변 열차운행이 빈번한 철도 하부를 통과하는 지하차도를 건설하고자 한다. 열차 운행에 지장을 주지 않는 경제적인 굴착공법을 설명하시오. [01후, 25점]

1-11 차량이 통행하고 있는 하수 Box(3.0m×3.0m×4련) 하부를 횡방향으로 신설 지하철이 통과할 경우 가장 경제적인 굴착공법에 대하여 기술하시오. [99중, 30점]

1-12 프런트잭킹(Front Jacking) 공법 [09중, 10점]

Ⅰ. 개 요

(1) 지하철 건설공사는 특수한 환경의 도심지를 통과하는 굴착공법으로 시공된다.
(2) 교각 기초 하부를 통과하게 되는 굴착공사에는 많은 위험이 내포되어 있어 적절한 보강공법을 선정해서 시공하여야 한다.

Ⅱ. 지하철 건설계획

1. 사전조사

(1) 지반조건 조사
(2) 상부교량 조사
(3) 지하수
(4) 지질, 지형
(5) 인근구조물 조사
(6) 토피 두께
(7) 안전 계획

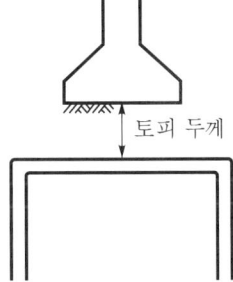

2. 교각 기초 보강계획

(1) Underpining의 적용 이유

이미 완성된 구조물 기초부분을 신설, 개축, 보강할 수 있는 공법으로 이것을 채택한다.

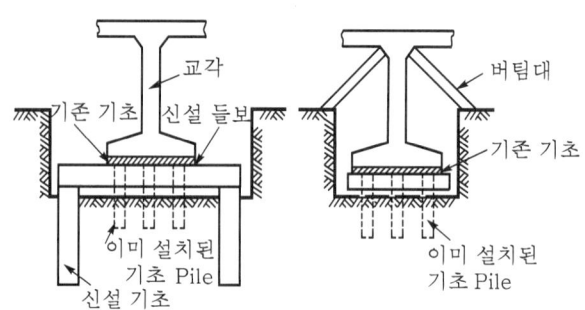

<Underpining>

① 신설 기초 설치 : 교각의 기초 Pile을 그대로 두고 근접하는 위치에 신설 기초를 만든다.
② 들보 설치 : 기존 교각 기초 Footing의 하부를 굴착하여 신설 기초와 연결하는 들보를 설치한다.
③ 계측관리 : 침하계, 경사계, 변위계 등의 계측기기를 이용하여 상부하중이 신설 기초에 전달되는지 여부를 판정한다.

(2) 상부공 보강

기초 하부 Underpining에 이어 상부구조물의 전도 및 침하에 대한 보강으로 버팀대를 설치한다.

(3) Grouting

① 기초 하부 Underpining 기초와는 별도의 기존 기초와 지반이 일체화될 수 있게 한다.
② 시멘트, 물유리, 고분자계 등을 이용한 약액 주입으로 지반을 고결시킨다.
③ 지반조사를 통하여 얻은 자료를 기초로 하여 가장 적합한 재료를 선정한다.

3. 터널 굴진공법(안전한 공법의 종류)

(1) Pipe Roof 공법
(2) Front Jacking 공법
(3) TRM(Tubular Root Construction Method) 공법

4. 지하수 대책

   (1) Deep Well
   (2) Well Point
   (3) 수발공(물빼기 시추)
   (4) 수발갱(물빼기 갱도)
   (5) 약액 주입

5. 계측관리

   (1) A 계측(일상 계측)
      ① 천단침하
      ② 갱내 관찰
      ③ 지표면 침하
      ④ Rock Bolt 인발 측정
      ⑤ 내공 변위

   (2) B 계측(대표 계측)
      ① 록볼트 응력 측정
      ② 지중 변위 측정
      ③ 숏크리트 응력 측정
      ④ 지중침하 측정
      ⑤ 지중 수평 변위 측정
      ⑥ 지하수위 측정
      ⑦ 간극수압 측정

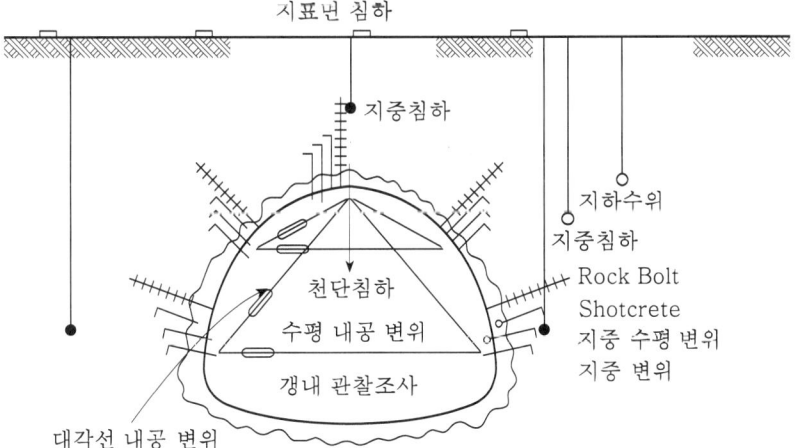

6. 안전계획

    (1) 조명 관리
    (2) 이상 지압
    (3) 구조물 관찰
    (4) 갱내 환기

7. 품질관리계획

    (1) 록볼트 설치
    (2) 숏크리트 타설
    (3) 방수상태
    (4) 복공 Con'c 타설

8. Feed Back

추후 공사자료를 위하여 공법, 계측자료 등을 Feed Back하여 둔다.

Ⅲ. 경제적인 굴착공법(안전한 공법의 종류)

1. Pipe Roof 공법

  (1) 정의
    ① 철도 하부를 통과하는 지하구조물을 만들 때 지반 굴착에 앞서 굴착 단면 외주를 따라 300~400mm의 강관 파이프를 Roof 형태로 삽입하여 상부구조물을 보호하고 굴착하여 나가는 공법이다.
    ② 압입된 강관과 강관은 연결고리를 이용하여 서로 강결하게 연결되고 주위에는 변위 발생을 최대한 억제시키기 위하여 보강 그라우팅을 실시한다.

  (2) 특징
    ① 지표면 침하 억제
    ② 임의의 단면형상에 적응
    ③ 연약지반에서 암반까지 모든 지반에 적용
    ④ 수평 또는 수직, 경사 시공 가능
    ⑤ 사용 강관은 84~1,200mm까지 사용 가능

(3) 배치 형상
    ① 부채꼴 배치
    ② 반원형 배치
    ③ 문형 배치
    ④ 일자형 배치

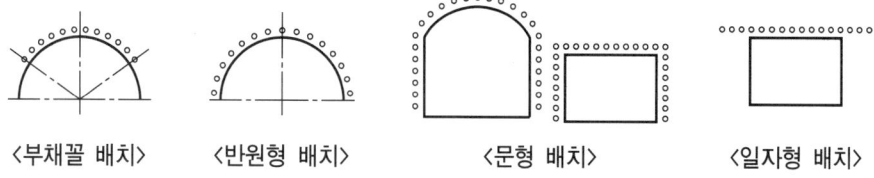

    〈부채꼴 배치〉   〈반원형 배치〉   〈문형 배치〉   〈일자형 배치〉

(4) 시공순서
    ① 지반 보강
        ㉠ 근접구조물 보강
        ㉡ 지반 고결
        ㉢ 지하수 처리
    ② 기계 설치
        ㉠ 천공기계 설치
        ㉡ 주입기계, 공기 압축기, 유압장치
        ㉢ 비계 설치 및 안전설비
    ③ 천공작업
        ㉠ 계측관리 실시
        ㉡ 돌발사고에 대한 대책 수립
        ㉢ 붕괴성 지반 천공시 보강 후 작업
    ④ 강관 압입
        ㉠ 오거 또는 인력 굴착으로 관내부 굴착
        ㉡ 유압 시스템 이용으로 강관 압입
        ㉢ 강관 압입시 무리한 충격 금지
    ⑤ 그라우팅 실시
        ㉠ 강관 압입 후 강관 주위 Grouting 실시
        ㉡ 지반 교란부위 및 지하수 발생부위 약액 주입
        ㉢ 지반 변위 억제
    ⑥ 지반 굴착
        ㉠ 강관을 보강된 하부 지반 굴착

　　　　㉡ 단계적 굴착 및 구조물 축조
　㉆ 라이닝 시공
　　　　㉠ 철근 Con'c 구조물 시공
　　　　㉡ 뒤채움 Grouting

(5) 시공 도해
　① Boring식

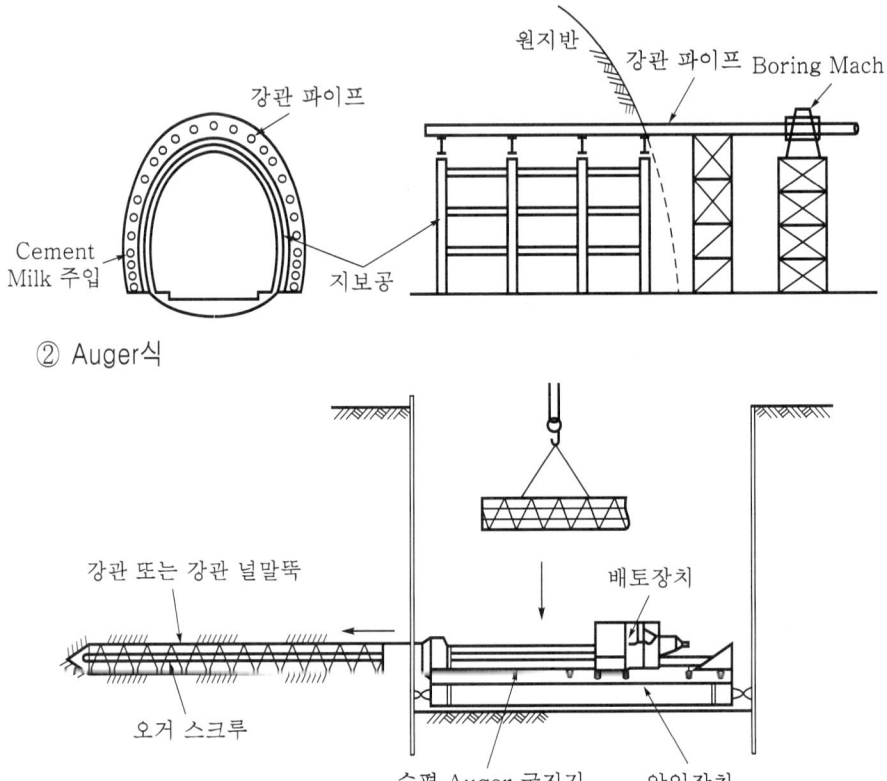

　② Auger식

2. Front Jacking 공법

(1) 정의
　① 프런트 잭킹(Front Jacking) 공법은 운행중인 철도나 도로의 하부 또는 하천, 이설 불가능한 구조물 아래의 지하도, 공동구, 수로 등을 구축하는 경우 철도, 도로 교통, 하천 등에 영향을 주지 않고 통상의 운행을 확보하면서 입체 교차 공사를 시공하는 공법이다.
　② 콘크리트 함체를 제작한 후 유압식 잭을 사용해서 함체를 선로 하부의 소정 위치에 밀어넣는 특수한 공법으로 함체의 견인방법에 따라 상호 견인, 분할 견인, 편측 견인 등이 프런트 잭킹 공법의 대표적인 방법이라 할 수 있다.

(2) 프런트 잭킹(Front Jacking) 공법의 시공도

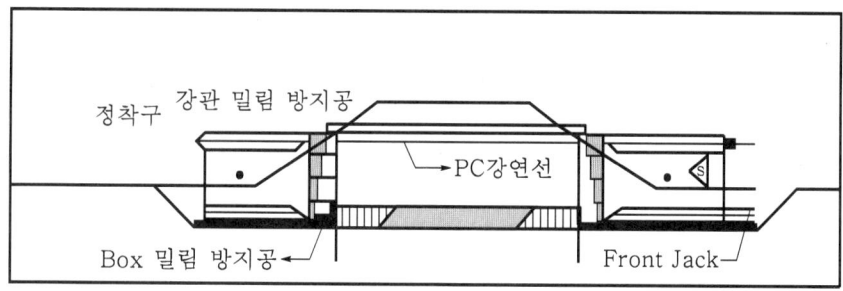

〈상호 견인 공법〉

(3) 프런트 잭킹(Front Jacking) 공법의 특징

장 점	단 점
① 열차운행에 지장을 주지 않음 ② 준공후 유지보수 비용이 저렴 ③ 별도의 장소에서 구조물을 시공하므로 시공성이 뛰어나며 방수처리 용이 ④ 시공의 안정성 ⑤ 품질관리 용이	① 공사비 고가 ② 선로 외부에서 Box 제작하므로 작업공간이 많이 소요 ③ Box 견인으로 인한 발진기기 및 견인설비 필요

3. TRM(Tubular Root Construction Method) 공법

(1) 정의
① 작업구에서 강관을 유압 Jack으로 압입한 후 강관내부 굴착 및 철근배근 후 콘크리트를 타설하여 상부슬래브를 완성시키고 콘크리트 패널 및 Strut를 이용하여 지중수직벽을 설치한 후 터널 내부를 굴착하여 구조물을 완성시키는 공법이다.
② 시가지에서 지상구조물과 차량통행에 영향을 주지 않고 노면의 침하를 방지하면서 지하에 구조물을 축조하는 공법이다.

(2) 특징
① 선도관 조정장치에 의해 선형 조정, 선형에 관계없이 시공가능
② 외부조건에 관계없이 시공되므로 공기단축됨
③ 지반거동의 극소화로 인접구조물에 미치는 영향이 최소화되는 공법으로 시공성 및 안정성이 우수

(3) 시공순서

① 수평갤러리 설치

② 갤러리에서 수평관을 압입하고 관내 굴착을 한다.

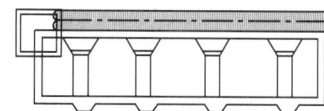

③ 관의 막장과 갤러리에서 수직으로 트렌치를 설치한다.

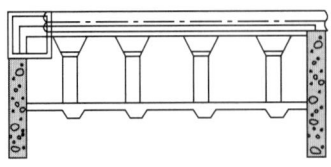

④ 트렌치와 수평관 갤러리에서 콘크리트를 타설하여 구조체를 형성한다.

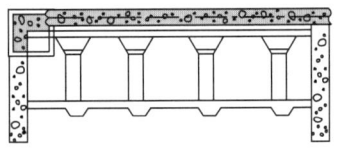

⑤ 수평관에 의해 형성된 루프구조 밑에서 굴착을 한다.

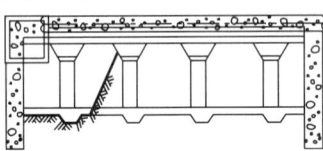

⑥ 구조물의 기둥, 기초 등을 형성한다.

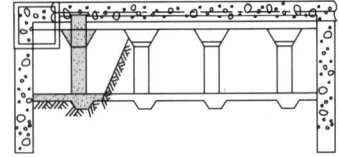

(4) 적용
  ① 지하상가
  ② 지하철
  ③ 지하철역사
  ④ 통신구

(5) 개착공법과의 장단점 비교

구 분	TRM 공법	개착식 공법
개 요	• 강관을 압입하고 보를 형성한 후 측벽과 연결 • 구조물 내부에서 굴착 축조하는 공법 • 벨기에 스메트사 개말	• H-pile 항타 후 노면을 개방 • 흙막이와 병행시공하는 공법 • 재래식 공법
장 점	• 차량통행 및 보행에 지장이 없음 • 소음, 진동이 없음 • 시공이 간단하고 안전	• 공사비 저렴 • 공사경험 풍부 • 지장물 무관
단 점	• 외국장비 및 기술자문 필요 • 작업공간 협소, 구조물 이음불가, 지장물 존재시 시공 곤란	• 교통 및 보행에 지장 초래 • 소음 및 진동 발생
적용토질	• 토사 및 풍화암	• 모든 토질에 적용

Ⅳ. 결 론

터널 굴진시 상부에 구조물이나 도로 및 철도 등의 시설물이 존재할 경우에는 구조물(시설물)의 보강과 터널 시공의 안정성이 확보되는 건설계획을 수립하여야 한다.

1-13 기존 지하철노선 하부를 관통하는 신설 터널공사를 계획시, 기존노선과 신설 터널 사이의 지반이 풍화잔적토이며 두께가 약 10m일 때, 신설 터널공사를 위한 시공대책에 대하여 설명하시오. [09전, 25점]

1-14 기존 터널구간에 인접하여 신규 터널공사를 시공할 경우 발생할 수 있는 문제점과 그 대책에 대하여 설명하시오. [05중, 25점]

1-15 기존 터널에 근접되는 구조물의 시공시 기존터널에 예상되는 문제점과 대책을 설명하시오. [09중, 25점]

1-16 대도시 도심부 지하를 관통하는 고심도 지하도로 시공중 도시 시설물 안전에 미치는 영향요인을 열거하고 시공시 유의사항을 설명하시오. [08후, 25점]

Ⅰ. 개 요

기존 터널과 인접하여 신설터널을 시공할 경우에는 기존 터널의 안정성 확보가 우선적으로 고려되어야 하므로 안정성에 영향을 미치는 요인들에 대한 검토와 대책이 마련되어야 한다.

Ⅱ. 도시 시설물 안전에 영향을 미치는 요인

(1) 지반 침하
    ① 지하수의 무분별한 배수
    ② 흙막이 변형
    ③ Heaving 또는 Boiling 발생

(2) 지하수 고갈
    ① 굴착면에서 배수에 따른 수위 저하
    ② 인근 지하수의 고갈

(3) 지반 균열
    ① 대형 차량의 운행에 따른 과도한 진행하중으로 균열 발생
    ② 흙막이 공사의 미비로 인한 균열 발생

(4) 진동 발생
    ① 대형굴삭기 사용으로 인한 진동 발생
    ② 토공사시 굴삭기, 덤프 트럭 등의 대형 장비 운행

(5) 근접 구조물의 변위
    ① 지하수 변동에 따른 지반 변위
    ② 근접 구조물의 균열, 경사 등의 변위 발생
    ③ 근접 구조물의 침하 및 전도 등의 변위 발생

(6) 지중 구조물 파손
   ① 지중에 매설된 상하수도관 파손
   ② 통신 케이블 및 동력선 파손

Ⅲ. 문제점(시공시 유의사항)

(1) 주변 지반응력의 이완
   기존 터널에 병행하여 터널 건설시는 편압이 발생하여 상부 지반이 느슨해지므로 응력의 이완이 발생한다.

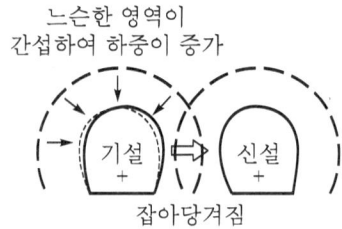

(2) Arching 효과 저하
   ① 터널의 상부에서 구조물 축조시는 원지형의 변형으로 인하여 공동이 발생할 수 있다.
   ② 그 공동으로 인해 측압을 상부로 밀어 올리는 식으로 변형이 발생하여 Arching 효과가 저감된다.

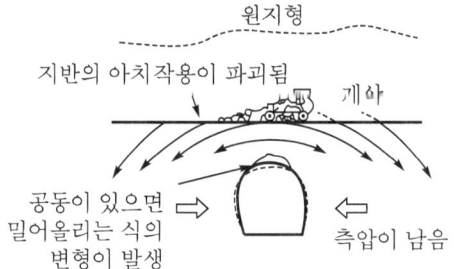

(3) 기존 터널의 침하
   터널 하부에 신설구조물의 축조시는 터널 하부 지반의 침하로 터널의 부동침하가 발생하여 원통형 균열이 발생한다.

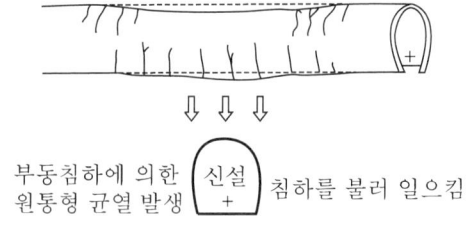

(4) 복공 작용하중 증가

터널 상부에 신설구조물 축조를 위한 성토작업이 이루어지므로 상재하중의 증가로 복공에 작용하는 상재하중이 증가한다.

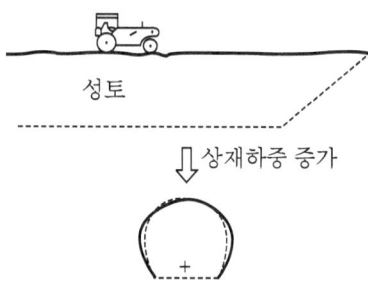

(5) 편압작용

① 터널 측벽의 굴착에 의해 측방으로 작용하는 측압의 발생으로 터널구조물의 파손이나 균열이 발생한다.
② 터널의 응력구조는 좌우대칭을 이루나 주변의 굴착으로 인하여 응력이 한쪽으로 치우치게 작용하여 측방으로 변형이 온다.

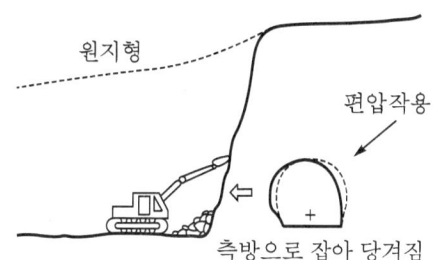

(6) 라이닝 파손

터널 주변에서 발파나 진동에 의해 균열이 발생하거나 라이닝의 파손이 일어난다.

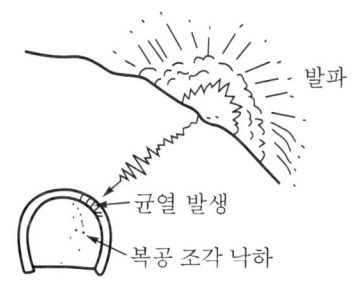

Ⅳ. 대 책

(1) 압성토

터널 단면에서 편압이 작용하는 반대편에 토사를 성토하여 편압에 저항하기 위한 공법이다.

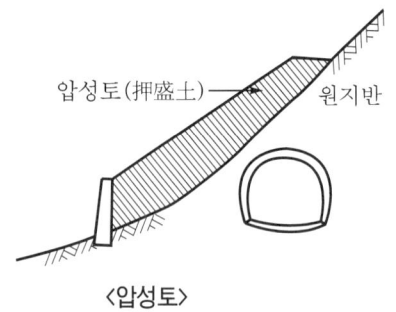
〈압성토〉

(2) 지반 보강

인접 지역에 구조물 축조시 지반이 불량한 지역이나 측벽 또는 천단부에 Grouting을 주입하여 소요의 강도를 확보하여야 한다.

(3) 보강 콘크리트

터널의 한측면이 외부에 노출되는 터널 노선이 형성될 때 보강 콘크리트를 타설하고 성토하여 편압에 저항하기 위한 것이다.

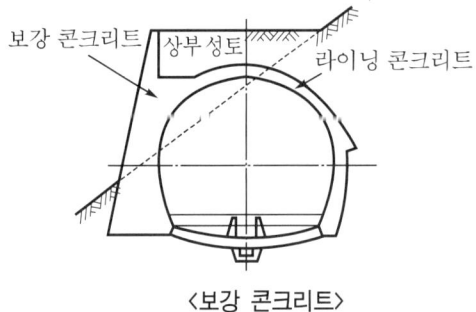
〈보강 콘크리트〉

(4) Soil Nailing 공법
 ① 지반 보강의 한 방법으로 Soil Nailing 공법을 적용한다.
 ② 원지형의 파괴로 느슨한 지반을 보강한다.

(5) 배면 뒤채움

갱문이나 구조물 배면에 공극이 발생하면 즉시 양질의 뒤채움 재료 또는 시멘트풀을 이용하여 조밀한 뒤채움을 하여 배면의 공극을 채운다.

(6) Rock Anchor

배면에 토압이 크게 작용할 때 갱문의 배면으로 Rock Anchor를 설치하여 갱문의 전도를 방지한다.

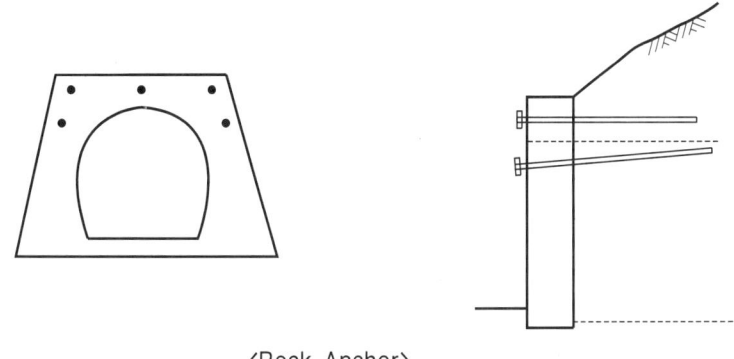

<Rock Anchor>

V. 결 론

기존 터널에 근접하여 다른 구조물을 시공할 경우에는 기존 터널의 보강과 터널 내부의 안정성을 고려하여야 하며, 세밀한 계획 아래 신규 구조물의 공사가 추진되어야 한다.

1-17 T/L(Tunnel)의 수직갱에 대하여 기술하시오. [05후, 25점]

Ⅰ. 개 요

(1) 국내에 건설되고 있는 장대 터널은 특성상 환기와 방재 및 공기 단축의 문제가 수반되므로, 이를 해결하기 위하여 수직갱의 필요성이 대두되고 있다.
(2) 터널에서 수직갱을 이용한 환기방식이 도입된 이후 수직갱에 대한 수요가 점차적으로 증가되고 있는 상황이다.

Ⅱ. 수직갱의 용도

(1) 환기용
(2) 방재용
(3) 작업용

Ⅲ. 수직갱의 설계

(1) 위치 선정
  ① 시공성과 경제성 및 유지관리면에서 수직갱의 높이가 낮은 곳이 유리
  ② 환기용은 터널의 환기소와 접속될 것
  ③ 환기용 수직갱은 오염된 공기가 지속적으로 배출되므로 민원 및 주변환경 고려

(2) 단면 결정
  ① 환기용은 소요환기량 및 갱 내의 허용풍속을 고려하여 단면 결정
  ② 작업용은 소요운반량을 처리하기 위한 버킷이 충분히 승강할 수 있는 단면
  ③ 일반적인 작업용 수직갱의 최소 내경은 6m 정도
  ④ 수직갱의 형상은 토압을 고려하여 원형이 좋음

(3) 지보공
  ① 지질, 단면 형상, 크기, 심도, 시공방법 및 복공의 타설시기 등에 따라 결정
  ② 수평터널과 같이 Shot Crete나 Rock Bolt를 사용
  ③ 필요시 강지보공 병용

· 터널공사 **6-33**

(4) 복공
　① 복공에 작용하는 토압 및 수압을 고려하여 복공 두께 결정
　② 일반적으로 복공 설계시 고려하는 경우
　　㉠ A구간 : 토사-풍화암층(연직하중, 수평토압 및 수압작용)
　　㉡ B구간 : 연암층(수평토압 및 수압작용)
　　㉢ C구간 : 경암층(1차 지보재가 외력 지지)
　　㉣ D구간 : 경암층(지하 환기소와 연결)

(5) 방수 및 배수공
　① 복공와 Shot Crete면 사이에 방수 Sheet와 부직포 설치
　② 수직갱 주위에 Ring 모양의 유공관과 수직관으로 본선 배수로에 연결하여 배수

Ⅳ. 수직갱의 시공

(1) 굴착

구 분	전단면 하향굴착공법 (Down Method)		도갱확장공법 (Up and Down Method)	
	Short Step 공법	NATM 공법	RBM 공법	RC 공법
시공방법	1step을 지질에 따라 1.2~3.0m로 굴착한 후 즉시 그 부분에 복공을 행하는 방법이다.	지반에 따라 1굴진장을 1.2~3.0m로 굴착한 후 Shotcrete와 Rock Bolt로 굴착면을 보강하는 방법이다.	지상에서 유도공 천공 후 Reamer를 부착하여 상향굴착을 하고 발파굴착으로 하향 확공하는 방법이다.	지하에 Raise Climber에 의한 상향굴착 후 발파굴착으로 하향 확공하는 방법이다.
특 징	버력을 지상으로 운반 처리	버력을 지상으로 운반 처리	버력을 낙하시켜 기굴착한 본선을 통해 반출	버력을 낙하시켜 기굴착한 본선을 통해 반출
	본선터널과 병행해서 수직갱 시공 가능	본선터널과 병행해서 수직갱 시공 가능	본선터널 굴착 후 수직갱 시공 가능	본선터널 굴착 후 수직갱 시공 가능
	지반이 불량한 경우를 제외하고는 지보공이 필요 없음	지반변화에 대처가 용이하고 주변암반의 이완을 줄이고 암반자체를 지보재로 이용	RBM 설치를 위한 진입로 필요	지상 접근로가 없어도 시공가능
	굴착과 복공이 단시간에 행해지므로 토압에 대하여 안전하고 작업능률이 좋다.	수직갱 굴착을 완료한 후 복공에 시공한다.	기계에 의한 연속작업으로 시공이 빠르고 안전	도갱 굴착시 낙석의 위험성 상존
	1cycle 중에 복공을 하므로 Batch Plant 필요	Batch Plant가 불필요하므로 가설비가 비교적 간단하다.	도갱굴착시 지반상태를 파악하여 확공 굴착시 대처가능	도갱굴착시 지반상태를 파악하여 확공 굴착시 대처가능

(2) 복공
    ① Short Step 공법 적용시에는 2~3m의 슬라이드폼을 사용하여 매 굴착시마다 복공 실시
    ② 그 외 공법에는 수직갱 굴착 완료 후에 Slip Form 등을 사용하여 복공 실시

(3) 용수 처리
    ① 용수가 많은 경우에는 차수재 주입 등의 보조공법으로 용수량 감소
    ② 굴진중의 용수는 막장에 설치한 웅덩이로 집수하여 배수

(4) 운반설비
    ① 수직갱의 운반설비에는 Cage 방식과 Skip 방식이 있다.
    ② Cage 방식은 버력과 인원 및 자재 등을 1개의 Cage로 함께 운반하는 방식이다.
    ③ Skip 방식은 2개의 Cage로 버력과 인원 및 자재를 별도로 운행하는 방식이다.
    ④ 일반적으로 안전을 고려하여 Skip 방식이 주요 사용된다.

V. 수직갱과 사갱의 특성 비교

구 분	수직갱	사 갱
준비기간	길다	짧다
구배	90°	7~14°
연장	짧다	길다
운반시간	짧다	길다
버력 반출능력	단속적으로 작다	벨트 컨베이어 이용시 크다
작업성	굴착과 복공 연속작업 가능	굴착과 복공 작업의 병행이 가능하나 능률 저하
출수의 영향	크다	작다
안전관리	중요	약간 중요

VI. 결 론

수직갱은 환기 및 방재 계획과 더불어 터널에서 중요한 요소이며, 공사비 및 유지관리비에 큰 영향을 미치므로 터널의 전체적인 계획과 연관하여 설계 및 시공하여야 한다.

2-1	NATM 터널의 원리와 안전관리 방법에 대해 설명하시오.	[96후, 25점]
2-2	NATM(New Austrian Tunnelling Method)의 특성과 적용한계를 설명하시오.	[97중전, 50점]
2-3	NATM의 굴착공법에 대하여 설명하시오.	[01전, 25점]
2-4	NATM 터널의 굴착시공 관리계획을 수립하시오.	[98후, 40점]
2-5	균열이 발달된 보통 정도의 암반으로 중간에 2개소의 단층과 대수층이 예상되는 산간지역에 종단구배가 3.5%이고, 연장이 600m인 2차선 일반 국도용 터널이 계획되어 있다. 본공사에 대한 시공계획을 수립하시오.	[06중, 25점]
2-6	NATM 터널 굴착시 세부작업순서에 대하여 기술하시오.	[99중, 30점]
2-7	터널 굴진시 Cycle 작업의 종류	[94후, 10점]
2-8	NATM 공법으로 터널작업을 하고자 한다. Cycle Time에 관련된 세부작업을 나열하고, 설명하시오.	[00중, 25점]
2-9	암반 반응곡선	[01중, 10점]
2-10	터널 지반의 현지응력(Field Stress)	[06중, 10점]

I. 개 요

(1) NATM 공법은 원지반의 본래 강도를 유지시켜서 지반 자체를 주지보재로 이용하는 원리로서 지반 변화에의 적응성이 좋고, 적용단면의 범위가 넓어 일반적 조건하에서는 경제성이 우수한 공법이다.

(2) 최근 막장의 안정과 지반의 변위 등을 계측하고 제어하는 기술의 발전으로 도시 내의 지하철 터널과 철도 및 도로 터널 등에 광범위하게 적용되고 있다.

II. NATM 터널의 원리 및 특성

(1) 응력-변형 특성
  ① 응력 증가에 의한 변형 증가(O-D)
  ② 최대응력 A에 달할 때까지 탄성 변형
  ③ 내력은 잃지 않고 변형만 증가(A-B)
  ④ 전단응력은 변하지 않고 변형만 증가(B-C)

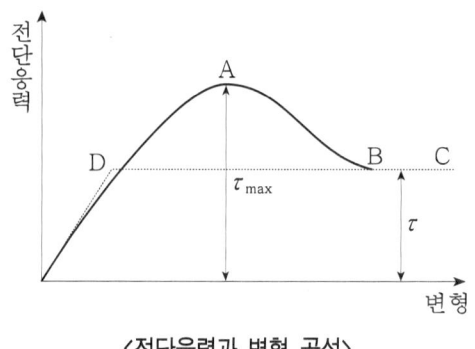

<전단응력과 변형 곡선>

(2) 지보공
　① 지반 자체를 주지보공으로 이용
　② 보조지보의 허용변위 내에서 지반과 지보재의 평형 유지

(3) 구조 해석
　① 터널 굴착에서 응력-변형 관계의 탄성영역에서 지보공 설치
　② 암반의 전단강도 증대 및 지보로서의 역할
　③ 주위 암반은 하중요소 및 지지요소로 작용

(4) 원지반의 이완 억제
　① 굴착면을 원형으로 유지하여 응력집중 방지
　② 굴착 후 가능한 한 빨리 Shotcrete 타설

(5) 터널의 자립성 유지
　① 원지반의 지지력 및 안정성 활용
　② 지반의 거동을 최소화

(6) 암반의 평형 유지
　① Shotcrete에 의한 응력의 재분배
　② Rock Bolt의 삽입에 의한 이완 방지 및 암반 Arch 형성

(7) 적용범위
　① 연약지반에서 극경암까지 적용 가능
　② 도시 내 지하철 터널, 철도 및 도로 터널 등에 광범위하게 적용

(8) 안전성
　① 계측에 의한 지반 거동 파악으로 사전대책이 신속하다.
　② 지반침하가 없다.

(9) 시공성
① 대형장비를 사용 가능하다.
② 여굴량이 적다.
③ 단면 변화의 적응성이 쉽다.
④ 막장의 안전성이 좋다.

(10) 경제성
① 내구성, 보수비 측면에서 유리하다.
② Lining 두께, 지보공 규모가 작다.
③ 계측결과에 따라 시공하므로 경제적이다.

Ⅲ. 암반 반응곡선(터널 지반의 현지응력)

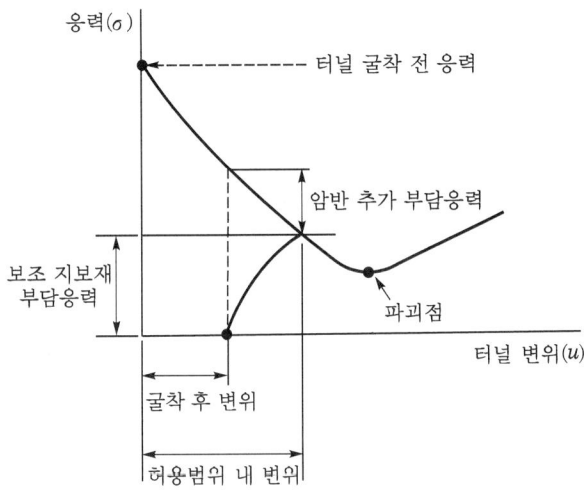

〈암반 반응곡선〉

(1) 굴착 후
터널을 굴착하면 암반응력은 감소하고, 굴착면은 터널 안으로 팽창 변위가 발생한다.

(2) 보조지보재 설치
① 터널 내부로 발생된 변위를 억제하기 위하여 빠른 시간 내에 보조지보재인 록볼트와 숏크리트를 설치한다.
② 이때 암반의 지보능력을 최대한 이용하기 위하여 보조지보재가 부담할 일부 응력을 암반이 추가로 부담한다.

(3) 최적 보조지보재(보조지보재 부담응력)

보조지보재 부담응력 = 필요한 지보응력 - 암반 추가 부담응력

Ⅳ. NATM 굴착공법(시공계획, 관리계획)

(1) 시공순서 Flow Chart

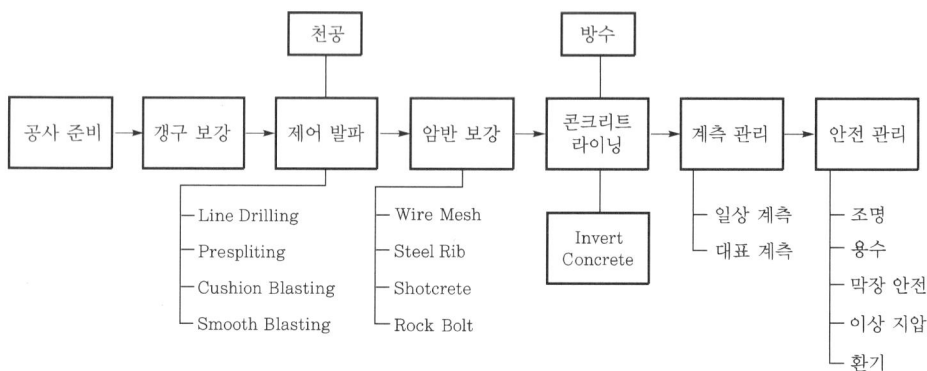

(2) 세부작업순서(Cycle Time 작업)

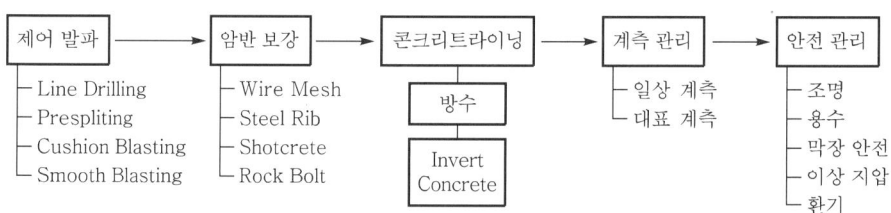

Ⅴ. 발파

1. 천공

(1) 미리 정해진 천공 배치에 따라 위치, 방향, 깊이를 결정한다.

(2) 천공 중 용수, 가스 분출, 지질 변화에 주의한다.

(3) 불발폭약에 주의하여야 하며, 먼저번 발파 후에 남은 구멍 끝은 절대로 천공해서는 안 된다.

2. 제어 발파

(1) Line Drilling 공법

① 굴착계획선에 따라 무장약(無裝藥)의 공열을 설치하여 이것을 인공적인 파괴 단면으로 함으로써 공열선보다 응력, 진동, 균열이 깊게 전해지지 않게 하는 공법이다.

② 공경은 7.5cm로 하고, 공경의 2~4배 간격으로 천공한다.
③ 경암의 굴착에 유리하다.
④ 고성능의 천공기와 고도의 천공 기술이 필요하다.
⑤ 천공비가 많이 든다.

(2) Presplitting 공법
① 주변 구멍을 최초에 발파하여 파괴 단면을 형성하고, 그 후 나머지 부분을 발파하는 공법이다.
② 공경은 5~10cm, 천공간격은 30~60cm로 한다.
③ 천공깊이는 10m가 한도이다.

(3) Cushion Blasting 공법
① 굴착계획선에 따라 일렬로 천공하여 분산 장약하고, 주굴착 완료 후 폭파하는 공법이다.
② 천공간격은 90~200cm로 한다.
③ 폭약은 굴착측에 가까이 장전하고, 공간은 마른모래, 점토 등으로 충전한다.
④ Line Drilling보다 천공비가 적게 든다.

(4) Smooth Blasting
① 주변 구멍을 평행하게 접근시켜 배치하고, 구멍 지름보다 아주 작은 폭약을 사용하여 발파하는 공법이다.
② 공경은 4~5cm, 천공간격은 60cm 정도로 한다.
③ 발파 에너지의 작용방향을 제어함으로써 원지반의 손상을 억제하고, 평활한 굴착면을 얻을 수 있다.

VI. 암반 보강

1. Wire Mesh(철망)

(1) 기능
① Shotcrete 전단 보강
② Shotcrete 부착력 증진
③ Shotcrete 경화시까지 강도 및 자립성 유지
④ 시공이음부 보강, 균열 방지

(2) 시공관리
① 지보재에 의해 흔들리지 않게 고정
② 원지반 또는 Shotcrete면에 밀착
③ 종·횡방향의 겹이음 확보

2. Steel Rib(강재 지보공)

(1) 기능
① 지반의 붕락 방지
② Fore Poling 등의 반력 지보
③ Shotcrete 경화 전 지보
④ 갱구부 보강
⑤ 터널 형상 유지

(2) 시공관리
① 형상 및 치수 확보
② 변형 여부 확인
③ 시공 정밀도(소정위치, 수직도, 높이)
④ 밀착(원지반 또는 Shotcrete면에 밀착 여부)
⑤ 이음 및 연결상태(이음볼트 및 연결재 시공 상황)

3. Shotcrete

(1) 기능
① 지반 이완 방지
② 콘크리트 아치 형성으로 지반하중 분담
③ 응력의 국부적 집중 방지
④ 암괴 이동, 낙반 방지
⑤ 굴착면의 붕괴 방지

(2) 시공관리
① 타설 전 타설면 청소, 용수 처리, 배합점검
② 기계위치는 타설지점에서 30m 이내
③ 1회 타설두께는 5~7.5cm씩 나누어 타설한다.
④ 타설은 강재 지보공 기초 → 막장면쪽 강재 지보공 → 다른쪽 강재 지보공 → 중앙부분 순서로 한다.

⑤ 배면 공극을 줄이기 위해 여굴량이 최소가 되도록 하고, 철망을 굴착면에 밀착시키고 타설순서를 지켜야 한다.
⑥ 공기압은 분진 발생을 억제하기 위해 $1~1.5kg/cm^2$로 한다.
⑦ 타설거리는 1m 정도일 때 Rebound량이 최소가 된다.
⑧ 타설각도는 90°로 한다.
⑨ 시공간격은 1시간 이내로 한다.
⑩ 타설 후에는 Rebound된 Shotcrete를 즉시 제거한다.

4. Rock Bolt

(1) 기능
① 이완된 암반을 지반에 고정
② 터널 주변의 지반과 일체화시켜 내화력이 높은 아치 형성
③ 붕락 방지 및 터널 벽면의 안정성 유지

(2) 시공관리
① 소정의 위치에 정확한 간격, 길이, 구경으로 천공
② 소정의 정착력이 얻어지도록 시공
③ Rock Bolt 길이는 3~5m가 보통

Ⅶ. Lining Concrete 시공관리

(1) 물
Lining Concrete의 품질에 영향을 끼치는 물질을 유해량 이상 함유하지 않아야 한다.

(2) 시멘트
주로 보통 포틀랜드 시멘트를 사용하나 수축균열을 방지할 목적으로 고로 시멘트나 중용열 포틀랜드 시멘트를 쓰기도 한다.

(3) 골재
Lining에 쓰이는 콘크리트용 골재는 양질의 것으로 특히, 내구성이 우수한 것을 사용해야 한다.

(4) 혼화재료
Fly Ash, 유동화제 등을 사용하여 콘크리트의 품질을 개선하여야 한다.

(5) 배합
여굴에도 다 채워질 수 있는 Workability를 가질 수 있도록 배합을 정해야 한다.

(6) 운반
재료의 분리, 손실, 이물질의 혼입이 생기지 않는 방법으로 운반해야 한다.

(7) 타설
재료 분리가 생기지 않도록 구석구석까지 채워지도록 하고, 한 구획의 콘크리트는 연속해서 타설해야 한다.

(8) 용수 처리
용수가 있을 경우에는 콘크리트의 품질을 저하시키지 않도록 적당한 조치를 하여야 한다.

Ⅷ. 계측관리

(1) 일반 계측(A 계측)
① 천단침하 측정
② 지표면침하 측정
③ 내공 변위 측정
④ 갱내 관찰조사
⑤ Rock Bolt 인발시험

(2) 대표 계측(B 계측)
① Rock Bolt 축력 측정
② Shotcrete 응력 측정
③ 지중 수평 변위 측정
④ 지중 변위 측정
⑤ 지중 침하 측정
⑥ 지하수위 측정
⑦ 간극수압 측정

Ⅸ. 안전관리

1. 조명

(1) 문제점
　① 배기가스 발생에 의한 가시성 저하
　② 벽에 둘러싼 공간에서의 불안감
　③ 입구부, 출구부에 있어서 터널 내외의 밝음의 경계

(2) 조명방식
　① 작업이 안전하고 능률적으로 되는데 충분한 조도 확보
　② 명암의 대비가 현저하지 않고 또 눈부시지 않게
　③ 조명기구는 내구성을 고려함과 동시에 보수점검이 용이하게 할 것
　④ 예비전원과 비상전원의 배치 및 휴대용 조명기구 등의 준비

2. 용수

(1) 문제점
　① 막장의 붕괴
　② Shotcrete 부착 불량
　③ Rock Bolt의 정착 불량

(2) 대책공법
　① 수발 Boring 공법
　② 수발갱
　③ Well Point
　④ Deep Well
　⑤ 압기공법과 수발 Boring의 병용
　⑥ 주입공법

3. 막장 안정

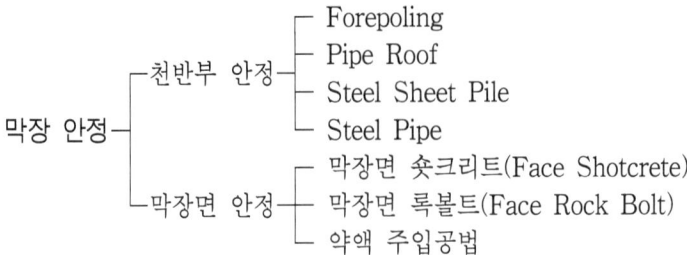

4. 이상 지압

(1) 문제점
  ① 암의 탈락, 붕괴
  ② 지보공의 변형
  ③ Arching Effect 감소
  ④ 단면 축소

(2) 대책
  ① 압성토 공법
  ② 보호 절취

5. 환기

(1) 문제점
  ① 천공, 발파에 의한 유해가스 발생
  ② 작업환경 악화
  ③ 내연기관의 배기 및 매연
  ④ 사고 발생의 원인

(2) 환기방식
  ① 자연환기
  ② 강제환기 : 송기식, 배기식, 혼합식

X. NATM의 적용한계

1. 전단면 공법

(1) 소단면에서 이반적 시공법
(2) 양호한 지반에서는 중단면 이상도 가능

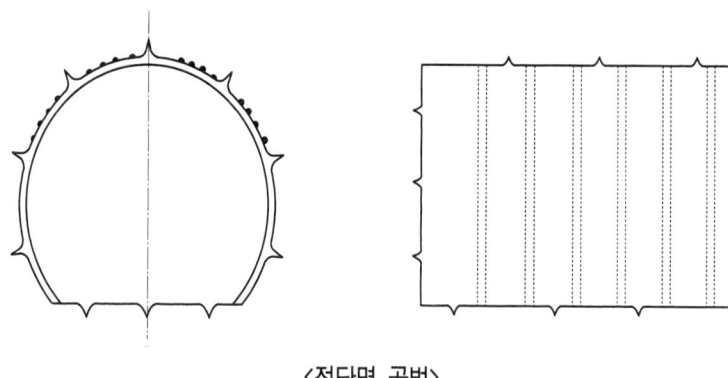

〈전단면 공법〉

2. Bench Cut 공법

(1) 긴 Invert 공법
  ① 중단면 이상에서 Bench의 크기를 크게 할 필요가 있을 때
  ② 풍화암 또는 그 이하의 지반상태

(2) Multi Bench Cut 공법
  중단면 이상에서 막장의 자립성이 극히 불량한 경우

(3) Mini Bench Cut 공법
  ① 연약한 지반에서 중소단면 정도
  ② Bench 길이는 10m 이내 또는 터널 직경의 2배 이내

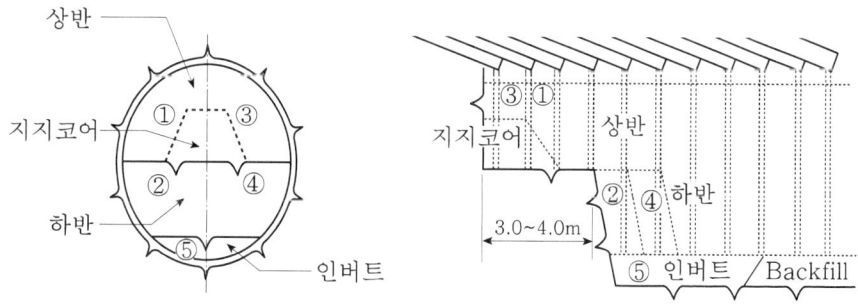

〈Bench Cut 공법〉

(4) Shot Bench Cut 공법
① 보통 지반에서 중단면 이상의 일반적 시공법
② 10m < L < 50m

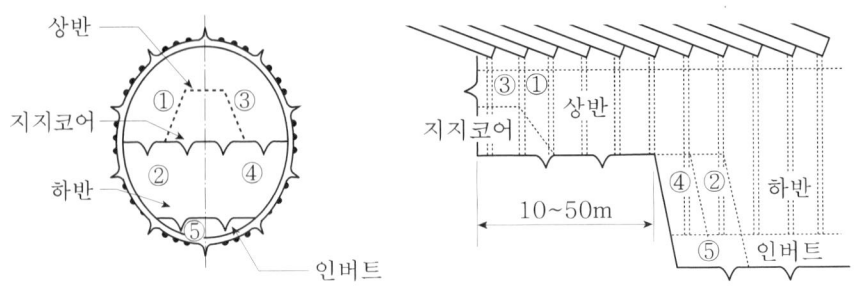

(5) Long Bench Cut 공법
① 비교적 양호한 지반에서 중단면 이상의 일반적 시공법
② Bench 길이 L > 50m

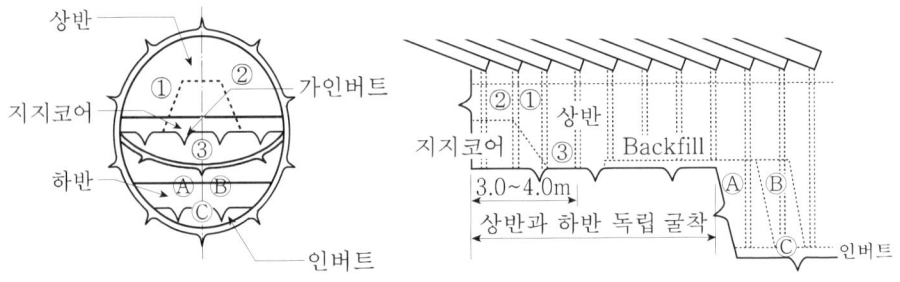

〈Long Bench Cut 공법〉

(6) 단면 크기별 내공경
① 소단면 : 내공경 3.0m 내외
② 중단면 : 내공경 5.0m 내외
③ 대단면 : 내공경 8.0m 내외

XI. 결 론

(1) NATM 터널에 있어서는 본 바닥 거동의 파악, Shotcrete와 Rock Bolt의 지보효과 파악 및 안정상태의 확인을 적절하게 시행하는 데 큰 의미가 있다.
(2) 사전에 계측의 목적, 터널의 용도, 원지반 조건, 주변 환경, 시공방법 등을 충분히 고려한 체계적인 계측계획을 수립하여야 한다.

2-11 NATM 터널공사에서 공정 단계별 장비 계획을 수립하시오. [05중, 25점]

Ⅰ. 개 요

NATM 터널공사에서 공정 단계별 장비계획은 굴착계획에 따른 굴착방법과 1회 굴진장 및 지보공의 종류에 따라 적정 장비를 선정 및 운영하여야 한다.

Ⅱ. 굴착방식

(1) 인력 굴착
① 래그해머, 셔블 등의 기구를 써서 인력으로 굴착하는 방식
② 불안정하고 연약한 원지반에 적용

(2) 발파 굴착
① 산악터널에서의 가장 일반적인 굴착방식
② 거의 모든 지질조건에 적용

(3) 기계 굴착
① 기계를 써서 원지반을 절삭 또는 압쇄하는 방식
② 안정된 연약한 원지반에서 보통암의 원지반까지 적용

Ⅲ. 공정 단계별 장비 계획

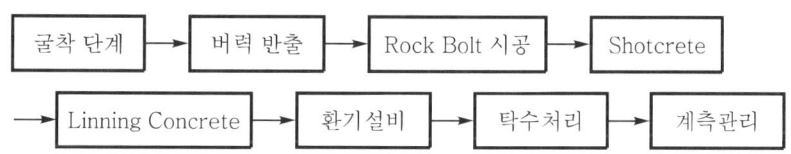

(1) 굴착 단계
① 상향 굴착 : Stopper
② 하향 굴착 : Sinker
③ 수평 굴착 : Drifter
④ 기타 : Jumbo Drill, Wagon Drill, Crawler Drill

(2) 버력 반출
　　① Rail식 운반장비
　　② 수평 운반 : Dump Truck, Pay Loader
　　③ 수직 운반 : Clamshell, Hoist

(3) Rock Bolt 시공
　　① Rock Bolt 전용장비
　　② Jumbo Drill, Crawler Drill
　　③ Air Auger, 유압 Auger

(4) Shotcrete
　　① 콘크리트 Shooter 장비
　　② Booster Pump
　　③ Mixer, Compressor 등

(5) Linning Concrete
　　① 생산 : Batch Plant
　　② 운반 : Con'c Mixer Truck
　　③ 타설 : Con'c Pump Car

(6) 환기설비
　　① 송기식 Fan 설비
　　② 배기식 Fan 설비
　　③ 혼합식 Fan 설비

(7) 탁수처리
　　① 오탁수 처리설비 System
　　② 수중 Pump

(8) 계측관리
　　① 지중변위 측정기
　　② 지중침하 측정기
　　③ 첨단침하 측정기
　　④ 복공응력 측정기
　　⑤ 내공변위 측정기

Ⅳ. 굴착장비 선정시 고려사항

   (1) 터널의 지질, 지형
   (2) 시공 연장
   (3) 단면의 크기, 형상
   (4) 굴착공법
   (5) 환경조건

Ⅴ. 결 론

터널공사시 사용되는 장비의 기능과 장·단점을 사전에 파악하여 시공시 장비의 효율을 높임과 동시에 원가 절감 및 공기 단축이 되도록 계획하여야 한다.

2-12 산간지역에 연장 20km 2차선 쌍설 터널을 시공하고자 한다. 원가, 품질, 공정, 안전에 관한 중요한 내용을 기술하시오. [01중, 25점]

I. 개 요

(1) 산악지역 터널공법은 원지반 자체를 주지보재로 이용하는 NATM 공법과 TBM 공법을 들 수 있으며 지반 변화에 따른 적응성이 좋고 적용 단면의 범위가 크고 경제성이 우수한 터널 굴착공법을 선정하는 것이 중요하다.
(2) 터널 굴착시공은 사전조사와 전체 공정에 대한 시공계획을 수립하여 체계화된 시공관리를 해야 하며 공정 단계별로 안전에 대한 대비책도 세워야 한다.

II. NATM 공법의 특징

(1) 연약지반에서 극경암까지 적용
(2) 계측을 통한 시공의 안정성 보장
(3) 지반 자체를 주지보재로 이용
(4) 단면 변화에도 즉각적인 대처
(5) 경제적인 터널 구축

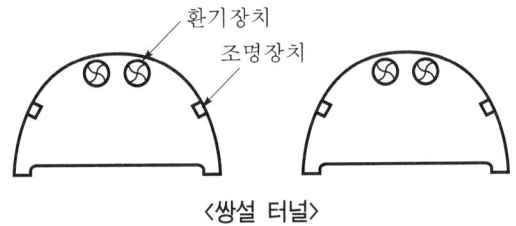

〈쌍설 터널〉

III. 원가, 품질, 공정, 안전에 관한 중요한 내용

(1) 사전조사
  ① 설계도서 검토
  ② 입지조건
  ③ 지반조사
  ④ 관계법규

(2) 천공계획
  ① 드리프트, 왜건드릴, 점보드릴
  ② 암반에 따른 천공경, 깊이, 간격 결정
  ③ 작업시 용수, 가스, 지질 변화 등에 특히 유의
  ④ 불발공 및 남은 구멍에 재천공 금지

(3) 발파계획
   ① 심빼기 발파공법 선정
   ② 사용 폭약 및 뇌관 선정
   ③ 발파 책임관리자 선임
   ④ 주발파 공법 선정
   ⑤ 발파시 안전관리
   ⑥ 부석 처리

(4) 암반 보강계획
   ① Wire Mesh 설치
   ② Steel Rib
   ③ Shotcrete
   ④ Rock Bolt

(5) 버력 처리계획
   ① 갱외 반출기계
   ② 버력 크기
   ③ 성토 재료로서의 유용 여부
   ④ 환경에 미치는 영향 고려
   ⑤ 사토계획
   ⑥ 운반거리, 교통 규제, 안정성 등 고려

(6) 용수 처리계획
   ① 차수 공법
   ② 배수 공법

(7) 갱내 환기계획
   ① 급기식
   ② 배기식
   ③ 혼합형식

(8) 조명 설비계획
   ① 적정조도 유지
   ② 누전방지 시스템
   ③ 조명기구의 내구성
   ④ 내외의 조도차 적게

(9) 방수계획
　　① Sheet 방수
　　② 배수관 처리
　　③ 액체방수

(10) Lining Con'c 계획
　　① Travelling Form
　　② 거푸집 이동, 해체방법
　　③ 수밀한 거푸집관리
　　④ 점검구 설치
　　⑤ Con'c 타설방법
　　⑥ Con'c 양생
　　⑦ Lining 뒤채움

(11) 계측관리
　　① 일상 계측
　　② 대표 계측

(12) 안전관리계획
　　① 전 종사자 안전교육 실시
　　② 작업원 안전보호구 착용
　　③ 방진마스크 전원 착용
　　④ 정기 건강진단 실시
　　⑤ 막장 출입통제
　　⑥ 계측자료 활용

(13) 공정계획
　　① 공사비, 공사기간에 따른 공정계획
　　② 각 공종별 공정표 작성
　　③ Cycle 작업의 공정계획 수립

(14) 품질관리
　　① 터널공사 품질은 안전과 직결
　　② 각 분야별 품질관리
　　③ 시험 및 검사의 조직적인 관리

(15) 원가관리
　　① 일일 공사비 산정
　　② 공사비와 작업기간 비교

(16) 건설공해
　　① 무소음 무진동 공법 채택
　　② 폐기물의 합법적인 처리와 재활용 대책

(17) 노무관리
　　① 인력 배당계획에 의한 적정인원 산정
　　② 현장여건에 맞는 합리적인 노무관리

(18) 가설공사관리
　　① 가설, 동력, 용수관리
　　② 수송장비, 운반로, 수송방법 및 시기 파악

Ⅳ. 결 론

(1) 터널공사는 타공사에 비해 많은 위험이 따르는 공사로서 합리적인 공사진행을 위해 공사관리계획 수립이 절실히 필요하다.
(2) 사전조사를 통하여 지형, 지질, 지하수, 입지조건 등을 충분히 검토하여 터널 굴착공사 착공 전에 전 공정에 대한 시공관리계획을 세우는 것이 중요하다.

> **2-13** 터널 갱구부의 위치 선정, 갱문 종류 및 시공시 주의사항에 대하여 설명하시오.
> [08전, 25점]
>
> **2-14** 터널 갱구부 시공시 예상되는 문제점을 열거하고, 그 대책공법에 대하여 기술하시오.
> [98중후, 30점]

I. 개 요

(1) 터널의 갱구부는 터널 본체와 다른 환경에 있기 때문에 변상이 생기기 쉬운 조건에 있다고 할 수 있다.
(2) 철근 콘크리트, Shotcrete 등을 이용하여 갱구부에 있어서의 변상 요인을 사전에 조치하여 사고 발생을 방지해야 한다.

II. 역 할

(1) 지표수 차단
(2) 갱입구 사면 보호
(3) 지반 이완 방지
(4) 이상응력 대응

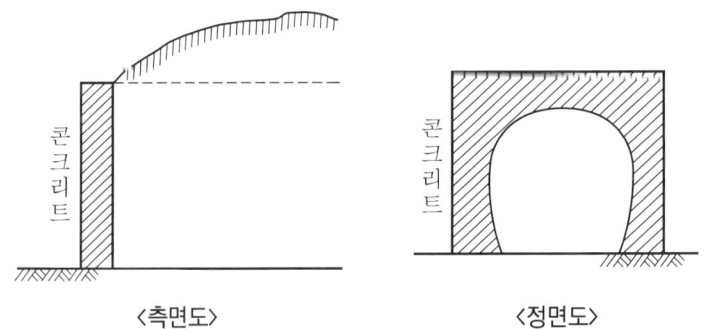

〈측면도〉　〈정면도〉

III. 갱구부 위치 선정

(1) 자연사면에 직교
  ① 안정된 지반으로 지형조건이 좋은 위치에 선정
  ② 토지 이용현황, 토피 등을 감안하여 시공성을 우선하여 결정
  ③ 편압 및 사면활동의 영향이 없는 안정된 지반의 자연사면에 직교되도록 선정

(2) 사면활동이 없는 양질의 지반
   ① 갱구 부근은 경사면에 접하고 토피가 작기 때문에 불안정하므로 갱구의 위치는 사면의 최대 경사각과 직교하거나 그에 가까운 곳 선정
   ② 사면활동이 없는 안전한 양질의 지반에 갱구 설치

(3) 지하수 유출이 적은 곳
   ① 갱구부는 사면활동이 없고 절리 발달이 적은 지역을 선정
   ② 지하수의 유출이 적고 사면의 토질도 파악하여 설치

(4) 우수 유입이 없는 곳
   ① 터널은 원칙적으로 우수의 유입을 억제함
   ② 갱구부 위치 선정시 우수 유입이 없고 지하수의 용출이 없는 지역 선정

(5) 안정된 지반
   지형 조건이 좋은 안정된 지반을 선정

Ⅳ. 갱문의 종류

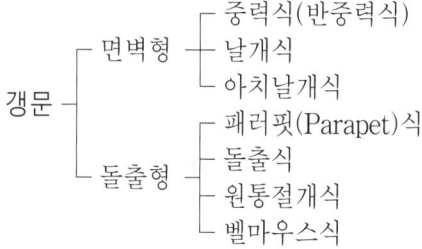

구 분		지반조건	시공성	경관(사례)
면벽형	중력식	• 비교적 경사가 급한 지형이나 토류 옹벽적 구조를 필요로 하는 경우 • 배면 배수처리가 용이하고 낙석이 많다고 예상되는 경우	• 지반이 불량한 경우 절토 비탈면을 충분히 보호	• 중량감이 있어 주행상의 압박감이 일부 느껴짐 • 국내 대다수 터널 적용
	날개식	• 양측면을 전토할 경우 • 배면 토압을 전면적으로 받는 경우 • 적설량이 많은 경우에는 빙설공을 병용	• 지반이 불량할 경우 질토 비탈면을 충분히 보호 • 배근이 많아 시공시간이 많이 소요	• 정변부의 실감처리를 통하여 경관미를 고려함
	아치날개식	• 비교적 지형이 완만한 경우 • 좌우 측면의 절토가 비교적 적은 경우	• 지형에 따라 아치부 두께가 커지기도 함 • 보호성토가 필요함	• 아치부의 곡선효과를 통하여 주행시 중압감 감소

구 분		지반조건	시공성	경관(사례)
돌출형	패러핏식	• 지형적으로 완만한 곳이나 좌우에 다른 구조물이 적은 경우 • 갱구 주변 지질이 비교적 안정된 경우	• 터널 본체공 갱구부로 연결해야 함	• 주행시 위압감이 적고 주변 지형과의 조화 양호 • 영동 고속도로 진부 1터널
	돌출식	• 압성토를 시공한 경우로 갱구 주변지반이 불량한 경우 • 적설지역에도 가능 • 갱구 주변 지형의 절취 등 성형이 가능한 경우	• 지형·지질이 안정된 경우에는 가장 경제적이지만, 압성토를 할 경우 두께가 두꺼워짐	• 주행시 위압감이 적고 주변 지형과의 조화 양호
	원통절개식	• 갱문 주변이 완경사인 경우 • 주변 지형을 조경할 필요가 있는 경우 • 적설지는 피하도록 함	• 거푸집 및 배근에 시간이 많이 들고 경비도 많이 든다.	• 주행시 위압감이 적고 주변 지형과 조화되므로 면벽식 다음으로 적용사례가 많은 형식 • 중앙고속도로 치악 3터널 등
	벨마우스식	• 갱구 주변이 개활지이며 터널 형상을 강조하고자 할 경우 • 적설지는 피하도록 함	• 특수 거푸집이 필요하고 공기가 길며 경비가 많이 소요	• 주행시 위압감이 적고 주변 지형과 조화 양호 • 영동고속도로 영동 1터널

V. 예상되는 문제점

(1) 지표수 유입

갱문작업으로 느슨해진 배면토사에 지표수가 유입될 때 갱문침하, 전도 등의 문제 발생

(2) 침하

기초지반의 지지력 부족, 지반 처리 불량 등으로 발생되는 갱문의 침하

(3) 편토압 작용

갱문 측면에서 과도한 측압작용으로 갱문의 변형, 균열, 이탈 등의 사고 발생

(4) 갱구활동

갱문 설치, 지반 전체가 활동하게 되는 문제 야기

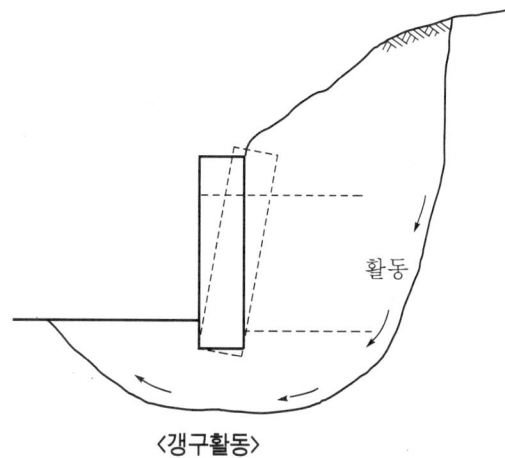

〈갱구활동〉

(5) 부등침하

갱문 기초 지내력 부족으로 갱문이 부등침하를 일으키면 안전사고 발생의 주된 요인이 된다.

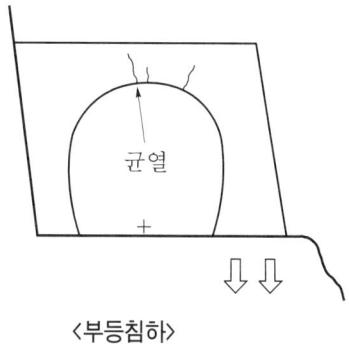

〈부등침하〉

(6) 갱문의 전도

갱문 배면에서 작용하는 주동토압작용으로 갱문 전체가 앞으로 넘어지는 현상이다.

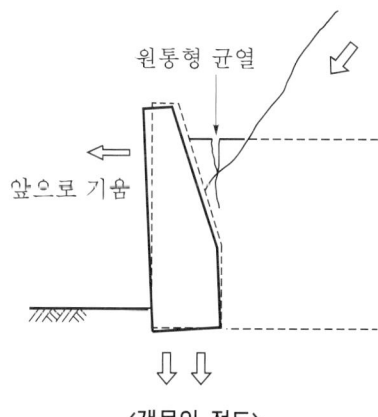

〈갱문의 전도〉

(7) 갱구 사면 붕괴

갱문 상부의 토사가 진동, 충격, 하부 절취 등으로 Sliding 또는 붕괴로 이어지는 사면 붕괴형태

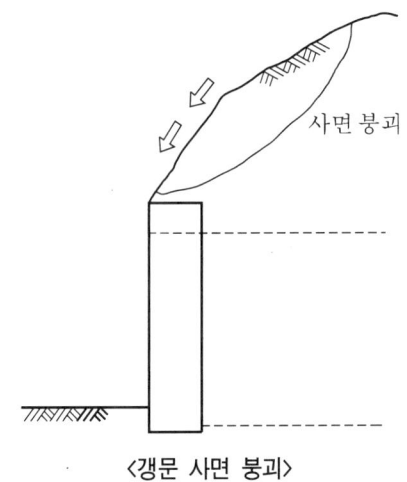

〈갱문 사면 붕괴〉

Ⅵ. 시공시 유의사항(대책공법)

(1) Soil Nailing 공법 적용
갱문 설치 상부 및 측면에 Shotcrete 시공 후 Nailing 공법 적용으로 사면을 안정시킨다.

(2) 지반 개량
갱목위치의 기초지반이 불량할 때 소요의 지지력을 얻을 수 있도록 말뚝기초 또는 지반 개량공법 등을 이용하여 소요의 지지력을 확보한다.

(3) 기초 확대
배면에서 작용하는 주동 토압과 갱문 자체가 안전하게 지지될 수 있도록 기초부분을 확대하여 시공한다.

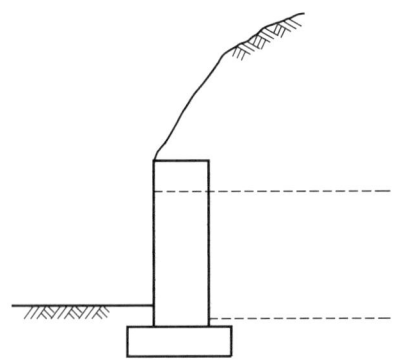

(4) 강지보공

갱문 내측에 강지보공을 설치하여 갱문의 내공 변위 발생을 방지할 수 있게 보강 조치한다.

(5) 인버트 스트러트 설치

갱문 하부에 강재 또는 콘크리트의 스트러트를 설치하여 내공 변위를 방지한다.

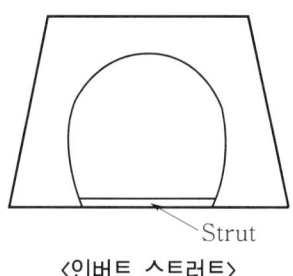

〈인버트 스트러트〉

(6) 사면 보호공

갱문 배면토사 법면에 Shotcrete, 편책, 말뚝 석축, Rock Bolt 등을 이용하여 사면을 보호한다.

(7) 배면 공극 충진

갱문 시공 후 배면 공극에는 양질의 뒤채움 재료 또는 시멘트 물을 이용하여 조밀한 뒤채움을 하여 배면의 공극을 채운다.

(8) Rock Anchor

배면 토압이 크게 작용할 때 갱문의 배면으로 Rock Anchor를 설치하여 갱문의 전도를 방지한다.

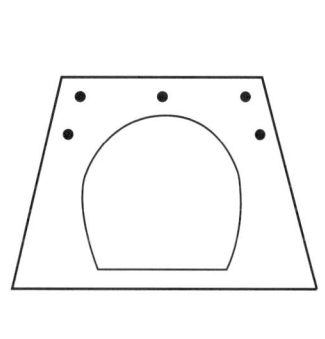 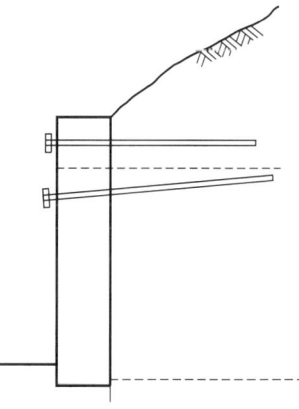

〈Rock Anchor〉

(9) Invert 설치

갱문 설치 후 하부에 Invert를 설치하여 갱문을 조기에 폐합하여 갱문을 보호할 수 있다.

Ⅶ. 결 론

(1) 터널공사에서 갱구부 시공은 터널 굴진작업의 초석이 되는 공정으로 여러 가지 문제점을 가지고 있는 아주 중요한 공정이다.

(2) 갱구부 축조시 비탈면 붕괴, 상부구조물 변형, 주택침하 등의 피해가 예상되는 공정으로 공사 개시 전 미리 보강공법을 선정하여 주위의 피해를 최소화할 수 있는 방안을 검토해야 한다.

2-15 하저 터널구간에서 NATM 시공 중 연약지반 출현시 발생되는 문제점과 대책에 대하여 기술하시오.
[97중후, 33점]

Ⅰ. 개 요

(1) NATM 터널의 시공구간 내의 연약지반은 용수에 의한 지지력 저하, 이상저압에 의한 암의 탈락·붕괴 및 막장, 측벽의 안정성의 저하로 터널의 붕괴요인이 된다.
(2) 시공 전 철저한 사전조사를 실시하여 연약지반에 대한 대책공법을 선정·시공함으로써 안전하고 경제적인 시공이 되도록 해야 한다.

Ⅱ. 사전조사

(1) 원지반의 자립성
(2) 터널의 용수량·용수압
(3) 팽창압의 유무
(4) 지반활동(Sliding)

Ⅲ. 연약지반 출현시 발생되는 문제점

(1) 용수
   ① 막장의 붕괴
   ② Shotcrete 부착 불량, Rock Bolt의 정착 불량
   ③ 지반의 연약화로 지지력 저하

(2) 이상지압
   ① 암의 탈락, 붕괴
   ② 지보공의 변형
   ③ Arching Effect 감소

(3) 단층 파쇄대
   ① 지내력·지지력 저하
   ② 막장·측벽의 안정성 저하

(4) 지반침하
   ① 용수량의 과다에 의한 지반연약화
   ② 지하수 유출에 의한 유효응력의 감소

(5) 천단·막장 붕괴
   ① 지지력 부족에 의한 천단 붕괴
   ② 배수대책 미비에 의한 Boiling 발생

(6) Shotcrete 박리
   ① 용수에 의한 Shotcrete 부착성 저하
   ② Shotcrete 타설 전 용수처리 미비

(7) Invert Ring 붕괴
   ① Invert Ring 폐합구간에서의 붕괴
   ② 용수를 수반하는 파쇄대에서 발생

(8) 측벽 융기
   ① 팽창성 원지반의 토압 증대
   ② 측압 발생에 의한 활동

IV. 대 책

(1) 수발 Boring
   ① 갱내에서 Boring을 이용하여 수압이나 수위 저하
   ② 용수가 많거나 갑작스런 지하수 유입구간
   ③ 직경 50~200mm

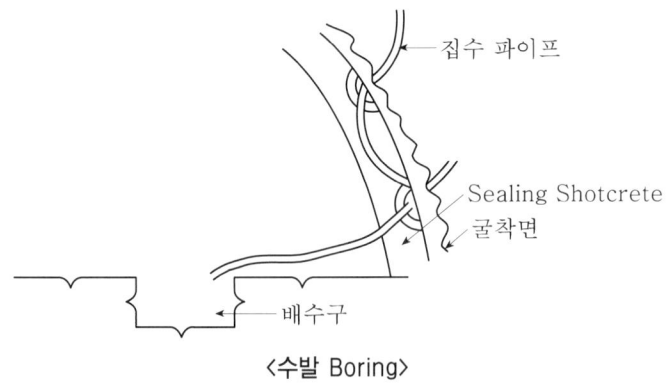

〈수발 Boring〉

(2) 수발갱
    ① 소단면의 갱도를 선진시켜 물을 뽑아 지하수위 저하
    ② 용수가 많은 미고결 사질지반에 적용

(3) 약액 주입
    ① 원지반 조건을 고려하여 약액 종별, 주입량, 주입범위, 주입방법 결정
    ② 막장의 안정을 위해서는 지하수 차단 공법 병행

(4) 선지공(Forepoling)
    ① 막장에서 전방의 원지반 내에 Bolt, 단관 Pipe 등의 보조 동바리부재 삽입
    ② 단관 Pipe는 30~60cm 간격으로 사용

(5) Controlled Blasting
    ① 발파 굴착시 원지반의 이완 최소화
    ② 터널의 안정성 도모

(6) 막장 정면의 Shotcrete
    ① 토사 원지반의 경우 막장 정면의 붕락 방지
    ② 굴착 후 가능한 한 빨리 시공

(7) Wire Mesh 사용
    ① Shotcrete의 전단 보강, 부착성 향상
    ② Shotcrete의 두께 감소

(8) Rock Bolt
    ① 원지반과 일체가 되어 원지반의 강도를 최대로 이용
    ② 단면 형상, 원지반 조건을 고려하여 배치

(9) Well Point
    ① Well Point 집수관을 지반에 설치하고 지반에 부압을 걸어 지하수 흡인
    ② 토피가 적고 용수량이 적을 때 적용

(10) Deep Well
    ① Deep Well을 파서 수중펌프로 지하수위 배제
    ② 토피가 적고 용수가 많은 지반에 적용

(11) 압기공법과 수발 Boring 병용
    ① 갱내 공기압과 대기압의 차를 이용하여 막장의 배수효과 증진
    ② Well Point보다 수발효과가 큼

(12) 계측
① 주변 원지반의 거동 파악
② 터널의 안정상태 확인
③ 주변 구조물에의 영향 파악

V. 터널 보조공법

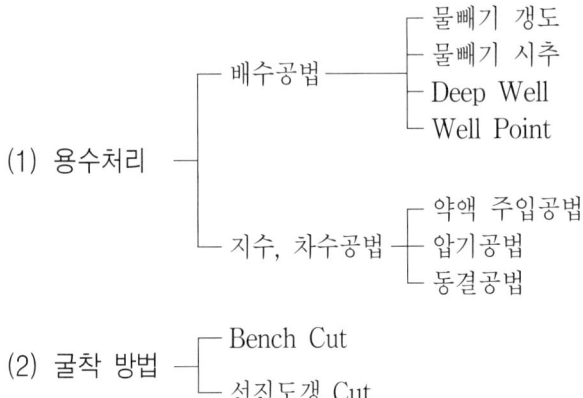

VI. 터널 보강공법

(1) 천반부 안정
- Fore Poling
- Pipe Roof
- 강관 다단식 그라우팅
- 동결공법

(2) 막장면 안정
- 막장면 숏크리트(Face Shotcrete)
- 막장면 록볼트(Face Rock Bolt)
- 약액 주입공법

VI. 결 론

(1) NATM 터널의 시공 중에는 계측결과를 즉시 설계·시공에 반영하여 공사의 안전성을 도모하고 보조지보공을 선정한다.
(2) 특히 연약지반의 시공시에는 문제점을 분석한 후 적정대책을 수립해야 한다.

> **3-1** 발파공법에서 시험발파의 목적, 시행방법 및 결과의 적용에 대하여 설명하시오. [02후, 25점]
>
> **3-2** 도심지 인근의 암반 굴착공사시 수행되는 시험발파 계측의 목적 및 방법에 대하여 설명하시오. [05중, 25점]
>
> **3-3** 암반 굴착시 시험발파 [06후, 10점]

I. 개 요

(1) 시험발파란 실시 설계한 발파공법을 적용하여 현장의 지반조건 및 지형적 특성에 맞는 발파진동 추정식을 산출하기 위해 실시한다.

(2) 시험발파를 통하여 주변 지반의 영향을 최소화하고, 소음·진동 등의 발생을 억제하여 민원 발생이 최소화되게 한다.

II. 목 적

(1) 현장발파진동 추정식 산출
   ① 실시 설계한 발파공법의 실제 적용
   ② 지반조건 및 지형적 특성 파악
   ③ 현장 여건에 맞는 발파방법 선정

(2) 민원 예방
   ① 암반발파로 인하여 발생되는 폭음 및 진동 예방
   ② 발파로 인한 주변 주민의 불안감 해소

(3) 적정 장약량 산출
   ① 이격거리별 허용 적정 장약량 산출
   ② 발파공사의 원활한 시공 유도

(4) 공사비 절감
   ① 현장 여건에 적합한 경제적인 발파공법 적용
   ② 과설계로 인한 공사비 삭감으로 예산 절감

(5) 설계에 Feed Back
   발파공법의 적용구간 및 발파패턴을 설계자료로 활용

Ⅲ. 시험발파방법(시행방법)

(1) 시험발파계획서 작성
    ① 주변 환경을 고려한 허용기준 검토
    ② 설계발파진동 추정식을 이용한 발파 영향권 검토
    ③ 설계발파패턴 검토

(2) 시험발파 실시
    ① 당초 설계패턴에 의한 천공 및 장약 실시
    ② 주변 구조물에 피해없는 안전한 곳에서 실시
    ③ 계측 실시로 거리 및 장약량 변화에 따른 감쇠지수 파악
    ④ 신뢰성 있는 분석을 위해 계측 Data 확보

(3) 시험발파 계측결과 분석
    ① 전산 프로그램을 이용하여 회귀분석 실시
    ② 현장 특성에 맞는 발파진동 추정식 산출
    ③ 이격거리별 지발당 허용 장약량 산출

(4) 발파공법 선정
    ① 지발당 허용 장약량에 따른 발파공법 선정
    ② 발파공해 허용기준 이내의 발파공법 적용성 검토

(5) 발파 설계
    ① 선정된 발파공법에 적합한 폭약의 종류 및 지발당 장약량 결정
    ② 사용 뇌관의 종류 및 기폭방법 검토
    ③ 이격거리별 발파공해 허용기준을 고려해 발파패턴 설계
    ④ 설계된 발파패턴의 안전성 검토 후 적용
    ⑤ 발파공사 특별 시방서 작성

(6) 공사 실시
    ① 주변 구조물과의 이격거리별 설계패턴 적용
    ② 설계패턴별 장약량 등 천공패턴 준수
    ③ 발파작업과 병행하여 발파계측 실시

Ⅳ. 결과 분석 및 적용

(1) 분석
    ① 발파진동 및 폭풍압에 대한 회귀분석
    ② 발파진동 및 폭풍압 전파 추정식 산출
    ③ 발파진동 및 폭풍압 허용기준치 적합성 여부
    ④ 거리별 지발당 장약량 제시
    ⑤ 공당 장약량 및 시험발파패턴의 적합성 여부
    ⑥ 발파공해(진동, 비석, 폭풍압 등)에 대한 저감대책

(2) 적용
    ① 시험발파 결과분석에 의해 발파진동 추정식을 얻게 되면 시험발파에 따른 발파설계패턴의 적합성을 판단
    ② 주변 구조물이나 시설물에 미치는 피해영향 등을 검토하여 현장에 맞는 지발당 장약량을 산출
    ③ 지발당 장약량을 기준으로 장비 및 작업효율 등을 감안하여 천공장, 천공경, 천공간격, 저항선 등 발파패턴 설계
    ④ 발파이론과 경험에 입각해 발파공해 저감대책 및 발파작업시 제기된 문제점을 검토하여 현장에 가장 적합한 발파계획 수립

Ⅴ. 결 론

(1) 발파공법은 주변 구조물로부터 폭음, 진동, 비석 등의 환경피해 및 민원 발생의 원인이 되므로 환경피해를 저감시킬 수 있도록 현지 여건을 고려한 시공성, 경제성, 안전성 등을 감안하여 적정한 발파공법을 선정한다.
(2) 공사시에는 시험발파에서 제시된 천공간격, 지발당 허용 장약량, 발파패턴 등에 따라 발파공사를 시행하여야 하며, 계측관리도 철저히 하여야 한다.

3-4	암석 발파시에는 진동에 따른 민원이 발생하고 있는 바, 발파진동 저감을 위한 진동원 및 전파경로에 대한 대책을 기술하시오. [04후, 25점]
3-5	발파진동이 구조물에 미치는 영향을 기술하고, 진동영향 평가방법을 설명하시오. [09전, 25점]
3-6	발파 시공현장에서 발파진동에 의한 인근 구조물에 피해가 발생하였다. 구조물에 미치는 영향에 대한 조사방법을 열거하고 시공시 유의사항에 대하여 설명하시오. [10후, 25점]
3-7	현장에서 암 발파시 일어날 수 있는 지반 진동, 소음 및 암석 비산과 같은 발파 공해의 발생원인과 대책을 설명하시오. [07후, 25점]
3-8	심발(심빼기) 발파의 종류와 지반 진동의 크기를 지배하는 요소에 대하여 설명하시오. [09중, 25점]
3-9	발파에서 지반 진동의 크기를 지배하는 요소 [07후, 10점]

Ⅰ. 개 요

화약을 이용한 암의 굴착은 특성상 진동과 소음 등의 공해가 수반되기 때문에 그 크기 정도와 관계없이 빈번한 민원 발생의 원인이 되어 공사 중단, 설계 변경 등으로 인한 공기지연으로 공사수행에 막대한 차질을 초래하고 있다.

Ⅱ. 지반 진동의 크기를 지배하는 요소

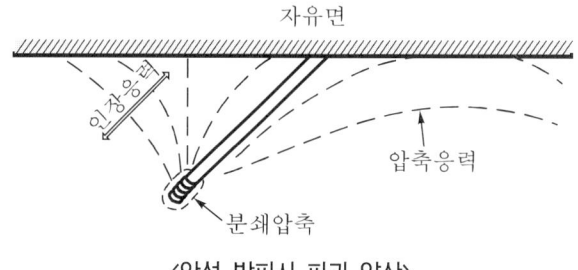

〈암석 발파시 파괴 양상〉

(1) 암석의 물리적 특성
  ① 압축강도, 인장강도 및 암반의 상태 등이 지반의 진동 크기에 영향을 준다.
  ② 암반의 물리적 특성을 파악하기 위하여 사전조사와 시험을 통하여야 하며, 시험 발파시 진동 저감을 도모할 수 있는 발파패턴을 구축해야 한다.

(2) 화약류(폭약, 뇌관)의 선정
① 화약의 종류, 비중, 폭속, 가스량 등에 따라서 발파 진동의 크기에 지대한 영향을 준다.
② 뇌관의 종류(전기, 비전기), 지연 시차 등으로 인하여 발파에 의한 진동의 크기를 다르게 할 수 있다.

(3) 발파방법의 변화
① 발파방법의 변화에 따라 진동파의 변화가 발생한다.
② 주변 지반의 진동은 진동파의 종류(P파, S파, L파 등)에 따라 다르게 나타난다.

Ⅲ. 진동이 구조물에 미치는 영향

(1) 구조물의 미관적 손상
단독주택 및 소규모 건축물의 내외벽의 미장재가 떨어져 나가거나 균열을 일으키는 정도로서 큰 어려움 없이 원상회복이 가능한 손상

(2) 구조물의 균열
① 구조물의 구조 요소간 연결부위의 이탈 이완
② 구조물의 균열 발생 및 파단침하 뒤틀림
③ 내부 구조물의 구조적 안정과 기능에 심각한 위협이 되는 중대한 손상

(3) 진동속도와 탄성파속도의 비에 따른 건물의 피해 정도

(V : Kine, C : km/sec)

V/C	피해손상 정도
0.6	회벽이 떨어지나 균열 없음
1.0	균열의 흔적이 없음
1.4	균열을 볼 수 없음
2.0	미세한 균열의 발생(한계치)
3.0	균열의 발생
4.5	균열이 심함
6.0	갱도에서 낙석이 시작됨

(4) 지하매설물의 이탈
발파진동에 의한 지반의 유동으로 인해 지하매설물에 누수가 발생하고 심지어는 파손으로까지 이르게 된다.

(5) 부등침하 발생
   ① 연속적인 발파로 인해 구조물이 위치하고 있는 지반의 상태가 느슨해지거나 아니면 다짐의 효과를 가져와서 상부에 설치되어 있는 구조물의 부등침하가 발생한다.
   ② 구조물의 피해는 구조물이 위치한 곳의 기초가 어떤 종류의 지반 위에 있는가에 따라 크게 다르다.

(6) 진동속도에 따른 피해
   ① 구조물에 피해를 주는 발파진동은 진동속도에 따라 건물의 피해 정도를 달리하고 있다.
   ② 지진에 의한 진동 피해의 경우 그 정도를 보통 가속도로 표시하나, 발파진동에 의한 구조물의 피해 정도는 진동속도에 비례하기 때문에 대부분 발파진동의 규제기준을 진동속도의 최대치로 정하고 있다.

구 분	문화재	주택 및 아파트	상가	철근 콘크리트 빌딩	Computer 시설물 주변
구조물 기초의 허용 진동치	0.2cm/sec	0.5cm/sec	1.0cm/sec	1.0~4.0cm/sec	0.2cm/sec

Ⅳ. 발파공해 발생원인

(1) 사전조사 미비
   ① 발파장소 주위의 지형이나 형태조사 미흡
   ② 암반의 지질학적 특성 파악 부족

(2) 화약의 종류
   ① 발파진동은 폭약에너지의 충격파에 의한 동적 파괴의 경우에 더욱 커지게 됨
   ② 발파진동을 경감시키기 위해서는 동적 파괴효과의 비율이 적은 폭약인 저폭속 폭약을 사용하는 것이 효과적이다.

(3) 장약량
   ① 발파공해를 저감시키기 위해서는 화약의 장약량에 따라 그 진폭과 소음이 증가하고 충격압과 가스압은 암반 깊숙이 탄성파의 형태로 전파되어 지반의 진동을 유발하게 된다.
   ② 폭약이 장약공 내에서 폭발하면 강력한 폭굉 충격과 함께 에너지가 주위의 암반에 전달된다.

(4) 자유면의 수

발파진동은 동일 화약과 동일 장약량에서도 자유면의 수에 따라 그 진폭이 다르므로 소음을 증대할 수도 있고 암석 비산의 양도 다르다.

(5) Tamping
① 암석의 비산을 줄이기 위해선 Tamping을 견고히 하여 폭약의 폭발시 발생하는 충격압과 가스압의 분출을 억제하여야 한다.
② Tamping은 암분, 혼합흙, 모래 등이 쓰이며 그 길이는 천공경이 60mm 이상일 때 2m 이상이어야 한다.

(6) 발파 보호공

발파 전에 발파 진동, 소음, 암석 비산의 저감을 위해 가마나 덮기, 소음의 분산을 막을 수 있는 장치를 설치하여 진동과 소음 및 비산을 적게 하여야 한다.

V. 대책(소음과 진동의 저감공법)

1. 진동원 대책

(1) 시험발파
① 시험발파를 통하여 적정 발파계수를 산정
② 발파계수의 산정으로 폭약의 종류 및 사용량 결정
③ 합리적이고 소음 및 진동의 공해가 적은 최적 사용량 산정

(2) 지발뇌관
① 소음(폭음)과 진동을 경감시키고 폭파과정을 조절
② 암분(분신)이 적게 발생하고 인접 구조물에 영향이 적음

(3) 무진동 파쇄공법
① 물과 반응하는 팽창압으로 암석을 파쇄하는 공법
② 소음 및 진동의 발생이 거의 없음
③ 주거 밀집지역이나 화약 사용이 불가능한 지역에 적합

(4) 미진동 발파공법
① 고온에 의한 가스 팽창으로 암석을 파쇄하는 공법
② 도심지나 주거 밀집지역에 사용 가능

(5) 수압 발파법
① 암반을 천공하여 폭약을 장약하고 남은 공간에 비압축성의 물을 채워 폭파시키는 공법
② 진동이 적고 충격파의 작용범위는 넓은 공법

2. 진동 전파경로에 대한 대책

(1) 방진구(Trench) 설치

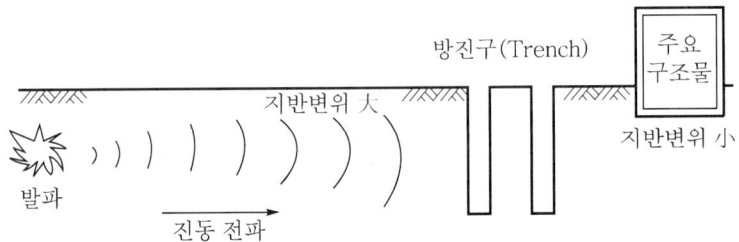

① 지중 및 지표면으로 전파되는 진동을 효율적으로 제어
② 방진구의 폭과 깊이가 깊고 넓을수록 효과가 큼

(2) 지반의 불연속화
① 지반 속의 불연속면 또는 파쇄대는 진동 제어에 효과적
② 인위적으로 지반을 불연속화하여 진동을 저감

3. 시공상 대책(시공상 유의사항)

(1) 자유면 증가
① 동일 장약량을 사용하여도 자유면의 수가 증가하면 진동의 크기는 작아지며, 발파 효율은 증가하므로 자유면의 증가는 진동 저감은 물론 굴진율 및 파쇄도에도 영향을 준다.
② 터널 발파의 경우는 심빼기 초기발파에 따른 구속도를 적게 하기 위하여 대공경을 천공함으로써 인위적인 자유면 형성을 시킨다.
③ 계단발파의 경우도 자유면 확보를 위하여 암석이 무른 곳이나 낮은 곳을 선택한다.

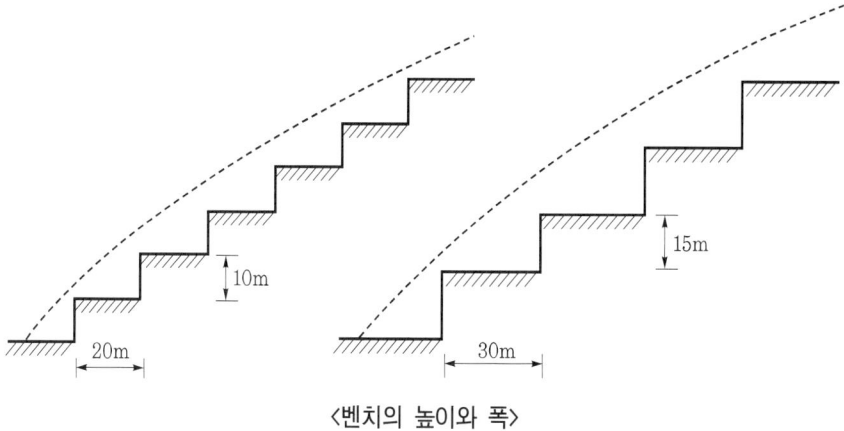

<벤치의 높이와 폭>

(2) 공간격과 최소 저항선의 비
  ① 공간격과 최소 저항선은 해당 암종에 대한 표준발파를 기준한다.
  ② 동일 체적당 같은 장약량이 사용된다고 가정하면 소구경 발파공으로 좁은 간격을 두고 발파하는 것이 대구경 발파공으로 넓게 발파하는 것보다 파쇄도가 양호하고 진동도 감소된다.
  ③ 단일 자유면 상태에서의 발파는 공당 장약량을 줄이는 것보다는 공간격과 최소 저항선을 조절하여 원활한 자유면을 형성시켜 주는 것이 진동을 저감시키는 방법이다.

(3) 장약량의 제한
  ① 발파진동의 피해가 예상될 경우 발파진동을 허용기준 이내로 억제하기 위해서는 지발당 장약량을 일정한계 이내로 감소시켜야 한다.
  ② 천공 지름을 작게 하거나 최소 저항선의 조절에 의해 장약밀도를 0.2~0.5kg/m 정도로 서하시킨다.

(4) 지발발파
  ① 발파를 몇 개의 블록으로 분할하여 별도로 점화하는 방법과 DS 지발뇌관을 사용하는 방법이 있다.
  ② DS 지발뇌관을 사용한 지발발파의 경우 발파진동은 각 발파단계에서 발생하는 진동으로 분리되고, 장약량도 각 단계에서의 지발당 장약량으로 분할된다.

(5) 지폭약의 사용
  발파진동은 폭약에너지의 충격파에 의한 동적 파괴의 경우에 더욱 커지게 되므로 발파진동을 경감시키기 위해서는 동적 파괴효과의 비율이 적은 폭약 즉, 저폭속 폭약을 사용하는 것이 효과적이다.

(6) 지발발파 MS 뇌관
   ① 지발당 장약량을 다시 MS 뇌관을 사용하여 점화하면 지발발파에 비하여 진동의 상호간섭에 의하여 진동을 경감시키고 발파효과는 지발발파와 같은 효과를 거둘 수 있다.
   ② MS 지발발파의 경우 앞 단계의 파쇄암석이 다음 열의 발파시에 장벽으로 작용할 수 있으므로 비산을 감소시킬 수 있다.
   ③ 지발시간이 너무 길면 이러한 장벽효과가 저하되므로 지발시간은 100m/sec를 초과해서는 안 된다.

(7) 시험발파
   암질의 사태 주변 여건을 고려하여 발파 전에 시험발파를 통해 발파 진동, 소음, 암석 비산의 저감을 위해 적정한 화약량과 천공장, 천공경 등을 정하여야 한다.

(8) 제어발파
   발파진동의 경로에 인공적인 균열 또는 방진구를 설치하여 전파하는 진동을 감쇠 또는 차단시키는 방법이며, 그 방법으로는 조절발파공법의 일종인 라인 드릴링(Line Drilling), 프리스플리팅(Presplitting)과 슬롯 드릴링(Slot Drilling) 등이 사용된다.

(9) 방재 덮기
   ① 비석 발생을 완전히 억제하기 위해서는 암석의 자유면 또는 비석을 방지하고 싶은 방향쪽의 암반을 직접 방호재로 덮는 것이 가장 효과적이다.
   ② 방호재로는 철망, 폴리에틸렌 파이프를 철사로 연결한 것, 자동차 폐타이어를 절단하여 나일론 스틸와이어로 짜 연결한 것으로 공업용 벨트, 덮개 등이 사용될 수 있다.

VI. 심발(심빼기) 발파의 종류

(1) V-Cut
   굴착면에서 소정의 각도를 주어 천공발파하는 공법으로 V-Cut과 더블 V-Cut이 있다.

(2) Diamond Cut
   굴착면에서 정점을 향하여 경사를 두고 천공하여 폭파하는 공법이다.

(3) 피라미드 컷(Pyramid Cut)
   이 공법은 3~4대의 천공기로 한 점에서 만나도록 천공되며, 주로 수직항의 굴착에 사용된다.

(4) 번 컷(Burn Cut)
각도가 없는 평행 심발공으로 장약공의 주위에 빈공을 설치 또는 빈공과 장약공을 일직선으로 엇갈리게 배열하는 것이다.

(5) 코로만트 컷(Coromant Cut)
2~3공의 대구경으로 형성된 파이로트 홈의 주변에 장약공을 이론적으로 설계된 형판으로 천공발파하는 공법이다.

(6) 집중식 No Cut
굴착면에서 평행천공하여 번 컷과는 달리 인장파괴의 원리를 이용하여 천공간격을 10~15cm로 접근 설치하여 심발하는 공법이다.

Ⅶ. 진동영향 평가방법(조사방법)

(1) 발파진동
① 발파진동의 크기는 속도의 단위로 나타낸다(속도의 단위 : cm/sec, Kine).
② 발파진동의 크기는 거리에 반비례하고 지발당 장약량에 비례한다.

$$진동의 크기 = \frac{지발당 장약량}{발파원으로부터의 거리}$$

③ 발파진동은 수직(Vertical), 진행(Radial), 접선(Transverse) 방향의 3가지로 나타낸다.

$$V = \sqrt{V_V^2 + V_R^2 + V_T^2}$$

여기서, V_V : 수직진동 성분
V_R : 진행진동 성분
V_T : 접선진동 성분

(2) 진동 가속도 레벨
진동의 가속도 레벨로 진동의 영향을 평가한다.

$$진동 가속도 레벨 = 20\log_{10}\frac{a}{a_o}$$

여기서, a : 가속도 진폭의 실효치(m/sec^2)
a_o : 10^{-5}(m/sec^2)

(3) 진동속도

① 진동속도 산정

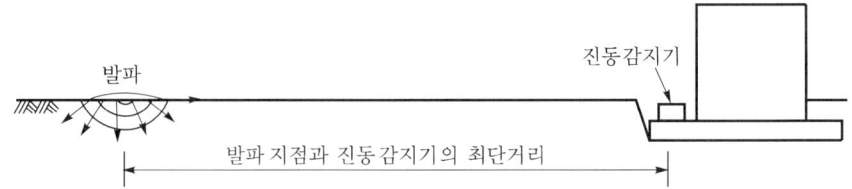

㉠ 진동감지기를 인접 구조물의 기초에 설치하고, 발파지점과 진동감지기간 최단거리를 측정한다.
㉡ 계획된 폭약으로 발파하여 진동감지기에 도달하는 시간을 측정하여 진동속도를 산정한다.

② 구조물 종류에 따른 발파진동속도 허용치

구 분	문화재	일반 주택	연립주택	APT, 상가 및 공장
허용치(cm/s)	0.3	1.0	2.0	3.0

③ 측정치와 허용치 비교
㉠ 측정치 ≥ 허용치 : 장약량 감소 및 발파방법 변경 후 재시험 실시
㉡ 측정치 < 허용치 : 발파설계에 이용

(4) 계측에 의한 평가

① 발파진동 계측은 매발파시 계측하여 발파진동에 따른 주변 구조물에 대한 피해 영향을 파악한다.
② 계측 Data를 확보하여 안전성 판단자료 및 민원에 대한 근거자료로 활용한다.
③ 계측 Data를 분석하여 효율적인 발파계획을 수립한다.

Ⅷ. 결 론

발파로 인하여 발생하는 진동을 저감시키기 위해서는 암반의 물리적 특성이나 화학류의 선정 및 발파방법이 중요하므로 사전에 시험발파에 의한 적정 공법을 선정하여야 한다.

4-1	터널에서 여굴의 발생원인과 방지대책에 대하여 설명하시오.	[95전, 33점]
4-2	터널공사시 여굴의 원인과 방지대책에 대하여 기술하시오.	[04후, 25점]
4-3	터널의 여굴 발생원인과 방지대책	[11중, 10점]
4-4	NATM 터널시공시 진행성 여굴의 원인을 열거하고, 사전 예측방법 및 차단대책에 관하여 기술하시오.	[00후, 25점]
4-5	터널의 여굴	[00전, 10점]

I. 개 요

여굴이란 터널굴착에 있어서 굴착 예정선 외측으로 부득이하게 생기게 되는 공간으로 여굴이 생기게 되면 버력량 증가와 더 채우기 등의 비용이 추가 발생하며, 특히 굴착면의 안정성을 위협하는 요인이 되기도 한다.

II. 여굴의 문제점

(1) 버력량 증대
(2) 라이닝 물량 증대
(3) 굴착단면 불안정
(4) 공사비 증대

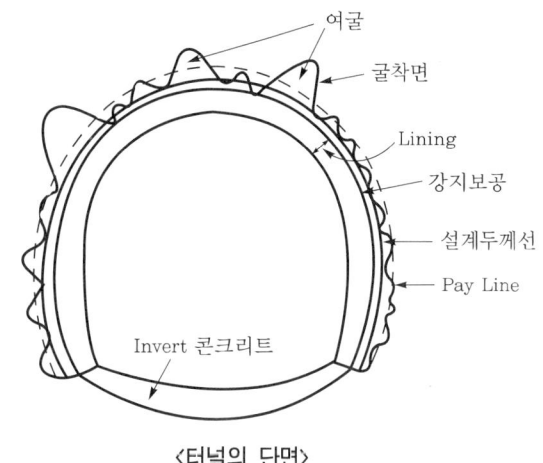

〈터널의 단면〉

III. 여굴 예측방법

(1) Face Mapping
  ① 매굴착시마다 측정하는 막장면의 상태조사인 Face Mapping을 통하여 지반의 불연속면 상태 및 간격, 구성물질 파악
  ② 암반의 주향 및 경사 측성
  ③ 굴착면에서의 지하용수 측정

(2) 토질 주상도
  ① 지질조사에 따른 자료 파악
  ② 구성 토질의 특성 파악

(3) 계측관리 실시
　① 내공변위 계측자료 검토
　② 이상지압 발생 여부
　③ 전단침하 여부
　④ 지표면침하 발생 여부 측정
　⑤ 갱내 관찰자료·분석

(4) 토질시험
　① 굴착 버력의 특성 조사
　② 이물질 함유 여부
　③ 특수광물 혼입 여부
　④ 수용성 지반층 조사

Ⅳ. 여굴 발생원인

(1) 발파에 의한 굴착
　① 발파굴착은 다른 공법에 비해 지반 이완이 쉬움
　② 설계단면 이외의 여굴이 발생

(2) 천공 불량
　① 천공장비의 선정 부적정
　② 천공깊이, 천공수, 배치의 불량

(3) 착암기 사용 불못
　① 착암기의 선정 부적정
　② 착암기의 사용위치, 각도 부적정

(4) 토질
　① 전단력이 약한 Silt층, 모래층 굴착시 발생
　② 적정 굴착방법 검토 미흡

(5) 장약 길이
　① 장약의 길이를 너무 짧게 해서 하중 집중현상 발생
　② 장약 길이의 부적절

(6) 폭발 직경
　① 폭발 직경의 과다로 인한 폭발력 증대
　② 사용 화약량의 과다

(7) Cushion효과 미흡
   ① 천공 직경과 장약 직경의 불균형
   ② Air Cushion 작용으로서 유도 미흡

(8) 천공길이
   ① 천공길이가 긴 경우 굴진속도를 향상시킬 수 있다.
   ② 록아웃에 의한 여굴 발생량이 많아진다.

V. 방지대책

(1) 장약 길이 연장
   장약 길이를 길게 하여 천공 길이의 60~70% 범위에 등분포하게 폭발력이 작용할 수 있도록 Energy를 등분포시킨다.

(2) 폭발 직경의 축소
   폭발 직경을 작게 하여 폭발력을 저하시킨다.

(3) 천공 직경과 폭발 직경의 균형
   ① 천공 직경과 폭발 직경을 조절하여 공극을 만듦으로써 Cushion 작용에 의한 Energy 제어
   ② Cushion 효과

(4) Line Drilling 공법
   ① 제1열은 굴착계획선으로 무장약공, 제2열은 50% 장약공, 제3열은 자유면쪽으로 100% 장약공을 설치한다.
   ② 공경은 7.5cm로 하고, 공경의 2~4배 간격으로 천공한다.
   ③ 경암의 굴착에 유리하다.
   ④ 고성능의 천공기와 고도의 천공기술이 필요하다.
   ⑤ 천공비가 많이 든다.

(5) Presplitting 공법
   ① 제1열은 50% 장약공, 제2열과 제3열은 100% 장약공으로 설치한다.
   ② 공경은 5~10cm, 천공간격은 35~90cm로 한다.
   ③ 천공깊이는 10m가 한도이다.

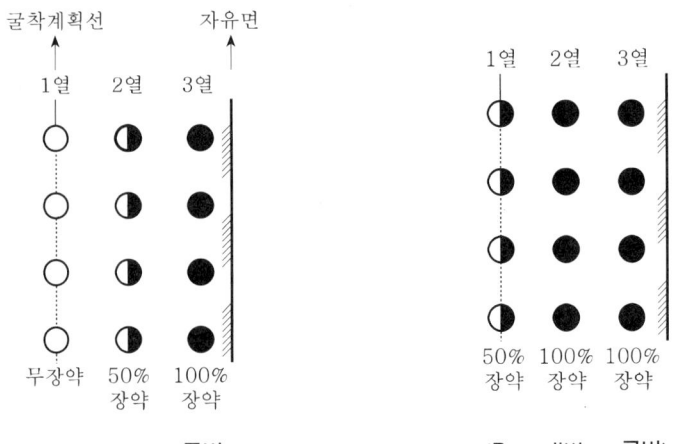

<Line Drilling 공법>　　　<Presplitting 공법>

(6) Cushion Blasting 공법
① 굴착계획선을 따라 일렬로 천공하여 분산 장약하고, 제2열과 제3열은 100% 장약공으로 설치한다.
② 천공간격은 90~210cm이다.
③ 폭약은 굴착측에 가까이 장전하고 공간은 마른모래, 점토 등으로 충진한다.
④ Line Drilling보다 천공비가 적게 든다.

(7) Smooth Blasting
① 제1열은 정밀 장약공, 제2열과 제3열은 100% 장약공으로 설치한다.
② 공경은 4~5cm, 천공간격은 60cm 정도로 한다.
③ 발파에너지의 작용방향을 제어함으로써 원지반의 손상을 억제하고, 평활한 굴착면을 얻을 수 있다.

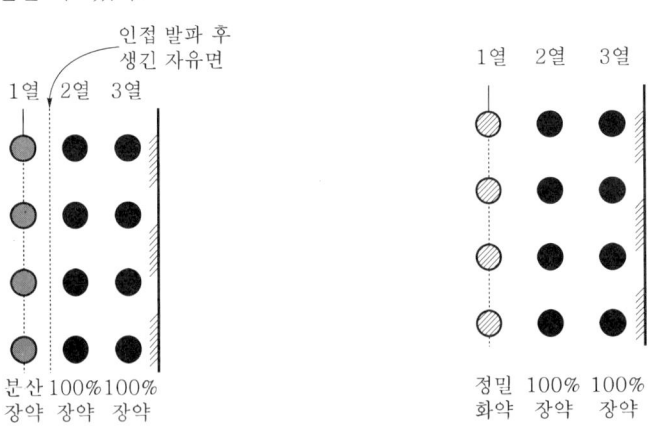

<Cushion Blasting 공법>　　　<Smooth Blasting 공법>

Ⅵ. 진행성 여굴의 원인 및 차단대책

1. 진행성 여굴의 원인

(1) 단층대, 파쇄대
  굴착지반에 존재하는 단층대, 파쇄대에 접하여 굴착선이 위치할 때 굴착면에서 여굴이 진행되면서 점차 발생

(2) 이질층 활동
  이질층으로 구성되어 있는 지반에서 굴착면 가까이에 있는 이질층 경계면의 활동으로 진행성 여굴 발생

(3) 지하용수
  굴착면에서 다량의 지하용수 발생은 굴착면을 침식, 세굴시키면서 계속하여 여굴 발생

(4) 진동, 충격
  토질 구성이 느슨한 지반일 경우 기계작동, 발파 등에 의한 진동 충격으로 굴착면에 여굴 발생

(5) 절리 발달
  암반에 발달된 불연속면으로 터널굴착 진행방향으로 여러 층의 절리가 발달되어 있을 때

2. 차단대책

(1) Shotcrete 시공
  굴착면을 조기에 안정시킬 목적으로 굳지 않은 콘크리트를 뿜어 붙여서 지반 일체화

(2) Rock Bolt 타설
  ① 균열, 절리가 발달된 지반을 고정시킬 목적으로 깊은 곳은 견고한 층에 강봉으로 고정
  ② 안전을 고려하여 이탈 우려가 있는 곳은 추가 설치

(3) 강지보공
  ① 굴착단면 유지 및 지반 이완방지 목적으로 굴착작업 후 강재의 지보재로써 굴착면을 받치는 것
  ② 굴착면의 상태에 따라 간격 조정

(4) 지하용수 처리
① 굴착면 용수 처리를 위한 배수공법 적용
② 굴착면에 흐르는 용수는 유도 배수
③ 약액 주입 등의 공법으로 용수 차단

(5) Fore Poling
진행성 여굴 발생 우려가 있는 막장에서는 천단부에 Fore Poling을 선시공한 후 막장 굴진

Ⅶ. 결 론

(1) 터널의 발파공법에서 여굴은 피할 수 없는 현상이나 현장에서 암석의 강도, 절리, 밀도를 조사하여 시험발파에 의한 조절 발파공법을 선정해야 한다.
(2) 경제적이고 안전한 공법을 채택하여 여굴을 최소화시킬 수 있도록 노력해야 한다.

| 4-6 | 지불선(Pay Line)과 여굴의 관계 | [98후, 20점] |
| 4-7 | 지불선(Pay Line) | [05전, 10점] |

Ⅰ. 지불선

(1) 정 의
   ① 터널공사에서 단면을 굴착할 때 Lining의 설계두께를 확보하기 위하여 시공상 부득이하게 설계두께선 이상의 공간이 필요하게 된다.
   ② 이렇게 필요 이상으로 발생되는 공간에 대해 공사 도급계약에서 필요에 따라 굴착 및 라이닝의 수량을 확정하기 위하여 정해지는 수량계산선을 말한다.

(2) 지불선의 예시도

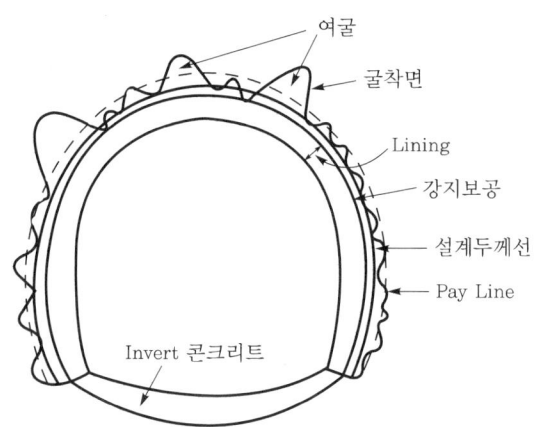

(3) 지불선의 필요성
   ① 시공 중 불필요한 굴착 방지
   ② Lining 물량 확정
   ③ 도급자와 시공자간의 지불한계 결정
   ④ Claim 발생 방지
   ⑤ 물량산출 근거
   ⑥ 여굴 발생 방지

Ⅱ. 여 굴

(1) 정 의

　터널 단면을 굴착할 때 여러 가지 원인에 의해서 필요 이상으로 단면이 굴착되는 것을 여굴이라고 한다.

(2) 여굴 발생원인

　① 불량 지질
　② 암반의 균열, 절리
　③ 천공각도 부적정
　④ 폭약 사용량 과다
　⑤ 부적절한 발파공법
　⑥ 이질지층 발달

Ⅲ. 지불선과 여굴 관계

	지불선(Pay Line)	여 굴
공사대금	지급	지급 없음
소요공기	고려하였음	공기지연 원인
시공의 안전성	안전성 확보	안전사고 발생요인
경제성	무관	경제성 상실
지반 변형	거의 없음	발생이 많음
시공성	계획 시공	돌발 시공
대책방안	Lining	더 채우기

4-8 Spring Line [04중, 10점]

I. 정 의

(1) 터널 내부 내공단면 작도시 원의 수평중심이 위치하는 선으로 상하부 분할굴착시 분할선이 되기도 한다.
(2) 상부 아치가 시작되는 선으로 터널 내부에서 가장 폭이 넓은 구역이다.

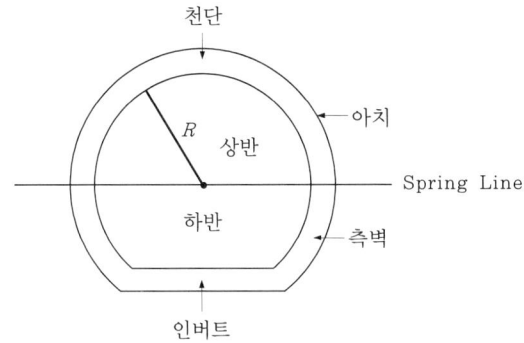

II. 내공단면의 형상의 종류

터널단면은 필요한 내공의 단면이나 시공법 및 라이닝 두께 등을 고려하여 형상이나 크기가 결정된다.

단면		장 점	단 점
원형	R_1	① 구조적으로 가장 안정 ② 양수압에 안정	① 굴착 시공방법에 따라 난이 ② 굴착 면적이 큼으로 비경제적
난형	R_1 R_2	① 구조적으로 안정 ② 양수압에 안정 ③ 원형보다 굴착량이 적어 경제적	① 마제형보다 굴착량이 많음
마제형	R_1 R_2 R_3	① 굴착 시공상 양호 ② 여굴량이 적어 경제적	① 구조적으로 불안정 ② 양수압에 불안정

5-1	터널굴착시 제어발파(Controlled Blast)공법의 종류를 들고 설명하시오.	[94후, 50점]
5-2	터널굴착에서 제어발파공법을 열거하시오.	[99후, 30점]
5-3	산악지역 터널굴착시 제어발파에 대하여 기술하시오.	[03중, 25점]
5-4	조절발파(제어발파)	[05전, 10점]
5-5	조절폭파(Controlled Blasting)공법에 대하여 설명하시오.	[95후, 25점]
5-6	Line Drilling Method	[04후, 10점]
5-7	쿠션 블라스팅(Cushion Blasting)	[01전, 10점]
5-8	Pre-splitting	[98후, 20점]
5-9	Pre-splitting	[07전, 10점]
5-10	Smooth Blasting	[99후, 20점]
5-11	Smooth Blasting	[00중, 10점]
5-12	스무스 블라스팅(Smooth Blasting)	[09중, 10점]
5-13	Smooth Blasting	[05후, 10점]

I. 개 요

(1) 터널 굴착방법에 있어서 터널 자체의 안전뿐만 아니라 인근 구조물에도 피해를 주지 않는 공법을 선정해야 하는 바, 터널의 안전성과 인근 구조물을 방호할 수 있는 Controlled Blasting이 선호되고 있다.

(2) Controlled Blasting 공법의 원리는 공내의 화약폭발에 의해 발생된 공벽의 압력을 완화시켜 폭파 Energy의 작용방향을 제어함으로써 지반 손상을 억제하고, 평활한 굴착면을 얻는 것이다.

II. 공법의 특징

(1) 원지반의 손상이 적다.
(2) 평활한 굴착면을 얻을 수 있다.
(3) 여굴이 적다.
(4) 부석(뜬돌)이 적다.

Ⅲ. 공법의 종류

(1) Line Drilling 공법
(2) Cushion Blasting 공법
(3) Presplitting 공법
(4) Smooth Blasting 공법

Ⅳ. 각 공법별 특징

(1) Line Drilling 공법
   ① 제1열은 굴착계획선으로서 무장약공, 제2열은 50% 장약공, 제3열은 자유면쪽으로 100% 장약공을 설치한다.
   ② 공경은 7.5cm로 하고, 공경의 2~4배 간격으로 천공한다.
   ③ 경암의 굴착에 유리하다.
   ④ 고성능의 천공기와 고도의 천공기술이 필요하다.
   ⑤ 천공비가 많이 든다.

(2) Presplitting 공법
   ① 제1열은 50% 장약공, 제2열과 제3열은 100% 장약공으로 설치한다.
   ② 공경은 5~10cm, 천공간격은 30~60cm로 한다.
   ③ 천공깊이는 10m가 한도이다.

(3) Cushion Blasting 공법
   ① 굴착계획선을 따라 일렬로 천공하여 분산 장약하고, 제2열과 제3열은 100% 장약공으로 설치한다.
   ② 천공간격은 90~200cm로 한다.
   ③ 폭약은 굴착측에 가까이 장전하고 공간은 마른모래, 점토 등으로 충진한다.
   ④ Line Drilling보다 천공비가 적게 든다.

(4) Smooth Blasting
   ① 제1열은 정밀화약, 제2열과 제3열은 100% 장약공으로 설치한다.
   ② 공경은 4~5cm, 천공간격은 60cm 정도로 한다.
   ③ 발파에너지의 작용방향을 세어함으로써 원지반의 손상을 억제하고, 평활한 굴착면을 얻을 수 있다.

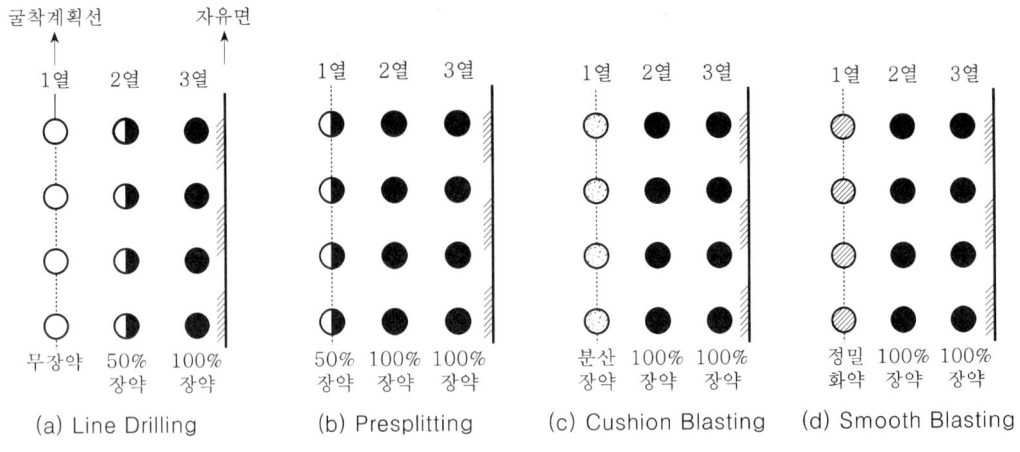

<제어발파>

V. 발파시 유의사항

(1) 발생되는 버력의 크기 고려
(2) 관계법규 준수
(3) 선정책임자 지휘 계통
(4) 설치된 지보재 보호
(5) 불발공, 잔류폭약 유무 확인
(6) 발파 후 적당시간 경과 전 막장 접근금지
(7) 발파결과 비교분석
(8) 지반진동 측정은 x, y, z의 3방향으로 진동측정기 설치
(9) 위험구역 표지 및 감시원 배치
(10) 결선 착오, 결선 누락, 회로단선 등의 점검
(11) 도통시험
(12) 방호시트 설치
(13) 불발 구멍, 잔류화약 처리
(14) 발파 후 남은 구멍에서의 재천공 금지
(15) 천공 중 가스, 용수, 지질 변화 등에 특히 유의

VI. 결 론

(1) Controlled Blasting 공법을 NATM 공법에 적용함으로써 불필요한 Shotcrete와 버력 처리량을 감소시키고, Shotcrete의 부착강도를 증대시키는 효과를 얻을 수 있다.
(2) NATM 공법의 굴착이 발파로 이루어질 경우 지반 손상을 극소화하고 평활한 굴착면을 얻을 수 있는 Controlled Blasting 공법이 가장 부합되는 공법이라고 할 수 있다.

5-14 암석 발파시의 자유면 [95중, 20점]

I. 정 의

(1) 자유면(Free Face)이란 발파로 암반을 굴착할 때 외부와 접하는 면으로 발파에 의해서 파쇄되는 암석이 떨어져 나오는 면을 말한다.
(2) 폭약에 의한 발파에서 자유면 확보에 따라 발파능력이 크게 좌우되는 것으로 자유면이 클수록 발파가 용이하게 된다.

II. 도해 설명

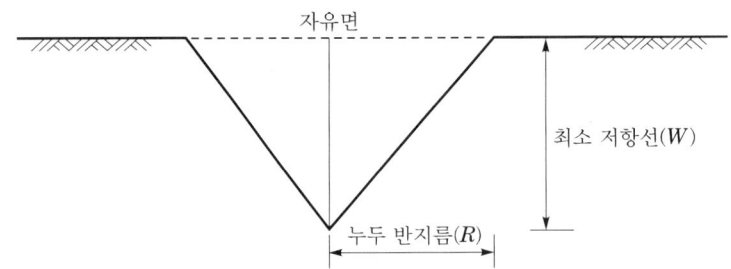

III. 자유면의 영향

(1) 임계 심도
 발파에 의해 자유면에 균열이 생길 때 폭약에서 자유면까지의 깊이이다.

(2) 최소 저항선(W)
 폭약의 중심으로부터 자유면까지의 최단거리를 말한다.

(3) 누두 반지름
 자유면의 암반에 폭약을 장진하여 폭파할 때 생기는 원추형의 파쇄공을 말하며 누두공의 반지름을 누두 반지름이라 한다.

(4) 누두지수
 발파 단면에서 최소 저항선에 대한 누두 반지름의 비를 누두지수라 한다.

$$누두지수(n) = \frac{누두\ 반지름(R)}{최소\ 저항선(W)}$$

(5) 표준장약

누두지수 $n=1$일 때 이론적으로 폭약 사용이 가장 유효하게 사용되었음을 나타내며 이를 표준장약이라 한다.

① $n=1$: 표준장약
② $n>1$: 과장약
③ $n<1$: 약장약

Ⅳ. 자유면 확보 이유

(1) 발파시 폭약의 작용능력 확대
(2) 적은 폭약으로 많은 암석 굴착
(3) 능률 향상 및 기술 축적 등의 효과가 있다.
(4) 모암에 악영향을 적게 미친다.
(5) 여굴 방지효과가 크다.

Ⅴ. 자유면 확보방법

(1) 심빼기 발파
  ① 원활한 발파를 위해서 굴착면에 자유면을 확보하기 위하여 암반 굴착면에 V형 또는 평행의 방법으로 천공 후 발파하여 자유면을 얻는 공법이다.
  ② 공법의 종류에는 V-Cut, Diamond Cut, Pyramid Cut, Burn Cut, Coromant Cut 등이 있다.

(2) Bench Cut
  ① 굴착할 암반을 여러 단의 Bench 형상으로 조성하여 넓은 자유면을 확보하는 공법으로 작업이 연속적으로 이루어지며, 작업효율이 큰 공법이다.
  ② Bench Cut 공법은 굴착량이 많은 채석현장 및 대단면의 터널굴착에서 막장의 안정과 자유면 확보를 위해 많이 이용된다.

| 5-15 | 심빼기(心拔孔) 폭파 | [97후, 20점] |
| 5-16 | 심빼기 발파 | [02후, 10점] |

I. 정 의

심빼기 폭파란 자유면이 적으면 발파효과가 좋지 않은 터널 막장 굴착에서 자유면을 형성하면서 순차적으로 넓혀갈 수 있는 공법으로, 각도가 있는 앵글 심발법과 각도가 없는 평행 심발법이 있다.

II. 특 성

(1) 계획단면 근접 모암 피해 감소
(2) 자유면 확보
(3) 여굴 방지효과

III. 종류별 특징

(1) V-Cut
굴착면에서 소정의 각도를 주어 천공발파하는 공법으로 V-Cut과 더블 V-Cut이 있다.

(2) Diamond Cut
굴착면에서 정점을 향하여 경사를 두고 천공하여 폭파하는 공법이다.

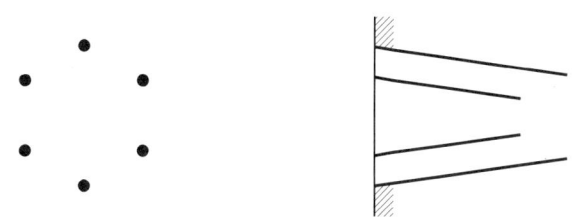

(3) 피라미드 컷(Pyramid Cut)

이 공법은 3~4대의 천공기로 한 점에서 만나도록 천공되며, 주로 수직항의 굴착에 사용된다.

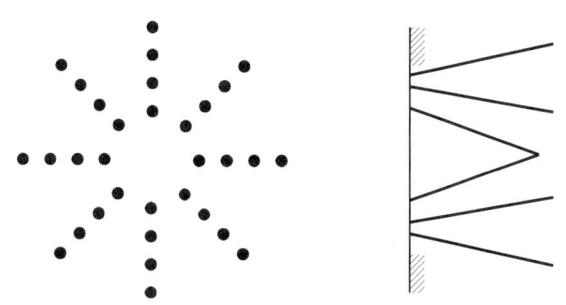

(4) 번 컷(Burn Cut)

각도가 없는 평행 심발공으로 장약공의 주위에 빈공을 설치 또는 빈공과 장약공을 일직선으로 엇갈리게 배열하는 공법이다.

      <Box Cut>   <Line Cut>   <Spiral Cut>

(5) 코로멘트 컷(Coromant Cut)

2~3공의 대구경으로 형성된 파이로트 홈의 주변에 장약공을 이론적으로 설계된 형판으로 천공발파하는 공법이다.

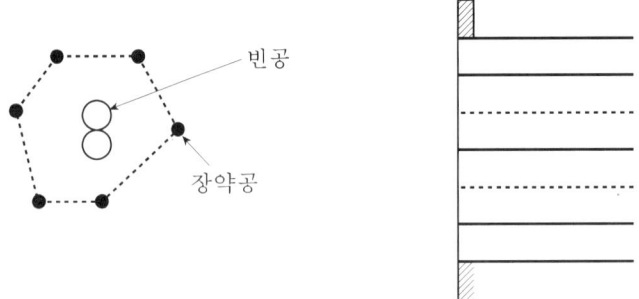

(6) 집중식 No Cut

굴착면에서 평행천공하여 번 컷과는 달리 인장파괴의 원리를 이용함으로써 천공간격을 10~15cm로 접근 설치하여 심발하는 공법이다.

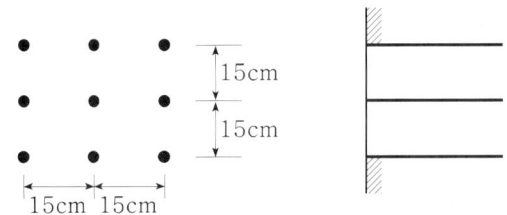

> **5-17** Bench Cut 발파 [00전, 10점]
> **5-18** 벤치 컷(Bench Cut) 공법 [10후, 10점]

I. 정 의

(1) 암반을 굴착할 때, 평탄한 여러 단의 Bench(계단)를 조성하여 작업능률을 향상시키고, 채굴이 진행됨에 따라 계단 형상으로 파내려가는 공법이다.
(2) 이 공법은 평지작업을 유지하여 특히 자유면 확보가 연속적으로 이루어지므로 작업효율이 좋고 천공작업, 장약 등의 시공성이 탁월한 공법이다.

II. 특 징

(1) 평지작업 가능
(2) 계획적인 채굴 진행
(3) 대형 신기계 도입 가능
(4) 변화 암반에서 선별 채굴 가능
(5) 타공법에 비하여 옥석의 발생이 적음
(6) 작업의 단순화
(7) 저렴한 ANFO 폭약 사용
(8) 벌채, 점토, 진입로 등 준비공사 필요

III. Bench의 높이와 폭

(1) 벤치의 폭
일반적으로 높이의 2배 정도로 하고 사용되는 셔블이나 덤프트럭의 크기에 따라 결정된다.

(2) 벤치의 높이
Crawler Drill 사용시 10m 전후로 하며 한국광산보안법에는 15m 이하로 되어 있다.

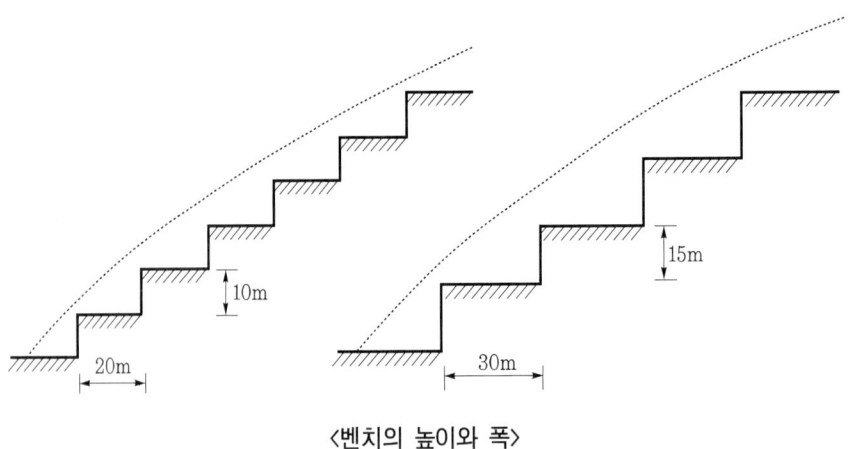

<벤치의 높이와 폭>

(3) 트럭 용량과 Bench 폭의 관계

덤프트럭 적재량(tonf)	Bench의 폭(m)
4	10.5
6.5	14.0
10	17.0
15	29.0

5-19 미진동 발파공법 [03후, 10점]

I. 정 의

(1) 도심지 주요구조물 부근에서 발파작업을 할 경우, 주요구조물에 미치는 발파진동을 최소한으로 억제하여 피해를 주지 않기 위해 개발된 공법이다.
(2) 미진동 발파공법은 천공 후 미진동 파쇄장치를 장약하면 고온에 의한 가스팽창으로 암반이나 콘크리트에 균열을 발생시키는 공법이다.

II. 공법의 원리

전기를 통해 약통의 화약을 점화시키면 고열이 발생하고, 고열로 인한 가스의 생성 및 팽창으로 피파쇄재에 균열을 발생시켜 파쇄하는 원리이다.

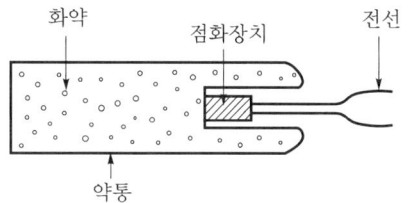

III. 시공방법

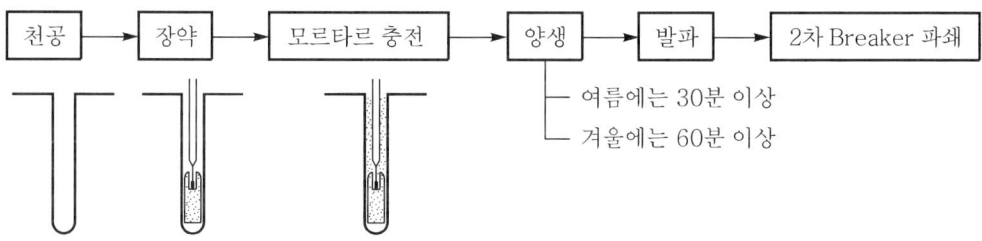

(1) 천공
   천공경은 약통의 크기에 맞추어 천공

(2) 장약
   전선과 점화장치 등 확인

(3) 모르타르 충전
   ① 시멘트 : 모래 : 급결제를 1 : 1 : 1 비율로 배합
   ② 가스가 새지 않도록 밀실 충전

(4) 양생
    기온에 따른 양생시간 준수

(5) 발파

(6) 2차 Breaker 파쇄
    암반이나 콘크리트에 균열만 발생시키므로 2차 Breaker 작업이 필수

Ⅳ. 특 징

(1) 일반 화약발파기를 이용하여 시공실적 풍부함
(2) 점화구 점화장치 간단함
(3) 비석의 위험이 낮음
(4) 파쇄효율 우수 및 공기 절감
(5) 1일 150개 이상 사용시에는 사용 및 양수 허가 필요함

5-20 2차 폭파(小割(소할)폭파)   [04중, 10점]

I. 정 의

(1) 1차 발파작업에서 발생되는 바위덩어리의 운반 적재가 곤란할 경우 이것을 조각낼 필요가 있을 때, 이 바위덩어리를 다시 발파하는 것을 2차 폭파라고 하며 소할발파 또는 조각발파라 한다.

(2) 2차 발파는 암반 절취작업에서 시공성의 향상을 위하여 행하는 공법으로 비석으로 인한 사고 발생을 방지할 수 있는 조치 등의 안전관리가 무엇보다 중요하다.

II. 공법의 종류

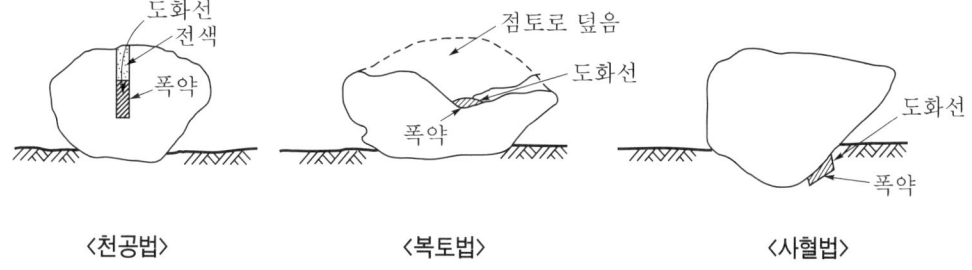

〈천공법〉   〈복토법〉   〈사혈법〉

(1) 천공법(Block Boring)
   일반적으로 가장 많이 사용하는 방법으로 바위덩어리 중심부를 향해 수직으로 천공하여 장약한 후 흙으로 틈을 메워서(전색) 발파하는 방법

(2) 복토법(Mud Caping)
   바위덩어리에 천공을 하지 않고 암석덩어리의 가장 약한 부위(지름이 작은 부위)에 폭약을 장진하고 그 위에 진흙으로 덮어놓고 발파하는 방법이다.

(3) 사혈법(Snake Boring)
   바위덩어리가 흙에 묻혀 있는 경우 천공작업이 여의치 않을 때 이용하는 방법으로 바위덩어리 아래측에 폭약을 장약한 후 발파하는 공법이다.

Ⅲ. 2차 폭파의 필요성

   (1) 버력 처리 용이
   (2) 안전성 확보
   (3) 작업성 확보
   (4) 운반작업 용이

Ⅳ. 시공시 유의점

   (1) 비산방지망 설치
   (2) 장약량 결정
   (3) 천공각도
   (4) 검색 작업
   (5) 진동충격 발생
   (6) 책임자 선정

5-21 지발뇌관

I. 정 의

(1) 전기뇌관의 일종으로 점화장치와 기폭약 사이에 연시약을 삽입하여 기폭약의 폭발, 즉 뇌관의 폭발을 늦어지게 하는 것을 말한다.
(2) 폭음과 진동을 경감시키고 폭발과정을 조절할 수 있는 공법으로 MS 뇌관과 DS 뇌관이 있다.

II. 뇌관의 분류

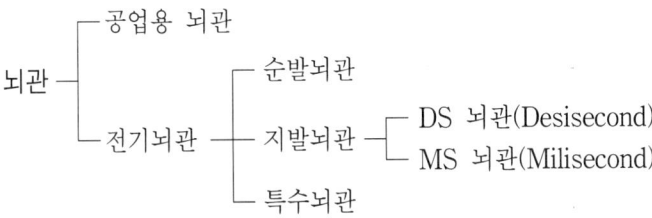

III. 지발뇌관의 종류

(1) DS 뇌관
   기폭약과 전기점화장치 사이에 삽입된 연시약에 의해 시간적인 늦음이 0.1초 이상이며 단간격이 0.25초인 것을 말한다.

(2) MS 뇌관
   기폭약과 전기점화장치 사이에 삽입된 연시약에 의해 시간적인 늦음이 0.01초 이상이며 단간격이 0.025초인 것을 말한다.

Ⅳ. 지발뇌관의 효과

 (1) 진동이 경미해서 암반이 이완되지 않는다.
 (2) 소음이 적다.
 (3) 인접 발파공의 영향이 적다.
 (4) 불발공이 없다.
 (5) 잔류약이 없고 암석이 적게 파쇄된다.
 (6) 파쇄체의 쌓임이 좋다.
 (7) 암분이 적어 위생상 좋다.

5-22 도폭선

[99중, 20점]

I. 정 의

(1) 도폭선은 폭약을 심약으로 하여 섬유·플라스틱 또는 금속관으로 피복한 화공품으로 한쪽 끝에서 기폭함으로써 다른 끝까지 폭굉(爆轟)을 전달할 수 있다.
(2) 트리니트로톨루엔(TNT)은 납으로 된 관 속에, 피크르산은 주석관 속에 채우고, 헥소젠은 심지실로 싸서 도화선 모양으로 피복한 것이다.

II. 발파공법의 종류

(1) 도폭선에 의한 발파
(2) 도화선에 의한 발파
(3) 전기뇌관에 의한 발파

III. 특 징

(1) 다량의 폭약을 사용하여 장공발파(長孔發破)를 할 경우 동시폭발 가능
(2) 도폭선의 한쪽 끝에 뇌관을 달고 점폭(點爆)하면 폭발이 4,000~6,000m/s의 속도로 진행
(3) 대발파의 경우 다량의 폭약 각 부에 단시간 내 확실하게 폭발을 전달
(4) 특수 용도로 금속 가공용 등에 폭발속도가 매우 느린 것, 폭압(暴壓)이 낮은 것, 선이 매우 가는 것 등이 개발됨

IV. 도폭선의 종류

(1) 제1종 노폭선
   피크르산을 주석관 안에 용전(溶塡)하고, 그것을 표준약경(標準藥經)이 될 때까지 확대한 것

(2) 제2종 도폭선
   ① 펜트리트(PETN)를 심약으로 하고 그 위에 종이 테이프·마사(麻絲)·면사 등으로 피복한 뒤에 다시 아스팔트나 플라스틱으로 피복한 것이다.

② 바깥지름은 5.5mm이고, 심약량은 1m당 약 10g으로 일반용·심해용·폭속 측정용 등이 있다.
③ 평균 폭속은 3,000~6,000m/s이다.

5-23 터널의 발파식 굴착공법에서 적용하고 있는 착암기(Rock Drill) 2종을 열거하고, 그 특성을 기술하시오. [98후, 30점]

Ⅰ. 개 요

(1) 터널공사에서 굴착방법은 기계굴착방법과 발파굴착방법으로 분류되는데 NATM 공법에서는 주로 발파공법이 많이 이용된다.
(2) 착암기란 발파굴착공법에서 화약을 장약하기 위하여 암반에 구멍을 뚫는 기계를 말하며 압축공기 또는 유압을 이용하여 천공작업하는 기계를 말한다.

Ⅱ. 천공작업의 필요성

(1) 폭약 장약
(2) 암반 조사
(3) Rock Bolt 시공
(4) 지하수 배수
(5) 파단선 형성

Ⅲ. 착암기

(1) 드릴 점보(Drill Jumbo)
　① 정의 : 이동식 대차 위에 다수의 착암기를 장착하여 한 번에 많은 구멍을 뚫는 기계로서 대차 위에 장착된 다수의 붐(Boom) 선단에 착암기를 달고 이것을 공기압 또는 유압을 이용하여 암반에 구멍을 뚫는 기계이다.
　② 작업량 : 사용 여건에 따라 상이하나 일반적으로 붐(Boom) 1대가 굴삭단면 $2 \sim 4\text{m}^2$를 감당할 수 있으며 평균치로 3m^2 전후가 된다.
　③ 종류
　　㉠ Drifter Jumbo
　　㉡ Leg Drill Jumbo
　　㉢ Ladder Jumbo
　　㉣ Shaft Jumbo
　④ 성능 : 붐(Boom) 수 및 배열 단수, 천공길이, 피드(Feed)길이, 착암기 성능, 자중 등으로 나타내며 용량은 착암기의 대수와 Boom의 배열 단수로 표시한다.

⑤ 천공 소요시간에 영향을 주는 요인
  ㉠ 암질 및 형상
  ㉡ 착암기 성능
  ㉢ 작동시 공기압력
  ㉣ 천공길이

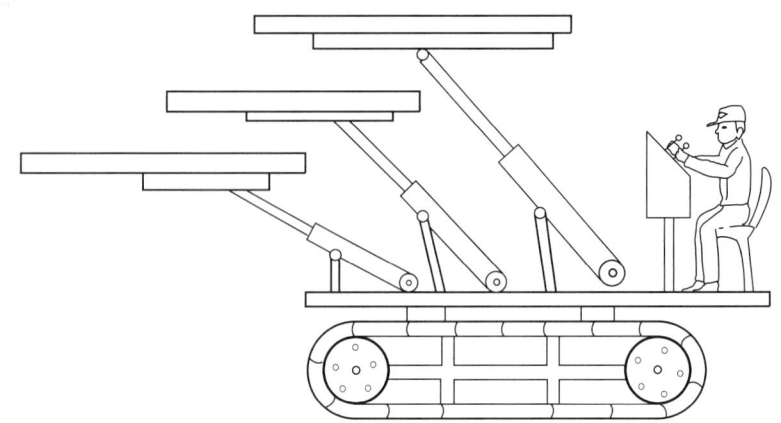

(2) 왜건 드릴(Wagon Drill)
  ① 정의 : 타이어가 부착된 작업대에 Frame, Chain Feeder, Drifter 등으로 장착하여 수평방향은 물론 임의의 각도로 구멍을 뚫을 수 있는 기계이다.
  ② 기계성능 : 이송길이, 이송용 에어모터 출력 및 공기 소모량, 드리프트 중량 등으로 나타낸다.
  ③ 용도 : 도로공사, 채광, 채석, 지질조사 등의 천공작업

(3) 크롤러 드릴(Crawler Drill)
  ① 정의 : 좌우가 각각 독립적으로 구동하는 무한궤도 형식의 작업대 위에 Frame, Boom, 대형 Drifter를 장치한 기계로서 대구경 및 장공을 뚫는데 적합하다.
  ② 작업능력 : 천공능력은 왜건 드릴의 3~5배이며 천공깊이는 30~60m까지 가능하다.
  ③ 성능 표시 : 에어모터의 수 및 마력, 공기 소비량, 이송길이, 드릴 로드, Bit경, 드리프트 성능, 등판각도 등으로 나타낸다.

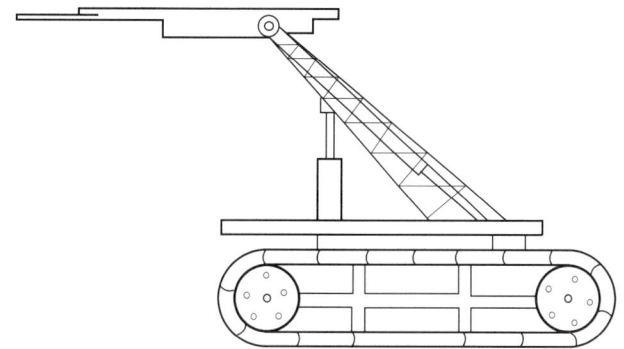

Ⅳ. 결 론

(1) 터널공사에서 암반 굴착을 위하여 암반 천공작업에 착암기가 사용되는데 최근 천공 기계의 개발로 착암기가 아주 발달되었다.

(2) 터널에서 사용되는 착암기는 발파에 사용하는 소구경의 착암기와 용수 처리를 위하여 지하수 배수 목적으로 대구경의 천공기계가 개발되어 있다.

6-1 NATM 터널시공시 지보공의 종류와 시공순서에 대하여 설명하고, 시공상 유의사항을 기술하시오. [07전, 25점]

6-2 NATM 터널시공시 지보재의 종류와 그 역할을 설명하시오. [10전, 25점]

6-3 NATM 터널시공시 지보패턴을 결정하기 위한 공사 전 및 공사 중 세부 시행사항을 설명하시오. [08후, 25점]

6-4 NATM 터널공사시 강지보재의 역할과 제작 설치시 유의하여야 할 사항에 대하여 기술하시오. [05중, 25점]

6-5 터널공사에서 록볼트(Rock Bolt)의 종류와 정착방식에 따른 작용효과에 대하여 설명하시오. [09전, 25점]

6-6 Rock Bolt와 Soil Nailing 공법의 특성을 비교하고 설명하시오. [03중, 25점]

I. 개 요

(1) 지보공은 터널의 굴착 후 복공이 완료될 때까지 원지반의 이완을 방지함으로써 원지반의 강도를 활용하여 터널의 안정을 확보하는 역할을 한다.

(2) 지보를 구성하는 요소로서는 Shotcrete, Rock Bolt, Steel Rib, Wire Mesh 등이 있다.

II. 지보공(지반 보강공법)의 종류와 시공순서

(1) 종류
① Wire Mesh
② Steel Rib
③ Shotcrete
④ Rock Bolt

(2) 시공순서

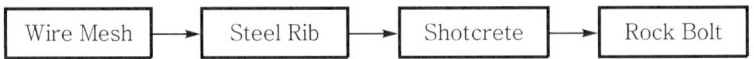

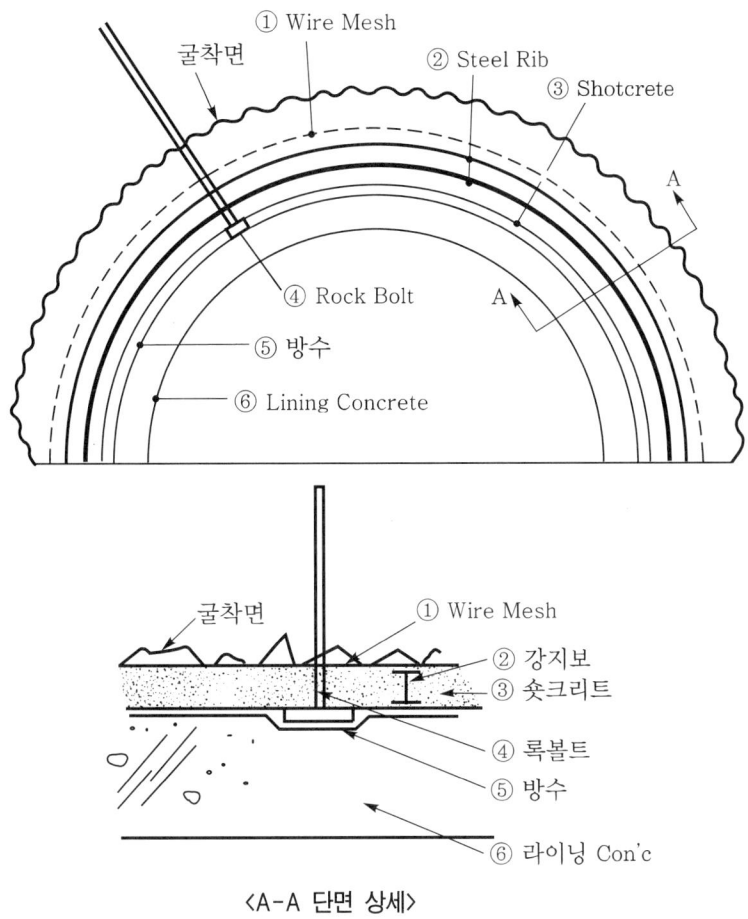

<A-A 단면 상세>

Ⅲ. 지보공의 특성

1. Wire Mesh

(1) 기능(역할)

① Shotcrete 전단 보강

② Shotcrete 부착력 증진

③ Shotcrete 경화시까지 강도 및 자립성 유지

④ 시공이음부 보강, 균열 방지

(2) 재료

① 규격은 $\phi 5 \times 100mm \times 100mm$, $\phi 5 \times 150mm \times 150mm$

② 보관, 운반시 물이 고이지 않도록 해야 한다.

③ 용접 Mesh 또는 마름모 Mesh를 쓴다.

(3) 시공관리(시공상 유의사항)
   ① 지보재에 의해 흔들리지 않게 고정
   ② 원지반 또는 Shotcrete면에 밀착
   ③ 종·횡방향의 겹이음 확보

2. Steel Rib(강재 지보공)

(1) 기능(역할)
   ① 지반의 붕락 방지
   ② Fore Poling 등의 반력 지보
   ③ Shotcrete 경화 전 지보
   ④ 갱구부 보강
   ⑤ 터널 형상 유지

(2) 종류
   ① H형 강지보
   ② 강관지보
   ③ 삼각지보

(3) 재료
   ① 큰 변형에도 부서지지 않는 것
   ② 구부림과 용접 등의 가공이 정확하고 양호하게 되는 재질
   ③ 치수는 막장의 자립성, 하중의 크기, 단면의 크기, 사용목적, 굴착공법 등을 고려해서 결정

(4) 시공관리(시공상 유의사항, 제작·설치시 유의사항)
   ① 형상 및 치수 확보
   ② 변형 여부 확인
   ③ 시공 정밀도(소정위치, 수직도, 높이)
   ④ 밀착(원지반 또는 Shotcrete면에 밀착 여부)
   ⑤ 이음 및 연결상태(이음볼트 및 연결재 시공 상황)

3. Shotcrete

(1) 기능(역할)
   ① 지반 이완 방지
   ② 콘크리트 아치 형성으로 지반하중 분담

③ 응력의 국부적 집중 방지
④ 암괴 이동, 낙반 방지
⑤ 굴착면의 풍화 방지

(2) 재료
① 시멘트
② 골재(잔골재, 굵은골재)
③ 물
④ 급결제

(3) 배합
① 압축강도 : 21MPa(28일 강도)
② W/C : 습식에서는 50~60%, 건식에서는 45~55%
③ G_{max} : 10~15mm
④ 잔골재 표면수 : 4~6%

(4) 분무방식
① 건식
② 습식

(5) 시공관리(시공상 유의사항)
① 타설 전 타설면 청소, 용수 처리, 배합점검
② 기계위치는 타설지점에서 30m 이내
③ 1회 타설두께는 5~7.5cm씩 나누어 타설한다.
④ 타설은 강재 지보공 기초 → 막장면쪽 강재 지보공 → 다른쪽 강재 지보공 → 중앙부분 순서로 한다.
⑤ 배면 공극을 줄이기 위해 여굴량이 최소가 되도록 하고, 철망을 굴착면에 밀착시키고 타설순서를 지켜야 한다.
⑥ 공기압은 분진 발생을 억제하기 위해 1~1.5kgf/cm^{2}로 한다.
⑦ 타설거리는 1m 정도일 때 Rebound량이 최소가 된다.
⑧ 타설각도는 90° 유지
⑨ 시공간격은 1시간 이내로 한다.
⑩ 타설 후에는 Rebound된 Shotcrete를 즉시 제거한다.

4. Rock Bolt

(1) 기능(역할)
　① 이완된 암반을 지반에 고정
　② 터널 주변의 지반과 일체화시켜 내화력이 높은 아치 형성
　③ 붕락 방지 및 터널 벽면의 안정성 유지

(2) 배치방법
　① Random Bolting : 필요한 부분
　② System Bolting : Pattern에 따름

(3) 배치간격(System Bolting)
　① Rock Bolt 길이 > 2 × 배치간격
　② Rock Bolt 길이 > 3 × 절리 평균간격
　③ Rock Bolt 길이 > (1/3~1/5) × 터널 굴착폭

(4) 재료
　① 인장 특성이 높은 재질 사용(D 25mm 이형 강봉)
　② 정착재료는 시멘트 모르타르, 시멘트 밀크, 수지

(5) 시공관리(시공상 유의사항)
　① 소정의 위치에 정확한 간격, 길이, 구경으로 천공
　② 소정의 정착력이 얻어지도록 시공
　③ Rock Bolt 길이는 3~5m가 보통

Ⅳ. Rock Bolt의 종류

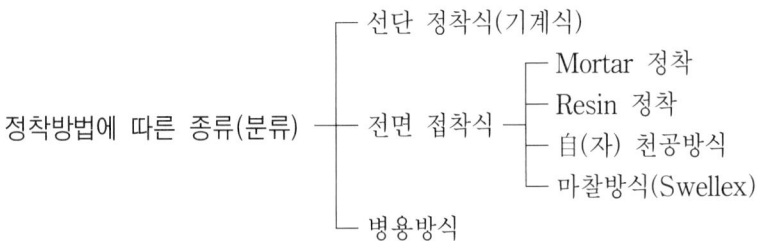

(1) 선단 정착식(기계식)

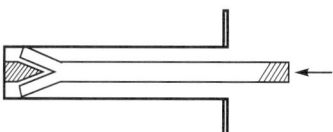

선단부에 쐐기를 설치하고 로드를 통하여 쐐기를 정착시키는 방법

(2) Mortar 정착

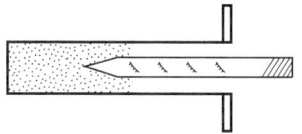

① 구멍 속에 급결식 Mortar 주입방법
② Mortar를 대롱형태로 구멍에 삽입하는 방식

(3) Resin 정착

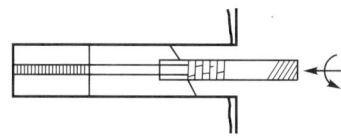

① Resin Capsule의 파손과 함께 A·B액이 반응하여 정착
② Resin Capsule의 파손과 함께 발포 팽창되는 방식

(4) 自(자) 천공방식

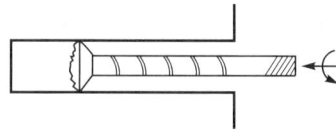

선단의 Bit로 천공한 후 Grout공을 통하여 Cement Milk 또는 우레탄액 등 주입

(5) 마찰방식(Swellex)

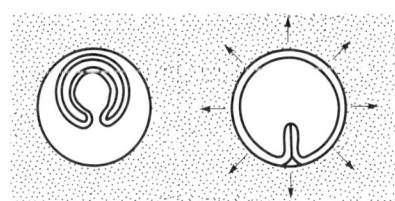

① 록볼트 표면과 지반과의 마찰력을 활용하는 것으로 선년 접착형의 일송
② 철판을 천공 홀에 삽입하여 고압수에 의해 철판을 팽창시킴으로써 원지반에 밀착

(6) 병용방식

선단 정착형 록볼트의 부식 방지 및 지보효과 확대를 목적

V. Rock Bolt 정착방식에 따른 작용효과

1. 선단 정착방식

(1) 선단부 정착작용효과
   ① 선단 정착형은 록볼트의 선단을 지반에 정착한 후 프리스트레스를 도입하는 방식으로서 최근에 사용되는 가장 발달된 정착방식이다.
   ② 그 종류에는 쐐기형, 신축형, 선단 접착형(레진 캡슐형) 등이 있다.

(2) Rock Bolt 효과 향상
   프리텐션이나 포스트텐션을 주어 록볼트효과를 향상시킬 수 있고 정착시간이 짧아 즉시 효과를 발휘할 수 있다.

(3) 초기 인장작용효과
   선단 정착방식은 록볼트의 전체 길이 중 선단부분만을 정착하는 형태로 경암에서는 좋은 정착력을 내어 Bolt에 즉시 인장력을 준다.

(4) 내압효과
   선단 정착부와 볼트 전면 사이의 강봉의 강성에 의해 거동하며 선단 정착부에서의 변형 및 전면부 와셔판으로 인해 내압효과가 발생한다.

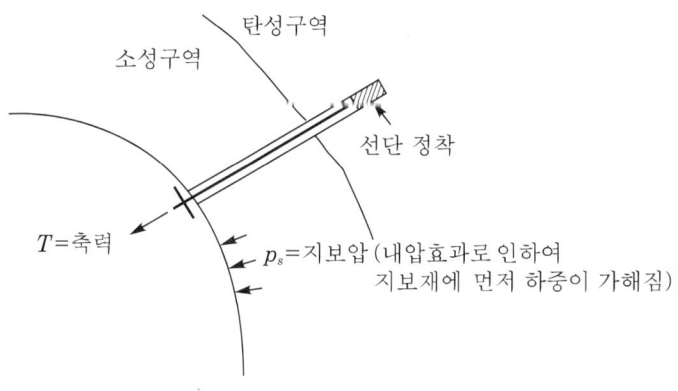

<선단 정착형의 거동의 상호관계>

(5) 프리텐션이나 포스트텐션의 효과
   록볼트의 전체 길이 중 선단부분만을 정착하여 프리텐션이나 포스트텐션을 주어 록볼트효과를 향상시킬 수 있으며 정착시간이 짧아 즉시 효과를 발휘할 수 있고 공사비가 절감된다.

2. 전면 접착방식

(1) 원지반 구속효과
록볼트 전장에서 원지반을 구속하는 형태를 말하며, 충전형은 대부분은 현장에서 광범위하게 적용하고 있다.

(2) 전단면 정착작용효과
① 전단면을 접착하므로 보강범위가 크고 효과가 우수하며 시공사례가 많다.
② 전단면 정착으로 정착시간이 길고 공사비가 고가이다.

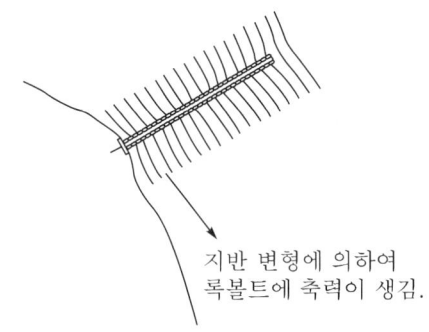

(3) 봉합작용 증대효과
전면 접착형은 록볼트 전장에서 원지반을 구속하는 형태로 암반의 봉합효과가 증대하는 효과가 있다.

(4) 지반 보강효과
지보재에 작용되는 지보압이 지반 변형과 상호 맞물려 있기 때문에 Rock의 역할은 지보재로 보기보다는 지반 자체의 보강재로서의 역할을 한다.

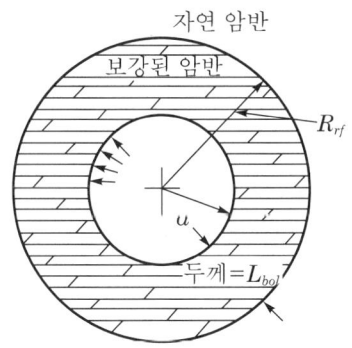

〈전면 접착형 록볼트로 보강된 지반〉

3. 병용방식

(1) 지반 개량작용
   ① 천공 후 충전재를 단순히 중력식으로 천공구를 메꾸는 방식이 아니라 입구를 코킹 또는 패커로 막은 후에 미리 설치된 관을 통해 압력주입을 실시하는 방식이다.
   ② 압력에 의한 주입으로 파쇄대나 토사지반에서 주변지반을 개량하는 효과를 가져오고 절리나 단층 파쇄대에 충진되기도 한다.

(2) 암반의 응결작용
   고압으로 충진하므로 암반의 느슨한 부분을 보강재로 주입하여 암반의 응결작용을 가져온다.

(3) 팽창효과
   선단을 기계적 정착 후 시멘트 밀크 주입시 고압을 사용하므로 주변의 지반을 팽창시키는 작용을 가져올 수 있다.

(4) Anching 작용효과
   터널 주변의 지반과 일체화시켜 내화력이 높은 아치 형성으로 단면에 Anching 효과를 가져올 수 있다.

Ⅵ. 지보패턴 결정을 위한 세부 시행사항

1. 공사 전 세부 시행사항

(1) 설계도서 및 설계자료 검토
   ① 지형도
   ② 지질도
   ③ 항공사진 및 측량사진
   ④ 인근공사 실적자료
   ⑤ 토질 보고서
   ⑥ 지하장애물 분포도

(2) 지질구조 조사
   ① 터널지역의 지형을 조사하고 토피고나 이상지압 발생 여부를 조사한다.
   ② 단층, 파쇄대의 존재 여부를 조사하여 그 위치를 파악하고 암반의 풍화 정도를 조사한다.

③ 단층대 특성에 대한 분석에서는 1차적으로 지질조사와 전기-전자 탐사를 통해 단층의 가능성이 있는 위치에 대한 정보를 확보한다.

(3) 지하수 및 용수 조사

지하수위, 지하수량, 지하수의 흐름 등을 조사하여 실제 본공사에 미치는 영향과 지보패턴을 결정한다.

(4) 정밀 지질 조사

① 지하탐사를 통한 지반 내의 암반의 구성 형태를 파악하고 이에 대응하는 공법을 선정한다.
② Boring 조사, 탄성파 조사 등을 시행하여 지질의 상태를 사전에 조사한다.

(5) 지질 분석 및 분류

① RQD에 의한 판정

RQD	암질상태
0~25	Very Poor
25~50	Poor
50~75	Fair
75~90	Good
90 이상	Very Good

② RMR에 의한 판정

암석의 강도, 암질, 절리상태, 지하수상태 등을 개별적으로 점수를 내어 합산한 암반의 평점으로 분류하는 방법

2. 공사 중 세부 시행사항

(1) 선진 Boring

터널의 시공 중 굴진할 부분의 지반상태를 파악하기 위하여 수평으로 선 Boring을 하여 지반의 상태를 파악하여 지보패턴을 정하고 또한 안전한 굴착을 위해 실시한다.

(2) 계측

시공 중 발생하는 실제 지반의 거동을 측정하여 당초 설계와 비교하여 안전하고 경제적인 시공을 위해 지보패턴을 변경한다.

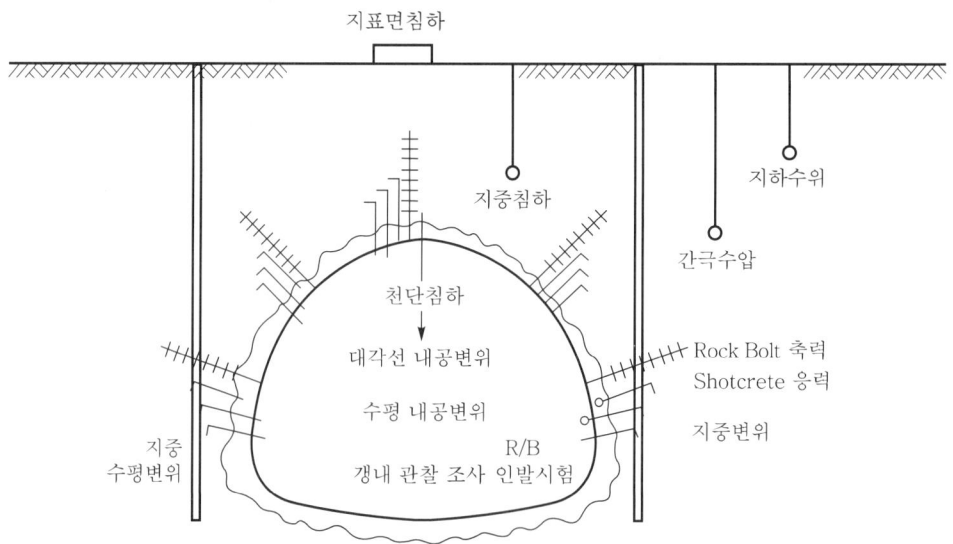

(3) 탄성파 조사
① 지표나 지중에서 인공적으로 진동을 일으키고 암반층에 전파하는 탄성파를 측정하여 지질구조를 추정하며 암반의 동적탄성계수를 구한다.
② 암석 고결도가 크면 클수록 속도는 증가한다.
③ 풍화가 진행되면 속도는 저하한다.
④ 절리나 틈이 많으면 속도는 저하한다.
⑤ 공극이 많으면 속도는 저하한다.

(4) 갱내 관찰조사(Face Mapping)
매막장마다 굴착면을 관찰하여 실제 눈으로 확인한 사항을 암반 평점 분류법(RMR)의 판정기준으로 평점하여 도표에 표시하고 관찰자의 판단내용 등을 기록하여 지보패턴을 결정한다.

Ⅶ. Rock Bolt와 Soil Nailing 공법의 특성 비교

구 분	Rock Bolt	Soil Nailing 공법
개 념	암반 속에 Rock Bolt를 삽입하여 느슨해진 암반을 고정	흙과 Nailing의 일체화에 의해 느슨한 지반의 안정을 유지
용 도	• 이완된 암반을 지반에 고정 • 터널의 붕락 방지 • 내하력이 높은 아치 형성 • 터널 벽면의 안정성 유지	• 굴착면 안정 및 가설 흙막이 • 터널의 지보 체계 • 사면 안정 • 기존 옹벽 보강

구 분	Rock Bolt	Soil Nailing 공법
사용재료	• Bolt : SD30, SD35의 20~40mm • 정착재 : Cement Mortar, Cement Milk, 수지	• 보강재(Nail) • Grout재 • 지압판, Wire Mesh • 콘크리트
시공관리	• 설치시기는 굴착면으로부터 2~3막장이 넘지 않게 한다. • 매막장마다 엇갈리게 배치한다. • 굴착면에 직각으로 설치한다. • 막장별로 시공 전반에 대한 관리기록 작성	• 굴착작업시 벽면 보강 • 천공각도 및 간격 유지 • 시공시 5℃ 이상 기온 유지 • Nut를 이용한 긴장작업 • 인발시험기로 부착력 확인 • 배수 Pipe 설치

Ⅷ. 결 론

(1) 지보재의 선정시에는 그 효과와 특징을 파악한 후 터널의 조건에 적절한 것을 선택, 조합하여 사용해야 한다.

(2) 시공시에는 막장면에 근접 설치하고 굴착면에는 밀착되게 설치해야 하며, 신속하게 시공하여야 한다.

6-7 Swellex Rock Bolting [99후, 20점]

Ⅰ. 정 의

(1) Swellex Rock Bolt란 느슨해진 암반을 고정시키기 위하여 사용하는 록볼트로서 천공구멍 속에 삽입한 철관을 고압수로 팽창시켜 록볼트 표면과 지반의 마찰력을 활용하는 전면 접착형의 일종이다.
(2) Rock Bolt는 선단 정착식과 전면 접착식 및 병용방식 등에 의해 암반에 정착시킨다.

Ⅱ. Rock Bolt 분류

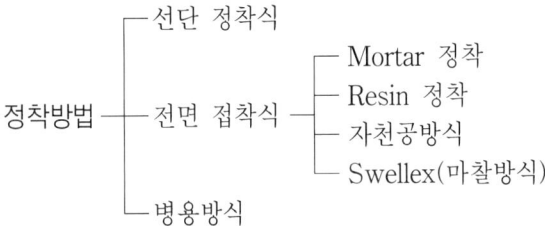

Ⅲ. Swellex Rock Bolt 도해

Ⅳ. Swellex Rock Bolt 시공순서

(1) 규정의 직경 비트로 암반 천공한다.
(2) Bearing Plate를 Swellex 볼트에 넣어 둔다.
(3) Swellex Rock Bolt를 천공구멍에 삽입한다.

(4) 전용 Arm으로 고압수를 주입한다.
(5) 요구되는 압력으로 주입되면 작업을 종료한다.
(6) 팽창단계에서 길이방향 수축으로 암반 압착한다.

V. 용 도

(1) 터널굴착면 보강
(2) 산사태 방지
(3) 암반사면 보강
(4) 반력 앵커

VI. Swellex Rock Bolt의 특징

(1) 전체면 정착으로 정착수 우수
(2) 타설 후 곧바로 사용효과 발휘
(3) 작업이 간단 신속하며 숙련공이 불필요
(4) 용수 및 균열 심한 암반에도 적용 가능
(5) 고압수 이용으로 접착제 필요 없음

VII. Swellex Rock Bolt 구조

(1) 두께 2mm, 지름 41mm의 강관을 기계적으로 성형하여 지름 26mm관을 만든다.
(2) 노출부위에는 종모양으로 넓히고, 2mm 지름의 주입구 설치

구 분	표준 Swellex	Super Swellex
두께	2mm	3mm
팽창 전 지름	26mm	37mm
팽창 후 지름	41mm	54mm
천공경	32~38mm	43~50mm
평균 인장강도	12ton	24ton

6-8 Tunnel 삼각지보(Lattice Girder) [97중전, 20점]

I. 정 의

(1) 터널단면 굴착시 굴착단면의 변위를 방지하고 숏크리트가 경화될 때까지의 임시 보강재로서 강지보공을 사용하게 된다.
(2) 무지보지반의 직접 보강 및 숏크리트 라이닝 하중을 분산하는 작용을 하며, 경화 후에는 숏크리트와 연합하여 지지효과를 증대시킨다.

II. 강지보공의 종류

(1) H형강 지보
(2) 강관지보
(3) 삼각지보(Lattice Girder)

 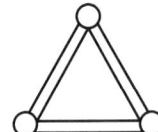

III. 삼각 지보재의 주요 기능

(1) 터널굴착 작업장의 초기 안정을 위한 지보
(2) 다음 단계 굴착이나 숏크리트 시공시의 주행 역할
(3) 숏크리트 라이닝의 보강
(4) Fore Poling, Pipe Roof 시공시의 지지대 역할
(5) 숏크리트 라이닝의 하중 분산
(6) 터널 내공 확인 및 발파 천공의 Guide 역할

IV. 삼각 지보재의 주요 장점

(1) 기존의 H형 지보재보다 비교적 가벼워 취급이 용이하다.
(2) Fore Poling 설치각도를 최대한 줄일 수 있어 시공성이 좋다.
(3) 연결작업이 쉽다.
(4) 여러 가지 형상의 단면으로 제작이 가능하다.
(5) Shotcrete 시공에서 Rebound 감소효과가 크다.

6-9 가축 지보공(可縮支保工) [01중, 10점]

I. 정 의

(1) 가축 지보공(Sliding Staging)이란 터널을 굴착할 때 팽창성 토압 등에 의해 내부 공간으로 변형이 발생되는데 이에 대응하여 외력의 증가에 따른 변형이 가능하도록 설계된 지보공을 말한다.
(2) NATM에서 사용되는 지보재로 강성 지보보다는 Sliding 장치가 부착된 V형 강아치형 지보가 사용되어진다.

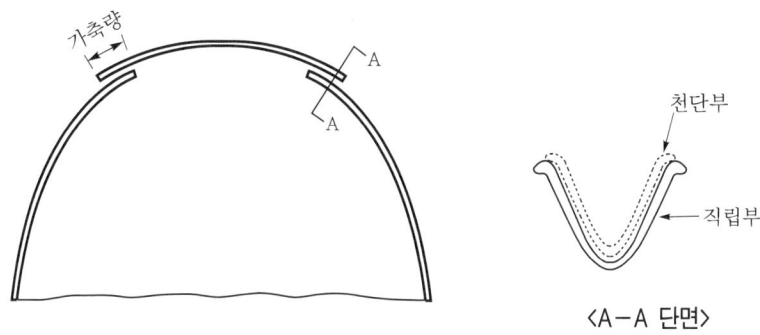

II. 지보재 적용

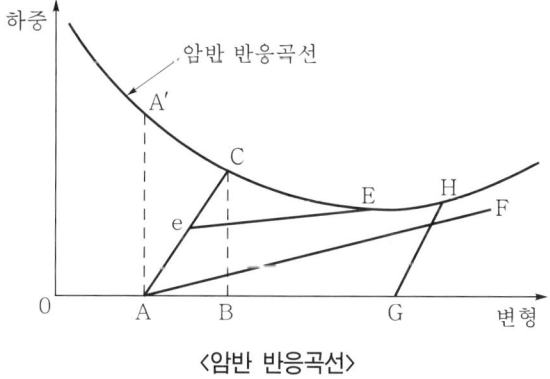

〈암반 반응곡선〉

(1) 선분 AA′는 강성 지보재 사용
(2) 선분 AC는 적절한 지보 설계로 지반과 지보가 평형상태 유지(가축 지보공 적용)
(3) 선분 AeE는 굴착 공동이 안정상태 도달 전 지보재의 항복상태

(4) 선분 GH는 지보재가 너무 늦게 설치된 상태
(5) 선분 AF는 가축성이 너무 큰 지보재 사용으로 굴착 공동이 안정되지 않은 상태

Ⅲ. 가축 지보공 사용효과

(1) 굴착 공동의 안정상태 유지
(2) 적정의 지보재 사용
(3) 어느 정도의 변형 허용으로 지보재의 경제성 확보
(4) 굴착 공동의 변형과 지보재 상태 확인

6-10 터널굴착시 지보공이 터널의 안전성에 미치는 효과를 원지반 응답(곡)선을 이용하여 구체적으로 설명하시오. [06중, 25점]

I. 개 요

터널굴착시 지보공 시공의 미흡과 예기치 못한 사고로 붕락구간이 발생할 경우 현장에서는 적절한 조치로 인명피해를 최소화하고 굴착을 계속 진행할 수 있도록 하여야 한다.

II. 지보공이 터널의 안정성에 미치는 효과

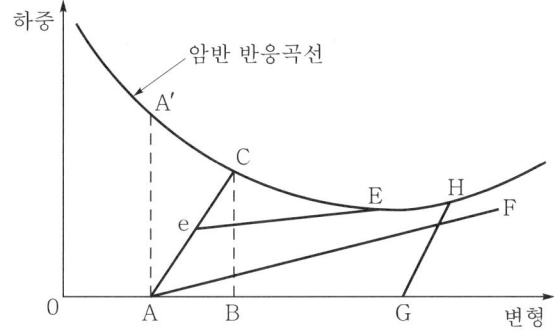

여기서, AA' : 강성 지보공
AC : 지보공이 적절히 설계되고 설치되어 평형상태 유지(가축 지보공)
AeE : 공동이 안정상태 도달 전 지보공의 항복상태
GH : 지보공이 너무 늦게 설치된 상태
AF : 가축성이 너무 큰 지보공을 사용한 경우

(1) 굴착 공동의 변형 발생
  ① 터널이 굴착되면 암반은 터널 내부쪽으로 변형을 일으킨다.
  ② 암반 반응곡선은 더이상의 변형을 방지하기 위해 터널의 천장부나 벽면에 작용시켜야 할 지보하중을 나타낸다.
  ③ 선분 OA는 지보공 설치 전의 변형량

(2) 변형과 지보하중과의 관계
  ① 변형이 선분 OA만큼 발생되었을 때 지보공이 완전 비압축성이면 지보하중은 선분 AA'로 나타난다.

② 지보공이 터널 벽면의 변형과 함께 변형되어 C점에서 평형상태에 도달될 때 벽면의 반경방향의 변위는 선분 OB로 나타나며 지보공의 변형은 선분 AB이고, 지보하중은 선분 BC로 나타난다.

(3) 지보공 설치시기
① C점에서의 평형상태는 지보공이 적절하게 설치되고 적절한 시기에 설치되었을 때 도달한다.
② AeE는 공동이 안정상태에 도달하기 전에 지보공이 항복하는 것을 나타낸다.
③ 선분 AF는 너무 가축성이 큰 지보공을 사용할 경우를 나타낸다.
④ 선분 GH는 지보재가 너무 늦게 설치되어 지보공의 효력 상실을 나타낸다.

(4) 지보공 설치요령
① 지보공 설치시기는 가급적 빠른 시기에 설치하여 초기 암반 변형이 터널 주위에 아치형 변형과 전단응력을 형성시켜 암반 자체가 지보능력을 갖도록 함과 동시에 지보공에도 지보하중을 발생시키는 것이 중요하다.
② 암반의 상태가 나쁠수록 지보공의 설치를 더 일찍하는 것이 좋다.
③ 지보공은 능동적 지보(가축 지보)가 수동적 지보(강성 지보)보다 더욱 효과적이며 막장의 매굴진시마다 가급적 신속하게 설치해야 한다.
④ 능동적 지보는 암반 자체 지보능력을 이용하기 때문에 보다 적은 지보공이 소요되며 반면에 수동적 지보는 이완된 암반의 전체를 지지해야 한다.

Ⅲ. 결 론

터널공사시 안전사고를 미연에 방지하기 위해서는 지반의 안정화가 우선적으로 확보되어야 하며, 안전사고 발생시에도 피해를 최소화할 수 있도록 조치하여야 한다.

> **6-11** NATM 터널 시공시 1) 굴착직후 무지보상태, 2) 1차 지보재(Shotcrete) 타설 후, 3) 콘크리트라이닝 타설후의 각 시공단계별 붕괴형태를 설명하고, 터널 붕괴 원인 및 대책에 대하여 설명하시오.
> [11전, 25점]

I. 개 요

터널 붕괴는 부적절한 지보의 형식이나 지보재 설치 및 타설시간의 지연 등 설계 및 시공 불량에 기인하는 원인 외에도 갑작스런 지하수 유입, 불균질 지반, 이방성의 지반 특성에 기인하여 발생된다.

II. 터널 붕괴시 나타나는 현상

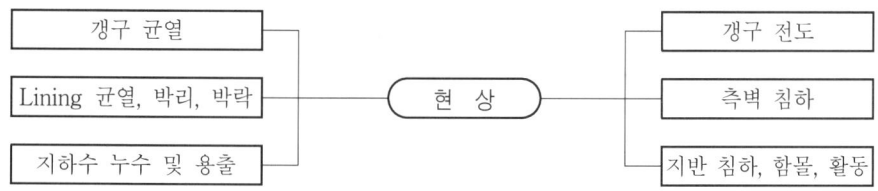

III. 터널의 붕괴형태

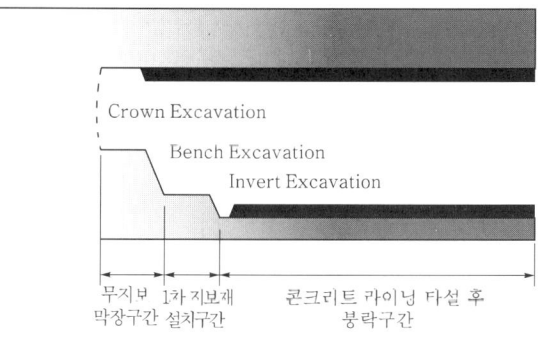

〈시공순서에 따른 터널의 붕괴형태〉

(1) 굴착(발파)직후 무지보 상태의 붕괴
  ① 벤치부 파괴(Bench Failure) : 벤치부분에서 굴착 후 절리 등 불연속면의 발달에 의하여 미끄러짐 형상의 파괴이다.
  ② 천장부 파괴(Crown Failure) : 터널 천장부에 형성된 절리군이 블록을 형성하여 쐐기형의 파괴를 일으키는 경우이다.

③ 막장부 파괴(Face Failure) : 천장부 파괴와 마찬가지로 발파 후 불연속면에 의한 막장부의 국부적인 암반블록이 붕락되는 경우의 파괴형태이다.

④ 전막장 파괴(Full Face Failure) : 터널 막장 전체가 연약층으로 형성되어 있는 경우 굴착으로 인하여 시간이 경과함에 따라 주변 지반의 지지력이 허용한계를 초과하여 막장면 전체에서 붕락이 발생하는 형태이다.

⑤ 연약대 파괴(Weakness Strata Failure) : 대규모 및 소규모의 연약대가 터널 막장부위의 굴진방향에 대해서 수직 또는 경사져서 발달되어 있는 지반조건의 경우 연약대를 따라 슬라이딩 형태의 파괴가 발생한다.

⑥ 표토층 파괴(Overburden Failure) : 터널 규모에 비하여 표토층이 너무 얇아 발파진동 등에 기인하여 터널 막장 표토층의 함몰이 일어나는 형태이다.

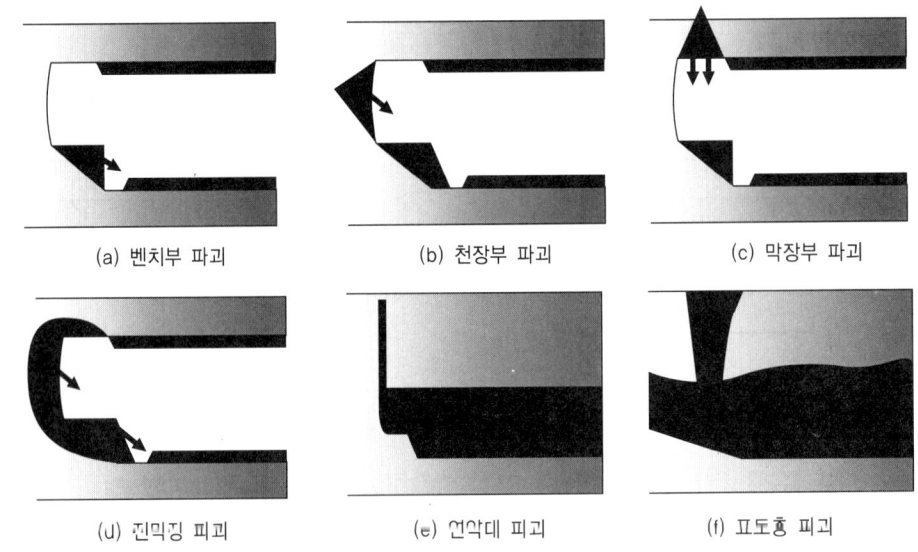

〈굴착직후 무지보 상태의 붕괴형태〉

(2) 1차 지보재(숏크리트) 타설 후 붕괴

1차 숏크리트 타설 후 터널의 붕괴형태를 분류하면 다음과 같다.
① 상반 굴착 직후 지지력 부족에 의한 인버트에서의 침하 및 전단 파괴
② 터널 주변 지반의 측압으로 인한 바닥부의 부풀림 현상
③ 터널 측벽부 콘크리트 라이닝에서의 측압에 의한 파괴

(3) 콘크리트 라이닝 타설 후 붕괴
① 전단 파괴(Shear Failure)
② 압축 파괴(Compression Failure)
③ 휨과 단층의 조합 파괴(Combined Bending and Thrust)
④ 국부 파괴(Punching Failure)

Ⅳ. 붕괴사고 원인분석

(1) 예상하지 못한 지질학적 원인에 의한 사고
    ① 수압을 가진 모래, 자갈층의 급작스런 출현(미고결함수 지반의 진행성 파괴)
    ② 시공중 연속적으로 지층상태를 파악할 수 있는 수평 시추 조사의 미수행
    ③ 전문가에 의한 막장 관찰기록, 분석 및 조치의 미비

(2) 계획과 시방조건의 미비에 의한 사고
    ① 터널의 안정성을 확보할 수 있는 암토피의 미확보
    ② 지반조건 분류기준의 오류로 보강공법의 부적절한 선택
    ③ 부적합한 시공자재의 사용과 허용오차 선정의 오류
    ④ 문제 발생시 긴급조치 계획의 부적합

(3) 계산과 수치해석의 오류에 의한 사고
    ① 설계 입력자료의 오류
    ② 지하수의 영향을 충분히 고려하지 못한 경우
    ③ 부적합한 재료모델 및 컴퓨터 프로그램의 사용
    ④ 계측자료에 대한 정확한 분석 미비

(4) 시공상의 오류에 의한 사고
    ① 1, 2차 숏크리트 두께가 시방서와 다른 경우
    ② 록볼트와 강지보의 잘못된 시공
    ③ 콘크리트 라이닝 시공불량
    ④ 설계시방과 다른 시공단계 적용

(5) 경영과 관리의 오류에 의한 사고
    ① 경험이 충분하지 않은 설계자와 현장관리인의 선정
    ② 시공사례의 장·단점을 충분히 인식하지 못한 현장관리인의 선정
    ③ 능력과 경험이 풍부하지 않은 시공업체의 선정
    ④ 불충분한 감리제도 도입
    ⑤ 현장 계측관리에 따른 시공외 적용이 즉시 이루어지지 않은 경우

V. 터널 붕괴원인

① 소성압
② 수압
③ 지지력 부족
④ 근접 시공
⑤ 팽창성 지반
⑥ 과대한 측압 발생
⑦ 굴착방법
⑧ 부적절한 지보재
⑨ 배수불량
⑩ 배면간극
⑪ 계측활용의 부적절
⑫ Shotcrete 강도 불량

VI. 대책공법

① 보강철망
② 배면간극 채용
③ Shotcrete
④ 거푸집 보강
⑤ Invert Con'c 설치
⑥ 지반 약액 주입
⑦ 배수공
⑧ 사면 안정공
⑨ Rock Bolt 보강
⑩ 라이닝 철근 보강
⑪ 갱문 지반 보강
⑫ Soil Nailing
⑬ 지중벽 설치

VII. 결 론

터널의 붕괴는 터널 막장에서 많이 발생하며, 붕괴 발생시 많은 인명사고가 동반되므로 시공시 안전조치를 취하고, 철저한 계측관리를 통하여 붕괴사고가 발생하지 않도록 하여야 한다.

7-1 터널공사의 숏크리트 공법에서 건식공법의 특징에 대하여 설명하시오. [96중, 35점]

7-2 NATM에서 Shotcrete의 작용효과, 두께, 내구성 배합에 관하여 설명하시오. [01중, 25점]

7-3 Tunnel 공사에서 Shotcrete 공법의 특징과 반발량(Rebound량)의 저감대책에 대하여 기술하시오. [96전, 30점]

7-4 터널공사에서 숏크리트(Shotcrete)의 기능과 리바운드(Rebound) 저감대책을 설명하시오. [01전, 25점]

7-5 NATM 터널시공시 적용하는 숏크리트(Shotcrete) 공법의 종류와 특징을 열거하고, 발생하는 리바운드(Rebound) 저감대책에 관하여 서술하시오. [03전, 25점]

7-6 NATM 터널시공시 적용하는 숏크리트(Shotcrete) 공법의 종류를 열거하고, 발생하는 리바운드(Rebound) 저감대책에 관하여 서술하시오. [05전, 25점]

7-7 NATM 터널시공시 숏크리트(Shotcrete) 공법의 종류를 열거하고, 리바운드(Rebound) 저감대책에 대하여 설명하시오. [10후, 25점]

7-8 숏크리트(Shotcrete)의 시공방법과 시공상의 친환경적인 개선안에 대하여 기술하시오. [06전, 25점]

7-9 건식 및 습식 숏크리트(Shotcrete)의 시공방법과 시공상의 친환경적인 개선안에 대하여 기술하시오. [09후, 25점]

7-10 건식 및 습식 숏크리트의 특성 [00전, 10점]

7-11 숏크리트(Shotcrete)의 특성 [02중, 10점]

7-12 Shotcrete의 리바운드(Rebound) [94후, 10점]

7-13 Air Spinning 공법 [10중, 10점]

I. 개 요

(1) 숏크리트란 시멘트, 골재, 물 등을 혼합한 굳지 않은 콘크리트를 압축공기로 뿜어내는 콘크리트 구조체를 형성하는 것으로 Air Spinning 공법이라고도 한다.

(2) 숏크리트의 품질관리를 위하여 시멘트, 골재, 급결제 등의 재료에 대해서 소정의 시험, 검사를 하여 그 품질을 확인하여야 한다.

Ⅱ. 공법의 분류(Shotcrete 시공방법)

(1) 습식 공법

시멘트·골재·물을 Mixer에 넣어 혼합한 후 노즐로 분사하는 공법이다.

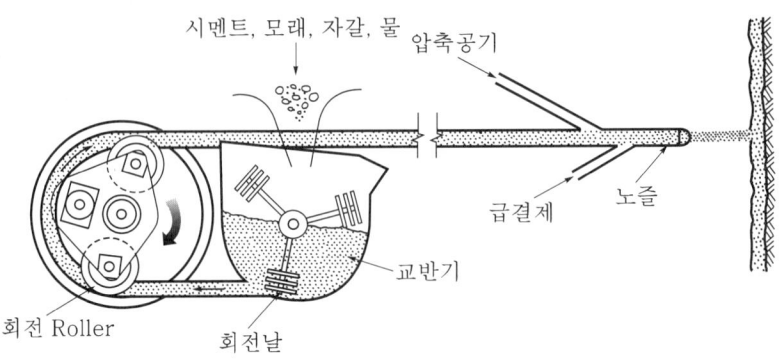

〈습식 혼합〉

(2) 건식 공법

물과 혼합되지 않은 시멘트·골재를 Nozzle까지 운반하여 물과 혼합시켜 분사하는 공법이다.

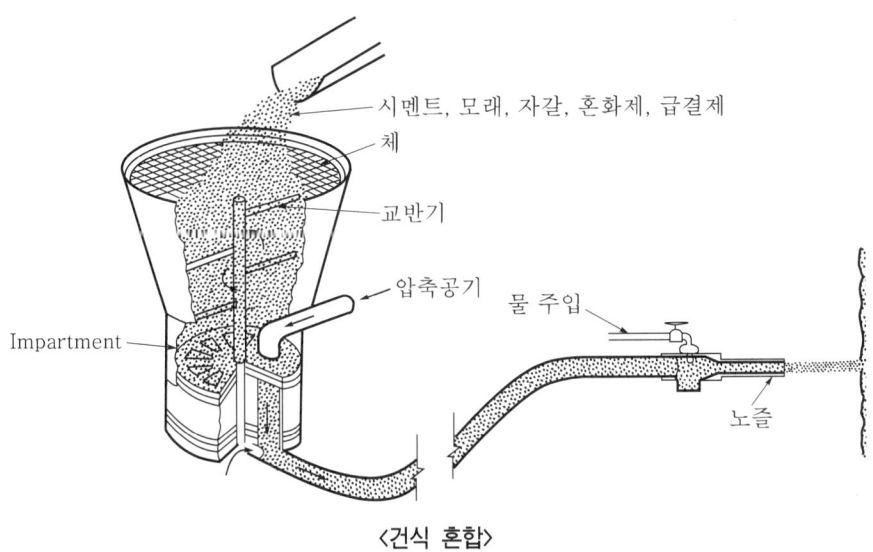

〈건식 혼합〉

Ⅲ. 특징(기능, 작용효과)

(1) 조기강도 발현
급결제의 첨가에 의한 조기강도의 발현이 용이하다.

(2) 거푸집 불필요
급속시공이 가능하므로 거푸집이 불필요하다.

(3) 이동성
소규모의 운반가능한 기계설비로 시공이 가능하다.

(4) 작업성
협소한 장소, 급경사면의 나쁜 작업환경에서 시공이 가능하다.

(5) 재료 손실
반발량 등의 재료 손실이 많다.

(6) 거친 마무리면
표면이 평활할 마무리면으로 될 수가 없다.

(7) 품질 변동
시공조건, 노즐맨의 숙련도에 따라 품질 변동이 크다.

(8) 수밀성 결여
내부 공동 발생으로 수밀성이 낮고, 건조수축 균열이 발생되기 쉽다.

(9) 지반 이완 방지
① 굴착과정에서 이완된 지반 고정
② 응력변화로 인한 지반 이완 발생 억제

(10) 낙반 방지
① 들뜬 암석의 구속효과
② 천단부 낙반 억제

(11) 굴착면 일체화
① 굴착면의 봉함효과로 지반 일체화
② 굴착면의 1차 복공으로 단면 안정성 확보

(12) 시공의 안정성 확보
　　① 굴착면 용수 처리
　　② 지반 이완, 탈락, 붕괴 방지
　　③ 시공과정에서 발생되는 진동, 충격에 대한 안정성 확보

Ⅳ. 두 께

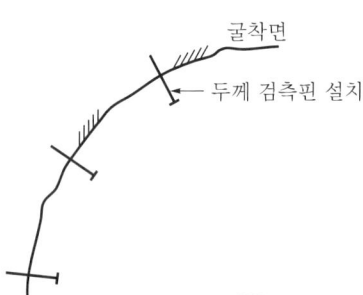

(1) 두께 결정요인
　　① 단면 크기
　　② 지반 조건
　　③ 사용 목적

(2) 설계 두께
　　① 통상 5~20cm
　　② 부석 방지 목적인 경우는 얇게 시공
　　③ 토피가 작고, 주변에 미치는 영향을 적게 하기 위하여 비교적 두껍게 시공

(3) 최소 뿜어붙이기 두께

지반상태	최소두께
연약한 암반	2~3cm
파괴하기 쉬운 암반	5cm
붕괴성 암반	7cm 철망 사용
팽창성 암반	15cm 철망, 강제 동바리 사용

(4) 두께 검측방법
　　① 검측핀에 의한 방법
　　② 시공 후 천공방법

Ⅴ. 내구성 배합

(1) 배합강도

용 도	배합강도
터널 라이닝	18~35MPa
구조물 보수	20~40MPa
비탈면 보호	17~28MPa

(2) 배합설계

항 목	사용량
물시멘트비	40~60%
굵은골재 최대치수	10~15mm
잔골재율	55~75%
단위시멘트량(콘크리트)	300~400kg/m³
단위시멘트량(모르타르)	400~600kg/m³
급결제 사용량	시멘트 중량의 5~8%
분진 저감제	시험 시공에 따른 첨가량 결정

(3) 배합 설계시 요구조건
 ① 초기 응결시간 : 최소 90초, 최대 5분
 ② 최종 응결시간 : 최소 12초, 최대 20분
 ③ 압축강도 : 24시간에 10MPa 이상, 28일에 21MPa 이상

Ⅵ. Rebound

현장에서 뿜어붙임(0.2m³ 정도)을 행하여 시트 위에 떨어진 콘크리트(반발재)를 계량함으로써 다음 식으로 산출한다.

$$\text{Rebound량(\%)} = \frac{\text{반발재의 전 중량}}{\text{뿜어붙임용 재료의 전 중량}} \times 100$$

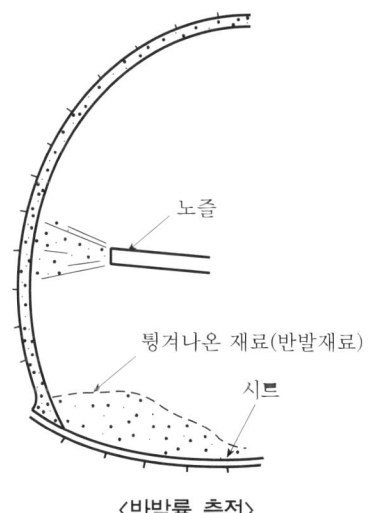

〈반발률 측정〉

Ⅶ. 반발(Rebound)량 저감대책

1. 재료

(1) 시멘트
  ① 일반적으로 보통 포틀랜드 시멘트 사용
  ② 급속시공이 필요한 곳은 조강 포틀랜드 시멘트 사용
  ③ 염분의 영향을 받는 곳은 고로 시멘트 사용

(2) 골재
  ① 깨끗하고 내구성이 좋으며, 화학적 안정성이 큰 것
  ② 굵은골재의 최대치수는 10~15mm로 한다.

(3) 혼화재료
  ① 급결제
    ㉠ 터널과 같은 상향 시공시
    ㉡ 경화촉진 목적 사용
  ② 감수제, AE 감수제
    ㉠ Rebound량 및 분진 감소
    ㉡ 습식 공법에서 반죽질기 확보

(4) Wire Mesh
  ① Shotcrete와 굴착지반과의 부착 증대
  ② 운반, 취급시 습기에 누축되지 않게 한다.

2. 배합

(1) 굵은골재 최대치수
  ① 일반적으로 10~15mm가 적당하다.
  ② 굵은골재 최대치수가 너무 크면 반발량이 증가한다.

(2) 잔골재율
  ① 잔골재율은 55~75% 범위가 적당하다.
  ② 잔골재율이 너무 작으면 반발량이 많아지고, 압송관의 폐쇄위험이 있다.

(3) 단위수량
  ① 40~60% 범위가 적당하다.
  ② 단위수량이 너무 적으면 분진과 반발량이 많아진다.

(4) 혼화재료
   ① 급결제량은 시멘트 중량의 2~8% 정도이다.
   ② 감수제, AE 감수제의 사용량은 실적 또는 시험에 의해 결정한다.

3. 시공

(1) 뿜어붙임면 처리
   ① 뜬돌, 풀, 나무 등의 제거
   ② 시공면에 대한 배수 처리 및 흡습성면에는 살수
   ③ 부착면을 거칠게 한다.

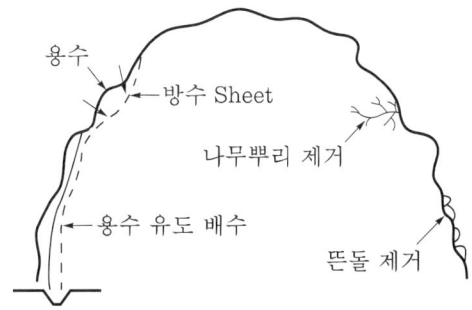

(2) Wire Mesh
   ① 이동이 생기지 않도록 설치, 고정
   ② 굴착지반에 근접 설치

(3) 타설
   ① 노즐과 타설면의 거리는 1m, 타설각도는 90°를 유지
   ② 믹서기와 노즐 사이의 거리는 최대 30m 이내
   ③ 압송압력은 2.5kg/cm^2 이내

Ⅷ. 시공상의 친환경적인 개선안

(1) 점착력 증대
   ① 리바운느를 저감하기 위하여 급결제나 기타의 혼화재료를 사용하여 점착력을 증대한다.
   ② Wire Mesh 등의 철망은 뿜어붙이는 면에 고정하여 점착력을 증대한다.

(2) Robot에 의한 기계 타설
   ① 소요물질의 콘크리트와 작업능률을 확보하기 위해 재료를 연속적으로 균등하게 살포할 수 있는 것을 사용한다.

② 뿜어 붙이기는 Robot을 이용하여 뿜어붙이기면과의 거리, 각도 유지와 원격조정 및 모니터시설로 환경을 개선한다.

(3) 집진설비 설치
① 숏크리트 타설시는 터널 내부에 집진설비를 설치하여 분진 방지효과를 도모한다.
② 건식 타설시는 시멘트의 분말이 많이 발생하여 기능공뿐만 아니라 주변 농작물에도 영향을 끼치므로 집진설비를 설치한다.

(4) 뿜기면 처리
① 낙하위험이 있는 돌, 풀, 나무 등은 미리 제거한다.
② 뿜기면의 용수는 배수 파이프, 배수 필터 등으로 배수 처리한다.
③ 흡수성 있는 뿜기면은 뿜기 전에 살수하여 흡습시키는 처리가 필요하다.
④ 뿜기면이 동결되었거나 빙설이 있을 때에는 제거 또는 녹여서 처리한다.

(5) 노즐각도

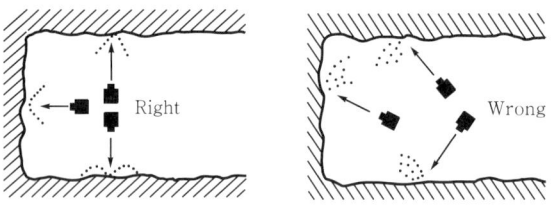

① 숏크리트는 노즐에서 분출되는 재료가 적당한 속도로 뿜기면에 직각으로 분출될 때 가장 압밀되어 부착성이 좋다.
② 뿜기각도가 경사지면 먼저 붙여진 부분 손상과 리바운드나 막리가 많게 된다.

(6) 분사방법

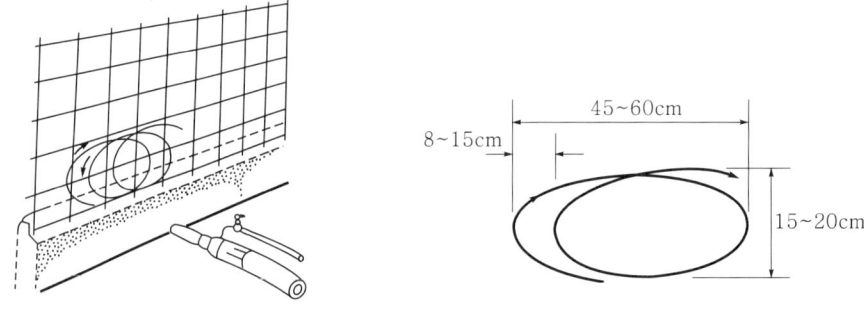

〈숏크리트 타설시 노즐의 모션〉

숏크리트는 뿜어붙인 콘크리트가 흘러내리지 않도록 뿜기면상태, 건습상태, 재료상태, 급결제 사용유무, 숙련도 등에 따라 처짐 또는 박락되지 않은 두께 한도로 뿜어붙인다.

(7) 타설방법

강재 지보공을 설치한 곳에 뿜어붙일 때는 뿜기면과 강재 지보공의 사이에 공극이 생기지 않도록 뿜어붙이고 숏크리트와 강재 지보공이 일체가 되게 타설한다.

(8) 리바운드

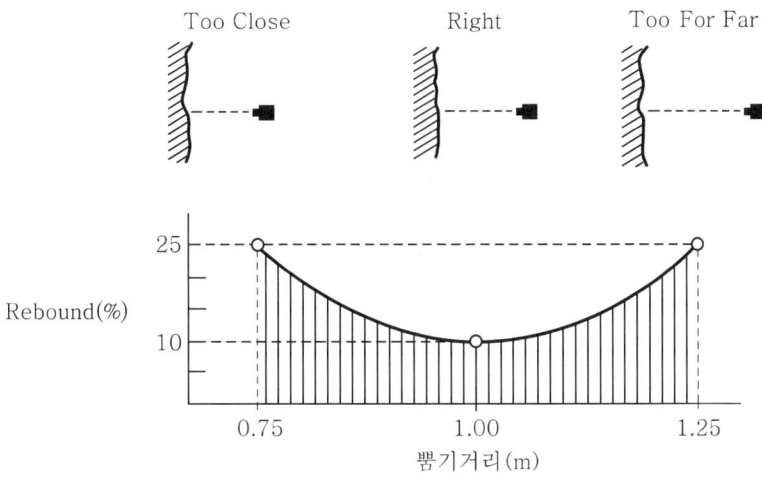

① 리바운드는 뿜기방식, 뿜기거리, 뿜기횟수, 공기압, 재료의 배합, 골재의 입도, 철근간격, 두께 등에 따라 달라진다.
② 적정의 배합과 시공으로 가능한 한 감소시켜 경제성을 높이는 것이 바람직하다.
③ 리바운드된 재료는 다시 반입하여 사용하지 않는다.

IX. 결 론

(1) Shotcrete는 굳지 않은 콘크리트를 고압공기를 이용하여 뿜기면에 뿜어붙이는 콘크리트로서 뿜어붙이기시 품질 변동에 유의하여야 한다.
(2) 특히, Shotcrete 리바운드 박락, 흘러내림 등은 Shotcrete 품질을 저하시키는 가장 큰 요인이 되므로 배합, 시공과정에서 품질관리가 요구된다.

7-14 숏크리트(Shotcrete)는 NATM 지보로서 중요한 고가의 재료이다. 합리적인 시공을 위한 유의사항에 대하여 기술하시오. [98중후, 30점]

7-15 NATM 터널의 숏크리트작업에서 터널 각 부분(측벽부, 아치부, 인버트부, 용수부)의 시공시 유의사항과 분진대책을 설명하시오. [08중, 25점]

7-16 숏크리트(Shotcrete)의 응력 측정 [01후, 10점]

I. 개 요

(1) Shotcrete는 터널공사에서 굴착면을 보강할 목적으로 굴착면에 콘크리트를 뿜어 붙이는 방법으로 시공하는 것이다.

(2) Shotcrete의 품질관리를 위하여 Cement, 골재, 급결제 등의 재료에 대하여 소정의 시험 및 검사를 실시하여 그 품질을 확인하여야 한다.

II. 숏크리트의 응력 측정

(1) 반경방향 응력 측정
   ① 원지반과 숏크리트 경계면에 센서를 설치하여 숏크리트에 미치는 배면토압 계측
   ② 센서에는 압력셀과 진동현식 스트레인 게이지가 있음
   ③ 숏크리트 타설 전 한 단면에 각 방향으로 1조씩 매설하여 모두 5조를 연결 조립한 다음 숏크리트 타설

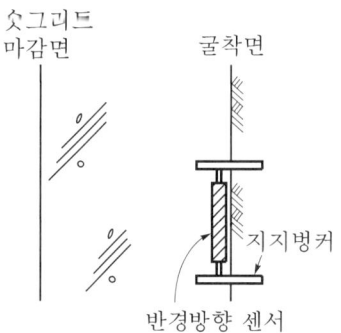

   ④ 이때 전달되는 압력은 다이얼게이지로 계측하여 응력으로 산정한다.

(2) 축방향응력 측정
   ① 숏크리트 두께방향으로 센서를 매설하여 숏크리트의 파괴를 감시하는 계측
   ② 숏크리트의 들뜸, 박락 등의 변형 측정
   ③ 굴착면과 숏크리트와의 결속상태 측정

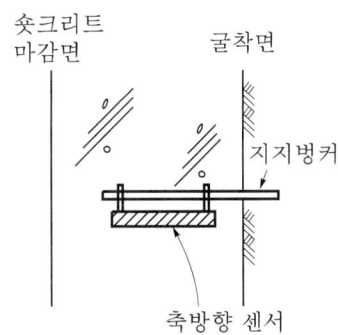

(3) 계측간격 및 빈도

계측간격(m)	배 치	빈 도
200~300	접선, 반경방향의 3~5개소	1회/일~1회/주

Ⅲ. 시공시 유의사항

(1) 강도
① 숏크리트는 품질 향상에 의하여 구조재료로 사용이 되며, 구조물의 설계에 준하는 강도 및 소정의 내구성을 가져야 한다.
② 강도는 일반적으로 재령 28일에서의 압축강도를 기준으로 한다.

(2) 사용재료
① 시멘트는 보통 포틀랜드 시멘트를 사용하고, 이외의 시멘트를 사용할 때는 소정의 품질을 위한 사전시험 후 사용한다.
② 골재는 깨끗하고 단단하며 강하고 내구적이면서도 알맞는 입도를 가지고 화학적으로 안정된 것을 사용한다.
③ 일반적으로 잔골재 조립률은 2.3~3.1의 범위와 10~15 mm의 굵은골재를 사용한다.

(3) 혼화재료
① 작업능률 향상과 자중에 의한 박락이 적도록 응결촉진을 목적으로 급결제를 사용한다.
② 급결제 사용은 사용한 그 성능을 확인하고 숏크리트 강도, 철망에 영향을 주지 않고 작업원의 건강에 해를 주지 않는 것을 사용한다.
③ 리바운드 및 분진량을 감소시킬 목적으로 특수한 혼화제를 사용할 때는 초기강도 및 장기재령에서 강도 저하에 유의하여 사용한다.

(4) 보강 철근 및 철망 설치
   ① 철망 사용은 용접철망 또는 마름모형철망 사용을 원칙으로 한다.
   ② 터널 등 지하구조물에는 철사의 직경 4~6mm, 철망눈 치수 100~150mm를 사용한다.
   ③ 철망 설치는 뿜기면에 밀착하여 설치하고 이동, 진동 등이 일어나지 않게 고정시켜야 한다.
   ④ 법면 보강에는 철선 지름 2.0~2.6mm, 철망눈 치수 50~75mm를 많이 사용한다.

(5) 강섬유
   ① 숏크리트 시공에 적합한 것의 사용으로 터널 복공, 굴착 법면 보강 등에 사용된다.
   ② 강섬유는 비비기, 압송, 뿜어붙이기 등에서 휨이 적고 압송호스 속에서 폐색되지 않는 형상으로 일반적으로 30mm 이하를 사용하는 것이 좋다.

(6) 배합
   ① 숏크리트 배합은 구조물이 필요로 하는 강도 또는 설계기준강도 및 현장의 품질 변동을 고려하여 결정한다.
   ② 터널 라이닝에서는 18~24MPa, 법면 보호공에서는 18MPa 등을 많이 쓴다.
   ③ 배합시 고려할 사항은 압송 중 폐색 방지, 리바운드 적게, 분진 적게, 박리 박락, 처짐 적게, 경제성 등이다.

(7) 계량장치 및 믹서
   ① 재료의 계량은 중량 계량장치를 사용하는 것을 원칙으로 한다.
   ② 믹서는 일반적으로 배치믹서를 사용하며, 연속믹서를 사용할 때는 승인을 얻은 후 사용한다.

(8) 마무리

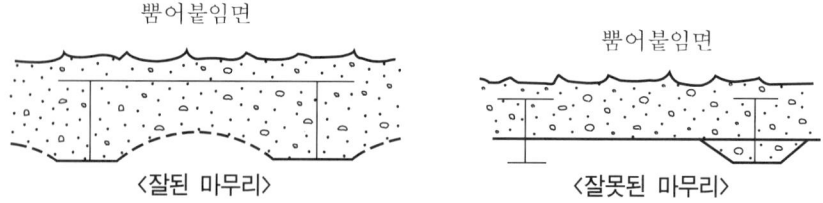

〈잘된 마무리〉　　〈잘못된 마무리〉

   ① 숏크리트 타설 후 마무리는 부재 표면 손상 또는 부착에 악영향을 미칠 우려가 크므로 특히 필요한 경우를 제외하고는 숏크리트만으로 마무리한다.
   ② 마무리가 필요한 경우 흙손, 주걱, 와이어 브러시 등을 사용하여 표면이 응결할 때 실시한다.

(9) 양생
　① 숏크리트는 저온, 건조 및 급격한 온도 변화 등에 따라 유해한 영향을 받지 않도록 충분히 양생한다.
　② 양생시 진동, 충격 등에 대해서 충분히 보양한다.

(10) 안전관리, 위생관리
　① 뿜어붙이기 작업에서 숏크리트의 리바운드 및 분진의 발생으로 작업원의 안전과 건강에 유의해야 하며, 보호장비의 착용을 의무화하여야 한다.
　② 보호장비는 리바운드나 분진에 대해 인체를 보호하는 장비로 헬멧, 방진안경, 방진마스크, 장갑, 장화, 긴 상의(上衣) 등이 있다.
　③ 작업원의 작업이 곤란한 악조건의 시공일 때는 Robot 등을 이용한 원격조정이 필요하다.

Ⅳ. 분진대책

(1) 점착력 증대
(2) Robot에 의한 기계 타설
(3) 집진설비 설치
(4) 뿜기면 처리
(5) 노즐각도
(6) 분사방법
(7) 타설방법
(8) 리바운드

Ⅴ. 결 론

(1) Shotcrete는 굳지 않은 콘크리트를 고압공기를 이용하여 뿜기면에 뿜어붙이는 콘크리트로서 뿜어붙이기시 품질 변동에 유의하여 시공한다.
(2) 특히 Shotcrete 리바운드 바라, 흘러내림 등은 Shotcrete 품질을 저하시키는 가장 큰 요인이 되므로 배합, 시공과정에서 품질관리가 요구된다.

> **8-1** NATM 터널에서 2차 복공 Con'c에 나타나는 균열의 원인과 대책을 설명하시오. [95전, 33점]
> **8-2** 터널 2차 라이닝 콘크리트의 균열 발생원인과 그 방지대책을 설명하시오. [09중, 25점]
> **8-3** 터널 라이닝 콘크리트의 누수 원인과 대책을 설명하시오. [95후, 35점]
> **8-4** NATM 터널공사에서 라이닝 콘크리트(Lining Concrete)의 누수 원인을 열거하고, 시공시 유의사항을 설명하시오. [01후, 25점]
> **8-5** 터널에서의 콘크리트 라이닝의 기능 [07후, 10점]

I. 개 요

(1) Lining Concrete 균열의 주된 원인은 시멘트의 수화열에 의한 온도응력, 건조수축, 환경상태 등에 기인한다.
(2) 균열을 최소화하기 위해서는 재료의 선정, 배합에서부터 타설 시공에 이르기까지의 콘크리트 품질관리가 무엇보다도 중요하다.

II. Lining Concrete의 도해

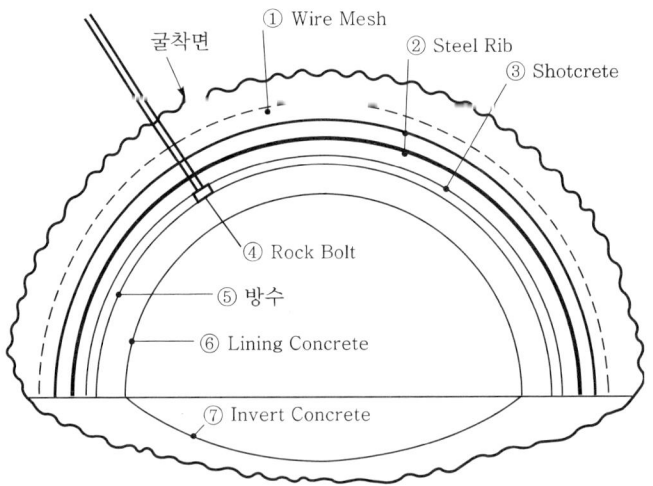

Ⅲ. 콘크리트 라이닝의 기능

(1) 구조체의 기능
  ① 뿜어붙임 콘크리트 등으로 형성된 지보재가 영구구조물로서 충분한 안전율이 없다고 판단되는 경우
  ② Rock Bolt에 큰 축력이 작용하여 응력 저항부의 크리프나 볼트의 부식으로 인하여 지반응력이 콘크리트에 전달될 경우

(2) 터널 내부 시설물의 보호 및 보존 기능
  터널 내부의 조명시설의 설치시 조명시설을 설치하고 보존, 보호하는 기능을 가져야 한다.

(3) 점검 및 보수관리 기능
  터널의 변형이나 이상지반 발생시 계측의 정밀성과 신속성을 가지는 역할을 한다.

(4) 구조물의 기능 유지
  내구연한 동안 구조물로서의 기능을 유지하고 안전성을 향상시키는 기능을 말한다.

(5) 굴착면 안정 유지
  ① 지반의 종류에 따라 라이닝의 형상이 결정된다.
  ② 각 형상의 라이닝은 굴착면의 안전유지가 목적이다.

(6) 기타
  ① 굴착암벽의 풍화 방지
  ② 수로터널에서 조도계수 향상
  ③ 토압, 수압 등의 외력에 저항
  ④ 내구성 향상

Ⅳ. 균열(누수) 원인

(1) 재료 불량
  풍화된 시멘트, 내구성이 부족한 골재 등을 사용할 때 Lining Concrete의 품질 저하 요인이 된다.

(2) 배합 불량
  W/C의 과다로 인한 Concrete의 강도, 내구성, 수밀성 저하가 균열의 원인이 된다.

(3) 시공 불량

Lining Concrete 타설방법의 부적절에 의해 재료의 분리, 시공이음 등의 발생이 균열의 요인이 된다.

(4) 건조수축

콘크리트 타설 후 급격한 건조로 인한 수축으로 발생되는 인장응력이 균열의 요인이 된다.

(5) 수화열

수화열에 의해 상승된 콘크리트의 온도가 저하되면서 초기균열이 발생된다.

(6) 인장응력의 집중

Lining Concrete의 실제두께가 얇은 곳에서 인장응력의 집중이 발생하고, 그 요철부의 능선을 따라 균열이 발생된다.

(7) 원지반의 온도 변화

시공 후 한랭기가 되었을 때 원지반과 외부공기의 온도 저하가 인장균열을 발생시킨다.

(8) 용수

용수가 있는 개소는 지질이 불량하여 콘크리트의 품질이 저하될 우려가 크다.

(9) 기초지반의 불량

기초지반이 팽창성 이암 등의 경우 큰 토압이 작용하므로 균열이 발생하기 쉽다.

(10) 방수층 파손

① 방수재료의 불량 및 시공관리 미흡
② 수압의 증가

V. 대책(시공시 유의사항)

(1) 물

Lining Concrete의 품질에 영향을 끼치는 불순물을 유해량 이상 함유하지 않아야 한다.

(2) 시멘트

주로 보통 포틀랜드 시멘트를 사용하나 수축균열을 방지할 목적으로 고로 시멘트나 중용열 포틀랜드 시멘트를 쓰기도 한다.

(3) 골재

Lining에 쓰이는 콘크리트용 골재는 양질의 것으로 특히 내구성이 우수한 것을 사용해야 한다.

(4) 혼화제

Fly Ash, 유동화제 등을 사용하여 콘크리트의 품질을 개선하여야 한다.

(5) 배합

여굴에도 다 채워질 수 있는 Workability를 가질 수 있도록 배합을 정해야 한다.

(6) 운반

재료의 분리, 손실, 이물질의 혼입이 생기지 않는 방법으로 운반해야 한다.

(7) 타설

재료 분리가 생기지 않게 구석구석까지 채워지도록 하고, 한 구획의 콘크리트는 연속해서 타설해야 한다.

(8) 용수 처리

용수가 있을 경우에는 콘크리트의 품질을 저하시키지 않도록 적당한 조치를 하여야 한다.

(9) 여굴 충진

여굴은 될 수 있으면 공극이 남지 않도록 콘크리트 또는 양질의 암석으로서 충진하여야 한다.

(10) 균열의 분산

철근을 적절히 배치함으로써 균열 본수를 늘리고 개개의 균열폭을 작게 한다.

VI. 결 론

(1) Lining Concrete의 타설은 좁은 공간 내에서 이루어지는 등 시공조건이 나쁘기 때문에 빈 공간을 남기지 않도록 콘크리트를 밀실하게 타설하는 것이 중요하다.
(2) 균열의 발생을 방지할 수 있도록 시공 전후의 대책을 충분히 수립하여야 한다.

> **8-6** 터널공사에 있어서 인버트 콘크리트(Invert Concrete)가 필요한 경우를 들고, 콘크리트 치기순서에 대하여 설명하시오. [02중, 25점]
>
> **8-7** 장대 터널공사현장에서 인버트 콘크리트를 타설하고자 한다. 인버트 콘크리트의 설치목적과 타설시 유의해야 할 사항에 대하여 설명하시오. [05전, 25점]
>
> **8-8** 터널의 인버트 정의 및 역할 [11중, 10점]

Ⅰ. 개요(정의)

Invert Concrete는 터널 하부 바닥에 시공되는 콘크리트로 Lining Concrete와 일체화되도록 타설하여 터널의 내공변위를 억제시키는 콘크리트이다.

Ⅱ. 설치목적(필요한 경우, 역할)

(1) 내공변위 억제
   ① 터널 변형에 대한 구속력 부여
   ② 터널의 변형 방지로 구조적 안정성 확보

(2) 안정성 증대
   ① Shotcrete Invert의 보강
   ② 터널 하부지반의 안정성 증대

(3) 지반의 지지력 증대
   ① 토사지반의 지지력 부족을 보강
   ② 연약지반의 대처효과
   ③ 지하수의 유출로 인한 지반의 지지력 저하를 예방

(4) 편압 방지
   특수 원지반의 경우 편압 발생이 예상될 때 이를 방지

(5) 통행의 용이성 확보
   ① 시공장비 및 시공인력의 통행성 확보
   ② 시공능력 및 시공의 용이성 증대

(6) 터널의 유지관리
   ① 수압에 의한 누수 방지로 수밀성 확보
   ② 터널 유지관리시 통행의 안정성 확보

Ⅲ. 타설순서

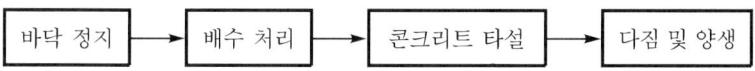

(1) 바닥 정지
　① 바닥의 이물질 제거
　② 바닥의 평활도 유지
　③ 연약지반의 경우 적정한 다짐 실시

(2) 배수 처리
　① 지하수 발생시 배수 처리 실시
　② 영구 배수시설물이 될 수 있도록 배수 Trench 설치

(3) 콘크리트 타설
　① Shotcrete가 없는 경우 : 지반 위에 콘크리트를 타설하여 Lining Concrete와 일체화

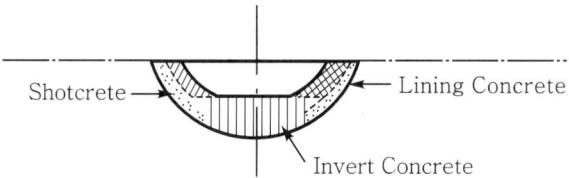

　② Shotcrete가 있는 경우 : Shotcrete 위에 새들기초를 설치하여 Invert Concrete 타설

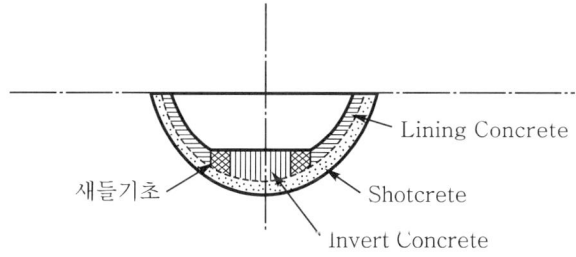

(4) 다짐 및 양생
　① 다짐시 진동기를 사용하여 다짐
　② 균열 방지를 위해 균열 유발줄눈 설치 검토

Ⅳ. 타설시 유의사항

    (1) 물
    (2) 시멘트
    (3) 골재
    (4) 혼화제
    (5) 배합
    (6) 운반
    (7) 타설
    (8) 용수 처리
    (9) 여굴 충진
    (10) 균열의 분산

Ⅴ. 결 론

터널굴착 후 조기에 Invert 콘크리트 및 Lining 콘크리트를 타설하여 터널의 전단면을 폐합시켜 안정화를 도모하며, 콘크리트의 균열 방지를 위한 대책을 시공 전에 수립하여야 한다.

8-9 터널시공시 강섬유 보강 콘크리트의 역할과 발생되는 문제점 및 장·단점에 대하여 설명하시오. [08전, 25점]

Ⅰ. 개 요

(1) 건설재료로 가장 일반적으로 사용되는 콘크리트는 경제성, 내구성 등에서 우수하나 인장강도나 휨강도가 약하며, 에너지 흡수능력이 작아서 취성적 성질과 균열에 대한 저항이 부족하다.
(2) 강섬유 보강재를 첨가하여 취성거동을 연성거동으로 유도하고 콘크리트의 인장저항력을 증대시키며 국부적 균열의 생성 및 성장을 억제하는 등의 역학적 성질을 개선하기 위한 콘크리트로 변화시킨다.

Ⅱ. 강섬유 보강 콘크리트의 역할

(1) 압축성 증대
  ① 강섬유 보강 콘크리트(SFRC ; Steel Fiber Reinforced Concrete)의 압축강도는 일반 콘크리트와 비슷하나 강섬유에 의해 미소균열의 발생을 억제한다.
  ② 압축 파괴시 극한강도에 이르고 난 뒤에도 급격한 파괴를 나타내지 않음으로써 상당한 압축인성을 나타낸다.

(2) 인장강도 및 휨강도 증대
  ① 강섬유 콘크리트의 인장강도는 일반 콘크리트에 비해 30~60% 정도 증가하며 균열이 발생하여도 섬유가 균열의 진행을 억제한다.
  ② SFRC의 휨강도는 W/C 비가 작고 섬유 혼입률이 증가할수록 증가한다.

(3) 전단강도 및 피로강도 증대
  ① SFRC의 전단강도의 특성은 섬유 혼입률의 증가와 함께 전단강도가 크게 증가한다.
  ② 섬유의 형상은 섬유와 매트릭스 사이의 부착강도에 영향을 준다.

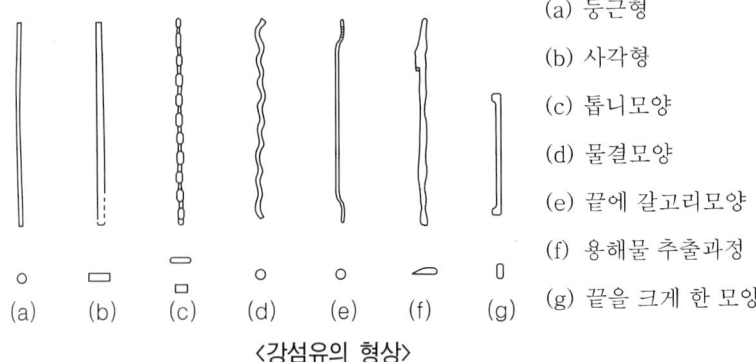

<강섬유의 형상>

(4) 균열에 대한 저항력 증대
    균열 발생이 어렵고, 발생된 균열의 진행을 억제한다.

(5) 충격에 대한 저항력 증대
    ① 일반 콘크리트에 비해 충격하중에 대한 저항성이 현저히 개선된다.
    ② 그 효과는 인장, 휨강도의 경우에 비해 대단히 큰 특징이 있다.

(6) 단부, 모서리 등의 파손 감소

(7) 콘크리트 단면두께 감소효과
    콘크리트의 물리적 성질을 향상시켜 콘크리트 단면두께를 감소시키고 단면을 축소하여 미려한 구조물을 만들 수 있다.

Ⅲ. 문제점

(1) 사용량
    현장 타설의 경우 강섬유 0.25~1.5% 사용을 표준으로 한다.

(2) 슬럼프치 감소
    ① 슬럼프치를 감소할 수 있어 혼합이 어려워질 수가 있으므로 시공연도 등의 개선을 위해 혼화제인 AE제, 감수제 등을 사용하여야 한다.
    ② 현장 타설의 경우 강섬유 0.25~1.5%를 사용하며 슬럼프치가 감소하는 경향이 있으므로 진동다짐 실시를 요한다.

(3) Fiber Balling(뭉침현상)
    형상비가 크면 부착력이 증가하나 Fiber Balling(뭉침현상)이 발생할 수 있으므로 주의하여 혼합하여야 한다.

(4) 재료 사용시 유의

  염분, 기름, 유기물 등은 강섬유 부식의 원인이므로 골재 및 물 사용시 주의하여야 한다.

(5) 진동다짐

  섬유 정렬에 진동의 효과가 이해되지 않으면 강섬유로 보강된 콘크리트의 강도는 연구소 테스트에 사용된 다른 압축과정 테스트에 기초하여 예상하는 것보다 매우 낮을 수 있다.

Ⅳ. 장·단점

(1) 균열의 진행을 억제
  ① 굳은 콘크리트 모체 내에서 미세균열 발생시 강섬유가 균열의 방향을 변경시켜 균열의 진행을 억제한다.
  ② 미세균열이 발생하여도 섬유가 균열의 발전을 억제하기 때문에 직접 인장강도가 증가한다.

(2) 강도 증진

  일반 콘크리트에 비해 첨가된 강섬유가 균열을 억제하고 콘크리트의 강도를 증가시키는 효과를 갖는다.

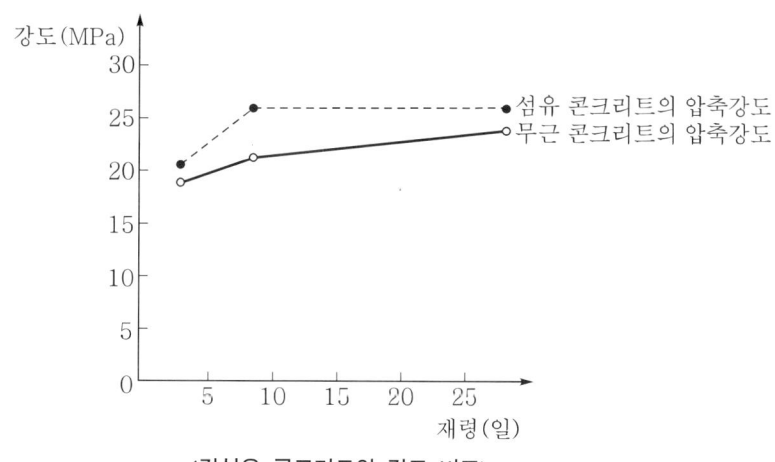

〈강섬유 콘크리트의 강도 비교〉

(3) 동결융해에 대한 저항성, 내열성 증대

  첨가된 강섬유가 동결에 대한 저항성을 증가시키고 내열성에 대해서도 상당한 강도의 저하를 억제한다.

(4) 내마모성, 내충격성이 높다.

(5) 시공비 증대
SFRC의 가격이 매우 고가이므로 사용목적, 효과, 경제성을 충분히 검토하여 사용한다.

V. 결 론

강섬유의 길이 및 강섬유의 환산지름에 따라 한계 혼입률을 넘으면 Fiber Ball이 생기거나 섬유가 휘거나 부러지는 경우가 있으므로 유의하여야 한다.

> **9-1** NATM 공법으로 터널을 시공시에 많은 계측을 실시하고 있다. 계측의 목적과 계측의 종류별 설치 및 계측시 유의사항을 기술하시오. [07중, 25점]
> **9-2** NATM 터널의 막장 관찰과 일상 계측방법을 기술하고, 시공시 고려사항에 대하여 설명하시오. [09전, 25점]
> **9-3** 터널공사 중 터널 내부에 설치되는 계측기의 종류 및 측정방법에 대하여 기술하시오. [09후, 25점]
> **9-4** NATM 터널공사관리의 계측 종류와 설치장소 [95전, 20점]
> **9-5** NATM 계측 [97중후, 20점]
> **9-6** 개착터널의 계측빈도 [11전, 10점]

I. 개 요

(1) 계측계획에 있어서는 구체적인 평가의 방법까지 포함해서 계측의 목적을 명확히 하고 터널의 용도, 규모, 사전에 실시하는 지질조사 또는 주변 환경조사에 의하여 얻어지는 원지반조건, 주변 환경조건을 충분히 고려하여 개개의 터널조건, 문제점에 적응하도록 계획하여야 한다.

(2) 계측작업은 시공과 병행해서 실시하기 때문에 안전하고 시공에 지장을 주지 않는 범위 내에서 확실하게 실시되도록 그 방법과 설비에는 충분한 배려가 필요하다.

II. 계측의 목적

(1) 주변 원지반의 거동 파악
(2) 각 동바리부재의 효과 진단
(3) 구조물로서의 터널의 안정상태 확인
(4) 주변 구조물에의 영향 파악
(5) 설계, 시공의 경제성 도모
(6) 장래공사 계획자료로서 설계, 시공에 반영

III. 막장 관찰

(1) 매막장 관찰
① 1회 굴착에 따른 막장의 암질상태 파악

② 단계적인 막장 변화 관측
③ 굴착단면의 변화 관측

(2) 굴착면의 안전성 검토
① 관찰조사 내용에 따른 지보공 선정
② 굴착면의 예상변위에 대한 보강
③ 막장의 안전성 파악

(3) 암질의 구성 파악
① 막장 암반 분포 관측
② 각각의 암질상태 판단
③ 관찰자료에 의한 Map 작성

(4) 단층 및 파쇄대 파악
① 단층, 파쇄대의 존재 여부
② 단층, 파쇄대의 발달방향 및 위치
③ 단층의 활동 여부 계측

(5) Shotcrete 등의 지보공 변위 파악
① 계측자료를 이용한 지보공의 변위 관측
② 지보공의 효과 관측
③ 지보공의 적정성 파악

(6) 당초 지반자료 재평가
① 사진조사힌 지료와 비교 분석
② 관찰조사 자료와 비교 분석

(7) 지표면 변위 파악
① 터널굴착 시공 중의 지표면 변위 관찰
② 막장면의 용수, 토사 유출, 붕괴 등에 의한 지표면 변위 관찰

(8) 주변 구조물 변위 파악
① 막장상태에 따른 주변 구조물 변위 파악
② 설계자료와 실제자료의 차이에 따른 변위 측정

(9) 자료 축적(Feed Back)
① Face Mapping에 의한 자료 축적
② 각각의 상태, 평정에 따른 지보공 선정
③ 측정자료의 데이터 베이스화

Ⅳ. 일상 계측방법

(1) 천단침하 측정
  터널의 천장부 지반 및 지보재의 안정성 판단

(2) 지표면 침하 측정
  ① 터널굴착에 따른 지표침하의 영향 파악
  ② 주변 구조물의 안전도 분석과 침하 방지대책 수립 및 효과 파악

(3) 내공변위 측정
  ① 변위량, 변위속도, 변위 수렴상태를 파악하여 주변 지반의 안정성 확인
  ② 1차 지보에 대한 설계 및 시공의 타당성 평가
  ③ 2차 복공의 실시시기 등을 판단

(4) 갱내 관찰조사
  ① 막장의 자립성, 암질, 단층 파쇄대 및 구조 변질대의 성상 파악
  ② 지보공의 변상 파악
  ③ 설계시 지반 구분의 평가

(5) Rock Bolt
  Rock Bolt의 인발내력, 정착상태 판단

(6) 대표 계측
  ① Rock Bolt 축력 측정
  ② Shotcrete 응력 측정
  ③ 지중 변위 측정
  ④ 지중 수평 변위 측정
  ⑤ 지중 침하 측정
  ⑥ 지하수위 측정
  ⑦ 간극수압 측정

V. 계측기의 종류 및 설치

(1) 계측기의 종류

기 기	적 용
① Tape Extensometer	① 내공변위 측정
② Level	② 천단침하 측정
③ Multiple Extensometer	③ 지표 및 지중침하 측정, 지중변위 측정
④ Shotcrete 응력측정기	④ Shotcrete의 응력 측정
⑤ Pump, Hydraulic Ram	⑤ Rock Bolt의 응력 측정
⑥ Inclinometer	⑥ 지중수평변위
⑦ 수신기, Cable, 증폭기, 발화기	⑦ 갱내 탄성파속도 측정

(2) 설치방법

    ① 갱구 부근

    ② 지반의 변화지점

    ③ 토피가 얇은 곳

    ④ 연약지반

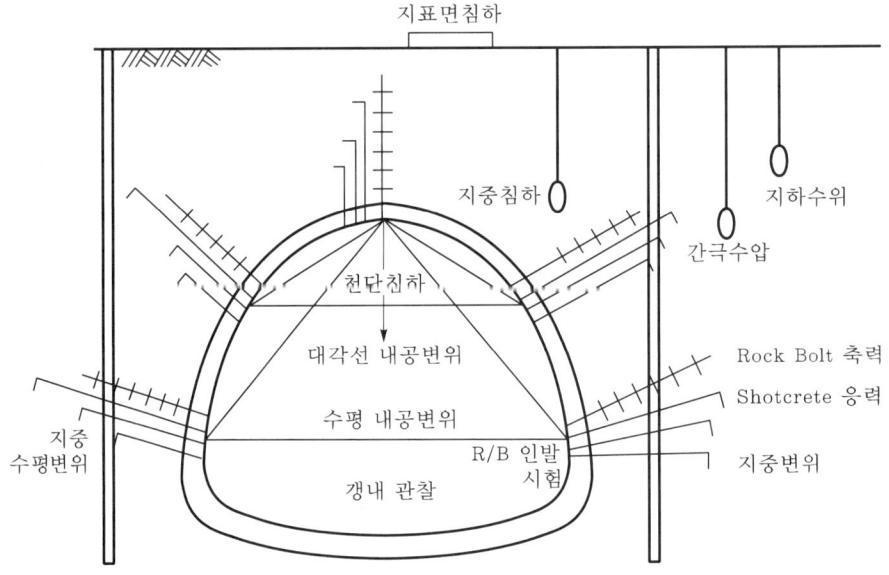

VI. 측정방법

(1) 관리기준 설정

구 분	일반적 관리 기준	비 고
내공변위	2~3cm	암반의 종류에 따라 관리 기준을 달리하고 있으며 일반적으로 변위속도가 3mm/day 시점부터 주의가 요구됨
천단침하	2~3cm	
록볼트 축력	사용 록볼트 항복하중의 80% 값은 상한값으로 설정 관리	
지중변위	1~2cm	
숏크리트응력	50kg/cm^2	설계응력의 40% 이하의 값을 설정관리

(2) 내공변위 및 천단침하 측정
　① 내공변위 측정은 장력계를 이용하여 초기값 측정시 가진 장력과 동일한 값의 장력으로 변위값을 측정하게 되며 계측값은 1/100mm로 관리한다.
　② 천단침하 측정은 내공변위와 동일하나 초기값은 물론 추후변위량 관리시에도 레벨로 측정하여 계측값을 관리하게 된다.

(3) 록볼트 축력
　① 록볼트 축력은 록볼트 축력계에 의해 측정하며 현재 시공중인 록볼트의 길이 및 수량이 적정한지를 파악하는 계측으로 록볼트 축력계의 각 측점별로 지반의 변위를 측정한다.
　② 시공중인 록볼트의 길이 범위 내에 지반의 변위가 발생하면 록볼트의 길이가 적정하나 록볼트 길이 범위 밖에서 지반변위가 측정되면 록볼트 길이를 연장할 필요가 있다.
　③ 일반적으로 록볼트 축력계는 시공중인 록볼트 길이의 1.2~1.5배 이상되는 길이를 시공한다.

(4) 지중변위 측정
　① 지중변위 측정은 현지반의 변위 발생지점을 파악하는 것으로 지반변위에 따른 각 지점별 진동현의 떨림을 측정하는 방식(전기식)과 지중변위계의 길이변위를 다이얼게이지로 측정하는 방식(기계식)이 있다.
　② 자동화 계측에 의한 진동현의 떨림으로 지중변위를 측정하는 방식도 있다.

(5) 숏크리트 응력 측정
　① 숏크리트 응력 측정은 숏크리트 배면에 작용하는 지반변위에 따라 이 변위값이

숏크리트에 미치는 영향을 측정하여 이 값이 숏크리트의 지보역할 가능 여부를 측정하고 있다.
② 일반적으로 숏크리트 두께방향으로 미치는 힘과 내공 둘레방향으로 미치는 힘을 측정하게 되어 있다.
③ 내공변위와 종합하여 숏크리트의 타설시기와 두께 등을 판단하는 자료로 활용한다.

(6) 갱내 관찰조사
① 갱내 관찰조사는 매발파시 암질과 절리방향 등을 관찰하여 굴착에 따른 단층발생 여부, 붕락 발생 여부 등을 예측하게 된다.
② 실지 갱내 관찰조사에 따른 단층 및 붕락 발생 여부 예측은 전문가의 판단을 요구하게 된다.

Ⅶ. 개착터널의 계측빈도

측정항목	영점 조정	첫 계측	계측빈도			
			굴착개시까지	굴토층 구체시공중	뒤채움 중	뒤채움 후
토압 측정	H-Pile 타입직전	타입직후 및 24시간 후	2일 간격	1일 간격	2일 간격	-
수압 측정	H-Pile 타입직전	타입직후 및 24시간 후	2일 간격	-	2일 간격	-
지보공 축력 측정	지보공 타입직전	-	-	3회/일	3회/일	-
H-Pile 변위 측정	H-Pile 타입직전	타입 24시간 후	2일 간격	1일 간격	2일 간격	-
지중 수위 측정	-	-	-	1일 간격	1일 간격	-
구조물 응력 측정	-	-	-	-	-	2일 간격

Ⅷ. 계측시 유의사항(시공시 고려사항)

(1) 계측목적의 명확화
① 계측을 위한 기본목적 설정
② 시공관리, 안전관리, 설계법 확인

(2) 사전조사
   ① 시공장소의 지질상태, 지하수위
   ② 시공 내용 및 공정
   ③ 주변 환경(지하매설물, 인접구조물)

(3) 계측단면 결정
   ① 지질조사 결과를 토대로 계측단면 결정
   ② 주변 여건을 고려하여 결정

(4) 계측항목 선정
   ① 계측목적에 부합되는 항목 선정
   ② 측정대상물의 규모와 주변 환경조건 고려

(5) 관리기준 결정
   ① 변위 기준 결정
   ② 인접 구조물 허용 변형 결정

(6) 계측기 사양 선정
   ① 문제점에 대한 정보 획득 가능성 고려
   ② 계측의 목적에 맞는 정밀도 확인

(7) 설치위치 선정
   ① 지반 특성, 현장조건을 고려하여 선정
   ② 최대변위와 최대응력이 예상되는 위치에 중점 배치

(8) 계측빈도 결정
   ① 측정범위와 정확도를 모두 충족시킬 수 있는 범위 내에서 계측빈도 결정
   ② 계측항목과 공정에 따라 차등 계측

(9) 계측작업
   ① 개인오차를 감안하여 동일한 측정자가 계속 측정
   ② 이상한 측성값이 나오면 원인분석
   ③ 기후가 불량한 경우는 계측 금지

(10) Data 정리
   ① Data Sheet를 준비하여 기록
   ② 관리지침을 정하여 도시화

IX. 결 론

(1) NATM 터널에서 계측관리는 터널시공에 있어서 경제적인 시공 및 안전시공 측면에서 아주 중요한 공종이다.

(2) 계측관리 중에서 갱내 관찰(Face Mapping)은 굴착현장에서 막장의 암반상태를 실제로 관찰 판정하여 얻은 평점을 시공에 반영하는 것으로 아주 중요한 계측항목이다.

9-7 터널시공의 안정성 평가방법에 대하여 기술하시오. [02전, 25점]

I. 개 요

(1) 터널시공의 안정성 평가는 통상적으로 시공관리 기준치를 설정한 후 시공 중 계측 결과로부터 주변 암반 및 지보재의 안정성을 평가하게 된다.
(2) 시공 관리기준치의 설정방법은 현재까지 터널시공 관리기준의 설정방법이 확립되어 있지 않지만 시공한 기록을 위주로 하여 설정되어진다.

II. 터널시공의 안정성 평가목적

(1) 안전시공
(2) 시공에서의 경제성 확보
(3) 적정 지보공 선정
(4) 자료 축적

III. 안정성 평가방법

1. 시공관리치 설정

현재까지 터널시공 관리기준의 설정방법은 확립되어 있지 않으나 일반적으로 다음과 같은 방법이 적용된다.

(1) 과거 유사공사 실적
   터널시공에서 축적된 자료를 분석하여 유사공사현장에서 수집된 자료를 기준치로 설정하는 방법

(2) 동일 공사자료
   같은 터널에서의 시공 실적으로부터 그 후의 관리기준을 정하는 방법

(3) 수치 해석
   터널설계 해석에서 주어지는 수치 해석에 의거해서 정하는 방법

(4) 강제 기준
   터널시공현장 주변 구조물의 안전확보를 위하여 정해지는 강제 기준에 의거하는 방법

2. 터널시공의 안정성 평가

(1) 설계, 시공계획
   ① 지반조건, 설계조건, 시공조건 및 주변 환경 등의 전제조건 정리
   ② 지반 판단, 지보패턴, 계측, 설계 수정 등의 관리기준 설정

(2) 막장에서의 관찰 및 초기 계측
   ① 지반 판단기준이 사전 설계와 동일 여부 판단
   ② 지반 판단기준에 맞춘 지보로 수정

(3) 계측 관찰
   ① 계측관리기준에 대해 안전 여부 판단
   ② 설계의 수정·대응기준 등의 현장대책 수립

(4) 관찰, 계측 결과의 평가
   ① 전체 조건의 검토
   ② 당초 설계의 재평가 및 역해석의 이용
   ③ 주변 구조물의 안전 여부
      ㉠ 터널의 설계시공법의 변경
      ㉡ 주변 구조물의 보강공 등 안전대책 수립
   ④ 터널의 안정 여부
      ㉠ 지보의 경감 가능
      ㉡ 시공능률 향상 여부
   ⑤ 간이 시공법의 편성으로 대응 가능 여부
      ㉠ 간이 시공법으로 변경
      ㉡ 조기 숏크리트 타설 또는 Bench 길이의 조절
   ⑥ 보조공법 또는 지보 증강으로 대응 가능 여부
      ㉠ Forepoling 등의 보조공법 추가
      ㉡ Rock Bolt 및 숏크리트 두께 증강
      ㉢ 단면 형상 및 기본적 시공법 변경

Ⅳ. 터널 계측관리

일상관리계측(A계측)	대표위치계측(B계측)
① 천단침하 측정 ② 지표면침하 측정 ③ 내공변위 측정 ④ Rock Bolt 인발시험	① R/B 축력 측정 ② 숏크리트 응력 측정 ③ 지중침하 측정(지상 설치) ④ 지중변위 측정(터널 내부 설치) ⑤ 지중수평변위 ⑥ 지하수위, 간극수압

Ⅴ. 터널에서 특히 주의해야 할 지반조건

(1) 팽창성 암반
(2) 미고결 지반
(3) 피복두께가 얇은 지반
(4) 산사태나 붕괴 가능성이 있는 지반

Ⅵ. 결 론

(1) 터널시공의 안정성 평가는 지형, 지반조건이 특수한 경우에서도 터널시공이 행해지고 있기 때문에 모든 터널에 대해 일정한 평가기법이나 관리기준을 설정하는 것은 어려운 일이다.
(2) 시공 중 계측관리를 통하여 얻어지는 자료를 기준으로 종합 분석으로 최종 변형 및 변위량을 예측하여 이후의 안정성을 평가할 수는 있다.

9-8	NATM 계측 중 갱 내의 관찰조사(Face Mapping)의 적용요령과 필요성에 대하여 기술하시오. [99후, 30점]
9-9	Face Mapping [03전, 10점]
9-10	터널굴착면의 페이스 매핑(Face Mapping) [07후, 10점]
9-11	터널의 페이스 매핑(Face Mapping) [11전, 10점]

Ⅰ. 개 요

(1) NATM 터널에 있어서 계측은 시공중 발생하는 실제 지반의 거동 측정으로 당초의 설계와 비교하여 안전하고 경제적인 시공으로 유도하는 데 그 목적이 있다.

(2) 관찰조사란 매막장마다 굴착면을 관찰하여 실제 눈으로 확인한 사항을 암반 평점 분류법(RMR)의 판정기준으로 평점하여 도표에 표시하고 관찰자의 판단내용 등을 기록하여 지도 형식으로 작성하는 것을 말한다.

Ⅱ. 관찰조사(Face Mapping)의 작성 예

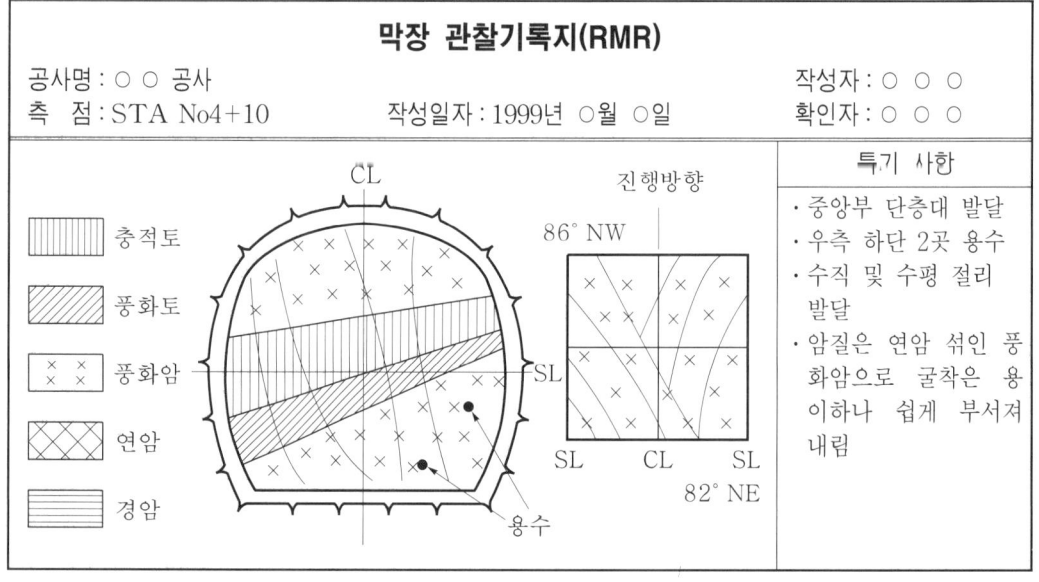

분류기준		값의 범위						
1	암석 강도	점하중 강도지수	>8MPa	4~8MPa	2~4MPa	1~2MPa	이 범위는 아래 참조		
		일축 압축강도	>200MPa	100~200MPa	50~100MPa	25~50MPa	10~25MPa	3~10MPa	1~3MPa
	점수		15	12	7	4	2	1	0
2	1RQD		90~100%	75~90%	50~75%	25~50%	<25%		
	점수		20	17	13	8	3		
3	절리간격		>3m	1~3m	0.3~1m	50~300m	<50m		
	점수		30	25	20	10	5		
4	절리상태		• 매우 거칠다. • 불연속 이격 없음 • 모암 견고	• 다소 거칠다. • 이격<1mm • 모암 견고	• 다소 거칠다. • 이격<1mm • 모암 연약	• 매끄럽다. • 홈<5mm 두께 • 절리 1~5mm 연속된 절리	• 연약홈>5mm 두께 • 절리>5mm 연속된 절리		
	점수		25	20	12	6	0		
5	지하수	터널길이 10m당 유입량	없음		<25L/분	20~125L/분	>125L/분		
		절리 수압/최대 주응력 비	0		0.0~0.2	0.2~0.5	>0.5		
		일반적 조건	완전 건조		습윤	적당 용출	심한 용출		
	점수		10		7	4	0		
총 평점			100~81	80~61	60~41	40~21	<20		
평가			매우 양호	양호	보통	불량	매우 불량		
등급			I	II	III	IV	V		

Ⅲ. 갱 내외 관찰조사의 적용요령

(1) 매막장 관찰
   ① 1회 굴착에 따른 막장의 암질상태 파악
   ② 단계적인 막장 변화 관측
   ③ 굴착단면의 변화 관측

(2) 굴착면의 안전성 검토
   ① 관찰조사 내용에 따른 지보공 선정
   ② 굴착면의 예상변위에 대한 보강
   ③ 막장의 안전성 파악

(3) 암질, 구성 파악
　　① 막장 암반 분포 관측
　　② 각각의 암질상태 판단
　　③ 관찰자료에 의한 Map 작성

(4) 단층, 파쇄대
　　① 단층, 파쇄대의 존재 여부
　　② 발달방향, 위치
　　③ 단층의 활동 여부 계측

(5) Shotcrete 등의 지보공변위 파악
　　① 계측자료를 이용한 지보공의 변위 관측
　　② 지보공의 효과 관측
　　③ 지보공의 적정성 파악

(6) 당초 지반자료 재평가
　　① 사전조사한 자료와 비교 분석
　　② 관찰조사 자료와 비교 분석

(7) 지표면변위 파악
　　① 터널굴착 시공 중의 지표면변위 관찰
　　② 막장면의 용수, 토사 유출, 붕괴 등에 의한 지표면변위 관찰

(8) 주변 구조물 변위 파악
　　① 막장상태에 따른 주변 구조물 변위 파악
　　② 설계자료와 실제자료의 차이에 따른 변위 측정

(9) 자료 축적(Feed Back)
　　① Face Mapping에 의한 자료 축적
　　② 각각의 상태, 평정에 따른 지보공 선정
　　③ 측정자료의 데이터베이스화

Ⅳ. 필요성

(1) 지반조사의 불확실성 보완
　　① 설계자료와 관찰자료 비교
　　② 막장 보강 안정성 확보
　　③ Sampling 시료에 의한 자료 보완

(2) 지반 변화 예측
   ① 실제 암반 분포 관찰로 지반 변화 예측
   ② 막장의 용수상태, 지반 토사 등의 상태

(3) 지반 붕락 가능성 예측
   ① 균열, 절리, 주향, 경사 등에 의한 막장 암반구조 분석
   ② 단층, 파쇄대 등의 발달상태 관측

(4) 지보재 선정
   ① 암반 평점에 의한 지보재 선정
   ② 선작업한 지보공의 상태 파악

(5) 시공 안정성 확인
   ① 보조공법의 역할 확인
   ② 지보공의 가설상태
   ③ 막장 및 굴착면의 안정성 파악

(6) 계측 분석
   ① 기기에 의한 계측자료 분석
   ② 관찰조사와 기기 계측자료의 비교

(7) 경제적인 시공
   ① 자료 분석에 의한 적정 지보재 사용
   ② 적정의 시공속도 준수
   ③ 관찰조사에 따른 암반 평점으로 굴착방법 개선

V. 결 론

계측관리 중에서 갱내 관찰(Face Mapping)은 굴착현장에서 막장의 암반상태를 실제로 관찰 판정하여 얻은 평점을 시공에 반영하는 것으로 아주 중요한 계측항목이다.

9-12 TSP(Tunnel Seismic Profiling) 탐사 [09후, 10점]

I. 정 의

(1) 터널 막장의 전방 탄성파(TSP) 탐사는 시공중인 터널 안에서 발파를 하여 인공적으로 진동을 발생시키고, 같은 터널 안에 배치한 수진기로 반사파를 기록하는 방법으로 막장으로부터 100~200m 앞의 지반 상황을 조사하는 목적으로 실시된다.

(2) 터널 막장의 전방 탄성파(TSP) 탐사는 시공중인 터널에 있어 미굴착 구간인 막다른 전방이나 기굴착 구간의 지반 상황을 탄성파를 이용하여 탐사하고, 또한 사전조사 및 굴착 중의 지질 상황이나 각종 계측자료 등을 종합 평가하여 막장 전방의 지반 상황을 파악하는 것이다.

II. TSP 탐사 개념도

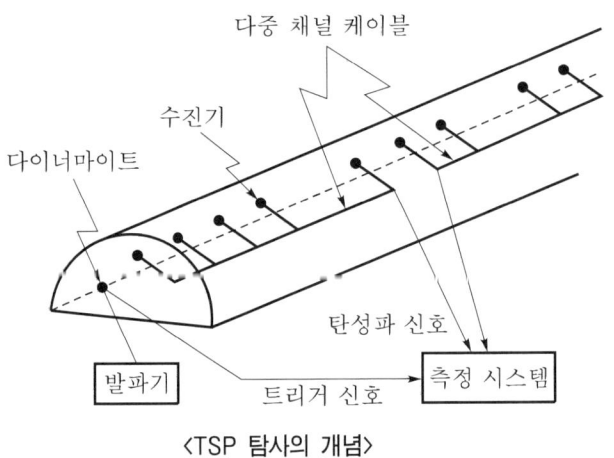

〈TSP 탐사의 개념〉

III. TSP 탐사 목적

(1) 단층 파쇄대 등 지질 급변부의 존재 여부 확인
(2) 사전조사로 확인된 단층 파쇄대 등의 터널 갱내에서의 위치 확인
(3) 단층 파쇄대 등의 규모(갱내에서의 분포거리) 파악
(4) 터널과의 교차각도, 방향의 추정
(5) 단층 파쇄대 등의 특성 파악

> **10-1** 터널의 장대화에 따른 방재시설의 중요성이 강조되고 있다. 장대도로 터널의 방재시설 계획시 고려하여야 할 사항과 필요시설의 종류 및 특징에 대하여 기술하시오. [09후, 25점]

Ⅰ. 개 요

(1) 터널의 방재시설은 사고에 대한 예방적인 조치 및 사후 조치 등 방재시설의 역할을 정확하게 인식하고 각 시설간의 연계성과 설치목적을 고려하여 설치, 관리 및 운영하여야 한다.
(2) 터널의 방재시설은 사고 예방, 초기 대응, 피난 대피, 소화 및 구조활동, 사고의 확대 방지를 기본 목적으로 한다.

Ⅱ. 시설의 종류 및 특징

(1) 소화설비
  ① 소화설비는 차량 화재시 화재의 진압 및 소화를 위한 설비로 소화기, 소화전, 물분무설비가 있다.
  ② 소화설비는 작동방식에 따라 수동식과 자동식 소화설비로 구분한다.
  ③ 소화설비의 종류
    ㉠ 소화기구
    ㉡ 옥내소화전설비
    ㉢ 물분무설비

(2) 경보설비
  ① 경보설비는 화재나 사고 등의 긴급상황을 도로관리자 및 소방대 또는 경찰에게 전달하는 동시에 도로 이용자에게도 사고의 발생을 통보하기 위한 설비이다.
  ② 사고발생을 관리자에게 알려주는 비상경보설비(발신기), 긴급전화 및 자동화재탐지설비와 관리사가 상황을 접수한 후 이를 터널 이용자에게 알려주는 비상경보설비, 비상방송설비, 정보표시판, 라디오재방송설비 등이 있다.
  ③ 종류
    ㉠ 비상경보설비
    ㉡ 자동화재탐지설비
    ㉢ 비상방송설비
    ㉣ 긴급전화

㉤ CCTV(폐쇄회로감시설비)
㉥ 라디오재방송설비

(3) 피난설비(피난대피설비 및 시설)
① 터널 내에서 화재 및 기타 사고에 직면한 도로 이용자 등을 안전지역으로 대피를 유도하기 위한 설비 및 안전한 공간 등을 말한다.
② 대피를 직접적으로 지원하는 대피시설과 간접적으로 지원하는 비상조명등, 유도표지등으로 분류한다.
③ 종류
㉠ 비상조명등
㉡ 유도표지등
㉢ 피난대피시설

(4) 소화활동설비
① 소화활동설비는 화재를 진압하거나 인명구조활동을 위해서 소방대나 관리자가 사용하는 설비이다.
② 종류
㉠ 제연설비
㉡ 무선통신보조설비
㉢ 연결송수관설비
㉣ 비상콘센트설비

(5) 비상전원설비
① 비상전원설비는 정전상황에서 비상조명등의 기능을 유지하기 위해 전력을 공급하는 설비이다.
② 소화펌프와 같은 방재설비에 전원을 공급하기도 한다.
③ 종류
㉠ 무정전전원설비
㉡ 비상발전설비

Ⅲ. 계획시 고려사항

(1) 터널 등급
① 방재시설 설치를 위한 터널 등급은 터널 연장을 기준으로 하는 터널 연장 기준 등급과 교통량 등 터널의 제반위험인자를 고려한 위험도지수 기준등급으로 구분한다.

② 터널연장 기준방재등급의 범위

등급	터널연장(L) 기준등급	위험도지수(X) 기준등급
1	3,000m 이상($L \geq 3,000$m)	$X > 29$
2	1,000m 이상, 3,000m 미만 ($1,000 \leq L < 3,000$m)	$19 < X \leq 29$
3	500m 이상, 1,000m 미만 ($500 \leq L < 1,000$m)	$14 < X \leq 19$
4	연장 500m 미만($L < 500$)	$X \leq 14$

(2) 터널 위험도지수
  ① 터널 위험도지수는 주행거리계, 터널제원, 대형차 혼입률, 위험물의 수송에 대한 법적 규제, 정체 정도, 통행방식 등을 잠재적인 위험인자로 하여 산정한다.
  ② 각 위험인자별 위험도 산정 세부기준을 정하여 산정한다.

(3) 시설간 연계성과 설치목적 고려
  ① 터널 방재시설은 사고에 대한 예방적인 조치 및 사후조치 전반에 걸쳐서 방재시설의 역할을 정확하게 인식한다.
  ② 시설간 연계성과 설치목적을 고려하여 관리, 운영을 명확하게 계획하여야 한다.

(4) 관리체계와의 관계 고려
  터널 방재시설은 관리체계에 영향을 주게 되므로 관리체계와의 관계를 고려하여 계획하여야 한다.

(5) 소화 및 구조 단계
  ① 터널 화재의 발전단계는 화재초기에 도로 이용자가 스스로 상황을 판단하여 피난 대피나 소화 등 대응조치를 취해야 하는 자기구조단계와 도로관리자와 경찰, 소방대원 등의 관계기관의 관련자가 현장에 도착하여 본격적으로 소화나 구조활동을 수행하는 소화 및 구조단계로 구분된다.
  ② 방재시설을 계획·설치하거나 운영계획을 수립할 때에는 이와 같은 단계를 고려하여 화재의 시간적 경과에 따른 대응책을 마련하여야 한다.

(6) 실험에 의한 수치 해석
  터널 방재시설 중 환기방식별 제연설비의 규모, 배치, 운영 등의 계획은 실험적인 방법이나 수치 해석적인 방법을 통해서 신뢰성을 검증하여 설치목적에 부합되도록 계획하여야 한다.

(7) 노선 전체의 방재대책 고려

터널간의 이격거리가 짧은 연속터널구간 등에서는 노선 전체의 방재대책을 고려하여 터널 방재시설의 설치를 계획하여야 한다.

(8) 구조적인 측면과 방재 측면에서의 안전성

① 침매터널이나 하저·해저 터널, 소형차 전용도로 터널과 같이 육상터널과 비교한다.

② 토목구조적으로 상당한 차이가 있는 경우에는 구조적인 측면과 방재 측면에서의 안전성을 우선순위로 고려하여 방재시설을 변경하여 설치할 수 있다.

IV. 결 론

터널의 방재시설 계획시에는 터널 등급 분류, 터널 위험도지수, 방재 등급 등을 고려하여 설치계획을 수립하여야 한다.

10-2 시공중인 노선 터널의 환기(Ventilation)방식에 대하여 기술하시오. [04전, 25점]

10-3 공사중인 터널의 환기방식 및 소요 환기량 산정방법에 대하여 설명하시오.
[06후, 25점]

10-4 터널공사 중 발생하는 유해가스, 분진 등을 고려한 환기계획 및 환기방식의 종류에 대하여 설명하시오. [10후, 25점]

I. 개 요

터널공사중의 환기는 내연기관 등에 의해 발생하는 유해가스, 발파에 의한 가스 및 Shotcrete 작업시의 분진 등을 제거하여 작업원들에게 신선한 공기를 공급하기 위해 필요하다.

II. 공사중 발생하는 유해가스

종 류	비 중	규제치
일산화탄소(CO)	0.97	-
일산화질소(NO)	1.04	-
이산화질소(NO_2)	1.59	-
황화수소(H_2S)	1.199	10ppm
황산가스(SO_2)	2.26	-
염화수소(HCl)	1.27	-
탄산가스(CO_2)	1.53	1.5%
산소 결핍(O_2)	1.11	-
메탄(CH_4)	0.55	1.5%

III. 환기계획

(1) 주변 지형 및 지질 검토
  ① 터널위치의 지형 및 지질조사
  ② 발파지역 Gas층 파악, 암질 검토

(2) 터널 연장
  ① 터널 연장 $L<500m$: 자연환기
  ② 터널 연장 $L\geq 500m$: 기계환기

(3) 발파에 사용된 사용 폭약, 장약량 검토
   ① 사용 폭약 종류 고려
   ② 장약량 고려 : 과장약일 경우 Gas 다량 발생

(4) 터널 종단구배 검토
   ① 종단구배를 고려하여 자연풍에 의한 환기력 검토
   ② 자연환기력 불가시 기계환기 고려

(5) 인접 건물, 가옥 등 검토
   터널에 인접된 건물 및 가옥의 수량에 따라 오염물질의 확산을 방지하는 환기계획을 검토하여야 함

(6) 작업자수, 사용장비 검토
   ① 터널 내부 작업자수 파악
   ② 사용장비에 따른 환기횟수, 환기시간 검토

(7) 환경법규 검토

Ⅳ. 환기방식

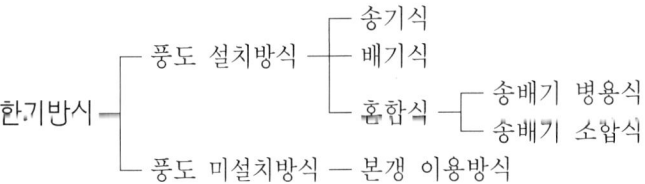

1. 송기식

(1) 적용방법
   ① 풍도의 출구를 막장 부근에 설치하여 터널 갱구로부터 신선한 공기를 막장에 송기하는 방식이다.
   ② 막장에 공급된 신선한 공기는 오염된 공기를 희석하여 터널을 통하여 배기된다.

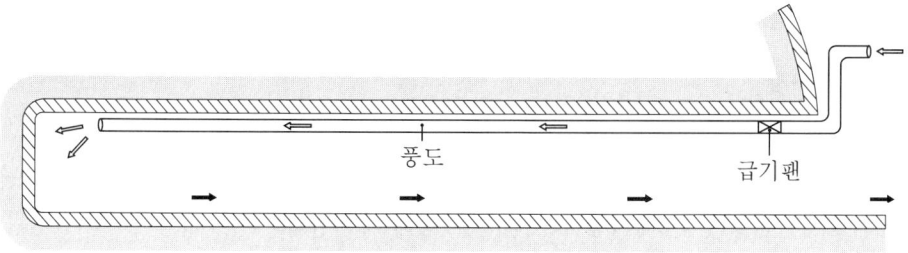

여기서, ⇐ : 신선한 공기, ⬅ : 오염된 공기

(2) 특징

① 신선한 공기를 막장까지 공급할 수 있다.
② 풍도를 연장하는 것이 다른 방법에 비하여 용이하다.
③ 터널 전체의 공기가 오염될 가능성이 높다.
④ 터널 중간부의 작업환경이 악화될 수 있다.

2. 배기식

(1) 적용방법

터널 내의 풍도의 마지막 부분에 배기팬을 설치하고 공사진행에 따라서 이동하는 방식이다.

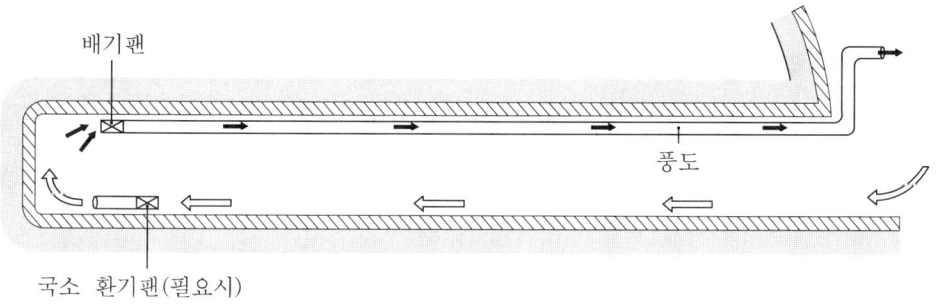

여기서, ⇐ : 신선한 공기, ⬅ : 오염된 공기

(2) 특징

① 터널 내에 배기팬을 설치하기 때문에 막장 부근에서 흡입능력이 우수하다.
② 터널 밖의 소음대책은 필요 없다.
③ 터널 내의 소음이 작업에 장해가 될 수 있다.
④ 배기팬의 이동, 풍도의 연장에 시간이 걸린다.

3. 송배기 병용식

(1) 적용방식
① 터널 내에 송기와 배기의 2계통의 풍도를 설치한다.
② 송기팬을 배기팬보다 용량을 크게 하여 신선한 공기를 송기하며 오염된 공기는 배기팬을 통한 배기풍도와 터널을 통해 배기한다.

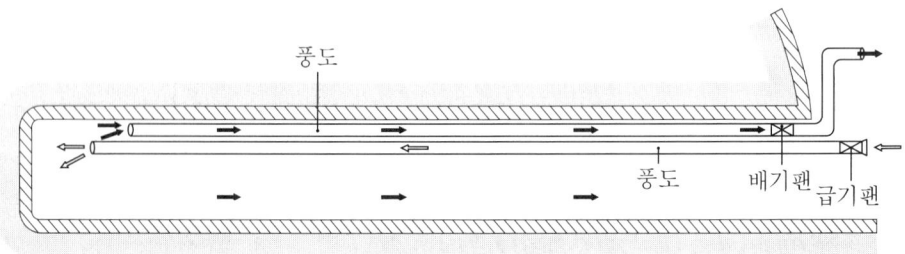

(2) 특징
① 장대터널과 사갱이 있는 터널에 적합하다.
② 송기식과 배기식의 단점을 보완한 방식이다.
③ 환기효과가 우수하다.
④ 비용이 많이 들고, 시간이 많이 소요된다.

4. 송배기 조합식

(1) 적용방법
① 송기식 또는 배기식의 환기효과를 향상시키기 위하여 막장 부근의 작업공간에 환기팬을 보조로 설치한다.
② 급기팬은 터널 내에 설치하고 배기팬은 터널 외부에 설치하여 터널 내의 공기를 환기하여 막장부에 송기하고, 오염된 공기를 터널 외부로 배기하는 방식이다.

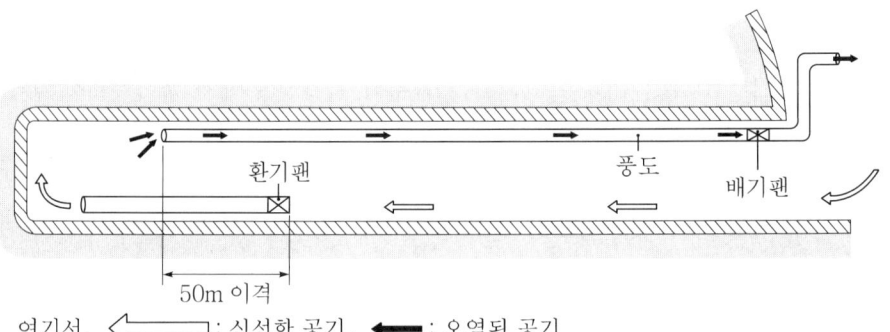

(2) 특징
① 막장의 배기효과가 저하되는 배기식의 단점을 개선하기 위하여 일반적으로 많이 사용되고 있다.
② 1,000m 이상의 장대터널에서도 막장의 소요 환기량을 충분히 확보할 수 있다.
③ 풍도의 길이는 송배기 병용방식에 비하여 짧다.
④ 오염된 공기가 터널 내를 흐르게 되므로 터널 중간지점의 환경이 좋지 않을 수 있다.

5. 본갱 이용방식

(1) 적용방법
① 장대터널이나 터널구조가 복잡한 터널 등에서 자주 적용되는 환기방식이다.
② 풍도를 이용하지 않고 굴착 중의 터널에 직접 송기하여 환기한다.
③ 터널 환기를 수행하기 위해서는 급기구와 배기구가 각각 독립되어 있는 두 개의 터널 본갱이 필요하기 때문에 적용이 제한적이다.

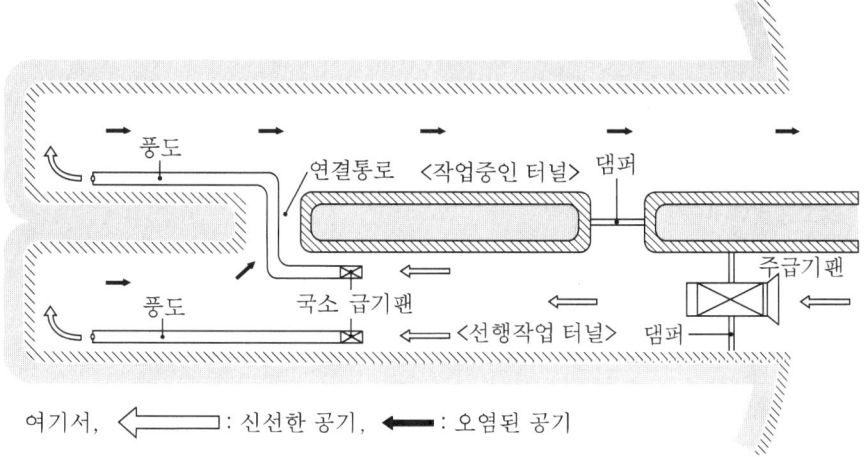

여기서, ⇦ : 신선한 공기, ⬅ : 오염된 공기

(2) 특징
① 누기가 발생하지 않아 환기팬의 풍량을 유효하게 이용할 수 있다.
② 풍도의 단면적이 크기 때문에 대풍량이라도 전력비가 적다.
③ 터널 전역을 통풍시키기 때문에 기류의 정체지역이 적다.
④ 풍도가 불필요하기 때문에 비용이 저렴하다.
⑤ 각 터널부에 적절한 풍량 배분에 주의해야 한다.

V. 소요 환기량 산정방법

(1) 소요 환기량

   공사중 발생하는 유해가스량을 허용농도 이하로 희석하여 배출하는데 필요한 환기량을 소요 환기량이라 한다.

(2) 소요 환기량 산정시 고려사항
   ① 가연성 가스에 대한 환기량
   ② 산소결핍에 대한 환기량
   ③ 발파가스에 대한 환기량
   ④ 배기가스에 대한 환기량
   ⑤ 분진에 대한 환기량
   ⑥ 갱내 작업원에 대한 환기량

(3) 위의 (2)항의 ①~⑤에 대해서는 최대 환기량을 산정하고 ⑥을 충족시킬 수 있도록 환기량을 선정한다.

(4) 가연성 가스에 대한 환기량

$$Q = \frac{V}{E_m} \times 100$$

여기서, Q : 소요 환기량(m^3/min)
   V : 가연성 가스의 용출량(m^3/min)
   E_m : 관리목표농도(%, 법령상 1.5% 이하)

(5) 산소결핍에 대한 환기량

   산소결핍 방지를 위한 환기량

$$Q = \frac{C \cdot V}{C_a - C}$$

여기서, C : 터널 내의 산소 농도(%)
   V : 산소(m^3/min)
   C_a : 신선공기의 산소 농도(21%)

(6) 발파가스에 대한 환기량

$$Q = K \cdot \frac{P}{a \cdot t}$$

여기서, K : 환기계수(0.4)
   P : 발파에 의한 유해물질 발생량(m^3)
   a : 일산화탄소 관리목표농도(50ppm 이하)
   t : 환기 소요시간(15min)

(7) 배기가스에 대한 환기량

디젤기관에서 발생되는 유해가스에 대한 환기량

$Q = (H_S \cdot q_S \cdot a_S) + (H_D \cdot q_D \cdot a_D) + (H_E \cdot q_E \cdot a_E)$

여기서, H_S : 셔블계 사용기계의 총 정격출력(PS)

q_S : 셔블계 기계류의 정격출력당의 환기량($m^3/(min \cdot PS)$)

a_S : 셔블계 기계류의 가동률

H_D : 덤프계의 기계류의 총 정격출력(PS)

q_D : 덤프계 기계류의 정격출력당의 환기량($m^3/(min \cdot PS)$)

a_D : 덤프계 기계류의 가동률

H_E : 기타 기계류의 총 정격출력(PS)

q_E : 기타 기계류의 정격출력당의 환기량($m^3/(min \cdot PS)$)

a_E : 기타 기계류의 가동률

(8) 분진에 대한 환기량

$Q = \dfrac{q}{E_m}$

여기서, q : 막장 부근의 분진 발생량(mg/min)

E_m : 관리목표농도(mg/m^3)

(9) 갱 내 작업원에 대한 환기량

작업원의 호흡에 의해 발생하는 이산화탄소(CO_2)에 대한 환기량

$Q = \dfrac{c}{a-b}$

여기서, c : 작업원이 배출하는 CO_2량(m^3/min)

a : CO_2의 관리목표농도(5,000ppm 이하)

b : 대기 중의 CO_2 농도(0.03%)

VI. 결 론

터널공사시 발생하는 각종 유해가스에 대하여 환기계획시 관리목표농도를 정하여 환기계획을 수립하여야 하며, 터널 공기의 청정화를 위해서 지속적인 연구와 노력이 필요하다.

> **11-1** 터널공사에서 자립이 어렵고 용수가 심한 터널 막장을 안정시키기 위한 보조보강공법에 대하여 설명하시오. [02중, 25점]
>
> **11-2** 터널 천단부와 막장면의 안정에 사용되는 보조공법의 종류와 특징을 설명하시오. [11후, 25점]
>
> **11-3** 터널의 지반보강 방법에 대하여 기술하시오. [04전, 25점]
>
> **11-4** 터널 시공 중 터널 막장의 보강공에 대하여 설명하시오. [02후, 25점]
>
> **11-5** 터널 보조공법에 관하여 기술하시오. [98전, 50점]

I. 개 요

(1) 터널 굴진을 할 때 여러 가지 악조건상태가 발생되는데 터널의 안정성과 시공성을 고려하여 막장 및 굴착면을 보호해야 한다.

(2) 적절한 터널 보조보강공법을 선정하여 시공함으로써 터널의 시공성과 안정성을 도모할 수 있다.

II. 보조보강공법의 필요성

(1) 막장 보호   (2) 천단 붕락 방지
(3) 토사 유출 방지 (4) 지하수 용출 억제
(5) 암반 이완 방지 (6) 갱 내 안전성 확보

III. 보조보강공법의 분류

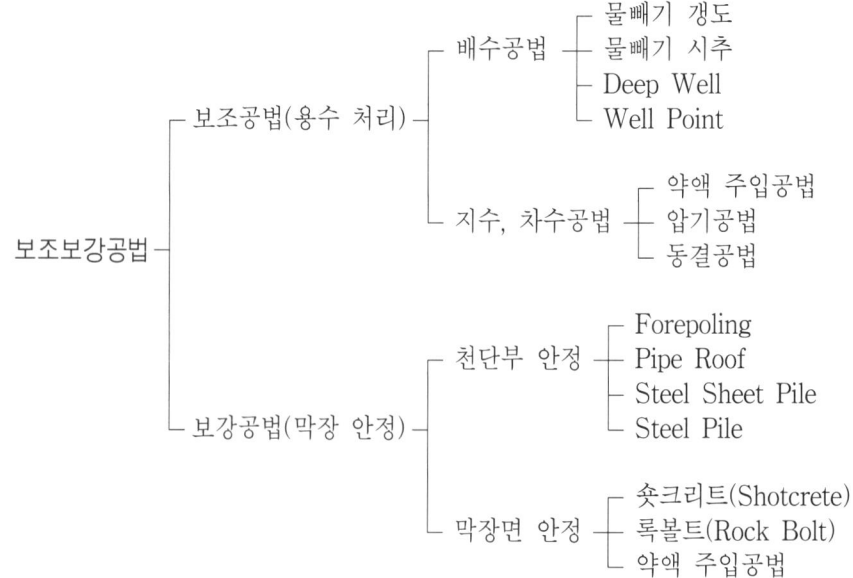

Ⅳ. 보조보강공법

(1) 물빼기 갱도
   ① 터널 굴진시 고압의 용수가 분출될 때 본갱을 우회하는 우회갱을 굴진한다.
   ② 단층 파쇄대 중의 국부적인 저류수역을 돌파하고자 할 때 굴진한다.

(2) 물빼기공(물빼기 시추)
   ① 갱 내에서 깊은 속에 위치한 대수층에 물빼기공을 천공하여 지하수위를 낮춘다.
   ② 직경 50~200mm되는 물빼기공을 막장에 시공하여 지하수를 자연 배수한다.

(3) Deep Well
   ① 터널 굴진에 앞서 지하수위가 높은 위치에 깊은 우물을 설치하여 갱 내 수위를 저하시킨다.
   ② 필요에 따라 갱 내에 설치하기도 한다.

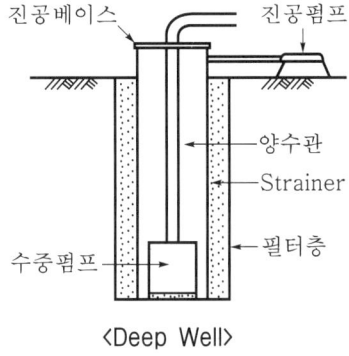

〈Deep Well〉

(4) Well Point
   ① 선단부에 웰포인트를 부착한 Riscr Pipe를 지중에 설치하여 진공펌프로 지하수를 배수하는 것이다.
   ② 이 공법은 진공에 의해 배수하므로 넓은 범위의 토질에 적용하나 양정할 수 있는 깊이는 6m 정도로 제한적이다.

(5) 약액 주입공법
   터널 굴진시 용수가 많게 되며 아스팔트 Bentonite, Cement, 고분자계 등을 지반에 주입하여 용수를 차단한다.

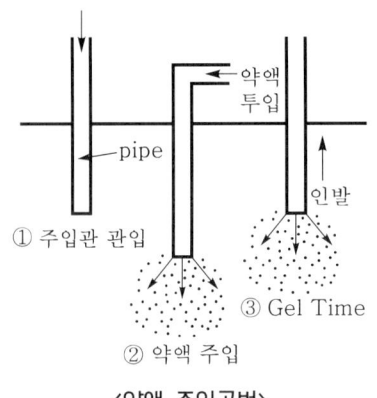

<약액 주입공법>

(6) 압기공법

이 공법은 굴착 갱 내를 폐쇄시켜 고압공기를 갱 내로 보내어 용수를 차단시키는 공법이다.

(7) 동결공법

① 지반에 인위적으로 동결관을 삽입하여 지반을 동결시켜 버리는 공법이다.
② 동결공법에 저온 액화가스 및 냉동 브라인 또는 액체 질소가스를 사용한다.

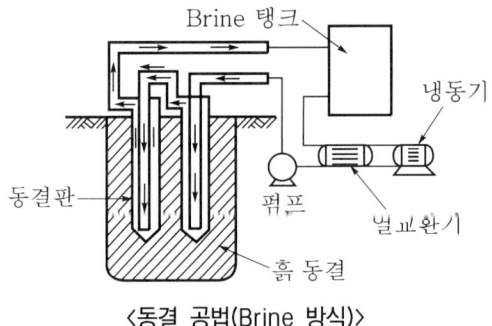

<동결 공법(Brine 방식)>

(8) Forepoling

강지보공을 지점으로 하여 굴진길이의 2배 이상 깊이의 록볼트 또는 철근봉을 막장 전방으로 미리 굴착면과 같게 타설하는 공법이다.

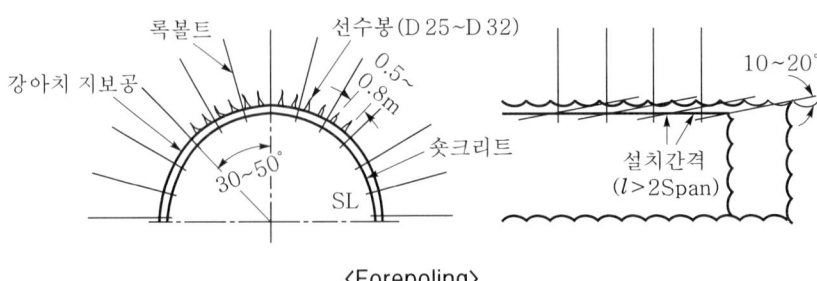

<Forepoling>

(9) Pipe Roof

굴착면의 붕괴가 예상될 때 굴착면을 타설하여 지반 이완과 전단의 붕락을 사전에 예방하기 위한 공법으로 점착력이 적은 토사 기반에 시공한다.

(10) Steel Sheet Pile

지반 조건이 나쁜 지역에서 막장을 보호하기 위하여 넓은 폭(15~20cm)의 Sheet Pile을 굴착면에 따라 타설하는 공법이다.

(11) Steel Pipe

터널 굴착면 상부에 구조물이 위치하거나 지반이 아주 나쁠 때 강관 Pipe를 연결하여 타설하는 공법으로 막장의 안정성을 확보한다.

(12) 막장면 Shotcrete

막장의 연약화에 의한 막장 붕괴를 방지하기 위하여 막장면에 뿜어붙이는 Con'c로 막장면을 안정시킨다.

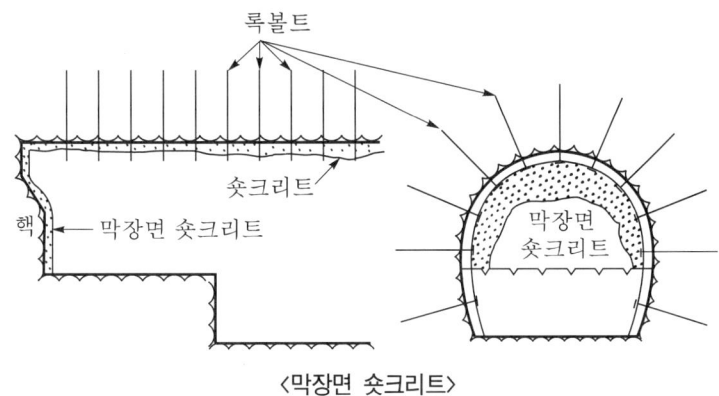

〈막장면 숏크리트〉

(13) 막장면 Rock Bolt

막장면이 굴착된 터널 내부로 밀려나옴을 방지하기 위하여 막장에 록볼트를 타설하여 막장면의 안정을 도모한다.

V. 결 론

(1) 터널공사에는 예기치 못한 상황이 많이 발생하게 되는데 굴착면을 보호하고 막장의 안정을 위하여 보조보강공법이 이용된다.

(2) 계측관리자료를 토대로 하여 적절한 보조보강공법을 선택하면 터널 굴진에서 시공성과 경제성, 그리고 안정성을 도모할 수 있다.

11-6 터널굴착 중 연약지반 보조공법 중 강관 다단 그라우팅 [08전, 10점]

I. 정 의

(1) 터널 막장 상단부에 강관을 적절한 간격으로 배치하고 관 주변을 다단 그라우팅하여 강관과 지반을 일체화시키고, 관 주변의 균열을 충진하여 지반강도를 증대시키는 공법이다.
(2) 막장 천장부에 Beam Arch를 형성하고 상부의 토압과 이완하중을 분산토록 함으로써 터널의 안정성을 확보하는 공법이다.

II. 강관 다단 그라우팅의 개념도

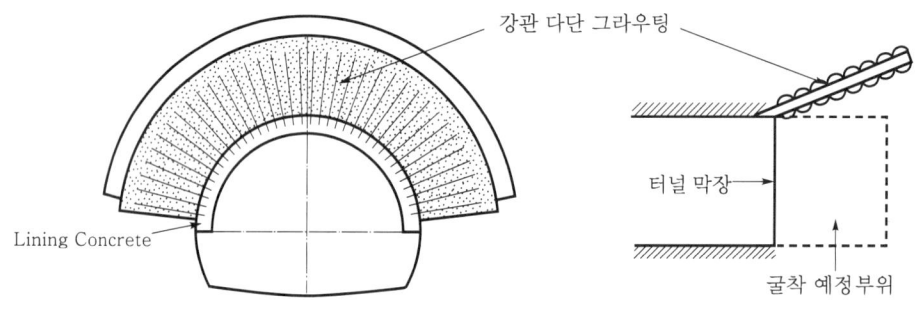

III. 강관 다단 그라우팅 공법의 특징

(1) 연암 파쇄대 및 풍화암, 단층대 등 절리가 발달한 암반을 고결하여 지반을 보강
(2) 주입재 재질을 변경(Micro Cement)하면 미세 절리까지 충진시켜 지반을 보강
(3) 지반의 조건에 따라 수직으로 강관을 삽입하여 지반을 보강

IV. 공법의 적용범위

(1) 터널굴착시 안정화(누수가 많은 터널 및 지반이 불량한 구간의 터널)
(2) 기존 지하구조물(지하철, 공동구, 도로 터널) 방호
(3) Open Cut의 수직강관으로 지반 보강
(4) 풍화대 및 단층 파쇄대 구간의 보강 및 차수

11-7 터널시공중 천단부 쐐기파괴 발생시 현장에서의 응급조치 및 복구대책에 대하여 설명하시오. [06후, 25점]

11-8 연약한 토사층에서 토피 30m 정도의 지하에 터널을 굴착중 천단부에서 붕락이 일어나고 상부지표가 함몰되었다. 이때 조치해야 할 사항과 붕락구간 통과방안에 대해 기술하시오. [06중, 25점]

11-9 토피가 낮은 터널을 시공할 때 발생되는 지표침하현상과 침하저감대책에 대하여 설명하시오. [11중, 25점]

I. 개 요

(1) 터널시공시에는 막장에 대한 지반 보강을 위한 보조공법을 즉시 시행하여야 하며, 이를 지체할 경우에는 붕락사고의 발생이 높으므로 특히 유념하여야 한다.

(2) 붕락사고의 발생시에는 인명피해를 최소화 하는 것이 가장 중요하며, 지반의 안정화가 선행된 후에 재굴착을 하여야 한다.

II. 지표 침하현상

(1) 지하수 유출

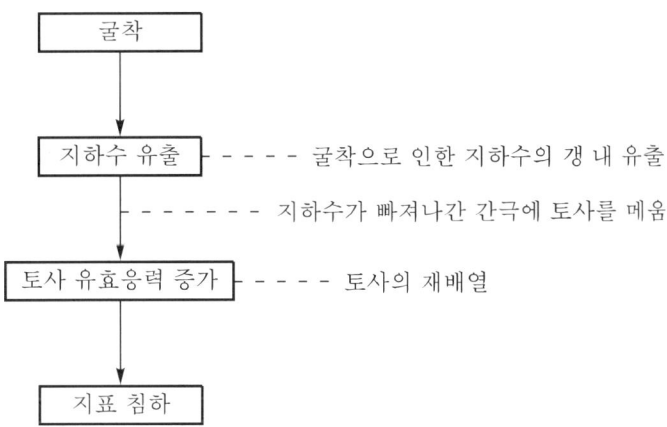

① 굴착 상부에 지하수가 유출되고, 그 자리에 토사를 메움으로 지반의 유효응력 증가
② 지반의 유효응력 증가로 지표 침하 발생

(2) 막장 불안정
① 토사지반의 경우 막장 불안정으로 인해 지표 침하
② 굴착과 동시에 지보를 설치하여도 지반 침하가 발생
③ 인근 구조물의 피해 방지를 위한 대책 마련

(3) 소성영역의 증대
    ① 토피가 낮은 경우 발생
    ② 굴착 이완 하중에 의한 소성영역이 지표면에 도달
    ③ 소성영역이 지표면에 도달할 경우 지표 침하

(4) 터널 구조물 침하
    ① 터널 측벽의 침하 발생
    ② 터널 상부의 전토피하중이 지보재의 지보능력을 초과할 경우

(5) 지반의 지지력 부족
    ① 굴착저면의 지지력 부족
    ② Invert 콘크리트의 강성 부족
    ③ 침하가 계속될 경우 터널 붕괴원인

Ⅲ. 붕락시 조치사항(응급조치)

(1) 인명 대피 및 구조
    ① 작업 중지 및 인근 작업자 대피
    ② 터널 내외부 작업자들을 안전지대로 대피
    ③ 인명피해 발생시 우선 구조

(2) 진동 및 충격 방지
    ① 붕락구간 주변의 충격 금지
    ② 차량의 통제

(3) 관계기관 통보
    ① 관계기관에 출입통제의 요청
    ② 피해상황과 사고현황을 보고

(4) 피해확대 방지 조치
    ① 피해가 확대되지 않도록 응급조치
    ② 지반의 안정화를 위한 조치 마련
    ③ 지상 및 지하를 연계한 조치 마련

(5) 사고 원인분석
    ① 계측자료를 통한 사고의 원인분석
    ② 정확한 분석으로 대처공법 마련
    ③ 현장의 지반조사 및 지하수 여부 조사

(6) 복구대책 수립
지반에 적합한 복구대책 마련

Ⅳ. 복구대책(붕락구간 통과방안, 침하 저감대책)

(1) 현장조사
① 현장현황 파악
② 절리간격 및 방향 조사
③ 지하수 용출 유무
④ 터널구간의 변형상태

(2) Grouting
① 터널 상부 구간에 Grouting을 시공하여 낙반 방지
② JSP 공법, RJP 공법 등의 적용으로 천단부 안정화

(3) Shotcrete
① 지반응력의 배분
② 천단부의 낙반 억제
③ 굴착면의 봉합효과로 지반 일체화
④ 진동 및 충격에 대한 지반의 안정성 확보

(4) Forepoling
강지보공을 지점으로 하여 굴진길이의 2배 이상 깊이의 록볼트 또는 철근봉을 막장 전방으로 미리 굴착면과 같게 타설하는 공법

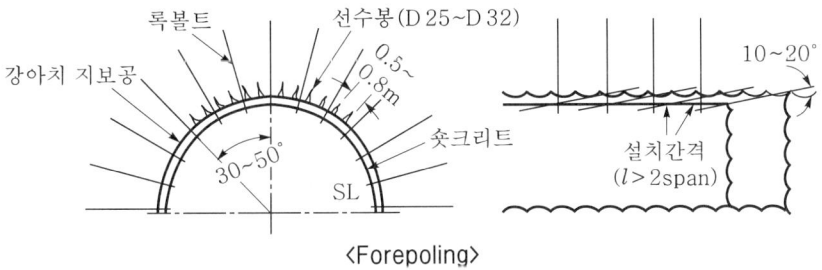

〈Forepoling〉

(5) Pipe Roof
굴착면의 붕괴가 예상될 때 굴착면을 타설하여 지반 이완과 전단의 붕락을 사전에 예방하기 위한 공법으로 점착력이 적은 토사 기반에 시공

(6) 막장면 Rock Bolt
막장면이 굴착된 터널 내부로 밀려나옴을 방지하기 위하여 막장에 록볼트를 타설하여 막장면의 안정을 도모

(7) 강관 다단 Grouting
① 수직으로 강관을 삽입하여 지반을 보강하는 공법
② 절리 등이 발달한 암반을 고결하여 지반을 보강

(8) Steel Sheet Pile
지반조건이 나쁜 지역에서 막장을 보호하기 위하여 넓은 폭(15~20cm)의 Sheet Pile을 굴착면에 따라 타설하는 공법

V. 결 론

터널공사 중 붕락사고의 발생시에는 인명피해를 예방하는 것이 최우선으로 고려해야 할 사항이므로 지반의 안정화와 더불어 인명대비를 실시한 후 복구작업을 진행하여야 한다.

11-10 터널굴착 중에 터널 파괴에 영향을 미치는 요인에 대하여 기술하시오. [06전, 25점]

I. 개 요

터널의 파괴는 부적절한 지보의 형식이나 지보재의 설치 및 타설시간 지연 등의 내적 요인과 지하수 유입, 불균질 지반, 터널 주변의 지반 변화 등의 외적 요인이 있다.

II. 터널 파괴시 나타나는 현상

(1) 갱구의 균열 발생 및 전도
(2) Lining Concrete의 균열, 박리, 박락
(3) 측벽의 침하
(4) 지하수의 누수 및 용출
(5) 지반의 침하, 활동, 함몰

III. 터널 파괴에 영향을 미치는 요인

1. 내적 요인

(1) 지보재의 설치 지연
  ① 굴착 후 Lining Concrete를 완료하기 전까지 지보재를 설치하여 안전 확보
  ② 굴착 즉시 지보재를 설치
  ③ 지보재 설치 지연시 지반의 변형 및 파괴 발생

(2) 지보형식 불량
  ① 지보재의 형식

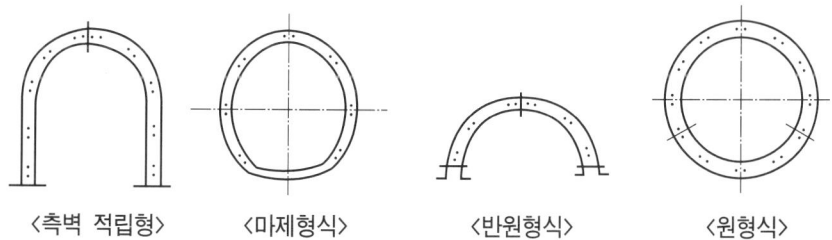

〈측벽 적립형〉　〈마제형식〉　〈반원형식〉　〈원형식〉

  ② 굴착단면에 적합한 지보형식을 선정

(3) Shotcrete의 응력 부족
   ① Shotcrete의 들뜸, 박락 등이 발생하지 않도록 유의
   ② Shotcrete의 적정두께 확보
   ③ Shotcrete의 타설시기 및 품질 확보
   ④ Shotcrete의 조기강도 발현을 위한 혼화제 사용

(4) Lining Concrete의 파손
   ① Lining Concrete의 타설시기 지연
   ② Lining Concrete의 적정두께 불량

(5) 배면 공극
   ① 터널 굴착시 배면의 공극 발생
   ② 공극을 무시하거나 발견하지 못한 경우

2. 외적 요인

(1) 지하수의 용출
   ① 예상되지 못한 곳에서 지하수의 다량 용출
   ② 지하수 배수의 부적절
   ③ 방수공법 또는 지하수 유도공법의 부적절

(2) 편압 발생
   ① 경사진 지층
   ② 불균일한 시설
   ③ 팽창성 지질
   ④ 터널 측면 굴착
   ⑤ 터널 병설

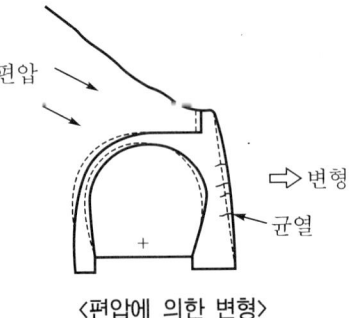
<편압에 의한 변형>

(3) 근접 시공
   ① 터널 상부 지반 굴착
   ② 터널 상부 지반 성토
   ③ 터널 상부 구조물로 인한 하중의 변화

(4) 지반의 지지력 부족
   ① 지지력 부족으로 인한 지반의 침하
   ② 굴착 주변지반에서 연약층 존재시
   ③ 지반의 융기 및 침하

(5) 지진 발생
　　① 지진으로 인한 산사태
　　② 지반의 균열

Ⅳ. 대처방안

(1) 지보재의 보강
(2) Soil Nailing 공법
(3) 갱문 주변지반 보강
(4) 지중벽 설치
(5) 배면 간극 제거 및 적정 배수

Ⅴ. 결 론

터널에는 토압, 수압, 상재하중, 편압 등의 하중이 작용하므로 계측관리를 통한 지반의 변화를 사전에 측정하여 안전한 시공이 되게 한다.

12-1	터널공사의 지하수 대책공법	[98전, 20점]
12-2	터널공사에서 지반 용수에 대한 대책을 설명하시오.	[00전, 25점]
12-3	NATM의 방수공법과 배수처리공법에 대하여 기술하시오.	[99중, 35점]
12-4	터널계획시 지하수 처리방법에 대하여 기술하시오.	[03중, 25점]
12-5	NATM 터널에서 방수의 기능(역할)을 설명하고, 방수막 후면의 지하수 처리방법에 따른 방수 형식을 분류하고, 그 장·단점을 기술하시오.	[06전, 25점]
12-6	산악 터널공사에서 발생하는 지하수 용출에 따른 문제점과 대책을 설명하시오.	[08중, 25점]
12-7	지층 변화가 심한 터널굴착시 막장에서 지하수 유출 및 파쇄대 출현에 대한 대처방안을 기술하시오.	[07중, 25점]
12-8	터널 구조물 시공 중의 균열 발생원인과 물처리공법에 관하여 기술하시오.	[99전, 30점]

Ⅰ. 개 요

(1) 터널시공에 지하수의 유량이 많을 경우 공사환경이 불량해지고 시공성이 저하되며 지반 약화, 천단 붕괴, 기계침하 등 안전성에 크게 영향을 미친다.

(2) 배수공법, 차수공법, 지수공법을 병행하여 지하수 유입을 막아서 터널 내의 작업성 및 안정성을 도모해야 한다.

Ⅱ. 지하수 용출에 따른 문제점

(1) 지반연약화
(2) 터널의 안정성 저하
(3) 환경 불량
(4) 침투수에 의한 붕락
(5) 시공성 및 안정성 저하

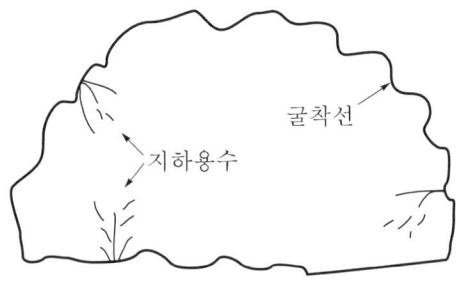

Ⅲ. 지하수 처리방법
(지하수 대책공법, 배수 처리공법, 지반 용수대책, 물처리공법)

(1) 배수 파이프에 의한 방법
  ① 뿜어붙이기 콘크리트 시공

② 용수가 있는 부위 염화비닐 파이프 설치
③ 용수를 파이프로 빼면서 파이프 주변 뿜어붙이기 콘크리트 시공

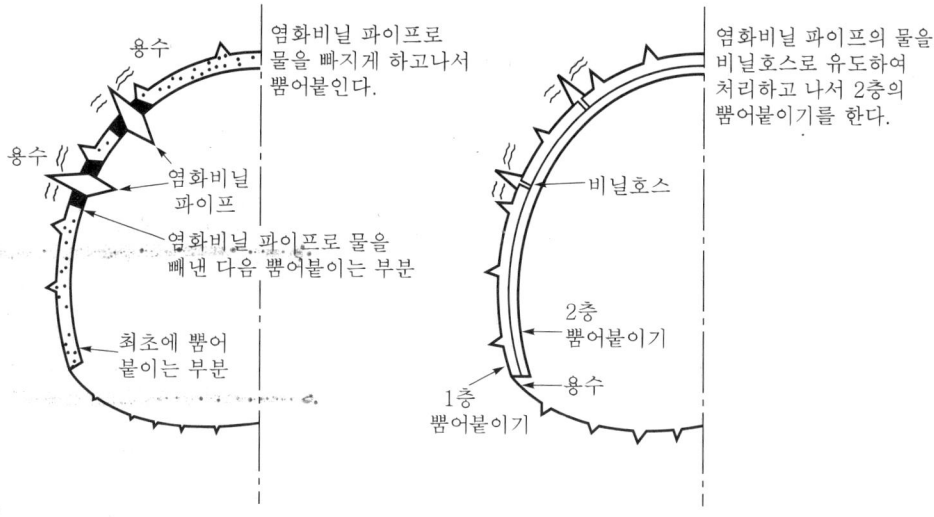

(2) 철망에 의한 방법
① 굴착면에 필터재를 붙이고, 철망으로 누른다.
② 필터재 뒷면에서 호스로 배수
③ 뿜어붙이기 콘크리트 시공

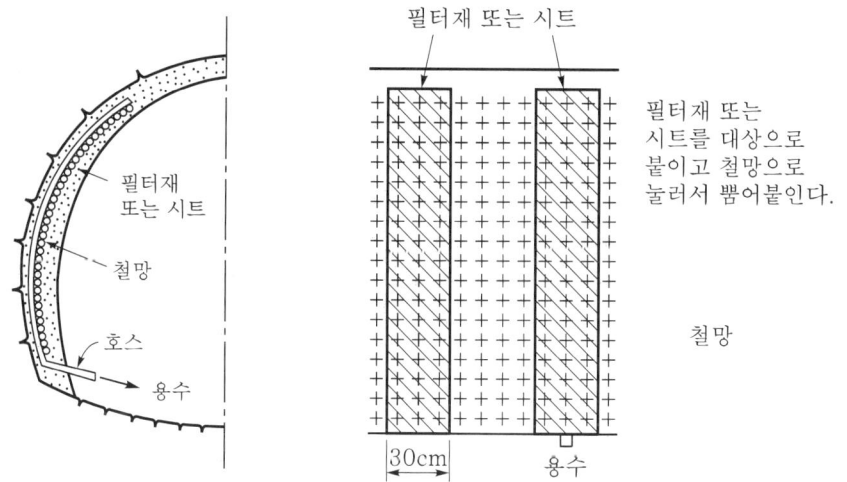

(3) 배수채널(Drain Channel)에 의한 방법
① 굴착면의 용수를 배수채널로 치리
② 배수채널을 자유로운 방향으로 굽혀서 배수처리
③ 뿜어붙이기 콘크리트 시공

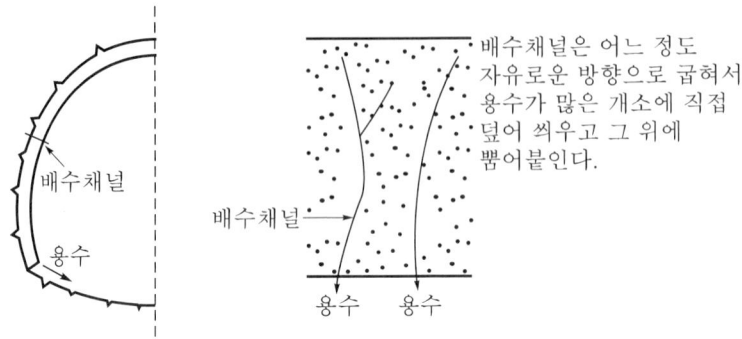

(4) 물빼기 구멍에 의한 방법
　① 용수가 많은 부위에 구멍 뚫린 배수 파이프 설치
　② 굴착면 용수 모두 파이프로 유도
　③ 뿜어붙이기 콘크리트 시공

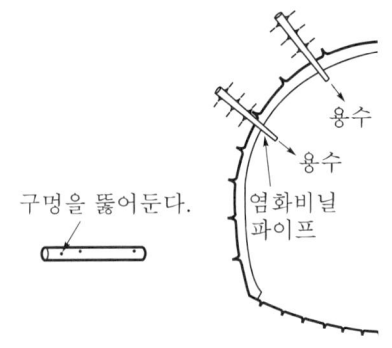

(5) 초조경성 모르타르에 의한 방법
　① 드라이한 상태의 모르타르를 직접 용수 개소에 뿜어붙인다.
　② 초조경성으로 뿜기 후 즉시 경화
　③ 외국 공사에 이용되는 공법

Ⅳ. 균열 발생원인

(1) 거푸집 변형
　복공 콘크리트 타설시 거푸집에 작용하는 하중 과다로 거푸집 변형으로 복공에 균열이 발생한다.

(2) 침하균열
　타설한 콘크리트가 시간경과에 따라 침하되어 부위별로 침하량이 달리될 때 구조물에 균열이 발생된다.

(3) W/C비 과다
① 작은 단면의 구조물 시공으로 시공성 향상을 위한 콘크리트의 W/C비 과다로 인하여 타설 후 과도한 수축으로 균열이 발생된다.
② W/C비 과다는 콘크리트 구조물의 강도, 내구성, 수밀성 저하원인이 된다.

(4) 기초지반 불량
거푸집을 지지하는 기초지반의 지지력 불량으로 부등침하 발생은 구조물에 균열을 발생시킨다.

(5) 재료 불량
풍화된 시멘트, 규격 미달 골재, 혼화제 과다 사용 등의 사용재료 불량에 따른 콘크리트의 이상 반응으로 균열이 발생된다.

(6) 편토압 발생
경화되기 전 콘크리트 구조물에 설계하중 이상의 토압이 한 측으로 편중되어 작용될 때 구조물에는 많은 균열이 발생된다.

(7) 방수 불량
2차 복공 시공 전 방수처리 미숙으로 콘크리트 Lining에 작용 수압의 과다로 균열이 발생된다.

(8) 시공이음부 처리
단계적인 콘크리트 Lining의 시공에 있어 기시공된 Lining과의 시공이음부의 처리 미숙으로 시공이음부 균열이 발생된다.

Ⅴ. 방수의 기능(역할)

(1) 지하수의 누수 방지
① 지하수의 터널 내부로 누수 방지
② 터널 외부로 지하수를 유도

(2) 터널 내부의 Dry Area
① 지하수 누출로 인한 터널의 붕괴 예방
② 터널 시공의 원활화
③ 터널 개방시 교통흐름의 원활화

(3) Lining Concrete의 내구성 향상
① Concrete 내부 철근의 부식 방지
② Concrete의 균열 방지
③ Concrete의 백화 방지
④ Concrete의 유지관리 용이

(4) 교통사고 예방
① 누수 발생시 동해로 인한 터널 내 교통사고 예방
② 터널 내의 양호한 교통환경 유지

(5) 터널 청결성 유지
① 터널 내 청결성 유지로 원활한 교통흐름 유지
② 터널 이용자에 대한 불안감 미조성

Ⅵ. 방수공법(방수형식의 장·단점)

1. 피치방수

(1) 정의
석유에서 생산되는 피치와 광물 혼화제나 고무 등을 첨가하여 시공면에 바르거나 칠하는 방식으로 방수하는 공법이다.

(2) 특징(장·단점)
① 방수효과 탁월
② 강성이 다소 부족
③ 방수층이 쉽게 손상
④ 버너 사용시 화재위험

(3) 피치방수재의 종류
① 양판지 : 피치를 먹인 상태이며, 피막은 되어 있지 않은 방수재료
② 용접 박막 : 유리섬유, 합성섬유, 금속판, 합성수지 등의 한 면 또는 양면에 1.5~2.5mm 두께의 피치층을 입혀서 총 4~5mm 두께로 만들어 서로 용접하여 잇는다.
③ 피치 라텍스 : 15~20%의 염화고무 라텍스를 피치에 첨가하여 피치의 역학적 특성을 개선하는 것으로 여러 층을 겹쳐서 시공한다.

④ 시공 예

1차 복공
방수막 부착층
피치 칠
1차 방수막, 4mm 두께, 용접
2차 방수막, 4mm 두께, 용접
구리판, 0.1mm 두께, 피치도장제품, 용접
피치 칠

2. 합성수지방수

(1) 정의

열가소성 합성수지막을 사용하며, 방수막을 형성하는 것으로서 여러 가지 종류의 합성수지를 사용한다.

(2) 특징(장·단점)
① 강성 및 내구성 우수
② 방수성능 양호
③ 시공이 복잡
④ 재료비가 다소 고가

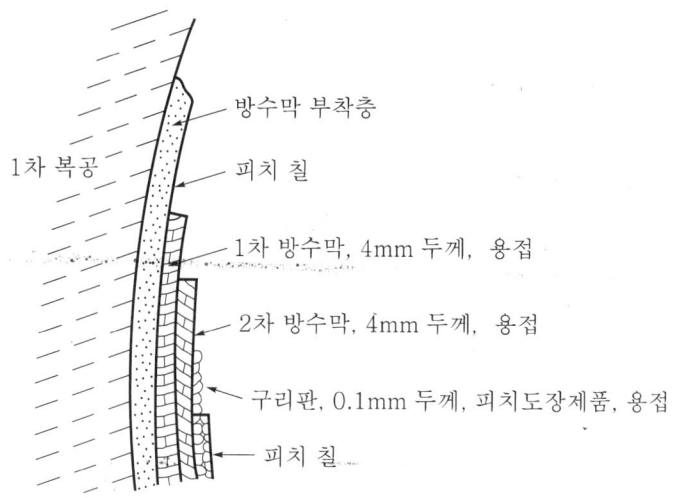

〈시공 단면〉

(3) 시공법
① 시공면에 10mm 두께의 내부 보호막 설치
② 방수막 설치
③ 외부 보호막 설치
④ 방수막 지지벽 시공

(4) 분사접착 합성수지
① 불포화 폴리에스테르수지, 에폭시수지, 폴리우레탄수지 등의 재료를 분사방식으로 시공면에 접착시키는 방법이다.
② 3~5cm 유리섬유를 중량 비율로 20% 정도 첨가하여 특성을 개선시킨다.

(5) 금속판 방수막

① 알루미늄, 구리, 철 등을 이용한 금속판을 방수막으로 이용하는 공법이다.

② 부식을 고려하여 철판은 0.5mm 이상, 구리판, 알루미늄판은 0.2mm 이상을 사용한다.

Ⅶ. 파쇄대 출현시 대처방안

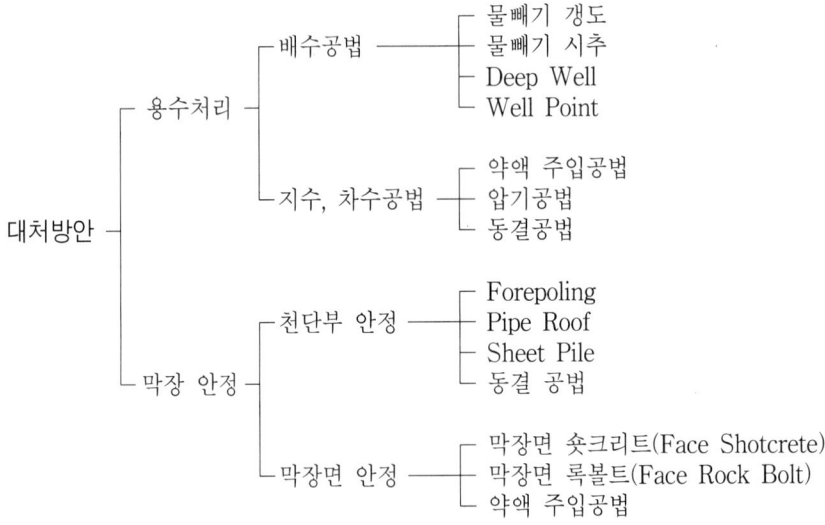

Ⅷ. 결 론

(1) 지하 터널공사에서 다량의 지반 용수에 대해서는 우선적으로 용수에 대한 대책수립이 이루어져야 한다.

(2) 용수에 대한 대책으로는 용수 규모 및 성질 등을 조사 분석하여 적절한 공법 선정으로 굴착면의 안전을 도모할 수 있어야 된다.

12-9 배수형 터널과 비배수형 터널을 비교하여 그 개념 및 장점과 단점을 기술하시오.
[08전, 25점]

12-10 터널의 지하수 처리형식에서 배수형 터널과 비배수형 터널의 특징을 비교 설명하시오.
[10후, 25점]

I. 개 요

(1) 지하수의 처리에 대한 기본 개념에 따라 터널은 배수형과 비배수형 터널로 구분한다.
(2) 배수형 터널은 근본적으로 콘크리트 라이닝에 수압이 작용하지 않도록 하는 터널이며, 비배수형 터널은 지하수위 저하로 인한 터널 주위의 지반의 침하가 발생하여 주요 시설물에 영향을 주는 지역에서 지하수를 인위적으로 배수시키지 않는 비배수형 터널을 채택한다.

II. 배수형 터널과 비배수형 터널의 개념

(1) 배수형 터널
  ① 터널 내로 지하수가 유입되도록 하여 터널 내 배수관을 통하여 외부로 지하수 처리를 하는 것
  ② 지하수를 터널 내로 유입시켜 배수함으로서 터널 콘크리트 라이닝에 수압이 발생하지 않아 무근 콘크리트 라이닝이 설치됨
  ③ 비배수 터널에 비하여 시공이 간편하고 경제적임
  ④ 터널굴착 주변 지질조건이 토사일 경우 장기적인 측면에서 지하수가 터널 내로 유입되는 과정 중에 토입자가 동시에 유입되므로 주변 인접 구조물이 있을 경우 부등침하를 발생시킬 수가 있음
  ⑤ 주변 지하수를 배수하므로 터널 주변, 상부의 생태계 파괴를 유발시킬 수 있음
  ⑥ 배수시설에 관련된 유지관리 필요

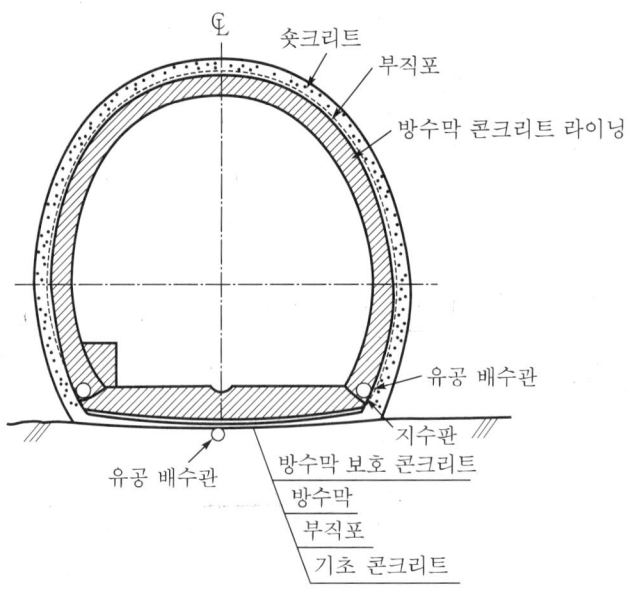

(2) 비배수형 터널
① 터널 내로 지하수가 유입되지 않도록 해야 한다.
② 지하수위가 높을 경우 높은 수압이 발생하므로 터널 콘크리트 라이닝을 철근 콘크리트로 해야 한다.
③ 배수 터널에 비하여 비경제적이다.
④ 터널 시공에 따른 지하수위 변동이 없으므로 주변 인접 구조물에 부등침하 등의 악영향을 최소화할 수 있다.

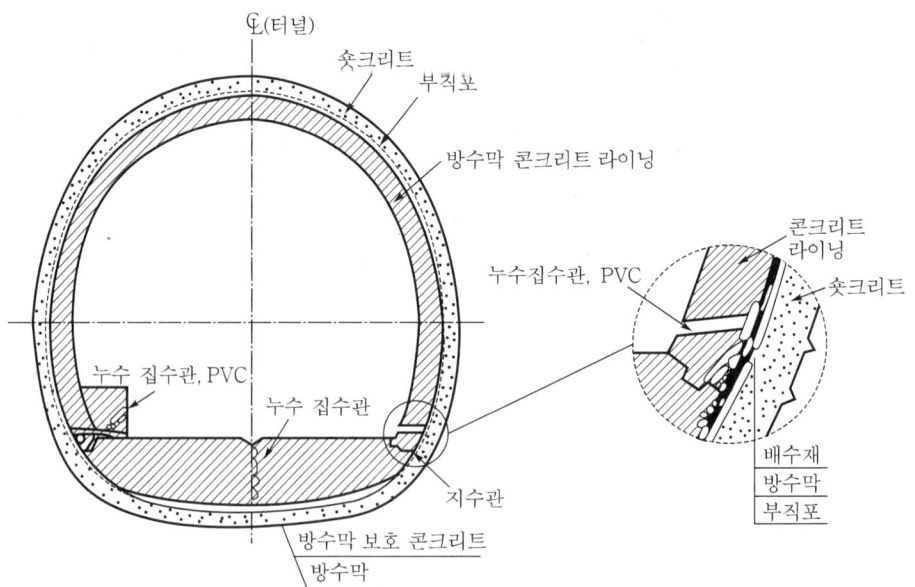

Ⅲ. 배수형 터널과 비배수형 터널의 비교표

구 분		배수형 터널		비배수형 터널
		완전배수 개념	침투를 고려한 배수 개념	비배수 개념 (완전방수 개념)
개념				
지하수위		배수에 의한 강하	변동 없음	변동 없음
침투		발생	발생	발생 없음
해석조건	해석 경계부	전응력(=유효응력)	유효응력+정수압	유효응력+정수압
	지중응력	유효응력(=전응력)	유효응력+침투수압	유효응력+정수압
	라이닝에 작용하는 수압	0	0	정수압

Ⅳ. 특징(장·단점) 비교

구 분	배수형 터널	비배수형 터널
방수형식	방수시트를 터널 아치부와 측벽부만 설치하고 유입수를 시트 자체의 배면 배수로를 이용하여 터널 내부로 유도해서 배수처리하므로 근본적으로 수압이 걸리지 않게 계획된 형식	터널 전단면에 방수시트에 의한 차수층을 설치하여 지하수의 유입을 완전히 차단하는 형식
장점	① 2차 라이닝에 수압을 고려하지 않으므로 구조적으로 얇은 무근 콘크리트 라이닝으로 가능하다. ② 특수 대단면 시공이 가능하다. ③ 누수시 보수가 용이하다. ④ 시공비가 적게 든다.	① 유지관리비가 적게 든다. ② 터널 내부가 청결하며, 관리가 용이하다. ③ 지하수위를 계속 유지할 수 있으므로 주변 환경에 영향을 주지 않는다.
단점	① 집수 용량이 커지며 유지비가 많이 든다. ② 공사기간 중 지하수위 저하로 인한 주변지반의 침하와 지하수 이용에 다소 문제가 생길 수 있다.	① 시공비가 많이 든다. ② 특수 대단면에서는 단면이 커져서 비경제적이다. ③ 누수가 발생하면 완전보수가 곤란하며 보수비가 많이 든다. ④ 2차 라이닝 두께가 커지며 경우에 따라 철근 콘크리트 시공이 필요하다.
적용	지질조건이 양호하며 지형 형상에 따라 자연배수가 가능한 지역	도심 등 지하수위가 높으며 지질조건이 불량한 지역

V. 결 론

(1) 터널은 지하수의 침투로부터 완전히 차단되도록 시공하여야 하는 바, 방수막 후면의 지하수 처리는 터널의 구조 및 경제성, 시공성에 큰 영향을 주므로 배수형(부분방수)과 비배수형(완전방수)을 검토하여 적절한 형식을 채택하여야 한다.

(2) 배수형식의 선정시에는 다음 사항을 검토하여야 한다.
　① 지층조건 및 지하수위
　② 기존 시설물 현황
　③ 경제성 및 편의성
　④ 방수기술 수준

> **13-1** TBM(Tunnel Boring Machine)의 구조를 설명하고, 그 적용조건에 대하여 기술하시오. [95중, 50점]
> **13-2** 기계식 터널굴착 공법(TBM)을 분류하고, 각 기종의 특징을 기술하시오. [03후, 25점]
> **13-3** TBM(Tunnel Boring Machine) 공법의 특징에 대하여 기술하시오. [04전, 25점]
> **13-4** Slurry Shield TBM 공법 [07중, 10점]

I. 개 요

(1) TBM 공법은 Hard Rock Tunnel Boring Machine에 의한 암석터널의 전단면 굴착공법으로서 재래의 발파공법에 비해 주변지반의 진동, 이완을 최소화하고 굴진속도가 빠른 장점이 있다.

(2) TBM에 의한 굴착방법 채택시에는 용수의 유무, 지질의 균일성, 절리의 상태 등 현장의 여건에 대한 충분한 조사가 이루어져야 한다.

II. TBM의 구조

TBM 공법은 폭파에 의하지 않는 암석 굴착방법이다.

(1) 파쇄장치
   막장면에 Cutter Head를 눌러 회전시켜서 암반을 압축, 파쇄하는 장치

(2) 주행장치
   TBM의 본체를 굴진방향으로 이동시키는 장치

(3) 버력 반출장치
   파쇄장치에 의해 파쇄된 버력을 반출시키는 장치

(4) 후속장비
   공사용수 조달장비, 동력 전달장비, 암반 보강장비, 천공장비, 환기시설 등이 있다.

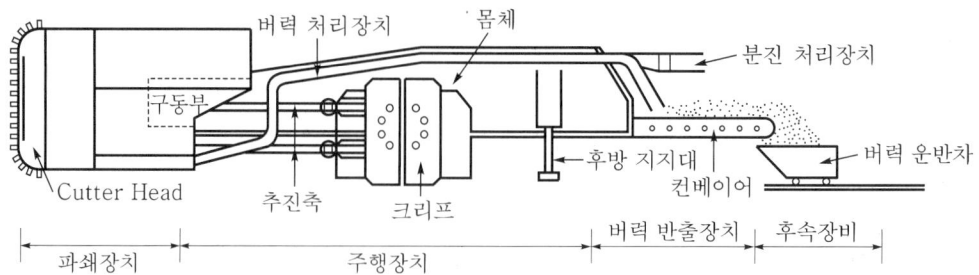

Ⅲ. 분류 및 특징

1. TBM(Tunnel Boring Machine)

(1) 정의

① TBM 공법은 재래식 천공 및 발파를 반복하는 굴착공법과는 달리 자동화된 터널 굴착장비로 터널 전단면을 동시에 굴착하는 기계를 사용하여 일시에 전단면을 굴진해 가는 공법이다.

② 굴착 단면이 원형으로 암반 자체를 지보재로 활용하므로 Shotcrete, Rock Bolt 등의 보조 지보재 사용을 대폭 줄일 수 있고 여굴 발생이 거의 없는 최신 공법이다.

(2) 특징

① 작업속도가 빠르다.
② 저소음, 저진동이다.
③ 지반 이완을 최소화할 수 있다.
④ 지보공이 절약된다.
⑤ 여굴이 적다.
⑥ 원형 단면이 구조적으로 안정하다.
⑦ 초기 투자비가 크다.
⑧ 지반 변화에 대한 적용범위가 한정된다.
⑨ 굴착 단면의 형상에 제한을 받는다.
⑩ 기계 조작에 전문인력이 필요하다.

2. TBE(Tunnel Boring Enlarging Machine)

(1) 정의

① TBE(Tunnel Boring Enlarging Machine) 공법이란 최신의 굴착장비인 TBM

(Tunnel Boring Machine)으로 대단면의 터널을 굴진할 때 소단면의 Pilot갱을 선진도갱하여 굴착한 후 확대굴착기(TBE)로 필요 단면을 굴착해 나가는 공법이다.
② 대단면의 터널을 일시에 굴착할 경우 장비의 효율 저하 및 시공성, 경제성이 저하되므로 단면 지름이 8m 이상일 경우에 TBE로 굴착하는 것이 유리하다.

(2) TBE 작업도

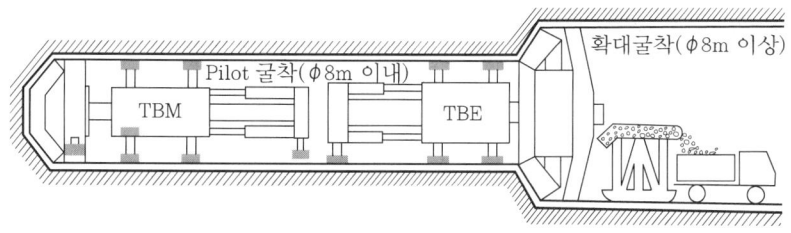

(3) 특징
① Pilot 갱에 의한 지질, 지층상태 파악
② 불량 지질에 대한 대비책 준비 용이
③ 경제성 향상
④ 시공속도 증대
⑤ 후속설비의 감소화

3. TBM — NATM 병용공법

(1) 정의
① 기계와 발파를 병용하는 기술로 굴진속도가 빠르고 굴착진동이 적은 TBM의 장점과 터널의 형상 및 크기를 자유롭게 변화시킬 수 있는 발파 굴작공법의 상점을 동시에 활용할 수 있는 공법이다.
② 이 공법은 사전에 구조적으로 안전한 원형 TBM 터널을 Pilot 터널(선진갱, 도갱)로 굴진하여 지반상태, 지하수조건 등을 확인하고 이 굴착면을 자유면으로 하여 NATM 공법으로 대단면의 터널을 굴착하는 공법이다.

(2) 특징
① 형상, 크기에 제약이 없음
② Pilot 터널을 통하여 연속적인 조사로 합리적 시공
③ 현장 암반상태의 정확한 규명으로 설계자료의 변경, 보완이 용이
④ Pilot 터널을 통한 정확한 터널 거동 예측

⑤ Pilot 터널의 배수로 역할로 차수문제가 거의 없음
⑥ Pilot 터널을 관통할 경우 환기통의 역할로 작업여건이 개선
⑦ Pilot 터널을 통한 지반 보강이 용이
⑧ TBM으로 Pilot 굴진이 가능한 지반조건이 요구됨
⑨ 기계굴착과 발파굴착이 병용되어 공정이 복잡
⑩ 부대설비가 많음

4. Slurry Shield TBM 공법

(1) 정의
① Shield라고 불리는 강제 원통굴착기를 지중에 밀어넣고 그 내부에서 토사의 붕괴, 유동을 방지하면서 안전하게 굴착작업 및 복공작업을 하여 터널을 구축하는 공법이다.
② 개착공법을 대신할 수 있는 도시 터널의 시공수단으로서 지하철, 상하수도, 전기통신시설 등에 널리 이용되고 있다.

(2) 공사 개요도

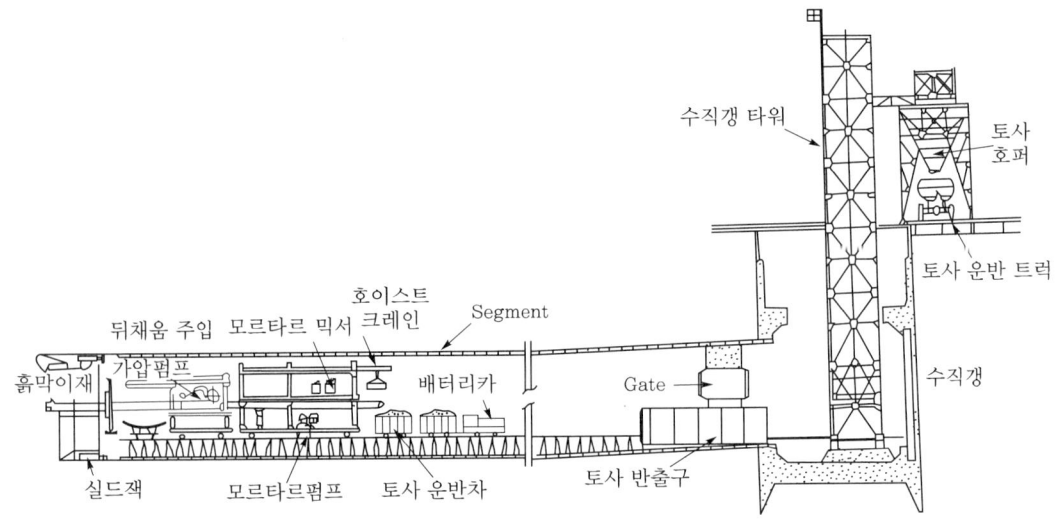

(3) 특징
① 안전하고 확실한 공법이다.
② 시공관리 및 품질관리가 용이하다.
③ 지하매설물의 이동과 방호가 불필요하다.
④ 광범위한 지반에 적용된다.
⑤ 토피가 얕은 터널의 시공이 곤란하다.

⑥ 시공에 수반되는 침하가 발생된다.
⑦ 급곡선부의 시공이 어렵다.

IV. 적용조건

(1) 단면 형상
원형의 굴착장비로서 선단의 커터헤드의 회전으로 암반을 굴착하며 전진하므로 마제형 또는 구형의 단면은 곤란하다.

(2) 암반의 압축강도
일축 압축강도 $500 \sim 1,000 kgf/cm^2$의 연암 또는 경암에 주로 적용된다.

(3) 굳은 지반
극경암지역으로 커터헤드의 압쇄작업이 불가능할 때에는 기계를 후진시켜 소량의 폭약을 사용하여 발파한 후 굴진한다.

(4) 연약지반
지질이 불규칙하여 연약지반에 위치할 경우 기계침하, 막장 붕괴 등으로 작업이 곤란해질 때는 보조공법을 병용하고 지반 개량을 하여 막장을 안정시킨 후 굴진한다.

(5) 용수지대
굴진 도중 용수지대에 도달하게 되면 우회 배수터널, 물빼기, 배수공법 등으로 용수를 처리한 후 작업을 개시한다.

(6) 단층, 파쇄대
단층, 파쇄대지역을 통과하게 될 때에는 기계의 침하, 용수에 의한 침수 등에 특히 유의하여 보강 조치한 후 작업을 개시한다.

(7) 경제성
터널길이가 길수록 경제성이 우월하다.

(8) 안정성
원형단면 굴착으로 막장 자체가 아치 형상의 안전성 있는 단면으로 시공되어진다.

(9) 시공성
TBM의 자동화 기계설비로 기공성이 탁월하고 노무비 절감효과가 크다.

V. 결 론

(1) TBM 공법은 주로 암석 Tunnel의 굴착에 이용되는 Hard Rock TBM과 연약지반 및 해저터널 굴착에 이용되는 Shielded TBM으로 나눌 수가 있다.

(2) 굴착진동이 적은 TBM의 장점과 터널의 형상과 크기를 자유롭게 변화시킬 수 있는 발파 굴착공법의 장점을 동시에 활용할 수 있는 TBM-NATM 병용공법의 적용이 적극적으로 시도되어져야 한다.

• 터널공사 6-211

14-1 실드터널 굴착시 초기굴진 단계의 공정을 거쳐 본굴진 계획을 검토해야 되는데 초기굴진시 시공순서, 시공방법 및 유의사항에 대하여 설명하시오. [11전, 25점]

14-2 현장에서의 실드(Shield)터널의 단계별 굴착방법에 따른 유의사항에 대하여 설명하시오. [06후, 25점]

14-3 지하 30m와 20m 사이에서 연암과 연약토층이 혼재된 지반조건을 가진 도심지의 도시 터널공사(직경 7.0m, 길이 약 4km)를 시공하고자 한다. 인근 건물과 지중 매설물의 피해를 최소화하는 기계식 자동화 공법의 시공계획서 작성시 유의사항을 설명하시오. [04중, 25점]

14-4 Shield 장비로 거품(Foam)을 사용하여 터널을 굴착할 때의 버력처리(Mucking) 방법에 대하여 설명하고, 시공시 유의할 사항에 대하여 기술하시오. [07전, 25점]

14-5 실드(Shield)터널 공법에서 프리캐스트 콘크리트 세그먼트(Precast Concrete Segment)의 이음방법을 열거하고 시공시 주의사항에 대하여 설명하시오. [02중, 25점]

14-6 Segment의 이음방식(실드터널) [10중, 10점]

14-7 실드터널 시공시 뒤채움 주입방식의 종류 및 특징에 대하여 설명하시오. [10중, 25점]

14-8 터널공법 중 세미실드(Semi Shield) 공법과 실드(Shield) 공법에 대하여 설명하고 각기 시공순서를 설명하시오. [02후, 25점]

I. 개 요

(1) Shield라고 불리는 강제 원통굴착기를 지중에 밀어 넣고 그 내부에서 토사의 붕괴, 유동을 방지하면서 안전하게 굴착작업 및 복공작업을 하여 터널을 구축하는 공법이나.

(2) Shield를 사용하여 지반 붕괴를 방지한 상태에서 굴착하므로 지반 안정을 위한 처리를 따로 할 필요가 없으나, Shield가 통과한 지역이 불안정하여 지반이 붕괴될 우려가 있는 경우에는 지반 안정처리 공법을 실행한다.

II. Shield 공사 시공도

수직구를 통하여 자재의 반출입, 이수 처리 및 굴착 토사(버력)를 외부로 반출하면서 터널굴착을 진행하므로 수직갱이라고도 한다.

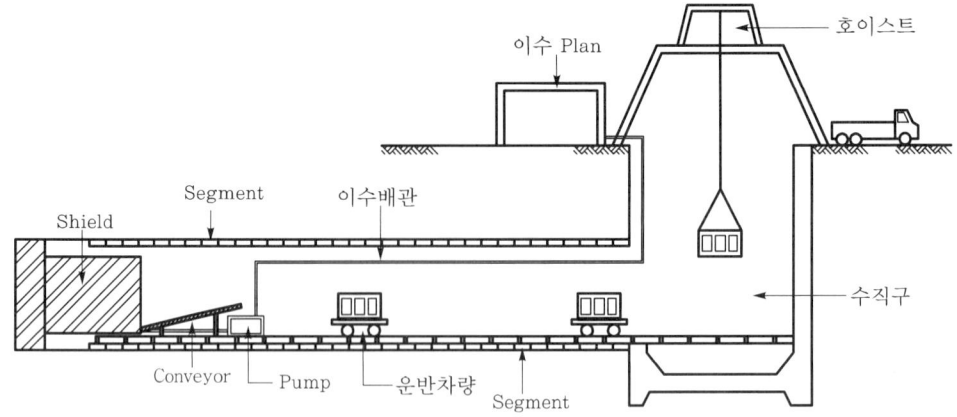

Ⅲ. 시공순서

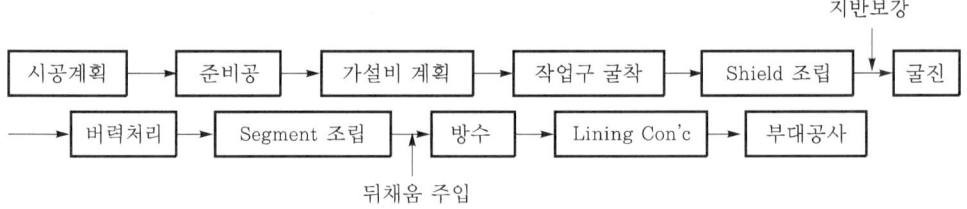

Ⅳ. 단계별 굴착방법(시공방법 및 유의사항, 시공계획서 작성시 유의사항)

1. 시공계획

(1) 계획요소
  ① 터널 각 부분의 굴착순서 및 시기
  ② 콘크리트 타설방법
  ③ 환기, 조명 등 터널 내 시공용 설비

(2) 유의사항
  ① 굴착기의 종류 및 형식 결정
  ② 굴착 토사의 처리
  ③ 공구 분할 및 터널 내 제설비 결정

④ 터널 내 환기를 통한 공기 정화
⑤ 토사의 분진 발생을 방지하기 위한 살수 준비
⑥ 방진마스크 및 보안경 착용
⑦ 유해가스 감지기 가동

2. 준비공

(1) 수직갱 굴토장비
(2) 수직갱에 설치되는 Tower
(3) 터널굴착기(Shield)

3. 가설비 계획

(1) 환기
(2) 조명
(3) 소음 및 진동

4. 작업구(수직구) 굴착

(1) 지반조건, 노면의 조건, 교통량 등을 사전조사
(2) 공사 중 소음, 진동의 영향을 고려한 경제적인 공법 선정
(3) 본 노선에 적합한 작업부지의 확보가 곤란할 경우에는 터널 가까운 위치에 작업구를 설치하고 진입갱을 통해 본 노선에 접근

5. Shield 조립

(1) 작업구를 통해 Shield 장비의 투입 후 조립
(2) Shield 장비를 지중에 바르게 고정시킴
(3) 지반 보강
    주변지반의 이완 방지와 지반 반력의 증강을 위해 보조공법 실시

6. 굴진

(1) 굴진 후 도달부에 대한 사전지반 개량
(2) 예정위치에 도달하기 위한 Shield의 측량
(3) 굴진속도를 늦추고, 미속 전진시켜야 하는 위치
(4) 굴진 후 토사 유출 방지 및 배수대책
(5) 막장의 안정 유지

7. 버력 처리

(1) 버력 처리방법

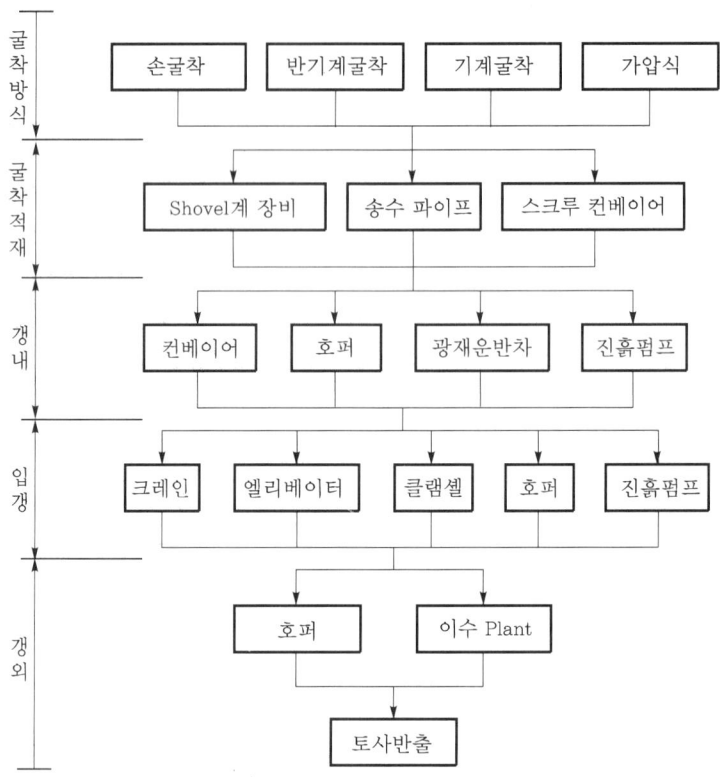

(2) 유의사항(시공시 유의사항)

① 일일 처리량 : 굴진속도 및 일일 굴진사이클에 따른 처리설비의 규격 사용대수를 선정하여야 한다.

② 사이클 타임 : 일일 굴진량과 굴진 토질에 따른 작업의 흐름도를 파악하여 처리방법과 용량을 결정해야 한다.

③ 운반차의 용량 : 압기공법의 유무, Segment 반입 조립으로 뒤채움재 주입방법과 연관하여 운반차의 용량을 결정한다.

④ 사토장

  ㉠ 버력을 처리할 때 사토장의 거리 및 용량, 그리고 교통상황을 고려하여 사토장을 선정하여야 한다.

  ㉡ 사토장은 지반의 오염이 없도록 선조치를 하여 이수가 유출되어 민원 발생이 야기되지 않아야 한다.

⑤ 장비의 점검 및 유지관리 : Shield 공법은 기계화 공법인 관계로 어느 한곳이라도 장비의 고장이 발생할 때에는 모든 공사가 중단되는 사태가 발생하므로 장비의 점검과 유지관리를 철저히 하여야 한다.

⑥ 폐기물 처리 : 배출도는 Form과 벤토나이트 용액에 의해 환경오염물질인 관계로 필히 폐기물처리를 하여야 한다.
⑦ 건조 후 처리 : 버력은 1차 처리로 건조한 후 2차 처리장으로 방출하여야 한다.
⑧ 환경오염 방지
    ㉠ 버력의 운반시 도로에 유실이 없도록 제반설비를 갖추어 처리하여야 한다.
    ㉡ 1차 처리시에 우수에 의한 유출이나 주변지반으로 흘러들어가지 않도록 각별히 주의하여야 한다.

8. Segment 조립

(1) Segment 종류

    ① Con'c Segment   ② 강재 Segment   ③ 주철 Segment

(2) Segment 이음방법

① Segment의 이음은 이음방향에 따라 Ring 이음과 Bolt 이음으로 구분한다.
② Ring 이음과 Bolt 이음 모두 이음 구멍을 통하여 Bolt, Ring 등으로 이음한다.
③ Ring 이음 : Segment를 Ring(원)방향으로 이음하는 것
④ Bolt 이음 : Segment를 터널방향으로 이음하는 것

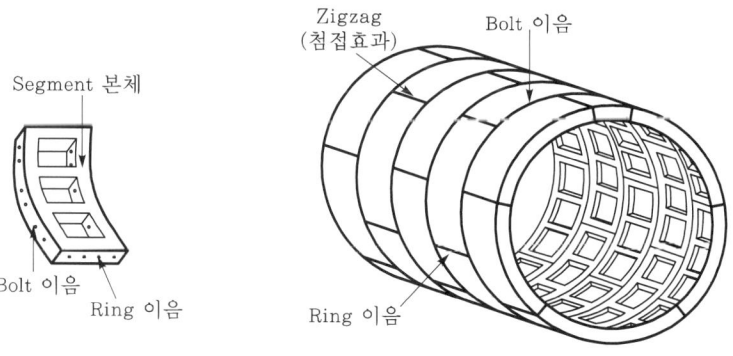

(3) Segment 분할

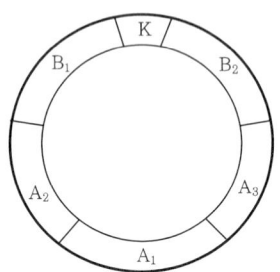

〈Segment의 분할방법〉

① A_1, A_2, A_3 Segment의 양단면은 직각으로 이음한다.
② B_1, B_2 Segment는 각각 A_2와 A_3에 접하는 단면에 직각으로 이음하고, Key Segment의 접하는 마구리면은 경사방향으로 이음한다.
③ Key Segment(K)는 마지막 조립용으로 양단이 경사면으로 되어 있다.

(4) 유의사항
① Segment의 운반 및 설치시 파손에 유의
② Segment의 이음시 Bolt에 너무 강한 축력을 사용하면 Segment가 파손되므로 유의
③ Segment 이음부에 이물질이 없도록 하고, 밀착시공할 것
④ Segment의 설치는 정원(正圓)을 유지하여 지반침하에 대응
⑤ Segment의 배치는 Zigzag 배치를 원칙으로 함
⑥ Segment 이음부 방수시공에 유의
⑦ Segment 자체가 토압에 대한 안정성 유지
⑧ 굴착지반의 배수처리 철저
⑨ Segment와 굴착지반과의 틈발생부위에 대한 지반안정 공법 실시
⑩ Segment와 굴착지반의 틈발생이 크면 토사의 낙하충격에 의해 Segment의 파손 및 붕괴의 우려가 있으므로 유의

9. 뒤채움 주입

(1) 목적
① 실드 굴진시 Tail부에 발생하는 공극을 충진
② 누수 방지를 위한 방수효과
③ 지반의 변형 방지
④ 세그먼트의 조기 안정성 확보

(2) 주입재료
   ① 시멘트 모르타르, 발포성 모르타르
   ② 슬래그 또는 석탄재를 사용한 가소성 주입재

(3) 주입재료의 요구 성능
   ① 유동성이 우수하며, 재료 분리가 적을 것
   ② 경화시 체적 감소가 적을 것
   ③ 지반강도보다 크며, 균일한 강도를 조기에 발현할 것
   ④ 우수한 수밀성
   ⑤ 환경기준에 적합할 것

(4) 주입방식 및 특징
   ① 즉시 주입
      ㉠ 1회 굴진 완료마다 세그먼트를 설치한 즉시 뒤채움재를 주입하는 방식
      ㉡ 작업 공정상 시공이 편리함
      ㉢ 뒤채움재 주입을 위한 별도의 주입구를 세그먼트에 설치할 필요가 없음
      ㉣ 동시 주입에 비해 주입시기가 늦어지므로 주변지반의 이완 가능성이 있음
   ② 동시 주입
      ㉠ 개개의 세그먼트 설치와 동시에 뒤채움재를 주입하는 방식
      ㉡ 뒤채움재의 충진효과가 가장 우수
      ㉢ 지반의 침하를 억제하고 지반의 안정성 확보에 가장 유리
      ㉣ 뒤채움재 주입을 위한 별도의 주입구를 세그먼트에 설치하여야 하며, 주입구에 대한 누수문제 발생
      ㉤ 시공이 번거로워 시공비용이 상승
   ③ 후방 주입
      ㉠ 세그먼트 설치 2~3일 후에 뒤채움재를 주입하는 방식
      ㉡ 일반적으로 설치된 세그먼트의 20~30m 후방에서 뒤채움재를 주입해 나가는 방식
      ㉢ 시공이 편리하고 시공비가 적게 소요되어 가장 경제적인 방식
      ㉣ 지반 이완의 가능성이 높음으로 적용지반이 한계적임

10. 방수

(1) Packing 공법
(2) Caulking 공법
(3) Bolt 구멍방수

11. Lining 콘크리트

(1) 무근 또는 철근 콘크리트 시공
(2) Segment를 보호하고, 방식, 방수성능 향상
(3) Lining Con'c의 두께는 15cm 이상
(4) Segment의 방수, 청소, 이음 Bolt의 확인 후 타설
(5) 콘크리트 타설 전후 품질관리 철저

12. 부대공사

(1) 터널 내 환기설비 공사
(2) 터널 내 조명설비 공사
(3) 터널 내 차량 임시정차장소 마련

V. 세미실드(Semi-Shield) 공법

(1) 공법의 개요
  ① 강재 원통형 굴착기계인 Semi-Shield Machine을 작업구 내에 설치하여 기계 선단부에 장착된 굴착용 Cutter Head를 회전시켜 지반을 굴착한다.
  ② 보조공법을 통하여 막장의 붕괴를 방지하고 기계 후면의 유압 Jack으로 기계를 추진하여 Tunnel을 형성한다.

(2) 시공순서

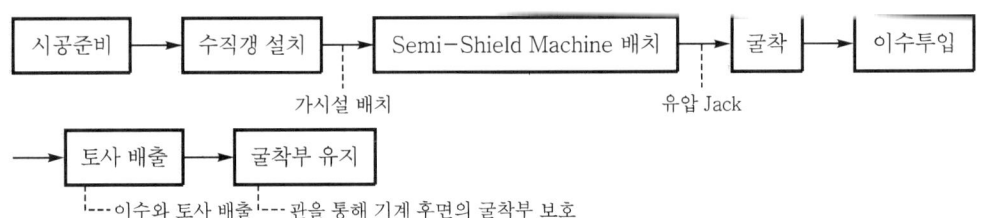

(3) 시공방법
  ① 밀폐형 기계의 전면 굴착부에 이수를 Pump로 압송하여 지반의 붕괴를 방지
  ② 굴착된 토사는 이수와 함께 배출용 Pipe를 통해 외부로 배출
  ③ 기계 후면의 유압 Jack의 추진으로 계속 굴진
  ④ 굴착면 부위는 관을 통해 굴착부 유지

(4) 적용
① 개착공법이 불가능한 장소
② 하수관로, 가스관로, 차집관로 등 비교적 소구경의 터널
③ 공기가 촉박한 도심공사

Ⅵ. 결 론

(1) Shield 공법은 기계화 시공에 따른 기계의 조작이나 정비가 공사의 승패를 좌우하게 되고, 기능공의 숙련도에 따라 공기나 시공성을 증대할 수 있으므로 숙련된 기능공의 확보가 중요하다.

(2) 사전에 면밀한 시공계획과 주변지반의 거동을 조사하기 위해 계측을 실시하여야 하며 안전시공에 기여해야 한다.

> **15-1** 폭파에 의하지 않는 암석굴착방법을 설명하시오. [96중, 35점]
> **15-2** 도심지 주거 밀집지역에서 암 굴착을 하려고 한다. 소음과 진동을 피하여 시공할 수 있는 암 파쇄공법을 설명하고, 시공상 유의할 사항에 대하여 기술하시오. [07전, 25점]
> **15-3** 암석 굴착시 팽창성 파쇄공법 [01후, 10점]

I. 개 요

(1) 암석굴착은 크게 기계에 의한 굴착방법과 폭파에 의한 굴착방법으로 분류된다.
(2) 공법의 선정시에는 암석의 경연 여부, 풍화의 정도, 균열의 상태 및 진동, 소음, 비산 등의 현장조건을 고려하여 적정공법을 선정하여야 한다.

II. 공법선정시 고려사항

(1) 터널의 연장
(2) 단면형상 및 크기
(3) 지형지질
(4) 공사기간
(5) 시공성
(6) 경제성, 안정성

III. 암석 굴착공법의 분류

(1) 기계에 의한 굴착방법(폭파에 의하지 않는 굴착방법)
 ① TBM 공법
 ② Ripper 공법
 ③ 유압 Jack 공법
 ④ Diamond Wire Saw 공법
 ⑤ 압쇄공법
 ⑥ 팽창성 파쇄공법
 ⑦ Breaker 공법

(2) 폭파에 의한 굴착방법
 ① 선균열 발파공법
 ② 미진동 발파공법

Ⅳ. 폭파에 의하지 않는 암석 굴착공법

가. 소음진동을 피한 암파쇄공법

1. TBM 공법

(1) 정의

Tunnel Boring Machine에 의한 전단면 굴착공법으로서 일축 압축강도가 50~200MPa인 연암 및 경암에 적용한다.

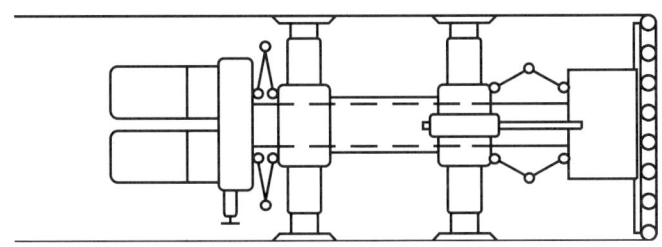

(2) 특징
① 작업속도가 빠르다.
② 저소음, 저진동이다.
③ 지보공이 절약되며, 여굴이 적다.
④ 원형단면으로서 구조적으로 안정된다.
⑤ 지반변화에 대한 적용범위가 한정된다.
⑥ 후속장비가 대규모이며 고가이다.

(3) 시공시 유의사항
① 운반 조립에 많은 시간 소요
② 직선구간에 적합
③ 암반강도 50MPa 이상 적용
④ 연장길이 1km 이상

2. Ripper 공법

(1) 정의

불도저 뒤에 날을 달아 유압으로 지반에 날을 받고 불도저를 전진시켜 암석을 굴착하는 방법

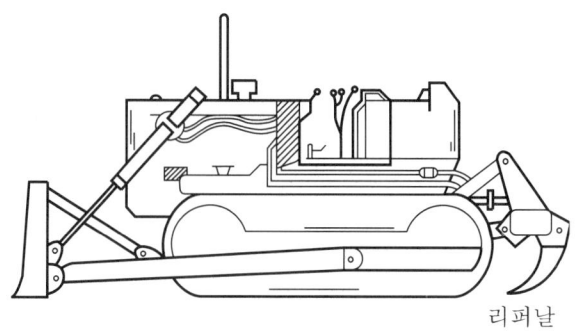

리퍼날

(2) 특징
① 일반적으로 퇴적암의 파쇄에 유리하다.
② 불도저가 대형일수록 작업량이 크고 적용범위가 넓다.
③ 암석의 비산에 의한 위험이 적고 경제적이다.
④ 리퍼작업의 가능성은 탄성파 속도로 판정한다.

(3) 시공시 유의사항
① 암석의 경도가 낮을 경우 적용
② 작업속도가 빠르므로 버력처리에 유의
③ Ripper에 의한 소음·진동 발생에 유의

3. 유압 Jack 공법

(1) 정의
암석을 천공하고 그 속에 피쇄기를 삽입하여 가로방향으로 압력을 줌으로써 암석을 파쇄하는 공법

(2) 특징
① 비석이 적고 Gas가 없다.
② 연속작업이 가능하고 시공성이 우수하다.
③ 공사비가 고가이다.
④ 파쇄 후 마무리면의 보완작업이 필요하다.
⑤ 무진동, 무소음 공법

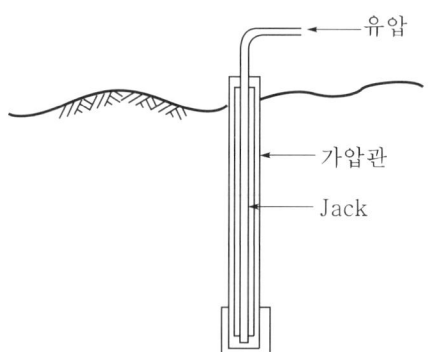

(3) 시공시 유의사항
① 유압장비의 이동 및 설치에 유의
② 공기가 많이 소요되므로 경암반에 적용

4. Diamond Wire Saw 공법

(1) 정의
Diamond를 굴삭날로 하는 공법으로서 Diamond가 부착된 Wire를 구동장치에 의해 고속회전시켜 암석을 절단하는 공법

(2) 특징
① 절단속도가 빠르다.
② 협소한 장소에서도 시공이 가능하다.
③ 절단깊이, 대상물에 제한이 없다.
④ 공해가 없다.
⑤ Diamond Saw가 고가이다.

(3) 시공시 유의사항
① 작업시 물 공급에 유의
② 작업공간 확보
③ 작업준비에 시간 소요

5. 압쇄공법

(1) 정의
대형중장비에 압쇄기를 부착하여 유압에 의해 암석을 파쇄하는 공법

(2) 특징
① RC 구조물에 파쇄에 주로 사용된다.
② 장비 자체의 소음이 크다.
③ 능률이 좋고 경제적이다.

(3) 시공시 유의사항
① 대형 장비의 이동 및 설치에 유의
② 암석 파쇄시에는 능률 저하

6. 팽창성 파쇄공법

(1) 정의
① 암석굴착시 팽창성 파쇄공법이란 특수 규산염을 주성분으로 하여 물과의 반응에 의해 발생하는 팽창압으로 물체를 파괴하는 공법을 말한다.
② 이 공법은 암석굴착 또는 구조물 해체공사에서 소음, 진동, 분진 등의 건설공해 발생이 거의 없는 공법으로 도심지 시공에서 많이 이용된다.

(2) 팽창 파쇄제의 종류
   ① 캄마이트(Cammite)
   ② 블리스터(Blister)
   ③ 슈퍼마이트(Supermite)
   ④ 스플리터

(3) 특징
   ① 무공해성으로 법적 규제가 없다.
   ② 취급책임자가 필요 없다.
   ③ 인허가가 불필요하고 보관, 가스 발생이 전무하다.
   ④ 소음이 적고 진동, 비석, 분진, 가스 발생이 전무하다.
   ⑤ 타작업과 병용작업이 가능하다.
   ⑥ 인가 밀집지역 등 중기, 화학 사용이 불가능한 경우 적절

(4) 시공법
   ① 천공작업 : 공간격은 현장시험 시공을 통하여 파쇄효과와 경제성을 고려하여 결정
   ② 혼합
      ㉠ 비폭성 파쇄제에 25~30%의 물(예 : 1포 10kg에 대하여 2.5~3.0L의 물)을 혼합용기에 넣고, 여기에 비폭성 파쇄제를 서서히 투입하여 Hand Mix 등의 교반기로 혼합
      ㉡ 혼합 후 비폭성 파쇄제 슬러리의 충전작업은 즉시 실시
   ③ 충전 : 충전된 구멍에 비폭성 파쇄제 슬러리를 충전하며 천공방법(수직, 수평, 상향공)에 의해 Vinyl Tube나 모르타르펌프로 충전작업

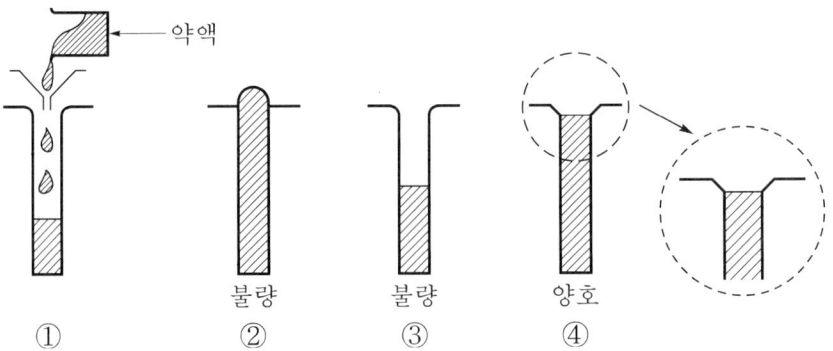

   ④ 양생 : 효율적인 양생을 위하여 양생포(방폭시트, 부직포 등)를 사용하여 충전약액 보호

⑤ 안전관리
  ㉠ 비폭성 파쇄제는 무기질로 독성은 거의 없지만 강알칼리성이므로 취급자는 눈에 들어가지 않도록 주의
  ㉡ 충전 중 내용물 분출현상 발생(철포현상)

(5) 시공시 유의사항
  ① 보호용구 착용
  ② 대량 혼합 및 온수 사용 제한
  ③ 혼합 후 충전은 5분 이내
  ④ 충전 후 10시간 이내 개방 주의
  ⑤ 양생 중 출입금지
  ⑥ 밀폐공간에서 방진마스크 사용
  ⑦ 눈에 들어가면 즉시 세척하고 병원으로 이송
  ⑧ 사용량 초과사용 제한

나. Breaker 공법(소음·진동 발생)

(1) 정의

   Back Hoe에 Breaker를 장착하여 암석을 굴착하는 방법

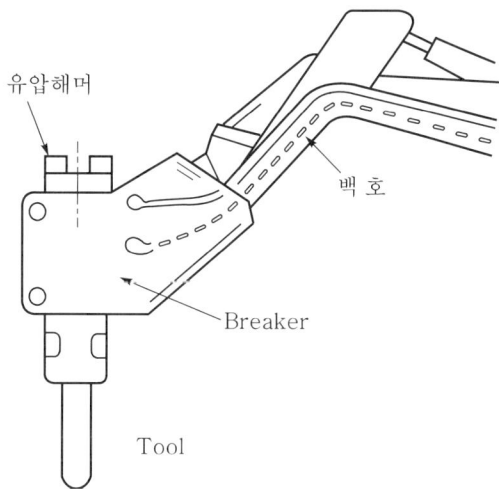

(2) 특징
  ① 현장에서 이용이 용이하다.
  ② 소음, 진동이 크다.
  ③ 유압을 동력으로 사용한다.
  ④ $2m^3$ 이하의 부분파쇄에 능률적이다.
  ⑤ 연암, 균열이 많은 암석에 사용된다.

Ⅴ. 지반에 따른 굴착방식 적용 예

지반 종류	토사/풍화대	연암	보통암	경암
굴착방식	인력굴착 50*			
		기계굴착(자유단면) 300*		
		기계굴착(전단면)	1000*	
		발파굴착		

(*수치는 암석의 일축 압축강도)

Ⅵ. 결 론

(1) 암석의 굴착계획 수립시에는 인력, 장비 또는 지구물리탐사 등의 굴착 난이도 조사를 실시한다.

(2) 암반의 상태, 현장여건 등의 조건 외에도 환경, 미관을 해치지 않으며 경제적이고 안전한 공법을 선정하여야 한다.

16-1 암반의 취성파괴(Brittle Failure) [06중, 10점]

I. 정 의

(1) 암반이 변형을 일으켜 파괴될 때는 탄성 변형과 소성 변형의 단계를 거치며, 응력의 계속적인 증가에 따라 파괴가 일어난다.
(2) 암반의 파쇄가 진행되는 과정에서 소성의 성질이 배제된 파괴를 취성파괴라 한다.

II. 취성과 연성의 응력 - 변형률

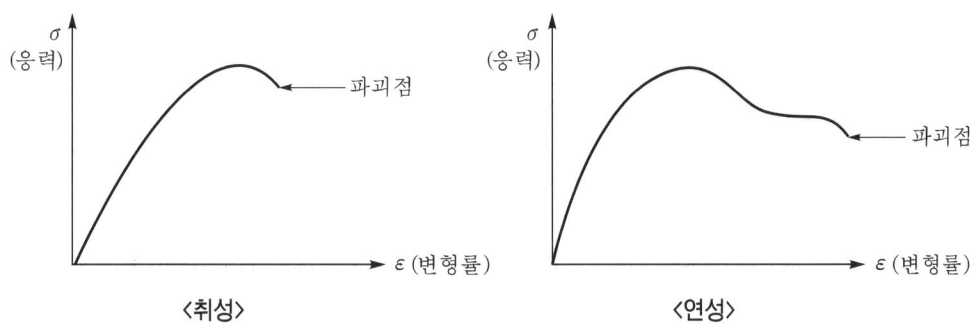

〈취성〉   〈연성〉

III. 취성파괴와 연성파괴

(1) 취성파괴
   사전 징후 없이 갑작스럽게 일어나는 파괴

(2) 연성파괴
   파괴 전 파괴의 징후가 나타나고 상당시간이 경과 후 일어나는 파괴

(3) 취성과 연성의 비교

연성(延性)	취성(脆性)
① 늘어나는 성질	① 부서지거나 깨지는 성질
② 철근이 대표적	② 암반이 대표적
③ 항복점이 지난 후에 가공경화가 발생 후 장시간 경과 후 파쇄	③ 가공경화(硬化) 없이 항복점이 지나면 급격히 파쇄
④ 파쇄 전 사전 징후 발생	④ 파쇄 전 사전 징후가 없음
⑤ 점토가 많은 연암에서 발생	⑤ 점토가 적은 경암에서 발생

16-2 규암(Quartzite)의 시공상 특성   [95전, 20점]

I. 정 의

석영의 결정체로 이루어진 암질로서 석질이 매우 강한 변성암류에 속한다.

〈규암〉

II. 변성암의 분류

(1) 광역 변성암
   암석 성분상 풍화되면 Clayer Silt로 되며 풍화암, 풍화토는 대기 노출 및 침수된 때 공학적인 성질이 급격히 변화되는 것이다.

(2) 접촉 변성암(규암)
   풍화가 안 되며 암석 자체는 무척 강하여 시추가 어렵다.

(3) 동력 변성암
   재결정 정도에 따라 공학적인 특성이 매우 다양하다.

III. 규암의 시공상 특성

(1) 시추 천공이 어려움
   석영으로 구성된 매우 강한 암반으로 천공이 어려우며 천공기계의 손상이 많다.

(2) 낙반 위험
규칙적인 절리가 많이 발달하여 파쇄가 심해 암반의 사면 형성이나 터널 굴착시 낙반 위험이 많다.

(3) 결정입자
결정입자가 매우 세립이다.

(4) 강도
강도가 높고 탄성계수가 매우 높다.

(5) 절리
지질적으로 변형을 많이 받는 암석이므로 절리의 발달이 많고 규칙적으로 발달한다.

(6) 비산
강도가 크고 탄성계수가 크므로 발파시 비산이 많다.

| 16-3 | 불연속면 | [00후, 10점] |
| 16-4 | Discontinuity(불연속면) | [09전, 10점] |

Ⅰ. 정 의

(1) 불연속면(Discontinuity)이란 암반이 장력, 전단력에 의하여 파괴되어 형성되는 것으로 인장강도가 없거나 미약한 기계적인 파쇄면으로 보통 작은 규모로는 절리라 하고 큰 규모로는 단층으로 대별하여 사용되어진다.

(2) 불연속면(절리, 단층)은 암석 종류마다 발달 특성이 다르고 같은 지역에서도 절리의 발달이 급격히 변한 상태로 나타나기도 한다.

Ⅱ. 불연속면 조사방법

```
조사방법 ─┬─ 체계적인 조사방법 ─┬─ 선 조사방법
         │                      └─ 면적 조사방법
         └─ 주관적인 조사방법
```

Ⅲ. 불연속면의 특징

1. 절리

(1) 절리의 특징
  암반 내에 규칙적으로 깨져있는 연속되지 않은 면을 따라 현저하게 움직인 증거가 없는 것으로 수 cm에서 수십 m의 연장을 보인다.

(2) 절리의 종류
  ① 절단절리
  ② 인장절리
  ③ 판상절리

(3) 절리의 영향
  ① 사면안정 대책
  ② 터널공사에서 굴착방법
  ③ 굴착 난이도 결정
  ④ 암반상태 판단

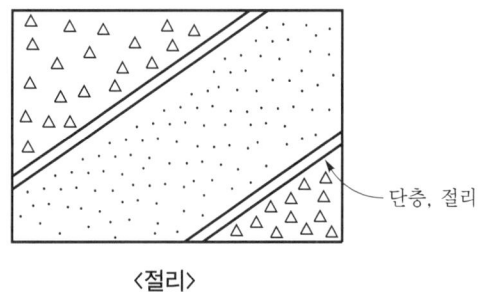

〈절리〉

2. 단층

(1) 단층의 특징
일반적으로 절리에 비해서 연장성이 수 m에서 수천 km까지 발달된 연속되지 않은 면으로 불연속면을 따라 현저하게 움직인 증거가 있는 면으로 점토를 충진하는 경우가 많고 파쇄가 많이 된 암석이 존재하는 불연속면이다.

(2) 단층의 종류
① 정단층
② 역단층
③ 사단층
④ 회전단층

(3) 단층의 영향
① 절취사면, 지하 굴착시 활동 파괴
② 지하수의 유도로 과도한 수압 발생
③ 터널공사시 피압수에 의해 피해 속출
④ 댐체의 불안정

3. 절리와 단층의 비교

구 분	절 리	단 층
생성요인	암석의 응력 변화	지각 변동
특성	풍화	파쇄대, 단층 점토
연장성	작다	크다
피해	작다	크다

Ⅳ. 불연속면 파괴형태

구 분	파괴형태
쐐기파괴	절리면이 교차되는 곳의 파괴
평면파괴	절리면이 한쪽 방향으로 발달하여 파괴
전도파괴	절리면의 경사방향이 절개면의 경사방향과 반대인 경우의 파괴

16-5 단층대(Fault Zone) [99전, 20점]
16-6 암반의 파쇄대(Flacture Zone) [94후, 10점]

I. 정 의

(1) 지각 변동에 따라 내부응력에 의하여 암반 중에 파괴면이 형성되어 생기는 상대적 변위, 균열을 단층이라 하며 다수의 단층을 단층대(Fault Zone)라 한다.
(2) 단층면을 따라 암석이 파쇄되어 지하수 등으로 풍화된 띠를 형성한 것을 파쇄대(Flacture Zone)라 한다.

II. 단층대(Fault Zone)

(1) 단층 형성시기
   ① 지각의 습곡운동으로 지층이 수평방향의 압축력을 받을 때
   ② 지반암의 융기 및 침강으로 인장력을 받을 때

(2) 단층대의 특성
   ① 지중응력 크게 작용
      터널공사시 단층대를 만나게 되면 지중응력이 크게 작용되므로 굴착면의 안정에 특히 유의해야 한다.
   ② 지반강도 연약
      단층이 집중적으로 발달된 단층대에서는 파쇄대의 규모가 크고 단층 점토 등의 존재로 지반강도가 연약하다.
   ③ 지하수 집중 용출
      단층과 단층 사이의 부위에 지하수가 모이게 되어 단층대에서 집중적으로 용출된다.
   ④ 변위량이 크다
      단층대에서는 암반의 불연속적인 균열로서 대부분의 경우 0.5mm 이상의 변위량을 나타낸다.
   ⑤ 파쇄대 존재
      단층대에는 암석이 파쇄되었거나 분쇄되어 있는 파쇄대가 존재하는 경우가 보통이다.

Ⅲ. 파쇄대(Flactured Zone)

(1) 특징
   ① 파쇄대의 폭은 반드시 같지는 않다.
   ② 온천수, 광천수를 분출하기도 한다.
   ③ 파쇄 정도에 따라 파쇄대 내 각 부의 주향을 다르게 갖고 있다.
   ④ 파쇄대는 토목구조물의 기초에서 안정 측면에 문제가 있다.
   ⑤ 구조물 축조시 산사태 등을 고려하여야 한다.

(2) 보강공법
   ① Grouting : 파쇄대에 시멘트, 약액 등을 고압으로 주입하여 모암과 일체시키는 작업이다.

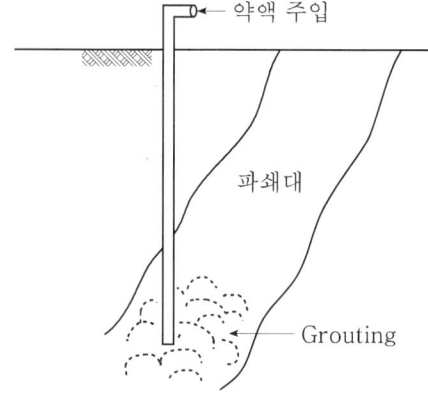
〈Grouting〉

   ② Rock Bolt : 암반의 이완을 방지하고 일체시키기 위해서 파쇄대가 통과하도록 천공하여 강봉을 넣는 방법

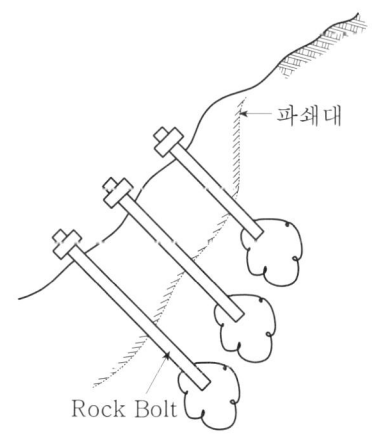
〈Rock Bolt〉

③ Earth Anchor : 암반을 천공하여 인장체를 삽입한 후 긴장하는 공법
④ Con'c 치환 : 부실한 파쇄대를 걷어내고 Con'c로 치환하는 공법
⑤ 암반 PS공 : 암반에 PS 강선, 강봉을 이용하여 PS를 도입하는 방법
⑥ Dowelling공 : 단층의 전단 저항력을 높이고 암반 내 응력분포의 개선효과가 있다.

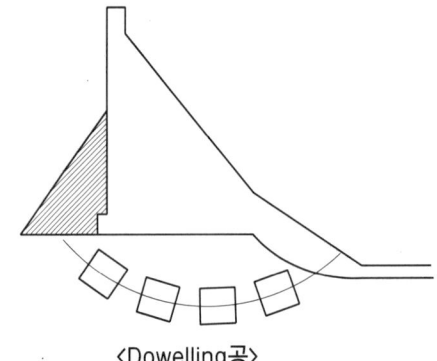

〈Dowelling공〉

16-7 암반의 균열계수 [95중, 20점]

I. 정 의

(1) 암반 균열계수란 암반의 절리, 균열, 풍화 등을 이용하여 암질상태의 양부를 판단하는 데 사용하는 계수이다.
(2) 암반 분류법의 일종으로 이 계수에 의하여 시공중에 발생할 수 있는 낙반, 사면활동, 쐐기활동, 터널의 지보공 설치 등에 주요한 자료가 된다.

II. 암반 분류방법

(1) 절리간격에 의한 분류
(2) 균열계수에 의한 분류
(3) 풍화도에 의한 분류
(4) 암반 평점에 의한 분류
(5) RQD에 의한 분류
(6) Muller에 의한 분류
(7) 리핑 가능성에 의한 분류

III. 균열계수

(1) 실제 문제에 활용하기에는 암반의 정적인 수치가 필요하지만 설계나 시공 단계에서는 시간관계상 동적인 방법으로 구하는 수치를 이용한다.
(2) Omdera(1963)에 의한 균열계수 구하는 식

$$C_r = 1 - \frac{Ed(F)}{Ed(L)} \text{ 또는 } 1 - \frac{Vp(F)}{Vp(L)}$$

여기서, C_r : 균열계수
$Ed(F)$: 현장의 암반에 대한 동적 탄성계수
$Ed(L)$: 신선한 암석의 시편에서 구해진 동적 탄성계수
$Vp(F)$: 현장의 암반에 대한 탄성파속도
$Vp(L)$: 신선한 암석의 시편에서 구해진 초음파속도

(3) 균열계수에 의한 암반 판정

경험적 양부 판별은 종래의 건설기술자들이 경험적으로 암반의 양부를 판별하는 방법을 표기한 것이다.

등급	암질상태	균열계수 C_r	경험적 양부 판별
A	매우 좋음	< 0.25	절리, 균열이 거의 없고, 풍화, 변질 없음
B	좋음	0.25~0.50	절리, 균열이 조금 있고, 균열 표면만 풍화
C	중정도	0.50~0.65	절리, 균열이 상당히 있고, 절리 충전물 약간, 균열부 풍화
D	약간 나쁨	0.65~0.80	절리, 균열이 뚜렷하고, 포화점토 충전물로 가득, 암질은 상당부분 변질
E	나쁨	> 0.80	절리, 균열이 현저하고, 풍화, 변질이 심함

(4) 균열계수와 일축 압축강도와의 관계

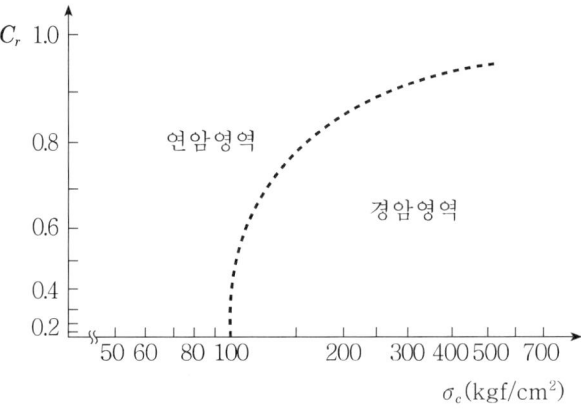

(5) 균열계수와 초음파속도와의 관계

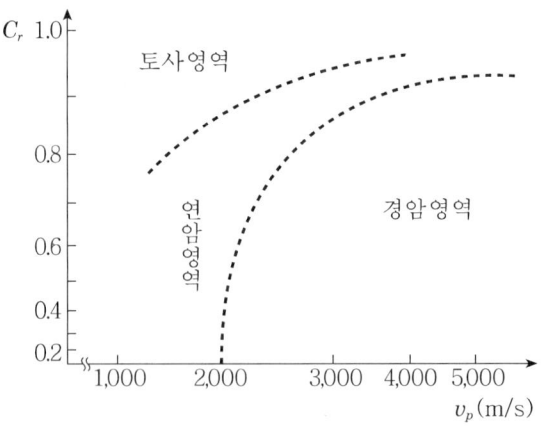

16-8	RQD(Rock Quality Designation)	[95전, 20점]
16-9	RQD	[03후, 10점]
16-10	RQD와 판정	[99중, 20점]

I. 정 의

(1) RQD란 절리의 다소(多少)를 나타내는 지표로서 RQD가 크면 암반의 상태가 양호하게 안정된 상태이고 적으면 균열, 절리가 심한 불량한 암반이 된다.

(2) 독자적인 암반 분류기준으로 이용되는 지표로서 자연상태의 암반을 Boring으로 Core를 채취하여 암반의 균열, 절리상태를 계산식으로 산정하여 암반의 상태를 판단하는 것이다.

II. RQD의 판정방법

(1) 원지반의 암반에 천공장비를 이용하여 Core를 채취한다.

(2) 10cm 이상의 Core 길이를 합산하여 전체 천공길이로 나눈 값에 100을 곱하여 구한다.

$$RQD(\%) = \frac{10cm \text{ 이상 Core 길이의 합}}{\text{시추공의 길이}} \times 100$$

III. 판정기준

RQD	암질상태
0~25	Very Poor
25~50	Poor
50~75	Fair
75~90	Good
90 이상	Very Good

IV. 특 징

(1) 직접 육안으로 판정이 가능하다.

(2) 세계적으로 널리 보편화되어 있어 신뢰성이 있다.
(3) 측정방법이 쉽다.
(4) 터널공사에서 필수적으로 적용되는 지수이다.

V. 용 도

(1) 절취사면 구배 결정
(2) 암반의 분류
(3) 터널굴진시 동바리형식 결정
(4) 터널공사에서 Rock Bolt, Shotcrete 방법 결정

| 16-11 | RMR(Rock Mass Rating) | [04전, 10점] |
| 16-12 | RMR(Rock Mass Rating) | [07중, 10점] |

I. 정 의

(1) RMR 분류방법은 복잡한 양상을 가진 암반의 암석강도, 암질지수, 절리간격, 절리상태, 지하수 등 5가지 요소에 대한 각각의 평점을 합산하여 총점으로 분류하는 방법으로 암반 평점 분류법이라 한다.

(2) 점수에 따라 5단계로 분류하는 암반 분류법은 남아공화국의 Bieniawski에 의해 제안된 분류방법이다.

II. 분류기준

(1) 암석강도
(2) 암질지수(RQD)
(3) 절리간격
(4) 절리상태
(5) 지하수

III. 분류기준 및 점수

분류기준			값의 범위						
1	암석강도	點하중 강도지수	>8MPa	4~8MPa	2~4MPa	1~2MPa	이 범위는 아래 참조		
		일축 압축강도	>200MPa	100~200MPa	50~100MPa	25~50MPa	10~25MPa	3~10MPa	1~3MPa
	점수		15	12	7	4	2	1	0
2	1RQD		90~100%	75~90%	50~75%	25~50%	<25%		
	점수		20	17	13	8	3		
3	절리간격		>3m	1~3m	0.3~1m	50~300m	<50mm		
	점수		30	25	20	10	5		

분류 기준		값의 범위				
4	절리상태	• 매우 거칠다. • 불연속 • 이격 없음 • 모암 견고	• 다소 거칠다 • 이격<1mm • 모암 견고	• 다소 거칠다 • 이격<1mm • 모암 연약	• 매끄럽다 • 홈<5mm 두께 • 절리 1~5mm 연속된 절리	• 연약홈>5mm 두께 • 절리>5mm 연속된 절리
	점수	25	20	12	6	0
5	지하수	터널길이 10m당 유입량	없음	<25 l/분	20~125 l/분	>125 l/분
		절리 수압비 최대 주응력비	0	0.0~0.2	0.2~0.5	>0.5
		일반적 조건	완전건조	습윤	적당 용출	심한 용출
	점수		10	7	4	0

Ⅳ. 총점에 의한 암반 구분

점 수	등 급	구 분
100~81	Ⅰ	매우 우수
80~61	Ⅱ	우수
60~41	Ⅲ	양호
40~21	Ⅳ	불량
<20	Ⅴ	매우 불량

16-13 암반의 SMR 분류법 [06후, 10점]

I. 정 의

(1) SMR(Slope Mass Rating) 분류법은 세계적으로 널리 통용되고 있는 암반 평가법인 RMR(Rock Mass Rating)에 사면과 절리의 방향성, 그리고 경사각의 관계를 고려한 F1, F2, F3 요소를 곱하고 굴착방법에 의한 요소를 더한 암반 분류법이다.
(2) RMR 암반 분류법은 터널 지보패턴을 평가하는 방법으로 주로 사용되어지지만, SMR 분류법은 비탈면의 안정 평가 및 보강대책에 사용되어지고 있다.

II. SMR 산정방법

$$SMR = RMR + (F1 \times F2 \times F3) + F4$$

여기서, F1 : 암반 사면과 불연속면의 경사방향차
  F2 : 불연속면의 경사각에 대한 보정치
  F3 : 암반 사면과 불연속면의 경사각차
  F4 : 발파 등의 굴착방법에 따른 보정치

III. SMR 암반 분류 등급표

등 급	SMR	판 정	안정성	예상파괴
I	81~100	매우 양호	매우 안정	없음
II	61~80	양호	안정	약간의 블록
III	41~60	보통	부분적 안정	일부 불연속면 다수의 쐐기형 파괴
IV	21~40	불량	불안정	평면 파괴, 큰 쐐기형 파괴
V	0~20	매우 불량	매우 불안정	대규모 평면 파괴, 토사형의 파괴

영생의 길잡이 —넷

영생과 구원

🔻 하나님의 세상을 이처럼 사랑하사 독생자를 주셨으니, 이는 저를 믿는 자마다 멸망치 않고 영생을 얻게 하려 하심이니라. (요한복음 3 : 16)

🔻 내 말을 듣고 또 나 보내신 이를 믿는 자는 영생을 얻었고 심판에 이르지 아니하나니 사망에서 생명으로 옮겼느니라. (요한복음 5 : 24)

🔻 사람이 마음으로 믿어 의에 이르고 입으로 시인하여 구원에 이르느니라. (로마서 10 : 10)

🔻 주 예수를 믿으라 그리하면 너와 네 집이 구원을 얻으리라. (사도행전 16 : 31)

🔻 여호와는 나의 빛이요 나의 구원이시니 내가 누구를 두려워하리요. (이사야 27 : 1)

🔻 율법을 좇아 거의 모든 물건이 피로써 정결케 되나니 피흘림이 없은즉 사함이 없느니라. (히브리서 9 : 22)

제 7 장

댐공사

제7장 댐공사

상세 목차

제7장 댐공사

1	댐의 종류		페이지
	1-1. 콘크리트댐과 RCD의 특징	[03전, 25점]	7-5
	1-2. 필댐과 콘크리트댐의 안전점검방법	[03중, 25점]	
2	콘크리트댐의 가설비 공사		페이지
	2-1. 콘크리트댐 공사에 필요한 골재 제조설비 및 콘크리트 관련설비	[09중, 25점]	7-9
3	중력식 콘크리트댐		페이지
	3-1. 중력식 Concrete Dam의 Concrete 생산, 운반, 타설 및 양생방법	[07중, 25점]	7-13
	3-2. 콘크리트댐(중력식) 시공시 주요 품질관리	[99중, 30점]	
	3-3. 콘크리트 중력식 댐 시공시 이음의 종류별 특징	[00후, 25점]	
	3-4. 블록방식에 의한 콘크리트 중력식 댐 시공에서 콘크리트의 이음과 시공시 유의사항	[09중, 25점]	
	3-5. 대규모 콘크리트댐의 양생방법으로 이용되는 인공 냉각법	[01전, 25점]	
	3-6. 대형 중력식 콘크리트댐 건설시 예상되는 Cooling Method	[00중, 25점]	
	3-7. 콘크리트 중력댐 시공시 기초면의 마무리 정리	[07후, 25점]	
4	Fill Dam의 시공계획		페이지
	4-1. 록필댐의 코어존(Core Zone)을 시공할 때 재료조건, 시공방법 및 품질관리	[01중, 25점]	7-23
	4-2. Fill Dam의 축조재료와 시공	[05후, 25점]	
	4-3. 록필댐(Rock Fill Dam)의 심벽재료의 성토시험	[98전, 20점]	
	4-4. 록필댐(Rock Fill Dam)에서 상·하류층 필터의 기능 및 필터 입도가 불량할 때 생기는 문제점	[02전, 25점]	
	4-5. 성토댐(Embankment Dam)의 축조기간 중에 발생하는 댐의 거동	[11중, 25점]	7-31
	4-6. 댐 차수벽의 재료로 사용하는 흙의 통일분류법상 SC 및 CL의 특성 비교	[94후, 30점]	7-34
	4-7. 제방의 침윤선	[00전, 10점]	7-39
	4-8. 흙댐의 유선망과 침윤선	[06전, 10점]	
	4-9. Dam의 감쇄공 종류 및 특성	[06후, 10점]	7-41
	4-10. 비상 여수로(Emergency Spillway)	[07전, 10점]	7-42
5	표면 차수벽형 석괴댐		페이지
	5-1. 표면 차수벽형 석괴댐의 특징과 축조 시공법	[97중후, 33점]	7-44
	5-2. 표면 차수벽 댐의 구조와 시공법	[99전, 30점]	
	5-3. 콘크리트 표면 차수벽형 석괴댐의 단면구성 및 시공법	[02후, 25점]	
	5-4. 콘크리트 표면 차수벽댐	[95전, 20점]	
	5-5. 콘크리트 표면 차수벽댐(CFRD)	[08중, 10점]	
	5-6. 표면 차수벽 석괴댐	[98중전, 20점]	
	5-7. 석괴댐의 Plinth	[07후, 10점]	7-49

6	댐의 유수전환방식		페이지
	6-1. 하천공사에 있어서 유수전환(River Diversion)방식	[98후, 30점]	7-50
	6-2. 댐공사에서 가체절 및 유수전환공법의 종류와 특징	[08중, 25점]	
	6-3. 댐 본체 축조 전 사전공사인 유수전환방식 및 특징	[09후, 25점]	
	6-4. 댐공사시 가체절 공법	[01중, 25점]	
	6-5. 석괴댐의 유수전환방법	[98전, 20점]	
	6-6. 하천에 댐이나 수리 구조물을 축조할 경우 유수전환 (River Diversion)시 고려할 사항	[94전, 50점]	
	6-7. 남한강 중류지역에 대형 Rock Fill Dam을 건설하고자 할 때 유수전환계획과 담수계획	[99후, 30점]	
	6-8. 댐공사시 하천 상류지역 가물막이공사의 시공계획과 시공시 주의사항	[05중, 25점]	
	6-9. 유수전환시설의 설계 및 선정시 고려사항과 구성요인	[03중, 25점]	
	6-10. Dam 건설공사에서 유수전환방법과 기초처리방법	[97중전, 50점]	
	6-11. 댐(Dam)공사에서 기초처리와 하류전환방식	[96중, 50점]	
7	댐의 기초처리공법		페이지
	7-1. Dam 공사 시행시 기초처리공법의 종류	[00중, 25점]	7-58
	7-2. 댐의 기초처리공법	[04중, 25점]	
	7-3. 댐 기초공사에서 투수성 지반에서의 기초처리공법	[06중, 25점]	
	7-4. 댐 기초굴착시 파쇄가 심한 불량한 암반에 대한 기초처리 방안	[06후, 25점]	
	7-5. 기초암반 보강공법	[94전, 40점]	
	7-6. 기초암반(基礎巖盤)의 보강공법	[01전, 25점]	
	7-7. 댐 기초의 그라우팅 공법	[96전, 20점]	
	7-8. 댐의 그라우팅의 종류와 방법	[02후, 25점]	
	7-9. Fill Dam 기초가 암반일 경우 시공상의 문제점 및 Grouting 공법	[08전, 25점]	
	7-10. 콘크리트 표면 차수벽형 석괴댐(CFRD)의 각 존별 기초 및 그라우팅 방법	[08후, 25점]	
	7-11. Consolidation Grouting	[99후, 20점]	
	7-12. Consolidation Grouting	[03후, 10점]	
	7-13. Consolidation Grouting	[05후, 10점]	
	7-14. 커튼 그라우팅의 목적	[98중전, 20점]	
	7-15. Dam의 커튼 그라우팅(Curtain Grouting)	[94후, 10점]	
	7-16. Curtain Wall Grouting	[01전, 10점]	
	7-17. 커튼 그라우팅(Curtain Grouting)	[01후, 10점]	
	7-18. Curtain Grouting	[05전, 10점]	
	7-19. Blanket Grouting	[11후, 10점]	7-66
	7-20. 암반에서의 현장투수시험	[06후, 10점]	7-67
	7-21. Lugeon치	[99후, 20점]	7-69
	7-22. Lugeon치	[02후, 10점]	
	7-23. Lugeon치	[04중, 10점]	

7-4 제7장 댐공사

8	Fill Dam의 누수 원인과 대책		페이지
	8-1. 필댐(Fill Dam)의 누수 원인 분석 및 시공상 대책	[01전, 25점]	7-71
	8-2. 필댐의 누수 원인과 방지대책	[04전, 25점]	
	8-3. Fill Dam의 종류와 누수 원인 및 방지대책	[04후, 25점]	
	8-4. 필댐의 내부 침식, 파이핑 메커니즘 및 시공시 주의사항	[10중, 25점]	
	8-5. 흙댐의 파이핑 현상과 원인	[96후, 20점]	
	8-6. 댐에서 Piping에 의한 누수 방지대책	[00전, 25점]	
	8-7. 댐에서 파이핑 현상으로 인해 누수가 발생시 처리대책	[07후, 25점]	
	8-8. 댐 시공시 양압력(陽壓力) 방지대책	[00후, 10점]	
	8-9. 필댐의 수압할열(Hydraulic Fracturing)	[07후, 10점]	7-77
	8-10. 필댐의 수압파쇄현상	[10후, 10점]	
9	RCCD(Roller Compacted Concrete Dam)		페이지
	9-1. RCD(Roller Compacter Dam) 공법	[98후, 30점]	7-79
	9-2. RCC 댐의 개요와 시공순서 및 시공시 유의사항	[07전, 25점]	
	9-3. 진동롤러 다짐콘크리트의 특징 및 시공시 유의사항	[02중, 25점]	

제 7 장 댐공사

1-1 콘크리트댐과 RCD(Roller Compacted Dam)의 특징에 대해 서술하시오.
[03전, 25점]

1-2 필댐(Fill Dam)과 콘크리트댐의 안전점검방법에 대해 기술하시오. [03중, 25점]

Ⅰ. 개 요

(1) Dam은 축조 재료에 따라 Concrete Dam과 Fill Dam으로 나누고, Concrete Dam은 중력식·중공식·Arch식·부벽식·RCC식으로 분류한다.

(2) Fill Dam은 Rock Fill Dam과 Earth Fill Dam으로 나누고, 설계형식에 따라 Earth Fill Dam은 균일형·Core형·Zone형으로 나눌 수 있다.

Ⅱ. Dam의 분류

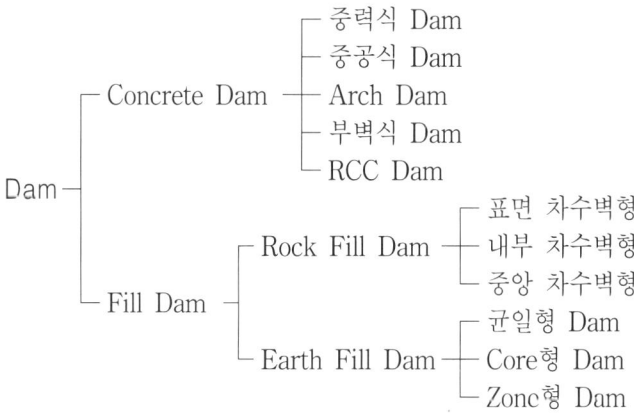

Ⅲ. Concrete Dam의 특징

(1) 중력식 Dam
① 댐체의 자중만으로 안정을 유지하는 형식이다.
② 자중이 크므로 견고한 지반이 필요하다.

③ 재료가 많이 들어 공사비가 많이 든다.
④ 유지관리가 용이하며, 안전도가 크다.

(2) 중공식 Dam
① 중력 Dam 내부에 공동을 만든 것이다.
② 공동으로 인한 Dam 자중이 감소된다.
③ 높이가 40m 이상일 때는 중력식 Dam보다 경제적이다.
④ 폭이 넓은 U자형 계곡에 유리하다.

(3) Arch Dam
① Dam에 작용하는 외력을 Dam의 하부 기초와 양안에 전달하도록 하는 구조이다.
② 콘크리트 재료가 대폭 절감되며, 미관이 경쾌하다.
③ 계곡폭이 좁을수록 유리하다.

(4) 부벽식 Dam
① 경사진 얇은 Slab를 상류면으로 하여 이를 부벽으로 받친 형식이다.
② 콘크리트 소요량이 적다.
③ Dam체 검사가 용이하다.
④ 내구성이 적다.

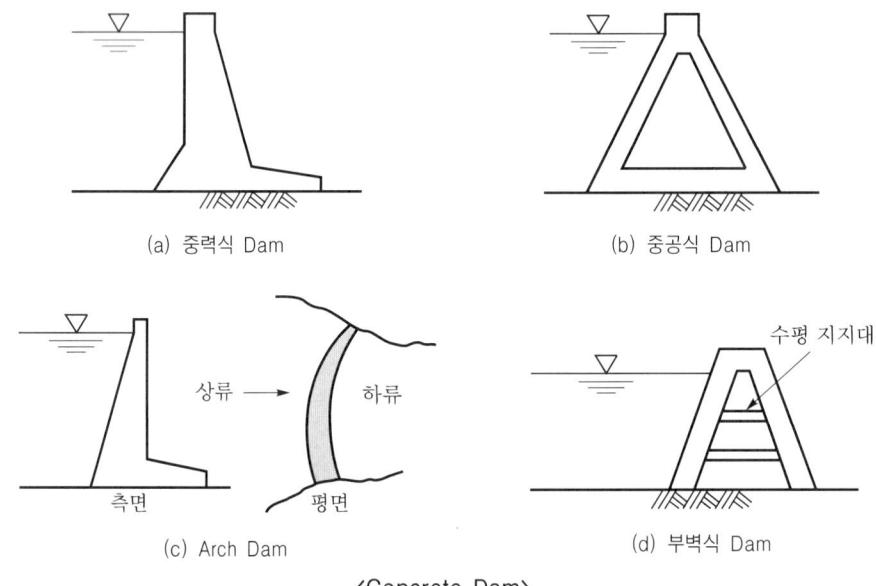

〈Concrete Dam〉

Ⅳ. RCCD(Roller Compacted Concrete Dam, RCD)의 특징

(1) 정의
① RCCD란 콘크리트댐의 경제적이고 합리적 시공을 위한 새로운 공법으로서 댐

본체의 내부 콘크리트에 Slump치가 0인 극도의 빈배합 콘크리트를 사용하고 이 콘크리트를 진동 Roller로 다지는 신공법이다.
② 공기가 단축되며, 댐 건설비의 절감과 기계화 시공으로 시공성이 좋은 공법이다.

(2) 특징
① 극도로 된반죽 Concrete
② 적은 단위시멘트량 사용
③ 타설에 있어서 거푸집에 의한 수축이음 없음
④ 콘크리트 치기는 전면 Layer 방식
⑤ 콘크리트 운반은 Dump Truck 이용
⑥ 자주식 진동 Roller에 의한 다짐
⑦ 1Lift의 높이는 70cm 표준
⑧ 댐 본체의 세로이음 없음
⑨ 댐 본체의 가로이음은 진동압입식 이음 절단기로 설치
⑩ Pipe Cooling 등에 의한 온도제어를 하지 않음

(3) 시공
① 콘크리트 생산은 특수 Batch Plant 사용
② 콘크리트 반입은 고정 Cable Crane을 이용하여 댐 본체까지 운반
③ 댐 본체에서 소운반은 Dump Truck 사용
④ Bulldozer에 의한 재료 포설
⑤ 진동 Roller에 의한 다짐 실시
⑥ 이음 설치는 진동압입식 이음 절단기로 가로이음만 설치
⑦ 포설, 다짐한 콘크리트양생은 Sprinkler에 의한 살수양생

Ⅴ. 콘크리트댐과 RCCD의 비교

구 분	콘크리트댐	RCCD 공법
콘크리트	단위 시멘트량 140kgf/m^3 이상 Slump치 3cm	단위 시멘트량 120kgf/m^3 Slump치 0
사용 믹서	경동식(傾胴式)	2축 강제 비비기형
치기방식	Block 방식	Layer 방식
댐 본체까지의 반입	호동(弧動) Cable Crane	고정 Cable Crane
댐 본체 내의 소운반	호동(弧動) Cable Crane	Dump Truck
깔기	버킷에서 직접 배출(인력)	Bulldozer
레이턴스 제거	압력수	Motor Sheeper, 압력수
다지기	내부 진동기, Vibrodozer	진동 Roller
가로이음	거푸집으로 형성	진동압입식 이음 절단기
발열대책	Pipe Cooling	Pipe Cooling 불필요

Ⅵ. 필댐과 콘크리트댐의 안전점검방법

1. 안전점검의 종류

안전점검	실시 시기
정기점검	6개월에 1회 이상
정밀점검	2년에 1회 이상
정밀안전진단	중대 결함 발견시 5년에 1회 이상(10년 경과 시설물)
긴급점검	지진, 폭우, 폭설 등 자연재해시

2. 안전점검방법

(1) 조사방법
① 육안에 의한 조사　　　② 물리 탐사
③ 침투수 조사　　　　　④ 시추 및 토질 조사
⑤ 콘크리트 비파괴 검사　⑥ 변위량 조사

(2) 댐체(양안부)
① 균열 여부　　　　　　② 누수 여부
③ 침하 여부　　　　　　④ 변위

(3) 취수시설
① 취수탑 변형 여부　　　② 취수탑 손상 여부
③ 취수시설의 정상작동 여부

(4) 여수로 상태
① 여수로 변형 여부　　　② 여수로 표면의 손상 정도
③ 여수로 콘크리트의 균열, 박리, 마모 등

(5) 공도교
① 노면의 균열 및 평활도　② 콘크리트의 열화
③ 콘크리트의 균열 및 누수

Ⅶ. 결 론

Dam의 축조시에는 토질 및 기초의 상태, 지형 파악, 유량 및 홍수시 유량 처리, 외관 등을 비교 검토하여 안전하고 경제적인 형식을 선정하여야 한다.

2-1 콘크리트댐 공사에 필요한 골재 제조설비 및 콘크리트 관련설비에 대해서 설명하시오.
[09중, 25점]

I. 서 론

(1) 콘크리트댐에서 골재는 중요한 부분을 차지하는 공정으로 골재의 양, 규격, 골재원의 거리, 원석의 조건 및 운반거리를 감안하여 설비위치를 선정하여야 한다.
(2) 주골재인 자갈과 모래는 현지에서 조달하여 사용되어지는 관계로 그 설비는 대단위가 되고 공사 전 과정에서 많은 품질의 요구조건이 있으므로 이를 충족할 수 있는 설비를 선정하여야 한다.

II. 골재 제조설비의 종류

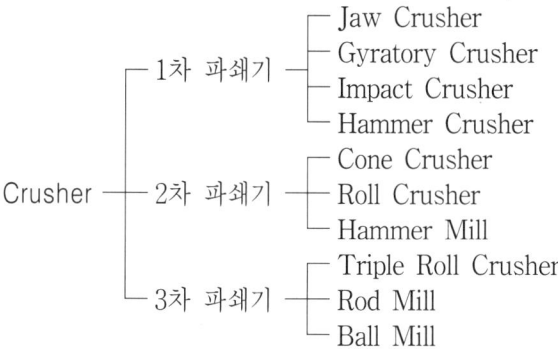

III. 골재 제조설비

1일 생산량 300ton/hr 기준시

(1) Feeder
　① 용도 : 쇄석기나 선별기 등에 채취 원석을 연속적으로 정량 공급하는 기계로 체인피드, 에어프론 피더, 진동 피드, 벨트 피드 등이 있다.
　② 규격 : 2,130mm×5mm×5,490mm, 37kW

(2) Jaw Crusher
   ① 용도 : 원석을 1차 파쇄하는 쇄석기로서 기계적인 방법으로 쇄석판을 반복 압쇄하여 원석을 파쇄하는 기계
   ② 규격 : 1,070mm×1,370mm, 150kW

(3) 진동스크린
   ① 용도 : 진동을 이용하여 1차 쇄석기에서 나온 골재를 입자별로 선별하는 기계
   ② 규격 : 2,130mm×4,880mm, 15kW

(4) 금속감지기
   분쇄된 골재에서 금속류를 선별해 내는 기계

(5) Cone Crusher
   ① 용도 : 1차 쇄석기를 통과한 골재를 보다 작은 입경의 골재를 생산할 때 사용하는 기계로서 2차 쇄석 기계
   ② 규격 : 250mm×1,520mm, 110kW

(6) Conveyor
   ① 용도 : 스크린에 의해 분리된 각 입자를 종류별로 다음 작업장 또는 적치장으로 이동시키는 기계
   ② 규격 : 현장 여건에 맞추어 길이, 경사를 조정하여 사용

(7) 동력설비
   장비 가동을 위한 발전설비

(8) 집진기

(9) 공기압축기

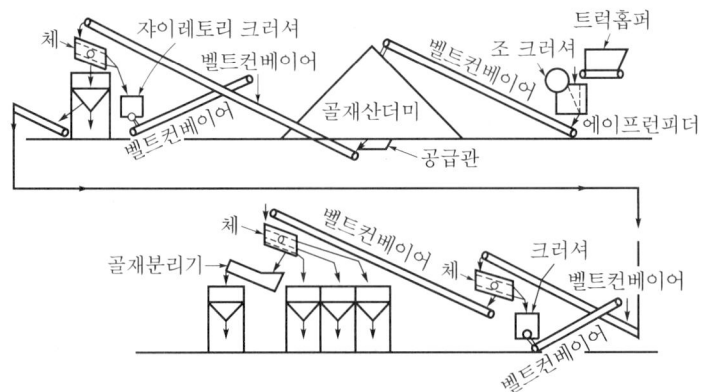

〈댐 현장 골재 플랜트와 골재 제조순서〉

Ⅳ. 콘크리트 관련설비

(1) 콘크리트 제조공정

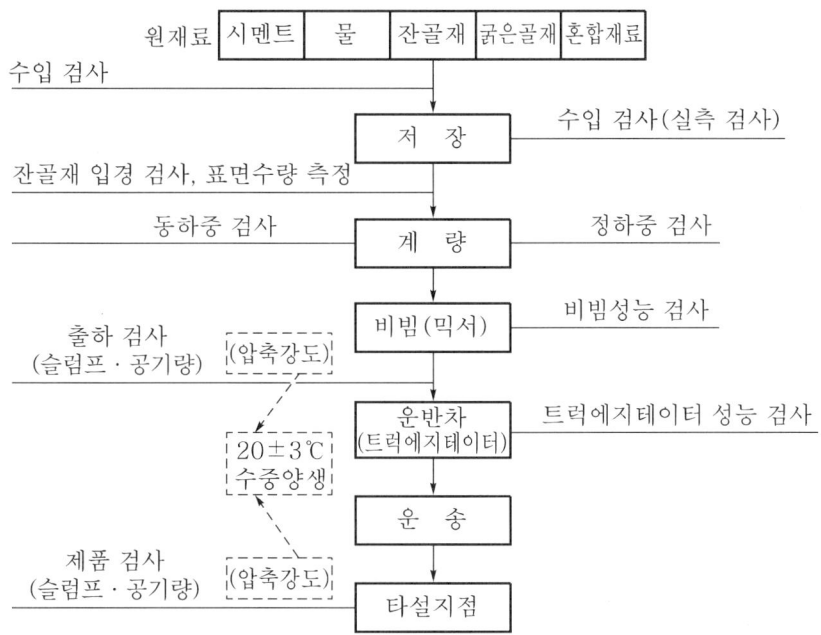

(2) Batcher Plant 설비
   ① Batcher Plant의 구조

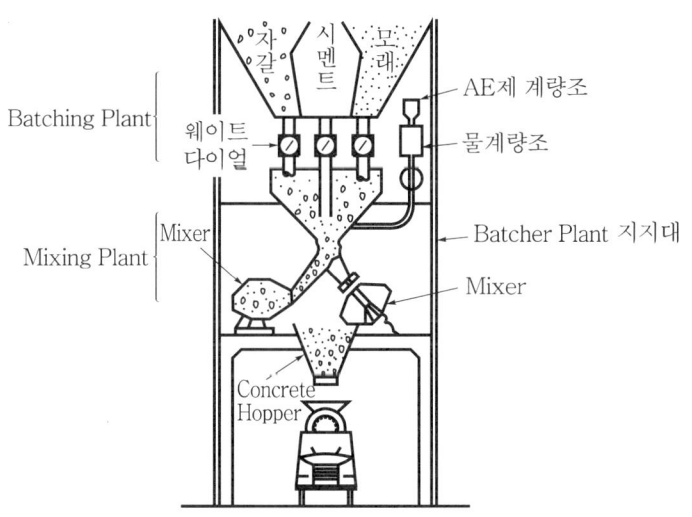

   ② Batcher Plant의 제조방식
      ㉠ 수동식
      ㉡ 반자동식

ⓒ 자동식

ⓔ 전자동식

(3) 케이블 크레인 운반설비

콘크리트댐에서 콘크리트의 운반은 케이블 크레인에 의해 운반하여 타설하므로 운반설비로 케이블 크레인이 사용된다.

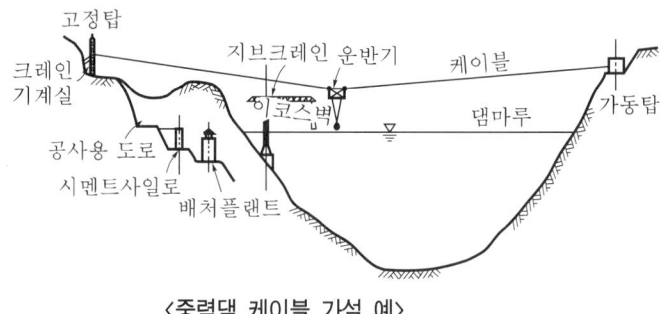

〈중력댐 케이블 가설 예〉

(4) 냉각설비

① 콘크리트 타설 후 시멘트의 수화작용에 의하여 많은 열이 발생하여 콘크리트 내부에 축적되어 균열의 발생원인이 된다.

② 기계적으로 콘크리트를 타설시 블록별로 냉각하는 설비를 설치하여 15L/min의 냉각수를 넣는다.

(5) 탁수 처리설비

① 일반적으로 댐공사에서 발생하는 탁수는 골재 제조 과정에서 발생하므로 골재 플랜트에서 배출되는 탁수의 탁도는 원석의 질, 표토 처리의 양부, 물 사용량에 따라 변화한다.

② 탁수 처리계획을 수립하려면 침전물량으로 추정한다.

$$침전물량(m^3) = \frac{원석\ 투입량(t) \times 손실률(0.1 \sim 0.15)}{침전물\ 단위체적중량(t/m^3)}$$

V. 결 론

(1) 골재의 제조설비는 크러셔에 의한 방법으로 골재의 양, 원석의 상태, 운반거리, 콘크리트의 수량 등을 고려하여 적절한 장비를 선정하여야 한다.

(2) 콘크리트의 제조설비는 자동설비로서 콘크리트의 시방배합과 콘크리트 타설 공정계획을 결정하고 골재 플랜트의 흐름도를 작성하여 생산능력을 위주로 한 기계의 종류, 규격을 선정하여야 한다.

3-1 중력식 Concrete Dam의 Concrete 생산, 운반, 타설 및 양생방법을 기술하시오. [07중, 25점]

3-2 콘크리트댐(중력식) 시공시 주요 품질관리에 대하여 기술하시오. [99중, 30점]

3-3 콘크리트 중력식 댐 시공시 이음의 종류를 열거하고, 각 특징에 관하여 기술하시오. [00후, 25점]

3-4 블록방식에 의한 콘크리트 중력식 댐 시공에서 콘크리트의 이음과 시공시 유의사항을 설명하시오. [09중, 25점]

3-5 대규모 콘크리트댐의 양생방법으로 이용되는 인공 냉각법에 대하여 설명하시오. [01전, 25점]

3-6 대형 중력식 콘크리트댐 건설시 예상되는 Cooling Method를 설명하시오. [00중, 25점]

3-7 콘크리트 중력댐 시공시 기초면의 마무리 정리에 대하여 설명하시오. [07후, 25점]

I. 개 요

(1) 콘크리트 중력식 댐은 댐체를 시멘트 콘크리트를 주재료로 하여 구조물을 축조하는 것으로 대량의 시멘트 콘크리트 사용으로 주요 품질관리로는 골재 생산부터 콘크리트양생까지 단계적인 품질관리를 필요로 한다.
(2) 콘크리트 내구성이 댐구조물의 수명과 직결되는 것으로 품질관리에 대한 계획 수립과 계획대로 실시하는 것이 무엇보다 중요하다.

II. 콘크리트댐(중력식) 가설 도해

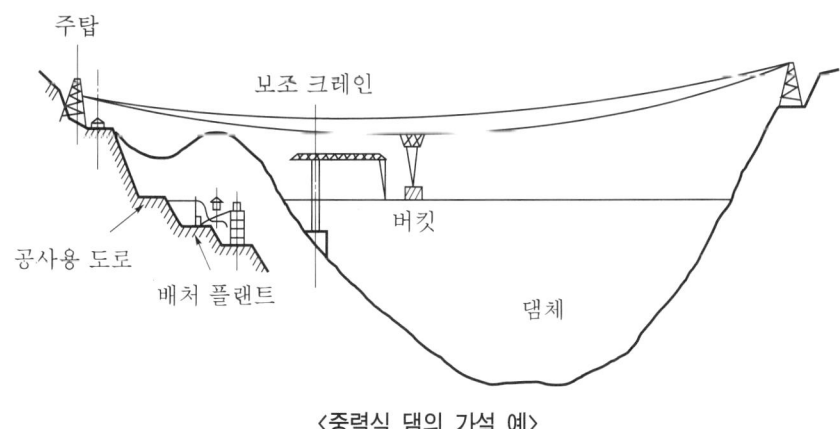

〈중력식 댐의 가설 예〉

Ⅲ. 이 음

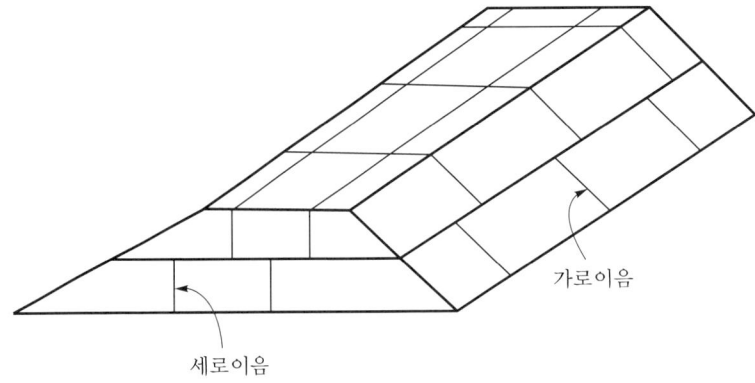

가로이음
세로이음

1. 시공이음

(1) 정의
시공계획 및 시공조건에서 발생하는 이음으로 각 Lift 에 생기는 수평방향의 이음이다.

(2) 특징
① 시공상 설치하는 수평이음(1 Lift)의 표준은 1.5m
② 암반 또는 콘크리트 타설 후 장시간 방치한 면에는 0.75m 정도
③ 타설고가 0.75~1m인 경우에는 재령이 3일이 되기 전 새 콘크리트 타설 금지
④ 1.5~2m인 경우에는 재령 5일이 되기 전 새 콘크리트 타설 금지
⑤ 인공 냉각에 의한 온도 조절을 할 경우 1Lift를 2~3m 까지 가능

(3) 시공이음 처리방법
① 그린컷(Green Cut) 공법
  ㉠ 분사수를 이용하여 시공이음부분에 발생한 레이턴스를 제거하는 공법이다.
  ㉡ 콘크리트 타설시 온도, 일기, 바람 등의 영향을 고려하여 결정한다.
  ㉢ 일반적으로 타설 후 6~12시간 이내 간단히 처리 가능하다.
② 샌드 블라스팅(Sand Blasting) 공법
  ㉠ 콘크리트 타설 후 1~2일 이내에 입경이 1~5mm 정도의 모래를 공기 또는 압력수와 함께 콘크리트면에 분사하여 레이턴스를 제거하는 공법이다.
  ㉡ 타설된 콘크리트에 전혀 피해가 없다.
  ㉢ 시공능률이 대체로 낮고, 설비의 이동, 사용 모래 등에 다소 시간이 걸리고 공사비가 비싸다.

2. 세로이음

(1) 정의
　　① 댐 축방향으로 댐의 전단면을 통해서 만들어지는 것으로 댐의 일체성을 고려하여 시공되어져야 한다.
　　② 이음의 배치, 구조 등에 대해서 충분히 검토하여 설치해야 한다.

(2) 특징
　　① 수축에 의한 균열 방지 목적으로 설치
　　② 이음 부위에는 이음 그라우팅 실시
　　③ 설치간격은 15~20m 정도
　　④ 콘크리트 품질, 온도 조절 및 균열 방지대책 수립시 간격을 크게 할 수 있음

(3) 시공관리
　　① 평면적으로 보아 가로이음부분에서 최소한 6cm 정도 어긋나게 설치
　　② 댐 배면과 교차하는 곳은 1~2m 앞에서 방향을 바꾸어 댐 배면과 직교하게 설치
　　③ 수직 전단에 저항을 위한 수평 톱니형 구조
　　④ 담수까지는 완전히 그라우트 실시
　　⑤ 댐의 안정상 일체성 확보

3. 가로이음

(1) 정의
　　① 댐축에 직각방향으로 댐 전단면을 통하여 수직으로 만들어지는 이음이다.
　　② 가로이음의 구조는 댐의 수밀성은 물론 안전성에도 관계가 있다.

(2) 특징
　　① 이음의 간격은 1~3mm 정도 유지
　　② 이음부 그라우팅 또는 지수판, 아스팔트 Seal 등으로 수밀장치 시공
　　③ 설치간격은 10~15m 정도로 하며, 최대 25m까지 시공
　　④ 가로이음의 수밀장치는 톱니가 있는 Z형과 톱니가 없는 U형이 있음
　　⑤ 수밀장치 뒤에는 배수공 설치

Ⅳ. Cooling Method(인공 냉각법, 양생방법)

1. Precooling

(1) 정의

   콘크리트 혼합 전에 냉수, 냉풍, 얼음, 액화질소 등의 냉각매체를 사용하여 콘크리트에 사용되는 재료를 냉각하거나 콘크리트 제조시 또는 제조 후의 굳지 않은 상태의 콘크리트를 냉각하는 방법이다.

(2) 사용재료 냉각법

   ① 배합수 냉각
      ㉠ 가장 일반적인 방법으로 물의 온도를 낮추는 방법
      ㉡ 물의 온도를 2℃ 이하로 유지
      ㉢ 배합수의 일부를 얼음으로 대체하는 방법
      ㉣ 콘크리트의 균질성을 유지하기 위해 혼합 전에 완전히 녹아야 함
   ② 골재 냉각
      ㉠ 스프링클러 사용으로 굵은골재 냉각
      ㉡ 살수 냉각공법 적용시에는 배수시설 필요
      ㉢ 냉각수에 골재를 채우는 방식
   ③ 시멘트
      ㉠ 시멘트온도가 이슬점 이하가 되면 습기를 응축하여 시멘트 품질 저하 초래
      ㉡ 일반적으로 시멘트의 온도가 65℃를 넘지 않으면 강제 냉각하지 않음

2. Pipecooling

(1) 정의

   타설한 콘크리트 내부에 쿨링 파이프를 매설하고 그 속으로 강물 또는 냉각수를 통과시켜 콘크리트 내부의 온도 상승을 억제하는 방법으로 콘크리트의 탄성계수가 적은 초기 재령에서 콘크리트 냉각을 목적으로 한다.

(2) 특징

   ① 통상 내부온도 20℃ 정도까지 목표로 2~4주 실시
   ② 1차 냉각 후 온도 상승이 계속될 경우 추가 냉각 필요
   ③ 그라우트 전 40~60일간의 추가적인 2차 냉각으로 콘크리트 온도가 최종적으로 안정

3. 표면 단열공법

(1) 정의
   콘크리트가 24시간이 경과되어 경화된 후에는 내·외부 온도차에 의한 응력이 발생되는데 이를 방지할 목적으로 콘크리트 표면에 단열재료로 외부기온을 차단시키는 공법

(2) 사용재료
   2.5cm 정도의 폴리스티렌 또는 우레탄과 같은 합성재료

(3) 시공관리
   ① 거푸집에 접하지 않는 부위는 무기재료 또는 유리섬유 양생포 사용
   ② 시공시 표면 손상이 생기지 않게 주의 시공
   ③ 거푸집에 접한 표면은 판이나 Sheet 형태의 합성재료 사용
   ④ 강재 거푸집은 외부에 합성재료로 코팅
   ⑤ 가장자리와 모서리부에서는 단열효과가 커지도록 조치

V. 품질관리(시공시 유의사항)

1. 유수 전환

(1) 가배수로의 규모, 설치위치, 처리 용량
(2) 가배수 터널 설치계획
(3) 본 공사에 미치는 영향 검토

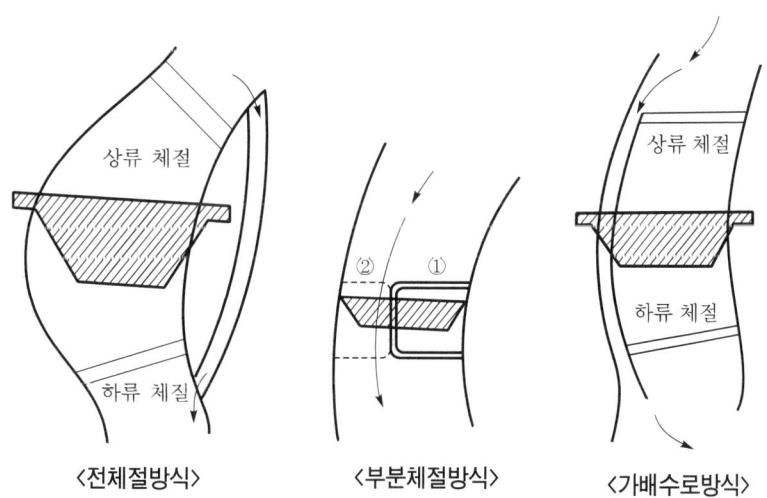

〈전체절방식〉　　〈부분체절방식〉　　〈가배수로방식〉

2. 기초 처리

(1) 댐 기초 암반 손상 여부
(2) 굴착면의 비탈 구배
(3) 효율적인 작업공간 확보
(4) 치환 콘크리트 품질
(5) 단층 파쇄대 처리

3. 누수 처리

(1) Grouting 방법
(2) 주입재 관리
(3) 주입압, 주입위치
(4) Lugeon Test

4. 콘크리트 생산

(1) 콘크리트 사용 골재
   ① 입도, 입경, 경도
   ② 이물질 함유 여부
   ③ 염화물 함유량
   ④ 비중, 안정성, 마모 저항성

(2) 배합
   ① W/C비, 잔골재율
   ② 굵은골재 최대치수
   ③ 공기량 및 혼화제량
   ④ 단위시멘트량, 단위수량

굵은골재 최대치수(mm)	운반 다지기를 끝냈을 때 공기량(%)
150	3.0±1
80	3.5±1
40	4.0±1

(3) 재료의 허용오차
   ① 재료 계량
   ② 혼합시간
   ③ 재료 저장시설

④ 사용수의 수질검사
⑤ 재료 냉각방법

재료의 종류	허용오차(%)
물	1
시멘트 및 혼화제	2
골재	3
혼화제 용액	3

5. 운반

(1) 운반방법
　① 공사용 도로를 통한 Truck 운반
　② Crane을 이용한 Burket 운반

(2) 운반시간
　① 기온에 따른 운반시간 확인
　② Cold Joint가 발생하지 않도록 유의

(3) 운반 중 품질 변화 방지
　① 콘크리트의 시결(경화시간)에 유의
　② 재료 분리 등 품질 변화 방지

(4) 운반속도 조정
　콘크리트 타설에 지장을 주지 않도록 운반속도 조절

6. 타설

(1) 타설관리
　① 타설순서
　② 타설두께
　③ 타설방법
　④ 타설시 온도관리
　⑤ 타설속도

(2) 다짐
　① 다짐방법
　② 다짐장비 소요대수
　③ 다짐시간

(3) 이음
① 시공이음
② 세로이음
③ 가로이음

7. 양생

(1) 수화열관리
(2) Precooling
(3) Pipecooling
(4) 습윤 양생
(5) 보온 양생

8. 댐 양안 누수 처리

(1) Rim Grouting
(2) 사용재료
(3) 주입깊이, 주입개소

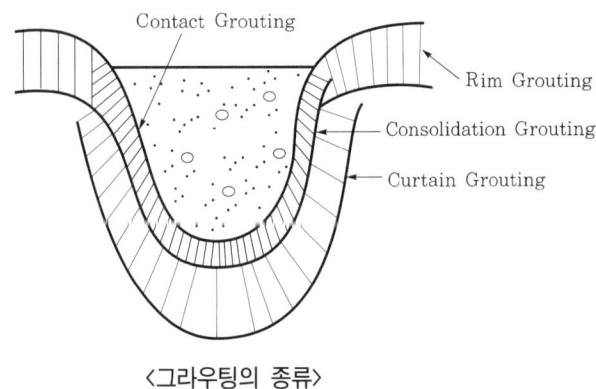

〈그라우팅의 종류〉

9. 사면 안정

(1) 식수, 식생
(2) 말뚝, 옹벽
(3) Rock Anchor
(4) 구배 완화

10. 여수로
   (1) 여수로 규격, 위치
   (2) 여수로 단면
   (3) 개폐 형식

Ⅵ. 기초면의 마무리 정리

(1) 암반 손상 방지
   굴착 발파는 댐 기초면에 가까울수록 폭약량을 줄여서 암반을 손상시키지 않도록 유의해야 한다.

(2) 인력 굴착
   ① 기초 굴착은 계획 굴착면상의 50cm 정도까지 한다.
   ② 나머지 50cm는 지렛대, 브레이커, 해머 등으로 굴착해야 한다.

(3) 기초 암반의 손상 방지
   ① 기초 굴착방법은 댐 지정의 지형, 지질, 기상 등의 조건 및 굴착량에 적합하며, 효율적이고 안전한 굴착공법을 결정해야 한다.
   ② 굴착 중에 최종 기초면을 해치지 않도록 천공 심도와 화약을 조정하여 제한 발파를 하고 최종 계획면은 인공작업에 의해서 면고르기를 함으로써 암반의 균열을 방지해야 한다.

(4) 기초 바닥 청소
   ① 기초 암반은 콘크리트 타설 전에 미리 부석, 이토, 퇴적물, 기름 및 암편 등을 제거한 후 고압수, 와이어 브러시(Wire Brush) 등에 의해 청소하고 고인물, 모래 등을 제거해야 한다.
   ② 터파기검사에 합격한 부분이라도 장기간 방치한 경우는 공사감독자의 지시에 따라 처리해야 한다.

(5) 기초 암반의 확인 및 검사
   ① 기초 암반은 터파기 완료 후 지반검사를 받을 수 있도록 공사감독자의 지시에 따라 필요한 자료를 준비해야 한다.
   ② 검사를 받을 때는 공사현장을 정리 청소하고 공사감독자의 확인을 받아야 한다.
   ③ 검사 완료 후가 아니면 콘크리트의 타설을 시행하면 안 된다.

(6) 단층 및 Seam의 처리
① 기초 암반의 단층, 현저한 Seam, 혹은 불량한 암반이 존재할 경우에는 연약부분을 제거하고 콘크리트로 치환하거나 또는 그 상태에 따라 적당한 공법으로 처리해야 한다.
② 단층부분은 일반적으로 파쇄작용을 받고 있으므로 이 불량부분은 단층의 두께에 따라 깊게 굴착 제거하여 견고한 암반이 하중을 받을 수 있도록 쐐기모양의 콘크리트로 치환한다.

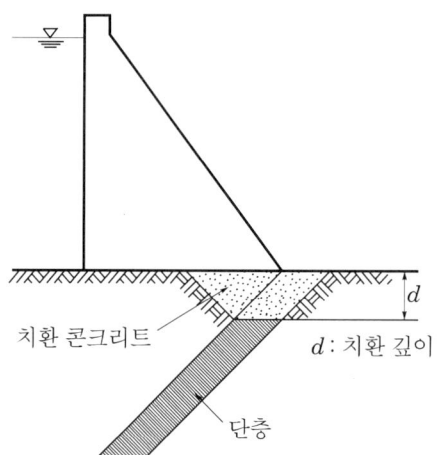

(7) 기초 처리
파쇄대가 심부까지 점토화되어 있어서 콘크리트로 치환할 수 없을 때는 상·하부층에 보다 깊게 차수벽을 설치해야 한다.

Ⅶ. 결 론

(1) 중력식 콘크리트댐의 시공은 콘크리트가 주재료가 되어 댐체를 축조하는 것으로 콘크리트의 품질관리가 매우 중요하다.
(2) 댐 구조물은 하천, 계곡을 가로질러 막아서 물을 담수하는 구조물로서 누수발생이 없어야 하며, 저수용량이 대규모이므로 작용하는 수압에 견딜 수 있는 구조체가 되게 엄격한 품질관리가 되어야 한다.

> **4-1** 록필댐의 코어존(Core Zone)을 시공할 때 재료조건, 시공방법 및 품질관리에 대하여 기술하시오. [01중, 25점]
> **4-2** Fill Dam의 축조재료와 시공에 대하여 기술하시오. [05후, 25점]
> **4-3** 록필댐(Rock Fill Dam)의 심벽재료의 성토시험 [98전, 20점]
> **4-4** 록필댐(Rock Fill Dam)에서 상·하류층 필터의 기능을 설명하고, 필터 입도가 불량할 때 생기는 문제점을 기술하시오. [02전, 25점]

Ⅰ. 개 요

(1) 록필댐이란 천연재료를 사용하여 내부에 차수벽과 필터층을 사용하고 댐체는 암석을 이용하여 축조된 댐을 말한다.

(2) 록필댐의 안정조건은 제체활동, 댐체 월류 방지, 비탈면 안정, 기존지반 안정 등이다.

Ⅱ. Fill Dam의 축조재료

(1) 투수성 재료
   ① 투수성이 좋아야 한다($K = 1 \times 10^{-1}$cm/sec).
   ② 내구성, 전단강도가 커야 한다.
   ③ 대소의 돌덩이가 적당히 섞인 것이어야 한다.

(2) 반투수성 재료
   ① Filter층의 역할에 적합한 재료($K = 1 \times 10^{-3}$cm/sec)
   ② 점착력이 적은 것이 좋다.

(3) 차수성 재료
   ① 투수계수가 작다($K = 1 \times 10^{-5}$cm/sec).
   ② 압축성이 적고, 다짐이 쉽다.
   ③ Piping에 대한 저항성이 큰 흙이라야 한다.

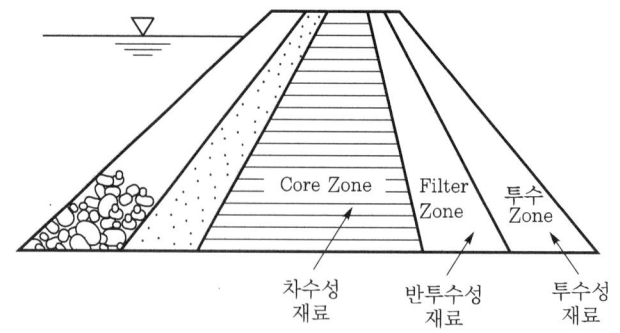

<Fill Dam의 재료 구성>

Ⅲ. Fill Dam의 시공

1. 기초 시공

(1) 굴착
① 발파에 의한 굴착
② 기계에 의한 굴착

(2) 굴착면 처리
① 기초면 정형
② 요철 정리
③ 균열 폐쇄
④ 풍하자용에 따른 보강
⑤ 용수 처리
⑥ 청소, 살수

2. Grouting

(1) Consolidation Grouting
① 지반 개량이 주목적이다.
② 비교적 얕은 심도에 적용한다.

(2) Curtain Grouting
① 기초 암반의 차수성 증진을 목적으로 한다.
② 깊은 심도까지 차수벽을 형성한다.

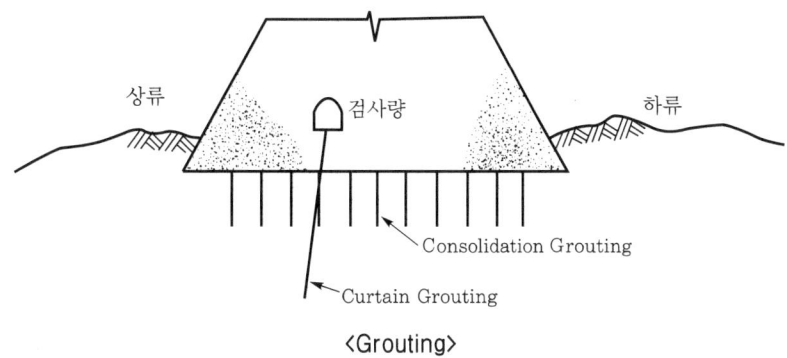

<Grouting>

3. 재료 성토

(1) 토질 재료
① 포설두께는 20~30cm로 한다.
② 전압방향은 원칙적으로 Dam 폭에 평행되게 한다.
③ 차수존과 필터존의 경계부는 Roller를 경계부의 양쪽에 걸치도록 하여 다진다.

(2) 사질 재료
① 포설두께는 30~40cm로 한다.
② 주로 진동 Roller를 사용하여 다진다.
③ 전압 횟수는 4~6회 정도로 한다.

(3) 암석 재료
① 포설두께는 암부스러기 또는 세립 재료일 경우 30~40cm, 그 외에는 1~2m 정도의 두께로 한다.
② 전압기계로서는 대형 진동 Roller를 사용한다.

IV. 코어존(Core Zone)

1. 코어존(Core Zone)의 재료조건

(1) 투수계수
① 소요의 차수성이 있을 것
② $K = 1 \times 10^{-5}$ cm/sec 이하

(2) 구득이 용이할 것
현장 부근에서 쉽게 구할 수 있는 재료

(3) 전단강도가 큰 재료
    ① 제체의 안정을 위해 밀도와 전단강도가 클 것
    ② 변형이 적은 재료

(4) 시공성 확보
    ① 시공이 용이할 것
    ② 포설 다짐이 용이한 재료
    ③ Trafficablity를 가질 것

(5) 침투수에 대한 저항성
    ① 물에 포화되어도 연약화하지 않을 것
    ② 침투수에 의한 침식이 되지 않을 것

(6) Piping에 대한 저항성
    ① Piping에 대한 저항성을 가질 것
    ② 침투수와 함께 유실되지 않는 재료

2. 시공방법

(1) 포설두께 준수
    ① 다짐장비의 종류, 다짐 횟수에 따라 15~40cm 정도로 시공
    ② 재료의 최대 입경에 따라 결정

(2) 시공면 정리
    ① 성토면은 수평 유지하여 시공하는 것이 원칙
    ② 배수를 위하여 상·하류 방향으로 2~5% 경사 시공

(3) 다짐방법
    다짐장비의 주행방향으로 20~30cm 중복되게 다짐

(4) 시공순서 준수
    ① 차수 Zone은 인접 Zone보다 선행 축조
    ② 경계면의 다짐이 충분히 되게 함

(5) 다짐상태 판단
    ① 현장시험 위치 선정 및 현장밀도 측정
    ② 다짐도 판정

(6) 과다짐 억제
  ① 재료에 따라서 과도한 다짐(Over Compaction)에 의해 악영향 발생
  ② 재료의 특성 파악

(7) 구조물 접속부 및 암반면
  ① 구조물과의 접속부 시공은 세립의 재료를 습윤상태로 시공
  ② 이 때의 포설두께는 5~20cm로 하여 소형기계 사용

(8) 시공 중 강우 처리
  ① 성토면을 평활하게 마무리 다짐한 후 Sheet 등으로 덮어 우수의 침투 방지
  ② 강우에 대비하여 마무리면에 횡방향 구배 적용

(9) 한랭기 시공관리
  ① 재료의 동결 여부 파악
  ② 기온이 0~2℃ 이하인 경우 성토작업 중지

3. 성토시험(품질관리)

(1) 입도시험
  체분석시험이나 침강분석에 의해 흙의 입경상태를 파악할 수 있는 입경가적곡선을 그린다.

(2) 흙의 안정도
  흙이 함수량의 감소에 의해 변화하는 성질을 흙의 입경도라고 하고 각각의 변화상태를 Atterberg라 한다.

(3) 다짐시험
  ① 시험실에서 래머로 흙을 Mold에 다졌을 때 흙의 함수량과 밀도와의 관계를 알기 위하여 실시한다.
  ② 최적의 함수비에서 최대 건조밀도가 나타난다.

(4) 함수비 측정
  ① 사용재료의 흙 속에 포함되어 있는 물의 양을 측정하기 위하여 실시하며 흙입자 중량에 대한 물 중량의 백분율로 나타낸다.
  $$w = \frac{W_w}{W_s} \times 100\%$$
  ② 90~100%의 범위 내에서 하되 흙쌓기에 대해 다짐도를 구한다면 건조상태에서 흙의 함수비는 0이다.

(5) 다짐도 측정
사용되는 재료를 시험실에서 시험 다짐하여 구한 건조밀도와 현장에서 구한 건조밀도와의 관계를 구한다.

$$다짐도(C) = \frac{\gamma_d(\text{현장의 건조밀도})}{\gamma_{d\max}(\text{실내 다짐시험으로 얻어진 최대 건조밀도})} \times 100\%$$

(6) 최적 함수비
흙의 함수비를 변화시키면서 다짐시험을 실시하여 최대 건조밀도가 나타날 때의 함수비를 말하며 OMC라고도 한다.

(7) 일축 압축강도시험
측압이 없이 무구속상태에서 점성을 가진 흙의 공학적인 성질을 파악하고 압축강도의 개별적이고 정량적인 수치를 구하는 것이다.

(8) 허용 함수비
표준 다짐시험에서 최적 함수비의 5% 범위 내로 하며 댐체에 필요한 기능 및 소요 다짐도를 얻을 수 있는 함수비를 참고로 하여 정한다.

(9) 전단시험
흙 내부의 연약 정도를 확인하고 공학적인 성질을 판단하기 위하여 실시하며, 판단 정도는 점착력과 마찰각에 의해 결정된다.

$$\tau = C + \overline{\sigma} \tan \phi$$

(10) 투수시험
사용재료의 투수 정도를 알 수 있는 투수계수를 결정하기 위하여 실시되며, 점성토에는 변수위 투수시험, 사질점토에는 정수위 투수시험이 있다.

(11) 상대밀도
사용재료의 느슨한 상태와 조밀한 상태의 공극의 크기를 비교하기 위해 사용된다.

$$D_r = \frac{e_{\max} - e}{e_{\max} - e_{\min}} \times 100 = \frac{\gamma_d - \gamma_{d\min}}{\gamma_{d\max} - \gamma_{d\min}} \times \frac{\gamma_{d\max}}{\gamma_d} \times 100\%$$

V. Filter Zone

1. 재료의 구비조건

(1) 필터 재료는 차수성 재료보다 투수성이 다소 커야 한다.

(2) 필터 재료는 점착력이 없고 No.200체(0.074mm)를 통과하는 세립자가 5% 이상 포함되어야 한다.

(3) 일반적으로 다음 조건을 만족시켜야 한다.

① $\dfrac{F_{15}(\text{필터 재료의 } 15\% \text{ 통과 입경})}{B_{15}(\text{필터로 보호되는 재료의 } 15\% \text{ 통과 입경})} > 5 (\text{파이핑 방지 목적})$

② $\dfrac{F_{15}(\text{필터 재료의 } 15\% \text{ 통과 입경})}{B_{85}(\text{필터로 보호되는 재료의 } 85\% \text{ 통과 입경})} < 5 (\text{필터의 투수성 확보})$

(4) 필터 재료의 입도곡선은 보호되는 재료의 입도곡선과 거의 평행인 것이 좋다.

(5) 필터 재료의 투수성은 보호되는 재료의 투수성보다 10~100배 큰 것이 좋다.

2. Filter의 기능

(1) 차수벽 보호
   ① 차수벽에 접하여 시공되어 차수벽의 변형 방지
   ② 침투수에 의한 차수 재료의 유실 방지

(2) 손상 방지
   ① 댐을 구성하는 암석층으로부터 직접 접촉시 발생되는 차수벽 손상 예방
   ② 작용하는 외력의 분산 역할

(3) 침투수 배출
   ① 댐체에 침투된 침투수의 배출
   ② 침투수 배출시 차수벽 재료 유실 방지

(4) 파이핑 방지
   ① 제체 내로 침투수가 생겨 차수벽 재료 유실에 따른 파이핑 발생을 방지
   ② 침투수만의 통과로 파이핑에 의한 침투 파괴 방지

(5) 간극수압 발생 방지
   ① 침투수의 원활한 배출로 간극수압 상승 방지
   ② 차수벽 재료는 보호하고 침투수에 의한 침윤선 상승 방지
   ③ 흙 속을 통과하는 물이 굵은 입자로부터 가는 입자로 통과될 때 간극수압 발생

3. 입도 불량시 문제점

(1) 차수벽 재료 유실
　① 규정의 입도가 초과되는 재료 함유
　② 입자 분리를 피하기 위하여 필터 재료에는 75mm 이상의 입도는 함유되어서는 안됨

(2) Piping 발생
　① 침투수와 차수벽 구성 재료가 함께 빠져 나가 관상의 유로 발생
　② 침투수의 증가와 제체 파괴의 가속화

(3) 제체 파괴
　① 제체 세굴에 따른 동수구배의 증가
　② Piping 발생의 가속화로 침투수가 증가하여 제체 파괴

(4) 침윤선 상승
　① 필터재료의 입도 불량에 따른 침투수의 지체 배수
　② 침윤선의 상승으로 제체의 안전 위협

(5) 입자 이동 발생
　① 가는 입자의 내부 이동을 막기 위하여 필터 재료는 No.200체 통과량이 5% 이하
　② 필터 재료 속에 세립분(No.200체 통과량)이 많이 함유되면 필터의 제기능 상실

VI. 결 론

(1) 록필댐의 코어존(Core Zone) 시공에서 차수 재료 선정은 댐의 안전 및 내구성에 크게 영향을 주는 주요한 요소이다.
(2) 코어존 시공에서 시공관리상 특히 유의해야 할 사항으로는 차수 재료의 함수비관리이다.
　① 최적 함수비의 ±3% 유지
　② 함수비가 높은 경우 Waving 현상 발생
　③ Waving 현상으로 Crack 발생 등에 특히 유의 시공해야 한다.

4-5 성토댐(Embankment Dam)의 축조기간 중에 발생되는 댐의 거동에 대하여 설명하시오. [11중, 25점]

Ⅰ. 개 요

성토댐의 축조기간 중에 당초 설계조건과 현장조건이 달라지는 경우가 발생할 경우, 여러 가지 요인으로 인해 댐체에 거동이 발생될 수 있으므로, 현장조건에 맞는 설계의 재검토가 실시되어야 한다.

Ⅱ. 댐의 거동

(1) 부등침하

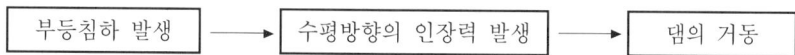

① 중앙부분에서 높고 양안으로 갈수록 낮아지는 Dam의 모양상 제체를 이루는 재료가 압축성이 크면 부등침하가 일어나지 않을 수 없다.
② 특히 Dam 바닥이 충적층으로 이루어졌을 때, 이 충적층이 침하한다면 Dam 정상에서는 큰 부등침하가 발생한다.

(2) 응력전이

① 심벽과 필터층의 강성 차이로 심벽의 흙이 양쪽의 필터층에 의해 시시된 Arch와 같은 작용의 응력전이 발생
② Arching 작용으로 심벽의 연직응력이 현저히 감소하면, 수평응력도 현저히 감소되어 수압보다 적어져서 댐의 거동이 발생됨

(3) Piping 현상
① Piping이란 동수경사가 한계 동수경사를 초과하게 된다.
② 침투수압에 의해 수중의 토립자가 부상하고 분출하는 Quick Sand가 발생된다.
③ Quick Sand 발생에 이어 지반토가 분출하며 파괴하는 것을 Boiling이라 한다.
④ 이로 인하여 모래층 내의 토립자가 유실되어 관상의 침투유로가 형성되는 것을 파이핑(Piping)이라 하며, 댐의 거동이 발생한다.

(4) 양압력

```
내부수압 발생  →  수직방향의 하중  →  댐의 거동
```

① 댐체의 하부에서 수평단면에 대한 수직방향의 하중
② 양압력 산출식

$$W_u = W_w CA\left[H_2 + \frac{1}{2}\tau(H_1 - H_2)\right]$$

여기서, W_u : 전양압력(tonf)
  W_w : 물의 단위중량(tf/m³)
  A : 저부면적(m²)
  C : 정수압이 작용하는 면적 비율
  τ : 차수 그라우트와 배수공의 작용에 의한 순수두($H_1 - H_2$)에 대한 비율
  H_1 : 저수위
  H_2 : 댐 외측 수위

③ 양압력에 의해 댐의 거동 발생

Ⅲ. 계측관리

1. 계측의 목적

① 댐의 거동 관찰
② 차수벽 및 조인트에 대한 설계 개선
③ 암석재의 축설에 대한 평가
④ 댐 단면의 구성에 관한 자료수집

2. 계측항목

(1) 페리미터 조인트 계측
  ① 토·슬래브에 대한 콘크리트 차수벽의 상대적 이동 관측
  ② 관측 종류
    ㉠ 조인트 개폐도 측정
    ㉡ 조인트 전단력 측정
    ㉢ 콘크리트 차수벽 침하량 측정

(2) 콘크리트 차수벽 변형 계측
　① 콘크리트 차수벽의 변형량 측정에 변형계 이용
　② 집단으로 설치하여 3개 1조는 페리미터벽 가까이 45° 각도로 설치
　③ 화환형 2개 1조는 차수벽 중앙부에 수평, 경사방향으로 설치

(3) 내부 수직침하량
　① 콘크리트 차수벽 가까이 설치하여 내부 축설재의 침하가 콘크리트 차수벽 거동에 미치는 영향을 파악한다.
　② 스웨덴식 침하계로 관측한다.
　③ 약 30m 구획된 제체의 수평면 내에 분포시키고, 축설층의 변형을 상관시켜 축설 재료의 변형계수를 산정한다.

Ⅳ. 결 론

성토댐은 콘크리트 소요량은 적지만 시공과정이 복잡하고 다른 형식의 댐에 비해 누수량이 많으며, 차수 콘크리트의 균열과 침하 발생이 많으므로 축조기간 중에 특별한 관리가 요구된다.

4-6 Dam의 차수벽 재료로 사용하는 흙의 통일분류법상 SC와 CL의 특성을 비교, 설명하시오. [94후, 30점]

Ⅰ. 개 요

(1) 유사한 성질에 따른 흙의 분류는 여러 가지 형태의 토질문제 해결에 유용하다.
(2) 성토 및 기초 재료의 선정에는 공학적 성질에 의한 분류방법 중 통일분류법이 많이 이용되고 있다.

Ⅱ. 흙의 분류

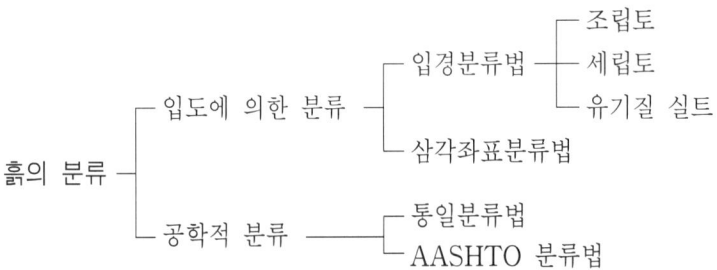

Ⅲ. 통일분류법

(1) 정의
  ① A·Casagrande에 의해 흙의 입도와 Consistency 한계로 흙을 공학적으로 분류하는 방법
  ② 현재 가장 많이 사용되는 실용적인 방법

(2) 분류방법
  ① 입도에 의해 조립토와 세립토를 구분
  ② 조립토는 다시 입도 및 Consistency에 따라 8종류
  ③ 세립토는 입도만으로 6종류
  ④ 관찰에 의한 유기질토를 추가하여 총 15종으로 분류

(3) 분류 기준

구분	제1문자		제2문자	
	기호	설명	기호	설명
조립토	G	자갈	W	입도 분포가 좋은 깨끗한 흙
			P	입도 분포가 불량한 깨끗한 흙
	S	모래	M	실트를 포함한 세립분 12% 이상 함유
			C	점토를 포함한 세립분 12% 이상 함유
세립토	M	실트	L	액성한계가 50% 이하인 흙
	C	점토	H	액성한계가 50% 이상인 흙
	O	유기질토		
고유기질토	Pt	이탄	—	—

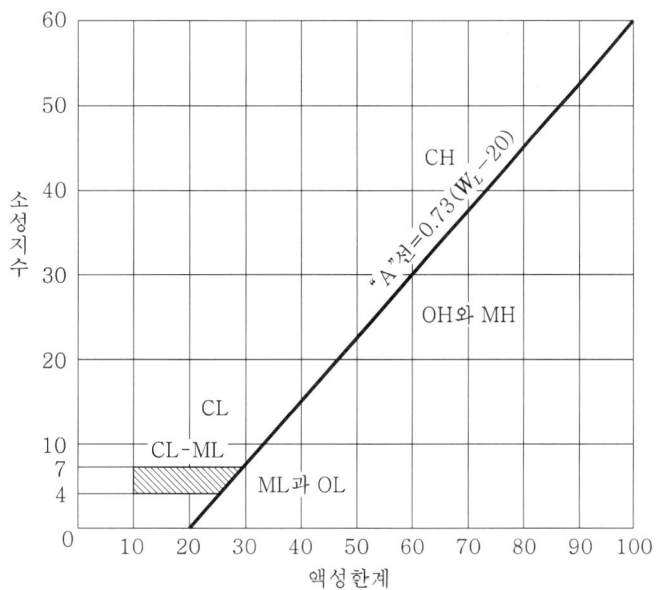

〈Casagrande의 소성도〉

Ⅳ. SC(점토질 모래)의 특성

1. 정의

(1) No.4체 통과량 50% 이상, No.200체 통과량 12% 이상
(2) 점토질 모래, 점토 모래 혼합토
(3) 소성지수 $PI > 7$

2. 공학적 특성

(1) 댐 차수재료로 이용
    보통 제방 성토 불투수성 Core재로 적합

(2) 투수계수
    $10^{-5} \sim 10^{-6}$ cm/sec

(3) 다짐작업
    ① 수축성과 팽창성이 약간 내지 보통
    ② 고무타이어 Roller, 양쪽 Roller

(4) 건조밀도
    $1.63 \sim 2.03 \text{g/cm}^3$

(5) 기초지반에서의 지지력계수
    $K = 5.5 \sim 8.3$

(6) 투수성
    불가 내지 불투수

(7) 현장 CBR
    $10 \sim 20$

(8) 전단강도
    ① $S = C + \sigma \tan\phi$
    ② 전단강도가 CL보다 크다.

V. CL(저소성 점토)의 특성

1. 정의

(1) No.200체 통과량 50% 이상, 액성한계 50% 이하
(2) 소성이 보통 이하인 무기질 점토, 자갈질 점토
(3) 소성이 낮은 점토

2. 공학적 특성

(1) 댐 차수 재료로의 이용
    ① 적정함
    ② 불투수층 Core재로 이용

(2) 투수계수
$10^{-5} \sim 10^{-8}$ cm/sec

(3) 다짐작업
① 수축성과 팽창성이 보통
② 고무타이어 Roller, 양쪽 Roller

(4) 건조밀도
$1.69 \sim 2.0 \text{g/cm}^3$

(5) 기초지반에서의 지지력계수
$K = 2.8 \sim 5.5$

(6) 투수성
불투수

(7) 현장 CBR
$5 \sim 15$

(8) 전단강도
① $S = C$
② 전단강도가 SC보다 작으나 차수성이 더 좋아 차수재로 적합하다.

VI. SC, CL의 특성비교

특 성	SC	CL
차수벽 재료에 대한 판단	보통	적합
투수계수(cm/sec)	$10^{-5} \sim 10^{-6}$	$10^{-5} \sim 10^{-8}$
다짐작업	수축성과 팽창성이 약간~보통	수축성과 팽창성이 보통
건조밀도	$1.63 \sim 2.03 \text{g/cm}^3$	$1.69 \sim 2.0 \text{g/cm}^3$
기초지반	지지력계수 $K = 5.5 \sim 8.3$	지지력계수 $K = 2.8 \sim 5.5$
투수성	불가 내지 불투수	불투수
전단강도	大	小

Ⅶ. 결 론

(1) 통일분류법에서 SC는 조립토로서 점토를 함유한 모래를 나타내며 CL은 세립토로서 소성 또는 압축성이 낮은 점토로 분류된다.
(2) 댐의 차수벽 재료로 사용시 그 공학적 특성을 비교 분석하여 Zone에 따라 사용 재료 선정에 특히 유의하여야 할 것이다.

4-7 제방의 침윤선 [00전, 10점]
4-8 흙댐의 유선망과 침윤선 [06전, 10점]

I. 유선망

(1) 정의

흙댐의 수위차에 의해서 물이 흐를 때 그 자취를 유선이라 하는데 각 유선에 따라 손실수두가 동일한 위치를 연결한 등수두선에 의해 이루어진 곡선군을 말한다.

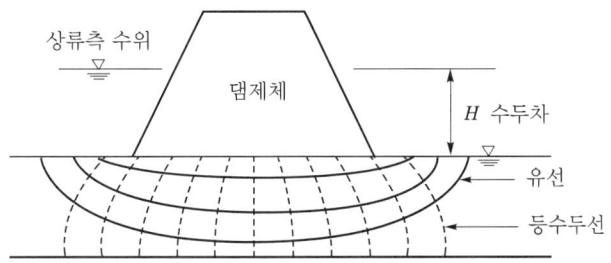

(2) 특징
① 인접한 2개의 유선 사이의 유로 침투 유량은 동일
② 인접한 2개의 등수두선 사이의 수두손실은 서로 동일
③ 유선과 동수 유선은 직교임
④ 침투속도 및 동수구배는 유선망폭에 반비례

(3) 목적
① 침투유량 산정
② 임의의 지점에서 간극수압 추정

II. 침윤선

(1) 정의

침윤선이란 흙댐을 통해 물이 통과할 때 그 경로가 쉽게 정해지지 않는데 만일 이 유선이 만족스럽게 정해질 때 침투수의 표면 유선을 침윤선이라 하며 포물선으로 표시된다.

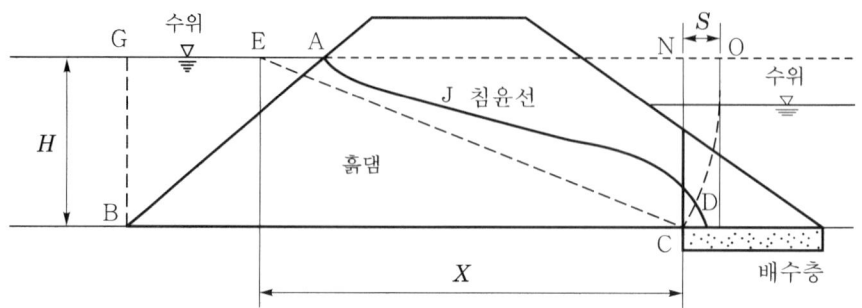

(2) 침윤선의 용도
　① 제내지 배수층 설치위치
　② 제방폭 결정
　③ 제방 거동 파악

(3) 침윤선의 저하대책
　① 하류층 Filter층
　② 표면 차수형
　③ 연직 배수형
　④ 중심 Core형

4-9 Dam의 감쇄공 종류 및 특성 [06후, 10점]

I. 정 의

(1) Dam의 감쇄공이란 고유속을 정상화하여 고유속의 흐름이 가지는 높은 에너지를 감쇄시키는 시설물이다.
(2) 여수로의 급경사로 하류단에는 고유속의 방류수가 갖는 높은 에너지에 의해 Dam 본체와 연결된 구조물이나 하류 하천과 하천의 모든 구조물의 파괴 또는 침식을 방지하기 위해 설치한다.

II. Dam 감쇄공의 종류 및 특성

(1) 플립 버킷형(Flip Bucket)
   ① 끝부분에 Plunge Pool 형성
   ② 하류부의 수심이 낮을 경우 적용
   ③ 경제적인 형식
   ④ 감쇄효과가 적음
   ⑤ 하류부의 유황이 큼
   ⑥ 낙하지점의 암질이 양호해야 함

(2) 정수지형(Stilling Basin)
   ① 도수작용을 이용
   ② 수치적으로 안전
   ③ 보조 Dam 설치 필요
   ④ 하류 수심이 도수 후의 수심과 일치해야 함
   ⑤ 정수지의 소요길이 요구

(3) 잠수 버킷형(Submerged Bucket)
   ① 수중에 관입
   ② 모형실험에 의해 설계
   ③ 하류 수심이 도수 후의 수심보다 깊을 경우 적용

4-10 비상 여수로(Emergency Spillway) [07전, 10점]

I. 정 의

(1) 여수로란 할당된 저수공간에 수용할 수 있는 용량을 초과하는 홍수량을 안전하고 효율적으로 방류하는 월류수로(越流水路)이다.
(2) 비상 여수로는 비상사태시 본 여수로와는 별도로 혹은 동시에 작동하여 댐의 월류를 방지하여 댐의 안전을 확보하는 여수로이다.
(3) 필댐에 있어서 절대안전을 위하여 여수로를 될 수 있는 대로 큰 용량을 갖게 하는 것이 필요하나, 월류능력 증대에 대해서는 공사비, 하류수로의 용량 등으로 크게 제약을 받으므로, 가능하면 비상 여수로를 설치하여 댐의 안전성을 증대시키도록 한다.

II. 여수로(비상 여수로) 도해

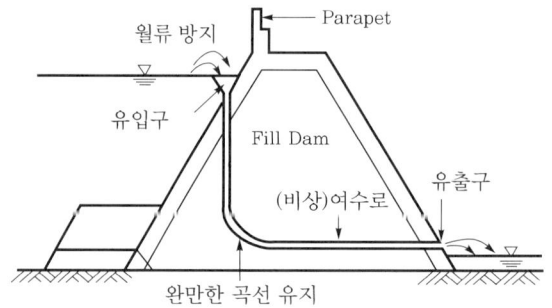

III. 비상 여수로 활용시기

(1) 방류관의 폐쇄
(2) 여수로 수문의 고장
(3) 여수로 구조물의 파손
(4) 홍수 조절 용량 초과시
(5) 설계 홍수량보다 큰 홍수가 발생하는 경우

Ⅳ. 비상 여수로 높이

(1) 조절부 마루는 최대 저수지 수위에 같거나 보다 높게 위치
(2) 비상 여수로의 조절부 높이는 비상 여수로 수문곡선의 저수지 추적에 의해 결정
(3) 댐의 여유고는 비상 여수로 수문곡선의 저수지 추적에 의해 결정

5-1 표면 차수벽형 석괴댐의 시공방법에 대하여 기술하시오. [97중후, 33점]

5-2 표면 차수벽 댐의 구조와 시공법에 관하여 기술하시오. [99전, 30점]

5-3 콘크리트 표면 차수벽형 석괴댐(Concrete Face Rock Fill Dam)의 단면구성 및 시공법에 대하여 설명하시오. [02후, 25점]

5-4 Con'c 표면 차수벽 Dam [95전, 20점]

5-5 콘크리트 표면 차수벽댐(CFRD) [08중, 10점]

5-6 표면 차수벽과 석괴댐에 대하여 기술하시오. [98중전, 20점]

I. 개 요

(1) 표면 차수벽형 석괴댐이란 과거에는 댐의 표면을 콘크리트 차수벽 또는 철재, 목재, 아스팔트 등을 이용하여 설치하는 암석댐을 말하였으나 요즘은 대부분 사라지고, 콘크리트 표면 차수벽 댐이 대표하고 있다.

(2) 시공속도가 빠르고 공사비가 저렴한 이점은 있으나, 다른 형식의 댐에 비해 댐체의 누수량이 많은 단점이 있다.

II. 댐의 구조(단면구성)

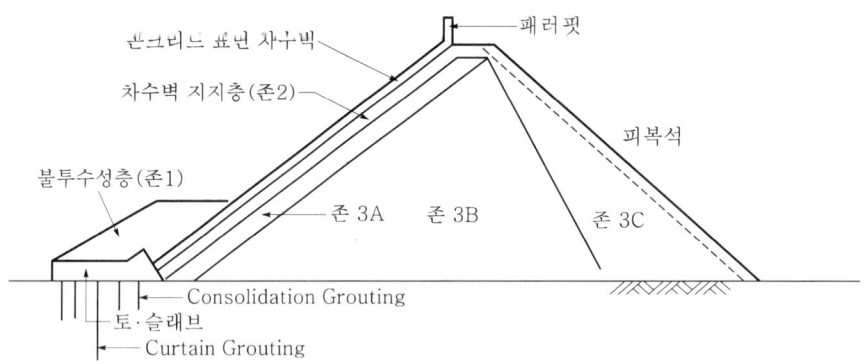

(1) Grouting

① Curtain Grouting
   ㉠ 기초 암반의 차수성 증진
   ㉡ 깊은 심도까지 차수벽 형성

② Consolidation Grouting
　㉠ 지반 개량
　㉡ 비교적 얕은 심도에 적용

(2) 토·슬래브(Plinth)
① 콘크리트 차수벽과 댐 기초 사이의 침투수 차단
② 철근 콘크리트 구조로 두께는 60cm 내외
③ 견고한 암반층에 고정하여 양압력에 저항

(3) 콘크리트 표면 차수벽
① 상류 표면을 차수성 재료인 콘크리트로 포장
② Dam의 단면이 적은 경우에는 경제적이나 내구성 부족
③ 침하에 대한 우려 존재

(4) Parapet
① 월류의 방지가 주목적
② 콘크리트 구조로 형성되며 도로의 역할도 함

(5) 피복석
① 댐 사면을 보호하기 위하여 쌓아주는 돌 또는 기성 콘크리트 제품
② 전석 중에서 크기가 아주 큰 돌을 사용
③ 아래에 큰 돌을 쌓고 올라가면서 돌의 크기가 점점 작아지는 형태

Ⅲ. 특 징

(1) 장점
① 코어필터(Core Filter)층이 없다.
② 공기가 짧고 공사비가 저렴하다.
③ 시공 중 수문, 기상의 영향이 적다.
④ 댐 체적 및 폭외 축소가 가능하다.

(2) 단점
① 타형식의 댐에 비해 누수량이 많다.
② Con'c 차수벽의 균열, 침하 발생이 크다.
③ 공정이 대체로 복잡하다.

Ⅳ. 시공법(시공방법)

(1) 기초 처리
  ① 토·슬래브의 기초지반은 경암 또는 신선한 암반이어야 한다.
  ② 누수에 의한 세굴이나 파이핑(Piping) 현상이 발생하지 않도록 대책공법을 선정한다.
  ③ 풍화암, 단층대, 균열층으로 구성되었을 경우 지질조사를 거쳐 콘크리트 채우기, 그라우팅 처리 등을 적용한다.

(2) 토·슬래브(Toe·Slab : Plinth)
  ① 콘크리트 차수벽과 댐 기초 사이의 침투수 차단역할을 한다.
  ② 견고한 암반층에 고정한다.
  ③ 폭원은 경암에서 수심의 1/20~1/25로 기준하고, 균열이 심한 지층일 경우 수심의 1/6 정도 연장한다.
  ④ 두께는 60cm 내외로 하고 철근구조로 한다.

(3) 축제(암석층)
  ① 압축성이 적고 전단강도가 큰 석재를 사용한다.
  ② 진동다짐 롤러(10t)를 사용하여 4회 다짐한다.
  ③ 석재강도는 $300kg/cm^2$ 이상으로 한다.
  ④ 시공 중 살수는 축제량의 10~20% 범위로 한다.

(4) 차수벽 지지층(존2)
  ① 콘크리트 배면에 위치하여 콘크리트 차수벽을 직접 받치고 있는 차수벽 지지층이다.
  ② 압축성이 적어야 하며 다져진 상태에서 허용 투수도를 충족해야 한다.
  ③ 사력재인 경우 함수상태 확인 후 살수작업을 한다.
  ④ 우천시 경사면의 유실 방지를 위한 숏크리트(Shotcrete) 또는 아스팔트 표면 바르기 시공을 하여 비탈면 유실을 방지한다.

(5) 콘크리트 차수벽
  ① 콘크리트 강도는 $210~245kg/cm^2$로 한다.
  ② 혼화제는 Pozzolan, Fly Ash를 사용한다.
  ③ 거푸집은 슬립 폼(Slip Form)을 사용하고 시간당 상승속도는 2~5m/hr로 한다.
  ④ 차수벽 두께는 $0.3m+0.004H$ ~ $0.3m+0.002H$로 한다. 여기서, H는 슬래브 지점의 수심이다.

⑤ 철근 배근은 댐의 대부분이 양방향 압축응력을 받게 되며 철근비 0.35~0.4%가 되게 배근한다.

(6) 패러핏(방파벽 : Parapet)
① 댐 마루에 패러핏을 설치할 경우에 댐 하류부 단면을 상당량 절감할 수 있는 효과가 있다.
② 패러핏의 높이는 1.2m, 또는 L형 패러핏을 설치한다.

(7) 댐 마루 여성토
① 댐 마루 침하에 대해서는 더쌓기, 기타 방법 등 적절한 대책을 강구함이 타당하다.
② 댐 마루에 방파벽을 설치할 때는 댐 마루에 암석재의 더쌓기보다는 방파벽의 높이를 조정하는 것이 보다 편리한 방법이다.

(8) 연직 조인트(Vertical joint)

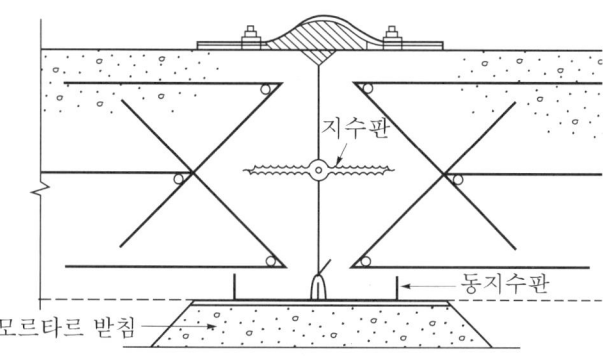

① 표면 차수벽 슬래브는 압축력을 받게 되므로 지장이 없는 한 슬래브 내의 조인트 수를 가급적 줄인다.
② 조인트는 대개 12~18m의 간격으로 설치하며 15m가 가장 많이 채택되고 있다.
③ 인장력을 받아 조인트의 벌어짐이 클 것으로 예상되는 곳은 이중지수판을 사용하고, 압축력을 받는 개소에는 동 또는 철 지수판을 사용한다.

(9) 페리미터 조인트(Perimeter joint)
① 페리미터 조인트는 토·슬래브와 차수벽의 이음부위에 설치되는 조인트로서 누수의 근원이므로 가장 주의해야 할 구조 중의 하나이다.
② 수압하중에 의한 조인트의 이동량은 이 페리미터 조인트에 연하여 가장 크게 되므로 지수장치에 주의해야 한다.

③ 단순히 이중지수판 장치에 그치지 않고 제3의 보호장치를 설치하여 조인트의 벌어짐과 누수에 대처하고 있다.
④ 제3의 보호장치로는 유수 저항이 적으며 보호기능이 우수한 아이가스 매스틱 필러(IGAS Mastic Filler)가 많이 쓰인다.

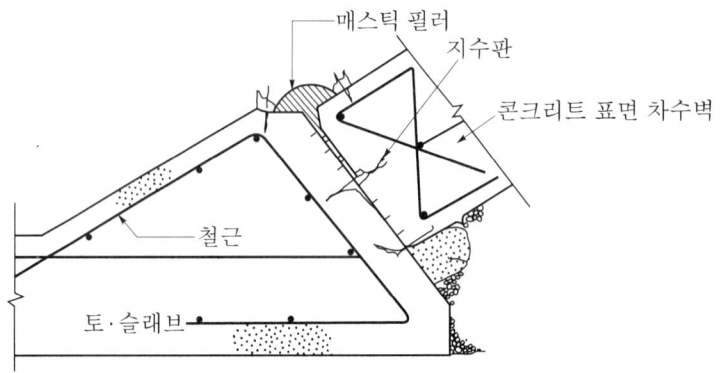

V. 결 론

(1) 표면 차수벽 댐은 표면에 차수벽을 두고 배면에 현장 부근에서 구득이 용이한 석재를 이용하여 댐체를 축조하는 공법이다.
(2) 콘크리트 소요량은 적지만 시공과정이 복잡하고 타형식의 댐에 비해 누수량이 다소 많으며 차수벽 콘크리트의 균열, 침하 발생도 많아서 특별한 유지관리가 요구된다.

5-7 석괴댐의 프린스(Plinth) [07후, 10점]

I. 정 의

(1) 프린스는 콘크리트 차수벽과 댐 기초를 수밀상태로 연결하기 위한 구조물로서 토·슬래브라고 한다.
(2) 댐의 프린스란 과거에는 표면 차수벽 기초부분을 암반까지 굴착한 후 콘크리트를 타설하는 방식, 즉 콘크리트 차수벽 공법에 의해 침투수 방지를 도모했으나, 기초 암반을 굴착하는 과정에서 기초부위에 대한 충격, 파손 등으로 오히려 기반암을 악화시키는 결과를 초래한다는 점에 착안하여 현재는 이 공법을 지양하고 프린스 공법으로 개선한 것이다.

II. 석괴댐의 프린스 구조도

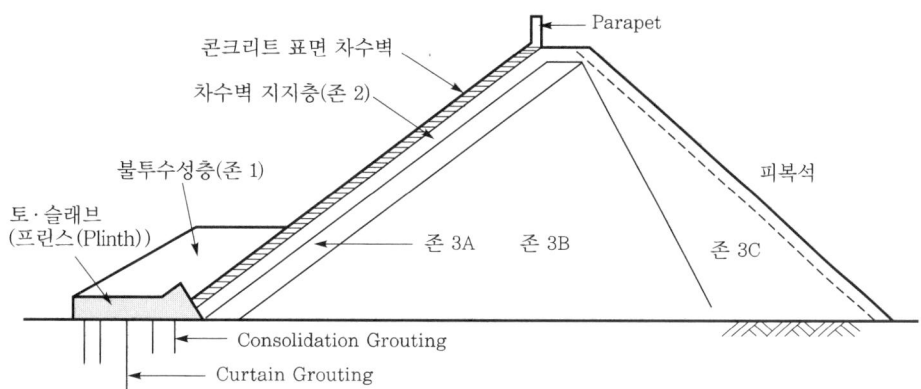

III. 프린스의 역할

(1) 콘크리트 차수벽과 댐 기초 사이의 침투수 차단역할을 한다.
(2) 견고한 암반층에 고정한다.
(3) 폭원은 경암에서 수심의 1/20~1/25로 기준하고, 균열이 심한 지층일 경우 수심의 1/6 정도 연장한다.
(4) 두께는 60cm 내외로 하고, 철근 콘크리트 구조로 한다.
(5) 양압력에 저항할 수 있도록 한다.

7-**50** 제7장 댐공사

6-1	하천공사에 있어서 유수전환(River Diversion)방식을 열거하고, 그 내용을 약술하시오.	[98후, 30점]
6-2	댐공사에서 가체절 및 유수전환공법의 종류와 특징을 설명하시오.	[08중, 25점]
6-3	댐(Dam) 본체 축조 전에 행하는 사전(事前)공사로서 유수전환방식 및 특징에 대하여 기술하시오.	[09후, 25점]
6-4	댐공사시 가체절 공법에 대하여 설명하시오.	[01중, 25점]
6-5	석괴댐의 유수전환방법	[98전, 20점]
6-6	하천에 댐이나 수리 구조물을 축조할 경우 유수전환(River Diversion)시 고려할 사항을 설명하시오.	[94전, 50점]
6-7	우리나라 남한강 중류지역에 대형 Rock Fill Dam을 건설하고자 할 때 유수전환계획과 담수계획을 기술하시오.	[99후, 30점]
6-8	댐공사에 있어서 하천 상류지역 가물막이공사의 시공계획과 시공시 주의사항에 대하여 설명하시오.	[05중, 25점]
6-9	유수전환시설의 설계 및 선정시 고려할 사항과 구성요인에 대하여 기술하시오.	[03중, 25점]
6-10	Dam의 유수전환방식과 기초처리에 대하여 기술하시오.	[97중전, 50점]
6-11	댐(Dam)공사에서 기초처리와 하류전환방식에 대해 설명하시오.	[96중, 50점]

Ⅰ. 개 요

(1) 댐건설공사에 있어서 유수전환방식은 댐 본체공사의 전체 공정을 크게 좌우하는 중요한 부분이며, 유수전환공사는 일반적으로 가설비공사이므로 최저의 공사비로 최대의 효과를 얻을 수 있도록 해야 한다.

(2) 유수전환시설은 댐공사가 진행될 댐 지점에서의 하천 유출의 특성을 파악하여 가장 적절한 방식을 선택하여야 한다.

Ⅱ. 시공계획(유수전환계획, 설계시 고려사항)

(1) 설계절차(계획절차)

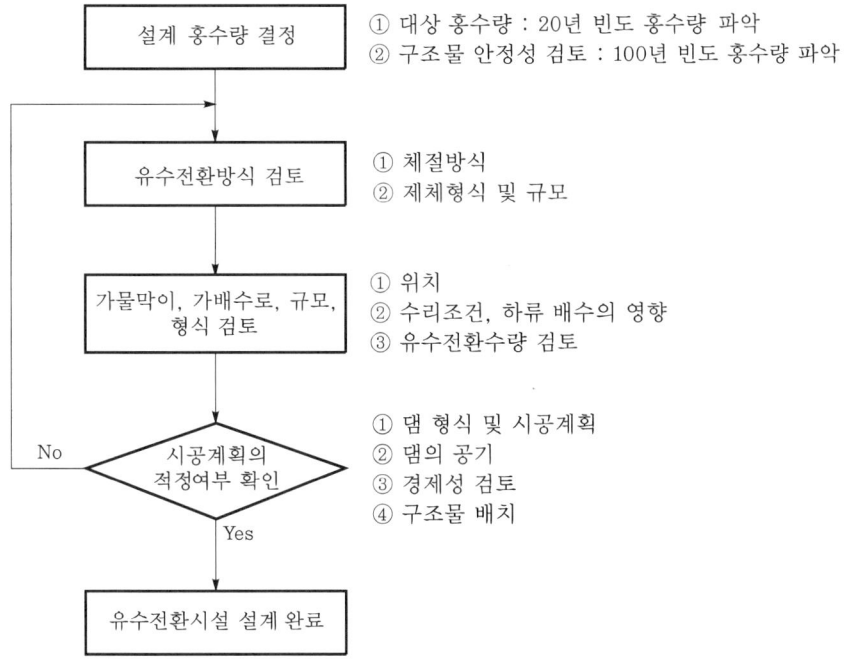

(2) 설계시(계획 수립시) 고려사항
  ① 설계 홍수량
  ② 댐의 형식 및 규모
  ③ 공사 중 홍수로 인한 예상 피해규모
  ④ 공사기간
  ⑤ 입지조건

Ⅲ. 가체절 공법

1. 시기

(1) 과거 수문자료를 이용한 장기간 갈수가 예상되는 시기
(2) 융설기, 호우 및 태풍기간 등은 피하여 시공
(3) 댐 수몰지 보상 등의 교섭이 어려울 경우 시공계획 수립 후 공사기간 단축 필요

2. 규모

(1) 상류부 가체절의 높이는 가배수로 상류 설계수심에 여유고를 두고 시공
(2) 하류부 가체절은 홍수시 상하류 가물막이 월류가 동시에 발생하게 결정

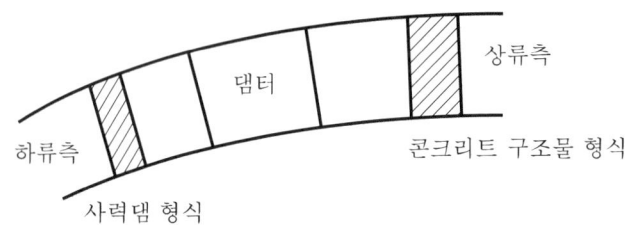

3. 형식

(1) 상류측
   ① 상류측의 가체절은 하천의 흐름을 막아 가배수로로 전환시키는 역할을 하는 것으로 소형 아치댐으로 설치
   ② 큰 수압과 홍수시 월류의 위험이 있으므로 일반적으로 콘크리트 구조물에 의한 가체절 형식 채택

(2) 하류측
   ① 하류측의 가체절은 가배수로를 통해 전환된 유수가 댐 본체 공사현장으로 역유입되지 않게 설치
   ② 월류의 위험이 없고 양면에서 수압을 받게 되므로 가능한 간단구조로 하며 사력댐 형식 또는 콘크리트 형식 채택

4. 종류

(1) 콘크리트 구조물식
   철근 콘크리트를 이용한 가설비로서의 구조물이므로 안전율을 어느 정도 낮추어 구조물 규격 결정
   ① 하류측 가체절 : 상류 및 하류로부터의 수압을 받을 가능성이 있으므로 중력식을 선정
   ② 상류측 가체절 : 상류측에서의 수압이 크므로 하폭과 가물막이 높이의 비가 너무 크지 않는 한 아치식 채택
   ③ 종류 : 중력식, 아치식, 철근 콘크리트 옹벽식

(2) 필댐형식의 가체절
  ① 흙이나 사력을 이용하여 가물막이 구조물을 축조하는 형식
  ② 홍수에 의해 제체가 월류할 것을 대비하여 법면에 콘크리트 또는 아스팔트로 피복
  ③ 사력층 표면은 철사망으로 피복하여 단시간의 월류수에 대해 견딜 수 있게 시공
  ④ 지수 목적으로 중앙에 콘크리트 지수벽과 점토 코어 설치 또는 강판 타입

Ⅳ. 유수전환방식(하류전환방식, 유수전환시설의 구성요인)

```
유수전환방식 ┬ 가체절방식 ┬ 전체절방식
             │             └ 부분체절방식
             └ 가배수로방식
```

1. 전체절방식

하천의 유수를 가배수 터널(diversion tunnel)로 전환시키고 댐 지점 상류의 하천을 전면적으로 물막이하여 작업구간을 확보하고 기초 굴착과 제체 축조공사를 실시하는 방식

(1) 특징
  ① 전면적인 기초 굴착이 가능하다.
  ② 댐 완공 후 가배수 터널을 취수 또는 방류시설로 활용할 수 있다.
  ③ 가물막이 마루를 공사용 도로로 사용할 수 있다.
  ④ 공사비 및 공기가 많이 소요된다.

(2) 적용
  ① 하폭이 좁은 곳
  ② 하천의 만곡이 발달된 곳

2. 부분체절방식

하폭의 반 정도를 먼저 체절하여 나머지 하폭으로 유수를 유하시키고, 체절한 부분에 댐을 축조한다. 이 제체 내에 가배수로를 만들어 유수를 도수하고 나머지 하폭을 체절하여 그 부분의 제체 시공을 완료하는 방식

(1) 특징
  ① 공기가 짧고, 공사비도 저렴하다.
  ② 전면적 기초공사가 불가능하다.
  ③ 댐 본체의 공정에 제약을 받는다.

(2) 적용
① 하폭이 넓고, 퇴적층이 크지 않은 곳
② 처리 유량이 큰 곳

3. 가배수로방식

한쪽의 하안에 붙여서 수로를 설치하여 이 수로에 유수를 유도하여 부분체절식과 같은 방법으로 댐을 시공하는 방식

(1) 특징
① 공기가 짧고, 공사비도 저렴하다.
② 전면적 기초공사가 불가능하다.
③ 댐 본체의 Con'c 타설 또는 성토 공정에 제약을 받는다.

(2) 적용
① 하폭이 비교적 넓은 곳
② 하천 유량이 크지 않은 곳

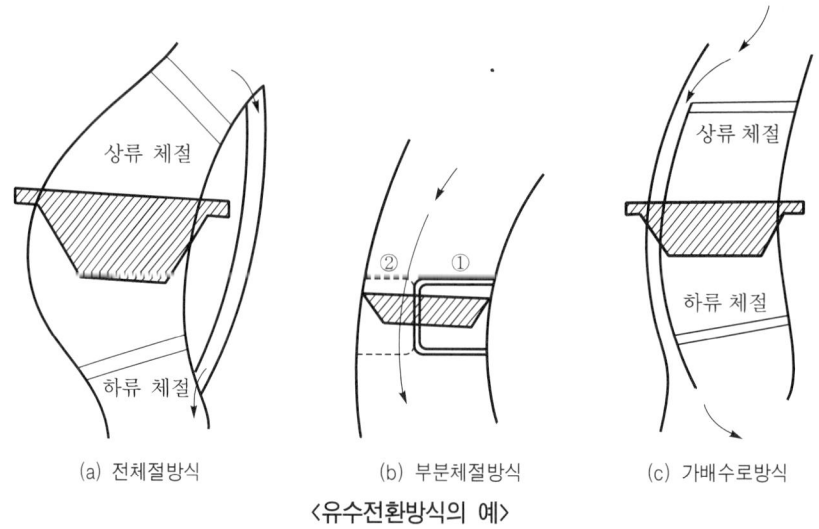

(a) 전체절방식   (b) 부분체절방식   (c) 가배수로방식
<유수전환방식의 예>

V. 유수전환시 고려사항(시공시 주의사항, 선정시 고려사항)

(1) 댐 지점에서의 홍수 특성
하천의 유출 기록 등 가능한 모든 자료를 분석하여 유수전환방식 및 시설규모를 적절히 결정한다.

(2) 유수전환 유량의 규모
　　시설공사비와 가상파괴로 인한 피해액을 비교함으로써 수용가능한 위험도를 결정하여 유수전환 대상유량의 크기를 최종적으로 선택한다.

(3) 댐의 형식, 높이
　　댐의 형식과 높이는 유수전환대상 유량의 규모를 결정하는데 고려되어야 할 사항이다.

(4) 댐 지점의 지형, 지질
　　하천의 하폭 및 만곡도, 기초 지질 등은 유수전환방식을 선정할 때 고려되어야 한다.

(5) 타구조물과의 관계
　　댐 지점의 상류에 기존댐이나 기타 저류시설이 있을 경우에는 유수전환시설의 규모를 축소시킬 수 있다.

(6) 댐의 공기
　　건설공사기간 중에 맞게 될 홍수기의 횟수를 결정하기 위해 댐건설 공사기간을 고려한다.

(7) 홍수에 의한 피해 정도
　　가물막이를 월류하는 홍수에 의한 피해 정도를 고려하여 유수전환방식을 선정한다.

(8) 수질오염 통제
　　공사기간 중에 발생하는 각종 폐기물로 인한 오염을 제거할 수 있는 대책을 마련해야 한다.

VI. 담수계획

(1) 여수로
　　댐의 측면 부근에 방죽(Weir)을 설치하고 홍수량을 안전하고 효율적으로 방류하는 월류 수로이다.

(2) 여수로의 형식
　　① 개수로형
　　　　㉠ 자유낙하형
　　　　㉡ 월류형
　　　　㉢ 측수로형

② 관수로형
- ㉠ 터널형
- ㉡ 암거형
- ㉢ 사이펀형

(3) 댐 거동의 계측
① 담수시 댐체의 변형, 침하 등에 대한 안정성 파악을 위해 계측기 설치
② 계측항목
- ㉠ 간극수압계
- ㉡ 층별침하계
- ㉢ 표면침하계
- ㉣ 토압계
- ㉤ 변위계
- ㉥ 누수량 측정기
- ㉦ Piezometer

(4) 담수 전 사전조사
① 수몰지역 확인
② 사람, 동물의 분비물 처리
③ 농기구, 농약 등 농축산 부산물 처리
④ 담수 전 항공사진 촬영
⑤ 계측자료 분석

(5) 하류부 용수 공급계획
① 하류에 생활, 공업, 농업 용수
② 하천 유지 용수
③ 영구용수 공급관 설치
④ 임시용수 공급관 설치

(6) 문화재 보존
① 담수에 따른 문화재의 보존계획 수립
② 수몰 문화재의 이전 복구

(7) 상류부 환경변화
① 담수에 의한 수위 상승
② 유속 변화
③ 자연생태계의 변화 예측

Ⅶ. 기초처리방법

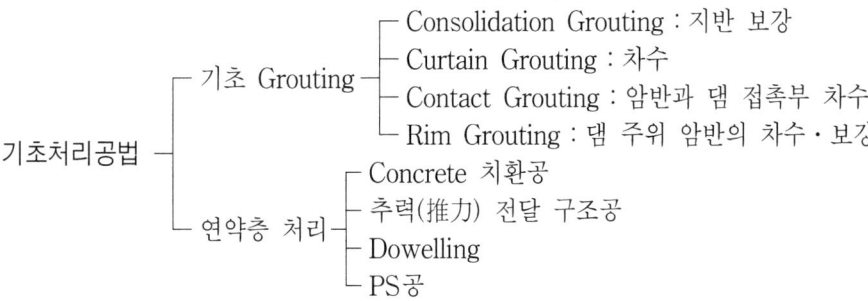

Ⅷ. 결 론

(1) 가물막이는 가배수로와 연계하여 유수전환기능을 발휘하는 것이므로 가물막이와 가배수로는 가장 합리적이고 경제적인 조합이 되도록 계획되어야 한다.
(2) 가물막이의 시기는 융설기라든지 호우기간 및 태풍기간 등 홍수가 발생할 수 있는 기간을 피하는 것이 좋다.
(3) 가배수 터널 및 제내 가배수로의 폐쇄시기는 폐쇄공사 자체의 안전성을 위해 갈수기에 행하는 것이 좋다.

7-58 제7장 댐공사

7-1 Dam 공사 시행시 기초처리공법의 종류를 들고, 설명하시오. [00중, 25점]

7-2 댐(Dam)의 기초처리공법에 대하여 설명하시오. [04중, 25점]

7-3 댐 기초공사에서 투수성 지반일 경우의 기초처리공법에 대해서 기술하시오. [06중, 25점]

7-4 댐 기초굴착 결과 일부 구간에 파쇄가 심한 불량한 암반이 나타났다. 이에 대한 기초처리 방안에 대하여 설명하시오. [06후, 25점]

7-5 기초암반 보강공법을 기술하시오. [94전, 40점]

7-6 기초암반(基礎巖盤)의 보강공법을 설명하시오. [01전, 25점]

7-7 Dam의 기초 Grouting 공법 [96전, 20점]

7-8 댐의 그라우팅(Grouting)의 종류와 방법에 대하여 설명하시오. [02후, 25점]

7-9 Fill Dam 기초가 암반일 경우 시공상의 문제점을 열거하고 그 중 특히 Grouting 공법에 대하여 기술하시오. [08전, 25점]

7-10 콘크리트 표면 차수벽형 석괴댐(Concrete Face Rockfill Dam ; CFRD)의 각 존별 기초 및 그라우팅 방법에 대하여 설명하시오. [08후, 25점]

7-11 Consolidation Grouting [99후, 20점]

7-12 Consolidation Grouting [03후, 10점]

7-13 Consolidation Grouting [05후, 10점]

7-14 커튼 Grouting의 목적에 대하여 기술하시오. [98중전, 20점]

7-15 Dam의 Curtain Grouting [94후, 10점]

7-16 Curtain Wall Grouting [01전, 10점]

7-17 커튼 그라우팅(Curtain Grouting) [01후, 10점]

7-18 커튼 그라우팅(Curtain Grouting) [05전, 10점]

Ⅰ. 개 요

(1) Dam의 기초지반으로 요구되는 조건은 차수성·비변형성 및 안전성으로서 이러한 목적으로 기초지반의 개량공사가 이루어지는 것을 기초처리라고 한다.

(2) 기초처리는 일반적으로 기초굴착 직후부터 댐 콘크리트 타설 직전까지 실시하는 경우가 많으나 부득이 댐 콘크리트 타설기간 중에도 실시하는 경우도 있으므로 공사 전체가 원활히 진행되도록 유의해야 한다.

Ⅱ. 기초처리공법(기초처리방안)

1. 조사

(1) Lugeon Test

$$L_u = \frac{10 \cdot Q}{P \cdot L}$$

여기서, L_u

  Q : 주입량(l/min)
  P : 주입압력(kgf/cm^2)
  L : 시험구간의 길이(m)

(2) Test Grouting
① 지질조사에 의해 대표적인 위치 선정 후
② 제1구멍 보링 후 투수시험 및 시멘트풀을 주입하고
③ 24시간 지난 후 제2구멍의 투수시험 및 시멘트풀 주입을 최종구간까지 순차적으로 실시한다.

2. 공법 분류

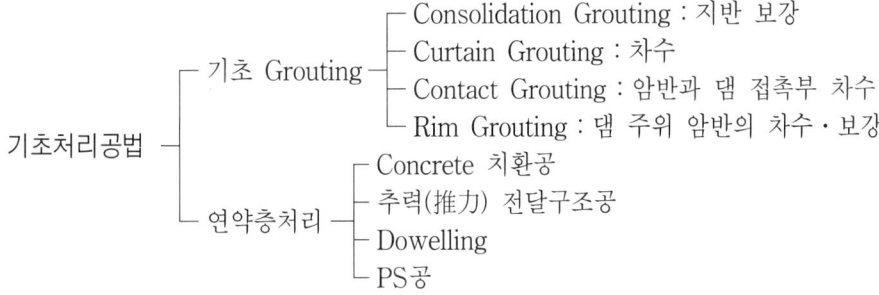

Ⅲ. 기초 Grouting(댐 Grouting의 종류와 방법)

1. 재료

(1) Cement Milk
(2) Bentonite와 점토와의 용액
(3) 아스팔트제 용액
(4) 약액

2. 시공방법

(1) 1단식 Grouting
① 전장에 대하여 일시에 주입하는 공법
② 얕은 주입공에 적용

(2) Stage Grouting
① 주입 구간을 5~10m로 나누어 천공과 주입을 반복하는 공법
② 폐쇄, 절리가 많아 낮은 질의 암반에 적용

(3) Packer Grouting
① 계획심도까지 천공 후 Packer를 이용하여 밑에서부터 주입하는 공법
② 절리가 많지 않은 암반에 적용

3. Consolidation Grouting

(1) 목적
지반 개량

(2) 방법
기초면에 전면적 시공

(3) 주입공 배치
① 2.5~5m 간격
② 격자형

(4) 주입공 심도
보통 5m (10m 이하)

(5) 주입 압력
① 1st Stage : 3~6kgf/cm^2 (저농도)
② 2nd Stage : 6~12kgf/cm^2 (고농도)

(6) 개량 목표
① 중력식 Dam : 5~10 Lu
② Arch Dam : 2~5 Lu

4. Curtain Grouting

(1) 목적
　　차수성 증진

(2) 방법
　　Dam 축방향으로 상류측에 시공

(3) 주입공 배치
　　① 0.5~3m 간격
　　② 병풍모양(1열 또는 2열)

(4) 주입공 심도
　　① $d = \dfrac{1}{3}H_1 + C$
　　② $d = \alpha \cdot H_2$
　　　　여기서, H_1 : 댐의 수위
　　　　　　　　C : 암반정수(8~25)
　　　　　　　　α : 정수(0.5~1)
　　　　　　　　H_2 : 댐의 높이

(5) 주입 압력
　　각 Stage별 5~15kgf/cm^2

(6) 개량 목표
　　① Concrete Dam : 1~2 Lu
　　② Fill Dam : 2~5 Lu

5. Contact Grouting

(1) 댐 콘크리트와 기초암반 사이에 생기는 틈을 채우기 위한 Grouting
(2) 콘크리트 및 암반이 안정상태에 도달한 후에 실시한다.

6. Rim Grouting

댐 주위 암반의 차수를 목적으로 시행하는 Grouting

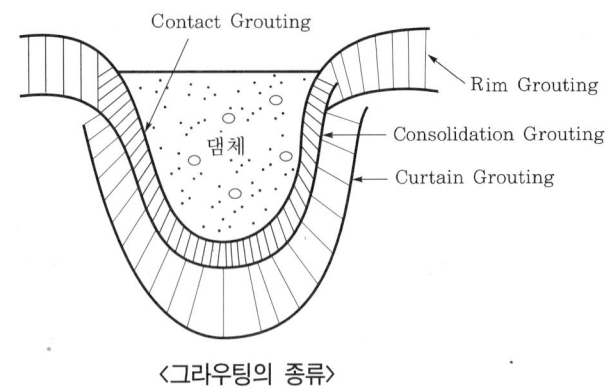

〈그라우팅의 종류〉

Ⅳ. 연약층 처리

(1) 콘크리트 치환공
① 기초지반 내의 연약층을 콘크리트로 치환하는 공법이다.
② 지반의 강도를 증대시켜 변형을 억제하고, 수밀성 확보를 목적으로 시행한다.

(2) 추력 전달 구조공
① Strut, Transmitting Wall이라고 하는 Concrete Plate를 기초암반 내에 설치한다.
② 댐의 추력을 심부의 견고한 암층에 도달시킨다.

(3) Dowelling
① 기초암반의 연약부를 콘크리트로 치환하는 공법이다.
② 단층의 전단 저항력을 높이고, 기초암반 내의 응력분포 개선효과가 있다.

(4) PS공
① 암반을 천공하여 강봉, 강선 등을 삽입하여 양단부를 암반에 고정시키는 공법이다.
② 변형의 구속을 목적으로 시행한다.

Ⅴ. 커튼 그라우팅의 목적

(1) 차수막 형성
기초지반이란 깊은 암반 내의 균열, 절리, 파쇄대 등에 주입하여 기초 하부에서의 지하수 및 하천수의 침투를 막는다.

(2) 지반 균질화
높은 주입압을 이용한 주입재의 효과에 의해 하부지반을 균질화시킨다.

(3) 기초암반 보강

   암반의 균열, 절리에 주입재가 침투하게 되어 침투효과는 물론 암반 보강효과를 얻을 수 있다.

(4) 지반 개량

   깊은 곳에 위치하는 불량지반에 대한 지반 개량효과 및 투수성 저하효과가 크게 나타난다.

(5) 지반 안정

   균열 절리 사이에 주입재가 침투하게 되어 댐체 하부지반을 안정시키는 역할을 한다.

(6) 연약층 처리

   댐체 하부에 부분적인 연약층이 존재할 때 집중적인 주입재의 효과로 연약층 처리가 가능하다.

(7) 암반 균열부 처리

   암반에 균열이 발달될 경우 주입압 주입 공법 등을 이용하여 균열부 처리가 가능하다.

Ⅵ. Fill Dam 기초

1. 기초 시공상의 문제점

(1) 암반의 균열
   ① 기초 굴착시 발파에 의한 암반의 균열 발생
   ② 균열로 인한 누수 발생
   ③ 댐체의 안전성에 악영향을 미치므로 기초처리시 유의

(2) 기초암반의 변형
   ① 기초처리를 위한 Grouting시 기초암반의 변형 발생
   ② Grout 주입압이 높을수록 변형 가능성이 높음

(3) 접합면 누수 발생
   ① 암반 기초와 댐 기초의 접합면의 일체화 불량으로 누수 발생
   ② 시공시 품질관리 철저

(4) 불량암반 출현
   ① 댐길이가 긴 관계로 단층이나 불량암반의 출현 가능성이 높음
   ② 불량암반의 경우 콘크리트 치환 등의 조치 필요

(5) 기초처리 불량
    ① 기초처리 결과의 확인 미흡
    ② 기초가 긴 관계로 전 구간에 대한 균일 시공 난해

2. 콘크리트 표면 차수벽형 석괴댐의 각 존별 기초

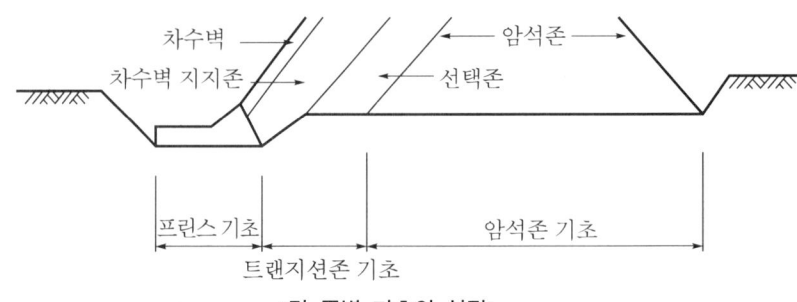

〈각 존별 기초의 설정〉

A. 프린스(Plinth) 및 트랜지션 존(Transition Zone)

(1) 기초암반
    ① 프린스의 기초는 보통 그라우팅이 가능한 견고하고 침식이 되지 않는 신선한 암반으로 한다.
    ② 기초암반은 풍화되지 않는 지반이어야 한다.
    ③ 다나까의 암반 분류기준에 따라 CM급 이상이면 기초처리를 통해 기초지반으로 사용할 수 있다.

(2) 암반의 보강
    다소 신선하지 않은 기초암반에 대해서는 국부적으로 실함을 서리하기 위하여 트렌치 굴착을 시행하여 보강방안을 강구하여야 한다.

(3) 기초부와 댐축 접속부
    프린스 기초와 댐축 사이 구간에는 돌출부분으로 인한 응력집중이 발생되지 않도록 가급적 고르게 처리하여야 한다.

(4) 경사구간 설치
    ① 프린스 기초가 제체 기초와 동일 표고상에 위치하지 않을 경우 차수벽의 지지력에 급격한 변화가 일어나지 않도록 경사구간이 필요하다.
    ② 프린스 기초보다 제체 기초의 표고가 더 높다면 차수벽의 경사보다 트랜지션 존 구간의 기초지반 사면경사를 완만하게 한다.
    ③ 제체 기초가 프린스 기초보다 낮다면 차수벽의 지지력 및 주변이음의 변위의 크기를 고려하여 트랜지션존 구간의 기초지반 사면경사는 1 : 1 보다 급하게 하지 않는다.

B. 암석 존

(1) 기초암반

　　암석 존의 기초는 제체의 대부분의 하중을 부담하며 다나까 암반 분류기준에 따라 CL급(풍화암급) 정도를 확보해야 한다.

(2) 부등침하 방지

　　암반의 수밀성 증대보다는 제체의 부등침하의 방지, 지지력 등의 부족에 대처할 수 있어야 한다.

(3) 돌출암의 처리

　　돌출암에 대해서는 댐체의 거동 분석을 통해 부등침하가 발생되지 않도록 제거하여야 한다.

(4) 연약층의 처리

　　자갈 이외의 토질인 퇴적층 등은 제체의 자중에 의한 압축에 의해 부등침하의 우려가 있으므로 제거하거나 안전대책을 강구하여야 한다.

Ⅶ. 결 론

기초 굴착공사는 가배수로공사에 이은 주공정(Critical Path)의 하나로 전체 공정에 크게 영향을 줄 수 있으므로 전체적인 시공계획을 바탕으로 적절한 계획을 수립하여 시행되어야 하며 어느 경우에도 기초암반을 크게 손상하지 않도록 안전하고 경제적인 공법이 선정되어야 한다.

7-19 블랭킷 그라우팅(Blanket Grouting) [11후, 10점]

Ⅰ. 정 의

(1) 댐의 기초지반으로 요구되는 조건은 차수성, 비변형성 및 안전성으로서, 이러한 목적으로 기초지반의 개량공사가 이루어지는 것을 기초처리라 한다.
(2) 블랭킷 그라우팅이란 콘솔리데이션 그라우팅과 커튼 그라우팅의 효과 증대 목적으로 시공되는 그라우팅을 말한다.

Ⅱ. 댐 기초 그라우팅의 종류

(1) 콘솔리데이션 그라우팅(Consolidation Grouting)
(2) 커튼 그라우팅(Curtain Grouting)
(3) 블랭킷 그라우팅(Blanket Grouting)
(4) 콘택트 그라우팅(Contact Grouting)
(5) 림 그라우팅(Rim Grouting)

Ⅲ. 블랭킷 그라우팅의 목적

(1) 기초의 표층부로 흐르는 침투류 억제
(2) 콘솔리데이션과 커튼 그라우팅의 효과 증대

Ⅳ. 블랭킷 그라우팅의 시공관리

(1) 암반이 풍화되거나 터파기로 심하게 파쇄된 곳
(2) 수평 층상의 암반을 따라 물이 흐르는 곳
(3) 콘솔리데이션과 커튼 그라우팅 사이에 시공
(4) 시공간격 : 1.5~3.0m
(5) 시공심도 : 커튼 그라우팅 심도의 1/2 정도

7-20 암반에서의 현장투수시험 [06후, 10점]

I. 정 의

(1) 암반에서의 현장투수시험은 암반층의 투수계수 및 Lugeon값을 구하여 지반의 투수성을 평가하고 표시하기 위해 실시한다.
(2) 댐 기초지반 Grouting을 실시하기 전에 지반의 투수 정도를 알기 위해 기초부위 전반에 걸쳐 Lugeon Test를 실시하여 Lugeon값을 나타내는 Lugeon Map을 작성하여 기초암반의 투수 정도를 나타낸다.

II. 시험방법

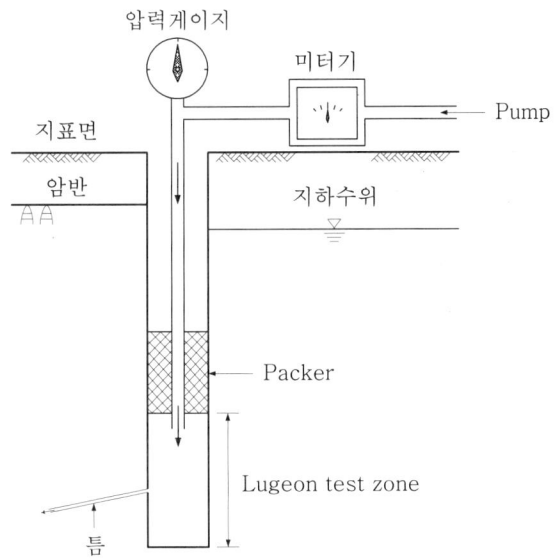

(1) 지반의 상태 및 암반의 균열면을 고려하여 1~10kgf/cm² 까지 단계별로 나누어 압력을 가한다.
(2) 일반적으로 압력은 2, 4, 6, 8, 10kgf/cm² 까지 가압 후, 다시 역순으로 8, 6, 4, 2kgf/cm² 로 감압하여 시험을 한다.
(3) 투수시험의 결과로 주입수량-압력곡선 그래프를 작성하여 Lugeon값을 산정한다.

Ⅲ. 투수계수 산출

주입 압력을 수두로 환산하여 투수계수를 산출

$$K = \frac{2.3Q}{2\pi LH} \cdot \log\frac{L}{r} (L \geq 10r)$$

여기서, K : 투수계수(cm/sec)
　　　　Q : 주입수량(cm³/sec)
　　　　L : 시험구간(cm)
　　　　H : 총 수두(cm) - 유효 주입 압력을 수두로 환산
　　　　r : 시험공 반경(cm)

Ⅳ. Lugeon값 산출

Lugeon값이란 주입 압력 10kgf/cm²에서 주입길이 1m당 주입량을 L단위로 나타낸 것

$$L_u = \frac{10Q}{PL}$$

여기서, L_u : Lugeon값(1L/m·min·10kgf/cm²)
　　　　Q : 주입량(L/min)
　　　　P : 주입압(kgf/cm²)
　　　　L : 시험구간의 길이(m)

Ⅴ. 시험시 유의사항

(1) 천공 후 공벽에 세척 실시
(2) Packer를 통한 누수 발생에 유의
(3) 주입관 연결부의 누수 여부 확인
(4) 주입관에 따른 손실수두의 차이에 유의
(5) 틈 속의 지하수 존재 여부 조사 철저

7-21	Lugeon치	[99후, 20점]
7-22	Lugeon치	[02후, 10점]
7-23	Lugeon치	[04중, 10점]

I. 정 의

(1) Lugeon값이란 기초지반의 투수 정도를 알기 위하여 지반을 천공하여 규정의 압력으로 일정한 양의 물을 투과시킬 때 얻어지는 수치를 말한다.

(2) 댐 기초지반 Grouting을 실시하기 전에 지반의 투수 정도를 알기 위하여 기초부위 전반에 걸쳐 Lugeon Test를 실시하여 Lugeon값을 나타내는 Lugeon Map을 작성하여 기초암반의 투수 정도를 나타낸다.

II. 댐 기초 처리절차

기초 지질 조사 → 기초 굴착 → 기초암반 조사, Lugeon Test
→ 기초처리 방안 결정 → 기초처리 결과 확인, Lugeon Test

III. Lugeon값

(1) 시험공을 통하여 주입 수압 10kgf/cm²로 시험길이 1m에 대하여 매분 주입량이 1L/min일 때를 1 Lugeon으로 나타낸다.

(2) 주입 수압을 10kgf/cm²까지 가압할 수 없을 때는 다음 식으로 나타낸다.

$$L_u = \frac{10Q}{PL}$$

여기서, L_u : Lugeon값(1L/m·min·10kgf/cm²)
  Q : 주입량(L/min)
  P : 주입압(kgf/cm²)
  L : 시험구간의 길이(m)

(3) Lugeon값을 투수계수로 나타내면 다음과 같다.
  $1 L_u ≒ 1 \times 10^{-5}$ cm/sec

Ⅳ. Lugeon값의 활용

(1) 범위, 순서 등의 구역 설정
(2) 지반 개량 목표
(3) 처리대상지역 특성 파악
(4) 적용압력, 주입방법 등 결정
(5) Grout 재료 결정
(6) 시공관리 방법
(7) 결과의 점검

8-1 필댐(Fill Dam)의 누수 원인을 분석하고, 시공상 대책을 설명하시오. [01전, 25점]
8-2 필댐(Fill Dam)의 누수 원인과 방지대책에 대하여 기술하시오. [04전, 25점]
8-3 Fill Dam의 종류와 누수 원인 및 방지대책에 대하여 기술하시오. [04후, 25점]
8-4 필댐의 내부 침식, 파이핑 메커니즘 및 시공시 주의사항을 설명하시오. [10중, 25점]
8-5 흙댐의 Piping 현상과 원인 [96후, 20점]
8-6 댐에서 Piping에 의한 누수가 있을 때 이에 대한 방지대책에 대하여 설명하시오. [00전, 25점]
8-7 댐에서 파이핑(Piping) 현상으로 인해 누수가 발생했을 경우, 이에 대한 처리대책을 설명하시오. [07후, 25점]
8-8 댐 시공시 양압력(陽壓力) 방지대책 [00후, 10점]

I. 개 요

(1) Dam의 파괴는 누수에 의한 Piping 현상에 주된 원인이 있다고 볼 수가 있으며, Piping의 원인으로는 토질, 다짐 불충분, 균열 등에 기인한다.
(2) Piping의 방지를 위해서는 특히, Core용 재료의 선택에 주의하여 함수비, 밀도, 균질성의 엄중한 시공관리가 이루어져야 한다.

II. 댐에서의 Piping

(1) Piping 현상(Piping Mechanism)
  ① 침투수압에 의한 토립자 분출
  ② 토립자 분출에 따른 지반 파괴
  ③ 제체 내에 관상의 유로 형성
  ④ 댐제체의 파괴

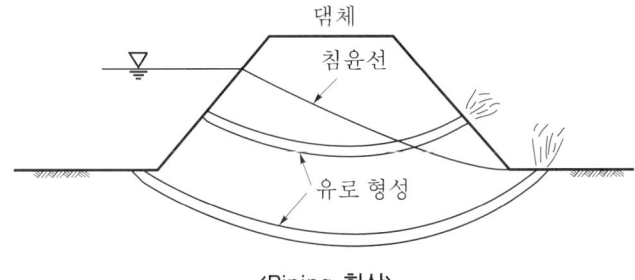

〈Piping 현상〉

(2) 파이핑 원인
　① 투수성이 큰 재료 사용
　② 다짐시공 불량
　③ 축제용 재료가 함유된 가용성 물질
　④ 댐체의 균열 발생
　⑤ Core층의 시공 불량

Ⅲ. 필댐의 내부 침식

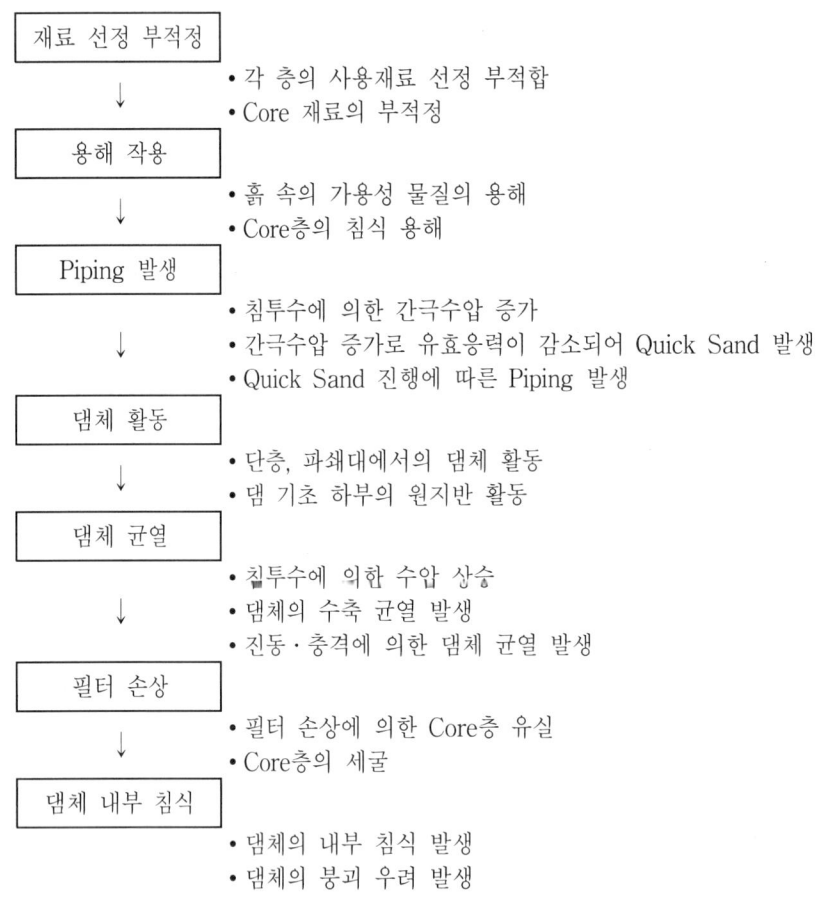

Ⅳ. 누수 원인(누수 원인 분석)

(1) 댐터 처리불량
   댐체와 댐터의 처리가 불량하면 댐체와의 접착면이 누수의 원인이 되어 Piping 유발

(2) 단층 처리불량
   기초암반에 나타난 단층 또는 파쇄대는 지지력의 부족을 초래하여 부등침하 또는 누수의 발생

(3) 재료의 부적정
   축제 재료의 부적정으로 인한 소요의 다짐도에 이르지 못하는 경우

(4) 댐체 다짐불량
   다짐이 불충분하여 침투수에 의한 댐체의 연약화 초래

(5) 단면 부족
   댐체의 단면이 부족하여 침투수를 충분히 차단하지 못하는 경우

(6) 투수성이 큰 지반
   지반의 투수성이 큰 모래나 모래 자갈층일 경우

(7) Core Zone의 시공불량
   부적합한 재료 선정, 다짐 등의 시공 불량에 의한 Core Zone의 균열

(8) 댐체의 구멍·균열
   나무 뿌리, 두더지 등에 의해 댐체에 구멍 또는 균열이 발생된 경우

(9) 투수층 시공불량
   투수층을 시공치 않거나 시공이 불량한 경우

(10) 기타
   홍수의 체수시간 등이 원인

Ⅴ. 누수 방지대책(시공상 대책, 양압력 방지대책)

1. 시공시 품질관리(시공시 주의사항)

(1) 재료 선정
   각 Zone의 역할에 적합한 재료를 선정하여 시공관리에 철저를 기해야 한다.

(2) 다짐 철저
각 축제 재료에 가장 적당한 전압기계와 전압방법에 의해 설계조건에 맞는 다짐도로 시공한다.

(3) 댐터 처리
표토, 기타 부적당한 재료를 제거하고, 댐터와 댐체의 접착을 긴밀히 해야 한다.

(4) 단층 및 연약암반 처리
연약부분을 콘크리트로 치환하거나 상태에 따라 적당한 공법으로 처리해야 한다.

(5) 기초지반 조사
기초지반 조사를 철저히 하여 기초지반 처리공법을 선정하여 시행한다.

(6) 차수벽 설치
암반 기초상에 Sheet Pile 또는 현장 타설 콘크리트 차수벽을 불투수층까지 도달시킨다.

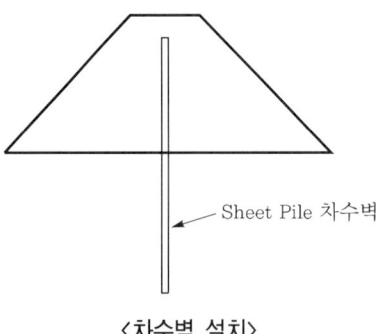
〈차수벽 설치〉

(7) Core Zone의 시공 철저
Core재의 역할에 적합한 재료를 선정하여 인접 Zone과의 다짐 및 시공순서에 유의해야 한다.

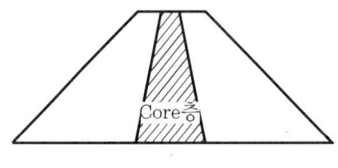
〈Core Zone의 시공〉

2. Piping 누수시 처리대책

(1) 제방폭 확대

제방의 폭을 넓혀 침윤선을 연장시킴으로써 댐체 밖에 위치하도록 한다.

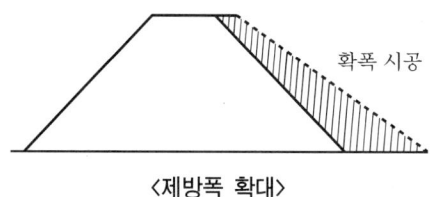

〈제방폭 확대〉

(2) 압성토 공법

침투수의 양압력에 의한 제체 비탈면의 활동 방지 목적으로 시행하며, 기초 지반의 통과 누수량이 그대로 허용되는 경우에 적용한다.

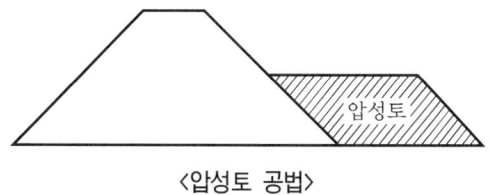

〈압성토 공법〉

(3) 불투수성 Blanket 설치

Piping 발생 예방을 위해 설치한다.

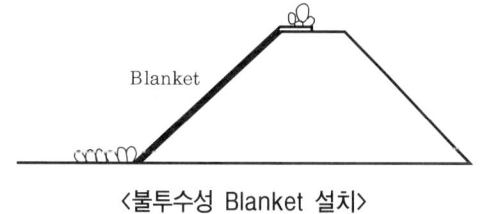

〈불투수성 Blanket 설치〉

(4) 비탈면 피복공

댐체의 침식·댐체의 재료 유실을 방지할 목적으로 하며, 돌붙임·떼붙임 등이 있다.

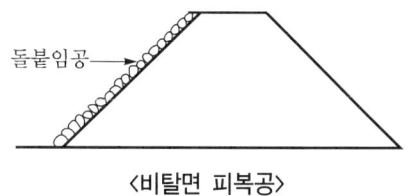

〈비탈면 피복공〉

(5) 배수구 설치

제체로부터의 침투수 배제를 목적으로 댐안 또는 비탈끝에 설치한다.

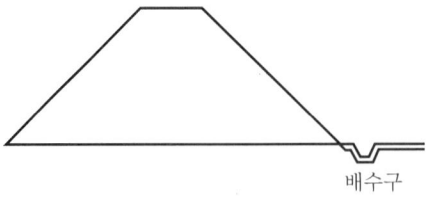

(6) Grouting

암반 기초상에 지반 개량, 차수성 증대 등의 목적으로 시공하며, Consolidation Grouting, Curtain Grouting 등이 있다.

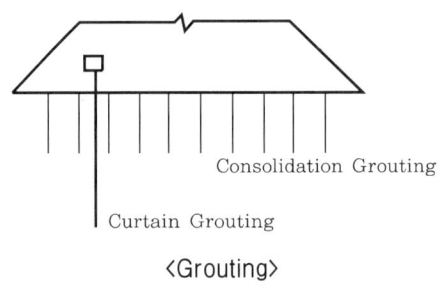

〈Grouting〉

(7) 배수도랑

투수성 기초 또는 댐체로부터의 침투수를 댐 밖으로 배제시키기 위해 비탈끝 배수도랑, 수평 배수도랑 등을 설치한다.

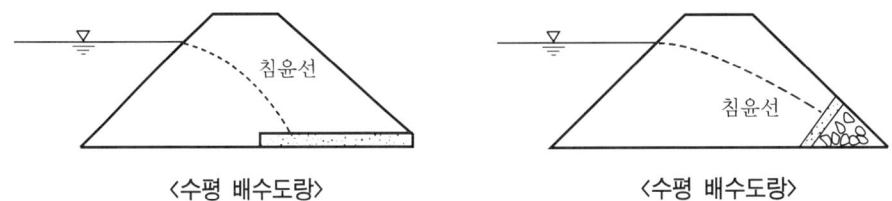

VI. 결 론

(1) 필댐의 제체 및 기초는 침투수에 대하여 안전하도록 충분한 검토 및 대책을 수립해야 한다.
(2) 누수 발생시에는 지반의 토질조사, 침투수두, 침투량 계산, 모형실험 등을 시행하여 종합적 검토 후 적절한 공법을 선정하여야 한다.

| 8-9 | 필댐의 수압할열(Hydraulic Fracturing) | [07후, 10점] |
| 8-10 | 필댐(Fill Dam)의 수압파쇄현상 | [10후, 10점] |

I. 정 의

(1) 수압할열이란 Dam이 담수될 때 수압으로 인하여 제체가 찢어지는 현상으로 Dam에 균열 발생 및 붕괴의 원인이 된다.
(2) 해당부분의 수압이 최소 주응력과 인장강도의 합보다 클 경우 발생하며, 수압파쇄라고도 한다.

II. 수압할열 모식도

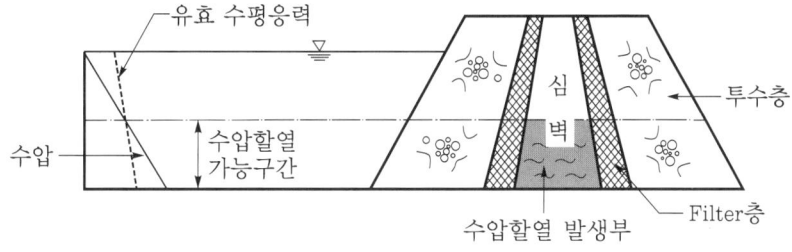

III. Dam 붕괴의 주요원인

(1) 월류(Overtoppling)
(2) 침투(Seepage)
(3) 회전활동(Rotation Slip)
(4) 누수로 인한 Piping
(5) Hydraulic Fracturing

Ⅳ. 수압할열 발생원인

(1) 부등침하
   ① 중앙부분에서 높고 양안으로 갈수록 낮아지는 Dam의 모양상 제체를 이루는 재료가 압축성이 크면 부등침하가 일어나지 않을 수 없다.
   ② 특히, Dam 바닥에 충적층으로 이루어졌을 때 이 충적층이 침하한다면 Dam 정상에서는 큰 부등침하가 발생한다.

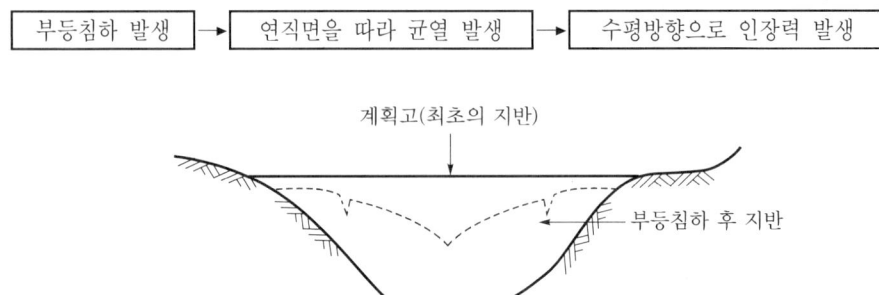

(2) 응력 전이
   ① 심벽과 필터층의 강성 차이로 심벽의 흙이 양쪽의 필터층에 의해 지지된 Arch와 같은 작용의 응력전이 발생
   ② Arching 작용으로 심벽의 연직응력이 현저히 감소하면 수평응력도 현저히 감소되어 수압보다 적어져서 균열이 발생

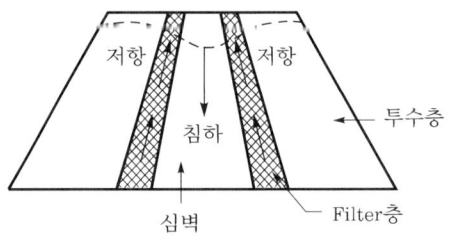

9-1 RCD(Roller Compacter Dam) 공법에 대하여 기술하시오. [98후, 30점]

9-2 RCC 댐(Roller Compacted Concrete Dam)의 개요와 시공순서를 설명하고, 시공상 유의할 사항에 대하여 기술하시오. [07전, 25점]

9-3 진동롤러 다짐콘크리트(RCC ; Roller Compacted Concrete)의 특징을 열거하고, 시공시 유의사항을 설명하시오. [02중, 25점]

Ⅰ. 개 요

(1) 공법의 개요
  ① 콘크리트댐의 경제적이고 합리적 시공을 위한 새로운 공법으로서 댐 본체의 내부 콘크리트에 Slump치가 0인 극도의 빈배합 콘크리트를 사용하고, 이 콘크리트를 진동 Roller로 다지는 신공법이다.
  ② 공기 단축이 되며, 댐 건설비의 절감과 기계화 시공으로 시공성이 좋은 공법이다.

(2) 특성
  ① 극도로 된반죽의 Concrete이다.
  ② 콘크리트의 단위시멘트량이 적다.
  ③ 타설에 있어서 거푸집에 의한 수축이음을 두지 않는다.
  ④ 콘크리트 치기는 전면 Layer 방식에 의한다.
  ⑤ 콘크리트 운반은 Dump Truck을 사용한다.
  ⑥ 다짐장비는 자주식 진동 Roller를 사용한다.
  ⑦ 1Lift의 높이는 70cm를 표준으로 한다.
  ⑧ 댐 본체의 세로이음은 하지 않는다.
  ⑨ 댐 본체의 수축이음 중 가로이음은 콘크리트가 굳지 않은 상태에서 진동압입식 이음절단기로 한다.
  ⑩ Pipe Cooling 등에 의한 온도 제어는 하지 않는다.

Ⅱ. 특 징

(1) 장점
  ① 댐 건설비가 절감된다.
  ② 공기가 단축된다.
  ③ 기계화 시공률이 높다.

④ 환경보전상 유리하다.
⑤ 시공관리면에서 안전하다.

(2) 단점
① 시공경험이 부족하다.
② 재료 분리가 일어나기 쉽다.
③ 댐의 높이가 제한된다.
④ 수밀성이 문제된다.

Ⅲ. 시공순서

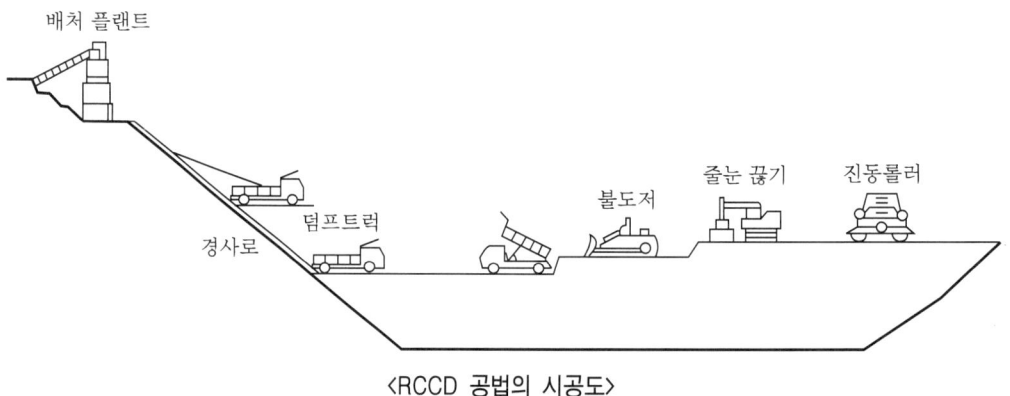

〈RCCD 공법의 시공도〉

(1) Concrete 생산
특수 Batch Plant를 사용한다.

(2) 반입
댐 본체까지의 콘크리트 반입은 고정 Cable Crane을 이용한다.

(3) 소운반
댐 본체 내의 소운반은 Dump Truck으로 한다.

(4) 타설
Bulldozer를 이용하여 두께 20cm 정도로 세 번 반복하여 부설한다.

(5) 다짐
다짐은 진동 Roller를 사용한다.

(6) 가로이음

　　가로이음은 매 Lift마다 진동압입식 이음 절단기로 조성한다.

(7) 양생

　　Sprinkler에 의한 살수양생을 한다.

Ⅳ. 시공시 주의사항

(1) 재료 예랭

　　콘크리트 재료(시멘트, 골재, 물)을 예랭(Precooling)시킨다.

(2) 재료 분리

　　Dump Truck에 의한 Concrete 운반시에는 재료 분리가 최소화될 수 있도록 각별히 유의해야 한다.

(3) 타설

　　콘크리트의 접착을 위해 기설 콘크리트면에 Mortar를 1cm 정도 고르게 깐 다음 차층 콘크리트를 타설한다.

(4) 다짐 두께

　　콘크리트 두께를 될수록 얇은 층으로 다져서 경화열의 발산을 용이하도록 한다.

(5) 수평이음 시공

　　수평이음을 할 때는 진동 Cutter로 깨끗이 절단한 다음 이음을 해야 한다.

(6) Consistency 측정

　　비빔 콘크리트를 잘 다져지도록 하는 Consistency 측정은 VC(Vibration Compaction) 시험기로 한다.

(7) 외부 콘크리트 타설

　　댐 외부 콘크리트는 부배합의 통상의 댐 콘크리트로 타설하고, 내부 진동기로 다진다.

Ⅴ. 결 론

RCCD의 건설에 필요한 공기 및 공사비에 대해서는 현재까지의 시공 실적이 불충분한 실정이므로 공법 선정시에는 시공성, 경제성 및 안전성에 대한 충분한 검토가 필요하다.

영생의 길잡이 —다섯

믿음과 복

▼ 믿는 자에게는 능치 못할 일이 없느니라. (마가복음 9 : 23)

▼ 그 이름을 믿는 자들에게는 하나님의 자녀가 되는 권세를 주셨으니 (요한복음 1 : 12)

▼ 사람이 의롭다 하심을 얻는 것은 믿음으로 되는 줄 우리가 인정하노라 (로마서 3 : 28)

▼ 너희의 길을 여호와께 맡기라. 저를 의지하면 저가 이루시고 (시편 37 : 5)

▼ 너희는 마음에 근심하지 말라. 하나님을 믿으니 또 나를 믿으라 (요한복음 14 : 1)

▼ 나를 믿는 자는 영원히 목마르지 아니하니라. (요한복음 6 : 35)

항만공사

제 8 장

상세 목차

제8장 항만공사

1	직립식 방파제		페이지
	1-1. 직립식 방파제의 특징과 시공상 유의사항	[95중, 50점]	
	1-2. 직립식 방파제의 특징과 시공시 유의사항	[05전, 25점]	8-4
	1-3. 방파제의 피해 원인	[08전, 10점]	

2	Caisson식 혼성 방파제		페이지
	2-1. 셀룰러 블록(Cellular Block)식 혼성 방파제의 시공시 유의사항	[01전, 25점]	8-9
	2-2. 혼성 방파제의 구성요소	[00중, 10점]	

3	항만 구조물의 기초사석		페이지
	3-1. 항만 구조물 설치시 기초사석의 투하 목적과 고르기 시공시 유의사항	[02중, 25점]	
	3-2. 항만공사에서 사석공사와 사석고르기공사의 품질관리와 시공시 유의사항	[07전, 25점]	8-13
	3-3. 항만 구조물에서 기초사석공의 시공관리 및 유의하여야 할 사항	[98중전, 30점]	
	3-4. 사석 기초 방파제의 시공 전 조사항목과 시공시 유의사항	[96후, 25점]	
	3-5. 항만시설물 중 피복공사 및 시공시 유의사항	[09전, 25점]	8-18
	3-6. 피복석(Armor Stone)	[06전, 10점]	
	3-7. 소파공(消波工)	[00후, 10점]	8-21
	3-8. 소파공	[05후, 10점]	

4	Caisson 진수공법		페이지
	4-1. 항만 접안시설에서 사용될 케이슨(Caisson)의 진수공법과 시공시 유의사항	[98전, 30점]	
	4-2. 해상공사에서 대형 케이슨(1,000톤) 제작, 진수방법, 해상 운반 및 거치시 유의사항	[02중, 25점]	
	4-3. 서해안 항만 접안시설에 적용 가능한 케이슨 진수공법 및 시공시 유의사항	[09후, 25점]	8-23
	4-4. 항만공사에 있어서 Caisson 거치공법	[99전, 30점]	
	4-5. Caisson 진수방법	[97중전, 20점]	
	4-6. 항만공사에서 사상 진수법에 의한 케이슨 거치방법 및 시공시 유의사항	[08중, 25점]	

5	안벽의 시공		페이지
	5-1. 안벽의 종류 및 특징	[04전, 25점]	
	5-2. 항만 구조물에서 접안시설의 종류 및 특징	[06전, 25점]	
	5-3. 항만 접안시설의 대표적인 종류 2개와 그 특징 및 시공시 주의사항	[97중전, 50점]	8-30
	5-4. 부잔교	[09전, 10점]	
	5-5. Dolphin	[03전, 10점]	
	5-6. 강널말뚝을 이용한 안벽 시공시의 작업순서 및 시공관리사항	[96전, 30점]	8-37
	5-7. 해안 구조물에 작용하는 잔류수압	[01중, 10점]	8-42
	5-8. 잔류수압	[05후, 10점]	

6	가물막이 공법		페이지
	6-1. 자립형 가물막이 공법	[95후, 35점]	
	6-2. 자립형 가물막이 공법의 종류별 특징 및 시공시 유의사항	[02전, 25점]	8-43
	6-3. Cell 공법에 의한 가물막이	[09전, 10점]	
7	방조제 공사시 최종 물막이 공법		페이지
	7-1. 서해안 지역에서 대형 방조제 축조시 최종 물막이 공사의 시공계획	[98전, 20점]	
	7-2. 간만의 차가 7~9m인 해안지역에서 방조제 공사시 최종 물막이 공법 및 시공시 유의사항	[01후, 25점]	8-48
	7-3. 방조제 공사시 최종 끝막이 공법의 종류와 시공시 유의사항	[06중, 25점]	
8	매립공사시 해양준설투기방법		페이지
	8-1. 매립공사에서 사용되는 해양준설투기방법에 있어서 예상되는 문제점 및 대책	[11전, 25점]	8-51
	8-2. 유보율(항만공사시)	[09후, 10점]	
9	해저 Pipe Line의 부설방법		페이지
	9-1. 해저 Pipe Line의 부설방법과 시공시 유의사항	[07중, 25점]	8-54
	9-2. 항만공사용 Suction Pile	[08후, 10점]	8-57
	9-3. 자주 승강식 바지(Self Elevator Float Barge)	[96전, 20점]	8-59
	9-4. 대안거리(Fetch)	[03중, 10점]	8-61
	9-5. 비말대와 강재 부식속도	[04중, 10점]	8-63
	9-6. 약최고고조위(AHHWL)	[10중, 10점]	8-65

제 8 장 항만공사

> **1-1** 직립식 방파제의 특징과 시공상의 유의사항에 대하여 기술하시오. [95중, 50점]
>
> **1-2** 간만의 차가 큰 서해안에서 직립식 방파제를 시공하고자 한다. 직립식 방파제의 특징과 시공시 유의사항에 대하여 설명하시오. [05전, 25점]
>
> **1-3** 방파제의 피해 원인 [08전, 10점]

Ⅰ. 개 요

(1) 직립식 방파제는 전면이 연직 또는 연직에 가까운 제체로서 파랑을 전부 반사시키는 형식이다.

(2) 지반이 견고하고 파에 의한 세굴의 염려가 없는 곳에 채택된다.

Ⅱ. 방파제의 분류

- 방파제
  - 경사제
    - 사석식 경사제
    - Block식 경사제
  - 직립제
    - Caisson식 직립제
    - Block식 직립제
    - Cellular Block식 직립제
    - Concrete 단괴식 직립제
  - 혼성제
    - Caisson식 혼성제
    - Block식 혼성제
    - Cellular Block식 혼성제
    - Concrete 단괴식 혼성제

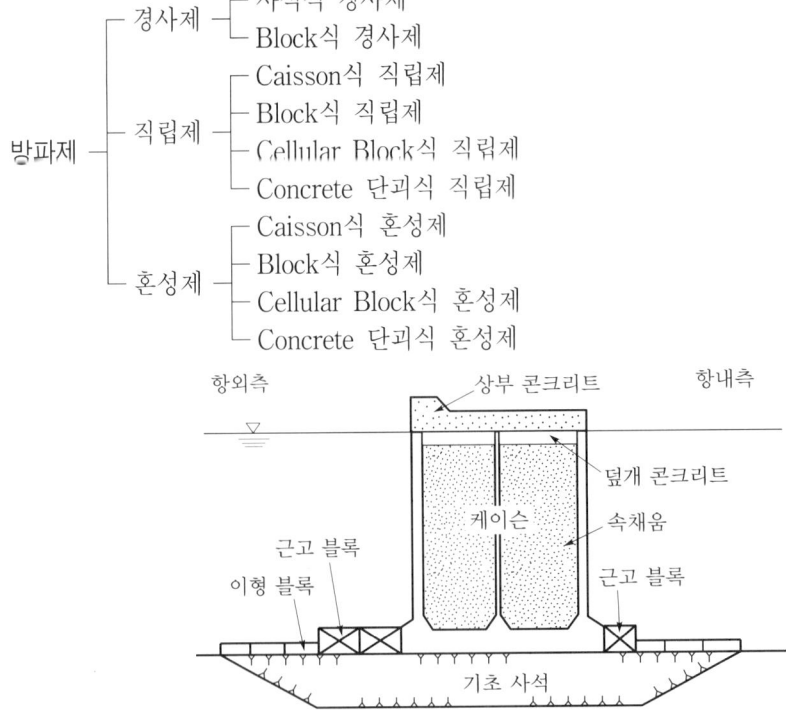

〈Caisson식 직립제〉

Ⅲ. 직립제 방파제의 특징

1. 장점

(1) 사용 재료 절감
현장조건에 따라 다량의 사석을 구하기 어려운 현장에서의 사석 재료 사용량을 절감할 수 있다.

(2) 저항력이 큼
제체가 일체화되어 있으므로 파에 대한 저항력이 크다.

(3) 유지보수 용이
파 에너지에 의한 제체의 손상이 적어 유지보수 비용이 적어지며 보수가 용이하다.

(4) 계류시설 이용
방파제의 하부구조가 타방파제에 비해 적으므로 안쪽을 박계류장으로 이용할 수 있다.

(5) 시공 용이
해상작업을 최소화할 수 있는 공법으로 상부 구조물을 육상에서 제작하므로 시공이 비교적 쉽다.

(6) 공기 절감
해상과 육상에서의 동시작업으로 공기 절감효과를 볼 수 있으며, 단기간 시공이 가능하다.

(7) 깊은 수심 시공 가능
직립제의 제작이 육상에서 이루어지므로 경사제 방파제로 시공이 어려운 깊은 수심에서의 시공이 용이하다.

(8) 투과파가 적음
선날뇌는 파들 본제의 식립제에서 모두 반사시킴으로써 항내 선박 및 시설물을 보호할 수 있다.

2. 단점

(1) 연약지반 시공 곤란
제체의 저면적이 적어서 소요 지지력이 부족하므로 연약지반에서의 시공이 곤란하다.

(2) 초기 투자비가 큼

육상에서의 제작장 설치와 케이슨 제작 후의 운반, 예인, 거치 등으로 인해 초기 투자비가 크다.

(3) 제작장이 요구됨

직립제 본체 제작 및 수송을 위한 대형 육상 제작장이 있어야 한다.

(4) 시공관리 복잡

육상 제작장과 해상 작업장 등으로 작업장이 분산되어 있으므로 시공관리상 어려움이 있다.

(5) 저부 세굴 우려

전달되는 파 에너지의 반사파에 의해 방파제 하부지반의 세굴이 우려된다.

Ⅳ. 시공상 유의사항

(1) 기초지반 처리

기초지반이 연약할 경우에는 기초 치환 공법, 샌드 드레인 공법, 재하 압밀 공법, 침상 공법 등을 이용하여 지반을 개량하여야 한다.

(2) 기초 사석

① 기초에 사용하는 사석은 100~500kgf/개 정도의 활석이다.
② 석재는 될수록 경질인 것을 사용하여야 한다.
③ 돌의 종류, 비중은 물론 세장하지 않고 편평하며 풍화 파괴의 염려가 없는 것을 사용한다.

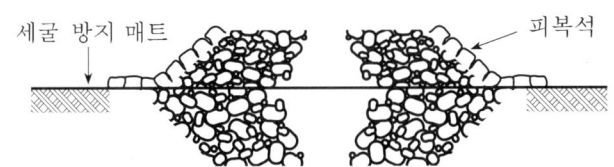

(3) 사석 투하

① 사석 투하는 수면에서 하며 잠수부 또는 측심기를 이용하여 사석상태를 조사한다.
② 계획 법선 내에 요철이 없도록 투하되었는지 주의하여 시공한다.

(4) 기초 고르기

기초 상단면에는 큰 돌을 깔아서 흔들림이 없도록 견고하게 마무리하고 사석제 법면은 ±30cm 정도를 마감한다.

(5) 기초사면 세굴 방지
  ① 모래지반에 기초사석을 축조할 때 시공중 침하와 파랑에 의한 기초 저부에 세굴이 발생된다.
  ② 이를 방지하기 위하여 사립자의 이동을 방지하는 직포, 아스팔트 매트, Geo Textile 등을 해저 지반상에 깔고 그 위에 피복석을 시공한다.

(6) 기초블록
  ① 거치 직후 케이슨의 하단부에는 작은 활석이 노출되어 있어 세굴되기 쉬운 상태이다.
  ② 이를 방지하기 위하여 선단부의 사석을 안정성이 큰 블록으로 피복하여 세굴을 방지한다.

(7) 피복석
  피복석 시공은 공정상 기초 방괴 시공에 연이어 중량 20~30ton, 두께 1.5m 정도의 사석으로 사면을 피복한다.

(8) 피복블록
  ① 피복 고르기 완료 직후에 시공한다.
  ② 케이슨 전면 수평부분에서 작업하여 차례로 기초사면을 따라 윗방향으로 시공한다.

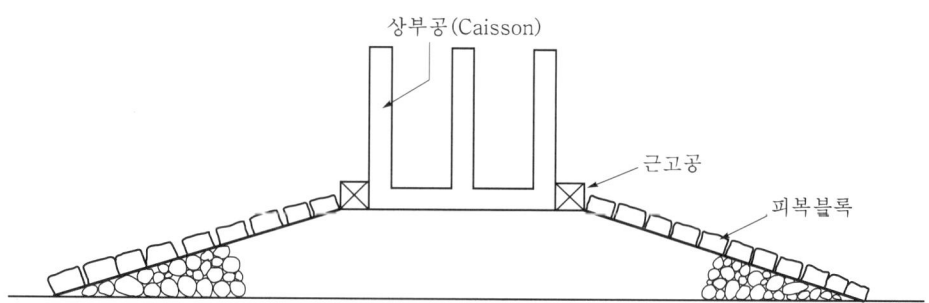

V. 방파제의 피해 원인

(1) 피복석, 소파공의 중량 부족
  ① 설계파의 과소평가에 의한 피복석의 중량이 부족하여 피복석의 이동 및 이탈로 인한 피해가 발생한다.
  ② 소파공이나 피복석의 중량 부족은 과거 파랑 관측자료 부족으로 당시 파랑 추산자료의 부적절, 부정확한 모형 결과 적용, 파력과 파괴구조 인자의 과소평가로 인해 발생한다.

(2) 파력에 의한 피복석의 이동 및 이탈

사면상의 파쇄에 의한 파괴는 강한 유속과 함께 피복석의 파괴 및 이동에 영향을 미친다.

(3) 이형 블록(근고 블록)의 유실
   ① 입사 파향에 따른 사면상의 진행하는 파랑이 수심의 변화와 굴절 및 회절에 의해 에너지가 집중된다.
   ② 이에 따른 강한 흐름을 동반하여 항외측 사면의 기초가 되는 근고공이 유실 또는 세굴됨에 따라 사면이 활동 또는 파괴로 나타난다.

(4) 방파제 전면 기초부의 국부 세굴

세굴에 의한 구조물의 안정성은 다른 파괴구조에 비해 장기적이고, 파랑의 주기가 클 때 상대적으로 세굴이 신속히 진행되게 된다.

(5) 기초부의 파괴
   ① 기초부의 세굴은 구조물의 상호작용으로 발생이 유도된다.
   ② 사면상에서 진행되는 흐름이 제체 배후의 유속을 증가시키고, 세굴에 의한 기초부의 파괴를 발달시키게 된다.

(6) 월파로 인해 발생에 따른 제체의 침하
   ① 고파랑에 의해 발생되는 월파와 더불어 사면에 작용하는 직접적인 파력에 의해 상호 복합적인 피해가 발생한다.
   ② 방파제 마루부가 파괴됨에 따라 항내측 사면의 사석이 유실되거나 월파로 인하여 항내측 사면이 피괴된다.

VI. 결 론

(1) 방파제의 배치와 위치에 따라 공사비가 상당히 절감되는 경우가 많으므로 가능하면 지형 불량 지점을 피하고 섬 등 자연조건을 이용하는 것이 좋다.
(2) 직립식 방파제의 시공은 사전조사를 철저히 하여 현장시공에 있어 충분한 안전대책을 수립한 후 시공에 임해야 한다.

> **2-1** 셀룰러 블록(Cellular Block)식 혼성 방파제의 시공시 유의사항을 설명하시오.
> [01전, 25점]
>
> **2-2** 혼성 방파제의 구성요소
> [00중, 10점]

I. 개 요

(1) 혼성 방파제는 수심이 깊은 곳에서 입지조건에 따라 경사제와 직립제를 적절히 혼합한 방파제를 말한다.

(2) 본체공으로 사용되는 셀룰러 블록은 속이 빈 블록으로 내부에 값싼 재료를 합리적으로 사용할 수 있다는 이점이 있다.

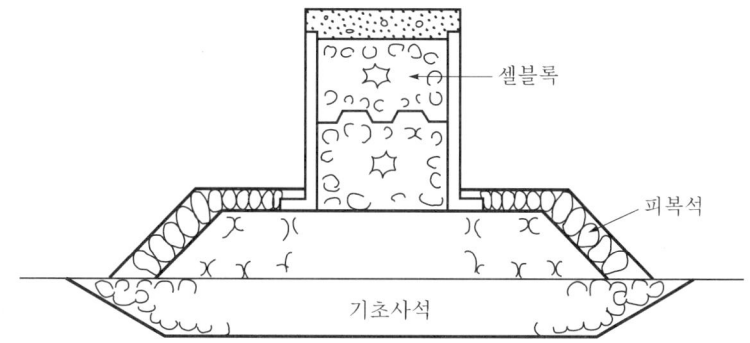

II. 혼성 방파제의 분류

(1) Caisson식 혼성제
(2) Block식 혼성제
(3) Cellular 블록식 혼성제
(4) 콘크리트 단괴식 혼성제

III. 혼성 방파제의 구성요소

(1) 기초공
  ① 기초 터파기
  ② 기초지반 개량
  ③ 기초사석 투하
  ④ 사석 고르기

(2) 하부 경사제
    ① 세굴 방지공
    ② 경사제 사석 설치
    ③ 비탈면 덮기공
    ④ 경사제 상부 고르기

(3) 본체공
    ① 혼성 방파제의 본체공으로는 육상에서 제작한 콘크리트 구조물을 현장 거치하는 공법을 채용한다.
    ② 본체공의 분류
        ㉠ 콘크리트 Box Caisson
        ㉡ 콘크리트 Block
        ㉢ 콘크리트 Cellular Block
        ㉣ 콘크리트 단괴
    ③ 본체공 시공 즉시 근고 블록(밑다짐 블록) 시공

(4) 상부공
    ① 월류파 방지 목적의 방파벽 설치
    ② 속채움 시공 후 하부 상부공 시공
    ③ 하층과 상층 상부공의 일체화를 위한 전단 Key 설치
    ④ 10~20m마다 신축이음 설치

Ⅳ. 시공시 유의사항

(1) 지반 개량
    ① 해저 바닥의 퇴적토에 의한 지반의 연약화 경향
    ② Sand Compaction 심층 혼합처리공법, 재하 압밀공법 등 선정
    ③ 상부구조물의 변형 발생 방지

(2) 기초사석 투하
    ① 양질의 사석 재료 사용
    ② 해수에 의한 화학반응이 일어나지 않는 사석
    ③ 조류, 수심 등을 고려한 사석 투하
    ④ 사석 투하시 해양오염 발생 방지

(3) 사석 고르기
   ① 본체공 축조를 위한 사석 처리
   ② 수중 불도저, 잠수부에 의한 사석 고르기
   ③ 사석 고르기시 침하를 고려한 여성토, 여폭 시공 실시

(4) 사석 Mound 조성
   ① 충분한 여유폭으로 시공
   ② 본체공 축조 전 파랑, 조류 등에 의한 유실 방지책

(5) 세굴 방지공
   ① 바닥부 사석의 세굴 방지를 위한 세굴 방지 매트 설치
   ② 일반 사석공보다 중량이 큰 사석 사용
   ③ 현장 입지조건을 고려한 세굴 방지석 또는 세굴 방지 블록 사용

(6) 피복석 시공
   ① 사석 Mound의 유실 방지 목적으로 설치
   ② 피복 사석 또는 피복 블록 이용
   ③ 피복 블록으로는 이형 블록 사용
   ④ 피복석의 시공은 난적, 층적으로 적정 공법 선정
   ⑤ 피복석은 고임돌 사용 금함

(7) Cellular Block 거치
   ① Cellular Block은 육상 제작장에서 제작
   ② 현장 운반은 대형 Barge선 이용
   ③ 예인선 및 안전지도선 활용으로 해상안전 유지
   ④ Cellular Block의 전노에 특히 유의
   ⑤ 현장 거치는 대형 해상 양중기 이용
   ⑥ Block 양중시 규정의 달대 사용
   ⑦ 해상작업으로 작업인의 안전에 유의 시공

(8) 속채움 시공
   ① 합리적인 값싼 재료 이용으로 속채움 실시
   ② 속채움은 사석, 블록 등을 사용
   ③ 속채움 재료의 밑으로 빠져 나가지 않도록 유의
   ④ 속채움 시공시 상부 블록의 들뜸현상에 특히 유의 시공

(9) 근고공
    ① 사석 Mound 선단부 세굴 방지 목적
    ② 사석 또는 콘크리트 블록 이용
    ③ 파력이 큰 외항에는 2개 이상 시공하고 내항에는 1개 이상 시공
    ④ 근고공은 본체 Cellular 블록 거치 직후 와류 발생으로 사석 Mound 선단부 세굴을 막기 위해 곧바로 시공

(10) Block 달대 배치
    ① Cellular Block 제작시 설계위치 달대 설치
    ② 설계 소요개수 설치
    ③ 임의의 설치에 따른 구조물 변형 발생 유의

(11) 배면 사석공
    ① 본체공 거치 후 배면 사석 채움
    ② 배면 토압을 고려하여 시공 도중 속채움 선행

(12) 항만오염
    ① 사석 투하 및 속채움 작업시 항만오염 방지시설 설치
    ② 지반 굴착작업시 하상 교란

(13) 상부 Con'c 시공
    ① 상부공 시공은 상반, 하반으로 구분 시공
    ② 속채움 침하 완료 후 상반 Con'c 시공
    ③ 일체성 있게 요철 시공

(14) 이음 설치
    ① 상부 Con'c는 15~20m 간격으로 이음 설치
    ② 본체공의 간격을 고려하여 이음 설치
    ③ 이음은 완전절단하여 신축활동에 지장이 없도록 설치

V. 결 론

(1) 선박의 대형화, 대형 장비의 개발로 항만의 방파제에서 Caisson 및 Cellular Block에 의한 시공법이 선호되고 있는 추세이다.
(2) 공법에 대한 정확한 이해로 문제점을 예상하고 이에 대한 대책을 연구하면서 시공에 임하는 자세가 필요하다.

> **3-1** 항만 구조물을 설치하기 위한 기초사석의 투하 목적과 고르기 시공시 유의사항을 설명하시오. [02중, 25점]
>
> **3-2** 항만공사에서 사석공사와 사석고르기공사의 품질관리와 시공상 유의할 사항에 대하여 기술하시오. [07전, 25점]
>
> **3-3** 항만 구조물 축조시 기초사석공에 대하여 현장책임기술자로서 시공관리와 유의해야 할 사항을 기술하시오. [98중전, 30점]
>
> **3-4** 사석 기초 방파제의 시공 전 조사항목과 시공시 유의사항에 대해 기술하시오. [96후, 25점]

Ⅰ. 개 요

(1) 항만 구조물은 항만 내에서 항행하는 선박과 시설물을 보호할 목적으로 설치하는 방파제와 대형 선박을 접안시켜 화물의 선적 또는 하역을 원활히 할 수 있도록 하는 구조물이다.

(2) 기초 사석은 방파제, 안벽 등을 축조하기 위한 수중기초로서 파랑과 조류, 수심, 바람 등 주변 환경을 충분히 고려하여 시공하여야 한다.

Ⅱ. 기초사석의 도해

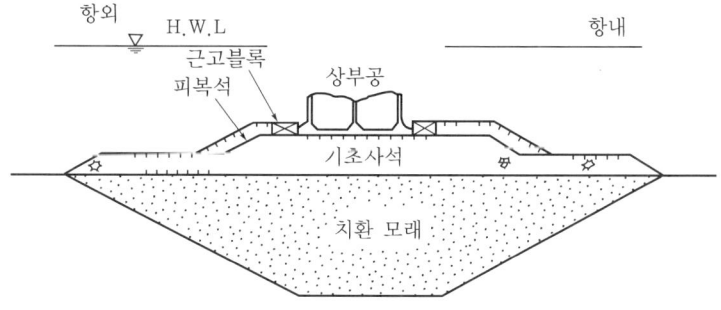

Ⅲ. 시공 전 조사항목

(1) 파랑

파랑은 방파제의 재료, 형식 및 제원의 결정과 방파제의 시공법, 시공일수 결정의 기준이 된다.

(2) 항내의 정온도
　　항내의 정온도는 항구의 위치 및 방향과 중대한 관계가 있으므로 파랑, 파고 및 조류 등을 고려하여야 한다.

(3) 주변 지형
　　파랑이 집중되는 형상은 피하고, 지형상 이용할 수 있는 것은 적극적으로 이용하여야 한다.

(4) 방파제의 배치
　　항구 부근의 조류속도가 낮은 것이 좋으며, 방파제 끝의 반사파로 인해서 항구 부근 해면의 파고가 높아지면 안 된다.

(5) 시공법 선정
　　방파제의 배치와 위치, 수심 등을 고려하여 건설비가 절감되고, 시공 후 유지·보수비가 적게 드는 형식을 선정한다.

(6) 항만의 장래계획
　　부근의 지형 및 시설 등이 장래에 받게 될 영향을 고려해야 하며, 항만의 확장에 의해 철거되지 않는 것이라야 한다.

(7) 시공성
　　지반이 나쁜 곳은 되도록 피하고, 시공이 가능하고 쉬운 위치를 선정해야 한다.

(8) 환경오염
　　해양시설물 설치로 인한 생태계 파괴 여부 및 방파제 축조 후 인근 구역에 끼칠 영향을 고려해야 한다.

Ⅳ. 기초사석 투하 목적

(1) 기초지반 정리
　　① 지반의 요철 보정
　　② 지반의 세굴 방지

(2) 지지력 확보
　　① 상부 구조물의 하중 분산
　　② 상부 구조물 하중을 지반에 전달

(3) 지반 개량
   ① 연약지반의 개량
   ② 치환 모래나 자갈 등 이용

(4) 상부 구조물 보호
   상부 구조물이 파도작용에 의한 전도 방지

(5) 침하 방지
   ① 상부 구조물의 침하 방지
   ② 기초 하부의 지반 다지기

Ⅴ. 시공관리(품질관리)

(1) 사전조사
   기초 사석공 공사에 앞서 지반 상태, 환경오염 상태, 재료 입수방법, 사석 투하방법, 사석 투하시기 등을 적절한 사전조사를 통하여 결정한다.

(2) 항내 정온도
   항내 선박이 안전하게 정박하고 하역할 수 있도록 파랑, 파고, 조류 등을 조사하여 항내 영향이 최소가 되게 한다.

(3) 주변 지형 조사
   항만 구조물에는 주변 지형을 충분히 조사하여 이용가능한 지형은 가능한 한 이용함으로써 구조물의 안전과 경제성을 향상시킨다.

(4) 적정 시공법 선정
   쇄파효과가 크며 해양의 특성에 맞고 시공성, 경제성을 고려한 공법을 선정한다.

(5) 사석 재료
   경질의 것으로서 편평, 세장하지 않고, 풍화 파괴의 염려가 없는 것을 사용한다.

(6) 안정 검토
   연약지반일 경우 제체에 대한 활동과 침하의 검토 후 안정성이 부족하면 필요에 따라 지반 개량 등의 조치를 한 후 시공해야 한다.

(7) 세굴 대책
   시공중의 기초사석 기부와 거치 직후의 Caisson 기부 부근은 세굴되기 쉬우므로 적절한 대책을 강구하여야 한다.

(8) 활동대책

Caisson을 포함한 마운드부의 활동을 검토하여야 한다.

(9) 침하대책

지반의 연약으로 침하가 예상될 때에는 사전에 여유고를 가해 마루를 높게 하거나 제체를 높이기 쉬운 구조로 한다.

(10) 주변 환경보호

방파제 축조 후 인근 구역에 끼칠 영향에 대해 충분히 고려하여야 한다.

VI. 시공시 유의사항

(1) 기초지반 처리

지반이 연약하여 현저한 침하가 예상될 때에는 지반을 개량하거나 사석부 하부에 매트를 깔아 제체의 하중 분산을 할 수 있는 연약지반 대책을 수립한다.

(2) 사석부의 마루

사석부의 마루까지 높이가 높을수록 상부공의 직립부가 불안정하게 되므로 가능한 한 깊게 하여 상부공을 안전하게 한다.

(3) 사석 두께

직립부의 하중을 넓게 분산시키고 파랑에 의한 세굴을 방지할 수 있도록 1.5m 이상을 원칙으로 한다.

(4) 사석부의 어깨폭

제체의 원호활동, 사석부의 침하활동, 편심 경사하중에 대한 소용의 안전원을 확보할 수 있도록 외항측은 5m 이상의 폭을 취한다.

(5) 활동에 대한 검토

파괴 가능한 모든 형태, 즉 원형, 비원형, 블록 등의 형상에 대해 전반적으로 검토한다.

(6) 원호활동 방지

사석부 하부지반은 굴착면 확대, 굴착깊이 증가 등으로 시공성 및 경제성을 고려하여 결정한다.

(7) 침하 검토

사석부의 침하가 예상되고 침하로 인한 경사변화로 전체 구조물의 안정 유지가 곤란할 때 침하량을 검토하여 이에 대한 대책을 고려한다.

(8) 주변 환경보호

　　기초사석 투하가 주변 환경에 해를 끼치지 않도록 충분한 조사를 통하여 실시한다.

(9) 항내 교란

　　사석 투하로 발생되는 항내 교란은 해양환경법에 저촉되지 않는 범위가 되게 하여야 한다.

(10) 사석 투여시 표류 방지

　　조수의 흐름이 클 때 투하 사석이 표류하게 되므로 조류, 유수 등을 고려하여 투하사석이 기초 경계를 벗어나지 않도록 한다.

(11) 생태계 파괴

　　기초사석 투하로 인하여 항내 교란이 되고 해양 생태계에 영향이 크게 작용할 때 국토해양부와 협의하여 시공하도록 한다.

Ⅶ. 결 론

(1) 사석 기초의 배치와 위치에 따라 공사비가 상당히 절감되는 경우가 많으므로 될 수 있는 대로 지형 불량 지점을 피하고 섬 등을 이용하여 공사비의 절감을 도모해야 한다.

(2) 사석 기초의 시공은 사전조사를 철저히 하여 현장에 적절한 시공법 선정이 중요하며, 충분한 안전대책을 세워야 한다.

3-5 항만시설물 중 피복공사에 대하여 기술하고, 시공시 유의사항을 설명하시오.
[09전, 25점]

3-6 피복석(Armor Stone)
[06전, 10점]

I. 개 요

(1) 항만의 해안가 방조제나 방파제 등의 사면을 보호하기 위해 쌓아주는 돌 또는 기성 콘크리트제품을 통틀어 피복석이라고 한다.
(2) 전석 중에서도 크기가 아주 큰 돌이 피복석으로 사용되며, 공사현장에 따라 크기에 관계없이 비탈면에 시공해 주는 돌 또는 기성 콘크리트제품을 통틀어 피복석이라고 하며 기초사석의 유실을 방지하기 위해 설치한다.

II. 피복공사의 도해

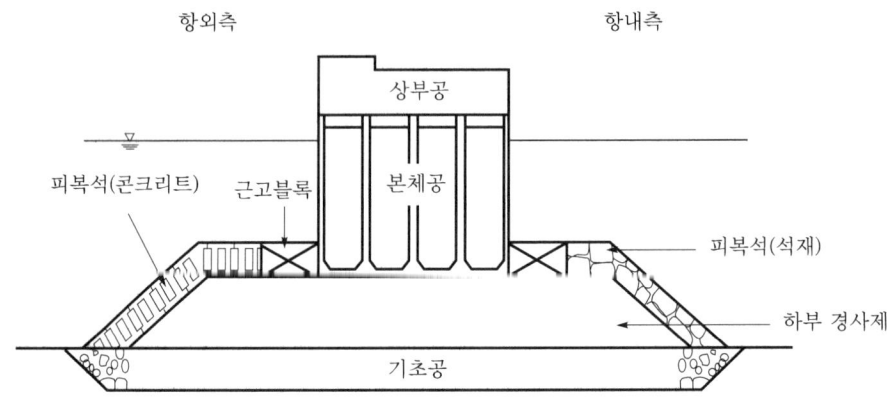

III. 피복석

(1) 석재
   ① 사석보다 규격이 큰 돌
   ② 비중 2.5 이상, 압축강도 5MPa 이상
   ③ 석재의 각 면이 각을 이룰 것
   ④ 내풍화성, 흡수 및 팽창에 대한 안정성 유지

(2) 콘크리트
   ① 이형 Block을 주로 사용

② 규격은 현장여건에 따라 달리 적용
③ 종류에는 6각 Block, 중공 삼각 Block, 중공 Block 등

(3) 요구조건
① 피복석은 사석보다 규격이 클 것
② 돌의 각 면이 확실하게 형성될 것
③ 흡수 및 팽창에 대한 안정성 확보
④ 파도의 힘에 견딜 수 있는 강도
⑤ 내풍화성

(4) 시공 요령
① 기준틀은 40m 간격으로 설치할 것
② 상단 피복석보다 하단 피복석을 큰 돌로 시공할 것
③ 인접 피복석과 물리는 면적은 많도록 하며, 피복석은 세워 쌓을 것
④ 피복석의 길이부분은 사면에 직각되게 시공할 것
⑤ 피복석의 곡면부분은 가장 큰 돌을 선별하여 시공할 것
⑥ 피복석 사이의 간극은 간극보다 큰 돌을 뒷부분에 채울 것
⑦ 피복석 장단 비율이 시방 규격(3:1)에 적합하도록 종축으로 시공할 것

Ⅳ. 시공시 유의사항

(1) 기초지반 처리
지반이 연약하여 현저한 침하가 예상될 때에는 지반을 개량하거나 사석부 하부에 매트를 깔아 제체의 하중 분산을 할 수 있는 연약지반 대책을 수립한다.

(2) 활동에 대한 검토
파괴가능한 모든 형태인 원형, 비원형, 블록 등의 형상에 대해 전반적으로 검토한다.

(3) 원호활동 방지
사석부 하부지반은 굴착면 확대, 굴착깊이 증가 등으로 시공성 및 경제성을 고려하여 결정한다.

(4) 침하 검토
피복석의 침하가 예상되고 침하로 인한 경사변화로 전체 구조물의 안정유지가 곤란할 때 침하량을 검토하여 이에 대한 대책을 고려한다.

(5) 주변 환경보호
피복석 투하가 주변 환경에 해를 끼치지 않도록 충분한 조사를 통하여 실시한다.

(6) 항내 교란

피복석 투하로 발생되는 항내 교란은 해양환경법에 저촉되지 않는 범위가 되게 하여야 한다.

(7) 생태계 파괴

피복석 투하로 인하여 항내 교란이 되고 해양 생태계에 영향이 크게 작용할 때 국토해양부와 협의하여 시공하도록 한다.

(8) 기준틀 간격

기준틀은 40m 간격으로 설치하여야 한다.

(9) 피복석의 설치

① 피복석의 길이부분은 사면에 직각되게 설치하여야 한다.
② 상단 피복석보다 하단 피복석을 큰 돌로 시공하여야 한다.
③ 인접 피복석과 물리는 면적이 많도록 하여야 하며, 피복석은 세워서 쌓아야 한다.

(10) 공극 채움

① 피복석의 곡면부분은 가장 큰 돌을 선별 시공하여 유수에 의한 유실을 방지하여야 한다.
② 피복석 사이의 간극은 간극보다 큰 돌을 뒷부분에 채워 공극이 없도록 조밀하게 하여야 한다.

(11) 피복석의 비율

피복석의 장단 비율이 시방 규정인 3 : 1에 적합하도록 충족을 하여야 한다.

V. 결 론

(1) 피복공사는 방파제나 방조제의 기초사석의 유실을 방지하고 본체의 안정성을 도모하기 위해서 설치되어지므로 그 규격이나 시공시 밀실시공을 하여야 한다.
(2) 사석 기초와 마찬가지로 시공은 사전조사를 철저히 하여 현장에 적절한 시공법 선정이 중요하며 충분한 안전대책을 세워야 한다.

| 3-7 | 소파공(消波工) | [00후, 10점] |
| 3-8 | 소파공 | [05후, 10점] |

I. 정 의

(1) 소파 블록(소파공 ; 消波工)이란 방파제 외측에 설치하여 부딪치는 파도를 분쇄하고 와류(渦流) 형성으로 상호 충돌시켜 파 에너지를 소멸시키는 콘크리트 구조물이다.
(2) 심한 파도의 충격파를 감소시킬 목적으로 프랑스에서 최초로 개발된 블록으로 이형 소파 블록과 직립 소파 블록의 두 종류가 있다.

II. 소파 블록의 특성

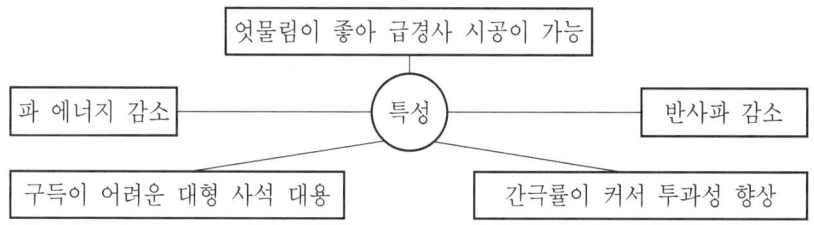

III. 소파 블록의 종류

(1) 이형 소파 블록
　① 용도
　　㉠ 방파제 외부 피복
　　㉡ 호안 보호
　　㉢ 기타공사용 항만시설
　② 종류
　　㉠ Tetrapod
　　㉡ Tribar
　　㉢ Dolos
　　㉣ 중공 삼각 블록
　　㉤ 삼주 블록
　　㉥ 육각 블록

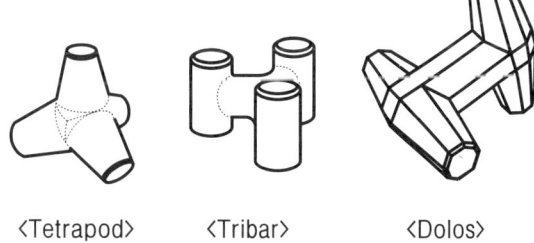

〈Tetrapod〉　〈Tribar〉　〈Dolos〉

(2) 직립 소파 Block
   ① 용도
      ㉠ 안벽 보호공
      ㉡ 물양장
      ㉢ 방파제
   ② 종류
      ㉠ 워록
      ㉡ Y형 블록
      ㉢ Egloo
      ㉣ 박스형 블록

Ⅳ. 소파공의 시공

(1) 소파공의 높이
   소파공의 높이는 설계 조위 이상이 되도록 시공

(2) 소파공의 폭
   ① 파력의 감소효과를 위해 충분한 폭과 마루높이 유지
   ② 직립벽의 둑마루와 같은 정도

(3) 소파공의 구조
   ① 현장조건과 유사한 모형실험 결과에 따라 산정
   ② 직립 소파 게이슨에 작용하는 파력은 소파부의 구조 조건에 따라 다르므로 일반적으로 규정 안 됨

(4) 수심 급변부
   암초에 의해 수심이 급격히 변하는 장소에 있어서는 파의 변형이 현저하므로 수리 모형실험을 통한 파력 산정 및 소파공 선정

> **4-1** 항만 접안시설에서 사용된 케이슨의 진수공법 및 시공시 유의사항에 대하여 기술하시오. [98전, 30점]
> **4-2** 해상공사에서 대형 케이슨(1,000톤) 제작과 진수방법을 열거하고, 해상 운반 및 거치시 유의사항을 설명하시오. [02중, 25점]
> **4-3** 서해안 지역의 항만 접안시설에 적용가능한 케이슨 진수공법 및 시공시 유의사항에 대하여 설명하시오. [09후, 25점]
> **4-4** 항만공사에 있어서 Caisson 거치공법에 관하여 기술하시오. [99전, 30점]
> **4-5** Caisson의 진수방법 [97중전, 20점]
> **4-6** 항만공사에서 사상(砂床) 진수법에 의한 케이슨 거치방법 및 시공시 유의사항을 설명하시오. [08중, 25점]

I. 개 요

(1) 항만공사에서 Caisson은 방파제공사, 안벽공사 등에서 가장 많이 이용하고 있는 공법으로 시공이 쉽고 공기 단축 효과가 있는 공법이다.
(2) 진수공법의 선정시에는 Caisson의 크기, 수량, 공기, 설치위치의 조건 등을 고려하여야 한다.

II. Caisson 거치방법(거치공법)

(1) 케이슨 제작
   ① 제작 케이슨의 진수가 용이한 장소
   ② 요구되는 수량 제작이 가능한 곳
   ③ 제작설비, 동력설비 등의 설치가 용이한 곳

(2) 진수작업
   ① 제작 완료된 케이슨의 바다에 내리기작업
   ② 케이슨 변형, 파손 등에 유의
   ③ 기중기선을 이용할 때는 보조달대 이용

(3) 운반
   ① 진수된 케이슨의 운반은 예인선 이용
   ② 케이슨 예인시 지휘선, 예인선, 보조선 등 이용

(4) 가거치
① 거치 현장 부근의 가거치 마운드에 물을 채워넣어 침설
② 본거치 작업시까지 안전하게 침설 유지

(5) 부상
① 본거치 작업에 따라 침설된 케이슨 내부의 물을 퍼내어 부상
② 케이슨 부상시 기울어짐, 표류 등에 특히 유의

(6) 거치
① 케이슨의 거치는 대형 기중기에 의한 방법과 Winch를 이용하는 방법이 있음
② 거치시에는 거치작업 전후의 기상, 조류, 파랑, 파고 등을 사전조사하여 참고함
③ 잠수부에 의한 사석 기초상태 파악
④ 인근 케이슨과의 간격 준수
⑤ 케이슨의 좌우 조정은 기중기의 Winch로 함
⑥ 거치시 케이슨의 수평 유지
⑦ 수평 및 거치위치 확인
⑧ 케이슨이 정치되면 준비된 모래, 사석 등의 재료로 뒤채움 실시

(7) 뒤채움 시공
① 뒤채움 재료는 모래, 자갈, 사석 등
② 본거치 즉시 뒤채움 시공
③ 뒤채움 시공시 케이슨 경사에 유의

(0) 상부공 시공
① 뒤채움 시공 완료 후 1차 상부 콘크리트 타설
② 뒤채움 침하 완료 후 2차 상부 콘크리트 타설

Ⅲ. 거치시 유의사항

(1) 진수
케이슨의 진수는 기상과 파고, 파랑 등을 고려하여 일기변화가 없는 시기에 한다.

(2) 예인
케이슨의 예인은 동력 예인선을 이용하여 케이슨이 경사지지 않도록 서서히 예인한다.

(3) 제작

  케이슨의 제작은 제작장에서 이루어지며 특히, 기중기에 의한 진수를 할 때는 물양장의 수심, 안벽과의 거리 등을 고려하도록 한다.

(4) 전도

  사상 진수에서 하부의 급한 준설작업으로 인해 케이슨이 전도되는 경우가 있으므로 주의하여 준설한다.

(5) 속채움

  속채움은 케이슨이 경사지지 않도록 양측의 높이차가 1.6m 이하가 되게 한다.

(6) 상부공

  상부공은 속채움이 끝난 시기에 1차로 하고 케이슨의 침하가 완료된 후 2차 상부 Con'c를 타설한다.

(7) 부상

  가거치 케이슨을 부상시킬 때는 서서히 배수작업을 행하여야 하며 앵커를 이용하여 케이슨의 이동을 최대한 억제한다.

Ⅳ. 진수공법(진수방법)

1. 기중기선에 의한 진수

(1) 특징
  ① 케이슨 제작장에 인접하여 기중기선이 접안할 수 있는 호안이나 물양장이 있으면 가장 간단한 진수방법
  ② 케이슨의 크기가 기중기선의 인양능력에 제약을 받음

(2) 시공법
  ① 호안이 근접한 곳에서 케이슨을 제작한 후
  ② 기중기선으로 들어올려 바다에 띄우거나
  ③ 그대로 시공현장까지 운반

2. 경사로에 의한 진수

(1) 특징
  ① 경사로 건설비가 싸다.

② 공사가 용이하다.
③ 경사로 연장을 길게 하기 어렵다.
④ 동시 제작 개수가 적다.
⑤ 수중부에도 상당한 거리의 경사로가 필요하다.

(2) 시공법
① 육상으로부터 해면으로 2줄 또는 4줄의 경사로를 설치한다.
② 케이슨을 경사로상에 활강시켜 바다에 진수시킨다.

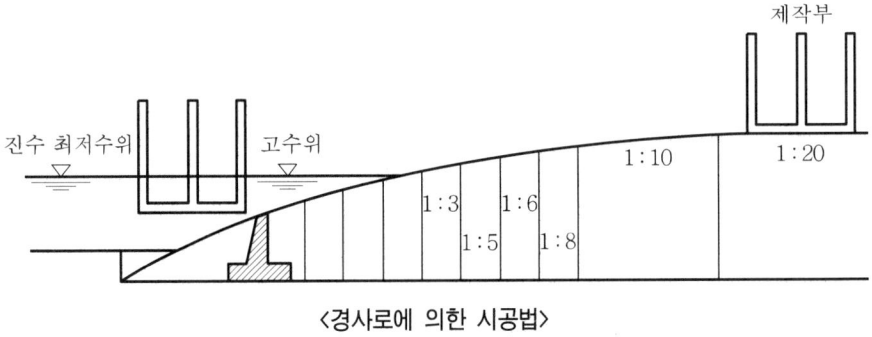

〈경사로에 의한 시공법〉

3. 가체절방식에 의한 진수

(1) 특징
① 설비가 간단하다.
② 공기가 길다.
③ 재킹용량이 적다.
④ 정온하고 조위차가 큰 장소에서 채용이 가능하다.
⑤ Caisson 진수시 가물막이를 절개하여 주수할 경우 수량 조절이 되지 않아 사고 위험이 있다.
⑥ 제작하려는 Caisson의 수가 적고 크기도 소형일 경우이다.

(2) 시공법
① 수심이 얕은 항만이나 해안을 가물막이하여 제작장 조성
② Caisson 제작 후 가물막이 절개
③ Caisson 부상

4. 사상 진수

(1) 특징

위치 선정시 조건의 제약을 받음

(2) 시공법
① 계획상 준설할 모래지반 위에 케이슨 제작장 조성
② 케이슨 제작
③ 모래바닥을 해면에서부터 준설
④ 진수할 수 있는 일정수심이 되면 케이슨 부상

5. 건선거(乾船渠)에 의한 진수

(1) 특징
① 진수작업이 안전하다.
② 재료 운반이 용이하다.
③ 한 번에 여러 개 또는 거대한 Caisson의 제작이 가능하다.
④ 건선거는 제작 완료 후 선박 건조와 수리용으로 활용할 수 있다.
⑤ 긴 공기와 많은 공사비가 소요된다.
⑥ 대규모 공사 또는 장기간의 공사에 적합하다.

(2) 시공법
① 물을 배제한 선거(船渠) 안에서 케이슨 제작
② 물을 넣어 케이슨 부상
③ Gate를 열어 Caisson을 건선거 밖으로 끌어냄

6. 부선거(浮船渠)에 의한 진수

(1) 특징
① 수량 제작일 때는 인근 접안시설 이용이 가능하다.
② 나양 제작시에는 공기와 건조비가 많이 소요된다.
③ 진수 수심이 깊은 곳까지 예인해야 된다.
④ 제작장에 접안설비가 갖춰진 넓은 작업장이 필요하다.

(2) 진수방법
① 부선거를 제작장 부근으로 예인
② 선체를 부상시킨 후 그 위에서 Caisson 제작

③ 부선거를 진수 지점으로 예인
④ 부선거를 침강시켜 Caisson을 부상시킴

7. Syncrolift에 의한 진수

(1) 특징
① 시설 규모에 따라 대량 제작이 가능하다.
② 임시 제작설비로서는 공기가 길고, 공사비가 많이 소요되는 결점이 있다.

(2) 시공법
① Syncrolift 설치
② 후면의 레일 대차상에서 케이슨 제작
③ 케이슨을 플랫폼에 실어
④ 수면에 하강시켜 케이슨을 진수시킨다.

V. 진수 시공시 유의사항

(1) 전도에 의한 침수 방지
① 침수가 되지 않도록 사전에 시공계획을 수립하여야 한다.
② 진수시 유속의 작용으로 케이슨이 전도되어 침수되는 경우도 있다.

(2) 대피시설
① 사상 진수시에는 Pump 준설선으로 준설을 하여 수심이 유지되면서 케이슨이 부상하여 진수되는 방법이다.
② 준설 중에도 진수가 되어 준설장비의 대피시설이 필요하다.

(3) 경사로 기초 시공
① 기초는 사석을 깔고 소요의 경사로 고르기작업을 한다.
② 활로부폭은 4~7cm, 두께는 60~80cm의 콘크리트 Slab에 타설한다.

(4) 부등침하 방지
이탈, 전도에 대비하여 부등침하가 일어나지 않도록 지반을 조성하여야 한다.

(5) 세굴 방지시설
① 경사로 선단부 세굴 방지시설을 하고 경사로의 활동이 되지 않도록 하여야 한다.
② 조류, 파랑 등의 외력에 의해서 선단부가 세굴되지 않도록 대책을 강구한다.

(6) 기중기선의 능력 파악
  ① 기중기선에 의해서 진수하는 경우의 Caisson 제작장은 필수적으로 기중기선이 작업할 수 있는 수면과 수심이 있어야 한다.
  ② 케이슨 제작장은 수제선에 접해 있어야 한다.
  ③ 기중기의 권상작업이 가능한 Boom의 길이(37.5m)가 미치는 범위 내에 있어야 한다.
  ④ 장비 : 기중기선-설악호의 권상능력 2,000ton

VI. 결 론

(1) 진수공법 선정시는 지형이나 주변 여건 등을 고려하여 적절한 공법을 선정하여야 하고 사전조사를 면밀히 시행하여 추후 일어날 수 있는 문제점을 사전에 차단하여야 한다.

(2) 진수공법 선정시 고려사항은 케이슨 크기, 케이슨의 제작 및 진수 수량, 공기, 공사비, 설치위치의 지형 및 자연조건, 설치장소까지의 거리와 운반방법에 유의하여야 한다.

5-1	안벽의 종류 및 특징에 대하여 기술하시오.	[04전, 25점]
5-2	항만 구조물에서 접안시설의 종류 및 특징을 기술하시오.	[06전, 25점]
5-3	항만 접안 구조물의 종류 2개와 시공시 유의사항에 대하여 기술하시오.	[97중전, 50점]
5-4	부잔교	[09전, 10점]
5-5	Dolphin	[03전, 10점]

Ⅰ. 개 요

(1) 안벽이란 계류시설의 일종으로서 선박을 접안시켜 하역할 수 있는 접안시설을 말한다.
(2) 안벽은 구조 양식에 따라 중력식, 널말뚝식, Cell식, 잔교식, 부잔교식, Dolphin, 계선부표 등으로 나눈다.

Ⅱ. 안벽의 분류

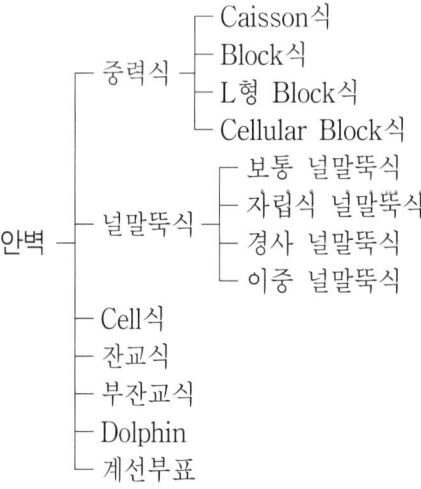

Ⅲ. 종류 및 특징

1. 중력식

토압, 수압 등 외력에 대하여 자중과 그 마찰력에 의해서 저항하는 구조이며, 지반이 견고하고 수심이 얕은 경우에 유리하다.

(1) Caisson식
    ① 육상에서 제작된 Caisson을 소정위치에 설치하는 방법이다.
    ② 강력한 토압에 견딜 수 있다.
    ③ 육상 제작이므로 품질을 믿을 수 있다.
    ④ 속채움재가 저렴하다.
    ⑤ 시설비가 많이 든다.
    ⑥ 충분한 수심이 확보되어야 한다.

(2) Block식
    ① 대형 콘크리트 블록을 쌓아 계선안으로 이용한다.
    ② 강력한 토압에 견딜 수 있다.
    ③ 지반이 약한 곳에서는 채택이 어렵다.
    ④ 육상 제작이므로 품질을 믿을 수 있다.
    ⑤ 설치시 대형 크레인 등의 운반기계가 필요하다.

(3) L형 블록식(L-Shaped Block Type)
    ① 육상에서 L형 블록을 만들어서 블록 및 블록 저판상의 흙 또는 조립의 중량과 마찰력에 의해 토압에 저항하는 구조
    ② 흙 또는 조석의 이용이 가능
    ③ 수심이 얕은 경우에 경제적
    ④ 지반이 약한 곳에서는 침하가 일어나므로 부적합

(4) Cell 블록식(Cellular Block Type)
    철근 콘크리트로 제작한 상자형 블록 내부를 속채움하여 외력에 저항하도록 한 구조

2. 널말뚝식

철제 또는 콘크리트제 널말뚝을 박아서 토압에 저항하는 구조

(1) 보통 널말뚝식
    널말뚝을 박아서 널말뚝에 작용하는 토압을 후면에 설치한 버팀공과 널말뚝의 근입부에 의해 저항하는 방식

(2) 자립 널말뚝식
    널말뚝 후면에 버팀공이 없이 토압을 널말뚝 근입부의 횡저항에 의해서 저항하도록 한 방식

(3) 경사 널말뚝식

널말뚝과 일체로 경사지게 박은 말뚝에 의해서 토압에 저항하도록 한 방식

(4) 이중 널말뚝식
① 널말뚝을 이중으로 박아서 그 두부를 Tie-Rod 또는 Wire로 연결하여 토압에 저항하는 방식
② 양쪽을 계선안으로 사용할 수 있으며, 돌제(突堤)를 만들 때 적합한 방식

3. Cell식(Cell type)

직선형 널말뚝을 원 또는 기타형으로 폐합시키는 방식이며, 속채움에 조석 또는 흙을 사용한다.

(1) 비교적 큰 토압에 저항할 수 있다.
(2) 수심이 깊은 곳에 유리하다.
(3) 강널말뚝식, 강판식이 있다.

4. 잔교식

잔교는 해안선에 나란하게 축조하는 횡잔교와 해안선에 직각으로 축조하는 돌제식(突堤式) 잔교가 있으며, 돌제식 잔교는 토압을 받지 않고 횡잔교는 토압의 대부분을 토류사면이 받고 그 일부만 잔교가 받게 된다.

(1) 지반이 약한 곳에서도 적합하다.
(2) 기존 호안이 있는 곳에는 횡잔교가 유리하다.
(3) 토류 사면과 잔교를 조합한 구조이므로 공사비가 많이 든다.
(4) 수평력에 대한 저항력이 적다.

5. 부잔교식

부함(Pontoon)을 물에 띄워서 계선안으로 사용하는 것이며, 조차가 클 때 축조한다.

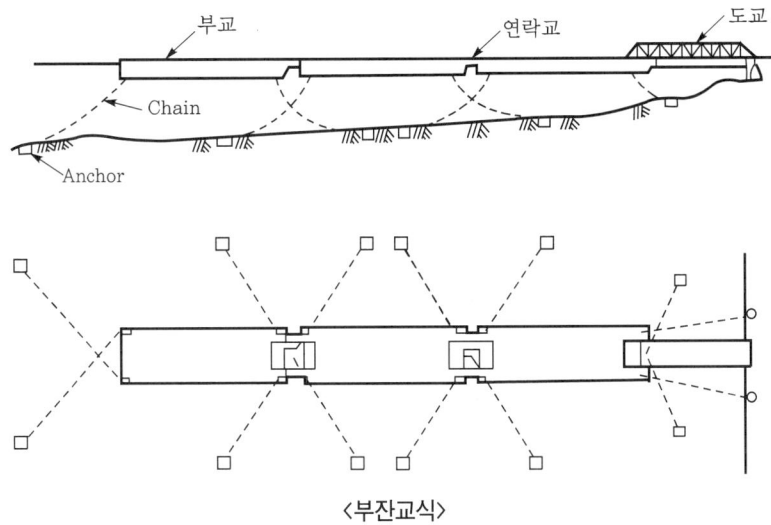

<부잔교식>

(1) 철제와 철근 콘크리트제가 있다.
(2) 육지와의 사이에는 가동교(可動橋)에 의해 연결된다.

6. Dolphin

해안에서 떨어진 해중에 말뚝 또는 주상 구조물을 만들어 계선안으로 사용하는 것으로 말뚝식과 Caisson식이 있다.

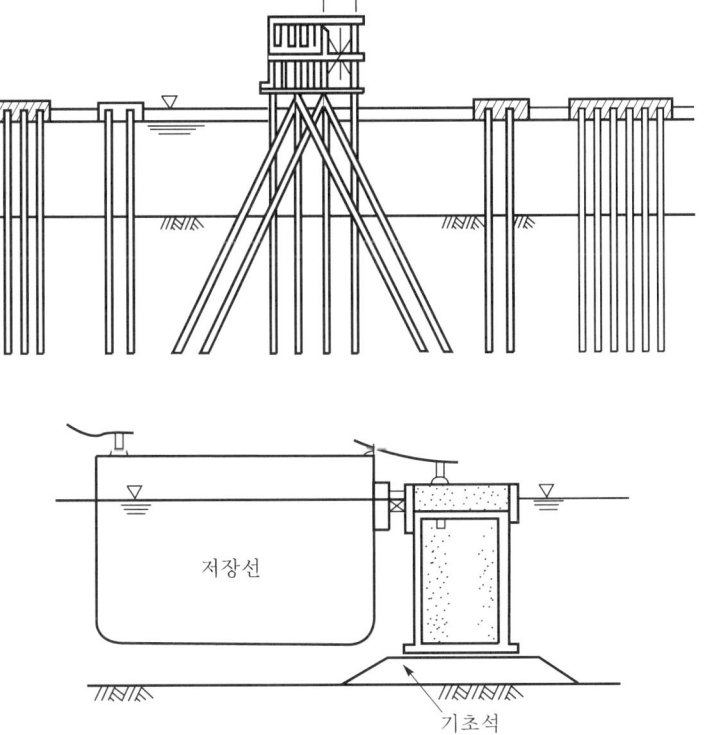

(1) 구조가 간단하다.
(2) 공사비가 저렴하다.
(3) Dolphin의 구조는 선박의 충격에 견딜 수 있어야 한다.

7. 계선 부표(Mooring Buoy)

주로 박지 내에 설치하는 것으로 해저에 Anchor 또는 추(Sinker)를 만들어 줄을 연결하고 부표를 띄워서 선박을 계류하는 것을 말한다.

(1) 침추식, 묘쇄식, 침추 묘쇄식의 3종으로 나눈다.
(2) 침추 묘쇄식이 가장 많이 사용된다.

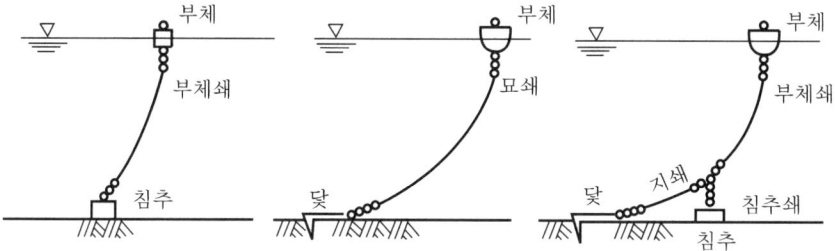

Ⅳ. 시공시 유의사항

1. 중력식 안벽

(1) 하상 굴착
오사 표준은 보통 서면은 0.3m, 사면은 내측 0.3m, 외측 0.2m로 하고, 이를 밑이 났을 경우 되메움 등 뒷손질을 해야 한다.

(2) 기초사석 투입
사석부는 공극을 메워서 요철이 없게 수평으로 하고, 고르기를 충분히 한다.

(3) 거치
뒤채움재의 흡출이 있으므로 가능한 거치 이음눈을 작게 잡는다.

(4) 뒤채움공
양질의 재료를 써야 하며, 재료의 흡출 방지를 위해 방사판(放砂板)을 설치한다.

2. 널말뚝식 안벽

(1) 타입

타입 중의 경사, 두부 압축, 근입 부족, 근입 과잉 등이 생기면 타입을 중지하고, 대책을 강구하여야 한다.

(2) 띠장공

띠장재의 가공은 이미 타입된 강널말뚝을 실측하여 Tie Rod의 취부위치를 정하고 이에 따라 실시한다.

(3) Tie Rod

Tie Rod의 취부는 강널말뚝 타입 및 띠장재의 취부가 완료되면 속히 시공한다.

(4) 뒤다짐공

토압을 경감할 수 있는 재질이어야 하며, 몇 개의 층으로 구분하여 시행한다.

(5) 뒤채움공

뒷다짐재 투입 완료 후에 행하며, 일시에 규정 이상 높이까지 성토해서는 안 된다.

(6) 전면 준설

강널말뚝 타입 전에 미리 시공 개소를 굴착하는 경우 규정 수심 이상 굴착하지 않도록 주의한다.

3. Cell식 안벽

(1) 타입

Cell 널말뚝의 타입은 1개소만을 끝까지 타입하지 말고, 전체를 고루 쳐내려가야 한다.

(2) 속채움

양질의 재료를 사용하여 충분히 다져져야 한다.

(3) 상부공 지지항

상부공의 지지항은 속채움 다짐을 끝낸 후 실시한다.

4. 잔교식 안벽

(1) 사면 시공

사면 피복 장석(長石)은 파랑으로부터 법면을 보호하기 위한 것으로서 견고하게 마무리하여야 한다.

(2) 항타공

근입 부족, 항타 불량, 각도 불량인 때는 이어주거나 절단하는 등 조치를 한다.

(3) 도판공(度板工)

잔교부와 토류부가 떨어져 있을 때는 철근 콘크리트 또는 강제의 도판을 제작하여 Crawler Crane으로 가설한다.

5. 부잔교식 안벽

(1) Pontoon 선정

내구성, 수밀성, 충격에 대한 저항성 등을 고려하여 선정한다.

(2) Pontoon의 규격

화물, 여객 등의 취급에 충분한 넓이와 건현(Free Board)을 가지며, 안정성이 좋아야 한다.

(3) Pontoon의 안정

육안과의 연결교의 지점 반력과 갑판상에 적재하중을 만재한 후 Pontoon 내부에 약간의 침수(Pontoon 높이의 10%)가 있을 때 만재의 부체 안정조건을 만족하고 필요한 건현(0.5m 정도)을 유지할 것이다.

V. 결 론

(1) 안벽은 주로 해상작업을 많이 해야 하므로 파랑, 파도, 수압 등에 대한 충분한 검토가 있어야 한다.
(2) 구조 양식의 선정시에는 각 구조 양식의 특성을 충분히 파악한 후 각각의 시공조건에 따른 시공성과 경제성을 비교 검토 후 결정해야 한다.

5-6 강널말뚝을 이용하여 계선안(안벽) 시공시 작업순서와 시공관리사항을 기술하시오.
[96전, 30점]

I. 개 요

(1) 안벽이란 계류시설의 일종으로서 선박을 접안시켜 하역할 수 있는 접안시설을 말하며, 구조 양식에 따라 중력식, 널말뚝식, Cell식, 잔교식, 부잔교식, Dolphine, 계선 부표 등이 있다.

(2) 강널말뚝 계선안은 전면에 강널말뚝을 박고 토압에 견디도록 버팀판을 설치하여 Tie Rod로 강널말뚝을 잡아주는 구조이다.

II. 자재의 형상

(1) U형 강널말뚝
(2) 직선형 강널말뚝
(3) 박스형 벽 강널말뚝

III. 강널말뚝 계선안 도해

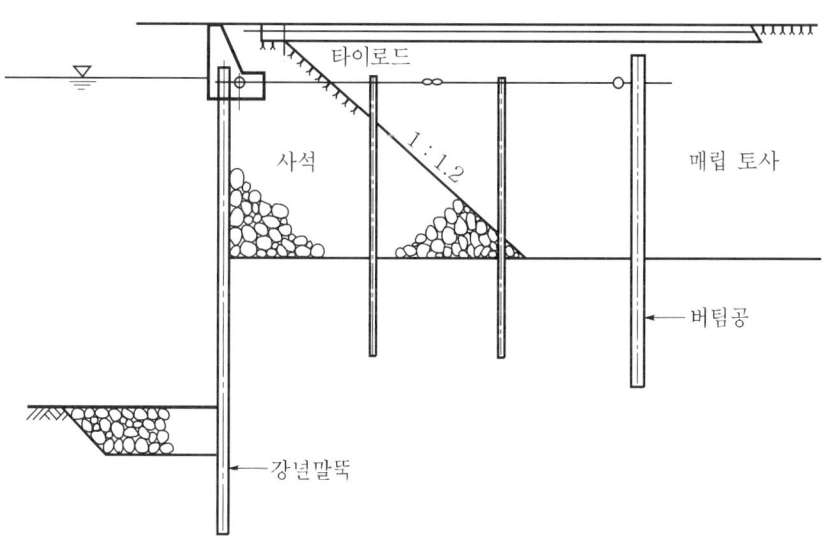

Ⅳ. 작업순서

(1) 강널말뚝 박기
   ① 해머의 능력, 현장작업 여건, 공사기간 등을 고려하여 매수 결정
   ② 강널말뚝을 정확히 박기 위해 기준틀 설치

(2) 띠장공(Waling)
   ① 강널말뚝 벽체의 일체화·직선화
   ② Tie Rod의 설치를 용이하고 견고하게 하기 위해 시공

(3) 버팀공
   ① 해상 시공의 경우는 지형, 버팀공의 위치와 형식 고려
   ② 강널말뚝식 구조, 콘크리트 구조 등이 있음

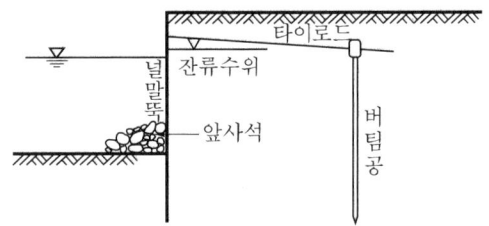

(4) Tie Rod공
   ① 본체와 버팀공을 띠장으로 연결한다.
   ② 본체에 작용하는 토압을 Tie Rod의 인장력으로 버티도록 한다.

(5) 앞사석
   ① 본체 강널말뚝의 전면부 보완
   ② 연약지반에서 근입 보강용으로 시공

(6) 뒤채움
   ① Poclain, Grab 준설로 시행
   ② 1개 중량 최대 15kg, 대소립자가 잘 섞이고 공극이 적은 사석 사용

(7) 후면 매립
   ① 앞사석과 뒤채움이 끝나고 그 상부에 매립 토사로 매립
   ② 안벽쪽에서 후면쪽으로 실시

(8) 상부공
   ① 적당한 간격으로 시공줄눈 설치
   ② 상부 콘크리트 타설 전 부대공시설 여부 확인

(9) 방식
   ① 전기방식법을 주로 이용
   ② 도료의 피복, 콘크리트 라이닝

(10) 부대공
   ① 차막이공, 방충재시설, 계선주시설
   ② 상부공과 유기적으로 시공되도록 조치

V. 시공관리 사항

(1) 준비작업
   ① 구조물 시·종점의 연장선상 20m마다 관측점 설치
   ② 강널말뚝을 세우기 위한 구멍 뚫기

(2) 기준틀 설치
   ① 강널말뚝을 정확히 박기 위해 설치함
   ② 2~4m 간격으로 법선에 평행하게 말뚝을 박고 Guide Beam 설치

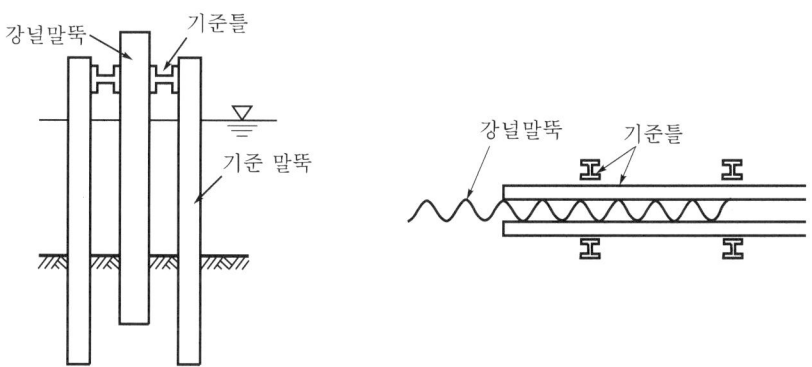

(3) 강널말뚝 세우기
   ① 세우기는 한 개 단위로 20~30매 정도가 기준이다.
   ② 세우기를 마친 말뚝은 일정깊이로 박아둔다.

(4) 강널말뚝의 경사
   ① 강널말뚝 선단부를 반대방향으로 향하도록 경사지게 절단한다.
   ② Hammer 타격방향을 약간 경사지게 한다.

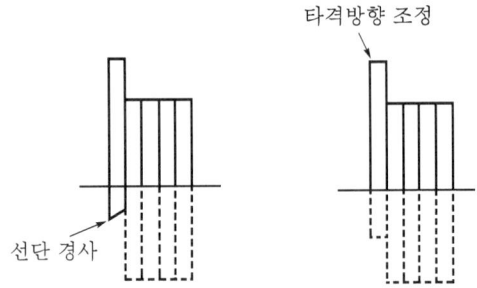

(5) 근입장
   ① 모래지반에서는 Water Jet과 병용해서 타입한다.
   ② 소요 근입장 부족시 설계자와 협의해서 재검토한다.

(6) 이음부 이탈
   ① 인발해서 다시 박는다.
   ② 이음부위를 철판으로 용접한다.

(7) 항타 기록
   ① 타격횟수와 관입량 기록
   ② 탄성 변형량 검측

(8) 버팀공
   ① 근입깊이가 설계보다 작아서는 안 된다.
   ② 파랑 등의 외력으로 활동, 전도가 일어나지 않도록 한다.

(9) 띠장공(Waling)

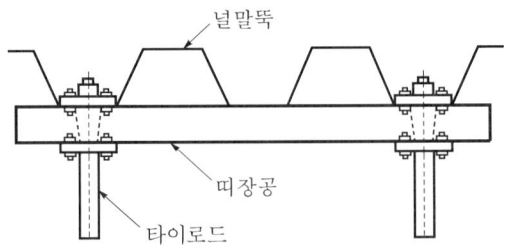

   ① 강널말뚝을 박고 즉시 띠장 시공
   ② 띠장과 강널말뚝이 밀착되게 시공

(10) Tie Rod공

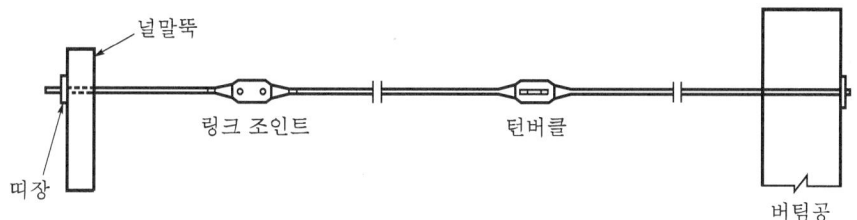

① Waling 설치 후 즉시 시공
② 본체 강널말뚝 법선과 직각방향으로 설치

(11) 뒤채움
① 강널말뚝 두부의 변형이 생기지 않도록 주의
② 기상조건을 고려하여 투입시기 결정

(12) 앞사석
① 강널말뚝 본체에 충격을 주지 않도록 시공
② 파도의 영향을 받는 곳은 피복석 시공

(13) 후면 매립공
① Tie Rod와 직각방향으로 되지 않게 매립
② 연약지반은 서서히 압밀시키면서 시공

(14) 상부공
① 뒤채움, 후면 매립 등이 전체적으로 끝남
② 강널말뚝 법선에 변형이 생기지 않는 것을 확인 후 시공

VI. 결 론

(1) 강널말뚝 박기시에는 경사가 생기지 않도록 하며, 항타 기록을 체크하여 설계, 시공에 Feed Back할 수 있게 한다.
(2) 후면 매립공 시공시에는 반드시 안벽쪽에서 후면방향으로 시공해서 연약지반의 활동에 의한 파괴 및 전도를 방지해야 한다.

| 5-7 | 해안 구조물에 작용하는 잔류수압 | [01중, 10점] |
| 5-8 | 잔류수압 | [05후, 10점] |

I. 정 의

(1) 안벽이 수밀한 구조인 경우나 매립토가 투수성이 적은 경우에는 전면수위의 변화에 대해서 구조물 배면의 수위변화가 지연되어 수위차가 일어난다.
(2) 이때 안벽의 전면에 작용하는 수압과 배면에 작용하는 수압의 차에 상당하는 수압이 안벽에 작용하고 있는데 이를 잔류수압이라 한다.

II. 잔류수압 산정

$$P_w = \gamma_w h_w$$

여기서, P_w : 잔류수압(tf/m²)
γ_w : 물의 단위체적 중량(tf/m³)
h_w : 전면수위와 배면수위와의 차

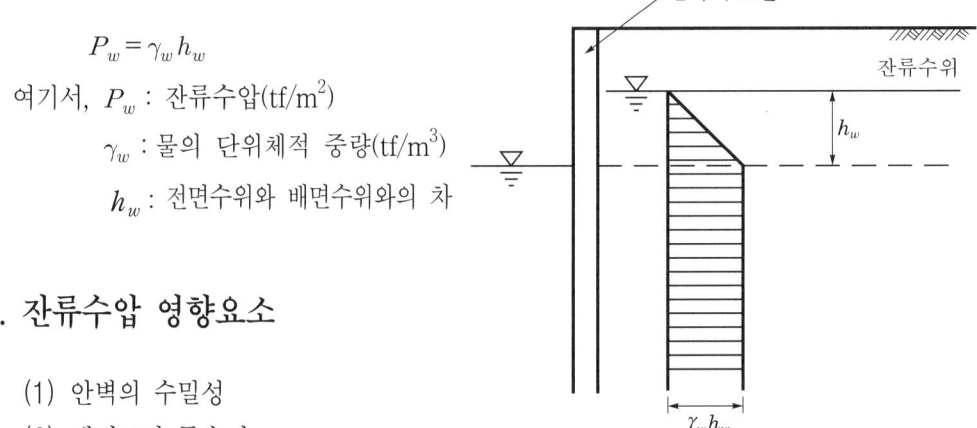

〈잔류수압〉

III. 잔류수압 영향요소

(1) 안벽의 수밀성
(2) 매립토의 투수성
(3) 구조물 배면 토질
(4) 조위차(潮位差)

IV. 잔류수압을 받는 구조물

(1) 안벽 구조물
(2) Box Caisson 등 항만 구조물

6-1 자립형(自立形) 물막이 공법을 설명하시오. [95후, 35점]

6-2 자립형 가물막이 공법의 종류별 특징을 설명하고, 시공시 유의사항을 기술하시오. [02전, 25점]

6-3 Cell 공법에 의한 가물막이 [09전, 10점]

I. 개 요

(1) 수중 또는 물의 흐름이 접하는 곳에 구조물을 만들 때 Dry한 상태로 공사를 하기 위한 가설구조물을 가물막이라고 한다.

(2) 가물막이는 토압, 수압 등의 외력에 견딜 수 있는 강도와 수밀성이 요구되는 한편, 가설 구조물로서 철거가 쉽고 경제적이어야 한다.

II. 공법 분류

(1) 형식에 의한 분류

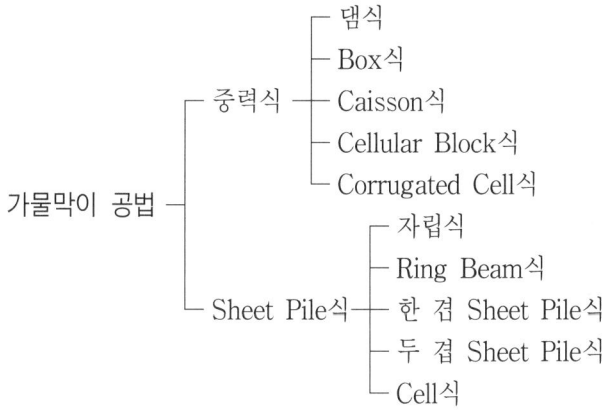

(2) 형태에 의한 분류

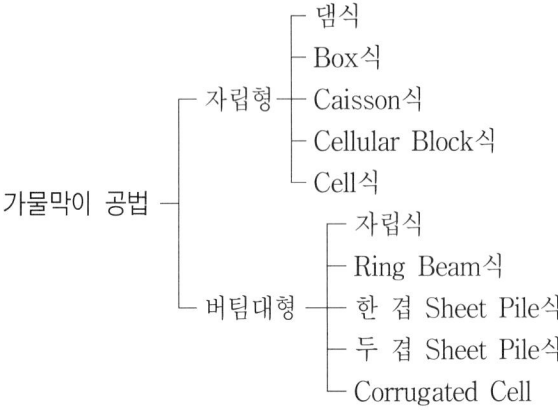

Ⅲ. 자립형 가물막이 공법

(1) 댐식
  ① 토사를 축제하는 형식
  ② 수심이 얕은(3m 이내) 단기간의 공사에 적용
  ③ 구조가 단순하고, 재료 입수가 용이
  ④ 넓은 부지가 필요

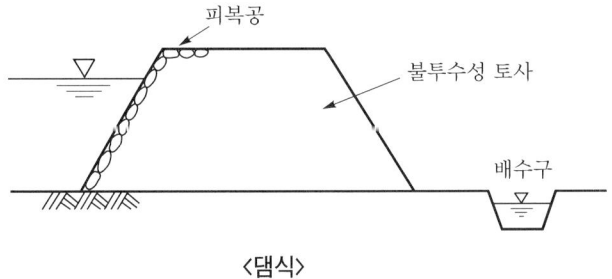

〈댐식〉

(2) Box식
  ① 나무나 철제의 Box를 설치한 후 돌을 채우는 방식
  ② 기초가 암반인 소규모 물막이에 적합
  ③ 보수나 복구가 쉬움
  ④ 지수성이 낮음

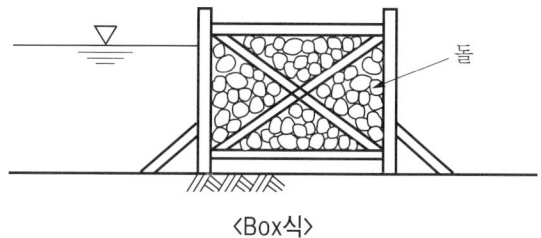

<Box식>

(3) Caisson식
   ① 육상에서 제작된 Caisson을 거치한 후 속채움하는 방법
   ② 수심이 깊어 널말뚝의 타입이 안 될 때 적용
   ③ 안정성이 높음
   ④ 시공속도가 빠름
   ⑤ 공사비가 많이 소요됨

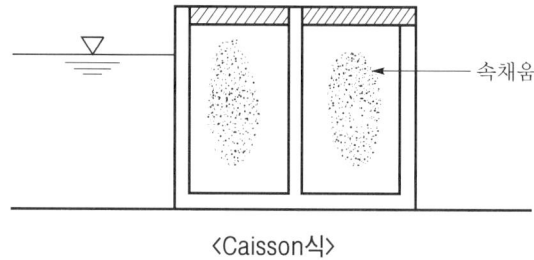

<Caisson식>

(4) Cellular Block(중공 Block)식
   ① Caisson 대신 작게 분할된 Cellular Block을 사용하는 방법
   ② 파랑 및 조류 조건이 나쁠 때 적용
   ③ 연약지반에는 부적합
   ④ Caisson보나 시수성이 떨어짐

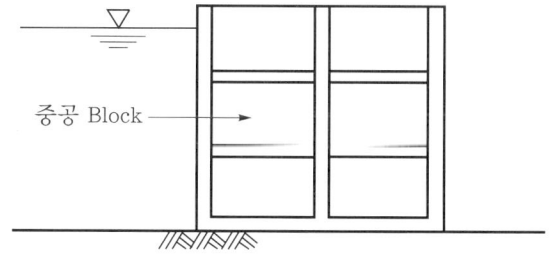

<Cellular Block식>

(5) Cell식
   ① Sheet Pile을 원통형태로 타입한 후 그 속에 토사로 속채움하는 방식
   ② 수심 10m 정도
   ③ 강널말뚝의 타입이 되지 않는 암반상에 적용
   ④ 안정성이 높음
   ⑤ 수밀성이 양호

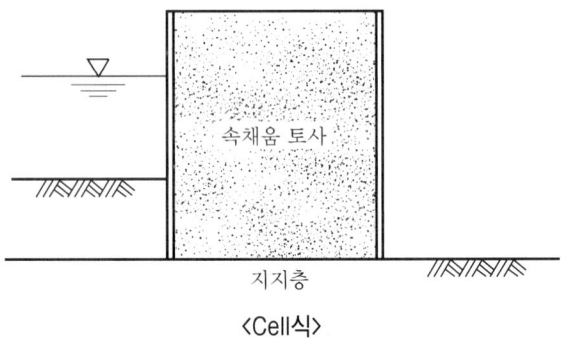

〈Cell식〉

Ⅳ. 시공시 유의사항

(1) 수직도 유지
   Sheet Pile은 직선 타입하여 벽체가 수직을 유지하도록 해야 한다.

(2) 수밀성 대책
   흰 겹 Sheet Pile식에서는 벽체의 수밀성을 높이기 위해 타입 널말뚝이 안전폐합이 중요하다.

(3) 벽체와 지반의 밀착
   중력식에서는 가물막이 벽체와 지반과는 완전히 밀착되도록 시공하여야 한다.

(4) 지반 처리
   하천 입구 부근의 연약지반에서는 하상의 모래치환에 의한 지반 개량이 필요하다.

(5) 세굴 대책
   댐식 가물막이에서는 제외지 비탈끝에 대한 세굴 방지대책을 강구하여야 한다.

(6) Boiling, Heaving 대책
   Sheet Pile식 가물막이에서는 Boiling이나 Heaving에 대한 안정성을 높이기 위해 Sheet Pile을 가능한 한 깊이 타입해야 한다.

(7) 속채움재

속채움 재료로서는 실트분이 적은 양질의 모래 또는 자갈을 사용한다.

(8) 벽체의 변형 방지

가물막이의 벽체 변형은 대부분 속채움 작업시 발생되므로 세심한 시공관리가 요구된다.

(9) Tie-Rod 설치

Tie-Rod의 설치는 Sheet Pile 타입, 띠장의 설치 완료 후 즉시 해야 한다.

(10) 지수벽 설치

댐식 가물막이에서 공사가 장기화될 경우 지수벽을 제방 내에 설치한다.

V. 결 론

(1) 가물막이 공사의 결함은 재해의 중대한 원인이 되므로 시공계획이나 현장상황의 판단과 과거의 시공 실적을 충분히 연구하여 신중을 기해야 한다.

(2) 가물막이는 어떤 공법을 적용하든지 매우 안전율이 낮으므로 설계와 시공의 일치가 요점이 된다고 볼 수 있다.

> **7-1** 서해안 지역에서 대형 방조제 축조시 최종 물막이 공사의 시공계획을 기술하시오.
> [98전, 20점]
>
> **7-2** 간만의 차가 7~9m인 해안지역에서 방조제 공사시 최종 물막이 공법을 열거하고, 시공시 유의사항을 설명하시오.
> [01후, 25점]
>
> **7-3** 대규모 방조제 공사에서 최종 끝막이 공법의 종류와 시공시 유의사항을 기술하시오.
> [06중, 25점]

Ⅰ. 개 요

방조제의 최종물막이 공사는 유속의 영향을 많이 받으므로 이를 감안한 공법을 선정하여 시공하여야 하며, 간만의 차가 큰 서해안지역의 경우에는 시공시점에 대한 검토가 필요하다.

Ⅱ. 최종 물막이 공법의 문제점

① 해수의 유속의 빠름
② 사석 재료의 손실이 많음
③ 축조된 제방의 유실 발생

Ⅲ. 시공 계획

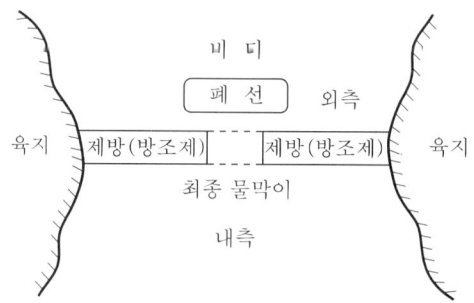

(1) 해수의 유속 측정
　　① 제방 길이의 단축에 따른 유속 측정
　　② 최종 물막이 시공시 유속 측정
　　③ 유속을 감안한 재료의 선정

(2) 투하 재료의 중량 결정
　　① 추정된 유속에 의해 투하 재료의 중량 결정
　　② Simulation에 의한 재료의 중량 결정

(3) 최종 물막이 공법 선정
① 돌망태 투하
② 사석 투하
③ 폐선 이용
④ 콘크리트 Block 투하

(4) 재료의 운반방법 결정
최종 물막이 재료의 연속적인 투하

(5) 제방 내측의 보조제방 시공
제방의 유실을 방지하기 위하여
내측에 보조제방 시공

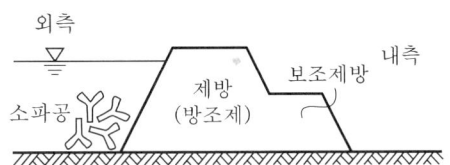

(6) 제방 외측의 소파공 보강
제방의 유실을 방지하기 위하여
외측에 소파공 투하

Ⅳ. 최종 물막이 공법

(1) 돌망태 투하
① 철선으로 여러 개의 사석을 묶어 놓은 형태
② 사면 안정용으로도 사용
③ 바지선으로 돌망태를 운반하여 최종 물막이 지점에 투하
④ 연속 투하로 유속의 영향을 최소화함

(2) 사석 투하
① 주로 1ton이 넘는 사석을 이용
② 바지선으로 운반하여 투하
③ 투하시 유속의 영향을 고려
④ 잠수부를 동원하여 투하상태를 확인하면서 연속 투하할 것

(3) 폐선 이용
① 과거에 현대건설에서 처음으로 채택
② 지금은 사용하지 않는 공법

(4) 콘크리트 Block 투하
① 기성제품인 콘크리트 Block을 투하하는 공법
② 투하방법은 사석 투하와 유사함

V. 시공시 유의사항

(1) 수직도 유지
(2) 수밀성 대책
(3) 벽체와 지반의 밀착
(4) 지반 처리
(5) 세굴 대책
(6) Boiling, Heaving 대책
(7) 속채움재
(8) 벽체의 변형 방지
(9) Tie-Rod 설치
(10) 지수벽 설치

VI. 결 론

최종 물막이의 시공은 투하 재료의 손실이 많이 발생하므로, Simulation을 통한 재료의 선정과 재료 투하시 잠수부의 확인을 통하여 정밀시공이 되도록 하여야 한다.

8-1 매립공사에서 사용되는 해양준설투기방법에 있어서 예상되는 문제점 및 대책에 대하여 설명하시오. [11전, 25점]

8-2 유보율(항만공사시) [09후, 10점]

I. 개 요

(1) 준설토 투기시 유산율을 작게 하고, 배사관의 위치에 따른 흙 입자의 몰림현상, 환경오염 유발 등의 중점적인 시공관리가 필요하며, 유보율을 증가시키는 대책이 중요하다.

(2) 펌프준설선으로 준설토사를 굴착하여 배사관을 통해 매립지로 운반 및 공급하는 과정에서 토사가 부유되어 매립지 외부로 일부가 유출되는데 이를 유실이라고 한다.

(3) 유실되고 남은 준설토는 계획된 공급지역에 쌓이는데, 이를 유보량이라 하며, 전체 준설토량에 대한 유보량의 백분율을 유보율이라 한다.

II. 예상되는 문제점

1. 투기방식에 의한 입자 조성 상이

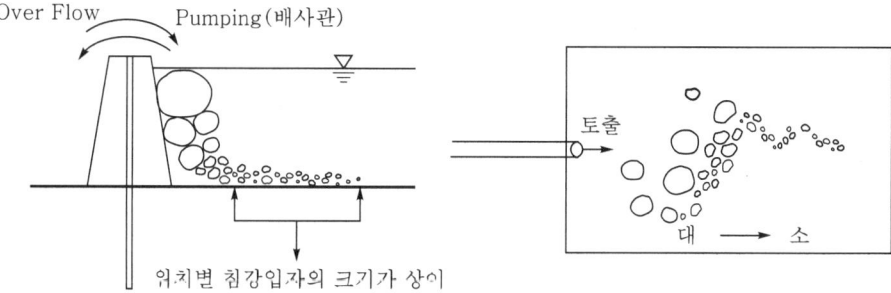

(1) 준설매립지는 시공경로에 따라 흙의 조성이 틀림
(2) 준설경로가 중요

2. 투기의 연속성에 따라 침하량 상이

(1) 연속 투기
  ① 한번에 연속적으로 투기하는 방법
  ② 침하량이 적다.

(2) 단계 투기
  ① 여러 번 나누어 투기하는 방법
  ② 연속 투기보다 침하량이 훨씬 크다.

3. 환경오염 유발

(1) 기름오염
(2) 부유물질에 의한 탁도 증가
(3) 생태계 파괴

Ⅲ. 대 책

1. 유보율의 증가방안

(1) 유보율 산정식

$$유보율 = \frac{유보량(준설\ 토량 - 유실\ 토량)}{준설\ 토량} \times 100\%$$

(2) 준설매립 공사시 토질에 따른 유보율

토 질	점 토	모 래	자 갈
유보율	70%	95%	83%

(3) 유보율 향상방안
 ① 침전시간을 오래하고 방치기간을 길게 한다.
 ② 매립면적은 가급적 적게 하여 유실량을 줄이기 위한 블록을 여러 개로 분할한다.

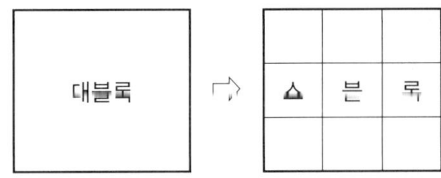

 ③ 시공사례 분석을 통해 유보율을 향상시킨다.
 ④ 해양지역의 준설토를 대상으로 주상시험을 실시한다.

2. 수질오염 대책

① 오탁방지망을 설치 후 사석 투하
② 해상장비에 의한 유류오염 방지대책
③ 수질 조사항목

구 분	조사항목
공사 중	SS, 탁도
공사 후	COD, DO, TP

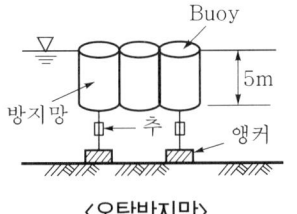

〈오탁방지망〉

3. 시공관리 철저

(1) 시공위치 표시
① 대나무 깃발을 이용하여 위치 표시
② 깃발이 조류에 밀려가지 않도록 앵커 고정

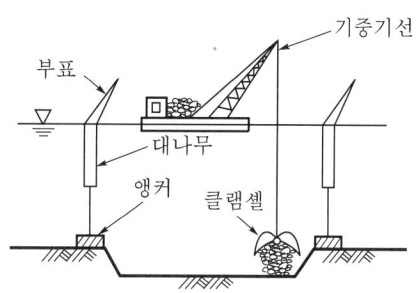

(2) 항행선박 유의
① 항로에 지장을 주지 않도록 임시 등부표 설치
② 야간에는 항로표시등 설치

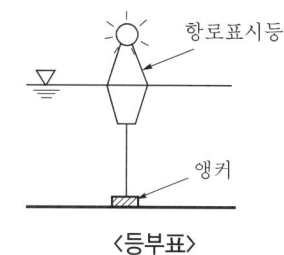

〈등부표〉

(3) 배토관 위치 이동

(4) 기상영향 검토
① 조류, 조위, 유속 등을 조사
② 바람, 풍향, 비, 기온 조사
③ 해상작업 한계

구 분	작업한계	비 고
풍속	평균 최대풍속 14m/sec 이하	부산연안 작업일수 17일/월
파고, 강우	파고 3m 이하, 강우 80mm 이하	

(5) 연속적인 투기

Ⅳ. 결 론

① 준설토 투기방법 선정시 유보율을 높이기 위한 사전계획 수립 철저와 환경오염의 최소화 방안을 강구하여야 한다.
② 매립후 부지 활용시 사전 지반조사를 통하여 지반상태를 설계 및 시공시 고려해야 한다.

> **9-1** 해저 Pipe Line의 부설방법과 시공시 유의사항을 기술하시오. [07중, 25점]

I. 개 요

(1) 해저 Pipe Line에는 송유관, 가스관, 통신관, 송전관 등이 있으며, 실시간으로 운반하기 위하여 해저에 부설되므로 상황에 적합한 부설방법이 필요하다.
(2) 에너지 확보와 운반비 절감을 위하여 전세계적으로 Pipe Line의 부설이 증가하고 있다.

II. 해저 Pipe Line 부설방법

1. 해저 예항법

(1) 부설방법
  ① 육상 제작장에서 조립한 Pipe Line을 바다쪽에서 대선(Barge)으로 끌거나, 또는 건너편 대안에서 윈치로 끌어가면서 해저에 부설하는 방법
  ② 관로의 연장선상에서 길이가 Pipe Line의 제작 및 예항용 공간과 기재(器材) 및 진수설비가 필요

(2) 특징
  ① 기상변화에 대한 적응성이 좋아 계속 작업 가능
  ② 해저조건 이외의 영향은 별로 받지 않음
  ③ 대형 예항시설 필요

(3) 적용
  ① 대형공사에 적용 가능
  ② 해상조건이 나쁜 곳에서도 적용 가능(풍파, 조류 등)
  ③ 관로가 복잡하거나 대규모 공사는 부적절

2. 부유 예항법

(1) 부설방법
  ① 육상 또는 해상에 조립한 Pipe Line을 물에 띄운 상태에서 부설위치까지 예항하고, Pipe Line의 접합은 대선(Barge)상에서 용접하여 침설(沈設)하는 방법
  ② Pipe Line의 제작 및 예항, 진수를 위한 공간과 기재가 필요

(2) 특징
① 비교적 정온한 기상 및 해상 조건이 요구됨
② 용접용 대선 이외의 특수설비 불필요
③ 기상의 급변(急變)에 대한 적응성이 나쁨

(3) 적용
① 소규모 작업시 경제성 양호
② 복잡한 관로도 가능
③ 해상조건이 정온한 곳에 적합

3. 부설선법

(1) 부설방법
① 작업선에서 Pipe Line을 용접하여 연장하고 작업선을 이동시키면서 침설해가는 방법
② 육상 제작장은 불필요

(2) 특징
① 주변 조건의 영향은 거의 받지 않음
② 기상변화에 대한 적응성이 좋아 계속 작업도 가능
③ 특별장비(裝備)를 장착한 부설선 필요

(3) 적용
① 비교적 장대(長大)한 해저관 작업에 적합
② 복잡한 관로에는 부적합

Ⅲ. 시공시 유의사항

(1) 사전조사 철저
① 수심, 파랑, 유속, 어업 현황, 항로 여부
② 해저 토질조건과 단층 파쇄대 존재 여부

(2) 관부식 방지
① 외부 : 콘크리트 라이닝
② 내부 : 관부식 방지제 살포

(3) Anchor 충돌 방지
   ① Pipe Line과 Anchor 충돌시 관 파손 우려
   ② 고정 Anchor 위치 사전점검
   ③ Pipe Line 부설 초기 잠수부 동원

(4) Pipe Line 좌굴 방지
   ① 급경사에서 부설작업시 좌굴 파손에 유의
   ② 부설선 운행속도 준수

(5) 되메움지반 세굴 방지

세굴 원인	대 책
① 얕은 수심에 관 부설	① 관 부설위치 변경
② 어업 또는 배항로 구간	② 사석 또는 콘크리트 블록 설치
③ 태풍에 의한 해일	③ 수중 콘크리트 타설

Ⅳ. 결 론

(1) 해저 Pipe Line은 최근 많이 건설하고 있는 공사이며, Pipe Line 부설공법은 수심에 따른 안전성과 시공성 및 경제성을 고려하여 선정하여야 한다.

(2) 해저 Pipe Line 시공시 관 부식 및 관 파손 대책을 수립하여야 하며, 시공 후 지반 세굴에 의한 관 파손도 고려해야 한다.

9-2 항만공사용 Suction Pile [08후, 10점]

I. 정 의

(1) Suction Pile은 파일 내부의 물이나 공기와 같은 유체를 외부로 배출시킬 때 발생한 파일 내부와 외부의 압력차를 이용하여 설치하는 Pile을 말한다.
(2) Suction Pile은 길이에 비하여 상대적으로 직경이 큰 구조이며, 보통 길이와 직경 비가 모래지반에서는 2:1을, 점토지반에서는 10:1을 넘지 않는다.

II. Suction Pile의 형상

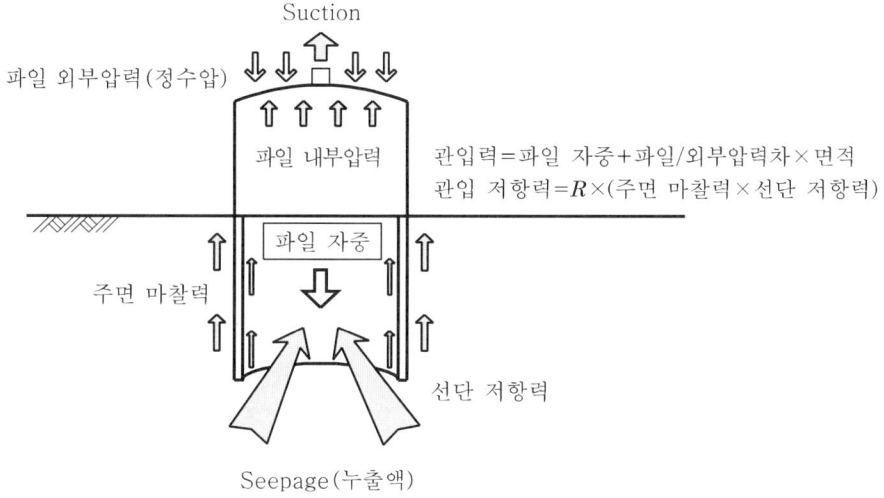

III. Suction Pile의 시공순서

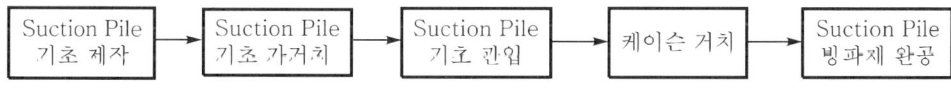

IV. 특징

(1) 대수심에서 적용성이 높음
(2) 설치 간편

(3) 근입에 의한 안정성 증대
(4) 지반 개량 불필요
(5) 재하시험 가능
(6) 구조물의 발출(拔出) 검토 필요

V. 용 도

(1) 파고가 큰 곳
(2) 설계 진도가 큰 곳
(3) 현지에서 급속 시공이 요구되는 경우
(4) 설치장치가 간단하여 대수심 시공의 경우
(5) 표층이 연약지반이고, 비교적 얕은 심도에 지지 지반이 있는 경우

9-3 자주 승강식 바지(Self Elevator Float Barge) [96전, 20점]

I. 정 의

(1) 대형 바지선의 모서리에 수심에 따라 조절이 가능하도록 제작된 4개의 지주를 가진 작업선으로 파랑의 영향을 받지 않고 작업할 수 있는 함선을 말한다.
(2) 수면상 소정의 높이까지 함선을 들어올려서 파랑과 조류에 영향없이 육지와 같은 상태의 작업이 가능한 장비로서 정밀 해상작업에 많이 이용된다.

II. 용 도

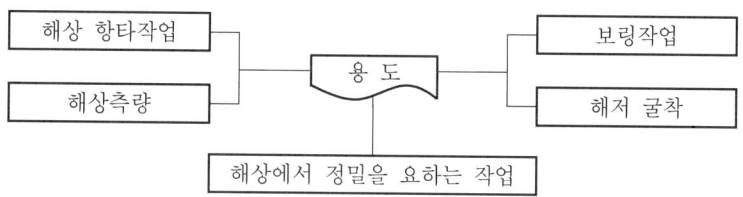

III. 자주 승강식 바지의 도해

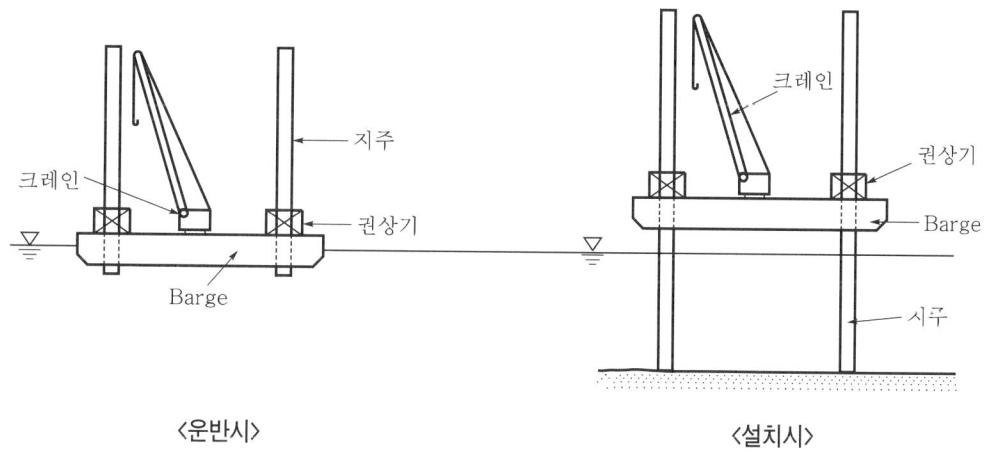

〈운반시〉 〈설치시〉

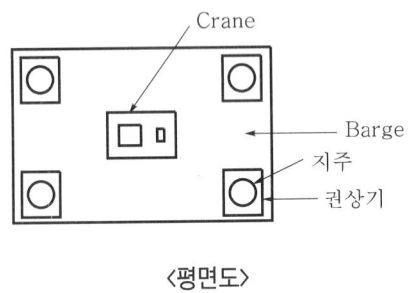

<평면도>

Ⅳ. 특 징

(1) 조류 영향
  해상작업에 있어서 측량작업과 항타작업시 파랑과 조류의 영향을 받지 않는다.

(2) 육상작업과 동일조건
  바지선에 부착된 스패드(지주)를 수저지반에 고정함으로써 육지와 같은 조건이 된다.

(3) 정밀성 향상
  조류와 파랑의 영향이 적어 시공의 정밀성을 얻을 수 있다.

(4) 시공속도 향상
  기후조건에 따른 영향이 적어 시공속도가 빠르다.

(5) 작업조건
  해상조건이 열악한 곳에서도 시공이 용이하다.

(6) 안전성 확보
  부선에서 작업시에는 고정선이 되므로 안전성이 확보된다.

(7) 하부지반 조건과 무관
  각각의 스패드(지주)가 단독으로 작동하므로 고저차가 심한 곳에서의 작업도 가능하다.

9-4 대안거리(Fetch) [03중, 10점]

I. 정 의

(1) 항만과 댐에서 풍상(風上)방향에 있는 대안(對岸)의 육지까지의 거리를 대안거리라 한다.
(2) 파랑이 최대로 발생하는 방조제의 지점으로부터 바다쪽에 위치한 육지 또는 도서까지의 최단거리를 말한다.
(3) 파도는 바람에 의해 일어나며 항만 내의 파도의 높이를 추정하는데 이용된다.
(4) 대안거리는 5만분의 1 지형도상에서 측정한다.

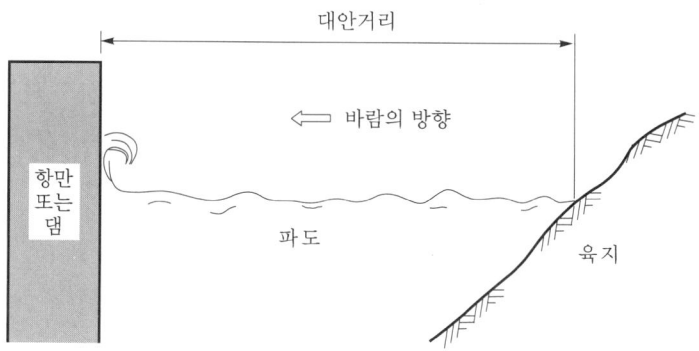

II. 대안거리의 산출

(1) 지형도에서 산출
　　대안거리는 5만분의 1 지형도상에서 측정한다.

(2) 파랑 발생 방조제에서 산출
　　파랑이 최대로 발생하는 방조제의 지점으로부터 바다쪽에 위치한 육지 또는 도서까지의 최단거리를 말한다.

Ⅲ. 대안거리의 활용

(1) 설계파의 추정
   10년 이상의 풍속자료를 정리하여 30년, 50년 빈도 등의 확률 재기 풍속을 산출하고 대안거리를 조사하여 SMB법 등으로 파랑을 추산한다.

(2) 방조제관리 관청의 추정
   방조제관리 규정은 포용 조수량과 대안거리가 4km 이상은 국가에서 관리하는 기준이 되고 4km 미만의 방조제는 지방자치단체가 관리하는 기준이 된다.

(3) 항만 내의 파도 높이 추정
   파도는 바람에 의해 일어나며 대안거리는 파고의 높이를 추정하는데 이용된다.

Ⅳ. 대안거리의 적용

항만이나 댐의 여유고를 결정할 때 파랑고(h_w)와 파장(L)과 같은 인자가 사용되는데 이러한 인자를 결정할 때 사용한다.

$$h_w = 0.00086\, V^{1.1} F^{0.45}$$

$$L = 0.011\, V^{0.84} F^{0.58}$$

여기서, h_w : 파랑고(m)
  V : 10분간 평균거리(m)
  F : 대안거리(m)
  L : 파장(m)

9-5 비말대와 강재 부식속도 [04중, 10점]

Ⅰ. 비말대

(1) 정의
① 바닷가나 호숫가에서 파도가 칠 때 튀어오르는 물방울이 미치는 범위를 말한다.
② 일반적으로 만조(HWL) 위 약 5m 정도의 높이까지를 비말대로 보며, 강재의 부식속도가 빠르므로 시공상 대책이 필요하다.

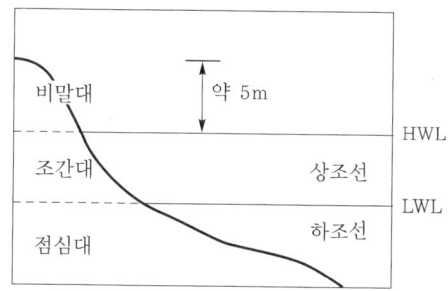

(2) 특성
① 철 구조물 등은 비말대부위에서 극심한 부식 손상이 발생한다.
② 손상부에 대하여 용접, 표면 처리, 코팅 등을 실시하여 잔류 수명을 반영구적으로 유지할 수 있다.

Ⅱ. 강재 부식속도

(1) 정의
일반적으로 강재는 부식이 발생하며, 구성 성분과 흙, 해수, 대기 환경 등의 환경조건에 따라 부식속도에 차이가 있다.

(2) 부식 특성

구 분	특 성
해수에 의한 부식	해수에 포함된 Cl^- 이온은 부식에 영향이 크다.
대기 노출에 의한 부식	대기 중에 포함된 습기, 먼지, 기체상태의 불순물에 의하여 부식 발생
지반 내 부식	토양의 부식은 토양이 전기저항에 의해 발생

(3) 부식속도

부식환경		부식속도(mm/년)
해측	HWL 이상	0.3
	HWL~LWL	0.1~0.3
	LWL~해저부까지	0.03
육상 대기 중		0.1

| 9-6 | 약최고고조위(AHHWL) | [10중, 10점] |

I. 정 의

(1) 약최고고조위(略最高高潮位, AHHWL ; Approximate Highest High Water Level)는 4대 주요 분조의 최고 수위 상승치가 동시에 발생했을 때의 고조위이다.

(2) 약최고고조위(AHHWL)는 항만시설의 구조 설정 및 안전 검토에 사용되는 조위로서 해양과 내륙의 경계인 해안선으로 채택된다.

II. 4대 주요 분조(分潮)

명 칭	기 호
주태음반일주조(主太陰半日周潮)	M_2
주태양반일주조(主太陽半日周潮)	S_2
태음일주조(太陰日周潮)	O_1
일월합성일주조(日月合成日周潮)	K_1

(1) 주태음반일주조(主太陰半日周潮)

달이 천구상의 일주(日周)운동에 의해 발생하는 조석의 분조로서 주기는 12시간 25분이다.

(2) 주태양반일주조(主太陽半日周潮)

태양이 천구상의 일수(日周)운동에 의해 발생하는 조석의 분조로서 주기는 12시간이다.

(3) 태음일주조(太陰日周潮)

달이 적도상을 운행하지 않기 때문에 생기는 분조로서 주기는 25.82시간이다.

(4) 일월합성일주조(日月合成日周潮)

달과 태양이 적도상을 운행하지 않기 때문에 생기는 분조로서 주기는 23.93시간이다.

Ⅲ. 약최저저조위(略最低低潮位, ALLWL)

(1) ALLWL, Approximate Lowest Low Water Level
(2) 4대 주요 분조의 최저 수위 하강치가 동시에 발생했을 때의 저조위
(3) 우리나라 해도 및 항만공사의 기준이 되는 조위
(4) 기본 수준면(Datum Level)으로 채택

Ⅳ. 수심 측정목적

(1) 매립시 매립토량 산출
(2) 해저 지반 굴착
(3) 해저 기초 설치
(4) 해저면 지반상태 파악
(5) 해저 생태계 파악

제 9 장 하천공사

상세 목차

제9장 하천공사

1	호안공의 종류		페이지
	1-1. 하천 호안구조의 종류 및 설치시 고려할 사항	[98후, 30점]	9-4
	1-2. 비탈 보호공법(덮기 공법) 및 시공시 유의사항	[02전, 25점]	
	1-3. 하천 호안의 역할 및 시공시 유의사항	[08중, 25점]	
	1-4. 하천 생태(환경) 호안	[08후, 10점]	9-10
	1-5. 매립 호안 사석제의 파이핑현상 방지대책 공법	[09중, 25점]	9-12
2	하천 제방의 누수 원인과 방지대책		페이지
	2-1. 하천 제방의 누수 원인과 방지대책	[95후, 30점]	9-16
	2-2. 하천 제방의 누수 원인과 방지대책	[01전, 25점]	
	2-3. 하천 제방의 누수 원인 및 누수 방지방법의 종류와 각 특징	[00후, 25점]	
	2-4. 제방의 누수에서 제체누수와 지반누수의 원인과 시공대책	[02후, 25점]	
	2-5. 하천 제방 제내지측 누수 원인과 방지대책	[08후, 25점]	
	2-6. 집중호우시 수위 상승으로 인한 하천 제방의 누수 및 제방 붕괴 방지대책	[06후, 25점]	
	2-7. 하천 제방에서 부위별 누수 방지대책과 차수공법	[09중, 25점]	
	2-8. 누수로 인한 성토제방의 파괴요인 및 누수방지공법	[97후, 35점]	
	2-9. 하천 제방의 붕괴 원인과 그 대책	[99전, 30점]	
	2-10. 호안의 파괴 원인과 그 대책	[94전, 50점]	
	2-11. 하천 제방을 파괴시키는 누수 비탈면활동 및 침하	[10중, 25점]	
	2-12. 하천공작물 중 제방의 종류 및 제방 시공계획	[05후, 25점]	9-24
	2-13. 하천 제방의 종류와 시공시 유의사항	[09전, 25점]	
	2-14. 하천 제방 축조시 시공상 유의사항	[00전, 25점]	
	2-15. 하천 제방에서 제체 재료의 다짐 기준	[07후, 25점]	
	2-16. 하천 공사시 제방의 재료 및 다짐	[10중, 25점]	
	2-17. 기존 제방의 보강공사를 시행할 때 주의하여야 할 사항	[01중, 25점]	9-31
	2-18. 수제의 목적과 기능	[03중, 25점]	9-34
	2-19. 제방 법선(Nomal Line Bank)	[03중, 10점]	9-37
	2-20. 하천공사에 설치하는 기능별 보의 종류 및 시공시 유의사항	[10후, 25점]	9-38
	2-21. 하천에서 보를 설치하여야 할 경우 및 시공시 유의사항	[04후, 25점]	
	2-22. 하천의 고정보 및 가동보	[09중, 10점]	

3	하천 홍수 재해 방지대책		페이지
	3-1. 빈번한 홍수 재해를 방지할 수 있는 대책을 수자원 개발과 하천 개수 계획과 연계하여 기술	[99후, 40점]	9-41
	3-2. 하천 개수계획시 고려할 사항과 개수공사의 효과	[10전, 25점]	
	3-3. 도시지역 물 부족에 따른 우수저류 방법과 활용방안	[11후, 25점]	9-46
	3-4. 설계강우강도	[03중, 10점]	9-49
	3-5. 설계강우강도	[11전, 10점]	
	3-6. 계획 홍수량에 따른 여유고	[10중, 10점]	9-51
	3-7. 가능 최대 홍수량(PMF)	[06중, 10점]	9-53
	3-8. 유출계수	[04후, 10점]	9-54
	3-9. 유수지(遊水池)와 조절지(調節池)	[06전, 10점]	9-55
	3-10. 부영양화(Eutrophication)	[08중, 10점]	9-57
	3-11. 용존공기부상	[11후, 10점]	9-58
	3-12. Cavitation(공동현상)	[00후, 10점]	9-60
	3-13. Siphon	[09전, 10점]	9-62
4	지하에 매설되는 암거의 기초형식		페이지
	4-1. 지하매설물을 설치할 때 기초형식과 공법	[95후, 25점]	9-64
	4-2. 콘크리트 원형관 암거의 기초형식을 열거하고 각 특징	[01후, 25점]	
5	Pipe Jacking 공법		페이지
	5-1. 주요 간선도로를 횡단하는 송수관로(직경 2m, 2열) 시공시 교통 장애를 유발하지 않는 시공법을 제시 및 시공시 유의사항 (지반은 사질토이고 지하수위가 높음)	[08후, 25점]	9-68
	5-2. 도심지 콘크리트 하수관을 Pipe Jacking 공법으로 시공시 공법의 설명 및 시공상 유의사항	[07전, 25점]	
	5-3. 대형 상수도관을 하천을 횡단하여 부설시 품질 관리와 유지 관리를 감안한 시공상 유의사항	[04후, 25점]	9-72
	5-4. 가동중인 하수처리장 침전지(철근 콘크리트 구조물) 바닥의 균열 발생원인과 균열 방지를 위한 시공시 유의사항	[07전, 25점]	9-75
6	하수관거의 정비공사		페이지
	6-1. 하수관로의 기초공법과 시공시 유의사항	[10전, 25점]	9-78
	6-2. 상하수도시설물(주위 배관 포함)의 누수 방지 방안과 시공시 유의사항	[09전, 25점]	
	6-3. 상수도관 매설시 유의사항	[01전, 25점]	
	6-4. 도심지 하수관거 정비공사 중 시공상 문제점과 대책	[05후, 25점]	
	6-5. 하수관의 시공검사	[01중, 10점]	
	6-6. 하수관거공사시 수밀시험(Leakage Test)	[09후, 25점]	
	6-7. 지반이 연약한 곳에 차집관로(Box) 시공시 문제점과 유의사항	[00전, 25점]	
	6-8. 관형(管形) 암거 시공시 파괴원인을 열거하고 시공시 유의사항	[00후, 25점]	
	6-9. 불명수(不明水) 유입에 대한 문제점과 대책 및 침입수 경로 조사방법	[11후, 25점]	9-86

제9장 하천공사

> **1-1** 하천 호안구조의 종류를 열거하고, 설치시 고려해야 할 사항에 대하여 기술하시오. [98후, 30점]
>
> **1-2** 하천의 비탈 보호공(덮기 공법)을 설명하고, 시공시 유의사항을 기술하시오. [02전, 25점]
>
> **1-3** 하천 호안의 역할 및 시공시 유의사항을 설명하시오. [08중, 25점]

Ⅰ. 개 요

(1) 호안이란 제방 또는 하안을 유수에 의한 파괴와 침식으로부터 직접 보호하기 위해 제방 앞비탈에 설치하는 구조물이다.

(2) 호안은 고수 호안, 저수 호안, 제방 호안의 세 종류로 구분되며, 비탈면 덮기, 비탈 멈춤, 밑다짐의 세 부분으로 구성된다.

Ⅱ. 호안의 역할

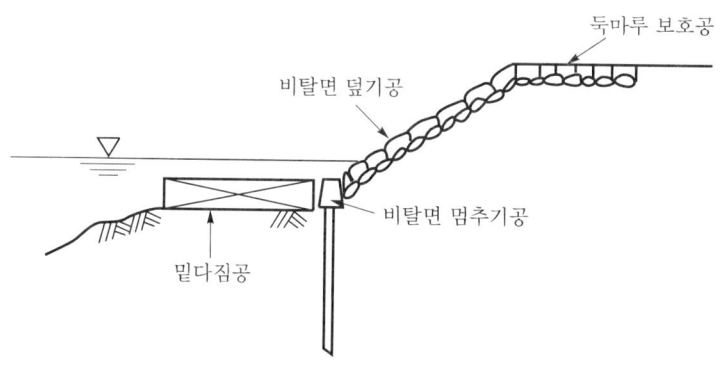

(1) 제방의 보호

① 호안은 제방 또는 하안을 유수에 의한 파괴와 침식으로부터 직접 보호하기 위해 제방의 앞비탈에 설치하는 구조물이다.

② 제방 호안은 고수 호안 중 제방에 설치하여 제방을 직접적으로 보호하기 위해 설치한다.

(2) 침식작용 방지
① 일반적으로 제방은 재료의 확보와 시공성, 공사비의 저렴성 등을 이유로 주로 토사로 축조된다.
② 유수의 침식작용으로부터 제방을 보호한다는 면에서는 수제와 동일한 역할을 지니고 있다.

(3) 비탈 덮기 밑부분의 지지 역할
호안의 기초는 비탈 덮기의 밑부분을 지지하기 위해 설치한다.

(4) 비탈 덮기의 활동과 비탈면의 토사 유출 방지
비탈 멈춤공은 비탈 덮기의 활동과 비탈 덮기 이면의 토사 유출을 방지하기 위해 설치한다.

(5) 하상의 세굴 방지
밑다짐공은 비탈 멈춤 앞쪽 하상에 설치하여 하상의 세굴을 방지함으로서 시초와 비탈 덮기를 보호하는 구조물이다.

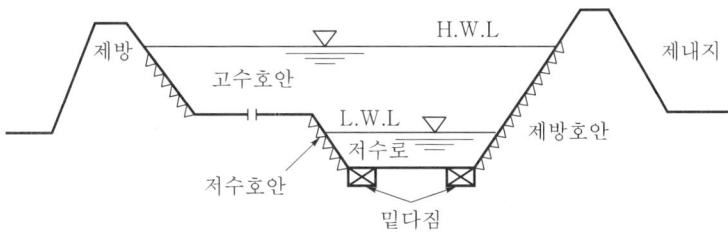

(6) 앞비탈의 보호
① 고수 호안은 홍수시 앞비탈을 보호한다.
② 저수 호안은 저수로에 발생하는 난류를 방지하고 고수부지의 세굴을 방지하기 위해 설치한다.

(7) 침식 방지
직접 하안을 피복하여 설치하므로 침식을 확실하게 방지할 수 있다.

Ⅲ. 호안 공법의 분류

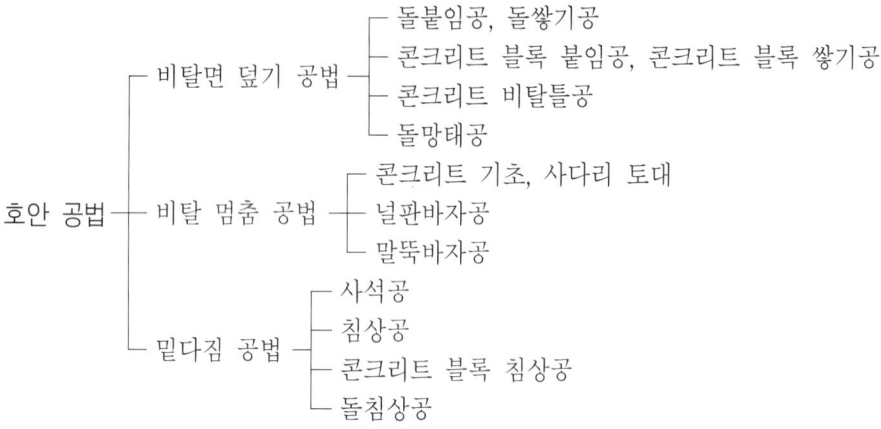

Ⅳ. 호안 공법(비탈 보호공법, 호안 구조의 종류)

(1) 돌붙임공, 돌쌓기공
  ① 비탈 경사가 1:1보다 급한 경우를 돌쌓기, 완만한 경우를 돌붙임이라 한다.
  ② 재료는 견치돌, 깬돌, 원석, 호박돌 등이다.
  ③ 경사가 완만한 완류에서는 메쌓기, 수세가 급하고 경사가 급한 경우는 찰쌓기를 한다.

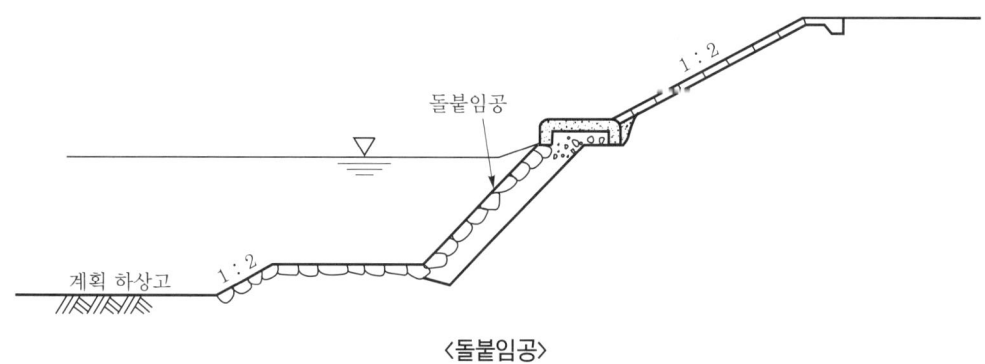

〈돌붙임공〉

(2) 콘크리트 블록 붙임공, 콘크리트 블록 쌓기공
  ① 현장 부근에 석재가 없는 하천에서는 돌붙임공 또는 돌쌓기공보다 경제적으로 시공이 가능하다.
  ② 돌붙임공, 돌쌓기공에 준하여 시공한다.

(3) 콘크리트 비탈틀공
   ① 비탈 위에 철근 콘크리트로 방틀을 짜고 바닥 콘크리트를 친 다음 깬돌을 까는 공법이다.
   ② 비탈이 1 : 2보다 완만한 경사일 때 이용한다.

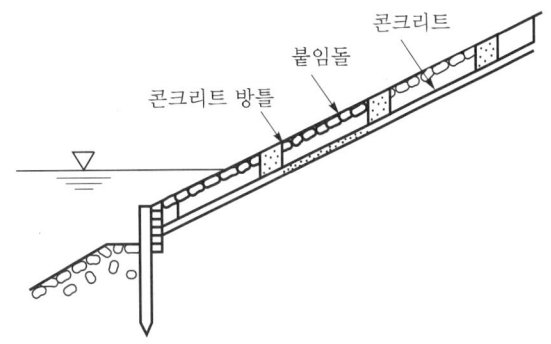

(4) 돌망태공
   ① 직경 3~4mm 정도의 철선으로 망태를 짜서 그 속에 조약돌을 채우는 공법이다.
   ② 굴요성이 풍부하고, 시공성이 좋으나 내구성이 적은 단점이 있다.
   ③ 석재를 구하기 어려운 장소에 적합하다.

(5) 콘크리트 기초, 사다리 토대
   ① 콘크리트 기초는 비탈면 덮기공으로 돌붙임공, 돌쌓기공, 콘크리트 블록 쌓기공 등을 채택한 경우에 적용한다.
   ② 사다리 토대는 메쌓기와 같은 간단한 비탈면 덮기공의 기초공으로 사용된다.

(6) 널판바자공
   ① 적당한 간격으로 말뚝을 박고 머리부분을 관목, 압목 등으로 연결하여 널편으로 바자를 만들어 호박돌, 자갈 등을 채우는 방법이다.
   ② 완류부 수심이 낮은 곳에서 사용한다.

(7) 말뚝바자공
   ① 적당한 간격으로 이미말뚝을 박고, 그 사이에 싱목(成木) 및 밑뚝을 붙여박는 공법이다.
   ② 바자 공법 중 제일 견고하며, 유속이 큰 곳에 사용된다.

(8) 사석공
   ① 가장 간단한 공법이다.
   ② 하상재료보다 크고 무거운 것을 사용하면 내구성 측면에서 유리하다.

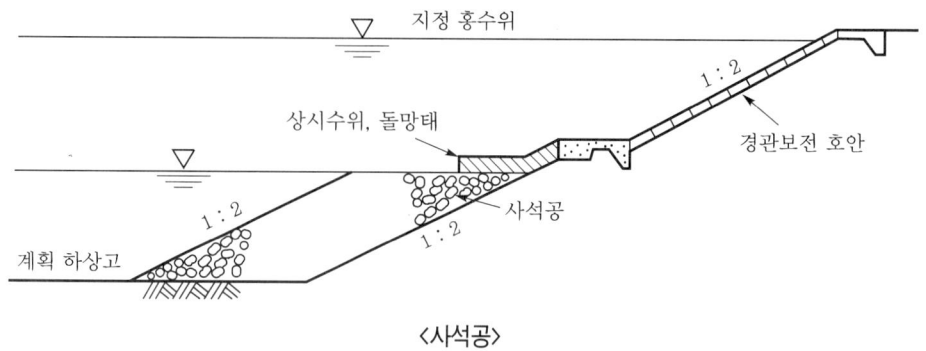

〈사석공〉

(9) 침상공
   ① 섶침상, 목공침상 등이 있다.
   ② 섶침상은 완류 하천에, 목공침상은 급류 하천에 적용된다.

(10) 콘크리트 블록 침상공
   ① 유수에 대한 저항성과 굴요성을 증가시키기 위해 콘크리트 블록이 서로 물리게 하는 방법이다.
   ② 블록의 형태에는 십자 블록, Y형 블록, H형 블록 등이 있다.

(11) 돌침상공
   ① 굴요성이 좋아 밑다짐으로는 시공성이 좋다.
   ② 내구성이 약한 단점이 있다.

Ⅴ. 시공시 유의사항

(1) 하상 조사
   호안 설계시 설치장소의 하상 변동을 조사하여 기초부분이 세굴에 안전하도록 기초밑 깊이를 충분히 하고 밑다짐 공법을 실시한다.

(2) 뒤채움 재료 선정
   뒤채움 재료는 여러 크기의 입자를 고루 분포시켜 적절한 입도를 유지할 수 있도록 하여야 한다.

(3) 비탈면 안정 검토
   유수속도가 빠르거나 간만의 차가 큰 감조부에서는 토압, 수압에 의한 붕괴 위험이 크므로 구배 설계시 완만한 비탈이 되게 한다.

(4) 구조이음눈 설치
   종단방향에 10~20m 간격으로 구조이음눈을 설치하여 비탈 덮기의 밑부분 파괴가 전체에 미치지 않도록 한다.

(5) 완화구간 설치

신설한 호안과 종래의 호안 사이에 완화구간을 두어 호안 양단부에서의 세굴과 비탈면 덮기 이면의 토사 유출을 방지한다.

(6) 호안머리 보호공 설치

호안머리 비탈공의 세굴을 방지하기 위해서 호안머리 보호공을 설치한다.

(7) 밑다짐 시공 철저

호안 구조의 변화시에는 밑다짐 시공을 철저히 하고, 급격한 변화를 피해 가급적 원활히 되도록 한다.

(8) 소단 설치

비탈길이는 10m 정도가 한도이나 비탈길이가 크면 소단을 설치할 필요가 있다.

(9) 수제의 설치

보통 자연 하천에서는 유로가 사행하는 성질이 있으므로 수제를 설계, 시공하여 제방을 유수에 의한 침식으로부터 보호한다.

(10) 세굴 방지공 설치

호안 상부에 1.0~1.5m 정도의 폭으로 세굴 방지공을 설치하여 상부의 파괴를 예방한다.

Ⅵ. 결 론

(1) 호안은 하상의 종횡 단면, 제방의 비탈 경사, 토질 등을 고려하여 시공 개소, 연장 및 공법 등을 결정해야 한다.
(2) 호안은 주로 기초의 세굴에 의해 파괴되지만 그 외에도 여러 가지 원인에 의해 파괴될 수 있으므로 파괴 원인을 정확히 파악하여 그 대책을 세워야 한다.

1-4 하천 생태(환경) 호안 [08후, 10점]

Ⅰ. 정 의

(1) 자연형 하천 및 생태 수로를 조성하기 위한 생태계 보전 호안(어류, 양서류, 곤충 보전 호안), 경관 보전 호안(녹화 호안, 조경 호안), 늪지와 습지 및 철새 도래지 등의 기반 안정화와 생태 복구공사에 적용한다.

(2) 하천의 생태 호안의 종류에는 여러 가지의 신기술이 도입되어 사용되고 있으나, 일반적으로 많이 사용하는 공법은 Gabion 매트리스 공법, 식생 호안 매트 공법, 호안 블록 공법 등으로 구분할 수 있다.

Ⅱ. 호안의 구조

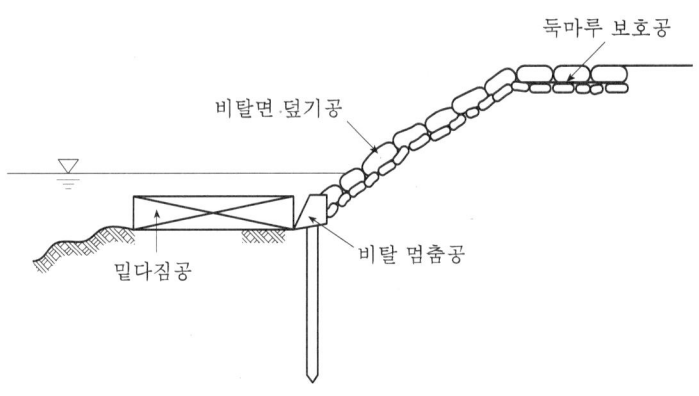

Ⅲ. 생태(환경) 호안의 시공

(1) 식생 호안
 식생의 피복에 의한 토양의 지지력 향상으로 호안의 기능을 수행해야 하므로 식생이 충분히 자랄 수 있도록 여름철 홍수가 끝난 직후에 시공한다.

(2) 기단부 처리공사
 ① 나무말뚝 박기
 ② 섶단 2단 누이기
 ③ 자연석 받침

④ 돌망태 놓기
　　　⑤ 야자섬유 두루마리

(3) 비탈 바닥공사
　　　① 윗가지 덮기
　　　② 녹색마대
　　　③ 갈대다발 묶음
　　　④ 황마망(Jute-Net), 황마-철망
　　　⑤ 갈대뗏장 심기

(4) 식생재 피복공사
　　　① 갯버들 그루터기 심기
　　　② 갯버들 꺾꽂이

1-5 매립 호안 사석제의 파이핑(Piping)현상에 대한 방지대책 공법을 설명하시오.
[09중, 25점]

Ⅰ. 개 요

(1) 호안이란 제방 또는 하안을 유수에 의한 파괴와 침식으로부터 직접 보호하기 위해 제방 앞비탈에 설치하는 구조물이다.
(2) 호안 파괴는 하부의 세굴이나 Piping에 의해서 발생되는데 비탈 경사, 호안 깊이 또는 호안 기초공, 밑다짐공 등의 세굴 방지에 유의하여야 한다.

Ⅱ. Piping 현상 원인

(1) 지반 누수
   ① 제외지의 수위 증가로 인한 침투력 증가
   ② 불투수성인 표토가 손상되거나 제거된 경우
   ③ 제방 하부부분의 일부 세굴
   ④ 기초지반의 재료가 투수성이 큰 경우

(2) 제체 누수
   ① 제체의 단면폭의 부족
   ② 제체의 다짐 부족
   ③ 제체의 균열 발생
   ④ 동·식물에 의한 제체에 구멍 발생
   ⑤ 차수벽의 미설치 또는 손상

Ⅲ. Piping 현상에 대한 방지대책

(1) 제방 단면 확대
   ① 제방 단면의 크기를 충분하게 하여 침윤선의 길이를 연장시켜야 한다.
   ② 제방 단면을 확충하면 자중에 의해 제체의 세굴을 방지하여 Piping 현상이 저감된다.

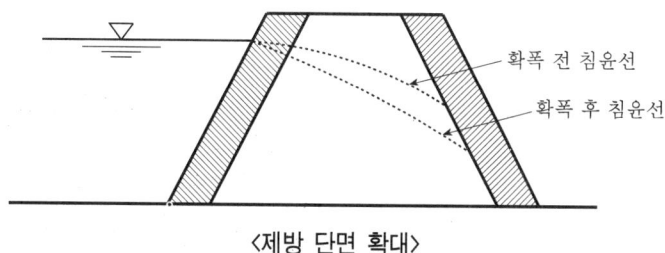

〈제방 단면 확대〉

(2) 투수성이 낮은 재료 선정

　제체 재료는 가급적 투수성이 낮은 재료를 사용하여 투수계수를 저하시켜야 한다.

(3) 비탈면 피복

　제방과 제내지 또는 제외지가 접하는 부분을 불투수성 표면층으로 피복하여 침투수를 차단한다.

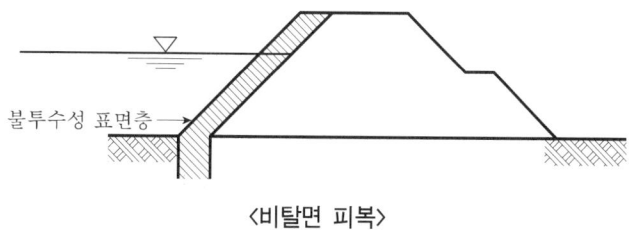

〈비탈면 피복〉

(4) 차수벽 설치

　제체에 Sheet Pile을 설치하거나 점토 등으로 Core를 설치함으로써 누수 경로를 차단시킨다.

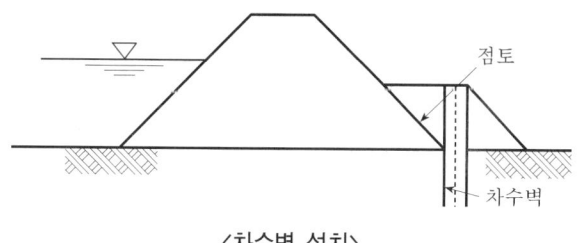

〈차수벽 설치〉

(5) 다짐 시공 철저

　제체 시공시 토질 및 시공조건에 적합한 다짐방법을 선택하여 소정의 다짐도에 이르도록 한다.

(6) 약액 주입

　지반에 약액을 주입하여 지반의 투수성을 감소시킨다.

(7) 압성토 공법

침투수의 양압력에 의한 제체 비탈면의 활동을 방지할 목적으로 시행하며 기초지반의 통과 누수량이 그대로 허용되는 경우에 적용한다.

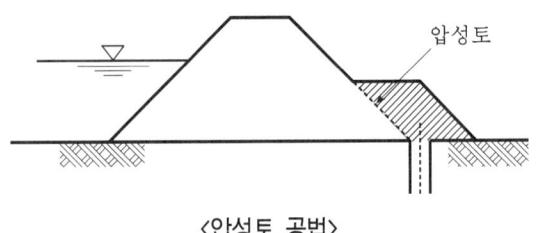

〈압성토 공법〉

(8) Blanket 공법

제외지 투수성 지반 위에 불투수성 재료나 아스팔트 등으로 표면을 피복시켜 차수효과를 증대시킨다.

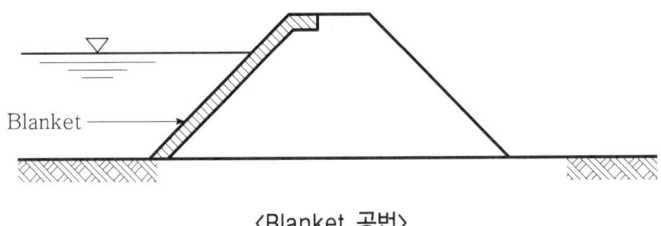

〈Blanket 공법〉

(9) 배수로 설치

불투수층 내에 배수로를 만들어 침투수를 신속히 배출시킴으로써 침윤선을 낮춘다.

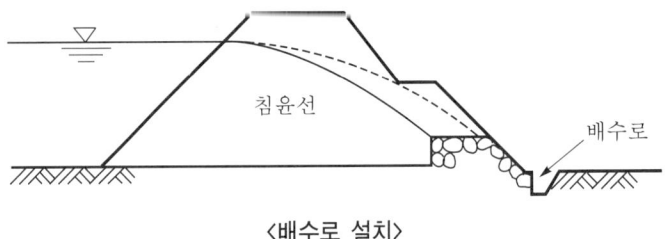

〈배수로 설치〉

(10) 지수벽 설치

제외지 비탈끝에 Sheet Pile, Concrete 벽 등으로 지수벽을 설치하여 Piping을 방지한다.

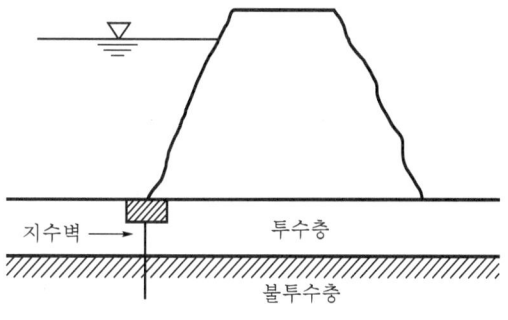

<지수벽 설치>

 (11) 사석공 주변 매립

  ① 양질의 토사로서 상단폭 15~20m 외측 구배 1 : 3 이상되게 호안 사석제 내측에 시공하여 유실된 호안을 보완한다.

  ② Piping 작용으로 유실되는 제체토는 Piping 현상을 막을 수 있다.

Ⅳ. 결 론

(1) 호안의 파괴를 미연에 방지하기 위해서는 설계시 하도 내의 수리현상, 세굴, 퇴적의 변화 등을 고려하여 설치위치와 연장을 정해야 한다.

(2) 특히, 사석에 의한 호안구조는 세굴로 인한 Piping 현상으로 인해 파기가 진행될 수 있으므로 필터층의 시공을 잘하여야 한다.

2-1 하천 제방의 누수 원인과 방지대책을 설명하시오. [95후, 30점]

2-2 하천 제방의 누수 원인과 방지대책을 설명하시오. [01전, 25점]

2-3 하천 제방의 누수 원인을 열거하고, 누수 방지방법의 종류와 각 특징에 관하여 기술하시오. [00후, 25점]

2-4 제방의 누수에는 제체누수와 지반누수로 구분할 수 있는데 이들 누수의 원인과 시공대책에 대하여 설명하시오. [02후, 25점]

2-5 하천 제방 제내지측에 누수 징후가 예견되었다. 누수 원인과 방지대책을 설명하시오. [08후, 25점]

2-6 집중호우시 수위 상승으로 인한 하천 제방의 누수 및 제방 붕괴 방지를 위한 대책에 대하여 설명하시오. [06후, 25점]

2-7 하천 제방에서 부위별 누수 방지대책과 차수공법에 대하여 설명하시오. [09중, 25점]

2-8 성토 제방누수로 인한 제방 파괴원인과 방지공법에 대하여 설명하시오. [97후, 35점]

2-9 하천 제방의 붕괴 원인과 대책에 관하여 쓰시오. [99전, 30점]

2-10 호안의 파괴 원인과 그 대책을 설명하시오. [94전, 50점]

2-11 하천공사에서 제방을 파괴시키는 누수, 비탈면활동, 침하에 대하여 설명하시오. [10중, 25점]

I. 개 요

(1) 제방의 누수는 제외수위가 상승하여 제체 또는 지반을 통해 제내측으로 침투수가 유입되는 현상을 말하고, 제체를 침투해오는 제체누수와 지반을 침투해오는 지반누수가 있다.

(2) 제체누수는 제체의 침윤선이 결정적인 요인이 되므로 침윤선이 제방 부지 밖에 위치하도록 하여야 하며, 지반누수가 있을 경우에는 적절한 대책공법을 강구해야 한다.

II. 제방의 구조도

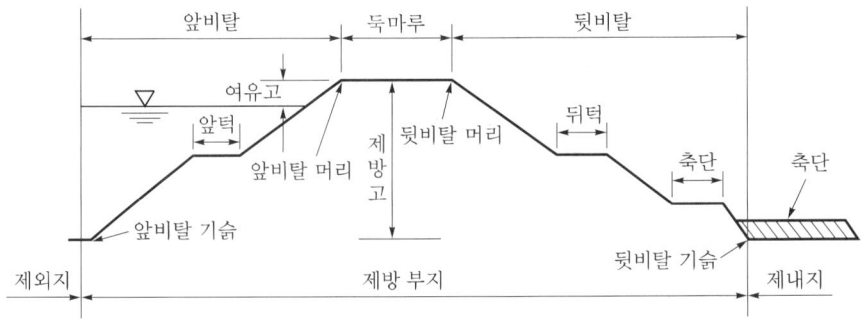

Ⅲ. 제방 붕괴 원인(호안 파괴 원인)

(1) 누수
   ① 누수에는 제체를 침투해오는 제체누수와 지반을 침투해오는 지반누수가 있다.
   ② 투수성이 높은 지반에서 하천 수위의 상승으로 인한 침투압이 증가한다.
   ③ 침투압의 증가로 침투수가 용출하는 파이핑현상이 발생한다.
   ④ 배수 통문의 설치는 제체누수의 원인이 되므로 배수 통문 주변의 정기적인 점검이 필요하다.
   ⑤ 제방의 누수는 비탈면 붕괴, 제방의 파괴 등의 원인이 된다.

(2) 비탈면 활동
   ① 비탈면의 활동은 제방 붕괴의 중요한 원인이 된다.
   ② 비탈면의 활동 파괴에 대한 안정성 검토에서 고려되는 하중은 자중, 정수압, 간극수압 등이 있으며, 이들은 제방의 포화상태에 따라 적용한다.
   ③ 비탈면의 활동에 대한 안정 해석은 원호활동법에 근거해 비탈면 파괴에 대한 안전율을 산출한다.
   ④ 제체상태에 따른 안전율

제체상태	간극수압 상태	안전율
인장균열 고려시	간극수압 고려	1.3 이상
	간극수압 미고려	1.8 이상
인장균열 미고려시	간극수압 고려	1.4 이상
	간극수압 미고려	2.0 이상

(3) 침하
   ① 침하의 원인에는 지반의 압밀, 탄성침하, 측방으로 부풀어 오르는 현상 등이 있다.
   ② 연약지반에 제방을 축조하는 것은 붕괴의 원인이 된다.
   ③ 부등침하, 공동 발생, 측방 유동 등이 발생할 경우에는 침하로 인한 제방의 붕괴가 우려된다.
   ④ 지반의 침하량을 추정하여 대처공법을 선정하여 시공 후 제방을 축조한다.
   ⑤ 지반조사를 통해 자연시료를 채취하여 물리시험, 역학시험 등으로 제방의 안전성을 확보한다.

(4) 기초 세굴
   ① 세굴에 의해 기초부분 파괴
   ② 기초 밑깊이 부족 및 밑다짐 미시공

(5) 뒤채움 토사 흡출
    ① 수위 하강시의 잔류 간극수압에 의한 토사 유출
    ② 토사의 유출에 의한 공동으로 비탈 덮개가 파괴

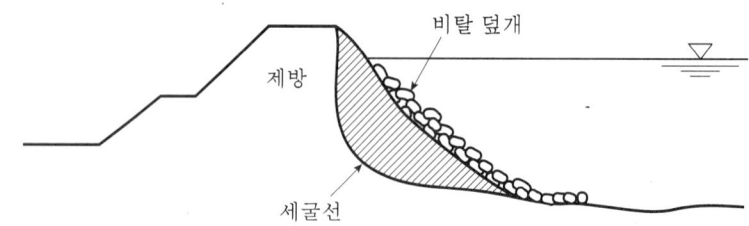

(6) 유수에 의한 비탈 덮개 파괴
    ① 급류 하천에서 많이 발생
    ② 돌붙임공에서 너무 작은 사석을 사용할 때

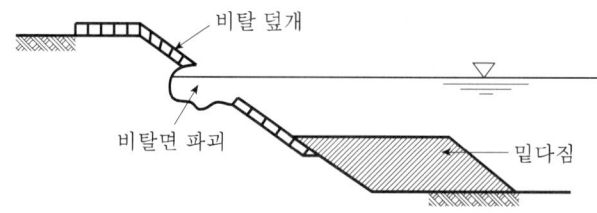

(7) 구조 이음눈 미설치
    ① 찰붙임에서 채움 콘크리트 및 이음눈 모르타르 미설치
    ② 콘크리트 이순틀에 송횡단 방향 구조 이음눈 미설치
(8) 제방 머리부 세굴
    ① 저수 호안의 법선이 심하게 만곡되어 있는 경우
    ② 유수의 직진성으로 인한 제방 머리부 세굴

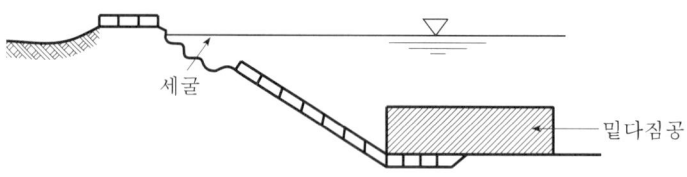

(9) 유수변화 위치
    ① 급작스런 유로변화 위치에서의 제방 세굴·침식
    ② 밑다짐을 하지 않았을 때 발생

(10) Piping
  ① 제방 하부지반의 하천수 침투로 지반토가 유실되어 제방 내부에 파이프 형태의 유로 형성
  ② 지반 투수성이 큰 재료일 경우 파이핑 발생으로 제방의 급작스런 붕괴 발생

(11) 구조물 접합부의 시공 불량
  제방에 설치되는 수문, 통문, 통관 등의 구조물과의 접합부 시공 불량으로 제방 붕괴 초래

Ⅳ. 누수 원인

(1) 제방 단면의 과소
  제방의 단면이 작아서 침투수를 충분히 차단하지 못하는 경우

(2) 재료의 부적정
  제방이 조립토 또는 사질토를 다량으로 함유하고 있는 경우

(3) 차수벽 미시공
  제외지 또는 중심부에 차수벽이 없는 경우

(4) 제체의 다짐 불량
  제체가 충분히 다져지지 않아 우수 등의 제체 침투로 흙의 강도가 저하될 경우

(5) 제체의 구멍
  두더지 등에 의해 제체에 구멍이 뚫릴 경우

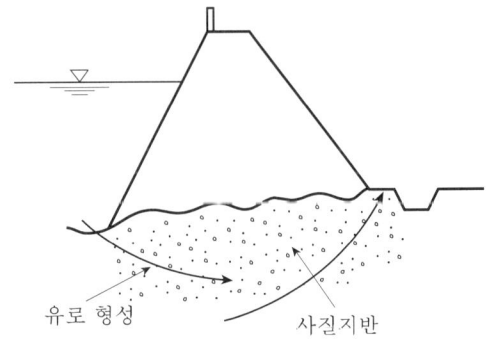

(6) 구조물 접합부의 시공 불량
  제체 내에 매설되어 있는 구조물과의 접합부에 흐름이 생길 경우

(7) 투수성이 큰 지반
    지반이 투수성이 큰 모래층 또는 모래 자갈층인 경우

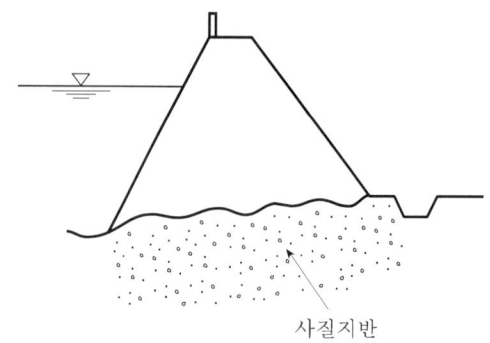

(8) 표토의 세굴
    고수부지 부근의 표토가 유수에 의해 세굴되어 투수층이 노출된 경우

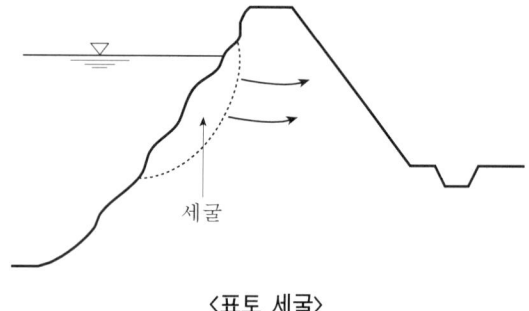

〈표토 세굴〉

(9) 불투수층의 두께 부족
    불투수성 표토의 두께를 얇게 했을 경우

(10) 투수층의 노출
    제방 제내지 비탈 기슭 부근에서 골재를 채취하여 투수층을 노출시켰을 경우

(11) 지반침하
    지반침하에 의해 하천수위와 제체 지반고와의 차이가 커져 침투압이 증가했을 경우

Ⅴ. 방지대책(시공대책, 붕괴대책)

1. 차수 공법

(1) 제방 단면 확대
    제방 단면의 크기를 충분하게 하여 침윤선의 길이를 연장시켜야 한다.

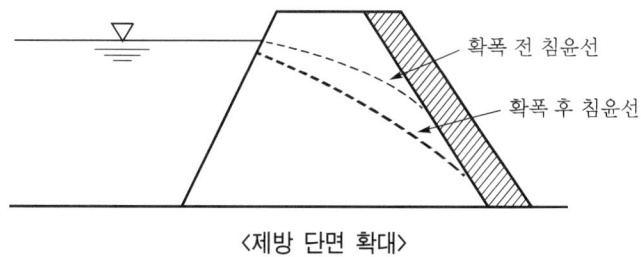

<제방 단면 확대>

(2) 제체 재료 선정 유의

제체 재료는 가급적 투수성이 낮은 재료를 사용하여 투수계수를 저하시켜야 한다.

(3) 비탈면 피복

제방과 제내지 또는 제외지가 접하는 부분을 불투수성 표면층으로 피복하여 침투수를 차단한다.

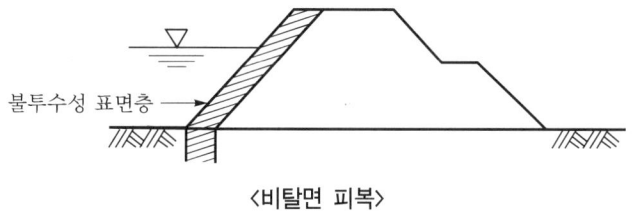

<비탈면 피복>

(4) 차수벽 설치

제체에 Sheet Pile을 설치하거나 점토 등으로 Core를 설치함으로써 누수 경로를 차단시킨다.

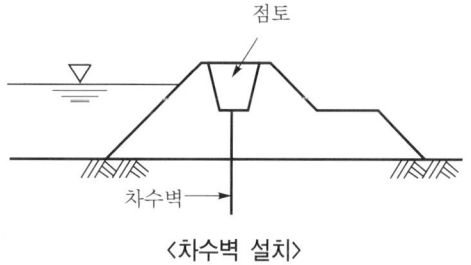

<차수벽 설치>

(5) 다짐 시공 철저

제체 시공시 토질 및 시공조건에 적합한 다짐방법을 선택하여 소정의 다짐도에 이르도록 한다.

(6) 약액 주입

지반에 약액을 주입하여 지반의 투수성을 감소시킨다.

(7) Blanket 공법

제외지 투수성 지반 위에 불투수성 재료나 아스팔트 등으로 표면을 피복시켜 지수 효과를 증대시킨다.

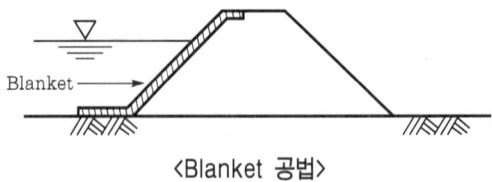

<Blanket 공법>

2. 비차수 공법

(1) 압성토 공법

침투수의 양압력에 의한 제체 비탈면의 활동 방지 목적으로 시행하며, 기초지반의 통과 누수량이 그대로 허용되는 경우에 적용한다.

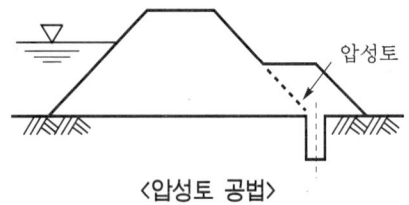

<압성토 공법>

(2) 배수로 설치

불투수층 내에 배수로를 만들어 침투수를 신속히 배제시켜 침윤선을 낮춘다.

<배수로 설치>

(3) 지수벽 설치

제외지 비탈끝에 Sheet Pile, Concrete 벽 등으로 지수벽을 설치하여 Piping을 방지한다.

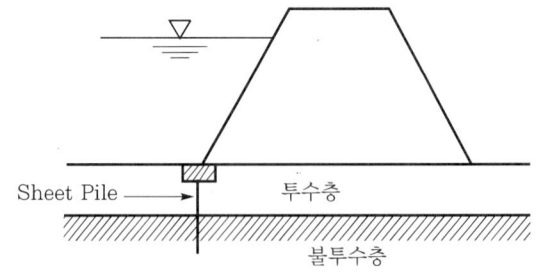

<지수벽 설치>

(4) 비탈끝 보강 공법

제내지 비탈끝 부분에 작은 옹벽을 설치하여 침식을 방지한다.

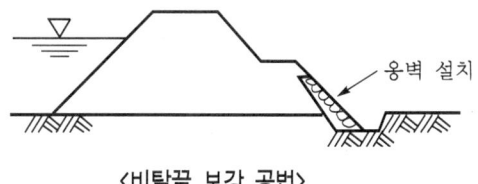

〈비탈끝 보강 공법〉

(5) 집수정 설치

제내지에 배수용 집수정을 만들어 양수함으로써 침윤선을 낮추는 방법으로 투수층의 두께가 두꺼운 경우에 채택한다.

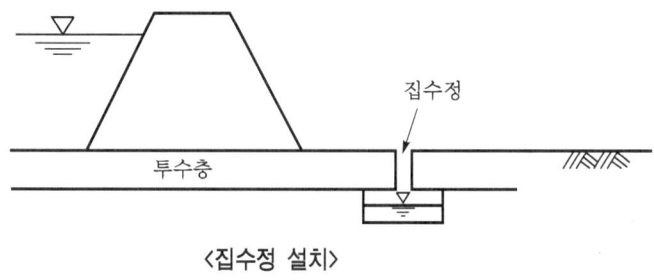

〈집수정 설치〉

(6) 수제 설치

유속과 흐름방향을 제어하여 제방을 유수에 의한 침식작용으로부터 보호하기 위해 제외지 앞부분에 설치한다.

Ⅵ. 결 론

(1) 제방에서의 누수는 비탈면 붕괴, 제방 파괴의 원인이 되므로 적절한 대책을 강구해야 하는 바, 제체 및 기초의 토질 등을 충분히 고려하여 적절한 공법이 선정되어져야 한다.

(2) 특히, 침투수의 용출에 의한 Piping 현상은 제방 붕괴의 직접적인 원인이 되므로 유선망, 침투압, 누수량 등을 검토하여 충분한 대책을 세워야 하다.

2-12 하천공작물 중 제방의 종류를 간략하게 설명하고, 제방 시공계획에 대하여 기술하시오. [05후, 25점]

2-13 하천 제방의 종류와 시공시 유의사항을 설명하시오. [09전, 25점]

2-14 하천 제방 축조시 시공상 유의사항에 대하여 설명하시오. [00전, 25점]

2-15 하천 제방에서 제체 재료의 다짐 기준을 설명하시오. [07후, 25점]

2-16 하천 공사시 제방의 재료 및 다짐에 대하여 설명하시오. [10중, 25점]

I. 개 요

(1) 하천 제방이란 하천수가 하천 밖으로 넘치는 것을 방지하기 위하여 하천을 따라 토사 등을 적정높이로 축조한 구조물이다.

(2) 제방 축조는 시공 전에 충분한 지반조사가 행해져야 하며 하천 수량 및 홍수량 등을 고려하여 시공되어져야 한다.

II. 제방의 종류

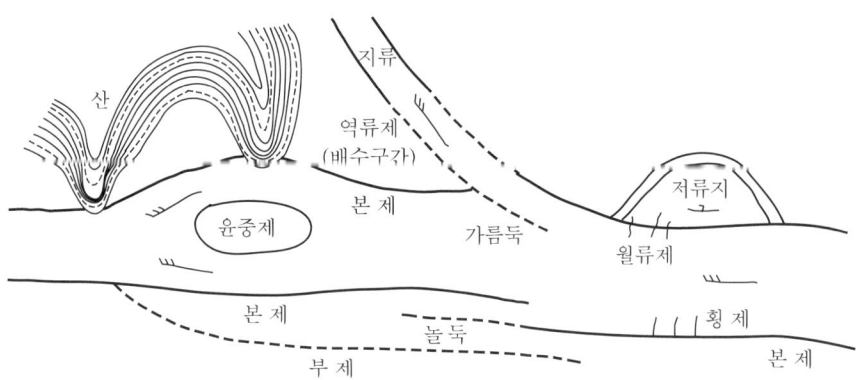

(1) 본제(본둑, Main Levee)
제방 원래의 목적을 위해서 양안에 축조하는 연속제로 가장 일반적인 형태를 가진 제방이다.

(2) 부제(예비둑, Secondary Levee)
본제가 파괴되었을 때를 대비하여 설치하는 제방으로 본제보다 제방높이를 약간 낮게 설치한다.

(3) 놀둑(열린둑, Open Levee)
   ① 불연속제의 대표적인 형태, 제방 끝부분에서 제내지로 유수를 끌어들이기 위하여 제방을 분리하여 윗제방의 하류단과 그 다음 제방의 상류단을 분리하여 중첩한 것이다.
   ② 홍수 지속기간이 짧은 급류 하천이나 단기간의 침수에는 큰 영향을 받지 않는 지역에서 홍수 조절을 목적으로 설치된다.

(4) 윤중제(둘레둑, Ring Levee)
   특정한 지역을 홍수로부터 보호하기 위하여 그 주변을 둘러싸고 설치하는 제방을 말한다.

(5) 횡제(가로둑, Cross Levee)
   제외지를 유수지나 경작지로 이용하거나 유로를 고정시키기 위하여 하천 중앙쪽으로 돌출시킨 제방이다.

(6) 분류제(가름둑, Seperation Levee)
   ① 홍수 지속기간, 하상 경사, 홍수 규모 등이 다른 두 하천을 바로 합류시키면 합류점에 토사가 퇴적되어 횡류가 발생하고 합류점 부근 하상이 불안정하게 되어 하천 유지가 곤란하게 된다.
   ② 이와 같은 경우에 두 하천을 분리하기 위하여 설치하는 제방이다.

(7) 월류제(Overflow Levee)
   ① 하천수위가 일정높이 이상이 되면 하도 밖으로 넘치도록 하기 위해 제방의 일부를 낮추고 콘크리트나 아스팔트 등의 재료로 피복한 것이다.
   ② 월류제는 홍수 조절용 유수지, 일정크기 이상의 홍수 때에만 흐르는 방수로 유입구로 이용된다.

(8) 역류제(Back Levee)
   지류가 본류에 합류할 때 지류에는 본류로 인한 배수가 발생하므로 배수의 영향이 미치는 범위까지 본류 제방을 연장하여 설치하는데 이를 역류제라고 한다.

(9) 도류제(Guide Levee)
   하천의 합류점, 분류점 열린둑의 끝부분, 하구 등에서 흐름의 방향을 조정하기 위해서 또는 파의 영향에 의한 하구의 퇴사를 억제하기 위해서 축조하는 제방이다.

Ⅲ. 제방 시공계획

(1) 사전 조사
   ① 지반 및 지질 조사
   ② 축제용 흙의 특성 파악

(2) 기존구조물 철거
   ① 기존구조물의 철거 및 재활용
   ② 보존 지정구조물은 이설

(3) 기초지반 처리
   ① 표토 제거 및 벌개작업
   ② 배수시설 설치
   ③ 연약지반 처리

(4) 재료 선정
   ① 흙의 투수계수 파악
   ② 구득 및 시공이 용이할 것
   ③ 시험을 통하여 수축 및 팽창이 적은 재료 선정

(5) 다짐계획
   ① 다짐도 관리
   ② 시방에 의한 다짐 두께 및 다짐 횟수 관리
   ③ 최적 함수비 유지 및 다짐도 검사

(6) 토취장 선정
   ① 운반거리가 짧은 곳
   ② 토량 확보가 용이한 곳
   ③ 품질이 양호한 흙

(7) 누수 방지계획
   ① 침투압 및 누수량 검토
   ② 유선망 확인

(8) 안정성 검토
   ① 제방의 침하 및 활동에 관한 안정성 확보
   ② 제방의 누수 및 붕괴 방지

Ⅳ. 제방의 재료

(1) 제방 재료 기준
  ① 제방 재료는 통일분류법상 GM, GC, SM, SC, ML, CL 등과 같은 일정정도 점토(C) 및 실트(M)와 같은 세립분을 함유해야 한다.
  ② 재료의 최대치수는 100mm 이내로 하는 것이 바람직하다.
  ③ 하상 재료를 제방 재료로서 사용하는 것은 원칙적으로 금한다.
  ④ 하상 재료를 제방 재료로서 부득이 사용할 경우
    ㉠ 하상 재료 채취에 따른 하상 변동, 평형 하상 경사의 변화 고려
    ㉡ 하천 생태계에 미치는 영향 고려
    ㉢ 침식 방지, 제체의 침투 및 활동에 대한 안정성 평가를 통하여 사용

(2) 제방 재료로서 흙의 조건
  ① 물이 포화되었을 때 비탈면 활동이 잘 일어나지 않을 것
  ② 투수계수가 작을 것($K = 10^{-3}$cm/s 이하)
  ③ 굴착, 운반, 다짐 등의 시공이 용이할 것
  ④ 물에 용해되는 성분을 포함하지 않을 것
  ⑤ 내부 마찰각이 클 것. 특히, 물이 포화상태일 때 내부 마찰각이 크게 낮아지지 않을 것
  ⑥ 습윤이나 건조에 의한 팽창, 수축이 크지 않을 것
  ⑦ 풀이나 나무 뿌리 등의 유기물을 포함하지 않을 것

(3) 제체 재료별 제체누수에 대한 저항성

구 분	재 료	제체누수에 대한 저항성
Ⅰ	① 소성지수(PI)>15인 CL ② 입도 분포가 양호하고 소성지수(PI)>15인 SC	가장 큼
Ⅱ	① 소성지수(PI)<15인 CL, ML ② 입도 분포가 양호한 GM ③ 입도 분포가 양호하고, 7<소성지수(PI)<15인 SC, GC	중간
Ⅲ	① SP ② 입도분포가 균등한 SM ③ 소성지수(PI)<7인 ML	가장 작음

V. 다짐 기준

(1) 건조밀도

$$다짐도(C) = \frac{\gamma_d(\text{현장의 건조밀도})}{\gamma_{d\max}(\text{실험실에서의 최대건조밀도})} \times 100\text{이 } 90\sim95\% \text{ 이상}$$

(2) 포화도, 간극비

① 포화도 $(S) = \dfrac{G_s \cdot w}{e}$ 가 85~95% 이내

② 간극비 $(e) = \dfrac{G_s \cdot w}{S}$ 가 10~20% 이내

(3) 강도 특성
현장에서 측정한 지반 지지력계수 K치, CBR치, Cone 지수로 판정

(4) 상대밀도(Relative Density)

$$D_r = \frac{e_{\max} - e}{e_{\max} - e_{\min}} \times 100 = \frac{\gamma_d - \gamma_{d\min}}{\gamma_{d\max} - \gamma_{d\min}} \times \frac{\gamma_{d\max}}{\gamma_d} \times 100\% \text{ 가 시방 규정 이상}$$

VI. 시공시 유의사항

(1) 비탈 경사
① 표준 제방의 비탈 경사는 1 : 2 이상
② 성토에 따른 제방 비탈면은 떼 등으로 피복

(2) 측단 설치
① 제방의 안정 및 비상용 토사비축용
② 안정 측단, 비상 측단, 조경 측단 등으로 구분

(3) 제방턱 설치
① 제방의 안정을 위한 비탈 허리에 설치
② 제방턱의 폭은 3m 이상으로 함

(4) 제방높이
① 제방높이는 계획 홍수위에 여유고를 더한 높이 이상
② 계획 홍수위가 제내 지반고보다 낮을 경우는 예외로 함

(5) 관리용 통로 설치
    ① 제방의 유지관리를 위한 관리용 통로 설치
    ② 관리용 도로의 폭은 3m 이상, 둑 마루폭 이하
    ③ 구조물을 설치할 경우 통과높이 4.5m 이상

(6) 호안 선정
    ① 하천 수위 변화, 월류, 침식 등의 피해 방지 목적
    ② 제방 비탈면 보호 및 제방 단면 유지
    ③ 호안은 비탈 덮기공, 비탈 멈춤공, 밑다짐공 등으로 분류

(7) 다짐도 확보
    ① 흙쌓기 완료 후 침하 억제, 비탈면 보호, 밀도 증가, 투수성 저하 등의 목적으로 다짐
    ② 제방 다짐 시공에서 다짐도는 80% 이상 요구
    ③ 다짐도 판정방법으로는 건조밀도, 포화도, 강도 특성 이용

(8) 지하수 처리
    ① 지속적인 지하수 유출은 제방 파괴의 원인
    ② 지하수 유도 배수, 유출 억제 등 적절한 조치 필요
    ③ 지하수 유출에 따른 제방의 안정성 검토

(9) 세굴 방지공 설치
    ① 제방 앞 기슭의 국부적 세굴 대비
    ② 앞기슭의 호안, 예상 세굴깊이보다 깊은 기초 시공

(10) 구조물 접속부 시공
    ① 교량, 낙차공, 수문, 취수구 등의 구조물 접속부 시공
    ② 특히, 홍수류에 취약하여 세굴현상 발생에 대한 대책
    ③ 구조물의 기능 및 제방 사용재료 선정에 특히 유의

(11) 더돋기 시공
    ① 제방 마루 및 전단면에 대하여 여유를 갖도록 더돋기 시공
    ② 더돋기높이는 제방 재료, 기초지반, 제방높이 등을 고려하여 결정
    ③ 제방높이가 3~7m일 경우 일반적으로 15~50cm를 더돋기한다.

(12) 기초지반 처리
    ① 잡초, 나무뿌리, 콘크리트 덩어리 등의 이물질 제거

② 기초 바닥부의 물처리를 위한 배수시설
③ 기설 제방에 접하여 시공할 경우 0.5~1.0m의 층따기 시공

(13) 제방 쌓기 재료 선정
① 투수성이 적은 양질의 재료
② 운반거리가 짧고 기타 비용이 적게 드는 재료
③ 투수성 $K = 10^{-3}$ cm/sec 정도의 재료

Ⅶ. 결 론

(1) 하천 제방은 주목적이 하천수가 제내지로 범람하는 것을 막기 위해 설치하는 하천 시설물로서 대단히 중요한 구조물이다.

(2) 하천 제방의 시공에서 사용 재료 선정 및 시공 과정에서의 체계적인 품질·유지관리가 매우 중요하다.

2-17 기존 제방의 보강공사를 시행할 때 주의하여야 할 사항에 대하여 설명하시오.

[01중, 25점]

I. 개 요

(1) 하천 제방의 보강공사는 하천수의 누수 및 홍수시 하천수의 범람을 막기 위하여 정기적인 유지관리 체계로 관리되어져야 하며, 점검시 파손 및 결함 부위는 곧바로 조치를 취하는 것이 중요하다.

(2) 하천 제방 보강공사를 시행할 때엔 제방의 손실을 최소화하고 예년의 강우 기록을 참조하여 예기치 않는 사고 발생을 방지하는 게 무엇보다 중요하다.

II. 보강공사의 필요성

(1) 제방 균열
(2) 제방 침하
(3) 제방 누수
(4) 제방 침식, 세굴

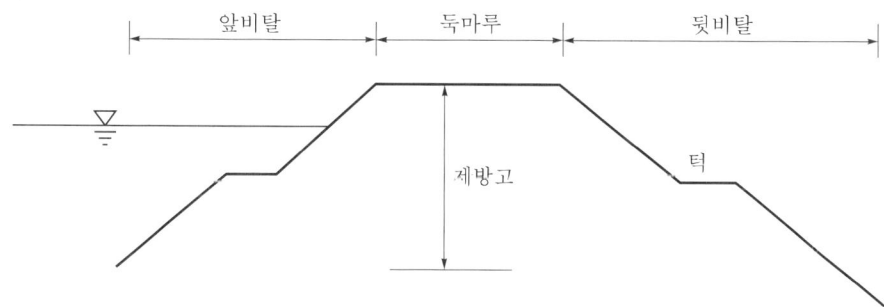

III. 보강공사 시행시 주의하여야 할 사항

(1) 통수 단면 유지
  ① 발생토의 하상 방치
  ② 하천수 흐름의 방해 요인 제거
  ③ 공사용 각종 자재 정리

(2) 예년 강우량
    ① 예년 강우량 분석
    ② 폭우에 의한 제방 유실

(3) 사용 재료 선정
    ① 기존 제방 구성 재료와 유사 재료 사용
    ② 투수성이 큰 재료 사용 억제

(4) 제방 법면 구배
    시방 규정에 따른 구배 설정

(5) 호안 구조물 복구
    ① 제체 보강공사로 훼손된 호안구조물의 원상회복
    ② 훼손, 유실된 구조물은 유사 조도 및 기능의 호안공으로 설치

(6) 생태계 보존
    ① 기존 제방의 보강공사는 자연환경과 조화를 이룰 수 있게 함으로써 생태계를 보존하는 게 중요
    ② 보강공사의 소요 재료 선정은 환경 파괴의 우려가 없는 것으로 사용

(7) 구조물 보호
    ① 제방에 축조되어 있는 각종 시설물 기능의 손상 방지
    ② 전기, 통신, 하수도, 공원 등의 시설 보호
    ③ 치수시설물의 안전 도모

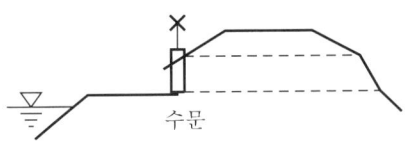

(8) 제방 단면 확장
    ① 신·구 제방 접합부의 활동 방지 목적으로 층따기 실시
    ② 제방 비탈 사면으로 흙을 투하하는 방식 엄금

(9) 제방활동 점검
    ① 과도한 작업하중에 의한 활동 발생
    ② 계측관리를 통한 활동 제어

(10) 지하용수 처리
　　① 차수 Grouting 실시
　　② 불투수성 재료로 치환 다짐
　　③ 지하용수 처리

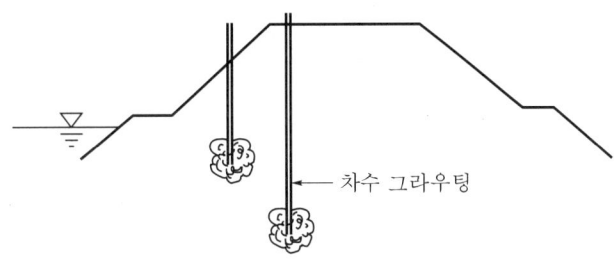

(11) 기존 유로의 유지
　　① 기존 유로의 특성 변화 최소화
　　② 기존 상시 수로폭 확대 방지

(12) 기존 하상 과굴착 방지
　　① 기존 퇴적지의 과굴착 금지
　　② 기존 하상의 심도 유지

(13) 다짐관리
　　① 사용 재료, 펴깔기 두께 등에 따른 장비 선정
　　② 다짐도 80% 이상 요구

Ⅳ. 결 론

(1) 기존 하천 제방이 강우 및 침수, 진동 등의 외력에 의해 손상되게 되면 손상 정도를 조사하여 즉각적인 보수 보강이 이루어져야 한다.

(2) 특히, 제방의 부분적인 침하나 균열 및 제방 법면의 훼손 등은 홍수기에 하천수위 상승에 따른 제방 파손 원인이 되어 대규모의 인명 및 재산 피해가 우려되는 것으로 제방 보강공사시 이를 충분히 고려하여 시공하여야 한다.

2-18 수제의 목적과 기능에 대하여 기술하시오. [03중, 25점]

Ⅰ. 개 요

(1) 수제란 하천수의 흐름을 조절하여 유로의 폭과 수심을 유지하고 제방과 하상을 보호하며, 하천수를 제어하기 위해 물의 흐름에 직각 또는 평행으로 설치하는 하천 구조물을 말한다.
(2) 하천에서 수제 설치는 하천수의 흐름을 제어, 제방 세굴 방지, 생태계 보전 등의 목적으로 설치되며 투과 수제와 불투과 수제로 나누어진다.

Ⅱ. 수제의 종류

(1) 구조에 의한 분류
   ① 투과 수제 : 수제를 통하여 흐름을 허용하는 구조로 유속이 감소되며 제방 세굴 방지 및 부유사의 퇴적 유발
   ② 불투과 수제 : 수제를 통하여 흐름을 허용하지 않는 구조로 흐름의 방향 변경에 효과적이다.

(2) 방향에 의한 분류
   ① 흐름에 직각인 횡수제
   ② 흐름방향과 평행한 평행 수제

(3) 재료 및 형태에 의한 분류
   ① 말뚝 수제
   ② 침상 수제
   ③ 뼈대 수제
   ④ 콘크리트 블록 수제
   ⑤ 날개 수제
   ⑥ 타이어 수제
   ⑦ 철제 수제

Ⅲ. 목 적

(1) 하안의 침식 및 호안의 파손 방지
   ① 유수를 하안에서 멀리 떨어지게 하여 하안(호안) 부근에 유수가 충돌하지 않도록 함
   ② 유수의 충돌을 막아 하안 비탈면의 침식 및 호안 비탈면의 파괴 방지

(2) 생태계 보전
   ① 수제공 주변에 여울과 웅덩이가 교차되어 생성되므로 다양한 생태 환경 제공
   ② 다종의 동식물의 서식 장소 제공

(3) 하천 경관 개선
   ① 하안 부존의 경관 개선 및 경관 보존 가능
   ② 수제 설치로 인한 유수 흐름의 변화와 경관변화에 대한 선검토 필요

(4) 유로의 고정 및 저수로 법선형의 수정
   ① 만곡부의 세굴 감소 및 곡률반경 확대를 위해 수제 설치
   ② 저수로의 법선형을 수정하는 것과 같은 효과 발생

(5) 수심 확보
   ① 수운의 항로로 이용하기 위해 수심 확보 필요
   ② 수제는 유수의 유하폭을 좁혀서 수운에 필요한 수심 확보 가능

(6) 유량 확보
   ① 수제공에 의해 유수를 유도하여 유량의 확보 가능
   ② 취수량 확보를 위해 취수문 하류에 수제를 설치함

Ⅳ. 기 능

(1) 유로 제어 기능
   저수로폭이 넓은 구간과 좁은 구간으로 반복되거나 구간의 흐름상태가 흐트러져 있는 저수로를 수제에 의해 원활한 형상으로 고정

(2) 세굴 방지 기능
   하도의 유하능력을 충분히 발휘하게 하여 세굴 방지

(3) 수위 상승 기능
① 취수를 위하여 충분한 수심이 가능하도록 유수의 유하폭을 좁혀 수위 상승
② 저수시에도 수심 확보 가능

(4) 토사 퇴적 기능
① 수제 설치로 유속을 감소시켜 토사 이송 능력 감소
② 유속의 흐름을 제방에서 멀리하여 토사 퇴적을 유발하여 제방을 세굴로부터 보호

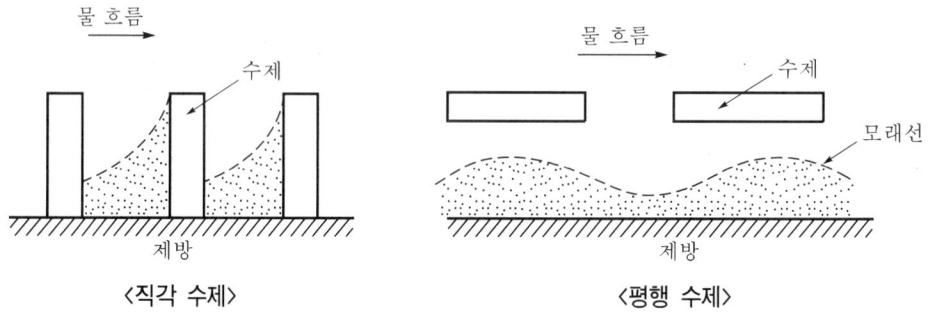

V. 결 론

(1) 수제는 물의 흐름을 적극적으로 제어하여 유로 고정 및 제방 보호가 가능하며, 토사의 퇴적과 유속 감소의 효과를 얻을 수 있다.
(2) 수위 상승으로 인해 수제의 선단부가 세굴되기 쉬우므로 이에 대한 대책이 필요하다.

2-19 제방 법선(Normal Line Bank) [03중, 10점]

I. 정 의

(1) 제방 법선이란 제방 제외측의 비탈 어깨 또는 둑마루의 중심선을 말하며, 제방의 위치를 결정하는 기준이 된다.
(2) 제방 법선의 방향은 최대한 유수방향과 평행하게 설치하지만, 급각도의 만곡을 피하고 심한 곡선의 경우는 홍수시 유수방향에 따라서 곡률반경이 큰 곡선으로 한다.

II. 도 해

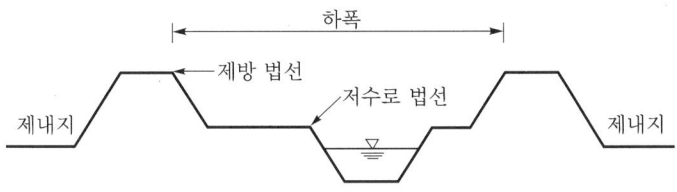

III. 제방 법선의 용도

(1) 하폭의 결정
(2) 유수의 방향 결정
(3) 홍수시 유수의 범람 방지
(4) 제방의 공사비 산정
(5) 제내지 토지 사용

> **2-20** 하천공사에 설치하는 기능별 보의 종류를 열거하고, 시공시 유의사항에 대하여 설명하시오. [10후, 25점]
>
> **2-21** 하천에서 보를 설치하여야 할 경우를 열거하고, 시공시 유의사항을 기술하시오. [04후, 25점]
>
> **2-22** 하천의 고정보 및 가동보 [09중, 10점]

Ⅰ. 개 요

(1) 하천의 보는 각종 용수(用水)의 추수(秋水)를 위하여 수위를 높이고, 조수(潮水)의 역류를 방지하기 위하여 하천을 횡단하여 설치하는 시설물로서 제방의 기능을 갖지 않는 것을 말한다.

(2) 일반적으로 하천의 보는 하천의 수위를 조절하는 경우는 많지만 유량을 조절하는 경우는 적다고 할 수 있다.

Ⅱ. 보를 설치한 경우

1. 설치 목적에 따른 분류

(1) 취수보
  ① 하천의 수위를 조절
  ② 생활용수, 농업용수, 공업용수, 발전용수 등으로 이용

(2) 분류보
  ① 하천의 홍수를 조절
  ② 하천의 분류점을 하류의 지천에 설치하여 유량을 조절 또는 분류

(3) 방조보
  ① 조수의 역류를 방지
  ② 취수와 조수의 침입 방지

2. 구조와 기능에 따른 분류(종류)

(1) 고정보
  ① 정의
    ㉠ 고정보는 문짝이 설치되지 않고 보 본체와 부대시설로 이루어지는 보로 소하천에 많이 설치된다.

ⓒ 고정보와 낙차공은 형태가 비슷하여 쉽게 구별할 수 없으나 낙차공은 하상 안전을 위해 설치되므로 고정보보다 낮게 설치되는 것이 일반적이다.
② 고정보의 형상

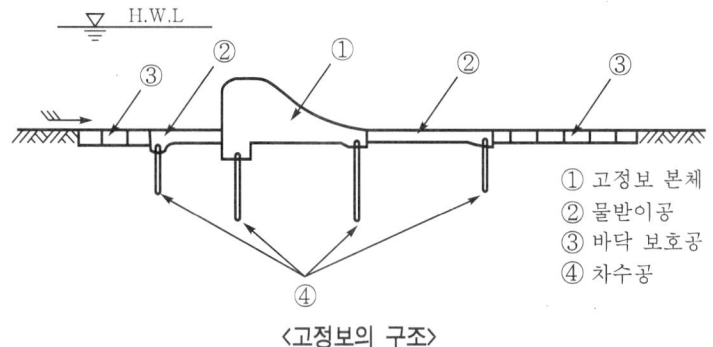

① 고정보 본체
② 물받이공
③ 바닥 보호공
④ 차수공

〈고정보의 구조〉

(2) 가동보
① 정의
ⓐ 문짝으로 수위의 조절이 가능한 보로 크게 배사구와 배수구로 이루어진다.
ⓑ 가동보와 수문의 구분은 제방의 기능을 갖고 있는가에 따라 결정된다. 제방의 기능을 가지는 것은 수문이며, 그렇지 않은 것은 가동보이다.
② 가동보의 형상

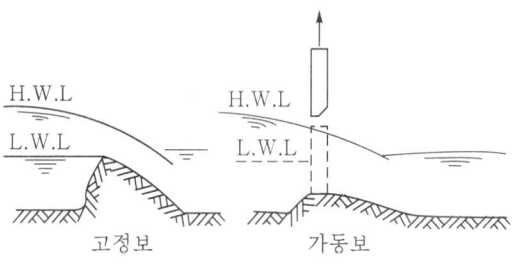

〈가동보의 구조〉

Ⅲ. 시공시 유의사항

(1) 시공계획 수립
① 보의 종류, 규모 및 현장조건을 고려하여 안전하고 경제적인 공법 수립
② 공사 시행은 여름철 홍수기간을 피하여 계획

(2) 가물막이
  ① 공사현장 조건에 따라 계획 및 설치
  ② 콘크리트의 생산, 운반 등을 고려

(3) 가도로 설치
  ① 차량의 운행폭 확보
  ② 도로의 안정성 및 유지관리 용이

(4) 굴착
  ① 지형 및 기초지질 검토
  ② 굴착토의 처리에 유의
  ③ 전체 공정에 부합되는 굴착 공법 선정

(5) 보의 설치
  ① 일반적으로 콘크리트 구조물로 설치
  ② 하상의 변동이 심할 경우에는 콘크리트 블록 또는 돌망태 설치

(6) 이음매
  ① 가로이음매
    ㉠ 콘크리트 수축으로 인한 직각방향 균열 방지
    ㉡ 10~15m 간격으로 설치
  ② 세로이음매
    ㉠ 고정보의 축방향 균열 방지
    ㉡ 10~20m 간격으로 설치
  ③ 수평이음매
    ㉠ 시공상 발생되는 이음매로 1회 타설높이(1.5m 내외)를 표준으로 함
    ㉡ 구조물의 크기나 기초의 상태에 따라 0.5~2m 간격으로 발생

(7) 바닥 보호공
  ① 콘크리트 블록이나 돌망태를 설치
  ② 유속을 약화시켜 하상 세굴 방지
  ③ 보의 본체 보호

Ⅳ. 결 론

하천에 보를 설치함으로써 취수, 치수 및 주운의 효과를 얻을 수 있으나 유속을 방해하여 하류의 물이 고여 정제되지 않는 악영향을 미치는 경우에 대비하여야 한다.

> **3-1** 빈번한 홍수 재해를 방지할 수 있는 대책을 수자원 개발과 하천 개수계획을 연계하여 기술하시오. [99후, 40점]
>
> **3-2** 하천 개수계획시 중점적으로 고려할 사항과 개수공사의 효과를 설명하시오. [10전, 25점]

I. 개 요

(1) 최근 기상이변으로 인하여 평년과는 다른 기상작용으로 전세계적으로 기상재해가 발생되고 있는 실정이다.
(2) 우리나라에서는 상상을 초월하는 폭우로 인해 경기지방에서 댐의 붕괴 및 하천 제방 파괴로 인해 많은 인명 피해와 재산 손실을 가져왔다.

II. 홍수의 특성

(1) 인명 손실
(2) 사회간접시설 파손
(3) 단시간의 대규모 재해
(4) 전기, 통신, 수도 등의 도시기능 마비
(5) 농경지 유실

III. 홍수재해를 방지할 수 있는 대책

1. 수자원 개발 측면

(1) 홍수 조절댐 건설
　① 홍수 조절량의 크기, 빈도 등 고려
　② 홍수 유량 계산에는 100년 확률, 홍수 유량의 1.2배

(2) 설게 홍수 결정
　① 해당 강우 유역 선정
　② 홍수 도달시간 내의 최대 강우강도

(3) 홍수 방벽 건설
　① 돌, 콘크리트로 만들어지는 제방 형식의 방벽
　② 토사 형식의 저수 제방 보강작업

(4) 저수지 증설
    ① 홍수시 강우를 저장할 수 있는 저수지 증설
    ② 하류부의 홍수 조절을 위한 저수시설

(5) 댐 준설
    ① 홍수 빈도, 홍수량 등의 토사 공급원으로부터 퇴사량 산출
    ② 정기적인 댐하상 준설로 저수량 증대
    ③ 지역적 요인, 지형, 지질, 하천 경사 등 고려

(6) 폭우를 대비한 예비 방류
    ① 기상청의 일기예보를 통한 예비 방류
    ② 예상 홍수시기에 대비한 저수량 확보
    ③ 확률이 높은 기상예보 체계 도입

2. 하천 개수의 계획 측면

(1) 내배수 처리
    ① 제내지의 도시 및 농경지로부터 유출되는 유수 처리
    ② 유수지 및 양수시설
    ③ 분리 수로와 자연 배수
    ④ 완만한 경사의 압력 관로와 중력 배수

(2) 사방공사
    ① 하상 유지공
    ② 유출 토사 조절을 위한 사방염
    ③ 토사 발생 억제시설

(3) 하상 준설
    ① 퇴적토 제거
    ② 하천 단면 유지
    ③ 유로 수정

(4) 토지관리
    ① 신시가지 조성
    ② 평지부의 토지 이용률 증가
    ③ 내수배제 시설 증설

(5) 제방 보강
   ① 제방 단면 보강
   ② 제방고(둑마루 높이) 여유고 확보
   ③ 제방의 비탈면 경사는 1:2 이상의 완만한 경사
   ④ 강우로부터 제방 마루 보호를 위한 횡단 경사 시공

(6) 제방 호안
   ① 비탈면 보호공
   ② 비탈면 멈춤공
   ③ 밑다짐공

(7) 하천 유로 변경
   ① 수제 설치
   ② 보 설치
   ③ 하상 유지공 설치

(8) 여유고 가산
   ① 설계 단면에 여유고를 추가한 높이로 시공
   ② 제방 기초의 장기적인 압밀과 제방 자체의 침하를 고려한 더돋기 시공

Ⅳ. 하천 개수계획시 고려할 사항

(1) 통수 단면 유지
   ① 발생토의 하상 방치
   ② 하천수 흐름의 방해요인 제거
   ③ 공사용 각종 자재 정리

(2) 예년 강우량
   ① 예년 강우량 분석
   ② 폭우에 의한 제방 유실

(3) 사용 재료 선정
   ① 기존 제방 구성 재료와 유사 재료 사용
   ② 투수성이 큰 재료 사용 억제

(4) 제방 법면 구배
   시방 규정에 따른 구배 설정

(5) 호안 구조물 복구
   ① 제체 보강공사로 훼손된 호안 구조물의 원상 회복
   ② 훼손, 유실된 구조물은 유사 조도 및 기능의 호안공으로 설치

(6) 생태계 보존
   ① 기존 제방의 보강공사는 자연환경과 조화를 이룰 수 있게 함으로써 생태계를 보존하는 게 중요
   ② 보강공사의 소요재료 선정은 환경 파괴의 우려가 없는 것으로 사용

(7) 구조물 보호
   ① 제방에 축조되어 있는 각종 시설물 기능의 손상 방지
   ② 전기, 통신, 하수도, 공원 등의 시설 보호
   ③ 치수시설물의 안전 도모

(8) 제방 단면 확장
   ① 신·구 제방 접합부의 활동 방지 목적으로 층따기 실시
   ② 제방 비탈 사면으로 흙을 투하하는 방식 엄금

(9) 제방활동 점검
   ① 과도한 작업하중에 의한 활동 발생
   ② 계측관리를 통한 활동 제어

V. 하천 개수공사의 효과

(1) 홍수 방어
   ① 개수공사 실시로 홍수 제어
   ② 제방 확장 및 하도 준설로 인한 통수 단면 확장
   ③ 홍수 방어로 제내지 홍수 위험 저감

(2) 하도 정비
   ① 홍수를 안전하게 유하시킴
   ② 하도 내 여울, 소 등 다양한 친환경 수변환경 조성
   ③ 우수한 경관성 확보 가능

(3) 호안 정비
   ① 호안에 대한 안정성 확보
   ② 친환경적인 호안 정비로 경관성 확보
   ③ 친수성 호안 정비

(4) 치수 효과
　① 통수 단면 확장으로 유량 증대
　② 퇴적물 준설시 통수량 증대
　③ 제방 확장 및 형상에 따른 치수성 확보

Ⅵ. 결 론

(1) 최근 지구온난화 현상에 의한 이상기후에 의해 지구촌 곳곳에서 많은 재해가 발생되고 있다.

(2) 우리나라 경기지방에서도 예기치 못한 폭우에 의해 많은 도시 및 농경지가 침수되는 피해가 발생되었는데 홍수재해를 근본적으로 방지할 수 있도록 국토개발계획 수립이 무엇보다 중요하다.

3-3 도시지역의 물 부족에 따른 우수저류 방법과 활용방안에 대하여 설명하시오.
[11후, 25점]

I. 개 요

우수관거설비에서 하류의 우수간선의 유하능력이나 빗물펌프장의 우수배제능력으로는 상류구역의 우수를 신속히 배제하기 어려운 경우에 우수조정지의 설치를 검토할 필요가 있으며, 특히 도시화에 의해 우수유출량이 증대하는 경우 하류의 시설 및 관거 등의 능력을 증대시키기보다는 우수조정지를 설치하는 것이 합리적일 수 있다.

II. 우수 유입 및 조절

(1) 유입우수량의 산정

우수조정지에서 각 시간마다의 유입우수량은 장시간 강우자료에 의한 강우강도곡선에서 작성된 연평균 강우량도를 기초로 하여 산정한다.

① 강우강도곡선 작성

강우량을 단위시간별로 강우강도곡선을 작성한다.

② 누가우량곡선 작성

③ 연평균 강우량도 작성

연평균 강우강도를 구한다. 이 경우 피크의 위치는 계획지점에서의 강우 실적에 의하여 정해야 되지만 지금까지의 통계에 의하면 거의 중앙에 위치한다.

④ 유입수문곡선 작성

앞에서 구한 연평균 강우량 그래프에서 합리식을 사용하여 유입수문곡선을 작성하고 유입우수량을 산정한다.

(2) 우수조절용량의 산정

조절용량이란 계획강우에 따라 발생하는 첨두유량을 우수조정지로부터 하류로 허용되는 방류량까지 조절하기 위하여 필요한 용량으로 그 산정은 우수조절계산에 따른다.

① 우수조절계산은 수위-저류량 곡선과 수위-방류량 곡선에서 작성된 저류량-방류량 곡선과 수치계산식을 연립시켜 반복하여 계산한다.

② 필요한 조절용량은 다음 그림에서 하류에서 방류되는 관거유출량이 CD일 때, 유입유량도에서 방류오리피스로부터 유출유량도를 초과하는 부분의 면적, 즉 ABC의 수량을 저류할 수 있는 용량이 된다.

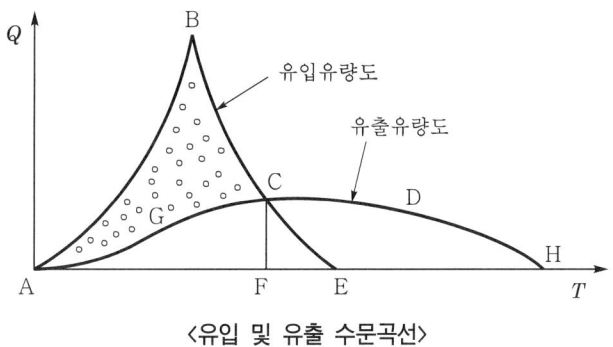

〈유입 및 유출 수문곡선〉

Ⅲ. 우수저류방법

(1) 댐식

흙댐 또는 콘크리트댐에 의해서 하수를 저류하는 형식으로 제방높이는 15m 미만으로 하며 방류조절방식은 자연유하식이 일반적이다.

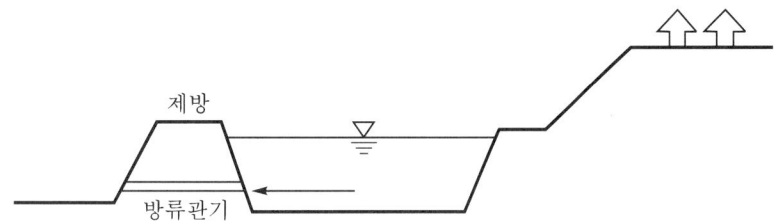

(2) 굴착식

평지를 파서 지면 아래에서 하수를 저류하는 방식

(3) 지하식

① 일시적으로 지하의 저류조, 관거 등에 하수를 저류하여 우수조정지로서의 기능을 갖도록 하는 것이다.
② 방류조절방식은 저류수심이 깊지 않아 펌프에 의한 배수가 일반적이다.
③ 대규모 조정지에는 이 방식이 이상적이다.

Ⅳ. 활용방안 및 설치위치

(1) 활용방안

① 기존 관거의 하수배제능력이 부족할 경우 강우시 일시 저류하였다가 나중에 방류
② 홍수시 관거나 방류하천의 유하능력이 부족할 경우 일시 저류

③ 홍수시 하천 수위가 시가지보다 높아져 침수가 되는 경우에 배수펌프장과 함께 대규모 우수조정지를 설치

(2) 설치위치

① 기존 관거의 유하능력이 부족한 곳(합류식 하수도의 경우)

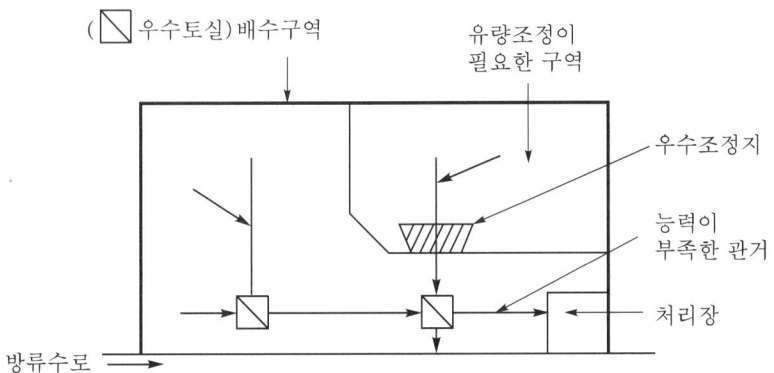

② 하류지역의 펌프장 능력이 부족한 곳(분류식 하수도의 경우)

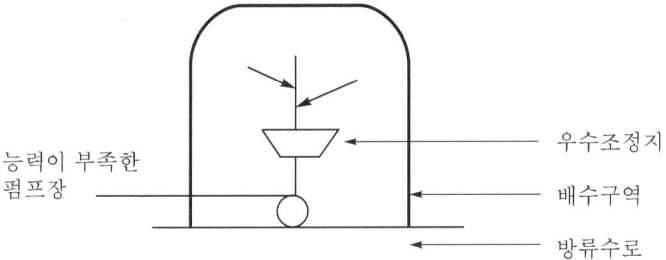

③ 방류지역 수로의 유하능력이 부족한 곳(분류식 하수도의 경우)

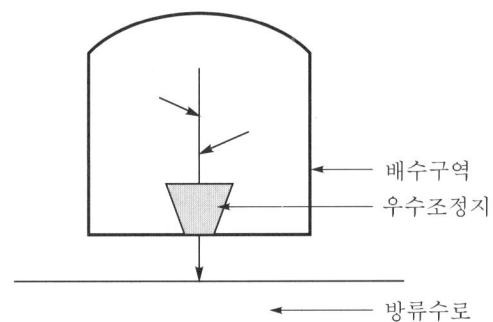

V. 결 론

우수의 저류시설은 관에서 계획된 저류시설뿐 아니라 각 구조물에도 저류시설을 확보하여 구조물 내에서 일상적으로 사용할 수 있는 방안이 마련되어야 한다.

| 3-4 | 설계강우강도 | [03중, 10점] |
| 3-5 | 설계강우강도 | [11전, 10점] |

I. 정 의

(1) 설계강우강도는 어느 지점에서의 강우(비)의 양을 나타낸 것으로 시간당 내린 강우의 양으로 환산하여 표시한다.
(2) 설계강우강도는 강우의 지속시간과 강우 빈도로 결정되며, 단위는 mm/hr로 표시한다.
(3) 설계강우강도는 도로의 배수 구조물 설계시 합리적인 설계기준을 수립하는데 이용된다.

II. 강우의 지속시간

(1) 의의
  ① 집수지역의 최상 지점에서 유출량을 고려하는 지점에 우수가 도달하기까지의 시간을 말한다.
  ② 지속시간이 긴 경우 강우빈도는 낮으며 짧을 경우는 높아진다.

(2) Talbot식

$$I = \frac{a}{b+t}$$

여기서, t : 강우 지속시간(min)
  a, b : 지역의 특성에 따른 상수

(3) 일반적인 강우 지속시간

구 분	강우 지속시간(분)
인구밀도가 큰 지역	3
인구밀도가 작은 지역	10
간선 오수관거	5
지선 오수관거	7~10
평균	7

Ⅲ. 강우 빈도

(1) 의의
   ① n년의 1번의 확률로 발생하는 강우를 n년 확률 강우량이라 한다.
   ② 확률 강우량은 배수시설의 종류, 목적에 따라 몇 년 확률강우를 적용할지를 결정한다.

(2) 강우 빈도의 적용

구 분	확률년
장대교($L \geq 100$m)	100년
소교량($L < 100$m)	50년
도로 횡단 암거 및 배수관	25년
암거 및 배수거	10년
도로 인접지 배수시설	10년
측구	5년
노면 및 비탈면 배수시설	3년

Ⅳ. 설계강우강도(I)의 결정

(1) 설계지역의 강우 빈도에 따른 확률 강우량을 구한다(I').
(2) 강우의 계속시간에 따른 보정계수를 구한다(k).

$$I = I' \times k$$

3-6 계획 홍수량에 따른 여유고 [10중, 10점]

I. 정 의

여유고는 계획 홍수량을 안전하게 소통시키기 위해서 하천에서 발생할 수 있는 여러 가지 불확실한 요소들에 대한 안전값으로 주어지는 여분의 제방 높이를 말한다.

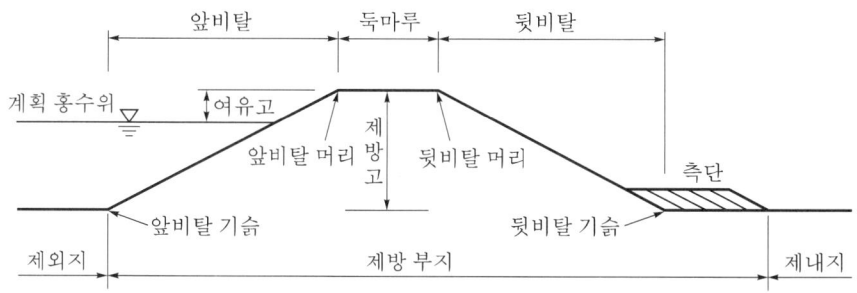

〈제방 단면의 구조와 명칭〉

II. 여유고 필요성

(1) 제방 둑마루의 표고를 결정
(2) 홍수에 의한 위험으로부터 제내지를 보호
(3) 불확실성에 대비하여 안전성을 확보

III. 계획 홍수량에 따른 여유고 기준

계획 홍수량(m³/sec)	여유고(m)
200 미만	0.6 이상
200 이상~500 미만	0.8 이상
500 이상~2,000 미만	1.0 이상
2,000 이상~5,000 미만	1.2 이상
5,000 이상~10,000 미만	1.5 이상
10,000 이상	2.0 이상

Ⅳ. 여유고 산정시 고려사항

(1) 안전율
  ① 제방의 유지
  ② 수문량의 불확실성
  ③ 하천 소통능력의 불확실성

(2) 하천지반의 변화
  ① 하천 내의 토사 퇴적
  ② 지반침하

3-7 가능 최대 홍수량(PMF, Probable Maximum Flood)   [06중, 10점]

I. 정 의

(1) 가능 최대 홍수량이란 어떤 지역에서 생성될 수 있는 가장 극심한 기상조건하에서 가능한 홍수량을 말하며, 기상학적으로 가능한 최대 강수량으로 인한 홍수량을 의미한다.

(2) 설계 홍수량을 가능 최대 홍수량으로 택하면 그만큼 홍수에 대한 경제적인 손실을 줄일 수 있지만, 반면에 수공 구조물에 드는 비용이 과다하게 소요되므로 구조물의 중요성이 대단히 큰 경우에 설계 홍수량으로 가능 최대 홍수량이 채택되고 있다.

II. 가능 최대 홍수량의 산정과정

(1) 가능 최대 강수량(PMP, Probable Maximum Precipitation) 추정

```
┌ 초기방법 ┬ 경험에 의한 방법
│          └ 통계학적 방법 : 10,000년 빈도 기준
└ 현재방법 ─ 수문 기상학적 방법 – 관측 강우량 사용
```

(2) 관측 강우량

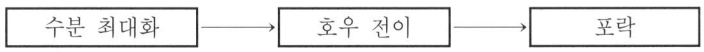

① 수분 최대화 : 임의의 호우지역의 최대 수분을 산정
② 호우 전이 : 한 지역의 호우를 기상학적, 지형학적으로 동질성을 가정하여 다른 지역으로 재배치하는 것
③ 포락 : 어느 자료군에서 최대값을 찾기 위한 과정

(3) 가능 최대 홍수량 산정
추정된 가능 최대 강수량(PMP)에서 강우의 공간분포와 시간분포를 추정 해석하여 가능 최대 홍수량(PMF) 산정

3-8 유출계수 [04후, 10점]

I. 개 요

(1) 도로의 배수 설계에 있어서 표면 배수는 강우 또는 강설에 의해 생긴 지표면을 흐르는 물을 배수하는 것을 말한다.
(2) 표면 배수 용량은 집수구역(배수구역)의 결정 → 집수면적의 산정 → 집수구역의 평균 유출계수 등 영향인자의 크기에 의해 결정된다.
(3) 유출계수의 크기는 배수유역의 특성에 의해 결정된다.

II. 유출계수

(1) 정의
　① 어떤 일정면적, 일정기간에 내린 총 강우량에 대한 총 유출량 비율을 말한다.
　② 유출계수=총 유출량/총 강우량
　③ 유출계수는 배수구역 내 지표면 상태, 경사, 토질, 강우지속시간 등에 의해 결정된다.

(2) 유출계수의 결정
　① 합리식(Rational Method)에 의한 유출량 결정
　　㉠ 합리식의 적용 : 유역면적이 4km^2 이내일 때-소하천
　　㉡ 산정식
　　　　$Q_d = 0.278\,C \cdot I \cdot A$
　　　　여기서, Q_d : 유출량(설계유량)(m^3/s)
　　　　　　　　C : 유출계수
　　　　　　　　I : 강우지속시간 t인 설계강우강도(mm/h)
　　　　　　　　A : 유역면적(km^2)
　② 합리식에서의 유출계수(C)의 값

지 역	유출계수(C)	지 역	유출계수(C)
포장면 및 비탈면	0.9	도시지역	0.7
가파른 산지	0.8	잡지	0.6
가파른 계속 경작지	0.8	경작하는 평계곡	0.6
논	0.8	경작하는 평작지	0.5
완만한 산지	0.7	수림	0.3
완만한 경작지	0.7	밀림 수림과 덤불숲	0.2

3-9 유수지(遊水池)와 조절지(調節池) [06전, 10점]

Ⅰ. 유수지(遊水池)

(1) 정의
   ① 유수지는 하천의 수량 증가분을 원천적으로 저감하고, 저수용량을 확보하기 위하여 도입한 시설을 말한다.
   ② 유수지의 주된 기능은 하천의 수위를 점검하여 제외지의 침수를 방지하며, 하천 하류의 최대 유량을 저감시키기 위한 것이다.

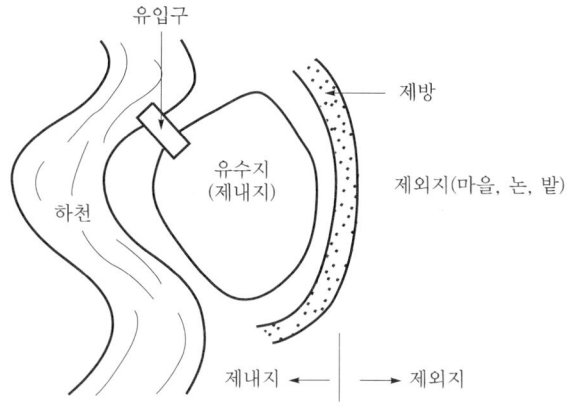

(2) 유수지의 배수방법
   ① 자연배수
   ② 강제배수
   ③ 조합배수(자연배수와 강제배수의 조합)

(3) 유수지 검토사항
   ① 하천의 전반적인 상황
   ② 유수지의 지형 조건
   ③ 용지 취득의 용이성
   ④ 유량 조절 조건
   ⑤ 공사 비용

Ⅱ. 조절지(調節池)

(1) 정의
 ① 조절지는 수력발전소의 하루 부하 변동에 대응하기 위해 수량 조절을 목적으로 만드는 저수지를 말한다.
 ② 심야 또는 주간 저부하시 잉여수를 비축해 두었다가 저녁의 고부하시에 이용하기 위한 것이다.

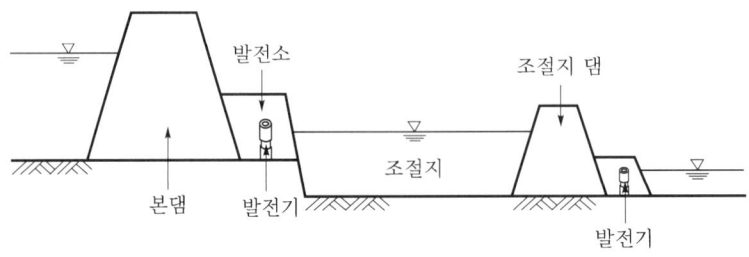

(2) 조절지의 목적
 ① 잉여수의 활용
 ② 발전용량 조절
 ③ 수량 조절

(3) 조절지의 용량 산출법
$$V = (Q_r - Q_o) \times T \times 60 \times 60$$
여기서, V : 조절지의 용량(m^3)
  Q_r : 고부하시 사용수량(m^3/s)
  Q_o : 상시 사용수량(m^3/s)
  T : 고부하 계속시간

3-10 부영양화(Eutrophication) [08중, 10점]

I. 정 의

(1) 부영양화란 호수, 연안해역, 하천 등의 정체된 수역에 생활하수나 공장폐수 또는 비료나 유기물질 등에 의해서 물속에 영양염류(암모니아, 질산염, 유기질소화합물, 무기인산염, 유기인산염, 규산염 등), 특히 인산염이 많을 경우 식물성 플랑크톤이 과잉증식하는 것을 말한다. 이로 인해 물속에 있는 산소가 감소되면 수질이 나빠지며, 결국에는 산소 결핍으로 어패류가 죽는다.
(2) 부영양화는 처음에는 그 지역에서 생산력(productivity)을 증가시키지만, 나중에는 생물순화체계를 악화시킨다는 데 문제가 있다.

II. 원 인

(1) 가정의 생활하수
(2) 가축의 배설물
(3) 각종 공장폐수
(4) 고도 하수처리 미설치
(5) 호기성 세균의 증식

III. 방지대책

(1) 수역 내 오폐수 및 영양염류의 유입 방지
(2) 황산구리나 염소제 등을 살포하여 조류의 증식을 억제
(3) 포기(aeration)하여 저류수의 수질 개선
(4) 저니(底泥, 바닥의 진흙)의 흡인(吸引)이나 준설 등에 의하여 영양염류 제거
(5) 저니를 고화하여 영양염류의 용출 억제
(6) 갈대나 부들 등 영양염류를 잘 흡수하는 식물대 형성
(7) 하수 고도처리 설치
(8) 저수지 유입부 및 주요 하천수 중의 인 제거 및 토지 이용 규제
(9) 오염 방지와 개선을 위해 예산 투자
(10) 하수처리장 등 오염 방지시설을 확충 및 국민계몽운동

3-11 용존공기부상(DAF : Dissolved Air Flotation) [11후, 10점]

I. 정 의

(1) 용존공기부상법이란 폐수 또는 원수중의 물보다 가벼운 현탁성 부유물을 제거하는 방법이다.
(2) 물속에 다량의 공기거품을 발생시켜, 이들이 부상할 때 거품 표면에 제거대상 부유물을 흡착시켜 떠오르게 한 후 스키머로 제거하는 방법이다.
(3) 침전방식에 비해 경제성이 우수한 물리화학적 수처리 방법이다.

II. 용존공기부상법의 특징

(1) 설비가 Compact함
  침강법에 비해 설비가 간단하고 부지 소요면적이 작음.
(2) 오염물질 제거효율의 증대
  기포의 입경을 작게 하여 부유물질 제거효율이 증대되어 처리수질 향상
(3) 자동운전 가능(Automatic System)
  설비가 간단하여 자동화시스템이 가능

III. 부상법의 종류

(1) 분산공기부상법
(2) 용존공기부상법
  ① 진공부상법 : 진공가압조 설치에 어려움이 있으나, 심한 폐수의 악취 차단 효과
  ② 가압부상법 : 폐수를 2~5기압으로 가압하여 공기를 수중에 포함시켜 기포 발생. 전원수가압법, 원수분류가압법, 순환수가압법이 있음.

IV. 적용추세(발전방향)

(1) 기존응집침전방식의 오염물질 제거효율 증대 대체 시스템
(2) 기존 수처리설비의 오염물질 제거효율 보완 시스템
(3) 기존 수처리 오염물질 과부하 해소를 위한 전처리 시스템

(4) 기존 배출수의 재처리를 통한 공정수 재활용을 위한 중수도 시스템
(5) 수처리설비 교체 및 증설에 따른 소요부지 및 설비 최소화 시스템

V. 적용시 고려사항

(1) 유지관리기술의 습득과 노하우 축적 필요
(2) 안정적 운영방안 및 경상비의 확보 필요
(3) 수처리기술의 연구 발전

3-12 Cavitation(공동현상) [00후, 10점]

Ⅰ. 정 의

(1) 유수 중에 국부적으로 유속이 큰 부분이 있으면 그 부분의 압력이 저하되어 부압(-)이 발생하고, 물속에 있던 공기가 분리되어 물속에 공기 덩어리를 구성하게 되는 현상을 말한다.
(2) 유체가 벽면을 따라 흐를 때 벽면에 요철 또는 만곡부가 있으면 흐름이 직선적이지 않아 저압상태가 되고, 압력에 비례하여 용입된 공기가 분리되어 기포로 나타나는 것이다.

Ⅱ. 특 징

(1) 공동 속의 압력은 절대압이 되지 않는다.
(2) 공동현상은 고체의 곡면부에서 발생한다.
(3) 공동의 발생과 소멸은 연속적으로 생긴다.
(4) 공동현상이 생기면 물체의 저항력이 커진다.

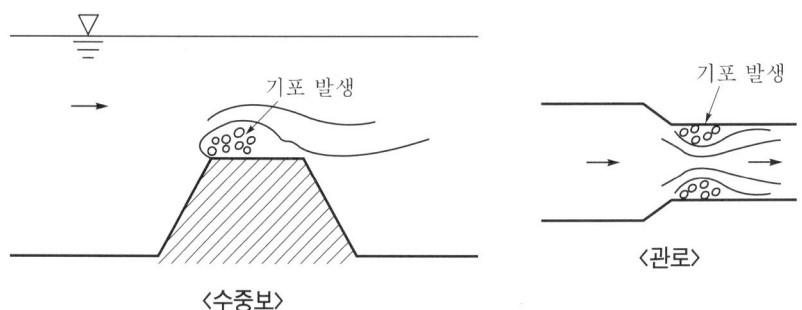

〈수중보〉　　　　〈관로〉

Ⅲ. Cavitation의 피해

(1) 침식
발생된 기포가 파괴되어 다시 수중으로 소멸될 때 심한 충격이 발생되는데 이 때 큰 힘의 충격에 의해 구조물 침식

(2) 소음, 진동
   공동현상에 의한 기포가 갑자기 파괴될 때 큰 소음과 진동 발생

(3) 기계 성능 저하
   펌프에서의 Cavitation 발생은 펌프의 성능을 저하시키고 효율도 나빠짐

(4) 구조물 손상
   Cavitation 발생에 따른 수리 구조물의 손상 발생

Ⅳ. Cavitation 방지법

(1) 일정단면 유지
(2) 단면 내 장애물 제거
(3) 손실수두를 적게
(4) 펌프 흡입양정고를 낮게
(5) 흡입관의 관경을 크게 하고, 기타 부속품의 수를 적게

3-13 Siphon [09전, 10점]

Ⅰ. 정 의

(1) Siphon이란 높은 곳에 있는 액체에 용기를 기울이지 않고 낮은 곳으로 옮기는 연통관(連通管)을 말한다. 공기나 물체에 닿는 것을 기피하는 약액(藥液) 등을 옮기는데 편리하며, 약액 등의 위에 뜬 맑은 액체만을 구분하여 옮길 수도 있다.

(2) Siphon의 원리는 높은 쪽의 액면(液面)에 작용하는 대기압(大氣壓)으로 인해 액체가 관 안으로 밀어올려지는 것을 이용한 것으로 낮은 쪽의 액면에도 대기압이 작용하고 있으나, 액체를 밀어올리는 힘은 액면높이차 $h_2 - h_1$과 같은 높이를 가지는 액주(液柱)의 압력만큼 약하여 상부의 액체가 관을 통하여 하부로 흐르는 원리이다.

Ⅱ. Siphon의 이론

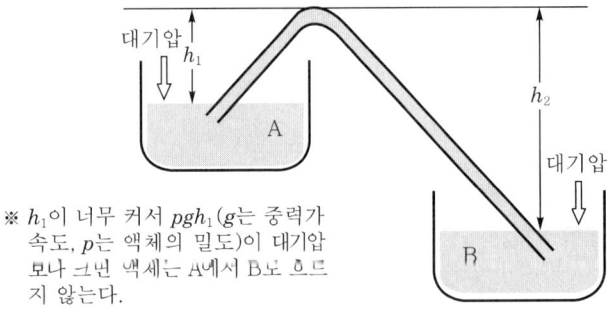

※ h_1이 너무 커서 pgh_1(g는 중력가속도, p는 액체의 밀도)이 대기압보다 크면 액체는 A에서 B로 흐르지 않는다.

Ⅲ. Siphon의 활용도

(1) 관수로

(2) 소수로 발전기
  ① 농업용 보 등에 사용하는 Siphon 원리를 이용한 소수력 발전장치이다.
  ② 진공펌프를 이용한 Siphon현상으로 보의 상부에서 하부로 물을 방류시켜 이때 발생한 물의 위치에너지를 전기에너지로 전환시킨다.

(3) 앙금 분리
  와인통을 높은 곳에 올려놓고 호스나 튜브 등을 이용하여 가라앉은 와인의 앙금을 제외하고 와인의 윗부분만 병에 담을 수 있다.

(4) 좌변기

한꺼번에 물을 많이 부으면, 물이 내부의 관을 따라 넘어가면서 뒤에 있는 많은 양의 물들이 한꺼번에 딸려 들어가게 되나 만약 계속해서 물이 공급되지 않으면 좌변기 안에는 아주 적은 양의 물만 남게 된다.

(5) 관 Siphon

배수관로에 Siphon의 원리를 이용하여 배관의 설계시 활용한다.

> **4-1** 지하매설물을 설치할 때 기초형식과 공법을 설명하시오. [95후, 25점]
> **4-2** 콘크리트 원형관 암거의 기초형식을 열거하고, 각 특징을 설명하시오. [01후, 25점]

Ⅰ. 개 요

(1) 지하에 매설되는 관거는 보통 긴 연장에 걸쳐 매설되는 경우가 많으므로 여러 종류의 토질에 각각 적응할 수 있는 기초공법을 채택해야 한다.
(2) 관매설방식에는 Open Cut 공법이 주로 사용되나 지반의 상태나 주변 구조물과의 관계를 고려하여 공법을 결정한다.

Ⅱ. 기초형식

(1) 직접 기초
① 지반이 극히 양호한 경우, 원지반 위에 관을 포설하는 방식이다.
② 자갈, 암반 등의 사질지반에는 부적합하다.

(2) 자갈 기초
① 지반이 좋은 곳에 400mm 이하의 매설관 기초에 사용된다.
② 자갈층의 두께는 20~30cm로 한다.

(3) 쇄석 기초
① 비교적 연약한 점토, 실트층 등에 사용된다.
② 쇄석은 탬퍼 등으로 충분히 다져 기초지반에 정착시킨다.
③ 이 기초는 다짐을 철저히 하지 않으면 그 효과를 기대할 수 없다.

(4) 침목 기초
① 관 1개에 대하여 2~3곳에 침목을 배치, 그 위에 관을 놓고 쐐기로 관을 안정시키는 공법이다.
② 보통 지반에서 관거의 구배를 정확히 유지하고 접합을 용이하게 유지하기 위한 목적으로 사용된다.

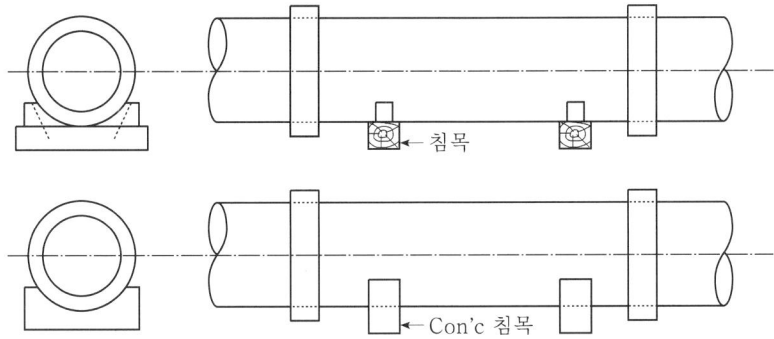

(5) 사다리 기초
    ① 지반이 연약하고 용수가 있으며 관거의 부등침하가 예상될 때
    ② 비계목을 사다리형으로 설치한 후 그 위에 관을 부설하는 공법

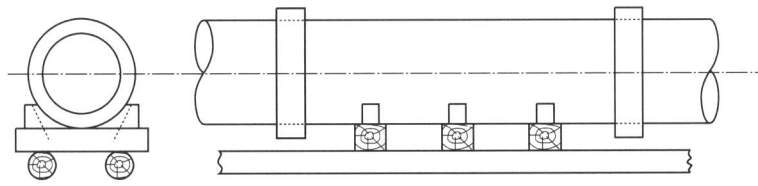

(6) 콘크리트 기초
    ① 지반이 매우 연약하고 부등침하의 우려가 있는 곳에 사용
    ② 지반상에 자갈 또는 조약돌층을 놓고 그 위에 무근 혹은 철근 콘크리트를 타설하는 공법

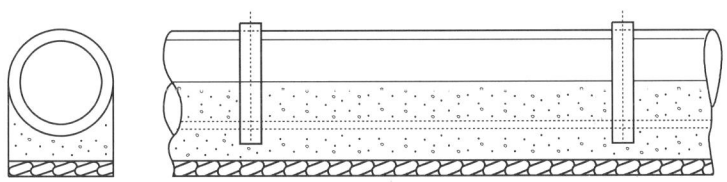

(7) 말뚝 기초
    ① 지반이 연약하여 부등침하의 우려가 있는 곳에 내구경의 관거 매설시 적용
    ② 철근 콘크리트 말뚝이 많이 사용된다.

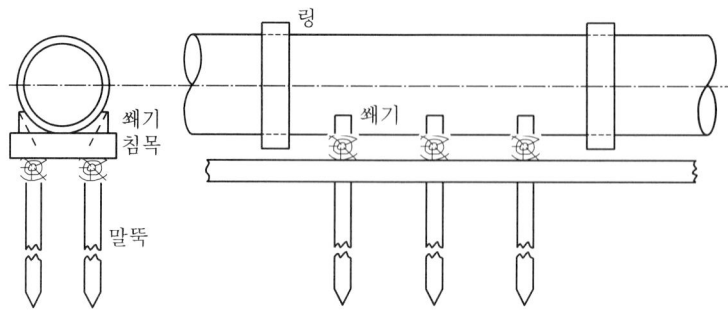

Ⅲ. 매설관 공법

(1) Open Cut 공법
   ① Trench를 파서 관거를 매설한 후에 되메우는 공법
   ② 지반이 연약하거나 굴착깊이가 깊은 경우는 적정한 흙막이를 시공한 후에 굴착한다.

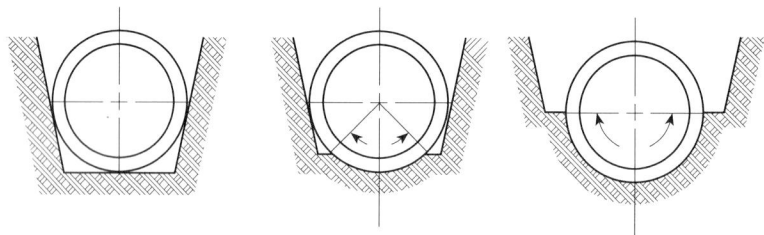

(2) 추진공법
   ① 터널의 Shield 공법과 같은 순서로 막장에서 굴착하면서 관거를 수평방향으로 추진시키는 공법
   ② 교통량이 많은 도로나 건물의 지하를 통과할 경우, Open Cut에 의한 시공이 불가능할 때 채용된다.
   ③ 매설깊이가 큰 곳에서는 Open Cut보다 저렴하고 안전하게 시공할 수 있다.
   ④ 곡관의 부설이 어렵고 연장이 길어지면 선단 및 주변부의 마찰저항에 의해 추진이 어렵다.

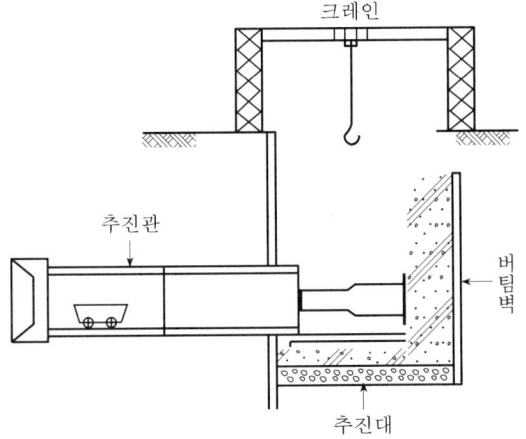

(3) Front Jacking 공법
   ① 개착에 의하지 않고 관거를 Jack으로 잡아당겨서 부설하는 공법
   ② 관 속의 버력 반출은 인력이나 트롤리로 한다.

Ⅳ. 결 론

(1) 기초공이 불안정하면 관거의 부등침하가 생기고 이음이 파손되어 관거의 파괴에까지 이르므로 관거의 크기, 노면하중, 매설깊이 등을 고려해서 적절한 기초공을 시행해야 한다.

(2) 도심지 내의 지하관거 부설공사가 불가피한 점을 고려할 때 교통량, 지반상태, 입지조건 등을 고려하여 주변 환경에 대한 영향을 최소화할 수 있고, 안전성과 경제성이 높은 매설공법의 개발이 필요하다.

> **5-1** 주요 간선도로를 횡단하는 송수관로(직경 2m, 2열) 시공시 교통 장애를 유발하지 않는 시공법을 제시하고 시공시 유의사항을 설명하시오(지반은 사질토이고 지하수위가 높음).
> [08후, 25점]
>
> **5-2** 도심지 주택가에서 직경 1,500mm의 콘크리트 하수관을 Pipe Jacking 공법으로 시공하고자 한다. 이 공법을 설명하고 시공상 유의사항에 대하여 기술하시오.
> [07전, 25점]

Ⅰ. 개 요

(1) Pipe Jacking 공법은 상·하수도관 매설시 각종 포장도로, 철도, 제방, 하천 및 장애물 횡단으로 인하여 Open Cut 공법이 불가능한 경우 타매설물이나 차량 통행에 지장을 주지 않는 무진동 추진공법으로 강관이나 콘크리트 흄관을 수평매설하는 공법이다.

(2) 특히, 하수관이나 상수관 매설시 통행이 빈번하고 협소한 시가지공사에서 교통에 지장을 최소화하고 지장물을 보호하여 공기 단축뿐만 아니라 안전 시공에 일조하고 있다.

Ⅱ. 시공법 제시(Pipe Jacking)

(1) 유압식 공법(Hydraulic Oil Pressure Jacking Method)
   ① 대형 구경으로 타격식이 비능률적일 경우로서 암반층 및 지하장애물이 많은 경우에 적용한다.

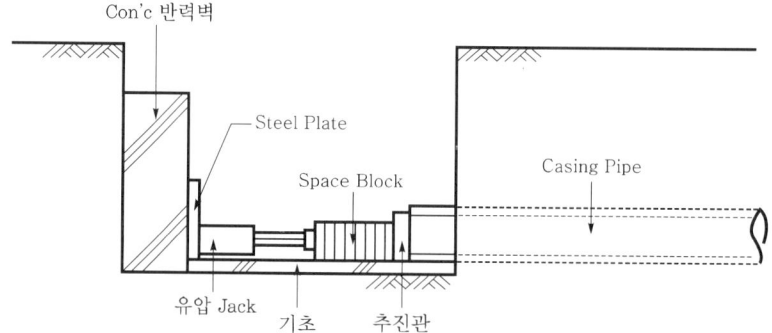

② 유압 Jack을 Hydraulic Oil Pump에 연결하여 Casing Pipe가 균일하게 추진한다.
③ Con'c 반력벽은 유압 Jack의 힘을 지지할 수 있도록 철근 콘크리트로 만들며 유압 Jack 취부면에는 10cm 두께의 Steel Plate를 부착한다.
④ Space Block은 H-Beam 또는 강관(T=30mm 이상)으로 제작하되 유압 Jack의 1회 Strok 범위 이내에 사용할 수 있도록 제작하여야 하며, 추진작업 중 연속하여 유압 Jack과 추진관 사이에 끼운다.
⑤ Casing Pipe의 시공 중 침하를 방지하기 위하여 기초를 타설한다.
⑥ Casing Pipe 속에 상하수도관을 매설하고, 나머지 공간에 Grouting을 실시하여 지반침하에 대비한다.

(2) 타격식 공법(Air Hammer Ramming Method)
① 비교적 소형 구경으로서 토질이 양호하고 공사기간이 짧은 경우에 유리하며, 반드시 지하장애물이 없는 곳에 적용한다.

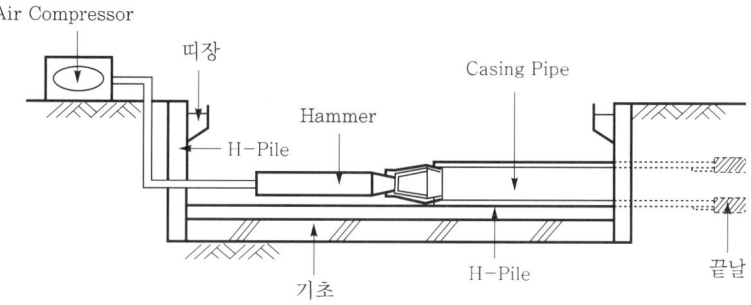

② Air Compressor 압축공기의 힘을 Hammer로 전달한다.
③ Hammer의 반력으로 Casing Pipe를 타격한다.
④ Casing Pipe의 끝날을 통해 땅 속을 굴진하여 추진한다.
⑤ 굴진 완료 후 물과 압축공기로 Casing Pipe 내부의 흙을 제거한다.
⑥ Casing Pipe 속에 상하수도관을 매설하고, 나머지 공간에 Grouting을 실시하여 지반침하에 대비한다.

(3) 특징
① 지하매설물에 지장을 주지 않음
횡단할 부분을 굴착하지 않고, 수직구를 설치 후 반력벽에 의해 압입으로 추진하는 작업으로 지하매설물의 파손이나 손상을 주지 않는다.
② 차량의 통행 가능
하천이나 도로, 철도 등 굴착없이 횡단하여 시가지에서는 차량의 통행을 원활히 하며, 교통의 흐름에 지장을 주지 않는다.

③ 공기 단축
압입에 의해 횡단부를 관통하는 관계로 굴착과 되메움에 따른 공사기간이 상당히 단축된다.

④ 소음 진동 저감
굴착에 따른 대형 장비의 운행과 가시설시 파일 항타 등에 따른 소음·진동을 저감할 수 있다.

⑤ 기존지반 이완 방지
횡단할 부위의 기존지반을 굴착하지 않으므로 지반의 이완없이 지반의 침하나 유실을 방지할 수 있다.

⑥ 적용의 제한성
최대로 추진할 수 있는 길이는 300~400m로 제한을 받는다.

⑦ 별도 반력벽 설치
㉠ 소요 추진력을 산정한 후 추진력에 부응할 수 있는 강도의 반력 지지벽이 필요하다.
㉡ 반력 지지벽은 일반적으로 무근 콘크리트로 시공 설치하고, 추진기지 공간 확보에 어려움이 있거나, 지반조건이 불량하거나 또는 소요 추진력이 매우 큰 경우에는 철근 콘크리트를 설치 및 시공하여야 한다.

⑧ 지반조건에 따라 추진 불가능
지반조건에 따라 추진이 불가능할 경우도 있다.

Ⅲ. 시공시 유의사항

(1) 유압잭(Hydraulic Jack)의 용량
추진대상 지반 종류에 따라 유압잭(Hydraulic Jack)의 용량을 선정하여 소요 추진력에 대응할 수 있는 용량의 유압기(Hydraulic Unit)를 선정하여야 한다.

(2) 적정 규모의 추진기지 설치
유압잭킹 추진공을 시행하기 위해 현장 여건에 다른 적정 규모의 추진기지 설치가 필요하다.

(3) 반력 지지벽
① 소요 추진력을 산정한 후 추진력에 부응할 수 있는 강도의 반력 지지벽이 필요하다.
② 반력 지지벽은 일반적으로 무근 콘크리트로 시공 설치하고, 추진기지 공간 확보에 어려움이 있거나 지반조건이 불량, 또는 소요 추진력이 매우 큰 경우에는 철근 콘크리트로 설치 시공한다.

(4) 토피고
 ① 추진관 레벨(Level)은 토피로부터 최소한 추진 관경의 1.5배 이상을 유지하여야 한다.
 ② 토피고의 여유가 부족할 경우는 사전 지반조사가 충분히 이루어져야 하며, 시공 과정에서 선추진, 후굴착방식을 통해 굴착지반의 안정을 도모하여야 한다.
 ③ 만일 추진대상 지반이 고사 점토나 견질 풍화토 이상의 조건일 경우는 여유있는 토피고를 필히 확보해야 한다.

(5) 지장물 조사
 공사착수 전에는 필히 지하매설물을 조사하여 도면화하고, 추진부분과의 간섭 여부를 면밀히 검토하여야 한다.

(6) 지반조건
 추진구역의 지반을 조사하여 굴진시 발생할 수 있는 문제점을 미연에 방지한다.

(7) 지하수
 굴진시 지하수에 의한 붕락과 침하로 인한 문제가 발생할 수 있으므로 사전에 지하수의 상태를 조사하고, 지하수 유출에 따른 계획을 수립하여야 한다.

Ⅳ. 결 론

(1) 공법 선정시는 지반 여건, 공사 규모, 공기, 주변 상황 등을 면밀히 검토하여 적정한 공법을 선정하여 공기 단축과 공사비 절감을 하여야 한다.
(2) 특히, 도심지 주택가에서의 작업시는 민원의 발생을 억제하고 주변 지반의 침하나 구조물의 변형이 없도록 하여야 하며, 사람의 통행이나 차량의 통행에 지장을 초래하지 않는 공법을 선정하여 안전성이 우선하는 공법을 선정해야 한다.

5-3 대형 상수도관을 하천을 횡단하여 부설하고자 할 때 품질 관리와 유지 관리를 감안한 시공상 유의사항을 기술하시오. [04후, 25점]

I. 개 요

대형 상하수도관의 부설시 상하수도관의 취급, 매설지반 상태, 하천의 유속 등을 고려하여 안전시공이 우선되어야 하며, 오랜 기간 동안 그 능력을 유지하기 위한 견고성이 갖추어져야 한다.

II. 품질 관리

(1) 상하수도관의 성능 관리
   ① 현장에 반입된 관의 성능검사표 점검
   ② 관의 상태(균열, 변형, 파손 등) 점검
   ③ 관 본래의 형상 유지 확인

(2) 관 기초 관리
   ① 사용 관거에 따른 기초 선정
   ② 모래 기초, 자갈 기초, 콘크리트 기초 등의 상태 검사
   ③ 사용 재료에 따른 두께, 규격 등

(3) 구배 관리
   ① 유입 및 유출구의 수준 측량자료 확인
   ② 원활한 구배 확보

(4) 접합부 관리
   ① 관 종류에 따른 접합방법 검토
   ② Socket 연결, Collar 접합 등
   ③ 접합부의 수밀성 확보
   ④ 관경별 누수 허용량

관 경(mm)	250	300	400	500	600	800
누수 허용량(l/m)	0.042	0.05	0.067	0.083	0.1	0.133

(5) 관 내부 관리
    ① CCTV에 의한 관 내부 검사
    ② 이음부위 및 불량부위 검출
    ③ 대구경 관로의 경우에는 인력에 의한 직접 검사

(6) 균열 관리
    ① 현장 반입 후 시공 전에 균열 발생 여부 확인
    ② 시공 완료 후 균열 발생 여부 확인

(7) 부속품 관리
    ① 맨홀과의 접합부 시공관리
    ② 연결관과의 접합부 관리
    ③ 접합부의 Collar 및 고무링 등 관리

Ⅲ. 시공상 유의사항

(1) 지반 조사
    ① 연약지반 존재 여부 파악
    ② 단층, 절리 등 파악
    ③ 지반 활동의 가능성 파악

(2) 부력
    ① 수위 상승에 따른 관로의 부상
    ② 부력작용으로 인한 관로 파손

(3) 관 기초 선정
    ① 상하수도관의 특성 파악
    ② 지반조사에 따른 적정 기초 선정
    ③ 상하수도관에 미치는 영향 파악

(4) 이음부 시공
    ① 이음부 Bolt 체결
    ② 이음부 Packer 시공
    ③ 필요시 이음부에 대한 보강 실시
    ④ 이음부 수밀성 확보

(5) 굴착토 처리
   ① 함수비가 높은 토사이므로 사토 처리
   ② 굴착토에 대한 환경관리 철저

(6) 곡선부 처리
   ① 곡선부의 수격작용에 대한 보강 조치
   ② 곡면부에는 콘크리트 등의 보강대책 마련

(7) 주변 민원
   ① 민원 발생시 공기 차질 우려
   ② 하천 주변의 민원에 대한 설명회 개최

(8) 안전관리
   ① 안전관리자의 현장 상주
   ② 안전교육 실시
   ③ 야간작업이 발생하지 않도록 시공 관리

Ⅳ. 결 론

하천에 시공되는 대형 상하수도관은 시공 후 유지관리가 매우 어려우므로, 시공 전후 철저한 품질관리를 통하여 누수로 인한 하천오염이 발생하지 않도록 하여야 한다.

5-4 가동중인 하수처리장 침전지(철근 콘크리트 구조물) 안에 있는 물을 모두 비웠더니 바닥구조물 상부에 균열이 발생하였다. 균열이 생긴 원인을 파악하고, 균열 방지를 위한 당초 시공상 유의할 사항을 기술하시오. [07전, 25점]

I. 개 요

(1) 지하에 설치된 하수처리장 침전지의 콘크리트 구조물 균열은 토압과 수압의 영향과 구조물 자체의 건조수축, 염해, 중성화 등에 의해 발생된다.

(2) 구조물의 균열 발생을 최대한 억제하기 위해서는 설계 및 시공 과정에서 철저한 품질 확보가 매우 중요하다.

II. 하수처리장 구조물의 흐름도

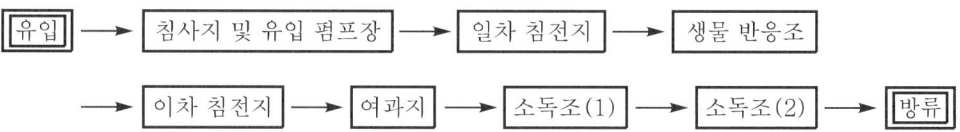

III. 균열의 원인

(1) 토압
(2) 수압
(3) 콘크리트의 건조수축
(4) 염해
(5) 중성화

IV. 시공상 유의할 사항

(1) 콘크리트 온도 제어
    ① Pre Cooling, Pipe Cooling의 양생법 채택
    ② 거푸집의 조기해체 방지
    ③ 굵은 철근보다 가는 철근을 배근
    ④ 초기 양생기간(5일) 동안 콘크리트 외부의 급격한 온도 저하 방지

(2) 양질의 재료 사용
   ① 유기불순물을 포함한 재료의 사용 금지
   ② 염분 함유량의 Check
   ③ 알칼리 반응성 물질의 사전 점검
   ④ 철근은 KS 규격품을 사용하고 거푸집의 수밀성 점검

(3) 콘크리트 배합
   ① 시험 배합을 통한 콘크리트 강도 확보
   ② W/C비는 최대한 적게
   ③ Slump 저하시 유동화제 사용 고려
   ④ 잔골재율을 적게 하여 단위수량을 낮춤
   ⑤ 굵은 골재의 최대치수는 크게

(4) 기초 보강
   ① 부등침하에 대비한 기초 보강
   ② 독립 기초보다 온통 기초가 유리
   ③ 기초 하부가 연약지반일 때 지반 개량 및 Pile 시공

(5) 자중 증대
   ① 편심하중에 대한 균열 방지
   ② 부력에 대한 안전 확보 : 1.25×자중≥부력일 경우 안전

(6) 시공이음부 처리
   ① 시공이음부가 발생하지 않도록 처리
   ② 이음부 발생시 V-Cutting 후 방수 처리
   ③ 이음부 콘크리트 타설시 Laitance 제거 철저

(7) 콘크리트 품질관리
   ① 시험 배합을 통한 품질 확보
   ② Slump Test, 공기량 측정, 염화물 함유량 측정 등
   ③ 시방서에 의한 품질관리 시험 실시

(8) 온도 철근 배치
   ① 1방향 Slab에서의 주철근과 반대방향의 철근
   ② 굵은 철근보다 가는 철근 여러 개 배근
   ③ 철근의 간격은 조정하되 30cm 이하가 되도록

V. 균열 보수공법

(1) 표면처리 공법
(2) 충전 및 주입 공법
(3) 강재 Anchor 공법
(4) Prestress 공법
(5) 치환 공법

VI. 결 론

(1) 콘크리트 구조물의 균열은 발생원인과 형태가 다양하고 콘크리트의 특성상 완전히 제어할 수는 없으나 설계 단계에서부터 유지관리 단계까지의 철저한 관리로 균열 발생을 최대한 억제시켜야 한다.
(2) 균열 발생시에는 즉시 적정한 보수·보강방법을 시행하여 균열에 대한 구조물의 피해를 최소화시켜야 한다.

6-1	하수관로의 기초공법과 시공시 유의사항을 설명하시오. [10전, 25점]
6-2	상하수도시설물(주위 배관 포함)의 누수를 방지할 수 있는 방안과 시공시 유의사항을 설명하시오. [09전, 25점]
6-3	상수도관 매설시 유의사항을 설명하시오. [01전, 25점]
6-4	도심지 하수관거 정비공사 중 시공상의 문제점과 그 대책에 대하여 기술하시오. [05후, 25점]
6-5	하수관의 시공검사 [01중, 10점]
6-6	하수관거공사를 시행함에 있어서 수밀시험(Leakage Test)에 대하여 기술하시오. [09후, 25점]
6-7	지반이 연약한 곳에 자연 유하 하수도의 콘크리트 차집관로(박스)를 시공하고자 한다. 시공시 문제점과 유의사항을 설명하시오. [00전, 25점]
6-8	관형(管形) 암거 시공시 파괴원인을 열거하고 시공시 유의사항을 설명하시오. [00후, 25점]

Ⅰ. 개 요

(1) 상하수도관은 지중에 매설되어 정지토압을 받는 구조물로서 지표면에 작용하는 상재하중에 영향을 받게 되는 관로이다.

(2) 상하수도관의 매설시 상수도관의 취급, 굴착지반 상태, 입지조건, 지하수위 등을 고려하여 안전시공이 우선되어야 하며 특히, 굴착지반의 붕괴사고에 특히 유의해야 한다.

Ⅱ. 하수관의 시공검사(누수방지 방안)

(1) 하수관 검사
  ① 현장에 반입된 관의 성능검사표 점검
  ② 균열, 변형, 파손 여부 점검
  ③ 본래의 형상 유지 점검

(2) 관 기초 검사
  ① 사용관거에 따른 기초 선정
  ② 모래 기초, 자갈 기초, 침목 기초, 콘크리트 기초 등의 상태 검사
  ③ 사용 재료, 두께, 규격 등

(3) 구배 검사
　① 하수관로의 구배 검토
　② 유입, 유출구의 수준 측량자료 확인

(4) 접합부 검사
　① 관 종류에 따른 접합방법 검토
　② Socket 연결, Collar 접합
　③ 접합부 수밀성 검사
　④ 연막 검사

(5) 관 내부 검사
　① CCTV에 의한 관로 내부 검사
　② 이음부 및 불량부위 촬영
　③ 대구경의 관로인 경우 인력에 의한 직접 육안 검사

(6) 균열 검사
　① 현장 반입관거의 균열 발생 검사
　② 시공된 관로의 균열 발생 여부

(7) 부속품 점검
　① 맨홀과의 접합부 시공 검사
　② 연결관과의 접합부
　③ 접합부 Collar, 고무링 등 검사

Ⅲ. 하수관거 기초 공법

(1) 직접 기초
(2) 자갈 기초
(3) 쇄석 기초
(4) 침목 기초
(5) 사다리 기초
(6) 콘크리트 기초
(7) 말뚝 기초

Ⅳ. 문제점

(1) 인접구조물의 침하
　　① 하수관거공사 주위의 인접구조물에 침하 발생
　　② 인접구조물에 균열·붕괴 발생

(2) 지하매설물의 침하·균열
　　① 도시 Gas관, 수도관, 통신관 등의 침하로 인한 위험요소 증가
　　② 지하매설물의 파손으로 인한 대형사고 우려

(3) 지반 붕괴
　　① 하수관거의 설치를 위한 토공사 굴착시 주위 지반 붕괴 우려
　　② 지반 붕괴로 인한 주위 도로 붕괴

(4) 도심지 교통체증
　　① 도심지공사로 인한 교통체증 유발
　　② 한 개의 차선을 통제함으로 인해 차량정체 발생

(5) 지하수 유출
　　① 지하수 유출로 인해 주변 도로의 물고임현상으로 통행인 불편 초래
　　② 주변 도로의 침수로 인한 교통체계 혼란 야기

(6) 소음·진동 발생
　　① 굴착작업 등으로 인해 소음·진동·분진·악취 등 발생
　　② 환경적인 면에서 주변 주민 및 통행인들에게 불쾌감 초래

Ⅴ. 대 책

(1) 사전조사 철저
　　① 주위 토질 및 주변 인접 건물 등에 대한 면밀한 사전조사 실시
　　② 지하매설물에 대한 각 관공서 협조하에 사전조사 철저히 시행

(2) 시공계획 수립
　　① 공정관리계획 수립
　　② 품질관리계획 수립
　　③ 원가관리계획 수립
　　④ 안전관리계획 수립

⑤ 환경관리계획 수립

(3) 계측기 설치
① 주변구조물에 대한 계측기 설치 및 관리 철저
② 주변 가시설물에 대해서도 계측 실시

(4) 지반에 맞는 설계 및 시공
① 정확한 설계가 되었는지 면밀히 검토하여 시공에 임함
② 정확한 설계 후 철저하고, 완벽한 시공 실시

(5) 주변 민원 해결
① 민원 발생시 막대한 공기에 차질이 우려
② 지역주민 설명회 등을 거쳐 주변 민원과의 우호적인 관계 유지

(6) 관련기관과의 협조 의뢰
① 도시관, 수도관 등의 관련기관과 협의
② 통신관 등에 대해서도 각 관공서에 협조 의뢰문 발송 후 상호협의하여 시공 실시

(7) 교통계획 체계 수립
① 경찰서 교통부서와 의뢰하여 교통체증 유발요소 제거
② 교통량이 많은 시간 등을 피하여 공사 진행

(8) 하수관거 시방서 적용
① 현장에서 시방서대로 정확하게 시공할 것
② 특기 시방서에 명시한 내용도 정확히 숙지 후 시공

Ⅵ. 하수관거의 수밀시험(Leakage Test)

1. 시험 목적

(1) 지하수오염 방지
① 오수관 접합부의 불량은 오수가 외부로 유출되어 지하수 및 토양을 오염시킨다.
② 지하수가 오수관 내부에 유입되어 오수량이 증가되고 농도의 저하로 인해 박테리아가 소멸되어 오수처리 기능이 저하되고, 오수처리 비용이 증가되는 등의 문제점을 억제하는 목적이 있다.

(2) 도로 굴착 복구 억제 효과

(3) 교통체증 방지 효과

(4) 부실공사 방지

관 접합부의 수밀검사를 통하여 부실시공을 방지하고 시공관리를 철저히 하여 국가경쟁력을 키우는데 목적이 있다.

(5) 주변 구조물 보호

2. 시험순서

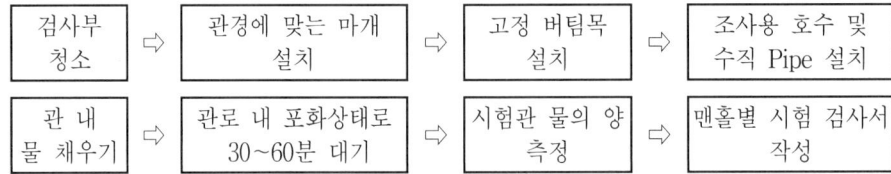

3. 시험방법

(1) 관로 내 검사기 설치부분 양쪽을 청소
(2) 공기 파이프를 위쪽에 설치하여 물 주입시 공기가 잘 빠지도록 한다.
(3) 수밀시험기에 공기 주입시 적정 공기 압력표를 참조하여 필히 계기를 확인한다(버팀목 대용 볼트를 조인다).
(4) 물을 서서히 주입하여 관로 내에 기포가 차지 않도록 한다.
(5) 물이 차서 공기 파이프로 나오면 약간의 물을 빼서 내부의 압력을 최소화한다.
(6) 수압에 의하여 수밀시험관에 물이 가득하면 30분 이상 콘크리트관이 포화되도록 방치한다.
(7) 수밀시험관의 수두와 관로 상단부를 1m 되도록 유지하며, 줄어든 물을 채워준 후 5분 간격으로 10분 동안 누수 허용량 이상 줄지 않을 경우 합격으로 한다.

4. 관경별 누수 허용량

관 경(mm)	250	300	400	500	600	700	800
허용량(l/m)	0.042	0.05	0.067	0.083	0.10	0.117	0.133
검사기간(분)	10						

Ⅶ. 암거 매설시 파괴원인

(1) 부등침하
   ① 지반의 부등침하에 의한 관형 암거의 국부적인 균열, 파손
   ② 관형 암거의 이음부 파손

(2) 측방 유동
   ① 연약지반상에 시공된 관형 암거가 지반활동에 의한 측방향으로 유동됨에 따라 파손 발생
   ② 측방 유동에 의한 관로 이탈

(3) 부력
   ① 지하수위 상승에 따른 암거 부상
   ② 부력작용으로 관로 파손

(4) 진동, 충격
   ① 상부하중 작용에 따른 진동 및 충격에 의한 암거 파손
   ② 되메우기 작업시 국부적인 충격 발생

(5) 지반활동
   관형 암거 시공현장에 점성토지반의 연약층이 존재할 때 하중 증가에 따른 지반활동으로 암거 파손

(6) 설계 부적정
   설계시 제정수 적용 잘못으로 구조물의 강도 저하

(7) 기초 불량
   관형 암거 시공에 적용되는 기초공법의 부적정으로 암거 파손 유발

Ⅷ. 시공시 유의사항(매설시 유의사항)

(1) 지반조사
   ① 연약지반 존재 여부
   ② 단층, 절리상태 파악
   ③ 지반활동 가능성 파악

(2) 관기초 선정
   ① 상수관의 특성 고려
   ② 지반조건에 따른 기초 선정
   ③ 상수도관에 미치는 영향

(3) 지중 구조물 조사
   ① 굴착에 따른 안전성 확보
   ② 지중 통신선, 가스관 등 지중 구조물 조사
   ③ 지중 구조물의 현황도 작성

(4) 이음부 시공
   ① 이음부 볼트 체결
   ② 이음부 Packer 시공
   ③ 필요시 콘크리트 보강
   ④ 수밀성 확보

(5) 굴착토 처리
   ① 굴착토의 교통통행 지장 여부
   ② 함수비가 높은 토사인 경우 사토 처리

(6) 굴착면 보호
   ① 굴착면 붕괴 방지
   ② 가설 흙막이 시공
   ③ 교통 통행량이 많은 지역 통행차량 안전 확보

(7) 되메우기 작업
   ① 양질 토사 사용
   ② 이음부 되메우기는 이음부가 손상되지 않게 시공
   ③ 되메우기 토사는 관로에 직접 낙하 방지

(8) 곡선부 시공
   ① 곡선부 수격작용에 대비한 보강 조치
   ② 곡면부에 콘크리트로 보강 실시

(9) 지하수 처리
   ① 차수 공법 적용
   ② 약액 주입 실시
   ③ 배수 공법

(10) 안전관리
　　① 안전관리자 현장 상주
　　② 교통 통제원 배치
　　③ 안전교육 실시
　　④ 야간 차량유도등 설치

Ⅸ. 결 론

(1) 기초공이 불안정하면 관거의 부등침하가 생기고, 이음이 파손되어 관거 파괴까지 이르므로 관거의 크기, 노면하중, 매설깊이 등을 고려해서 적절한 기초공을 시행해야 한다.

(2) 도심지 내의 지하관거 부설공사가 불가피한 점을 고려할 때 교통량, 지반상태, 입지조건 등을 고려하여 주변 환경에 대한 영향을 최소화할 수 있고, 안전성과 경제성이 높은 매설공법의 개발이 필요하다.

6-9 하수처리시설 운영시 하수관을 통하여 빈번히 불명수(不明水)가 많이 유입되고 있다. 이에 대한 문제점과 대책 및 침입수 경로 조사시험방법에 대하여 설명하시오. [11후, 25점]

Ⅰ. 개 요

불명수란 하수관거에 유입되는 오수 이외의 예정되지 않은 유입수를 말하며, 그 요인은 지하수, 우수침입수, 하천수의 유입 및 무허가 배출수 등이 있다.

Ⅱ. 불명수의 원인

불명수의 원인은 매우 다양하나 지하수 및 우수 등이 대표적이며 침입경로는 다음과 같다.

(1) 지하수
 ① 관거의 접합부분 및 연결관과 본관의 접합부, 관거와 맨홀 등의 접합부
 ② 관거시설의 파손부위, 시공 불량부위

(2) 우수
 ① 맨홀이나 우수받이의 뚜껑이 노면보다 낮은 경우
 ② 오수관에 우수관을 오접합하였을 경우
 ③ 오수맨홀에 우수맨홀 뚜껑 설치시

(3) 기타
 ① 공사에 따른 배수와 공장 등의 무허가 배수
 ② 우천시 하천수의 역류
 ③ 차집관거 미설치로 인한 외부수 유입

Ⅲ. 불명수 유입시 문제점

불명수의 다량 유입시 처리장 용량 증가, 유입수질의 감소, 토사의 대량유입이 발생하며 이 때문에 발생되는 문제점은 다음과 같다.

(1) 유입량 증가
 ① 하수처리장 수처리시설의 수리학적 과부하 발생으로 인한 처리효율 감소
 ② 관거의 유하능력 부족

③ 하수처리장 유지관리비 증대
④ 처리장 유입펌프장에서 실유입량에 대해 적절히 운전하지 못할 경우 하수의 지체현상으로 인해 토사 및 유기물질의 퇴적 증가

(2) 유입수질의 저하
① 유입수질 저하로 인한 생물학적 처리효율 감소
② 일차 처리후 방류되는 양이 많아 방류수질이 높아져 공공수역 보전에 어려움이 발생

Ⅳ. 불명수 유입 저감방안(대책)

(1) 신설관거
① **계획시** : 해당지역의 지하수위, 토질, 기상, 지형 및 토지이용 등의 환경현황을 충분히 조사하고 분류식 지구에서 오수관, 우수관을 동시에 시공한다.
② **설계시** : 관의 접합부를 고무링이나 압출 Joint 등과 같은 수밀성의 연결제품을 사용하고 Box Culvert를 사용하는 경우 수팽창 고무제 등 완전방수가 가능한 지수판을 사용한다.
③ **시공시**
㉠ 현장감독자는 제작, 설계에 대한 개념을 충분히 파악하고, 시공자에게 각 시공구간마다의 시공계획서를 반드시 작성시켜 이에 따라 정확하게 실시한다.
㉡ 검사는 시공의 각 단계에서 수밀시험, CCTV 등을 이용하여 철저히 검사하여 하자가 없도록 한다.

(2) 하천 차집 하류부의 계곡수 및 복류수
기존 하천 및 하수관거 말단부 등에 전폭위어를 설치하여 일관 차집하는 경우의 불명수 유입 저감방안은 다음과 같다.
① 일반하천 및 복개천

구 분	대 책	시공방안
일반하천	차집관거 연장시공	원형관 또는 암거
복개천	차집관거 연장시공	U형 측구, 밀폐 Box형, 원형관 부설

② 대규모 복개하천
㉠ 분류식화 가능지역은 적극적으로 분류식을 유도
㉡ 분류식화 불가능지역은 상류부수의 수질오염이 심한 지역은 하천 차집시설을 유지하고, 수질상태가 양호한 지역은 하천 차집시설을 제거하여 전체 하천으로 방류토록 한다.

(3) 하천수 및 지하수의 침투 방지

하천관거 및 차집관거의 접합부와 맨홀의 노후 및 파손, 우수토실의 우수분류관 연결부 접합불량으로 인한 하천수 및 지하수의 침투 방지

① 차집관거의 연장시공 : 차집관거가 미설치된 지역 중 불명수가 다량 발생하는 지역에 대하여 시공성 및 경제성 등을 검토하여 차집관거를 연장 설치하여 불명수 유입 방지

② 차집관거 유량관측을 통한 유입 감시 : 차집관거 주요 지점에 자동유량기록장치를 설치하여 불명수 유입지점의 조기발견 및 통제

③ 보수 및 하수관 교체시 기술지도 철저

V. 침입수 경로조사 시험방법

(1) 육안조사
① 직접 육안으로 하수관로의 상태 확인
② 관경이 큰 경우에 적용

(2) CCTV 조사
① 하수관로 내에 사람이나 장비가 들어갈 수 없는 경우 채택
② TV 카메라를 탑재한 자주식 로봇차 투입
③ 지상에서 모니터를 통해 확인 및 녹화 가능
④ 불명 침입수의 유입뿐만 아니라 하수관로의 상태점검 가능

(3) 오접속 조사

구 분	조 사
연기시험	연기가 새는지의 유무로 오접부 판단
음향시험	하수관로의 정확한 접속 여부 조사
연료시험	유하상황 조사, 누수 및 침입수 조사, 하수배수 경로의 추적조사

VI. 결 론

하수관거에서의 불명수 유입은 시공불량에 의해 발생하거나 관거의 노후화에 의해 발생하므로, 시공시 품질확보와 지속적인 유지관리로 이를 최소화하여야 한다.

총론

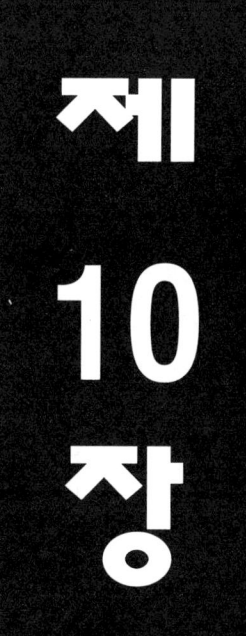

제 10 장

상세 목차

제10장 제1절 계약제도

1	공사 계약형식		페이지
	1-1. 공사 계약형식을 열거하고 각각의 특성 기술	[98후, 30점]	10-9
	1-2. 건설 CITIS	[05중, 10점]	10-12
2	공동계약		페이지
	2-1. 공동계약(Joint Venture Contract)	[98후, 20점]	10-14
3	Fast Track Method		페이지
	3-1. 설계후 시공의 순차적 공사 진행방식과 설계 시공 병행방식의 개요와 장·단점 및 설계 시공 병행방식의 단계구분 기준	[08후, 25점]	
	3-2. Fast Track Method	[03중, 10점]	10-16
	3-3. Fast Track Construction	[04중, 10점]	
4	SOC(Social Overhead Capital)		페이지
	4-1. 민간투자 사업방식의 종류 및 특징	[06후, 25점]	
	4-2. 정부의 SOC 예산의 바람직한 투자방향	[10후, 25점]	
	4-3. BTL과 BTO	[07중, 10점]	10-19
	4-4. BOT(Built-Own-Transfer)	[08중, 10점]	
	4-5. SOC사업의 공사 중 환경 민원 등의 갈등 해결방안	[09전, 25점]	
	4-6. Project Financing	[04후, 10점]	10-26
5	신기술 지정제도		페이지
	5-1. 새로운 시공기술을 채용하려고 할 때 필요한 검토사항	[98중전, 30점]	10-27
6	건설공사 입찰방법		페이지
	6-1. 건설공사의 국제 입찰방법의 종류와 특징	[98전, 20점]	10-31
	6-2. 건설공사의 입찰방법 및 현행 턴키방법과 개선점	[02후, 25점]	
7	건설공사 낙찰제도		페이지
	7-1. 최고가치 낙찰제	[07후, 10점]	10-36
8	계약금액 조정방법		페이지
	8-1. 공사계약금액 조정의 요인과 조정방법	[11후, 25점]	
	8-2. 공사 계약 일반조건에 의한 설계 변경 사유와 이로 인한 계약금액의 조정방법	[04전, 25점]	
	8-3. 국가를 당사자로 하는 공사계약에서 설계 변경에 해당하는 경우	[07전, 25점]	
	8-4. 공사 시공 중 변경사항이 발생할 경우에 설계 변경의 조건과 절차	[07후, 25점]	10-38
	8-5. 물가변동 조정금액의 산출방법	[11전, 25점]	
	8-6. 물가변동에 의한 공사비 조정방법시 유의사항	[03중, 25점]	
	8-7. 공사 계약금액 조정을 위한 물가변동률	[08중, 10점]	
	8-8. 원가 계산시 예정가격 작성 준칙에서 규정하고 있는 비목	[03전, 25점]	
	8-9. 총 공사비의 구성요소	[09중, 10점]	10-44
	8-10. 공사원가 계산시 경비의 세비목(細費目)	[06전, 10점]	
9	사업수행 능력평가 및 기술제안서		페이지
	9-1. 건설기술관리법에서 PQ(사업수행능력평가), TP(기술제안서) 설명 및 문제점과 대책	[02후, 25점]	10-48
	9-2. 수급인의 하자 담보 책임	[08후, 10점]	10-52

제10장 제2절 공사관리

1	시공계획시 사전조사		페이지
	1-1. 시공계획 작성시 사전조사 사항	[00후, 25점]	10-53
2	건설공사 시공계획		페이지
	2-1. 시공자가 공사 착수 전에 감리자에게 제출하는 시공계획서의 목적과 내용	[95전, 33점]	10-57
	2-2. 시공계획을 세울 때 검토사항	[98중전, 40점]	
	2-3. 연약지반상의 통로 암거(4.5m×4.5m×2련, $L=45m$) 설치시 시공계획	[98중전, 50점]	
	2-4. 해안에 인접한 연약지반처리를 위한 시공계획	[10중, 25점]	
	2-5. 하천 또는 해안지역에서 가물막이 공사시 시공계획	[98중후, 30점]	
	2-6. 산악도로 건설공사를 위한 시공계획과 유의사항	[98후, 30점]	
	2-7. 최근 교통량의 증가추세에 따른 기존 도로의 확폭과 관련하여 시공계획 및 시공관리	[96전, 30점]	
	2-8. 콘크리트 라멘교의 시공계획서 작성시 필요한 내용	[11중, 25점]	10-65
3	건설업의 공사관리		페이지
	3-1. 공사관리의 4대 요소와 그 요지	[98중전, 20점]	10-69
	3-2. 공사 시공관리의 중점이 되는 4개 항목	[00중, 25점]	
	3-3. 토목공사 시공시 공사관리상의 중점관리 항목	[04중, 25점]	
	3-4. 시공관리의 목적과 관리내용	[02후, 25점]	
4	건설사업의 위험도관리		페이지
	4-1. 건설공사의 위험도관리	[04전, 10점]	10-72
	4-2. 해외 건설공사에서의 위험관리	[08후, 25점]	
	4-3. Risk관리 3단계	[04후, 10점]	
	4-4. 위험도 분석(Risk Analysis)	[07전, 10점]	
5	건설감리제도		페이지
	5-1. 건설공사 감리제도의 종류 및 특징	[07후, 25점]	10-76
	5-2. 건설기술관리법에 의한 감리원의 기본 임무	[05후, 10점]	
	5-3. 비상주 감리원	[09후, 10점]	
	5-4. 책임감리 현장참여자 업무지침서에 의한 각 구성원 (발주처, 감리원, 시공자)의 공사 시행단계별 업무	[10중, 25점]	
6	CM(Construction Management)제도		페이지
	6-1. 건설사업관리(CM)의 단계별 업무내용	[03중, 25점]	10-82
	6-2. 건설 프로젝트의 단계(기획, 설계, 시공, 유지관리)별 건설사업관리 (CM)의 주요 업무내용	[09중, 25점]	
	6-3. 대규모 건설사업에 CM 용역을 채용할 경우 기대되는 효과	[98중전, 30점]	
	6-4. 건설사업관리 전문가 인증제도의 필요성과 향후 활용방안	[02중, 25점]	
	6-5. 순수형 CM(CM for fee) 계약 방식	[08중, 10점]	
	6-6. 용역형 건설사업관리(CM for fee)	[10전, 10점]	
	6-7. 시공을 포함한 CM at Risk 계약과 턴키계약방식	[03전, 25점]	
	6-8. 건설사업관리(CM)에서 위험관리와 안전관리	[11중, 25점]	10-87
	6-9. Project Performance Status	[05전, 10점]	10-90

7	부실시공의 원인과 방지대책		페이지
	7-1. 건설공사의 부실시공 방지대책	[01전, 25점]	
	7-2. 시공, 제도적 관점에서 부실시공 방지대책	[05후, 25점]	
	7-3. 건설공사의 품질 향상(부실시공 방지)을 위한 의견 기술	[96전, 50점]	
	7-4. 최근 건설공사의 부실시공 방지대책 및 건설기술인의 사명과 자세	[97중전, 50점]	10-92
	7-5. 구조물 시공 중 중대한 하자 발생시 시공 책임기술자로서 대처방법	[98중후, 30점]	
	7-6. 현재 우리나라에서 문제되고 있는 부실시공, 기존 시설물의 유지관리, 기술개발	[99후, 40점]	
8	품질관리		페이지
	8-1. 건설공사의 품질관리와 품질경영의 설명 및 비교	[03후, 25점]	
	8-2. 품질통제(Quality Control Q/C)와 품질보증(Quality Assurance Q/A)의 차이	[98중전, 20점]	10-103
	8-3. 품질관리비 산출에 대하여 최근 개정된 품질시험비 산출 단위량 기준(국토해양부 고시)	[09후, 25점]	
9	품질관리 순서		페이지
	9-1. 통계적 품질관리에서 관리사이클의 4단계	[96중, 20점]	10-108
	9-2. 통계적 품질관리(品質管理)를 적용할 때 관리사이클(Cycle)의 단계	[01전, 25점]	
10	품질관리 7가지 도구		페이지
	10-1. 품질관리를 위한 관리도의 종류와 관리 한계선의 결정방법	[95중, 50점]	10-112
	10-2. $\bar{x} - R$ 품질관리 기법에서 이상이 있는 경우	[96후, 20점]	
11	원가관리		페이지
	11-1. 건설공사에서 원가관리방법 및 비용 절감을 위한 활동	[06중, 25점]	10-119
	11-2. 공사 원가관리를 위해 공사비 내역 체계의 통일이 필요한 이유	[98중전, 20점]	
	11-3. CSI의 공사정보 분류체계에서 Uniformat과 Master Format의 내용상 차이	[98중전, 30점]	10-123
	11-4. 비용 편익비(B/C Ratio)	[06전, 10점]	
	11-5. 비용 편익비(B/C Ratio)	[09후, 10점]	10-126
	11-6. 내부 수익률(IRR, Internal Rate of Return)	[06중, 10점]	
12	실적공사비적산제도		페이지
	12-1. 실적공사비적산제도의 정의와 기대효과	[02중, 25점]	
	12-2. 실적공사비제도의 필요성과 문제점	[04중, 25점]	
	12-3. 실적단가에 의한 예정가격 작성에 유의해야 할 사항	[97중후, 33점]	10-128
	12-4. 실적공사비	[10중, 10점]	
	12-5. 표준품셈에 의한 적산방식과 실적공사비적산방식의 비교	[06중, 25점]	
	12-6. 표준품셈적산방식과 실적공사비적산방식	[09후, 25점]	
13	VE(Value Engineering)		페이지
	13-1. VE(Value Engineering)	[00중, 10점]	
	13-2. 가치공학(Value Engineering)	[02중, 10점]	10-134
	13-3. VE(Value Engineering)의 정의	[08전, 10점]	
	13-4. 가치공학에서 기능 계통도(FAST)	[06중, 10점]	
14	LCC(Life Cycle Cost)		페이지
	14-1. 건설사업관리 중 Life Cycle Cost 개념	[01중, 10점]	
	14-2. 건설공사에서 LCC기법의 비용항목 및 분석절차	[04전, 25점]	10-137
	14-3. LCC(Life Cycle Cost) 활용과 구성항목	[08전, 10점]	

15	안전관리		페이지
	15-1. 안전공학(Safety Engineering Study) 검토의 필요성	[98중전, 20점]	10-140
	15-2. 건설공사현장의 사고 예방을 위한 건설기술관리법에 규정된 안전관리계획	[10전, 25점]	
	15-3. 시공책임자로서 현장 안전관리사항과 공사 중 인명피해 발생시 조치사항	[07중, 25점]	
	15-4. 사전 재해 영향성 검토 협의시 검토항목	[08전, 25점]	
	15-5. 건설재해 예방을 위한 유해, 위험방지 계획서	[11후, 25점]	10-148
16	장마철 대형 공사장 점검사항		페이지
	16-1. 장마철 대형 공사장의 중점 점검사항 및 집중호우시 재해 대비 행동 요령	[99중, 40점]	10-151
	16-2. 장마철 대형 공사장의 주요 점검사항 및 집중호우로 인한 재해 방지 조치사항	[09후, 25점]	
17	건설공해		페이지
	17-1. 건설공사 현장에서 발생되는 공해에 대한 원인과 대책	[96중, 50점]	10-154
	17-2. 건설공해에 대한 대책	[00중, 25점]	
	17-3. 도로 확장공사시 환경에 미치는 주요 영향 및 저감대책	[98중후, 30점]	
	17-4. 도심지 현장에서 시공시 수질 및 대기 오염 최소화 방안	[99전, 40점]	10-159
	17-5. 건설분야 LCA(Life Cycle Assessment)	[08후, 10점]	10-162
18	건설공사에서 소음과 진동		페이지
	18-1. 건설공사에서 소음, 진동, 공해 유발 공종 및 공해 최소화 방안	[95후, 35점]	10-164
	18-2. 시가지 건설공사의 소음진동 대책	[98전, 40점]	
19	구조물의 해체공법		페이지
	19-1. 도시지역에서 교량 및 복개구조물 철거시 철거 공법의 종류별 특징 및 유의사항	[03전, 25점]	10-168
	19-2. 도심지의 고가도로 구조물 해체에 적합한 공법과 시공시 유의사항	[03중, 25점]	
	19-3. 지하 저수 구조물(-8.0m)의 해체시 해체 공법을 열거하고 해체시 유의사항	[05전, 25점]	
	19-4. 철근 콘크리트 구조물의 해체공사에서 공해와 안전사고에 대한 방지대책	[01전, 25점]	
20	폐콘크리트의 재활용 방안		페이지
	20-1. 재건축사업의 추진 중에 대규모 콘크리트 잔재물 발생시 이에 대한 재생 및 재활용 방법	[97중후, 33점]	10-174
	20-2. 폐콘크리트의 재활용 방안	[03후, 25점]	
	20-3. 순환골재 콘크리트	[10후, 10점]	
	20-4. 건설폐자재의 기술적 문제점과 대책, 활용방안	[98전, 50점]	
21	쓰레기 매립장의 침출수 억제대책		페이지
	21-1. 쓰레기 매립장의 침출수 억제대책	[01후, 25점]	10-178

제10장 제3절 시공의 근대화

1	ISO(국제표준화기구) 인증제도		페이지
	1-1. 건설공사의 품질 향상을 위해 ISO 9000 시리즈에 의한 품질인증 　　　보증에 대한 채용하는 의의　　　　　　　　　　　　　　　[98중전, 50점] 1-2. 건설공사의 품질보증을 위하여 건설회사에 ISO 9000 시리즈의 　　　인증이 요구되는 의의　　　　　　　　　　　　　　　　　[97중후, 33점] 1-3. ISO 9000 시리즈　　　　　　　　　　　　　　　　　　　[97중후, 20점]		10-181
2	건설 클레임		페이지
	2-1. 건설공사에서 발생하는 클레임의 유형 및 해결방안	[00후, 25점]	
	2-2. 건설공사의 클레임 유형 및 해결방법	[08전, 10점]	
	2-3. 건설공사 클레임 발생원인과 대책	[03중, 25점]	10-186
	2-4. 건설공사에서 발생하는 분쟁의 종류 및 방지대책	[10후, 25점]	
	2-5. 건설공사시 클레임 역할과 해결방안	[04중, 25점]	
	2-6. 클레임(Claim)	[97중후, 20점]	
3	건설 CALS		페이지
	3-1. 건설 CALS의 정의, 제3차 기본계획의 배경 및 필요성	[08전, 25점]	
	3-2. 건설 CALS의 도입이 건설산업에 미치는 효과	[98중후, 30점]	10-190
	3-3. 건설정보 공유방안을 포함한 건설정보화	[03전, 25점]	
	3-4. 건설 CALS	[02전, 10점]	
4	WBS(Work Breakdown Structure)		페이지
	4-1. 공정계획을 위한 요소작업 분류의 목적 및 도로공사 작업분류체계도(WBS) 작성 　　　　　　　　　　　　　　　　　　　　　　　　　　　　　[11후, 25점] 4-2. WBS(Work Breakdown Structure)　　　　　　　　　　　　　[05전, 10점]		10-196
5	GIS(Geographic Information System)		페이지
	5-1. 단지조성 공사시 GIS 기법을 이용한 지하시설물도 작성	[08후, 10점]	
	5-2. GIS(Geographic Information System)	[99중, 20점]	10-199
	5-3. GIS(Geographic Information System)	[03중, 10점]	
6	국가 DGPS 서비스 시스템		페이지
	6-1. 국가 DGPS 서비스 시스템	[08전, 10점]	10-202
7	가상건설시스템		페이지
	7-1. 가상건설시스템(Virtual Construction System)	[08후, 10점]	10-204
8	유비쿼터스(Ubiquitous)		페이지
	8-1. 건설분야 RFID(Radio Frequency Identification)	[09중, 10점]	10-205
9	BIM(Buildig Information Modeling)		페이지
	9-1. BIM을 이용한 시공효율화 방안	[11중, 25점]	10-207
10	건설자동화		페이지
	10-1. 건설자동화 (Construction Management)	[11중, 10점]	10-210

제10장 제4절 공정관리

1	공정관리 기법		페이지
	1-1. 건설공사에서 일정관리의 필요성과 방법	[10전, 25점]	10-212
	1-2. 공정네트워크 작성시 공사일정계획의 의의와 절차 및 방법	[11전, 25점]	
	1-3. 공정관리 기법의 종류와 특징	[96후, 20점]	
	1-4. 공정관리의 기능과 공정관리 기법	[11후, 25점]	
	1-5. 공정계획 작성시 계획수립 상세도 및 작업 상세도에 따른 공정표(Network)의 종류	[03전, 25점]	
	1-6. 공정관리 기법의 종류별 활용효과를 얻을 수 있는 각 기법의 특성 (Bar chart, CPM, LOB, Simulation)	[06중, 25점]	
	1-7. 마디도표방식(PDM)에 의한 공정표의 특징 및 작성방법	[09중, 25점]	
	1-8. PDM 공정표 작성방식	[03전, 10점]	
	1-9. 공정관리 업무의 내용	[97중후, 33점]	10-220
	1-10. 공정관리 업무의 목적과 내용	[95전, 33점]	
	1-11. 공정관리의 주요 기능	[11전, 10점]	

2	Network 공정표의 작성요령		페이지
	2-1. 다음 Network에서 각 작업의 전 여유(Total Float) 및 주공정(Critical Path) [94후, 50점]		10-224
	2-2. 다음 Network에서 각 단계의 시각(Event Time), 전 여유(Total Float) 및 주공정(Critical Path) [95중, 33점]		10-227
	2-3. PERT CPM에서 전 여유(Total Float)	[94후, 10점]	10-230
	2-4. 크리티컬 패스(Critical Path)	[97후, 20점]	10-232
	2-5. 주공정선(Critical Path)	[00전, 10점]	
	2-6. Lead Time	[97중후, 20점]	10-234

3	공기 단축기법		페이지
	3-1. 최소비용에 의한 공기 단축 3-2. 공기 단축의 필요성과 최소비용을 고려한 공기 단축기법 3-3. 최소비용 촉진법(MCX : Minimum Cost Expediting)	[97후, 25점] [08중, 25점] [07후, 10점]	10-236
	3-4. 공정관리 기법에서 작업 촉진에 의한 공기 단축기법	[02중, 25점]	10-240
	3-5. 공정관리상의 비용구배 3-6. 비용구배 3-7. 비용구배 3-8. 비용구배 3-9. 비용경사(Cost Slope)	[95중, 20점] [98중후, 20점] [01후, 10점] [05후, 10점] [11후, 10점]	10-242
	3-9. 공정의 경제속도(채산속도)	[02중, 10점]	10-244
4	자원 배분		페이지
	4-1. 건설공사 공정계획에서 자원 배분의 의의 및 인력 평준화 방법	[06중, 25점]	10-245
5	진도관리(Follow Up)		페이지
	5-1. 건설공사의 진도관리(Follow Up)를 위한 공정관리 곡선의 작성방법과 　　　진도 평가방법 5-2. 현장작업시 진도관리를 위한 시공단계별의 중점관리 항목 5-3. 공정관리 곡선(일명 바나나 곡선)에 의한 공사 진도관리 5-4. 공정관리 곡선 5-5. 공정관리 곡선(바나나 곡선)	[07후, 25점] [05중, 25점] [94전, 30점] [98후, 20점] [03중, 10점]	10-248
6	공정과 공사비 통합관리 체계		페이지
	6-1. 국내 건설공사에서 현행 원가관리 체계의 문제점 및 비용 일정 　　　통합관리 기법 6-2. 공정·공사비 통합관리체계(EVMS) 6-3. 공정·비용 통합시스템 6-4. 공사의 진도관리지수 6-5. 공정, 원가 통합관리에서 변경 추정 예산	[00후, 25점] [03전, 10점] [10후, 10점] [01전, 10점] [06중, 10점]	10-251
	6-6. 공사의 공정관리에서 통제기능과 개선기능	[98후, 40점]	10-257

제1절 계약제도

1-1 공사 계약형식을 열거하고, 각각의 특성을 기술하시오. [98후, 30점]

Ⅰ. 개 요

(1) 발주자는 설계도서에 따라 구조물을 시공하기 위해서 직영 계약방식이나 도급 계약방식 등으로 구조물을 축조해 갈 수 있다.

(2) 계약방식의 선정은 공사의 규모 및 경제적·사회적 입지조건에 따라 발주자가 결정한다.

Ⅱ. 계약형식의 분류

(1) 직영방식
(2) 도급방식

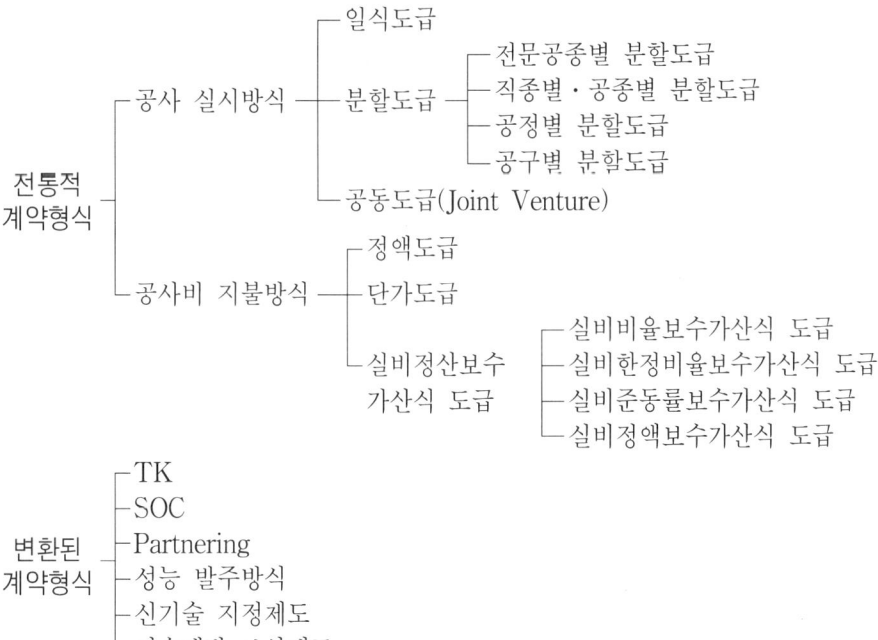

Ⅲ. 공사 계약형식의 특성

1. 직영방식

건축주가 직접 계획을 세우고, 재료 구입·노무자 고용·시공기계 및 가설재를 마련하여 일체의 공사를 자기 책임으로 시행하는 것을 말한다.

2. 전통적 계약형식

(1) 일식도급

하나의 공사 전부를 도급업자에게 맡겨 노무, 재료, 기계, 현장시공업무 일체를 일괄하여 시행하는 도급방식

(2) 분할도급

공사를 여러 유형으로 세분하여 각기 따로 전문 도급업자를 선정하여 도급 계약을 맺는 방식

(3) 공동도급

1개 회사가 단독으로 도급을 맡기에는 공사 규모가 큰 경우 2개 이상의 건설회사가 임시로 결합, 조직, 공동출자, 연대책임하에 공사를 수급하여 공사 완성 후 해산하는 방식

(4) 정액도급

공사비 총액을 확정하여 계약하는 방식

(5) 단가도급

공사 금액을 구성하는 단위공사부분에 대한 단가만을 확정하고, 공사가 완료되면 실시수량의 확정에 따라 정산하는 방식

(6) 실비정산보수가산식 도급

공사의 실비를 발주자와 도급업자가 확인하여 정산하고, 발주자는 미리 정한 보수율에 따라 도급자에게 보수를 지불하는 방식

3. 변화된 계약형식

(1) Turn Key 방식

'기업주는 열쇠만 돌리면 쓸 수 있다'는 뜻에서 나온 말로 시공자는 대상계획의 기업, 금융, 토지 조달, 설계, 시공, 기계·기구 설치, 시운전, 조업 지도까지 발주자가 필요로 하는 모든 것을 조달하여 발주자에게 인도하는 도급 계약방식

(2) SOC(Social Overhead Capital)

SOC(사회간접자본)란 사회간접시설인 도서관, 대학 교사, Silver Town, 도로, 철도, 항만 등을 건설할 때 소요되는 자본이다.

(3) Partnering

발주자가 직접 설계 및 시공에 참여하여 발주자·설계자·시공자 및 Project 관련자들이 하나의 Team으로 조직하여 공사를 완성하는 제도이다.

(4) 성능 발주방식

토목공사 발주시 설계도서를 쓰지 않고, 구조물의 성능을 표시하여 그 성능만을 실현하는 것을 계약 내용으로 하는 방식이다.

(5) 신기술 지정제도

건설업체가 개발비를 투자하여 신기술이나 신공법을 개발하였을 경우, 그 새로운 기술이나 공법을 보호하여 주는 제도이다.

(6) 기술개발 보상제도

공사 진행 중에 시공자가 기술을 개발하여 공사비 절감 및 공기 단축의 효과를 가져왔을 경우, 그 공사비 일부를 시공자에게 보상하는 제도이다.

IV. 결 론

(1) 건설 시공에 앞서서 도급방식의 선정은 발주자가 여러 가지 조건을 종합하여 적합한 방식을 채택하여야 한다.

(2) 구조물을 적정한 품질로 시공하기 위해시는 표준 공기의 준수 및 합리적인 원가 절감 노력이 필요하며, 이러한 신기술 능력들을 이끌어 내기 위해서는 이익의 적정 배분이 이루어질 수 있는 도급 계약방식의 연구 개발이 무엇보다 필요하다.

1-2 건설 CITIS(Contractor Integrated Technical Information Service) [05중, 10점]

I. 정 의

(1) 건설 CITIS(Contractor Integrated Technical Information Service : 계약자 통합 정보 서비스)란 건설사업시행자가 발주자에게 건설사업관리에 필요한 설계도서 서류 등의 납품자료를 종이문서 대신 인터넷을 이용하여 서로 전산자료로 처리하는 System이다.
(2) 즉 사업시행자인 '을'이 발주기관인 '갑'에게 일일이 방문하여 종이문서로 보고하던 현행체제를 인터넷을 통하여 디지털자료로 납품하고 승인받는 체계이다.

II. 건설 CITIS 운영체계

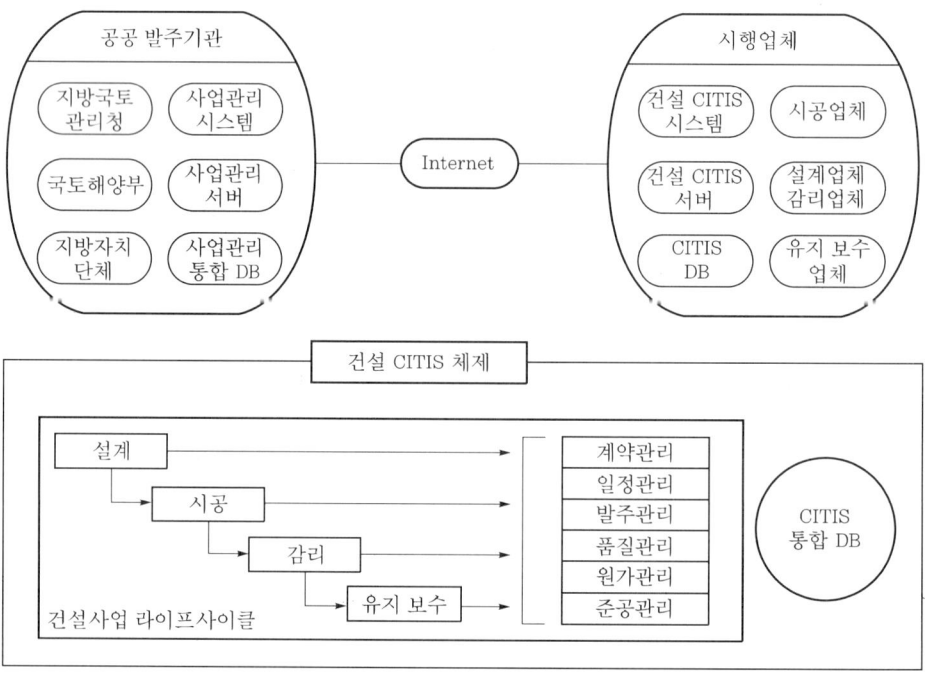

Ⅲ. 기대효과

(1) 종이문서 80% 절감 및 자료 작성 및 전달 소요시간 60% 단축
(2) 사업기간 단축 20%, 예산 절감 15%
(3) 사업 추진과정에서의 투명성 보장
(4) 건설안전 및 품질 향상
(5) 전자입찰제도의 원활한 추진 가능

2-1 공동계약(Joint Venture Contract)   [98후, 20점]

Ⅰ. 정 의

1개의 회사가 단독으로 도급을 맡기에는 공사 규모가 큰 경우 2개 이상의 건설회사가 임의로 결합·조직·공동출자하여 연대책임하에 공사를 도급하여 공사 완성 후 해산하는 방식이다.

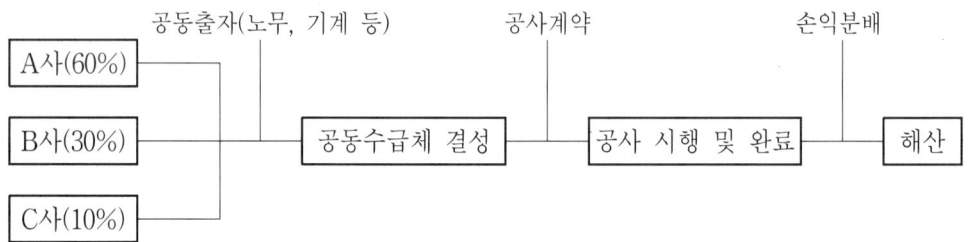

Ⅱ. 공동계약의 특수성

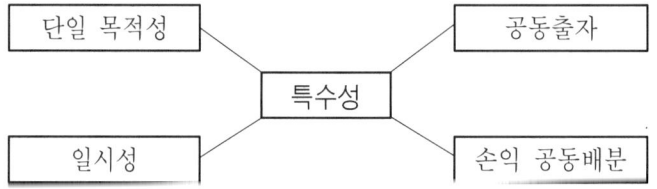

Ⅲ. 특 징

(1) 장점
　① 융자력 증대
　② 기술의 확충
　③ 위험 분산
　④ 시공의 확실성
　⑤ 신용의 증대

(2) 단점
　① 경비 증대
　② 조직 상호간의 불일치
　③ 업무 흐름의 혼란
　④ 하자부분의 책임 한계 불분명

Ⅳ. 운영방식

(1) 공동 이행방식
　공동도급에 참여하는 시공자들이 일정 비율로 노무·기계·자금 등을 제공하여 새로운 건설 조직을 구성하여 공동으로 시공하는 방식

(2) 분담 이행방식
　시공자들이 목적물을 분할(공구별 등) 시공하여 완성해 가는 시공방식으로 연속 반복되는 단일공사에 주로 적용

(3) 주계약자형 공동도급
　공동도급시 발주자와의 원활한 의사소통을 위해 공사 비율이 가장 큰 업체를 발주자가 주계약자로 선정할 수 있다.

Ⅴ. 정책 방안

(1) 공동도급(공동계약) 제도의 활성화
(2) 사무업무의 표준화
(3) 공동지분율의 조정
(4) 기술개발 및 기술교류 촉진 활성화
(5) 공동개발 투자 확대

> **3-1** 최근 공사 규모가 대형화되고 공기가 촉박해지면서 공기 준수를 위해 설계 시공 병행(Fast-Track) 방식의 공사발주가 활성화되고 있다. 공사책임자로서 설계 후 시공의 순차적 공사 진행방식과 설계 시공 병행방식의 개요와 장·단점을 비교하고 설계 시공 병행방식에서 이용 가능한 단계구분의 기준을 예시하시오.
> [08후, 25점]
>
> **3-2** 패스트 트랙 방식(Fast Track Method) [03중, 10점]
>
> **3-3** Fast Track Construction [04중, 10점]

Ⅰ. 서 언

(1) 건설사업의 추진방식은 전통적인 설계, 계약, 시공의 직렬식 진행과 설계, 계약, 시공의 각 단계를 일정기간 중첩해서 진행하는 Fast Track, 즉 병렬식 진행방식이 있다.

(2) Fast Track의 최대 장점은 순차적으로 행해야 할 건설작업을 중첩적으로 시행함으로써 공기를 단축시키는 것이다. 즉, 설계가 진행되면서 터파기 등의 시공작업이 이미 시작됨으로써 공기를 크게 앞당길 수 있다.

Ⅱ. 개요와 장·단점 비교

1. 설계 후 시공의 순차적 공사 진행방식

(1) 개요
  ① 설계 후 순차적 공사 진행방식은 일상적으로 건설공사에서 시행하는 방식으로 시공과 설계를 분리 발주하는 형식을 말한다.
  ② 기본 설계와 실시 설계를 발주처가 설계회사에 발주하여 공사금액을 산정하고 시공은 시공회사에 별도로 발주하여 시공만 시행하는 방식을 말한다.

(2) 장점
  ① 설계자와 시공자의 협조가 불필요
  ② 계약조건에 따라 단순시공 가능
  ③ 시공자의 기술능력 축적
  ④ 설계기간이 충분하여 면밀한 설계 가능

(3) 단점
　① 설계 변경사항 발생 빈번
　② 공사 지연 가능
　③ 설계자와 시공자의 마찰 발생
　④ 현장 여건에 적합한 공법 선정 곤란

2. 설계시공 병행(Fast Track)방식

(1) 개요
　① 공기 단축을 목적으로 구조물의 설계도서가 완성되지 않은 상태에서 기본 설계에 의하여 부분적인 공사를 진행시켜 나가면서 다음 단계의 설계도서를 작성하고, 작성 완료된 설계도서에 의해 공사를 계속 진행시켜 나가는 시공방식이다.
　② 본 설계도면을 작성하는데 필요한 시간의 일부를 절약할 수 있으므로 공기를 단축할 수 있고 공사비 절감이 가능하다.

(2) 장점
　① 설계 작성에 필요한 시간 절약
　② 공기 단축 및 공사비 절감
　③ 신공법 및 신기술 시공시 적용 가능
　④ 작업의 조직적인 진행으로 공사관리 용이

(3) 단점
　① 발주자, 설계자, 시공자의 협조 필요
　② 계약조건에 따른 문제발생 우려
　③ 시공자가 기술 능력 확보
　④ 설계도서 작성이 지연될 경우 전체 작업에 지장 초래

Ⅲ. 단계 구분의 기준

(1) 기본 설계 완료 단계
　① Fast Track 방식에서 설계와 시공 사이에 시간차를 얼마만큼 두어야 하는지가 상당히 중요하다.
　② 개략공사비 산출(Preliminary Cost Estimate)이 이루어져야 시공자 선정이 가능하므로 기본 설계가 끝나는 시점까지는 시차를 가져야 한다.

(2) Engineering Lead Time
   ① 설계의 선행 착수기간 "Engineering Lead Time"은 사업의 특성에 따라 크게 달라진다.
   ② 품질 확보 차원에서 보면 설계의 선행 착수기간을 가능한 많이 두면 둘수록 좋으나, 설계에 선행기간을 많이 둘수록 Fast Track의 장점은 없어진다.

(3) 단계 구분 기준

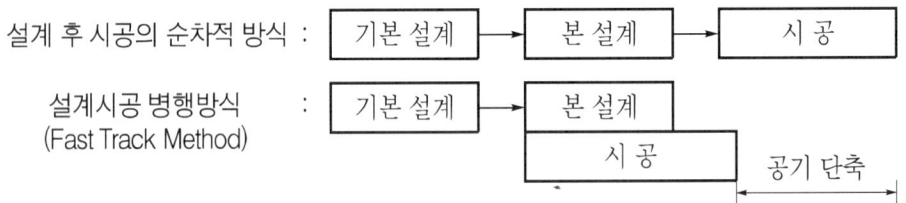

Ⅳ. 결 론

(1) Fast Track으로 건설사업을 진행시키는 방식이 전통적인 방식에 비해 위험 부담이 크긴 해도 경제적인 측면 및 공기 측면에 얻을 수 있는 효과가 크기 때문에 국내에도 이 제도를 활성화시킬 필요가 있다.
(2) 건설업들이 자체 개발형 사업이나 대형 민자SOC사업인 경우 자체 CM팀의 인력과 능력을 향상시켜 이 Fast Track 진행방식을 좀 더 확대 적용시킴으로써 위험 부담은 감소시키고 공기 및 투자비 측면에서 상당한 실이익을 확보할 수 있으리라고 본다.

4-1 민간투자 사업방식을 종류별로 열거하고, 그 특징을 설명하시오. [06후, 25점]

4-2 최근 사회간접자본(SOC) 예산은 도로, 철도 사업이 큰 폭으로 감소하고 있고, 대체방안으로 도입한 민자사업에 대하여도 많은 문제점이 나타나고 있다. 정부의 SOC 예산의 바람직한 투자방향에 대하여 설명하시오. [10후, 25점]

4-3 BTL과 BTO [07중, 10점]

4-4 BOT(Built-Own-Transfer) [08중, 10점]

4-5 SOC사업의 공사 중 환경 민원 등의 갈등 해결방안을 설명하시오. [09전, 25점]

I. 개 요

민간투자 사업방식은 사회간접자본(SOC : Social Overhead Capital)을 이용하여 사회간접시설인 도로, 터널, 철도 및 각종 복지시설을 건설하는 것이다.

II. 민간투자 사업방식(SOC사업)의 종류

(1) BOO : Build-Operate-Own
(2) BOT : Build-Operate-Transfer
(3) BTO : Build-Transfer-Operate
(4) BTL : Build-Transfer-Lease

III. 종류별 특징

1. BOO(Build-Operate-Own)

(1) 정의
  ① 사회간접시설을 민간부분이 주도하여 Project를 설계·시공한 후 그 시설의 운영과 함께 소유권도 민간에 이전하는 방식이다.

② 설계·시공 → 운영 → 소유권 획득

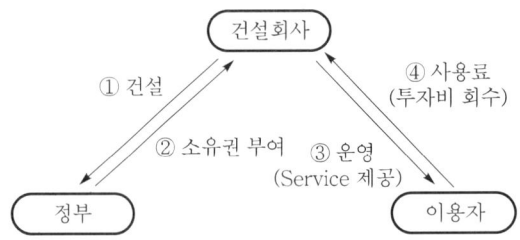

(2) 특징
   ① 장기적인 막대한 자금의 투자 및 수익성이 보장된다.
   ② 수익성보다 공익성이 강해서 기업의 불확실성이 초래된다.
   ③ 부대사업의 활성화가 도모된다.
   ④ 해외 자본의 국내 유치효과가 있다.

2. BOT(Build-Operate-Transfer)

(1) 정의
   ① 사회간접시설을 민간부분이 주도하여 Project를 설계·시공한 후 일정기간 동안 시설물을 운영하여 투자금액을 회수한 다음 그 시설물과 운영권을 무상으로 정부나 사회단체에 이전해 주는 방식이다.
   ② 설계·시공 → 운영 → 소유권 이전

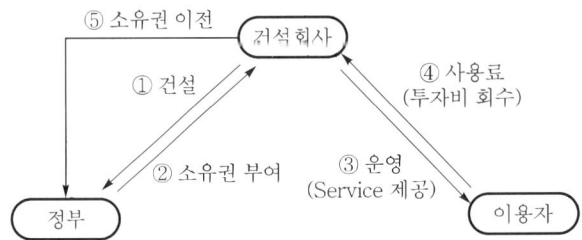

(2) 특징
   ① 사회간접시설의 확장을 유도한다.
   ② 정부의 재정 미흡을 대처하는 방식이다.
   ③ 개발도상국가에서 외채의 도움이 없어도 가능한 사업이다.
   ④ 유료도로, 도시철도, 발전소, 항만, 공항 등의 사업에 적용한다.

3. BTO(Build-Transfer-Operate)

(1) 정의

① 사회간접시설을 민간부분이 주도하여 Project를 설계·시공한 후 시설물의 소유권을 공공부분에 먼저 이전하고 약정기간 동안 그 시설물을 운영하여 투자금액을 회수해가는 방식이다.

② 설계·시공 → 소유권 이전 → 운영

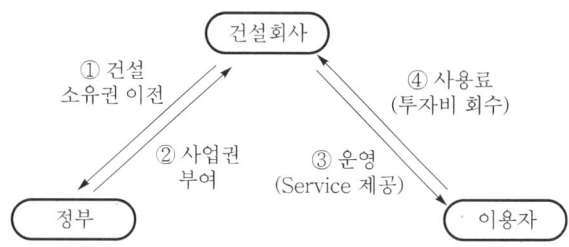

(2) 특징

① 준공과 동시에 국가 또는 지방자치단체 등 공공단체에 소유권이 귀속된다.
② 도로, 철도, 항만, 터널, 공항, 댐 등의 기본 사회간접시설에 적용된다.

4. BTL(Build-Transfer-Lease)

(1) 정의

① 민간부분이 공공시설을 건설(Build)한 후 정부에 소유권을 이전(Transfer, 기부체납)함과 동시에 정부에 시설을 임대(Lease)한 임대료를 징수하여 시설투자비를 회수해가는 방식이다.

② 설계·시공 → 소유권 이전 → 임대료 징수

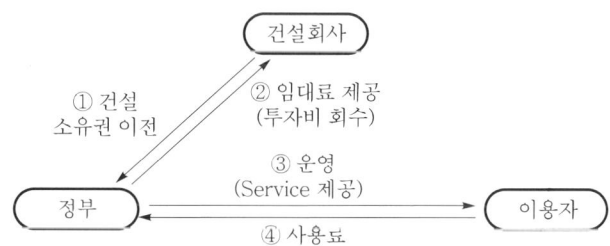

(2) 특징

① 건설회사(민간사업자)의 투자자금 회수에 대한 Risk가 제거된다.
② 정부의 제정지원 부담 감소로 최근에 SOC사업으로 BTL이 많이 적용된다.
③ 민간사업자의 활발한 참여와 경쟁을 유발한다.
④ 정부는 이용자들로부터 시설 사용료를 징수하여 건설회사에 임대료를 지급해야 하고 사용료 수입이 부족할 경우 정부 제정에서 보조금을 지급해야 한다.

Ⅳ. SOC 예산 투자방향

(1) 수익성 있는 사업 선정
   ① 무분별한 도로사업 지양
   ② 환경 및 물 관련분야로 사업 확대
   ③ 계층별 차별화된 임대주택 건설

(2) 공사 운영 수익 보장 철폐
   ① 민간의 기술 개발 유도
   ② 철저한 교통량 조사 실시

(3) 공정하고 투명한 경쟁 도입
   ① 수의계약 철폐
   ② 지방업체 참여 의무화

(4) 투자 활성화 구축
   ① 금융기관과 외국투자자 참여 의무화
   ② 다양한 사업 기획 검토

(5) 공사비 현실화
   ① 사업자 선정시 공사비 상세히 검토
   ② 국가 재정 부담 감소

(6) SOC사업 전담기구 설치
   ① 정부 부처간 중복 기능 조정
   ② 기획, 설계, 시공, 유지관리까지 총괄하는 전담기구 설치

Ⅴ. 환경공해의 규제

(1) 소음 규제
   ① 말뚝 항타기, 인발기 등
   ② 허용 노출기간 $\begin{cases} 90dB : 8hr \\ 95dB : 4hr \\ 100dB : 2hr \end{cases}$

(2) 진동 규제
   ① 인발기, 항타기

② 강구 사용작업
③ 75dB 이하

(3) 오탁수(汚濁水) 규제
① 수질 개선
② 폐기물 기준 : 6.0 < pH < 7.5

(4) 먼지 규제
$300 \mu g/m^3$ 이하(환경부)

Ⅵ. 갈등 해결방안

(1) 저소음 공법
① 말뚝 항타시 방음커버 설치
② 진동 공법, 압입 공법, Preboring 공법 등 저소음 공법 채택

(2) 저진동 공법
① 치환 공법 채택시 저진동의 굴착 치환, 미끄럼 치환 채택
② Pile 공사시 중굴 공법, Water Jet 공법, Benoto 공법 등 채택

(3) 분진 요소 제거
① 현장 주변에 살수차를 배치하여 도로 및 현장 주변 살수 및 청소
② 현장 차량은 도로 운행 전에 반드시 세차

(4) 악취물 수거
① 현장 오물 등은 정기적으로 청소차를 불러 수거
② 여름철에는 방역을 정기적으로 실시하고, 음식물 쓰레기의 수거가 신속히 되도록 관리

(5) 지하 가설시설 점검
① 버팀내의 안전성 검토 → 계측관리
② 토압과 수압 판정을 정확하게 하고, 매설물에 대한 방호·철거·우회 등의 방법을 검토

(6) 차수 공법
① 과도한 배수 방지 → 차수 공법 병행
② 지하수오염 방지계획 수립

(7) Underpinning 공법
   ① 차단벽 공법 및 Well 공법을 적용
   ② 약액 주입, 지반 개량 공법의 적용

(8) 복수 공법 계획
   ① 배수공사에 의해 급격한 지하수위 하강을 Sand Pile을 통한 주수로 수위 변동 방지
   ② 차수벽 배면의 지반 교란으로 수위 하강된 것을 담수하여 조정

(9) Boring 관리
   ① 지하수가 나오지 않는 Boring 구는 Cap으로 덮어 오염물질의 유입 방지
   ② Boring 관리를 위한 기록부 작성

(10) 레미콘 계획 수립
   ① 수급이 가능한 경우 교통량이 적은 시간대를 이용
   ② 사전계획 수립시 레미콘공장은 가까이 있는 공장을 선택

(11) 현장 내 배수계획
   ① 현장 내의 오물 등이 지하로 흘러가지 못하도록 간이 배수로 계획 수립
   ② 집수정을 두어 자동배수 Pump를 사용하여 배수

(12) 팽창성 약액 발파 공법
   ① 팽창성 물질을 주입하여 지반에 진동을 주지 않고 파쇄함
   ② 팽창 Cement(Alumina 분말)를 사용함

(13) 터파기 공사 계획
   ① 터파기 흙 반출시 차량의 운행이 적은 시간대 이용
   ② 현장 차량이 도로에 나갈 때는 세륜 실시

(14) 소리의 차단
   ① 간이 소음 차단벽 설치
   ② 현장 주변에 공동구를 설치하여 소리 전달 차단

(15) 도시 미관 고려
   도시 미관 및 주변 환경을 고려한 설계

(16) 민원인과의 협의체 구성
   ① 사회 전반에 걸친 이해와 신뢰를 바탕으로 관청, 발주자, 설계자, 시공업자, 주

민 각자가 지혜를 모아 타당한 여론을 확립해 대처함
② 원활한 사업시행을 위해서는 주변 지주 또는 거주민들과 협의체를 구성하여 주기적으로 사업계획 및 시공과정을 설명하여 동참 의지 고취

(17) 사전 사업설명회 개최
① 사업 시행 단계에서부터 사업의 당위성, 필요성, 발전성과 지역민의 효과 등에 대해서 사전 홍보활동 실시
② 각계 각층의 이해 당사자와 토론회 및 공청회를 통하여 예상되는 문제점과 향후 진행상황에 대해 설명

Ⅶ. 결 론

(1) SOC 방식의 구조는 프로젝트 건설 및 운영을 위해 스폰서(Sponsor)들에 의해 세워진 중개회사와 정부(또는 정부투자기관) 사이에 맺어진 허가계약에 기반하게 된다.
(2) 사회간접시설의 조기 건설을 위해 SOC 방식의 활용이 높아지고 있으며, 국내에서도 활발하게 진행되고 있으나, 이를 이용하는 국민들의 만족도를 높이기 위한 방안이 선행되어야 한다.

4-6 Project Financing [04후, 10점]

I. 정 의

(1) 프로젝트 금융이란 자본 집중적이며, 단일 목적인 경제적 단위(Project)에 대한 투자를 위한 금융을 말한다.
(2) 주로 금융권인 대주(Lender)는 대출금의 상환을 해당 프로젝트에서 발생하는 임대료나 수익에 의존하며, 발주자의 신용과 재력 및 제3자의 보증 등은 부차적이 된다.
(3) 발주자는 타당성 조사를 통하여 Project의 수익성이 보장되면 공사비를 금융업체로부터 지원받아 공사를 할 수 있다.

II. 개 념

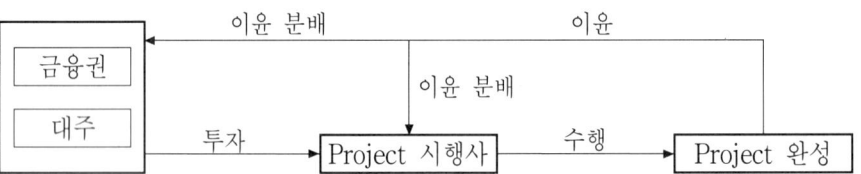

III. 대 상

항 목	내 용
플랜트부분	발전소, 비료공장, 화학공장, 정유 관련 시설, 시멘트공장, 하수처리시설 등
토목부분	항만·댐·수로 공사, 도로·교량 공사, 철도·지하철 공사, 수원 개발 등
건축부분	주택·교육 시설, 사무실·공공 시설, 호텔·병원 등
환경부분	에너지 관련 프로젝트 등

IV. 특 징

(1) 지급 보증은 프로젝트의 자산이나 현금 흐름에 의존한다.
(2) 프로젝트에 대한 전문적인 경제·기술 평가가 수반된다.
(3) 대주는 철저한 프로젝트 모니터링이 된다.
(4) 복잡하고 장황한 대출 및 담보 계약서가 수반된다.
(5) 대주의 위험 노출도에 따라 이자율과 수수료가 결정된다.

5-1 신기술 채용시 검토사항을 열거하여 기술하시오. [98중전, 30점]

I. 개 요

(1) 최근 구조물이 고도화, 대형화, 복잡화, 다양화됨에 따라 시공의 어려움이 많아 보다 경제적이고 안전성이 높은 신기술 개발이 필요하게 되었다.
(2) 경제적 시공은 물론 시공성이 우수한 신기술 채용으로 공기 단축, 공비 절감, 안전 시공, 품질 향상 효과를 얻을 수 있다.

II. 신기술 채용에 따른 효과

(1) 공기 단축
(2) 공사비 절감
(3) 품질 향상
(4) 안전 시공

III. 신기술 채용시 고려사항

(1) 과거 경험의 최대한 활용
(2) 신기술과 신공법의 검토
(3) 최적 시공법 여부
(4) 기술 수준 확인

IV. 신기술 채용시 검토사항

(1) 시공성
 신기술 채용으로 시공조건에 따라 계획을 수립하고 기술적인 문제에 대한 가능성을 충분히 검토한다.

(2) 경제성
 공사 상호간에 서로 연관성을 검토하여 신기술 채용에 따른 타공정에서의 영향에 대하여 검토한다.

(3) 안전성
신기술 채용으로 경험 부족에 따른 시공 중의 안전사고 발생 방지를 위하여 공사 착수 전에 신기술에 대한 충분한 작업관리 지침을 숙지한다.

(4) 무공해성
소음이나 진동 등 공해발생의 요지가 있으면 공기 지연과 보상 문제 등의 민원발생으로 공사 진행에 많은 어려움이 따르게 되므로 건설공해에 대하여 검토한다.

(5) 공정 검토
① 신기술 채용으로 지정된 공사기간 내에 공사 예산에 맞추어 정밀도 높고 질 좋은 시공이 되도록 공정에 대하여 검토한다.
② 면밀한 시공계획에 의하여 각 세부공사에 필요한 시간과 순서, 자재, 노무 등을 신기술 도입에 맞도록 경제성 있게 공정계획을 수립한다.

(6) 품질 검토
① 신기술 채용으로 완성품의 품질이 향상될 수 있도록 시험 및 검사의 조직적인 계획을 수립한다.
② 품질관리 시행(Plan → Do → Check → Action)

(7) 원가 검토
① 신기술 채용에 따른 실행 예산의 손익 분기점 분석
② 신기술 채용에서 일일 공사비 산정 및 종래 공법과의 경제성 비교 검토

(8) 노무계획 검토
신기술 채용에 소요되는 적정 소요 인원을 과학적이고 합리적으로 검토한다.

(9) 자재 수급 검토
자재 수급에서 가공을 요하는 재료에 대하여는 사전에 주문 제작하여 공사 진행에 차질이 없도록 준비한다.

(10) 장비 계획
① 신기술 채용으로 사용되는 장비의 경제성, 속도성, 안전성 등을 검토한다.
② 최적의 기종을 선택하여 적기에 사용할 수 있도록 장비 선정 및 조합을 검토한다.

(11) 공법 계획
주어진 시공조건하에서 신기술 채용으로 품질, 안전, 생산성 등을 고려하여 신기술 공법을 선정한다.

(12) 기술 축적

System Engineering에 의한 최적 시공에 대한 신기술을 채용한다.

(13) 동력 계획

신기술 도입에 소요되는 동력의 선택과 간선으로부터 인입위치, 배선, 용량 등을 검토한다.

(14) 용수 계획

상수도와 지하수 사용에 대한 수질, 용량, 인근에 미치는 영향 등을 검토한다.

(15) 수송 계획

수송장비, 운반로, 수송방법 및 시기 등을 검토하고 차량대수, 기종, 보험 및 송장 관리 계획을 검토한다.

(16) 실행 예산 편성

시공 계획시 신기술 도입에 따른 실행 예산의 작성과 투입금액을 검토한다.

(17) 현장원 편성

신기술 채용으로 현장원 편성을 적정 인원으로 하여 신기술 활용을 최대화한다.

(18) 가설공사

본공사의 원활한 추진을 위하여 설치되는 가설공사는 양부에 따라 공사 전반에 걸쳐 영향을 받으므로 가설물의 배치 계획, 가설물의 경량화, 표준화 등을 검토한다.

(19) 대외 업무관리

공사현장과 밀접한 관계부처와 긴밀하게 협의할 수 있도록 관계법규에 따른 시청, 구청, 동사무소, 노동부, 병원, 경찰서 등의 위치나 연락망을 수립한다.

(20) 공사 내용 검토

가설공, 토공, 기초공, 콘크리트공, 지반 개량공, 터널공, 교량공, 구조물공 등의 신기술 채용에 따른 영향 등을 검토하여 타공정에 영향이 최소화될 수 있도록 계획을 수립한다.

V. 문제점

(1) 사용자, 설계자, 이용자의 관심 및 이해 부족
(2) 신기술에 대한 시스템 미확립
(3) 공사비 증가에 대한 부정적 자세

(4) 신기술의 정보 부족
(5) 신기술에 대한 홍보 부족

Ⅵ. 개발방향

(1) 사용자, 설계자, 이용자의 인식 전환
(2) 신기술 시스템 정비
(3) 정보의 데이터화
(4) 정부 차원에서 신기술 채용 장려

Ⅶ. 결 론

(1) 건설공사에서 신기술 채용은 건설기술의 향상과 공비 절감, 공기 단축, 안전성 확보, 품질 향상 등의 많은 효과를 가져온다.
(2) 신기술 개발을 보호하고 육성하는 방안은 건설 관련업계는 물론 정부 차원에서의 관리 육성이 절실히 요구된다.

> **6-1** 건설공사의 국제 입찰방법의 종류와 특징 [98전, 20점]
>
> **6-2** 건설공사의 입찰방법을 설명하고, 현행 턴키(Turn Key)방법과 개선점을 설명하시오. [02후, 25점]

Ⅰ. 개 요

국제입찰이라 함은 내국인 또는 외국인을 대상으로 하여 물품, 공사 및 용역을 조달하기 위하여 행하는 입찰을 말하며, 수의계약을 포함한다.

Ⅱ. 입찰방법(입찰방법의 종류와 특징)

1. 공개경쟁입찰

(1) 정의

입찰 참가자를 공모(신문지상, 공고, 게시 등)하여 유자격자는 모두 참가할 수 있는 기회를 주는 입찰방식이다.

(2) 특징
① 공사비 절감
② 담합 가능성이 낮다.
③ 자유경쟁 의도에 부합
④ 입찰 사무 복잡
⑤ 부적격 업체 낙찰시 부실공사 유발

2. 제한경쟁입찰

(1) 정의

입찰 참가자에게 업체 자격에 대한 제한을 가하여 양질의 공사를 기대하며, 그 제한에 해당되는 업체는 누구든지 입찰에 참가할 수 있도록 한 방식이다.

(2) 특징
① 공사 수주의 편중 방지
② 담합 우려 감소
③ 양질의 공사 기대

④ 균등 기회 부여 무시, 경쟁 원리 위배
⑤ 품질 확보를 위해서는 업체의 양심에 기대

3. 지명경쟁입찰

(1) 정의

공개경쟁입찰과 특명입찰의 중간방식으로 그 공사에 가장 적격하다고 인정되는 3~7개 정도의 시공회사를 선정하여 입찰시키는 방식이다.

(2) 특징

① 공사 특성에 맞는 적격 업체의 선정 가능
② 시공의 질 향상 도모
③ 부적격 업체의 사전 배제
④ 소수 업체 입찰로 담합 우려
⑤ 입찰 참가자 선정 문제

4. 특명입찰(수의계약)

(1) 정의

발주자가 시공회사의 신용, 자산, 공사 실적, 보유 기계, 자재 및 기술 등을 고려하여 그 공사에 가장 적합한 1개의 회사를 지명하여 입찰시키는 방식이다.

(2) 특징

① 양질의 시공 기대
② 업체 선정 및 사무 간단
③ 공사 보안 유지에 유리
④ 공사금액 결정의 불명확
⑤ 부적격 업체 선정 우려

5. PQ(입찰 참가 자격 사전심사제도)

(1) 정의

PQ제도란 공공 공사 입찰에 있어서 입찰 전에 입찰 참가 자격을 부여하기 위한 사전심사제도로서 발주자가 각 건설업자의 시공 능력을 정확히 파악하여 그 능력에 상응하는 수주 기회를 부여하는 것을 말한다.

(2) 특징
① 입찰 참가 자격 결정
② 시공 능력 판단
③ 수주 기회 부여
④ 공사 금액 제한
⑤ 중소 업체 분리

6. Turn Key

(1) 정의

'발주자는 열쇠만 돌리면 쓸 수 있다'는 뜻에서 나온 용어로서 모든 요소를 포함한 도급방식이다.

(2) 특징
① 설계·시공의 Communication 우수
② 책임 시공으로 공기 단축
③ 공사비 절감
④ 우수한 설계 의도 반영의 어려움
⑤ 발주자 의도 반영의 어려움

Ⅲ. 현행 Turn Key 방법

(1) 정의
① '발주자는 열쇠만 돌리면 쓸 수 있다'는 뜻에서 나온 용어로서 모든 요소를 포함한 도급방식이다.
② 시공자는 대상계획의 사업 발굴, 기획, 타당성 조사, 설계, 시공, 시운전, 인도, 조업, 유지관리까지 발주자가 필요로 하는 모든 것을 조달하여 발주자에게 인도하는 도급 계약방식이다.

(2) Turn Key 계약방식의 종류
① 성능만 제시
    설계도서는 제시하지 않고 성능만을 제시하여 모든 설계도서를 요구하는 방식
② 기본 설계도서 제시
    기본적인 설계도서만 제시하고, 구체적인 설계도서를 요구하는 방식
③ 상세 설계도서 제시
    상세 설계도서가 제시되고, 어떤 특정한 부분만 요구하는 방식

Ⅳ. Turn Key 방법의 개선점

(1) 대상공사의 선정
　　① 심의 대상공사의 축소
　　② 감리업체 사전 선정으로 발주 및 입찰시 참여

(2) 입찰제도의 개선
　　① 기본 설계로 입찰
　　② 적절한 입찰기간 산정 및 입찰 제한요소 배제

(3) 발주방법의 개선
　　발주자 참여로 의사 반영

(4) 중앙심사위원회의 개선
　　① 평가 항목별 배점 기준 마련
　　② 부적격 사유 명문화

(5) 설계 평가 배정기준 마련
　　① 설계 평가의 객관성 유지
　　② 신공법 채택시 배려

(6) 낙찰자 선정방법 개선
　　① 기술 평가는 금액 아닌 설계 위주
　　② 최저 낙찰제를 폐지하고, 적격 낙찰제나 부찰제 실시

(7) 참여업체 실비 보상
　　탈락사에 대한 설계 용역비 실비 지급

(8) E.C화의 정착
　　Software 기술력 배양

(9) 선진 업체와 Joint Venture
　　① 선진 건설업체와 Joint Venture를 통한 기술력 배양
　　② 공동 연구・투자 실시

(10) 종합건설업제도 시행
　　건설사에 설계와 시공을 함께 할 수 있는 제도적 장치 마련

(11) 하도급 업체 육성 및 계열화
① 전문 시공 능력을 갖춘 하도급 업체 육성 및 계열화
② 전문 건설업체는 Hardware 주력
③ 종합 건설업체는 Software 주력

(12) 기술개발보상제도
기술개발보상제도의 활성화로 적극 동참 유도

(13) 신기술 지정 및 보호제도
특허기간 연장 및 특허권 사용료 상향 조정

(14) 기술 개발 투자 확대
① 기술 개발 투자에 따른 각종 혜택 부여로 동기 유발
② 국제 경쟁력 확보

V. 결 론

(1) Turn Key 계약방식은 아직 국내에서는 그 실적이 미흡하나 유럽 등 선진국에서는 이미 정착된 제도로서 문제발생시 책임 소재가 분명하기 때문에 발주자의 신뢰성을 높일 수 있는 제도이다.
(2) 건설업의 환경변화에 대응하기 위해서는 국제 경쟁력이 있는 신기술제도의 도입 및 정착이 필요하며, Turn Key 방식은 국제 경쟁력에 대응할 수 있는 제도라고 보아지며, 정착화를 위한 정부 차원의 노력이 필요하다.

7-1 최고가치 낙찰제 [07후, 10점]

I. 정 의

(1) 최고가치 낙찰제는 LCC(Life Cycle Cost)의 최소화로 투자의 효율성을 얻기 위해 입찰 가격과 기술 능력을 종합적으로 평가하여 발주처에 최고가치를 줄 수 있는 업체를 낙찰자로 선정하는 제도이다.
(2) 시공비의 최소화가 아니라 LCC의 최소화가 중요하므로 최저가 낙찰제를 통한 예산 절감의 실패에서 출발한 개념이다.

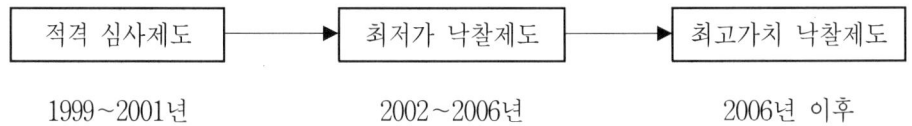

적격 심사제도	→	최저가 낙찰제도	→	최고가치 낙찰제도
1999~2001년		2002~2006년		2006년 이후

II. 최고가치의 개념도

시공 당시의 생산비(시공비)를 고려함은 물론 준공 후 유지관리비까지 고려한 일련의 과정을 구조물의 LCC 개념으로 평가하여 발주자의 이익을 극대화시키는 것이 최고가치의 개념이다.

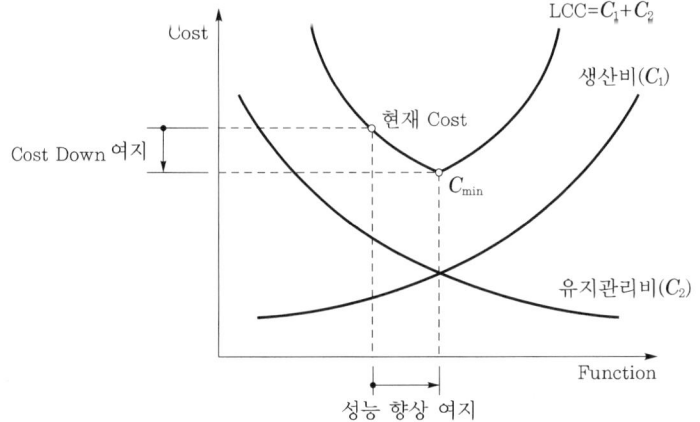

Ⅲ. 도입의 필요성

(1) 낙찰제의 국제 표준화 필요
(2) 건설업체의 Dumping 방지 및 수익성 향상
(3) 건설업체의 기술 발전 및 품질 향상 재고
(4) 발주처의 장기적인 비용 절감
(5) 발주처의 낙찰방법 선택폭 확대

> **8-1** 공사계약금액 조정의 요인과 그 조정방법에 대하여 설명하시오. [11후, 25점]
> **8-2** 공사 계약 일반조건에 의한 설계 변경 사유와 이로 인한 계약금액의 조정방법에 대해서 기술하시오. [04전, 25점]
> **8-3** 국가를 당사자로 하는 공사 계약에서 설계 변경에 해당하는 경우를 열거하고, 그 내용을 기술하시오. [07전, 25점]
> **8-4** 공사 시공 중 변경사항이 발생할 경우에 설계 변경이 될 수 있는 조건과 그 절차를 설명하시오. [07후, 25점]
> **8-5** 현재 공공기관과의 공사계약에서 물가변동으로 인한 계약금액 조정을 발주기관에 요청할 경우, 물가변동 조정금액 산출방법에 대하여 설명하시오. [11전, 25점]
> **8-6** 물가변동에 의한 공사비 조정방법시 유의사항에 대하여 기술하시오. [03중, 25점]
> **8-7** 공사 계약금액 조정을 위한 물가변동률 [08중, 10점]

I. 개 요

(1) 중앙 관서의 장이나 그 위임을 받은 공무원은 공사·제조·용역 등 공공 건설공사의 입찰일 이후 물가변동, 설계 변경, 기타 계약 내용의 변경으로 인하여 계약금액을 조정할 수 있다.
(2) 물가변동으로 인한 계약금액의 조정은 계약 조건에 의해 처리하며, 품목 조정률과 지수 조정률 중 계약서에 명시된 한 가지 방법을 택일하여 적용한다.
(3) 설계 변경은 당초 계약의 목적 및 본질을 바꿀 만큼의 변경이어서는 안 되며, 설계 변경으로 공사량의 증감이 발생한 경우에는 계약금액을 조정하게 된다.

II. 계약금액 조정 요건(조정 요인)

```
                    ┌ 절대 요건 ┬ 기간 요건
계약금액 조정 요건 ─┤           └ 등락 요건
                    └ 선택 요건 ── 청구 요건
```

물가변동으로 인한 계약금액 조정은 절대 요건의 충족에 따라 선택 요건인 조정 청구가 있을 때 성립한다.

(1) 기간 요건
   ① 입찰일 후 90일 이상 경과하여야 한다.
   ② 입찰일을 기준으로 한다.
   ③ 2차 이후의 물가변동은 전 조정 기준일로부터 90일 이상을 경과하여야 한다.

(2) 등락 요건
   품목 조정률 또는 지수 조정률이 3% 이상 증감시 적용한다.

(3) 청구 요건
   절대 요건이 충족되면 계약 상대자의 청구에 의해 조정하도록 한다.

Ⅲ. 계약금액 조정 방법

1. 물가변동(Escalation) 조정(물가변동 조정금액 산출방법)

(1) 정의
   입찰일 후 90일이 경과한 후 각종 품목 및 비목의 가격 상승으로 품목 조정률의 3% 이상이 증감되거나 지수 조정률의 3% 이상이 증감된 때 계약금액 조정

(2) 조정방법
   ① 동일한 계약에 대하여는 품목 조정률과 지수 조정률을 동시에 적용하지 못한다.
   ② 조정 기준일(조정 사유발생일)로부터 90일 이내는 재조정이 불가능하다.
   ③ 예정 가격이 100억원 이상의 공사는 특별 사유가 없는 한 지수 조정률로 금액을 조정한다.
   ④ 원칙적으로 계약금액 조정 신청서 접수 후 30일 이내에 조정한다.

(3) 품목 조정률
   ① 조정 기준일(조정 사유 발생일) 전의 이행 완료할 계약금액을 제외한 계약금액에서 차지하는 비율로서 기획재정부 장관이 정하는 바에 의거 산출
   ② 품목 조정률의 3% 이상 증감

(4) 지수 조정률
   ① 지수 조정률 산출방법
      ㉠ 한국은행에서 조사 공표한 생산자 물가 기본 분류 지수 및 수입 물가 지수
      ㉡ 국가·지방자치단체·정부투자기관이 허가·인가하는 노임·가격 또는 요금의 평균 지수
      ㉢ 위의 내용과 유사한 지수로 기획재정부 장관이 정하는 지수
   ② 지수 조정률의 3% 이상 증감

(5) 품목 조정률 및 지수 조정률의 비교

구 분	품목 조정률에 의한 방법	지수 조정률에 의한 방법
개요	계약금액의 산출내역을 구성하는 품목 또는 비목의 가격변동으로 당초 계약금액에 비하여 3% 이상 증감시 동 계약금액 조정	계약금액의 산출내역을 구성하는 비목군의 지수변동으로 당초 계약금액에 비하여 3% 이상 증감시 조정

구 분	품목 조정률에 의한 방법	지수 조정률에 의한 방법
조정률 산출방법	계약금액을 구성하는 모든 품목 또는 비목의 등락을 개별적으로 계산하여 등락률을 산정	① 계약금액을 구성하는 비목을 유형별로 정리한 "비목군"을 분류 ② 비목군에 계약금액에 대한 가중치 부여(계수) ③ 비목군별로 생산자 물가 기본 분류 지수 등을 대비하여 산출
적용대상	거래실례가격 또는 원가계산에 의한 예정가격을 기준으로 체결한 계약	원가계산에 의한 예정가격을 기준으로 체결한 계약
장점	계약금액을 구성하는 각 품목 또는 비목별로 등락률을 산출하므로 당해 비목에 대한 조정 사유를 실제대로 반영 가능	한국은행에서 발표하는 생산자 물가 기본 분류 지수, 수입 물가 지수 등을 이용하므로 조정률 산출이 용이하다.
단점	① 매 조정시마다 수많은 품목 도는 비목의 등락률을 산출해야 하므로 계산이 복잡하다. ② 따라서 많은 시간과 노력이 필요하다. (행정력 낭비)	각종 지수를 이용하므로 당해 비목에 대한 조정 사유가 실제대로 반영되지 않는 경우가 있다.
용도	계약금액의 구성비목이 적고 조정횟수가 많지 않을 경우에 적합하다.(단기, 소규모, 단순공종 공사 등)	계약금액의 구성비목이 많고 조정횟수가 많을 경우에 적합하다.(장기, 대규모, 복합공종 공사)

2. 설계 변경

(1) 정의

설계 변경으로 인하여 공사량의 증감이 발생한 때에는 계약금액을 조정할 수 있다.

(2) 설계 변경 사유(조건)

① 설계도 하자
  ㉠ 설계도의 내용이 불확실한 경우
  ㉡ 설계도에 누락된 사항이 있는 경우
  ㉢ 설계도에 상호 모순되는 사항이 있는 경우

② 현장 여건이 다를 경우
  ㉠ 자연적인 상태(지질, 용수 등)가 상이
  ㉡ 인위적인 상태(지하 매설물, 주변 현황 등)가 상이

③ 신기술 · 신공법 사용
  ㉠ 신기술 · 신공법 사용으로 공사비가 절감되는 경우
  ㉡ 신기술 · 신공법 사용으로 공사기간이 단축되는 경우
  ㉢ 절감된 공사비의 일부는 시공자에게 귀속

④ 물가변동으로 인한 경우

⑤ 민원 발생 : 민원 발생으로 인하여 공사기간이 연장되거나 공사비가 추가되는 경우

⑥ 공사기간이 변경되는 경우 : 공사기간 변경으로 공사비의 차이가 현저한 경우

⑦ 공사물량이 변경되는 경우
  ㉠ 공사물량의 증감
  ㉡ 공사물량의 변경이 3% 이상 발생시
⑧ 기타 발주처가 인정하는 사유
  ㉠ 골재의 지급 장소 변경
  ㉡ 지급 자재의 변경
  ㉢ 자재 운반거리의 변경 등

(3) 조정방법
① 낙찰가가 86% 미만의 공사에서는 증액 조정시 조정금액이 계약금액의 10% 이상인 경우 소속 중앙관서장의 승인을 얻어야 한다.
② 계약 이행자가 신기술·신공법의 적용으로 공비 절감·공기 단축 등을 한 경우는 감액하지 않는다.
③ 신기술·신공법의 등위와 한계에 이의가 있을 때는 중앙건설기술심의위원회의 심의를 받아야 한다.
④ 원칙적으로 설계 변경으로 인한 계약금액 조정 신청서 접수일로부터 30일 이내에 조정한다.

(4) 설계 변경절차

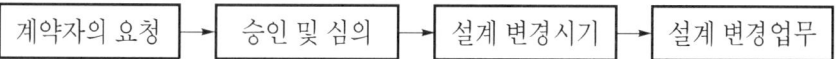

① 계약자의 요청
  ㉠ 발주기관에서 사업 내용 변경에 따른 설계 변경시 계약자에게 서면으로 통보 후 시행
  ㉡ 계약자의 요청은 공사감독관(책임감리자)을 경유하여 서면으로 통지
② 승인 및 심의
  ㉠ 승인 : 예정가격이 88% 미만으로 낙찰된 공사계약으로 증액 조정될 금액이 당초 계약금액의 10% 이상인 경우에는 소속 중앙관서장의 승인을 얻어야 한다.
  ㉡ 심의 : 신기술·신공법의 범위와 한계에 관하여 이의가 있을 때는 설계 자문위원회의 심의를 받아야 한다.
③ 설계 변경시기
  ㉠ 설계도면의 변경을 요하는 경우에는 설계 변경도면이 확정된 때
  ㉡ 설계도면의 변경을 요하지 않는 경우에는 계약 당사자 간에 설계 변경을 문서에 의하여 합의한 때

④ 설계 변경업무

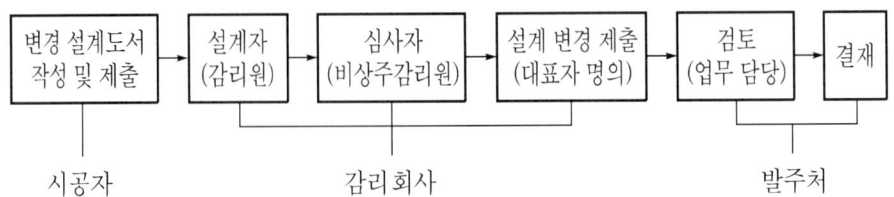

(5) 계약금액의 조정
  ① 공사물량이 증감되는 경우
    ㉠ 증감된 공사물량의 단가는 산출 내역서상의 단가(계약 단가)를 적용
    ㉡ 설계 변경 전에 물가변동으로 인한 계약금액을 조정한 경우에는 조정된 계약 단가를 적용
    ㉢ 계약 단가가 예정가격 단가보다 높은 경우 예정가격 단가를 적용
    ㉣ 발주기관에서 설계 변경을 요구한 경우에는 일정범위 내에서 계약 당사자 간의 협의에 의해 결정

  ② 신규 비목의 경우
    ㉠ 신규 비목이란 산출 내역서상의 단가가 없는 비목을 말한다.
    ㉡ 신규 비목의 단가는 설계 변경 당시를 기준으로 산정한 단가에 낙찰률을 곱한 금액으로 한다.
    ㉢ 낙찰률이란 전체 계약 낙찰률로 예정가격에 대한 낙찰금액의 비율이다.
    ㉣ 발주기관에서 설계 변경을 요구한 경우에는 일정범위 내에서 계약 당사자 간의 협의에 의해 결정한다.

Ⅳ. 조정시 유의사항

(1) 원칙적으로 계약금액 조정신청서 접수 후 30일 이내에 조정한다.
(2) 계약금액 조정 후 조정 기준일로부터 90일 이내에는 이(계약금액 조정)를 다시 하지 못한다.
(3) 동일한 계약에 대하여는 품목 조정률과 지수 조정률을 동시에 적용할 수 없다.
(4) 조정 기준일 전에 이행 완료할 부분은 물가변동 적용 대가(적용 기준일 이후에 이행할 부분의 대가)에서 제외한다.
(5) 천재지변 등의 불가항력의 사유로 지연된 때는 물가변동 적용 대가의 적용을 받는다.
(6) 예정가격이 100억원 이상의 공사는 특별 사유가 없는 한 지수 조정률로 한다.

(7) 선금을 지급받은 경우 공제금액 산출식
　① 공제금액＝물가변동 적용 대가×(품목 조정률 또는 지수 조정률)×선금급률
　② 장기 계속 계약에서 물가변동 적용 대가는 당해 연도 계약 체결분 기준

V. 결 론

입찰일 후 계약금액을 구성하는 각종 품목 또는 비목의 가격이 상승 또는 하락된 경우, 그에 따라 계약금액을 조정하여 계약 당사자 일방의 불공평한 부담을 경감시켜줌으로써 원활한 계약 이행을 도모하고자 하는 계약금액 조정제도이다.

> **8-8** 원가 계산시 예정가격 작성 준칙에서 규정하고 있는 비목을 열거하고, 각각에 대하여 서술하시오. [03전, 25점]
> **8-9** 총 공사비의 구성요소 [09중, 10점]
> **8-10** 공사원가 계산시 경비의 세비목(細費目) [06전, 10점]

I. 정 의

(1) 공사원가를 계산함에 있어 총 공사비 비목의 구성은 매우 중요하다.
(2) 총 공사비는 순공사비·일반관리비·이윤·부가가치세 등으로 구성되고, 예산 집행 후 결과가 차기공사의 참고자료로 이용된다.

II. 총 공사비 구성

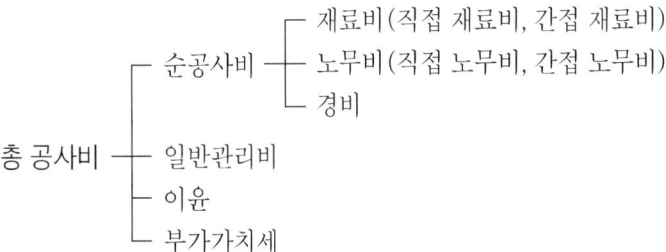

III. 총 공사비 구성요소(예정가격 작성 준칙에서 규정하는 비목)

(1) 재료비
  ① 직접 재료비
    ㉠ 공사 목적물의 기본적 구성형태를 이루는 물품의 가치
    ㉡ 매각액 또는 이용가치를 추산하여 재료비에서 공제
  ② 간접 재료비
    ㉠ 공사에 보조적으로 소비되는 물품의 가치
    ㉡ 재료 구입시 소요되는 운임, 보험료, 보관비 등

(2) 노무비
  ① 직접 노무비
    ㉠ 작업(노무)만을 제공하는 하도급에 지불되는 금액

ⓒ 노무량×단위당 가격(직접 노무비, 간접 노무비)
② 간접 노무비
㉠ 현장관리 인원의 노무비
ⓒ 감독비, 감리비, 현장 직원 임금 등

(3) 경비
① 공사현장에서 발생하는 순공사비 이외의 현장관리 비용
② 전력비, 운반비, 기계 경비, 가설비, 특허권 사용료, 기술료, 시험 검사비, 안전관리비 등
③ 외주 가공비 : 외주업체에 발주된 재료에서 가공비만 경비로 산정
④ 감가상각비 : 건축물, 기계 설비 등의 고정 자본의 감소분을 경비로 산정

(4) 일반관리비
① 기업의 유지를 위한 관리활동부분에서 발생하는 제비용
② 임원 급료, 직원 급료, 제수당, 퇴직금, 충당금, 복리후생비
③ 여비, 교통 통신비, 경상 시험 연구개발비
④ 본사 수도 광열비, 감가상각비, 운반비, 차량비
⑤ 지급 임차료, 보험료, 세금 공과금

(5) 이윤
① 영업 이윤을 지칭
② 공사 규모, 공기, 공사의 난이에 따라 변동
③ 일반적으로 총 공사비의 10% 정도

(6) 부가가치세
① 물건을 사다가 파는 과정에서 부가된 가치(이윤)에 대하여 부과되는 세금
② 국세, 보통세, 간접세
③ 6개월을 과세기간으로 하여 신고 납부

Ⅳ. 경비의 세비목(細費目)

(1) 전력비, 수도 광열비
계약 목적물을 시공하는데 직접 소요되는 비용

(2) 운반비
재료비에 포함되지 않는 운송비, 하역비, 상하차비

(3) 기계 경비
   정부 표준품셈상의 건설기계 경비 산정기준에 의한 비용

(4) 특허권 사용료
   타인 소유의 특허권을 사용한 경우의 비용

(5) 기술료
   당해 계약 목적물을 시공하는데 필요한 Know-How 비용

(6) 연구개발비
   당해 계약 목적물을 시공하는데 직접 필요한 기술개발비

(7) 품질관리비
   계약 목적물을 시공하는데 직접 소요되는 비용

(8) 가설비
   시공을 위하여 필요한 가설물 설치에 소요되는 비용

(9) 보험료
   작업현장에서 법령 및 계약조건에 의하여 요구되는 비용

(10) 복리후생비
   시공의 작업조건 유지에 관련되는 제비용

(11) 보관비
   시공에 소요되는 재료, 기자재의 창고 사용료

(12) 산업안전보건관리비
   산업재해의 예방 및 사업장의 안전 확보를 위해 필요한 비용

(13) 소모품비
   작업현장에 발생되는 소모용품 비용

(14) 세금 공과금
   시공현장에서 당해 공사에 부담하여 납부하는 공과금

(15) 폐기물 처리비
   공해 유발물질을 법령에 의거 처리하는 비용

(16) 도서 인쇄비
　　계약 목적물의 시공을 위한 각종 도서 구입 및 인쇄 제작비

(17) 수수료
　　법률로서 규정되어 있거나 의무가 주어진 수수료

(18) 환경 보조비
　　계약 목적물의 시공을 위한 제반 환경오염 방지시설 비용

(19) 보상비
　　당해 공사로 인해 발생되는 보상, 보수 비용

(20) 안전 관리비
　　작업현장에서 재해 예방을 위하여 법령에 요구되는 비용

(21) 근로자 퇴직 공제부금
　　관계법령에 의하여 건설 근로자 퇴직 공제에 가입하는데 소요되는 비용

(22) 보관비
　　시공에 소요되는 재료, 기자재의 창고 사용료

(23) 지급 임차료
　　시공을 위하여 사용되는 토지, 건물, 기계 기구의 사용료

(24) 여비, 교통비, 통신비
　　시공현장에서 직접 소요되는 여비, 교통비, 통신비

V. 결 론

공사의 시공을 위한 예정가격의 산출은 시공업체의 선정과 공사의 품질 유지를 위해 매우 중요한 사항이므로 정확한 산출로 고품질 시공이 되어야 한다.

> **9-1** 건설기술관리법에서 PQ(사업수행능력평가), TP(기술제안서)를 설명하고, 본 제도의 문제점과 대책을 설명하시오. [02후, 25점]

I. 개 요

(1) 건설기술관리법에서 PQ(Pre-Qualification, 사업수행능력평가)와 TP(Technical Proposal, 기술제안서)는 대안입찰시 기본설계를 바탕으로 동등 이상의 기능 및 효과를 가진 공법으로 공비 절감, 공기 단축을 제시하는 방법이다.
(2) TP(기술제안서)는 용역비가 5억 이상인 기본 계획 및 기본 설계시 적용하도록 규정되어 있다.

II. PQ와 TP

1. PQ(Pre-Qualification)

(1) 정의
　　공사입찰시 입찰참가자격을 부여하기 위하여 사업수행능력을 사전에 심사하는 제도

(2) 심사 내용
　　① 경영 상태
　　② 기술 능력
　　③ 시공 경험
　　④ 신인도

2. TP(Technical Proposal)

(1) 정의
　　신공법, 신기술 등의 기술을 제안하여 공기 단축 또는 공사비 절감을 가져올 경우 입찰에 참가할 자격을 부여하는 제도

(2) 적용 규정
　　① 용역비 5억원 이상의 기본 계획 및 기본 설계
　　② 용역비 10억원 이상의 실시 설계

Ⅲ. 문제점

(1) PQ 심사기준 미정립
   ① 전문공인심사기관 부족
   ② 시공능력 평가기준 미비
   ③ 내역 심사기준의 미정립

(2) 적용 대상공사의 제한
   적용 대상공사 선정의 불합리

(3) 등록서류 복잡
   입찰서류 과다 및 복잡

(4) 중소업체에 불리
   현행 적용대상 금액 100억원 이상

(5) 실적 위주 참가 문제
   ① 도급 한도액에 의한 실적 위주의 참가 제한
   ② 경쟁요소 배제 - 입찰 참가기회 박탈

(6) 적격업체 탈락 우려
   저가 낙찰제로 인한 탈락 우려

(7) 건설업계의 능력 부족
   ① 하도급 계열화 미정착
   ② 기술개발 투자 미흡
   ③ Software 능력 부족

Ⅳ. 대 책

(1) PQ 심사기준의 정립
   ① 공정한 전문심사기관의 선정
   ② 시공능력 평가기술 개발
   ③ 내역 심사기준 마련

(2) 대상공사 항목의 확대
   ① 대상공사 종목의 다양화
   ② 일반 건설공사에도 확대 실시

(3) 등록 서류 간소화
    ① 입찰 서류의 간소화
    ② 신청 서류 종목 축소

(4) 중소업체의 불리한 문제 해결
    적용 대상금액의 하향 조정

(5) 실적 위주 참가 문제 해결
    ① 도급 한도액의 폐지
    ② 기술 능력·시공 능력으로 평가

(6) 적격업체의 탈락 문제 해결
    ① 저가 낙찰제의 폐지
    ② 적격 낙찰제도 도입 시행

(7) 종합건설업제도 실시
    ① 업체의 전문화, 특성화
    ② 원·하도급자 간의 하도급 계열화 추진
    ③ 기술 능력 향상

(8) 업체의 기술 개발
    ① 전문업종 개발
    ② 전문기술자 능력 배양 및 육성
    ③ 자체 기술 개발로 원가 절감

(9) 시공 기술 개발
    ① 신재료, 신공법
    ② 연구활동 강화 및 투자

(10) 시공의 기계화 및 Robot화
    ① 시공 기술의 향상
    ② 생산성 향상
    ③ Cost Down

V. 결 론

(1) 건설업 개방화에 따른 PQ와 TP 제도는 대상공사 항목의 확대 실시와 실적 위주의 참가 문제에 대한 대책과 심사기준의 평가 정립을 세워야 한다.

(2) 건설업체에서도 기술 개발에 대한 투자 확대와 EC의 능력 배양으로 내실을 다져야 하며, 선진국의 앞선 기술력 향상 제도를 과감히 도입하여 정착시킬 때 PQ와 TP 제도가 자리를 잡게 될 것이다.

9-2 수급인의 하자 담보 책임 [08후, 10점]

I. 정 의

하자 보증(Guarantee Against Defaults)이란 건설공사의 계약에서 하자에 의해서 생긴 손해에 대한 시공자측의 보증을 말하며, 하자 담보 책임이라고도 한다.

II. 하자 보증금(하자 담보 책임금)

(1) 철도·댐·터널·강교 설치·발전 설비·교량 등 주요 구조물 및 조경공사 5%
(2) 공항·항만·삭도 설치·방파제·사방·간척 등은 4%
(3) 관개수로·도로·매립·상하수도·하천·일반 건설 등은 3%
(4) 위의 사항 이외의 공사 2%

III. 하자 담보(하자 보증) 책임이 없는 경우

(1) 발주자가 제공한 자재(재료)의 품질이나 규격 등의 기준 미달로 인한 경우
(2) 발주자의 지시에 따라 시공한 경우
(3) 내구연한 또는 설계상의 구조 내력을 초과하여 사용한 경우

IV. 하자 보증기간(하자 담보 책임기간)

하자 내용(공사)	하자 보증기간
철도·댐·터널·강교 설치·발전설비·교량·상하수도 구조물	5년
공항·항만·삭도 설치·방파제·사방·간척	4년
관개수로·매립·상하수도 관로·하천·공동주택·교정시설	3년
도로·일반구조물·부지 정지·조경시설물 설치	2년

제 2 절 공사관리

1-1 시공계획 작성시 사전조사 사항에 대하여 기술하시오. [00후, 25점]

Ⅰ. 개 요

(1) 시공계획은 시공관리의 목적을 확실하게 인식하고, 시공을 가장 적절하게 하려는 태도로 주도 면밀하게 해야 한다.

(2) 시공계획을 위한 사전조사는 계약조건과 설계도서를 검토하여야 하며, 현장조사를 통한 현장 주위 상황, 지반조사, 기상, 관계법규 등을 파악하여 합리적인 시공계획을 세워야 한다.

Ⅱ. 사전조사의 필요성

(1) 공법 선정
(2) 공사 내용 파악
(3) 합리적인 시공계획
(4) 경제적인 시공관리

Ⅲ. 사전조사 사항

1. 계약조건 검토

(1) 계약조건 파악
  ① 계약서를 검토하여 불가항력이나 공사 중지에 대한 손실 조치
  ② 자재, 노무비 변동에 따른 조치
  ③ 수량 증감 및 착오 계산의 조치

(2) 설계도서 파악
  ① 공정표, 시공계획도, 시공설명서

② 구조계산서에서 공사 중 하중에 대한 안전성 확인

2. 현장조사

(1) 현장 주위 상황
    ① 현장 내의 고저, 장애물
    ② 가설 건물 및 가설 작업장 용지 파악
    ③ 상하수도관, 전기·전화선, 가스관 매설

(2) 지반조사
    ① 구조물 기초 및 토공사의 설계 및 시공한 Data 구함
    ② 토질의 공학적 특성과 시료채취 계획
    ③ 사전조사, 예비조사, 본조사 및 추가조사 계획

(3) 건설공해
    ① 소음, 진동, 분진, 악취, 교통장애 등에 대한 민원문제 조사
    ② 토공사시 발생할 우물 고갈, 지하수오염, 지반의 침하 및 균열에 대비한 조사 실시

(4) 기상
    ① 기상 통계를 참고하여 강수기, 한랭기 등에 해당하는 공정 파악
    ② 엄동기인 12~2월의 3개월간 물 쓰는 공사는 중지

(5) 관계법규
    ① 노도의 공공시설이 공사에 지장을 수는 경우에는 관계부처의 승인을 얻은 후 이설
    ② 지중 매설물(상하수도, 가스, 전기, 전화선)을 조사하여 관계법규에 따라 처리

3. 공법 조사

(1) 시공성
    ① 시공조건에 따라 계획이 변경되므로 기술적인 문제에 대하여 충분히 검토
    ② 현장의 시공 능력, 공기, 품질, 안전성을 파악하여 시공성을 종합적으로 판단

(2) 경제성
    ① 공사 상호간에는 서로 연관성이 많아 공법 선정시 최소의 비용으로 최적의 시공법 채택
    ② 경제성은 단순히 싸다는 개념만으로는 판단할 수 없고 공기, 품질, 안전성을 비교하여 결정

(3) 안전성
　① 시공 중의 안전사고는 인명 피해, 경제적인 손실 및 건설회사의 신용 저하 등을 유발
　② 표준 안전관리비를 효율적으로 사용하는 계획과 안전조직 검토

(4) 무공해성
　① 소음이나 진동 등 공해가 발생되면 공사 지연과 보상문제 등이 발생
　② 공사비가 다소 증가되더라도 여러 공법 중에서 공해없는 공법 검토

4. 시공조건 조사

(1) 공기 파악
　① 구조물을 지정된 공사기간 내에 공사 예산에 맞추어 정밀도가 높은 질 좋은 시공을 하기 위하여 공기 파악
　② 공정계획시 면밀한 시공계획에 의하여 각 세부공사에 필요한 시간과 순서, 자재·노무 및 기계설비 등을 적정하고 경제성 있게 공정표로 작성

(2) 노무조사
　① 인력 배당계획에 의한 적정인원 계산
　② 과학적이고 합리적인 노무 파악

(3) 자재 수급
　① 적기에 구입하여 적기에 공급
　② 가공을 요하는 재료는 사전에 주문 제작하여 공사진행에 차질이 없도록 준비

(4) 장비 적절성
　최적의 기종을 선택하여 적기에 사용하므로 장비의 효율을 극대화

5. 공사내용 조사

(1) 가설공사
　① 가설공사의 양부에 따라 공사 전반에 걸쳐 영향을 미침
　② 강재화, 경량화 및 표준화에 의한 가설

(2) 토공사
　① 토사의 굴착, 운반·흙막이 공법
　② 토질조사, 다짐 공법 선정, 지반 개량 공법 선정

(3) 기초공사
    ① 기초형식에 따른 안전도 조사
    ② 소음·진동·분진·악취 등의 건설공해 유무

Ⅳ. 결 론

(1) 시공계획을 위한 사전조사는 경험을 바탕으로 실적자료를 활용하여 시행과정에서 착오가 없도록 구성원들의 중지를 모아 최선을 다해야 한다.
(2) 사전조사를 철저히 하여 시공시 작업의 재시공 및 작업의 혼란으로 시간과 예산의 낭비를 최소화해야 한다.

2-1 시공자가 공사 착수 전에 감리자에게 제출하는 시공계획서의 목적과 내용을 기술하시오. [95전, 33점]

2-2 시공계획을 세울 시 검토사항에 대하여 기술하시오. [98중전, 40점]

2-3 연약지반상의 대성토 구간 중에 통로 암거(4.5m×4.5m×2련, L=45m)를 설치하고자 한다. 시공계획에 대하여 논술하시오. [98중전, 50점]

2-4 해안에 인접하여 연약지반을 통과하는 4차선 도로가 있다. 이 경우 연약지반 처리를 위한 시공계획에 대하여 설명하시오. [10중, 25점]

2-5 하천 또는 해안지역에서 가물막이 시공시 시공계획에 대하여 기술하시오. [98중후, 30점]

2-6 산악도로 건설공사를 위한 시공계획과 유의사항에 대하여 기술하시오. [98후, 30점]

2-7 최근 교통량 증가에 따른 기존 도로의 확폭과 관련하여 시공계획 및 시공관리 측면에서 의견을 서술하시오. [96전, 30점]

I. 개 요

(1) 시공자가 제출하는 시공계획서는 설계도에 의해 공사 목적물을 착공하기에 앞서 공기, 원가, 안전, 품질 등에 있어서 최적이 될 수 있도록 하기 위한 것이다.
(2) 시공계획은 사전에 충분한 조사와 공기, 공사비, 안전관리, 품질관리, 환경 규제 등을 고려하여 수립되어야 한다.

II. 시공계획시 고려사항

(1) 각 계획마다 안전시공 최우선 선택
(2) 경제적이고 확실한 방법 선택
(3) 특수공법 채용시 적법성 여부 사전 검토
(4) 지반의 고저, 인접 도로, 인접 구조물 등의 사전 검토
(5) 반입로, 지중 장애물, 건물 기초 등을 사전조사하여 검토

III. 시공계획서의 목적

(1) 안전시공
 공사작업 중에 내포되어 있는 위험한 요소를 미리 예측하여 재해가 발생되지 않도록 예방 조치한다.

(2) 품질 향상

설계도, 시방서 등에 표시되어 있는 규격을 만족하는 공사의 목적물을 만들기 위함이다.

(3) 공정 검토

주어진 공기 내에 최적의 공사비를 보다 좋게, 보다 빠르게, 보다 싸게 함으로써 목적물을 완성하기 위함이다.

(4) 원가관리

경제적인 시공계획 작성으로 합리적인 실행예산을 편성하고 공사결산까지 소요비용을 절감하기 위함이다.

(5) 공기 설정

무리한 공기 단축으로 인한 공사 목적물의 품질, 안전 등에 나쁜 요인이 되지 않도록 적정 공기를 설정한다.

(6) 기술 개발

시공자가 제출한 시공계획서의 공법 선정을 검토하고 보다 나은 신공법에 대하여 기술 지원을 한다.

(7) 자재관리

본 공사에 소요되는 자재 리스트를 검토하여 타당성 여부를 확인 및 검사하여 실질적인 소요 자재에 대한 관리를 행한다.

Ⅳ. 시공계획(시공계획서 내용, 시공계획시 검토사항)

(1) 사전조사
   ① 하천 통수 능력
   ② 지역 홍수량
   ③ 병목현상 발생 검토
   ④ 하류부의 다른 공사
   ⑤ 지형, 지질
   ⑥ 수위, 유속 등
   ⑦ 입지조건 조사
   ⑧ 관계법규

(2) 공법 선정
   ① 현장의 시공 능력, 공기, 품질, 안정성 등을 파악하여 시공성을 종합적으로 판단

② 공사 상호간 연관성을 검토하여 최소의 비용, 최적의 시공법 채택
③ 시공 과정에서의 안정성 재고
④ 소음, 진동 등 환경에 유해한 공법 지양

(3) 자재조달계획
① 공정에 맞추어 적기에 조달되도록 계획
② 가공을 요하는 재료는 사전에 주문 제작
③ 자재의 수급계획을 주별, 월별로 수립

(4) 투입장비계획
① 최적의 기종 선택
② 경제성, 작업성, 안정성 확보
③ 시공기계의 선정

(5) 공정계획
① 구조물을 지정된 공사기간 내에 공사예산에 맞추어 정밀도가 높고 질 좋은 시공을 하기 위하여 세우는 계획
② 공정계획시 면밀한 시공계획에 의하여 각 세부공사에 필요한 시간과 순서, 자재와 노무 및 기계설비 등을 적정하고 경제성 있게 공정표로 작성

(6) 품질계획
① 품질관리 시행(Plan → Do → Check → Action)
② 시험 및 검사의 조직적인 계획
③ 하자발생 방지계획 수립

(7) 원가계획
① 실행예산의 손익분기점 분석
② 일일 공사비의 산정
③ VE, LCC 개념 도입

(8) 안전계획
① 재해는 무리한 공기 단축, 안전설비의 미비, 안전교육의 부실로 인하여 발생
② 안전교육을 철저히 시행하고 안전사고시 응급조치 등 계획

(9) 건설공해
① 무소음·무진동 공법 채택
② 폐기물의 합법적인 처리와 재활용 대책

(10) 자금계획(Money)
　① 자금의 흐름 파악, 자금의 수입·지출계획
　② 어음, 전도금 및 기성금계획

(11) 공법계획(Method)
　① 주어진 시공조건 중에서 공법을 최적화하기 위한 계획 수립
　② 품질, 안전, 생산성 및 위험을 고려한 선택

(12) 기술 축적(Memory)
　① System Engineering에 의한 최적 시공에 대한 기술
　② Value Engineering 기법을 사용한 공사 실적
　③ Simulation, VAN 및 Robot 등의 하이테크를 적용한 신기술

(13) 동력
　① 전압(110V, 220V, 380V)의 선택과 전기방식 검토
　② 간선으로부터의 인입위치, 배선 등 파악

(14) 용수
　① 상수도와 지하수 사용에 대한 검토
　② 수질의 적합성과 경제성 비교

(15) 수송계획
　① 수송장비, 운반로, 수송방법 및 시기의 파악
　② 차량내수, 가공, 보험 및 송상 관리계획
　③ 화물 포장방법, 장척재 및 중량재의 수송계획 검토

(16) 양중계획
　① 수직 운반장비의 적정용량 및 대수 파악
　② 안전 대비를 위한 가설계획도 작성

(17) 하도급업자 선정
　① 토목·생산방식의 주류를 이루고 있는 것이 하도급 제도로 하도급업자의 선정은 공사 전체의 성과 좌우
　② 과거의 실적을 중심으로 신뢰성 있고 책임감 있는 하도급업자 선정
　③ 하도급업자의 현재 작업상황을 조사하여 능력 이상의 일이 부과되는지의 여부 파악

(18) 실행예산 편성
① 공사수량을 정확히 계산하여 공사원가 산출
② 시공관리시 실행예산의 기준이 되도록 편성

(19) 현장원 편성
① 관리부의 총무, 경리, 자재 및 안전관리 부서와 기술부의 토목, 설비, 전기 및 시험실로 편성
② 각 부서는 적정 인원으로 하되 책임 분량의 계획 수립

(20) 사무관리
① 현장 사무는 간소화하며 공무적 공사관리자와 협의
② 사무적 처리의 착오는 지체없이 수행 및 기록

(21) 대외 업무관리
① 공사현장과 밀접한 관계부처와 긴밀 협조
② 관계법규에 따른 시청, 구청, 동사무소, 노동부, 병원, 경찰서 등의 위치나 연락망 수립

Ⅴ. 도로 확폭시 시공관리 측면

(1) 연약지반 처리
기초지반 조사를 철저히 하여 연약지반일 경우에는 대책 공법을 선정, 처리한 후에 시공한다.

(2) 적정재료 선정
흙쌓기 재료로서 시공이 쉽고 전단강도가 크며 압축성이 작은 흙을 선정하여 사용해야 한다.

(3) 다짐 시공 철저
① 기초 흙쌓기부에 층따기 실시
② 확폭 구간 흙쌓기부의 조기침하 완료 후 시행

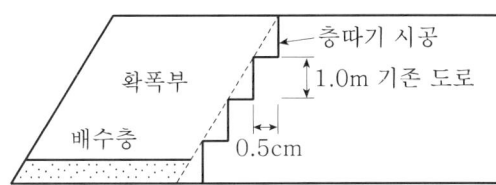

(4) 접속구간 설치

　　단차로 인한 포장의 균열을 억제하기 위해 확폭 경계부에는 1:4 정도의 접속구간을 설치한다.

(5) 지하 배수구 설치

　　배수를 위하여 상부 노체면 또는 땅깎기면에 지하 배수구를 설치하고 배수 유출구로 유도 배수되도록 한다.

(6) 배수층 설치

　　용수가 많은 기존 도로와 접할 때 흙쌓기 비탈 하단에는 배수층을 설치하여야 한다.

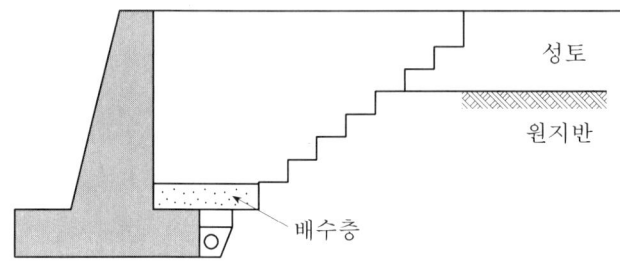

(7) 벌개 제근

　　흙쌓기 중에 혼입된 초목, 나무 뿌리 등의 부식으로 인하여 발생할 수 있는 부등침하, 처짐 등을 방지해야 한다.

(8) 적정장비 선정

　　토질의 특성에 맞는 적정장비를 선정하여 기존 도로와 성토부가 겹쳐지도록 다져야 한다.

(9) 적정 시공속도

　　편토압에 의한 단차가 발생하지 않도록 흙쌓기 다짐에서의 적정한 시공속도를 유지해야 한다.

(10) 층따기 시공

　　원지반의 지표면 경사가 1:4보다 급한 경우에는 반드시 층따기 시공을 하여 성토체의 활동과 변형을 방지해야 한다.

(11) 여성토

　　침하의 우려가 없다고 인정되는 경우 이외에는 반드시 여성토를 실시하여 압밀을 촉진시켜야 한다.

(12) 맹암거 설치

접속부의 땅깎기면에 맹암거를 설치하며 용수량이 많은 경우에는 유공관을 설치하는 것이 좋다.

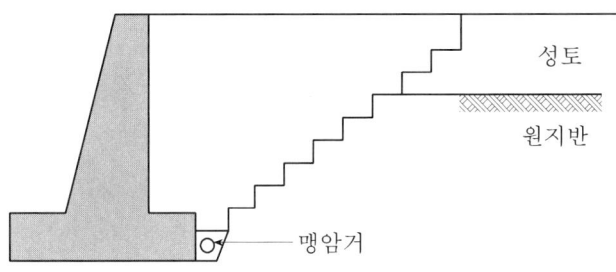

(13) 재료의 안정 처리

흙쌓기 재료를 안정 처리하여 공학적 성질을 개선시킴으로써 소요의 다짐도를 확보할 수가 있다.

(14) 동질 재료 확보

확폭하는 성토 재료는 기존 도로 재료와 같은 재료로 성토하고 소정의 다짐조로 균일하게 다져야 한다.

(15) 성토순서 준수

편토압에 의한 부등침하를 방지하기 위해서 성토 및 다짐의 순서를 준수하여야 한다.

Ⅵ. 산악도로 건설공사시 유의사항

(1) 지하수 처리

절토부에서 지하용수가 발생되면 토사 유실 및 사면 붕괴의 원인이 되므로 용수는 공사에 지장없게 처리한다.

(2) 문화재

공사구간 내에 중요 문화재가 위치할 때는 일시적으로 공사를 중지하고 문화재청 또는 관계기관에 연락하여 그에 대한 조치를 취한 후 공사를 재개한다.

(3) 벌개 제근

도로 개설에 따른 확정 노선상에 식물이 있을 때엔 나무를 제거하고 토공 작업시 뿌리 등의 이물질이 포함되지 않도록 깨끗이 제거한다.

(4) 임시 통행로

공사 구간에 차량 통행이 있을 때는 차량이 안전하게 통행할 수 있는 통행로를 개설해 두어야 한다.

(5) 안전관리

통행 차량이 안전하게 주행할 수 있게 교통 안내판 설치, 안전 난간 및 교통 안내원을 배치하여야 한다.

(6) 배수 처리

절토부 지표수가 있을 때 노면으로 지표수의 침투를 위한 측구 및 맹암거를 설치한다.

(7) 생태계 파괴

산악도로 개설시 현장의 자연 생태계가 도로 개설로 인하여 고립 또는 파괴되지 않도록 염두에 둔다.

(8) 낙석

대절토 구간에서 기상 변화 또는 풍화 작용, 진동 등에 의해서 발생되는 낙석에 대한 조치가 필요하다.

(9) 산사태

지형적으로 산사태 발생 우려가 있는 구간에서는 이를 방지할 수 있는 공법을 적용시켜 산사태 발생을 사전에 예방한다.

Ⅶ. 결 론

(1) 시공계획의 목적을 충분히 인식하고 최적 시공법인 System Engineering을 통하여 경제적인 시공계획을 수립한다.

(2) 과거의 경험을 십분 발휘하고 새로운 신기술을 도입하여 시공과정에서 착오가 발생하지 않도록 충분한 시공계획을 세운다.

2-8 경간장 15m, 높이 12m인 콘크리트 라멘교의 시공계획서 작성시 필요한 내용을 설명하시오. [11전, 25점]

I. 개 요

(1) 콘크리트 라멘교는 RC구조물로서 시공시 재료, 시공관리항목, 품질검사 등 사전에 시공계획서에 의한 단계적이고 철저한 시공관리가 필요하다.
(2) 특히 구조물 타설중에 거푸집, 동바리공의 설계시공 부실에 의한 강성 부족으로 안정성 및 구조체에 유해한 변형을 유발할 수 있으므로, 이에 대한 사전 시공계획에 철저를 기해야 한다.

II. 시공계획서의 필요성

(1) 시공관리의 목표를 달성
(2) 환경변화에 대비한 기술
(3) 5M의 효율적 활용
(4) 경제적 시공의 창출

III. 시공계획서의 기본방향

(1) 과거의 경험을 최대한 활용
(2) 신기술과 신공법의 채택
(3) 최적 시공법 창안
(4) 각 분야에서 최고 기술수준으로 검토

IV. 시공계획서 작성이 필요한 사전조사 사항

(1) 설계도서 파악 : 도면, 계산서 등
(2) 계약조건 파악
(3) 현장조사
  ① 현장 내 부지조건, 가설건물 용지
  ② 현장주위 부지 및 안전건물 조사
  ③ 지하매설물

(4) 지반조사서 사전검토
(5) 건설공해
    ① 소음, 진동, 분진 등 건설공해, 민원제기 여부
    ② 토공사에 의한 주변지반 침하균열, 우물고갈 오염 등
(6) 기상조건 확인
(7) 관계법규

Ⅴ. RC 라멘교 시공계획서 작성시 필요한 내용

(1) 사전조사 실시
    ① 지반조사

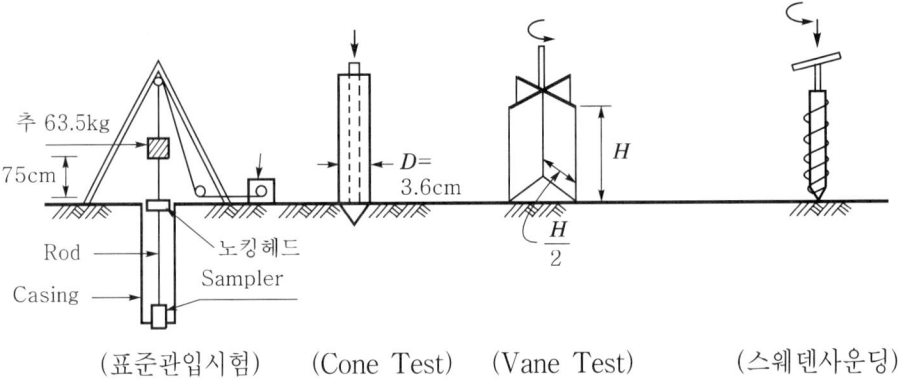

(표준관입시험)　　(Cone Test)　(Vane Test)　　(스웨덴사운딩)

   ② 설계도시 검토
      ㉠ 구조계산서 ┐
      ㉡ 시방서   ├→ 현장조건과 비교
      ㉢ 설계도면   ┘
   ③ 계약조건 파악
   ④ 기상영향 조사
      ㉠ 강우기(6~8월) : 재해대비
      ㉡ 엄동기(12~2월) : 물공사 금지

(2) 공법선정계획

구 분	내 용
시공성	• 시공 능력, 공기, 품질, 안전성을 고려하여 종합적 판단 • 시공조건 변경에 따른 기술적 검토
경제성	• 공법선정시 최소의 비용으로 최적의 시공법 선택 • 공기, 품질, 안전성을 비교 결정
안전성	• 안전성이 확보되는 공법 선정 • 시공 중 안전사고는 인명 피해, 경제적 손실, 건설회사의 신뢰도 저하
무공해성	• 공해 발생이 없는 공법 선정 • 공해 발생시 공사 지연 및 공사비 증가

(3) 공사관리계획

① 공정계획

공정표 작성	계획항목	목 적
Bar Chart	공사순서, 시간	품질 확보
바나나곡선	자재 투입	원가 절감
PERT-CPM	인원 투입	안전 시공
EVMS	기계 투입	공기 단축

② 품질계획

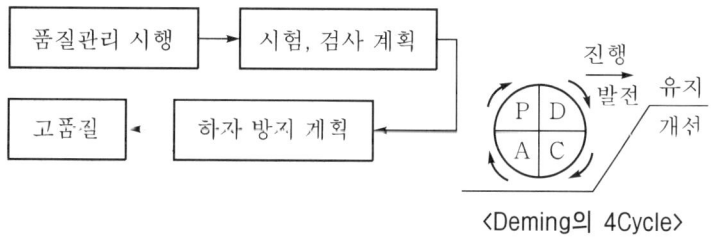

〈Deming의 4Cycle〉

③ 원가계획
　㉠ 실행예산 손익분기점 분석
　㉡ 일일공사비 산정
　㉢ VE, LCC 기법 관리
④ 안전계획 : 교육, 시설, 표준안전관리비 계획 수립
⑤ 공해방지계획 수립

(4) 조달계획

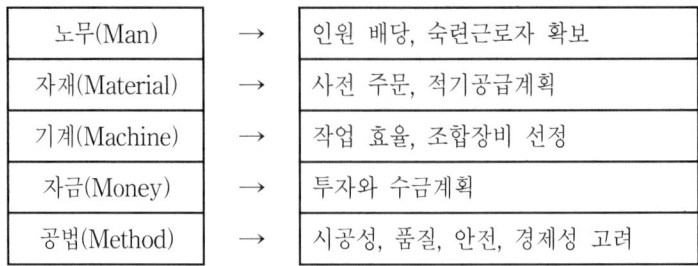

(5) 현장관리계획

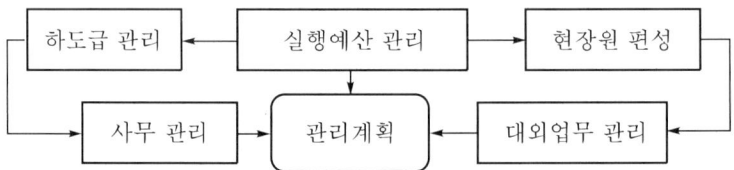

(6) 가설계획
① 착공 전 우선적으로 준비해야 할 사항이다.
② 검토사항

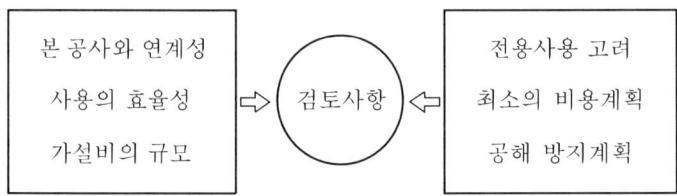

(7) 공사내용계획
① 본 공사 공종별 시공계획 수립
② 공사내용

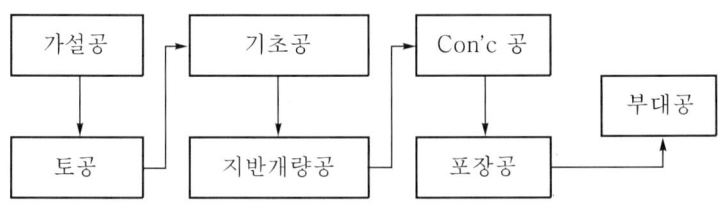

VI. 결 론

시공계획의 목적을 충분히 이해하고 SE, VE, IE, QC 등을 통하여 최적시공계획을 수립해야 한다.

> **3-1** 공사관리의 4대 요소를 들고, 그 요지를 기술하시오. [98중전, 20점]
> **3-2** 공사 시공관리에 중점이 되는 4개항을 들고 체계적으로 설명하시오. [00중, 25점]
> **3-3** 토목공사 시공시 공사관리상의 중점관리 항목을 열거하고 설명하시오. [04중, 25점]
> **3-4** 시공관리의 목적과 관리내용에 대하여 설명하시오. [02후, 25점]

I. 개 요

(1) 건설공사의 대형화·다양화로 주어진 공기와 비용 내에서 요구되는 품질의 구조물을 완성하기 위해서는 계획적인 공사관리가 필요하고, 치밀한 계획관리 없이는 공사의 성공적인 완성을 기대할 수 없다.

(2) 따라서 건설업에서 공사관리는 생산수단 5M을 사용하여 공사관리의 4요소(신속하게, 양호하게, 저렴하게, 안전시공)를 통하여 목표 5R을 달성하는데 있다.

II. 공사관리의 4대 요소(시공관리 목적)

(1) 4대 요소

공사관리	목 적
공정관리	신속하게
품질관리	양호하게
원가관리	저렴하게
안전관리	안전시공

(2) 공정, 품질, 원가의 상호관계

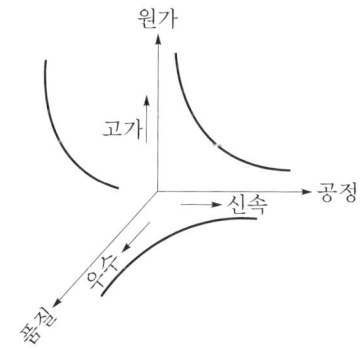

Ⅲ. 공사관리 4대 요소(중점관리 항목, 시공관리 내용)

(1) 공정관리
  ① 공기 단축 : 주체공사에서 공기를 단축하고 시공순서에 맞게 타공정과 중복되도록 공정관리도를 작성한다.
  ② 공정 마찰 방지 : 과도한 중복 공정, 시공순서에 위배되는 공정관리로 공종간의 작업이 서로 방해가 되지 않게 작성되어야 한다.
  ③ 적정 인원 및 자재 투입 : 각 공정별로 소요되는 자재와 투입인원을 산정하여 투입시기 및 소요물량에 대한 계획을 수립한다.
  ④ 품질 확보 : 예정 공정표에 따른 공사진행에 차질이 생기지 않도록 품질관리 시스템 도입으로 품질이 양호한 시공이 되도록 한다.

(2) 품질관리
  ① 하자 예방 : 공사에 소요되는 자재 및 시공에서의 품질이 저하되는 일이 없도록 품질관리를 철저히 하여 공사 완료 후 하자발생을 사전 예방한다.
  ② 적정 제품 생산 : 구조물의 설치목적에 적정한 제품 생산이 될 수 있도록 품질 향상을 기한다.
  ③ 품질 향상 : 동일 재료와 공법으로 시공되는 생산물의 품질을 보다 우수하게 할 수 있는 품질관리 방안을 채택하여 품질을 향상시킨다.

(3) 원가 절감
  ① 경제성 : 공사 상호간에는 연관성이 많아 공법 선정시 최소의 비용이 될 수 있도록 품질 향상을 기한다.
  ② 신공법 채택 : 신기술 개발에 따른 신공법 채택으로 노무 절감, 자재 절감이 되어 원가 절감이 된다.
  ③ 새로운 기법 도입 : VE, LCC, IE 도입 및 ISO 9000 획득

(4) 안전관리
  ① 안전사고 예방 : 건설공사 전반에 잠재되어 있는 안전사고 요인을 제거하고 정기적인 안전교육 실시와 안전관리자 배치 등으로 작업장 내의 안전사고를 근원적으로 예방한다.
  ② 안전관리비 적정 사용 : 공사비 내역에 포함된 안전관리비의 적정 사용으로 안전설비 및 안전보호구, 안전진단 등을 실시하여 근로자의 안전의식을 향상시킨다.
  ③ 안전설비 보강 : 재해발생의 우려가 있는 작업장 내 시설물에 대해서는 안전설비를 보강하여 작업자가 안전하게 작업을 하도록 조치한다.

④ 정기적 안전교육 : 작업에 종사하고 있는 근로자에 대해서 정기적인 안전교육 실시와 안전보호구 지급, 안전관리자의 현장 순찰 등으로 작업장 내에서의 안전작업이 되도록 한다.

Ⅳ. 공사관리의 5M과 5R

5M(생산수단)	5R(목표)
Man(노무)	Right Product(적정한 생산)
Material(재료)	Right Time(적정한 시기)
Machine(장비)	Right Quality(적정한 품질)
Money(자금)	Right Price(적정한 가격)
Method(시공법)	Right Quantity(적정한 수량)

Ⅴ. 결 론

(1) 현재의 건설공사는 전보다 인건비는 상승하고 주어지는 공기는 짧으며, 공사비는 불리하게 되어 공사관리의 중요성이 더욱 절실하게 대두되고 있다.

(2) 이와 같은 건설환경 속에서 품질, 공정, 원가, 안전 관리를 과학적이고, 효율적으로 운영하여 품질을 확보하면서 계약공기 내에 최소의 비용으로 공사의 성공적인 완성을 위한 공사관리를 수행해야 한다.

4-1	건설공사의 위험도관리(Risk-Management)	[04전, 10점]
4-2	최근 해외공사 수주가 급증하고 있다. 해외 건설공사에 대한 위험관리(Risk Management)에 대하여 설명하시오.	[08후, 25점]
4-3	리스크(Risk)관리 3단계	[04후, 10점]
4-4	위험도 분석(Risk Analysis)	[07전, 10점]

I. 개 요

(1) 건설 Project 수행시 발생하는 불확실성을 체계적으로 규명하고, 분석하는 일련의 과정을 건설 Project Risk 관리라고 한다.
(2) 건설공사 Project는 항상 위험도 또는 불확실성을 내재하고 있으며, Project의 목적을 성공적으로 달성하기 위해서는 위험도에 대한 관리가 필요하다.

II. 위험도 변화

건설사업의 위험도는 뒷단계로 갈수록 위험도 발생으로 인한 손실은 크게 나타난다.

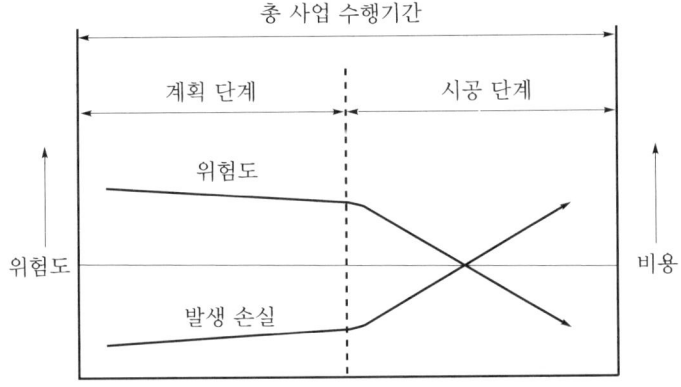

Ⅲ. 위험도관리(Risk 관리 3단계)

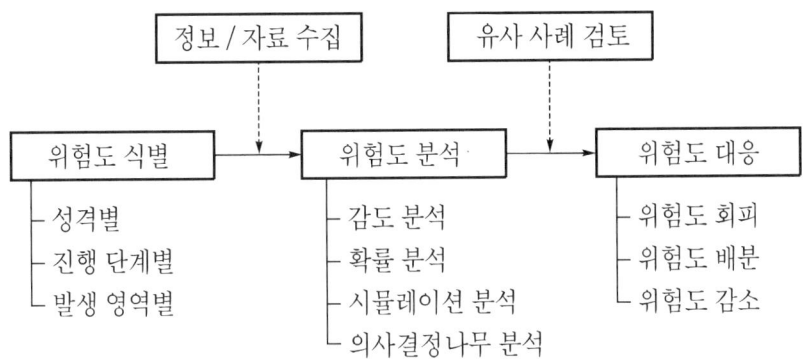

1. 1단계 : 위험도 식별

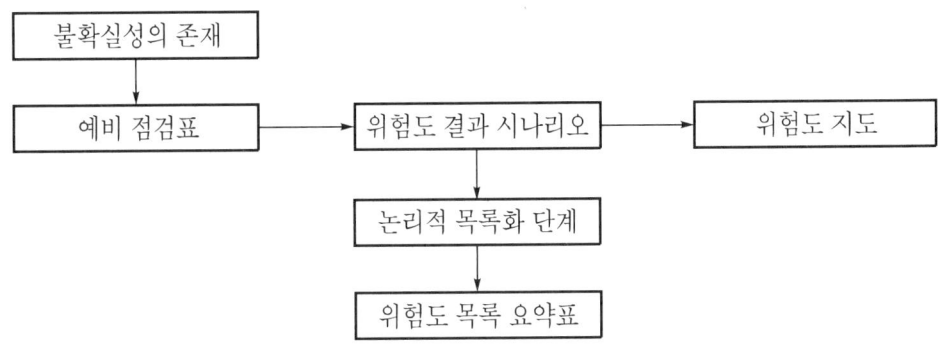

(1) 예비 점검표

점검표에는 생산성, 진행과정, 품질 등 건설경제에 영향을 주는 모든 위험도를 포함한다.

(2) 위험도 결과 시나리오

예비 점검표에서의 위험도가 실제 일어날 경우를 가상하여 가장 합리적인 가능성을 나타낸 것이다.

(3) 위험도 지도

위험도 지도는 2차원 그래프로서 프로젝트 관리자가 초기 단계에서 위험도의 상대적 중요도를 평가하는데 도움을 주는 것이다.

(4) 위험도 분류

위험도 분류는 관련된 위험도에 대한 인식을 확장시키고, 위험도를 완화하기 위한 대응 전략을 세우기 위해 실시한다.

(5) 위험도 목록 요약표

위험도의 중요성을 판단하기 위하여 여러 사람이 정보를 교환하고, 토의하여 요약표를 작성한다.

2. 2단계 : 위험도 분석

(1) 감도 분석(Sensitivity Analysis)

감도 분석은 특정 위험도 인자가 위험도 발생결과에 미치는 영향도를 파악하는 것으로 사용이 간편하다.

(2) 확률 분석(Probability Analysis)

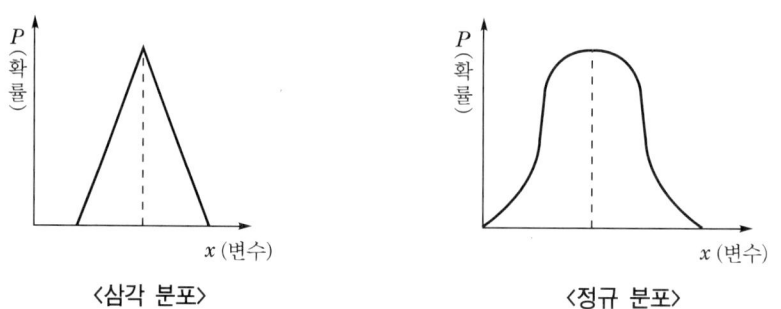

〈삼각 분포〉　　　　　　　　〈정규 분포〉

확률 분석은 위험도에 영향을 주는 모든 변수의 변화를 다양한 확률 분포로 표현할 수 있다.

(3) 시뮬레이션 분석(Simulation Analysis)

시뮬레이션은 각 위험도 변수에 대한 추정값을 위하여 수많은 횟수의 반복적 분석을 실시하는 방법이다.

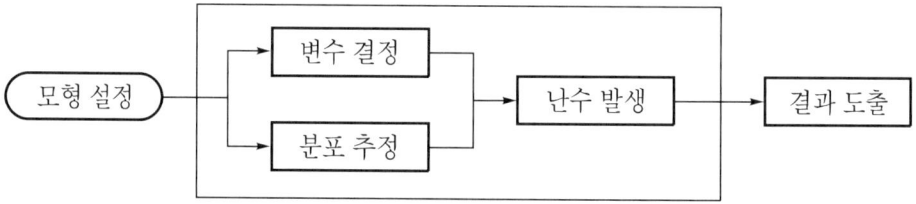

(4) 의사결정나무 분석(Decision Tree Analysis)

의사결정나무 분석은 예측과 분류를 위해 나무구조로 규칙을 표현하는 방법이다.

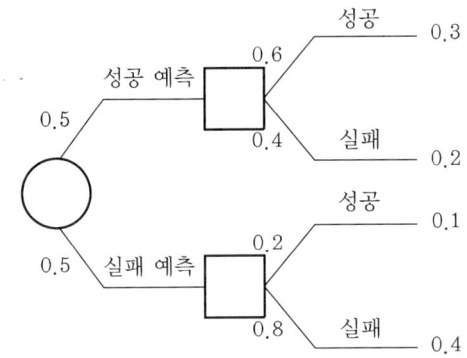

3. 3단계 : 위험도 대응

(1) 위험도 회피

Project 자체를 포기함으로써 위험도를 피하는 것

(2) 위험도 배분

① 위험도를 발주자, 설계자, 시공자에게 할당하거나 분담한다.
② 배분시 국제 표준 약관 및 보험 등을 고려하여 공평한 규율을 구한다.
③ 시공자에게 위험도를 부담시키면 견적에 임시비로 추가하거나, 경우에 따라서는 그 위험에 의해 도산되거나 공사 중단의 가능성이 있다.

(3) 위험도 감소

① 보증
  ㉠ 프로젝트가 완성되기 전 시공자의 도산이나 계약상 의무 위반 등으로 발주자의 손해를 막기 위해 필요하다.
  ㉡ 보증의 종류 : 입찰 보증, 계약 이행 보증, 하자 보증, 보증 보험·증권 등
② 보험 : 위험도를 관리하기 위해 가장 많이 사용되는 중대한 대응전략이다.

IV. 결 론

(1) 아직 국내에서는 위험도에 대한 방안으로 보험에 의존하고 있는 실정인데 국제화된 건설시장에서 경쟁력을 확보하기 위해서는 체계적인 관리가 필요하다.
(2) 위험도에 대응하기 위한 관리방안과 위험도 대처방안이 체계화될 경우 건설사업에서의 원가 절감이 더욱 용이해질 수 있다.

> **5-1** 건설공사 감리제도의 종류 및 특징을 설명하시오. [07후, 25점]
> **5-2** 건설기술관리법에 의한 감리원의 기본 임무 [05후, 10점]
> **5-3** 비상주 감리원 [09후, 10점]
> **5-4** 국토해양부 장관이 고시한 「책임감리 현장참여자 업무지침서」에서 각 구성원(발주처, 감리원, 시공자)의 공사 시행단계별 업무에 대하여 설명하시오. [10중, 25점]

Ⅰ. 개 요

(1) 공공 공사의 발주자는 건설사업의 투명성을 확보하면서 양질의 시설을 효율적으로 조달할 책임을 가지고 있다. 특히, 건설기술과 노하우의 고도화, 전문화, 분업화가 진전되어 가는 상황에서 발주자에게 광범위한 기술력과 고도의 관리능력이 요구되고 있다.

(2) 발주자는 공공 건설사업의 성공적 수행을 위하여 건설사업의 기획 단계에서부터 시공 단계에 걸쳐 최적의 사업수행 체계를 구축할 필요가 있다.

Ⅱ. 공사 시공단계별 업무(감리의 기본 임무)

1. 착공 전 준비

(1) 현장설명서 및 질의응답 파악
   ① 현상의 실제 상황과 설계도서와의 일치 여부 확인
   ② 질의응답에 대한 내용 파악
   ③ 현장의 실제상황과 상이한 점은 참고자료로 정리

(2) 계약서 확인
   계약과 현장상황이 다른 점을 Check하여 발주처와 확인

(3) 설계도서 검토
   ① 마감재료와 특기사항 검토
   ② 시방서와 상세도면과의 기술적 검토
   ③ 전기, 설비 작업과의 공정 마찰 및 마감 가능 여부 검토
   ④ 토공사의 적합성 여부

2. 착공시

(1) 공정표의 검토
　① 현장 상황과 연계하여 무리없이 작성되었는지 여부
　② 기본계획과의 비교

(2) 가설공사계획 검토
　① 배수계획
　　㉠ 배수구의 위치 및 구조의 적정성 여부
　　㉡ 배수 말단관의 처리능력
　② 작업용수
　　㉠ 상수도의 수압 및 갈수기의 예비능력
　　㉡ 지하수의 수질, 용수량 및 Pumping능력
　　㉢ 총 용수량이 공사진행에 적합한지 여부 파악
　③ 건설기계 배치계획
　　㉠ Tower Crane 위치의 적합성
　　㉡ 사용 자재의 부피, 질량에 따른 양중 능력
　　㉢ 공사진행에 주는 영향의 최소화 대책
　④ 가설비계
　　㉠ 재료의 적정성
　　㉡ 비계공사의 안전성

(3) 시공계획의 검토
　① 시공계획서에 현장조건의 반영 여부 확인
　② 시공계획이 공통 시방서와 특기 시방서에 합치되는지 여부

3. 공사 진행중

(1) 공정 확인
　세부 공정표와 현장 진행의 일치 여부 확인

(2) 사용 자재의 승인
　① 특기 시방서의 지정 재료 범위 내에서 시공자의 자재 선택을 승인
　② 발주처의 특별 요청인 경우 이를 확인하여 시공자에게 전달

(3) 시공 검측
　　① 시공 불량 개소는 즉시 시정 조치
　　② 시공 검측시 검사장비를 사용하여 객관성 유지
　　③ 품질검사를 위한 필요한 시험기구의 확보
　　④ 자체검사가 불가능할 경우 외주검사 의뢰

(4) 안전관리
　　① 시공사의 현장 대리인과 수시로 현장의 안전상태 점검
　　② 낙하물 방지망 및 비계 결속상태 확인
　　③ 추락 방지를 위한 현장 내 Pit의 점검
　　④ 위험물 저장, 화기취급 장소의 보안설비 점검
　　⑤ 소화설비의 비치 및 작동 유무

(5) 공종간의 작업 조정
　　① 월별, 주간별 공정회의 진행
　　② 원활한 공사진행 추구

4. 완공시

(1) 예비 준공검사 실시
　　① 건축물의 설계도서와의 일치성 검사
　　② 하자부분에 대한 보수계획서 제출 요구
　　③ 검사시 현장 대리인과 함께 확인

(2) 발주처 준공검사시 보조역할 수행
　　현장 대리인과 함께 준공검사 실시

(3) 주요 작성 서류
　　① 인계 가능일에 대한 조사표
　　② 시설물 인계 공사 목록
　　③ 공사현장에 대한 각종 기록 서류
　　④ 설계 변경시 이에 관련된 서류
　　⑤ 시설물 하자보수에 대한 기록 서류 등

Ⅲ. 건설 감리제도의 종류 및 특징

1. 건축사법 감리

(1) 정의

건축사 자신의 책임하에 건축법이 정하는 바에 의하여 건축물, 건축설비 또는 공작물이 설계도서 내용대로 시공되는지 여부를 확인하고 품질관리, 공사관리, 안전관리 등에 대하여 지도 감독하는 행위를 말한다.

(2) 특징

① 비상주와 상주 감리로 구분되면 적용 받는 법은 건축법과 건축사법이다.
② 비상주와 상주의 구분은 면적으로 한다.
③ 건축사 감리를 시행할 수 있는 회사는 건축사 사무소에서 시행한다.
④ 일반적으로 개인이 짓는 일반 건축물이 해당된다.

2. 주촉법 감리(주택건설촉진법)

(1) 정의

① 일정규모 이상의 공동주택 공사에 대하여 건축법에 의하여 감리 자격이 있는 자 혹은 건설기술관리법에 의한 건축 감리전문회사 및 종합 감리전문회사의 소속 감리원이 현장에 상주하면서 감리를 수행하는 것을 말한다.
② 설계도서가 해당 지형 등에 적합한지 여부 확인, 설계 변경에 대한 적정성 확인, 시공계획 예정 공정표 및 시공도면 등의 검토 확인, 기타 주택건설촉진법이 정한 업무 등을 수행한다.
③ 총 공사비 100억 이상 공동주택 공사는 감리책임대상에 포함된다.

(2) 특징

① 상주 감리에 적용받는 법은 주택건설촉진법이다.
② 시행할 수 있는 회사는 감리전문회사만이 할 수 있다.
③ 건설기술관리법에 의한 책임 감리를 수행할 수 있는 회사만이 할 수 있다.
④ 책임 감리는 아니다.

3. 책임 감리(건설기술관리법 감리)

(1) 정의

① 발주청(정부, 지방자치단체, 정부투자기관 등)이 발주하는 일정한 건설공사에 대하여 동법의 규정에 의해 등록된 감리회사가 당해 공사의 설계도서, 기타 관계

서류의 내용대로 시공되는지 여부를 확인하고 품질관리, 공사관리, 안전관리 등에 대한 기술지도를 한다.
② 발주자의 위탁에 의하여 관계법령에 따라 발주자의 감독 권한을 대행하는 것을 말하며 대통령령이 정하는 바에 의하여 전면 책임 감리와 부분 책임 감리로 구분된다.

(2) 특징
① 책임 감리는 상주와 비상주 감리가 같이 배치되며 적용받는 법은 건설기술관리법이다.
② 300세대 이상의 공동주택
③ 국가·정부 투자기관이 발주하는 다음의 공사
  ㉠ 100억 이상으로 PQ 대상인 18개 공종
  ㉡ 발주관서장이 인정하는 공사

4. 설계 감리

(1) 정의
① 엄밀히 말해 시공현장을 감리하는 것이 아니고 설계서를 검토하는 것을 말한다.
② 관공서나 큰 공사의 경우 설계도면의 적정 여부, 내역서의 적정 여부, 시방서의 적정 여부 등을 시공에 들어가기 전에 검토하게 되는데 이것을 설계 감리라 한다.

(2) 특징
① 시공현장을 감리하는 것이 아님
② 전문성이 요구되는 설계서의 검토에 적용
③ 시공에 들어가기 전에 검토

Ⅳ. 비상주 감리원

(1) 정의
① 비상주 감리원은 상주 감리원이 수행하지 못하는 현장조사 분석 또는 주요 구조물의 기술적인 검토와 기성검사 및 준공검사들을 행하며, 감리원의 행정 지원과 설계도서의 검토와 중요 설계 변경에 대하여 기술적인 검토를 행하는 자를 말한다.
② 비상주 감리원은 현장에 상주하지 않으면서 현장에서 근무하는 상주 감리원의 감리업무 추진에 필요한 지원 업무를 수행하며, 월 1회 이상 현장 시공상태를 종합적으로 점검·확인·평가하고 기술 지도를 행한다.

(2) 비상주 감리원의 업무
① 상주 감리원이 수행하지 못하는 현장조사 분석 또는 주요 구조물의 기술적 검토
② 기성검사 및 준공검사
③ 행정지원 업무
④ 설계도서의 검토
⑤ 중요한 설계 변경에 대한 기술 검토 및 계약금액 조정의 심사
⑥ 현장 시공상태의 평가 및 기술 지도

(3) 비상주 감리원 배치
① 감리업자 등은 공사현장에 상주하는 상주 감리원과 상주 감리원을 지원하는 비상주 감리원을 각각 배치하여야 한다.
② 비상주 감리원은 고급 감리원 이상으로 당해 공사 전체 기간 동안 배치하여야 한다.
③ 비상주 감리원의 미배치 기준
  ㉠ 자체 감리를 수행하는 경우
  ㉡ 정액적산가산방식에 따라 감리원 1인 이상을 총 공사기간 동안 상주 배치하는 경우
④ 비상주 감리원은 9개 이하의 현장에 중복하여 배치 가능
⑤ 상주 감리원을 겸할 수 없음

Ⅴ. 결 론

(1) 현재 국내 공공 건설사업 상당 부분(타당성 조사, 설계, 설계 감리, 책임 감리, 건설 사업관리 등)이 민간업체에 의해 분담되어 진행되고 있다. 따라서 발주자는 고품질의 서비스를 보다 저렴한 가격에 제공받을 수 있도록 감리업체의 경쟁성, 입찰·계약 프로세스의 투명성을 확보하기 위하여 가장 유효한 방법을 모색해야 한다.
(2) 감리업계가 다양한 감리 서비스와 고품질의 업무 성과를 제공함으로써 감리자의 지위 향상 및 건전한 업무 영역의 발전으로 이어지기를 기대한다.

> **6-1** 건설사업관리(CM)의 업무내용을 각 단계별로 기술하시오. [03중, 25점]
> **6-2** 건설 프로젝트의 단계(기획, 설계, 시공, 유지관리)별 건설사업관리(CM)의 주요 업무내용을 설명하시오. [09중, 25점]
> **6-3** 대규모 건설사업에 CM 용역을 채용할 경우 기대되는 효과에 대하여 기술하시오. [98중전, 30점]
> **6-4** 건설사업관리제도(CM, Construction Management) 도입과 더불어 건설사업관리 전문가 인증제도의 필요성과 향후 활용방안에 대하여 설명하시오. [02중, 25점]
> **6-5** 순수형 CM(CM for fee) 계약방식 [08중, 10점]
> **6-6** 용역형 건설사업관리(CM for fee) [10전, 10점]
> **6-7** 시공을 포함한 위험형 건설사업관리(CM at Risk) 계약과 턴키(Turn key) 계약방식에 대하여 서술하시오. [03전, 25점]

I. 개 요

(1) CM은 대규모이며 복잡한 구조물의 건설시 발주자의 위임을 받아 발주자, 설계자, 시공자간을 조정하고 원활한 진행을 추구하며 발주자의 이익 증대를 꾀하려는 통합된 관리시스템이다.
(2) 각 부분의 전문가들로 구성된 전문가 집단이 CM 업무를 수행하며 여기에 종사하는 자를 CMr(Construction Manager)라고 한다.

II. CM의 필요성

(1) 부실공사 방지
   ① 기획 단계에서부터 설계 및 시공성 검토
   ② 체계적인 공사관리

(2) 원가 절감
   ① 설계 단계 6~8%, 시공 단계 5% 절감
   ② CM 용역비 4~5%를 지출하여도 총 공사비의 7~8% 절감

(3) 품질 향상
   ① CM이 설계와 시공 단계 참여
   ② 공사 전반에 걸쳐 상호 의견 조정

(4) 공기 단축
   ① 체계적인 관리를 통해 시공기간 단축

② 고속 궤도방식에 의한 공기 단축

(5) 합리적인 시공
① VE(가치분석)의 기법 적용
② CM 회사의 시공 참여

(6) 건설 시스템화
건설산업에서 CM의 도입으로 전 공정에 걸친 공정관리, 품질관리, 원가관리, 안전관리 등의 모든 관리체계가 시스템화되어 건설산업 선진화의 초석이 된다.

(7) 관리기술 향상
설계자와 시공자의 관계 또는 도급자와 하도급자의 관계가 CM 도입으로 공사 전반에 있어 관리가 체계화되어 최적의 관리기술 도입으로 현장이 활성화된다.

(8) 국제 경쟁력 재고
① 선진 건설업체와 동등한 자격 유지
② CM 제도 적용에 대한 신뢰도 확대

Ⅲ. CM 기본형태

(1) CM for fee(대리인형 CM)
① CMr은 발주자의 대리인으로 역할 수행
② 설계 및 시공에 대한 전문적인 관리업무로 약정된 보수만 수령
③ 시공자는 원도급자 입장이 됨
④ CMr은 사업 성패에 관한 책임은 없음
⑤ 초창기의 CM 형태

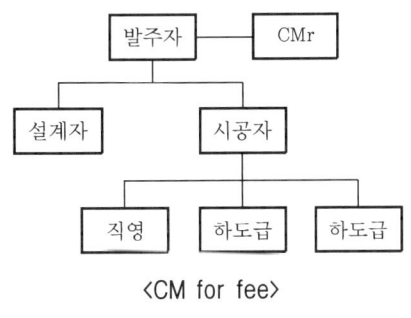
<CM for fee>

(2) CM at risk(시공자형 CM)
① CMr이 원도급자 입장으로 하도급 업체와 직접 계약 체결
② CMr이 설계·시공의 전반적인 사항을 관리하며, 비용 추가의 억제로 자신의 이익 추구
③ 사업 성패에 대한 책임을 짐
④ CM의 발달된 형태로 선진국에서 주종을 이루는 형태

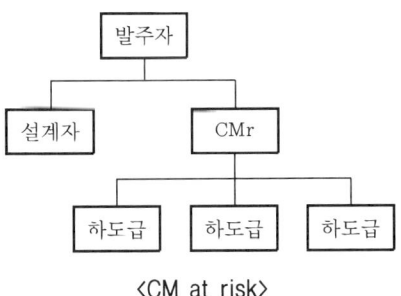
<CM at risk>

Ⅳ. Turn Key 계약방식

(1) 정의
　'발주자는 열쇠만 돌리면 쓸 수 있다'는 뜻에서 나온 말로 시공자는 사업 발굴·기획·타당성 조사·설계·시공·시운전·조업·유지관리까지 발주자가 필요로 하는 모든 것을 조달하여 발주자에게 인도하는 도급 계약방식이다.

(2) Turn Key 계약방식의 종류
　① 설계도서 없이 성능만을 제시하고 설계도서 요구
　② 기본 설계도서에 따라 구체적인 설계도서 요구
　③ 상세 설계도서에 따라 특정한 부분의 대안 요구

(3) 특징
　① 설계·시공의 Communication 우수
　② 책임 시공으로 공기 단축
　③ 공사비 절감
　④ 창의성 있는 설계 유도
　⑤ 구조물에 대한 문제 발생시 책임이 명확(설계자와 시공자 동일)
　⑥ 우수한 설계 의도 반영이 어려움
　⑦ 발주자 의도 반영이 어려움
　⑧ 총 공사비 산정 사전 파악 곤란

Ⅴ. CM의 주요 업무 내용(단계별 업무 내용)

(1) 기획 단계
　① 사업의 발굴
　② 사업의 시행계획 수립
　③ 타당성 조사

(2) 설계 단계
　① 사전조사 철저 : 입지 조건, 주변 상황, 현장 계측
　② 구조물의 기획 입안
　③ 설계자는 PQ로 적격자 선정
　④ 발주자 의향 반영
　⑤ 전반적인 설계 검토, 계약 방침 및 시방 작성

(3) 발주 단계
① 공사별 분할 발주
② 설계·시공을 병행하고, Fast Track Method(고속 궤도방식)을 도입하여 공기 단축
③ 전문 공종별 업체 선정 및 계약 체결
④ 공정계획 및 공사비관리

(4) 시공 단계
① 원가관리
② 공정관리
③ 품질관리
④ 안전관리
⑤ 시공관리
⑥ 기성관리
⑦ 계약 및 설계 변경관리

VI. 활용방안

(1) 건설 생산 System 개선
① 부재의 Prefab화
② 작업의 System화

(2) 건설산업의 통합 전산화
① CALS의 운영
② 사료 체계의 System화

(3) CM 전문가 연합(Pool) 구성
① CM 요원의 교육
② 학계 및 업계의 연결

(4) 책임 감리제도와 CM 제도의 정립
① 건설기술관리법의 정비
② 명확한 업무의 구분

(5) CM의 활성화
① 대규모 Project의 발굴로 기술력 축적
② 기술 연구과제 선정

(6) 강력한 하청업체의 육성
    하청업체의 기술적인 지원

(7) 설계·시공자간의 Communication의 활성화

(8) Engineering Service의 극대화

(9) 경영자 Mind 재고
    ① 경영자의 CM에 대한 의식 전환
    ② 경영자의 적극적인 관심

(10) 공공기관의 발주
    ① 공공기관 공사 발주시 적용
    ② 발주 기준 설정

Ⅶ. 결 론

(1) CM제도는 부실 시공 감소, 사업비의 최적화 및 건설관리 기술의 기틀을 만들고 다음 공사를 위한 자료 제공 등의 효과를 얻을 수 있다.
(2) 건설산업의 발전을 위해서는 필수적으로 도입·시행되어야 할 제도이며, 빠른 시일 내에 국내 정착을 위해서 제도의 정비, 법령의 개정 등의 노력이 요구된다.

6-8 건설사업관리(CM)에서 위험관리(Risk Management)와 안전관리(Safty Management)에 대하여 설명하시오. [11중, 25점]

Ⅰ. 개요

(1) 건설사업관리(CM, Construction Management)는 건설업의 전 과정인 사업에 대한 업무의 전부 또는 일부를 발주처와의 계약을 통하여 수행하는 제도이다.
(2) 최근에는 CM에서 위험관리(Risk Management)와 안전관리(Safty Management)의 중요성이 더욱 대두되고 있다.

Ⅱ. 건설사업관리(CM)의 개념

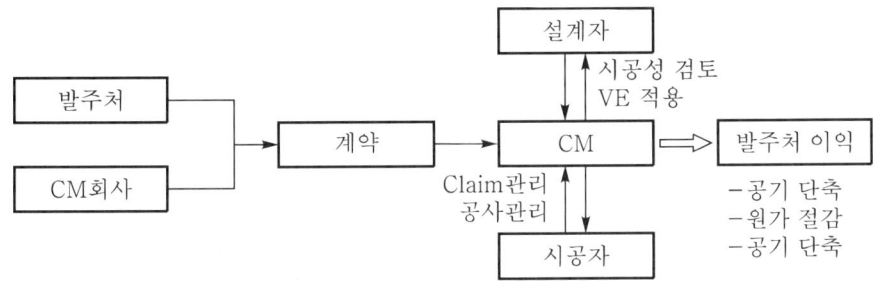

Ⅲ. 위험관리(Risk Management)

(1) 정의
  ① 건설 Project 시공시 발생하는 불확실성을 체계적으로 규명하고 분석하는 일련의 과정을 건설 Project Risk 관리라고 한다.
  ② 건설공사 Project는 항상 위험도 또는 불확실성을 내재하고 있으며, Project의 목적을 성공적으로 달성하기 위해서는 위험도에 대한 관리가 필요하다.

(2) 위험도 변화
  건설사업의 위험도는 뒷단계로 갈수록 위험도 발생으로 인한 손실이 크게 나타난다.

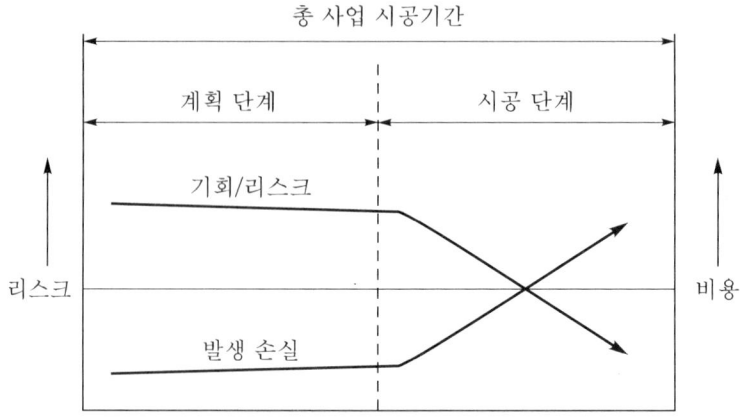

(3) 위험도 관리절차

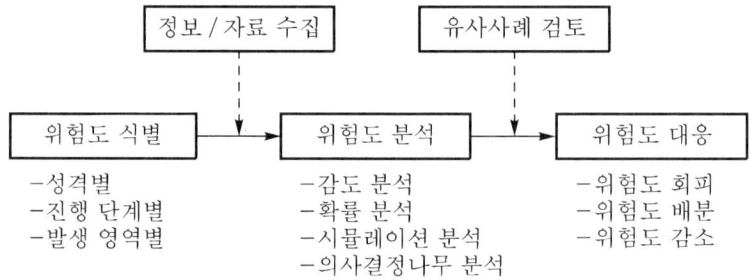

Ⅳ. 안전관리(Safty Management)

(1) 정의
① 건설공사현장의 안전사고 발생률은 타산업에 비해 높으며, 또한 대부분의 재해가 중·대형 재해로 연결되기 때문에 인적, 물적으로 많은 손실을 가져다준다.
② 안전관리란 모든 과정에 내포되어 있는 위험한 요소를 미리 예측하여 재해를 예방하려는 관리활동을 말하며, 건설현장에서의 안전확보는 공사관리의 중요한 요소가 되고 있다.

(2) 목적
① 근로자의 생명보호
② 기업의 재산보호
③ 근로자의 사기향상
④ 기업의 대외신뢰도 확보

(3) 건설공사의 종류 및 규모

공사 종류 \ 대상액	5억원 미만	5억원 이상 50억원 미만 비율	5억원 이상 50억원 미만 기초액	50억원 이상
일반건설공사(갑)	2.48%	1.81%	3,294,000	1.88%
일반건설공사(을)	2.66%	1.95%	3,498,000	2.02%
중건설공사	3.18%	2.15%	5,148,000	2.26%
철도·궤도 신설공사	2.33%	1.49%	4,211,000	1.58%
특수 및 기타 건설공사	1.24%	0.91%	1,647,000	0.94%

V. 결 론

건설사업관리(CM)는 부실시공의 감소와 건설 사업비의 최적화 및 건설관리 기술의 기틀을 만들어 건설업의 전반적인 발전을 가져올 수 있는 제도이므로 지속적인 연구와 발전이 필요하다.

6-9 프로젝트 퍼포먼스 스테이터드(Project Performance Status) [05전, 10점]

I. 정 의

Project의 기획 단계에서 시설물 인도에 이르는 모든 활동의 계획, 통제 및 관리에 필요한 제반사항을 종합적으로 관리하는 기술을 말하며, 최소의 자원(5M)을 들여 최대의 효과를 얻는 것을 목표로 한다.

II. Project Performance Status의 개념

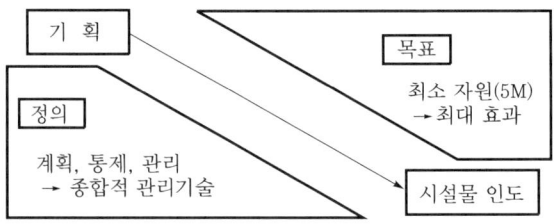

III. Project Performance Status의 관리 분류

(1) 업무영역관리(Scope Management)
(2) 공정관리(Time Management)
(3) 품질관리(Quality Management)
(4) 원가관리(Cost Management)
(5) 인사관리(Human Resources Management)
(6) 계약 및 구매관리(Contract / Procurement Management)
(7) 정보관리(Communications Management)
(8) 위험도관리(Risk Management)

Ⅳ. Project Performance Status의 단계별 요소

단 계	내 용
제안 단계 (Proposal)	① Project를 수행하기 전, 주로 Project를 수주하는 활동으로 Project의 내용과 성격을 결정하는 가장 기초적인 작업 단계 ② 자체 사업인 경우에는 사업 계획 및 도면의 작성과 사업 기획 기간으로 활용
착수 초기 단계 (Preimplementation)	① 실제로 Project에 투입하여야 할 계획을 사전에 면밀히 검토하여 계획 ② 계획을 Project 종료시까지 일관되게 적용 및 조정
실행 단계 (Excution)	① 착수 초기 단계에서 계획된 내용들을 실행 계획으로 옮겨 Project 운영 ② Project의 실행 계획 및 관리
인계 단계 (Turn Over)	① Project의 종료와 더불어 운영자에게 인수할 수 있는 방안 설정 ② 인계 전에 전 과정을 재확인하여 모든 시설물과 서류 일체를 인계
보증 단계 (Warranty)	① 보증기간 계획 및 건물 운영에 필요한 체계적인 관리로 각종 업무 수행 ② Project의 성공 여부와 직결된 여러 가지 사실을 확인할 수 있는 중요한 기간

> **7-1** 건설공사의 부실시공 방지대책을 제도적인 측면과 시공 측면에서 설명하시오.
> [01전, 25점]
>
> **7-2** 부실시공 방지대책(시공, 제도적 관점)에 대하여 기술하시오. [05후, 25점]
>
> **7-3** 건설현장에서 품질 향상(부실시공 방지)을 위한 설계, 시공, 감리(감독) 및 법적 제도 측면에서 귀하의 의견을 기술하시오. [96전, 50점]
>
> **7-4** 부실공사의 원인과 대책을 설명하고, 건설기술인의 사명과 기본 자세에 대하여 설명하시오. [97중전, 50점]
>
> **7-5** 구조물 시공 중 중대한 하자가 발생하였다. 책임기술자로서 대처방안에 대하여 기술하시오. [98중후, 30점]
>
> **7-6** 현재 우리나라 건설공사에서 문제되고 있는 부실시공, 기존 시설물의 유지관리, 기술개발 등에 대한 현안 문제점 및 대책에 대하여 기술하시오. [99후, 40점]

I. 개 요

(1) 부실공사는 설계도서나 시방서에 규정된 기준대로 시공하지 않아 결함이나 하자를 발생하게 한 공사를 말한다.

(2) 부실공사 방지를 위해서는 가격위주의 입찰방식에서 벗어나 기술위주의 입찰방식으로 전환해야 하며, 감리기능을 강화시키고 유지보수에 각별한 신경을 써야 한다.

II. 부실공사의 원인

(1) 사전조사 미비
(2) 부적합한 공법 선정
(3) 무리한 공기
(4) 부실한 품질관리
(5) Dumping 수주
(6) 안전관리 미비
(7) 기상에 미대처
(8) 미숙련공 고용
(9) 하도급자의 부실
(10) 민원 야기

Ⅲ. 건설기술인의 사명과 기본 자세

(1) 설계자
① 설계시 사전조사와 입지조건을 고려한 설계
② 구조물의 사용성과 안전성을 우선적으로 고려한 설계 자세

(2) 현장 대리인
① 현장 대리인은 공사현장을 대표하여 목적물의 안전과 품질에 대해 주인의식을 갖고 작업에 임한다.
② 현장 대리인은 현장에서 작업상황을 판단하여 공기에 얽매인 시공보다는 기술적이고 합리적인 판단으로 공사를 진행해 나간다.
③ 현장 대리인은 현장에 상주하여 모든 공정에서의 점검 및 수정, 지시하여 소정의 목표가 될 수 있도록 노력해야 한다.

(3) 감리자
① 감리자는 시공자와 함께 모든 작업에 있어서 서로 협력하여 지도하여야 한다.
② 감리자의 자질 향상과 기술 숙지 등으로 공사 감리자로서의 의무와 책임을 다하여야 한다.
③ 현장에 상주하여 공정, 품질, 원가, 안전 등에 대해 시공자와 협의하여 완성된 목적물에 대해 자부심을 가질 수 있도록 노력하는 자세가 필요하다.

(4) 현장 종사자
① 개인의 탁월한 기술력을 양도, 교육하고 전 작업원이 일체가 될 수 있도록 노력한다.
② 건설기술 교육에 대한 적극적인 참여와 작업현장에서의 변화 상황에 대해서는 모든 내용을 서면 보고하는 자세가 필요하다.

Ⅳ. 부실시공 방지대책

1. 계약제도(제도적 관점)

(1) 부대입찰제도
① 건설업체의 하도급 계열화 도모를 위하여 도입
② 공정한 하도급 거래 질서 확립은 건설생산의 품질 향상과 근대화 시공에 이바지함

(2) 대안입찰제도
   ① 기술 능력 향상 및 개발을 위하고 UR에 대비한 입찰 제도
   ② 기술 개발 축적 및 체계화 유도로 미래의 시공법 발전 추세에 대비한 제도

(3) PQ제도
   ① 적격업체 선정으로 품질 확보와 건설업체의 의식 개혁 추진
   ② 부실 시공 방지를 위한 입찰 참가 자격 심사 제도를 장려

(4) 기술개발보상제도
   ① 시공 중에 시공자가 신기술이나 신공법을 개발하여 공사비를 절감하였을 때 절감액을 감하지 않고 시공자에게 보상하는 제도
   ② 공기 단축, 품질관리, 안전관리, 공사비 절감면에서 건설 회사의 기술 개발 연구 및 투자 확대

(5) 신기술 지정 및 보호제도
   ① 새로운 신기술을 개발하였을 때 그 신기술을 일정기간 신기술로 지정하고, 보호하는 제도
   ② 지정된 신기술을 사용하는 자는 신기술로 지정받은 자에게 기술 사용료 지불

(6) Dumping 방지
   ① 원가 이하의 저가로 수주하는 행위를 방지
   ② 최적격 낙찰제도, PQ제도 적용

(7) 담합 금지
   ① 업자들끼리 미리 짜고 낙찰금액과 낙찰자를 결정하는 것
   ② 공정거래 질서의 확립과 담합의 강력한 법적 제재

2. 공사관리자(시공적 관점)

(1) 설계자
   ① 설계도서와 시방서를 작성하는 자
   ② 설계도면의 충분한 검토 시간으로 부실시공 사전 예방

(2) 현장 대리인
   ① 현장에 상주하면서 시공 업무 및 전반적인 관리책임이 있는 건설기술자
   ② 설계시 공기의 법적 준수와 공정별 보양 철저

(3) 감리자
   ① 공사가 설계도서대로 시행되는지의 여부를 확인하고 시공방법을 지도
   ② 감리자의 기술 향상 및 전면 책임 감리제의 확대 실시

(4) CM제도
   ① 발주자, 설계자, 시공자 간을 조정하여 원만한 진행을 추구하는 관리시스템이다.
   ② 품질 확보, 공기 단축, 원가 절감 및 합리적인 시공을 기할 수 있다.

3. 설계

(1) 설계기간
   ① 설계기간이 촉박되지 않도록 충분한 시간 부여
   ② 충분한 사전조사에 의한 기본 설계 검토

(2) 설계 심사 강화
   ① 설계도면의 문제점을 시행 전에 지적하여 부실시공 사전 예방
   ② 충분한 검토시간과 심의 수당 지급

(3) 설계·시공 일괄제도
   ① 설계와 시공을 Communication시켜 품질 확보
   ② 책임 한계의 명확

4. 재료

(1) MC화
   ① 공장 제작이 가능하므로 균일한 품질 확보
   ② 소립식 부재의 사용으로 빠르고 정확한 시공

(2) 건식화
   ① 부재의 표준화로 호환성을 높이는 Open System화
   ② 대량생산이 가능한 건식 공법으로 자재 개발

(3) 고강도화
   ① 고성능 감수제의 개발로 시공성 확보 및 고강도화
   ② Silica Fume 등의 미세립 혼화재를 사용하여 고강도화

5. 시공(시공적 관점)

(1) 계측관리
① 공사현장 제반 정보 입수와 향후 거동을 사전에 파악
② 응력과 변위 측정으로 굴착에 따른 변위 파악

(2) 저소음·저진동 공법
① 기초공사의 소음·진동 방지
② 방음 Cover 저소음 해머 사용

(3) Open System
① 부재의 호환성을 높여 효율적인 생산 유도
② 성능 및 규격의 연계성 향상

(4) 자동용접
① 공장에서 직접 자동으로 용접
② 고전류를 사용하여 능률적이며, 연속 용접성이 좋다.

6. 공사관리(감독적 관점)

(1) PERT·CPM
① 새로운 공정관리 기법의 도입
② 면밀한 계획에 따라 세부공사에 필요한 시간과 순서 배당

(2) ISO 9000
① 국제표준화기구(국제공업표준화를 위한 기구)
② 품질에 대하여 설계, 제조, 시험검사, 설치, 유지관리 등 전체 생산과정을 표준화하여 폭넓은 품질 향상 유도

(3) VE(Value Engineering)
① 기능이나 성능을 향상시키거나 또는 유지하면서 비용을 최소화하여 가치를 극대화시킴
② 원가 절감, 조직력 강화, 기술 축적, 경쟁력 강화, 기업의 체질 개선의 효과를 기대

(4) LCC(Life Cycle Cost)
① 구조물의 초기 투자 단계를 거쳐 유지관리, 철거 단계로 이어지는 일련의 과정에서의 비용
② 종합적인 관리차원의 Total Cost로 경제성 유도

(5) 성력화(省力化, Labor Saving)
① 공업화 공법 활성화로 노무 절감 및 합리적인 노무관리 계획을 수립
② 기계화 시공으로 경제성, 속도성, 안전성 확보는 물론 노무 절감 기대

7. 신기술 개발(제도적 관점)

(1) EC화(Engineering Construction)
① 사업 발굴, 기획, 타당성 조사, 설계, 시공, 시운전 등을 통하여 건설산업의 업무 기능을 확대
② 일괄 입찰방식에 의한 건설 생산능력 확보

(2) CM(Construction Management)
① 대규모 공사에서 발주자의 위임을 받아 발주자, 설계자, 시공자 간을 조정하여 발주자의 이익 증대를 꾀하는 건설관리제도
② 품질 확보와 공기 단축 및 원가 절감 효과 발생

(3) High Tech 건설
① 구조물의 복잡화, 다양화에 대비하여 설계, 시공, 유지관리까지 합리적이고 과학적인 신기술을 도입
② Simulation, CAD, VAN, Robot 등을 통한 Computer화

(4) Computer화
① 기술자의 경험이나 판단을 컴퓨터에서 고속 처리하여 고도의 설계·시공활동을 추구
② 설계제도, 구조 해석, 견적, 공정관리, 시공 등에서 신속 정확한 처리에 의해 능률적인 관리 수행

V. 책임기술자로서 대처방안

(1) 조사
① 하자 발생부위
② 발생 상태
③ 발생 범위
④ 진행 상태

(2) 발생원인 분석
  ① 원인 분석
  ② 발생 빈도
  ③ 발생 개요 파악

(3) 적절한 조치
  ① 하자에 대한 직접 조치
  ② 하자에 따른 안전 조치
  ③ 미치는 영향 억제

(4) 공법 변경
  ① Con'c 타설방법 변경
  ② 운반방법 변경
  ③ 다짐공법 변경

(5) 입지조건 검토
  ① 바람, 강우, 강설 등 검토
  ② 지역풍 검토

(6) 관계법규 검토
  ① 지중 매설물 검토
  ② 공사용 도로 검토
  ③ 발생 공법에 대한 관계법 검토

(7) 설계도서 검토
  ① 설계수치 검토
  ② 구조계산 검토
  ③ 적용공법 검토

(8) 계약조건 검토
  ① 수량 증감 및 착오 계산 검토
  ② 계약서 내용 검토

(9) 구조 계산
  구조 계산서에서 공사용 하중에 대한 안정성 확인

(10) 안전성 검토
  ① 하자 발생에 대한 안전성 검토

② 안전사고 방지시설 검토
③ 관계자 외 접근 금지

(11) 보수공법 검토
① 최적의 보수공법
② 경제성 있는 보수공법 선정

(12) 사용 자재의 적정성 여부
① 하중에 대한 지지력 검토
② 사용 자재의 강도 검토
③ KS 규격품 사용 여부

Ⅵ. 현안 문제점

(1) 대외 신용도 하락
① 사회간접시설 붕괴
② 해외 건설수주 저하
③ 신뢰성 감소

(2) 경제적 손실
① 부실공사의 재시공에 따른 경제적 손실
② 사용재료 훼손
③ 내구연한 및 사용성 제한에 따른 손실

(3) 산업발전 저해
① 부실시공에 따른 대외 경쟁력 저하
② 국제적인 인지도 하락
③ 대외 불신감 확산

(4) 기술개발 저조
① 부실공사에 따른 기술개발 저조
② 신기술 적용 거부

(5) 대정부 불신감 조성
① 국민 생명위협
② 정부정책의 신뢰성 저하
③ 불안감 조성

(6) 국민 생활 불편
    ① 부실시공에 따른 사용성 제한
    ② 사용기한 단축으로 구조물 재시공

(7) Claim 발생
    ① 발주자와 도급자의 책임 전가
    ② 시방서의 불완전
    ③ 계약서와 현장의 상이

(8) 유지관리비 증가
    ① 부실시공에 따른 보수공사비 증가
    ② 구조물의 내구성 저하

(9) 교육 부실
    ① 전문기술자의 교육 투자 기피
    ② 신기술의 현장 도입 외면

(10) Engineering 능력 부족
    ① 근본적인 Engineering 부족
    ② 설계와 시공의 EC화 부족

Ⅶ. 대 책

(1) 시공 실명제 도입
    ① 실명제에 따른 책임 시공
    ② 의식 수준 향상
    ③ 책임 한계 명백

(2) ISO 9000 도입
    ① 국제 표준화 도입
    ② 토목구조물의 전체 공정에서 품질관리
    ③ 대외 경쟁력 향상

(3) EC화
    ① 사업 발굴, 기획, 타당성 조사, 설계, 시공, 시운전, 유지관리 등을 통하여 건설 산업 기능 확대
    ② 건설사업의 일괄 입찰방식으로 건설능력 향상

(4) CM제도 도입
    ① 전 공정에 따른 전문 건설관리제도 도입
    ② 품질 확보에 의한 부실시공 추방

(5) 건설 CALS 도입
    ① 통합정보시스템에 의한 건설관리
    ② 건설환경 개선
    ③ 건설정보의 전자화
    ④ 건설현장의 표준화 및 투명화

(6) 종합 건설업 육성
    ① 설계, 시공, 유지관리까지 합리적이고 체계적인 종합건설업 육성
    ② Simulation, CAD, VAN, CIC 등의 High Tech 건설

(7) 감리제도 보완
    ① 현재 감리제도 수정 보완
    ② 감리기술자의 권리 향상
    ③ 감리기술자의 정기적인 교육 실시

(8) 건설기술자 교육
    ① 건설에 참여하는 모든 기술자의 전문교육 강화
    ② 정기적인 교육이수제도 확립
    ③ 건설기술자의 자격증 제도화

(9) 전문기술인력 양성
    ① 비전문가 고용 지양
    ② 전문기술자 양성
    ③ 건설기술자의 우대 정책

(10) 기술 License 제도 강화
    ① 무자격자의 건설관리 금지
    ② 국가적인 License 제도 강화

(11) 기계화 시공
    ① 최적의 기계 선정
    ② 고도의 기술 시공

(12) 설계조사 실시
　　① 사전조사
　　② 설계 적용 정수의 재검토
　　③ 입지조건에 따른 안전율 적용

Ⅷ. 결 론

(1) 부실공사는 정부의 제도 미비와 건설업체의 저가 입찰 및 비리, 형식에 치우친 공사감리 등의 총체적인 부실이 원인이다.

(2) 부실공사를 방지하기 위해서는 제도의 개선과 건설업계의 의식 개혁, 강력한 감리제도의 정착 및 기술자들의 책임의식이 있어야 된다.

> **8-1** 건설공사의 품질관리와 품질경영에 대하여 기술하고 비교 설명하시오. [03후, 25점]
>
> **8-2** 품질통제(Quality Control : Q/C)와 품질보증(Quality Assurance : Q/A)의 차이점에 대하여 기술하시오. [98중전, 20점]
>
> **8-3** 품질관리비 산출에 대하여 최근 개정된 품질시험비 산출 단위량 기준(국토해양부 고시) 내용을 중심으로 설명하시오. [09후, 25점]

Ⅰ. 개 요

(1) 품질관리란 설계도, 시방서 등에 표시되어 있는 규격에 만족하는 공사의 목적물을 경제적으로 만들기 위해 실시하는 관리수단을 말한다.

(2) 건설공사에서의 품질관리는 공사의 초기부터 품질을 확보하여 품질이 향상된 상태로 유지하는 예방차원의 품질관리가 필요하다.

Ⅱ. 품질관리(Quality Control, 품질통제)

(1) 정의

품질통제란 설계도 시방서 등에 표시되어 있는 규격에 만족하는 목적물을 경제적으로 만들기 위하여 실시하는 관리수단이다.

(2) 목적
① 품질 확인
② 품질 개선
③ 원가 절감
④ 하자 방지

(3) 주안점
① 전사적으로 Top Manager부터 모든 구성원이 혼연일체가 되어 실시한다.
② 절차를 착실히 밟는다.
③ 더욱 실질적이고 효과적일 경우 상의 하달의 관리형식을 취한다.
④ 기법을 효율적으로 사용한다.
⑤ 새 기법을 과감히 도입한다.
⑥ 현장의 특성에 맞는 기법을 선택한다.
⑦ 과학적으로 접근한다.
⑧ 사용자 우선 원칙에 입각한 고객의 수용에 만족하는 품질 확보에 전력한다.

Ⅲ. 품질경영(Quality Management)

(1) 정의
　① 품질경영이란 기업의 경영자가 참여하여 원가 절감과 공기 단축 등을 통하여 대외 경쟁력을 확보하고, 또한 고객 만족을 위해 구조물의 특징·미관·용도·기능 등을 전체적으로 향상시키기 위하여 체계적인 방법으로 접근하는 것을 말한다.
　② 건설공사의 품질경영은 품질관리·품질보증·품질인증의 3단계로 구성된다.

(2) 목적
　① 재시공과 보수작업의 감소
　② 작업환경 개선
　③ 현장안전 증가
　④ 공사 발주처의 만족 증가
　⑤ 품질비용(QC)의 감소
　⑥ 이윤의 증대

(3) 주안점
　① 안전관리, 품질관리, 생산성관리를 연계한 관리기법
　② 품질경영은 하자를 사전에 예방하기 위한 긴 시간을 요하는 투자
　③ 모든 단계에서 하자 사전 예방
　④ 개선 절차를 지속적으로 실시하는 과정을 중시
　⑤ 조직 내에 수준 높은 단합된 힘 창출

Ⅳ. 품질보증(Quality Assurance)

(1) 정의
　① 품질보증이란 건설공사에서 완성된 구조물이 목적을 달성하는 데 정해진 내구연한까지의 품질에 대하여 시공자가 품질을 보증하는 것을 말한다.
　② 국제적으로 각국별 사업분야별로 정해져 있는 품질보증시스템에 대한 요구사항을 통일시켜 고객에게 품질보증을 해주는 ISO(국제표준화기구)가 설립되어 있다.

(2) 목적
　① 생산물의 하자 방지
　② 생산물에 대한 신뢰도 향상

③ 제품의 수준 척도 설정
④ 생산과정에서의 품질관리

(3) 주안점
① 품질향상을 위한 기술개발
② 하자발생을 방지하기 위한 품질향상
③ 실패율 감소에 따른 기업 이윤 증대
④ ISO 9000 획득
⑤ 생산자 책임에 대한 예방책
⑥ 개별 고객들로부터 중복 평가
⑦ 고객의 신뢰성 증대

V. 품질관리(QC)와 품질경영(QM)의 비교

구 분	품질관리(Quality Control)	품질경영(Quality Management)
기법	공사 목적물의 품질에 중점	모든 단계에서 지속적인 개선 과정에 중점
목적	제품의 불량 감소	대외 경쟁력 확보 및 고객 만족
효과	품질 확보 및 품질 개선	재시공과 보수작업의 감소
참여	생산현장 중심으로 참여	경영자를 포함한 전 구성원이 참여
주안점	· 품질관리 기법 적용 · 과학적인 공사 수행 · 원가관리와 병행	· 하자를 사전에 예방 · 지속적 개선과정 중시 · 안전관리, 품질관리, 생산성관리를 연계한 관리기법

VI. 품질통제(Q/C)와 품질보증(Q/A)의 차이점

구 분	품질통제(Q/C)	품질보증(Q/A)
기법	품질이 중요	하자 사전 예방
목적	불량 감소	하자로 인한 품질 절감
효과	품질 확보	재시공 감소
참여	생산현장 중심	경영자, 전 구성원 참여
특징	현장 특성에 맞는 기법	문서화, 기록화, 체계화
시기	공사 시공 중	공사 완료 후
방법	품질관리팀 형성	하자보수 전담반
대상	전 공정에 대한 품질	목적물의 목적 수행
필요성	원가 절감, 품질 향상	신뢰성 향상, 책임 시공
문제점	형식적인 관리	책임 회피
개발방향	전문화, 생활화	ISO 9000 획득

Ⅶ. 품질시험비 산출 단위량 기준

(1) 품질관리비 산출 및 사용 기준

발주자가 품질관리비를 설계시 계상하도록 하고, 이 품질관리비는 품질시험 작성비 ＋품질시험을 위한 시설비 등으로 구분하고 있다.

(2) 산출 단위량 및 적용

설계시 품질시험비에는 전기, 상·하수도 및 시험 인력에 대한 단위량만 고려하여야 하며, 국·공립 시험기관 등은 관리인력의 단위량을 적용할 수 있다.

(3) 노임단가의 적용

① 관리인력의 등급별 노임단가는 한국엔지니어링진흥협회가 통계법에 의해 조사 공표한 노임단가로 한다.
② 시험인력의 등급별 노임단가는 대한건설협회가 통계법에 의하여 조사·공표한 노임단가로 한다.
③ 품질관리원 등급에 대한 노임단가가 공표되기 전까지는 특급은 품질 관련 기사, 고급은 산업기사, 초급은 기능사의 노임단가를 적용하며, 중급은 산업기사와 기능사의 노임단가를 합한 금액의 2분의 1로 적용한다.

(4) 공공요금의 단가

① 전력요금 단가는 일반 전력용(갑)의 저압 전력에 대한 계절별 평균 전력 요금으로 소수점 이하를 절삭한 값을 적용한다.
② 수도요금 단가는 서울특별시 및 6개 광역시에서 조례로 정한 영업 최소 사용량을 기준으로 한 상수도 및 하수도 요금 단가의 평균값으로 하고 영업용이 없는 경우는 일반 업무용, 가정용 순으로 적용한다.

(5) 인건비 및 공공요금 산정방법

공공요금 및 인건비는 이 기준에서 단위량을 정하고 있는 경우 시험 항목별 산출 단위량에 해당 단가를 곱하여 산정한다.

(6) 장비손료 산정방법

① 품질시험 인건비의 3%를 반영하는 방식

장비손료＝품질시험 인건비×3%

② 산식에 의한 방법

$$\text{장비손료} = \frac{\text{삼각률 수리율} \times \text{기계 가격}}{\text{연간 표준 장비 가동시간} \times \text{내용연수}} \times \text{장비 가동시간}$$

Ⅷ. 결 론

(1) 품질관리는 공정관리, 원가관리에 뒤지지 않는 중요한 관리항목으로 구조물의 품질 확보, 품질 개선, 품질 균일 등을 통한 하자 방지로 신뢰성 증가와 원가 절감을 꾀해야 한다.

(2) 품질관리는 현장의 특성에 맞는 기법(Tool)을 선택해야 하며 신재료, 신공법 등의 기술의 변화에도 대응할 수 있는 품질관리 System을 연구 개발하는 지속적인 노력이 필요하다.

9-1 통계적 품질관리에서 관리사이클의 4단계 [96중, 20점]

9-2 통계적 품질관리(品質管理)를 적용할 때 관리 사이클(Cycle)의 단계를 설명하시오. [01전, 25점]

I. 개 요

(1) 건설공사에 있어서 품질관리는 각자의 품질에 대한 관심사항을 토대로 단계적으로 관리목표를 설정하고 이에 따라 P→D→C→A 과정을 사이클화하여 단계적으로 목표를 향해 진보, 개선, 유지해 나가야 한다.

(2) 품질관리는 전 구성원이 혼연일체가 되어 실시되어야 하며 현장 특성에 맞는 기법을 효율적으로 사용하여야 한다.

II. 필요성

(1) 품질 확보
(2) 품질 개선
(3) 품질 균일
(4) 하자 방지
(5) 신뢰성 증가
(6) 원가 절감

III. 관리사이클의 4단계

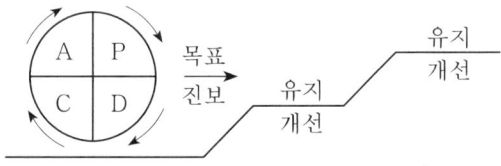

1. Plan(계획) 단계

(1) 작업 목적을 명확히 결정
(2) 목적 달성을 위한 수단 결정

(3) 목적 결정 및 표시

Check를 위한 항목을 고려하여 표준값, 목표값을 결정해 두면 Check 단계가 용이

① 현상 유지 작업 : 표준값으로 표시

② 현상 탈피 작업 : 목표값으로 표시

(4) 목적 달성을 위한 수단과 방법의 결정

① 현상 유지 작업 : 표준값에 의한 결과가 얻어질 방식(수단)을 이미 알고 있는 단계이므로 이를 명료하게 문서화하면 된다(작업 표준화).

② 현상 탈피 작업

㉠ 목표값을 얻기 위한 개선의 방식을 아직 모르는 단계이므로 개선을 요하는 원인 중 한 가지 이상의 원인을 변경하기 위한 절차를 결정해 두면 된다.

㉡ 검토해 보려는 사항을 가능한 한 구체적으로 정하고 일정이나 분담을 충분히 고려해서 '계획서'라는 형식으로 문서화할 필요가 있다.

(5) 계획 수립을 위한 방법

① 정확한 정보의 수집, 활용과 종합 판단력의 배양

② Deming Cycle의 Cycling을 시행하면서 합리적인 방법 모색의 지속

2. Do(실시) 단계

(1) 집합교육 훈련과 기회교육 훈련의 병행

(2) 집합교육 훈련

여러 명이 한 곳에서 전반적인 지식 습득

(3) 기회교육 훈련

① 일상 작업 도중 적당한 기회에 실시

② 개별적 기능 습득에 유효하며 OJT(On the Job Training) 교육을 실시한다.

3. Check(검사) 단계

(1) 결과와 실시방법을 대상으로 검사

(2) 결과 검사

① 현상 유지 작업 : 관리도 유효

② 현상 탈피 작업 : 목표값이나 예정선 등을 그래프에 기입해 두고 실시 결과를 표시하며 검사가 용이한 방법 연구

(3) 실시방법 검사
① 현상 유지 작업 : 작업 시행자가 자신의 작업에 책임을 지고 Check Sheet를 이용하며 문제 발생시에는 제3자의 검사 필요
② 현상 탈피 작업 : 어떤 방법이 효력이 있었는지 반드시 확인

4. Action(조치) 단계

(1) 응급처치
① 검사에 의해 계획시의 기대 결과가 얻어지지 않을 경우 필요에 따라서 즉각 취해야 하는 조치
② 더 이상의 문제 발생이 없도록 방지

(2) 항구 조치
① 재발방지 조치를 하는 근본적인 조치로 응급조치 이후 즉시 원인을 조사하여 재차 발생하지 않도록 조치
② 원인 분석 결과를 Feed Back

(3) 관련 조치(유사조치)
현장 내 또는 현장간 유사 공종 사례에 대해 전사적으로 검토, 분석하여 반영 조치

Ⅳ. Deming Cycle 기법 적용시 주의사항

(1) 사전 Engineering
관계도서 숙지 후 불명확 요소, 개선점 등을 감리, 감독자와 사전 명확화

(2) 관리 Standard
관련도서에 근거하여 최적 시공계획과 관리기준 수립

(3) Inspection 지침
반입 자재 등은 지침에 따라 엄격히 검수

(4) Constructor 엄선
전문시공자는 신뢰도가 높은 업자 선정

(5) 공정 확인
관련공사들의 공정, 협의 필요사항 등 조정

(6) 교육 훈련
   각종 관리기준 등에 대해 관련자 교육 실시

V. 결 론

(1) 품질관리는 최적 시공계획과 관리기준을 수립하여 시행해야 하며 품질관리시의 개량, 수정, 문제점 등은 계획 단계로 필히 Feed Back하여 Cycle화 해야 한다.
(2) 품질관리는 계획대로의 실시 여부를 반드시 확인 관리해야 하며 이상 발견시 즉각적인 원인 규명 및 조치를 하여 원가 절감 및 품질을 확보하여야 한다.

> **10-1** 품질관리를 위한 관리도의 종류를 들고, 관리 한계선의 결정방법에 대하여 설명하시오. [95중, 50점]
>
> **10-2** $\bar{x}-R$ 품질관리 기법에서 이상이 있는 경우 [96후, 20점]

Ⅰ. 개 요

(1) 품질관리란 설계도, 시방서 등에 표시되어 있는 규격에 만족하는 공사의 목적물을 경제적으로 만들기 위해 실시하는 관리수단을 말한다.

(2) 건설공사에서의 품질관리는 공사 초기부터 품질을 확보하여 품질이 향상된 상태로 유지하는 예방 차원의 품질관리가 필요하다.

Ⅱ. 품질관리의 7가지 Tool

(1) 관리도
  ① 계량치의 관리도
  ② 계수치의 관리도
  ③ 기타 관리도
(2) 히스토그램(Histogram)
(3) 파레토도(Pareto Diagram)
(4) 특성 요인도(Causes And Effects Diagram)
(5) 산포도(산점도, Scatter Diagram)
(6) 체크 시트(Check Sheet)
(7) 층별(Stratification)

Ⅲ. 관리도

1. 관리도의 종류

(1) 계량치의 관리도
  ① $\bar{x}-R$(평균값과 범위) 관리도
  ② x(개개의 측정치) 관리도
  ③ $\tilde{x}-R$(메디안과 범위) 관리도

(2) 계수치의 관리도
   ① Pn(불량 개수) 관리도
   ② P(불량률) 관리도
   ③ C(결점수) 관리도
   ④ U(단위당 결점수) 관리도

(3) 기타 관리도
   ① Rs(인접한 두 측정값의 차) 관리도
   ② σ(표준편차) 관리도
   ③ $L-S$(최대값과 최소값) 관리도
   ④ SSR 관리도
   ⑤ Cusum 관리도

2. 종류별 특성

(1) $\bar{x}-R$ 관리도
   관리대상이 되는 항목이 길이, 무게, 시간, 강도, 성분, 수확률 등과 같이 연속량 계량값으로 나타나는 공정을 관리할 때 사용

(2) x 관리도
   ① 데이터를 군으로 나누지 않고 측정값 하나하나를 그대로 사용하여 공정을 관리할 경우에 사용
   ② 데이터를 얻는 간격이 크거나 군으로 나누어도 별로 의미가 없는 경우 또는 정해진 공법으로부터 한 개의 측정값밖에 얻을 수 없을 때 사용

(3) $\tilde{x}-R$ 관리도
   ① $\bar{x}-R$ 관리도 대신 $\tilde{x}$(메디안)을 사용한 것으로서 $\bar{x}$의 계산을 하지 않는 관리도법이다.
   ② 평균값 $\bar{x}$를 계산하는 시간과 노력을 줄이기 위해 사용하며, 작성방법은 $\bar{x}-R$ 관리도와 거의 같다.

(4) Pn 관리도
   ① 데이터가 계량값이 아니고 하나하나의 물품을 양품, 불량품으로 판정하여 시료 전체 속에 불량품의 개수로서 공정을 관리할 때 사용
   ② 시료의 크기 n(개수)이 항상 일정한 경우에만 사용

(5) P 관리도
  ① 불량률로서 공정을 관리할 때 사용
  ② P 관리도는 시료의 크기가 일정하지 않아도 된다.

(6) C 관리도
  일정 크기의 시료 가운데 나타나는 결점수에 의거하여 공정을 관리할 때 사용

(7) U 관리도
  결점수에 의해 공정을 관리할 때 제품의 크기가 여러 가지로 변할 경우에 결점수를 일정 단위당으로 바꾸어서 U 관리도 사용

Ⅳ. 관리 한계선의 결정방법

1. 정의

(1) 관리대상이 되는 항목의 길이, 무게, 시간, 강도, 성분, 수확률, 순도 등과 같이 데이터가 연속량(계량값)으로 나타나는 공정을 관리할 때 사용한다.

(2) $\overline{x} - R$ 관리도는 공정상태의 변화를 알아보기 위한 기본적인 관리도이다.

2. 작성방법

(1) 평균값($\overline{x}$) 계산
$$\overline{x} = \frac{\Sigma x}{n}$$
여기서, n : 측정횟수, Σx : 조합 합계

(2) 범위(R)를 각 조별로 계산
$$R = x_{\max} - x_{\min}$$

(3) 총 평균($\overline{\overline{x}}$) 계산
$$\overline{\overline{x}} = \frac{\Sigma \overline{x}}{k}$$
여기서, k : 조 번호수, $\Sigma \overline{x}$: 조별 평균값의 합계

(4) 범위의 평균($\overline{R}$) 계산
$$\overline{R} = \frac{\Sigma R}{k}$$
여기서, k : 조 번호수

(5) $\bar{x}$ 관리도의 관리 한계선 계산
① 중심선 CL= $\bar{\bar{x}}$
② 상부 관리 한계선 UCL= $\bar{\bar{x}} + A_2\bar{R}$
③ 하부 관리 한계선 LCL= $\bar{\bar{x}} - A_2\bar{R}$

(6) R 관리도의 관리 한계선 계산
① 중심선 CL= $\bar{R}$
② 상부 관리 한계선 UCL= $D_4\bar{R}$
③ 하부 관리 한계선 UCL= $D_3\bar{R}$

  여기서, $\bar{\bar{x}}$, $\bar{R}$, : $\bar{x}$, R의 평균값
  A_2, D_3, D_4 : 측정횟수 n에 관한 정수

(7) 관리도의 기입
① 관리도의 상부에 필요사항을 기입한다.
② $\bar{x}$ 관리도를 위에, R 관리도를 밑에 배치하고 상하조의 번호를 대칭으로 취한다.
③ 종축은 관리 한계의 폭이 3~5cm 정도가 되도록 한다.
④ 횡축은 점의 간격이 2~5mm가 되도록 취한다.
⑤ $\bar{x}$ 관리도, R 관리도의 좌측에 $\bar{x}$, R을 기입한다.
⑥ 관리선의 기입은 예비 데이터를 사용하는 경우 중심선은 실선, 한계선은 파선을 사용한다.
⑦ 점의 기입은 명확하고 크게 한다.
  $\bar{x}$는 지름 1mm 정도의 '•'으로 표시하고, R은 2mm 정도의 'x'로 표시한다.
⑧ 관리 한계에서 이탈한 것은 '●', '⊕'로 색표한다.

(8) 안정상대 판정
관리도 기입에서 찍은 $\bar{x}$, R의 점들이 관리 한계 내에 있으면 안정상태에 있는 것으로 판정할 수 있다.

(9) 관리선의 재계산
① 만약 불안정상태로 판정되면 그 원인 등을 분석하여 제거한다.
② 그림을 제외하고 관리선을 재계산하여 관리선의 중심선 상하관리선을 다시 긋는다.
③ 한계 외에 찍힌 점이라도 원인을 알 수 없거나 알고 있어도 처리가 불가능하면 그 점은 제외하지 않고 계산한다.

(10) 규격과 대조

정해진 순서에 의하여 관리선의 계산에 사용한 개개의 측정값을 전부 사용하여 히스토그램을 만들어 비교한다.

(11) 관리 한계선의 결정

품질 특성값이 충분한 여유를 갖고 규격을 만족시키며 안정상태에 있음을 알면 재계산된 관리 한계를 연장하여 공정에 대한 당분간의 관리 한계로 이용한다.

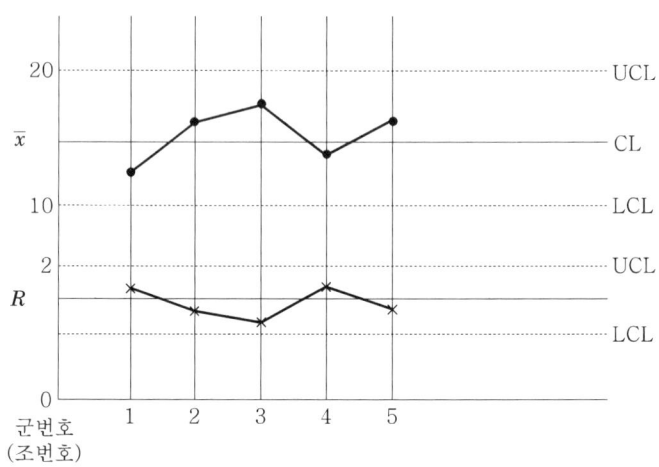

V. 관리상태의 판정기준(이상이 있는 경우)

(1) Run

중심선이 한쪽에 연속해서 나타난 점을 Run이라 하며 공정 진행에 주의를 해야 한다.

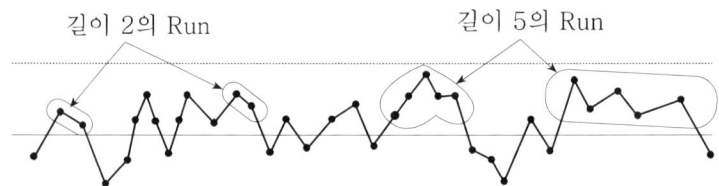

(2) 경향

나타난 점이 점점 올라가거나 내려가는 상태를 말한다.

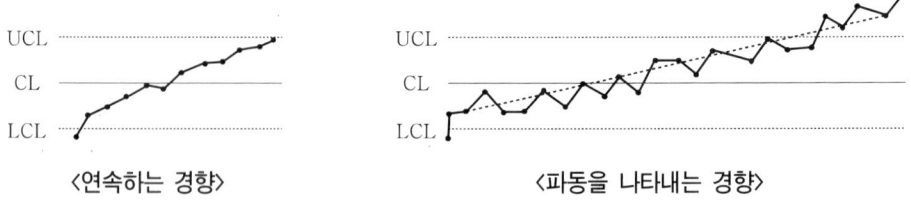

〈연속하는 경향〉　　〈파동을 나타내는 경향〉

(3) 주기

점이 주기적으로 상하로 변동하여 파형을 나타내는 경우를 말한다.

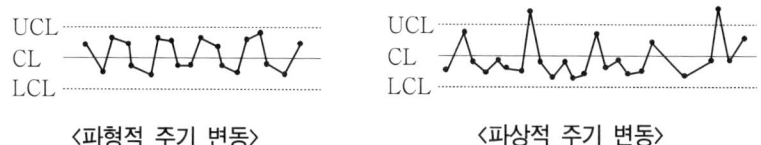

<파형적 주기 변동>　　　　　<파상적 주기 변동>

(4) 치우침

중심선 한쪽에 점이 잇따라 여러 개 나타날 때를 말한다.

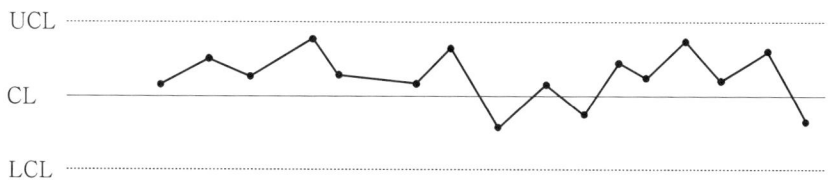

(5) 관리 한계선에 접근

점이 관리 한계선에 접근하여 자주 나타나는 경우를 말한다.

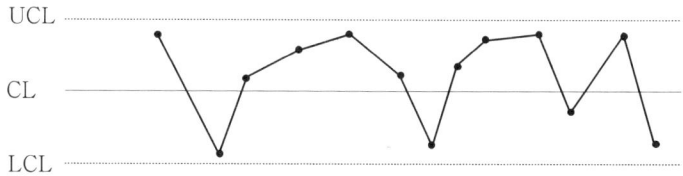

(6) 기타

① 중심선 가까이에 점들이 모이는 상태
② 한계를 벗어난 점이 너무 많이 나타나는 관리도

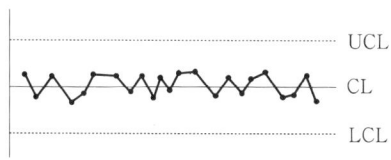 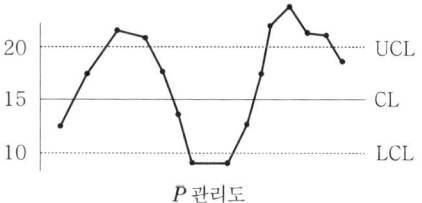

P 관리도

Ⅵ. 결 론

(1) 품질관리는 공정관리, 원가관리에 뒤지지 않는 중요한 관리항목으로 건축물의 품질 확보, 품질 개선, 품질 균일 등을 통한 하자 방지로 신뢰성 증가와 원가 절감을 꾀해야 한다.

(2) 품질관리는 현장의 특성에 맞는 기법(Tool)을 선택해야 하며 신재료, 신공법 등의 기술변화에도 대응할 수 있는 품질관리시스템의 연구개발을 위한 지속적인 노력이 필요하다고 본다.

11-1 건설공사에서 원가관리방법에 대하여 설명하고, 비용 절감을 위한 여러 활동에 대하여 기술하시오. [06중, 25점]

11-2 공사 원가관리를 위해 공사비 내역 체계의 통일이 필요한 이유를 기술하시오. [98중전, 20점]

Ⅰ. 개 요

(1) 건설공사에서 원가관리란 경제적인 시공계획의 작성과 합리적인 실행예산을 편성하여 공사 결산까지의 실소요비용을 절감하기 위한 것을 말한다.

(2) 원가관리란 본질은 원가 절감에 있기 때문에 원가변동 요인을 파악하여 보다 경제적으로 신속 정확하게 관리하여야 한다.

Ⅱ. 원가관리방법

(1) 원가관리순서

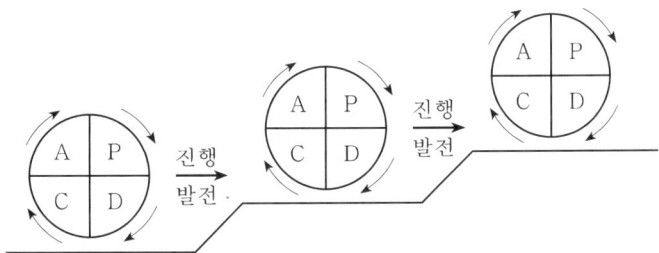

① Plan(실행예산 편성)
② Do(원가 통제)
③ Check(원가 대비)
④ Action(조치)

(2) 원가관리기법

Ⅲ. 비용 절감을 위한 활동

(1) SE(System Engineering, 시스템공학)
① 설계 단계에서 시공에 대한 공법의 최적화를 설계하여 공사관리의 극대화를 꾀함.
② 시공성, 경제성, 안전성 및 무공해 공법을 개발

(2) VE(Value Engineering, 가치공학)
① 기능(Function)을 향상 또는 유지하면서 비용(Cost)를 최소화하여 가치(Value)를 극대화시킨다.
② 최소의 비용으로 최대의 효과(기능)을 유도하는 공학

$$VE = \frac{Function}{Cost}$$

(3) IE(Industrial Engineering, 산업공학)
① 시공 단계에서 성력화를 통하여 가장 적은 노무와 노력으로 원가 절감을 하는 공학
② 작업원의 적정 배치, 능률을 높일 수 있는 작업조건, 작업원의 수를 적절히 조정함으로써 경제적인 극대화를 꾀한다.

(4) QC(Quality Control, 품질관리)
① 품질의 확보, 개선, 균일을 통하여 고부가가치성의 생산활동
② 하자 방지를 하여 소비자의 신뢰성을 증대시킴은 물론 경제성 확보

(5) LCC(Life Cycle Cost)
   ① 구조물의 초기 투자 단계를 거쳐 유지관리, 철거 단계로 이어지는 일련의 과정
   ② 종합적인 관리차원의 Total Cost로 경제성을 유도

(6) PERT, CPM
   ① 구조물을 지정된 공사기간 내에 공사예산에 맞추어 정밀도가 높은 좋은 질의 시공을 위하여 세우는 계획
   ② 면밀한 계획에 따라 각 세부공사에 필요한 시간과 순서, 자재, 노무 및 기계설비 등을 경제성 있게 배열

(7) ISO 9000
   ① ISO(International Organization for Standardization, 국제표준화기구)는 국제적인 공업 표준화의 발전을 촉진시킬 목적으로 창립된 기구
   ② 품질에 대하여 발주자의 신뢰를 얻어 경제성을 확보

(8) EC(Engineering Construction)화
   ① 건설산업의 업무 기능 확대 및 영역 확대를 도모
   ② 신설 사업의 일괄 입찰방식에 의한 건설 생산능력 확보

(9) CM(Construction Management)제도
   ① 대규모 구조물의 건설시 발주자의 위임을 받아 발주자, 설계자, 시공자 간을 조정하여 발주자의 이익 증대를 꾀하는 건설관리제도
   ② 품질 확보, 공기 단축은 물론 설계 단계에서 6~8%, 시공 단계에서 5%의 원가 절감

(10) Computer화
   ① 구조물의 고도화, 대형화, 복잡화, 다양화 능으로 현장 시공관리에서 수작업으로는 비능률적이므로
   ② 공정계획, 노무관리, 자재관리 등을 통하여 시공의 합리화 추구

Ⅳ. 공사비 내역체계의 통일이 필요한 이유

(1) 의사소통
각종 공사 분류에서 내역체계를 통일함으로써 각 공사간의 관계가 명확하고, 의사소통이 가능하다.

(2) 부실시공 방지
내역체계가 통일됨으로써 각각의 공사내역에 따른 부실내역이 없어지고, 공사내역이 표면화되어 부실시공을 방지할 수 있다.

(3) 품질 향상
내역체계의 조직적인 관리가 이루어지고 각 공정에 대한 내역이 확실하여 품질 향상의 효과를 얻을 수 있다.

(4) 공기 단축
무분별한 내역체계로 인한 공기지연 현상이 없어지므로 통일된 내역체계에서의 공사시공은 공기 단축의 효과를 가져온다.

(5) 원가 절감
각 공사별 내역이 통일되어 불필요한 사무작업 및 공정이 대폭 감소되므로 원가 절감이 이루어진다.

(6) 시공성 향상
통일된 내역체계하에서 시공이 일관성 있게 체계화되어 건설공사의 시공성을 향상시킨다.

(7) 컴퓨터화
공사내역에 대한 정보, 데이터 처리, 데이터베이스 구축 등 모든 작업이 컴퓨터화되어 정보화 시공의 발판이 된다.

(8) 시공의 근대화
합리적이고 과학적인 계획 수립, 시공관리, 유지관리가 되며 내역체계 통일에 따른 신기술 도입 등을 통하여 대외 경쟁력이 강화된다.

V. 결 론

(1) 건설공사에 있어서의 원가관리는 공사장소, 시공조건에 따라 가격이 유동적이며, 불확정 요소가 많기 때문에 체계적이고 계획적인 원가관리가 필요하다.
(2) 원가관리는 공사진행에 있어 각 공종이 계획대로 수행되는지의 여부를 통제하고 공사비 절감 요소를 파악하여 원가 절감을 해야 하며, 항상 새로운 기술의 개발과 관리기술의 향상에 의한 원가관리가 이루어져야 한다.

11-3 CSI의 공사 정보 분류체계에서 Uniformat과 Master Format의 내용상 차이점과 양자간 상호관련성을 기술하시오. [98중전, 30점]

Ⅰ. 개 요

(1) 정보는 인간의 모든 활동에 필요한 의사결정을 뒷받침해 주는 지식이나 유무형의 자료이다.
(2) 기술 정보 분류는 여러 실무에서 필요한 기술 정보의 특성을 분석하고 그들이 요구하는 공통적인 형식과 개별 실무자들이 필요로 하는 특정의 요구조건을 분석하여 가능한 한 광범위한 실무에 사용하도록 정보의 저장과 검색의 골격을 구축하는 것이다.
(3) 안정성, 지속적으로 확장 발전할 수 있는 최신성과 전개성이 있어야 하며 컴퓨터와 관련 정보 시스템간의 일치성과 호환성이 유지되어야 한다.

Ⅱ. 건설기술정보 분류체계

(1) 유럽의 정보 분류체계
  ① SFB 계열
  ② CI/SFB
  ③ UCCI

(2) 미국의 정보 분류체계
  ① Uniformat(UCI ; Uniform Construction Index)
  ② Master Format

(3) 일본의 정보 분류체계
  ① UBCI
  ② JACIC-NET
  ③ JICST

Ⅲ. 건설정보 분류체계의 표준안 기본구조

(1) 시설 요소(Facility Classifications)
(2) 공간 요소(Space Classifications)

(3) 부위 요소(Element Classifications)
(4) 공종 요소(Work Classifications)
(5) 자원 요소(Resource Classifications)

Ⅳ. Uniformat

(1) 의의
　① Uniformat은 16 Division을 통한 4개의 포맷으로 분류된다.
　② Uniformat은 공종별 분류체계이다.
　③ Uniformat은 건설공사에 적용되었다.

(2) Uniformat의 4개 Format
　① Specifications Format
　② Data Filing Format
　③ Cost Analysis Format
　④ Project Filing Format

(3) Uniformat 분류체계(16 Division)

구 분	내 용	
Division 1	General Requirements	공사 일반
2	Sitework	토공 및 대지조성공사
3	Concrete	콘크리트공사
4	Masonry	조적공사
5	Metals	금속공사
6	Wood & Plastics	목공사 및 플라스틱공사
7	Themal & Moisture Protection	단열 및 방수공사
8	Doors & Windows	창호공사
9	Finishes	마감공사
10	Specialties	마감공사
11	Equipment	각종 장비 및 시설물공사
12	Furnishings	가구 및 비품설치공사
13	Special Construction	특수공사
14	Conveying Systems	운송설비공사
15	Mechanical	기계설비공사
16	Electrical	전기설비공사

(4) Uniformat의 시스템

```
02 ─────────────── 토공 및 대지조성공사
  02300 ─────────────── Tunneling
    02310 ─────────────── 굴착
      02311 ─────────────── 도저
```

① 처음 2자리는 16개 부분의 공사 분류이다.
② 나머지 3자릿수는 정보의 상세 수준에 따라 세분류한다.
③ 부위 요소별 설계도면과 요소비용이 다를 수 있다.

V. Master Format

(1) 의의
  ① Master Format은 Uniformat 16 Division을 근거로 하여 입찰 및 계약에 관한 사항을 추가한 것이다.
  ② 또한 자재 자료의 분류, 견적서 작성, 시방서 작성의 공통적인 체계와 표기의 기준이 되었다.

(2) 특징
  ① 미국 국방부 공업표준지침
  ② 미연방 건설 가이드 시방서 지침
  ③ 공종별 또는 부위별로 분류기준에 의한 분류체계
  ④ 토목공사의 일목요연한 공사내용의 파악 곤란

VI. Uniformat과 Master Format의 내용상 차이

구 분	Uniformat	Master Format
의의	16 Division 구성	① 16 Division ② 입찰 및 계약에 관한 사항 추가
특징	① 건축공사 적용 ② 토목 및 다양한 형태의 공사에 관한 사항 보충 요구 ③ 분류 주제의 범주 확장 필요 ④ 숫자 표기의 확장 필요 ⑤ 공사별 공종 분류만 가능	① 입찰 및 계약사항 보함 ② 자재 자료 분류 가능 ③ 견적서 및 시방서 작성 체계 구축 ④ 토목분야 디비전 보강 필요 ⑤ 시공결과 위주 분류

11-4	비용 편익비(B/C Ratio)	[06전, 10점]
11-5	비용 편익비(B/C Ratio)	[09후, 10점]
11-6	내부 수익률(IRR ; Internal Rate of Return)	[06중, 10점]

Ⅰ. 비용 편익비

(1) 정의
① 비용 편익비(B/C Ratio)란 어떤 사업의 경제성을 판단할 때, 평가기간 동안에 발생하는 총 편익을 총 비용으로 나눈 비율을 의미한다.
② 어떤 Project를 실현하는데 필요한 비용과 그로 인하여 얻어지는 편익을 평가·대비함으로써 그 Project의 채택 여부를 결정하는 방법이다.

(2) 비용 편익비(B/C Ratio) 판정방법
B/C>1이면 경제적 타당성이 있다고 판정한다.

$$B/C = \frac{\text{총 편익의 현재 가치}}{\text{총 비용의 현재 가치}} > 1$$

(3) 특징
① Project의 개략적인 수익성 측정에 효과적
② 간단하며 이해가 빠름
③ 비용, 편익이 발생하는 시간 고려
④ 비용과 편익 구분이 불명확
⑤ 할인율을 반드시 고려

Ⅱ. 내부 수익률

(1) 정의
① 내부 수익률이란 투자사업에서 기대되는 예상 수익률로서 이자로 표현할 수 있다.
② 해당 사업에 투자된 비용의 수익성(내부 수익률)을 계산하여, 사회적 할인율(은행 이자율)과 비교하여 경제성을 분석하는 방법이다.

(2) 내부 수익률의 판정

사회적 할인율은 시중 은행의 이자율을 의미하며, 사업시 수익률(내부 수익률)이 시중 은행 이자율(사회적 할인율)보다 높은 경우 사업성이 있다고 판정한다.

IRR(내부 수익률) > 사회적 할인율

(3) 내부 수익률의 용도
① 자본 비용의 경제성을 판단하는 기준
② 투자 가치의 판단
③ 자본 비용의 손익분기점의 의미
④ 투자안의 가치를 측정하는 방법

Ⅲ. 경제적 판단 기법의 종류

(1) 비용 편익비 : B/C Ratio(Benefit/Cost Ratio)
(2) 순현재 가치 : NPV(Net Present Value)
(3) 내부 수익률 : IRR(Internal Rate of Return)

구 분	B/C Ratio(비용 편익비)	NPV(순현재 가치)	IRR(내부 수익률)
정의	현재의 가치를 할인한 총 편익과 총 비용의 비율	현재의 가치로 할인한 총 편익과 총 비용의 가치차	B/C=1, NPV=0일 때의 할인율
산정식	B/C	B−C	B−C=0
판정	B/C>1	NPV>0	IRR>사회적 할인율
적용	사업 규모 고려시	2개 이상 대안 비교시	여러 개의 대안 비교시
특징	① 이해 용이 ② 사업 규모 고려시 ③ 비용과 편익의 예상 난이	① 이해가 어려움 ② 대안과 비교 가능 ③ 사업 규모 측정 난이	① 이해가 어려움 ② 사업의 수익성 측정 ③ 대안과 비교 가능 ④ 사업 규모 측정 난이

12-1	건설공사 실적공사비적산제도의 정의와 기대효과를 설명하시오.	[02중, 25점]
12-2	실적공사비제도의 필요성과 문제점에 대하여 설명하시오.	[04중, 25점]
12-3	실적단가에 의한 예정가격 작성에 유의해야 할 사항을 기술하시오.	[97중후, 33점]
12-4	실적공사비	[10중, 10점]
12-5	표준품셈에 의한 적산방식과 실적공사비적산방식을 비교 설명하시오.	[06중, 25점]
12-6	표준품셈적산방식과 실적공사비적산방식을 비교하여 기술하시오.	[09후, 25점]

Ⅰ. 개 요

이미 시공된 공사의 실적을 근거로 유사공사의 공사비를 산출하는 방식을 실적공사비 적산방식이라 한다.

Ⅱ. 실적공사비적산제도의 정의

(1) 개념
① 실적공사비적산제도란 신규공사의 예정가격 산정을 위하여 과거에 이미 시공된 유사한 공사의 시공 단계에서 Feed Back된 자재·노임 등의 각종 공사비에 관한 정보를 기초자료로 활용하는 적산방식이다.
② 기수행공사의 Data Base화된 단가를 근거로 입찰자가 현장 여건에 적절한 입찰금액을 산정하고, 발주자는 이를 토대로 분석하므로 요구되는 품질과 성능을 확보할 수 있다.

(2) 기본 개념도

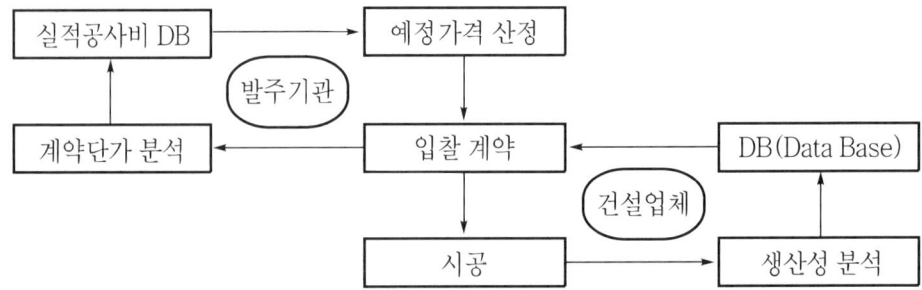

Ⅲ. 필요성(기대효과)

(1) 노임의 현실화
    ① 예정가격 산정에 있어서 노임 계산의 한계성 극복
    ② 실제공사에 적용되는 노임 및 자재비의 현실화
    ③ 특수지역, 특수상황에서의 노임 적용 가능

(2) 공사 특성 반영
    ① 정확한 공사의 내용 전달 가능
    ② 특수조건, 특수지역에서의 공사 특성 반영

(3) 현장 여건 반영
    ① 시공 실태 및 현장의 여건 반영
    ② 특수 공법이나 특수사항에 대한 현장 여건 반영
    ③ 현장 여건에 따른 공사비 및 인건비의 반영

(4) 적산 업무 간소화
    ① 표준품셈 적산방식에 비해 적산 업무 간소
    ② 정확한 적산 가능

(5) 시공기술 발전
    ① 신기술 및 신공법의 적용 용이
    ② 시공의 노하우 습득

(6) 거래가격의 투명성 확보
    ① 원도급과 하도급간의 거래가격 투명
    ② 거래가격의 투명성 보장으로 대외 신뢰도 확보

(7) 시장거래가격의 반영
    ① 현시점에서의 시장거래가격의 적절한 반영
    ② 경직화된 표준품셈에 대처 가능

Ⅳ. 실적공사비 도입시 문제점

(1) 항목별 수량 산출 기준 미정립
    ① 설계 및 공정의 미통합
    ② 견적, 시공 및 공정의 일체성 부족

(2) 공종 분류체계 표준화 부족
　　시방서 및 각 기업간의 공종 분류방법의 상이로 표준화의 필요성 절실

(3) 시방서 내용의 경질
　　신기술, 신공법 등 시대적 요구에 따른 시방서의 변화 부족

(4) 설계의 정도 부족
　　설계에 의한 하자발생률이 전체 하자의 50%가 넘는 수준이다.

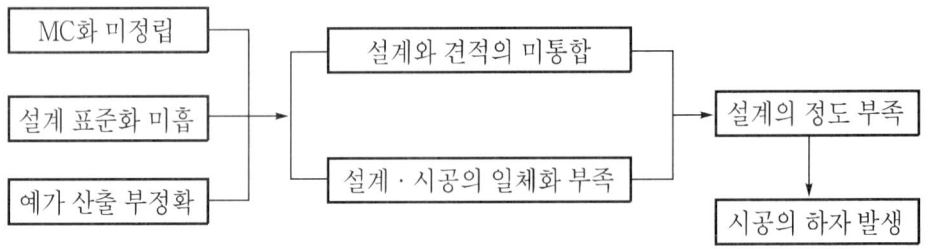

(5) 작업조건 반영 미흡
　　각 지역별로 다른 특수상황에 대한 반영·미흡

(6) 적산제도의 합리화 부족

V. 대책(선결과제)

(1) 설계의 표준화 확립
(2) 작업조건 반영
(3) 시방서 내용 개선
(4) 신기술 적용
(5) 적산과 관련된 제도의 개선
(6) 예정가격의 현실화
(7) 공종 분류체계의 확립

VI. 예정가격 작성시 유의사항

(1) 작업조건 고려
　　다양한 환경, 지역적 작업조건을 충분히 고려하여 작성해야 한다.

(2) Feed Back System
   수입·지출을 대비할 수 있고, Feed Back이 가능한 시스템으로 한다.

(3) 수량 산출기준 결정
   실적공사비 등에 의한 과거의 시공 실적을 축척하여 수량 산출기준 결정

(4) 시스템의 전산화
   컴퓨터에 의한 수량 산출과 일위대가 관리를 통한 전산시스템 개발

(5) 시장가격 반영
   시장가격을 제대로 반영하여 실적에 의한 공사비를 견적에 반영

(6) 부위별 적산
   수량 산출이 용이하고, 설계 변경이 용이

(7) 설계도서 숙지
   예정가격 작성시 설계에 대한 충분한 검토 필요

(8) 신속·정확
   견적 작업은 수량 단위, 계산 단위에 유의하며, 정확 신속해야 한다.

(9) 계산결과 확인
   계산결과를 자신이 직접 확인하고 현장작업과 대조하는 습관이 필요

(10) 기존 데이터와의 비교·검토
   공사 개요의 수치를 기억하고, 비교·검토 작업 필요

(11) 내역 분류
   하도급 계약 및 지불의 기초가 되므로 내역 분류에 따라 정리되어야 한다.

(12) 대비 분석
   실시 투입 원가와의 대비 분석이 용이하도록 작성

(13) 재활용
   차기 수주시의 견적 데이터로 활용이 가능하도록 작성

Ⅶ. 표준품셈 적산방식과 실적공사비 적산방식

(1) 표준품셈 적산방식
① 현행 공공사업 예정가격 산정을 위해 활용되고 있는 품셈으로 공사비를 재료비, 노무비, 경비로 구분해 작업별 비용을 일일이 산출해 전체 비용을 계산하는 방법이다.
② 단가 산출은 재료비, 직접 노무비, 경비 등의 비목은 표준품셈과 단위당 가격에 의해 산정이 가능한 비목이지만, 간접노무비, 보험료, 일반관리비, 이윤 등의 비목은 표준품셈에 기준이 제시되어 있지 아니하므로 일반적으로 비율 분석방법에 의해 산정된다.
③ 원가계산 구성비목

비 목	내 용
재료비	공사 목적물의 실제를 형성하는 물품의 가치 및 보조적으로 소비되는 물품 및 가설재의 가치
노무비	공사 목적물을 완성하기 위해 직접 작업에 종사하는 종업원 및 노무자에게 제공되는 노동력의 대가
경비	공사의 시공을 위하여 소요되는 재료비, 노무비를 제외한 원가를 말하며, 기계 경비, 품질관리비, 보험료 등을 말함
일반관리비	기업의 유지를 위한 관리활동 부문에서 발생하는 제비용으로 임원 및 사무실 직원의 급료, 복리 후생비 등을 말함
이윤	기업활동을 통한 영업의 이익을 말함

(2) 표준품셈과 실적공사비 적산제도의 비교

구 분	표준품셈적산방식	실적공사비적산방식
의의	공사비를 형성하는 각각 요소에 대해 적정가격을 조사하여 각 요소별로 계산하여 집계	이미 시공된 유사한 공사의 시공 단계에서 Feed-Back된 자재, 노임 등의 각종 공사비를 기준으로 공사비 산정
예산 가격 산정	예정가격=일위 대가표×설계도서에서의 산출수량	예정가격=유사공사의 과거 계약단가에 시간차, 공사 특성차를 보정한 가격×설계도서 산출수량
작업조건 반영	미반영(일률적)	다양한 환경 및 작업조건 반영
신기술 적용	신기술, 신공법 적용 미흡	신기술, 신공법 적용 가능
노임 책정	노임 책정 미흡	실제 노임 반영
공사비 산정	공사비 산정 미흡	적정공사비 산정 가능
품질관리	적정노임이 책정되어 있지 않아 품질관리 불리	적정노임 및 공사비가 책정되어 품질관리 유리
적산 업무	복잡	간편

Ⅷ. 결 론

(1) 건설업의 환경변화, 건설시장의 개방, 공사 발주형태의 변화 등에 대응하기 위해서는 적절한 적산방식이 먼저 선행되어야 국제 경쟁력을 갖출 수 있다.

(2) 실적공사비 적용과 더불어 견적기준과 견적방법의 연구개발 등으로 전산화하여 과학적이고 실용적인 적산기법이 개발되어야 한다.

13-1	VE(Value Engineering)	[00중, 10점]
13-2	가치공학(Value Engineering)	[02중, 10점]
13-3	VE(Value Engineering)의 정의	[08전, 10점]
13-4	가치공학에서 기능 계통도(FAST ; Function Analysis System Technique Diagram)	[06중, 10점]

Ⅰ. 정 의

(1) VE(가치공학 ; Value Engineering)란 전 작업과정에서 최소의 비용으로 최대한의 기능을 달성하기 위하여 기능 분석과 개선에 쏟는 조직적인 노력을 말한다.
(2) 건설현장에서 최소의 비용으로 각 공사에서 요구되는 공기, 품질, 안전 등 필요한 기능을 철저히 분석하여 원가 절감 요소를 찾아내는 개선활동이다.

Ⅱ. 기본원리

기능(Function)을 향상 또는 유지하면서 비용(Cost)을 최소화하여 가치(Value)를 극대화시킨다.

$$V = \frac{F}{C}$$

여기서, V(Value) : 가치
　　　　F(Function) : 기능
　　　　C(Cost) : 비용

Ⅲ. 필요성

(1) 원가 절감
(2) 조직력 강화
(3) 기술력 축적
(4) 경쟁력 재고 및 기업 체질 개선

Ⅳ. 대상 선정

   (1) 공사기간이 긴 것
   (2) 원가 절감액이 큰 것
   (3) 공사내용이 복잡한 것
   (4) 반복효과가 큰 것
   (5) 개선효과가 큰 것
   (6) 하자가 빈번할 것

Ⅴ. 기능 계통도

   (1) 정의
      ① 기능 계통도(FAST ; Function Analysis System Technique diagram)란 VE 활동에서 Project 모든 기능들의 상호연관관계를 파악하여 표시하고 체계적으로 도표화한 기법을 말한다.
      ② 기능 계통도는 정확한 기본기능을 파악하도록 보장해 주는 방법으로 일반적으로 한 장의 용지에 각기 다른 기능에 대하여 모든 기능의 명확한 연계관계를 시각적으로 표현한다.

   (2) 특징
      ① 기능 결정을 위한 논리적 접근방법
      ② 기능 타당성 테스트
      ③ 문제의 이해 원활
      ④ 정확한 기능 결정
      ⑤ 문제의 범위 파악
      ⑥ 불필요한 기능 파악
      ⑦ 다방면에 이용 가능
      ⑧ 기능 번호 부여

   (3) 기능 계통도 작성순서
      기능을 파악하고 분석하는 것은 VE활동의 핵심업무이다.

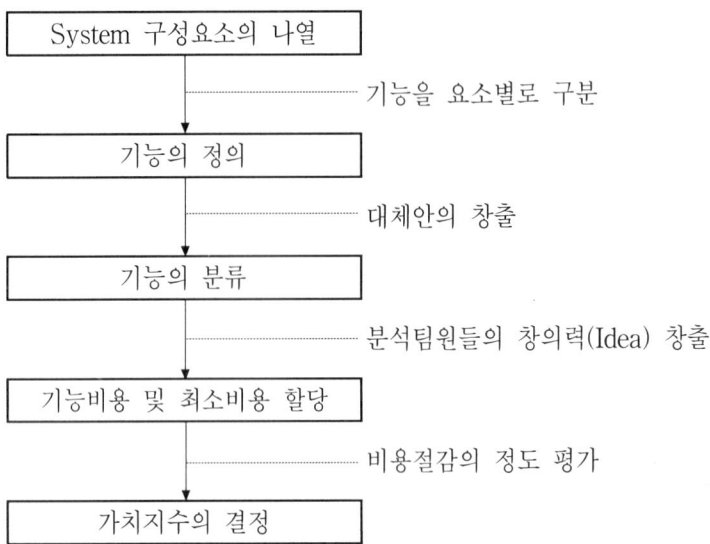

14-1	건설사업관리 중 Life Cycle Cost 개념	[01중, 10점]
14-2	건설공사에서 LCC(Life Cycle Cost)기법의 비용항목 및 분석절차에 대하여 기술하시오.	[04전, 25점]
14-3	LCC(Life Cycle Cost) 활용과 구성항목	[08전, 10점]

I. 개 념

(1) 개요
  ① 구조물의 초기 투자 단계를 거쳐 유지관리, 철거 단계로 이어지는 일련의 과정을 구조물의 Life Cycle이라 하며, 여기에 필요한 제비용을 합친 것을 LCC(Life Cycle Cost)라 한다.
  ② LCC(Life Cycle Cost)기법이란 종합적인 관리차원에서 경제성을 평가하는 기법을 말한다.

(2) 목적(효과)
  ① 설계의 합리적 선택
  ② 소유주의 비용 절감
  ③ 설계자의 노동력 절감
  ④ 시공자의 시공 편리
  ⑤ 사용자의 유지관리비 절감
  ⑥ 구조물의 효과적인 운영체계 수립

II. LCC 구성항목(비용항목)

생산비와 유지관리비가 최소가 되는 시점(C_{min})을 기준으로 경제성을 평가

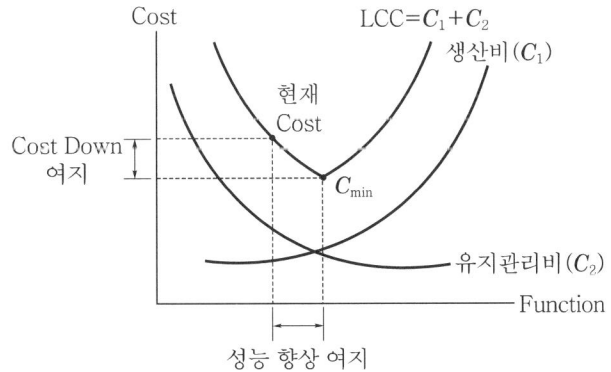

기획, 타당성 조사, 설계, 시공, 유지관리 등 건설 전 부분이 LCC의 구성요소로 비용이 발생되는 항목이다.

기 획	타당성 조사	기본 설계	본 설계	시 공	유지관리
C_1(생산비)					C_2(유지관리비)
LCC(Life Cycle Cost)=생산비(C_1)+유지관리비(C_2)					

Ⅲ. LCC 기법의 분석절차

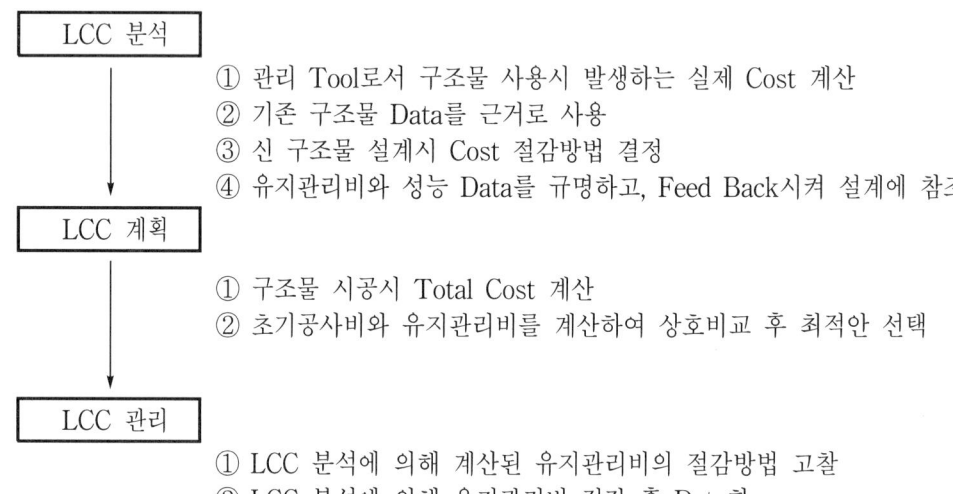

① 관리 Tool로서 구조물 사용시 발생하는 실제 Cost 계산
② 기존 구조물 Data를 근거로 사용
③ 신 구조물 설계시 Cost 절감방법 결정
④ 유지관리비와 성능 Data를 규명하고, Feed Back시켜 설계에 참조

① 구조물 시공시 Total Cost 계산
② 초기공사비와 유지관리비를 계산하여 상호비교 후 최적안 선택

① LCC 분석에 의해 계산된 유지관리비의 절감방법 고찰
② LCC 분석에 의해 유지관리비 절감 후 Data화
③ 유지관리비 절감 Data를 다음 Project에 적용

Ⅳ. LCC의 분석법

(1) 현가 분석법

현재와 미래의 모든 비용을 현재 가치로 환산하는 방법

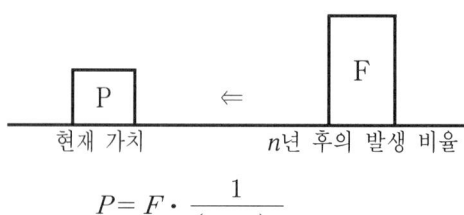

$$P = F \cdot \frac{1}{(1+i)^n}$$

여기서, P : 현재가치
F : n년 후의 발생 비율
i : 할인율
n : 년수

(2) 연가 분석법

화폐의 총 현가를 균일 연가 비용으로 평균화하는 방법

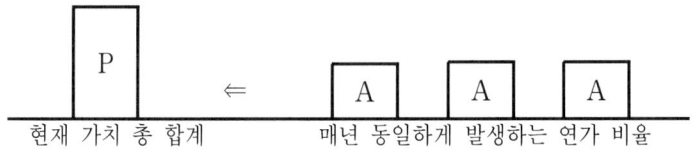

$$P = A \cdot \frac{(1+i)^n - 1}{i(1+i)^n}$$

여기서, P : 현재 가치 총 합계
  A : 매년 동일하게 발생하는 연가 비용

V. 결 론

(1) LCC(Life Cycle Cost)기법은 기획에서부터 구조물의 유지관리에 이르기까지 종합적인 관점에서 비용 절감을 기할 수 있는 기법으로 설계자, 소유주, 입주자의 노동력 절감, 비용 절감, 유지관리비 절감의 효과를 기대할 수 있다.

(2) LCC 대상부분의 기능 복잡, 정보 수집 부족, 적용상 예측 곤란 등으로 실무에 적용하는데 어려움이 많으므로 LCC 평가기준의 개선과 정립으로 실용화될 수 있도록 체계적인 연구가 필요하다.

> **15-1** 안전공학(Safety Engineering Study) 검토의 필요성에 대하여 기술하시오.
> [98중전, 20점]
>
> **15-2** 건설공사현장의 사고 예방을 위한 건설기술관리법에 규정된 안전관리계획을 설명하시오.
> [10전, 25점]
>
> **15-3** 귀하가 시공책임자로서 현장에서 안전관리사항과 공사 중에 인명피해 발생시 조치해야 할 사항에 대하여 기술하시오.
> [07중, 25점]
>
> **15-4** 사전 재해 영향성 검토 협의시 검토항목을 나열하고 구체적으로 설명하시오.
> [08전, 25점]

Ⅰ. 개 요

(1) 안전공학이란 인간의 생명을 존중하고, 기업의 재산을 보호할 목적으로 생산현장에서 이루어지는 모든 생산활동에 대한 안전관리를 뜻한다.

(2) 특히, 재해율이 타산업에 비해 월등히 높은 건설공사에서의 안전관리는 시공에 앞서 우선적으로 수행되어야 할 사항이다.

Ⅱ. 안전공학 Flow Chart

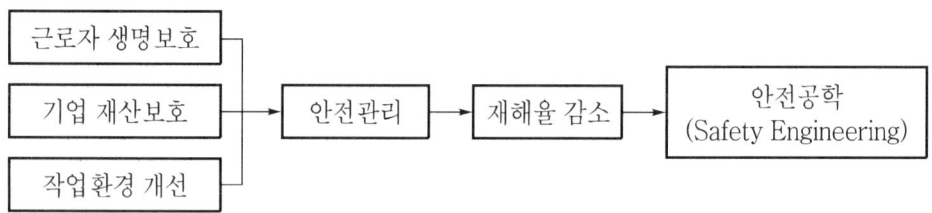

Ⅲ. 안전관리계획

(1) 3E 대책 마련
  ① Engineering(기술적 대책)
  ② Education(교육적 대책)
  ③ Enforcement(관리적 대책)

(2) 설계시 계획
  설계담당자 안전보건교육 및 안전관리비 기준 설정

(3) 안전교육
실질적인 안전보건교육 실시 및 안전의식 고취

(4) 보호구
안전보호구 착용 지도 및 작업장 내에서의 보호구 착용 의무화

(5) 현장 정리·정돈
현장 내의 자재 및 작업 잔재물 등을 정리·정돈하여 깨끗한 작업환경 조성

(6) 책임의식
실무책임자의 책임의식 고취 및 안전관리 책임체제 확립

(7) 안전점검
정기적인 안전점검 및 수시점검으로 이상 유무 확인

(8) 추락 예방
개구부, Pit, 승강설비 등에서의 추락 위험이 있는 곳에 안전Net, 안전난간 등을 설치

(9) 낙하 방지
비계 바깥쪽에 보호망 설치 및 작업원의 안전장구 착용

(10) 보고체제 확립
재해 발생 우려시 관계자에게 즉시 보고하고 재해 사전예방 및 즉각조치 체계 확립

(11) 상하 동시작업 금지
상하 동시작업을 실시할 때에는 안전조치 후 작업 시행

(12) 작업내용 파악
작업내용을 정확히 파악하여 여유있는 계획을 수립하여 안전 확보

(13) 작업원의 확인 점검
안전모, 안전벨트의 착용상태, 작업복장, 사용기구 및 공구의 취급요령 등을 확인 점검

(14) 안전시설 확보
① 추락방지망(안전Net)
② 안전난간
③ 낙하물 방지망

④ 낙하물 방지 선반(낙하물 방호 선반)
⑤ 보도 방호구대
⑥ 방호 Sheet(수직 보호망)
⑦ 안전선반
⑧ 환기설비
⑨ Gas 탐지기

(15) 기타
① 위험공사시 관계자 입회하에 안전지도
② 작업지시 단계에서부터 안전사항 철저 지시
③ 신규채용 근로자의 기능정도와 건강상태 체크

Ⅳ. 안전 공학 검토의 필요성

(1) 인간 생명보호
  수없이 많은 위험이 산재되어 있는 생산현장에서는 종사자의 생명보호가 중요하다.

(2) 기업 재산보호
  재해발생에 따른 기업의 생산 손실은 물론 보험료 인상 등 기업 재산의 손실을 방지하기 위함이다.

(3) 작업환경 개선
  생활화된 안전의식으로 작업환경이 개선되므로 생산력 향상과 기업의 이윤을 추구할 수 있다.

(4) 기업의 신뢰성 향상
  안전하고 쾌적한 작업환경에서 향상된 품질의 제품생산은 기업의 신뢰성을 향상시킨다.

(5) 재해 방지
  경영자와 생산자가 안전공학을 기초로 하는 안전에 대한 의식구조 개선으로 작업장 내에서 재해를 방지할 수 있다.

(6) 위험요소 제거
  체계화된 안전관리시스템으로 재해요소를 제거함으로써 작업장에서 안전한 작업을 할 수 있다.

(7) 경쟁력 강화

   타현장에 대해 낮은 재해율 및 작업능률 향상과 근로자 보호로 대외 경쟁력을 강화시킬 수 있다.

(8) 안전의식 개혁

   현장에서 작업에 우선하여 각 공종별 안전관리자를 배치하고 정기적인 안전교육을 실시하여 작업에 앞서 안전조치가 우선한다는 의식개혁이 필요하다.

V. 현장에서 안전관리사항

(1) 안전보호구 착용
   ① 안전보호구 착용은 건설인의 기본 복장이다.
   ② 안전장치는 생명과 재산을 보호하는 장치이므로 임의로 파손, 해체, 제거하지 않는다.

(2) 작업 전 유해, 위험성 사전 확인
   ① 작업 시작 전 순서와 방법 등 유해, 위험성 등이 있는지 사전에 확인한다.
   ② 항상 예기치 못한 사태가 발생할 수 있는 요소가 각 현장 곳곳에 잠재해 있으므로 감독자의 통제에 따라 행동한다.

(3) 안전교육 실시
   ① 안전교육은 생명과 재산을 보호할 수 있는 지침이므로 월 2회 이상 정기교육을 실시하여야 한다.
   ② 신규 채용자나 작업내용 변경시와 또는 특별안전교육이 필요시 수시교육을 실시한다.

(4) 작업 전 재해 요인을 제거
   ① 재해의 원인은 유해 환경, 불완전한 장비, 동료의 산만한 행동 등에 의해 발생되므로 사전에 재해요인을 제거한다.
   ② 작업시 반지, 팔찌, 목걸이 같은 액세서리는 착용을 하면 걸리거나 끼어서 매우 위험하니 착용하지 않는다.

(5) 안전수칙 준수

   일반적인 안전수칙은 생명과 재산을 보호하기 위한 수칙이므로 안전수칙을 준수한다.

(6) 현장 내의 정리정돈

현장 내의 쓰레기, 파손된 석재, 부자재 및 원자재 등은 정리정돈이 되지 않고 방치하면 자신과 동료의 예기치 않는 사고가 발생할 수 있으므로 정리정돈을 생활화한다.

(7) 공종별 적절한 안전교육 실시

각 공종별 적절한 안전조치를 취하고 장비나 인력에 대한 안전사고 예방에 최선을 다한다.

Ⅵ. 인명피해 발생시 조치사항

(1) 병원 이송
① 인명피해가 나면 즉시 병원으로 이송하고 보안에 유의한다.
② 환자 이송시 신속하게 처리하며, 구급차량은 피하고 병원차량을 이용한다.

(2) 보고

사고발생과 동시에 관계기관에 보고하고 후속 조치를 취하고 언론의 접근을 봉쇄한다.

(3) 현장 정리
① 사고난 지역에 인부나 외부인의 출입을 통제하고 추가 사상자가 없는지 확인하며 사고 원인을 파악한다.
② 신속하게 현장을 정리하고 인부의 동요를 막으며 일상 업무를 계속한다.

(4) 사고 원인 분석
① 사고 지점의 안전상태를 확인하고 사고 원인을 분석한다.
② 전형장의 안전시설이나 안전상태를 파악하여 추가 사고가 발생하지 않도록 하고 안전관리공단 감사에 대비한다.

(5) 유가족에 통보

사고발생시 사고자의 인적사항을 조사하여 유가족에게 정중히 통보하고 차후 대책을 강구한다.

(6) 사고 수습
① 사고발생 후 장례절차를 유가족과 협의하고 빠른 시일 내에 장례를 치르도록 한다.
② 각종 보험이나 산재처리와 보상문제를 유가족과 협의하여 사고 수습을 빨리 종결짓도록 한다.

(7) 보안관리
   ① 사고 사실은 유관 기관을 제외한 언론이나 시민단체에 알려지지 않도록 보안을 철저히 한다.
   ② 현장 직원이나 근로자들로부터 외부로 사고 사실이 노출되지 않도록 교육을 실시한다.

Ⅶ. 사전 재해 영향성 검토 협의시 검토사항

1. 공동사항

(1) 행정계획
   ① 기존의 지형 여건 등 주변 환경에 따른 재해위험요인 검토
   ② 인근지역이나 시설에 미치는 재해 영향 및 예방에 관한 사항
   ③ 대상지역에 자연재해위험지구 등의 포함 여부
   ④ 대상지역 내 침수위험지구 현황 및 침수 가능성 검토
   ⑤ 개발계획 현황 및 주변 토지 이용계획과 재해 예방에 관한 사항 검토 여부
   ⑥ 대상지역 내 하천 및 소하천의 포함 여부
   ⑦ 자연재해 저감시설 현황 및 재해 예방에 관한 사항

(2) 개발사업
   ① 기존 지형 여건 등 주변 환경에 따른 재해 위험요인 검토
   ② 당해 개발사업으로 인하여 인근지역이나 시설에 미치는 재해 영향 및 예방에 관한 사항 검토
   ③ 대상지역에 자연재해위험지구 등의 포함 여부
   ④ 대상 사업지역 내 침수위험지구 현황 파악 및 침수 가능성 분석
   ⑤ 주변지역의 토지 이용 및 개발계획 현황
   ⑥ 재해 저감을 고려한 토지 이용계획이나 시설물의 배치
   ⑦ 과도한 지형 변형으로 인한 재해 발생 여부
   ⑧ 대상 사업지역 내 하천 및 소하천의 불합리한 유로 변경 및 복개 여부
   ⑨ 대상 사업지역 내 우수 유출 저감대책 검토
   ⑩ 자연재해 저감시설 현황 및 재해 예방에 관한 사항

2. 입지 유형별 검토

(1) 도시지역
   ① 저지대에 인구밀집시설이나 인구유인시설의 계획을 지양

② 기존 도심지가 저지대지역이라면 저지대를 벗어난 지역에 역할분담이 가능한 지구를 개발하도록 유도
③ 저지대가 아닌 신규 개발지역에 택지개발 또는 관공서 유치 등의 계획을 수립하여 기존 저지대지역의 인구를 유치하도록 유도
④ 재해위험지구, 침수위험지역, 위험시설지역 등으로부터 안전성 확보
⑤ 자연재해 유발요인으로부터 안정성 확보 등 예방을 위한 재해저감시설의 설치계획 검토
⑥ 투수성 공간확보 대책수립 여부 및 공원, 녹지 등의 효율적 활용방안 검토

(2) 해안·도시지역
① 상습 해일 등의 피해우려 지역에 대한 대처계획이 있는지 검토
② 매립지의 경우 해수면 상승이 미치는 영향에 대한 검토를 실시했는지 여부
③ 지반이 낮은 지역에서는 방류구가 낮아 조위 상승시 우수 배제 가능시간이 짧아져 내수 침수의 원인이 되므로 방류구의 위치 변경, 유수지 설치 및 확대, 펌프 등의 기계식 배제계획, 해수 역류방지시설계획 등 하수체계를 정비하는 등의 재해예방대책이 수립되었는지 검토
④ 해수범람예상 저지대는 다목적 유수지, 공원, 체육시설 등을 조성하여 조위 상승에 따른 내수 배제 불량시 유수 기능을 높이도록 유도
⑤ 개발로 인한 해안선 침식, 백사장 파괴 등에 대한 검토 여부
⑥ 신규 건축물에는 옥상 또는 지하 저류시설을 설치하도록 유도
⑦ 해안도로 주변의 국공유지를 활용하여 범람 해수의 집수·저류시설을 지하에 설치하는 방안, 펌프장을 이용하여 강제 배수하도록 하는 방안 등의 방재시설물 설치계획 수립 여부
⑧ 개발대상지역은 개발로 인한 재해 영향성을 충분히 검토하고 해수 범람의 피해를 예방할 수 있는 부지고 상승 등의 대책을 수립한 후에 개발하도록 유도
⑨ 연약지반침하 등에 의한 피해 가능성에 대비하도록 검토

(3) 산간지역
① 절, 성토면의 토사 유출 및 사면붕괴 방지대책을 수립하였는지 검토
② 절개지에 인접한 곳은 건축물 등 시설물의 배치계획을 가급적 지양
③ 급경사지역은 개발을 가급적 지양하고, 보존하는 방안을 검토하였는지 여부
④ 개발로 인한 토사 유출이 하류 하천 등에 미치는 영향을 예측하고 이에 대한 저감대책을 수립하였는지 여부
⑤ 개발로 인한 대규모 사면 발생을 억제하고, 절·성토 규모 최소화를 위한 방안이 검토되었는지 여부

(4) 농촌지역

① 개발사업으로 인해 인근 농경지 및 농가의 침수예상구역을 사전에 파악하고 피해 방지를 위한 대책을 강구했는지 검토
② 재해 취약요인 분석 및 피해 방지대책을 수립했는지 검토
③ 배수 펌프장과 연계하여 효율적으로 저류를 할 수 있는 유수지를 확보하고 유수지의 확보가 어려운 경우 유휴 농경지를 임시로 활용할 수 있는 방안 검토 여부

(5) 하천·호수지역

① 저지대 및 지내력이 적은 지역에는 범람 및 내수침수 방지를 위한 배수 처리방안 검토 여부
② 침수 위험지역에 인구 및 시설이 밀집되지 않도록 토지 이용계획을 수립하도록 유도
③ 상습 월류지역에 대한 재해 예방계획이 수립되었는지 검토
④ 교량 등 하천 횡단구조물 공사 계획시 수리학적 특성을 고려했는지 여부
⑤ 하천으로의 직접 토사 유출에 따른 저감방안 검토 여부
⑥ 하천변 양안 완충지나 습지대 등을 매립 지양
⑦ 하천 환경관리계획 및 저류지계획과 관련하여 폐천 부지 및 고수부지 활용에 따른 수리학적 특성을 고려했는지 여부

Ⅷ. 결 론

(1) 건설현장에서의 안전관리란 안전관리기준의 검토와 안전관리기법의 개선 및 현장원 모두의 안전관리에 대한 중요성과 안전에 대한 의식개혁에 있다.
(2) 계획, 설계, 시공의 전 작업과정에서 위험요소를 정확히 파악하여 재해 예상부분에 대한 사전 예방과 철저한 안전 교육 및 점검으로 재해 예방에 주력해야 한다.

15-5 공사착공 전 건설 재해 예방을 위한 유해, 위험방지 계획서에 대하여 설명하시오.

[11후, 25점]

Ⅰ. 개 요

유해·위험방지 계획서는 안전사고의 발생위험이 높은 현장을 대상으로 공사착공 전에 미리 재해예방을 위한 계획을 수립하여 시행할 수 있도록 하기 위해 실시된다.

Ⅱ. 유해위험방지계획서 대상공사

(1) 지상높이가 31m 이상인 건축물 또는 공작물
(2) 연면적 30,000m² 이상인 건축물
(3) 연면적 5,000m² 이상의 문화 및 집회시설(전시장 및 동물원·식물원은 제외)·판매 및 영업시설·의료시설 중 종합병원·숙박시설 중 관광숙박시설
(4) 지하도상가의 건설·개조 또는 해체
(5) 최대지간길이가 50m 이상인 교량건설공사
(6) 터널건설공사
(7) 다목적 댐·발전용 댐 및 저수용량 2천만ton 이상의 용수전용 댐·지방상수도 전용 댐 건설공사
(8) 깊이 10m 이상인 굴착공사

Ⅲ. 유해, 위험방지계획서 구성

(1) 기본사항
   ① 공사개요
   ② 안전관리조직
   ③ 안전교육계획
   ④ 재해발생 등 비상시 긴급조치계획

(2) 공사현장 및 주변 안전관리계획
   ① 안전보건관리계획
      ㉠ 산업안전보건관리비 사용계획(유해, 위험방지계획서)
      ㉡ 안전관리비 집행계획(안전관리계획서)

② 개인보호구 지급계획
③ 공종별 안전점검계획
④ 공사장 주변 안전관리계획
⑤ 통행안전시설 설치 및 교통소통계획

(3) 작업공종별 안전관리계획
① 가설공사
② 굴착공사 및 발파공사(흙막이지보공 공사, 되메우기 공사 포함)
③ 성토 및 절토공사(흙댐공사 포함)
④ 구조물공사
　㉠ 콘크리트공사
　㉡ 강구조물공사
　㉢ 하부공공사(교량공사)
　㉣ 상부공공사(교량공사)
　㉤ 댐축조공사(댐공사)
　㉥ 마감공사
　㉦ 전기 및 기계 설비공사(건축설비공사 포함)
　㉧ 기타 공사(해체공사, 포장공사 등 포함)

(4) 작업환경 조성계획
① 분진 및 소음 발생공종에 대한 방호대책
② 위생시설물 설치 및 관리대책(식당, 화장실, 세면장 등)
③ 근로자 건강진단 실시계획
④ 조명시설물 설치계획
⑤ 환기설비 설치계획
⑥ 위험물질의 종류별 사용량과 저장·보관 및 사용시 안전작업계획

Ⅳ. 유해, 위험방지계획서 제출

(1) 유해, 위험방지계획서 작성대상공사를 착공하려고 하는 사업주는 일정한 자격을 갖춘 자의 의견을 들은 후, 동 계획서를 작성하여, 공사착공 전일까지 한국산업안전공단 관할 지역본부 및 지도원에 2부를 제출한다.

(2) 일정한 자격을 갖춘 자
① 건설안전분야 산업안전지도사
② 건설안전기술사 또는 토목·건축분야 기술사

③ 건설안전산업기사 이상으로서 건설안전 관련 실무경력 7년(기사는 5년) 이상인 자
(3) 자율안전관리업체로 지정된 업체는 자체심사를 거쳐 공사착공 전일까지 자체심사 서류를 안전공단에 제출한다.

V. 유해, 위험방지계획서의 심사 및 확인

(1) 안전공단은 동 계획서 접수일로부터 15일 이내에 심사하여 결과를 사업주에게 통보한다.

(2) 심사결과 구분
  ① 적정 : 근로자의 안전과 보건상 필요한 조치가 구체적으로 확보되었다고 인정될 때
  ② 조건부 적정 : 근로자의 안전과 보건을 확보하기 위하여 일부 개선이 필요하다고 인정될 때
  ③ 부적정 : 중대한 위험발생 우려가 있거나 계획에 근본적 결함이 있다고 인정될 때

(3) 부적정 판정을 한 경우에는 지방노동관서에 통보하여 공사착공 중지 또는 계획변경 명령 등 필요한 조치를 취하도록 한다.

(4) 확인검사는 3월에 1회 이상 실시한다.

VI. 결 론

유해, 위험방지계획서는 시공업체 서류작성의 비효율화를 방지하기 위한 고무적인 조치이므로 건설현장에 널리 시행되어야 한다.

> **16-1** 장마철 대형 공사장의 중점 점검사항 및 집중호우시 재해 대비 행동 요령을 기술하시오. [99중, 40점]
>
> **16-2** 장마철 대형 공사장의 주요 점검사항 및 집중호우로 인한 재해를 방지하기 위한 조치사항을 기술하시오. [09후, 25점]

I. 개 요

(1) 장마철 대형 공사장에서 강우에 의한 안전사고 예방을 위하여 모든 작업 공종에서 장마에 대비한 특별안전점검을 실시하여 안전사고 발생 우려가 있는 곳에는 대비책을 강구해야 한다.

(2) 작업에 우선하여 장마에 대한 대비책을 수립하고 재해발생에 대한 현장 비상연락망 작성 및 행동지침서를 작성하여 재해에 대비해야 한다.

II. 장마철에 예상되는 재해

(1) 가물막이 월류
(2) 침수 및 붕괴
(3) 구조물 부상
(4) 전기감전사고
(5) 안전사고

III. 중점 점검사항

(1) 가물막이 상태
  ① 가물막이 누수 여부
  ② 가물막이 보강상태 점검
  ③ 가물막이벽의 기울어짐

(2) 토사 유출
  ① Boiling 발생으로 지반토 유출
  ② 지표수 침투로 굴착면 유실

(3) 지하구조물 변형
   ① 우수침투로 인한 구조물 변형
   ② 구조물 부상 여부

(4) 지표수 침투
   ① 지표수 침투 여부
   ② 작업장 배수 처리

(5) 사면 유실
   ① 성토 비탈면 유실 여부
   ② 절토 사면활동 여부

(6) 배수시설
   ① 작업장 내 우수 배수시설 점검
   ② 우수 유도 배수로 점검

(7) 인근 구조물 점검
   ① 송전탑, 전선주 등의 변형, 경사점검
   ② 지하 매설물 손상 여부
   ③ 하수관, 하수로 통수상태 파악

(8) 안전시설
   ① 안전표지판 유실 여부
   ② 안전시설 파손, 유실 여부 파악
   ③ 추락방지용 안전펜스 점검

(9) 통행차량 보호시설 점검
   ① 유도지시등 가동 여부
   ② 미끄럼 방지턱 손실 여부
   ③ 안전관리원 현장활동 점검

Ⅳ. 재해방지 조치사항(재해대비 행동요령)

(1) 비상연락망 작성
   ① 현장 근무자 비상연락 체계 확립
   ② 현장과 본사 간의 주기적인 보고 체계
   ③ 비상연락망 확인

(2) 기상예보 청취
   ① 기상청의 특보 내용 기록
   ② 특보 내용에 따른 대비책 수립

(3) 현장순찰 강화
   ① 각 조별 현장순찰
   ② 순찰내용 즉각보고 체계
   ③ 이상 유무에 대한 조치 내용 보고

(4) 발주 부서와 On-Line 상태 유지
   ① 현장상태 즉각 보고
   ② 재해발생 유무 보고
   ③ 재해발생시 발주관서와 공동 대비책 수립

(5) 재해 복구반 구성
   ① 복구장비 항시 대기
   ② 복구반 현장 상주
   ③ 전문 복구반 투입

(6) 재해발생지 복구
   ① 재해발생지 긴급 복구
   ② 안전시설 설치
   ③ 재해 재발생 방지책 수립

(7) 안전시설 복구
   ① 재해 복구 후 안전시설 설치
   ② 안전시설에 의한 재해발생 방지

V. 결 론

(1) 토목건설현장은 거의 물과 흙이 주체가 되는 공사이므로 장마철에는 각 현장마다 대형 재해발생이 우려되고 있다.
(2) 각 현장마다 장마철에 대비한 현장점검 및 재해예방 대책을 수립하여 귀중한 인명 및 재산 손실이 발생되지 않도록 특별한 현장관리가 요구된다.

> **17-1** 건설공사 현장에서 발생되는 공해에 대한 원인과 대책을 설명하시오. [96중, 50점]
>
> **17-2** 건설공해에 대한 대책을 설명하시오. [00중, 25점]
>
> **17-3** 도로 확장공사시 환경에 미치는 주요 영향 및 저감대책에 대하여 기술하시오.
> [98중후, 30점]

Ⅰ. 개 요

(1) 건설공해란 공사 착공에서 준공까지의 기간 동안 행하여지는 건설작업으로 인하여 주변 주민의 생활환경을 해치는 것을 말한다.

(2) 저소음·저진동 공법을 채택한다 하여도 기계 자체의 기계음은 막을 수가 없으므로 기업은 새로운 공법의 기술 개발에 전력을 다하고 주민은 성숙된 의식의 전환이 필요한 때이다.

Ⅱ. 공해의 특성

(1) 문제해결이 어렵다.
(2) 민원발생으로 공기 및 공사비에 막대한 영향을 준다.
(3) 공사 중 불가피한 사안이다.
(4) 공사기간 중 주로 발생한다.

Ⅲ. 공해의 규제

(1) 소음 규제
  ① 말뚝 항타기, 인발기 등
  ② 허용 노출시간 ─ 90dB : 8hr
                  ├ 95dB : 4hr
                  └ 100dB : 2hr

(2) 진동 규제
  ① 인발기, 항타기
  ② 강구(鋼球) 사용 작업
  ③ 75dB 이하

(3) 오탁수(五濁水) 규제
   ① 수질
   ② 폐기물 기준 6.0 < pH < 7.5

(4) 먼지 규제
   $300\mu g/m^3$ 이하(환경부)

Ⅳ. 건설공해의 원인(환경에 미치는 주요 영향)

(1) 소음
   ① 말뚝공사시 타격 장비에 의한 소음 발생
   ② 타격 공법 중 Drop Hammer, Diesel Hammer, Steam Hammer 등의 소음이 가장 크다.

(2) 진동
   ① 대형 굴착기 사용으로 진동공해 발생
   ② 토공사시 굴삭기, 불도저, 덤프트럭의 운행

(3) 분진
   ① 현장 내외의 차량 통행에 의한 흙, 먼지
   ② 구체공사시 거푸집의 먼지, 물의 비산, 철골의 용접 불꽃, 콘크리트 비산

(4) 악취
   ① 아스팔트 방수작업의 연기, 외장 뿜칠재의 비산
   ② 차량 주행·정지·발차시 배기가스 분출

(5) 지하수오염
   ① 지하수 개발을 위한 Boring공의 방치
   ② 건설현장에서 발생하는 오물 등이 우천시 땅 속으로 유입

(6) 지하수 고갈
   ① 대단위의 단지조성시 지하수의 개발이 장기적인 면에서 수돗물보다 경세적이므로 일반적으로 선호하는 경향
   ② 현장의 지하수 이용 및 토공사시 배수로 인하여 주변의 우물 고갈

(7) 지반침하
   ① 지하수의 과잉양수로 압밀침하, 흙막이벽의 불량으로 주변 지반침하, 중량 차량의 주행 및 중량물 적치
   ② Underpinning을 고려하지 않은 흙파기 공사시 발생

(8) 교통 장애
    ① 콘크리트 타설시 레미콘 차량이 한꺼번에 도로에 진입하여 정체현상 야기
    ② 토공사시 흙의 반·출입 차량의 집중으로 교통 장애 발생

(9) 지반 균열
    ① 대형 차량의 운행으로 도로에 진행하중으로 인한 균열 발생
    ② 흙막이 공법의 미비로 Boiling, Heaving, Piping 현상 발생

(10) 정신적 불안감
    ① 대형 굴착장비의 사용으로 인한 소음 및 진동 등이 주변 구조물에 전달되어 불안감 조성
    ② 소폭의 도로에 대형 차량 진입으로 불안감 조성

V. 대 책(저감대책)

(1) 저소음 공법
    ① 말뚝 항타시 방음커버 설치
    ② 진동 공법, 압입 공법, Preboring 공법 등 저소음 공법 채택

(2) 저진동 공법
    ① 치환 공법 채택시 저진동의 굴착 치환, 미끄럼 치환 채택
    ② Pile 공사시 중굴 공법, Jet 공법, Benoto 공법 등 채택

(3) 분진 요소 제거
    ① 현장 주변에 살수차를 배치하여 도로 및 현장 주변 살수·청소
    ② 현장 차량은 도로 운행 전에 반드시 세차

(4) 악취물 수거
    ① 현장 오물 등은 정기적으로 청소차를 불러 수거
    ② 여름철에는 방역을 정기적으로 실시하고 음식물 쓰레기의 수거가 신속히 되도록 유의

(5) 지하 가설시설 점검
    ① 버팀대의 안전성 검토 → 계측관리
    ② 토압과 수압 판정을 정확하게 하고, 매설물에 대한 방호·철거·우회 등의 방법 검토

(6) 차수 공법
　① 과도한 배수 방지 → 차수 공법 병행
　② 지하수오염 방지계획 수립

(7) Underpinning 공법
　① 차단벽 공법 및 Well 공법 적용
　② 약액 주입, 지반개량 공법의 적용

(8) 복수 공법 계획
　① 배수공사에 의해 급격한 지하수위 하강을 Sand Pile을 통한 주수로 수위변동 방지
　② 차수벽 배면의 지반 교란으로 수위가 하강된 것을 주수하여 조정

(9) Boring공 관리
　① 지하수가 나오지 않는 Boring공은 Cap으로 덮어 오염물질의 유입 방지
　② Boring 관리를 위한 기록부 작성

(10) 레미콘 계획 수립
　① 수급이 가능한 경우 교통량이 적은 시간대 이용
　② 사전계획 수립시 레미콘공장은 가까이에 있는 곳 선택

(11) 현장 내 배수 계획
　① 현장 내의 오물 등이 지하로 흘러가지 못하도록 간이 배수로 계획 수립
　② 집수정을 두어 자동배수펌프를 사용하여 배수

(12) 팽창성 약액발파 공법
　① 팽창성 물질을 주입하여 지반에 진동을 주지 않고 파쇄
　② 화약에 의한 발파가 아니며 팽창하는 약액, Calmmite 사용

(13) 터파기공사 계획
　① 터파기흙 반출시 차량의 운행이 적은 시간대 이용
　② 현상 차량이 도로에 나갈 때는 세륜기를 설치하여 바퀴의 토사 제거

(14) 소리의 차단
　① 간이 소음차단벽 설치
　② 현장 주변에 공동구를 설치하여 소리 전달 차단

(15) 도시 미관 고려
　도시 미관 및 주변 환경을 고려한 설계

Ⅵ. 확장공사시 문제점

  (1) 교통 장애
  (2) 안전사고 빈발
  (3) 기존 도로 접속부 단차
  (4) 주민과의 마찰
  (5) 종방향 균열
  (6) 토지 수용

Ⅶ. 결 론

  (1) 최근 건설공사가 장비화, 기계화되어 건설장비에 의한 소음공해가 사회문제화되고 있는데 저소음·저진동의 기계가 개발되고는 있으나 기술력의 부족으로 작동음으로 인한 소음에 대한 근본적인 문제해결은 어렵다.
  (2) 그러므로 사회 전반에 걸친 이해와 신뢰를 바탕으로 관청, 발주자, 설계자, 시공업자, 주민 각자가 지혜를 모아 타당한 여론을 확립·대처해 나아가야 하겠다.

> **17-4** 도심지 현장에서 시공시 수질 및 대기 오염을 최소화하기 위한 방안에 대하여
> 기술하시오. [99전, 40점]

I. 개 요

(1) 최근 건설공사의 대형화, 심층화, 고도화로 인하여 도심지 현장에서 수질오염과 대기오염 등 건설공해가 큰 문제가 되고 있는 실정이다.
(2) 도심지 현장에서 발생되는 건설공해는 민원 발생, 공기 지연, 원가 상승 등의 요인이 되며 환경오염의 주범이 되어 규제대상이 되고 있는 실정이다.

II. 건설공해의 종류

(1) 소음
(2) 진동
(3) 분진
(4) 악취
(5) 지하수오염
(6) 대기오염

III. 수질오염 최소화 방안

(1) 폐수 처리 설비
 ① 현장에서 발생되는 산업폐수 처리 설비
 ② 폐수처리업체 선정
 ③ 폐수 무단방류 엄금

(2) 침전조 설치
 ① 지하수 배수시설에 침전조 설치
 ② 현장 작업 용수처리조 설치

(3) 지정 정비소
 ① 현장 중기 및 차량의 지정 정비소 설치
 ② 부동액 및 윤활유 처리조 설치
 ③ 산업폐기물 처리규정 준수

(4) Boring공 처리
    ① 지하수 개발에 따른 폐공 처리
    ② 지표수 유입이 되지 않게 모래, 자갈, 흙 등으로 되메우기 시공
    ③ 지하수 개발의 법적 규제 강화

(5) 침출수 유출 방지막
    ① 공사 현장 폐기물 유출 방지막 설치
    ② 현장 폐수 지하 유입 방지시설 설치

(6) 정화설비
    ① 현장 작업용수 배출시설 정화설비 설치
    ② 오수, 우수 별도 관로 관리

(7) 오·폐수 방류
    ① 현장에서 발생되는 오·폐수 하천 방류 엄금
    ② 오·폐수 처리시설 가동

Ⅳ. 대기오염 최소화 방안

(1) 비산방지막 설치
    ① 현장에서 발생되는 먼지가 날려가지 않도록 방지막 설치
    ② 방진망의 그물 크기 및 설치방법 결정

(2) 세륜시설
    ① 현장 출입차량의 바퀴 세척시설 설치
    ② 고압수에 의한 세척시설 및 폐수 처리시설
    ③ 세륜시설장 주변 살수장치

(3) 현장 살수
    ① 작업차량 통행로에 전 구역 살수 작업
    ② 작업구간장에 따른 살수 차량 증설

(4) 폐기물 소각 엄금
    ① 현장에서 발생되는 폐기물 소각 금지
    ② 발생 폐기물은 산업폐기물 처리업체에 위탁

(5) 무공해 공법 채택
    ① 오일 비산, 분진 발생을 일으키는 디젤해머 사용 지양
    ② 대기오염의 우려 없는 유압해머 등 무공해 공법 채택

(6) 차량 서행 운전
    ① 현장 작업차량 제한속도 준수
    ② 심한 매연 발생시 차량 정비 후 작업

(7) 환경관리자 선정
    ① 현장 내 환경공해에 대한 교육 실시
    ② 환경관리자 현장 상주

(8) 대기오염 측정기 설치
    ① 현장 작업장 내 오염측정기 설치
    ② 작업인들의 의식수준 향상

Ⅴ. 환경오염 요인

(1) 차량 배기가스
(2) 안정액 방류
(3) 현장 폐기물 소각
(4) 프레온가스 대기 방출
(5) 분진 발생
(6) 현장 폐수 하천 유입

Ⅵ. 결 론

(1) 도심지 건설현장에서 발생되는 환경공해는 도심지의 쾌적한 환경을 파괴하고 작업 능률 저하 및 민원 발생 우려가 매우 크다.
(2) 도심지 건설현장에서는 가능한 한 무공해 공법을 채택하여 인근 피해를 최소화하고 환경보호에 앞서는 건설을 추진해야 한다.

17-5 건설분야 LCA(Life Cycle Assessment) [08후, 10점]

I. 정 의

(1) 근래에는 환경오염에 대한 규제방식이 사후 규제방식에서 환경오염물의 발생을 근원적으로 억제하는 사전 규제방식으로 전환되고 있는 추세이다.
(2) LCA란 Project 수행과정에서 제반되는 원료의 채취, 제조, 사용(유지 보수) 및 폐기에 이르는 전 과정에 걸쳐 발생되는 환경 영향, 환경오염 물질 배출량 등을 분석·평가함으로써 원료와 공법에 있어 최적의 환경성을 선정하는 기법으로 전 과정 평가라고도 한다.

II. Project의 Life Cycle

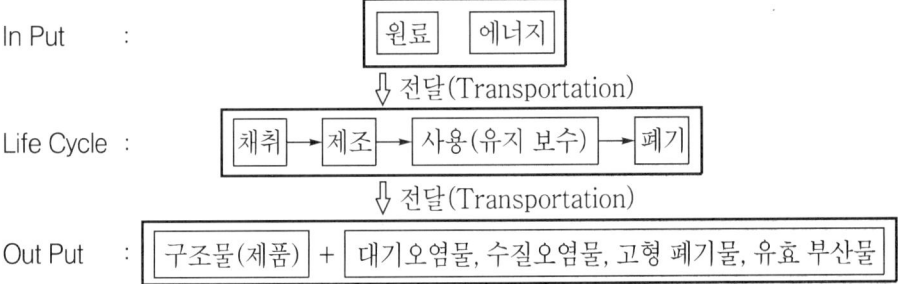

III. LCA 과정

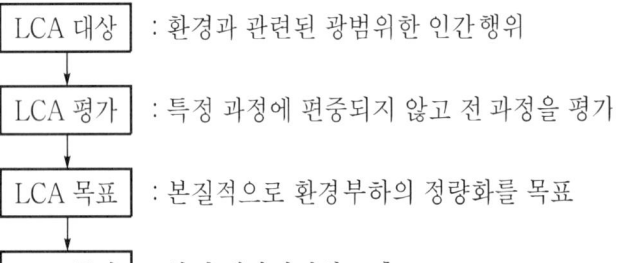

Ⅳ. 건설산업의 적용

   (1) 건설초기 계획단계에서부터 환경영향평가 실시
   (2) 환경·경제적 우위에 있는 환경친화적 건물 완성
   (3) 기업의 국제 경쟁력 확보

10-164 제10장 총론

> **18-1** 건설공사에서 소음, 진동, 공해를 유발하는 공종을 열거하고, 공해를 최소화하는 방안을 설명하시오. [95후, 35점]
>
> **18-2** 시가지 건설공사의 소음진동 대책에 관하여 기술하시오. [98전, 40점]

Ⅰ. 개 요

(1) 최근 건설공사시 가장 문제가 되고 있는 것은 소음·진동 등의 건설공해라 할 수 있으며, 이 문제에 대한 방안은 아직 미흡한게 사실이다.

(2) 기술적인 문제와 더불어 인근 주민들의 인식 부족 및 집단 이기주의의 팽배로 인하여 적정한 합의점을 찾지 못하고 있으며, 정부측에서도 적극적인 대응책을 세우지 못하고 있는 실정이다.

Ⅱ. 건설공해의 종류

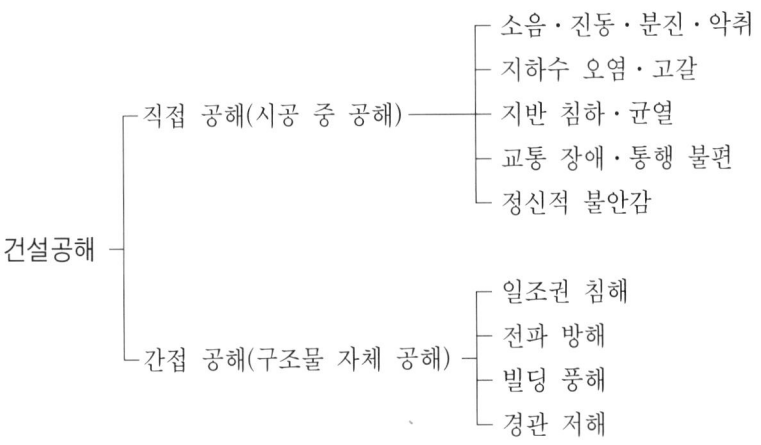

Ⅲ. 소음, 진동 공해를 유발하는 공종

(1) 토공사
  ① 굴착기계에 의한 소음
  ② 트럭에 의한 급경사 도로에서 운행시 소음
  ③ 경암 파쇄 및 굴착시 소음

(2) 기초공사
    ① 기성 Con'c Pile 항타 소음 → Diesel Hammer, Drop Hammer
    ② 다짐장비에 의한 소음 → Compactor, Roller 등

(3) 철근공사
    ① 철근을 바닥에 부릴 때 발생하는 소음·진동
    ② 양중기계에 의한 소음·진동

(4) 거푸집공사
    ① 거푸집 조립시 발생하는 소음·진동
    ② 거푸집 해체시의 소음·진동

(5) 콘크리트공사
    ① Con'c Pump 기계 작동에 의한 소음·진동
    ② 레미콘 운행에 의한 소음·진동
    ③ 진동기에 의한 소음·진동

(6) 말뚝공사
    ① 디젤해머
    ② 바이브로해머

(7) 해체공사
    ① 해체장비에 의한 소음
    ② Steel Ball, Breaker 작업시의 소음·진동

(8) 발전기(Generator)
    ① 비상발전기의 발전시 나는 소음·진동
    ② 컴프레서의 가동시 발생하는 소음·진동

Ⅳ. 공해를 최소화하는 방안(소음진동 대책)

(1) 저소음장비의 개발
    ① 방음성이 우수한 장비의 개발
    ② 기존 기계에 방음커버 보강

(2) 작업시간대 조정
    ① 새벽시간, 오전시간은 피하고, 일요일과 공휴일은 소음이 나는 작업 금지
    ② 소음 작업의 운용 시간대 조정

(3) 방음커버의 개발
   ① 새로운 기계의 개발보다 기존 기계의 소음 억제대책이 필요
   ② 기존 기계에 방음커버 보강으로 소음 억제

(4) 사전 양해
   ① 주민설명회를 통한 양해
   ② 사전에 공사 개요 설명·이해·설득

(5) 소음·진동 방지시설
   소음·진동 방지시설로 흡음·차단

(6) 무소음 해체 공법 적용
   팽창약액을 이용하여 무소음·무진동 해체 공법 적용

(7) Pre-Fab 공법의 채택
   ① 현장에서는 조립에 의한 극소의 소음만 발생
   ② 소음 및 진동원의 감소효과

(8) 용접 접합
   ① 용접 접합은 리벳 접합이나 고력 Bolt 접합에 비해 소음·진동이 적음
   ② 거의 공장 제작하고 현장은 부분 제작하는 시스템으로 전환

(9) 대형 거푸집공사
   ① 대형 Unit화된 Form의 공장 제작, 현장 조립하는 공사
   ② 망치 소리 등 작업소음 감소

(10) 중굴 공법
   ① 강관 Pile의 저부를 Jet 공법과 병행하여 타입
   ② 타격에 의한 소음·진동 감소

(11) Preboring 공법
   ① Earth Drill을 사용하여 굴착시 Precast Pile을 넣고 선단은 Cement Paste로 고정
   ② 타격에 의한 소음·진동 감소

(12) RCD(Reverse Circulation Drill) 공법
   특수 비트가 달린 드릴을 사용하여 소음·진동이 적음

(13) Earth Drill 공법
① Drilling에 의한 굴착으로 소음·진동이 적음
② 기계가 소형으로 기계음이 비교적 작음

V. 결 론

(1) 소음과 진동을 방지하기 위해서는 시공기술의 개선, 설계자, 발주자, 시공자 각각의 노력이 있어야 하며, 방지 사례 및 실적을 기록화하여 Feed Back 해야 한다.
(2) 현장관리자는 피해 대상자(민원인)와 충분히 협의하여 이해를 구하고, 상대방의 입장에서 문제를 해결하려고 하는 신중한 자세가 필요하다.

> **19-1** 도시지역에서 교량 및 복개구조물 철거시 철거 공법의 종류별 특징 및 유의사항에 대하여 서술하시오. [03전, 25점]
>
> **19-2** 도심지의 고가도로 구조물 해체에 적합한 공법과 시공시 유의사항을 기술하시오. [03중, 25점]
>
> **19-3** 지하 저수 구조물(−8.0m)을 해체하고자 한다. 해체 공법을 열거하고 해체시 유의사항에 대하여 설명하시오. [05전, 25점]
>
> **19-4** 철근콘크리트 구조물 해체공사에서 공해와 안전사고에 대한 방지대책을 설명하시오. [01전, 25점]

Ⅰ. 개 요

(1) 최근 들어 구조물의 생산기술과 함께 노후된 구조물을 인근의 피해를 최소화하면서 해체할 수 있는가 하는 것이 중요한 기술적·사회적 문제로 대두되고 있다.

(2) 해체 공법의 선정시 도심지일 경우는 소음·진동으로 인한 공해 대책을 사전에 수립하여야 한다.

Ⅱ. 해체 요인

(1) 경제적인 수명 한계

(2) 주거 환경 개선

(3) 도시 정비 차원

(4) 재개발 사업

(5) 구조 및 기능적인 수명 한계

(6) 정책적인 차원 및 시대적 필요성

Ⅲ. 해체 공법(철거 공법의 종류별 특징)

(1) 타격 공법(강구 공법, Steel Ball)
   ① 크레인 선단에 Steel을 매달고 수직 또는 좌·우로 흔들어 충격에 의해 구조물을 파괴하는 공법
   ② 소음과 진동이 큼

(2) 소형 Breaker 공법
  ① 압축공기를 이용한 Breaker로 사람이 직접 해체하는 공법으로 Hand Breaker 라고도 한다.
  ② 작은 부재의 파쇄가 용이하며, 광범위한 작업에도 용이하다.
  ③ 소음, 진동, 분진의 발생으로 보호구 착용
  ④ 작업방향을 위에서 아래로 작업 수행

(3) 대형 Breaker 공법
  ① 압축공기의 압력으로 파쇄하는 공법
  ② 소음을 완화하기 위해 소음기 부착
  ③ 공기 및 유압 사용
  ④ 효율은 좋으나 진동, 소음이 심함

(4) 절단(Cutter) 공법
  ① Diamond Cutter에 의해 절단하며, 인장 및 전단에 약한 Con'c의 성질 이용
  ② 보, 바닥, 벽의 해체에 유리하며, 저진동 공법이다.
  ③ 안전하게 해체 가능, 부재의 재사용 가능

(5) 압쇄 공법
  ① "ㄷ"자형 프레임 내에 반력면과 Jack을 서로 마주보게 설치하여 프레임 사이에 Con'c를 넣어 압쇄하는 공법
  ② 저소음·저진동·저공해의 공법으로 능률이 좋아 일반적으로 많이 사용
  ③ 취급 간편

(6) 유압 Jack 공법
  ① 상층보와 Slab를 유압 Jack으로 들어올려 해체하는 공법
  ② 보나 Slab는 밑에서 치켜 올리는 힘에 약하다.
  ③ 저진동·저소음의 공법으로 크롤러를 사용할 때 시공능률이 향상된다.

(7) 팽창압 공법
  ① 비폭성 파쇄제의 종류
    ㉠ 고압가스 공법 : 불활성 가스의 압력 이용
    ㉡ 팽창가스 생성 공법 : 화학반응에 의해 팽창가스 생성
    ㉢ 생석회 충진 공법 : 생석회 수화시 팽창압력에 의해 파쇄
    ㉣ 얼음 공법 : 얼음의 팽창압에 의해 파괴
  ② 특수한 규산염을 주재로 한 무기질화합물

③ 물과 수화반응으로 팽창압이 생성되어 암 및 Con'c를 안전하게 파쇄
④ 저소음·저진동 공법으로 취급이 용이하고, 시공이 간단하여 작업의 효율성이 큼

(8) 쐐기타입 공법
① 부재에 구멍을 뚫고 그 구멍에 쐐기를 넣고 파쇄
② 천공기, 유압쐐기, 타입기, Compressor 필요
③ 기초 및 무근 콘크리트의 파쇄에 적합

(9) 전도 공법
① 부재를 일정한 크기로 절단하여 전도시키는 공법
② 기둥, 벽 해체에 적합

(10) 발파 공법
① 화약을 이용하여 발파, 그 충격파나 가스압에 의해 파쇄
② 지하구조물의 해체에 유리, 주변 지하구조물의 영향에 유의
③ 소음·진동 공해 및 파편의 위험이 있음

(11) 폭파 공법
① 구조물의 지지점마다 폭약을 설치하여 정확한 시간차를 갖는 뇌관을 이용, 구조물 자체 중량에 의해 해체된다.
② 주변 시설물에 피해 및 진동·소음이 극소
③ 시공순서 Flow Chart

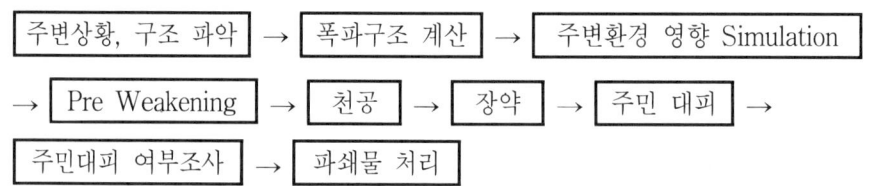

Ⅳ. 유의사항(해체시 유의사항)

(1) 타격 공법
① 강구의 중량, 작업반경 등은 붐(Boom), 프레임(Frame) 및 자체에 무리가 없는 것을 선정하다.
② 수평진동에 의한 파쇄시 타격 실수와 크레인의 전도에 주의한다.
③ 강구를 결속한 와이어로프의 종류와 직경을 사전에 검토한다.
④ 작업범위 내 모든 인원의 출입을 금지한다.

(2) Breaker 공법
　① 핸드 Breaker 작업시 비트(Bit) 절단으로 인한 사고를 방지하기 위해 작업자는 항상 하향자세를 취한다.
　② 핸드 Breaker 진동에 의한 작업자의 건강관리 때문에 1일 노동시간에 제한을 둔다.
　③ 대형 Breaker 사용시 설치장소의 Slab 내력 및 지반의 내력을 확인한다.
　④ 대형 Breaker를 자력으로 하층으로 이동할 때는 경사의 안전상태에 주의한다.

(3) 절단(Cutter) 공법
　① 절단기의 절단 작업 및 이동시 바닥판은 평탄해야 한다.
　② 톱날 주위는 접촉방지용 덮개를 설치한다.
　③ 절단 중 톱날의 열을 제거하는 냉각수를 점검한다.
　④ 절단작업 중 불꽃 비산이 많거나, 수증기가 발생하여 과열의 위험이 있을 때는 작업을 일시 중단한 후 냉각시키고 작업을 재개한다.
　⑤ 절단작업의 진행은 직선으로 하고 최소 단면으로 절단하도록 한다.

(4) 압쇄 공법
　① 시방서에 따라 압쇄기 중량이 붐, 프레임 및 차체에 무리가 없는 압쇄기를 설치한다.
　② 절단날은 마모가 심하므로 수시로 교체한다.
　③ 압쇄부의 날이 마모되면 날을 날카롭게 수선한다.

(5) 유압 Jack 공법
　① 바닥·보 해체시 파쇄물 낙하에 의한 기계의 방호장비가 필요하다.
　② 잭의 설치시 숙련공이 필요하다.
　③ 작업시간이 길 경우 호스의 커플링과 접속부 균열의 우려가 있으므로 제때에 교체한다.

(6) 팽창압 공법
　① 종류에 따라 정해진 온도 및 천공경의 상한을 넘어서는 안 된다.
　② 비빔·충전·시트 작업시에는 보안경, 고무장갑을 반드시 착용한다.
　③ 비빔 후 즉시 충전한다.
　④ 충전재가 튀어나올 수 있으므로 균열 발생시까지 구멍을 엿보아서는 안 된다.
　⑤ 정적 파쇄재 충전 후 양생 중에는 출입을 금한다.

(7) 전도 공법
① 전도작업은 순서가 바뀌면 위험하므로 작업계획에 따라 작업한다.
② 전도물의 크기는 1~2개 Span 정도가 알맞다.
③ 전도작업은 연속으로 하여 그날 중으로 종료하며, 부재를 깎아낸 상태로 방치하면 안 된다.

V. 공해 방지대책

(1) 소음 경감장치
① 소음 발생 현장에 흡음판 설치
② 작동기계의 방음커버 설치

(2) 집진기 설치
① 해체작업시 발생되는 먼지 처리
② 분진 발생 공종에 설치

(3) 살수장치
① 스프링클러 작동
② 파쇄 작업장에 안개 분사

(4) 무공해 공법 선정
① 팽창파쇄 공법 적용
② Wire Saw 공법 적용
③ 유압 Jack 공법

(5) 폐기물 분리수거
① 발생 폐기물의 분리 작업
② 악취 발생 물질의 우선 처리
③ 폐오일, 작동유 등의 별도 수거

(6) 방진망 설치
① 작업장 주변에 방진망 설치
② 분진 발생 정도에 따라 2겹으로 설치

(7) 차륜 세척장치
① 해체공사 현장작업차량의 바퀴 세척장치
② 세척장치 처리수의 하천 방류 엄금
③ 세척장치 관리자의 상시 배치

Ⅵ. 안전사고 방지대책

(1) 안전관리자 현장 상주
   ① 현장 작업자 안전교육 실시
   ② 안전모 및 안전보호구 착용
   ③ 안전사고 발생우려지역 표식

(2) 안전교육 실시
   ① 정기교육 실시
   ② 작업원의 안전의식에 따른 수시 교육
   ③ 교육의 차별화 실시

(3) 장비점검
   ① 작업장비의 수시 점검
   ② 작업자의 숙련도
   ③ 적정 용량의 장비 선정

(4) 작업구역 설정
   ① 작업구역 난간 설치
   ② 작업관계자외 출입제한

(5) 계측관리
   ① 인근 구조물에 변형 측정기 설치
   ② 경사계, 침하계, 균열계 설치

(6) 작업장비 관리
   ① 장비의 임의작동 금지
   ② 취급 인가자외 촉수 금지

Ⅶ. 결 론

(1) 구조물 해체공사는 공사 특성상 공해 발생과 작업시 안전사고 발생우려가 아주 큰 공사이다.
(2) 대규모 해체공사시 착수 전에 공해방지 대책, 안전사고 방지책에 대한 특별한 계획 수립이 요구된다.

> **20-1** 재건축사업을 추진 중에 대규모의 콘크리트 잔재물이 발생하게 되었다. 이에 대한 재생 및 재활용 방법에 대하여 기술하시오. [97중후, 33점]
> **20-2** 폐콘크리트의 재활용 방안에 대하여 기술하시오. [03후, 25점]
> **20-3** 순환골재 콘크리트 [10후, 10점]
> **20-4** 건설폐자재의 기술적 문제점과 대책, 활용방안에 관하여 기술하시오. [98전, 50점]

I. 개 요

(1) 최근 도시 재개발 및 신도시 개발 등에 따른 건축물의 공급이 급증하고 있으나, 건설자재는 자원의 고갈로 채취가 어려운 실정에 있다.
(2) 폐콘크리트의 재활용은 환경공해를 줄이고, 자원을 보존하며, 건설자재의 수급을 원활하게 하는 차원에서 대단히 중요한 의미를 갖는다.

II. 재활용의 필요성

(1) 환경공해 억제
(2) 자원 회수
(3) 운반비 절약 및 공기 단축
(4) 재생산업의 활성화 및 기계산업 발달

III. 순환골재 콘크리트

(1) 정의
① 콘크리트 골재의 품질기준에 적합한 순환골재를 일반골재 대신 사용하여 만든 콘크리트가 순환골재 콘크리트이다.
② 순환골재는 건설폐기물을 물리적 또는 화학적 처리과정 등을 거쳐 '건설폐기물의 재활용 촉진에 관한 법률' 제35조의 규정에 의한 품질기준에 적합한 골재를 말한다.

(2) 종류
① A종 콘크리트 : 50% 이상 재생골재를 사용한 것으로 설계기준강도 15MPa(목조 구조물의 기초, 간이 콘크리트에 사용)

② B종 콘크리트 : 30~50%의 재생조골재 사용, 설계기준강도 18MPa
③ C종 콘크리트 : 30% 이하 재생조골재 사용, 설계기준강도 21MPa

Ⅳ. 재생 및 재활용 방법

(1) 재생골재
　① 재생골재의 품질은 콘크리트의 품질, 모르타르 부착량, 제조 공정, 입도제조법, 불순물의 양 등에 영향을 받는다.
　② 흙, 나뭇조각, 쇠부스러기 등이 혼입된 불순물이 콘크리트에 섞이면 강도에 나쁜 영향을 준다.

(2) 재생콘크리트
　① 폐콘크리트 덩어리를 분쇄기로 분쇄하는 방법
　② 매립재, 성토재, 기초 및 뒤채움재, 노반재, 아스팔트 혼합용 골재, 콘크리트골재 등으로 이용

(3) 2차 제품
　① 타설시간이 경과한 레미콘은 재활용 기계로 들어가 골재, 모래, 시멘트가 분리되어 재활용
　② 경화한 Con'c는 분쇄기로 분쇄하여 기초 및 뒤채움재, 노반재, 콘크리트골재 등으로 재활용

(4) 지반 개량
　폐콘크리트 덩어리를 분쇄하여 지반 개량제로 재활용

(5) 바닥 다짐재
　① 폐콘크리트를 수거·재생하여 대지 조성재로 이용
　② 건설현장에서 분쇄하여 재사용하므로 경제적

(6) 미장재료
　레미콘의 타설시간을 놓친 콘크리트는 재활용 기계에서 조골재, 세골재, Cement Paste로 분리, 세골재는 미장재료로 사용

(7) 단열재료
　재활용 기계에서 나온 Cement Paste는 혼화제(기포 형성)를 혼입하여 기포 Con'c로 제조

(8) 대지 조성
    ① 흙, 모래 대신 이용하는 방법
    ② 재활용량에 따라 경제성이 좌우됨

(9) 기초 매립재
    ① 분쇄기를 사용하여 분쇄한 폐콘크리트를 기초 매립시 사용
    ② 기초 뒤채움재로 사용

(10) 성토재
    ① Crusher를 현장에 반입하여 분쇄 후 성토재로 재활용
    ② 입경이 비교적 큰 것을 사용

(11) 뒤채움재
    ① 입경이 큰 것이 좋음
    ② Crusher로 분쇄한 그대로를 사용

(12) 도로 포장
    ① 적당한 입도 분포가 되도록 배합하여 노반재로 사용
    ② 도로의 노체·노상에 사용

(13) 아스팔트 혼합물용 골재
    ① Crusher로 분쇄한 그대로를 이용하며, 입도 조정을 통해 쇄석으로 이용
    ② 25mm 이하는 쇄석으로 이용

V. 건설폐자재의 기술적 문제점

(1) 폐기물 미분리
    현장에서 폐기물 분리의 어려움과 수집과정에서의 혼합으로 분리가 안 된다.

(2) 처리방법
    폐기물의 처리가 공해 발생의 주범이 되므로 처리방법에 대한 대안이 아직 미흡하다.

(3) 부지 확보의 어려움
    공해 발생 및 혐오시설로 분류되어 폐기물처리장의 부지 확보가 어렵다.

(4) 대규모 처리시설
    폐기물 처리과정의 공정이 많으므로 처리시설이 대규모이다.

(5) 경제성
폐기물 재생의 경제성이 희박하다.

(6) 정부 보조 미흡
정부 차원의 보조가 필요한 업종임에도 불구하고 정부 협조가 미흡하다.

VI. 대 책

(1) 분류별 수집
폐기물의 발생 및 수집 과정에서의 체계적인 분류와 수집이 요구된다.

(2) 부지 확보
폐기물 처리시설의 최신 기술 도입으로 인근 주민의 의식개혁이 절실히 필요하다.

(3) 정부 지원
국가 차원의 대대적인 지원과 세제 혜택이 요구된다.

(4) 기술 개발
저소음, 저진동 설비가 필요하며 특히, 환경공해가 발생하지 않는 기술 개발이 시급하다.

(5) 경제성 확보
정부 보조와 폐기물 재활용 방안을 활성화하여 경제성을 높인다.

(6) 전문가 양성
폐기물 처리 기술자의 지속적인 교육과 양성 과정을 확충하여 체제화한다.

VII. 결 론

(1) 폐콘크리트의 재활용은 현장 내에 별도의 저장소가 필요하며, 아직 재활용 Con'c에 대한 품질 확보 및 품질 기준이 제대로 정립되어 있지 않다.
(2) 세계적인 추세가 환경공해를 심각하게 고려하고, 제품에 대한 품질 보증과 더불어 환경에 대한 ISO 14000의 인증을 중요시하고 있어, 앞으로 UR의 개방에 빠르게 대처하려면 폐콘크리트의 재활용에 대한 대책 마련이 시급하다.

21-1 쓰레기 매립장의 침출수 억제대책을 설명하시오. [01후, 25점]

Ⅰ. 개 요

(1) 최근 산업발전으로 인한 생활쓰레기의 대량 발생으로 각 도시마다 쓰레기 처리방법에 고역을 치르고 있는 실정이다.
(2) 최선의 방법으로 쓰레기를 매립하게 되는데 매립장에서 발생하는 침출수에 의한 토양 및 지하수의 오염이 사회적으로 아주 큰 문제로 부상되고 있다.

Ⅱ. 침출수(Leachate) 발생에 따른 문제점

(1) 토양오염
(2) 지하수오염
(3) 악취 발생
(4) 환경 파괴

Ⅲ. 침출수 억제대책

(1) Sheet Pile 시공
  ① 매립장의 침출수 흐름 파악
  ② Sheet Pile 타입
  ③ 지중에 연속벽체를 형성하여 침출수 차단

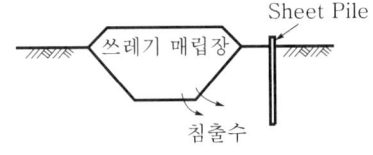

(2) 지하수 유입 억제
  ① 쓰레기 매립장 인근 지하수 흐름 제어
  ② 지하수위 저하
  ③ 차수 Grouting

(3) 우수 유입 차단
  ① 지표면 불투수층화
  ② 우수처리 측구 설치
  ③ 불투수성 복토재료 사용

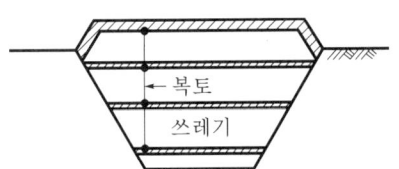

(4) 복토
① 매일 복토 및 중간 복토, 최종 복토 관리
② 복토 작업 전 충분한 쓰레기 건조

(5) 쓰레기 수분 최소화
① 반입 쓰레기의 수분 최소화
② 쓰레기 매립 전 건조 후 작업
③ 수분 발생 쓰레기 별도 처리

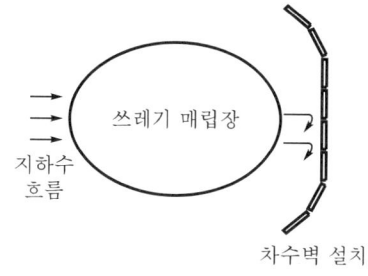

(6) 차수벽 설치
① 지하 연속벽 시공
② 소일 시멘트 벽체 시공
③ 시멘트, 현장 토사, 혼합 토사, Bentonite 사용

(7) 반응 벽체(Reactive Wall) 기법
① 기존의 차수벽과는 달리 투수성 벽체
② 오염물질이 반응 벽체를 자유로이 통과
③ 통과하는 과정에서 벽체의 물질과 반응하여 오염 감소
④ 쓰레기 매립장에 침출수의 축적 방지

(8) 양수처리법
① 침출수가 포화된 곳에 추출정 설치
② 침출수를 진공펌프로 양수
③ 양수된 오염 침출수는 물리학적 또는 생물학적 처리

(9) 매립지반 정리
① 점토 및 Geosynthetics 사용
② 유해 침출수의 지반 유입 억제
③ 매립지의 안전 및 환경성을 위하여 최종 복토층에도 Geosynthetics 설치

Ⅳ. 매립지 선정시 고려사항

(1) 주민 여론
(2) 관련법규 및 정책적인 사항
(3) 매립에 있어 기술적인 사항
(4) 경제적인 사항

V. 매립지 주변의 환경적 영향

(1) 지형 변형
(2) 지표 및 지하수의 오염
(3) 유해 동식물 및 곤충 서식
(4) 가스 발생 및 악취

VI. 결 론

(1) 쓰레기 매립장은 선정조건을 고려하여 부지 선정이 되어야 하는데 우리나라의 현실에서 조건에 맞는 부지 선정은 거의 불가능함을 보일 것이다.
(2) 쓰레기 매립장에서 발생되는 침출수는 악취 발생뿐만 아니라 환경오염 물질이 용해되어 나오는 것으로 최대한 침출수를 억제하고 수거된 침출수는 규정에 따라 처리하는 것이 가장 중요하다.

제3절 시공의 근대화

> **1-1** 건설공사의 품질 향상을 위해 ISO 9000 시리즈에 의한 품질인증보증에 대한 채용의 의의를 논술하시오. [98중전, 50점]
>
> **1-2** 건설공사의 품질보증을 위하여 건설회사에 ISO 9000 시리즈의 인증이 요구되는 의의를 기술하시오. [97중후, 33점]
>
> **1-3** ISO 9000 시리즈 [97중후, 20점]

I. 개 요

(1) ISO(International Organization for Standardization)는 각국별로 또한 사업분야별로 정해져 있는 품질보증 System에 대한 요구사항을 통일시켜 고객(소비자)에게 품질보증을 해주기 위한 국제표준화기구를 말한다.

(2) ISO는 국제표준의 보급과 제정, 각국 표준의 조정과 통일, 국제기관과 표준에 관한 협력 등을 취지로 세계 각국의 표준화의 발전 촉진을 목적으로 설립되었다.

II. 특 성

(1) 체계화
(2) 문서화
(3) 기록화

III. 필요성

(1) 품질보증을 수행하는 업무절차의 기초 수립
(2) 품질보증에 대한 고객들의 의식 증대
(3) 생산자 스스로 품질신뢰를 객관적으로 입증
(4) 품질보증된 제품의 수준척도 설정
(5) 외국 고객들의 품질 System 인증에 대한 요구 증대
(6) 기업 경영활동이 형식적에서 실질적인 것으로 변화

Ⅳ. 구성 및 내용

1. 1994년판(개정 전)

(1) ISO 9000
품질 경영과 품질보증 규격의 선택과 사용에 대한 지침

(2) ISO 9001
설계, 개발, 제조, 설치 및 Service에 있어서의 품질보증 Model

(3) ISO 9002
제작, 설치(시공)에 있어서의 품질보증 Model

(4) ISO 9003
최종 검사와 시험에 있어서의 품질보증 Model

(5) ISO 9004
품질경영 체제 및 운영에 필요한 요건 및 지침

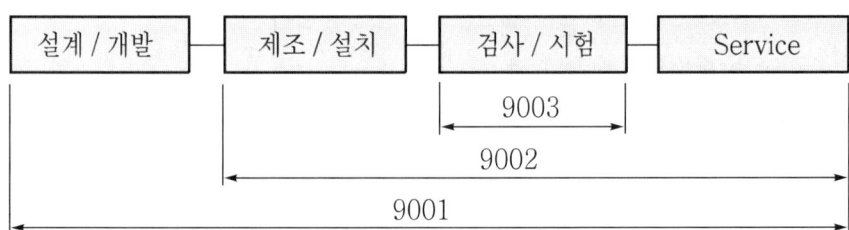

2. 2000년판 개정 내용

(1) 1994년판인 ISO 9001 · 9002 · 9003을 ISO 9001로 단일인증 규격으로 통합

(2)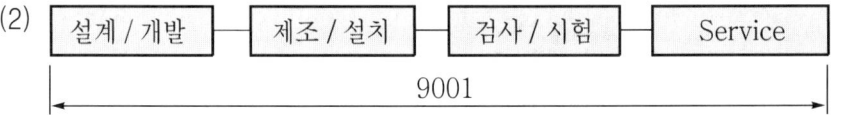

(3) 2003년 12월 15일부터 2000년판을 적용한다.
(4) ISO 9000 : 품질 경영 System의 기본 및 용어
(5) ISO 9001 : 품질 경영 System의 규격
(6) ISO 9004 : 품질 경영 System의 성과 개선 지침

V. ISO 인증절차

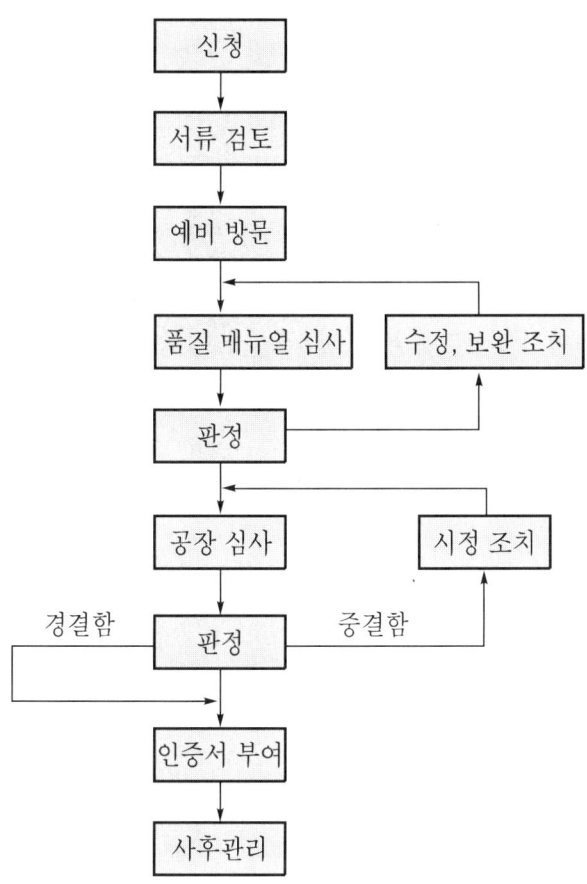

VI. 채용하는 의의(요구되는 의의)

(1) 품질보증
   품질보증을 수행하는 업무절차의 기초 수립 및 고객들의 의식 증대

(2) 품질의 신뢰 확보
   생산자 스스로 품질에 대한 신뢰를 객관적으로 입증

(3) 제품의 척도
   품질이 보증된 제품의 수준척도 설정

(4) 경비 절감
   각종 문제점에 대한 예방조치로서 불량으로 인한 추가비용의 절감효과

(5) 관리기법 개선
    비효율적인 관리체계의 개선으로 과학적이고 체계적인 관리시스템 도입

(6) 품질관리의 인식 재고
    품질관리가 기업의 품질비용 절감효과와 직결된다는 인식의 전환

(7) 준법정신 고취
    사전에 정해진 방법과 절차에 따라 원칙을 준수하는 풍토 정착

(8) 도급제도 개선
    가격위주의 도급에서 탈피하여 품질관리에 의한 기술능력을 검토하는 도급제도

(9) 품질의 데이터화
    데이터에 의한 과학적이고 체계적인 품질관리

(10) 표준화 정착
    건설업에 적합한 품질 시스템 개발 및 선진 시스템 도입으로 표준화 정착

(11) 대외 신용도 향상
    국제표준화 기구의 품질보증으로 건설공사의 대외 신용도 기대

(12) 원가관리
    품질 향상에 따른 공사관리로써 원가 절감효과

(13) 소비자 충족
    생산되는 제품에 대한 품질보증의 국제화로 소비자의 욕구 충족

(14) 체계적 관리
    품질관리의 전 공정에 걸친 체계적인 관리

(15) 품질의 규격화
    생산물의 품질 표준화로 품질이 규격화되어 능률 향상

(16) 제품 수준 향상
    설계 단계부터 개발, 제조, 설치 및 서비스까지의 관리체계 수립으로 생산제품의 수준 향상

(17) 경영의 안정화
    규격화된 제품 및 체계화된 품질관리로 불량률을 감소하여 기업경영의 안정화

(18) 매출액 증대

향상된 생산물의 품질 혁신으로 신용도가 상승하여 기업 매출액 증가

(19) 이윤 증대

체계화된 품질관리에서 생산품 품질 향상, 불량률 감소, 대외 경쟁력 강화 등으로 기업의 이윤 증대

(20) 기술 축적

연구, 개발하는 국제 표준화의 도입, 생산과정에서의 품질관리 등으로 기업의 기술 축적

(21) 대외 경쟁력 강화

국제표준화 품질관리체계에 따른 생산품 품질관리로 원가 절감 및 대외 경쟁력 강화

(22) 기업활동 촉진

기업의 품질에 대한 확신과 원가 절감, 이윤 증대 등으로 기업활동 촉진

(23) 실패율 감소

국제표준화에 따른 품질관리와 기록화된 기술력 등을 토대로 생산품 실패율의 현저한 감소

Ⅶ. 결 론

(1) 해외공사 발주처에서 품질관리시스템 적용의 요구 및 ISO 9000 미취득업체에 대한 입찰 제한 등으로 ISO에 대한 관심이 증폭되고 있다.
(2) ISO 시스템의 도입으로 품질시스템의 개발과 데이터에 의한 과학적이고 체계적인 관리를 통한 기술향상으로 건설환경 변화에 대응해야 한다.

> **2-1** 건설공사에서 발생하는 클레임의 유형을 열거하고, 해결방안에 관하여 기술하시오. [00후, 25점]
> **2-2** 건설공사의 클레임(Claim) 유형 및 해결방법 [08전, 10점]
> **2-3** 건설공사 클레임의 발생원인과 이를 방지하기 위한 대책을 기술하시오. [03중, 25점]
> **2-4** 건설공사에서 발생하는 분쟁의 종류를 열거하고, 방지대책에 대하여 설명하시오. [10후, 25점]
> **2-5** 건설공사에 있어서 클레임(Claim)의 역할과 합리적인 해결방안에 대하여 설명하시오. [04중, 25점]
> **2-6** 클레임(Claim) [97중후, 20점]

Ⅰ. 개 요

(1) 클레임이란 시공자나 발주자가 자기의 권리를 주장하거나, 손해 배상, 추가공사비 등을 청구하는 것으로서 계약하의 양당사자 중 어느 일방이 일종의 법률상의 권리로서 계약과 관련하여 발생하는 제반 분쟁에 대한 구체적인 조치를 요구하는 서면 청구 또는 주장을 말한다.

(2) 건설 클레임 대상으로는 불완전한 계약서, 공기 지연, 손해 배상, 추가공사비 등의 시공 중 의견이 일치하지 못한 사항의 것으로 여의치 않을 경우 중재 또는 소송으로 해결해야 한다.

Ⅱ. 클레임 유형(분쟁의 종류)

(1) 공사 지연 클레임
 ① 계획한 시간 내에 작업을 완료할 수 없을 경우
 ② 전체 클레임의 60% 정도를 차지한다.

(2) 공사 범위 클레임
 ① 발주자, 시공자 간의 이견으로 기술적, 기능적 전문지식이 필요하다.
 ② Project 전반에 관계된다.

(3) 공기 촉진 클레임
 ① 공기 지연, 공사 범위 클레임 결과로 발생한다.
 ② 생산성 클레임이라고도 한다.
 ③ 계획공기보다 단축할 것을 요구하거나, 생산체계를 촉진하기 위해 추가 혹은 다른 자원의 사용을 요구할 때 발생한다.

(4) 현장 상이조건 클레임
    ① 공사 범위 클레임과 유사하다.
    ② 주로 견적시와 다른 굴토조건에 의해 발생한다.

Ⅲ. 클레임의 발생원인

(1) 계약서
    ① 계약에 대한 변경을 요구할 때
    ② 현장조건이 상이할 때
    ③ 계약에 사용된 언어가 모호할 때

(2) 계약에 의한 당사자의 행위
    ① 도면에 미완성 정보나 설계상의 오류
    ② 부적절한 작업수행에 의한 비용 추가
    ③ 부실한 공사 품질

(3) 불가항력적인 사항
    ① 혹독한 기상, 홍수, 화재
    ② 지진 등 천재지변

(4) Project의 특성
    ① 복합적, 대규모, 오지지역, 밀집지역 등
    ② 특수한 기술을 요구하는 공사

Ⅳ. 분쟁 해결방안

(1) 협상(Negotiation)
    ① 신속하고 가장 순조롭게 해결하는 방법이다.
    ② 시간과 경제적인 투자가 최소가 된다.

(2) 조정(Mediation)
    ① 독립적이고 중립적인 조정자를 임명한다.
    ② 대체로 신속하게 분쟁이 해결된다.

(3) 조정-중재
    활용절차에 따라 분쟁 해결속도가 결정된다.

(4) 중재(Arbitration)
   ① 중립적 제3자에게 의견서를 제출한다.
   ② 법적 구속력에 해당하며 시간과 비용의 투자가 많아진다.

(5) 소송(Litigation)
   ① 전문적인 Consultants의 노력으로도 해결되지 않을 경우
   ② 시간과 비용의 손실이 막대하다.

(6) 클레임 철회
   클레임 자체가 사라짐으로써 분쟁의 여지도 함께 없어진다.

(7) 분쟁 해결방안 비교

구 분	분쟁 해결기간	해결비용	구속력
협상	① 매우 신속하게 해결할 수 있다. ② 협상자의 협상태도나 목적 등에 의해 좌우된다.	최소	① 구속력이 없다. ② 협정으로 이끌 수가 있다.
조정	① 대체로 신속하다. ② 조정자의 능력에 따라 기간이 증감된다.	조정자의 수수료 (조정기관)	① 구속력이 없다. ② 도덕적인 압력이 발생될 수 있다.
조정-중재	① 형식이 제거되면 빠른 결과가 가능하다. ② 활용절차에 따라 좌우된다.	조정자(조정기관)의 수수료	미국의 경우 사전에 대부분 주(州)에서 협정될 수 있고, 상대방은 그 결정에 따른다.
중재	① 규칙들이 제한을 가한다. ② 소송보다는 빠르다. ③ 중재인의 능력과 가용성에 따라 좌우된다.	① 중재인의 급료 ② 서류정리에 드는 비용 ③ 대리인 사용시 대리인의 급료	계약에 따라 구속될 수 있다.
소송	① 준비시간이 많이 소요된다. ② 5년 이상 소요될 수도 있다.	시간 비용과 대리인 급료 등 많은 비용이 소요된다.	구속력이 없다.
클레임 철회	없다.	철회 사정에 따라 다르다.	계약적 합의

V. 방지대책(역할)

(1) 표준공기 확보
   ① 발주자측에서 설계 및 시공에 필요한 공사기간을 표준화
   ② 일반 건축 = 165 + (층수 × 15일)
   ③ 부실 시공·품질 저하를 사전에 예방

(2) 적정이윤 공사비 산정
   ① 시공자의 적정이윤이 보장된 공사비 산정
   ② 정밀시공 유도

(3) 철저한 준비단계
   ① 기획·조사·설계·공사 등 준비 철저
   ② 부실시공 사전예방

(4) 설계자 책임체제 활성화
   ① 설계시부터 납품 이후 준공에 이르기까지 철저한 책임체제 도입
   ② 설계의 Data Base화시킬 것

(5) 자재의 질적 향상
   ① 국산 자재의 질적 향상
   ② 합리적인 자재 사용

(6) 기능인의 자질 향상
   ① 기능인력의 자질 향상
   ② 숙련공 양성을 위해 교육 실시
   ③ 품질관리에 대한 의식개혁

(7) 책임한계 명확
   ① 업무 분담을 확실히 할 것
   ② 발주자, 설계자, 시공자의 책임한계 구분

(8) 연말 회계연도에 따른 제도적 문제 보완

VI. 결 론

(1) 우리나라 건설산업환경의 관행상 클레임 및 분쟁에 대하여 심각한 문제로 인식하지 못하였으나 건설시장 개방과 국제화시대를 맞아 건실산업에 큰 영향을 미칠 것으로 예상된다.

(2) 따라서 건설분쟁을 예방하고 대처하기 위해서는 공사관련 계약서류의 국제화 및 정형화, 분쟁해결기구의 전문화 설계 및 엔지니어링 기술 확보, 감리자 책임과 권한 부여 등의 분쟁 및 방지 대책에 대한 연구가 선행되어야 할 것이다.

> **3-1** 건설기술관리법 제15조의 2에 의거 건설공사 과정의 정보화를 촉진하기 위한 제3차 건설 CALS 기본계획이 2007년 12월에 확정되었다. 이와 관련하여 건설 CALS의 정의, 제3차 기본계획의 배경 및 필요성에 대해 기술하시오. [08전, 25점]
>
> **3-2** 건설 CALS의 도입이 건설산업에 미치는 효과에 대해서 기술하시오. [98중후, 30점]
>
> **3-3** 정보화시대에 요구되는 건설정보 공유방안을 포함한 건설정보화에 대하여 서술하시오. [03전, 25점]
>
> **3-4** 건설 CALS [02전, 10점]

Ⅰ. 개 요

(1) 건설 CALS란 건설업의 기획, 설계, 계약, 시공, 유지관리 등 건설 생산활동의 전 과정을 통하여 정보를 발주기관, 건설관련 업체들이 Computer 전산망을 통해 신속하게 교환 및 공유하여 건설산업을 지원하는 건설분야 통합정보시스템을 말한다.

(2) 21세기 고도 정보화시대의 국제 경쟁력을 강화하기 위해 정부에서 대규모의 자금을 투입하여 CALS를 적극 추진하기로 하였다.

Ⅱ. 정 의

(1) CALS 정의의 변화

연 도	CALS 의미의 변화
1985	컴퓨터에 의한 병참 지원(Computer-Aided Logistic Support)
1988	컴퓨터에 의한 조달과 병참 지원(Computer-Aided Acquisition & Logistic Support)
1993	계속적인 조달과 라이프사이클 지원(Continuous Acquisition & Life-Cycle Support)
1995	광속 전자상거래(Commerce at Light Speed)

(2) CALS의 개념도

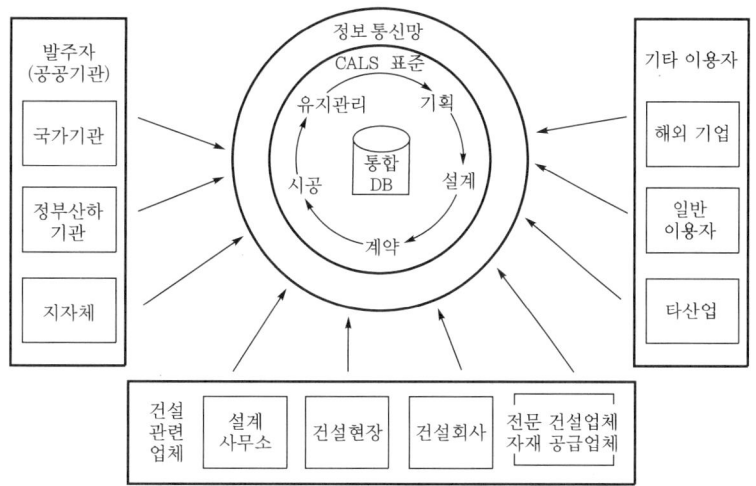

Ⅲ. CALS의 구축단계

(1) 1단계
① Data Base의 표준화
② 조달청 연계로 입찰 및 자재조달 시범 실시

(2) 2단계
① 일정금액의 공공 공사에서 시범 실시
② 설계, 시공, 유지관리 등 분야별 시범 실시

(3) 3단계
① 모든 건설정보의 통합전산망을 구축한다.
② 공공 건설공사에서의 CALS를 적용한다.
③ 국내 종합물류망 및 선진국 정보망과 연계하여 구축한다.
④ 점차로 민간공사에 파급을 지원한다.

Ⅳ. 3차 기본계획의 배경

(1) 추진방향 설정
① 지난 십수년간 건설 CALS의 성과 분석
② 건설 CALS의 추진협의회의 지속적 지원
③ 교육 및 홍보 강화

(2) 표준화
  ① 건설정보의 연계 및 공유를 위한 건설정보 국가표준체계(KS)의 정립
  ② 국가표준체계의 정립을 통한 표준개발의 활성화
  ③ 건설정보체계의 글로벌화

(3) 연구 개발
  ① 유비쿼터스 기술을 이용한 실시간 건설정보서비스의 체계 구축
  ② 지속적인 연구 개발을 통해 국제수준의 건설사업 정보화 기술 확보

(4) 운영 및 확산
  ① 건설 CALS 시스템의 기능 고도화를 통한 안정적 운영기반 확보
  ② 공공사업뿐만 아니라 민간사업까지 적용 추진

(5) 정책 개발
  건설 CALS의 지속적인 사업 추진을 가능하게 하기 위한 건설사업 정보화 지원정책 개발에 노력

V. 건설 CALS의 필요성

(1) 입찰 및 인·허가 업무의 투명성
  ① 건전한 입찰 및 계약 풍토를 조성한다.
  ② 민원의 일괄처리로 국민생활의 편의를 제공한다.
  ③ 입찰, 계약, 인·허가 과정에서 투명성이 보장된다.

(2) 업체의 경쟁우위 확보
  ① 건설업의 환경분석이 가능하다.
  ② 정책 및 경제동향의 분석
  ③ 경쟁사의 동향 분석으로 대책 마련

(3) 개방화, 국제화에 대응
  ① 정보의 신속화로 경쟁력을 확보한다.
  ② 선진국에서는 이미 CALS 체계가 구축되었다.

(4) 기술력 증대
  ① 신기술, 신공법의 도입이 가능하다.
  ② 신공법을 활용한 수주가 가능하다.

(5) 효율적 운영
　① 시설물 파악을 정확하게 할 수 있다.
　② 합리적인 유지관리계획을 세울 수 있다.

(6) 생산성 향상
　① 공사 계획 및 관리의 합리화
　② EC화 및 시공의 자동화 도모
　③ 합리적인 자원 투입 가능

(7) 수주능력 향상
　① 수주전략의 수립이 가능하다.
　② 건설시장의 동향 파악이 가능하다.

VI. 건설산업에 미치는 효과

(1) 건설재료 절감
　① 생산설계시스템 실현
　② 자동화, 건설산업시스템 촉진
　③ 설계와 생산의 정보공유화

(2) 품질 향상
　① 기획 제안력 강화
　② 프로젝트의 관리기능 강화
　③ CM관리의 강화

(3) 건설회사의 영업력 강화
　① 고객에 대한 기획 제안력의 강화
　② LCC사업의 본격 전개
　③ 신속한 제안, 견적

(4) 정보화에 의한 생산성 향상
　① 수주, 발주 업무의 효율화
　② 도면, 시방서의 디지털화
　③ 데이터베이스의 최대 활용

(5) 조달기간 단축
　① 설계기간 단축
　② 시공기간 단축

(6) 건설산업의 경쟁력 강화
    ① 건설산업정보의 네트워크화
    ② 기업체의 우량화

(7) 기업 상호정보 교환
    ① 전자메일을 통한 정보 교환
    ② 건설정보의 Open화

(8) 비효율적 업무 변제
    ① 자재 조달 혁신
    ② 협력업체 네트워크 형성
    ③ 전자메일 이용

(9) 산업비용 절감
    ① 설계비용, 조달비용 절감
    ② 전체공기 단축

(10) 건설현장의 표준화
    ① 문서 표준 규격(SGML ; Standard Generalized Markup Language)
    ② 문서 교환 포맷의 표준(EDI ; Electronic Data Exchange)
    ③ 제품 모델 데이터 교환 규격의 표준(STEP ; Standard for the Exchange of Product Model Data)

(11) 계약업무 투명화
    공사 발주에 관련된 모든 입찰서류 및 입찰금액, 입찰방법, 계약금액, 계약조건 등이 정보통신망에 의한 전자메일로 처리됨으로써 계약업무에 따른 이권개입 등의 부조리를 척결할 수 있다.

(12) 인·허가 업무의 전자화
    ① 정확한 행정서비스 제공
    ② 관련업무의 공정성
    ③ 모든 인·허가 업무의 투명성

(13) 분류 코드 표준화
    ① 건설공정의 표준 코드화
    ② CSI의 최대한 활용
    ③ 16 Division 세분

(14) 경비 절감
① 인편 전달 배제
② 특별 배달 우송 불필요
③ 문서 전자화

(15) 인력 절감
① 인터넷 이용으로 자재 조달
② 기업 대 기업, 기관과 기업
③ 기관과 기관의 네트워크 구축

Ⅶ. 결 론

(1) 건설사업의 복잡화, 대형화 추세에 따라 건설 경영 및 기술의 고도화가 필요하며, 건설업의 개방화와 국제 경쟁력의 향상을 위해 CALS 시스템의 구축이 시급하게 되었다.

(2) 이미 선진국에서는 CALS 시스템의 구축이 완료되어 수주 및 건설관리에 적용되고 있으므로 국내에서도 정부의 강력한 의지로 제반 문제점을 해결하여 정부 주도 하에 CALS 체계의 운영을 구축해야 한다.

4-1 공정계획을 위한 공사의 요소작업 분류 목적을 설명하고, 도로공사의 개략적인 작업분류체계도(WBS ; Work Breakdown Structure)를 작성하시오. [11후, 25점]

4-2 WBS(Work Breakdown Structure) [05전, 10점]

I. 정 의

(1) 공사 내용의 분류방법에는 목적에 따라 WBS, OBS, CBS 방법 등이 있으며, 5M의 활용을 통하여 경제적인 최상의 시공관리에 그 목적이 있다.

(2) WBS는 공사 내용을 작업에 주안점을 둔 것으로 공종별로 분류할 수 있으며, 관리가 용이하고 합리적인 분류체계가 이루어져야 한다.

II. WBS(작업 분류체계)

일반적으로 4단계까지의 분류를 많이 사용한다.

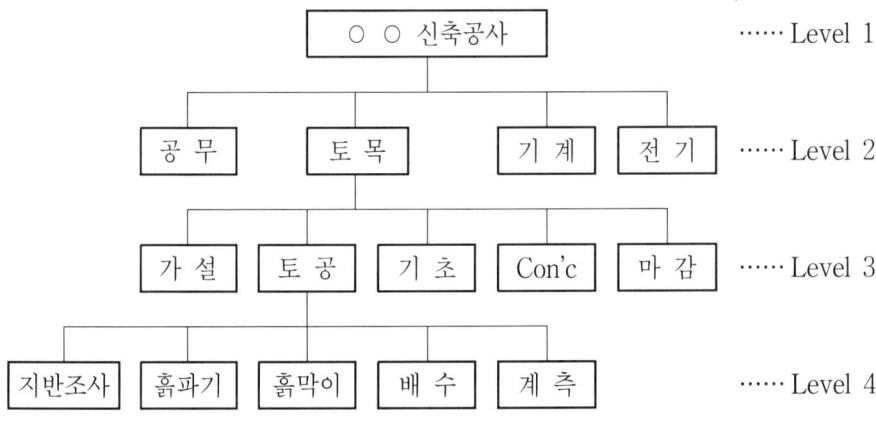

III. Breakdown Structure의 종류

(1) WBS(Work Breakdown Structure ; 작업 분류체계)
    공사 내용을 작업의 공종별로 분류한 것

(2) OBS(Organization Breakdown Structure ; 조직 분류체계)
    공사 내용을 관리하는 사람으로 구성된 조직에 따라 분류한 것

(3) CBS(Cost Breakdown Structure ; 원가 분류체계)
    공사 내용을 원가 발생요소의 관점에서 분류한 것

Ⅳ. WBS의 목차

(1) 작업분류
    ① 세부단위작업까지 명확히 분류
    ② 각 단계에서 단위작업과 전체공사와의 관계 파악
    ③ 각 요소작업의 중복이나 누락 방지
    ④ 공사일정 및 공사비용별 구조 설정
    ⑤ 상위단계로 순차적 일정, 원가 요약

(2) 활용방안
    ① 순차적인 일정 및 원가의 집계
    ② 작업단위별 비교 및 측정 가능
    ③ 신규프로젝트에 대한 사전정보 제공
    ④ 요약 및 보고의 체계 확립
    ⑤ 프로젝트 수행의 작업표준화를 통한 자료 누적
    ⑥ 프로젝트의 수직적 자료 제공

Ⅴ. 도로공사 WBS 작성

(1) WBS(작업분류체계)

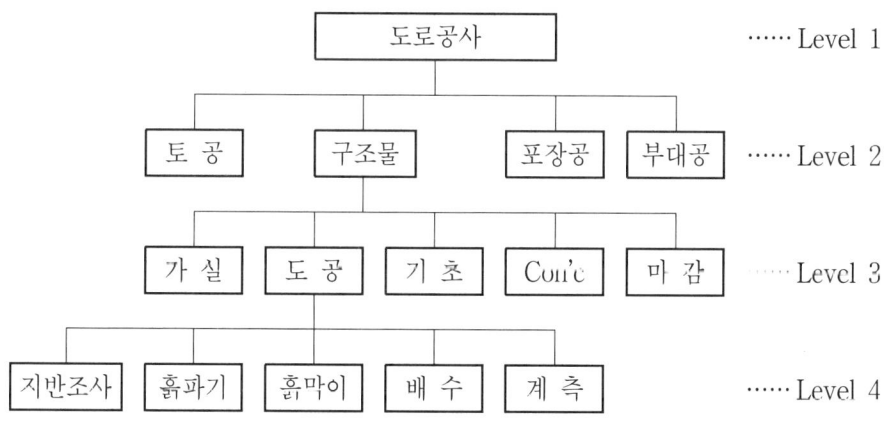

(2) 분류
 ① 공종별로 분류할 수 있고, Level(계층) 구조를 가진다.
 ② 하위계층 수준까지 계속 내려가면 공사내역의 항목별 구분까지 나타낼 수 있다.
 ③ 일반적으로 4단계까지의 분류를 많이 사용하며, 이는 원가분류체계와 밀접한 관계가 있으므로 서로의 자료연계와 공유가 용이하다.
 ④ 경영자, 관리자 및 담당자 등의 업무범위나 내용에 따라 요구되는 계층수준이 다르고 관리목표에 따라 분류방법이 다를 수 있다.

(3) 유의사항
 ① 공사내용의 중복이나 누락이 없어야 한다.
 ② 관리가 용이한 분류체계가 되어야 한다.
 ③ 합리적인 분류체계가 되어야 한다.
 ④ 분류체계의 최소단위에서는 물량과 인력이 각 단위 요소별로 명확히 분류되어야 한다.
 ⑤ 실작업의 물량과 투입인력을 관리할 수 있는 분류가 되어야 한다.

Ⅵ. 결 론

공사의 분류체계 및 자료로서 WBS의 중요성은 이를 근간으로 협의의 모든 공사관리뿐만 아니라 모든 시방서, 도면, 작업계획, 기술문헌 등이 하나로 통일될 때 의미를 가지게 된다.

5-1 단지조성 공사시 GIS(Geographic Information System) 기법을 이용한 지하시설물도 작성 　　　　　　　　　　　　　　　　　　　　　　[08후, 10점]
5-2 GIS(Geographic Information System) 　　　　　　　　　　　　　　　　　　[99중, 20점]
5-3 GIS(Geographic Information System) 　　　　　　　　　　　　　　　　　　[03중, 10점]

Ⅰ. 정 의

(1) GIS란 지리정보체계로서 일반적으로 인구, 산업, 농경, 사회환경, 행정에 관련된 정보를 기본으로 하는 공간정보를 다루는 전산체계이다.
(2) 최근 건설분야에서 많이 이용되고 있는 GIS는 정보시스템을 동반한 컴퓨터 지도로서 앞으로 무한한 발전 가능성을 가진 분야이다.

Ⅱ. GSIS(Geographic Space Information System : 지형공간정보체계)의 분류

(1) GIS(Geographic Information System) : 지리정보체계
(2) LIS(Land Information System) : 토지정보체계
(3) UIS(Urban Information System) : 도시정보체계
(4) AM/FM(Automated Mapping / Facility Management) : 도면자동화, 시설물관리자동화

Ⅲ. 지형공간정보체계의 자료 종류

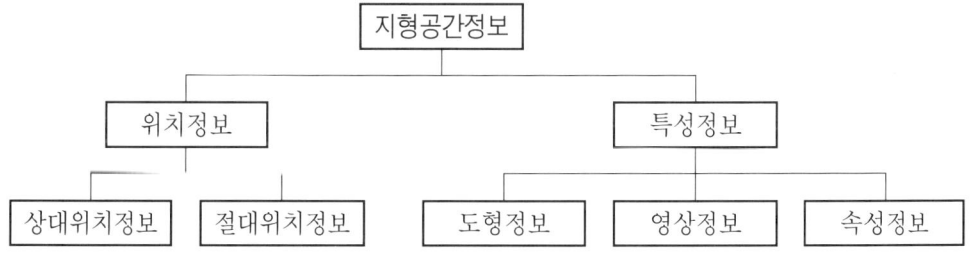

Ⅳ. GIS의 필요성

    (1) 국토 이용의 전산화
    (2) 각종 자료의 Data Base
    (3) 자원관리 및 환경보전
    (4) 지도정보의 관측 및 검색
    (5) 통계자료 및 도형자료의 전산화체제 구축

Ⅴ. 건설공사의 활용사례

    (1) 골재원과 수요지 공급 산출
    (2) 종합적인 골재 수급 체계 구축
    (3) 지역환경 분석

Ⅵ. GIS 활용도

    (1) GPS(Global Positioning System)
    (2) RS(Recommended Standard)
    (3) GIS(Global Information System)

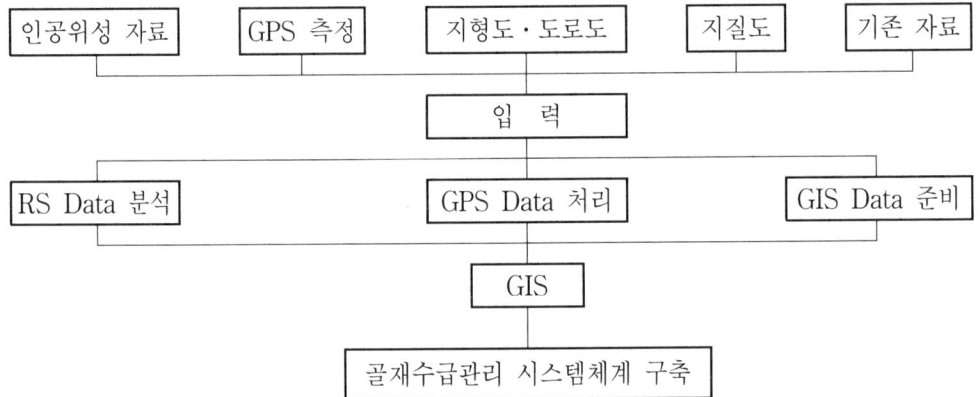

Ⅶ. GIS 적용분야

적용분야		내 용
계획 및 설계	국토계획 도시계획 토목설계	지역지구 지정, 개발행위 심사, 구획 정리 공사 계획, 용지 수용
시설관리	도로 가스 전력망 토지	도로 부지 구성 계획, 도로시설 관리 급·배수시설, 공사 계획 배차 관리, 노선 교통계획, 교통 체계 분석
환경관리	토지 이용 해양 산림	토지이용 계획, 종합 계획 오염 감시, 발생원 산림 계획, 산림 조사, 관리, 환경영향 평가
자원관리	석유 수자원 광물자원	자원의 효과적 이용
기타	재해방지 서비스 광고 통계	방재, 방역, 공해 금융, 부동산 국세조사, 지정 통계, 평가, 열람

6-1 국가 DGPS 서비스 시스템   [08전, 10점]

Ⅰ. 정 의

(1) DGPS(Differential Global Positioning System ; 정밀위성측량시스템)이란 고정위치에서 GPS 위성신호를 수신해 그 위치오차를 줄인 후 사용자에게 전송하고, 사용자는 GPS 신호에서 수신한 DGPS 신호를 보정해 보다 정확한 위치를 알 수 있게 해주는 기술이다.

(2) 지상의 기지국으로부터 GPS 오차정보를 받아 보정하는 방식을 사용하며, 고가인데다 단말기 설치가 용이하지 않다는 단점이 있지만 정확도가 높은만큼 고정밀측량 등에 활용된다.

Ⅱ. DGPS의 구성도

이동하는 물체에는 위성과 송신국에서 보내는 위성신호를 받고, 이동하지 않는 건물 등에는 송신상태가 양호한 송신국을 통해 위성신호를 받을 수 있다.

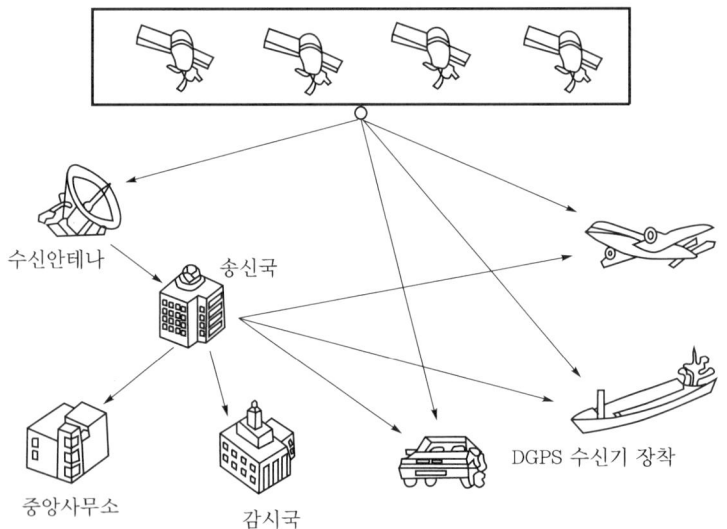

Ⅲ. DGPS의 특징

(1) DGPS는 기존 광학장비보다 시간과 거리의 제한이 매우 적다.
(2) 기상조건 및 야간관측에 영향을 받지 않는다.
(3) 1인 측량이 가능하다.
(4) 야장이 필요 없으며 컴퓨터에 의한 자동처리가 가능하다.

Ⅳ. 위성측량기법의 종류

(1) DGPS(Differential Global Positioning System)
　① 통상 4개 이상의 위성이 수신되면 측량이 가능하고, 코드 처리방식으로 계산속도가 빠르나 정확도는 떨어진다.
　② 일반적으로 허용오차가 큰 해양에서의 위치 측량이나 자동차 항법 등에 적용된다.

(2) RTK(Real Time Kinematic)
　① 일반적으로 5개 이상의 위성이 수신되어야 측량이 가능하고, 반송파 처리방식으로 계산과정이 복잡하나 정확도는 매우 높다.
　② 일반적으로 정확도를 요하는 옥상 측량, 해상 측량 및 변위 측량 등에 적용된다.

7-1 가상건설시스템(Virtual Construction System) [08후, 10점]

I. 정 의

(1) 가상건설시스템은 3D(Three Dimensional) 모델의 탁월한 표현효과를 주요 기능으로 하여 실제와 같은 이미지를 제공하므로 지정한 임의의 공사순서대로 구조물을 가상공간에서 사전 시공하여 실제 시공시의 문제점을 사전에 검토가 가능하도록 하는 것을 말한다.
(2) 3D 모델을 가상현실에서 단순히 시각화하는 단계를 넘어 기존 시스템에서는 수행하지 못했던 설계 단계, 시공 단계, 유지관리 단계에 특화된 시스템을 말한다.

II. System 구성도

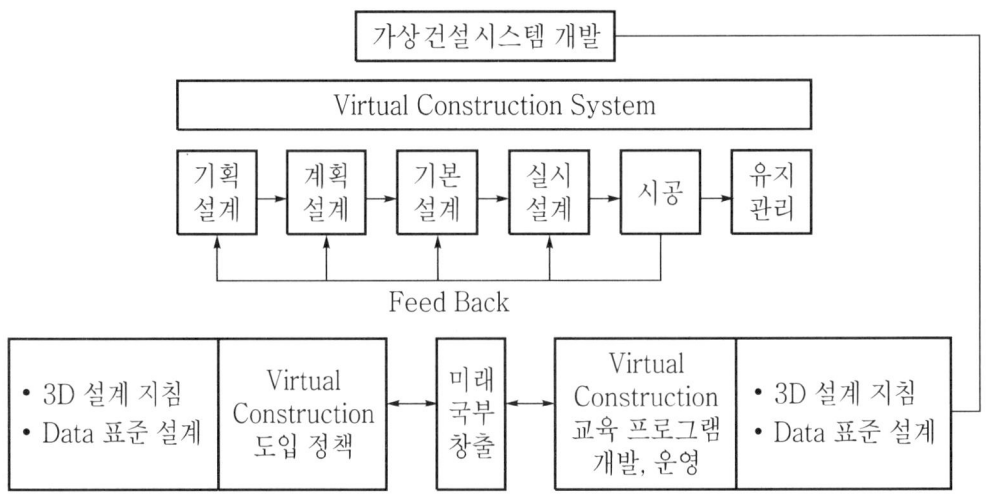

III. 가상건설시스템을 하는 이유

(1) 수학 Model을 해석적으로 풀기 곤란한 경우
(2) 위험이 따르는 경우
(3) 비용이 많이 드는 경우
(4) 실행 불가능한 경우
(5) 상황이 복잡하고 이해하기 곤란한 경우

8-1 건설분야 RFID(Radio Frequency Identification) [09중, 10점]

I. 정 의

(1) RFID(무선인식기술)란 각종 사물에 소형칩을 부착하여 사물의 정보와 주변 환경 정보를 무선주파수로 전송 및 처리하는 비접촉식 인식 System이다.
(2) 판독과 해독 기능이 있는 판독기와 고유정보를 내장한 RFID Tag, 운용 Software, Network 등으로 구성된 전파 식별 System은 사물에 부착된 얇은 평면형태의 Tag를 식별하므로 정보를 처리하며, Ubiquitous 공간구성의 핵심기반기술이다.
(3) 건설분야 RFID는 건설자재인 스풀에 RFID Tag를 부착해 제조공장에서부터 건설현장까지 선적, 배송, 재고관리 작업을 자동화하기 위한 구축시스템이다.

II. RFID 작동원리

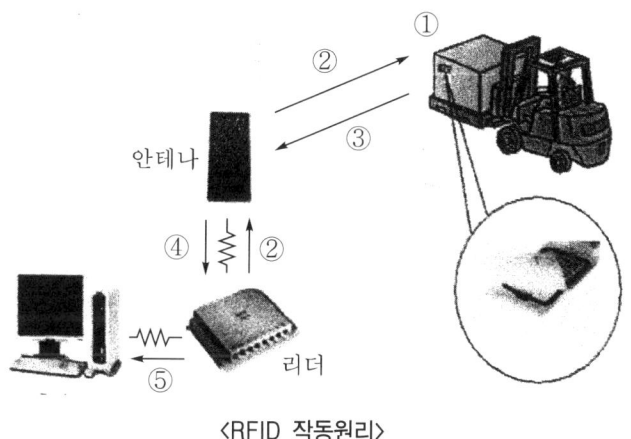

〈RFID 작동원리〉

III. 분 류

(1) 저주파 전자 식별
   1.8m 이하의 짧은 거리에 사용

(2) 고주파 전자 식별
   27m까지의 먼 거리도 인식 가능

Ⅳ. RFID의 특징

장 점	단 점
① 반영구적 사용 가능 ② 대용량의 메모리 내장 ③ 이동 중 인식 가능 ④ 원거리 인식 가능 ⑤ 반복 재사용 가능 ⑥ 다수의 Tag 또는 Label 정보를 동시에 인식 가능 ⑦ 데이터의 높은 신뢰도 ⑧ 공간적 제약 없이 동작 가능 ⑨ 데이터 변환(Write) 및 저장이 용이함	① 금속에 의한 전파장애 가능성 높음 ② RFID의 기술적인 한계 ③ RFID 기술이 갖는 사회 윤리적 문제 ④ 전파는 물을 통과하기 어려움 ⑤ 대량생산 공업제품이므로 위조, 복제 등이 가능 ⑥ 체계화된 표준안 제시 시급

Ⅴ. 건설업에서의 활용

(1) 현장 반출 물품관리
　　① 토사 반출 차량의 시간대별 관리 및 토량 자동산출
　　② 폐기물 차량의 관리로 폐기물량 자동산출
　　③ 기타 자재의 반출시 반출 자재의 내역 및 수량 파악 용이

(2) 현장 투입 물품관리
　　① 시간대 확인이 필요한 레미콘의 도착시간 확인 용이
　　② 철근, 시멘트, 목재 등 주자재의 현장 재고 파악 용이

(3) 출입하는 모든 자재 및 차량의 정보 관리

9-1 건설공사에서 BIM(Building Information Modeling)을 이용한 시공효율화 방안에 대하여 설명하시오. [11중, 25점]

Ⅰ. 개 요

(1) BIM(Building Information Modeling)이란 건설정보모델링으로 2D캐드에서 구현되는 정보를 3D의 입체설계로 전환하고 건설과 관련된 모든 정보를 Data Base화해서 연계하는 System이다.
(2) BIM은 3D의 가상세계에서 미리 건물을 설계하고, 시공까지 해보는 개념으로, 설계과정과 시공과정에서 발생하는 문제점을 미리 예측할 수 있으며, 각 공정이 Data Base화 되어서 환경부하, 에너지소비량 분석, 탄소배출량 확인, 견적·공기·공정 등 알고 싶은 모든 정보를 제공하는 System이다.

Ⅱ. 시공 효율화 방안

(1) 생산성과 투명성 향상
  ① 각 공정에 관여하는 사람이 3D 정보를 손쉽게 이해하고, 의사소통이 원활하고 신속한 의사결정이 가능하다.
  ② 공기 단축과 상호 이해 증진으로 신뢰성이 증대된다.
  ③ 생산성이 획기적으로 향상된다.

(2) 정확한 사업성 보장
  ① BIM은 정확한 물량산출이 가능하고 공기상의 위험성이 사전에 Check되므로 사업에 필요한 정확한 견적이 가능하다.
  ② 발주자와 시공자가 서로 신뢰하며 합리적 금액으로 계약 가능하다.
  ③ 정확한 원가계산과 공기산출로 안전성과 생산성이 향상되고 상호 신뢰성이 증진된다.

(3) 설계 변경이 용이
  ① 손쉬운 설계 변경과 디자인을 개발할 수 있다.
  ② BIM은 해당 Data를 변환하면 관련정보들이 연동되어 변동된다.
  ③ 설계 변경이 손쉽고 3D 가상공간에 다양한 설계개발이 가능하다.
  ④ 디자인된 새로운 공간의 느낌과 효용성의 사전검증이 가능하다.

⑤ 설계자에게 새로운 무한상상공간을 제공하는 것이다.

(4) 설계와 시공 Database 누적
① 2D되면 시공 후 정보로서 역할이 거의 끝나지만 BIM은 모든 과정이 축적되기 때문에 지속적 정보축적의 효용성을 갖는다.
② BIM으로 작성된 정보는 그대로 축적되어 다른 건축물 건립시 기초자료로 쓰이고 그 자료를 변형하여 새로운 설계가 가능하게 된다.
③ 축적된 정보는 향후 다른 건물과 관련 건축분야에 적용하여 무한한 변화와 지속적 Upgrade의 기본이 된다.
④ BIM은 비용절감, 공기단축, 독창적인 디자인과 효율적인 건물운영이 가능한 핵심 기술이다.

(5) 건설 Claim 감소
① 건설 Claim의 진행 방향

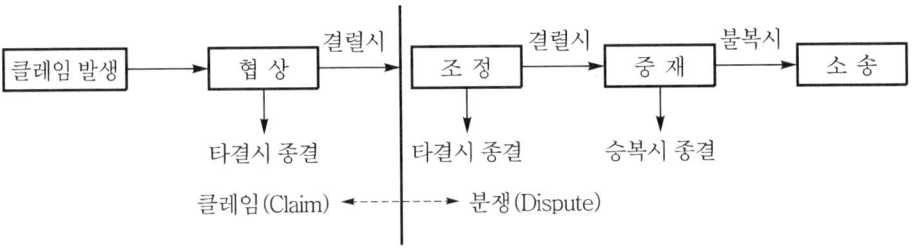

해결되지 않은 클레임은 분쟁으로 발전하게 되며, 이런 분쟁의 해결에는 조정이나 소송 등의 여러 가지 방법들이 사용된다.
② 건설공사에서 BIM의 적용으로 건설 Claim의 감소가 현저할 것으로 예상된다.

(6) 신기술 적용 용이
① 신기술은 3D System으로 사전 검토가 가능하다.
② 신기술의 보완 및 향상작업이 3D System에서 가능하다.
③ 실용성이 확인된 신기술의 적용이 빨라진다.

(7) 산·학·연의 연계 강화
① 학계에서 연구하고 발표되는 신기술을 설계에서 쉽게 적용가능성을 확인할 수 있다.
② 설계 가능한 기술은 현장에서 적용하므로 학계와 실무와의 Communication이 우수해진다.
③ 학계와 실무와의 교류 증진에 기여한다.

(8) 국제 경쟁력 제고
① BIM은 유럽 각국, 싱가포르, 두바이 건설현장 등에서 설계되어 시공되고 이미 검증된 핵심기술이다.
② 앞으로 건설시장은 새로운 기술을 신속하게 도입하여 시장에서 경쟁력 우위를 정하는 최고의 기술이다.
③ 업계와 학계에서 변화를 수용하고 빠른 시일 안에 국제적 생산성과 경쟁력 확보가 필요하다.

Ⅲ. 결 론

(1) 국내 최초로 공공건설 프로젝트에 BIM을 통한 기본 실시설계가 의무 적용된다.
(2) BIM의 적극적 도입은 새로운 변화와 무한한 기회를 창출하는 것으로, 한국건축의 미래를 밝게 하며 무한한 잠재력을 일깨우는 새로운 도전이다.

10-1 건설자동화(Construction Management) [11중, 10점]

I. 개 요

(1) 인력에 의존하던 건설공사의 시공이 기계화를 거쳐 자동화로 발전되고 있다.
(2) 건설자동화(Construction Automation)는 인력 절감과, 안전사고 방지, 건설생산성 향상 및 품질 향상을 가져올 수 있는 제도이다.

II. 건설시공의 발전방향

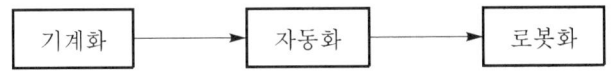

(1) **기계화**
  인력에 의존하던 건설시공에서 효율적 건설기계를 사용하여 시공성 향상을 도모
(2) **자동화**
  건설기계나 기기에 Computer, Control 장치, Sensor 등을 부착하여 기계의 작동, 제어(Control) 및 정지 등을 조정하여 작업 효율성 향상
(3) **로봇화**
  건설기계에 Micro Processor를 부착하여 단순한 작업의 Control, 원격조정, 무인작업으로 인간과 동일한 판단하에 작업을 수행

III. 건설자동화의 배경

(1) 3D 현상으로 기능공 절대 부족
(2) 생산성에 비해 고임금 시대 도래
(3) 노사문제 급증
(4) 건설재해 급증 및 안전사고 증가
(5) 건설공사의 경영 합리화
(6) 기계기술과 전자기술의 현저한 발달

Ⅳ. 자동화의 효과

   (1) 기능공의 부족 및 고령화 대처
   (2) 건설생산성 향상
   (3) 노동 작업환경의 개선
   (4) 품질 및 정도의 향상
   (5) 안전사고 방지

제 4 절 공정관리

> **1-1** 건설공사에서 일정관리의 필요성과 그 방법을 설명하시오. [10전, 25점]
> **1-2** 공정네트워크(Network) 작성시 공사일정계획의 의의와 절차 및 방법을 설명하시오. [11전, 25점]
> **1-3** 공정관리 기법의 종류와 특징 [96후, 20점]
> **1-4** 공정관리의 기능과 공정관리 기법에 대해 설명하시오. [11후, 25점]
> **1-5** 건설공사에서 공정계획 작성시 계획수립 상세도 및 작업 상세도에 따른 공정표(Network)의 종류에 대하여 서술하시오. [03전, 25점]
> **1-6** 공정관리 기법의 종류별 활용효과를 얻을 수 있는 적정 사업의 유형을 각 기법의 특성과 연계하여 설명하시오.(Bar Chart, CPM, LOB, Simulation) [06중, 25점]
> **1-7** 마디도표방식(Precedence Diagram Method)에 의한 공정표의 특징 및 작성방법을 설명하시오. [09중, 25점]
> **1-8** PDM(Precedence Diagramming Method) 공정표 작성방식 [03전, 10점]

Ⅰ. 개 요

(1) 공정관리는 건설생산에 필요한 자원 5M을 경제적으로 운영하여 주어진 공기 내에 우수하고, 저렴하고, 신속하고, 안전하게 구조물을 완성하는 관리기법을 말한다.
(2) 공정관리를 위해서는 작업의 순서와 시간이 명시되고, 공사 전체가 일목요연하게 나타나 있는 공정표를 작성하여 운영한다.

Ⅱ. 일정관리(공정관리)의 필요성(공사일정계획의 의의), 공정관리의 기능

(1) 품질 향상
 구조물의 고품질, 고정밀화 등으로 품질을 향상시킬 수 있고 차기 작업과의 연결이 원활하게 이루어진다.

(2) 경제성 확보
 공사의 예산범위 내에서 목적물을 완성할 수 있다.

(3) 안전성 확보

계획된 공정순서에 의한 작업으로 현장에서의 조잡함 없이 작업에 안전성이 확보된다.

(4) 변동상황 대처 용이

상세한 계획 수립에 따라 작업하게 되므로 현장 변화 및 변경에 쉽게 대처할 수 있다.

(5) 대책 강구 용이

작업 전의 계획공정과 실시공정을 비교 분석하여 상황변화에 따른 대책 강구가 용이하다.

(6) 노무관리

각 공종별로 요구되는 투입요원의 균일화와 균배도 작성으로 인력 배당이 쉽다.

(7) 자재관리

목적물에 소요되는 자재의 소요시기, 소요량 등을 파악하기 쉽고 현장에서의 자재관리가 쉽다.

(8) 장비관리

적절한 사용시기에 맞추어 장비 투입이 가능하며 타공정과의 관계를 파악하여 분할 사용, 병용 사용이 가능하다.

(9) 원가관리

필요 이상의 급속 공기를 배제할 수 있으며 전체적인 적정 공기 산정으로 원가관리가 용이하다.

(10) 공정 검토

공정계획에 따라 예정된 각 공종별 작업활동을 도표화하여 각 시점에서의 공사의 진척도를 검토하는 척도가 된다.

Ⅲ. 공사 일정계획의 절차와 방법

(1) 준비
  ① 설계도서, 시방서, 공정별 적산 수량서
  ② 입지조건 및 기상조건
  ③ 개략적인 시공계획서

(2) 내용 검토
  ① 공사내용 분석
  ② 관리 목적을 명확히 하고 배열

③ 작업은 세분화·집약화 한다.
④ 작업량에서 소요인원, 장비대수 파악

(3) 일정의 종류
   ① 최조 개시시각(EST ; Earliest Starting Time) : 작업을 시작할 수 있는 가장 빠른 시각
   ② 최조 완료시각(EFT ; Earliest Finishing Time) : 작업을 종료할 수 있는 가장 빠른 시각
   ③ 최지 개시시각(LST ; Latest Starting Time) : 프로젝트의 공기에 영향이 없는 범위 내에서 작업을 가장 늦게 시작하여도 좋은 시각
   ④ 최지 완료시각(LFT ; Latest Finishing Time) : 프로젝트의 공기에 영향이 없는 범위 내에서 작업을 가장 늦게 종료하여도 좋은 시각

(4) 계산방법
   ① EST, EFT 계산
      ㉠ EST는 전진계산에 의해 구한다.
      ㉡ 개시 결합점의 EST=0
      ㉢ EFT는 EST에 공기(D)를 더하여 구한다.
      ㉣ 결합점에서는 EST=EFT
   ② LST, LFT 계산
      ㉠ 후진 계산에 의해 구한다.
      ㉡ LST는 LFT에서 공기(D)를 빼서 구한다.
      ㉢ 결합점에서는 LST=LFT

(5) 플로트(Float)
   EST, EFT, LST, LFT를 구하면 개개의 작업의 여유인 플로트가 생긴다. 플로트는 공기에 영향을 주지 않고 작업의 착수나 완료를 늦게 할 수 있다.
   ① TF(Total Float) : EST로 시작하고, LFT로 완료할 때에 생기는 여유시간
   ② FF(Free Float) : EST로 시작하고, 후속작업도 EST로 시작하여도 생기는 여유시간

(6) 공기 조정
   계산공기가 지정공기를 초과할 때에는 계산공기를 재검토하여 지정공기에 맞춤

(7) 공정표 작성
   ① 작업에 결합점(i, j)이 표시되어야 하고, 그 작업은 하나이어야 한다.
   ② 작업을 표시하는 화살선은 역진 또는 회송이 안 된다.
   ③ 가급적이면 작업 상호간의 교차를 피한다.

Ⅳ. 공정표의 종류(일정관리 방법, 공정관리 기법)

(1) Gantt식 공정표
　① 횡선식 공정표(Bar Chart)
　② 사선식 공정표

(2) Network식 공정표
　① PERT(Program Evaluation and Review Technique)
　② CPM(Critical Path Method)

(3) 기타 공정표
　① PDM(Precedence Diagraming Method)
　② Overlapping
　③ LOB(Line Of Balance)

Ⅴ. Gantt식 공정표

1. 횡선식 공정표(Bar Chart)

(1) 정의
　공정별 공사를 종축에 순서대로 나열하고, 횡축에 날짜를 표기하여 시간 경과에 따른 공정을 횡선으로 표시한 공정표이다.

(2) 특징
　① 작성하기가 쉽고 간단하다.
　② 개략 공정의 내용을 나타내는데 적합하다.
　③ 즉각적으로 보고 이해하기 쉽다.
　④ 각 공종별 공사와 전체의 공정시기 등이 일목요연하다.
　⑤ 작업관계가 표현되지 않는다.
　⑥ 공사기일이 나타나지 않는다.
　⑦ 횡선의 길이에 따라 진척도를 개괄적으로 판단해야 한다.
　⑧ 문제점이 명확하지 않다.
　⑨ 계획자의 주관적인 수치에 좌우된다.

(3) 적정 사업의 유형
　① 단순 공정
　② 옹벽, 암거, 구조물 공사
　③ 토공사, 흙막이공사 등

2. 사선식 공정표

(1) 매일 기성고를 누계곡선으로 표현하고, 실적을 대비해 보는 방법이다.
(2) 공사 지연에 조속히 대처할 수 있다.
(3) 횡선식 공정표와 병용하기도 하며, 금액 Check가 가능하다.
(4) 기성고 곡선에서는 계획선 상하 허용한계선을 설치하여 공정을 조정하는데 이 상하 허용한계선을 바나나 곡선(공정관리 곡선)이라 한다.

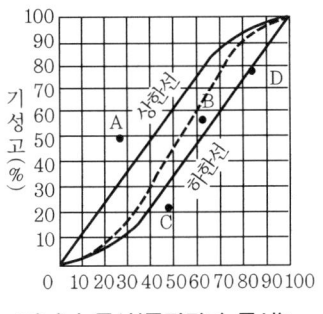

〈바나나 곡선(공정관리 곡선)〉

VI. Network 공정표

1. PERT

(1) 1958년 미 해군의 핵 잠수함 건조계획시 개발과정에서 고안해냈다.
(2) 목표 기일에 작업을 완성하기 위한 시간, 자원, 기능을 조정하는 방법이다.

2. CPM

(1) 정의
  ① 작업시간에 비용을 결부시켜 MCX(Minimum Cost Expediting) 공사의 비용 곡선을 구하여 급속계획의 비용 증가를 최소화한 것이다.
  ② 공기 설정에 있어서 최소 비용으로 최적의 공기를 얻는 것을 목표로 한다.

(2) 특징
  ① 공사비 절감
  ② 경험이 많고 반복적인 공정이 많은 공사에 적용
  ③ MCX가 핵심이론
  ④ 일정 계산이 자세하고 작업간 조정 용이
  ⑤ 작성이 난해

(3) 적정 사업의 유형
  ① 경험이 많고 반복적인 공정
  ② 공동주택, Plant 공사
  ③ 기준층을 중심으로 동일한 평면의 반복이 많은 건축물

Ⅶ. 기타 공정표

1. PDM(Precedence Diagramming Method)

(1) 정의
1964년 스탠포드 대학에서 개발한 네트워크로서 반복적이고 많은 작업이 동시에 일어날 때 CPM보다 효율적이며, Event(Node) 안에 작업과 관련된 많은 사항들을 기입할 수 있어 Event(Node) Type 네트워크라고도 한다.

(2) 특징
① 더미(Dummy)의 사용이 불필요하므로 간편하다.
② 한 작업이 하나의 숫자로 표기되므로 컴퓨터의 적용이 용이하다.
③ 반복적이고 많은 작업이 동시에 수행될 경우 효율적이다.

(3) 작성방법
기존의 네트워크 기법에서는 선행작업이 끝나야 후속작업을 시작하는 FTS 관계만 허용되지만 PDM 기법에서는 다음과 같은 4가지의 다양한 연결관계 표시가 가능하다.

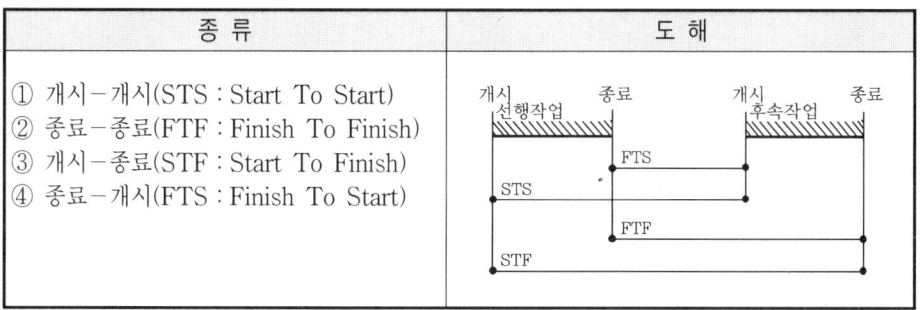

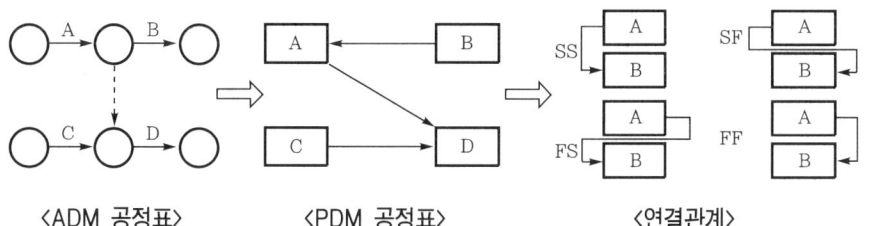

〈ADM 공정표〉　　〈PDM 공정표〉　　〈연결관계〉

2. Overlapping

PDM을 응용·발전시킨 것으로 선후작업 간의 Overlap 관계를 간단하게 표기하는데 사용된다.

3. LOB(Line Of Balance)

(1) 정의

LOB 기법은 반복되는 각 작업들의 상호관계를 명확하게 나타낼 수 있어 도로나 고층빌딩 골조와 같은 반복되는 공사에 주로 사용되며, LSM(Liner Scheduling Method) 기법이라고도 한다.

(2) 특징

① 네트워크 공정표에 비해 사용하기 쉬우며, 작성하기 쉽다.
② 바차트에 비해 보다 많은 정보를 사용한다.
③ 네트워크 공정표나 바차트가 나타낼 수 없는 전도율을 나타낼 수 있다.
④ 문제를 쉽게 전달하고 해결책을 제시하며, 다른 기법을 사용하여 일정관리를 하더라도 일정이 의도하는 바를 나타낸다.
⑤ 간단하며, 세부작업 일정을 나타낸다.

(3) 적정 사업의 유형

① 도로 및 터널 공사와 같은 반복되는 공사
② 건축물, 공장 등

Ⅷ. Simulation

(1) 정의

① 최근 구조물의 고층화·대형화·복잡화·다양화로 설계나 시공시 현실에 많은 문제점을 야기시킴으로 Computer의 발전에 힘입어 설계시 그 동안의 실적 자료를 토대로 신규 공사의 예측, 미경험 공사의 계획 등을 다방면으로 시도하여 최적의 설계방법을 창출해 내는 것을 Simulation이라 한다.
② 설계상 시행착오를 방지하고 시공 중 시공성 향상을 위해 필요하고 최근 우주 비행사나 운전연습 등에 이용되기도 하며 건설산업에서는 풍동시험, Mockup Test, PERT·CPM 등에 이용된다.

(2) Flow Chart

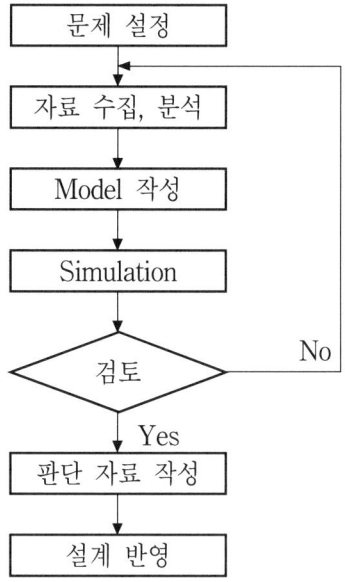

(3) 적정 사업의 유형
   ① 건설공사의 개선
   ② 실적 자료를 토대로 신규 공사의 예측
   ③ 미경험 공사 계획

IX. 결 론

(1) 공정관리에는 공정계획의 입안 및 계획에 따른 자재, 노무, 장비 등의 배치와 작업을 실시하고 결과의 검토 및 수정 조치하는 진도관리를 해야 한다.
(2) 공정계획과 실적치 차이를 기록하고 명확하게 하여 검토 결과를 차후 공정계획관리에 활용하면 보다 정확한 공정관리가 될 것이다.

> **1-9** 공정관리 업무의 내용을 들어 기술하시오. [97중후, 33점]
> **1-10** 공정관리의 사용목적과 내용을 기술하시오. [95전, 33점]
> **1-11** 공정관리의 주요 기능 [11전, 10점]

Ⅰ. 개 요

(1) 공정관리는 토목구조물에 필요한 자원 5M을 경제적으로 운영하여 주어진 공기 내에 좋고, 싸고, 빠르고, 안전하게 구조물을 완성하는 관리기법을 말한다.
(2) 공정관리를 위해서는 작업의 순서와 시간을 명시하고, 공사 전체가 일목요연하게 나타나 있는 공정표를 작성하여 운영한다.

Ⅱ. 공정표의 종류

(1) Gantt식 공정표
  ① 횡선식 공정표
  ② 사선식 공정표

(2) Network식 공정표
  ① PERT(Program Evaluation and Review Technique)
  ② CPM(Critical Path Method)

Ⅲ. 사용 목적(주요 기능)

(1) 품질 향상
  구조물의 고품질, 고정밀화 등으로 품질을 향상시킬 수 있고 차기 작업관의 연결이 원활하게 이루어진다.

(2) 경제성 확보
  공사의 예산범위 내에서 목적물을 완성할 수 있다.

(3) 안전성 확보
  계획된 공정순서에 의한 작업으로 현장에서의 조잡함 없이 작업에 안전성이 확보된다.

(4) 변동상황 대처 용이
  상세한 계획수립에 따라 작업하게 되므로 현장 변화 및 변경에 쉽게 대처할 수 있다.

(5) 대책 강구 용이
작업 전의 계획공정과 실시공정을 비교 분석하여 상황변화에 따른 대책강구가 용이하다.

(6) 노무관리
각 공종별로 요구되는 투입 요원의 균일화와 균배도 작성으로 인력 배당이 쉽다.

(7) 자재관리
목적물에 소요되는 자재의 소요시기, 소요량 등을 파악하기 쉽고 현장에서의 자재관리가 쉽다.

(8) 장비관리
적절한 사용시기에 맞추어 장비 투입이 가능하며 타공정과의 관계를 파악하여 분할 사용, 병용 사용이 가능하다.

(9) 원가관리
필요 이상의 급속 공기를 배제할 수 있으며 전체적인 적정 공기 산정으로 원가관리가 용이하다.

(10) 공정 검토
공정계획에 따라 예정된 각 공종별 작업활동을 도표화하여 각 시점에서의 공사의 진척도를 검토하는 척도가 된다.

Ⅳ. 공정관리 업무의 내용

1. 최적 공기 결정

(1) 정의
직접비(노무비, 재료비, 가설비, 기계 운전비 등), 간접비(관리비, 감가상각비 등)를 합한 총 건설비가 최소로 되는 가장 경제적인 공기를 결정하는 것을 말한다.

(2) 특징
① 공기 단축은 일반적으로 직접비는 증가하고 간접비는 감소한다.
② 직접비가 최소가 되는 방법으로 시공하는데 드는 비용을 표준비용(Normal Cost)이라 한다.
③ 이때의 공기를 표준공기라 한다.

2. 공기 단축

(1) 정의

지정된 공기 내에 작업을 달성하기 어려울 경우에 적절한 조치를 취하여 공기를 단축시키는 것을 말한다.

(2) 공기 단축방법
① 작업인원 증강
② 자재 증강
③ 초과근무 실시
④ 교대제도의 채용

(3) 특징
① 활동에 대한 직접비는 공기 단축에 따라 증가한다.
② 활동에 대한 간접비는 공기가 연장됨에 따라 증가한다.
③ 간접공사비와 직접공사비 간의 균형을 이루는 어느 기간에서 총 공사비가 최소로 된다.

3. 최소비용계획법(MAX 이론)

(1) 정의

각 요소 작업의 공기와 비용 관계를 조사하여 최소비용으로 공기를 단축하기 위한 방법이다.

(2) Cost Slope(비용구배)

공기 단축을 행할 때 공기 단축 일수와 비례적으로 비용이 증가한다. 이러한 비용 증가액을 Cost Slope라고 한다.

$$\text{Cost Slope} = \frac{\text{급속비용} - \text{정상비용}}{\text{정상공기} - \text{급속공기}}$$

(3) 공기 단축 요령
① 1단계 : Critical Path에서 Cost Slope가 가장 적은 작업에서 단축한다.
② 2단계 : Subpath가 CP가 되면 CP로 표시하나, CP는 Subpath가 되어서는 안 된다.
③ 3단계 : 공기 단축이 불가능한 작업은 ×표시를 하고, CP가 복수가 되면 Cost Slope가 적은 것부터 단축한다.

4. 자원 배당

(1) 정의

자원(노무, 자재, 장비, 자금) 소요량과 투입 가능량을 상호 조정하며 자원의 비효율성을 제거하여 비용의 증가를 최소화하는 것이다.

(2) 자원 배당방법
① 공정표 작성
② 일정 계산
③ EST에 의한 자원 배당
④ LST에 의한 자원 배당
⑤ 균배도

5. 진도관리

각 공정의 계획 공정표와 공사 실적이 나타난 실적 공정표를 비교하여 전체 공기를 준수할 수 있도록 공사 지연 대책을 강구하고 수정 조치하는 것을 말한다.

6. 공기와 시공속도

공사를 단축하여 상승된 직접비와 공기를 단축하여 감소된 간접비의 합계를 총 공사비라 하며, 총 공사비가 최소가 될 때의 공기를 최적 시공속도라 한다.

V. 결 론

(1) 공정관리의 목표는 원가 절감이 최대가 되는 최적 공기를 설정하여 좋게, 값싸게, 빨리, 안전하게 목적물을 완성하기 위한 것이다.
(2) 공정계획에 있어서는 면밀한 시공계획에 따라 시공함으로써 경제성 있는 공사가 되도록 한다.

2-1 다음 Network에서 전 여유(Total Float)를 구하고, 주공정(Critical Path)을 구하시오. [94후, 50점]

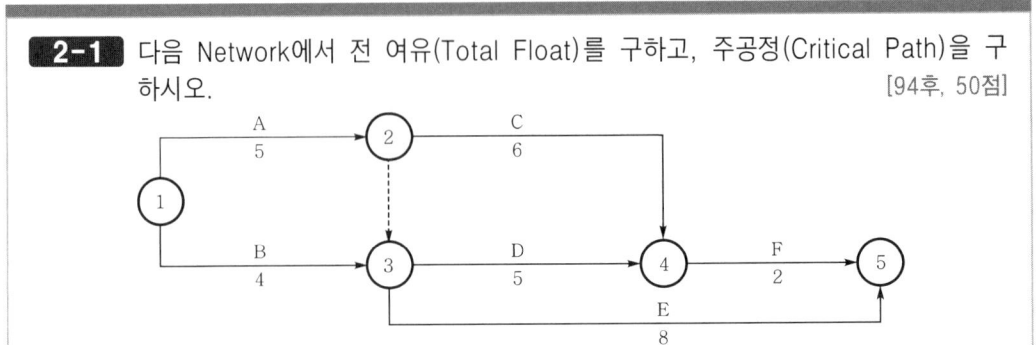

I. 일정 계산

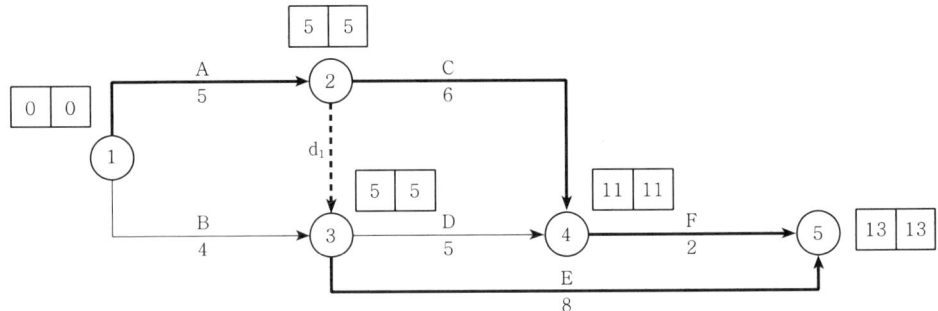

(1) 계산방법

① EST : 전진계산하며 최대값을 취한다.

② EFT=EST+D : 그 작업의 EST+소요일수

③ LET : 후진 계산하며 최소값을 취한다.

④ LST=LFT-D : 그 작업의 LFT-소요일수

$$CP-1 \; ① \xrightarrow[5]{A} ② \xrightarrow[6]{C} ④ \xrightarrow[2]{F} ⑤ \; 소요공기 \; 13일$$

$$CP-2 \; ① \xrightarrow[5]{A} ② \xrightarrow[0]{d_1} ③ \xrightarrow[8]{E} ⑤ \; 소요공기 \; 13일$$

(2) 주공정 도해

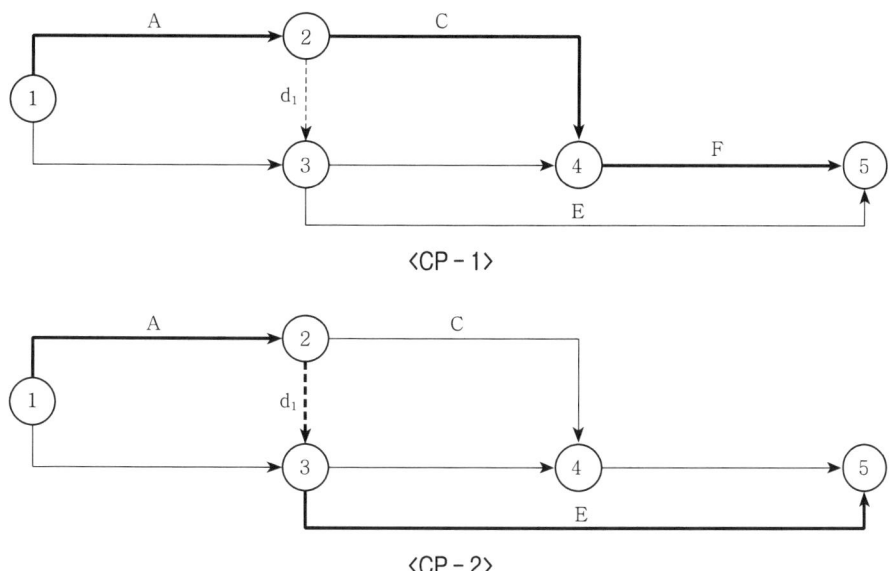

작업명	Event No	소요일수 (D)	TE		TL		TF	CP
			EST	EFT	LST	LFT		
A	①-②	5	0	5	0	5	5-(0+5)=0	*
B	①-③	4	0	4	1	5	5-(0+4)=1	
d_1	②-③	0	5	5	5	5	5-(5+0)=0	*
C	②-④	6	5	11	5	11	11-(5+6)=0	*
D	③-④	5	5	10	6	11	11-(5+5)=1	
E	③-⑤	8	5	13	5	13	13-(5+8)=0	*
F	④-⑤	2	11	13	11	13	13-(11+2)=0	*

Ⅱ. 전 여유 산출(Total Float)

(1) 정의

 전 여유란 작업을 최소 개시시각으로 시작하여 최종 종료시각으로 작업을 완료할 때에 생기는 여유를 말한다.

(2) 산출공식

 TF=그 작업의 LFT-그 작업의 EFT(EFT=EST+D)
 또는 후속작업의 LST-그 작업의 EFT

(3) 전 여유(Total Float)
   ① B작업에서 1일
   ② D작업에서 1일

Ⅲ. 주공정(Critical Path)

(1) 정의
   Network에서 최초 개시단계에서 최종 종료단계를 잇는 여러 개의 Path 중 가장 긴 작업공기를 말한다.

(2) 특징
   ① TF=0
   ② 굵은선 또는 이중선으로 표기한다.
   ③ 하나뿐만 아니라 둘 이상이 있을 수 있다.
   ④ 일정 계획 수립의 기준이 된다.

(3) 주공정 결정
   일정 계산에서 구한 결과 CP가 2개 존재한다.

2-2 다음 Network에서 각 단계의 시각(Event Time), 각 작업의 전 여유(Total Float) 및 주공정(Critical Path)을 구하시오. [95중, 33점]

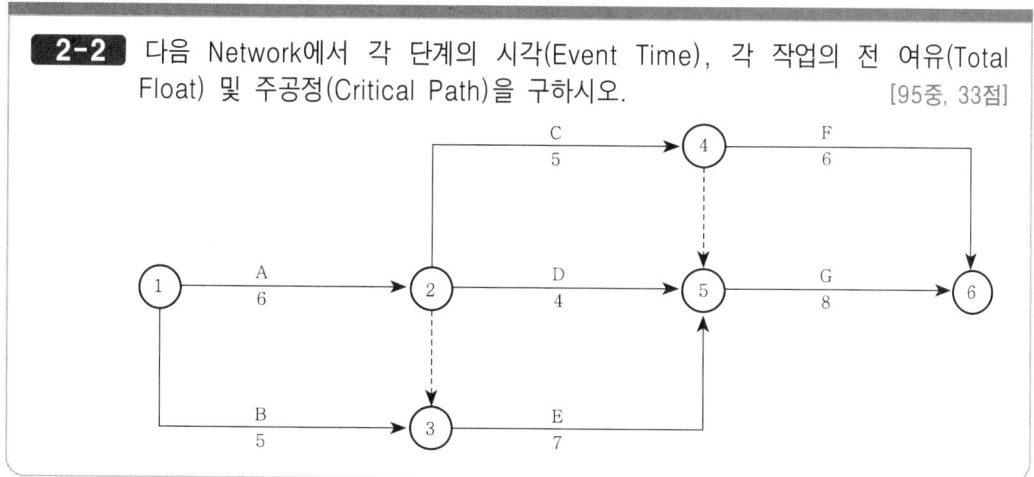

Ⅰ. 각 단계의 시각

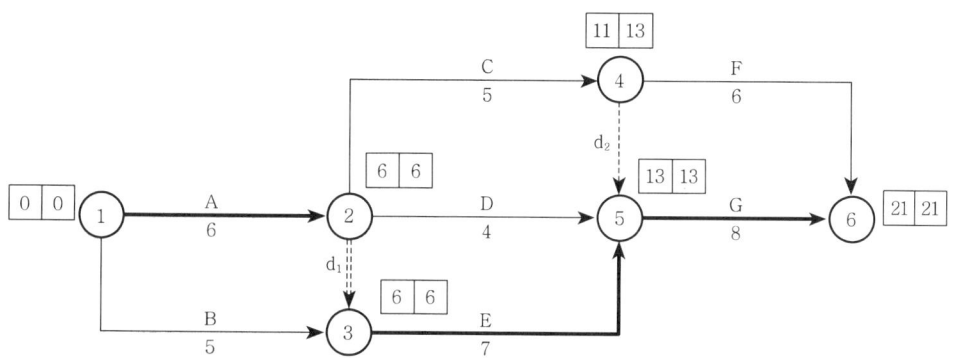

(1) EST

전진 계산하며 최대값을 취한다.

(2) EFT = EST + D

그 작업의 EST + 소요일수

(3) LFT

후진 계산하며 최소값을 취한다.

(4) LST = LFT − D

그 작업의 LFT − 소요일수

작업명	Event No	소요일수 (D)	TE		TL		TF	CP
			EST	EFT	LST	LFT		
A	①-②	6	0	6	0	6	6-6=0	*
B	①-③	5	0	5	1	6	6-5=1	
d_1	②-③	0	6	6	0	6	6-6=0	*
C	②-④	5	6	11	8	13	13-11=2	
D	②-⑤	4	6	10	9	13	13-10=3	
E	③-⑤	7	6	13	6	13	13-13=0	*
d_2	④-⑤	0	11	11	13	13	13-11=2	
F	④-⑥	6	11	17	15	21	21-17=4	
G	⑤-⑥	8	13	21	13	21	21-21=0	*

Ⅱ. 전 여유 산출(Total Float)

(1) 정의

전 여유란 최초 개시시각으로 작업을 시작하여 최종 종료시각으로 작업을 완료할 때에 생기는 여유를 말한다.

(2) 산출 공식

TF=그 작업의 LFT-그 작업의 EFT(EFT=EST+D)
또는 후속작업의 LST-그 작업의 EFT

(3) 전 여유(Total Float)
① B작업에서 1일
② C작업에서 2일
③ D작업에서 3일
④ F작업에서 4일

Ⅲ. 주공정(Critical Path)

(1) 정의

Network에서 최초 개시단계에서 최종 종료단계를 잇는 여러 개의 Path 중 가장 긴 작업공기를 말한다.

(2) 특징
① 전 여유(TF)가 0이다.

② 굵은선 또는 이중선으로 표기한다.
③ 하나 이상이 존재하기도 한다.
④ 일정 계획 수립의 기준이 된다.

(3) 주공정

일정 계산에서 구한 CP는 다음과 같다.

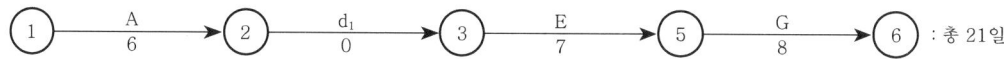 : 총 21일

(4) 주공정 도해

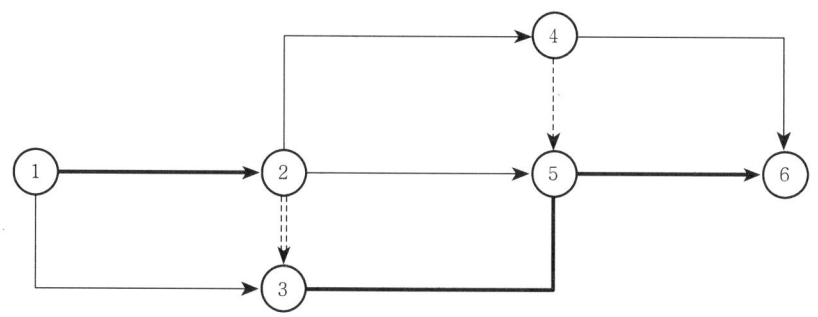

2-3 PERT CPM에서 전 여유(Total Float) [94후, 10점]

I. 정 의

(1) Float는 공기에 영향을 미치지 않고 작업의 착수 또는 완료를 늦게 할 수 있는 시간으로 CPM 기법에서 Activity에서 발생하는 여유시간을 말한다.
(2) Float의 종류에는 TF(Total Float), FF(Free Float), DF(Dependent Float), IF(Independent Float)가 있다.

II. 종 류

종 류	내 용
TF (Total Float ; 총 여유)	EST(가장 빠른 개시시각)로 시작하고, LFT(가장 늦은 종료시각)로 완료할 때에 생기는 여유시간
FF (Free Float ; 자유 여유)	EST(가장 빠른 개시시각)로 시작하고, 후속작업도 EST(가장 빠른 개시시각)로 시작하여도 생기는 여유시간
DF (Dependent Float ; 간섭 여유)	후속 작업에 영향을 미치는 여유시간
IF (Independent Float ; 독립 여유)	선행작업에 영향을 받지 않으면서 후속작업의 EST(가장 빠른 개시시각)에도 영향을 주지 않는 여유시간

III. 계산방법

(1) TF(Total Float ; 총 여유)
   ① 그 작업의 LFT : 그 작업의 EFT
   ② 그 작업의 LST : 그 작업의 LFT

(2) FF(Free Float ; 자유 여유)
   ① 후속작업의 EST : 그 작업의 EFT
   ② 후속작업의 EST : (EST+D)

(3) DF(Dependent Float ; 간섭 여유)
   ① 후속작업의 총 여유(TF)에 영향을 미치는 어떤 작업이 갖는 여유
   ② TF(Total Float)-FF(Free Float)

(4) IF(Independent Float ; 독립 여유)

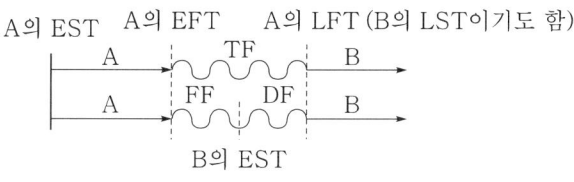

〈Float〉

| **2-4** | 크리티컬 패스(Critical Path) | [97후, 20점] |
| **2-5** | 주공정선(Critical Path) | [00전, 10점] |

Ⅰ. 개 요

(1) Network에서 최초 개시점에서 마지막 종료점까지 연결되어 있는 여러 개의 Path 중 가장 긴 Path를 말한다.
(2) 작업을 완성시키는 데 여유시간을 전혀 포함하지 않은 최장경로로서 공정계획 및 공정관리상 가장 중요한 것을 주공정선이라고 하며 CP로 나타낸다.

Ⅱ. Network 구성요소

(1) 단계(Event, Node)
(2) 작업(Activity, Job)
(3) 명목상 작업(Dummy Activity)
(4) 경로(Path)
(5) LP(Longest Path)
(6) CP(Cririal Path)

Ⅲ. 특 징

(1) 여유시간이 전혀 없다(TF=0).
(2) 여러 가지 Path 중 가장 길다.
(3) CP는 한 개만 있는 것이 아니고 2개 이상 있을 수도 있다.
(4) Dummy도 CP가 될 수 있다.
(5) CP에 의하여 공기가 결정된다.
(6) CP는 일정계획을 수립하는 기준이 된다.
(7) CP상의 Activity는 중점적 관리대상이 된다.

Ⅳ. 크리티컬 패스 작업방법

(1) 준비
　　설계도서 및 공정별 적산 수량서 작성

(2) 내용 검토
   ① 공사 내용 분석 및 시공순서에 맞게 배열
   ② 공정의 기술적 순서, 상호관계를 Network에 표시

(3) 시간 계산(일정 계산)
   ① 모든 Path에서 각 작업의 EST, EFT, LST, LFT 계산
   ② 각 작업의 여유시간(Float Time) 및 필요일수(계산 공기) 계산

(4) 공기 조정
   계산공기가 지정공기를 초과할 때는 계산공기를 재검토하여 지정공기에 맞춘다.

(5) 공정표 작성
   작업 명칭, 작업량, 소요시간 등을 알기 쉽게 기입하여 Network 공정표 작성

(6) 크리티컬 패스
   최초 개시에서 최종 종료에 이르는 여러 가지 Path 중 가장 긴 경로

V. 표시법

(1) 공기가 가장 긴 것으로 TF=0인 작업을 찾는다.
(2) 굵은선 또는 2줄로 표시한다.
(3) Dummy도 CP가 될 수 있다.

VI. 실례(實例)

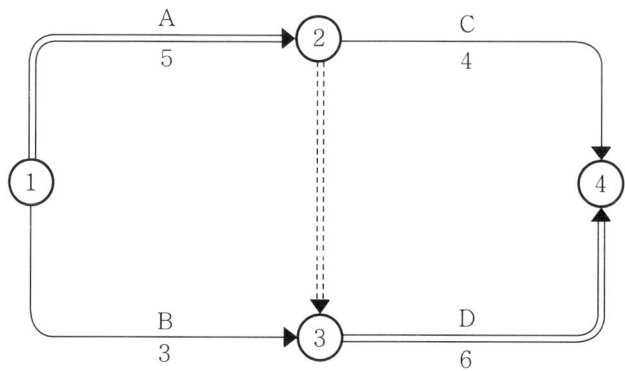

2-6 Lead Time [97중후, 20점]

I. 정 의

(1) Lead Time이란 실제의 작업을 시작하기 전에 필요한 사전준비 작업으로서, 선도 시간이라고도 한다.
(2) Lead Time은 Float(여유시간) 개념이 아닌 사전작업에 소요되는 시간으로 노무·자재·장비 등을 준비하는데 필요한 시간이다.
(3) Lead Time은 한 작업의 EST와 후속작업의 EST의 시간차에 의해 구해진다.

II. Bar Chart에서의 Lead Time 실례

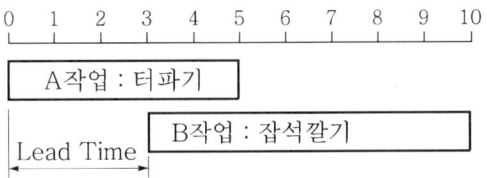

(1) B작업의 Lead Time은 3일이다.
(2) 잡석깔기를 하기 위해서는 터파기공사 시작 후, 3일 동안 잡석깔기 준비(잡석 구입, 잡석 차량 운반로, 잡석깔기용 장비)를 하는데 필요한 시간이다.

III. Overlapping 기법에서의 Lead Time 실례

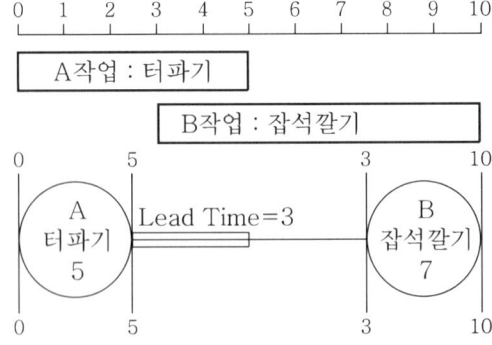

터파기공사 3일 후 잡석깔기가 시작된다.
Lead Time=한 작업의 EST(3)−선행작업의 EST(0)=3−0=3일

Ⅳ. 특 징

(1) Lead Time은 모든 작업에서 생겨날 수 있다.
(2) 공사관리자가 단위공사의 준비를 위해 필요한 시간이다.
(3) 공사에 대한 지식이나 경험이 풍부해야 Lead Time을 원활히 활용할 수 있다.
(4) 준비시간이 Lead Time을 초과하게 되면 전체 공기가 늘어난다.
(5) Lead Time을 적절히 활용하면 공기 단축 및 공정 마찰을 방지할 수 있다.

> **3-1** 최소비용에 의한 공기 단축에 대하여 설명하시오. [97후, 25점]
> **3-2** 공기 단축의 필요성과 최소비용을 고려한 공기 단축 기법을 설명하시오.
> [08중, 25점]
> **3-3** 최소비용 촉진법(MCX ; Minimum Cost Expediting) [07후, 10점]

Ⅰ. 개 요

(1) 공기 단축은 계산공기가 지정공기보다 길거나 공사수행 중 작업이 지연되었을 때 공기 만회를 위하여 필요하다.

(2) 공기 만회를 위하여 공사비를 증가시켜서 공기는 단축하나 최소의 공사비로 최적의 공기를 단축할 수 있도록 공비 증가를 최소화하여야 한다.

Ⅱ. 목 적

(1) 공기 만회
(2) 공사비 증가 최소화

Ⅲ. 공기 단축의 필요성

(1) 공기 검토
  공정계획에 따라 예정된 각 공종별 작업활동을 도표화하고 공사의 진척도를 검토하여 공사비 절감효과

(2) 품질 향상 효과
  정확한 작업일정 예측과 필요자원 파악으로 체계적인 준비가 가능하므로 구조물의 품질 향상

(3) 경제성 확보
  ① 적기, 적정량의 5M 조달로 자원의 과소 발생 최소화
  ② 타공정과의 관계 파악으로 장비의 병용 가능
  ③ 투입인원의 균일화로 경제성 확보

(4) 안전성 확보
  계획된 공정순서에 의한 작업으로 현장에서의 작업에 안전성 확보 용이

(5) 변동상황 대처 용이
   ① 상세한 계획수립에 따라 작업하게 되므로 현장 변화 및 변경에 쉽게 대처
   ② 공기 지연시 공기 단축 용이

(6) 노무비 절감효과
   공종별 투입인원 균일화와 인력 배분계획 수립

(7) 공기 지연시 대책강구 용이

(8) 자재관리 용이

Ⅳ. 공기 단축기법의 종류

(1) 지정공기에 의한 공기 단축
   ① MCX   ② 지정공기(T_o)

(2) 진도관리(Follow Up)에 의한 공기 단축

Ⅴ. MCX(Minimum Cost Expediting, 최소비용계획)에 의한 공기 단축

(1) 의의
   각 요소작업의 공기와 비용의 관계를 조사하여 최소비용으로 공기를 단축하기 위한 기법

(2) Cost Slope(비용구배, 1일 비용 증가액)
   ① 공기 1일을 단축하는데 추가되는 비용
   ② 공기 단축일수와 비례하여 비용이 증가
   ③ Cost Slope = $\dfrac{급속비용 - 정상비용}{정상공기 - 급속공기}$

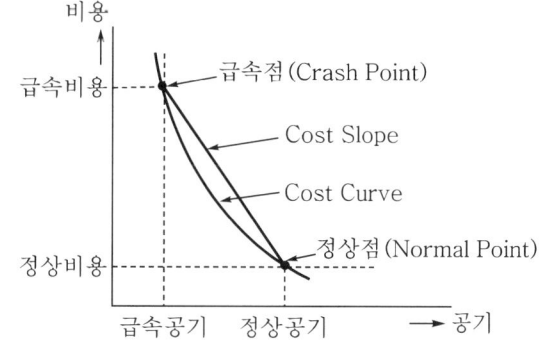

(3) 공기 단축 요령
  ① 1단계 : Critical Path에서 Cost Slope가 가장 적은 작업에서 단축
  ② 2단계
    ㉠ Sub Path는 CP가 되면 CP 표시
    ㉡ CP는 Sub Path가 되어서는 안 됨
  ③ 3단계
    ㉠ 공기 단축이 불가능한 작업은 ×표시
    ㉡ CP가 복수가 되면 Cost Slope가 적은 것부터 단축

(4) Extra Cost(추가비용)
  ① 각 작업에서 단축일수×Cost Slope
  ② 공기 단축시 발생하는 추가비용의 합

(5) 총 공사비
  ① 직접 공사비만을 고려한 총 공사비
  ② 공기를 단축하여 추가비용 발생시 총 공사비
    총 공사비=Normal Cost+Extra Cost

(6) 최적 공기
  ① Total Cost가 최소가 되는 가장 경제적인 공기
  ② 직접비 : 노무비, 재료비, 정상 작업비, 부가세, 경비
  ③ 간접비
    ㉠ 관리비, 감가상각비
    ㉡ 공기 단축에 따라 일정액 감소

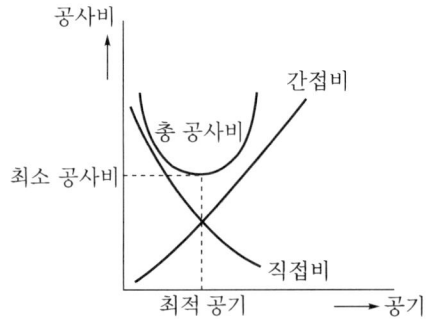

Ⅵ. 결 론

(1) 공기 단축은 공기를 만회하기 위하여 공사비 증가를 최소화시키는 것을 목적으로 하나 일부에서 원가 절감은 바로 공기 단축이라고 하여 무리하게 공사를 진행하는 경우도 있다.

(2) 그로 인해 안전사고 발생 및 품질 저하의 원인이 되어 민원의 대상이 되므로 과학적이고 합리적인 최적 공사기간을 산출하는 기법을 활용해야 한다.

3-4 공정관리 기법에서 작업 촉진에 의한 공기 단축기법을 설명하시오. [02중, 25점]

Ⅰ. 개 요

(1) 공기 단축은 계산공기가 지정공기보다 길거나 공사수행 중 작업이 지연되었을 경우 공기를 만회하기 위해 실시한다.//
(2) 공기 계산과정에서 지정공기가 계산공기보다 클 경우 이 차이를 적절히 조정하고 해결하기 위해 작업 촉진에 의한 공기 단축이 필요하다.

Ⅱ. 작업 촉진에 의한 공기 단축기법

(1) 작업순서에 대한 검토
 ① 직렬작업의 병렬작업화 검토 : 1차적인 직렬종속관계에서 다차원적인 병렬상태로 종속관계의 변경으로 공기 단축 검토

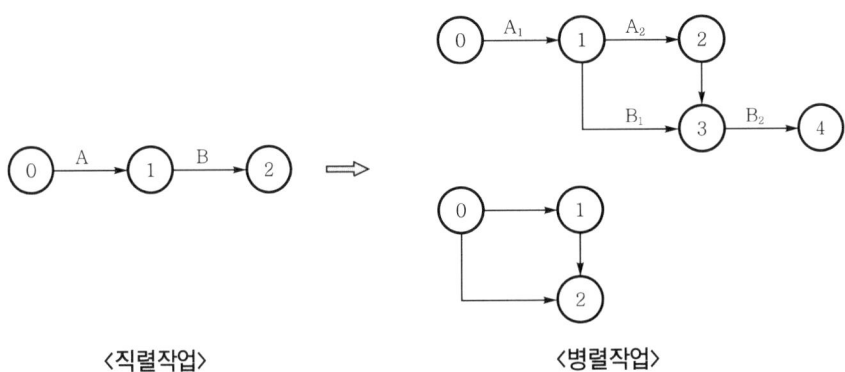

〈직렬작업〉　　　　〈병렬작업〉

 ② 역작업순서화 검토 : 작업순서를 역으로 하여 공기 단축이 가능한지 검토
 ③ Dummy 절단의 검토 : Dummy를 절단하여 해당 작업의 병행 작업으로 처리하여 공기 단축 검토

(2) 소요시간에 대한 검토
 ① 시간 견적의 재검토
 ② 작업능률 및 투입자원의 변경 검토
 ③ 작업의 신속에 대한 검토

(3) 설계의 재검토
 ① 작업순서와 소요시간에 대한 검토로 공기 단축이 되지 않는 경우

② 설계 재검토의 실례
　㉠ 계단의 Pre-Fab화
　㉡ 설비공사의 Unit화 및 Pre-Fab화
　㉢ 마감재료의 변경
　㉣ 마감공사의 순서 변경
　㉤ 외벽공사의 변경

(4) 유의사항
① 공기 단축에 의한 비용 증대 억제
② 공기 단축에 의한 다른 작업과의 영향 파악
③ 공기 단축에 의한 투입 자원의 증가 검토
④ 공기 단축에 의한 안전성 검토

Ⅲ. 결 론

(1) 공기 단축은 공기를 만회하기 위하여 공사비 증가를 최소화시키는 것을 목적으로 하나 일부에서 원가 절감은 바로 공기 단축이라고 하여 무리하게 공사를 진행하고 있다.

(2) 그로 인해 안전사고 발생 및 품질 저하의 원인이 되어 민원의 대상이 되므로 과학적이고 합리적인 최적 공사기간을 산출하는 기법을 활용해야 한다.

3-5	공정관리상의 비용구배	[95중, 20점]
3-6	비용구배	[98중후, 20점]
3-7	비용구배	[01후, 10점]
3-8	비용구배	[05후, 10점]
3-9	비용경사(Cost Slope)	[11후, 10점]

I. 정 의

(1) 공기 1일을 단축하는데 추가되는 비용으로 공기 단축일수와 비례하여 비용(직접비용)은 증가하며, MCX 기법에 이용된다.
(2) 정상점과 급속점을 연결한 기울기(구배)를 Cost Slope라 한다.

II. Cost Slope(비용구배) 산정식

$$\text{Cost Slope} = \frac{\text{급속비용(Crash Cost)} - \text{정상비용(Normal Cost)}}{\text{정상공기(Normal Time)} - \text{급속공기(Crash Time)}} = \frac{\Delta \text{Cost}}{\Delta \text{Time}}$$

III. 공기와 비용(직접 비용)과의 관계

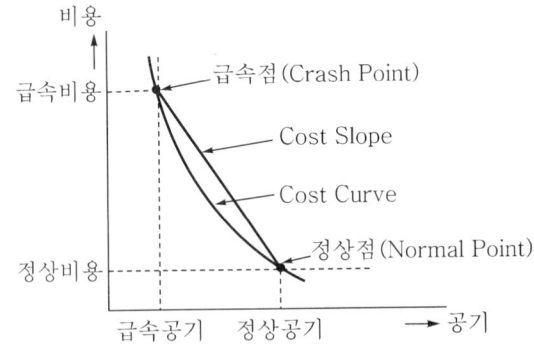

여기서, 정상공기(표준공기) : Normal Time
급속공기(특급공기) : Crash Time
정상비용(표준비용) : Normal Cost
급속비용(특급비용) : Crash Cost
정상점(표준점) : Normal Point
급속점(특급점) : Crash Point

Ⅳ. Cost Slope의 영향

    (1) 급속계획에 의해 노무비(직접비) 증가
    (2) 공기 단축일수와 비례하여 비용 증가
    (3) Cost Slope가 클수록 공사비 증가

Ⅴ. Extra Cost(추가공사비)

    (1) 공기 단축시 발생하는 비용증가액의 합계
    (2) Extra Cost = 각 작업의 단축일수 × Cost Slope

3-10 공정의 경제속도(채산속도)　　　　　　　　　　[02중, 10점]

I. 정 의

(1) 직접비와 간접비의 합인 총 공사비가 최소가 되도록 한 시공속도를 경제속도 또는 최적 시공속도라 한다.
(2) 총 공사비가 최소가 되는 경제적인 시공속도를 말한다.

II. 경제속도 비교

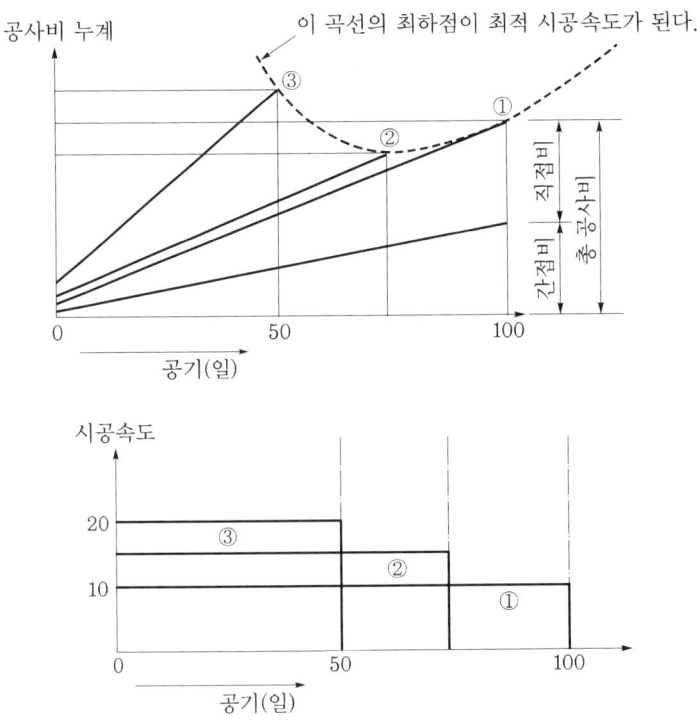

(1) 50일에 공사를 할 경우 간접비는 절감되지만 직접비가 증대되어 100일(①)에 하는 것보다 총 공사비가 증대된다.
(2) 총 공사비 곡선이 최하점에 위치할 때의 시공속도가 최적 시공속도(②)이다.
(3) 시공속도가 일정하다고 가정할 때 시공속도를 2배로 하면 공기는 1/2로 단축된다.
(4) 직접비는 공기가 단축될수록 증가한다.
(5) 간접비는 공기가 단축될수록 감소한다.

4-1 건설공사 공정계획에서 자원 배분(Resource Allocation)의 의의 및 인력 평준화(Leveling) 방법(요령)에 대해서 설명하시오. [06중, 25점]

Ⅰ. 자원 배분의 의의

(1) 개요
① 자원 배당은 자원(노무, 자재, 장비, 자금) 소요량과 투입 가능량을 상호 조정하며, 자원의 비효율성을 제거하여 비용의 증가를 최소화하는 것이다.
② 여유시간을 이용하여 논리적 순서에 따라 작업을 조절하여 자원 배당함으로써 자원 이용에 대한 Loss를 줄이고, 자원 수요를 평준화(Leveling)하는 것을 말한다.

(2) 목적
① 자원 변동의 최소화
② 자원의 효율화
③ 자원의 시간 낭비 제거
④ 공사비 절감

(3) 자원 배당 대상
① 인력(Man)
② 자재(Material)
③ 장비(Machine)
④ 자금(Money)

Ⅱ. 인력 평준화 방법

1. Flow Chart

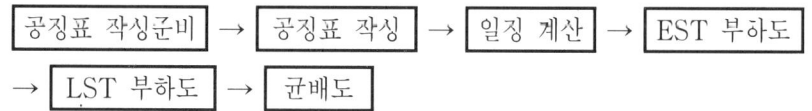

2. 공정표 작성

(1) 단계(Event)
개시점과 종료점을 의미하며 ○으로 표시

(2) 작업(Activity)
단위작업을 의미하며 →로 표시

(3) Path(경로)
2개 이상의 작업으로 이루어진 경로

(4) CP(Critical Path)
주공정선이라 하며, 최초 개시점에서 마지막 종료점까지의 가장 긴 Path

3. 일정 계산

(1) EST(Earliest Start Time)
(2) EFT(Earliest Finish Time)
(3) LST(Latest Start Time)
(4) LFT(Latest Finish Time)
(5) TF(Total Float)
(6) FF(Free Float)
(7) DF(Dependent Float)

4. EST에 의한 부하도

(1) EST에 의하여 자원을 배당할 때의 부하도
(2) 일정 계산에서 EST에서 시작하여 소요일수만큼 우측으로 그려간다.

5. LST에 의한 부하도

(1) LST에 의하여 자원을 배당할 때의 부하도
(2) 일정 계산에서 LST에서 시작하여 소요일수만큼 좌측으로 그려간다.

6. 균배도(Leveling)

(1) 산봉도(인력 평준화)라고 하며, 자원 배당의 효율화를 유도한다.

(2) CP 작업 우선 배당

   EST 부하도, LST 부하도 및 균배도에서 CP 작업을 우선 자원 배당한다.

(3) 작업순서 유지

   균배도 작성시 여유작업에서 후속작업은 선행작업보다 앞선 자원 배당을 해서는 안된다.

(4) 작업 분리 불가능

   여유작업이나 CP 작업을 분리하여 분배해서는 안 된다.

(5) 노동력 이용 효율

$$E = \frac{\text{총 동원 인원수}}{\text{CP 일수} \times \text{최대 동원 인원수}} \times 100$$

Ⅲ. 결 론

(1) 자원 배당은 자원의 변동을 최소화하여 고정 자원의 확보 및 한정된 자원을 최대한 활용하도록 자원의 균배가 이루어져야 한다.

(2) 가장 적합한 자원 배당으로 자원 변동의 최소화와 자원의 효율화를 극대화해야 한다.

5-1	건설공사의 진도관리(Follow Up)를 위한 공정관리 곡선의 작성방법과 진도 평가방법을 설명하시오. [07후, 25점]
5-2	현장작업시 진도관리를 위한 시공단계별 중점관리 항목에 대하여 설명하시오. [05중, 25점]
5-3	공정관리 곡선(일명 바나나 곡선)에 의한 공사 진도관리에 대하여 설명하시오. [94전, 30점]
5-4	공정관리 곡선 [98후, 20점]
5-5	공정관리 곡선(바나나 곡선) [03중, 10점]

I. 개 요

(1) 진도관리는 각 공정이 계획 공정표와 공사 실적이 나타난 실적 공정표를 비교하여 전체 공기를 준수할 수 있도록 공사 지연 대책을 강구하고 수정 조치하는 것을 말한다.
(2) 완성된 Network상의 공정계획에 의거하여 공사진행이 원활히 되도록 하고 중점관리의 필요성을 수치적으로 나타내주는 것이다.

II. 공정관리 주기

(1) 공사의 종류, 난이도, 공기의 장단에 따라 다르다.
(2) 통상 2주(15일), 4주(30일) 기준으로 실시 공정표를 작성하여 관리한다.
(3) 최대 30일을 초과하지 않도록 한다.

III. 공정관리 방법의 종류

(1) Bar Chart에 의한 방법
(2) Banana 곡선(S-Curve)에 의한 방법
(3) Network 기법에 의한 방법

Ⅳ. 작성방법

(1) 진도관리 순서

| 공사진척 파악 | → | 실적 비교 | → | 시정 조치 | → | 일정 변경 |

① 횡선식·사선식 공정표 파악
② 공사 진척 체크
③ 완료 작업 → 굵은선 표시
④ 지연 작업 → 원인 파악, 공사 촉진
⑤ 과속 작업 → 내용 파악, 적합성 여부

(2) 진도관리 주기
① 공사의 종류, 난이도, 공기의 장단에 따라 다르다.
② 통상 2주(15일), 4주(30일) 기준으로 실시 공정표를 작성하여 관리한다.
③ 최대 30일을 초과하지 않도록 한다.

(3) 주의사항
① 공정 회의를 정기 또는 수시로 개최
② 부분 공정마다 부분 상세 공정표 작성
③ Network의 각종 정보 활용
④ 공정 계획과 실적의 차이를 명확히 검토
⑤ 작업의 실적치(소요일수, 인원, 자재수량) 기록 및 공정관리 활용
⑥ 각종 노무, 자재, 외주공사 등의 수급시기 검토

Ⅴ. 공정관리 곡선(Banana 곡선, 진도평가 방법)

(1) A점은 예정보다 많이 진행되어 허용한계 밖에 있으므로 비경제적인 시공이다.
(2) B점은 예정에 가까운 적당한 진척이므로 그 속도로 진행하면 된다.
(3) C점은 허용한계를 벗어나 늦어졌으므로 공기 단축을 위한 대책이 필요하다.
(4) D점은 하한선에 있으므로 공정의 촉진을 요한다.

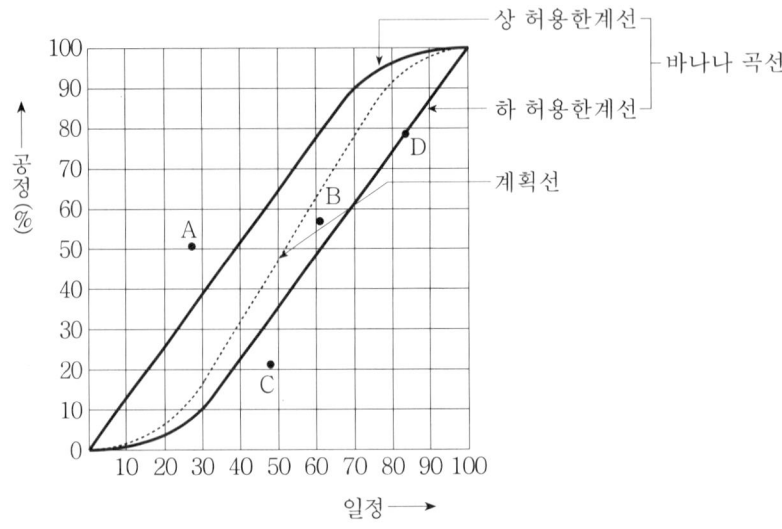

Ⅵ. 결 론

(1) 공정관리에 있어서 진도관리는 공사의 종류, 공기의 장단에 따라 다르지만 공정계획선의 상하 허용한계선 내에 들어가도록 공정을 조정하는 것이다.

(2) 예정 공정표와 정확한 실시 공정표를 비교·분석함으로써 엄밀한 진도관리를 할 수 있으며, 담당자의 창의적인 연구 노력과 데이터의 Feed Back이 필요하다고 본다.

제4절 공정관리

6-1 국내 건설공사에서 현행 원가관리 체계의 문제점을 열거하고 비용 일정 통합관리 기법에 관하여 설명하시오. [00후, 25점]

6-2 공정·공사비 통합관리체계(EVMS) [03전, 10점]

6-3 공정·비용 통합시스템 [10후, 10점]

6-4 공사의 진도관리지수 [01전, 10점]

6-5 공정, 원가 통합관리에서 변경 추정 예산(EAC ; Estimate At Competion) [06중, 10점]

I. 개 요

(1) 현행 원가관리 체계는 계획 대비 실적의 단순한 공사관리로 공정과 공사비가 분리되어 있어 향후 공사에 대한 정확한 예측이 불가능하다.

(2) EVMS(Earned Value Management System)는 공정과 공사비를 통합한 종합적인 원가관리체계로서 각종 지수를 활용하여 공사의 진척 현황 및 향후 공사에 대한 정확한 예측이 가능하다.

II. 현행 원가관리체계의 문제점

(1) 관리체계 분리
  원가관리와 공정관리가 분리되어 건설정보통합관리가 어렵다.

(2) 원가관리 미흡
  단지 투입원가를 집계하여 실행 대비의 실적을 비교하는데 그치고 있다.

(3) 자료활용 미흡
  축적된 자료를 바탕으로 향후 공사에 대한 정확한 예측이 어렵다.

(4) 전산화제계 곤란
  건설공사의 특성상 전산화가 곤란하여 CIC 및 CALS 적용이 난이하다.

(5) 건설공정의 불확실
  현재의 작업상황을 정확히 측정할 수 없으므로 공기 지연이나 예산이 초과될 우려가 있다.

(6) 실적 대비 투입금액 비교 곤란
   투입된 금액 대비 실적의 효율성을 측정할 수 없다.

Ⅲ. EVMS의 수행절차

EVMS를 건설공사에 적용하기 위해서는 일반적으로 다음과 같은 절차를 따른다.

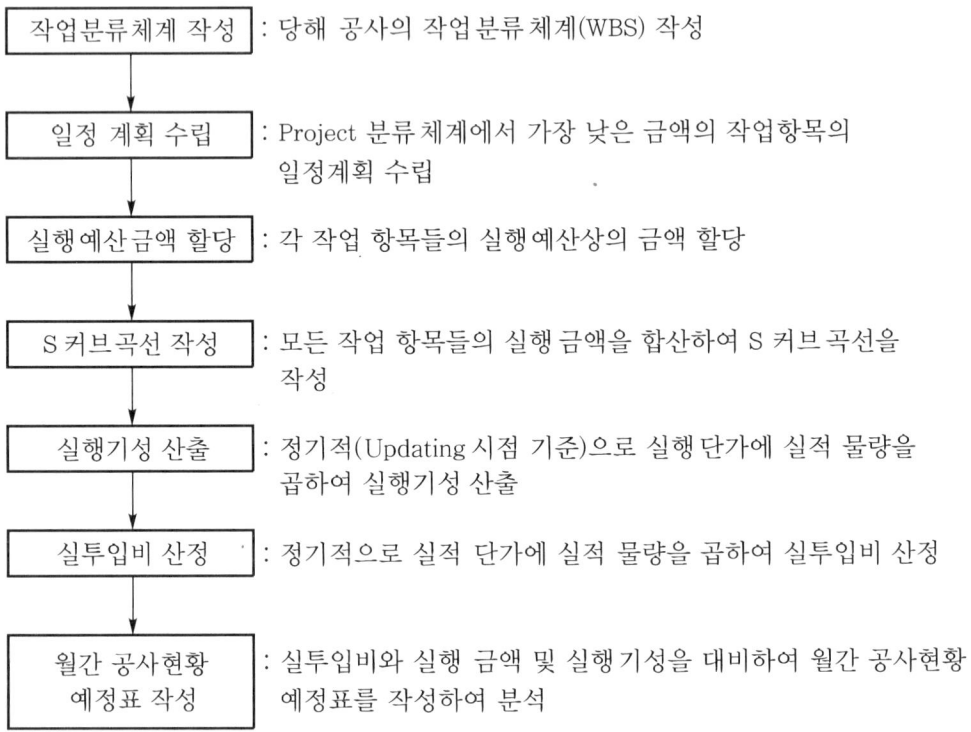

Ⅳ. EVMS의 구성

(1) 자료 분석(Data Analysis)
   ① 실행금액(Budgeted Cost of Work Ccheduled)
   ② 실행기성(Budgeted Cost of Work Performed)
   ③ 실투입비(Actual Cost of Work Performed)
   ④ 총 실행예산(Budget at Completion)
   ⑤ 변경 실행예산(변경 추정예산, Estimate at Completion)

(2) 분산(Variance)
   ① 회계 분산(Accounting Variance)

② 원가 분산(Cost Variance)
③ 공기 분산(Schedule Variance)

(3) 지수(Index)
① 실행 집행률(Percent Complete)
② 원가수행지수(Cost Performance Index)
③ 공기수행지수(Schedule Performance Index)

V. 자료 분석(Data Analysis)

자료 기준일로 공사 진척 파악시 실투입비가 실행을 초과하고 있고, 실행기성이 실행에 미달되고 있으므로 공사 전척이 계획보다 늦다.

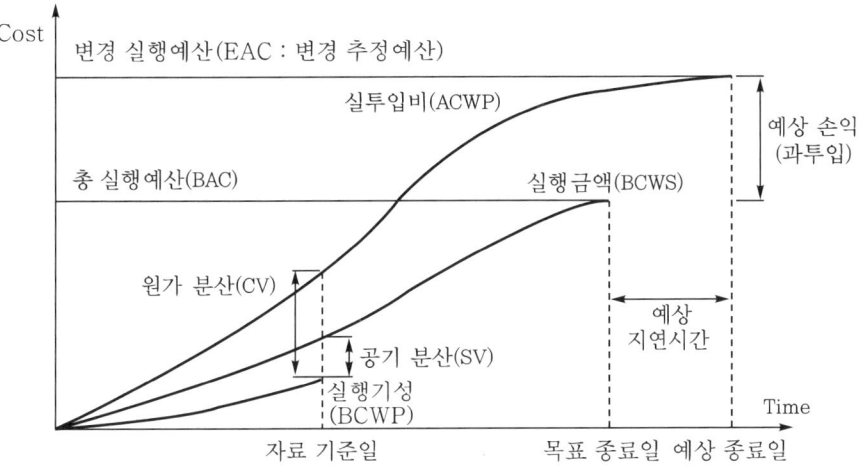

(1) 실행금액(Budgeted Cost of Work Scheduled)
① 일정한 시점에서 수행되는 모든 작업항목들의 실행물량에 실행단가를 곱하여 산출한다.
② 공사관리의 기준인 S커브라고도 한다.
③ EVMS의 적용절차를 이용하여 작성한다.

(2) 실행기성(Budgeted Cost of Work Performed)
① 실행기성은 공사에 투입된 실제 물량에 실행단가를 곱하여 산출한다.
② 현재 시점을 기준으로 완료된 작업과 진행 중인 작업의 실행금액이다.
③ EVMS의 적용절차를 이용하여 실행기성을 작성한다.

(3) 실투입(Actual Cost of Work Performed)
　① 실투입비는 공사에 수행된 실제 물량에 실투입 단가를 곱하여 산출한다.
　② 공정표상에 기준 시점에서 완료된 작업과 진행 중인 작업의 실투입금액이다.
　③ EVMS의 적용절차를 이용하여 실투입비를 작성한다.

(4) 총 실행예산(Budget at Completion)
　① 모든 작업들의 실행을 합산한 금액이다.
　② 공사관리의 기준이 된다.
　③ EVMS의 적용절차를 이용하여 총 실행예산을 작성한다.

(5) 변경 실행예산(변경 추정예산, Estimate at Completion)
　① 완료된 작업들의 실투입비에 잔여 작업들의 예산원가를 합산하여 산출한다.
　② 변경 실행예산(총 실행예산 단가의 변화가 없는 것으로 가정)

$$\text{변경 실행예산} = \frac{\text{실투입비}}{\text{실행 집행률}}$$

$$= \frac{\text{실투입비}}{\text{실행기성}} \times \text{총 실행예산}$$

$$= \frac{\text{실투입비}}{\text{실행단가}} \times \text{총 실행예산}$$

$$= \frac{\text{총 실행예산}}{\text{원가수행지수}}$$

　③ EVMS의 적용절차를 이용하여 변경 실행예산을 작성한다.

VI. 분산(Variance)

(1) 회계 분산(Accounting Variance)
　① 공사의 기준 시점에서 실행과 실투입비의 차이이다.
　② 실투입비가 실행범위 내의 여부를 구분하는 척도이다.

(2) 원가 분산(Cost Variance)
　① 공사의 기준 시점에서 실행기성과 실투입비의 차이이다.
　② 실행기성을 근거로 실투입비가 원가범위 내의 여부를 구분하는 척도이다.

(3) 공기 분산(Schedule Variance)
　① 공사의 기준 시점에서 실행과 실행기성의 차이이다.
　② 공사가 공정계획보다 선후 여부를 구분하는 척도이다.
　③ 공정 진척도를 원가 측면에서 판단하는 척도이다.

Ⅶ. 진도관리지수(Index)

(1) 실행 집행률(percent complete)
   ① 원가를 기준으로 총 실행예산 대비 실행기성률을 나타내는 공사수행의 척도이다.
   ② 건설공사 전체나 또는 개개의 작업들에 대한 실행 집행률은 100%를 초과할 수 없다.
   ③ 실행 집행률 = $\dfrac{실행기성}{총\ 실행예산}$
   ④ 실행 집행률값의 해석

지수값	1 미만	1	1 초과
해 석	몇 % 완료	공사 완료	에러

   ⑤ EVMS의 적용절차를 이용하여 실행 집행률을 작성한다.

(2) 원가수행지수(Cost Performance Index)
   ① 완료된 공사에 대한 투입원가의 효율성을 나타낸다.
   ② 실행기성을 바탕으로 공사 완료부분이 산정된 예산의 초과 여부를 나타내는 공사 수행의 척도이다.
   ③ 누계 실행기성을 누계 실투입비로 나눔으로써 산출한다.
   ④ 원가수행지수 = $\dfrac{실행기성}{실투입비}$
   ⑤ 원가수행지수값의 해석

지수값	1 미만	1	1 초과
해 석	원가 초과	원가와 일치	원가 미달

   ⑥ EVMS의 적용절차를 이용하여 원가수행지수를 작성한다.

(3) 공기수행지수(Schedule Performance Index)
   ① 완료된 공사에 대한 공정관리의 효율성을 나타낸다.
   ② 실행기성을 기준으로 완료된 공정이 계획보다 선후 여부를 가름하는 척도이다.
   ③ 누계 실행 대비 누계 실행기성으로 정의된다.
   ④ 공기수행지수 = $\dfrac{실행기성}{실행금액}$
   ⑤ 공기수행지수값의 해석

지수값	1 미만	1	1 초과
해 석	계획 초과	계획과 일치	계획 미달

   ⑥ EVMS의 적용절차를 이용하여 공기수행지수를 작성한다.

Ⅷ. 결 론

(1) EVMS가 효과적으로 건설 프로젝트에 활용되어 이에 대한 자료가 축적되어지면 실행 집행률, 원가수행지수 등과 같은 각종 지수를 근거로 공사 진척 현황 및 향후 공사에 대한 예측을 정확하게 할 수 있다.

(2) 원가관리, 견적, 공정관리 등을 유기적으로 원활하게 연결하여 종합적 원가관리체제를 구축할 수 있다.

6-6 공사의 공정관리에서 통제기능과 개선기능에 대하여 기술하시오. [98후, 40점]

I. 개 요

(1) 공사관리에 중요한 기능으로 세워진 계획이 시공단계에서 확실하게 실현될 수 있도록 하는 통제기능과 공사가 더 향상된 수준으로 효율적으로 달성될 수 있도록 진행상황을 시정하는 개선기능이 있다.

(2) 통제와 개선은 서로 연관된 기능으로 두 기능이 일상의 관리기능으로 효과적으로 운영될 때 공사의 목표 달성과 이윤 증대의 효과를 얻을 수 있다.

II. 통제기능과 개선기능

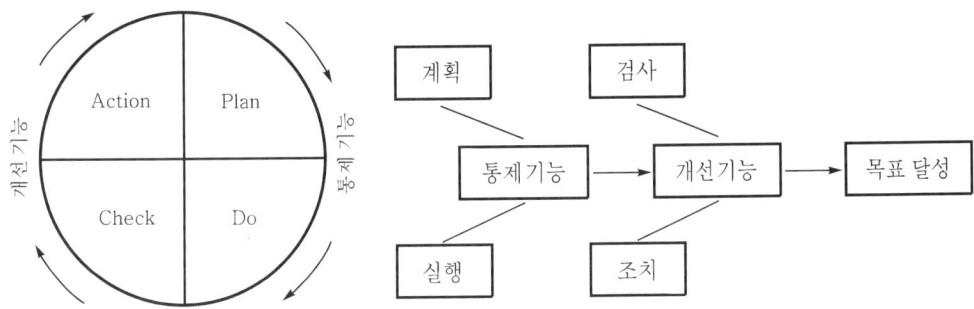

1. 통제기능

(1) 수행과정

① 관계자들에게 지휘나 간섭이 아니라는 뜻 전달
② 활동 수행기준 설정
③ 이행 실적의 기록과 보고를 기준과 비교, 분석, 평가
④ 기준과의 차이에 대하여 원인 분석
⑤ 원인 분석결과를 토대로 적절한 시정 조치
⑥ 효과적인 통제를 위하여 관계자의 이해와 협조가 있어야 한다.

(2) 단계

① Plan(계획)
  ㉠ 작업하는 목적 결정
  ㉡ 목적 달성을 위한 수단 결정

　　　　ⓒ 목적 결정 및 표시
　　　　ⓓ 계획 수립
　　② Do(실시)
　　　　ⓐ 교육 훈련
　　　　ⓑ 세워진 계획대로 진행
　　　　ⓒ 확실한 목적 실현

2. 개선기능

　(1) 수행과정
　　① 공사 진행상태 분석
　　② 진행 중 공사의 시공방법, 공정, 원가 분석 검토
　　③ 시공과정에서의 안정성 파악
　　④ 모든 사항 검토, 분석
　　⑤ 현장기술자의 일상 업무 수행시 동기 부여를 통한 의욕 고취 필요
　　⑥ 문제의 지적 → 목표 설정 → 목표 실현을 위한 조사와 검토 → 개선안의 입안 → 실시 → 성과 검토

　(2) 단 계
　　① Check(검토)
　　　　ⓐ 실시방법 검사
　　　　ⓑ 결과 검사
　　② Action(조치)
　　　　ⓐ 원인 분석
　　　　ⓑ 개선안 입안
　　　　ⓒ 개선안 실시
　　　　ⓓ 성과 검토 확인

Ⅲ. 공사의 통제 및 개선 체계

　(1) 기능
　　① 공사라는 체계의 통제나 개선에는 변동하는 환경조건이나 새로이 설정한 개선 목표에 부합하는 응답을 필요로 한다.
　　② 성과로부터 현황에 대한 자료를 받아서 이를 예정된 이행 기준이나 개선 목표와 비교해서 평가하는 것이 통제 또는 개선 과정의 주된 기능이다.

③ 입력자료의 정리, 변환, 현황 분석, 시정 조치는 체계 통제이론에 기본적이다.
④ 시정 조치는 입력자료의 수정이거나 체계 자체의 수정일 수도 있다.

(2) 공사관리의 통제와 개선체계
① 공사계획은 변동하는 조건에 대해서 목표를 그리고, 목표에 변동이 있으면 새로운 목표를 성공적으로 달성할 수 있도록 대처해야 한다.
② 현황 보고를 통해서 실제 달성량을 측정하고 그것을 계획 목표와 비교하는 것이 긴요하다.

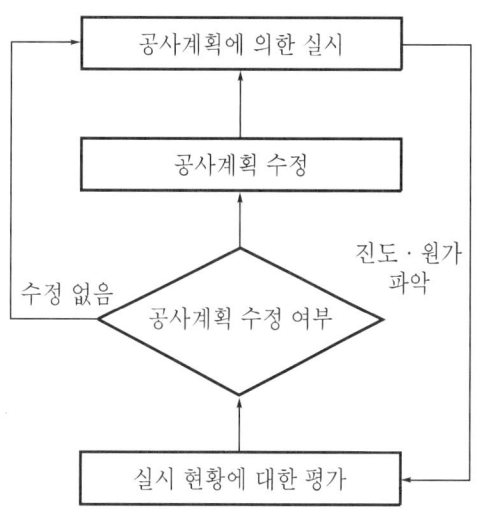

Ⅳ. 목적 달성을 위한 2단계 조치

(1) 1단계
가용자원을 현재의 공정 내에서 처리하는 것이다.
① 인력과 장비를 배당하면 공정계획에 새로운 특성이 도입되므로 새로운 주공정이 나타나게 된다.
② 이러한 변동은 일정 분석을 거쳐 분명해지므로 예정된 시공계획에서 일정을 조정하고 공사비를 산정해야 한다.
③ 이것이 만족스러울 경우에는 공사는 새로운 이정표를 가지게 되고 새로운 일정에 따라 진행하게 된다.

(2) 2단계
다른 추가자원과 함께 새로운 시공방법과 장비를 도입하고 현재의 위치로부터 공사 준공시점까지 새로운 공정계획을 작성하여 바라는 준공시한을 유지하는 것이다.

① 이 경우에는 자원 소요량을 추정해서 공사비를 새로이 산정하게 된다.
② 공사기간과 일정이 조정되고 최적화가 되어 공사 일정이 쓸만하게 되면 이 새로운 공사계획에 따라 진행한다.

V. 현장 적용시 문제점

(1) 통제와 개선에 대한 관심과 이해 부족
(2) 행정적인 요식 행위로서의 인식
(3) 비능률적일 때는 현장관리 비용의 증가

VI. 개선방향

(1) 프로젝트 통제와 개선에 대한 동기 부여
(2) 공사 관계자의 이해와 협조
(3) 과학적이고 합리적인 공정기법의 도입

VII. 결 론

(1) 공사관리에서 공사 전에 수립한 시공계획에 따라 공사 목적물을 보다 빠르고, 보다 질좋고, 보다 값싸며, 보다 안전하게 얻을 수 있는 것이 무엇보다 중요하다.
(2) 공사 진행과정에서 일상 관리기능으로 통제기능과 개선기능을 보다 더 많이 활용함으로써 보다 향상된 효과를 얻을 수 있을 것이다.

土木施工技術士의 필독서!!

金宇植 院長의 현장감 넘치는 講義를 직접 경험할 수 있는 교재

저자 | 金宇植
판형 | 4×6배판
면수 | 1,624P
정가 | 75,000원

길잡이 _ 주관식(2, 3, 4교시)을 위한 기본서 길잡이

다음과 같은 점에 중점을 두었다.

1. 토목공사 표준시방서 기준
2. 관리공단의 출제경향에 맞추어 내용 구성
3. 기출문제를 중심으로 각 공종의 흐름 파악에 중점
4. 공종 관리를 순서별로 체계화
5. 각 공종별로 요약, 정리
6. Item화에 치중하여 개념을 파악하며 문제를 풀어나가는 데 중점

저자 | 金宇植
판형 | 4×6배판
면수 | 1,832P
정가 | 70,000원

용어설명 _ 단답형(1교시)을 위한 기본서 용어설명

다음과 같은 점에 중점을 두었다.

1. 최근 출제경향에 맞춘 내용 구성
2. 시간 배분에 따른 모범답안 유형
3. 기출문제를 중심으로 각 공종의 흐름 파악
4. 간략화·단순화·도식화
5. 난이성을 배제한 개념파악 위주
6. 개정된 토목 표준시방서 기준

저자 | 金宇植
판형 | 4×6배판
면수 | 284P
정가 | 25,000원

장판지랑 암기법 _ 간추린 공종별 요약 및 암기법

다음과 같은 점에 중점을 두었다.

1. 문제의 핵심에 대한 정리 방법
2. 각 공종별로 요약·정리
3. 각 공종의 흐름파악에 중점
4. 최단 시간에 암기가 가능하도록 요점정리

TEL 031)955-0511 | FAX 031)955-0510 | www.cyber.co.kr | BM 성안당

【저자 약력】

＊ 김 우 식

- 한양대학교 공과대학 졸업
- 부경대학교 대학원 토목공학과 졸업 (공학석사)
- 부경대학교 대학원 토목공학과 박사과정
- 기술 고등 고시 합격
- 국가직 기좌 (시설과장)
- 국가공무원 7급·9급 시험출제위원
- 국토해양부 주택관리사보 시험출제위원
- 산업인력공단 검정사고 예방 협의회위원
- 브니엘고, 브니엘 여고, 브니엘 예술중·고등학교 이사장
- 한나라당 중앙위원 (교육분과 부위원장)
- 토목시공 기술사
- 토질기초 기술사
- 건설안전 기술사
- 건축시공 기술사
- 품 질 기술사
- 구 조 기술사

길잡이
토목시공기술사 -공종별 기출문제 Ⅱ

정가 : 40,000원

펴낸이 : 이 종 춘	2002. 8. 28	초판1쇄발행
펴낸곳 : BM 성안당	2004. 1. 8	초판2쇄발행
	2004. 5. 19	초판3쇄발행
주 소 : 경기도 파주시 교하읍 문발리	2005. 1. 15	초판4쇄발행
출판문화정보산업단지 536-3	2006. 1. 9	초판5쇄발행
	2007. 1. 2	초판6쇄발행
전 화 : (031)955-0511	**2011. 9. 20**	**개정1판1쇄발행**
팩 스 : (031)955-0510		
등 록 : 1973.2.1 제13-12호		
ⓒ 2002~2011 김우식	ISBN 978-89-315-6702-1	

이 책의 어느 부분도 저작권자나 BM성안당 발행인의 승인 문서 없이 일부 또는 전부를 사진 복사나 디스크 복사 및 기타 정보 재생 시스템을 비롯하여 현재 알려지거나 향후 발명될 어떤 전기적, 기계적 또는 다른 수단을 통해 복사하거나 재생하거나 이용할 수 없음.

※ 파본은 구입서점에서 교환해 드립니다.

홈페이지 : www.cyber.co.kr

본 서적에 대한 의문사항이나 난해한 부분에 대해 아래와 같이 저자가 직접 성심 성의껏 답변해 드립니다.

- 서울 지역 ⋯ 매주 토요일 오후 2:00~3:00
  전화 _ 02)749-0010 (종로기술사학원) / 팩스 _ 02)749-0076
  구용산 토목·건축학원
- 부산 지역 ⋯ 매주 화요일 오후 6:00~7:00
  전화 _ 051)644-0010 (부산 토목·건축학원) / 팩스 _ 051)643-1074
- 대전 지역 ⋯ 매주 금요일 오후 6:00~7:00
  전화 _ 042)254-2535 (현대 토목·건축학원) / 팩스 _ 042)252-2249
- 광주 지역 ⋯ 매주 토요일 오후 6:00~7:00
  전화 _ 062)514-7978 (광주 토목·건축학원) / 팩스 _ 062)514-7979

특히, 팩스로 문의하시는 경우에는 독자의 성명, 전화번호 및 팩스번호를 꼭 기록해 주시기 바랍니다.
- 홈페이지 : http://www.jr3.co.kr
- 카 페 : http://cafe.naver.com/civilpass
  (카페명 : 김우식 토목시공기술사 공부방)
- E - mail : acpass@hanmail.net